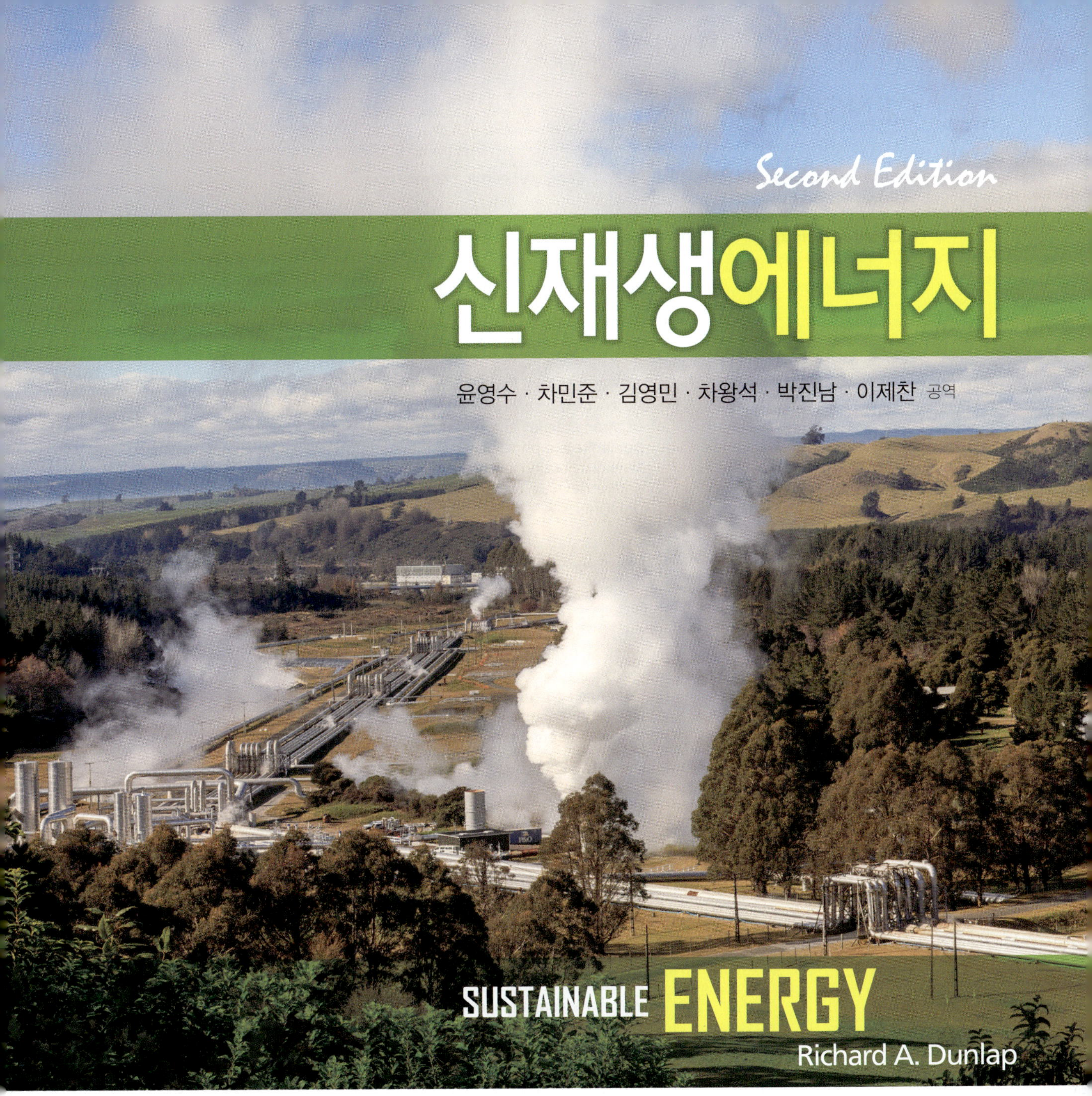

Second Edition

신재생에너지

윤영수 · 차민준 · 김영민 · 차왕석 · 박진남 · 이제찬 공역

SUSTAINABLE ENERGY

Richard A. Dunlap

CENGAGE 도서출판 동화기술

Andover • Melbourne • Mexico City • Stamford, CT • Toronto • Hong Kong • New Delhi • Seoul • Singapore • Tokyo

CENGAGE

Sustainable Energy,
SI Edition, 2nd Edition

Richard A. Dunlap

ISBN-13: 9788942592869

Cengage Learning Korea Ltd.
14F YTN Newsquare 76 Sangamsan-ro
Mapo-gu Seoul 03926 Korea
Tel: (82) 2 330 7000
Fax: (82) 2 330 7001

Cengage Learning is a leading provider of customized learning solutions with office locations around the globe, including Singapore, the United Kingdom, Australia, Mexico, Brazil, and Japan.
Locate your local office at: **www.cengage.com**

Cengage Learning products are represented in Canada by Nelson Education, Ltd.

To learn more about Cengage Learning Solutions,
visit **www.cengageasia.com**

Printed in Korea
Print Number: 01 Print Year: 2020

차례

머리말

우리 사회는 상당한 에너지를 사용한다. 이 에너지 사용량은 전 세계적으로 연간 약 6.1×10^{20} J, 즉 1인당 평균 8.1×10^{10} J에 달한다. 세계 에너지의 80~85%는 화석연료에서 나오는데, 화석연료는 저렴하고(상대적으로 말하면), 쉽게 구할 수 있고(최소한 현재), 에너지 밀도가 높기 때문에 선호된다. 그 결과 화석연료의 위치, 생산, 사용을 위한 거대한 인프라가 구축되었다. 오일 형태의 연료인 가솔린과 디젤 연료는 휴대가 가능하기 때문에 교통수단을 구성하는 주요 연료로 선택되었다.

우리의 미래 에너지 요구를 충족시킬 수 있는 방법을 계획하기 위해, 다음 두 가지 질문을 하는 것으로 시작하는 것이 중요하다. 우리의 화석연료 매장량은 얼마나 지속될까? 환경적 관점에서 화석연료를 계속 사용하는 것이 현명한가?

두 가지 질문에 대한 답은 간단하지 않다. 첫 번째 질문에 대한 답은 우리의 화석연료 사용 조건에 따라 수십 년 또는 수백 년일 수 있다. 화석연료가 우리 에너지 수요의 80~85%를 계속 공급할 것인가? 휴대용 운송 연료에 대한 우리의 요구를 충족시키기 위해 화석연료가 생산되는 잉여물질이 필요한가? 아마도 가장 중요한 것은 우리가 연료비를 얼마나 지불할 것인가? 우리가 자동차에 사용되는 석유 난방하는데 사용되는 오일이나 천연가스에 대해 지불 가능한 한계 분명히 있다. 그러나 연료비가 재정적인 비용만이 아니라는 것을 깨닫는 것이 중요하다. 우리의 필요에 적합한 형태로 화석연료를 생산하려면 새로운 연료 매장량을 찾기 위한 탐사, 해당 매장량에서 연료 추출 및 후속 연료 처리를 수행하기 위해 에너지 투입이 필요하다. 만약 1리터의 연료를 생산하는데 필요한 에너지가 우리가 얻을 수 있는 에너지보다 더 크다면, 그 과정은 경제적으로 이점이 없을 뿐만 아니라 궁극적으로는 에너지 생산성도 없다. 만약 알려진 만큼의 매장된 일반적인 석유의 사용만을 고려한다면, 화석연료의 수명은 확실히 짧을 것이다. 석탄과 덜 알려진 석유 매장량도 고려한다면 사용 가능한 기간은 증가될 것이다. 만약 대체 자원이 우리의 에너지 수요의 상당 부분을 공급하기 위해 사용된다면 이것은 사실일 것이다.

두 번째 질문에 대한 답도 간단하지 않다. 화석연료의 연소로 인해 발생하는 온실가스의 방출이 환경에 심각한 영향을 미친다는 증거가 있다. 이 영향의 규모와 시간 척도는 완전히 이해하기 어렵다. 화석연료의 사용이 장기간 지속된다면, 환경에 미치는 영향을 완화하기 위한 조치를 취할 의향이나 심지어 우리의 능력도 미지수이다.

미래에 적절한 에너지 공급을 보장하고 환경에 부정적인 영향을 미치지 않도록 하기 위해, 현재 에너지가 어떻게 활용되는지, 미래의 에너지 요구 및 이러한 요구를 충족하기 위한 선택사항을 이해하는 것이 중요하다. 미래를 위한 적절한 에너지 구조를 설계하려면 적절한 에너지원을 고려할 뿐만 아니라 보존 활동을 통해 에너지 요구사항을 최소화할 수 있는 적절한 전략의 구현이 필요하다.

화석연료에 대한 우리의 의존도 측면에서, 두 가지 극단적인 접근법을 취할 수 있다. 즉, 지금 화석연료 사용을 중단하거나, 공급되는 화석연료가 소진되어 사용을 중단하는 것이다. 첫 번째 접근방식은 화석연료 사용의 환경적 영향을 확실히 최소화할 것이지만 다른 에너지원 사용을 위한 기반시설이 부족하기 때문에 구현이 불가능할 것이다. 후자의 접근 방식은 환경적 영향이 극대화되며 가용 자원을 최대한 활용할 수 있을 것이다. 어떤 사건의 최종 과정이든, 우리의 화석연료 사용의 환경적 영향을 최소화하기 위해 대체 에너지원을 개발하고 구현함으로써 화석연료에 대한 우리의 의존성을 낮추는 즉각적인 조치를 취하는 것이 중요하다. 후자는 화석연료의 사용량 감소뿐만 아니라 탄소배출량과 같은 과정에 의한 온실가스 감소를 수반할 것이다.

이 에너지 사용의 규모(어떻게 접근하든)를 파악하기 쉬게 나타내면, 현재의 세계 전력 요구량은 약 1.9×10^{13} W로 고려된다. 50년 후(탄소 중립 사회의 경우 최근 파리 협정에 의해 정해진 시간 척도) 세계 전력 요구량이 현재의 두 배 이상이 될 수 있다(개발 도상국의 에너지 수요 증가의 결과). 이는 에너지 정책의 실행 가능성을 평가할 때 염두에 두어야 할 대략적인 목표다. 이러한 전력 요건은 일반적인 대형 발전소의 출력과 관련될 수 있다. 이러한 발전소들은 전기를 생산하기 위해 화석연료(대부분의 석탄과 천연가스)를 가장 일반적으로 사용하며, 일반적인 생산량은 약 10^9 W이다. 약 향후 50년의 동안 비화석연료 환경으로 전환하려면 약 $(4 \times 10^{13}\ \text{W})/(10^9\ \text{W}) = 40{,}000$개의 대형 대체 시설(또는 그에 상응하는 수의 소규모 설비)을 건설해야 한다. 이들은 대형 원전, 대형 수력발전소 또는 태양에너지, 파도에너지, 풍력에너지 및 기타 자원을 이용하는 등가용량 설비일 수 있다. 이는 향후 50년 동안 매일 2개 이상의 주요 비화석연료 발전소를 건설해야 한다. 분명히, 이 일은 상당한 어려운 일이다.

Sustainable Energy의 목적

Sustainable Energy는 현재와 미래의 에너지 요구, 화석연료의 지속적인 사용을 위한 선택사항, 그리고 대체 에너지 환경을 확립하기 위한 선택사항들을 상세히 고찰하고 있다. 이 글은 2003년부터 Dalhousie university 물리대기과학과에서 강의한 에너지와 환경이라는 과목에서 개발됐다. 이 1학기 입문 과정은 학부 이공계 학생들을 대상으로 하며 2학년 수준에서 가르친다. 대부분의 학생들은 1학년 수준의 화학과 물리학을 수강했고, 대부분은 약간의 입문 미적분 학습하였다. 이러한 선행 과정은 본문에서 가르치는 과정에 적합한 전제조건이 된다. Dalhousie university 강의는 기후 변화에 대한 후속 과정으로 학생들에게 인류가 환경과 어떻게 상호작용하는지에 대한 전체적인 그림을 제공하기 위해 가르친다. 비록 이 이전 과정은 Sustainable Energy에서 가르치는 필수 과정은 아니지만 말이다. 이러한 과정은 입문 과정이지만, 상위 수준의 과학이나 엔지니어도 유용하고 유익할 수 있도록 충분한 기술적 세부사항이 포함되었다.

이 서적의 목적은 대학교 입학 전의 학생, 공학도, 대학원을 대상으로 유사한 주제에 대한 상당한 수의 글과 전문적인 공학 분야의 글 사이를 좁히는 것이다. 이 교과서는 에너지 관련 문제에 관심이 있는 이공계 학생들, 특히 관련 분야의 전문직 경력을 추구하고자 하는 학생들에게 어느 정도 합리적인 기술 내용이 포함된 에너지 강좌를 수강하는 데 유용하다. 이 글은 대부분 채워지지 않은 공백을 메우는 것 외에도 상당히 빠르게 변화하는 분야에 대한 최신 소개를 제공한다.

구성

이 책은 전반적인 내용을 이해에 필요한 기초과학의 개요와 함께 우리의 과거, 현재, 그리고 예상되는 미래의 에너지 요구를 요약하는 것으로 시작한다. 현재 우리의 에너지 수요를 충족시키기 위해 사용되고 있는 기술을 설명하고 있으며, 향후 자원 이용 가능성과 환경적 우려에 근거한 신에너지 기술의 개발의 필요성이 강조되고 있다. 본문에는 에너지 수요의 상당 부분을 생산하기 위한 실행 가능한 선택지로 간주될 수 있는 모든 미래 재생 에너지 기술에 대한 별도의 장이 포함되어 있다. 이러한 개발 기술을 기존 기술과 효율적으로 통합할 수 있는 방법과 가용 에너지 자원을 보존하는 접근방식이 논의된다. 마지막으로 본문에서는 아마도 우리의 가장 큰 에너지 관련 당면과제인 교통매체에 대한 선택지를 고려한다. 대체 에너지 기술의 실행 가능성은 다양한 기준을 충족하는 능력에 의해 결정된다. 중요한 기준은 청정(*c*lean), 무제한(*u*nlimited) 재생 가능함(*r*enewable), 다재다능하며(*v*ersatile), 경제적인 측면(*e*conomical)으로 약어로 CURVE표현 가능하다. 이 약어는 학생들이 다양한 기술이 우리의 미래 에너지 생산에 어떻게 중요한 역할을 할 수 있는지 또는 그렇지 않을 수 있는지 쉽게 이해할 수 있게 한다. 이 책의 마지막 장은 제시된 다양한 대체 에너지원을 요약하고, 다양한 CURVE 기준을 충족시키는 데 있어서 이러한 다른 기술들이 어떻게 성공 혹은 실패를 분석하였다.

본문 전체에 걸쳐 에너지 문제의 복잡성이 강조되었는데, 이는 우리의 에너지 문제를 해결하기 위한 다원적 접근법의 필요하기 때문이다. 이 접근법은 학생들에게 우리가 에너지를 생산하고 사용하는 방법에 대한 이해 제공해 직면하는 실제 문제에 대한 이해를 돕고, 정확한 계산은 중요하고 필요하지만 광범위한 분석이 중요하다는 것을 일깨워준다. 본문은 또한 현재와 미래 모두 우리의 에너지 문제에 대한 해결책이 간단하지 않고 단순하고 명확한 해결책을 가지고 있지 않으며 앞으로 나아갈 길은 확실하지 않다는 사실을 강조한다. 이 책에는 교육자가 학습 과정 설정에 있어 유연성을 발휘할 수 있도록 약 20%의 추가적인 요소로 일반적인 1학기(12~14주) 과정을 위한 충분한 자료가 수록되어 있다. 이 자료는 장당 평균 2~3시간의 강의가 적절하다. 또한 교육자는 에너지의 특정 측면에 대한 보다 심층적인 그림을 제공하기 위해 특정 주제에 초점을 맞출 수 있다. 이 접근방식은 보충설명(Energy Extra boxes)에 제시된 일부 주제에 보다 상세하고 면밀히 살펴보는 것이 포함되었으며, 본문의 다른 구성요소를 생략될 수 있다. 본문의 일부 장은 덜 상세하게 다루어질 수 있고 또는 심지어 삭제될 수도 있다. 7, 12장, 13장, 14장, 20장은 연속성에 미치는 영향을 최소화하면서 건너뛸 수 있다. 지속 가능한 에너지에 대한 특정 접근방식은 일부 국가 또는 지역적 관점에서 다소 관련이 있을 수 있으며 다소 상세한 과정이 포함될 수 있다.

마지막으로, 21장은 본문에 제시된 아이디어가 요약되었으며, 그것들이 어떻게 미래 에너지 생산에 대한 우리의 접근방식에 통합될 수 있는지를 보여준다. 이 장에는 학생들에게 에너지 생산 및 사용과 관련된 실질적인 문제 해결을 위해 글 전체에 서술된 정보를 통합을 위한 연구 및 설계 프로젝트가 포함되었다. 이 프로젝트들은 학생들에게 정보를 평가하고 에너지 생산과 사용에 대한 가장 합리적인 접근법에 대한 결정을 내릴 기회를 제공한다. 그러한 결정은 종종 과학, 기술, 환경 및 경제적 요인에 대한 고려를 포함하며, 복잡성뿐만 아니라 지속 가능한 에너지의 다분야적 특성을 설명한다.

각 단원의 구성 요소

- **학습 목표** 각 장에서는 요점이 나열된 목록으로 시작하여 교육자와 학생 모두에게 이 장에서 다루는 내용을 매우 명확하게 전달한다.
- **예제** 본문에는 학생이 장말 문제를 다루는 기본적 접근법을 제공하기 위한 수많은 예제가 수록되어 있다.
- **보충설명** 보충설명(Energy Extra boxes)은 거의 모든 장에 포함되어 있다. 이러한 설명은 에너지의 특정 측면에 대한 세부 정보를 제공하고 종종 우리의 미래 에너지 요구를 계획하는 데 필요한 결정의 복잡한 성격을 강조한다. 그들은 또한 표면적으로 유리한 접근방식이 종종 보이는 것만큼 유익하지 않으며 비판적인 분석을 통해 주제의 모든 측면을 이해하는 것이 필요하다고 강조한다.
- **연습문제들** 연습문제는 본질적으로 대부분 정량적이다. 그러나 대부분은 장에서 적절한 공식으로 값을 대체하는 것에 기초한 간단한 계산이 아니다. 문제는 학생들이 정보를 분석하고, 이전 장의 자료를 활용하고, 다양한 출처(교재 자체뿐만 아니라 도서관, 인터넷 또는 기타 출처)의 데이터를 상호 연관시키거나 많은 경우에 그래픽 데이터의 해석, 값의 보간, 때로는 평범한 상식에 기초하여 풀이할 수 있다.

신간의 개선점

- 최신 정보와 개발이 포함된 데이터 테이블 및 그래프 업데이트.
- 각 장의 끝에 연습 횟수 2배 증가.
- 본문 전반에 걸쳐 30개 이상의 새로운 예제 추가.
- 추가된 보충설명(Energy Extra boxes).
- 대체에너지 방식 확대 및 타당성 분석

각 장에 새로 추가된 사항:

제1장: 디젤발전기에 관한 새로운 내용.
제2장: 희토류 원소에 대한 보충설명.
제3장: 유정의 운전, 석유 및 천연가스의 운반방법, 허버트 모델의 적용 확대.
제4장: 산성비와 해양 산성화에 대한 논의 추가; 자연적 대 인공적 기후 변화에 대한 보충설명, CO_2로부터의 메탄올 생산에 대한 새로운 부분과 국제 기후 변화 계획이 추가되었다.
제6장: Watts Bar Reactor 원자로에 대한 보충설명을 추가하고 토륨 재처리 및 인도 원자로 프로그램을 추가하여 고속 증식 원자로에 대한 부분을 확장했다.
제7장: 관성밀폐형 융합로의 설계에 관한 부분 확장.
제8장: 진공관 태양열 집열기에 대한 보충설명 추가, 그리고 전기의 태양 집열기에 대한 부분 추가.
제 9장: 포물선형 집열기에 대한 논의 확대, 중앙 수신기에 대한 부분 확대, 태양 연못에 대한 부분 추가, 태양열 발전탑에 대한 보충설명 추가.
제 10장: 풍력 터빈 안전에 대한 보충설명 추가.
제12장: 통합 풍/파 발생에 대한 논의 추가.
제13장: 시화호 Tidal Station에 대한 논의 추가.
제14장: 해양 열 에너지 변환의 물리적 원리에 대한 세부사항 추가.
제16장: 바이오가스에 관한 부분 추가.
제17장: 아이슬란드의 열병합 발전기 및 열전 발전기에 대한 보충설명, 하이브리드 차량에 대한 부분 확대.
제19장: 배터리 전기 차량의 상용화에 관한 부분 확대.
제20장: Fullerene의 수소 저장 관련 보충설명 추가, 연료 전지 차량의 상용화에 대한 부분 확장.

보조 정보

이 책은 보충하기 위해 책과 함께 다양한 보조 프로그램을 이용할 수 있다.
보조 프로그램은 다음을 포함한다:

- 강사 솔루션 매뉴얼.
- 책에 수록된 내용을 가르치기 위한 제안이 포함되어 있는 주석이 포함된 Power Point 슬라이드.
- 교육자를 위한 시험 항목 예시.
- 학생들의 위한 추가 연습문제.
- 책의 그림과 테이블 이미지 저장소.

Sustainable Energy를 위한 맞춤 구성

원하는 과정의 학습목표에 가장 적합한 요소를 선택하여 맞춤 문서를 만들고 싶습니까?

Cengage Compose 플랫폼은 당신이 필요로 하는 교과서를 정확히 만들 수 있도록 모든 범위의 Cengage 콘텐츠를 제공한다. 웹 사이트를 통해 자료를 신속하게 검토하여 문서에 필요한 모든 내용을 선택할 수 있다. 여러분은 심지어 연습문제, 노트, 유인물과 같은 자신만의 요소를 쉽게 추가할 수 있다. 새 인쇄물이나 eBook을 쉽게 구성한 다음 우리 사이트에서 미리 보기하십시오.

Cengage는 원하는 과정만큼 독특한 맞춤형 학습 자료를 만드는 가장 쉽고 빠른 방법을 제공한다. 책을 사용자 지정하는 방법에 대한 자세한 내용은 compose.cengage.com을 방문하거나 Cengage Learning Consultant에 문의하십시오.

Mindtap 온라인 강좌

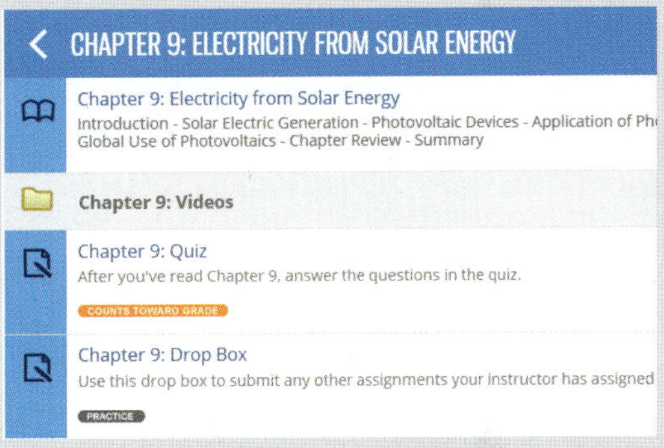

Sustainable Energy, 2e는 또한 Cengage의 디지털 학습 경험인 MindTap과 함께 이용할 수 있다. 이 교재의 신중하게 제작된 교육 및 연습문제는 자동 등급 평가와 전체 학습 도구 모음과 함께 대화형 맞춤형 eBook을 통해 훨씬 더 효과적이다.

MindTap은 강의를 완벽하게 제어하여 우수한 콘텐츠를 제공하고 모든 개인에게 도전하며 학생들이 전문적인 연습을 할 수 있도록 준비시킨다. MindTap을 채택하면 준비 시간이 단축되고 비디오, 평가 등을 통해보다 효과적으로 가르칠 수 있다. 본 제공 메트릭은 참여에 대한 통찰력을 제공하고 추가 교육이 필요한 주제를 식별하며 학생들과 즉시 대화할 수 있도록 한다. 마지막으로, 모든 MindTap 채택에는 전담 팀의 지원이 포함된다. 우리는 강좌를 개설하고, 사양에 맞게 조정하고, 필요로 할 때마다 지원을 제공을 위해 대기할 것이다.

Mindtap은 어떤 이점을 제공하는가?

- 내용을 MindTap Reader (강연 노트, 오디오 및 비디오 녹화 등)에 통합하거나 RSS 피드, YouTube 비디오, 웹 사이트 등과 같은 소스에서 가져와 과정을 사용자 지정하십시오.
- MindTap의 자동으로 등급이 매겨진 과제와 퀴즈를 활용하여 채점 시간을 절약하십시오. 이러한 문제들은 즉각적이고 구체적인 피드백을 포함하기 때문에 학생들은 어디에서 더 많은 연습이 필요한지 정확히 알 수 있습니다.

- Message Center는 당신이 Mind Tap에서 학생들에게 빠르고 쉽게 연락할 수 있도록 도와줍니다. 메시지는 이메일, 소셜 미디어 또는 심지어 문자 메시지로 즉시 전달됩니다.

- Study Hub는 중요한 정보를 전달하고 학생들이 자신의 경험을 확인할 수 있는 일체형 학습지입니다. 교육자는 문서에 **메모**와 **하이라이트**를 추가하고, MindTap Reader의 내용을 공유하며, 학생들이 집중하고 성공할 수 있도록 돕는 맞춤형 **플래시 카드**를 만들 수 있습니다.
- Progress App으로 학생들이 라이브 분석을 통해 어떻게(그리고 어디에서 어려움을 겪고 있는지) 정확하게 알 수 있습니다. 당신은 전반적인 수업 참여 수준을 볼 수 있고 개별 학생 성과에 대해 살펴볼 수 있으며, 추가 교육이 필요한 주제를 파악하고, 어려움을 겪고 있는 학생들과 즉시 의사소통 이 가능합니다.

Mindtap학생들에게 제공되는 이점은?

MindTap **모바일 앱**은 학생들이 핵심 개념을 이해하고, 더 나은 점수를 얻고, 선행 과정을 준비할 수 있도록 하기 위해 플래시카드, 퀴즈, 과정 경고를 포함한 전체 eBook을 포함한다.

- Flashcard는 공부를 시작하기 위해 미리 채워져있으며, 학생과 교육자는 과정을 진행하면서 맞춤형 카드를 제작할 수 있다.

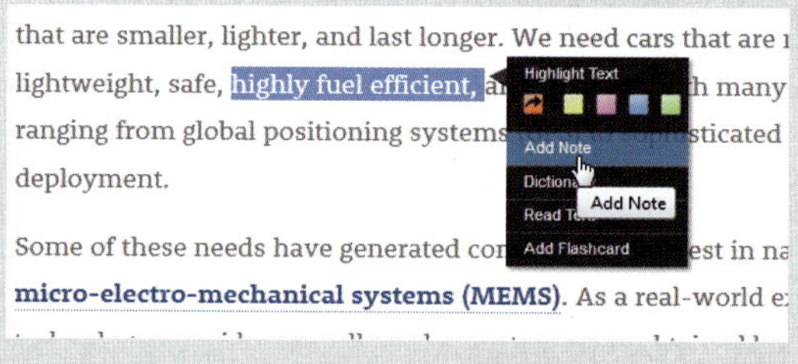

- Progress App을 통해 학생들의 개별 성적뿐만 아니라 수업평균과 비교가 가능하다. 이는 수업과정을 보다 집중적으로 이행할 수 있게 할 뿐만 아니라 궁극적으로 더 집중할 수 있도록 한다.
- Study Hub는 학생들이 자신의 경험을 축척할 수 있도록 하는 단일 목적 학습 도구이다. 이들은 MindTap Reader에 표시된 모든 노트와 하이라이트에 빠르고 쉽게 확인할 수 있으며, 책갈피로 표시된 페이지를 찾고, 강사가 공유하는 노트와 Flashcard를 검토하고, 맞춤형 학습 가이드를 작성할 수 있다.
- MindTap Reader는 콘텐츠를 소리내어 읽게 하고, 디지털 교과서에서 인쇄하며, 문서에서 직접 메모하고 하이라이트를 하면서 링크된 Study Hub App 내에서 캡쳐가 가능

하다.

엔지니어링용 MindTap에 대한 자세한 정보나 설명 일정을 잡으려면 (800) 354-9706으로 전화하거나 higheredcs@cengage.com으로 이메일을 보내십시오. 미국 이외의 지역의 강사는 http://www.cengage.com/contact/을 방문하여 해당 지역의 사무실을 찾으십시오.

감사의 글

저자는 교재 개발 기간 동안 많은 사람들의 도움에 대해 감사 드립니다. 첫째, Dalhousie 대학에서 Sustainable Energy 수업을 들었던 학생에 신세를 졌습니다. 그 학생들이 교재에 영감을 주었고 교재에 대한 의견을 제공했습니다. 또한 에너지 관련 문제에 대하여 수년간 토론을 했던 Jeff Dahn과, 저술과정에서 격려와 견해를 제공한 Harm Rotermund께 감사 드립니다. 집필 중에 도움과 충고를 해준 Ewa Dunlap, 문제의 모범답안을 점검해준 German Rojas Orozco, 다수의 의견과 제안을 제공한 KHLowery 컨설팅의 Amy Hill께도 감사의 말씀을 드립니다. 마지막으로 원고에 귀중한 의견을 보내주신 심사위원님께도 감사드립니다.

- Julie Albertson, *University of Colorado, Colorado Springs*
- Prabhakar Bandaru, *University of California, San Diego*
- Ronald Besser, *Stevens Institute of Technology*
- Christopher Bull, *Brown University*
- Larry Caretto, *California State University, Northridge*
- Gerald Cecil, *University of North Carolina at Chapel Hill*
- Timothy J. Cochran, *Alfred State College*
- Tim Healy, *Santa Clara University*
- Charles Knisely, *Bucknell University*
- David Marx, *Illinois State University*
- Chiang Shih, *Florida A&M University and Florida State University*
- Robert J. Stevens, *Rochester Institute of Technology*
- Thomas Ortmeyer, *Clarkson University*

R. A. Dunlap

Halifax, Nova Scotia

SI 단위

개정 2판의 Sustainable Energy인 이 책에서는 국제 단위계(Le Systéme International d'Unités 또는 SI)를 통합하도록 조정되었다.

국제 단위계

미국 단위계(USCS) 단위는 FPS(foot-pound-second) 단위(영어 또는 영국식 단위라고도 함)를 사용한다. SI 단위는 주로 MKS(meter-kilogram-second) 시스템의 단위이다. 그러나 CGS(centimeter-gram-second) 단위는 특히 교과서에서 SI 단위로 허용되는 경우가 많다.

책에 사용된 SI 단위

이 책에서는 MKS와 CGS 장치를 모두 사용했다. 이 책의 미국판에 사용된 USCS(미국 단위계) 또는 FPS(ft-pound-second) 단위는 문서 및 문제 전체에서 SI 단위로 변환되었다. 그러나 핸드북, 정부 표준 및 제품 설명서에서 가져온 데이터의 경우 모든 값을 SI로 변환하는 어려움이 존재할 뿐 아니라 소스의 지적 재산권을 침해한다. 따라서 그림, 표 및 참조의 일부 데이터는 FPS 단위로 유지된다.

데이터를 사용해야 하는 문제를 해결하기 위해 제시된 값을 사용하기 전에 값을 FPS 단위에서 SI 단위로 변환할 수 있다. SI 단위로 표준화된 수량 및 제조업체 데이터를 얻으려면 해당 지역의 해당 정부 기관 또는 당국에 문의하십시오.

교육자 자료

SI 단위의 교육자 풀이 설명서는 영업 담당자를 통해 제공되거나 책의 웹 사이트(http://login.cengage.com)를 통해 온라인으로 제공된다. SI 텍스트용 ISM의 디지털 버전인 강의 노트 PowerPoint 슬라이드는 물론, 책의 웹사이트에 등록하는 교육자에게도 다른 자료를 제공한다.

본 SI Edition 사용자들의 피드백을 주시면, 후속 버전을 개선하는 데 도움이 될 것이다.

Cengage Learning

저자 소개

Richard A. Dunlap은 Dalhousie University의 물리대기과학과의 연구 교수다. Worcester Polytechnic Institute에서 이학사를 취득하였으며(1974년), Dartmouth College(1976년)에서 석사를, Clark University(1981년)에서 물리학 박사학위를 받았다. 1981년 이 후 그는 Dalhousie University에서 재직하였다. 2001년부터 2006년까지 킬람 물리학 교수로 재직했으며, 2009년부터 2015년까지 Dalhousie University 대학 재료연구연구소장을 지냈다. Dunlap 교수는 *Experimental Physics: Modern Methods*(Oxford 1988), *The Golden Ratio and Fibonacci Numbers*(World Scientific 1997), *An Introduction to the Physics of Nuclei and Particles* (Brooks/Cole 2004)의 저자이다. 수년간 그의 연구 관심 분야는 중요한 현상, 자성 재료, 비정질 재료, 준결정, 수소 저장, 초전도 및 고급 이차 전지용 재료였다. 그는 300개가 넘는 심사위원 연구 논문을 발표했다.

PART I

배경

에너지는 우리 일상 생활의 지극히 중요한 요소이다. 인류역사에서 에너지 사용은 증가되어 왔고, 현재 우리는 난방, 조명, 수송과 모든 공산품의 생산 및 분배에 대한 수요를 맞추기 위해 복잡한 에너지 기반 시설에 의존하고 있다. 지구의 천연자원 수요는 늘어나는 에너지 필요량에 따라 증가하게 되었고, 이는 점차 환경에 부정적인 영향을 끼치게 되어 왔다. 이제 우리는 우리의 에너지 사용을 비판적으로 분석하여 우리 삶의 중요한 구성 요소의 생산과 사용에 맞는 적합한 미래 접근 방식을 결정해야 하는 인류 발전의 단계에 있다.

이 책의 1장은 에너지에 관한 기본 과학 원리에 대한 개요와 에너지 사용량을 분석하기 위해 필요한 정량적인 과학도구에 대한 설명으로 시작하고 있다. 개요에서는 다양한 형태의 에너지에 대한 요약과 에너지가 다른 형태로 변환되는 과정에 대한 정량적인 설명을 다루고 있다. 또한, 기초 열역학과 전기분배의 기본원리에 대한 설명도 포함하고 있다.

에너지 사용에 대한 역사적인 개요는 2장에서 정리하였다. 이 장에서는 미래 에너지 필요량을 평가하기 위한 수학적 기초와 가능한 미래 에너지 생산방법을 고려할 때 계산되어야 할 필요가 있는 요소들에 대한 요약을 제공하고 있다.

첫 장의 사진은 Tasmania의 Gordon 댐을 보여주고 있다. 이 수력발전용 댐의 길이는 192 m, 높이는 140 m이며 최대 발전량은 432 MW_e이다. 이 댐은 1978년에 운영되기 시작하였으며 1950년대에 시작하여 1980년대까지 지속된 Tasmania의 수력발전 건설 시기동안 건설된 대규모 수력발전 시설 중에 하나이다. ■

Tim Collins/Shutterstock.com

CHAPTER 1

에너지 기초

학습목표: 제1장을 학습한 후 다음 내용을 이해할 수 있다.

- 에너지와 동력(Power)의 관계
- 에너지의 형태
- 열역학 법칙들
- 열기관과 Carnot 효율
- 히트펌프와 성능계수
- 전기가 생산되고 분배되는 방법

1.1 소개

에너지는 다양한 방법으로 분류될 수 있다. 에너지를 분류하는 다른 접근법은 운동에너지 또는 위치에너지로 분류하는 것이다. 고전적인 관점에서 운동에너지는 단순한 물리적인 움직임과 관련이 있다. 위치에너지는 시스템과의 상호작용 관점에서 설명할 수 있다. 예를 들어, 중력 위치에너지는 2개의 질량 사이의 중력 상호 작용에 의해 발생한다. 높은 저수지에 있는 물의 위치에너지는 터빈을 가동시키는데 유효하게 이용할 수 있는 운동에너지로 변환할 수 있다.

하지만, 실용적인 관점에서 생산 및 사용하는 방법에 따라 에너지의 형태를 설명하는 것이 유용하다. 또한, 하나의 에너지 형태가 어떻게 다른 형태의 에너지로 변환할 수 있는지를 이해하는 것도 중요하다. 사실, 에너지가 생산되었다라고 말할 때는(예, 원자로), 우리의 필요에 적합하지 않은 에너지(예, 핵 결합에너지)가 쉽게 활용될 수 있는 다른 형태의 에너지(예, 전기에너지)로 전환되었다는 것을 의미한다. 우리 주위 환경에서 추출될 수 있는 에너지를 1차 에너지라고 한다. 예들 들면, 화석연료 형태의 화학에너지, 바람이 가지는 풍력에너지, 저수지 물의 위치에너지, 태양광에너지 등이 있다. 에너지를 활용하기 위해서는, 1차 에너지를 우리의 필요에 맞는 형태로 변환하는 것이 언제나 필요하다. 이 장에서는 몇 가지 기본적인 에너지의 물리학과 함께, 몇 가지 에너지의 특징과 변환법을 설명할 것이다.

1.2 일, 에너지와 동력

에너지(E)는 일(W)을 할 수 있는 능력으로 정의할 수 있다. 일은 에너지 소모의 결과이며, 물체에 작용한 힘(F)과 이동한 거리(d)의 곱으로 정의된다. 이러한 관계는 다음과 같이 쓸 수 있다.

$$W = Fd. \tag{1.1}$$

이 표현에서 물체에 작용하는 힘은 물체가 거리(d)만큼 움직이는 동안 상수이며, 이동방향과 같은 방향으로 작용하고 있다고 가정한다. 일의 단위는 에너지의 단위와 같다. 미터법으로 에너지의 표준 단위는 Joule(J)이다. 이 때 힘은 newton(N), 이동거리는 meter(m)로 표현된다. 기본적인 미터 단위에서, 단위 줄은 $kg \cdot m^2 \cdot s^{-2}$와 같다.

기계적 시스템에서는 식(1.1)로 표현하는 개념이 편리할 것이다. 마루 위에 놓인 질량이 m인 물체는 마루 아랫방향으로 중력 mg(g는 중력가속도)를 작용하고 있고, 마루는 위로 물체에 중력을 상쇄시키는 힘 mg를 작용하고 있다. 물체에 수직으로 작용하는 알짜힘은 0이 되고, 뉴턴의 법칙으로부터

$$F = ma. \tag{1.2}$$

에서 가속도는 0이 되어 물체는 움직이지 않는다. 물체가 이동한 거리도 0이므로, 한 일도 0이 된다. 만약에 수직방향으로 mg와 같은(또는 더 큰) 힘이 작용한다면, 물체는 마루에서부터 위로 움직일 것이다. 높이 h만큼 움직였다면, 그 때 한 일은 식(1.1)로부터 힘과 거리의 곱이 된다.

$$W = mgh. \tag{1.3}$$

에너지 보존법칙에 의해, 일은 위치에너지(mgh)로 변환된다. 한 일은 과정 중 시간이 얼마나 걸렸는지 또는 어떤 경로를 통해 높이(h)에 도달했는지 상관없다. 이러한 특성 때문에, 중력은 보존(conservative)된다고 한다.

때때로 에너지나 일보다는 동력을 다루는 것이 편리할 때가 있다. 동력(P)는 일을 하는 속도(또는 에너지가 소비되는 속도)이다. 동력은 watt(W)로 표시되고, 1 watt는 초당 1 Joule로 정의된다. 동력(P)이 시간(t) 동안 상수라고 가정하면 사용된 전체 에너지는 아래와 같이 표시된다.

$$E = Pt. \tag{1.4}$$

이 정의는 1 W·s = 1 J임을 보여준다. 전체 에너지는 시간에 따라 적분한 동력이므로, 1초 동안 1000 W의 동력을 생산하는(사용하는) 것은 1000초 동안 1 W의 동력을 생산하는(사용하는) 것과 같다. 식(1.4)로부터 에너지에 대한 다른 단위 kilowatt-hour(kWh)를 만들 수

있다. kWh는 1시간(3600초) 동안 1 kW(1000 W)의 동력에 해당하는 에너지로 정의된다. 따라서, 1 kWh = (1000 W) × (3600 s) = 3.6 × 10^6 J이 된다.

예제 1.1

만약 시스템이 매 시간당 10^6 J(i.e. 1 MJ)의 에너지를 생산한다면, 동력은 몇 watt인가?

풀이

10^6 J이 1시간(또는 3600초) 동안 생산된다면, 이를 초당 joule의 단위로 표시하면 watt가 된다.

$$P = E/t = (10^6 \text{ J})/(3600\text{s}) = 278 \text{ W}.$$

1.3 에너지의 형태

에너지는 다음과 같은 다양한 형태로 표시된다.

- 운동에너지(예, 움직이는 자동차)
- 위치에너지(예, 저수지의 물)
- 열에너지(예, 주전자의 끓는 물)
- 화학에너지(예, 1 L의 가솔린)
- 핵에너지(예, 1 g의 우라늄)
- 전기에너지(예, 전구)
- 전자기에너지(예, 태양빛)

설명한대로, 에너지의 분류는 에너지가 오는 근원에 따라 나타내기 위해 편리하게 사용되는 방법이다. 이것은 반드시 독점적이거나 상호 배타적이지 않으며, 포괄적인 분류는 아니다. 예를 들어, 열에너지는 물질을 구성하는 분자의 미시적인 운동에너지로 생각될 수 있다. 화학에너지와 핵에너지는 물질의 결합과 연관된 질량-에너지의 표현으로 볼 수 있다. 하지만 위의 7가지 분류는 실용적인 관점에서 에너지의 형태를 정의하는 편리한 방법이다.

에너지를 사용하기 위해서는, 일반적으로 에너지는 획득된 형태에서 우리가 사용하기 적합한 형태로 변환되는 것이 필요하다. 예들 들어, 1 L에 저장된 가솔린의 화학에너지는 열로 전환된 후, 차량을 움직이기 위한 기계적 에너지로 변환될 수 있다. 에너지 전환은 어떠한 에너지원의 활용에서 중요한 요소이고, 이러한 전환 효율은 에너지원의 실현가능한 활용에서 결정적이다. 어떤 과정에서도 에너지는 언제나 보존된다. (핵물리학에서는 에너지 자체의 보존보다는 질량-에너지의 보존을 더 고려한다. 이는 이 두 양 사이에 동일성이 있기 때문이다.) 그러나, 어떠한 에너지 전환 과정에서, 모든 에너지가 필요로 하는 형태로 전환되지는 않는다. 각각의 형태는 후에 간단하게 설명할 것이다.

1.3a 운동에너지

운동에너지는 명백하게 움직이는 물체와 관련되어 있다. 질량 m을 갖고, 속도 v로 움직이는 물체에 대해, 운동에너지는 아래와 같다.

$$E = \frac{1}{2}mv^2, \tag{1.5}$$

미터법으로, 질량 m의 단위는 kilogram(kg), 속도 v의 단위는 초당 미터(m/s)이고, 에너지 E는 Joule($kg{\cdot}m^2{\cdot}s^{-2}$)이다.

예제 1.2

1500 kg의 자동차가 100 km/h로 움직이고 있다면, 운동에너지는 얼마인가?

풀이

속도를 m/s로 변환하면 (100 km/h) × (1000 m/km)/(3600 s/h) = 27.8 m/s이다. 식(1.5)를 이용하면, 에너지는

$$E = \frac{1}{2}mv^2 = (0.5)\times(1500\text{ kg})\times(27.8\text{ m/s})^2 = 5.8\times10^5\text{ kg}{\cdot}\text{m}^2/\text{s}^2 = 5.8\times10^5\text{ J}.$$

운동에너지는 또한 회전체의 회전운동과도 연관되어 있다. 이때, 에너지는

$$E = \frac{1}{2}I\omega^2, \tag{1.6}$$

I는 물체의 관성모멘트이고, ω는 각속도이다. (물체의 관성모멘트와 회전운동은 18장에서 좀 더 자세하게 다루어질 것이다.) 관성모멘트의 단위는 $kg{\cdot}m^2$이며, 각속도의 단위는 s^{-1}이다. 이전에 에너지의 단위는 Joule(J)이라고 하였다. 직선운동을 하는 물체는 식(1.5)와 같은 직선 운동에너지로, 회전운동을 하는 물체는 식(1.6)과 같은 회전 운동에너지로 표기된다.

예제 1.3

질량(m)이 400 kg, 지름(d)가 0.85 m, 관성모멘트(I) = $md^2/8$ = $mr^2/2$인 디스크 모양의 바퀴가 미끌림 없이 회전하고 있다. 무게 중심의 속도는 30 m/s이다. 이는 화물 기차 바퀴의 대략적인 근사이다. 바퀴의 이동 운동에너지와 회전에너지를 비교하시오.

풀이

식(1.5)로부터 이동 운동에너지를 구할 수 있다.

$$E_{\text{kinetic}} = \frac{1}{2}mv^2 = (0.5)\times(400\text{ kg})\times(30\text{ m/s})^2 = 1.8\times10^5\text{ J}.$$

만약 바퀴가 미끄림없이 회전하면, 각속도($\omega = v/r$)는 질량중심의 속도(v)와 반지름(r)로 구할 수 있다. 식(1.6)에 I와 ω를 대입하면다음과 같다.

$$E_{\text{rotational}} = \frac{1}{2}\left(\frac{mr^2}{2}\right)\left(\frac{v}{r}\right)^2 = \frac{1}{4}mv^2$$

주어진 값을 대입하면,

$$E_{\text{rotational}} = \frac{1}{4}mv^2 = (0.25)\times(400\text{ kg})\times(30\text{ m/s})^2 = 9.0\times10^4\text{ J}.$$

회전에너지는 바퀴의 지름과 무관하고 정확하게 이동 운동에너지의 반이 됨을 명심하자. 이는 미끌림없이 회전하는 디스크의 기본적인 특성이다.

1.3b 위치에너지

위치에너지는 설명한 바와 같이 대부분 중력장에 관한 것으로 편리하게 생각되어진다. 또한 위치에너지의 개념은 압축된 스프링에 저장된 에너지와 같이 다른 상황에도 적용할 수 있다. 중력장 에너지의 경우에, 높이 h에 있는 질량 m인 물체의 위치에너지는 다음 식과 같이 나타내진다.

$$E = mgh. \tag{1.7}$$

이 위치에너지는 물체가 거리 h(항력이 없다고 가정하면)만큼 떨어진다면 운동에너지로 전환될 수 있다.

$$E = \frac{1}{2}mv^2 = mgh. \tag{1.8}$$

물체의 속도는 다음과 같이 계산될 수 있다.

$$v = \sqrt{2gh}. \tag{1.9}$$

예제 1.4

75 kg의 사람이 수직 높이 3 m인 비행기 탑승계단을 걸어 올라가고 있다. 이 사람의 위치에너지의 변화는 얼마인가?

풀이

식(1.7)에서부터

$$E = mgh = (75\text{ kg})\times(9.8\text{ m/s}^2)\times(3\text{ m}) = 2.2\times10^3\text{ J}.$$

1.3c 열에너지

기체의 열에너지는 분자의 미시적인 움직임에 따른 운동에너지에 기인한다. 각각의 기체 분자는 식(1.5)에 해당하는 운동에너지를 가지고 있다. 이때, 분자의 질량은 m, 평균속도는 v이다. 식(1.5)의 우변은 기체의 온도에 관한 이상기체 이론을 적용하여 다음과 같이 표현할 수 있다.

$$\frac{1}{2}mv^2 = \frac{3}{2}k_B T. \tag{1.10}$$

여기서, k_B는 볼츠만 상수(Boltzmann's constant)로 1.3806×10^{-23} J/K이고, T는 절대온도(K)이다. 기체분자 집합의 전체 내부에너지는 식(1.10)의 우변에 전체 기체분자의 수를 곱하면 얻어진다. 실용적 관점에서 기체 몰수와 같은 거시적 양을 다루는 것이 편리하다. 따라서

$$E = \frac{3}{2}nRT \tag{1.11}$$

여기서, n은 기체의 몰수이고, R은 기체상수(universal gas constant)이다. $R = N_A k_B = 8.315$ J/(mol·K). N_A는 아보가드로수(Avogadro's number, 6.022×10^{23} mol^{-1})이다.

고체나 액체의 경우, 물질의 거시적 열에너지 변화는 비열(specific heat, C)로 표현하는 것이 편리하다. 질량 m인 물체에 Q 만큼의 에너지가 공급된다면, 온도변화 ΔT는 다음과 같다.

$$\Delta T = \frac{Q}{mC}. \tag{1.12}$$

큰 비열을 가지는 물질은 정해진 양만큼 온도를 올리기 위해 질량당 큰 에너지가 필요하다. 반대로, 비교적 적은 양의 온도가 올라갔을 때, 비열이 큰 물질은 많은 양의 열에너지를 저장할 수 있다. (이러한 원리의 활용은 8장에서 자세하게 다룰 것이다.) 고체가 녹는점까지 가열된다면, 추가에너지는 녹이는데 이용된다. 이 추가에너지는 고체를 구성하는 화학결합을 끊는데 사용되며, 이 에너지를 용융잠열(latent heat of fusion)이라고 한다. 잠열(latent heat)은 고체의 온도를 변화시키지 않기 때문에 현열(sensible heat)과 구별되어 사용된다. 액체가 끓는점까지 가열될 때, 기화잠열(latent heat of vaporization)인 추가에너지가 물질을 기체로 상변이 시키기 위해 필요하다.

예제 1.5

물의 비열은 4180 J/(kg · ℃)이다. 500 g의 물을 20℃에서 80℃로 가열하는데 필요한 에너지를 계산하시오.

풀이

열에너지를 계산하기 위해 식(1.12)를 변환하면 다음의 식이 된다.

$$Q = mC\Delta T.$$

$m = 0.5$ kg, $C = 4180$ J/(kg·°C), $\Delta T = (80°C - 20°C) = 60°C$를 대입하면,

$$Q = (0.5\ \text{kg}) \times [4180\ \text{J/(kg·°C)}] \times (60°C) = 1.25 \times 10^5\ \text{J}.$$

1.3d 화학에너지

화학에너지는 원자수준에서 이루어지는 전자간 상호작용인 화학결합에 의하여 물질 내에 보존되어있는 에너지를 말한다. 에너지는 원자 결합 변화의 결과로서 화학반응동안 흡수되거나 방출된다. 만약 반응을 일으키기 위해 에너지가 필요하다면, 흡열(endothermic)과정이라고 한다. 일반적으로 이러한 형태의 과정들은 비록 에너지를 저장하는데 유용하다고 함에도 불구하고 에너지를 생산하는데 유용하지 않다. 물의 분해(수소와 산소로)는 이러한 면에서 흥미를 유발하며 20장에서 좀 더 자세히 서술할 것이다.

에너지를 방출하는 과정을 발열(exothermic)과정이라고 하고, 이는 여기서 논의할 것이다. 일반적으로 산화반응(예, 물질의 연소)이 발열과정 범주에 들어간다. 에너지 생산과 연관된 대부분의 예시는 탄소의 연소를 포함하는 반응들이다. 가장 단순한 반응은 순수한 탄소의 산화(공기 중의 산소를 사용하는) 반응과 이산화탄소의 생성이다. 이 과정은 다음 반응식으로 표시된다.

$$C + O_2 \rightarrow CO_2 + 32.8\ \text{MJ/kg}. \tag{1.13}$$

이 반응식은 1 kg 순수한 탄소의 연소에 의해 발생하는 에너지의 양, 즉 탄소의 연소열(MJ/kg)을 나타낸다. 이 값은 탄소 원자 하나의 산화로부터 방출되는 에너지의 양인 4.09 eV(1 eV = 1.6×10^{-19} J)과 일치한다. 분자량이 M(g/mol)인 물질의 한 원자(또는 분자)당 에너지(eV)는 다음 식에서 구할 수 있다.

$$E(\text{eV}) = \frac{(10^6\ \text{J/MJ}) \cdot M \cdot (Q/m)}{(10^3\ \text{g/kg}) \cdot (6.022 \times 10^{23}\ \text{mol}^{-1}) \cdot (1.602 \times 10^{-19}\ \text{J/eV})}, \tag{1.14}$$

여기서 단위질량당 방출되는 에너지 Q/m의 단위는 MJ/kg이다. 순수한 탄소의 산화는 때때로 석탄 연소에 적절한 추정법이다. 다른 화석연료의 연소(또는 나무, 에탄올, 폐기물과 같은 유기물질)는 탄화수소 연소를 일반적으로 포함한다. 이 형태의 몇 가지 단순한 반응은 메탄(천연가스의 주요 성분)의 연소

$$CH_4 + 2O_2 \rightarrow CO_2 + 2H_2O + 55.5\ \text{MJ/kg}; \tag{1.15}$$

에탄올(일반적인 바이오연료)의 연소

$$C_2H_6O + 3O_2 \rightarrow 2CO_2 + 3H_2O + 29.8\ \text{MJ/kg}; \tag{1.16}$$

그리고, 옥탄(가솔린의 중요한 성분)의 연소

$$2C_8H_{18} + 25O_2 \rightarrow 16CO_2 + 18H_2O + 46.8\ \text{MJ/kg}. \tag{1.17}$$

이다. 탄화수소 연소반응은 부산물로 액상의 물이 아닌 수증기를 생산한다는 것을 명심해야 한다. 위 반응식에 명시된 에너지는 고위발열량(Higher Heating Value, HHV)이며, 이는

수증기의 기화잠열을 포함하는 값이다. 이 값은 생성된 수증기가 액화된다면 얻을 수 있는 발열량이다.

동물들의 에너지 생산에서 중요한 반응은 포도당(glucose)의 연소이다.

$$C_6H_{12}O_6 + 6O_2 \rightarrow 6CO_2 + 6H_2O + 16.0\ \mathrm{MJ/kg}. \qquad (1.18)$$

20장에서 수소의 산화반응에 의해 방출되는 에너지에 대해 좀 더 살펴볼 것이다.

$$2H_2 + O_2 \rightarrow 2H_2O + 142\ \mathrm{MJ/kg}, \qquad (1.19)$$

1.3e 핵에너지

핵에너지는 입자 간의 결합에 관련된 에너지라는 면에 있어서 화학에너지와 유사하다. 핵에너지와 연관된 에너지 척도는 원자내부의 전자가 포함된 원자 간의 결합보다는 핵 내부의 중성자와 양성자 간의 결합과 관련되어 있다. 핵 결합은 일반적으로 수 eV인 화학결합보다는 훨씬 더 큰, 수 MeV의 값으로 표시된다. 결과적으로 핵반응에서 방출되는 에너지는 화학반응에서 방출되는 에너지보다 훨씬 큰 10의 지수를 가지게 된다. 아인슈타인의 관계식에 의해 주어진 질량과 에너지의 등가성을 통해,

$$E = mc^2, \qquad (1.20)$$

로 표현하며, 여기서, c는 광속, 핵에너지는 핵 질량의 변화와 관련이 있다(5장에서 더 자세히 서술된다). 발열 핵반응을 통해 방출되는 에너지는 핵 질량의 변화로 나타내어진다.

$$E_{\mathrm{exo}} = \Delta mc^2. \qquad (1.21)$$

비록 이 관계식이 화학에너지에서도 옳다하더라도 화학결합과 관련된 에너지와 화학반응에 따른 질량변화는 핵반응에 비해 매우 작다고 할 수 있다. 6장과 7장에서 자세히 논의하겠지만, 핵에너지 방출은 우라늄과 플루토늄과 같은 무거운 핵의 분열(fission)과 수소 동위원소와 같은 가벼운 핵의 융합(fusion)을 동반하게 된다.

1.3f 전기에너지

전도체에서 전기에너지는 전자와 연관되어 있다. 전자를 미시적으로 표현할 필요 없이, 전압(voltage)과 전류(current)로 전기에너지를 거시적으로 다루는 것이 편리하다. 만약 전류 I가 저항 R을 가진 회로를 통해 흐른다면 저항에 의한 전압강하 V는 다음과 같이 주어진다.

$$V = IR, \qquad (1.22)$$

이 때, 전류가 ampere(A), 저항이 ohm(Ω)이면, 전압은 volt(V)가 된다. 저항에서 소비되는 동력은 다음과 같이 나타낸다.

$$P = VI. \tag{1.23}$$

V와 I의 단위는 볼트(V)와 암페어(A)이며, 이때 P는 와트(watt)로 나타낸다. 식(1.22)로부터 위 식은 다음과 같이 써질 수 있다.

$$P = I^2R = \frac{V^2}{R}. \tag{1.24}$$

식(1.4)로부터, 전기에너지(joule)는 동력(watt)과 시간(second)의 곱이 된다. 전기에너지는 주로 kWh의 단위로 나타내고, J로서 에너지를 나타내기 위해서는 환산인자로 3.6×10^6 J/kWh를 사용한다. 동일한 방법으로 kWh와 MJ사이의 환산인자는 0.278 kWh/MJ이다.

1.3g 전자기에너지

전자기 복사는 광파(light wave)와 같은 파동을 형성하는 전기장 및 자기장과 관련되어 있다고 여겨지고 있다. 또한, 양자역학에서는 광자(photon)라 불리는 입자의 집합으로 간주되기도 한다. 전자기 복사는 그림 1.1에 나타난 것과 같이 넓은 영역의 파장대(wavelength)를 포함한다. 파장에 따라, X-ray, 자외선(UV), 가시광선, 적외선(IR), 라디오파 등과 같은 영역으로 나눌 수 있다. 태양으로부터 전자기 복사(대부분 가시광선 영역)는 화석연료, 바람, 태양광, 바이오매스 등과 같은 다른 에너지의 기본 원천이기 때문에 우리에게는 매우 중요한 에너지 원천 중 하나이다. 그림 1.1은 파장이 짧아짐에 따라 복사에너지양은 증가함을 보여주고 있다. 다른 파장에 대해서도, 파장 λ은 속도의 형태로 주파수 f와 연관되어 있다. 전자기파의 경우에는 광속($c \approx 3 \times 10^8$ m/s)이며 다음과 같이 나타낼 수 있다.

$$\lambda = \frac{c}{f} \tag{1.25}$$

여기서, 파장의 단위는 meter, 속도의 단위는 m/s, 주파수의 단위는 Hertz(s^{-1})이다.

예제 1.6

컴퓨터모니터와 사용자 사이의 거리를 퍼져가는 노란색 빛의 파장수를 추정해보자.

풀이

그림 1.1에서 노란색 빛의 파장은 약 600 nm이다. 보통 사용자가 모니터에서 0.5 m 떨어져서 앉는다면, 이 거리에서 노란색 빛의 파장수는 다음과 같다.

$$N = \frac{0.5\ \text{m}}{6.0 \times 10^{-7}\ \text{m}} = 8.3 \times 10^5\ \text{파장}.$$

만약 전자기에너지를 양자(量子)로 고려한다면, 각 양자의 에너지는 전자기파의 주파수와 관련이 있다.

$$E = hf. \tag{1.26}$$

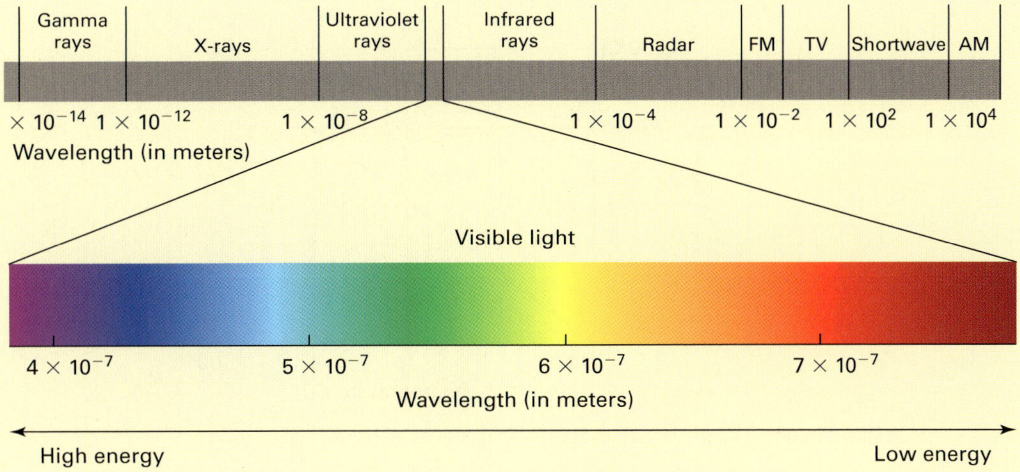

그림 1.1: 전자기 스펙트럼. 가시광선 부분은 하단에 확대되어 나타나 있다.

Based on http://www.yorku.ca/eye/spectru.htm; http://www.pion.cz/en/article/electromagnetic-spectrum; http://web.princeton.edu/sites/ehs/laserguide/

이 때, h는 플랑크 상수(Planck's constant)를 의미한다. 장파장의 라디오파는 전기장치(무선 송신기)에서 인공적으로 만들 수 있다. 적외선에서 자외선 및 X-선 스펙트럼 영역에서의 복사는 자연적으로나 인공적으로 원자 에너지 수준 사이의 전자 전이를 통해 보통 만들어진다. 단파장(고에너지) 복사는 핵의 들뜬 상태(exited state)를 포함하는 전이에서 보통 나타나게 된다. 식(1.26)에서 에너지의 단위는 J이고, 플랑크 상수 h는 6.626×10^{-34} J·s이다. 많은 경우, 광자당 에너지는 eV로 표시하는 것이 편리하다. 이 경우 플랑크 상수는 4.136×10^{-15} eV·s이다.

1.4 몇 가지 기초 열역학

계(system)의 열역학적 거동은 열역학 법칙들로 묘사할 수 있다. 많은 물리법칙들이 열역학적 거동에 영향을 주었으나, 이 중 중요한 4가지가 선택되었고 이를 전통적으로 0부터 3법칙으로 정해졌다.

0법칙. 두 개의 계가 열역학적으로 제 3의 계와 평형을 이루고 있으면 두 계도 서로 평형에 놓여 있다.

1법칙. 에너지는 보존된다.

2법칙. 닫힌계는 평형으로 이동할 것이다.

3법칙. 절대 0도에 도달하는 것은 불가능하다.

이들을 아래에서 간단하게 각각 설명하려 한다.

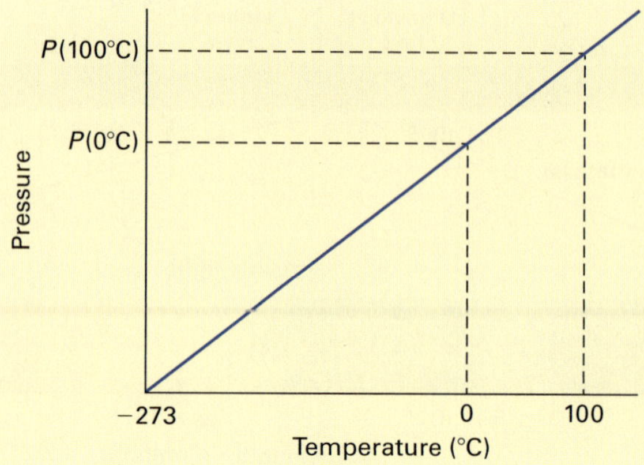

그림 1.2: 이상기체 법칙에 따른 절대온도

1.4a 열역학 0법칙

0법칙은 열평형(thermal equilibrium)의 정의에 대한 일반화이다. 두 개의 계가 서로 열을 전달할 수 있으나 하지 않는다면, 두 계는 열적 평형에 있다. 이 법칙은 계의 열역학 상태가 온도만의 단일 변수로 정의할 수 있다는 것을 의미한다. 열적 평형에 있는 두 계는 같은 온도에 있다고 정의된다.

온도는 이상기체법칙으로 정의된다.

$$PV = Nk_{\mathrm{B}}T, \tag{1.27}$$

여기서, P는 압력, V는 부피, N은 기체 분자의 수, k_{B}는 볼츠만 상수(Boltzmann's constant) 그리고 T는 절대온도(K)이다. 계가 어떤 온도계(Celsius, Kelvin 등)를 사용하더라도, 온도를 표시하기 위해서는 두 개의 정의(0의 위치, 온도 간격의 크기)가 필요하다. 온도 눈금(temperature scale)을 정의하는 기준점은 많은 경우 물의 특성에 기초를 두고 있으며, 섭씨온도(Celsius) 눈금의 경우, 물의 어는점을 0도로 한다. 이 0도는 절대 0도가 아니며, 이는 온도 눈금이 절대 눈금이 아니라는 것을 의미한다. 절대온도 눈금을 섭씨온도 눈금 기준으로 정의된 단위 크기를 이용하여 나타내기 위해서는 이상기체법칙이 이용될 수 있다. 부피가 정해진 이상기체의 압력은 식(1.27)에 의해 절대온도와 선형관계에 있다. 따라서 온도가 절대 0도로 가면 압력도 0으로 가게 된다. 그림 1.2는 이상기체에 대해 섭씨온도와 압력과의 관계를 보여준다. 압력이 0으로 갈 때까지 온도를 외삽하면 섭씨온도 눈금에서 절대 0도 값을 얻을 수 있다. 이는 켈빈(Kelvin) 온도 눈금을 정의하는 기초가 되며, 그림에서 나타난 바와 같이 K = ℃ + 273이 된다.

1.4b 열역학 1법칙

열역학 계에 적용되는 에너지 보존은 그림 1.3에서 볼 수 있다. 기체는 피스톤-실린더 내부에

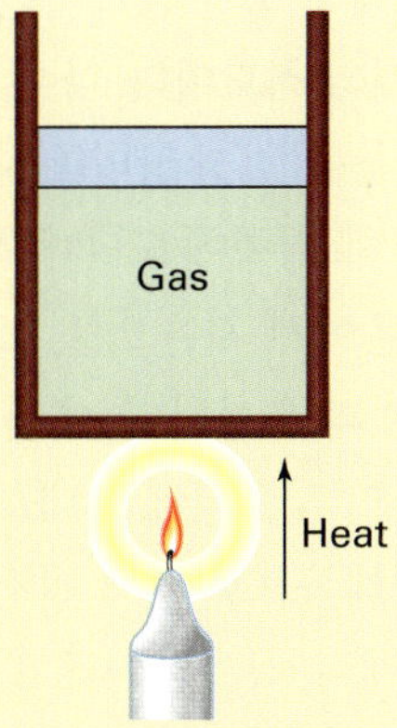

그림 1.3: 에너지의 보존과 열에너지가 기계적인 일로 어떻게 쓰이는지에 대한 예시

있다. 만약 에너지가 불꽃과 같은 열의 형태로 시스템으로 공급된다면, 두 가지 가능한 상황이 발생한다.

1. 만약 피스톤이 고정되어 있다면, 기체의 내부에너지는 에너지 공급에 의해 증가하며, 이는 온도의 상승으로 나타나게 된다.
2. 만약 피스톤이 움직일 수 있다면, 에너지의 일부는 피스톤을 위로 올리는데 이용되고, 따라서 중력에 반해 일을 하게 된다.

일반적으로,

$$Q = \Delta U + W, \tag{1.28}$$

이다. 여기서, Q는 열에너지 입력, ΔU는 온도변화로 나타나는 기체의 내부에너지 변화, W는 수행한 기계적 일이다. 식(1.28)은 닫힌계에서 열을 포함한 에너지 전환 과정을 이해하는 기초가 된다.

1.4c 열역학 2법칙

열역학 2법칙을 서술하는 데에는 많은 방법이 있다. 이 장의 초반에 서술한 것(닫힌계는 평형으로 이동할 것이다)과 더불어, 2법칙은 또한 다음과 같이 서술할 수 있다:

> 열은 자연적으로 뜨거운 곳에서 차가운 곳으로 흐른다.

또는,

> 우주(universe)의 엔트로피(entropy)는 항상 증가한다.

이 세 문장이 같은 현상을 보는 단지 다른 표현법이라는 것을 이해하기 위해, 뜨거운 금속 조각과 차가운 금속 조각을 접촉 시켰을 때의 현상을 생각해보자. 이 계는 뜨거운 금속에서 차가운 금속으로 두 조각의 금속이 같은 온도가 될 때까지 열을 전달하여 열적 평형에 도달할 것이다. 두 조각의 금속의 온도가 같아지면, 0법칙의 정의에 따라 열적 평형에 있다고 할 수 있다. 엔트로피는 무질서의 척도이다. 다른 온도의 두 조각 금속은 그들이 열적 평형(즉, 같은 온도)에 있는 것보다 더 높은 질서 상태를 나타낸다(즉, 뜨거운 금속 원자는 차가운 금속 원자와 분리되어 있다). 이렇게, 평형에 도달함으로써 우주의 전체 엔트로피는 증가하게 된다.

열에너지는 열이 고온에서 저온으로 흐를 때만 일을 할 수 있게 된다. 위치에너지가 운동에너지로 전환되는 것과 유사하다. 예를 들어, 수력발전기보다 높은 위치에 있는 저수지의 물을 생각해보자. 물이 저수지에 그대로 있는 한, 어떠한 일도 생성되지 않고, 전기도 발전되지 않는다. 물이 아래쪽으로 흘러 발전기를 지나면서 전기가 생산된다. 이러한 방법으로 위치에너지는 운동에너지로 전환되고 이어서 전기에너지로 변환된다. 같은 방법으로 뜨거운 물질에 저장된 열에너지는 저온으로 흐르면서 다른 형태의 에너지로 전환된다. 이것이 다음 절에 설명할 열기관(heat engine)의 작동 원리이다.

1.4d 열역학 3법칙

3법칙은 열역학 과정의 효율성을 이해하기 위해 중요하다. 3법칙의 일부는 절대 0도에 도달할 수 없다는 사실이다. 3법칙의 자세한 내용과 기원은 현 과정에서는 적절하지 않아 이 책에서는 다루지 않을 것이다.

1.5 열기관과 열펌프

열이 고온저장조에서 저온저장조로 움직인다면, 열에너지의 일부는 기계적인 일로 변환될 수 있다. 이런 일을 하는 장치를 열기관(heat engine)이라고 부른다. 예를 들면, 스팀터빈, 가솔린 자동차 엔진, 제트엔진 등이 있다. 그림 1.4는 열기관의 개략도를 보여주고 있다. 열은 고온저장조(온도 T_h)로부터 제거된다. 이 열의 일부는 저온저장조(온도 T_c)에 보내지고, 일부는 유용한 기계적인 일(W)을 하는데 사용된다. 고온저장조에서 제거되는 열이 Q_h, 저온저장조에 보내지는 열이 Q_c라면,

$$Q_\mathrm{h} = Q_\mathrm{c} + W. \tag{1.29}$$

이 된다. 이 표현은 식(1.28)과 비슷하고 열역학 1법칙에 의해 표현된 에너지 보존의 직접적인 결과이다. 실용적 관점에서, Q_h는 자동차엔진에서 가솔린 연소로 생산되는 에너지일 수 있다. 이 경우, Q_c는 공기로 전달되는 여분의 열이 되고, W는 얻어진 기계적인 일이 된다. 이 과정의 효율 η는 전체 입력 에너지 Q_h와 얻어진 일 W의 비가 된다. 백분율로 효율은

$$\eta = 100\,\frac{W}{Q_\mathrm{h}}. \tag{1.30}$$

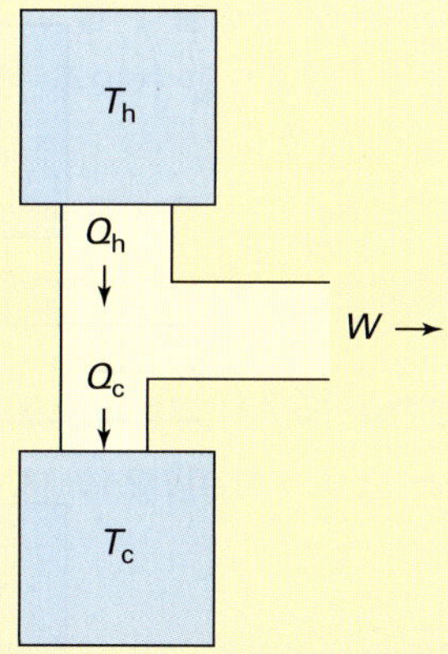

그림 1.4: 열에너지를 기계에너지로 변환하는 열기관의 개념도

으로 나타내어진다. 식(1.29)로부터,

$$W = Q_h - Q_c \tag{1.31}$$

이고, 효율은

$$\eta = 100\left(1 - \frac{Q_c}{Q_h}\right). \tag{1.32}$$

가 된다. 프랑스 엔지니어 Sadi Carnot의 연구 결과로 Q_c와 Q_h의 비는 저장조의 온도의 비로 나타낼 수 있다:

$$\frac{Q_c}{Q_h} = \frac{T_c}{T_h} \tag{1.33}$$

이 표현을 이용하면 식(1.32)은

$$\eta = 100\left(1 - \frac{T_c}{T_h}\right). \tag{1.34}$$

가 된다. T_c와 T_h는 Q_c와 Q_h보다 쉽게 측정될 수 있기 때문에 이러한 표현은 사용하기에 편리하다. 식(1.33)에서 온도는 절대온도단위(켈빈 온도, K)를 사용하여야 한다. 이 식에 섭씨온도를 사용하는 것은 잘못된 결과를 초래한다. 식(1.34)에서 표현한 효율은 이상 Carnot 효율로 알려져 있고, 각각 온도가 T_h, T_c인 고온저장조와 저온저장조를 활용하는 열기관이 얻을 수 있는 최대 효율이 된다. 100% 효율은 T_c가 절대 도달할 수 없는 절대 0도일 때, 이루어질 수 있다. 그림 1.4에서 Q_c는 Q_h보다 클 수 없다는 것을 알 수 있다. Carnot의 관계식에서, $Q_c > Q_h$는 $T_c > T_h$를 의미하고, 이는 고온과 저온의 정의와 맞지 않게 된다. 비록 Carnot 효율이 열기관의 이론 최대 효율이나, 일반적으로 실제 열기관은 Carnot 효율보다 매우 낮은 효율로 운전된다.

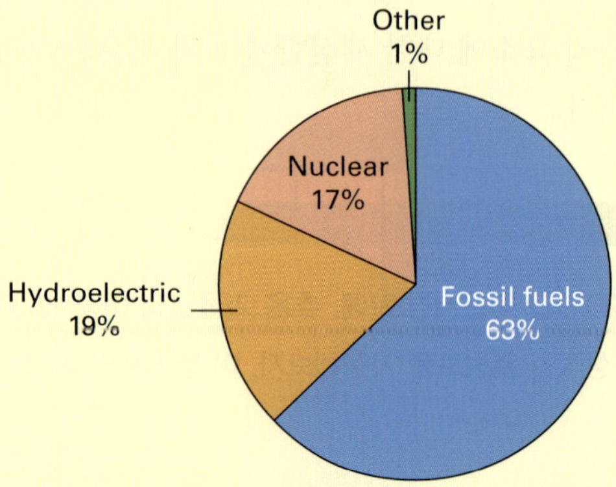

그림 1.6: 전기 생산을 위해 사용되는 1차 에너지의 비율

화석연료로부터 전기를 생산하기 위해서는 보편적으로 두 가지 방식이 이용된다: 열발전(thermal generation)과 연소터빈(combustion turbine). 열발전에서는 연료를 태워 열을 생산하고, 이 열은 수증기를 생산하고, 다시 터빈을 가동시킨다. 이러한 시설들은 주로 석탄이나 연소가능한 어떠한 연료에도 사용될 수 있다. 연소터빈은 터빈을 가동시키기 위해 연소에 의해 생성되는 고온가스를 이용한다. 연소터빈은 주로 천연가스나 고휘발성 액체(예, 가솔린)를 연료로 이용한다. 핵에너지는 특별한 방식의 열을 생산하는 방법을 제외하고 이후에는 석탄 열발전(thermal generation) 방식과 매우 유사한 방법으로 전기로 전환된다. 이 절에서는 열발전과 연소터빈 기술에 대해 논의할 것이다.

1.6a 열발전

열발전 시설에서 기본적인 필요 요소 중 하나는 지속 가능한 저온저장조이다. 일반적으로 바다, 큰 호수, 강 또는 대기(냉각탑)가 이 역할을 한다. 물을 저온저장조로 사용하는 발전소의 일반적인 개념도를 그림 1.7에 보여주고 있다. 중간 규모의 발전설비 사진은 그림 1.8에 보여주고 있다. 고온저장조는 핵반응이나 화석연료 연소에 의해 생성된 보일러의 수증기가 된다. 고온, 고압의 수증기는 터빈의 회전자를 회전시킴과 동시에 터빈을 지남으로써 일을 하게 된다. 터빈을 지나면서 수증기에서 추출된 에너지는 수증기의 온도와 압력을 감소시키게 된다. 큰 터빈의 일반적인 회전자 디자인은 그림 1.9에 보여지고 있다. 많은 경우, 터빈은 그림 1.10에 나타난 바와 같이 압력이 감소되는 일련의 단계로 구성되게 된다. 과잉열은 열교환기를 통해 저온저장조로 전달된다. 기계에너지는 발전기에 의해 전기로 전환된다. 이 설비의 출력은 W_e(전기와트)로 측정된다. 첨자 'e'는 전기를 의미한다. 열에너지의 전기로의 전환 효율은 열에너지의 기계에너지로의 Carnot 효율의 영향을 받게 된다(기계에너지에서 전기에너지로의 전환 효율은 90% 이상으로 매우 높다). 물이 저온저장조로 사용되면, T_c의 온도 하한점은 명백히 0 ℃이다. 그림 1.11에 도시된 냉각탑은 대기를 저온저장조로 사용한다. 냉각탑의 값은 반드시 0 ℃로 제한되는 것은 아니어서 수냉방식보다

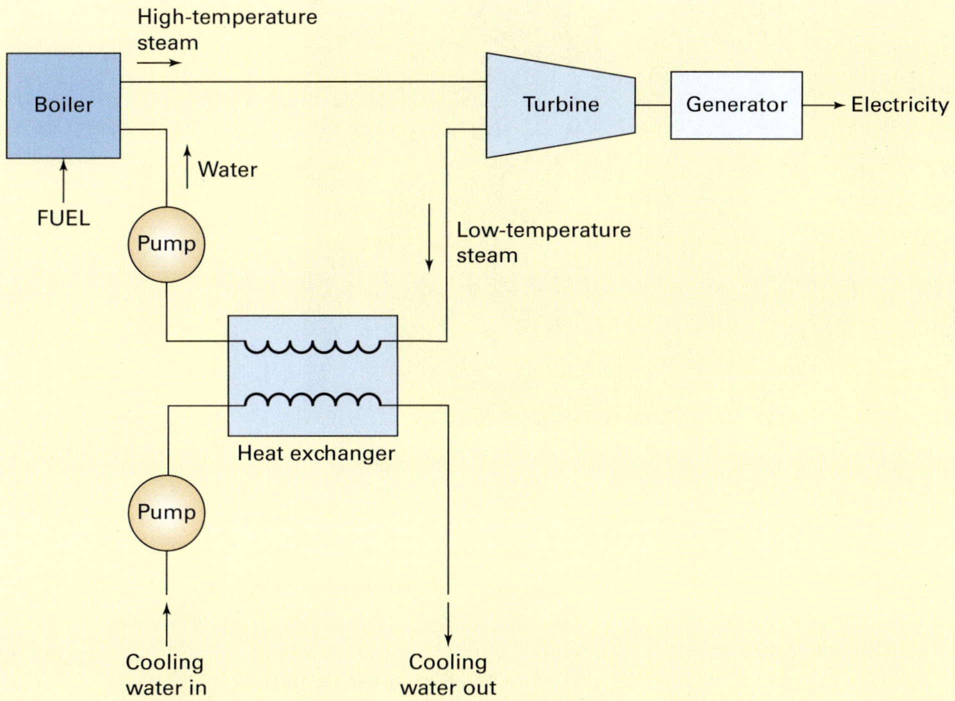

그림 1.7: 전형적인 화석연료 발전소 또는 원자력 발전소의 개념도.

그림 1.8: 노바스코샤주 다트머스에 위치한 Tuft's Cove 발전소. 350 MW급 발전소로서 오일 또는 천연가스를 연료로 사용한다.

그림 1.9: 여러 단계의 터빈 날개로 구성된 터빈의 회전자 어셈블리.

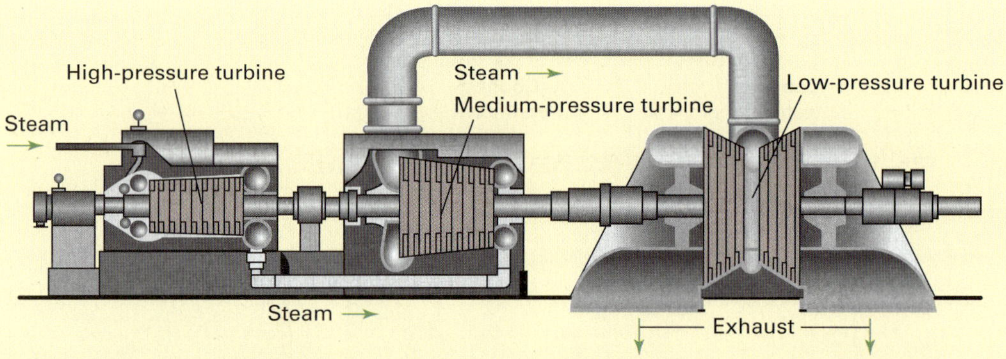

그림 1.10: 고압, 중압, 저압 단계에 따른 수증기 터빈의 개념도.

Based on Introduction to Turbines, http://www.geocities.ws/alfiefernandes/Introduction_turbines.htm

그림 1.11: 냉각탑은 보통 열발전소 시설에서 사용된다.

그림 1.12: Tri-state G&T에서 운영하는 뉴멕시코주, 로즈버그에 위치한 피라미드 발전소에서는 천연가스 연소로 터빈을 돌린다.

는 좀 더 다양하게 된다. 일반적인 발전효율은 화석연료를 이용하는 경우에는 약 35~45%, 핵연료를 이용하는 경우에는 약 30%이다. 열기관의 효율로 인해 화석연료나 핵연료의 에너지양은 대략 전기와트 출력의 3배 정도가 된다.

1.6b 연소터빈

연소터빈은 액체나 천연가스와 같은 기체 화석연료로부터 전기를 생산하는데 종종 이용된다. 연소로 뜨거워진 기체는 제트엔진과 같은 터빈에 직접 공급되고 온도와 압력이 감소하면서 터빈을 회전시킨다. 이런 시설은 석탄 열발전소보다 크기는 좀 더 작고, 연료로 사용하는 천연가스, 가솔린 등의 단위 줄당 연료비용은 일반적으로 석탄보다 더 높다. 그림 1.12에 도시된 연소터빈은 비교적 열발전에 비해 시동시간이 짧기 때문에 수요가 높아질 때 석탄 화력발전이나 원자력발전을 보완하기 위해 종종 사용된다.

1.6c 디젤발전기

본토에 충분히 근접하지 못한 유인섬과 같이 광범위한 분배 시스템으로부터 격리된 로컬 그리드와 같은 지역에서는 디젤발전기가 전기생산 방법으로 적합하다. 그림 1.13에서는 디젤발전기 설비의 예를 보여주고 있다. 이 설비는 6개의 Wartsila Sulzer ZA40 디젤발전기로 구성되어 있으며 각각은 11 MW의 전력을, 전체로는 67 MW의 규모의 전력을 생산하여 13000명의 인구가 살고 있는 다수의 섬에 제공하고 있다. 그림 1.13의 사진을 통해 배기통과 연료탱크를 볼 수 있다. 이 발전기는 디젤연료 또는 Bunker C와 같은 연료유를 연소시킬 수 있다.

1.6d 전력 분배

전기는 발전소에서 전선에 의해 최종 사용자에게 분배된다. 초전도체를 제외한 모든 전선은 저항을 가지고 있기 때문에, 일부 전기에너지는 소실되고 전송 중 열로 전환된다. 전기

그림 1.13: 섬의 디젤발전기 설비는 캐나다, 퀘벡주의 Îles de la Madeleine, Cap aux Meules의 메인 그리드에 연결되지 않았다.

Richard A. Dunlap

그림 1.14: 주거지역 전봇대에 설치된 소형 전력 분배 변압기

Richard A. Dunlap

그림 1.15: 전력 분배소에 위치한 변압기

에너지에 대한 이전의 논의로부터 전력 전송 중 저항 손실을 최소화하기 위한 접근법을 이해하는 것은 쉽다. 전선의 저항을 R, 전류를 I라고 하면 식(1.24)로부터 전력 손실은

$$P_{\text{loss}} = I^2R, \tag{1.39}$$

가 된다. 전선의 저항은 전선을 만든 재료(일반적으로 알루미늄), 전선의 지름과 길이에 의해 결정된다. P_{trans}만큼의 전력을 어떤 거리만큼 전송할 필요가 있다면, 식(1.23)으로부터

$$P_{\text{trans}} = VI, \tag{1.40}$$

이 된다. 여기서, V는 전압이다. 이 식에서 전류는

$$I = \frac{P_{\text{trans}}}{V}, \tag{1.41}$$

이 된다. 식(1.39)에 대입하면,

$$P_{\text{loss}} = \frac{{P_{\text{trans}}}^2R}{V^2}. \tag{1.42}$$

이 된다. 여기서 전력 손실은 전압의 제곱에 반비례하게 된다. 전송 케이블을 통한 전력 전송은 전압이 실현 가능한 한 최대한 높을 때 가장 효율적이다. 이것이 전력 분배의 접근법이다. 전력 전송이 필요한 거리가 길면 길수록(저항이 커지면 커질수록) 일반적으로 전압은 더 높아지게 된다. 가정용 전압은 일반적으로 220 V이므로, 전압은 전력 분배 변압기에서 단계적으로 낮아져야 한다. 그림 1.14와 1.15은 가정용 또는 장거리 전력 분배 시스템을 위한 전압 변화에 사용되는 전력 분배 변압기를 보여준다.

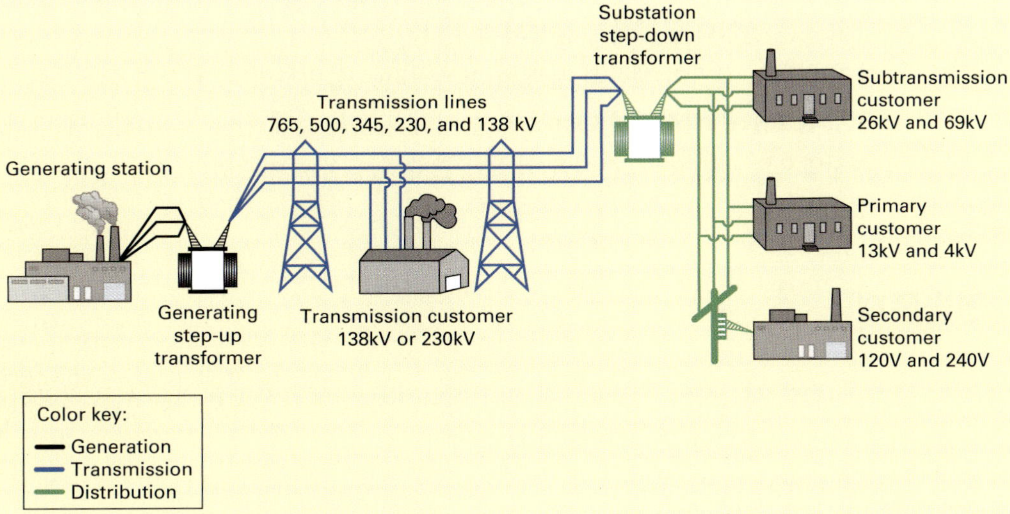

그림 1.16: 간단한 전력 분배 시스템의 개념도

Based on the U.S.-Canada Power System Outage Task Force, "Final Report on the August 14, 2003 Blackout in the United States and Canada," April 2004

그림 1.16은 산업 및 주거 고객에게 적절한 전압을 제공하기 위한 고전압 전송 라인과 변압기가 있는 일반적인 전력 분배 시스템의 모습을 보여주고 있다. 스마트 그리드는 뒤의 17.4절에서 논의될 예정이다.

1.7 요약

이 장에서 전력은 시간당 생산되거나 사용되는 에너지의 척도임을 보여주었다. 에너지는 다양한 형태로 존재한다. 실용적 관점에서 에너지는 움직이는 물체와 연관된 운동에너지, 수직으로 이동하는 물체와 연관된 위치에너지, 온도가 올라가는 물체와 연관된 열에너지, 원자 사이의 전자 결합과 연관된 화학에너지, 핵 내부에서 양성자와 중성자의 결합에 기인한 핵에너지, 전류의 흐름과 연관된 전기에너지, 광자와 연관된 전자기에너지의 형태로 분류하는 것이 편리하였다.

또한, 열역학에 대한 기본 원리들을 소개하였다: 온도의 정의, 에너지 보존, 모든 계는 열적 평형을 이루려는 경향, 절대 0도에 도달하는 것은 불가능함. 이러한 원리들은 열역학계에서 Carnot 효율을 이용한 열기관과 성능계수를 이용한 열펌프의 거동을 설명하는데 활용되었다.

활용에 적합한 형태로 1차 에너지원을 변환시키기 위한 몇 가지 방법이 논의되었다. 일례로 화석연료의 연소를 통한 화학에너지의 열에너지로의 전환이나 바람의 기계에너지의 전기에너지로의 전환을 들 수 있다. 이러한 전환 공정은 기본 물리 법칙에 따른 적합한 기술의 발전에 의존하게 된다. 예를 들어, 더 효율적인 자동차 엔진은 개발될 수 있으나, 궁극적인 효율은 열역학 법칙에서 결정되게 된다.

마지막으로, 전기의 생산과 분배의 기본원리를 설명하였다. 화석연료나 핵에너지에 의한 열발전 효율은 열기관의 Carnot 효율 이하의 값을 갖게 된다. 옴의 법칙에 따라, 전기가 높은 전압으로 전송될 때, 손실을 최소화 할 수 있음을 보여주었다.

연습문제

1.1 다음을 계산하여 기계에너지, 화학에너지, 질량에너지의 크기를 서로 비교하시오.
(a) 1 kg 석탄을 수직거리로 100 m 낙하
(b) 1 kg 석탄을 연소
(c) 질량 1 kg 석탄을 에너지로 전환

1.2 식(1.15)에서 보여준 것처럼 메탄의 연소와 연관된 에너지를 바라보는 단순한 방법은 식(1.13)의 탄소 연소와 식(1.19)의 수소 연소를 살펴보는 것이다. 이런 과정에 포함된 에너지를 기반으로 이런 접근법의 타당성을 논의하시오.

1.3 물 1 m를 100 m 높이의 다리 위에서 부었다. 위치에너지가 90%의 효율로 전기에너지로 전환되었다면, 이 에너지로 60 W 전구를 얼마나 오랫동안 밝힐 수 있겠는가?

1.4 1 g 메탄을 태운다. 이 때 발생한 열로 1 kg의 물 온도를 올리는데 사용한다. 물의 초기 온도가 25°C라면, 최종 온도는 얼마인가?

1.5 (a) 커피 한 컵의 온도를 상온에서 60°C까지 올리는 데 필요한 에너지를 추산하시오.
(b) 뜨거운 커피 한 컵에 담겨 있는 질량에너지를 추산하시오.

1.6 녹색 광자의 에너지는 eV로 얼마인가?

1.7 보통의 사람은 짧은 시간 동안 상당한 양의 동력 출력을 낼 수 있다. 그러나, 하루 8시간의 전체 근무 시간 동안 사람은 평균 100 W의 물리적 출력을 낼 수 있다고 한다. 에너지가 $0.12/kWh의 가치(공공시설에서 평균 전기요금)가 있다면, 하루당 인간의 물리적 일의 순간적인 가치는 얼마인가?

1.8 575°C의 수증기를 받아 35°C의 물을 외부로 배출하는 수증기 터빈의 이상 Carnot 효율은 얼마인지 계산하시오.

1.9 물이 1 m의 지름을 가지는 관을 초당 0.5 m 흐른다고 한다. 흐르는 물이 가지고 있는 에너지가 전기로 80%의 효율로 전환되어 전류가 100 Ω의 저항을 통과한다고 할 때, 저항을 통과하는 전류는 얼마인가?

1.10 1 m^3의 물 온도가 10°C 감소하였다. 이 열에너지가 물을 중력을 거슬러 들어올리는데

사용된다면, 물의 질량 중심의 높이 변화는 얼마인가?

1.11 8.5의 성능계수를 가지는 열펌프가 집을 난방하기 위해 이용된다. 만약 밖의 온도가 –15°C라면, 실내의 온도는 얼마인가?

1.12 10 kV의 전압으로 100 kW의 전력을 송신할 때 1 kW의 전력 손실이 발생하는 전력 송신선이 있다고 한다. 만약 전압이 200 kV일 때, 같은 전력을 송신할 때 발생하는 전력 손실은 얼마인가?

1.13 350°C의 수증기로 터빈을 돌리고, 배기구의 온도는 70°C일 때, Carnot 효율은 얼마인가?

1.14 (a) 500 K의 온도를 가지는 고온저장조로부터 15 kW의 전력이 37%의 효율을 가지는 열기관에 들어갈 때, 출력 전력은 얼마인가?

(b) 저온저장조의 온도는 얼마인가?

1.15 0.25 m의 지름을 가지고, 10 kg의 질량을 가지는 회전하는 솔리드 디스크가 1 kJ의 에너지를 저장한다고 한다. 회전속도는 분당 회전수로 얼마인가?

1.16 저위발열량(LHV)이란 연소를 통해 생성된 수증기의 증발잠열을 제외한 연료 연소를 통해 얻을 수 있는 열량으로 정의한다. 식(1.16)으로부터 에탄올의 저위발열량을 계산하시오.

1.17 지역 FM 라디오는 104.3 MHz의 주파수로 방송한다. 이 라디오파의 파장은 얼마인가?

1.18 한 주택 소유자는 전기를 사용하여 연간 2600달러의 비용과 100%의 효율로 집을 난방한다. 다른 주택 소유자는 동일한 집에 대해 7의 성능계수를 가지는 열펌프를 난방에 사용한다. 두 번째 주택 소유자의 연간 난방비용은 얼마인가?

1.19 석탄 화력 발전소가 38%의 효율로 가동 중이다. 이 발전소가 만약 연간 6 TWh의 전력을 생산한다면, 석탄 소비율은 kg/s로 얼마인지 계산하시오. 석탄은 순수한 탄소라고 가정한다.

1.20 500 W의 전기히터를 사용하여 100%의 효율과 열손실없이 100 L의 물탱크를 가열한다. 물의 온도를 20°C 올리는데 얼마나 시간이 걸리는지 계산하시오.

참고문헌

F. S. Aschner. *Planning Fundamentals of Thermal Power Plants*. Wiley, New York (1978).

G. J. Aubrecht II. *Energy: Physical, Environmental, and Social Impact* (3rd ed.). Pearson Prentice Hall, Upper Saddle River, NJ (2006).

R. A. Dunlap. *Experimental Physics—Modern Methods*. Oxford University Press, New York (1988).

E. L. McFarland, J. L. Hunt, and J. L. Campbell. *Energy, Physics and the Environment* (3rd ed.). Cengage, Stamford, CT (2007).

K. Wark. *Thermodynamics* (4th ed.). McGraw-Hill, New York (1983).

CHAPTER 2

과거, 현재 그리고 미래 에너지 사용

학습목표: 제2장을 학습한 후 다음 내용을 이해할 수 있다.

- 인류 에너지 수요 변천사
- 경제, 지역, 기후 및 산업 요소에 대한 현재 에너지 분배와 관계
- 지수 성장의 원리
- 자원 활용의 Hubbert 모델
- 에너지 생산과 사용 자원의 한계
- 에너지 생산과 사용 기술의 한계
- 에너지 사용을 제한하는 경제 요소
- 에너지 생산에 영향을 주는 사회 요소
- 에너지 사용의 환경적인 면
- 에너지 사용에 영향을 주는 정치적인 요소
- 현재 기술과 새로운 에너지 기술과의 통합

2.1 소개

불이 사용되기 이전에, 인류는 자신의 몸이 생존에 필요한 일을 하기 위해 얻을 수 있는 에너지에만 의존하였다. 이런 에너지는 인류가 섭취하는 음식으로부터 얻을 수 있었다. 일일 평균 음식 소비가 8.6 MJ이라면, 이것은 지속적으로 약 100 W[$\approx(8.6\times10^6$ J)/(86,400 s/d)] 정도의 동력을 활용한 것이다. 이 양은 대형 전구의 열과 빛 출력의 합과 비슷하다. 인류는 생활을 개선하기 위해 다양한 원천으로부터 에너지를 얻어 왔다. 최초에는 나무를 태우고, 동물을 사육하고, 이어서 화석연료를 태웠다. 점차 개인의 에너지 활용도 증가하였다. 전체 세계 에너지 사용은 개인 수요와 인구 증가로 인해 점점 커져 갔다. 대부분의 과거 인류는 에너지의 유효성에 대한 제한이나 사용에 따른 부정적인 환경 영향에 대한 인지(최소한 세계적인 규모) 없이 자연으로부터 얻을 수 있는 에너지원을 사용하였다. 최근에는, 이러한 요소를 인지함으로써 에너지 자원의 보존, 대체 자원의 활용, 에너지 생산 및 사용에 따른 원하지 않은 결과를 완화시키기 위한 메커니즘 조사가 수행되기 시작했다. 미래에 대한 계획을 하기 위해서는 과거 에너지 사용량, 가용한 자원의 평가, 미래 수요의 예측이 필요하다. 이 장에서는 과거 에너지 사용량을 이해하고 미래를 예측하는 방법에 대해 살펴본다.

표 2.1: 인류 발전 단계(전 세계적인) 또는 연도(1850년부터 2000년까지의 미국)에 따른 일인당 평균 전력 사용 추정치. 전력량은 1차 에너지 소비량에서 계산되었다.

society	power consumption (W)
hunter	100
use of fire	200
domestication of animals	500
Renaissance	1160
1850	4880
1900	5340
1950	7300
1960	8180
1970	11,000
1980	11,250
1990	11,000
2000	11,730

Based on data from G.J. Aubrecht II, Energy: Physical, Environmental and Social Impact (3rd ed.) Pearson Prentice Hall, Upper Saddle River, NJ (2006).

2.2 과거와 현재 에너지 사용량

인류 발전 단계마다 일인당 평균 에너지 소비율을 표 2.1에 요약하였다. 이 표에서 인류의 에너지에 대한 수요는 기술 발전에 크게 의존하고 있음을 보여준다. 현재 미국에서 일인당 에너지소비율은 11.7 kW이고, 이는 인체가 만들 수 있는 평균 에너지(100 W)의 100 배 이상이다. 자연계로부터 얻을 수 있는 에너지 자원의 활용(예, 화석연료 연소)을 통해 인력에 의한 에너지 생산량 이외의 부족 분을 보완하였다.

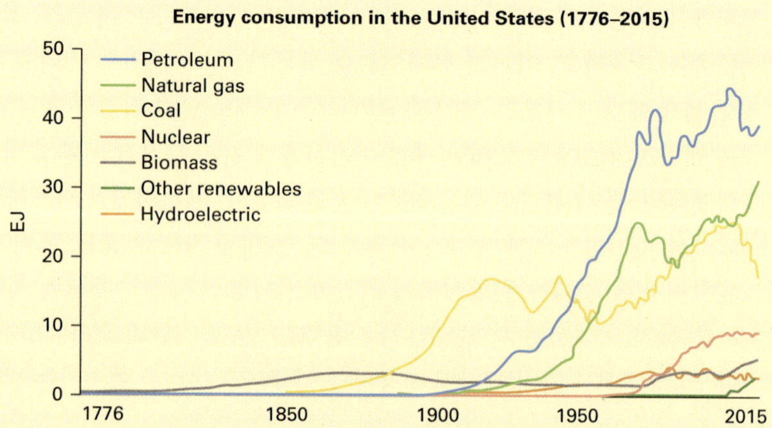

그림 2.1: 미국 내 다른 원천으로부터의 연간 에너지 소비, 1776~2015.

U.S. Energy Information Administration, http://www.eia.gov/todayinenergy/detail.php?id=26912

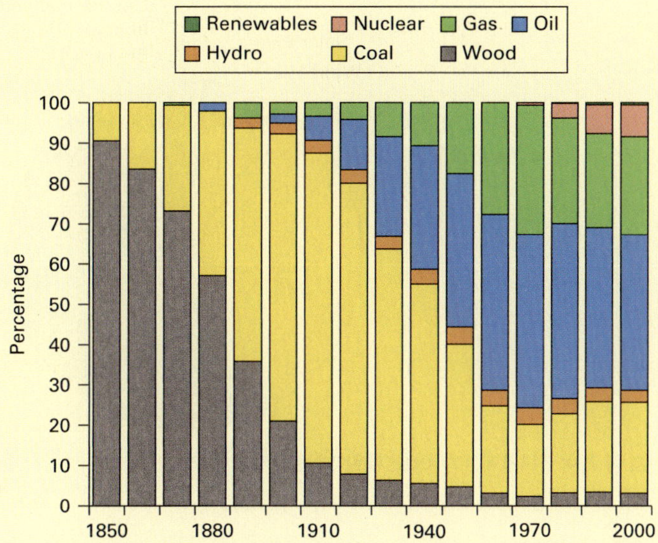

그림 2.2: 1850년부터 현재까지 미국 내 다른 원천으로부터의 에너지 비율

Based on Steven Chu, Arun Majumdar, "Opportunities and challenges for a sustainable energy future," Nature 488, 294–303 (16 August 2012) doi:10.1038/nature11475

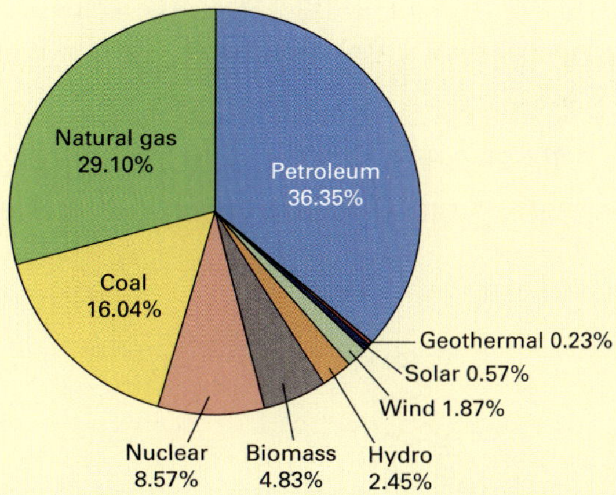

그림 2.3: 미국 내 1차 에너지원 분포량 (2015년)

Data from United States Energy Information Administration; http://www.eia.gov/totalenergy/data/monthly/pdf/sec1_7.pdf

미국의 에너지 사용량의 자세한 분류는 그림 2.1에 나타나 있다. 그림 2.2는 전체 에너지 대비 주요 에너지원의 비율을 보여주고 있으며, 이를 통해 에너지원의 상대적 중요성을 확인할 수 있다. 이 그래프는 19세기 후반의 나무에서 석탄으로의 연료 전환, 20세기 초중반의 석탄에서 석유로의 연료 전환을 명확하게 보여주고 있다. 특정 에너지원에 대한 설명은 다음 장에서 자세히 논의하겠지만, 약간의 차이점만 있을 뿐 대체적으로 에너지원의 상대

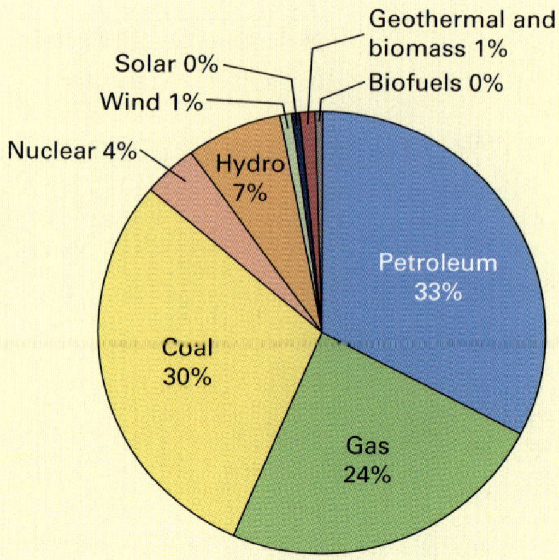

그림 2.4: 전 세계 1차 에너지원 분포량 (2013년)

Data are from http://euanmearns.com/global-energy-trends-bp-statistical-review-2014/

적 중요성은 산업화된 국가에서는 거의 유사하다. 미국과 세계의 에너지원 분포량을 그림 2.3와 그림 2.4에서 보여주고 있다.

국가별로 에너지 사용량도 상당한 차이를 보여주고 있다. 그림 2.5는 일인당 에너지 사용량과 국내총생산(GDP) 사이의 상관관계를 보여주고 있다. 예상한대로 일인당 에너지 사용량과 GDP 사이의 전체적인 상관관계는 산업화 정도와 직접적인 연관이 있다. 하지만, 그림에서 쉽게 알아차릴 수 있는 몇몇 작은 차이점도 보여주고 있다. 예를 들어, 산업화된 국가들 중, 스위스와 스페인은 평균선 이하(GDP 대비 낮은 에너지 사용량)에 있다. 반면에 캐나다와 노르웨이는 평균선 이상(GDP 대비 높은 에너지 사용량)이다. 이는 에너지 사용량에

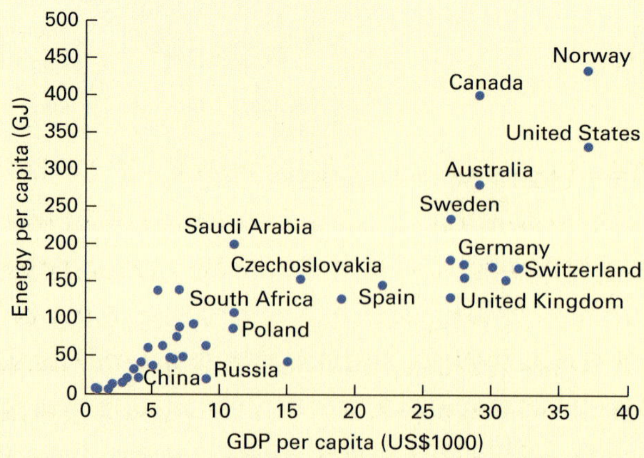

그림 2.5: 각 국가의 일인당 에너지 사용량과 일인당 국내총생산(GDP)의 상관관계

Based on R. Hinrichs and M. Kleinbach, Energy: Its Use and the Environment 4th ed, Brooks-Cole, Belmont (2006) p. 55

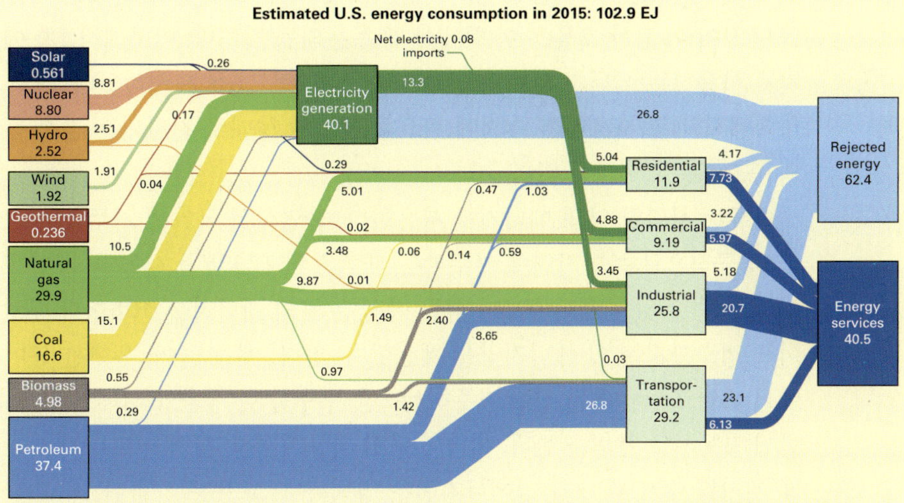

그림 2.6: 2015년 미국 내 연간 에너지 소비. 에너지원, 최종 소비, 변환 손실을 나타내었다. 단위는 EJ이다.

Lawrence Livermore National Laboratory, https://flowcharts.llnl.gov/content/assets/images/energy/us/Energy_US_2015.png

영향을 미치는 상대적인 요소가 있다는 의미이다:

1. 기후
2. 인구밀도
3. 산업 형태

예를 들어, 캐나다는 높은 난방비가 필요한 찬 기후, 운송비를 증가시키는 낮은 인구밀도와 에너지가 많이 요구되는 높은 중공업 산업 비중을 가지고 있다. 또한, 노르웨이의 기후는 매우 혹독하다. 그에 반해, 스페인은 좀 더 온화한 기후를 가지고 있고, 스위스는 높은 인구밀도와 에너지가 그다지 많이 필요로 하지 않은 금융이나 시계제조업의 비중이 높다.

에너지 사용량은 때때로 1차 에너지 사용량으로 표현한다. 1차 에너지는 자연으로부터 얻을 수 있는 에너지를 의미한다. 이는 석탄을 연소함으로써 얻을 수 있는 석탄의 에너지 함유량이나 지구에 입사하는 태양 복사에너지 함유량을 뜻한다. 대부분의 경우, 에너지는 자연에서 획득하는 형태와 실제 사용에서 필요한 형태가 같지 않다. 따라서, 에너지는 유용한 형태로 전환되어 최종 사용자에게 전달되게 된다. 에너지가 하나의 형태에서 다른 형태로 전환할 때, 100% 효율은 결코 있을 수 없기 때문에 필연적으로 손실이 있게 된다. 에너지가 보존되지 않는 것은 아니다; 결국 에너지는 미전환 잔류 에너지나 과잉열 등과 같이 필요한 형태와는 다른 형태가 되기 때문이다. 예를 들어, 만약 집을 난방할 열을 얻기 위해 기름을 연소시킨다면, 이는 약 85% 이상의 효율을 갖는 꽤 효율적인 전환공정이 된다. 이와 유사하게 수력발전 설비에서 낙하하는 물이 가지는 에너지 함유량을 전기로 전환하는 것도 90% 이상의 효율을 갖는 상당히 효율적인 공정이다. 반면에, 석탄연소로 석탄이 갖는 에너지를 전기로 전환하는 것과 발전기를 작동시키기 위해 열로 물을 끓이는 것은 본질적으로 비효율 공정이다. 전환 효율은 이 책에서 계속 논의될 것이다. 미국에서 1차 에너지와 최종 사용자가 사용하는 에너지 사이의 상관 관계를 그림 2.6에 도시하였다. 그림 2.6은 1차 에너지 형태에서 최종 사용자의 수요에 필요한 에너지 형태로 전환되는 공정 동안 발생하는 손실의 중요성을 보여주고 있다.

인류는 상당한 양의 에너지를 사용한다. 산업화된 국가에 거주할수록 이는 더욱 명백하다. 평균적으로 북미지역에 거주하는 사람은 약 12 kW를 사용한다. 인류는 명백하게 자신이 생산할 수 있는 에너지보다 훨씬 더 많은 양의 에너지를 소비한다. 단순한 분석만으로도 어느 정도까지는 이 에너지양을 계산할 수 있다. 예를 들어, 온화한 북미 지역(예, 보스턴)에서 오일로 난방하는 집에 거주하는 2인 가족 중 한 명을 고려해보자. 그는 동승자 한 명과 함께 자동차로 출퇴근 한다. 에너지 구입 비용에서 이 사람의 에너지 사용량을 상당히 가깝게 계산할 수 있다. 3가지 에너지원은 명백하다: 교통용 가솔린, 가정용 난방오일, 가정용 전기. 두 사람의 일반적인 연평균 사용량은

$$\text{2810 L 가솔린}(3.48 \times 10^{7}\ \text{J/L}) = 9.8 \times 10^{10}\ \text{J},$$
$$\text{2700 L 난방오일}(3.85 \times 10^{7}\ \text{J/L}) = 1.04 \times 10^{11}\ \text{J},$$
$$1.2 \times 10^{4}\ \text{kWh 전기} = 4.32 \times 10^{10}\ \text{J}$$

이 될 것이다.

유사한 기후에서, 난방을 위한 실제 에너지 사용량은 전기나 천연가스로 난방하는 가정과 비슷할 것이다. 가솔린이나 난방 오일의 에너지 함유량은 에너지 기준으로 생산 비용이 상당히 작기 때문에 1차 에너지원(원유)의 에너지양과 비슷할 것이다. 전기에너지 함유량은 1차 에너지원의 에너지양과 비슷할 수도 그렇지 않을 수도 있다. 전기가 수력으로 생산된다면, 발전 효율은 높을 것이다. 현재 북미지역의 대부분의 전기는 약 35~40%의 효율을 가진 석탄화력발전에서 생산된다. 이것은 4.32×10^{10} J의 전기에너지는 1.1×10^{11} J의 1차 에너지와 실질적으로 같다는 것을 의미한다. 이렇게 한사람에 대해서 교통, 난방 그리고 전기에너지 사용량은 위의 추정값과 꽤 비슷한 값이 될 것이다. 물론 Florida에 사는 사람과 Manitoba(캐나다의 한 주)에 사는 사람의 에너지 소비량이 같다는 의미는 아니다. 도심 아파트에 사는 사람과 시골 단독주택에 사는 사람이 같다는 것도 아닐 것이다. 하지만 이 예는 이러한 분석의 대략적인 추정치를 줄 것이며, 북미 지역의 일인당 평균 전력 소비량은 다음과 같이 계산할 수 있다.

$$0.5 \times \frac{0.98 \times 10^{11}\ \text{J/y} + 1.04 \times 10^{11}\ \text{J/y} + 1.1 \times 10^{11}\ \text{J/y}}{3.15 \times 10^{7}\ \text{s/y}} = 5.0\ \text{kW}. \tag{2.1}$$

이는 우리가 예상한 약 12 kW의 절반보다 작다. 사람은 직장에서도 다른 에너지를 이용한다. 이는 사무직에게는 조명과 컴퓨터에 대한 전기나 제조업 노동자에게는 장비운용에 필요한 더 큰 에너지가 될 것이다. 에너지는 사람이 사용하는 물건을 제조하는데도 사용되고

사람이 소비하는 음식을 생산하는데도 사용된다. 일반적으로, 특정 에너지 사용량을 특정 개인 때문으로 돌리는 것은 어렵다. 이것이 사회적 평균이 좀 더 의미있는 이유이다.

이런 논의로부터 인류가 생산하는 모든 것에 에너지 비용이 부과된다는 것이 명백하다. 예를 들어, 사람이 잡화점에서 한 덩어리의 빵을 구입한다면, 빵 가격 $1.49은 빵의 가치라고 생각하는 것이 관습적이다. $1.49 중 일부는 밀을 키운 농부에게 지불되고, 곡물을 빵집으로 운반한 트럭운전자에게 지불되고, 빵을 가게로 배달한 다른 트럭운전자에게도 지불되고, 마지막으로 운영비와 이익을 포함하여 가게에 지불될 것이다. 그러나 빵은 에너지로서의 가치도 가지고 있다. 농부는 땅을 경작하기 위해 가솔린이나 디젤 같은 에너지를 사용하였다. 트럭운전자는 곡물과 빵을 운송하기 위해 연료를 사용하였고, 빵집은 빵을 굽기 위해 에너지를 사용하고, 가게는 조명과 난방을 위해 에너지를 사용하였다. 조금만 더 깊게 살펴보면, 실제로 빵이 저녁 식탁에 오르기까지 많은 다른 숨겨진 에너지 비용이 있는 것도 알 수 있을 것이다. 또한 에너지 사용량을 일인당 기준으로 계산하는 것이 어렵다는 것도 명백해진다. 빵의 에너지 가치(얼마나 많은 에너지가 빵을 생산하고 분배하는데 필요한가?)와 빵을 소비할 때 개인에게 제공하는 에너지양(칼로리 기준)을 비교하는 것도 흥미로울 것이다. 이 상황에서 전체 과정의 효율(사람은 빵을 생산하는데 사용한 에너지만큼 빵을 먹음으로써 얻을 수 있는가?)은 인류에서 음식을 제공한다는 목적과 비교하여 그다지 중요하지 않다. 실제로 북미지역에서 소비자에게 제공되는 음식보다 8배 더 많은 에너지가 음식을 생산하는데 들어가게 된다.

이런 종류의 분석은 예를 들어 석탄의 kg당 에너지 함유량을 다룰 때 더욱 더 중요하게 된다. 에너지 단위 줄(joule)당 달러로 에너지 비용을 생각하는 것이 일반적이나, 좀 더 근본적인 방법은 joule당 joule로써 표현되는 에너지 비용이다; 즉, 석탄을 연소하여 에너지를 얻고, 열에너지를 요구되는 형태의 에너지로 변환하는 에너지와 비교하여 얼마나 많은 에너지가 1 kg의 석탄을 채굴, 처리, 운송 및 배달하는데 소비되었는가? 비록 재정적인 고려가 에너지 고려보다 중요하다고는 하나, 에너지를 얻기 위해 생산하는 것이 에너지 면에서 더 큰 비용이 소요된다면, 공정과정에서 실제 에너지 손실이 있게 된다. 이런 종류의 분석은 다른 형태의 대체 에너지원의 가능성을 고려할 때 중요하다.

여기에 또 다른 중요한 고려요소를 제기한다: 우리가 사용하는 것의 환경 영향. 우리는 예를 들어 빵 한 덩어리가 환경에 부정적인 영향을 준다는 것을 생각하지는 않을 것이다. 그러나, 빵을 만드는데 에너지를 사용하고, 그 에너지가 화석연료로부터 왔다면, 환경에 대한 영향은 있게 된다. 우리가 활용하는 모든 것의 환경적 결과를 충분히 분석하기 위해 생산, 이용, 최종적인 폐기의 모든 단계를 고려하는 것이 필요하다. 이런 종류의 접근법을 생애 주기 분석(life cycle analysis)이라고 하고 4장에서 더 자세히 다룰 것이다.

그림 2.1을 통해 정보의 미래 영향을 이해하는 것도 중요하다. 시간의 함수로써 에너지 사용량의 증가는 성장 메커니즘의 자세한 분석으로 이해될 수 있다. 이 주제는 다음 절에서 다루게 된다.

2.3 지수 성장

에너지 사용량은 명백히 증가하고 있다. 이는 두 가지 요소의 결과이다: 인구 증가와 일인당 에너지 사용량의 증가. 고도로 산업화된 국가에서, 일인당 에너지 사용량은 거의 일정하다(표 2.1). 이 경우, 에너지 사용량의 증가는 대개 인구 증가 때문이다. 개발도상국의 경우에는, 인구와 일인당 에너지 사용량 증가 모두 중요한 요소가 된다. 사실, 세계 에너지 사용량 증가의 가장 큰 부분은 많은 인구를 가지고 빠르게 성장하는 개발도상국(예, 중국과 인도)에 있다. 이상적인 미래에서는, 모든 국가는 비슷한 수준의 산업화를 이룰 것이고, 평균 일인당 에너지 사용량도 세계적으로 비교적 일정할 것이다. 이 경우, 인구 증가가 에너지 사용량을 결정하는 주요한 요소가 될 것이다. 미래 에너지 수요 평가를 위해, 에너지 사용량의 전체적인 변화를 단기간과 먼 미래의 관점에서 예상하는 것은 중요하다. 일반적인 성장 수학 분석은 좋은 출발점이 된다.

가장 단순한 성장 형태는 선형 성장이다. 어떤 양 N에 대해 시간의 의존성은 상수 $\mathrm{d}N/\mathrm{d}t$에 의해 다음과 같이 나타낼 수 있다.

$$N(t) = N_0 + \frac{\mathrm{d}N}{\mathrm{d}t}\, t, \tag{2.2}$$

이때, N_0는 그림 2.7에서 보여지듯이 $t = 0$에서 값이다. 선형그래프에서, 이는 상수 기울기 ($\mathrm{d}N/\mathrm{d}t$)를 가지는 직선으로 표현된다.

또 다른 성장 형태는 지수 성장이다. 어떤 양 N의 변화율은 아래 식과 같이 그 양의 크기와 관계되어 있다.

$$\frac{\mathrm{d}N}{\mathrm{d}t} = aN. \tag{2.3}$$

이를 적분하면

$$N(t) = N_0 \exp(at). \tag{2.4}$$

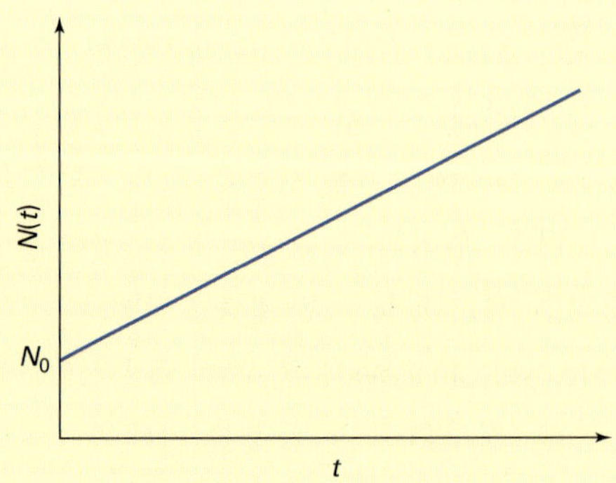

그림 2.7: 선형 성장에 따른 양

가 된다. 이 관계식의 그래프는 그림 2.8에 보여진다. 반로그 스케일에 데이터를 그려보면 실제 지수 성장을 구별하는 것이 쉬워진다. 식(2.4)의 양변에 자연로그를 취하면,

$$\ln[N(t)] = \ln(N_0) + at. \tag{2.5}$$

가 된다. 자연로그를 밑이 10인 상용로그로 전환하면,

$$\log[N(t)] = \log(N_0) + at\log(e). \tag{2.6}$$

가 된다. 이렇게 시간 t의 함수로써 반로그 플롯 $N(t)$은 그림 2.9에 보여지듯이 기울기 $a\log(e)$를 가지는 직선이 된다. 어떤 양 N이 두 배가 되는 배가시간(doubling time) t_D은 식(2.4)를 $N(t) = 2N_0$로 놓고 풀면 된다.

$$t_D = \frac{\ln(2)}{a}. \tag{2.7}$$

또한, 성장률 R(단위시간당 퍼센트; 예, %/년)을 정의하는 것이 편리하다. 이는 식(2.4)로부터 구할 수 있다.

$$R = 100 \cdot [\exp(a) - 1]. \tag{2.8}$$

R이 작은 경우(일반적으로 단위시간당 10% 미만), 이 표현은 근사적으로 배가시간으로 표현할 수 있다.

$$R = 100\frac{\ln(2)}{t_D}. \tag{2.9}$$

표 2.2는 배가시간(년)과 실제 지수 성장에 대한 성장률(%/년)을 비교하여 관계를 나타내었다.

예제 2.1

어떤 양의 배가시간은 20년이다. 만약 $t = 0$에서 그 양이 10^6이면, 5년 후 값은 얼마인가?

풀이

상수 a를 구하기 위해 식(2.7)을 풀면,

$$a = \frac{\ln(2)}{t_D} = \frac{0.693}{20\text{ y}} = 0.0347\text{ y}^{-1}.$$

이 된다. 식(2.4)로부터 $t = 5y$에서 양은

$$N(t = 5\text{ y}) = 10^6 \times \exp(0.0347\text{ y}^{-1} \times 5\text{ y}) = 1.189 \times 10^6.$$

이 된다.

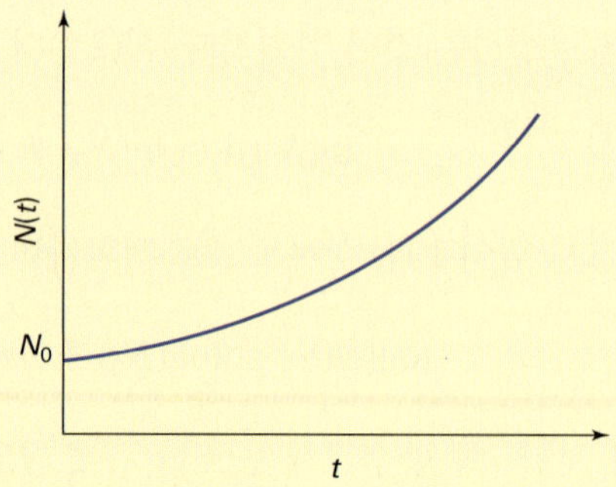

그림 2.8: 선형 플롯에서 지수 성장에 따른 양

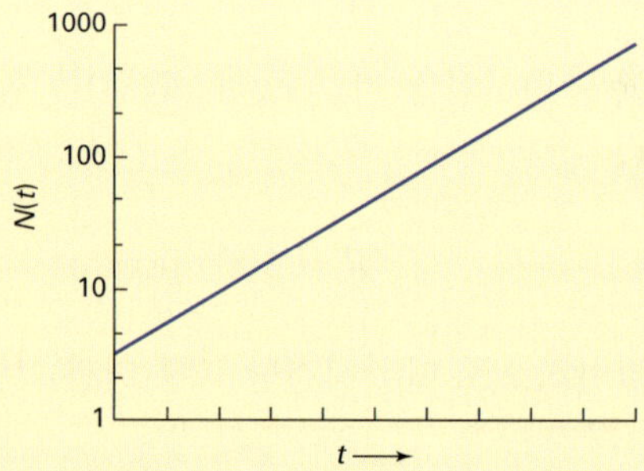

그림 2.9: 반로그 그래프로 나타낸 지수 증가 성장

이제 이런 정보를 실제 데이터에 적용하는 것이 가능하다. 지난 1000년 동안 세계 인구를 그림 2.10에 나타내었다. 2016년 전 세계 인구는 대략 7.44×10^9명이다. 선형 스케일에서 이 데이터는 거의 지수형태로 보인다. 사실, 최근에는 배가시간이 약 43년에 해당하는 약 1.6%의 평균 성장률을 갖는 지수로 잘 표현된다. 만약 세계 인구가 연속적으로 매 43년마다 두 배가 된다면, 미래에 대한 몇 가지 예측을 할 수 있다. 표 2.3은 전 세계 예상 인구와 미래의 인류의 전체 질량(일인당 70 kg 가정)을 보여주고 있다.

지구의 전체 질량은 약 6×10^{24} kg이기 때문에, 이 예측은 매우 먼 미래에는 명백하게 불가능하게 된다: 즉, 지구의 인구는 다음 2000년 동안 연간 1.6%의 성장률로 지수적으로 증가할 수 없다. 심지어 다음 650년 동안 연간 1.6% 성장도 인구는 약 1.5×10^{14}명이 된다. 이는 지구 지표면 1 m^2당 한 명과 일치한다. 확실히, 인류 인구의 지수 성장은 이런 일이 발생하기 훨씬 오래 전에 제한될 것이다. 인류 인구의 한계에 대한 세심한 분석은 이 행성이 모든 인구가 먹을 수 있는 충분한 음식을 생산할 수 있는가에 기반을 두어야 한다. 몇몇 추정에서는 지금 현재 인구보다 작은 50억 명의 인구가 한계라는 것이 제안되었다. 많은 것이 음식 생산 기술과 분배 정책에 관한 가정에 기초를 두고 있고, 미래 기후의 불확실성도 또

예제 2.2

어떤 양이 연간 1% 비율로 성장한다. 언제 현재 양의 10배에 도달할 것인가?

풀이

식(2.8)을 풀어 a를 R의 함수로 나타내면,

$$a = \ln\left(1 + \frac{R}{100}\right).$$

이 된다. $R = 1$을 대입하면,

$$a = \ln(1 + 0.01) = 9.95 \times 10^{-3}\ \mathrm{y}^{-1}.$$

이 된다. 식(2.4)에서 시간의 함수로 현재 양과의 비는

$$\frac{N(t)}{N_0} = \exp(at).$$

가 된다. t에 대해 풀면,

$$t = \frac{1}{a}\ln\left(\frac{N(t)}{N_0}\right).$$

가 된다. $N(t)/N_0 = 10$과 a 값을 대입하여 t에 대해 풀면,

$$t = \frac{\ln 10}{9.95 \times 10^{-3}\mathrm{y}^{-1}} = 231\ \mathrm{y}.$$

가 된다.

표 2.2: 연간 성장률과 그에 상응하는 배가시간.

% growth per year	t_D (y)
1	69.7
2	35.0
3	23.4
4	17.7
5	14.2
6	11.9
7	10.2
8	9.0
9	8.0
10	7.3
20	3.8
50	1.7
100	1.0

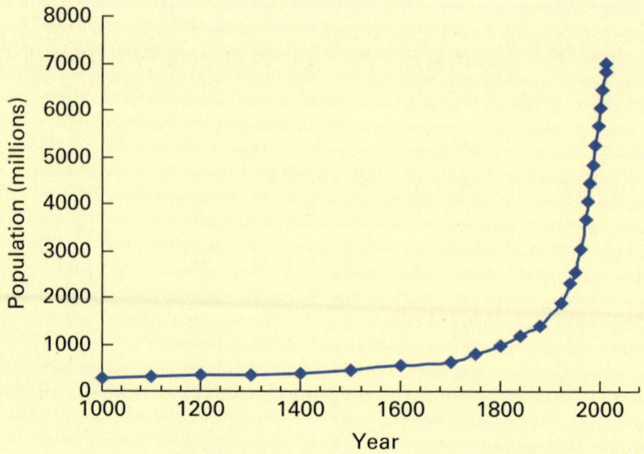

그림 2.10: 지난 1000년간 세계 인구 추이

한 중요한 요소가 된다. 많은 연구에서 세계 인구가 100억보다 훨씬 많게 되면 식량 생산 능력에서 수습할 수 없는 부담을 준다고 보고된다. 그림 2.11에서 연도에 따른 전 세계 인구의 연간 성장률 경향을 볼 수 있다. 명백히, 점차 느린 성장률으로의 경향을 보여주고 있고, 멀지 않은 미래에 어떤 평형 값으로 수렴할 것으로 분석할 수 있다.

세계 인구 중 일부분에 대한 과거 에너지 사용량과 미래 에너지 사용량 예측을 그림 2.12에서 보여주고 있다. 인구 증가와 개발도상국(예, 중국)의 산업화정도의 중요성이 명백히 나타나고 있다. 산업화된 국가에서 에너지 사용량은 선형적으로 증가하였으나, 성장률은 국가별로 상당히 다르게 나타나고 있다. 전체 세계 에너지 사용량의 한가지 예측을 그림 2.13에 도시하고 있다. 여기서 2050년까지 연간 $8 \sim 10 \times 10^{20}$ J의 총 에너지가 필요할 것으로 예측하고 있다. 궁극적으로 총 에너지 사용량은 인구수와 에너지원의 가용성의 한계에 따

표 2.3: 연 1.6%의 증가량으로 계산한 전 세계 인구수와 그 질량

year	population	mass (kg)
2016	7.43×10^{9}	5.22×10^{11}
2200	1.41×10^{11}	9.88×10^{12}
2400	3.47×10^{12}	2.42×10^{14}
2600	8.50×10^{13}	5.96×10^{15}
2800	2.08×10^{15}	1.45×10^{17}
3000	5.11×10^{16}	3.58×10^{18}
3200	1.25×10^{18}	8.78×10^{19}
3400	3.08×10^{19}	2.15×10^{21}
3600	7.55×10^{20}	5.29×10^{22}
3800	1.85×10^{22}	1.30×10^{24}
4000	4.54×10^{23}	3.18×10^{25}

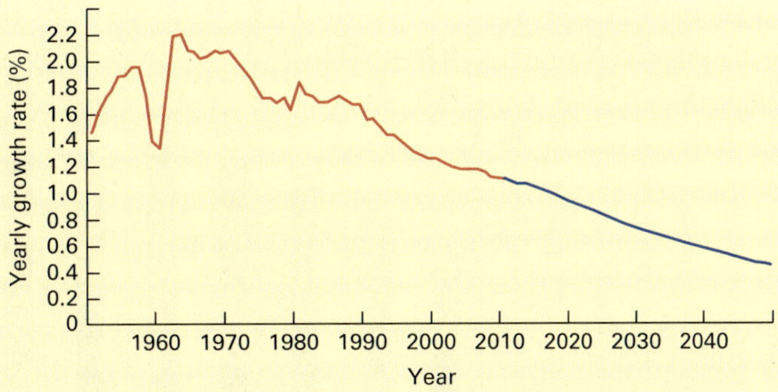

그림 2.11: 근래 연간 인구 증가량 트렌드와 이에 따라 예측되는 미래 인구 증가량

Based on the U.S. Census Bureau, http://www.census.gov/population/international/

를 것이다. 비록 이런 형태의 예측이 미래 에너지 수요를 이해하는 기본이 되겠지만, 이 분석에는 많은 미지수와 상당한 불확실성이 포함되어 있는 것도 명확하다. 이는 추후 21장에서 논의할 것이다.

2.4 자원 활용의 Hubbert 모델

이전 절에서 보듯이 미래 예측은 반드시 직선적이거나 단순하지 않다는 것이 명확하다. 또한 심지어 연간 성장률과 같은 변수의 작은 변화가 엄청나게 큰 미래 예측을 이끌어 낸다는 것도 명백하다. 그러나, 이전 논의에서 우리 미래 에너지 수요와 가용한 자원의 활용을 이

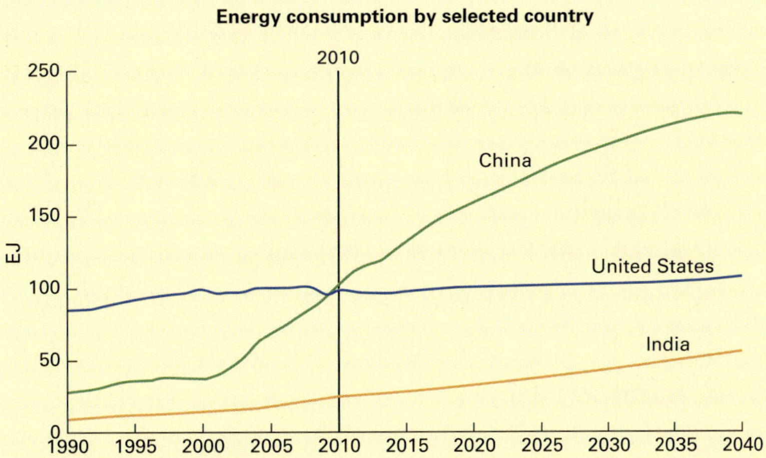

그림 2.12: 미국, 중국, 인도의 에너지 사용 변화량

Data are from U.S. Energy Information Administration

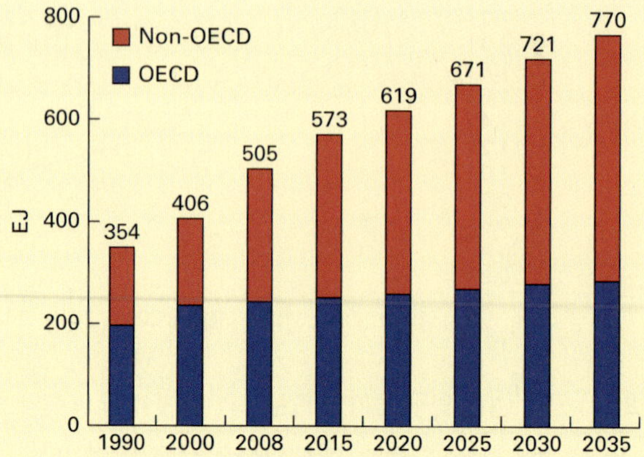

그림 2.13: 2035년까지 전 세계 총 에너지 사용 변화량(EJ).
OECD = Organisation for Economic Co-operation and Development.

International Energy Outlook 2011, DOE/EIA

해하기 위해 일반적인 지침은 제시할 수 있다.

자원활용을 다루는 일반적인 모델은 1956년 미국의 지구물리학자 M. King Hubbert에 의해 발전되었다. 이 모델의 기본 가정은 다음과 같다:

- 자원이 유용하다고 처음 알려졌을 때, 자원은 천천히 활용되기 시작한다. 이는 자원을 효율적으로 활용하는 처리과정과 적절한 기반설비가 발전될 필요가 있기 때문이다.
- 일단 적절한 기반설비가 구축되면, 자원 활용은 증가하게 된다.
- 자원이 부족해지면, 활용은 감소하고 결국 중단된다.

이 모델은 석유 사용에 쉽게 적용할 수 있다. 석유의 유용성(초기에는 난방연료, 추후 수송용 연료)이 알려졌을 때, 석유매장 지역이 밝혀져야 했으며, 유정이 건설될 필요가 있으며 석유의 분배와 활용을 위해 시스템이 구축되어야 했다. 일단 이런 자원들이 확립되면 석유 사용은 증가한다. 현재는 새로운 석유매장 지역을 찾기가 더 어려워지는 지점에 이르고 있고, 이 자원을 활용하기에도 더 어렵고 비싸지기 시작했다. 이는 다음 장에서 좀 더 자세히 논의할 것이다.

모든 것을 고려하여, 시간에 따른 자원활용(석유의 경우는 연간 석유 사용량) 그래프를 그림 2.14에 도시하였다. 단위시간당 사용한 자원의 양은 dQ/dt와 같이 총 사용량 Q의 도함수로 나타낼 수 있다. 그림 2.14의 커브를 시간에 따라 적분하면, 특정 시점까지 사용한 총 자원의 양이 얻어질 수 있다.

$$Q(t) = \int_0^t \frac{dQ}{dt} dt. \tag{2.10}$$

그림 2.15에서 $Q(t)$의 그래프는 자원 활용에 대해 예상되는 전형적인 S자형(sigmoidal) 형

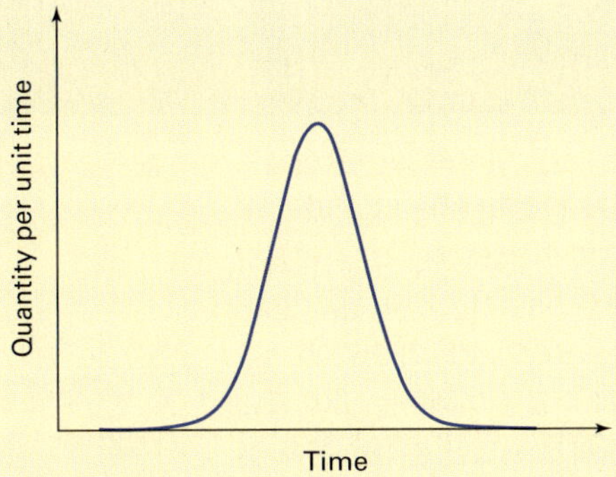

그림 2.14: 시간의 함수로 나타낸 사용되는 특정 자원의 양

태를 보여준다. 시간이 증가함에 따라, 커브는 Q_∞에 점차 근접하게 된다. 이것이 활용 가능한(혹은 적어도 경제적으로 사용 가능한) 자원의 총량이 된다. 실제 데이터에 이 모델을 적용하려면 그림 2.14의 분포곡선의 폭(사용률의 과거데이터로부터 확보할 수 있다)과 Q_∞(알려지거나 추론할 수 있는 사용하지 않은 자원에 대한 분석으로부터 확보할 수 있다)에 대한 지식이 필요하다. 이런 접근은 다음 장에서 화석연료 사용량에 관해 좀 더 자세히 논의할 것이다.

2.5 지속가능한 에너지 개발에 대한 도전

장기적인 지속가능한 에너지 생산에 대한 가장 합리적인 접근법은 명확하지 않다. 만약 세계 에너지 수요에 대한 분명한 해결책이 있었다면, 우리 에너지 목적에 도달할 수 있는 잘 정리된 경로를 가질 수 있었을 것이다. 많은 선택 방안들이 고려될 필요가 있고, 이 책에서 논의되었듯이 어떠한 새로운 기술의 발전에서 상충관계를 반드시 고려하여야 한다. 가능한 지속가능 에너지 선택방안도 현재와 가까운 미래에 우리 에너지 요구에 긍정적인 효과

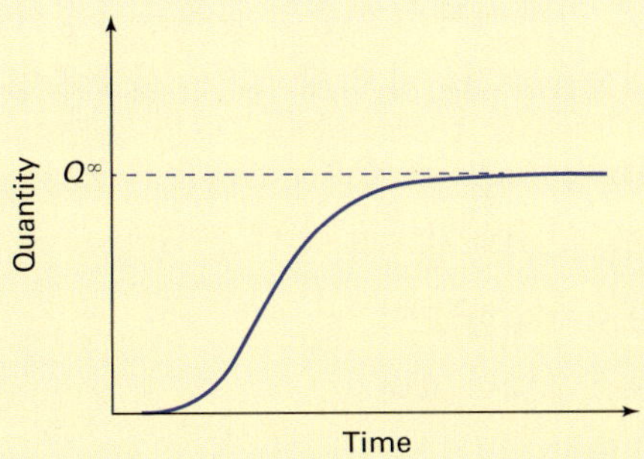

그림 2.15: 시간 t에 따른 자원 소비량

ENERGY EXTRA 2.1
성장에 대한 한계

지구의 미래 상태를 예측하는 것은 아무리 최선을 다해도 어렵다. 인류가 자연과 어떻게 상호작용하느냐에 따라 미래 환경이 결정될 것이다. 지구의 생태계는 매우 복잡하기 때문에 우리 행동의 결과를 이해하는 것은 쉽지 않다. 특히 에너지 활용에 관해서는 우리의 행동의 환경에 대한 영향과 미래 자원의 가용성과 수요를 이해하는 것이 중요하다. 자원 활용에 대해 신중하게 숙고한 분석을 통해 실질적인 통찰을 할 수 있지만, 어떻게 인류의 미래 상태를 가장 잘 보장할 지에 대한 실질적인 합의는 없다.

환경에 관한 인류의 영향을 모델링한 가장 영향력 있는 접근법 중 하나가 1972년 책 "Limits to growth"(저자: Donella H. Meadows, Dennis L. Meadows, Jo/rgen Randers, William W. Behrens III)로 출판되었다. 개정판 Limits to growth: The 30-Year Update(저자: Donella Meadows, Dennis Meadows, Jo/rgen Randers)은 2004년 출판되었다. 이 책에서 저자의 기본 가설은 세계 인구와 자원고갈 같은 변수들은 지수적으로 변화하고, 반면에 자원을 늘리는 기술발전은 선형적이라는 것이다. 여기서 다음과 같은 방식으로 지수성장의 중요성을 지적하였다: 자원의 양이 R이고 일정한 비율 C로 사용되면 가용기간 t_0 다음과 같다.

$$t_0 = R/C.$$

그러나, 만약 사용량이 성장률 r로 지수적으로 성장하면, 그 때 전체 자원량은 지수적으로 증가하는 사용률($t = 0$일 때, C로 시작)에 대한 적분으로 나타낼 수 있다.

$$R = \int_0^{t_0} Ce^{rt}dt = \frac{C}{r}(e^{rt_0} - 1)$$

t_0를 R과 C로 풀면,

$$t_0 = \frac{1}{r}\left[\ln\left(\frac{rR}{C} + 1\right)\right].$$

예로써, 초기 자원양이 10^{12} kg이고 연간 10^9 kg의 비율로 사용한다고 생각해보자. 명백히, 자원을 1000년 동안 사용할 수 있다. 그러나 만약 사용량이 매년 5%($r = 0.05\ \mathrm{y}^{-1}$)씩 증가한다면, 자원의 수명은 아래와 같다.

$$t_0 = \frac{1}{0.05\,\mathrm{y}^{-1}}\left[\ln\left(\frac{0.05\,\mathrm{y}^{-1} \times 1000\,\mathrm{y}}{1} + 1\right)\right] = 78\ \mathrm{y},$$

일정한 사용량을 가정하여 계산한 것보다 매우 짧아지게 된다. 이 예로부터 먼 미래에 대해 신뢰할 만한 추정을 하는 것이 매우 어렵다는 것이 명백해진다. 자원가용성이나 성장률에서 작은 불확실성이 매우 다른 결과를 만들 수 있다.

Limits to growth에서의 접근법이 일부 받아들여지지만 비판도 있다. 다른 의견들은 문제의 복잡성과 정확한 예측의 어려움을 중점적으로 강조하고 있다. 그러나, 이 일은 이런 문제에 대한 신중하고 과학적인 분석의 필요성과 장기적인 생태계의 변화에 영향을 주는 다양한 요인들의 상호 연관관계를 강조한다는 점에 있어서 중요하다.

토의 주제

그림 2.10에서 본 것처럼 시간의 함수로 세계 인구를 생각해보자. 자원이 한정된 현 상황 하에서, 다음 200년에서 500년 동안 세계 인구에 대한 예상 그래프를 그려 보아라. 그림 2.15에 도시된 Hubbert 모델과 어떤 유사성이 있는가?

를 주어야 하고, 미래 세대의 생활의 질에도 긍정적인 영향을 주어야 한다. 일반적으로 새로운 에너지 기술을 추진하기 위해 우리의 선택에 영향을 주는 요소는 다음과 같다:

- 필요한 자원의 가용성
- 필요한 기술의 가용성
- 경제적 요소에 대한 고려
- 사회적 요소에 대한 고려
- 환경적인 영향
- 정치적인 요소에 대한 고려

- 현재 기술과 새로운 기술의 통합 가능성

이러한 요소들에 대해 이제 논의할 것이다.

2.5a 자원 한정

대체에너지원으로부터 활용할 수 있는 동력은 자연과 자원의 범위에 의존하게 될 뿐 아니라, 에너지원을 활용할 수 있는 기술의 존재에 의존하게 된다. 화석연료나 핵연료 같은 비재생에너지원은 가용 가능한 전체 에너지의 관점에서 그 양이 한정되어 있다고 보고 있으나, 실제 재생에너지원은 사실상 전체 가용성에 있어 한계가 없다고 기대할 수 있다. 그러나, 재생에너지에서 조차도 가용 가능한 동력은 제한되어 있다. 명백히, 태양광과 풍력 같은 대체에너지 기술은 세계적으로 널리 퍼져 있으나, 지열이나 조력 같은 기술은 제한적으로 분포되어 있다. 이러한 자원으로부터 활용할 수 있는 동력도 비슷한 형태를 따르고 있다. 이 점은 이 책 전체에서 언급되고, 특히 21장에서 자세히 논의될 것이다.

그러나, 특정 자원으로부터 얻을 수 있는 동력은 매우 광범위하나 그것을 이용하는 능력은 다른 요소에 의해 제한적일 수 있음을 아는 것이 중요하다. 전력 생산을 위해 태양광을 이용하는 것이 좋은 예가 된다. 태양에너지는 태양이 유한하기 때문에 무한하지 않고, 지구는 태양이 만드는 에너지의 극히 일부만을 받아들인다. 그러나, 이런 매우 작은 태양에너지일지라도 전 인류가 필요로 하는 에너지양보다 매우 크다. 태양에너지를 활용하기 위해, 광전지(9장) 같은 적당한 장치가 전자기에너지를 전기에너지로 바꾸는데 필요하다. 상당한 양의 태양에너지를 모으기 위한 일반적인 광전지 중 하나가 CIGS(구리-인듐-갈륨-셀레나이드, copper-indium-gallium-selenide) 전지이다. 인듐(Indium), 갈륨(gallium) 그리고 셀레늄(selenium) 모두 매우 희소하고 비싼 원소이고, 이것은 적어도 태양에너지 활용을 제한하는 경제적인 이유 중 하나가 된다. 표 2.4는 인류에 필요한 동력을 공급할 수 있는 광전지를 생산하기 위해 필요한 이 원소들의 양을 보여주고 있다. 현재 생산율에서 CIGS전지에 기반한 모든 태양에너지 활용 기반시설을 구축하는데 수천년이 필요한 것이 명백해 보인다. 비록 생산량은 증가할 수 있지만 결국 전체 가용 매장량이 제한될 것이다. 다른 가능성 있는 광전지 기술도 존재하지만, 효율 면에서 매우 가능성이 있는 많은 기술들도 물론 비슷한 자

표 2.4: 에너지 소비량을 만족시키기 위한 (약 18 TW) 1 GW급 구리-인듐-갈륨-셀레나이드 (CIGS) 태양전지를 만드는데 소요되는 In, Ga, Se의 양.

element	to produce 1 GW (t)	to fulfill world power needs (t)	annual production (t)
In	90	3.8×10^6	755
Ga	30	4.2×10^5	435
Se	180	7.5×10^6	2170

Data adapted from "Byproduct Mineral Commodities Used for the Production of Photovoltaic Cells" U.S. Survey, Circual 1365.

ENERGY EXTRA 2.2
희토류 원소 - 정말 희귀한가?

희토류 원소(일반적으로는 란탄계열원소로 알려진)는 원자 번호 57과 71 사이의 원소들을 보통 일컫는다. 스칸듐(scandium, 원자번호 21)과 이트륨(yttrium, 원자번호 39)도 일반적으로는 희토류로 구분하는데, 이는 동일한 지질 퇴적물에서 존재하는 경향이 있으며 란타늄(lanthanum, 희토류 원소로 원자번호 57)과 유사한 화학적 물성을 가지기 때문이다. 지구 지각 내의 다른 원소들과 비교하였을 때, 대부분의 희토류 원소는 주석, 납, 텅스텐과 같이 우리가 일반적으로 생각하는 다른 많은 원소만큼 풍부하다. 오히려, 희토류 원소는 은, 금, 백금보다 훨씬 풍부하다. 이들 원소들의 이름이 "희토류 원소"라고 불리게 된 것은 두 가지 영향이 크게 작용하였다: 1) 이들이 일반적으로 지질 퇴적물에서 같이 존재하는 경향이 있으며, 그들의 물성이 비슷하여 일반적으로 원소들을 서로 분리해내기가 힘들다. 2) 또한 이들은 집중된 퇴적물의 형태로 존재하기보다는 상당히 지리학적으로 분산된 상태로 분포된 경향을 띄게 된다. 이 두 가지 특성은 특정한 화학적 물성으로 인해 발생하며, 실제 이들의 양이 풍부하지만 상업적으로 활용하기에 어렵게 만드는 요인이다. 또한, 희토류 퇴적물에는 종종 미량의 우라늄(uranium)과 토륨(thorium)을 포함하고 있어, 광산의 광미로부터 방사성 오염을 처리해야 한다는 추가적인 어려움이 발생한다.

희토류 원소는 그들의 전자 구성으로부터 비롯된 다양한 흥미로운 물성(자기, 전기 및 광학특성)을 포함하고 있다. 표는 희토류 원소의 가능한 상업적 응용 범위를 보여주고 있으며, 이는 자석, 레이저, 초전도체 및 화석연료 분해 촉매와 같은 많은 것이 포함된다. 실제로, 영구 자석을 포함하는 희토류는 풍력터빈 발전기와 전기 자동차 모터의 필수 구성 요소이다.

산업, 특히 대체에너지 기술 분야에서의 역할과 함께 희토류 원소의 지리적 및 지질학적 분포를 고려할 때, 이러한 재료의 채굴 및 가공이 굉장히 중요하다. 역사적 관점에서 희토류 원소의 이용 가능성을 살펴보는 것은 흥미롭다.

최초의 희토류 원소는 18세기 후반에 발견되었다. 프로메튬(promethium, 원자번호 61)은 마지막으로 발견된 희토류 원소였다. 그것의 존재는 20세기 초에 예측되었지만, 안정적인 동위원소가 없기 때문에 1945년, 원자로가 가동되기까지 생산되지 않았다. 1963년에 처음 분리되었으며, 가장 긴 수명을 가지는 동위원소인 ^{145}Pm의 반감기는 17.7년이다.

1950년까지 희토류 생산은 상당히 적었으며, 주로 인도와 브라질의 퇴적물로부터 나왔다. 1950년대 초, 희토류의 응용이 증가했으며 남아프리카에서 새로 이용된 퇴

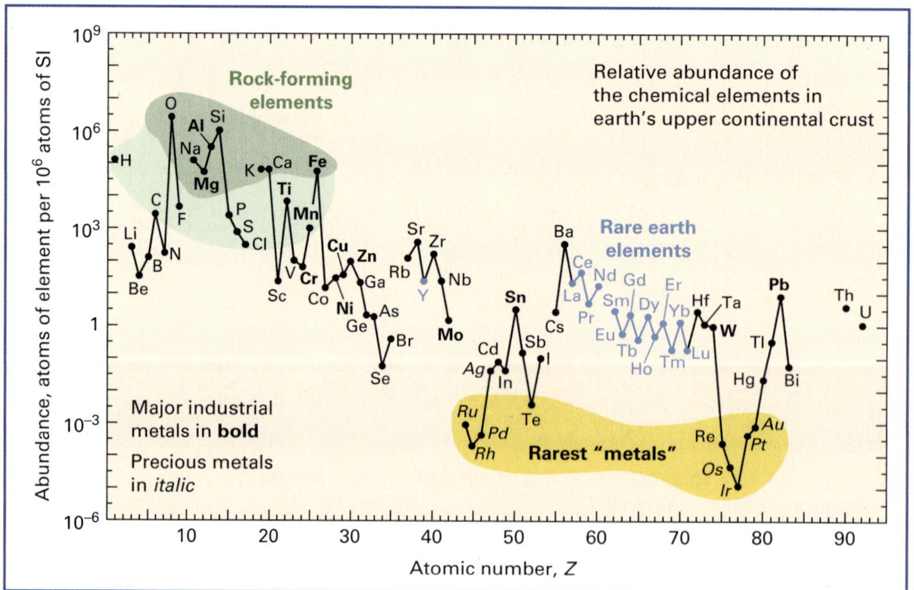

U.S. Geological Survey, Fact Sheet 087-02, Rare Earth Elements—Critical Resources for High Technology, https://pubs.usgs.gov/fs/2002/fs087-02/

원자번호에 따른 지구 지각 내 다양한 원소 존재비.

희토류 원소의 응용

atomic number	symbol	name	applications
21	Sc	Scandium	Aeronautical alloys, gas discharge lamps
39	Y	Yttrium	Lasers, superconductors
57	La	Lanthanum	High refractive index glass, hydrogen storage
58	Ce	Cerium	Polishing powder, oil cracking catalyst
59	Pr	Praseodymium	Magnets, lasers
60	Nd	Neodymium	Magnets, lasers
61	Pm	Promethium	Unstable
62	Sm	Samarium	Magnets, lasers
63	Eu	European	Lasers, fluorescent lamps
64	Gd	Gadolinium	Lasers, high refractive index glass
65	Tb	Terbium	Magnets, magnetic materials, lasers, fluorescent lamps
66	Dy	Dysprosium	Magnets, magnetic materials, lasers
67	Ho	Holmium	Lasers
68	Er	Erbium	Lasers, fiber optics, steel alloys
69	Tm	Thulium	Lasers, gas discharge lamps
70	Yb	Ytterbium	Lasers, steel alloys
71	Lu	Lutetium	High refractive index glass

적물은 대부분의 물질을 생산했다. 이 시기는 Monazite Placer 시대로 알려져 있으며, 1965년까지 지속되었다. 이 시점에서 캘리포니아 Mountain Pass의 퇴적물은 주요 생산원이 되었다. 1980년대 중반, 중국의 퇴적물은 희토류를 생산하기 시작했으며 1990년대 중반까지 이 원소들의 주요 공급원이 되었다. 이 개발의 대부분은 다른 곳,

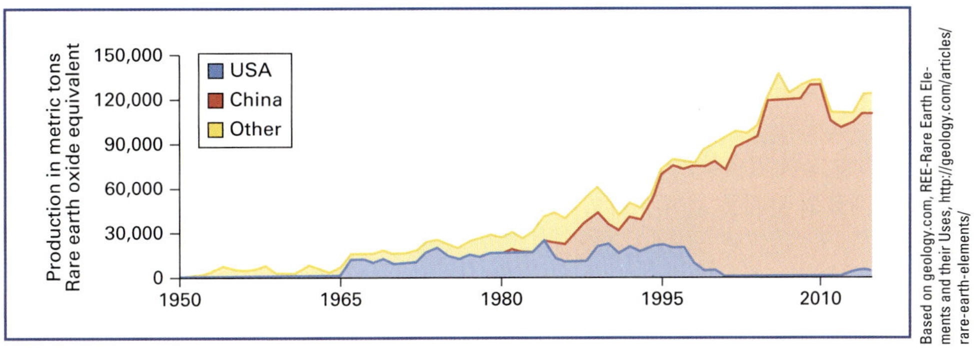

희토류 산화물 생산

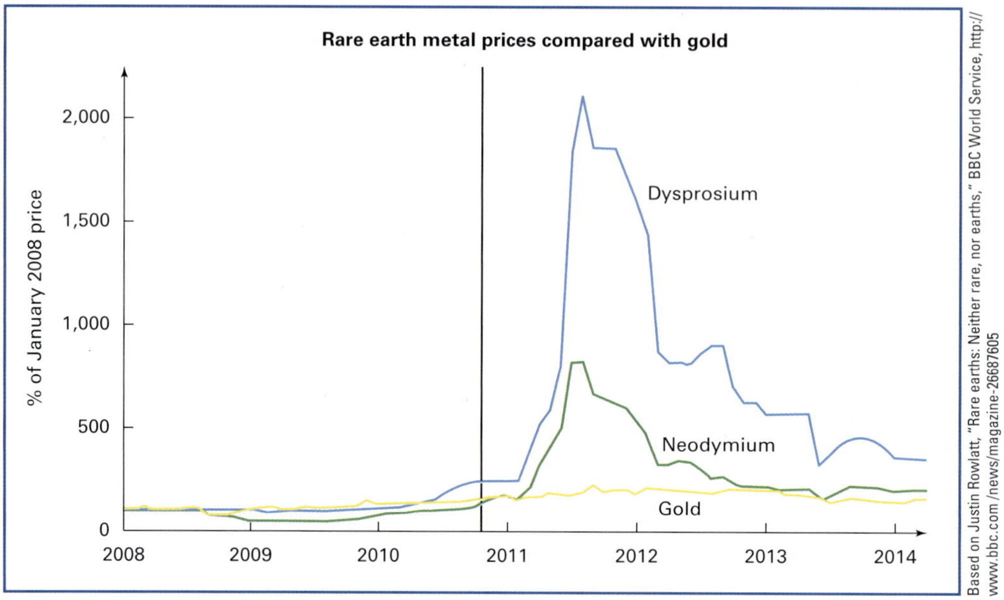

금과 네오디뮴(Nd)/디스프로슘(Dy)의 시장 가격 비교. 가격은 2008년 1월 가격을 기준으로 정규화하였다.

특히 미국에서 생산 비용이 많이 들어 경제적으로 경쟁할 수 없기 때문에 생산이 사실상 중단되었다. 알려진 자원의 23~37%만 가지고 있다고 추정되었지만, 2010년까지 중국은 전 세계 희토류의 약 95%를 생산했다.

2010년 말 중국은 다른 국가로의 희토류 수출을 줄였다. 중국 당국자들은 이것이 환경 문제에 의한 동기라고 주장했지만, 중국에서 희토류에 대한 내부 시장의 성장 또한 요인이 될 수 있다. 이러한 수출 제한으로 인해 전 세계 희토류 원소 가격이 크게 상승했다. 또한, 중국 이외의 지역에서도 생산량이 증가했다. 그래프는 미국(캘리포니아 Mountain Pass)의 생산은 이전 10여년간 중단되었다가 다시 시작되었음을 보여준다. 또한 희토류가 존재하는 다른 장소도 고려되었다. 특히 호주와 캐나다의 자원이 가장 주목할 만한 것으로 알려졌다. 2015년 초, 중국은 시장 가격 하락으로 인해 희토류 수출 제한을 완화했다.

희토류 금속의 채굴 및 가공 어려움과 생산으로 인한 환경적 영향에도 불구하고, 실제로는 희귀하지 않다. 지난 20여 년 동안의 사건은 희토류 금속의 이용 가능성이 실제로 자연적으로 풍부하기보다는 정치적, 경제적 요인에 의해 더 많은 영향을 받는 것으로 나타났다.

토의 주제

전기 자동차 모터에 사용되는 가장 일반적인 영구 자석 재료는 $Nd_2Fe_{14}B$이다. 네오디뮴은 전 세계 모든 희토류 금속 생산의 약 15%를 차지한다. 일반적인 전기 자동차에 사용되는 영구 자석의 질량에 대한 정보를 찾아보라. 전 세계 모든 휘발유 차량의 10%가 매년 폐기되고 전기 자동차로 교체된다면, 현재의 희토류 생산 및 이용에 어떤 영향을 미칠까?

원 가용성의 어려움을 겪게 된다. 이 단순한 예제가 대체에너지 기술의 이행에 종종 수반되는 재료의 문제를 보여주고 있다.

2.5b 기술적인 한계

풍력에너지와 같은 몇 가지 사례에서, 비록 기술개발 자체로는 경제적 또는 환경적인 가능성을 보장하지 않더라도 우리가 자원을 효율적으로 이용할 수 있는 적절한 기술은 존재한다. 때

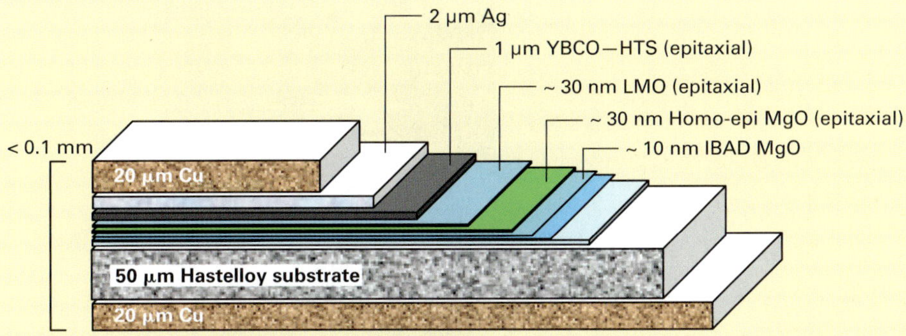

그림 2.16: 2세대 고온 초전도체 전선의 구조

Based on V. Selvamanickam, "Coated Conductors: From R&D to Manufacturing to Commercial Applications," EUCAS | ISEC | ICMC Superconductivity Centennial Conference, September 19-23, 2011, Den Haag, The Netherlands, http://www.superpower-inc.com/system/files/2011_0225+Barcelona+Wind+Seminar_Selva.pdf and http://www.superpower-inc.com/content/2g-hts-wire

때로 기술 장벽은 자원 개발을 방해한다. 몇 가지 경우에서, 적절한 기반 기술의 부족은 기초적인 과학 지식의 부족 때문이다. 몇 가지 경우에서는, 실용적인 면과 경제적인 면에 있어 과학지식을 적용하기 위한 적절한 메커니즘이 개발될 필요가 있다. 핵융합에너지는 이 에너지원을 이용할 수 있는 방법을 완전히 이해하기 위해 추가적인 기초 연구가 필요한 한 예이다. 광전지는 일반화된 장치들이 작동하는 분야의 한 예이나, 효율을 개선하고 좀 더 경제적으로 경쟁력을 가지고 재료 활용성 차원에서 가용성을 확대하기 위한 추가 연구가 필요하다.

재생에너지의 개발은 바이오연료 합성을 위한 생화학, 광전지를 위한 반도체 물리, 핵융합에너지를 위한 플라즈마 및 핵물리, 조력에너지를 위한 표면과학 및 재료연구 등의 다양한 분야와 연결되어 있다. 에너지 연관 분야 응용을 위한 고온 초전도체 개발은 어떻게 과학 기술의 발전이 에너지 시스템 개선을 위해 결합될 수 있는지를 보여주는 한 예이다. 초전도체가 에너지 시스템에 기여할 수 있는 분야로는 저손실 동력 전달 케이블, 초전도 자력 에너지 저장과 풍력발전 적용을 위한 경량, 고출력 발전기 등이 있다. 고온 초전도체는 Johannes Georg Bednorz와 Karl Alexander Muller에 의해 1986년 lanthanum-barium-copper 산화물 시스템에서 처음 발견되었다. 그들은 초전도 변환 온도가 35 K임을 발견하였다. 그 후 일년 이내에 연구자들은 yttrium-barium-copper 산화물에서 92 K에서 초전도성을 발견하였다. 이로써 초전도 변환 온도가 액체 질소 온도보다 더 높아질 수 있기 때문에, 간편하고 값싸게 초전도 물질을 적용할 수 있는 가능성이 열렸다. 불행히도, 고온 초전도체 물질은 세라믹이어서 직접적으로 동력선, 자기코일, 발전기 코일로 제조될 수 있는 유연한 전선의 형태로 가공할 수는 없다. 더욱이, 초전도 물질의 입자사이에 형성되는 경계는 전류의 흐름을 막는다. 1세대 고온 초전도 전선은 bismuth-strontium-calcium-copper 산화물 기반 물질로 만들어졌다. 이것은 고가이며 가공하기 어렵다. 2세대 고온 초전도 전선은 최근에 개발되어 왔고 이전에 문제가 되었던 부분 중 많은 것을 해결하였다. 이 전선은 yttrium-barium-copper 산화물로 만들어졌고 실제로는 그림 2.16에서 보듯이 금속 리본 기판 위에

그림 2.17: 2008년 세계 최초로 초전도체 전력 송신이 뉴욕에서 이루어졌다. (전력 분배소에서 지하 케이블로 연결되었다.)

증착된 초전도 박막이다. 이러한 리본의 제조를 위해 개발된 기술은 입자 사이의 경계로 인한 어려움을 없애고, 오래가고 강한 전도체의 제조를 위한 좋은 기계적 특성을 가진 적당한 기판이 된다. 동력 전달을 위한 이 기술의 첫 번째 상용 시험은 2008년 뉴욕에서 수행되었고(그림 2.17) 세계 에너지 시스템을 개선할 수 있는 미래 기술로서 가능성을 보여주었다. 초전도체의 일반적인 특성과 에너지 저장 장치 응용은 18장에서 추후 논의할 것이다.

많은 영역에서 공학 디자인이라기 보다는 기초 연구가 대체 재생에너지의 발전을 위해 필요하다. 이 책에서 다루고 있는 의미있는 연구 도전 분야 중 몇 가지 주목할만한 예는 다음과 같다:

- 기존 반도체 기반 물질보다 합리적으로 효율적이고 가격이 훨씬 저렴한 새로운 유기 광전지(9장)
- 염도차나 삼투압 에너지 개발을 위한 경제적으로 적당한 멤브레인(14장)
- 셀룰로오스 에탄올 생산 방법(16장)
- 광범위한 전기 자동차 개발을 위해 비용효과가 좋은 효율적인 비리튬 기반 2차 전지(19장)
- 직접 수소 생산을 위한 경제적이고 효율적인 방법(광 수소, 20장)

2.5c 경제적인 요소

어떠한 에너지 기술이라도 가능성을 결정하는 주요한 요소로서 경제성은 최종 상업화를 위해 반드시 고려되어야 한다. 이는 최종적으로 전기에너지를 소비자에게 공급하는 공공시설인 대규모 발전 및 송배전 사업자에게 특히 필요하다. 현재 경제성 개요는 이 영역에 맞추어져 있다. 전기 생산을 위한 새로운 시설의 개발 및 건설은 장기 재무적 가능성을 요구한다. 전기 생산 비용은 다음 방법으로 모델링한다. 발전 kWh당 비용은

$$C = C_{\text{fuel}} + C_{\text{operating}} + \frac{I \cdot CRF}{Rf(8760\ \text{h/y})} \tag{2.11}$$

로 주어진다. 여기서 C_{fuel}은 kWh당 연료 비용, $C_{\text{operating}}$은 kWh당 운전 및 유지 비용, I는 전체 시설 설치 비용, R은 최대 용량(kW), f는 용량 계수, CRF는 자본 회수 계수이다. 식(2.11) 우변의 마지막 항은 시설의 투자 회수기간 동안 분할 상환할 자본 투자비용으로 인한 발전 kWh당 비용 분담액이다. 용량 계수는 전체이론 용량대비 실제로 확보된 용량 분율이다. 자본 회수 계수는 자본 투자에 대한 미수 이자를 고려한 것이고,

$$CRF = \frac{i(1 + i)^T}{[(1 + i)^T - 1]} \tag{2.12}$$

로 주어진다. 여기서 i는 소수로 표현하는 연간 이자율(5.1%는 0.051)이고, T는 회수기간이다. 특히 시설에 대한 회수기간은 명백히 기대수명보다 더 짧아야 하고, 많은 시설의 회수기간은 15년 정도이다. 고위험 기술은 더 짧은 회수기간을 필요로 하는 반면에, 충분히 확립되고 신뢰받는 석탄화력이나 핵발전소 기술은 더 긴 회수기간이 필요하다.

일반적으로, 연료 비용은 석탄, 천연가스, 원자력발전 및 연소터빈의 발전기술에서 중요하다. 반대로, 태양광이나 풍력 같은 많은 재생에너지 기술에서는 일반적으로 타당하지 않다. 몇 개의 시스템에 대해 식(2.11)과 관련 있는 기여요소는 식의 우변에 양의 값과 음의 값 모두를 줄 수 있다. 식(2.11)의 우변에 양의 요소(즉, 전기 kWh당 비용은 증가)는 사용 말기에 운전을 중단하는 비용을 의미한다. 이것들은 아마도 방사성 폐기물 처분이 반드시 고려되어야 한다는 점에서 원자력발전소에서 가장 두드러진다. 식(2.11)의 우변에 음의 요소(즉, 전기 kWh당 비용은 감소)는 회수한 폐열판매와 사용말기 고철회수 등을 의미한다. 전자의 예는 석탄 연소에서 얻는 과잉 열(뜨거운 수증기나 터빈에서 버려지는 물)을 건물 난방을 위해 판매하는 석탄화력복합발전소(17장)에 해당할 것이다. 후자의 경우, 광전지 사용 후에 희소성 있고 값비싼 indium, gallium 또는 selenium 같은 원소를 회수하는 것일 것이다.

에너지 생산의 재무 모델 실행은 많은 요소들에 의존한다. 식(2.11)과 (2.12)를 이용하는 단순한 접근법은 전환효율 분석과 연료의 에너지 함유량의 평가에 기반한 연료 비용의 가치평가를 포함할 것이다. 운전 비용은 시설 설계, 노동 및 재료 비용을 포함하는 많은 요소에 의존한다. 물론, 기반시설 비용도 활용하는 에너지원에 의존할 뿐만 아니라 시설의 설계에 따라서 상당히 달라질 수 있다. 각기 다른 에너지 기술에 대해 정격 용량의 kWh당 매우 근사적인 자산 건설비용이 표 2.5에 보여지고 있다. 풍력터빈에서 비용에 대한 정격 용량의 영향을 그림 2.18에 도시하였다. 이 자료에서 작은 터빈의 경우, 정격 용량당 비용 사이에 확실한 연관관계가 있고, 대형 터빈이 경제적으로 선호된다는 것을 보여준다. 대형 시설에

대해 발전 kWh당 실제 비용은 이런 논의를 기반으로 평가될 수 있고 다른 에너지기술에 대해서도 표 2.6에 나타내었다. 이러한 데이터와 표 2.5의 데이터를 비교하면 전기의 순 비용 결정에 있어 연료 비용, 운영 비용 및 특히 용량 요소의 중요성이 설명된다.

국가 간 전력 생산 비용의 변동성은 전력 생산에 대한 접근 방식과 국가 경제의 차이

예제 2.3

35%의 용량계수로 운전하는 1.5 MW 풍력발전기에서 생산된 전기의 kWh당 가격에 대한 자본 회수 비용의 영향을 계산해보자. 전체 설치 비용은 $2,300,000이고, 이자율은 6.2%, 회수기간은 15년이다.

풀이

식(2.11)과 식(2.12)를 이용하면, 자본 회수 항에서 발전 kWh당 비용 분담액은

$$\frac{I}{Rf(8760\ \mathrm{h/y})} \cdot \frac{i(1+i)^T}{[(1+i)^T - 1]},$$

이다. 여기서 I = $2,300,000, R = 1500 kW, $f = 0.35\ \mathrm{y}^{-1}$, i = 0.062, T = 15년이다. 이 식을 이용하여 전기비용의 분담액은

$$\frac{\$2{,}300{,}000}{(1500\ \mathrm{kW}) \times (0.35\ \mathrm{y}^{-1}) \times (8760\ \mathrm{h/y})} \times \frac{0.062(1+0.062)^{15}}{[(1+0.062)^{15} - 1]} = \$0.052/\mathrm{kWh}.$$

이다. 이는 풍력터빈에서 생산 전기 비용에 대해 가장 중요한 요소를 의미한다.

표 2.5: 미국에 발전기술에 따른 대형 발전소의 kW당 일반적 시스템 자본 비용($)

energy source	infrastructure cost (US$/kW capacity)
natural gas (thermal)	917
natural gas (combustion turbine)	973
wind (on–shore)	2213
hydroelectric	2936
coal	3246
solar (photovoltaic)	3873
geothermal	4362
solar (thermal)	5067
nuclear (thermal neutron fission)	5530

Adapted from data in "Updated Capital Cost Estimates for Utility Scale Electricity Generating Plants-April 2013." U.S. Energy Information Administration. Fossil fuel facilities do not include carbon capture and storage

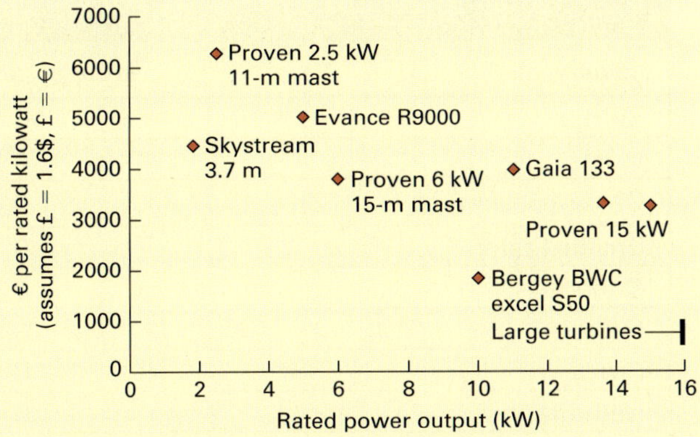

그림 2.18: 전체 용량에 따른 풍력터빈 용량당 시설 비용(Euro/kWh)

Based on Wind Power Program, 2. Wind Turbine Economics, http://www.wind-power-program.com/turbine_economics.htm

로 인해 발생할 수 있다. 소비자에 대한 비용은 지리적 위치, 고객 유형, 사용량 및 시간으로 인해 국가마다 상당히 다를 수 있다. 예를 들어, 미국의 주거용 전기 요금은 kWh당 약 US$0.08(Louisiana)에서 US$0.37(Hawai)로 다양하다. 일부 평균 주택 전기 비용은 표 2.7에 나와 있다.

석탄화력, 원자력, 풍력발전단지 등과 같은 에너지 생산 시설을 운영하는 공공 발전 사업자는 이런 시설의 부품을 공급하고 건설하는 장비 공급자에 의존하게 된다. 대체에너지 기술에 대해서는 대부분의 개발은 정부나 기업의 지원을 받는 대학이나 국가연구소에서 기초 과학연구로서 시작된다. 상용 가능성은 이런 과정의 최종 목표이고, 새로운 에너지원을

표 2.6: 미국에서 발전기술에 따른 일반적인 발전 비용(US$/kWh)

energy source	electricity cost (US$/kWh)
coal	0.040*
wind (on-shore)	0.060
natural gas (thermal)	0.065
hydroelectric	0.070**
geothermal	0.075**
nuclear (thermal neutron fission)	0.11
solar (photovoltaic)	0.11
solar (thermal)	0.155
natural gas (combustion turbine)	0.17

Adapted from data compiled by the U.S. Department of Energy and the U.S. National Renewable Energy Laboratory as reported by en.openei.org

표 2.7: 2014~2015년의 세계 각국 주거용 전기 평균 비용(US$/kWh)

country	average cost (US$/kWh)
Serbia	0.066 [1]
India	0.07 [2]
China (Beijing) [for 2012]	0.078 [3]
United States	0.12 [4]
Canada	0.158 [5]
France	0.171 [1]
Brazil	0.185 [6]
Netherlands	0.197 [1]
United Kingdom	0.207 [1]
Sweden	0.212 [1]
Japan [for 2012]	0.262 [7]
Italy	0.264 [1]
Germany	0.322 [1]
Denmark	0.329 [1]

Sources:
[1] http://strom-report.de/
[2] http://cea.nic.in/reports/others/enc/fsa/tariff_2014.pdf
[3] http://english.sz.gov.cn/ln/201205/t20120517_1914423.htm
[4] http://www.eia.gov/electricity/data/browser/#/topic/7?agg=2,0,1&geo=g&freq=M
[5] http://www.huffingtonpost.ca/2016/07/21/ontario-hydro-rates_n_11107590.html
[6] http://www.light.com.br/para-residencias/Sua-Conta/composicao-da-tarifa.aspx
[7] http://thisbluemarble.com/showthread.php?t=36342

개발할 때에는 이런 목적에 도달하기 위해 모든 요소를 협력하여 연구하여야 한다. 고로 국고보조와 인센티브가 개발 단계 동안에 유익하다. 전통적으로 회사의 기본은 항상 재정 이익이었으며, 적절한 시간 동안 예측할 수 있는 이익을 주지 못하는 기술은 고려되지 않았다. 새로운 개발은 위험에 비례하는 잠재적인 재정 이익을 가져야만 했다. 그러나, 좀 더 최근에는 많은 나라에서 다른 접근 방식이 실행되어져 왔다: 트리플 버텀 라인(Triple Bottom Line, TBL). TBL은 기업활동으로부터 획득 가능한 이득의 세 가지 요소를 의미한다. 때때로, 인간(people), 지구(planet), 이익(profit)을 의미한다. 이러한 이득은 단기간의 경제 이윤 추구보다는 장기간 지속 가능한 좋은 사업 활동이 더 고려할 필요가 있다는 자각에서 나오게 된다.

TBL의 인간(people) 측면은 공정한 급여와 혜택을 제공하고 안전한 작업 환경을 제공하여 노동자의 공정한 처우와 사기 유지를 의미한다. TBL 기업 실천의 인간에 대한 이득은 분류하기는 어려우나 공급자와 계약자 또한 공정한 노동자 정책을 가지는 것을 보장하고 교육 프로그램을 통해 공동체 이득을 제공하는 것을 포함할 것이다.

TBL의 지구(planet) 측면은 환경의 질을 유지하는 것과 관련 있다. 재료와 관습의 철저한 생애 주기 분석(4장)이 사업 관행의 환경 영향을 완전히 이해하는 데 기본이 된다.

TBL의 이익(profit) 부분은 아마도 가장 정량화하기 쉬운 부분일 것이다. 이는 전통적인 기업 회계 접근법에 기반을 두고 있으나 기업 내부 재정 이익과 함께 공동체의 경제적 효과 분석을 함께 포함한다.

이익은 어떠한 사업에서도 생존 기반이다. TBL 실천의 인간과 지구의 측면을 부각하는 정책의 실행은 종종 상업의 법적 책임감이 되나 이런 분야에서 사전 대책을 준비하는 것이 궁극적으로는 기업과 공동체 모두에게 이익이 될 수 있다는 것이 인정 되어져야 한다.

2.5d 사회적인 요소

에너지에 대한 대중의 인식은 경제성, 안락함, 안전, 환경적 요소와 심지어 미관을 포함하는 다양한 요소에 의해 영향을 받는다. 원자력에너지와 관련된 위험에 대한 논란을 제외하고 1970년대 초의 에너지 위기 전에는 대체에너지 자원에 대한 공공의 관심은 거의 없었다. 하지만 그 이후로 원자력에너지는 갈등을 빚고 있는 상황이다. 이 논쟁이 대부분의 대체 재생에너지원(수력과 지열은 제외한다)의 중요한 발전보다 앞서 있었다. 그림 2.19에서 보여지듯이, 지난 40년 동안 미국에서 원자력에너지에 대한 대중의 지지는 일반적으로 증가되어 왔다. 그러나 지지(支持)는 체르노빌 사고가 있었던 1986년 즈음에 이례적으로 감소하였다. 원자력발전소 사고 이후, 원자력에너지 규제는 더 엄격해졌고, 적어도 단기간에는 추가 사고의 가능성이 줄어들 것이다. 단지 원자력에너지에 관한 위험의 대중의 인식만이 지지율에 영향을 끼쳤다. 일본의 후쿠시마 발전 설비에서 원자력발전소 사고는 이런 점을 잘 보여준다. 과거에 일본은 원자력발전을 매우 지지하여 왔다. 이는 일본이 매우 산업화되어

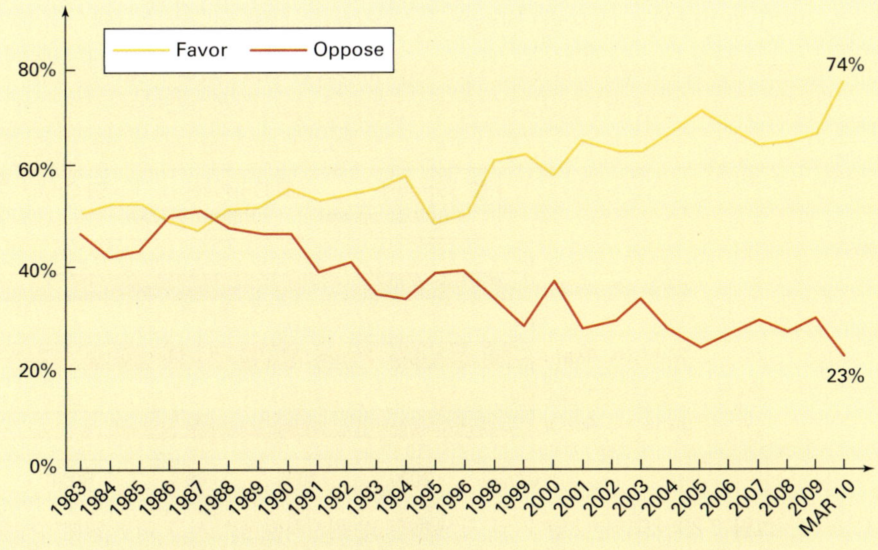

그림 2.19: 원자력발전에 대한 미국의 여론조사 결과

Based on NEI, http://lh6.ggpht.com/markpf21/SLW9KFPMCwI/AAAAAAAAAQY/k_ocIDGEGEM/popo_chart%5B4%5D.jpg

있고, 국내 에너지 자원이 적고 인구밀도가 높은 나라이기 때문에 이를 예상하지 못한 것은 아니다. 그림 2.20은 후쿠시마 사고 이후 일본에서의 여론조사 결과를 보여준다. 사고 이후 석달 동안 원자력발전에 대한 지지도가 상당히 떨어진 것도 그리 놀랄 일은 아니다. 확실히 원자력발전 실행에 대해서는 많은 나라에서 대중의 의견뿐만 아니라 정부 정책도 계속해서 논쟁의 주제가 되고 있다.

최근 몇 년간 에너지와 연관된 사안에 대한 대중의 관심은 커져 왔다. 유럽연합(EU)에서 실시한 최근 여론조사 결과, 일반대중의 가장 큰 관심사를 그림 2.21에 요약하였다. 가장 큰 관심사는 에너지 가격과 가용성에 대한 것이다. 환경에 대한 관심은 상대적으로 더 낮았다. 다른 여론 조사 결과 경제와 환경에 상대적 중요성에 대한 또 다른 관점이 표 2.8에서 보여지고 있다. 미국, 캐나다, 영국의 국민들은 다음 두 가지 접근법 중 하나를 선호하는 것을 선택하였다: 하나는 경제성장을 저해하는 위험이 있어도 환경은 보호되어야 한다와 다른 것은 환경 피해가 있어도 경제성장은 보장되어야 한다는 것이다. 제한된 연구에서 적어도 환경 관심사는 미국, 캐나다에서 더 중요한 듯 하며, 비록 환경보다 경제 선호가 더 낮을지라도 영국에서는 덜 그런 것으로 볼 수 있다.

대체에너지 기술(그림 2.19에서 보여준 것과 같은 조사로부터)의 개발 수요에 관한 의견을 그림 2.22에 보여주고 있다. EU에서는 비록 높은 비용과 미래 에너지 가격에 대한 전반적인 우려에도 불구하고 태양광 개발에 대한 매우 강력한 지지가 있다. 다른 에너지자원과 비교하여 원자력에너지의 사용은 상당한 반대가 있다. 이는 심지어 대부분의 전기가 원자력발전으로부터 생산되는 프랑스에서도 그러하다(찬성 21%, 중립 44%, 반대 33%). 태양광 에너지에 대한 선호는 향후 30년 안에 화석연료 사용은 크게 감소할 것이고 태양광이 대부분의 에너지를 공급할 것이라는 낙관주의를 동반하게 된다. 이 의견은 그림 2.23에서 보여진 데이터에 의해 나타난다.

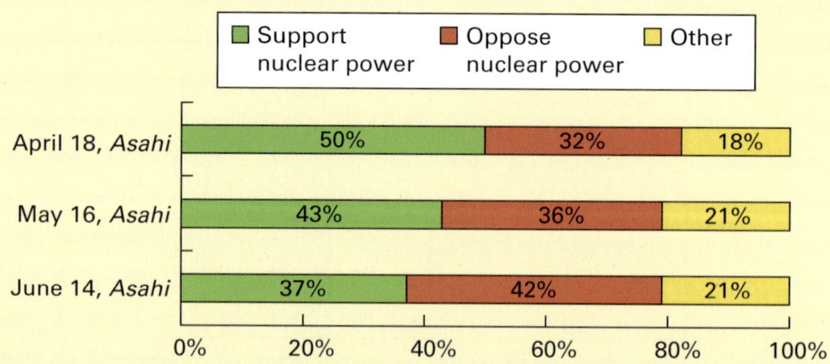

그림 2.20: 2011년 3월 11일 지진/해일 및 원자력발전소 사고 이후 일본에서 원자력발전에 대한 여론 조사

Based on Trend of Public Opinions on Nuclear Energy after Fukushima Accident (March 11) in Japan, Prepared by the Department of International Affairs, JAIF, http://www.jaif.or.jp/english/news_images /pdf/ENGNEWS02_1312778417P.pdf

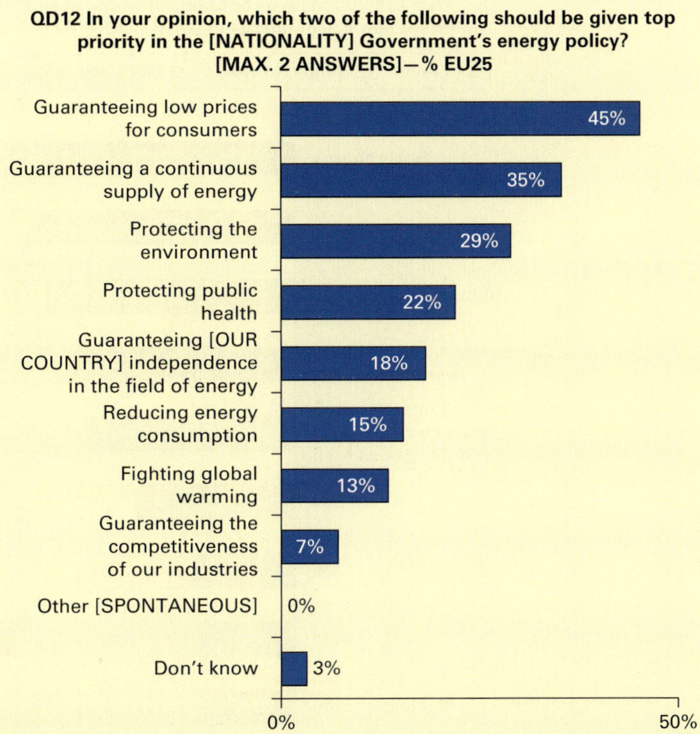

그림 2.21: 에너지와 관련된 사안에서 우선 순위에 대한 유럽 연합의 여론 조사 결과

Based on European Commission, Energy Technologies: Knowledge, Perception, Measures, http://ec.europa.eu/public_opinion/archives/ebs/ebs_262_en.pdf

대중의 의견이 재생에너지 자원의 개발을 크게 선호하는 것 같고 비현실적으로 짧은 기간에 가능할 것이라는 긍정론이 있지만, 저렴한 화석연료를 바꿈으로써 경제적 불리함을 받아 들여야 하는 꺼림직함도 또한 있다.

2.5e 환경적 요소

재생에너지 자원은 일반적으로 화석연료보다 더 적은 환경적 영향이 있을 것으로 생각되

표 2.8: 환경보호와 경제성장 중 상대적 중요성에 대한 최근 여론 조사 결과

nation	percent favoring environmental protection	percent favoring economic growth
Canada	55	22
United States	47	26
United Kingdom	40	33

Based on data from Angus Reid Global, http://www.angus-reid.com/issue/global-warming

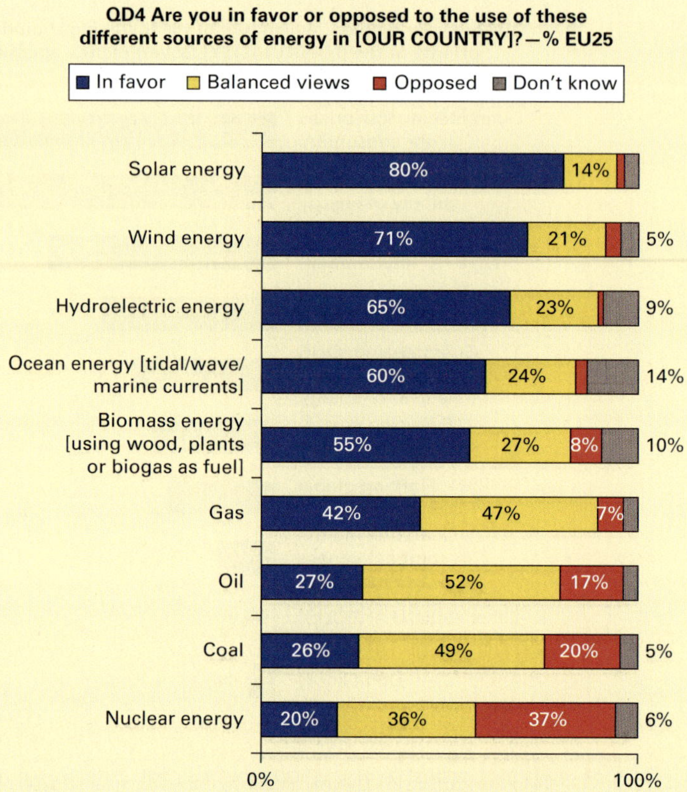

그림 2.22: 재생에너지 개발에 대한 유럽연합의 최근 여론 조사 결과

Based on European Commission, Energy Technologies: Knowledge, Perception, Measures, http://ec.europa.eu/public_opinion/archives/ebs/ebs_262_en.pdf

고 있다. 많은 환경적 요소들이 직접적으로 정량 계량될 수 없기 때문에 환경적 영향의 정량 평가는 종종 어려워진다. 정량적으로 표현될 수 있는 재생에너지의 환경적 영향 중 하나는 온실가스(CO_2) 배출이다. 이런 평가에서 재생에너지의 생산(일반적으로 매우 작다) 뿐만 아니라 재료 확보, 필요 장치의 생산, 부품의 운송, 설비의 유지 및 최종 장치의 폐기과정 동안의 온실가스 배출을 포함할 것이다. 이런 종류의 요람에서 무덤까지의 생애 주기는 4장에서 더 논의되고 대체 운송 기술에 대한 CO_2 배출 평가는 20장에서 보여준다.

표 2.9는 몇 가지 재생에너지원에 대한 온실가스 생애 주기 분석 결과를 보여준다. 이 표는 시설의 수명 동안 평균 전력 생산량당 발생하는 CO_2 배출량을 보여준다. 재생에너지원에 대한 결과를 화석연료의 결과와 비교하였다. 화석연료에서는 많은 양의 CO_2 배출이 있을 것이며, 이는 원천적으로 연료중의 탄소를 산화하는 연소 공정에 기인한 것이다. 이 표에서 실제 CO_2 배출량은 시설의 자세한 생애 주기에 의존하기 때문에 재생에너지원은 범위로 주어지고 이는 설비의 규모에 따라 상당히 크게 변화한다. 모든 재생에너지원이 단위 전기당 더 적은 양의 CO_2를 생산하지만 실제로 아예 배출하지 않는 것은 아니다. 이런 면에

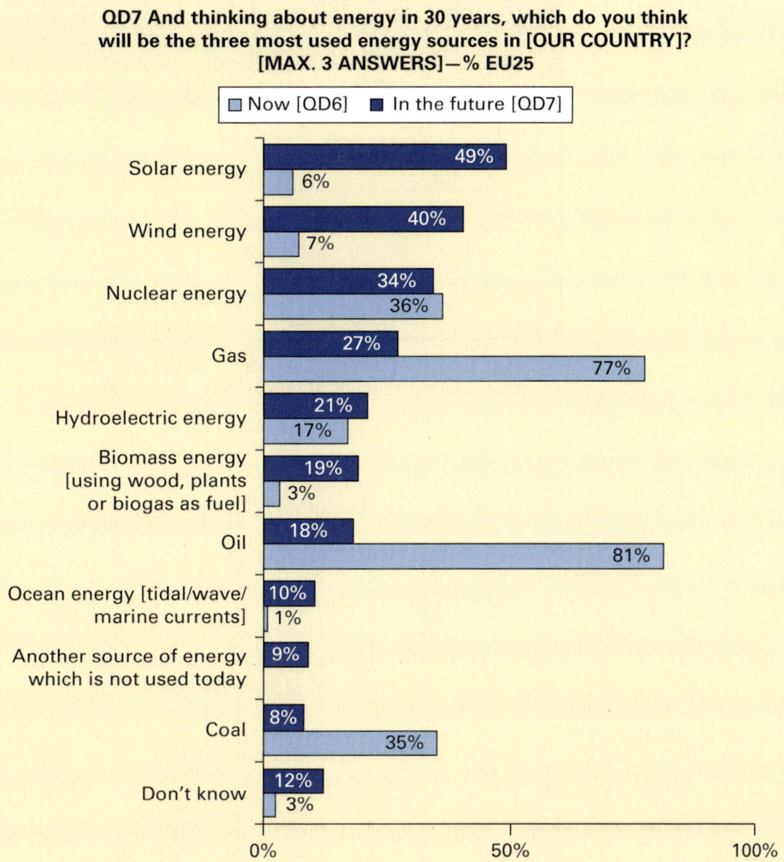

그림 2.23: 재생에너지 개발에 대한 유럽연합의 최근 여론 조사 결과

Based on European Commission, Energy Technologies: Knowledge, Perception, Measures, http://ec.europa.eu/public_opinion/archives/ebs/ebs_262_en.pdf

서 가장 나쁜 재생에너지원이 태양전지인 것은 매우 놀라울 것이다. 사실, 이전 절에서 논의한 것처럼 태양에너지에 대한 대중의 인식은 매우 긍정적이다. 많은 사람들이 지속가능한 미래를 위한 가장 좋은 희망으로 알고 있고 발전하기를 바라는 것은 일반적으로 재생에너지원이다. 태양전지에서 어느 정도의 CO_2가 나오는 이유(사실, 어떤 조건에서는 거의 천연가스의 1/3을 배출한다)는 태양전지가 저밀도 에너지원에서 에너지를 뽑아내는 재료 집약적인 기술이기 때문이다. 다른 말로, 전지 생산에 사용되는 일부 재료를 생산하기 위해서는 에너지가 많이 소비된다. 원하는 소량의 재료를 얻기 위해 많은 양의 원료를 채굴할 필요가 있는 희소 재료가 바로 이 경우이다. 이와 더불어 전지의 재료는 첨단 제조 공정이 필요하고, 태양에너지의 낮은 에너지 밀도 때문에 상대적으로 적은 양의 전기를 발전하기 위해서는 많은 전지가 제조될 필요가 있다. 이런 형태의 분석은 온실가스 배출 관점에서 재생에너지 자원 활용에 따른 환경 영향이 언제나 명확한 것은 아니다라는 것을 나타낸다.

재생에너지의 환경 영향의 다른 면은 정량화하기 더 어려워질 수 있어 꼼꼼한 분석에 의

표 2.9: 여러 에너지원으로부터 배출되는 단위전기 에너지당 온실가스량(kg/MWh)

resource	CO_2 (kg/MWh)
coal	955
natural gas	430
solar (photovoltaic)	98–167
wind	7–9
geothermal	7–9
hydroelectric (high head)	3.6–11.6

Based on data from International Energy Agency "Benign energy? The environmental implications of renewables," Paris: OECD (1998)

해서만 분명해질 수 있다. 태양에너지에서와 같이, 화석연료와 비교하여 많은 재생에너지원의 에너지 밀도가 낮은 것은 환경영향에서 중요한 기여 요소가 된다. 태양전지, 풍력 또는 수력조차도 발전을 위해 넓은 땅이 필요하고 이로 위해 인류의 생활과 환경에 영향을 주는 농업 자원들의 벌채나 이동이 일어날 수 있다.

바이오연료는 전체 환경 영향 평가의 복합성의 확실한 예이다. 16장에서 자세히 논의하겠지만, 바이오연료의 생산과 사용의 영향의 모든 면에 대한 세심한 분석에 의하면 바이오연료의 광범위한 발전이 반드시 긍정적인 보상을 주는 것은 아니라는 것이다.

6.9절에서 자세히 논의하겠지만 재생에너지원의 낮은 에너지 밀도는 상대적으로 인류 위험 요소에 대해 기여 요인이 된다. 많은 재생에너지 기술에 대해 필요한 많은 양의 재료는 채굴, 재료 운송, 제조 공정 및 이와 관련된 작업과 관련된 위험을 의미하게 되고 이는 일반적으로 에너지 생산 그 자체와 연관된 직접적인 위험보다 더 크게 된다. 위험이나 환경영향의 인식은 종종 여론 형성에 중요한 요소가 된다. 비록 풍력이 가장 무해한 에너지 기술 중에 하나이고, 일반적으로 선호하는 가용한 신규 에너지원이지만, 주변 지역에 대한 영향의 불확실성으로 인해 종종 주변지역 개발에 대한 거주민의 저항을 일으키게 된다. 이것을 NIMBY(Not in my backyard)라고 한다.

예제 2.4

70%의 용량계수로 운전하는 1 GW_e 석탄화력발전소를 동급 용량의 풍력터빈으로 교체한다고 할 때, 실제 CO_2 배출량은 얼마나 줄어드는가?

풀이

석탄화력발전소를 가동시켜 1년 동안 얻게 되는 전체 에너지는 다음과 같다.

$$(0.7) \times (1000\ MW_e) \times (8760\ h/y) = 6.13 \times 10^6\ MWh\ per\ year.$$

표 2.9로부터 전체 CO_2 배출량은 다음과 같을 것이다.

$$(6.13 \times 10^6 \text{ MWh}) \times (955 \text{ kg/MWh}) = 5.856 \times 10^9 \text{ kg}.$$

풍력터빈이 발생시키는 CO_2 배출량을 8 kg/MWh라고 가정하면 전체 배출량은 다음과 같다.

$$(6.13 \times 10^6 \text{ MWh}) \times (8 \text{ kg/MWh}) = 4.904 \times 10^7 \text{ kg}.$$

그러므로 줄어드는 CO_2 배출량은

$$5.856 \times 10^9 \text{ kg} - 4.904 \times 10^7 \text{ kg} = 5.807 \times 10^9 \text{ kg}.$$

이다.

2.5f 정치적인 요소

에너지와 관련된 문제에 관한 정치적인 결정은 국가의 에너지 정책뿐만 아니라 자신의 지역구 주민의 에너지 관심사를 반영한 개별 정치인의 활동을 따르게 된다. 에너지 정책은 에너지 관련 법과 다른 국가와의 조약 및 에너지 문제를 다루는 정부기관의 지침을 제공하게 된다. 다음 항목들이 국가 에너지 정책의 일반적인 구성 요소들이 된다:

- 에너지 생산, 전송 및 사용에 관한 국가 정책 설명
- 에너지 활용과 연관된 에너지 효율 및 환경 기준의 확립
- 개선된 에너지 활용을 증진시키기 위한 보조금, 장려책, 면세 등과 같은 에너지 관련 국가 재정 정책의 상세 설명
- 에너지 관련 연구와 개발을 위한 자금 제공 프로그램 참여
- 다른 국가와의 에너지 관련 조약 및 협약의 개발

에너지 정책 결정을 위해 다음 질문을 고심하게 된다:

- 어느 정도의 에너지 자급자족을 기대하는가?
- 어떤 미래 에너지 생산 방법이 가장 적절한가?
- 어떻게 좋은 에너지 습관을 증진시킬 수 있을까?
- 에너지 사용으로 인한 환경적 영향은 받아들일 만한가?
- 수송 시스템에서 받아들일 만한 에너지 기술은 무엇인가?

이런 부분을 다루는 가장 적당한 방법은 국가별로 크게 다르게 되고 다음과 같은 많은 요인들에 의존하게 된다.

- 경제
- 기후
- 지리

ENERGY EXTRA 2.3
정부 배기가스 규제 기준

에너지 생산과정 동안 인위적으로 발생하는 배기가스의 영향에 대한 관심은 새로운 것이 아니다. 1306년, 잉글랜드의 에드워드1세는 공기 질을 개선하기 위해 런던에서 석탄을 태우는 것을 금지하였다. 좀 더 최근에는 Henry Obermeyer의 1933년 저서, "Stop That Smoke! (Harper, New York)에서 공기 오염으로 인한 건강과 환경 영향이 알려지게 되었다. 20세기에는 많은 시에서 공기 품질을 다루기 위해 배기가스에 대한 규제들이 흔해졌다. 1950년과 1960년대에는 공기 오염의 원천을 알기 위한 체계적인 연구가 수행되었다. 이 조사에서 두 개의 중요한 결론이 도출되었다: (1) 특정 지역의 오염원은 지역 전체로 퍼지게 된다. (2) 공기 오염의 대부분은 자동차 때문이다.

주와 연방정부의 규제를 점진적으로 실행하여 첫 번째 결론에 대응하였다. 미국 캘리포니아주는 1967년 California Air Resources Board를 만들고, 연방정부는 1970년에 EPA(Environmental Protection Agency)를 설립하였다. 같은 기간 동안, 유사한 정부 규제기관이 캐나다, 호주, 대부분의 서유럽, 일본에도 설립되었다.

이러한 기관들의 주요 목적은 신규 모델에 대한 기준을 정하여 자동차 배기가스를 감소시키는데 있다. 수년 동안 이런 기준들은 더 엄격해졌고 배기가스 제어를 위한 새로운 방법이 필요하게 되었다. 오랫동안 자동차 배기가스를 줄이기 위해 많은 기술적인 발전이 있었지만 두 개의 주요 발전이 중요한 역할을 하고 있다. 첫 번째는 엔진에서 배출을 다루는 것이고, 두 번째는 배출가스를 처리하는 방법에 관한 것이다. 첫 번째 경우, positive crankcase ventilation(PCV) 시스템을 이용하여 크랭크케이스에서 생긴 탄화수소가 많은 유증기를 공기 중으로 내보내기보다 엔진의 흡기 매니폴드로 보내 태워 배기가스를 줄이게 된다. PCV 시스템은 자동차 배출가스를 규제하기 위한 주와 정부기관이 설립되기 전에 적용되었다. 1961년에 캘리포니아주는 주에서 판매되는 모든 새로운 승객용 자동차는 PCV를 갖추도록 하였다. 1964년까지 승객용 승용차에 PCV 설치하는 것이 미국 전체로 퍼졌다.

1970년 중반까지 점점 더 엄격한 배출 기준(4.3절)으로 인해 배기가스에 관심을 가지게 되었다. 배출가스는 촉매 전환기를 이용하여 좀 더 효율적으로 처리되었다. 이 장치는 활발한 촉매 반응으로 내연엔진에서 나오는 독성 배출물을 무독성 부산물로 전환하는 장치이다. 가솔린 내연 엔진에 사용되는 대부분 촉매 전환기는 3원 전환기이다. 이는 다음의 방법으로 3가지 형태의 오염물을 처리한다:

- 질소산화물을 질소와 산소로 환원
- 일산화탄소를 이산화탄소로 산화
- 탄화수소를 이산화탄소와 물로 산화

정부 배기가스 규제기준은 국가적으로도 전 세계적으로도 효과적이었으며 자동차 배출가스를 상당히 감소시켰다. 배기가스 감소는 4장에서 자세히 논의할 것이며 정부 규제가 환경문제를 다루는데 있어 효과적인 하나의 사례가 된다.

토의 주제

3원 촉매 전환기에서 일어나는 3가지 공정에 대한 화학반응을 자세히 알아보자. 생성된 화학 물질의 건강과 환경적 문제는 무엇인가?

- 천연자원
- 인구

에너지 독립을 추구하는 것이 넓은 국토 면적, 낮은 인구 밀도, 풍부한 천연 자원, 좋은 경제여건을 가진 나라에게는 합리적이겠지만, 좁은 면적, 높은 인구 밀도, 부족한 자원을 가진 나라에게는 합당하지 않다.

에너지 안보를 확립하기 위한 목적을 실현하기 위해 에너지 정책들이 시도되고 있지만, 이 목적을 이루기 위한 정책 수행의 상세한 접근 방식은 잘 정의될 필요가 있다. 에너지 정책의 성공은 목적의 적합성뿐만 아니라 목적 실현 중 발생하는 장애물을 극복하기 위한 사회의 능력에 달려 있게 된다. 예를 들어, 배출 기준이 기술적으로나 경제적으로 비현실적이라고 주장하는 자동차 제조사는 법정에서 몇 가지 미국 자동차 배출 기준 실현에 문제를 제기하여 왔다.

일반적인 미국 에너지 정책의 지침들은 에너지부의 2014 전략 계획에서 윤곽을 보여주고 있다. 미국 정부는 "all of the above" 에너지 전략이라고 부르는 것을 채택했으며, 이는 가능한 모든 에너지 자원은 이들 목표의 맥락에서 조사될 것임을 의미한다:

- 2012년부터 2020년 사이에 풍력, 태양광, 지열원으로부터의 재생에너지 전기 생산을 두 배 증가
- 2030년까지 누적 탄소 오염원을 3×10^9 t 감소
- 지구 기후 변화를 해결하기 위한 국제 노력에 기여

2014~2018 전략 계획의 일부인 특정 발의안은 다음의 개발을 포함한다:

- 모듈형 원자로(6.11절)
- 지열발전(15장)
- 해상 풍력발전(10.4절)
- 상업적 규모의 셀룰로오스 에탄올 생산(16.3절)
- 효율적인 비용의 연료전지(20.6절)
- 효율적인 비용의 플러그인 기술(17.8절과 19.4절)
- 효율적인 비용의 태양전지(9.4절)
- 향상된 탄소 포집 및 저장 기능(4.6절)

이들은 지속 가능하고 환경적으로 건전한 미래 에너지 생산에 새로운 기술의 개발 및 구현을 위해 필수적인 모든 영역이다.

에너지 정책의 많은 부분을 지역, 주, 시 단위에서 대부분 적절하게 고려하였다. 예를 들어, 지역의 지리와 기후에 따라 영향을 받는 에너지 보존, 건물 코드, 다른 측정치를 포함하였다.

전체적으로 특정 국가나 지역에 대해 환경적으로 안정하고, 기술적으로 타당하고, 경제적인 정부 에너지 정책을 수립하는 것은 지속가능한 에너지 미래를 이끌고 장기적인 이익을 제공할 수 있는 도전이 된다.

2.5g 기존 인프라와 신기술의 병합

미래에 어떤 에너지원을 혼용하여 사용하게 될지라도 우리가 에너지를 어떻게 만들고 사용하는지에 따라 변화가 일어날 것임은 명백하다. 오랫동안 발전되어온 에너지 기술들은 미래에 지속가능한 인프라구조를 확립하기 위해 새로운 접근방법을 제시하여야 한다. 서문에서 밝힌 것처럼, 이 일은 쉽지 않은 일이며, 이 변화는 현재 에너지 시스템의 효율성을

유지하면서 이루어져야 한다.

수송 분야는 에너지 생산과 사용의 변화를 주기 위한 잠재적인 도전분야일 뿐만 아니라, 화석연료의 의존성을 줄이기 위해 모든 연관된 측면을 고려할 필요가 있는 재미있는 예이다. 예를 들어, 만약, 미래의 수송 시스템이 전기 자동차나 연료전지 자동차에 기반을 두고 있다면, 시스템의 붕괴를 최소화 하거나 막기 위해서 기존의 화석연료 자동차 인프라구조의 제거와 새로운 수송 인프라구조의 개발이 반드시 이루어져야 한다. 앞으로 나아가는 길이 간단할 지라도, 분명하지는 않지만 어떤 주제는 고려될 필요가 있다.

기존에 운영중인 유정, 정유시설, 석유 파이프라인, 주유소 등의 인프라구조는 전기충전소나 수소충전소로 교체될 필요가 있다는 것은 명백하다. 또한, 화석연료 자동차 생산을 위한 제조 인프라구조도 전기 자동차나 연료전지 자동차 제조 시설로 전환될 필요가 있을 것이다. 그러나, 전기 공급 시스템의 필요한 변화는 엄청나게 더 큰 일이 될 수도 있다. 미국 같은 산업화된 국가에서 사용하는 에너지원은 그림 2.6에 정리되어 있다. 현재 최종 사용 에너지의 약 1/3이 수송에 사용된다; 나머지는 산업과 주거 및 상업으로 대략 반으로 나누어진다. 수송용 에너지는 거의 대부분 석유로부터 생산된다. 만약 화석연료 자동차가 배터리나 수소(전기 저장용)를 사용하는 전기 자동차로 교체된다면, 전기 발전량은 현재 전기 수요와 수송용 에너지를 공급하기 위해 증가되어져야 한다. 전기 자동차가 화석연료 자동차보다 더 효율적이라는 사실을 고려하더라도, 화석연료 수송경제에서 전기 수송 경제로의 이동은 전력 발전량의 60~70% 증가가 필요할 것이다. 자원 유용성과 환경 영향의 관점에서 화석연료 사용을 줄이려는 장기적인 목적을 달성하기 위해 우리의 에너지 수요를 충족시킬 수 있다는 확신을 갖기 위한 세심한 고려가 필요할 것이다. 화석연료 자동차 감소와 맞물려 전기 자동차 숫자를 상당히 증가시킬려는 어떤 계획도 증가하는 수요를 만족시키기 위한 전기 발전량의 충분한 증가가 필요할 것이다. 화석연료 자동차 감소가 이익이 되려면 추가 발전량은 재생에너지원으로부터 이루어질 필요가 있을 것이다.

기존 전력 공급망과 대체에너지 기술을 통합함에 있어 중요한 고려사항은 대부분의 재생에너지 자원의 비정기성이라는 특징이다. 예를 들어, 태양광의 일조량 변화, 바람의 예측하기 힘든 변화, 조력에너지의 순환 주기성 등이 있다. 수력과 지열은 좀 더 예측할 수 있는 대체에너지 자원이다. 그러나, 지열은 전체 에너지 사용량에 맞춰 장기적으로 지속가능하게 공급하기에는 충분하지 않을 것이다. 가용자원을 가장 효율적으로 사용하기 위해서는 17장과 18장에서 논의하겠지만 적절한 에너지 저장 기술 및 기존의 화력, 원자력, 수력에너지와 대체에너지 기술을 통합하는 것이 필요하다. 장기적으로 화석연료 사용을 배제하기 위해서는 신뢰성 있는 전기에너지 공급을 확보할 수 있는 에너지 생산 및 배분(스마트 그리드, 17장에서 논의)의 지능형 통제가 필요할 것이다.

2.6 요약

이 장에서는 수년 간 인류의 에너지 수요에 대해 검토해보았다. 기술의 발전과 더불어 급격한 에너지 사용량의 증가가 있었다. 주요 에너지 자원은 나무에서 19세기 하반기에는 석탄으로 20세기에는 석유로 변해왔다. 국가별 일인당 에너지 사용량은 경제적인 요인과 직접적인 영향이 있었다. 기후, 인구밀도, 산업의 형태가 에너지 사용량을 결정하는 중요한 요소가 되었다. 또한, 에너지 사용 분포에 대해서도 요약하였다. 대부분은 화석연료였고, 다음으로 원자력과 수력이었다. 성장 메커니즘이 제시되었고, Hubbert 모델에 기반한 에너지 자원 활용 분석이 제시되었다. 이 모델로 가용 자원의 전체 양에서 자원 활용 기간을 알 수 있었다.

새로운 에너지 기술을 활용하기 위한 과제를 검토해보았다. 이는 기술자체의 과제뿐만 아니라 자원의 활용성, 경제 · 사회적 여건, 환경요인, 정책방향 등과도 연관되어 있다. 가능한 에너지 기술들은 기존 대안에 비해 지속가능하고 경제적으로 경쟁력이 있어야 한다; 반면에, 잘 확립된 기술들을 버려야 하는 망설임도 있을 것이다. 대체에너지에 대한 여론은 비용, 환경 영향, 기타 위험요인에 대한 인식에 달려 있고, 기존 및 신규 에너지 자원을 받아들이도록 결정하는데 중요한 요소가 된다. 재생에너지 기술의 완벽한 환경 분석은 어려울 뿐만 아니라 가용한 에너지 옵션을 전체적으로 평가하는 것을 복잡하게 한다. 에너지 정책은 미래 에너지 생산과 사용이 순조롭도록 만들어져야 하며, 다양한 정부 수준에 맞추어 효율적으로 수행되어져야 한다.

연습문제

2.1 인구밀도가 50명/km^2(현재 세계 평균과 거의 같다)인 섬이 있다. 연평균 성장률이 2%이면, 인구밀도가 20,000명/km^2(현재 세계에서 인구밀도가 가장 높은 나라인 모나코의 인구밀도와 비슷하다) 될 때까지 걸리는 연수를 계산하시오.

2.2 어떤 양의 배가시간이 110년이다. 이 양의 연평균 증가율(%)을 계산하시오.

2.3 어떤 나라 인구의 배가시간이 45년이다. 언제 현재 인구의 3배가 될 것인가?

2.4 인류의 인구의 역대 증가율이 연간 1.6%로 고정되었다고 가정하자. 2012년에 70억의 인구에 대해, 과거 인구수가 2일 때가 몇 년 전인지 계산하시오.

2.5 현재 지구에서 인류의 평균 인구밀도(명/km^2)가 얼마인가?

2.6 2012년 전체 세계인구는 70억 명이었다. 그림 2.11은 그 당시 세계 인구 증가율이 연간 약 1%라는 것을 보여준다. 또한 이 그림에서 인구 증가율은 대체로 선형적으로 감소하여 2080년에는 거의 0이 되는 것을 보여준다. 2012년에서 2080년 사이의 평균 증가율이 0.5%라고 가정하면, 2080년에 세계인구는 얼마인가? 이를 본문에서 논의한

인류 인구의 한계에 대한 예측값과 어떻게 비교할 것인가?

2.7 어떤 주의 인구는 1800년에는 25,600명이고 1900년에는 218,900명이다. 다음 경우를 가정하여 2000년의 인구를 추산하시오. (a) 선형증가율 (b) 지수증가율

2.8 어떤 나라의 시간에 대한 인구수를 아래 표에 나타내었다. 증가율은 지수적인가?

year	population (millions)
1700	0.501
1720	0.677
1740	0.891
1760	1.202
1780	1.622
1800	2.163
1820	2.884
1840	3.890
1860	5.176
1880	6.761
1900	8.702
1920	10.23
1940	11.74
1960	13.18
1980	14.45
2000	15.49

2.9 전체 출력이 10 MW이고 용량계수가 29%인 태양전지 시스템이 있다. 총 설치비용이 $35,000,000일 때, 회수기간이 15년 대신 25년이라면 kWh당 전기 비용 감소를 계산하시오. 고정이율은 5.8%로 가정한다.

2.10 어떤 양이 30일의 배가시간을 가지고 오늘 정오에 그 값이 1000이라면, 내일 정오에 그 값은 무엇인가?

2.11 시설의 자본 회수율이 0.12이고 연간 이자율이 5%인 경우 투자회수기간은 얼마인가?

2.12 (a) 사용 가능한 자원의 총량이 10^{10} kg인 경우 사용률이 10^8 kg/year로 일정하면 수명을 계산시오.

(b) 초기 사용률이 10^8 kg/year이며, 연간 5%로 증가한다고 할 때, (a)의 계산을 반복하시오.

(c) 초기 사용률이 10^8 kg/year이며, 연간 10%로 증가한다고 할 때, (b)의 계산을 반복하시오.

2.13 (a) 인구 증가가 지수 성장으로 설명되고 현재 인구는 75억이라고 가정한다. 현재 일일 인구 증가가 250,000인 경우 배가시간을 계산하시오.

(b) (a)의 조건을 고려하였을 때, 현재의 연간 성장률은 얼마인가?

2.14 세계 에너지 사용량이 선형으로 증가하는 경우, 그림 2.13을 사용하여 1990년의 사용량에 비해 1990년에서 2035년까지 OECD 및 비OECD 국가의 연간 증가율을 추정하시오.

2.15 석탄의 연소는 탄소 연소에 의해 추정된다고 가정하자. 석탄화력발전소가 40% 효율

로 작동하는 경우, 생산된 전기 MWh당 배출되는 CO_2의 양을 계산하시오.

2.16 천연가스(메탄)의 연소에 대해 문제 2.15를 반복하시오. HHV 사용은 결과에 어떤 영향을 주는가?

2.17 식(2.1)로 이어지는 에너지 사용의 예에서, 표시된 비율로 휘발유를 사용하지만 식(2.1)의 텍스트에 주어진 효율에 따라 집을 전기적으로 가열하는 가족(두 사람)을 고려하시오. 이것이 개인당 전력 소비에 어떤 영향을 미치는가?

2.18 미국의 사람은 하루에 2000칼로리의 음식을 소비한다. 표 2.1에 표시된 바와 같이 1인당 평균 에너지 사용량의 몇 분의 일인가?

2.19 표 2.1, 그림 2.3의 자료를 활용하여 미국의 수력발전으로 인한 연간 총 에너지 생산량을 추정하시오.

2.20 1.6%의 연간 성장률에 대해, 표 2.3의 자료를 사용하여 인구가 토지 면적 km^2당 200에 도달하는 연도를 추정하시오.

참고문헌

E. Cassedy and P. Grossman. *An Introduction to Energy: Resources, Technology, and Society* (2nd ed.). Cambridge University Press, Cambridge, MA (1999).

R. Hinrichs and M. Kleinbach, *Energy: Its Use and the Environment* (5th ed.)Brooks-Cole, Belmont, CA (2012).

J. A. Kraushaar and R. A. Ristinen. *Energy and Problems of a Technical Society* (2nd ed.). Wiley, New York (1993).

E. L. McFarland, J. L. Hunt, and J. L. Campbell. *Energy, Physics and the Environment* (3rd ed.). Cengage, Stamford, CT (2007).

R. A. Ristinen and J. J. Kraushaar. *Energy and the Environment*. Wiley, Hoboken, NJ (2006).

V. Smil. *Energy at the Crossroads: Global Perspectives and Uncertainties*. MIT Press, Cambridge, MA (2003).

J. Tester, E. Drake, M. Driscoll, M. W. Golay, and W. A. Peters. *Sustainable Energy: Choosing Among Options*. MIT Press, Cambridge, MA.(2006).

R. Wolfson. *Energy, Environment, and Climate* (2nd ed.). Norton, New York (2011).

World Energy Council. *World Energy Resources - 2016*, available online at https://www.worldenergy.org/publications/2016/world-energy-resources-2016/

PART II

화석연료

지난 150년 동안, 화석연료는 우리 에너지 사용에서 가장 큰 부분을 차지하여 왔다. 이 기간동안, 우리는 활용가능한 화석연료 자원의 상당 부분을 사용하였다. 이 자원들은 재생되지 않고, 궁극적으로는 고갈되므로 새로운 대체에너지원 개발이 필요하다. 화석연료 자원의 가채년수에 대한 예측은 어렵고 다양한 요인에 의존하고 있다. 미국 내 원유 가채년수는 수십년이고, 석탄은 수백년으로 예측하고 있다. 화석연료를 사용하는 기간동안, 환경에는 상당히 큰 부정적인 영향을 주어왔다. 이 중 일부는 지구와 생태계에 회복불가능한 손상을 가했다.

분명하게, 화석연료 사용은 무기한 지속될 수는 없다. 점차 줄어드는 공급은 우리가 다른 에너지 대안을 고려할 수 밖에 없게 만들었다. 환경에 대한 관심 또한 화석연료 사용에 따른 부정적인 영향을 줄이기 위한 방법으로 대체에너지 개발에 대한 동기를 제공하였다. 인류 사회의 기반 시설은 많은 양의 에너지 사용에 기반을 두고 있다. 대부분의 대체에너지 자원들은 상대적으로 낮은 에너지 밀도를 가지고 있기 때문에, 서문에서 제안한 것처럼 필요량을 만족하기 위해 충분한 양의 이런 자원들을 개발하기 위해 많은 일들이 수행되고 있다. 그러나 얼마나 많은 양의 화석연료가 대체될 수 있는지 충분히 알기 위해서는 현재 화석연료가 얼마나 사용되고 있고 이 결과가 어떠한지 자세히 이해하는 것이 중요하다. 3장은 현재 화석연료 사용에 대한 개요이고, 4장에서는 환경 영향을 요약하였다.

사진은 해양 석유 플랫폼의 모습이다. ■

CHAPTER 3

화석연료 자원 및 사용

학습목표: 제3장을 학습한 후 다음 내용을 이해할 수 있다.

- 화석연료의 특성과 획득 및 가공 방법
- 화석연료의 가용성
- 전 세계 화석연료 사용량
- 화석연료 사용량에 Hubbert 모델 적용
- 화석연료 회수 증진법
- 셰일오일과 타르샌드의 특성과 가용성
- 석탄 액화 및 가스화 방법

3.1 소개

화석연료는 고대의 유기물이 지구 내부에서 수백만년 동안 고온과 고압을 겪으면서 만들어진다. 출발물질과 형성 조건의 세부 내용에 따라, 화석연료는 고체(석탄), 액체(석유), 기체(천연가스)가 될 수 있다. 최근에 형성된 화석연료 퇴적물이라 할지라도, 우리가 그 자원을 사용한 시간보다 형성되기까지 걸린 시간이 훨씬 길다. 따라서, 화석연료는 회복될 수 없다. 탄소중립적인 목재(16장)와는 다르게, 화석연료는 대기 중에 탄소를 배출한다. 화석연료 사용의 결과는, 다음 장에서 논의하겠지만, 매우 심각한 환경적 영향을 주었다. 이 장에서는 다양한 화석연료의 특징을 소개하고, 이를 획득, 가공, 전환하는 방법에 대해 논의할 것이다. 현재 전체 에너지의 85%를 차지하는 기존 화석연료의 사용법과 더불어 회수 증진법과 같은 가능한 미래기술을 제시하고 있다.

3.2 석유

그림 2.3와 2.4에서 보았듯이, 가솔린과 같은 석유의 파생제품은 현재 가장 큰 단일 에너지 자원이다. 이는 현재 석유를 추출, 가공 및 사용하는 거대한 기반시설이 있고, 대부분의 다른 에너지자원과 비교하여 저렴하기 때문이다. 석유와 그 파생제품이 주로 사용되는 것 중 하나는 수송 분야의 연료이다. 이는 형태가 액체 또는 기체로 활용 편리성이 있고 높은 에

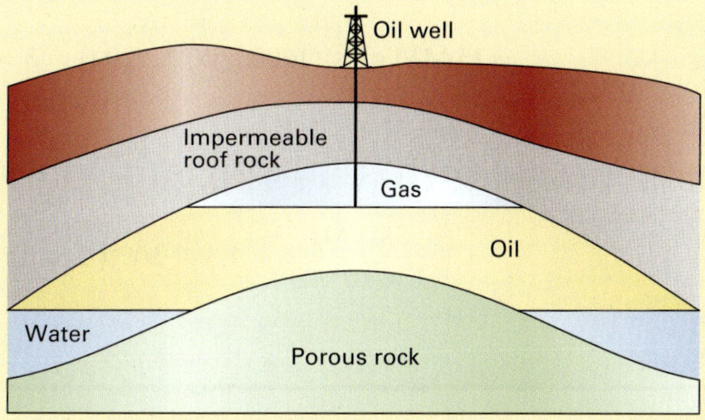

그림 3.1: 치밀암 층간의 다공성암에 갇힌 원유와 가스가 있는 원유매장지의 지질도. 가스는 위로 올라가고, 원유는 매장지의 물 위에 떠 있다.

너지 밀도를 가지고 있기 때문이다. 다른 화석연료처럼, 석유는 선사시대에 나무와 동물의 유기성분이 분해되면서 형성된다. 일반적인 석유 퇴적물은 약 5억년 정도 되었다. 5억년 전에 생명체들은 기본적으로 바다 속에 존재하고 있었다. 따라서, 석유 퇴적물은 예전에 바다 밑바닥이었던 지역에 위치하고 있다. 유기물이 고대 바다의 바닥에 모이고 그 위를 진흙과 모래층이 덮게 된다. 오랜 기간 동안, 퇴적층에 가해진 압력과 온도로 인해 진흙과 모래는 퇴적암으로 바뀌게 되고, 유기물은 석유와 천연가스로 변환된다. 화석연료로 전환될 수 있는 초기 단계의 탄화수소 화합물의 형성에도 수천년이 걸리게 된다. 석유가 완전히 형성되기 위해서는 수백만년이 걸리게 된다. 분해과정 동안 유기물 중 많은 양의 탄소가 이산화탄소로 대기 중으로 소실된다. 단지 초기 유기물질 중 작은 양의 탄소만이 석유로 전환된다. 사실, 1리터의 석유를 만들기 위해서는 약 20톤의 유기물이 필요하다. 경질 탄화수소 분자들이 천연가스의 구성 성분이고, 중질 탄화수소 분자가 석유를 구성한다. 같은 매장지에서 함께 발견되는 것이 일반적이다. 석유와 가스가 형성된 후, 퇴적암의 층을 따라 움직여서 최종적으로 매장지에 함께 모이게 된다. 전형적인 매장지는 두 개의 치밀한 불투수성 암석층 사이에 갇힌 다공성암반 층에 석유와 가스로 채워지게 된다. 그림 3.1은 일반적인 매장지의 개략도를 보여준다. 오랜 기간 동안의 대륙이동의 결과로 석유매장지 중 일부는 바다 속에 있고, 일부는 육지 아래에 위치하게 된다.

예제 3.1

유기물은 약 15 MJ/kg(16장)의 에너지양을 가진다고 가정하고, 원유에서 활용 가능한 유기물 에너지의 비율을 추정하시오.

풀이

앞에서 1 L의 원유는 20톤의 유기물이 분해되어 생산된다고 언급되었다. 초기 유기물이 가지고 있는 에너지양은

$$(15\ \text{MJ/kg}) \times (1000\ \text{kg/t}) \times (20\ \text{t}) = 3 \times 10^5\ \text{MJ}.$$

이다.

1 L의 원유는 38.5 MJ(부록 IV)의 에너지양을 가진다. 따라서 비율은

$$\frac{38.5\ \text{MJ}}{3 \times 10^5\ \text{MJ}} = 1.3 \times 10^{-4}(\text{또는 } 0.13\%)$$

이다.

석유는 1900년대 이후 에너지 생산 분야에서 가장 큰 부분을 차지하지만, 연료로 사용한 것은 1800년대 중반부터이다. 이런 경향은 그림 2.1의 미국에서 볼 수 있고, 지난 세기동안 석유 사용의 급속한 증가는 주로 자동차의 발전 때문이다. Pennsylvania의 Titusville는 1859년 세계 최초 유정지로 알려져 있다(그림 3.2). 그러나. 석유 생산은 1858년 Ontario주 Petrolia에서 시작되었다고 주장하고 있다(그림 3.3). 오늘날, 여러 형태의 상업 유정이 다른

그림 3.2: Titusville에 건설된 유정의 모습, Edwin Drake 1859.

Reproduction, copyrighted in 1890, of a retouched photograph showing Edwin L. Drake, to the right, and the Drake Well in the background, in Titusville, Pennsylvania, where the first commercial well was drilled in 1859 to find oil.

그림 3.3: 1858년 Ontario주 Petrolia의 유정 채굴지

Courtesy of Martin Dillon

그림 3.4: 소형 펌프 잭 유정

Zeljko Radojko/Shutterstock.com

그림 3.5: 미국 Wyoming의 원유 굴착장치

Jim Parkin/Shutterstock.com

그림 3.6: 해상 원유 시추선

Brian McDonald/Shutterstock.com

형태의 석유 매장지에 사용되고 있다. 육지 유정의 몇 가지 예가 그림 3.4와 그림 3.5에 보여지고 있다. 해상 시추 시설은 부유된 형태 또는 해저에 부착된 형태로 존재한다. 심해 시추 플랫폼(그림 3.6)은 해상 표면에 떠있으며 앵커로 해저에 부착된다. 잭업 리그는 시추 또는 기타 해양작업을 수행하기 위하여 일반적으로 최대 120 m 깊이의 얕은 수심에서 사용된다. 움직일 수 있는 다리가 해저로 내려지고 선박을 해수면 위로 올린다. 그림 3.7은 석유 및 천연가스 시추 작업을 위한 지원 플랫폼으로 사용되는 잭업 리그인 Seajacks Kraken의 모습이다. 유정(펌프 잭 유정)의 조작은 그림 3.8에 나와 있다. 석유 함유 지역 내의 유정 바닥에 위치한 다운 홀 펌프는 서커로드를 통해 지상 펌핑 메커니즘에 연결된다. 케이싱의 구멍을 통해 오일이 다운 홀 튜브로 유입되어 펌프 밸브를 통해 튜브로 올라간다.

그림 3.7: Nova Scotia, Halifax(캐나다)의 Seajacks Kraken 잭업 리그의 모습. 헬리콥터 발착 덱(그림의 오른쪽에서 볼 수 있는)까지 포함하여 총길이는 80 m에 이른다.

Richard A. Dunlap

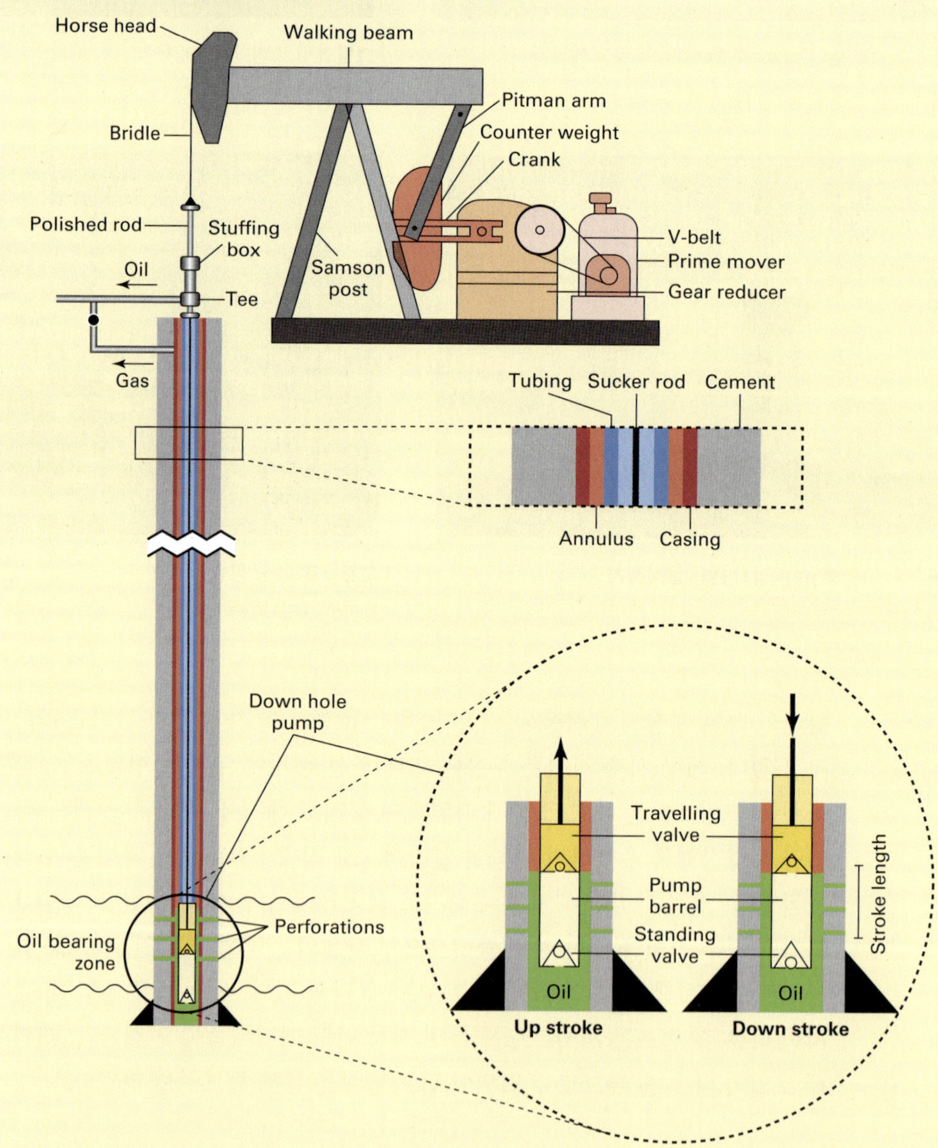

그림 3.8: 펌프잭 유정에서의 다운홀 메커니즘과 작동에 관한 개략도.

3.3 정제

땅에서 추출한 원유는 매우 다양한 성분으로 구성된 탄화수소물질의 혼합물이다. 탄화수소들은 매우 크고 다양한 분자량을 가지고 있다. 표 3.1은 원유의 일반적인 성분들과 특성을 분류하여 보여주고 있다.

탄소는 다양한 방법으로 수소와 결합할 수 있다. 탄화수소 중 중요한 시리즈는 C_nH_{2n+2}의 화학식을 갖는 알케인이다. 주요 알케인의 특성을 표 3.2에 보여주고 있다. 알케인 중 주요 구성물은 메탄(천연가스 주요 성분), 에탄(에탄올의 원료), 옥탄(가솔린의 주요 성분)이다.

표 3.1과 표 3.2에서 알 수 있듯이, 분자당 탄소원자의 수가 많아질수록, 탄화수소의 끓는점도 높아진다. 이 특성은 정제공정의 기본이 된다. 원유는 약 400°C의 로(furnace)에서 가

표 3.1: 원유 정제과정 중 얻어지는 전형적인 탄화수소들의 성질

name	number of carbon atoms per molecule	state at room temperature	boiling temperature (°C)	uses
natural gas	1–5	gas	−165 to 25	gaseous fuel
petroleum ether	5–7	liquid	25 to 90	industrial solvent
gasoline	5–12	liquid	25 to 200	automobile fuel
kerosene	12–16	liquid	175 to 275	stove and jet fuel
fuel oil	15–18	liquid	< 375	diesel and home heating
lubricating oil	16–20	liquid	> 350	lubrication
grease	>17	semisolid	—	lubrication
paraffin	>19	solid	—	candles
tar	large	solid	—	roofing and paving

표 3.2: C_nH_{2n+2}의 구조식을 갖는 알케인들의 정보. 연소열은 HHV로 나타나 있다. (1장 참조)

n	formula	name	boiling temperature (°C)	molecular mass (g/mol)	heat of combustion MJ/kg	heat of combustion eV per molecule
1	CH_4	methane	−164	16	55.5	9.20
2	C_2H_6	ethane	−89	30	51.9	16.1
3	C_3H_8	propane	−42	44	50.3	23.0
4	C_4H_{10}	butane	0	58	49.5	29.8
5	C_5H_{12}	pentane	36	72	48.7	36.3
6	C_6H_{14}	hexane	69	86	48.1	42.9
7	C_7H_{16}	heptane	98	100	48.1	49.9
8	C_8H_{18}	octane	125	114	46.8	55.3

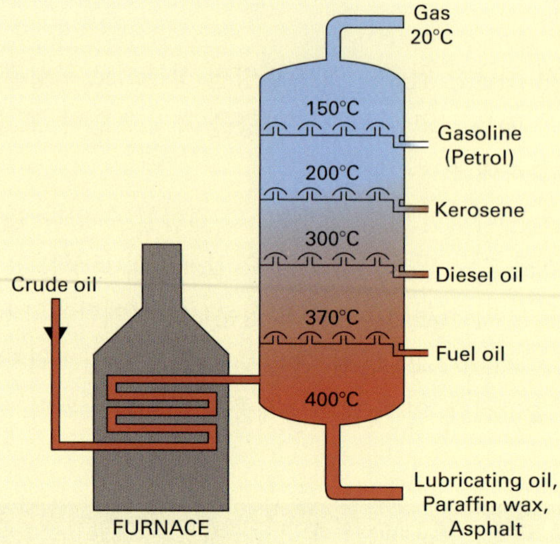

그림 3.9: 분별증류탑의 모식도

Based on U.S. Energy Information Administration, http://www.eia.gov/todayinenergy/detail.cfm?id=6970

열된다. 그 다음 그림 3.9에서 보듯이 온도가 점진적으로 낮아지는 분별증류탑으로 들어가게 된다. 400°C에서 대부분의 탄화수소는 기화하고, 매우 무거운 탄화수소와 불순물들이 분별증류탑 아래로 떨어진다. 증기가 증류탑 위로 올라감에 따라 온도는 떨어지고, 점차적으로 가벼운 탄화수소는 액화되고 추출되게 된다. 이런 방법으로 원유는 다른 분자량 범위를 가지는 성분들로 분리된다. 분별증류탑으로 보이는 일반적인 원유 정제 시설의 사진이 그림 3.10에 보여주고 있다.

증류공정에서 생산된 성분들의 비율은 원유에 있는 성분들의 비율에 따라 결정된다. 불행히도, 이 성분들의 비율은 우리가 원하는 것과는 일반적으로 맞지 않는다. 예를 들어, 가솔린과 디젤은 파라핀보다 훨씬 더 많이 필요하다. 석유의 효율적인 사용을 위해서는 정제 생성물 중 덜 필요한 것을 우리가 원하는 형태로 전환하는 것이 필요하다. 많은 경우, 타르와 파라핀과 같은 중질 탄화수소를 옥탄과 같은 경질 탄화수소로 깨뜨리게 되고, 이를 분해(cracking)공정이라고 한다. 다양한 공정이 존재하지만, 대부분은 탄화수소를 높은 온도로 가열하여 화학결합을 깨뜨리는 것이다. 중질 탄화수소를 수증기와 혼합하여 가열하는 공정을 증기분해(steam cracking), 탄화수소를 수소와 반응시키면 수소첨가분해(hydrocracking), 알루미나, 실리카 또는 제올라이트와 같은 촉매에서 반응하면 촉매접촉분해(catalytic cracking)라고 한다. 분해공정의 다양한 부산물의 비율은 이용한 공정과 온도에 따라 달라진다.

경질 탄화수소를 붙여 중질 탄화수소로 만드는 역공정을 중합이라고 한다. 에탄, 프로판, 부탄은 결합하여 옥탄이나 가솔린을 구성하는 비슷한 중량의 탄화수소를 만들게 된다. 경질 탄화수소를 가열하여 원하는 반응을 이끌어 내기 위해 촉매가 이용되기도 한다. 피셔 트

그림 3.10: Dartmouth 정제소의 증류탑
Richard A. Dunlap

롭쉬법(Fisher-Tropsch Process, 3.10절)은 이 목적을 위해 사용되는 대표적인 기법이다.

가솔린은 일반적으로 분자당 탄소수가 5개에서 12개 사이인 약 500가지 종류의 탄화수소를 포함하고 있다. 평균 밀도는 약 720 kg/m^{3}이다. 가솔린의 탄화수소 성분의 상당 부분이 옥탄과 비슷한 분자량을 가지고 있다. 가솔린을 팔 때, 일반적으로 옥탄가를 붙이게 된다. 이 숫

예제 3.2

가솔린은 주로 703 kg/m^{3}의 밀도를 갖는 옥탄으로 구성된다. 70 L의 가솔린 탱크(일반적으로 중형 자동차)의 총 에너지 함량을 계산하시오.

풀이

70 L의 가솔린을 질량으로 환산하면

$$(70\ \text{L}) \times (0.001\ \text{m}^3/\text{L}) \times (703\ \text{kg/m}^3) = 49.2\ \text{kg}.$$

이다.

표 3.2의 옥탄 연소열에 관한 정보로부터, 가솔린이 가지는 전체 화학에너지 함량은

$$(49.2\ \text{kg}) \times (46.8\ \text{MJ/kg}) = 2.3\ \text{GJ}.$$

이다.

그림 3.11: Alaska의 송유관의 모습. 일반적인 오일 파이프라인 지름은 약 760 mm와 914 mm이다.
BILD LLC/Shutterstock.com

자는 연료의 옥탄의 양과는 직접적인 연관이 없다. 이는 내연기관에서 옥탄과 다른 탄화수소를 혼합한 표준 혼합물 연소 효율과 가솔린 연소 효율의 상대적 비교값이다. 예를 들어, 뉴욕에서 옥탄가 89를 가지는 가솔린이 덴버에서 팔린다면 옥탄가가 87이 된다는 것은 재미있는 일이다. 이 차이는 공기밀도의 차이(고도 때문에)와 연관된 연소 효율의 차이 때문이다.

석유와 그 생산물은 먼저 유전에서 정제소로, 이어서 정제소에서 유통 센터로 운송되어야 한다. 육상에서 액체 석유 제품은 송유관을 통해 먼 거리로 운송된다(그림 3.11). 해상에서 액체 석유 제품은 선박으로 운송된다. 이러한 목적으로 사용되는 유조선의 기본 범주는 원유 운반선과 제품 운반선이다. 첫 번째 유형의 선박은 원유를 유전에서 정제소로 운반하고, 두 번째 범주의 선박은 정제된 액체 석유 제품을 유통 센터로 운반한다. 초대형 원유 운반선(ULCC)은 건설된 가장 큰 선박 중 일부이다(그림 3.12 참조). 이 초대형 선박은 대부분 1970년대에 건설되었으며, 새로운 선박은 일반적으로 다소 작다. 제품 운반선의 길이는 일반적으로 약 250 m이다. 송유관과 유조선 모두 잠재적인 환경 문제를 야기할 수 있다(ENERGY EXTRA 4.1).

3.4 천연가스

천연가스는 실온(STP)에서 기체인 경질 탄화수소(일반적으로 85%는 메탄이고 15%는 에탄이다)의 혼합물이다. 천연가스는 그림 3.1에서 보듯이 석유와 연관된 매장지나 천연가스만 있는 매장지에서 얻을 수 있다. 어느 경우에나 고대 유기물이 분해되어 석유가 얻어지는 방법과 비슷한 방법으로 형성된다. 유기물에서 천연가스가 형성되는 과정은 석유의 형성

그림 3.12: 초대형 원유 운반선(ULCC)인 Knock Nevis(원래는 Seawise Giant)의 모습. 1979년에 만들어져 2010년에 폐기되었다. 총길이 458 m로, 지금까지 만들어진 가장 긴 운반선이다. 오일 용적량은 4.2×10^6 bbl 또는 6.6×10^8 L이다.

Geof Kirby/Alamy Stock Photo

과정보다 비교적 덜 효율적이다. 초기 유기물의 탄소 중 약 0.085%만이 천연가스의 성분이 된다. 천연가스는 그림 3.9에서 보듯이 석유의 원유 증류의 부산물인 가장 가벼운 탄화수소 성분으로 얻을 수 있다. 천연가스 사용량은 수 년간 증가해왔고, 미국에서는 실제 에너지 생산량으로는 석탄과 거의 비슷한 수준이다(그림 2.1). 일반적으로 천연가스는 중질 탄화수소에 비해 거의 불순물이 없어 더 효율적으로 타고 오염물질을 덜 배출한다. 메탄의 이상적인 연소 화학식은 다음과 같이 주어진다.

$$CH_4 + 2O_2 \rightarrow CO_2 + 2H_2O + 55.5\ \text{MJ/kg}. \qquad (3.1)$$

부산물은 CO_2가, 4장에서 논의할 것처럼, 기후변화를 유발하는 온실가스인 것을 제외하고는 비독성이고 부정적인 효과도 무시할 만하다. 비록 NO_x와 같은 원하지 않는 물질이 생성될 수 있지만, 천연가스 연소는 가솔린이나 석유의 연소보다 결과적으로 더 깨끗하다.

예제 3.3

메탄 연소에서 MJ당 생산되는 CO_2의 질량을 계산하시오.

풀이

표 3.2과 식(3.1)에서, 1 kg 메탄을 연소하면 55.5 MJ/kg의 에너지가 생산하므로, 1 MJ은 0.018 kg 메탄을 연소하여 생산된다. 메탄의 분자량은 16 g/mol이므로, 18 g의 메탄은 1.125 mol이다. 식(3.1)에서 1 mol의 메탄을 연소하면 1 mol의 CO_2가 생산된다. 1.125 mol 메탄은 1.125 mol CO_2를 생산한다. CO_2의 분자량은 44 g/mol이므로, 1.125 mol CO_2의 질량은 (1.125 mol)×(44 g/mol)×(10^{-3} kg/g) = 0.049 kg이다.

그림 3.13: 천연가스 웰헤드(wellhead)의 모습

rCarner/Shutterstock.com

그림 3.14: LNG 유조선 Arctic Princess의 모습. 2006년에 건설된 이 선박 길이는 288 m이다. 액상 천연가스의 온도, 압력을 위한 컨테이너 모습이 보인다.

Oleksandr Kalinichenko/Shutterstock.com

천연가스는 유정의 부산물로 가장 일반적으로 얻어진다. 어떤 경우에는 펌핑 장비가 필요하지 않을 정도로 충분히 가압된 침전물에서 발생하기도 한다. 이러한 경우에, 웰헤드(wellhead)는 유정으로부터의 가스 흐름을 안전한 방식으로 관리하는 수단과 가스를 수송하기 위한 파이프 라인으로의 적절한 연결 수단을 제공한다. 이러한 유정의 지상 부분을 때때로 크리스마스 트리(Christmass Tree)라고 한다(그림 3.13).

기체상태에서 천연가스는 파이프를 통해 육로로 쉽게 이송될 수 있다. 해양 이송은 STP상태에서 천연가스가 큰 부피를 가지고 있기 때문에 어느 정도 어려움이 있다. 천연가스는 약 −165°C 이하로 온도를 낮춰 액화시켜 LNG(liquefied natural gas)를 만들 수 있다. 이 때, 부피는 기체상태일 때보다 약 1/600로 줄어들고, LNG 운송용 배로 이송할 수 있다. 액체 천연가스를 천연가솔린(natural gas liquid)과 혼동하여서는 안 된다. 후자는 상온에서 액체인 중질 탄화수소이고 매장지에서 천연가스와 혼합되어 있으며, 증류과정에서 추출되게 된다.

3.5 석탄

석탄은 석유와 천연가스가 그러하듯이 오랜 기간 동안 고온 고압 하에서 형성된다. 그러나, 석탄의 경우, 유기물은 주로 육지 식물에 기인하고 있다. 초기 대규모 육지 식물 성장이 약 3억 5천만년 전에 있었고, 이 초기 숲이 가장 오래된 석탄 매장지의 기원이 된다. 석탄 형성시에 식물의 탄소 중 약 0.8%가 최종적으로 석탄으로 전환되므로 상대적으로 효율적이라고 할 수 있다.

석탄은 시대 및 형성조건에 따라 다양한 형태로 존재하게 된다. 가장 오래되고 가장 단단한 석탄은 무연탄(anthracite)이고, 가장 높은 탄소 함유량을 가지고 있다. 일반적으로, 덜 숙성된 석탄이 더 부드럽고 탄소 함유량이 낮다. 표 3.3은 석탄의 주요 분류 예를 보여

표 3.3: 석탄의 형태와 특성. 이 값은 일반적인 값이다. 실제 값은 매우 다양하고, 범위도 서로 겹치게 된다. 석탄의 비탄소 성분의 대부분은 상당한 양의 물과 휘발성분으로 구성되어 있다.

type	carbon (%)	moisture content (%)	energy content (MJ/kg)
anthracite	90	10	35
bituminous	55	20	31
sub-bituminous	45	30	23
lignite	25	45	14

주고 있다. 경우에 따라서 상세 세부 분류로 나누기도 한다. 역청탄(Bituminous)과 아역청탄(sub-bituminous)이 가장 많고(미국 석탄의 약 71%), 이어서 갈탄(lignite, 28%), 무연탄(1%) 순이다.

석탄은 다양한 깊이와 구조의 매장지에서 발견되고 있다. 대륙이동의 결과로 해양 아래에도 존재할 수 있다. 이 경우에는 해양 아래에 있는 석유나 천연가스와 같은 액체나 기체 자원에 사용한 채굴 방법과는 매우 다르기 때문에 경제적으로 가능성 있는 자원은 아니게 된다. 육지에 있는 석탄의 반 정도도 너무 깊이 있거나 광맥이 너무 얇기 때문에 경제성 있게 회수할 수 없게 된다.

미국에서, 석탄은 가장 중요한 에너지 자원으로 약 1880년까지 나무 다음이었다. 1940년대에는, 석유(가솔린을 포함) 사용량이 석탄 사용량을 뛰어넘었다. 현재 미국에서 두 번째

예제 3.4

그림 2.6의 자료와 미국의 석탄화력발전소로부터 생산되는 전력량이 1.22×10^{12} kWh_e라는 사실을 활용하여, 2015년 석탄으로부터 생산되는 전기의 평균 효율을 계산하시오.

풀이

그림에 따르면, 14.3 quad의 1차 에너지가 석탄으로부터 전기를 생산하는데 사용된다. 이를 에너지 단위인 Joule로 환산하면

$$(14.3\ \text{quad}) \times (1.055 \times 10^{18}\ \text{J/quad}) = 1.51 \times 10^{19}\ \text{J}.$$

이다.

석탄화력발전소로부터 생산되는 전기를 마찬가지로 Joule로 환산하면

$$(1.22 \times 10^{12}\ \text{kWh}_e) \times (3.6 \times 10^6\ \text{J/kWh}_e) = 4.39 \times 10^{18}\ \text{J}.$$

이다.

이 두 에너지의 비율은 석탄화력발전소의 평균 효율을 나타내며, 이는

$$(4.39 \times 10^{18}\ \text{J})/(1.51 \times 10^{19}\ \text{J}) = 0.29\ \text{or}\ 29\%,$$

표 3.4: 미국에서 석탄의 현재 사용처

use	% of total
electricity generation	70
coke production	17
export	10
other (residential heating, industrial processes, etc.)	3

일반적인 에너지 자원으로써 천연가스와 비슷하게 사용되고 있다. 북미에서, 대부분의 채굴된 석탄은 발전용으로 사용된다. 표 3.4에 최근 미국에서의 대략적인 석탄 사용 분류를 보여주고 있다.

미국 내 석탄이 사용되는 두 번째 용도는 코크스 생산임을 표에서 확인할 수 있다. 코크스는 석탄을 약 1200°C에서 공기 없이 가열하여 만든다. 휘발성 물질은 사라지고, 순수한 탄소만이 남게 된다. 이러한 탄소 또는 코크스는 주로 철의 제련에 사용된다. 철광석은 주로 철 산화물로 구성되고 있고, 고온에서 코크스와 가열된다.

$$\mathrm{Fe}_a\mathrm{O}_b + b\mathrm{C} \rightarrow a\mathrm{Fe} + b\mathrm{CO}, \tag{3.2}$$

위 반응에 의해 철 산화물은 환원되고 일산화탄소를 배출하고 순수한 철을 남기게 된다.

예제 3.5

그림 2.6의 자료와 표 3.4의 자료를 이용하여 미국에서 연간 생산되는 석탄의 전체 톤수를 추정하시오. (석탄은 전부 유연탄이라고 가정한다.)

풀이

그림 2.6에서, 미국에서 연간 발전량 중 석탄 분담분은 약 18.3 Q × (1.055 Q/EJ) = 19.3 EJ이다. 이는 발전 출력이 아니고 연소되는 석탄의 1차 에너지양임을 명심하자. 부록 V에 주어진 유연탄의 에너지양은 31 MJ/kg = 31×10^9 MJ/t이다.

발전에서 석탄의 분담량은

$$\frac{19.3 \times 10^{18}\,\mathrm{MJ}}{31 \times 10^{9}\,\mathrm{MJ/t}} = 6.21 \times 10^{8}\,\mathrm{t}$$

이다. 이는 미국의 석탄 생산량의 70%에 해당하므로(표 3.4), 전체 석탄 생산량은

$$\frac{6.2 \times 10^{8}\mathrm{t}}{0.7} = 8.9 \times 10^{8}\,\mathrm{t}.$$

이는 3.6절에 주어진, 실제 생산량 1.06×10^9 t과 거의 비슷하다.

고체로서 석탄은 기차를 통해 육로로 또는 선박을 통해 바다로 쉽게 운반된다. 일반적인 석탄 열차는 약 100대의 호퍼 화물차로 구성되어 있으며, 각 화물차는 약 100 t의 용량으로 총 용량은 약 10^4 t이다. 이것은 대략 1.5 $\mathrm{GW_e}$ 규모의 석탄화력발전소에 의해 하루 동안 연

소되는 석탄의 양이다.

3.6 화석연료 자원 개요

현존하는 화석연료 자원들이 현재 얼마나 사용되고 있는지를 결정하는 것은 매우 간단하다. 과거에 얼마나 사용했는지를 결정하는 것도 또한 쉽다. 하지만 미래에 지구에 활용할 수 있는 자원이 얼마나 있는지를 결정하는 것은 쉽지 않다. 우리가 얼마나 남아 있는지 알고 있다고 가정해도 얼마나 오랫동안 남아 있는 자원을 지속적으로 사용할 수 있는지를 평가하는 것은 훨씬 더 어렵다. 남아 있는 자원에 대한 평가와 더불어 각각의 화석연료에 대한 과거와 현재 사용량을 논의하려 한다.

3.6a 석유

석유는 주요 1차 에너지원이며, 전 세계 석유 생산 4.46×10^9 Mt 또는 약 3.4×10^{10} bbl (bbl = 배럴)에서 연간 가용 에너지는 210 EJ이다. 표 3.5에 세계 여러 지역과 국가에 대한 석

표 3.5: 주요 원유 생산 국가의 2015년(또는 2014년, *표시의 경우) 연간 원유 생산량(Mt/year). 원유 생산량은 종종 Mt(10^6 t)으로 측정된다. 원유의 밀도는 지역에 따라 다양하기 때문에, 부피(bbl 또는 L)를 사용하는 것보다 더 비교하기 편한 방법이다.

country	Mt per year	country	Mt per year
Saudi Arabia	568.5	Oman	46.6
Russia	540.7	United Kingdom	45.3
United States	519.9*	Azerbaijan	41.7
Canada	215.5	India	41.2
China	214.6	Indonesia	40
Iraq	197	Egypt	35.6
United Arab Emirates	175.5	Malaysia	31.9
Iran	169.2*	Australia	31.6
Venezuela	157.8*	Argentina	29.7
Kuwait	149.1	Ecuador	29.1
Brazil	131.8	Libya	20.2
Mexico	127.6	Thailand	17.2
Nigeria	113	Vietnam	15.5*
Angola	88.7	Congo	14.5*
Norway	88	Equatorial Guinea	13.5
Kazakhstan	79.3	Turkmenistan	12.7
Qatar	79.3	Gabon	11.6
Algeria	68.5	Bahrain	10.1
Colombia	53.1		

Based on data from World Energy Council. World Energy Resources-2016, available online at https://www.worldenergy.org/publications/2016/world-energy-resources-2016/

유 생산량과 사용량을 요약하였다. 북미는 생산보다 훨씬 더 많이 사용한다. 이 결과, 미국은 많은 양의 석유를 수입하고 있다. 캐나다는 사용량과 거의 비슷한 양을 생산하고 있다. 아프리카나 중동지역은 석유 생산량의 대부분을 수출한다. 이런 현상의 이유에 대한 추론을 사우디아라비아에서의 석유 생산과 미국에서의 석유 생산을 자세히 비교하여 얻을 수 있었다. 전체 생산량에서 미국은 사우디아라비아에 비해 연간 생산량은 다소 낮다(520 Mt vs. 568.5 Mt). 그러나, 미국에는 600,000개의 유정이 있는 반면에, 사우디아라비아에는 약 1000개의 유정이 있다. 결국, 미국 유정은 평균적으로 사우디아라비아 유정보다 훨씬 더 적게 석유를 생산한다.

예제 3.6

미국과 사우디아라비아의 일반적인 유정에서 평균 석유 생산율(L/min)을 계산하시오.

풀이

미국에서 하루 유정당 평균 생산량은

$$\frac{(519.9 \times 10^6 \text{ t/year}) \times (1137 \text{ L/t})}{600{,}000 \text{ wells} \times 365 \text{ days/year}} = 2700 \text{ L/day per well}$$

또는

$$\frac{2700 \text{ L/day}}{1440 \text{ min/day}} = 1.9 \text{ L/min},$$

에 해당한다. 이는 매우 천천히 작동하는 수도꼭지와 같다.

사우디아라비아에서 생산량은

$$\frac{(568.5 \times 10^6 \text{ t/year}) \times (1137 \text{ L/t})}{1000 \text{ wells} \times 365 \text{ days/year}} = 1.77 \times 10^6 \text{ L/day per well}$$

이다. 이는

$$\frac{1.77 \times 10^6 \text{ L/day}}{1440 \text{ min/day}} = 1230 \text{ L/min.}$$

에 해당한다.

예제 3.6에서 구한 미국과 사우디아라비아 석유 생산량 차이는 유정 디자인과 연관되어 있다; 일반적인 북미 대륙 유정을 그림 3.4에 보여주고 있고 중동의 유정은 그림 3.5의 디자인과 비슷하다. 이런 디자인 차이는 석유가 중동보다 미국에서 훨씬 더 오랫동안 활용되어 왔기 때문이고, 유정도 매우 오래되었다. 기본적으로, 이는 미국의 석유 매장량은 거의 고갈되어 가고 있다는 것을 의미한다.

세계 석유 생산 경향을 Hubbert 모델을 이용하여 정량적으로 설명할 수 있다. 이 분석을 위해서는 가용한 전체 석유 양에 대한 지식이 필요하다. 얼마나 많은 석유가 명백히 사용되었고, 그래서 얼마나 남아 있는지 평가하는 것이 필요하다. 이 작업은 결론내리기 쉬운 일

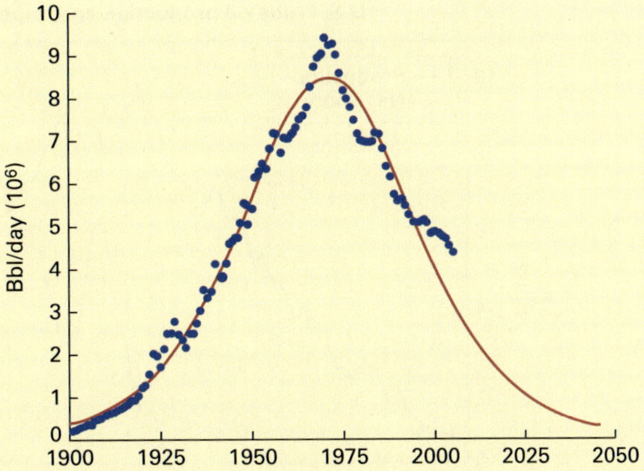

그림 3.15: 1900년부터 2010년까지 미국의 평균 하루 원유 생산량과 전체 원유 자원량이 2.1×10^{11} bbl이라고 가정한 상황에서 Hubbert model에 따라 예측한 원유 활용량

Based on The oil Drum, In Defense of the Hubbert Linearization Method, Posted by Sam Foucher on June 24, 2007, http://www.theoildrum.com/node/2689

은 아니고 양은 평가에 어느 것을 포함하였는지에 따라 크게 달라지게 된다. 매장량, 가채매장량, 추정매장량, 경제적 추정가채매장량 등으로 설명되는 양들을 사용하게 된다. 우리가 알기 원하는 것은 우리가 실제 사용할 수 있는 양이 얼마인지이다.

1900년 이후 연도에 따른 미국의 평균 하루 원유 생산량이 그림 3.15에 도시되어 있다. 그림을 통해 이 기간 동안 미국의 석유 생산량 예측치는 Hubbert 모델에 상당히 일치함을 확인할 수 있다. 이 자료에 따르면 미국 석유 매장량의 약 70%가 2010년까지 소비되었으며 국내 석유 생산은 약 2040년을 지나면 최소가 될 것이라고 예측하고 있다.

그러나 그림 3.15의 자료를 그림 3.16과 같이 최근 몇 년으로 연장해본다면, Hubbert 모델

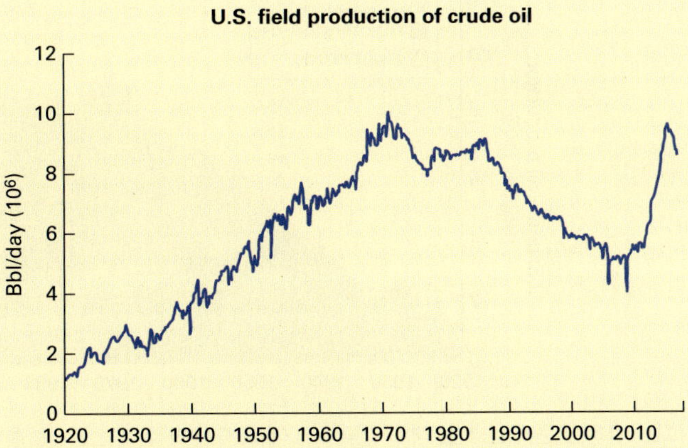

그림 3.16: 1920년부터 2016년까지 미국의 평균 하루 원유 생산량

U.S. Energy Information Administration, Crude Oil Production, http://www.eia.gov/dnav/pet/pet_crd_crpdn_adc_mbblpd_m.htm

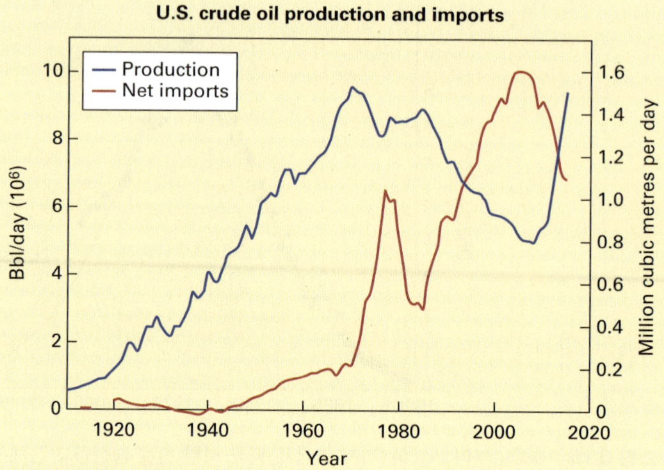

그림 3.17: 미국의 원유 생산과 수입

Based on data from United State Energy Information Administration. downloaded from https://en.wikipedia.org/wiki/Hubbert_peak_theory#/media/File:US_Crude_Oil_Production_and_Imports.svg

을 기반으로 예상되는 것보다 미국의 석유 생산량이 크게 증가한 것이 분명해졌다. 이처럼 증가된 미국 석유 생산은 국내 및 수입석유 비율 변화에 의해 입증된다(그림 3.17).

Hubbert 모델(그림 3.16)에서 벗어난 이유는 미국 생산에 대한 신중한 분석을 통해 이해할 수 있다. 그림 3.18은 그림 3.16의 데이터를 기존 및 비전통 석유 생산으로 분류한 것을 보여준다. 그림에서 비전통 석유 자원은 타이트 오일(때때로 라이트 타이트 오일 또는 LTO라고도 함)이라고 한다. 비록 타이트 오일이라는 용어가 정밀한 과학적 정의와 항상 일관성

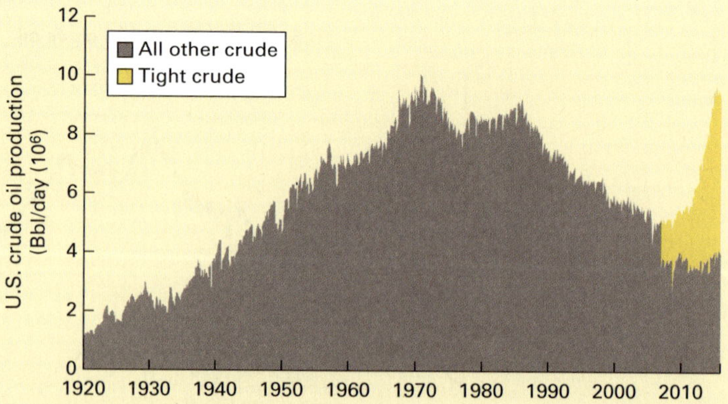

그림 3.18: 본문에 설명 된 대로 그림 3.16에 표시된 미국 석유 생산량을 기존(모든 다른 종류의 원유) 자원과 비전통적(타이트 오일) 자원으로 분류한 개략도

Based on data from U.S. Energy Information Administration, figure downloaded from http://www.ucsusa.org/clean-vehicles/clean-fuels/tight-oil-climate-change#.WGRklo-cFPY

있게 사용되는 것은 아니지만, 이러한 자원에는 파쇄 및 기타 고급 기술(ENERGY EXTRA 3.1 및 3.7절)과 오일셰일(3.8절)을 포함된다. 그러나 이 그림을 통해 기존의 석유 자원에 대한 자료가 Hubbert 곡선의 형태를 훨씬 더 가깝게 따르고 있으며, 최근 몇 년 동안 미국의 과도한 석유 생산은 석유 회수 기술의 변화의 결과로 사용 가능한 총 자원양은 증가하였음을 보여준다.

Hubbert 모델을 기반으로 한 세계 석유 생산 분석은 그림 3.19에 나와 있다. 여기에는 기존의 석유 생산만 표시된다: 결과적으로 전체 자원량은 일정하게 유지되며 자료는 Hubbert 모델과 합리적으로 일치한다. 이 자료는 현재 전 세계의 기존 석유 자원의 약 40%가 활용되었으며 2100년 이후에 석유 생산이 최소화 될 것임을 나타낸다. 하지만, 자료를 통해서 특히 1970년대에 이상한 징후를 보임을 알 수 있다. 이러한 데이터의 반로그 그래프(그림 3.20)를 통해 보면 이러한 예외를 이해할 수 있다. 자료는 두 영역의 지수성장 영역을 보여주고 있다. 1970년대에 발생한 성장 감소는 제한된 화석연료 자원에 대한 우려와 환경 영향에 대한 우려의 결과였다. 이때 최초의 심각한 에너지 절약 노력이 시작되었다(17.8절).

미국과 전 세계에서 석유 자원의 활용에 관한 논의는 특히 자원의 지속성 추정과 같은 Hubbert 모델에 기초한 데이터 외삽에 관련된 몇 가지 어려움을 강조한다. 실제 상황은 매우 복잡하다. 한편으로 알려지지 않은 추가 자원이 발견되거나 추가 자원을 경제적으로 실행 활용가능하게 하는 새로운 기술의 개발로 인해 활용 가능한 자원량이 증가하기 때문에, Hubbert 모델은 때때로 특정 자원의 가채년수를 과소평가할 수 있다. 이 경우 그림 3.16에서 알 수 있듯이, 자원 활용 곡선은 이중 피크일 수 있다. 자원 보존 노력으로 인한 사용 감소로 인해 자원 가용성이 확장될 수도 있다. 반면에 Hubbert 모델은 개발도상국의 인구 증가와 산업화로 인해 가채년수를 과대 평가할 수 있다(그림 2.18 참조). 그림 3.15 및 3.18과 같은 그래프는 화석연료 자원의 지속성 추정에 대한 통찰력을 제공하지만, 이러한 자원의

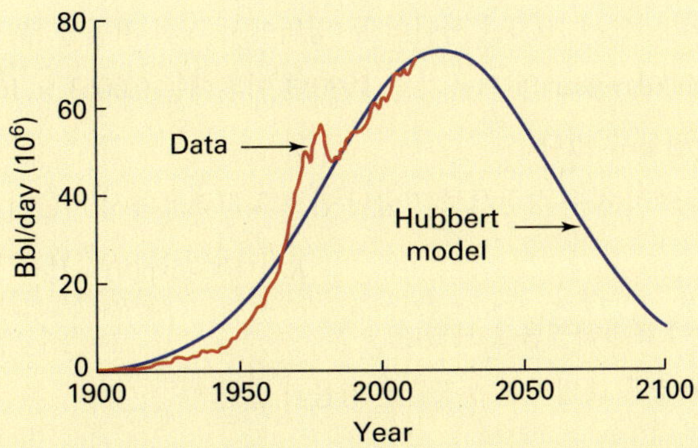

그림 3.19: 전 세계 원유 생산량과 전체 원유 자원량이 2.5×10^{12} bbl이라고 가정한 상황에서 Hubbert model에 따라 예측한 원유 활용량

Based on data from U.S. Energy Information Administration

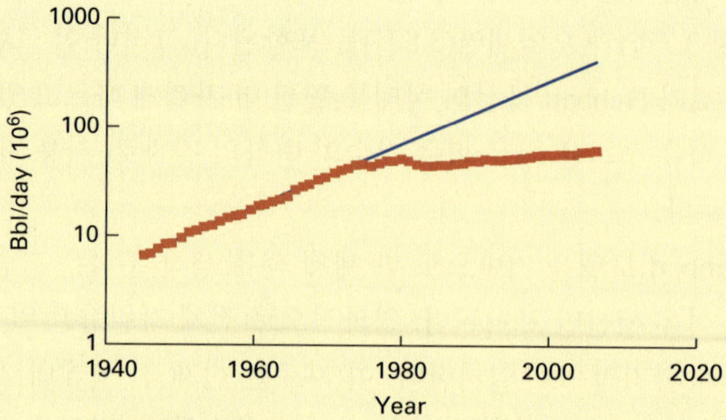

그림 3.20: 1945년 이후의 전 세계 원유 생산량을 반로그 형태로 표시한 그래프

Based on E. L. McFarland, J. L. Hunt and J. L. Campbell. Energy, Physics and the Environment. Cengage Learning, 2007.

실제 미래 사용은 여러 요인에 달려 있음을 인식하는 것이 중요하다. 궁극적으로 화석연료 자원 자체가 아닌 다른 대체에너지 자원으로 이동하는 것이 우리의 미래의 에너지 사용을 결정하기 위하여 바람직할 수 있다.

예제 3.7

1980년 이전과 1980년 이후 세계 석유 생산의 연간 성장률을 추정하시오.

풀이

그림 3.20의 그래프에서 석유 생산량의 변화는 1980년 전후에 두 개의 특정영역으로 나뉘어짐을 알 수 있다. 각 영역은 반로그 그래프에 직선으로 잘 표시되어 있으며, 이는 서로 다른 성장률을 가지는 두 개의 지수 성장 영역을 가지고 있음을 의미한다.

1940년에서 2020년 사이의 두 영역에서 직선 거동을 추정하면 1980년 이전에는 0.0328×10^6 bbl/(day·year)의 기울기를, 1980년 이후에는 0.0063×10^6 bbl/(day·year)의 기울기를 가짐을 확인할 수 있다.

2장에서 지수 성장으로 기술한 반로그 그래프에서 기울기 a에 대한 연간 성장률 %는

$$R = 100 \cdot [\exp(a) - 1].$$

와 같이 표현하였음을 보였다.

a에 값을 대입하면 성장률은 다음과 같다.

$$R = 7.56\% \text{ per year before 1980.}$$

$$R = 1.42\% \text{ per year after 1980.}$$

3.6b 천연가스

천연가스는 석유나 석탄의 연소에 비해 적은 양의 오염이 발생하여 최근 몇 년 동안 매력적으로 인식되어 왔다. CO_2 배출량 측면에서 석탄(대부분 탄소)과 비교하여 천연가스(메탄)의 이점은 식(1.13) 및 (1.15)에 표시된 탄소 배출량당 생성된 에너지의 비교를 통해 분명해진다. 표 3.6은 주요 천연가스 생산 국가의 연간 생산량을 보여준다. 이 표는 또한 입증된 매장량(2015년 기준)과 일정한 생산 속도에서의 자원 지속성에 대한 정보를 주고 있다. 2015년 전 세계 천연가스 생산량은 3.54×10^{12} m^3이고, 세계적으로 입증된 총 매장량은 187×10^{12} m^3이다. 전 세계 연간 생산량 대비 매장량의 비율은 약 53년이다. 이것은 천연가스 자원의 가채년수에 대한 대략적인 추정치를 제공한다.

천연가스의 활용은 미국 대륙에서의 천연가스 생산량을 보여주는 그림 3.21의 Hubbert 모델을 기반으로 고려될 수 있다. 1980년대 후반까지, 이 데이터는 단일 피크 Hubbert 활용 모델과 잘 일치한다. 그러나 그 이후로 추출 기술의 향상에 따라 생산량이 증가되었다. 미국의 천연가스 매장량의 가채년수(표 3.6)는 약 14년으로, 이 값은 향후 몇 년 내에 생산량이 감소하고 그림 3.21의 이중 피크 곡선을 이끌어내며, 결과적으로 그림 3.17에 표시된 석유 생산에 대한 기대치와 유사하게 만들어준다.

3.6c 석탄

총 세계 석탄 생산량은 연간 약 7.7×10^9 t이며 세계 주요 에너지의 약 1/4에 해당한다. 주요 석탄 생산국의 연간 생산량은 표 3.7에 요약되어 있다. 석탄의 예상 가채년수는 석유 및 천

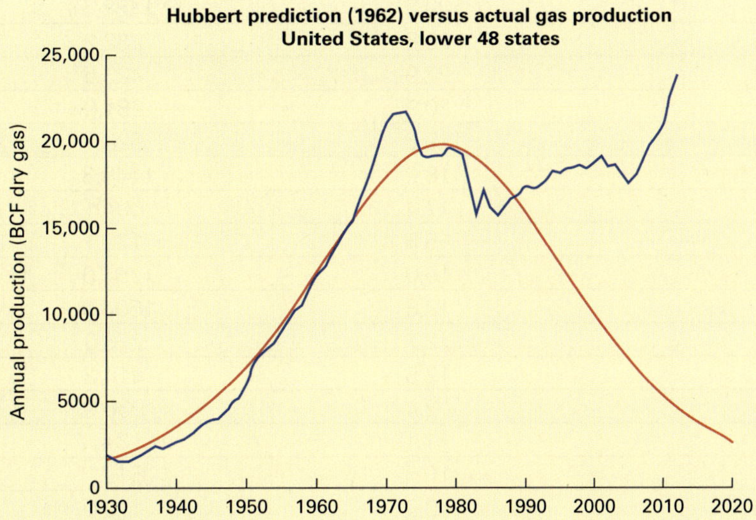

그림 3.21: 미국의 천연가스 생산량

Based on M. King Hubbert, 1962, "Energy Resources," National Academy of Sciences, Publication 1000-D, p. 81–83

표 3.6: 주요 천연가스 생산 국가의 2015년(또는 2014년, *표시의 경우) 연간 가스 생산량.

country	annual production (10^9 m^3)	proven reserves (10^9 m^3)	reserves/production (years)
United States	767.3	10,440.5	13.6
Russia	573.3	32,271.0	56.3
Iran	192.5	34,020.0	176.8
Qatar	181.4	24,528.1	135.2
Canada	163.5	1987.1	12.2
China	138.0	3841.3	27.8
Norway	117.2	N/A	N/A
Saudi Arabia	106.4	8325.2	78.2
Indonesia	75.0	2839.0	37.8
Turkmenistan	72.4	17,479.0	241.4
Malaysia*	68.2	1169.3	17.1
Australia	67.1	3471.4	51.8
Uzbekistan	57.7	1085.9	18.8
United Arab Emirates	55.8	6091.0	109.2
Mexico	53.2	324.2	6.1
Nigeria	50.1	5111.0	102.1
Egypt	45.6	1846.3	40.5
Netherlands	43.0	674.7	15.7
Pakistan	41.9	542.6	12.9
Thailand	39.8	219.5	5.5
United Kingdom	39.7	206.0	5.2
Trinidad and Tobago	39.6	325.7	8.2
Argentina	36.5	332.2	9.1
Oman	34.9	688.1	19.7
Venezuela	32.4	5617.2	173.2
India	29.2	1488.5	50.9
Bangladesh	26.8	232.2	8.7
Brazil	22.9	423.5	18.5
Bolivia	20.9	281.0	13.5
Myanmar	19.6	528	16.9
Azerbaijan	18.2	1148.3	63.2
Ukraine	17.4	604.1	34.7
Bahrain	15.5	172.1	11.1
Kuwait	15.0	1784.0	119.1
Libya	12.8	1504.9	118.0
Brunei	12.7	276.0	21.7
Peru	12.5	414.2	33.1
Kazakhstan	12.4	936.0	75.7
Colombia	11.0	134.7	12.2
Vietnam	10.7	617.1	57.9
Romania	10.3	110.0	10.7

Based on World Energy Council. World Energy Resources-2016, available online at https://www.worldenergy.org/publications/2016/world-energy-resources-2016/.

연가스보다 훨씬 길기 때문에, 미래의 석탄 사용을 추정하는 것은 훨씬 덜 확실하다. 그림 3.22는 1900년부터 2014년까지의 세계 석탄 생산량을 보여준다. Hubbert 모델을 석탄 사용에 적용하면(그림 3.22) 약 1/3의 석탄 자원이 사용되었으며, 석탄 사용이 2030년 초 언젠가는 정점에 도달할 것으로 보인다. Hubbert 곡선의 외삽은 석유나 천연가스에 대한 것보다 훨씬 확실하지는 않지만, 석탄 자원은 2100년대 중반에 최소화될 것으로 보인다.

Hubbert 모델의 흥미로운 예는 영국의 석탄 생산으로 설명된다(그림 3.23). 여기서 석탄 생산은 다른 지역보다 일찍 시작되었으며 자원의 범위는 제한적이었다. 이 그림은 Hubbert 곡선 모양의 곡선 특성을 보여 주며, 모델에서 예측한 석탄 생산이 거의 끝나가는 것을 나타낸다.

표 3.7: 주요 석탄 생산 국가의 연간 가스 생산량(2015년).

country	coal (Mt)
China	3747
United States	813
India	677
Australia	485
Indonesia	392
Russia	373
South Africa	252
Germany	184
Poland	136
Kazakhstan	106

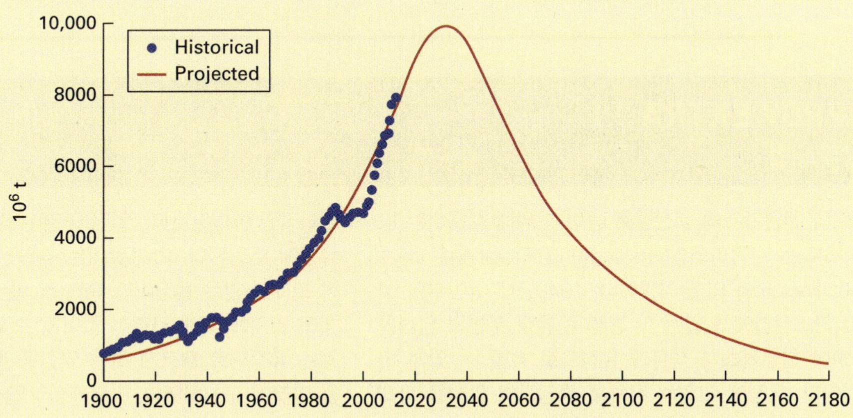

그림 3.22: 1900년부터 2180년까지 전 세계 석탄 생산량에 Hubbert 모델을 적용한 결과

Based on Peak Oil Barrel, http://peakoilbarrel.com/world-energy-2014-2050-part-1-2/

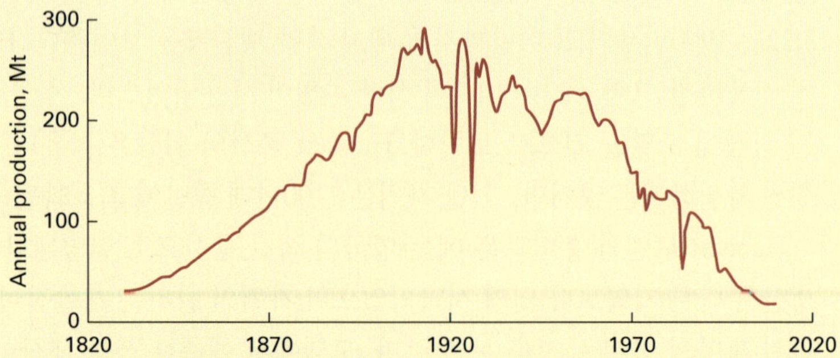

그림 3.23: 영국의 연간 석탄 생산량 변화

Based on William Pentland, U.S. Crowned King of Coal, Some Disagree, https://www.forbes.com/sites/williampentland/2011/09/07/u-s-called-king-of-coal-some-disagree/#548f9a295dff

예제 3.8

연간 석탄 생산이 세계 에너지 사용의 약 1/4을 차지한다는 챕터의 서술이 확실한지 보이시오.

풀이

표 3.7에서 연간 총 세계 석탄 생산량은 약 7.7×10^{12} kg이다. 이 석탄의 정확한 1차 에너지 비율은 다른 등급의 상대적 비율에 따라 달라진다. 본문에 언급된 미국의 값인 71%의 역청탄 및 아역청탄(평균 에너지 함량 24 MJ/kg), 28%의 갈탄(평균 에너지 함량 14 MJ/kg) 및 1%의 무연탄(평균 에너지 함량 35 MJ/kg)을 사용하면 평균 에너지 함량은 약 23 MJ/kg이다.
연간 전 세계 석탄 생산의 전체 에너지 함량은 계산하면 다음과 같다.

$$(7.7 \times 10^{12}\ \text{kg}) \times (23 \times 10^{6}\ \text{J/kg}) = 1.77 \times 10^{20}\ \text{J}.$$

전 세계 에너지 소모량은 약 6.6×10^{20} J/년이므로, 석탄에 대한 계산은 다음과 같다.

$$100 \times (1.77 \times 10^{20}\ \text{J})/(6.6 \times 10^{20}\ \text{J}) = 27\%\ \text{of primary energy use.}$$

ENERGY EXTRA 3.1
수압파쇄법

유정이나 천연가스의 생산성을 높이기 위해 사용하는 방법 중 하나는 수압파쇄법(fracking)이다. Fracking은 "hydraulic fracturing"의 줄임말이다. 1940년대 후반부터 석유 및 가스산업에 도입된 이 방법은 유정 주변의 암석을 파쇄하여 천연가스나 석유가 유정으로 흐를 수 있게 하는 것이다. 유정에 고압의 유체를 주입하여 암석을 파쇄한다. 유정은 지표면에서 아랫 방향으로 수직으로 들어간 다음 천연가스나 석유가 있는 층에 도달하면 가능한 한 많은 매장지를 지나기 위해 수평으로 돌아가게 된다. 유정의 수평 영역에서 fracking은 유정의 생산성을 높이는 효과적인 방법이 된다. 일단 균열이 생성되면 proppant가 유정에 주입된다. Proppant는 갈라진 틈을 채우는 다공성 모래와 같은 물질이다. Proppant는 균열 부위 상부 암석의 압력에 의해 균열이 없어지는 것을 막고 석유와 기체는 유정으로 흐르게 하는 역할을 한다. Fracking 공정을 아래에 도시하였다. Fracking 기술은 천연가스 산업에서는 일상적으로 사용되고 미국의 천연가스 생산량의 약 90%가 이 방법을 사용하는 것으로 추정하고 있다.

Fracking에 가장 일반적으로 사용되는 액체는 물이나, 특성을 바꾸기 위해 다양한 첨가물을 첨가하였다. 약 750

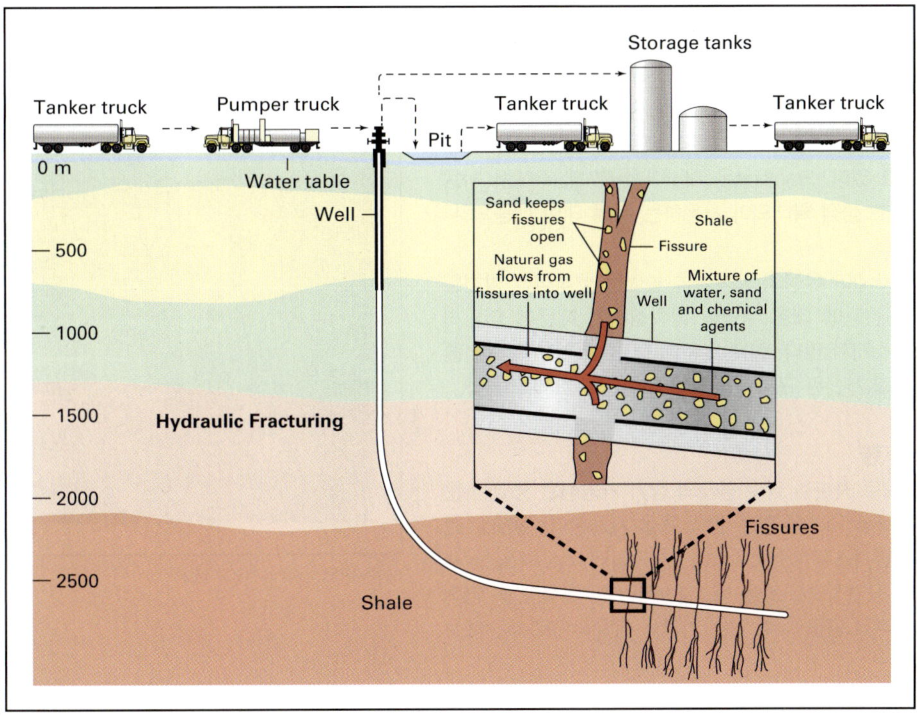

Based on http://www.acus.org/content/fracking-diagram, http://schema-root.org/technology/wells/fracking, http://www.biggerpieforum.org/How-does-fracking-work, http://www.greenphillyblog.com/green-news-politics/fracking-developments-how-you-can-prevent-philadelphias-water-supply-from-contamination/; http://deargreenplanet.blogspot.ca/2012/09/fracking-should-be-shaleved-1.html; http://www.azomining.com/Article.aspx?ArticleID=18

수압파쇄 공정

Fracking 유체 첨가제

additive	purpose	example material
acid	improves entry of fluid into rock	hydrocloric acid
surfactant	reduces fluid surface tension	propanol
corrosion inhibitor	reduces corrosion of well equipment	methanol
biocide	reduces bacterial growth	glutaraldehyde
scale inhibitor	inhibits precipitation of minerals from the fluid	ethylene glycol

adapted from information at http://en.wikipedia.org/wiki/Hydrolic_fracturing

개의 화학첨가물이 사용되고 있고, 이들 중 많은 첨가물이 독성이 있거나 발암물질이다. 첨가제 종류에 따른 일부 목록을 표에서 보여주고 있다. Proppant는 일반적으로 모래이고 효율성을 최적화하기 위해 입자크기와 조성이 특별한 특성을 갖도록 선별하였다. 또한 proppant의 분포를 관찰하기 위해 방사성 추적자를 추가할 수 있다.

이런 물질들로 인해 fracking에 대해 건강 및 안전에 관한 우려가 있다. Fracking 유체는 다시 지표면으로 돌아올 수도 있고 지하에 남을 수도 있다. 만약 지표면으로 돌아온다면 잠재적인 건강에 대한 영향 때문에 적절하게 처리되어야 한다. 만약 지하에 남는다면 널리 퍼져 나갈 것이고 식수 공급시설로 들어갈 수 있다. 또한, 메탄(천연가스)도 균열을 따라 퍼져 나가 식수공급시설로 들어갈 수 있다. 물에 녹은 메탄으로 인해 건물이 폭발한 적도 있다.

미국 EPA(Environmental Protection Agency)의 2004년 연구에 의하면 fracking에 따른 건강 위험이 없다고 결론 내렸다. 이로 인해 2005년 에너지정책법(Energy Policy Act)에서 석유 회사는 fracking 유체의 화학식을 알리지 않아도 된다고 하였다. 그러나 이 정책은 만약 독성 화학물질이 시추 지점 인근 식수에서 발견될 때 이 물질이 유정에서 인지 아니면 다른 원인 때문인지 알기 어렵게 한다는 문제를 만들게 된다. 미국 국회에서 최근 여러 제안서를 만들었지만, 실제 fracking에 대한 규제 지침은 아직 없다. 건강에 대한 우려 때문에, 뉴욕은 fracking을 금지하고 있다. Fracking은 캐나다의 몇 개 주에서 사용되고 있고 점점 확대되어 사용하는 것에 대한 대중의 우려가 있다.

Fracking이 유정의 생산성을 높이는 효과적인 방법일지라도, 건강에 대한 위험이 불확실하기 때문에 대단히 논란의 소지가 많다. 실제 사용에 대한 대중의 우려를 줄이기 위해 개선된 규제와 환경에 대한 연구가 필요하다.

토의 주제

세계적으로 충분한 담수 공급의 장기 가능성은 중요한 문제이다. Fracking은 많은 양의 물을 사용한다. 실제로 한 개의 천연가스유정 fracking에 2천만리터 이상의 물을 사용한다. 장기적으로 봤을 때, 일반적인 한 가족에 이 양의 물을 식수로 공급할 수 있는 기간을 대략적으로 추산해보아라.

Richard A. Dunlap

대중의 Fracking 반대 표시

3.7 석유 회수 증진법

이전 장에서 화석연료 자원은 한정되어 있고, 석유와 천연가스는 석탄보다 더 한정되어 있음을 명확히 보여 주었다. 여기서는 화석연료 이용의 대체 접근법에 연관된 몇 가지 주제에 대해 논의할 것이다: (1) 저류층에서 많은 분량의 석유를 추출하는 방법, (2) 석유의 다른 출처, (3) 수송용 수요에 좀 더 편리하게 사용하기 위해 석탄을 액체나 기체 탄화수소로 전환하는 방법.

단순히, 기초적인 석유 추출법은 저류층에서 저류층 내부 자체 압력으로 석유가 흘러나오는 것을 의미한다. 일반적으로 잔류 석유를 지상으로 내보내기에는 압력이 불충분하여 매장지에 있는 석유의 15~20%를 이런 방법으로 얻을 수 있다.

2차 회수법은 물이나 기체를 가압하여 주입하여 석유를 1차 유정으로 나오게 하기 위해 1차 유정 주변에 2차 유정을 시추하는 것이다. 이 방법으로 대체로 저류층 석유 중 추가 25%쯤을 회수할 수 있고 미국에서 보통 사용되는 방법이다. 저류층에서 추출할 수 있는 석유의 비율은 석유를 추출하는 속도에 따라 달라지게 된다. 회수 가능한 석유 비율 최적화와 공급 수요를 만족하는 추출속도와는 일반적으로 일치하지 않는다. 이 비율은 매장지와 석유의 자연적 특성에 따라 달라진다. 모든 원유가 상당히 점성이 있다고 하더라도 상대적으로 가벼운 성분으로 구성된 석유를 좀 더 효율적으로 회수할 수 있다. 매장지에서 모든 석유를 추출하는 데 가장 큰 어려움은 점도와 석유와 다공질암석 간에 있는 표면장력이다.

3차 회수법은 이런 문제들을 효율적으로 해결할 수 있는 방법이다. 세제와 같이 물과 석유를 잘 섞이게 하는 계면활성제를 물과 함께 주입하는 것이다. 석유는 암석의 기공에서 떨어져 나올 수 있게 된다. 또 다른 방법은 2차 유정에 수증기를 주입하는 것이다. 수증기는 석유를 가압하여 1차 유정으로 나오게 한다. 또한, 석유를 가열하여 점도를 낮추어 좀 더 쉽게 흐를 수 있도록 한다. 지하연소법은 매장지 내부에 있는 석유 일부를 그 자리에서 연소시키는 방법이다. 이로써 나머지 석유를 가열하여 유정 밖으로 흐를 수 있게 한다. 이 방법은 다음 절에서 좀 더 논의할 것이다. 이런 3차 회수법은 재정적으로나 에너지 측면에서나 비용이 많이 드는 기술이다. 후자의 경우, 에너지비용은 추출한 석유의 에너지 가치의 약 1/3정도이다. 이런 기술들의 미래 활용 가능성을 평가하기는 어렵다.

3.8 오일셰일

오일셰일(Oil Shale)은 퇴적암으로, 상대적으로 최근(약 5천만년 전)에 생성된 탄화수소 매장지이다. 고대호수의 해양생물이 부패하여 생성된 탄화수소는 케로젠(kerogen) 형태이다. 이는 석유에 있는 분자보다 더 복잡하고 꼬인 형태의 사슬 구조 분자로 구성되어 있다. 또한, 황과 같은 불순물을 더 많이 함유하고 있다. 케로젠을 가열하여 사슬 구조를 깨뜨리면 석유와 같은 분자를 얻을 수 있다. 19세기에는 석유를 오일셰일에서 추출하는 것으로 알고 있었다. 이제 오일셰일은 셰일을 직접 연소하여 열과 전기를 열적으로 생산하거나 셰일을 처리하여 연료 사용을 위한 액체 탄화수소를 생산하는데 사용된다. 오일셰일은 전 세계적으로 여러 지역에 있고, 오일셰일은 노천 채광 또는 노천 채굴에 의해 석탄과 유사하게 일반적으로 채굴되며, 그 이후 열발전소 설비에서 연소되거나 셰일오일(Shale Oil)을 추출하기 위해 처리된다. 표 3.8은 주요 셰일오일 매장국에 대한 최근 추정치를 보여준다. 일반적인 전 세계 석유의 추정 회수 가능량(2.5×10^{12} bbl)과 양을 비교할 수 있다. 분명히 오일셰일은 중요한 자원이다.

표 3.8: 주요 셰일오일 매장국에 대한 최근 추정치.

country	resources (10^9 bbl)
United States	6000
China	330
Russia	270
Israel	250
Jordan	100
Democratic Republic of the Congo	100

Based on data from World Energy Council. World Energy Resources-2016, available online at https://www.worldenergy.org/publications/2016/world-energy-resources-2016/

그림 3.24에서 오일셰일을 사용해온 나라의 오일셰일 생산량을 보여주고 있다. 오일셰일에서 추출할 수 있는 석유의 양은 매장지의 특성에 따라 달라진다. 좋은 품질의 오일셰일 매장지에서는 셰일 1톤당 약 0.6 bbl (100 L) 이상을 생산할 수 있을 것이다.

예제 3.9

1톤의 유연탄의 에너지양과 좋은 품질의 1톤의 오일셰일의 에너지양을 비교하시오.

풀이

부록 IV에서 1 L 원유의 에너지양은 38.5 MJ이다. 고로, 좋은 품질 1톤의 오일셰일은 100 L/t의 석유를 가지고 있고, 따라서

$$(38.5 \text{ MJ/L}) \times (100 \text{ L}) = 3.85 \times 10^3 \text{ MJ}.$$

을 생산한다.

1톤 유연탄의 에너지양은 부록 V에 주어져 있듯이 3.1×10^4 MJ이다. 따라서, 좋은 품질의 오일셰일은 단지 석탄 에너지양의 약 12%만을 가지고 있다.

표 3.8에서 전 세계 오일셰일 매장량의 대부분은 미국에 있음을 보여주며, 오일셰일 자원 개발에 대한 상업적 관심은 최근에 증가했다. 그림 3.24에서 보면, 전 세계 오일셰일 생산량의 절반 이상이 에스토니아에서 생산된다. 실제로, 에스토니아는 필요한 에너지의 약 90%를 오일셰일에서 얻고 있는 있으며, 오일셰일로부터 에너지의 주요 구성요소를 얻는 유일한 국가이다. 이는 다른 지역에서 잠재적인 대규모 셰일오일 생산을 위한 가능성 평가를 위한 좋은 사례연구가 된다.

액체연료로서 셰일오일의 사용 가능성을 평가하기 위해서는, 오일셰일에서 석유를 추출하는 방법을 알아보는 것이 중요하다. 셰일을 500°C까지 가열하여 케로젠을 추출하고 탄화수소 사슬을 끊는다. 얻어진 탄화수소 혼합물은 원유를 정제하는 방법과 거의 같은 방법으로 정제되게 된다. 이 공정은 상당한 양의 물이 필요하다. 현재 기술수준으로 1 L의 셰일오일을 만들기 위해서는 3 L의 물이 필요하다. 또한, 어느 정도 유용한 양의 석유를 만들기 위해서는 많은 양의 셰일을 처리해야 한다. 흥미롭게도 셰일을 파쇄하고 오일을 추출하는 동안 셰일의 부피는 약 35% 정도 증가하게 된다. 많은 양의 물과 폐기물 처리시설의 필요성이 셰일오일 활용 가능성에 영향을 주는 요인이 된다. 셰일오일 생산 가능성을 평가하기 위해서는 적어도 다음 사항을 고려해야 한다:

- 충분한 물 공급 가능성
- 효율적으로 사용한 셰일을 처리할 수 있는 능력
- 셰일 채광으로 인한 환경 저해 가능성
- 셰일오일 생산에 필요한 재정 및 에너지 비용

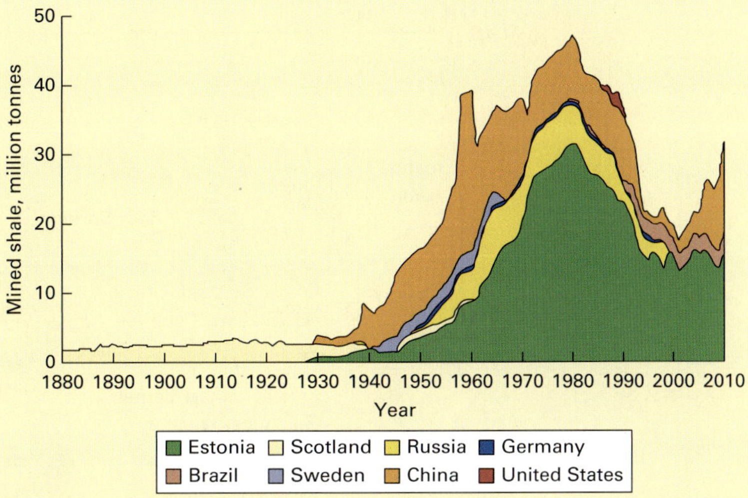

그림 3.24: 국가별 오일셰일 연간 처리 양

Based on P. Allix, A. Burnham, T. Fowler, M. Herron, M. Kleinberg and B. Symington "Coaxing Oil from Shale", Oilfield Review 22 (2011) 4-15. http://www.slb.com/~/media/Files/resources/oilfield_review/ors10/win10/coaxing.ashx, downloaded from https://commons.wikimedia.org/wiki/File:Production_of_oil_shale.png

미국에서는 대부분의 오일셰일 매장지는 유타, 와이오밍, 콜로라도 주 경계 부근에 있다. 이 지역을 그림 3.25의 지도에 도시하였다. 이 지역은 중요한 농업 지역임에도 불구하고 거의 비가 내리지 않는다. 물은 화이트강(White River)과 그린강(Green River)에서 농업시설로 공급된다. 셰일오일 생산을 위해 필요한 물의 양은 농업에 심각한 영향을 주게 되고, 다른 지역에서 필요한 물을 수송하는 것은 실용적이거나 경제적이지 않다.

이미 사용한 셰일 처분과 채광 후 땅을 복구하는 문제도 고려되어야 한다. 오일셰일 매장지는 지표면에 가깝게 있기 때문에, 심각한 환경문제를 야기할 수 있다. 전에 매립된 물질의 노출을 통한 급수시설의 오염, 증가하는 침식, 가공 과정에서의 공기 중으로 입자의 비산 등과 같은 환경 문제가 있을 수 있다. 셰일로부터 오일의 채광과 추출은 잠재적으로 이산화탄소와 같은 오염물질을 배출하게 된다. 이런 측면에서 2002년 에스토니아에서 대기오염 배출의 약 97%는 발전 산업 때문이라는 평가는 상당히 의미가 있다. 비교하자면 1998년에 캐나다에서는 전력 생산을 통해 국가 SO_2 배출의 20%와 NO_x 배출의 10%가 발생하였다. 오일셰일 채광과 처리과정 중 발생하는 전체 온실가스 배출은 같은 양의 화석연료를 사용하는 것보다 더 크다. 현재 미국 정부정책이 정부기관이 전통적인 방법으로 석유를 채굴할 때보다 더 많은 온실가스를 배출하는 방법으로 생산된 석유를 구매하는 것을 금지하고 있기 때문에 셰일오일 보급을 위해서는 이 문제를 해결해야만 한다.

순수하게 재정적 관점에서, 셰일오일 생산 가능성에는 의문이 있을 수 있다. RAND Corporation에 의해 수행된 연구에 의하면 2005년 기준으로 셰일오일 생산 비용은 배럴당 \$70~95 사이이다. 이때, 세계 원유 시장 가격은 배럴당 약 \$40이었다. 기술적인 발전과 인프라비용의 장기 상환과 함께 석유 가격의 상승 변동으로 인해 어느 시점에서는 셰일오일

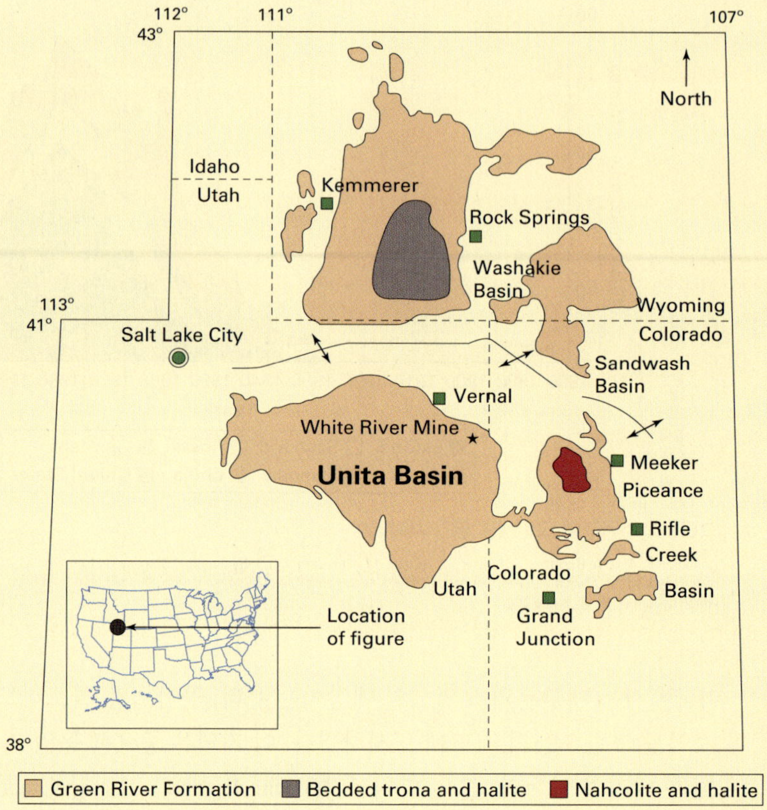

그림 3.25: 미국에서 대량 오일셰일 매장지 분포

Dr_Flash/Shutterstock.com, data from http://www.instituteforenergyresearch.org/wp-content/uploads/2012/07/Oil-Shale-Graph-02.png

이 경제적으로 경쟁력을 가질 수도 있을 것이다.

땅 속 깊은 곳에 있는 오일셰일에서 석유를 추출하는 다른 방법으로 *in situ retorting*을 사용하여 왔다. 이 공정은 지하연소법과 비슷하다. 그림 3.26에 보여주듯이, 오일셰일 매장지

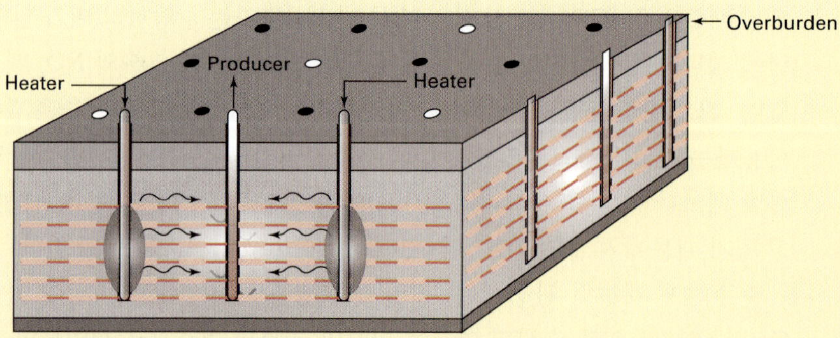

그림 3.26: 오일셰일의 *in situ retorting*

Based on NOSA, The Green River Formation Oil Shale Deposits, http://www.oilshaleassoc.org/oil_shale_project.html

에 유정을 시추하고 2차 유정을 주변에 시추한다. 공기와 천연가스를 2차 유정으로 주입하여 불태운다. 발생한 열은 주변으로 전파되고 오일셰일을 가열하여 탄화수소가 1차 유정으로 나오게 된다. 이 방법은 오일셰일에서 석유를 추출하는 방법으로 효율적이지 않더라도, 많은 양의 암석을 채광하고 운송하는데 발생하는 비용과 문제를 피할 수 있게 된다. 이런 방법이 매장지에서 석유를 얻을 수 있는 적절한 방법인지는 확실하지 않다.

미국에서 셰일오일 산업은 캐나다의 초기단계의 타르샌드 프로젝트와 종종 비교되기도 한다. 타르샌드에서 석유를 추출하는 것이 어느 정도의 경제적으로나 환경적으로 성공적이라 하더라도, 셰일오일의 장기적 활용성은 여전히 살펴봐야 한다.

3.9 타르샌드와 초중질유

전통적인 회수방법을 이용한 유정에서 추출한 석유의 점도는 가벼운 것부터 상당히 무거운 것까지 다양하게 변화한다. 초중질유라는 것도 또한 존재하고 이를 추출하는 것은 어렵다. 초중질유(extra heavy oil)는 두 가지로 분류할 수 있다: 초중질유와 천연역청(또는 tar sand). 후자는 초중질유와 모래가 섞여 있는 것이다. 두 가지 경우 모두, 우리가 이를 활용하기 위해서는 경제적이고 환경적으로 적절한 방법으로 석유를 추출할 수 있을 수 있는가에 달려 있다.

초중질유와 천연역청의 세계 추정 매장량을 표 3.9과 표 3.10에 정리하였다. 비록 실제로 얼마나 많은 석유를 회수할 수 있는지는 불확실 하지만, 가용 전체 추정량은 전통적인 석유 매장량과 거의 비슷하다. 거의 모든 초중질유는 베네수엘라에 있고 타르샌드의 2/3는 캐나다에 있다.

초중질유 매장지는 그림 3.27에 보듯이 베네수엘라 북동쪽 Orinoco Oil Belt에 위치해 있다. 이 지역에서 초중질유의 상업생산은 2001년부터 시작되었다. 2016년부터, 베네수엘라의 석유 생산량은 매일 약 2.3×10^6 bbl으로 나타났고, 경제 및 정치적인 이유로 연말까지 약 10% 감소했다.

캐나다에 타르샌드가 있다는 것은 18세기부터 알려져 있었다. 그러나 20세기 중반까지 이를 활용하려는 관심은 없었고, 타르샌드에서 석유를 상업적으로 생산한 것은 1967

표 3.9: 초중질유 자원의 추정 매장량

location	10^9 bbl
Venezuela	2112
United Kingdom	12
rest of world	26
total	**2150**

Based on data from World Energy Council 2010 Survey of Energy Resources.

표 3.10: 천연역청(tar sand)에서 얻을 수 있는 석유 추정 매장량	
location	**10^9 bbl**
Canada	2434
Kazakhstan	421
Russia	347
United States	53
rest of world	74
total	**2256**

Based on data from World Energy Council 2010 Survey of Energy Resources.

년 Alberta에서 시작하였다. 캐나다 타르샌드 매장지는 그림 3.28의 지도에 표시한 것처럼 Alberta의 세 개 지역(Athabasca Oil Sands, Peace River Oil Sands, Cold Lake Oil Sands)에 대부분 분포하고 있다. 캐나다의 타르샌드로부터의 석유 생산은 1980년 이후 꾸준히 증가한 반면, 전통 석유 생산은 비교적 일정하게 유지되었다. 그림 3.29에서 알 수 있듯이 캐나다 석유의 절반 이상이 타르샌드로부터 나온다.

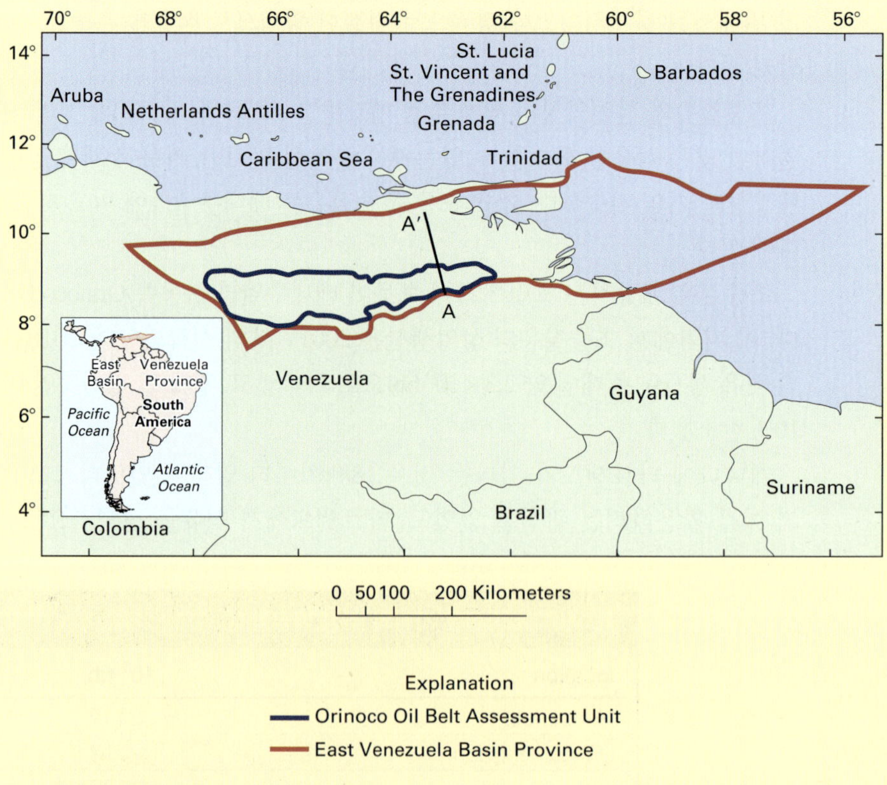

그림 3.27: 베네수엘라 Orinoco Oil Belt의 위치

Based on USGS, An Estimate of Recoverable Heavy Oil Resources of the Orinoco Oil Belt, Venezuela, http://pubs.usgs.gov/fs/2009/3028/pdf/FS09-3028.pdf

그림 3.28: 캐나다 Alberta의 타르샌드 매장지 위치

NormanEinstein

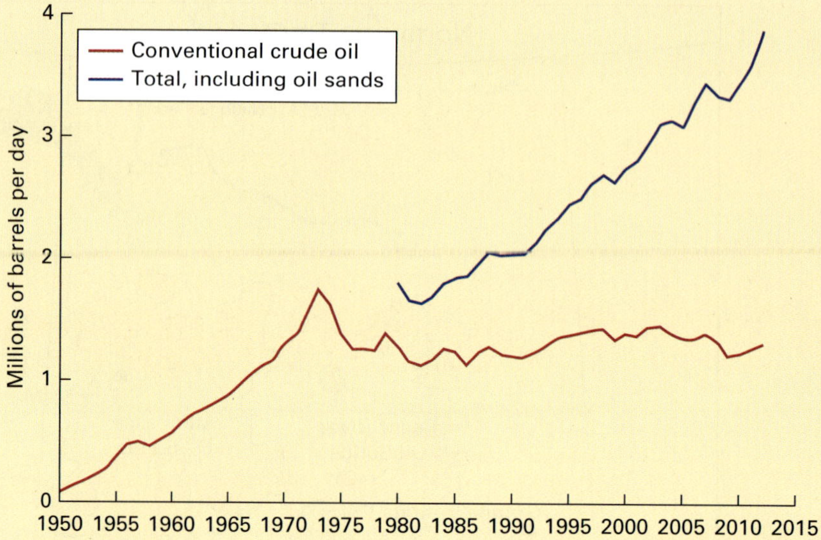

그림 3.29: 캐나다의 석유 생산량 변화 그래프. 1980년부터 타르샌드로부터 석유 생산 증가되기 시작하였다.

Based on data from OPEC, http://www.opec.org/library/Annual%20Statistical%20Bulletin/interactive/current/FileZ/XL/T37.HTM

3.10 석탄 액화 및 가스화

석탄은 석유나 천연가스에 비해 훨씬 더 풍부하다. 액체나 기체 연료를 수송용으로 사용하는 것이 편리하지만 고체 연료를 사용하는 것은 더 많은 문제점이 있다. 석탄은 꽤 오랜 기간 동안 발전의 수단이었다. 적절한 전기 자동차 기술의 발전은 석탄이 수송용 에너지원으로 사용될 수 있게 만들었다. 그러나, 근본적으로 낮은 전환 효율로 인한 필연적인 손실을 고려해야 한다. 수송용으로 석탄을 사용하기 위한 또 다른 대안은 석탄의 탄소원자를 기체나 액체 탄화수소로 전환하는 것이다. 이 공정을 석탄 가스화와 액화로 부른다.

석탄 가스화 기본 공정은 1780년쯤 발견되었다. 가스화 공정은 20세기 초반 상업화되었고 가정과 산업시설에 난방과 조명을 위한 기체를 생산하기 위해 사용되었다. 자동차 연료로 사용하기 위해 나무의 탄소를 연소가스로 전환하는 것과 같은 유사 공정도 세계 2차 대전(그림 3.30) 중 가솔린 부족을 해결하기 위해 사용되었다. 석탄가스는 천연가스보다 에너지 함유량은 낮고 오염을 야기하는 불순물을 많이 함유하고 있기 때문에 1940년대 천연가스가 사용된 후로는 거의 사용되지 않았다. 그 이후에도 석탄 가스화는 생산된 가스의 낮은 품질과 비슷한 목적으로 사용되는 석유와 천연가스의 상대적으로 낮은 가격으로 인해 적극적으로 사용되지 않았다. 그러나, 상업적 석탄가스 활용이 1960년대 이후 남아프리카공화국에서 시작되었다. 현재 석탄 가스화설비 개발을 위한 연구는 점차 줄어드는 석유와 천연가스 공급 문제를 완화하는데 목적을 두고 있다. 석탄 가스화 공정의 기초적인 설명은 다음과 같다.

그림 3.30: Adler가 제작한 나무 가스 발생기를 후단에 부착한 자동차(Imbert Holzgas Generator를 장착한 Adler Diplomat, 1941)

Keystone/Stringer/Hulton Archive/Getty Images

석탄 가스화 공정은 다음의 일련의 공정이 발생하는 가스화기(가스化機)에서 석탄을 가열하여 진행된다:

열분해(Pyrolysis): 석탄에서 휘발성 물질을 없애고 탄소가 풍부한 물질을 남기는 공정
연소(Combustion): 탄소의 불완전 연소에 의한 일산화탄소 생성

$$2C + O_2 \rightarrow 2CO. \tag{3.3}$$

약간의 이산화탄소도 함께 생성될 수 있다. 그러나, 이를 최소화하는 것이 유리하다.
가스화(Gasification): 잔류탄소와 일산화탄소가 수증기와 반응하는 공정

$$C + H_2O \rightarrow H_2 + CO \tag{3.4}$$

$$CO + H_2O \rightarrow CO_2 + H_2. \tag{3.5}$$

최종 생성가스는 약 50%의 CO와 50%의 H_2로 구성된다. 이 가스는 연소하여 에너지를 생산한다.

$$2CO + O_2 \rightarrow 2CO_2 \tag{3.6}$$

$$2H_2 + O_2 \rightarrow 2H_2O. \tag{3.7}$$

석탄가스의 나머지 성분은 주로 CO_2이고 에너지 생산과는 거의 관계없다. 촉매반응이 포함된 더 복잡한 공정이 석탄가스를 약 90% 메탄이 있는 연료를 만들기 위해 사용된다.

석탄 액화는 석탄에서 수송용 연료를 만드는 다른 방법이다. 액화는 직접적이거나 간접적인 방법으로 진행된다. 직접 공정에서는 석탄을 미세분말로 분쇄하고 용매와 섞어 약 1/3에서 1/2의 석탄을 포함하는 슬러리를 만든다. 슬러리를 수소와 함께 약 15 MPa의 압력에서 400°C까지 가열하여 한 시간 동안 놓아둔다. 석탄 속의 탄소와 수소 사이에 화학반응이

예제 3.10

수소는 식(3.3)에서의 반응에 이어 식(3.5)에서의 반응에 의해 탄소로부터 생성될 수 있다.

(a) 1 t의 탄소로부터 생성되는 수소의 질량은 얼마인가?

(b) 배출된 CO_2 질량은 얼마인가?

(c) 사용된 물의 부피는 얼마인가?

풀이

(a) 식(3.3)에서 2몰의 탄소는 2몰의 CO를 생성하고, 식(3.5)에서 2몰의 CO는 2몰의 H_2를 생성할 것이다. 따라서 1몰의 탄소는 1몰의 H_2를 생성한다. 탄소의 12 g/mol 및 H_2의 2 g/mol의 원자량을 사용하면, 12 g의 탄소가 2 g의 H_2를 생성한다는 것을 의미한다. 그러므로 1 t의 탄소는 167 kg의 수소를 생산한다.

$$(1\ \text{t}) \times (2\ \text{g}/12\ \text{g}) = 0.167\ \text{t} = 167\ \text{kg}$$

(b) 식(3.3)과 (3.5)에서 1몰의 탄소는 1몰의 CO_2를 생성한다. O_2의 분자량 16 g/mol을 사용하면 배출된 CO_2 질량은 3.67 t이다.

$$(1\ \text{t}) \times ((12 + 2 \times 16)\ \text{g}/12\ \text{g}) = 3.67\ \text{t}$$

(c) 식(3.3)과 (3.5)에서 1몰의 탄소가 1몰의 물을 필요로 한다는 것을 알기 때문에, 필요한 물의 양은 다음과 같다.

$$(1\ \text{t}) \times ((2 + 16)\ \text{g}/12\ \text{g}) = 1.5\ \text{t or 1500 L of water.}$$

발생하여 다양한 액체 탄화수소를 만들게 된다. 촉매를 반응 속도를 높이기 위해 사용한다. 무연탄 같은 석탄은 거의 반응하지 않기 때문에 갈탄과 아역청탄과 같은 저급탄이 이 공정에서는 가장 적합하다. 여기서 만들어진 액체는 거의 낮은 분자량을 가지고 있고 가솔린이나 디젤연료와 비슷한 연료로 만들기 위해 중합하게 된다. 일반적으로 석탄 질량의 반 정도가 액체 연료로 전환된다.

간접 액화는 이미 논의한 바와 같이 수증기와 산소를 고온에서 석탄과 반응하여 먼저 기체를 생성한다. 석탄가스는 촉매와 함께 반응하여 넓은 범위의 분자량을 갖는 액체 탄화수소를 만들게 된다. 이를 피셔트롭쉬법(Fischer-Tropsch process)이라 부른다.

직접 액화가 일반적으로 좀 더 효율적임이 알려져 있고, 최근에 연구가 많이 진행되고 있었다. 모든 석탄 액화 공정은 상당한 양의 CO_2를 배출하고 비록 재정적으로나 에너지 측면에서 가능하다고 하더라도 적절성을 평가할 때는 다음 장에서 논의할 환경적 요소도 반드시 살펴보아야 한다.

3.11 요약

이 장에서는 화석연료의 특성을 살펴보았다. 석유는 150년 이상 에너지원으로 사용되어 왔고 다양한 기체, 액체, 고체 탄화수소로 정제하여 나뉘어진다. 디젤과 가솔린은 가장 광범위하게 사용되는 석유 생산품이다.

Hubbert 모델을 기반으로 한 분석을 통해 전 세계 연간 석유 생산량은 거의 최고점에 도달한 것을 알 수 있었다. 석유 생산 속도는 멀지 않은 미래에 감소하기 시작할 것이다. 이런 감소는 석유 개발이 중동보다 훨씬 더 오래된 미국에서 이미 나타났다. 모델링 결과, 다가오는 50년 안에 전통적인 석유 자원을 활용하는 것은 거의 끝날 것으로 전망하고 있다.

천연가스는 주로 메탄으로 구성되어 있다. 천연가스 사용량은 가용성과 다른 화석연료에 비해 온실가스와 오염물질을 적게 배출하기 때문에 최근 사용이 증가하여 왔다.

석탄자원은 석유나 천연가스보다 더 많이 있고 Hubbert 모델을 이용한 미래 가용성 평가 결과 석탄의 수명은 다른 화석연료보다 더 긴 것으로 나타났다.

셰일오일과 타르샌드 등은 비전통 화석연료이다. 셰일오일은 특히 미국에서 아주 많이 있는 것으로 밝혀졌지만, 셰일오일의 활용 가능성은 경제적으로 환경적인 문제로 인해 불확실하다. 그러므로 상업적 활용은 과거에도 거의 없었으며, 미래의 셰일오일 개발은 불확실하다. 타르샌드와 초중질유도 매우 많이 있으며, 특히 베네수엘라(초중질유)와 캐나다(타르샌드)에서 성공적으로 상업화되었다. 이로 인해 미래의 석유 활용성은 두 배로 올라갈 것이다.

풍부한 석탄을 활용하고 수송용 액체 및 기체 연료로 전환하기 위해 석탄 액화 또는 가스화가 주목을 받았다. 이 공정기술은 오랫동안 알려져 왔으나 제한적으로 활용되어 왔다. 석유 가격이 상대적으로 낮게 유지되는 한 석탄 액화 또는 가스화의 경제성은 의문이 있다.

연습문제

3.1 표 3.2에서 있는 알케인(2에서 8)의 연소 화학식을 적으시오. 1 MJ당 생산되는 CO_2의 질량을 계산하시오.

3.2 현재 세계 원유가격(US$/bbl)과 우리나라의 가솔린 소매가격(원/L)을 적으시오. 원유와 가솔린 사이에 에너지당 가격 차이는 얼마인가?

3.3 현재 세계 원유(US$/bbl)와 석탄(역청탄 1톤 기준), 천연가스(1000 m^3 기준)의 가격은 얼마인가? 각각의 화석연료에 대해, 화석연료가 효율 100%로 최종에너지로 변환된다고 가정하고 1 GJ당 에너지 가격을 계산하시오.

3.4 미국 연간 발전량(3×10^{12} kWh)이 모두 효율 40%로 운전하는 석탄화력발전소에서 생산된다고 가정하자.

(a) 초당 석탄 연소양은 몇 톤인가? (석탄은 역청탄으로 가정한다.)

(b) 석탄이 100% 탄소라면, 연간 CO_2 배출량(톤)은 얼마인가?

3.5 지상에서 석탄은 기차로 수송된다. 일반적인 대형 석탄 수송 기차는 길이는 약 1.5 km이고, 각각 110톤의 석탄을 실을 수 있는 120개의 화실을 가지고 있다. 1톤의 석탄이 이에 상응하는 에너지를 가지고 있다고 보면(저장된 화학에너지로 본다), 움직이는 석탄 수송 기차는 에너지 또는 동력이 흐름으로 볼 수 있다. 시속 100 km/h로 움직이는 석탄 수송 기차에 대해, 이에 상응하는 동력을 W로 구하시오.

3.6 역청탄 1톤과 같은 에너지를 생산하기 위해 필요한 오일셰일의 양은 얼마인가? (생산량은 120 L/ton으로 가정한다.)

3.7 미국에서 일인당 필요한 전체 에너지(2장)를 석탄 연소로 얻는다고 가정하자. 각 개인이 석탄의 채굴, 수송, 처리 및 연소를 맡아야 한다면, 평균적으로 일인당 하루에 처리해야 하는 석탄의 양은 얼마인가?

3.8 만약 셰일오일이 미국에서 석탄을 대체한다면, 현재 사용량을 기준으로 미국 내 자원으로 얼마나 오랫동안 사용할 수 있겠는가?

3.9 1820년부터 현재까지 영국에서 생산된 총 석탄양을 추정해보시오.

3.10 식(3.4)에 나타낸 반응에 대해, 1 kg 탄소의 가스화 반응에 의해 생성된 CO의 질량 및 H_2의 질량을 계산하시오. 이 두 반응 생성물의 에너지 함량은 얼마인가?

3.11 다음의 반응에 의한 순수한 수소의 연소는 수소 kg당 142 MJ를 생성한다. 옥탄 kg당 에너지와 탄소 및 수소 원자의 개별 연소로 인한 총 에너지를 비교하시오.

$$2H_2 + O_2 \rightarrow 2H_2O$$

3.12 (a) 적절한 연료로써 메탄올 및 에탄올의 조성을 찾으시오. 이 두 탄화수소의 연소 반응식을 쓰시오.

(b) 메탄올 및 에탄올 연소 kg당 생성된 CO_2의 질량을 계산하시오.

(c) 메탄올과 에탄올의 연소열에 대한 값을 찾아서 MJ의 에너지당 생성되는 CO_2의 질량을 구하시오.

3.13 석탄화력발전소가 38%의 효율로 평균 1000 MW_e의 전력을 생산하고 있다.

(a) 얼마나 많은 양의 석탄이 초당 연소되는가? 석탄은 역청탄을 가정한다.

(b) 얼마나 많은 열(J/s)이 환경으로 배출되는가?

(c) 얼마나 많은 양의 물(20°C)이 (b)의 열로 끓을 수 있을지 STP 상태에서 초당 계산하시오.

3.14 석탄화력발전소는 매년 2×10^6톤의 석탄을 소비하고 800 MW_e의 평균 전력을 생산한다. 발전소의 효율을 계산하시오.

3.15 대형 여객선의 무게는 75,000톤이며 순항 속도는 45 km/h이다. 엔진은 20%의 효율로 디젤연료(원유와 대략 동일한 에너지 함량)를 연소시킨다. 구동 시스템은 기계적 에너지를 선박의 추진력으로 변환하기 위한 55%의 평균 효율을 가진다. 선박을 정지 상태에서 순항 속도로 가속하는 데 필요한 연료량을 계산하시오.

3.16 사람은 1년에 50 bbl의 원유가 가진 에너지를 사용한다. 그 사람의 평균 전력 소비량은 얼마인가?

3.17 우리 나라의 가솔린 소매 가격(단위 부피당)을 찾고, 주거용 전기 비용을 찾으시오.

(a) 휘발유로부터 에너지 비용(MJ당)과 공공 시설의 전기 비용을 비교하시오.

(b) 가솔린 자동차의 효율은 약 20%이고 배터리 전기 자동차의 효율은 약 85%입니다. 가솔린과 전기 자동차의 상대적 운송 비용에 대해 논의하시오.

3.18 액체 천연가스는 선박으로 운송된다. 전형적인 LNG 유조선의 용량은 10^5 m^3이다. 이 연료를 사용하여 인구 100만 명의 도시에 에너지를 공급하고, 각 사람이 평균 10 kW의 전력을 소비하는 경우, LNG는 얼마나 오래 지속될까?

3.19 그림 2.6의 자료와 미국의 석탄(갈탄, 아역청탄/역청탄, 무연탄)의 평균 조성을 사용하여 매년 사용되는 석탄의 질량을 계산하시오. 아역청탄/역청탄의 평균 에너지 함량을 사용하시오.

3.20 캐나다의 석유 생산과 미국의 석유 정제에 연결된 Keystone Pipeline의 일부분은 0.76 m 직경의 파이프로 구성되어 있으며, 1744 km 거리에 매일 500,000 bbl의 석유를 운반한다.

(a) 송유관에서 석유의 평균 흐름 속도를 계산하시오.

(b) 석유의 속도와 에너지 함량을 기준으로 송유관을 통한 화학에너지 흐름 속도(와트)는 얼마인가?

참고문헌

G. J. Aubrecht II. *Energy: Physical, Environmental, and Social Impact* (3rd ed.) Pearson Prentice Hall, Upper Saddle River, NJ (2006).

G. Boyle, B. Everett, and J. Ramage (Eds.). Eds.). *Energy Systems and Sustainability*. Oxford University Press, Oxford (2003).

K. S. Deffeyes. *Beyond Oil: The View from Hubbert's Peak. Hill and Wang*, New York (2005).

K. S. Deffeyes. *Hubbert's Peak: The Impending World Oil Shortage*. Princeton University, Princeton, NJ (2001).

M. E. Eberhart. *Feeding the Fire: The Lost History and Uncertain Future of Mankind's Energy Addiction*. Harmony Books, New York (2007).

J. A. Fay and D. S. Golomb. *Energy and the Environment* (2nd ed.). Oxford University Press, New York (2012).

R. Heinberg. *Power Down: Options and Actions for a Post-Carbon World*. New Society, Gabriola Island, Canada (2004).

R. Hinrichs and M. Kleinbach. *Energy: Its Use and the Environment* (5th ed.). Brooks-Cole, Belmont (2012).

M. King Hubbert. "Energy Resources of the Earth." *Scientific American 225* (1971). pp. 60–70.

J. A. Kraushaar and R. A. Ristinen. *Energy and Problems of a Technical Society* (2nd ed.). Wiley, New York (1993).

M. Simmons. *Twilight in the Desert: The Coming Saudi Oil Shock and the World Economy*. Wiley, New York: (2005).

V. Smil. E*nergy at the Crossroads Global Perspectives and Uncertainties*. MIT Press, Cambridge (2003).

CHAPTER 4

화석연료 사용에 따른 환경영향

학습목표: 제4장을 학습한 후 다음 내용을 이해할 수 있다.

- 열 오염의 원인과 결과
- 화학 오염의 원인과 유형
- 온실효과의 원리
- 지구 기후 변화의 원인
- 탄소 격리 방법

4.1 소개

화석연료의 사용은 환경적 측면에 큰 영향을 끼친다. 이전 장에서 설명한 구체적인 예시는 석유 셰일 채굴의 지리적 결과와 그것이 수자원에 미치는 영향이다. 석탄 채굴 및 석유 시추에서도 비슷한 영향이 있을 수 있다. 그러나, 이 장은 주로 에너지 생산과 직접 관련된 화석연료 사용의 세 가지 영향(열 오염, 화학적/미립자의 물질 오염)에 중점을 둔다. 온실가스 배출은 지금까지 가장 장기적으로 큰 영향을 끼쳤으며, 개선하기가 가장 어렵다.

4.2 열 오염

화석연료에서 유용한 에너지를 생산하기 위해선 항시 연소가 발생된다. 화석연료를 연소시켜 발생하는 열은 주로 주거용, 상업 난방용 또는 산업 공정용에 사용된다. 이 경우 열은 결국 생태계로 흘러나가게 된다. 이 열 에너지의 영향은 이 장에서 논의될 도시 지역의 화학오염과 관련하여 가장 두드러지는 점이다. 그렇지 않은 경우에는, 화석연료의 연소에 의해 생성된 열은, 적어도 부분적으로는, 열 엔진에서 기계적 에너지로 변환된다. 이러한 기계적 에너지는 운송(자동차, 트럭 등) 또는 전기생산에 가장 일반적으로 사용된다. 두 경우 모두, 열을 기계적 에너지로 변환하는 열역학적 효율은 카르노 효율에 의해 제한된다. 자동차 엔진의 경우 전체 효율은 일반적으로 약 17%로 상당히 낮다. 전기발전소의 경우 40% 이상 높은 효율을 가진다. 이 수치는 다음 장에서 언급될 원자력 발전소에서 얻을 수 있는 효율과 비슷하다. 왜냐하면 열 반응을 통해 핵 반응에 의해 방출되는 열 에너지를 기계적 에너지로 변환하기 때문이다. 따라서, 이 부분에서 논의된 열처리의 기본 원칙은 원자력 발전소 분야에도 역시 적용된다. 설비가 효율적일수록 기계적 에너지로 변환되는 에너지의 비율은 높아지고, 사용되지 않고 버려지는 열 에너지(폐열)의 비율은 낮아진다. 따라서 1장에서 언급한 것과 같이, 효율성을 높일 수 있는 요소들을 고려해야 한다.

화석연료나 원자력 발전소에서 폐열을 처리하는 전통적인 방법은 냉각조로서 수역(水域)을 사용하는 것이다(그림 1.7). 간단한 경우, 일회 냉각으로도 처리가 된다. 즉, 냉수는 수역에서 펌핑되고 열 교환기에서 가열된 다음 냉각조로 다시 전달된다. 이 방법에는 몇 가지 장점이 있다:

- 물은 비열이 높아 최소한의 온도 상승으로 상당한 양의 열 에너지를 함유할 수 있다.
- 물은 열전도율이 높아 물을 통한 열 전달이 효율적이다.
- 세계 곳곳의 큰 저수지(예: 해양) 또는 다소 작은 저수지(예: 호수나 강) 등을 쉽게 이용할 수 있다.
- 연간 물의 온도는 공기 대비 비교적 안정적으로 유지된다.
- 열 엔진의 냉각조로서 수역을 사용하는 데 필요한 인프라는 단순하고 간단하며 상대적으로 저렴하다.

그러나, 바다, 호수 등 수역으로 배출될 경우 환경문제에 영향을 미칠 수 있다. 특히, 강이나 호수 또는 한정된 해양만에서의 열 배출은 생태계 변화를 야기시킬 수 있다. 이러한 열 배출은 수역의 평균 온도 상승뿐만 아니라 물의 수직분포도(즉, 온도 프로파일) 측면에서도 중요하다. 열 배출시 물의 표면층은 따뜻한 물로 구성되는 반면 차갑고 밀도가 높은 물은 아래로 가라앉게 되어 산소함량이 낮아진다. 폐열을 수역으로 배출시키는 것의 영향에 대한 세부 사항은 복잡하지만, 호수 생태는 다음과 같은 세 가지 사항에서 영향을 받을 수 있다.

- 온도 변화로 인한 산소 함량의 변화는 호수 유기체의 생물학적 프로세스에 영향을 줄 수 있다.
- 온도 변화는 화학 반응 속도에 영향을 줄 수 있다.
- 온도 프로파일의 변화는 호수의 물을 혼합하는 자연의 계절 메커니즘에 영향을 줄 수 있다.

이러한 요인들은 주변 생태에 중대한 영향을 미칠 수 있으며, 전기 발전소의 냉각조로서 대기의 사용을 촉진하는 주요 요인이 되었다. 실제로, 일부 국가에서는 규정에 따라 새로 건설된 발전소는 공기 냉각 방법 적용이 요구된다. 공기 냉각 방법은 냉각탑(그림 1.11)을 사용하여 폐열을 대기로 배출하는 것이다. 습식 냉각탑과 건식 냉각탑 두 가지 방법이 있으며, 습식 냉각탑은 과도한 열을 사용하여 물을 증발시킨다. 물이 갖고 있는 증발 잠열은 과도한 폐열을 제거하는 역할을 한다. 건식 냉각탑에서는 열을 효과적으로 대기로 전달하도록 설계된 파이프를 통해 뜨거운 물(폐열 운반)이 순환된다. 이것은 기본적으로 자동차

엔진용 냉각장치와 원리가 동일하다. 두 방법 모두 자연대류 또는 팬에 의해 탑을 통하여 공기가 순환될 수 있다.

냉각탑을 사용하면 폐열의 영향을 효과적으로 줄일 수 있다. 그러나, 환경적 영향이 없는 것은 아니다.냉각탑(특히 습식 냉각탑) 주변의 온도와 습도의 변화는 안개와 강수량이 증가하는 국소 지역을 야기할 수 있다. 건식 냉각탑은 환경적 측면에서는 가장 선호되는 방법이다. 모든 경우에서 건설 비용, 운영 비용, 효율성 및 환경 영향과 관련된 상충 관계가 있다.

4.3 화학 및 입자상 오염 물질

화석연료 연소로 인한 화학적, 미립자 물질 오염은 몇 가지 범주로 분류될 수 있다(관련 화학 물질에 따라 다름).

- 일산화탄소 (CO)
- 질소산화물 (NO_x)
- 탄화수소
- 이산화황 (SO_2)
- 미립자 물질

각각의 구성과 중요성에 대해 설명하고자 한다.

4.3a 일산화탄소 (CO)

일산화탄소(CO)는 연소 중 탄소의 불완전한 산화에 의해 생성된다. 이것은 아래의 화학 반응에 해당된다.

$$2C + O_2 \rightarrow 2CO. \tag{4.1}$$

이 반응은 일반적으로 이산화탄소를 생성할 때 산소가 부족하면 발생된다. 미국에서는 화

표 4.1: 화석연료 사용으로 인해 발생된 대기 중 CO 농도

source	% CO released
vehicles	60
industrial	10
waste disposal	8
agricultural burning	8
forest fires	8
other	6

예제 4.1

미국에서 화석연료 연소로 생산된 모든 CO가 배출 전 CO_2로 모두 전환된다면, 배출되는 CO_2의 질량은 얼마인가? 이를 미국에서 매년 배출되는 약 3×10^{12} kg의 CO_2와 비교하시오.

풀이

본 장 본문에 미국에서 화석연료 연소 시 매년 10^{11} kg 의 CO가 배출된다고 명시되어 있다. 이를 CO_2로 변환하면, CO 몰질량 28 g/mol, CO_2 44 g/mol이므로, CO_2의 질량은,

$$\frac{10^{11}\text{kg} \times 44 \text{ g/mol}}{28 \text{ g/mol}} = 1.57 \times 10^{11} \text{ kg}.$$

이는 총 CO_2 배출량의 약 5%를 보이며, 이것은 예제 4.5에 제시된 석탄 연소로부터 직접 생성된 CO_2 농도와도 비교할 수 있다.

석연료를 태워 매년 약 10^{11} kg의 CO가 대기로 방출된다. 미국의 CO 발생원에 대한 대략적인 분석이 표 4.1에 나와 있다.

일산화탄소는 헤모글로빈과의 특정 반응성으로 인한 독성 특성 때문에 오염의 중요한 요소이다. CO와 헤모글로빈의 반응성은 O_2와 헤모글로빈의 반응의 약 200배이다. 즉, 흡인된 CO는 혈액에 용해된 O_2를 대체하여 건강에 악영향을 미치는 것이다. 일반적으로 대기 중 아래와 같은 CO 농도에서 1시간 정도 노출되면 다음과 같은 증상이 나타난다.

- 100 ppm: 두통/어지럼증
- 300 ppm: 구역질/의식 불명
- 600 ppm: 사망

반면, 낮은 농도의 CO에 장기간 노출될 때의 영향은 명확히 알려지지 않았다. CO의 주요 공급원은 차량으로 최근 가솔린 엔진의 CO 배출을 줄이는데 많은 노력을 하고 있다. 자동

표 4.2: CO, NO_x, 탄화수소의 미국 배출 기준(g/km)

year	CO	NO_x	HC
1960 (precontrol estimate)	52.2	2.5	6.58
1970	21.1	3.1	2.5
1975	9.3	1.9	0.93
1980	4.3	1.2	0.25
1981	2.1	0.62	0.25
1983	2.1	0.62	0.25
1994	2.1	0.25	0.16
2001	2.1	0.12	0.078
2004	1.1	0.04	0.056

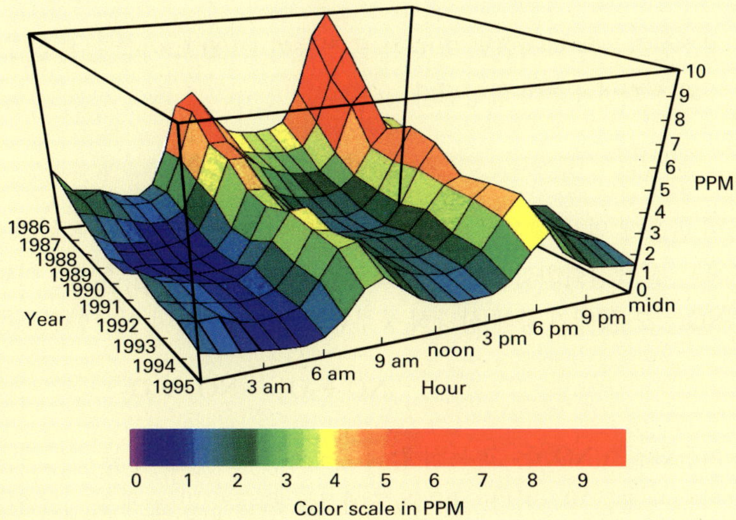

그림 4.1: 1986년부터 1995년까지 미국 콜로라도 주 덴버의 시간에 따른 공기 중 평균 CO 농도(ppm). 데이터는 겨울철(11~2월) 동안의 평균 값이다.

U.S. EPA Fig 3-9 on page 3–25 from "Air Quality Criteria for Carbon Monoxide" EPA 600/P-99/001F (2000) At http://www.epa.gov/ncea/pdfs/coaqcd.pdf

차에 대한 미국 표준에 지정된 CO 및 기타 배출물의 기준이 표 4.2에 나와 있다. 1960년을 시작으로 2004년까지 CO의 배출량은 현저하게 낮추었지만, 이는 도로상의 많은 차량 수와 연간 차량당 운전되는 km수에 의해 어느 정도 상쇄된다.

도시 지역의 CO 수준은 배출 제어 표준이 확립된 이후 몇 년 동안 감소했다. 낮에는 교통 상황에 따라서 명확한 변동이 나타났다. 그림 4.1은 미국 콜로라도 주 덴버에서 시간별 평균 CO 농도를 보여준다. 아침과 오후의 차량 활동 사이에 명확한 상관 관계를 보이고 있으며, 대기권으로의 CO 분산은 시간의 단위로 나타난다. 그래프는 또한 차량의 CO 배출이 감소되는 시간도 보여준다.

예제 4.2

북미에는 약 2억 5천만 대의 개인 자동차가 있다. 각 차량을 매년 평균 25,000 km 운전하면 사전 제어 차량과 2004년 미국 배출 기준을 충족하는 차량 간의 연간 총 CO 배출 감소량은 얼마인가?

풀이

2004년 배출 기준 차량 52.2 kg/km, 사전 제어된 차량 1.1kg/km 이므로

$$52.2\ \text{kg/km} - 1.1\ \text{kg/km} = 51.1\ \text{g (CO) / km}.$$

이를 25,000 km 주행한 2억 5천만 대의 자동차에 적용할 경우 연간 총 CO 감소량은

$$(0.0511\ \text{kg/km}) \times (2.5 \times 10^{8}\ \text{vehicles}) \times (25{,}000\ \text{km/vehicle}) = 3.2 \times 10^{11}\ \text{kg}.$$

4.3b 질소산화물 (NO_x)

질소산화물은 화석연료 및 다른 물질들이 1,100°C 이상 높은 온도에서 연소 시 대기 중 질소와 산화반응하여 형성된다.

$$N_2 + O_2 \rightarrow 2NO. \qquad (4.2)$$

이 반응에 의해 형성된 일산화질소(NO)는 인간에게 약간 유독한 무색의 가스이다. NO 자체는 질소 산화화합물에 의한 요염물질의 가장 중요한 측면은 아니다. 일정 시간이 지나면 NO는 오존(대기 중에 상당히 풍부한 O_3)과 반응하여 이산화질소를 형성한다.

$$NO + O_3 \rightarrow NO_2 + O_2 \qquad (4.3)$$

이산화질소(NO_2)는 고 독성 갈색 가스로 그림 4.2에서 볼 수 있듯이 도시에 축적되어 갈색의 스모그를 형성한다. 낮은 농도에서는 호흡기 및 눈에 문제를 일으킨다. 농도가 높아지면 폐, 간 및 심장 손상을 일으킬 수 있다. NO는 대기중에서 NO_2로 쉽게 전환되기 때문에 일반적으로 NO_x로 나타낸다. NO_x의 발생원에 대한 분석은 표 4.3에 나타난다.

미국 표준 배출 기준으로 차량의 NO_x 배출량은 표 4.2에 나타나듯 감소하였다. 그림 4.3

표 4.3: 미국에서 발생된 NO_x의 배출원

source	% NO_x
vehicles	35
coal burning	20
natural gas burning	25
other	20

그림 4.2: 스모그로 뒤덮인 중국 상하이.

r.nagy/Shutterstock.com

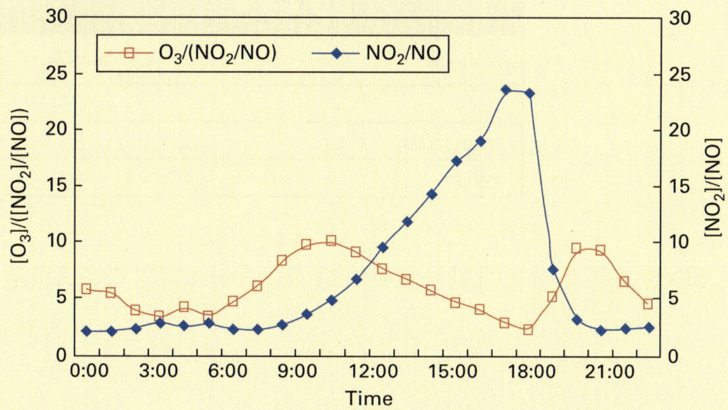

그림 4.3: 시간에 따른 $O_3/(NO_2/NO)$ 및 NO_2/NO 비율의 변화(베이징, 2008년 여름).

Based on Wen-xing Wang, Fa-he Chai, Kai Zhang, Shu-lan Wang, Yi-zhen Chen, Xue-zhong Wang and Ya-qin Yang "Study on ambient air quality in Beijing for the summer 2008 Olympic Games" Air Qual Atmos Health 1 (2008) 31–36

은 중국 베이징에 하루 시간대별 NO_x 배출량을 나타내고 있다. 식(4.3)과 같이 낮 동안에 증가된 O_3이 대기중에서 반응하여 O_3 농도는 감소하고 NO_2의 농도는 증가한다.

4.3c 탄화수소 (HC)

화석연료 연소 시 불완전 연소로 인해 탄화수소(HC)가 방출된다. 이것은 호흡기 및 눈에 자극을 주며, 농도가 높을수록 폐 질환을 유발시킬 수 있다. 탄화수소 발생원은 대략적으로 표 4.4에 나타나 있다. HC 역시 미국의 표준배출기준으로 인하여 차량에서의 배출량은 감소되고 있다(표 4.2).

4.3d 이산화황 (SO_2)

이산화황(SO_2)는 주로 황 함유 연료의 연소 및 산업공정 일부에서 발생된다. SO_2의 발생원은 표 4.5에 나타난다. 표와 같이, 모든 석탄은 일정량의 황을 함유하고 있기 때문에 석탄이 SO_2의 주 발생원이며 이는 연소 중에 SO_2로 방출된다. 유류 및 천연가스와 같은 다른 화석연료에도 낮은 농도의 황 불순물이 포함되어 있으나, 이는 연료로 사용되기 전에 충분히 제거 가능하다.

표 4.4: HC 오염 배출원.

source	% HC
vehicles	35
industrial	20
natural gas burning	25
other	20

표 4.5: SO_2 오염 배출원.	
source	% SO_2
coal	65
industrial	25
other	10

SO_2는 호흡기 및 눈에 자극을 주며 대기중에 산소와의 반응으로 환경에도 악영향을 미친다.

$$2SO_2 + O_2 \rightarrow 2SO_3 \quad (4.4)$$

이는 수증기와 반응하여 황산을 생성한다:

$$SO_3 + H_2O \rightarrow H_2SO_4 + O_2 \quad (4.5)$$

대기 중에 황산이 형성되면 소위 산성비가 발생된다. 이는 건물, 자동차 및 기타 구조물에 악영향을 미친다(그림 4.4). 따라서 석탄 사용 업체들은 SO_2의 대기 배출을 줄이기 위해 스크러버(Scrubber)장치를 이용하여 배기가스를 CaO 또는 $CaCO_3$와 반응시켜 감소시킨 후 배출한다.

4.3e 입자상 물질

입자상 물질은 일부 화석연료(또는 나무)를 태우는 동안 연기로 나타나는 먼지 입자들로 구성된다. 또한, 산불이나 화산과 같은 일부 자연재해나 일부 산업공정에서 발생된다. 입자상 물질은 석유, 가솔린 및 천연가스의 연소보다는 석탄의 연소 시 문제가 된다. 입자상 물질은 주로 호흡기에 문제를 일으키지만 정확한 화학성분 확인이 어려워 독성 화합물을 함유

그림 4.4: 산성비에 장시간 노출된 동상.

Ryan McGinnis/Alamy Stock Photo

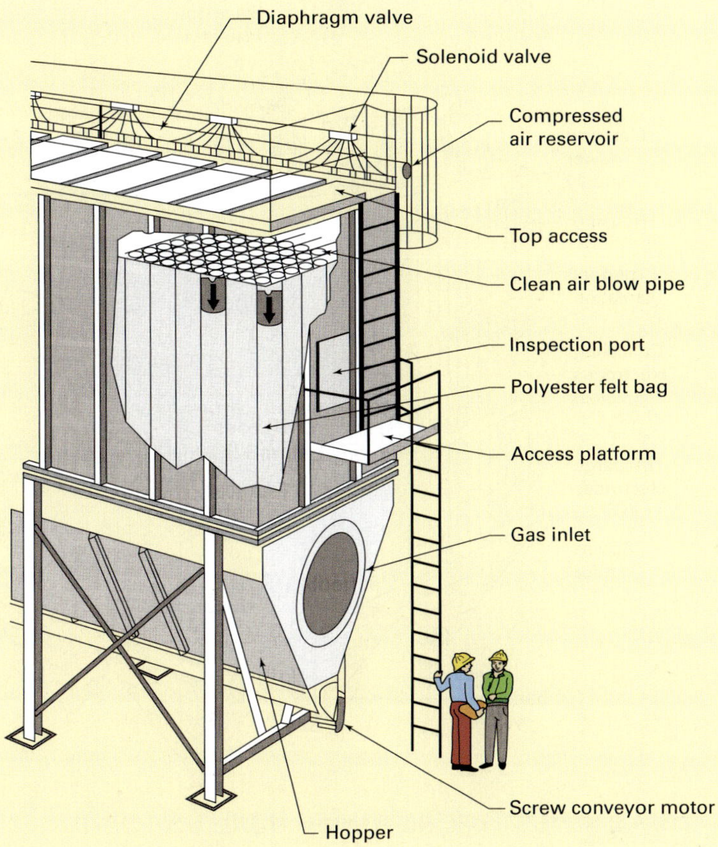

그림 4.5: 미립자 제거용 필터가 장착된 백하우스.

Based on Neundorfer, Baghouse/Fabric Filter, http://www.neundorfer.com/knowledge_base/baghouse_fabric_filters.aspx

한 입자가 건강에 더 심각한 영향을 미칠 수 있다. 에너지 생산에 사용되는 대부분의 석탄은 석탄 화력 발전소에서 연소되기 때문에 이러한 유형의 오염물질은 비교적 처리가 쉽고 대부분 석탄 화력 발전소에는 입자상 물질 오염을 줄이기 위한 시스템이 적용된다. 시스템은 크게 기계식 필터(baghouses)와 정전기 집진기로 나뉜다. 기계식 필터 방식은 기본적으로 배출 가스의 입자를 필터에 거른 후 필터를 흔들어 입자를 제거하는 방식이다(그림 4.5). 반면, 정전기 집진기(그림 4.6)은 정전기로 대전된 플레이트를 사용하여 배출 가스의 입자를 제거한다.

전 세계 도시 지역에서 발생되는 화학 물질 및 입자상 물질은 주로 화석연료 연소에 의해 발생되며 대기 중의 이러한 오염 물질의 농도는 기존 정부 보건 기준에 가깝거나 그보다 훨씬 높다. 이것이 도시에 사는 인간의 건강에 영향을 미치는 것은 분명하다. 이러한 오염원은 특정 기상 조건에 부합될 시 가장 심각한 건강 문제를 일으킨다. 이러한 기상 조건은 대기고도와 온도에 관련이 있으며 오염이 상부 대기로 분산되는데 큰 영향을 미친다. 그림 4.1과 4.3에서 볼 수 있듯이 오염 물질의 분산성을 조절하기 위한 대기상의 정상적인 조건

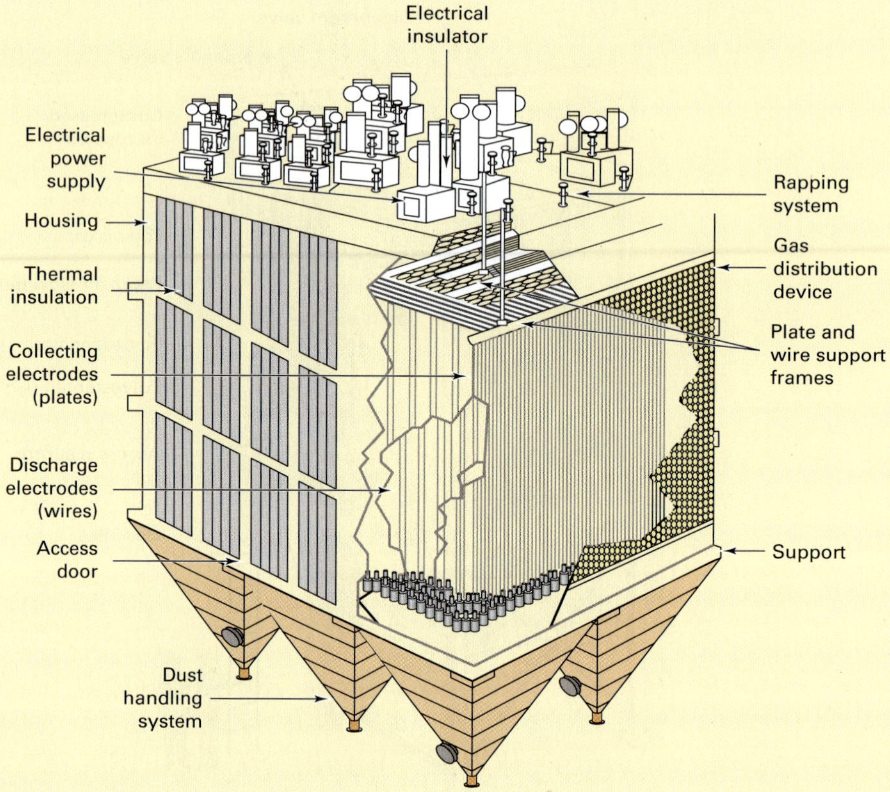

그림 4.6: 석탄 배기가스 미립자를 채취하는데 사용되는 정전기 침전기.

Based on AlenTec, http://www.alentecinc.com/

이 먼저 논의될 것이다.

대기의 높이에 따른 온도 변화는 그림 4.7에 나타나 있다. 일반적으로 약 10 km 높이까지는 높아질수록 온도는 상대적으로 선형으로 감소한다. 높이의 함수로 온도가 감소하는 속도를 단열감률(ALR)이라고 하며 이 값은 공기의 상대 습도를 포함한 여러 요인에 따라 달라진다. 일반적인 ALR은 약 10°C/km 또는 0.01°C/m 정도이다.

공기 이동에 대한 ALR의 영향을 설명하기 위해 지표면에서 공기 부피 V를 고려한다. 압력 P와 온도 T는 주변 공기와의 평형 상태에 의해 결정된다. 만약 공기가 대기 고도로 상승하면 평형 상태를 유지하기 위해 ALR로 공기는 냉각된다. 공기는 대기압이 낮아짐에 따라 팽창하게 되고 특정 기상 조건에서 대기의 실제 온도는 ALR보다 더 빠르거나 느리게 저하될 수 있다(그림 4.8 참조). 실제 대기 온도가 ALR보다 빠르게 감소하면 지표면에서 공기는 주변 공기보다 따뜻해진다. 이 따뜻한 공기는 상승하는 경향이 있으며 위에서부터 시원한 공기로 변한다. 이로인해 대기 혼합은 촉진되고 불안정한 대기상태가 된다. 반면, 실제 대기 온도가 ALR보다 천천히 감소하면 지표면 위로 올라간 공기는 주변보다 차가워져 다시 표면으로 가라 앉게 된다. 이것은 혼합을 억제하고 안정된 대기상태를 유지한다.

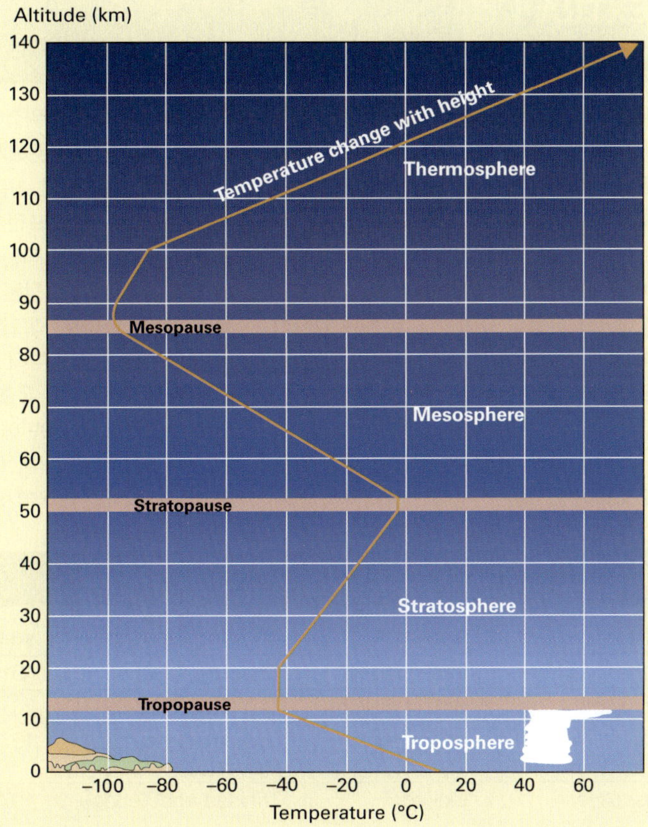

그림 4.7: 대기고도에 따른 온도 변화

NOAA, http://www.srh.noaa.gov/jetstream/atmos/atmprofile.htm

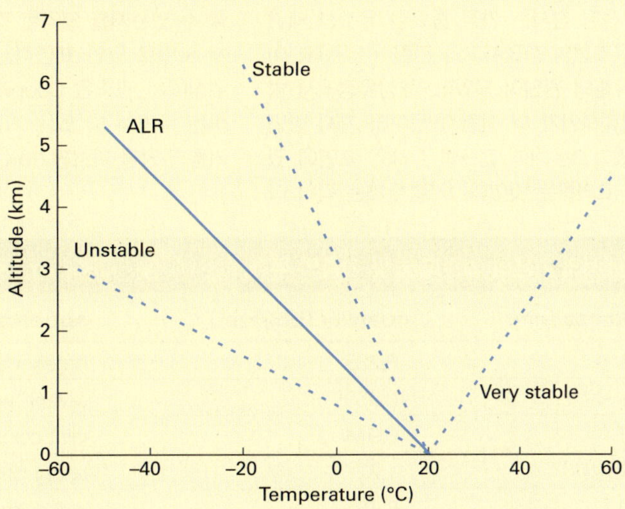

그림 4.8: ALR보다 빠르거나(안정적이지 않음) 느린(안정적) 대기의 온도 변화 예

ENERGY EXTRA 4.1
기름 유출

기름 유출은 석유(또는 다른 액체 석유 제품)가 환경에 방출되는 것이다. 이 용어는 일반적으로 인간 활동의 결과로 발생하는 유출량을 나타내기 위해 사용되며, 지하에서 발생하는 기름의 자연적인 유출량은 포함하지 않는다. 우리는 일반적으로 기름 유출은 해지 유조선이나 해양 석유 시추 활동에서 비롯되는 것으로 생각한다. 그러나 기름 유출은 지상 유정에서의 유출도 포함한다. 유출은 일반적으로 우연한 것이지만, 전시 중에 몇 가지 주목할 만한 의도적인 유출이 일어났다. 기름 유출은 환경에 심각한 악영향을 미친다. 어류, 조류, 해양 포유류, 무척추동물, 거북이, 식물은 모두 석유 독성 물질로부터의 상당한 위험에 직접적으로 노출되어 있으며, 전반적인 생태학적 변화의 결과로 간접적인 위험에 처해 있다. 기름 유출의 경제적 영향은 다양한 수준에서 발생한다.

가장 큰 우발적인 기름 유출이 표에 나타나 있는데, 1991년 페르시아 걸프전 당시 의도적인 유출은 포함되지 않았다. 이러한 의도적인 유출에는 기름이 땅에 쏟아지거나 불에 타버린 손상된 유정 뿐만 아니라 송유관 또는 유조선에서 바다로 의도적으로 방출된 유정이 포함되었다. 이러한 사건으로부터 환경에 유입된 총 석유는 20억 배럴(가장 큰 우발적 유출량의 200배 이상)에 이르는 것으로 추정된다. 1989년에 잘 알려진 엑손 발데즈 참사는 26만~75만 배럴의 석유를 방출했으며, 딥워터 호라이즌 사고를 제외하면 미국에서 가장 큰 해양 유출 사고다.

가장 큰 기름 유출 사고 (>2,000,000 배럴).

name	type	location/country	year(s)	bbls (approx)
Lakeview Gusher	terrestrial well	California, USA	1910–1911	9,000,000
Deepwater Horizon	drilling platform	Gulf of Mexico, USA	2010	4,500,000
Ixtox I	drilling rig	Gulf of Mexico, Mexico	1979–1980	3,400,000
Atlantic Express/Agean Captain	tankers	Trinidad and Tobago	1979	2,105,000
Fergana Valley	terrestrial well	Uzbekistan	1992	2,090,000

특히 해양사고의 경우 유출되는 기름의 양을 결정하기가 어려운 경우가 있다. 유조선에서 나오는 기름의 부피는 물론 유조선의 부피에 의해 제한된다. 아틀란틱 익스프레스/에이지호 선장 참사는 가장 중요한 유조선 재앙이며 실제로 두 유조선의 충돌사고와 관련이 있는데, 이 두 유조선 모두 유출의 원인이 되었다. 해상유정에서 방출되는 기름은 결정하기가 더 어렵지만 여러 가지 방법으로 추정할 수 있다. 한 가지 접근법은 해양 표면에 있는 기름의 외관을 고려하는 것이다. 오일 두께는 각각 다른 광학 특성을 가지고 있으며, 물론, 상이한 두께는 단위 표면적당 상이한 부피의 오일을 나타낸다. 다음 표는 표면적당 부피를 추정하기 위해 오일 외관을 어떻게 사용할 수 있는지를 요약한 것이다. 항공 또는 위성 이미지에서 오일로 덮인 표면적을 추정할 수 있다(NASA의 테라 위성에서 관측된 Deepwater Horizon 유출 사진 참조). 이는 수면에 떠 있는 기름만 측정하기 때문에 방출되는 기름의 양을 과소평가하는 결과를 초래할 수 있다.

수면에서의 기름의 외관모습 및 기름의 두께.

thickness (nm)	quantity (bbl/km^2)	appearance
38	0.233	barely visible
76	0.459	silvery, without color
150	0.944	faint color
300	1.82	bright bands of color
1000	6.10	dull color
2000	12.3	much darker color

2010년 5월 24일, 우주에서 바라본 Deepwater Horizon 오일 유출. 누출의 범위는 삽입 맵에 나타남.

토의 주제

만약 유조선이 바다에 100만 배럴의 기름을 쏟았고 그 기름이 500 nm 두께의 균일한 층을 형성한다면, 얼마나 넓은 지역을 덮을 것인가?

위와 같은 원리는 자동차 및 석탄 화력 발전소에서 방출되는 따뜻한 공기에 적용된다. 만약 대기가 불안정하면 따뜻한 오염된 공기는 상승하게 되고 대기 중에 분산된다. 반면 대기 조건이 안정되면 오염된 공기는 지표면 근처에서 머무르게 된다. 실제로 지표면 근처의 온도는 높이(최대 고도)에 따라 증가할 수 있으며 이것은 매우 안정적인 조건으로 기온 역전이 발생된다. 이 현상은 일상적으로 저녁이 되면 지표면이 공기보다 빠르게 냉각되기 때문에 드문 현상은 아니다. 이 기온 역전이 몇 시간 동안 지속될 경우 지표면에 오염물질을 가두는데 기여할 수 있다. 이러한 이유로 공장 및 발전소의 배기가스는 지면보다 높은 굴뚝으로 배출함으로써 주변 기온 역전 현상을 높일 수 있다. 세계에서 가장 높은 굴뚝(그림 4.9)은 뉴욕 엠파이어 스테이트 빌딩보다 높다.

드문 경우지만 기상조건으로 인해 기온 역전 현상이 지속적으로 일어나면 오염물질들은 지면 근처에 갇힐 수 있다. 이는 건강에 심각한 영향을 줄 수 있다. 이러한 현상은 1952년 런던에서 일어났으며, 기온역전현상은 오랜 시간 지속되었다. 이로 인해 일일 약 250명 이상 사망자가 나타났으며, 사망률과 오염 정도에 따른 상관 관계가 그림 4.10에 명확하게 나타난다. 이 사건에 대한 가장 최근 분석에 따르면 최종 사망자가 12,000명 이상임을 확인했다.

그림 4.9: 1987년 건설된 카자흐스탄 에키바스투스의 석탄 연료 발전소의 굴뚝 높이는 419.7 m로 세계에서 가장 높은 굴뚝이다. (2017년 기준)

Arpingstone/English Wikipedia

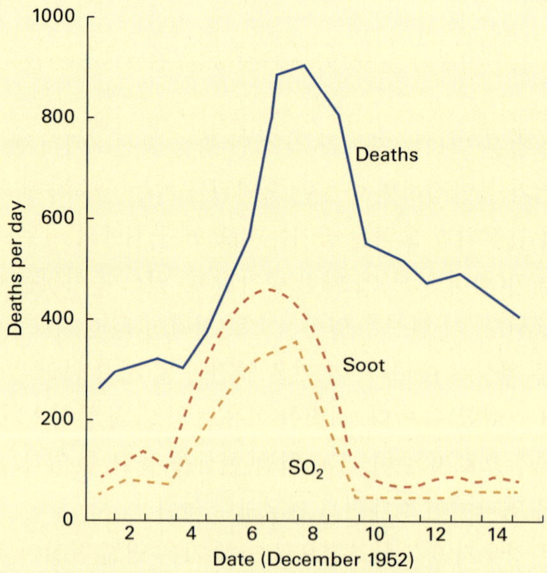

그림 4.10: 1952년 런던에서 측정된 오염물질과 사망률 사이 상관관계.

Based on J. Fenger "Air pollution in the last 50 years-from local to global," Atmospheric Environment 43 (2009) pp. 13–22

4.4 온실효과

비록 화석연료 사용으로 인한 오염이 중요한 문제이지만, 그보다 온실가스 배출은 훨씬 심각하고 전 세계적으로도 지속적으로 부작용이 초래되고 있다. 온실가스의 영향은 지구 에너지 균형으로 인한 지구의 평형 온도 분석에서 시작된다. 지구의 평형 온도를 결정하는 거의 모든 에너지는 태양 복사열로 발생된다. 지구 내부에서 나오는 지열 에너지는 전체 열의 약 0.1% 미만을 차지하며 현재 분석에는 무시할 수 있다.

태양 복사열에 대해 간단히 설명하자면 대기가 없는 행성과 태양으로부터의 입사된 에너지(S [W/m^2])를 고려할 수 있다. 행성에 입사되는 태양의 복사 에너지는 행성에 흡수되거나 다시 반사된다. 행성에 의해 반사되는 에너지 분율을 알베도(albedo) a라고 하며 흡수되는 에너지 분율은 $(1-a)$이다. 흡수된 에너지는 표면을 가열하고 이에 따뜻한 표면은 공간으로 에너지를 방출하게 된다. 흡수된 에너지와 복사 전력이 같으면 행성의 온도는 평형을 이루게 된다. 태양에 관점에서 볼때, 행성은 πR^2의 면적을 가진 원형으로 나타난다. 여기서 R은 행성의 반경이다. 즉, 행성에 흡수된 태양 에너지는

$$P_{\text{absorbed}} = (1 - a)S\,\pi R^2. \tag{4.6}$$

따뜻해진 지표면에 의해 방출되는 전력은 Stefan-Boltzmann 법칙에 의해 표면 온도 T의 함수로 수식화 된다.

$$P_{\text{radiated}} = 4\pi R^2 \sigma T^4. \tag{4.7}$$

여기서 σ는 Stefan-Boltzmann 상수($5.67051 \times 10^{-8}\ \text{W}\cdot\text{m}^{-2}\cdot\text{K}^{-4}$)이고, $4\pi R^2$은 행성의 전체 표면적이다. (이과정의 물리이론은 8장에서 더 논의될 것이다.) 식(4.6)과 (4.7)을 이용하여 온도를 구하면,

$$T = \left[\frac{(1 - a)S}{4\sigma}\right]^{1/4}. \tag{4.8}$$

이 식에서 T는 절대온도 Kelvin(T)로 측정된 온도를 적용하는 것이 중요하다. 지구 대기 외부의 태양 광선 에너지는 1.367 kW/m^{2}이고 지구의 에너지 분율은 약 0.3이므로 식(4.8)에서 지구 표면의 평형 온도(대기없이)는 254 K(−19°C)이다. 이는 현재 우리의 기후 및 수분이 존재하는 지구상 대비 매우 낮다. 이 공식에는 지구에 존재하는 대기의 영향은 제외되었다.

대기가 존재하는 지구에서 발생하는 태양열 에너지 문제는 다소 복잡해진다. 태양으로부터의 입사된 에너지는 대기에 의해 흡수, 반사 또는 투과될 수 있고 지구 표면에 의해 반사 또는 흡수될 수 있다. 더 중요하게는, 방출된 열 에너지는 대기에 의해 다시 한번 반사, 흡수 또는 투과가 될 수 있다. 이러한 이유로 대기의 영향까지 고려하여 분석하기 위해서는 에너지 파장을 고려해야 한다. 태양에너지에서 방출되는 파장은 온도와 관련이 있다(8

예제 4.3

화성의 평균 궤도 지름은 지구의 1.523배이다. 알베도가 0.25이고 온실효과가 없을 경우, 화성의 평균 표면 온도를 계산하여라.

풀이

지구까지의 거리에서 태양 유량이 1.367 kW/m², 화성까지의 거리에서는 다음과 같다.

$$\frac{1.367\ \text{kW/m}^2}{(1.523)^2} = 0.589\ \text{kW/m}^2.$$

식(4.8)로부터 온도는 다음과 같이 계산된다.

$$\left[\frac{(1-0.25)\times(589\ \text{W}\cdot\text{m}^{-2})}{4\times 5.67051\times 10^{-8}\ \text{W}\cdot\text{m}^2\cdot\text{K}^{-4}}\right]^{1/4} = 210\ \text{K}$$

화성의 실제 평균 표면 온도는 210 K으로 온실효과는 무시할 수 있다.

장 참조). 지구에 입사되는 태양에너지는 약 6,000 K의 높은 태양 표면에서 생성된다. 이 에너지는 상대적으로 짧은 파장을 가지고 있으며 그 대부분은 가시광선 스펙트럼 부근에 있다(1장 및 8장 참조). 지구 표면에서 방출되는 에너지는 약 300 K으로 행성에서 방출된다. 이 에너지는 상대적으로 긴 파장을 가지며 적외선 스펙트럼 부근에 나타난다. 대기의 투명도는 에너지 파장에 영향을 미친다. 대기에 존재하는 특정 분자 종은 단파장 에너지의 경우 크게 상호 작용하지 않지만 장파장 에너지는 쉽게 흡수한다. 따라서, 대기 중 분자들은 단파장을 가지는 햇빛은 쉽게 통과하여 지구 표면에 도달할 수 있게 하지만 지구 표면에 의해 방출된 장파장 에너지 일부는 쉽게 다른 공간으로 빠져 나가지 못하게 한다. 즉, 평형상태를 유지하기 위해서는 식(4.7)의 온도 T는 더 커야만 한다. 이것은 지구 표면의 온도가 대기를 제외한 단순한 행성에 의해 예측한 온도보다 더 높을 것임을 의미한다. 이러한 이유로 지구에 발생한 열은 대기에 갇히게 되고 소위 온실효과를 일으켜 지구의 평균 온도는 30 K 이상 증가하게 된다.

대기 중 특정 분자 물질은 다른 물질보다 적외선을 흡수하는데 효과적이며 온실효과에 주요한 원인이 된다(표 4.6).

이산화탄소와 메탄은 모두 자연 생물학적 과정에 의해 자연스럽게 생성되는 대기 성분이다. 또한 임의의 탄소 함유 연료의 완전한 연소에도 이산화탄소는 발생된다.

$$C + O_2 \rightarrow CO_2. \tag{4.9}$$

아산화질소(웃음가스라고도 함)는 주로 특정 농업적 비료 사용 시 발생된다. 프레온가스는 산업 등 인간 활동에서 발생되며 이러한 다양한 물질에 의해 온실가스의 농도가 증가되며 지구 표면 온도에 영향을 끼친다. 또한, 화석연료의 연소 반응 시 CO_2가 발생하기 때문에 인간 활동과 지구 온도 사이의 관계를 고려해야 한다.

표 4.6: 지구 온실가스. 상대흡수는 CO_2의 분자당 흡수로 규정된다. 복사력은 대기의 에너지 균형, 즉 지구 온난화에 기여하는 능력을 변화시키는 특정 가스의 전반적인 효과를 측정한다. 다음은 가장 풍부한 클로로 플루오르 카본(CFC) CCl_2F_2에 대한 데이터가 제시되어 있다.

molecular species	current concentration in the atmosphere (by volume)	relative infrared absorption per molecule	radiative forcing (W/m^2)
carbon dioxide (CO_2)	405 ppm	1	1.85
methane (CH_4)	1.82 ppm	25	0.51
nitrous oxide (N_2O)	325 ppb	298	0.18
CFC (CCl_2F_2)	530 ppt	10,900	0.17

예제 4.4

건조한 공기는 78 % 질소, 21% 산소, 1% 아르곤으로 구성되어 있다. 지구 대기의 총 질량 5.148×10^{15} t을 사용할 때, 현재 대기중의 CO_2 총 질량을 계산하시오.

풀이

표 4.6에 따르면, 대기 중 CO_2(44 g/mol)의 총 농도는 부피 기준 405 ppm 또는 0.0405%이다. 중량 백분율로 변환하기 위해 부피 백분율을 공기의 평균 분자량에 대한 CO_2의 분자량(44 g/mol)의 비율로 곱한다. 다음을 이용하여 평균 공기 분자량을 산출한다: 질소 28 g/mol, 산소 32 g/mol, 아르곤 40 g/mol.

$$0.78 \times (28\ \text{g/mol}) + 0.21 \times (32\ \text{g/mol}) + 0.01 \times (40\ \text{g/mol}) = 28.96\ \text{g/mol}.$$

이것은 대기 중의 CO_2의 wt%로 변환하면,

$$(0.0405\%) \times (44\ \text{g/mol})/(28.96\ \text{g/mol}) = 0.0615\text{wt\%}\ CO_2$$

따라서, 대기 중 CO_2의 총 질량은 다음과 같다.

$$(0.000615) \times (5.148 \times 10^{15}\ \text{t}) = 3.17 = 10^{12}\ \text{t}.$$

예제 4.5

그림 2.6에 따르면 미국에서는 석탄 연소에서 에너지 16.6 EJ가 매년 발생된다. 방출되는 CO_2의 질량은 얼마인가? 이것은 총 CO_2 배출량에서 어느 정도의 비율을 차지하는가? (표 4.8 참조)

풀이

식(2.10)으로부터, 탄소의 연소로 인한 에너지 방출은

$$C + O_2 \rightarrow CO_2 + 32.8\ \text{MJ/kg}.$$

따라서, 16.6 EJ의 에너지는 탄소의 연소를 나타낸다.

$$\frac{1.66 \times 101^{13}\ \text{MJ}}{32.8\ \text{MJ/kg}} = 5.05 \times 10^{11}\ \text{kg of carbon.}$$

탄소의 분자량은 12이고, CO_2의 분자량은 44 g/mol이므로, 연소 시 배출되는 CO_2의 양은 다음과 같다.

$$\frac{(5.05 \times 10^{11}\ \text{kg}) \times (44\ \text{g/mol})}{12\ \text{g/mol}} = 1.85 \times 10^{12}\ \text{kg}\ CO_2.$$

표 4.8로부터 미국은 연간 1.447×10^{12} kg의 탄소 배출량을 생산한다. 따라서, 위의 값은 다음과 같이 나타낸다.

$$\frac{5.05 \times 10^{11}\ \text{kg}}{1.477 \times 10^{12}\ \text{kg}} \times 100 = 34\%.$$

4.5 기후 변화

과거 지구 대기의 온도와 이산화탄소 농도는 그린랜드와 남극의 얼음에 갇힌 기포의 분석을 통해 확인할 수 있다. 이러한 연구 중 일부 결과는 그림 4.11에 나와 있다. 이 데이터는 대기 중 이산화탄소 농도와 지구 온도 사이의 명확한 상관 관계를 보여주며, 지난 50만년 동안 지구 역사의 자연 순환 경향을 보여준다.

다음은 대기중의 CO_2 측정결과를 그래프로 나타냈다. 그림 4.12는 지난 1,000년 동안 빙하코어와 직접 대기에서 측정한 CO_2 농도를 나타낸다. 지난 50년간 측정된 CO_2 농도는 그림 4.13에 나타냈다. 이 수치는 지난 몇 세기 걸쳐 발생된 CO_2 농도는 지난 50만 년 동안 발

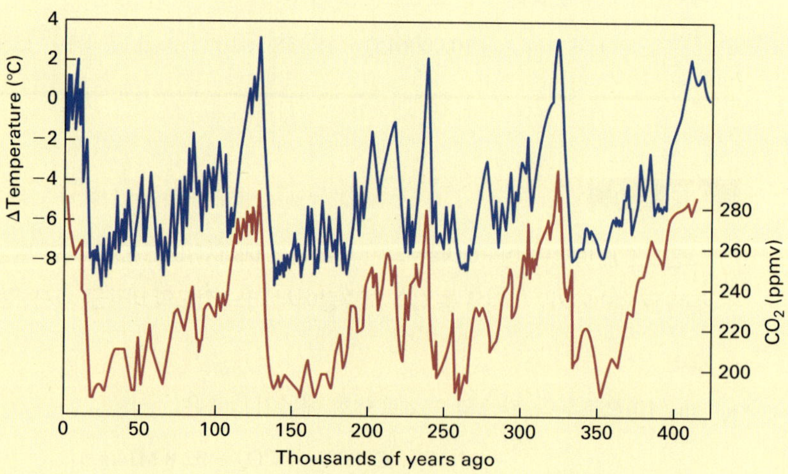

그림 4.11: 남극 보스토크 얼음 코어의 측정된 온도 변동 및 CO_2 농도 그래프

Based on data from http://cdiac.ornl.gov/trends/temp/vostok/graphics/tempplot5.gif and http://cdiac.ornl.gov/trends/co2/graphics/vostok.co2.gif

생된 가장 높은 CO_2 농도보다 높으며, 지속적으로 증가하는 경향을 나타낸다. 그림 4.13의 최근 400 ppm 이상의 값과 그림 4.11의 290 ppm 피크값을 비교하면 확인할 수 있다.

지난 오랜 시간 동안 CO_2 농도 변화는 지구 온도 변화에 영향을 끼치는 주요한 요소가 되

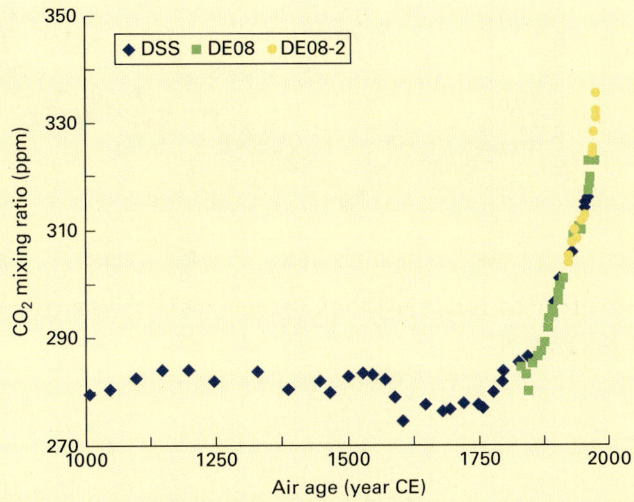

그림 4.12: 남극의 Law Dome에서 지난 1,000년간 대기 중 배출된 CO_2 농도

Based on http://cdiac.ornl.gov/trends/co2/graphics/lawdome.gif

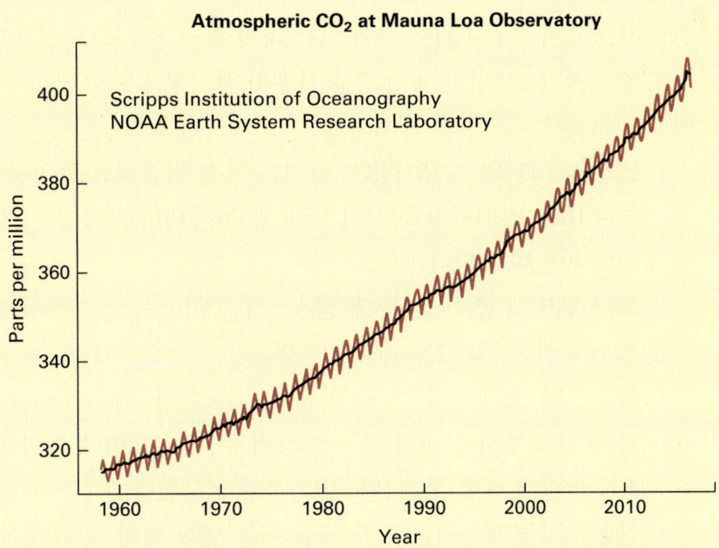

그림 4.13: 하와이 마우나로아 천문대에서 월별 대기 중 CO_2 농도(붉은색 선)를 측정. 이 진동은 식물의 계절적 성장(CO_2 흡수)에서 비롯됨. 검은색 선은 계절에 대한 변화를 보정한 데이터수치.

Earth System Research Laboratory, Trends in Atmospheric Carbon Dioxide, http://www.esrl.noaa.gov/gmd/ccgg/trends/full.html

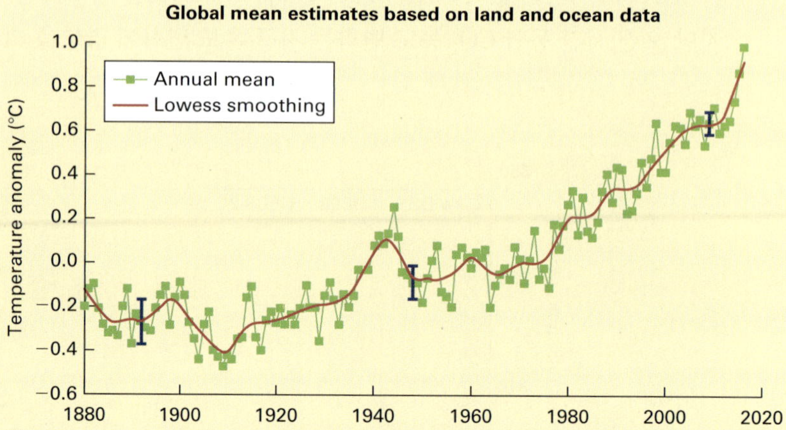

그림 4.14: 1880~2016년 연평균 이상기온 변화, 1951~1980년을 평균으로 하여 5년 연속 평균(붉은색 선) 및 불확실성을 비교.

NASA, GISS Surface Temperature Analysis, https://data.giss.nasa.gov/gistemp/graphs/

었다. 그림 4.14는 과거 135년 동안 측정된 평균 온도 변화를 보여준다. 해마다 많은 작은 변동은 있지만 전반적으로 증가하는 추세는 분명하다. 이러한 경향은 그림 4.15를 보면 월별 전 세계 평균 온도가 변화하는 것을 명확하게 볼 수 있다. 이 데이터는 19세기 후반 이후 지구 온난화 발생 추세를 보여 주지만, 2016년 말 기준으로 2016년 8월은 전 세계에서 가장 따뜻한 달이었고, 2016년은 가장 따뜻한 해였다. 이러한 경향은 대기 중 CO_2 농도의 증가와 관련이 있으며 그림 4.11에 나와 있는 과거 평균 온도-CO_2 경향과 일치한다.

다음은 지난 135년간 세계 평균 기온이 점진적으로 증가함에 따라 명확히 나타난 현상들이다.

- **빙하의 크기와 수의 감소:** 이것은 가장 직접적으로 입증이 가능하다. 예를 들어 그림 4.16은 1910년과 1997년 국립 공원(몬태나)에 있는 빙하 사진이다. 크기가 줄어든 것이 확연히 보인다.
- **북극 해빙의 면적 및 두께 감소:** 지난 10년 동안 면적의 약 9%가 감소되었으며 지난 30년 동안 두께가 15~40% 감소했다.
- **해수면의 증가:** 이는 남극 얼음이 녹는 현상, 해수의 평균온도 상승으로 인해 해수가 증가(밀도 변화와 관련)하는 현상의 두 가지 요인에 의한 결과이다. 특히 후자는 그림 4.17과 같이 직접 해수 온도 변화를 측정하였다.
- **생물학적 변화:** 이는 연간 조류 이동 날짜 변화 및 특정 식물의 생태변화, 산호의 색 변화(온도에 민감)가 포함된다.
- 특정 식물과 동물의 지리적 범위 변동
- 북극의 항상 얼어 있는 땅의 융해

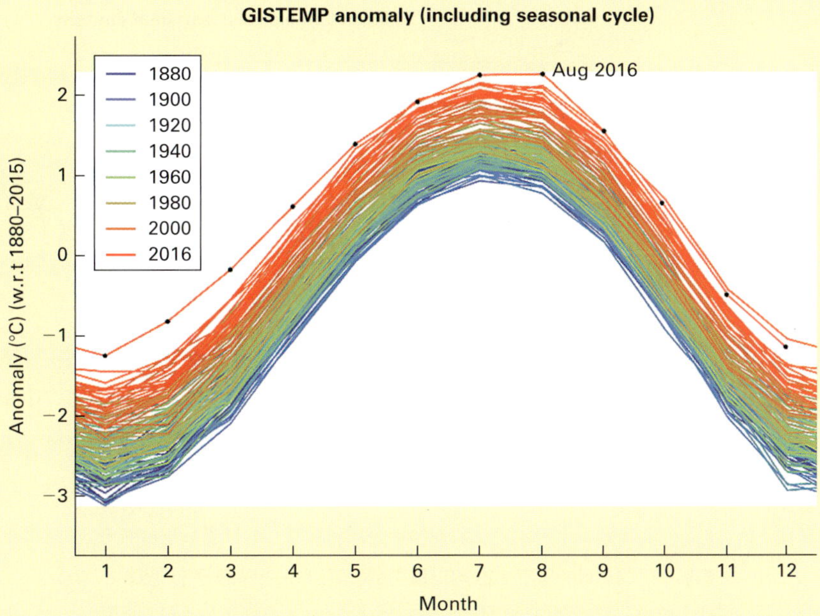

그림 4.15: 1951~1980년 연간 평균 대비 1880~2016년 세계 월 평균 온도

NASA GISS/Gavin Schmidt

그림 4.16: 1900(좌)~2008(우)년 사이의 그리넬 국립 공원의 빙하 크기 감소

- 빈번한 엘니뇨 현상 발생 및 날씨 변화

세계 평균 온도와 CO_2의 농도(또 다른 온실가스의 농도) 사이의 상관관계는 분명히 보인다. 일반적인 과학적 관점에서는 이러한 변화는 인간들의 활동, 특히 화석연료 사용(연소)으로 인한 대기 중의 CO_2 방출과 관련이 있다는 것이다. 이 밖에 삼림 벌채와 같은 다른 인위적 요인들도 지구 온난화에 기여하는 것으로 알려진다.

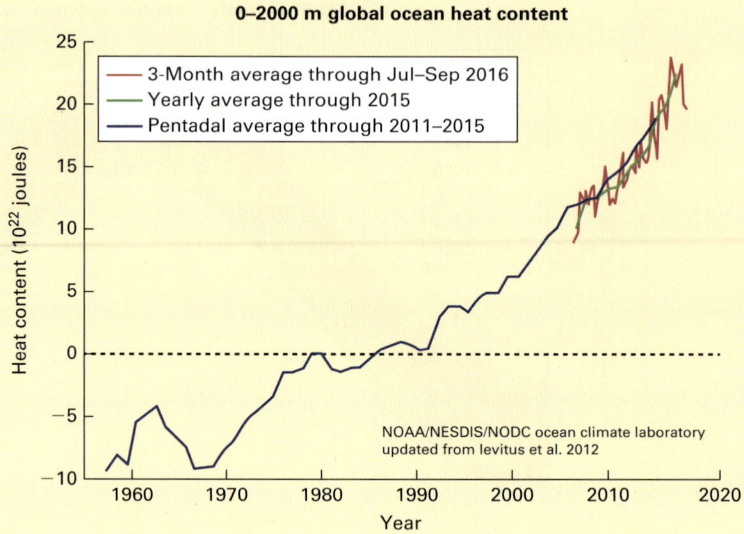

그림 4.17: 1955~2006년 간 바다의 상위 2,000 m 층의 평균 열 함량

NOAA, Global Ocean Heat and Salt Content, https://www.nodc.noaa.gov/OC5/3M_HEAT_CONTENT/

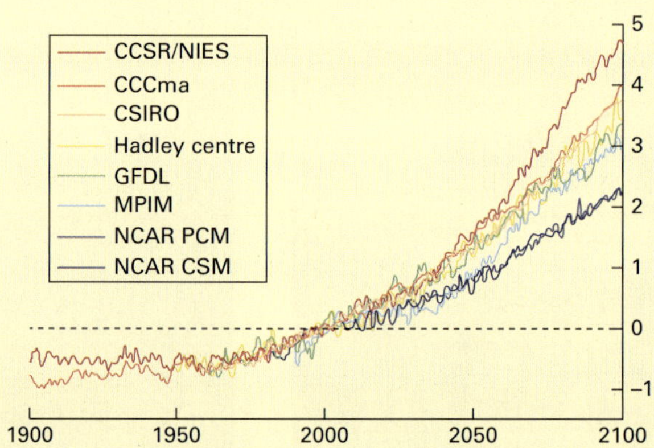

그림 4.18: 다양한 모델에 기반한 CO_2의 결과로 세계 평균 기온이 지속적으로 상승할 것으로 예측. 모델은 국제기후변화위원회(IPCC)보고서를 바탕으로 국가별, 인구 증가, 지역 지향적 경제 개발을 토대로 보고된다.

Based on data from http://www.ipcc-data.org

지구 온난화 현상은 매우 심각한 문제일 수 있다. CO_2 발생량이 지속적으로 증가된다면 지구의 평균 온도 역시 꾸준히 증가될 것이다. 이러한 영향의 심각성에 대한 예측은 여러 변수에 따라 달라지며, 최근에는 다양한 기관에서 향후 기후 변화를 그림 4.18처럼 예측한다. 그림 4.19는 Intergovernmental Panel on Climate Change(IPCC)에서 보고한 연구 결과로 예상되는 대기 중 CO_2 농도와 지구 온도 상승 사이의 상관관계를 보여준다. 확실히, 이 연구는 현재 약 400 ppm의 CO_2 농도를 넘어서 지속적으로 증가하기 때문에 지구 온도 역

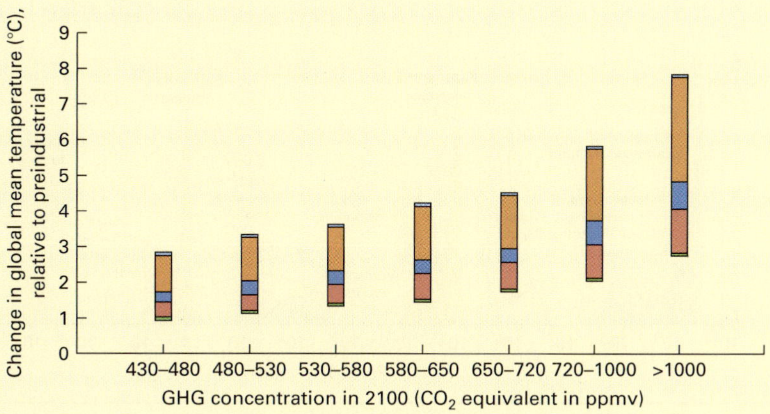

그림 4.19: 향후 2100년까지 산업화 진행 정도에 따른 전 세계 온도 상승의 예측 및 총 대기 중 CO_2 농도. 파란색은 평균 예상 온도를, 주황색은 최대 예상 온도를 나타냄.

Based on data from IPCC AR5 WG3; Edenhofer,O., et al., ed. Climate Change 2014: Mitigation of Climate Change. Contribution of Working Group III (WG3) to the Fifth Assessment Report (AR5) of the Intergovernmental Panel on Climate Change (IPCC). Cambridge University Press (2014); https://commons .wikimedia.org/wiki/File:Projected_global_warming_in_2100_for_a_range_of_emission_scenarios.png

ENERGY EXTRA 4.2
자연 및 인공 기후 변화

그림 4.11의 자료를 보면, 기후 변화가 그 역사 전반에 걸쳐 지구의 온도에 영향을 끼쳤음이 분명하다. 이러한 변화들 중 일부는 주기적(또는 준주기적)이며, 그림은 이 주기성의 주요 성분이 1억3천5백만 년 정도마다 반복되는 온도와 이산화탄소 농도 모두의 사이클로 구성되어 있음을 분명히 보여준다. 이러한 변화의 이유는 인공적인 것이 아니라는 것은 명백하다.

그림 4.11에 나타난 거동을 더 잘 이해하기 위해서는 이러한 변동의 진폭을 주기의 함수, 즉 푸리에 스펙트럼으로 보는 것이 유용하다. 이러한 유형의 분석은 약 1970년까지의 데이터에 대해 아래 그림에 제시되어 있다(지구의 온도 및 CO_2 농도의 상당한 단기 변화가 시작된 시기). 지구 온도의 명백한 주기성은 그래프에서 볼 수 있다. 첫째, 지구의 자전 때문에 하루의 주기성을 가진 변형이 있다. 둘째, 태양의 주위를 도는 지구의 궤도로 인해 1년의 주기성을 가진 변형이 있다. 이러한 연간 주기성은 그림 4.13에 표시된 CO_2 농도에서도 쉽게 확인할 수 있다.

그래프에는 두 가지 중요한 장기 주기성이 파란색으로 표시되어 있다. 즉, 수 십 년의 주기성과 수 억 년의 주기성이다. 전자는 11년과 22년의 태양 활동 주기(즉, 태양 흑점 주기)가 관측되었기 때문에 쉽게 귀속할 수 있다. 그림 4.11에서 가장 명백하게 나타나는 후자의 매우 장기적 변동 이유는 덜 명확하다. 그러나 과학자들은 이러한 장기적 변동이 은하 중심 주위의 태양 궤도의 대략 절반의 주기성을 가지고 있다는 것을 관찰했다. 태양계가 은하의 나선팔을 통과할 때, 팔에 초신성 같은 우주 광원의 밀도가 높기 때문에 우주방사선의 더 높은 흐름을 경험하는 것으로 추측된다. 에드워드 니 [2]는 1959년에 처음으로 우주방사선과 지구 기후의 관계를 책임지는 가능한 메커니즘을 제안했다. 우주방사선은 주로 양자와 같이 고 에너지로 충전된 입자로 대기 중에 이온화를 일으키며, 그 이온들은 물 분자를 끌어들여 물방울로 응축시켜 종자 구름을 만든다. 결과적으로 지구 대기의 구름은 들어오는 햇빛을 반사시켜 효과적으로 지구의 표면을 냉각시킨다. 역사의 우주방사선 흐름은 우주방사선에 의해 대기에 생성되는 특정 동위원소의 지질학적 관찰에 의해 결정될 수 있다. (다양한 유기체의 화석 증거에 의해 결정되는) 우주방사선과 지구의 온도 사이의 관측적 상관관계는 아래 그림에 나타나 있다. 위에서 설명한 모델의 일반적인 특징들이 관측 데이터를 설명하는 반면, 이러한 현상 뒤에 숨겨진 물리학의 세부 사항은 불분명하다.

태양 활동은 지구 표면에 도달하는 우주방사선을 조절함으로써 10년간 시간 척도로 지구의 기후에 간접적으로 영향을 미칠 수 있다. 증가한 활동 시간과 관련된 태양

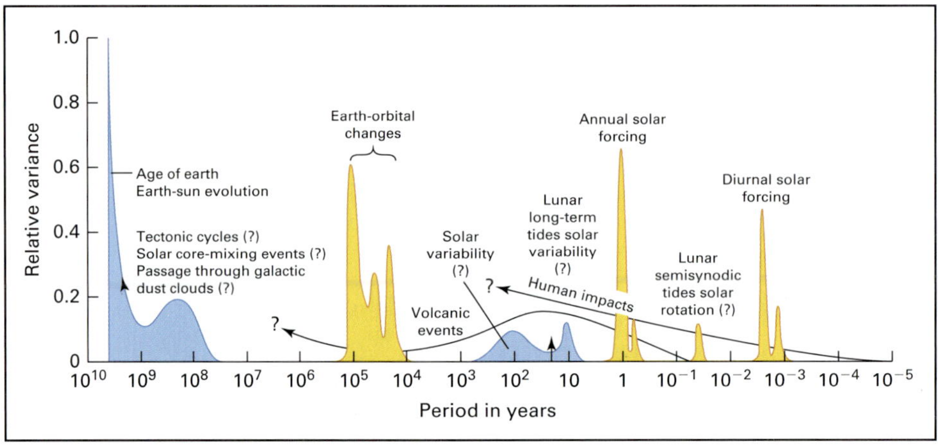

기후 변화에 따른 상대 진폭 변화 [2] 참조

Based on E.P. Ney "Cosmic Radiation and Weather" Nature 183 (1959) 451–452

자기장은 우주방사선을 구성하는 충전된 입자를 비껴 지구 표면의 유속을 감소시킨다.

일부는 그림 4.11에서 볼 수 있는 역사적 온도 변화가 대기 중 CO_2 농도의 변화에 선행한다는 점에 주목했다. CO_2 농도가 온도를 구동하느냐, 온도가 CO_2 농도를 구동하느냐에 대한 문제는 여전히 남아 있지만, 두 점은 분명히 상관관계가 있다. 일반적으로 온도가 증가하면 CO_2의 수치가 증가하여 온도가 더 상승하게 된다는 이론이 있다. 우주방사선은 인공적인 온실가스 방출 이전에 발생한 과거의 기후학적 변동으로 보이지만, 지난 세기 정도 동안 관찰된 지구 온난화와의 관련성은 여전히 불확실하다. 자연적 및 인공적 요인을 포함하는 지구 온도 변화의 모델들은, 특히 지난 40년에서 50년 사이의 최근의 거동들은, 인간 활동의 맥락에서만 설명될 수 있다는 것을 보여준다. 기후 연구자들 사이의 일반적인 합의는 인간 활동에 의한 온실가스 배출이 최근 몇 년 동안 관찰된 지구 온도 동향에 대한 지배적인 공헌이며 우주방사선 변동은 작은 역할을 한다는 것이다.

토의 주제

그림 4.11 과거 기록에 나타난 특징의 맥락에서 그림 4.12~4.15에 나타난 최근의 지구 온도 추세와 대기 CO_2 농도의 진폭과 시간 척도의 중요성에 대해 논의하여라. 만약 우주방사선이 위에서 설명한 메커니즘을 통해 지구 온도의 변화를 일으킨다면, 평균 구름 커버의 어떤 추세를 예상할 수 있는가? 이 메커니즘을 뒷받침할 증거가 문헌에 있는가?

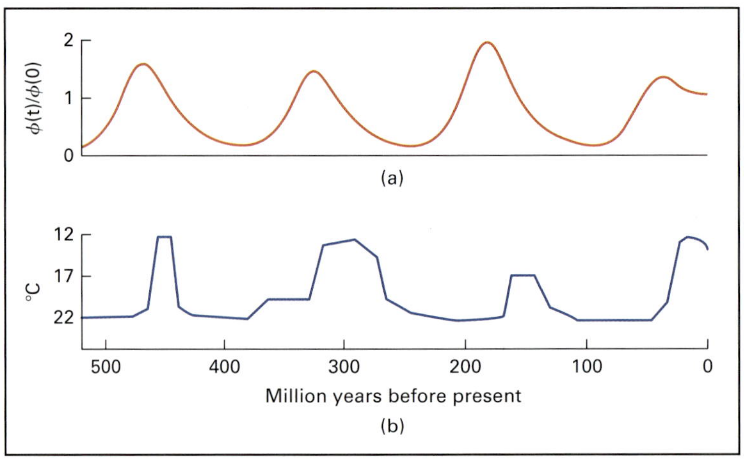

(a) 시간의 따른 우주 광선 flux (b) 화석 사용에 따른 지구 온도. Adapted from Scherer et al. [3]

Based on K. Scherer, et al. "Interstellar-Terrestrial Relations: Variable Cosmic Environments, the Dynamic Heliosphere, and Their Imprints on Terrestrial Archives and Climate" Space Science Reviews 127 (2006) 327–465.

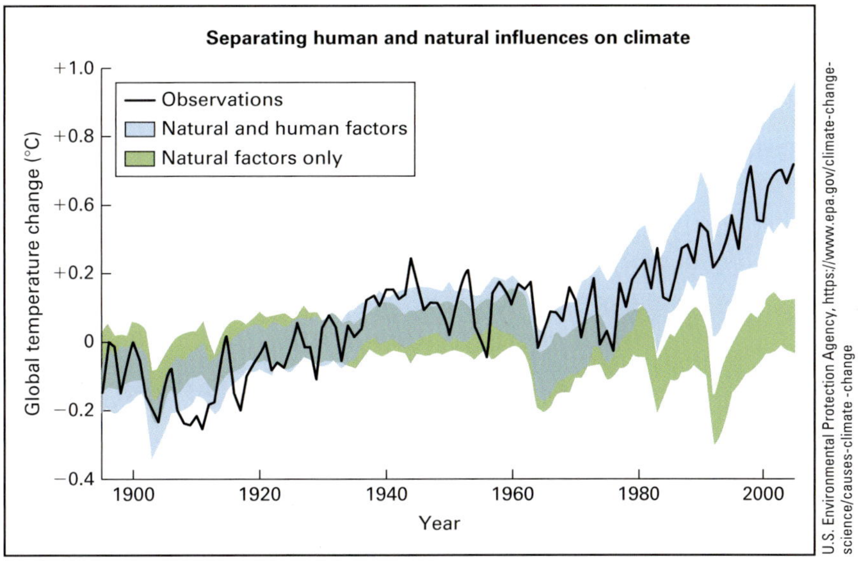

관측된 지구 온도 변화 및 자연 /인위적 요인을 포함한 모델 비교.

참고문헌

1. J.M. Mitchell, "An Overview of Climatic Variability and Its Causal Mechanisms," *Quaternary Research* **6** (1976) 481–493.
2. E.P. Ney, "Cosmic Radiation and Weather," *Nature* 183 (1959) 451–452.
3. K. Scherer, et al., "Interstellar–Terrestrial Relations: Variable Cosmic Environments, the Dynamic Heliosphere, and Their Imprints on Terrestrial Archives and Climate," *Space Science Reviews* 127 (2006) 327–465.

시 상승할 것임을 보여준다. 앞으로는 전 세계적으로 인위적 탄소 배출을 완화함과 동시에 효과적인 에너지를 생산할 수 있는 전략을 모색해야 한다. 그러지 않으면 그림 4.18과 4.19와 같이 현 세기의 나머지 기간 동안 산업화 수준에 따라 2~5°C의 지구 온도 상승이 2,100년까지 진행될 것이 예측되었다.

또한, CO_2 가스가 지구 온난화 가속화에 큰 영향을 끼치지만 표 4.6과 같이 다른 온실가스 물질도 지구 기후의 요인이 된다. 특히, 대기 중 메탄과 아산화질소 농도는 그림 4.20에서 볼 수 있듯이 최근 몇 년간 상당히 증가되었다. 이러한 현상은 인간들의 무분별한 에너지 사용 등 인위적 원인과 관련이 있다고 판단된다.

4.6 탄소 격리

기후변화는 몇몇 배출가스의 가역성이 확실하지 않기 때문에 화석연료만의 문제라고 말할 수 없지만, 모든 탄소 기반 연료의 연소 시 CO_2가 방출되므로 화석연료 사용량이 줄어야

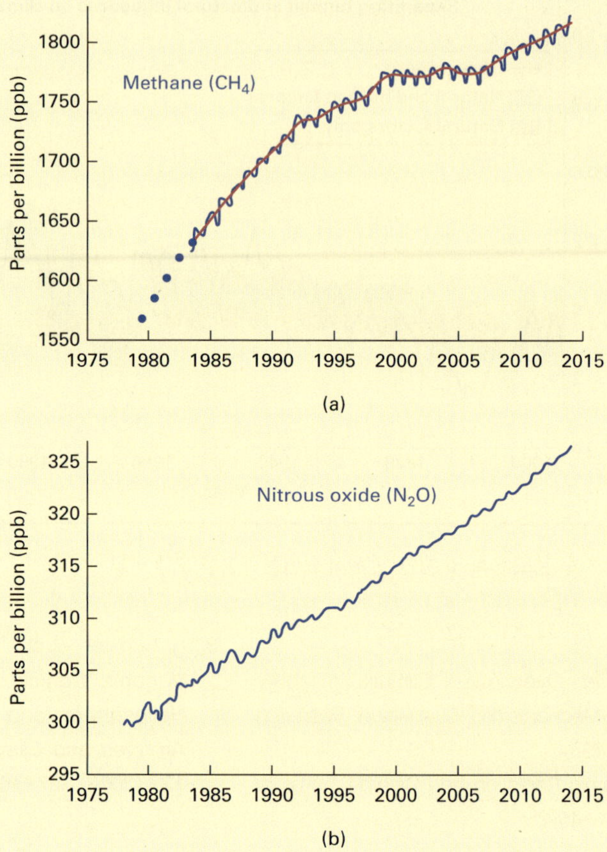

그림 4.20: 1970년대 후반부터 (a) 메탄(CH_4)과 (b) 아산화질소(N_2O)의 대기 농도

Earth System Research Laboratory, NOAA's Annual Greenhouse Gas Index, https://www.esrl.noaa.gov/gmd/aggi/

ENERGY EXTRA 4.3
제품의 순환

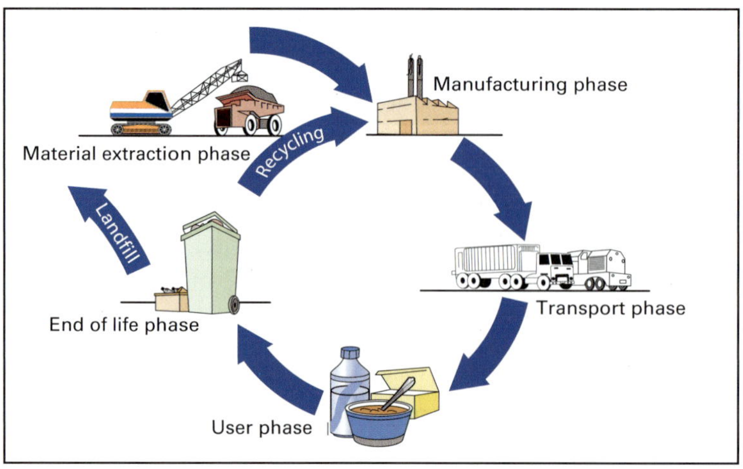

Based on www.ecoinnovators.com.au, A quick look at Life Cycle Assessment, http://thesecretlifeofthings.wordpress.com/2010/06/23/what-is-life-cycle-assessment/

제조된 제품의 단계별 수명 주기

3장에서는 에너지 값이 인간이 사용하는 모든 제품과 연관되어 있다고 보았다. 제품의 수명 전체에 걸친 환경 영향에 대한 보다 철저한 분석을 라이프 사이클 평가, 라이프 사이클 분석 또는 cradle-to-grave 분석이라고 한다. 이러한 유형의 분석은 제품의 생산, 사용 및 폐기가 우리의 환경에 영향을 미치는 모든 방법을 고려한다. 그림에서 보듯이 제품의 수명은 여러 단계로 나눌 수 있다. 그 과정은 자연에서 원료를 추출하는 것으로 시작된다. 이러한 천연 자원은 가공되어 사용자에게 운송되는 제품으로 제조된다. 제품의 유효 수명이 끝나면 폐기물로 버리거나 재활용(또는 일부 경우에는 리퍼브, 재사용 등)한다.

라이프 사이클의 각 단계에 대한 평가는 적절한 투입과 배출을 고려해야 한다. 예를 들어, 제조 프로세스는 재료 투입(예: 철강 및 플라스틱), 자원 투입(예: 전기), 폐기물 배출(예: CO_2, 폐열, 스크랩 플라스틱) 및 재료 배출(예: 자동차) 측면에서 설명될 수 있으며 사용 단계는 재료 투입(자동차), 자원 투입(가솔린), 폐기물 배출(CO_2 배출) 및 재료 출력(사용된 자동차).

라이프 사이클의 각 단계에서 환경 영향을 최소화하는 것이 합리적으로 보일 수 있지만, 이것이 항상 최선의 방법은 아닐 수도 있다. 예를 들어, 연료 효율이 높은 자동차(사용 단계 중 CO_2 배출량 감소)의 생산에는 보다 광범위한 생산 프로세스(즉, 생산 단계에서 CO_2 배출량 증가) 또는 수명 단계가 끝날 때 더 쉽게 재활용할 수 있는 자재가 포함될 수 있다. 따라서 상세한 제품 평가를 위해서는 각 단계의 환경 영향과 이러한 영향이 상호 연관되는 방법을 고려하는 것이 중요하다.

실제 수명 주기 평가는 다음 단계와 같다.

- **범위 및 목표:** 어디서부터 시작해서 어디서 끝나나? 자동차의 경우 철광석부터 시작하는가, 가공된 강철부터 시작하는가? 우리는 또한 사용 단계(즉, 수명 동안 자동차를 운행하는 데 필요한 자원, 가스, 석유 등)와 그 폐기물 제품(CO_2, NO_x 등, 생산된)을 고려할 수 있다.
- **재고 분석:** 자동차 제조에 들어가는 모든 재료를 평가할 수 있을까, 아니면 질량의 98%를 차지하는 주요 재료(강철, 플라스틱 등)에 집중해야 할까? 후자의 경우, 우리는 생산하기 위해 (단위 질량당) 에너지 집약적인 사소한 부품(예: 전자장치)을 무시하는 것인가?
- **영향 평가:** 환경에 미치는 영향은? 자동차의 재료 단계에서는, 우리는 1 kg의 강철을 가공할 때 몇 kg의 CO_2가 생산되는지를 고려할 수 있다. 사용 단계에서는 주행 킬로미터당 배출되는 CO_2의 킬로그램이 고려될 수 있다.
- **해석:** 이러한 결과는 무엇을 의미하며, 효과성을 최적화하고 부정적인 영향을 최소화하기 위해 품목의 생산 또는 소비를 수정하는 데 사용될 수 있는가?

전반적으로 이러한 종류의 분석은 단순하거나 심지어 잘 정의되어 있지 않지만, 우리의 행동이 우리 주변의 환경에 어떻게 영향을 미치는지 이해하는 데 중요하다.

토의 주제

강철 생산 중 CO_2 배출량, 즉 제조된 킬로그램당 배출되는 CO_2 킬로그램에 대한 정보를 찾아라. 1.5 t 차가 주로 강철로 만들어진다고 가정했을 때, 그 강철을 생산하는데 얼마나 많은 CO_2가 배출되는가? 평균 주행 1년 동안의 CO_2 배출량과 비교했을 때는 어떠한가?

CO_2 배출량이 감소할 수 있다. 또한, 환경으로 방출되는 탄소의 영향을 최소화하기 위한 노력이 필요하다. 궁극적으로는 화석연료 사용이 최소화되어야 하지만, 재산림화를 활용한다면 긍정적인 효과를 줄 수 있다.

화석연료 연소에 의해 생성된 CO_2의 양은 간단히 계산된다. 석탄은 연소의 좋은 예이다. 역청탄 1 kg의 부피는 약 7.7×10^{-4} m^3이며, 약 550 g의 탄소를 함유한다. 이것이 완전히 산화되면 (550 g) × (44 g/mol)/(12 g/mol) = 2,000 g의 CO_2가 생성된다. 표준 온도 및 압력(STP)에서 1 m^3 이상의 부피를 차지한다. 연간 약 5×10^{12} kg의 총 석탄 사용량은 연간 약 10^{13} kg의 CO_2를 배출하게 된다. STP에서 CO_2 양은 약 18 km^3의 공간을 차지할 것이다. 이 가스를 격리시키거나 제어하는 4가지 주요 접근 방법은 다음과 같다.

- 지하 공간
- 해양
- 고체화
- 메탄올로 변환

물론 CO_2 가스를 격리하는 방법은 쉽지 않지만, 이러한 가능성을 고려하여 제어하는 것은 중요하다. 위 4가지 사항을 이제 논의하고자 한다.

지하 공간 펌프를 이용하여 지하에 CO_2 가스를 저장할 수 있다. 물론 천연가스나 유전이 고갈된 공간을 활용해야 된다. 실제로, 현재 미국에서는 하루 $60 \times 10^6\ m^3$의 CO_2가 지하로 이동된다. 이것의 대부분은 탄소 격리보다는 기름 회수를 향상시키기 위함이다. 고갈된 유전으로 이동된 CO_2는 수백만년 동안 지하에 잘 갇혀 천연가스로 무기한 남아있을 수 있을 것으로 예상되지만, 고갈된 유전으로 이동된 CO_2는 그 자리에 지속적으로 남아 있을지는 확실하지 않다. 시간이 지남에 따라 CO_2는 다공성 암석을 통해 확산되어 빠져 나갈 수 있다. 이러한 문제를 해결하기 위한 연구가 필요하다.

해양 몇가지 방법으로 CO_2를 해양에 폐기할 수 있다. 기체 CO_2를 직접 해양으로 펌핑하여 옮기거나, 액화 후 이동, 고체 화합물 형태로 변환 후 이동이 있다. 지표면 근처 해양에 방출된 CO_2는 지표면을 따라 대기로 빠져나갈 수 있다. 따라서, 충분히 깊은 해양으로 방출하여 따뜻한 표면층에 섞이지 않고 갇힐 수 있다. 해양 폐기의 경우 해양의 수명과 해양 환경에 영향을 미치는 영향을 고려해야 한다. 일부 연구에 따르면, 해양 깊숙히 저장된 CO_2는 약 300년 동안 20% 이상 대기 중으로 확산될 수 있다. 즉 해양의 저장 안정성은 여전히 불확실하며, 또한 해양 생물에 대한 영향력 역시 알 수 없다. 일부 연구에서는 CO_2를 폐기한 해양에서 해양 생물의 사망률 및 생태변화가 증가한 것으로 나타났다.

대기 중 CO_2 농도가 증가함에 따라 해양에서의 용존 CO_2의 평형 농도는 증가한다. 이 CO_2는 물과 반응하여 4가지 화학종의 물질을 형성한다: 용존 CO_2, H_2CO_3, HCO_3^-, CO_3^-. 이 용해된 물질들은 해수의 pH를 낮추어 ($pH > 7$) 중성에 가까워진다. 이는 해양 산성화라고 하며 여러가지 생물학적 변화를 초래한다. 이러한 영향은 바닷속 조개 껍질에서 나타난다. 조개 껍질은 해수에 침전된 $CaCO_3$로 구성되어 있으나 해수의 pH가 감소될 경우 $CaCO_3$ 생산 속도가 감소될 것이다. 침전된 $CaCO_3$는 해수로 다시 용해될 수 있다.

고체화 CO_2는 칼슘 또는 마그네슘 함유 화학 물질과 반응하여 상당히 안정적인 고체를 생성할 수 있다. 가장 흔히 사용되는 물질로는 산화칼슘과 산화마그네슘이다. 이 두 가지는 지구상에 자연적으로 흔하게 발생되는 무기질 물질이다. 표 4.7은 이 두 물질의 속성을 보여준다. 즉, 다음과 같은 공정으로 이들 산화물과 CO_2가 반응하여 C 방출을 제어한다.

$$CaO + CO_2 \rightarrow CaCO_3 \tag{4.10}$$

표 4.7: 자연 발생하는 탄소 격리 물질로서 산화칼슘과 산화마그네슘의 특성. 형성 엔탈피는 반응과 관련된 열(또는 에너지)이며, 음의 부호는 발열반응을 나타냄.

oxide	% earth's crust	carbonate	enthalpy of formation (kJ/mol)
CaO	4.9	$CaCO_3$	−179
MgO	4.36	$MgCO_3$	−117

그리고

$$MgO + CO_2 \rightarrow MgCO_3. \quad (4.11)$$

표 4.7에 나타난 것처럼 두 공정 모두 발열반응이다. 따라서 오른쪽의 화합물은 안정적이며 CO_2는 영구적으로 포집된다. 식(4.10) 및 (4.11)에서 반응의 주요 문제점은 실온 및 대기압(STP) 상태에서 매우 느리게 진행된다는 점이다. 지속적으로 탄소를 제어하기 위해서는 반응 속도를 증가시켜야 한다. 원활한 C 포집을 하기 위해 산업체는 보다 경제적이고 환경적으로 수용 가능한 공정 개발이 요구된다(경제성 및 에너지 측면 모두에서).

메탄올로 변환 CO_2는 또한 수소와의 반응에 의해 메탄올을 생성한다(수소활용에 대한 자세한 내용은 20장 참조).

예제 4.6

37%의 카르노 효율로 운영되는 석탄 화력발전 시스템은 700 MW_e의 출력을 생산한다. 매 초마다 공장에서 생산되는 CO_2를 격리하는데 필요한 MgO의 질량은 얼마인가?

풀이

총 에너지 생산량은

$$(7.00 \times 10^8 \text{ J/s})/(0.37) = 1.80 \text{ x } 10^9 \text{ J/s}.$$

31 MJ/kg 석탄의 에너지 함량의 경우 초당 연소되는 석탄의 양은

$$(1.80 \times 10^9 \text{ J/s})/(3.1 \times 10^7 \text{ J/kg}) = 58.1 \text{ kg}.$$

연소에 대한 대략적 반응은

$$C + O_2 \rightarrow CO_2,$$

탄소 1몰(12 g)은 CO_2 1몰(44 g)을 생성함. 따라서 초당 58.1 kg 석탄이 생산될 것이다.

$$(58.1 \text{ kg/s}) \times (44 \text{ g}/12 \text{ g}) = 213 \text{ kg/s of } CO_2.$$

식(4.11)로부터, CO_2 1몰당 MgO 1몰(분자중량, 40)이 요구되므로 CO_2 213 kg/s가 필요하다.

$$(213 \text{ kg/s}) \times (40/44) = 194 \text{ kg/s of MgO}.$$

그림 4.21: 아이슬란드 Svartsengi의 George Olah 신재생 메탄올 공장 .
Carbon Recycling International

$$CO_2 + 3H_2 \rightarrow CH_3OH + H_2O. \quad (4.12)$$

식(4.12) 왼쪽에 있는 수소는 물의 전기 분해 반응에 의해 생성될 수 있다.

$$2H_2O + \text{electricity} \rightarrow 2H_2 + O_2. \quad (4.13)$$

이 과정에는 에너지(즉, 수소를 생산하기 위한 전력)가 요구되지만 대기 중의 CO_2는 제거하고 유용한 액체 연료를 생산한다는 장점이 있다(16장 바이오 연료 참조). Carbon Recycling International 회사는 세계 최대 규모의 메탄올 생산 업체로, 그림 4.21에 나와 있는 아이슬란드 Svartsengi에서 George Olah 재생 메탄올 공장을 운영하고 있다(Methanol 경쟁력을 지지하는 화학 분야 노벨상 수상자인 George Olah의 이름을 따서 명명). 이 공장은 지열 발전의 부산물(15장 참조)인 CO_2 가스를 사용하여 연간 5백만 리터의 메탄올을 생산한다.

확실한 건, 효과적인 탄소 제어 방법을 위해서는 실행 가능성에 대해 더 자세히 연구해야 하며, 앞으로 지속적인 화석연료 사용의 영향을 완화시키기 위한 방안들이 확립되어야 할 것이다.

4.7 국제 기후 변화 개선 계획

1970년대 이후 전 세계는 기후 변화 등 환경을 보호하기 위해 에너지 소비는 줄이고 에너지 생산 및 사용을 최소화하기 위한 노력을 하고 있다. 특히 최근에는 지구 온난화를 통제하기 위해 탄소 배출량을 줄이는 데 중점을 두고 있다. 이와 관련하여 다양한 국가에서는 에너지 사용 및 에너지 정책과 관련하여 탄소 배출을 고려하는 규제들이 발의되고 있다. 표 4.8은 상위 20개 탄소 생산국의 이산화탄소 배출량을 보여준다. 이 표를 통해 인구 수가 국가의 탄소 배출량을 결정하는 주요 요인이 될 것으로 예측된다. 또한, 2장에서 논의한 바와 같

표 4.8: 2015년 상위 20위의 이산화탄소 생산 국가의 탄소 배출량(CO_2, kg); 국내 총생산(GDP)와 GDP당 탄소 배출량을 나타냄.

country	CO_2 per year (10^9 kg/y)	GDP per year (10^9 US$/y)	CO_2/GDP (kg/US$)
China	10,358	11,008	0.941
United States	5416	18037	0.300
India	2273	2095	1.085
Russia	1617	1331	1.215
Japan	1236	4123	0.300
Germany	799	3363	0.238
Iran	649	425	1.527
Saudi Arabia	601	646	0.931
South Korea	590	1378	0.428
Canada	557	1551	0.359
Indonesia	535	862	0.621
Brazil	513	1775	0.289
Mexico	473	1144	0.413
South Africa	462	315	1.467
United Kingdom	418	2858	0.146
Australia	400	1339	0.298
Turkey	385	718	0.536
Italy	359	1821	0.197
France	341	2419	0.141
Poland	315	477	0.661
rest of world	7963	–	–
total	**36,262**	–	–

Based on carbon data from http://www.globalcarbonatlas.org/en/CO2-emissions, GDP data from http://databank.worldbank.org/data/download/GDP.pdf

이 탄소 배출량은 1인당 에너지 소비량 및 다양한 요소들이 영향을 미칠 것으로 예상된다. 여기에는 산업화의 정도도 포함되며, 이는 기후와 인구 밀도뿐만 아니라 1 인당 국내 총생산(GDP)에도 영향을 끼친다. 이러한 점을 모두 고려하면 그림 2.5에 제시된 정보와 함께 몇 가지 흥미로운 점을 발견할 수 있다. 표 4.8에서 프랑스는 다른 나라 대비 GDP당 CO_2 배출량이 가장 낮으며, 독일 및 이탈리아와 같은 인접 유럽 국가보다 낮은 수치를 보인다. 브라질의 경우 기후와 1인당 GDP가 비슷한 멕시코와 비교해도 상당히 낮은 수치를 보인다. 이러한 차이점은 각 국이 에너지 수요를 충족시키기 위한 접근 방식이나 그들이 가지고 있는 자연 에너지 자원의 관점에서 이해될 수 있다. 이러한 현상들에 기여하는 요소는 프랑스의 경우 원자로에 의해 거의 모든 전력을 생산한다는(6장) 점과 브라질은 바이오 연료에 대한 개발이 성공적으로 진행되고 있어 그 쪽으로의 의존도가 높다는 것이다(16장).

표 4.8은 전 세계 여러 지역에서의 다양한 에너지 사용을 보여준다. 또한 인간 활동이 기후와 환경에 지속적인 영향을 미치며 복잡하게 나타남을 보여준다. 기후 변화를 대응하기 위하여 1990년대 초 유엔을 통해 전 세계적으로 기후 변화 협약(UNFCCC)이 체결되었으

예제 4.7

표 4.8의 데이타에서 탄소 배출이 순수한 탄소 연소의 결과인 경우, 전 세계적으로 생산된 총 연간 1차 에너지를 계산하시오. 총 세계 1차 에너지 사용량과 비교하시오.

풀이

식(1.13)으로부터, 순수 탄소 1 kg의 연소는 32.8 MJ을 생성하며,

$$(44\ \text{g/mol}\ CO_2)/(12\ \text{g/mol C}) \times (1\ \text{kg}) = 3.67\ \text{kg of}\ CO_2.$$

이다. 따라서 1 kg의 CO_2 생산량은

$$(32.8\ \text{MJ})/(3.67\ \text{kg}\ CO_2) = 8.95\ \text{MJ per kg}\ CO_2.$$

표 4.8 (3.6262×10^{13} kg)에 제시된 전 세계 CO_2 배출량은 연간 배출량에 해당된다.

$$(3.6262 \times 10^{13}\ \text{kg}) \times (8.95\ \text{MJ/kg}) = 3.24 \times 10^{14}\ \text{MJ} = 3.24 \times 10^{20}\ \text{J}.$$

이는 연간 6×10^{20} J의 순수하게 발생하는 총 세계 1차 에너지 생산량과 비교할 수 있다. 차이의 원인은 다른 소스(수력, 원자력 발전)에서 파생된 1차 에너지와 단위 에너지당 CO_2 배출량이 순수 탄소보다 탄화수소(천연가스, 석유 등)에서 더 적다는 사실 때문이다(3장 참조).

며, 이후 오존 감소를 다루기 위한 교토협약(1997) 및 파리기후변화협약(2015) 등의 국제 협약이 진행되었다.

4.7a 기후 변화 협약 (UNFCCC)

UNFCCC는 1992년 리우데자네이루의 환경 및 개발에 관한 유엔 회의(일반적으로 지구 정상 회담)에서 "지구 기후를 위협하는 온실가스의 대기 배출 규제"를 목적으로 결성되었다. 이 회의에서 초기 154개국이 서명했으며 현재는 197개 회원국이 서명하였다. 이 회의에는 특정 국가의 온실가스 배출에 대한 특정 지침을 제공하지는 않지만 서명한 국가에서 자발적으로 CO_2를 비롯한 온실가스의 방출을 최소화하여 기후 변화를 막는 것이 목적이다. UNFCCC 조항의 일부는 다음과 같다.

- UNFCCC 서명 국가는 기후 변화를 방지하기 위하여 행동해야 한다.
- 선진국은 온실가스 배출 안정화를 목표로 기후 변화 방지에 앞장서야 한다.
- 개발 도상국은 재정 및 기술 자원 이용이 가능하고 사회 및 경제 개발의 필요성이 허용되는 한도 내에서 기후 변화를 완화하기 위한 조치를 시행할 것이다.

4.7b 교토 의정서

교토 의정서는 UNFCCC에서 개발한 국제 협약으로 참여 국가들에게 특정한 온실가스 배

출량 감축 목표치를 규정하였다. 이러한 규정은 (1) 지구 온난화가 발생하고 (2) 이 온난화가 인위적으로 발생된다는 가정을 기반으로 한다. 이 협약은 1997년 12월 일본 교토에서 열린 UNFCCC 회의에서 채택되어 2005년 2월부터 시행되었다. 첫 번째 협약 기간은 2008년부터 2012년까지 진행되었다. 두 번째 협약 기간은 2012년 카타르 도하에서 협상되었으며 도하 개정으로 2013년부터 2020년까지 연장되었다. 이 협약은 인위적 온실가스 배출을 감소시켜 환경 영향을 줄이는 것을 공통 목표로 하며, 선진국의 경우 대기 중 온실가스 배출에 크게 책임이 있다는 사실을 바탕으로 배출 감소에 목표량을 의무화하였다. 대부분의 선진국은 첫 번째 협약 기간 동안 1990년 기준으로 온실가스 배출량을 6~8% 감축하기로 했으며, 두 번째 협약 기간 동안 1990년 기준으로 20%까지 감축하기로 하였다. 개발 도상국의 경우 의무적인 목표가 설정되지 않았다.

교토 의정서의 가입 국가들은 첫 번째 약정 기간에 명시된 목표치를 충족시키기 위해 잘 수행했지만, 의무화 되지 않은 개발 도상국가의 배출량을 고려하는 것이 중요하였다. 미국은 1998년 클린턴 정부 시절 협약에 서명했지만, 미국 상원은 개발 도상국에도 배출 감소 목표치를 의무 부담할 것을 요구하며 교토의정서 가입이 최종 무산되었다. 미국은 1990년 대비 온실가스 배출량이 약 11% 증가했으며, 가장 큰 온실가스 배출국인 중국과 인도는 의무 감축 목표량이 없었다. 1990년 이후 중국의 CO_2 배출량은 4배 이상 증가하였으며 인도 역시 CO_2 배출량이 2배 이상 증가했다. 캐나다는 최초의 온실가스 감축 목표치 6% 의무화 협약에 최초 서명한 국가였다. 그러나 캐나다 역시 1990년 대비 배출량은 약 24% 증가했다. 2011년 캐나다는 두 번째 협약 기간이 시작되기 전에 계약을 철회하였다.

캐나다의 이러한 결정은 몇 가지 요인이 있다. 첫째, 온실가스 배출 감소 목표량이 없는 일부 국가는 훨씬 더 많은 온실가스 배출량을 생산했으며, 1990년 이후 배출량이 크게 증가하였다. 여기에는 의무 목표치가 없는 중국과 인도가 포함되며, 협정 비준에 실패한 미국도 포함된다. 둘째, 1990년에 비해 CO_2 배출량이 증가했기 때문에 캐나다는 목표 감축 목표를 달성할 수 없었으며 두 번째 협약 기간에 상당한 재정적 처벌을 받게 될 예정이었다. 이러한 상황으로 캐나다는 협약을 철회하였다. 세계 최대 온실가스 배출국인 미국과 중국에 배출 규제를 제어하지 못한다면 규약 자체가 제대로 발휘되지 못할 것이다.

4.7c 파리기후변화 협약

교토 의정서는 많은 국가의 노력으로 온실가스 배출량 감축에 있어 진전을 이루었지만, 일부 주요 산업국과 일부 주요 온실가스 배출국의 약속이 부족하다는 문제가 있었다. 2015 년 12월에 채택된 파리기후변화협정은 기존 선진국만 참여하였던 교토의정서와는 달리 195 개국 국가가 온실가스 배출 감축 목표를 지켜야 한다. 파리 협정은 교토의정서의 연장이 아닌 지구 온난화 완화를 위한 독립적인 수단이다. 이 협정은 UNFCCC의 197개 회원국 중 195개국이 서명했다. 니카라과와 시리아는 서명하지 않았다. 2017년 6월 현재, 중국, 미국, 인도 및 캐나다를 포함한 148개국의 서명국이 협약을 비준 또는 가입했지만, 2017년 6월 1

일 미국은 협정 철회 의사를 발표하였다. 계약 조건에 따르면, 미국 철회가 발효될 수 있는 가장 빠른 시한은 2020년 11월 4일이다. 이에 대응하여 몇몇 미국 주에서는 주 정부 차원에서 파리 협정의 목표를 지지하고 노력하기 위해 미국 기후 동맹을 결성하였다.

파리 협정의 주요 요점은 다음과 같다.

- 지구 온도를 산업화 이전 보다 2°C 미만으로 제한하는 약속(일부 국가는 산업화 이전 수준보다 1.5°C 미만의 목표를 설정).
- 선진국과 개발 도상국을 포함하고 거의 모든 국가가 합의한 최초의 세계 기후 협약.
- 개발도상국은 선진국에게 재정적(연간 1,000억 달러) 제공을 받아 온실가스 배출을 제한하는 조치를 시행.
- 2023년부터 5년마다 모든 회원국이 온실가스 목표를 발표.
- 2050년에서 2100년 사이 탄소 중립 국가 달성 목표.

표 4.9: 파리협정에 명시된 기준목표 대비 20개 국가의 온실가스 총 배출량. (* = 가입국가)

country	maximum % total world greenhouse gas emissions needed for ratification
China *	20.09
United States *	17.89
Russia	7.53
India *	4.10
Japan *	3.79
Germany *	2.56
Brazil *	2.48
Canada *	1.95
South Korea *	1.85
Mexico *	1.70
United Kingdom *	1.55
Indonesia *	1.49
South Africa *	1.46
Australia *	1.46
France *	1.34
Iran	1.30
Turkey	1.24
Italy *	1.18
Poland *	1.06
Ukraine *	1.04
rest of world	22.94
total	**100.00**

이 협약을 통해 모든 서명국에 대한 온실가스 배출 표준(세계 온실가스 총 배출량에 대한 비율)이 설정되었다. 이러한 표준은 각 국가의 동의가 필요하며 파리 회의에서 합의된 상위 20개 국가의 배출허용 기준표가 표 4.9에 요약되어 있다. 이 표는 앞서 표 4.8에 표시된 실제 탄소 배출량과 비교할 수 있다.

파리 협정은 거의 모든 국가(모든 주요 온실가스 배출자를 포함)가 기후 변화를 완화하기 위한 조치를 취하기로 한 첫 번째 글로벌 협정이지만 모든 측면에서 이상적인 것은 아니다. 특히 다음 사항에 대해 비난을 받았다.

- 이 계약은 구속력이 없으며 부적합에 대한 집행 메커니즘이나 재정적 처벌은 없다. 국가들이 자발적으로 온실가스 배출량을 통제하고 모니터링 할 것이라고 기대받는다.
- 유엔 환경 프로그램(UNEP)의 연구에 따르면 파리 협약에 의해 설정된 온실가스 배출 제한은 산업화 이전 기후 대비 약 3°C의 온도 상승을 초래하여 전 세계적으로 치명적인 기후 변화를 초래할 것으로 예측된다. 이와 관련하여 현재의 전 세계 평균 기온이 이미 산업화 이전 수준보다 약 1.3°C 높아졌다는 점을 고려해야 한다(그림 4.14).

지난 25년 동안 이러한 협약들로 온실가스 배출 영향에 따른 기후변화 완화가 진행되었지만, 더 엄격한 목표와 배출 제한에 대한 접근법이 향후 확립되어야 한다.

4.8 요약

본 4장에서는 에너지 생산 및 사용으로 인해 발생된 환경오염 원인을 검토하였다. 열 엔진을 사용하여 열 에너지를 기계 에너지로 변환하는 에너지 생성 방법(종종 전기 생산의 최종 목적으로)은 과도한 열을 발생시켜 환경으로 방출되었다. 이 방법에는 핵연료 및 화석연료 연소 발전소와 내연 기관에서 작동하는 차량이 포함된다. 열 오염의 영향은 일반적으로 지역화되어 있지만 강, 호수 또는 바다로 과도한 열을 방출하는 열 발생 스테이션은 지역 생태에 상당한 영향을 줄 수 있다. 화학 오염은 전기를 생산하는 과정이나 운송 응용 분야에서 화석연료의 연소로 인해 발생한다. 일산화탄소는 탄소 화합물의 불완전 연소로 인해 발생하고 질소산화물은 대기 중의 질소가 고온에 노출될 때 생성된다. 연구에 따르면 이러한 오염 물질의 상당 부분이 차량 배출에서 비롯된 것으로 나타났다. 대부분의 정부는 이 문제를 완화하기 위해 배출 제어 기준을 설정하였다. 황 화합물 및 입자상 물질은 화석연료의 불순물 및 입자 성분으로 발생하며 석탄을 연소하는 동안 가장 많이 발생된다. 석탄 연소 스테이션에서 이러한 배기 가스 성분을 대기로 방출하기 전 제거하기 위해 화학적 또는 기계적 방법이 일반적으로 사용되고 있다.

온실가스 배출로 인한 기후 변화는 화석연료 사용이 가장 큰 영향을 끼친다. 온실효과는 대기에서 특정 파장의 방사선을 선택적으로 흡수하는 분자의 존재로 인해 발생된다. 대기를 투과하는 빛은 지구에 흡수되어 대기중에 쉽게 흡수되고 장파장에 재조사되어 지구 표면의 온도가 상승하게 된다. 이산화탄소는 탄화수소의 연소에 의해 생성되며 이는 온실가스 발생의 주 원인물질이다. 화석연료의 지속적인 사용은 대기 중의 온실가스 증가로 이어질 것이며 이는 지구 온난화를 촉진시키는 것이다. 탄소 격리는 온실가스 배출을 줄이는 가능한 간단한 해결책이다. 화석연료 연소로 인해 발생된 이산화탄소는 땅 속 지하에 저장되거나 해양에 분산하여 격리한다. 아마도 탄소를 격리시키는 가장 매력적인 방법은 고상 반응에 의한 탄산염을 형성하는 것이다. 효율적이고 경제적인 공정을 개발하려면 이 기술에 대한 추가 연구가 필요하다.

연습문제

4.1 명왕성은 대기가 없으며 지구 평균 궤도 직경의 39.2배이다. 평균 표면 온도는 37 K이다. 이때 명왕성의 알베도를 추정하시오

4.2 석탄의 황 함량이 3 wt%라고 가정한다. 연소 과정에서 모든 황이 SO_2로 전환되면 석탄 1톤당 얼마나 많은 SO_2가 생성되는가? 생산되는 에너지 양은 1 J당 얼마나 되는가?

4.3 전형적인 휘발유 차량은 1 km를 주행하기 위해 약 3.7 MJ의 일차 에너지(즉, 휘발유의 에너지함량)가 필요하다. 연간 40,000 km를 주행하는 차량에서 매년 몇 kg의 CO_2 생산되는가?

4.4 덴버의 면적은 약 400 km^2이다. 그림 4.1을 사용하여 모든 CO가 대기 중 300 m까지 균일하게 분포되어 있다고 가정할 때, 덴버 대기에서 CO의 평균 총 질량을 추정하시오. (참고 : 공기밀도는 1.204 kg/m^3이다.)

4.5 미국에서 약 2억 5천만대의 개인 차량이 있다. 각각 평균 2년에 25,000 km를 주행한다고 가정했을 때 2004년 미국 NO_x의 표준 배출기준은 도입되기 전(1960년) 대비 연간 평균 감소량은 얼마인가?

4.6 (a) 연소된 메탄 kg당 생산된 CO_2의 질량을 계산하시오.
(b) 대부분 천연가스가 과도하게 발생 시 대기중으로 방출되지 않고 연소된다. 또한, 매립지에서 폐기물을 분해하는 동안 방출된 메탄도 때때로 연소된다. 이러한 관행의 긍정적 또는 부정적 환경 영향에 대해 논의하시오.

4.7 휘발유 내연 기관에서 배출되는 탄소의 약 0.4%가 CO_2가 아닌 CO인 경우, 100 m^3 공간에 치사율 수준의 CO에 도달하기 위해서는 몇 리터의 휘발유를 태워야 하나? (참고: 공기 밀도는 1.204 kg/m^3)

4.8 석탄 화력 발전소에서 연간 10^{13} kg의 이산화탄소가 발생되었을 때, 어느 정도의

CaO(밀도 3350 kg/m^3)가 필요한가?

$$CaO + CO_2 \rightarrow CaCO_3$$

4.9 (a) 금성의 궤도는 태양으로부터 평균 0.723 AU 거리에 위치한다. 알베도가 0.9이고 금성에 대기가 없는 경우 평균 표면 온도를 계산하시오.

(b) 금성의 실제 표면 온도에 대한 정보를 찾고 (a)에 대한 답변의 관련성을 논의하시오.

4.10 휘발유로 구동되는 차량의 휘발유(대부분 옥탄) 연소시 3.7 MJ/km의 1차 에너지를 필요로 하며, 1.7 g/km의 CO를 방출하는 경우, 옥탄 중 어느 정도의 탄소가 완전히 산화되지 않는가?

4.11 달에는 대기가 없고 알베도는 0.136이다. 달 표면에서 방출된 총 전력(W)을 계산하시오.

4.12 열역학적 효율이 35%인 석탄 화력 발전소는 600 MW_e의 평균 출력을 생산한다. 석탄이 순수한 C이고, CaO가 발생된 모든 CO_2를 차단시키는데 사용된다고 가정하자.

(a) 매년 필요한 CaO의 양은 얼마인가?

(b) CaO의 밀도를 찾아 (a)부분에서 CaO를 포함하는데 필요한 용적의 크기를 산출하시오.

4.13 발전소에서는 메탄 연소시 42%의 효율로 전기를 생산한다. 시설에서 연간 2.6 TWh의 전력을 생산하는 경우 연간 CO_2 배출량은 얼마인가?

4.14 (a) 미국에는 약 2억 5천만 대의 승용차가 있다. 각 차량이 연간 25,000 km를 주행하며, 모든 차량이 정부 표준배출기준을 충족한다고 가정하면 1970년에 배출된 CO, NO_x 및 HC의 총 질량을 산출하시오.

(b) 2001년 또한 산출하시오.

(c) 1970년과 2001년 사이에 모든 차량이 실제 연 기준을 충족한 경우와 모든 차량이 1970년 수준을 그대로 유지하고 있는 상황 간에 세 가지 오염 물질의 총 감소치를 산출하시오.

4.15 CO_2 1톤을 제거하기 위해 필요한 CaO 및 MgO의 질량과 부피를 비교하시오.

4.16 그림 4.7과 4.8에서 계산된 대류권에 대한 ALR 값을 비교 설명하여라.

4.17 가솔린(옥탄으로 추정)은 전형적으로 0.1wt%의 황을 함유한다. 승용차에 3.5 MJ/km의 1차 에너지가 필요한 경우 미국에서 연간 25,000 km를 이동하는 2억 5천만 대의 차량에서 발생되는 총 연간 SO_2 질량을 계산하시오.

4.18 석탄용 화력 발전소는 36%의 효율로 평균 1,000 MW_e를 생산한다. 연소된 석탄에 2 wt%의 황이 포함되어 있다고 가정하였을 때 매일 생산되는 황산의 양(L)을 계산하시오.

4.19 단위 면적당 대기의 총 질량은 지구 표면의 대기압을 중력 가속도로 나눈 것과 같다. 이것은 뉴턴의 2법칙 $F = ma$에 따른다. 대기의 모든 탄소가 CO_2의 형태이고 현재 농도(ppm)가 400 ppm이라고 가정하였을 때, 대기 중 탄소의 총 질량은 얼마인가?

4.20 (a) 그림 4.11을 이용하여 CO_2 농도의 변화와 평균 지구 온도의 변화 사이의 관계를 설명하시오.

(b) 대기에 CO_2가 포함되어 있지 않고 현재 평균 온도를 15°C로 가정 시 (a) 답변을 활용하여 지구 표면 온도를 추정하시오.

(c) 대기가 없는 지구의 평형 온도에 대하여 텍스트에 주어진 값과 (b)의 결과를 비교하시오.

참고문헌

R. Alley. *The 2-Mile Time Machine: Ice Cores, Abrupt Climate Change and Our Future*. Princeton University Press, Princeton, NJ (2002).

S. B. Alpert. "Clean coal technology and advanced coal-based power plants." *Annual Review of Energy and the Environment* **16** (1991): 1.

G. J. Aubrecht II. *Energy: Physical, Environmental, and Social Impact* (3rd ed.). Pearson Prentice Hall, Upper Saddle River, NJ (2006).

R. E. Balzhiser and K. E. Yeager. "Coal fired power plants for the future." *Scientific American* **257**(1987): 100.

W. Burroughs. *Climate Change: A Multidisciplinary Approach*. Cambridge University Press, Cambridge, MA (2001).

C. J. Campbell, *The Coming Oil Crisis*, Multi-Science Publishers, London (1988).

W. Collins, R. Colman, J. Haywood, M. R. Manning, and P. Mote. "The physical science behind climate change. " *Scientific American* **297** (2007): 64.

B. P. Eliasson, W. F. Riemer, and A. Wokaun (Eds.). *Greenhouse Gas Control Technologies*. Pergamon Press, Amsterdam (1999).

J. A. Fay and D. S. Golomb. *Energy and the Environment*. Oxford University Press, New York (2002).

D. Goodstein. *Out of Gas: The End of the Age of Oil*. W.W. Norton, New York (2004).

J. Hansen. "Defusing the global warming time bomb." *Scientific American* **290** (2004): 68.

R. J. Heinsohn and R. L. Kabel. *Sources and Control of Air Pollution*. Prentice-Hall, Upper Saddle River, NJ (1999).

H. J. Herzog and E. M. Drake. "Carbon dioxide recovery and disposal from large energy systems." *Ann. Rev. Energy. Environ*. **21** (1996): 145.

H. Herzog, B. Eliasson, and O. Kaarstad. "Capturing greenhouse gases." *Scientific American* **282** (2000): 72.

R. Hinrichs and M. Kleinbach. *Energy: Its Use and the Environment* (5th ed.). Brooks-Cole, Belmont, CA (2012).

M. Hoffert, K. Caldeira, G. Benford, et al., Advanced technology paths to global climate stability: Energy for a greenhouse planet." *Science* **298** (2002): 981.

S. Holloway. "An overview of the underground disposal of carbon dioxide." *Energy Conversion and Management* **38** (1997): 193.

J. Houghton. *Global Warming: The Complete Briefing*. Cambridge University Press, Cambridge, MA (2004).

J. A. Kraushaar and R. A. Ristinen. *Energy and Problems of a Technical Society* (2nd ed.). Wiley, New York (1993).

V. A. Mohnen. "The challenge of acid rain." *Scientific American* **259** (1988): 30.

E. Parsons and D. Keith. "Fossil fuels without CO2 emissions." *Science* **282** (1998): 1053.

K. Schnell and C. Brown. *Air Pollution Control Technology Handbook*. CRC Press, Boca Raton, FL (2002).

V. Smil. *Energy at the Crossroads Global Perspectives and Uncertainties*. MIT Press, Cambridge, MA (2003).

B. Sorensen. *Renewable Energy: Its Physics, Engineering, Environmental Impacts, Economics and Planning* (2nd ed.). Academic Press, London (2002).

K. Wark, C. F. Warner, and W. T. Davis. *Air Pollution, Its Origin and Control*. Addison-Wesley, Reading, MA (1998).

T. Wigley, R. Richels, and J. Edmonds. "Economic and environmental choices in stabilization of atmospheric CO2 concentrations." *Nature* **379** (1996): 240.

E. J. Wilson and D. Gerard (eds.). *Carbon Capture and Sequestration*. Blackwell, Oxford (2007).

PART III

원자력에너지

화석연료 사용 이후, 핵에너지는 현재 세계에서 사용되는 에너지 요소 중 가장 큰 비중을 차지한다. 과거 상업적 핵분열 반응기 개발 당시, 원자력은 미래에 기존 에너지들의 문제점들을 완화시킬 수 있을 대체물질로서 각광을 받았다. 이는 1954년 국제 과학 작가 협회(the National Association of Science Writers)에서 미국 원자력위원회 Lewis L. Strauss 회장의 연설에서 비롯되었다. "우리의 아이들은 계량할 수 없을 정도로 아주 값싼 전기를 집에서 즐기게 될 것입니다." 이는 핵분열 반응기에서 발생된 전기가 무료이거나 매우 저렴한 비용으로 공급될 수 있음을 암시하였다. 이전 연설에서 그는 "5년에서 15년 이내에 산업에서는 원자로(atomic furnaces)를 통해 전력을 생산하게 될 것이다." 라고 언급한 바 있다. 원자로라 함은 핵분열에너지가 아닌 핵융합에너지를 뜻하지만 이러한 예언은 정확히 현실이 되었다. 비록 원자력은 "계량할 수 없을 정도로 저렴" 하지는 않았지만 현재 상용화되고 있는 다른 에너지 기술들과 비교해 경제력을 갖추게 되었다. 그러나 과거 1980년대 중반에는 원자력 산업의 초기 성장은 매우 미비하였다. 특히나 미국 여론과 정부에서는 핵에너지에 대한 안보, 안전, 폐기물 처리에 대한 문제점들이 거론되면서 꾸준한 성장이 어려웠다. 이는 대표적인 원자로 사고였던 Three Mile Island, Chernobyl과 가장 최근 발생한 Fukushima 원전 사고들은 핵에너지의 안전성에 대한 염려가 타당한 것임을 보여주었다. 또한, 원자로의 간단하고 쉬운 접근이 우리의 에너지 수요를 위한 장기적인 해결책이 아닐 수 있다는 것이 분명해졌다.

핵분열 반응기의 사용으로부터 원자력에 대한 인식과 정책들이 쉴새 없이 변화함에 따라 다양한 의견과 정책들의 원인에 대해 이해하기 위해서는 핵분열 반응기의 작동 및 환경에 미치는 영향, 사용에 따른 안전상의 위험, 핵 자원의 유용성들의 세부적인 이해를 필요로 하게 되었다. 이번 파트에서는 이러한 개념들을 검토하고자 한다. 또한 안전 및 자원의 제한된 수명에 대한 우려를 해결하는 핵분열에너지에 대한 미래의 가능한 접근법의 개요를 제공한다. 마지막으로 핵융합에너지의 가능성도 보여주고자 한다. 우리는 핵 물리학의 기본 원칙의 개요로 시작한다.

다음의 사진은 일본의 몬주 고속증식로(Monju Fast Breeder Reactor)로 280메가와트(MW_e)의 정격 용량을 갖는 나트륨 냉각 고속 증식로이다. 1983년에 건설을 시작한 고속 증식로는 1994년에 가동되었지만 얼마 안되 나트륨이 누출되었으며 화재가 발생하여 폐쇄되었다. 2010년에 작동이 재개되었지만 몇가지 사건들(모두 방사성 물질 방출은 없었음)로 인한 반대 여론 및 법적 문제 등으로 인해 거의 대부분의 기간 동안 폐쇄되어 있었다. 사실상, 이 반응기는 건설된 이래로 단 한 시간 분량의 전기만을 생성한 것으로 추정되며 추후 증식로의 작동 여부는 불확실한 상태로 남아 있다. ■

AFP/Getty Images

표 5.3: 아원자 입자와 그 분류 및 특성의 일부 예
[상호 작용(중력 제외): S = strong, E = electromagnetic, W = weak.]

particle	class	mass (u)	charge	interactions
neutron	hadron	1.008664904	0	S, E, W
proton	hadron	1.007276470	+e	S, E, W
electron	lepton	0.0005485799	−e	E, W
positron	lepton	0.0005485799	+e	E, W
electron neutrino	lepton	~0	0	W
electron antineutrino	lepton	~0	0	W

인 강한 성분과 하전된 양성자 사이에 작용하는 훨씬 작은 반발성 쿨롱 상호 작용의 결과이다. 이 전체 상호 작용은 핵을 고정시키는 결합에너지를 나타낸다. 아인슈타인의 관계식에서,

$$E = mc^2, \tag{5.2}$$

질량과 에너지가 동등하므로 결합에너지 B는 질량 m과 같다.

$$m = \frac{B}{c^2} \tag{5.3}$$

B는 명시적으로 양의 것으로 정의되며, B의 값이 클수록 핵이 더 강하게 결속된다. 결합에너지와 관련된 질량은 입자 시스템의 질량을 감소시킨다. 이것은 N 중성자와 Z 양성자로 구성된 핵은 아래 수식과 같은 질량을 갖는다는 것을 의미하며,

$$m_{\text{nucleus}} = Nm_n + Zm_p - \frac{B}{c^2}, \tag{5.4}$$

여기서 m_n과 m_p는 각각 중성자와 양성자의 질량이다. 전자의 질량 Zm_e과 전자의 쿨롱 결합에너지의 질량 당량 $-b/c^2$를 추가하여 중성 원자의 질량을 얻을 수 있다:

$$m_{\text{atom}} = Nm_n + Z(m_p + m_e) - \frac{B}{c^2} - \frac{b}{c^2}. \tag{5.5}$$

식(5.5)의 실제 적용은 표 5.4에 예시되어 있다. 여기에 49개의 핵을 포함하는 핵을 가진 원자의 질량이 주어진다. 이 49개의 핵자는 표에 표시된 것처럼 중성자와 양성자의 조합이

표 5.4: A = 49인 핵종의 원자 질량.

nuclide	N	Z	mass (u)	half-life	decay
^{49}Ca	29	20	48.9556733	8.8 m	β^-
^{49}Sc	28	21	48.95002407	57.5 m	β^-
^{49}Ti	27	22	48.94787079	∞	stable
^{49}V	26	23	48.94851691	330 d	ec
^{49}Cr	25	24	48.95134114	41.9 m	β^+, ec

될 수 있다. 표는 ^{49}Ti가 질량이 가장 작고(따라서 가장 큰 결합에너지) 가장 안정적임을 나타낸다. 즉, A = 49를 갖는 유일한 안정적 핵종이다. A = 49의 핵은 증가하므로 결합에너지는 감소한다. 표는 또한 이것이 불안정한 핵(반감기가 감소함에 따라)을 초래한다는 것을 보여준다. 붕괴 과정에 대한 자세한 내용은 다음 절에서 설명한다.

핵 및 입자 물리학에서는 일반적으로 아인슈타인 관계식에서 비 SI 단위를 사용하는 것이 편리하다. 식(5.2)의 왼쪽에 있는 에너지는 일반적으로 MeV로 정의되고 오른쪽에 있는 질량은 MeV/c^2 또는 원자 질량 단위로 표현된다. 질량이 MeV/c^2에 주어지면 c^2는 1이다. 질량이 원자 질량 단위로 주어지면 c^2는 다음과 같이 MeV/c^2에 있게 된다. 원자 질량 단위(u)는 중성 ^{12}C 원자 질량의 1/12로 정의된다. SI 단위에서 u는 1.6605402 × 10^{-27} kg에 해당한다. 따라서, 아인슈타인의 관계식에 의하여 1 u의 에너지는 아래와 같다.

$$E = 1.6605402 \times 10^{-27}\ \text{kg} \times (2.997925 \times 10^{8}\ \text{m/s})^2 = 1.50535 \times 10^{-10}\ \text{J} \qquad (5.6)$$

또는 MeV로 변환하여,

$$E = 1.50535 \times 10^{-10}\ \text{J} \times 1.602177 \times 10^{-13}\ \text{MeV/J} = 931.494\ \text{MeV} \qquad (5.7)$$

그러므로 아인슈타인의 관계식은 다음과 같이 표기될 수 있다.

$$931.494\ \text{MeV} = 1\ \text{u} \times c^2 \qquad (5.8)$$

또는,

$$c^2 = 931.494\ \text{MeV/u}. \qquad (5.9)$$

이것은 핵 물리학 분야에서 일반적으로 사용되는 (m^2/s^2가 아닌) 광 제곱의 속도를 위한 편리한 형태의 단위이다. 이 장의 나머지 부분에서 사용될 것이다.

예제 5.1

^{49}Ti 원자와 관련된 총 결합에너지를 계산하시오.

풀이

식(5.5)로부터, 결합에너지는 다음과 같이 쓰여질 수 있다.

$$B = (Nm_n + Z(m_p + m_e) - m_{atom})c^2.$$

표 5.4에 제시된 바와 같이 N =27, Z = 22 및 m_{atom} 및 표 5.3에 제시된 중성자, 양성자 및 전자의 질량을 사용하여, 결합에너지는

$$\begin{aligned} B &= (27 \times 1.008664904\ \text{u} + 22 \times (1.007276470\ \text{u} + 0.0005485799\ \text{u}) \\ &\quad - 48.94787079\ \text{u}) \times 931.494\ \text{MeV/u} \\ &= 426.8\ \text{MeV}. \end{aligned}$$

5.4 핵 붕괴

불안정한 핵의 집합은 결국 더 안정적인 것으로 붕괴된다. 초기 형태의 $N(t)$ 핵이 시간 t에 존재하면, 시간 간격 Δt당 핵 수의 변화는 다음과 같이 정의된다.

$$\Delta N = -\lambda N(t)\Delta t, \tag{5.10}$$

초기 형태의 핵의 수가 감소하고 λ(붕괴 상수)가 시간 간격 Δt 동안 주어진 핵이 붕괴될 확률의 척도이기 때문에 변화량은 음의 값이다. λ 값이 클수록 핵이 붕괴될 가능성이 높아지고 붕괴 과정이 더 빨라진다. 미분 방정식(5.10)은 다음과 같이 쓸 수 있다.

$$\mathrm{d}N = -\lambda N(t)\mathrm{d}t. \tag{5.11}$$

이것은 다음과 같이 통합될 수 있다.

$$N(t) = N_0 \mathrm{e}^{-\lambda t}, \tag{5.12}$$

여기서 N_0은 시간 $t = 0$에 존재하는 핵의 수를 나타내는 적분 상수이다. 반감기 $t_{1/2}$는 $t = t_{1/2}$를 설정하고 $N(t_{1/2}) = N_0/2$를 설정함으로써 식(5.12)로부터 구해진다. 이것은 다음과 같다.

$$t_{1/2} = (\ln 2)/\lambda. \tag{5.13}$$

예제 5.2

핵종은 반감기가 2일로 붕괴한다. 실험 초기에 이 핵종의 10^8개 핵이 존재한다면 5일 후에 몇 개가 남아 있나?

풀이

식(5.13)에서 붕괴 상수는 다음과 같이 반감기의 관점에서 주어진다.

$$\lambda = \frac{\ln 2}{t_{1/2}},$$

그래서

$$\lambda = \frac{0.693}{2\ \mathrm{d}} = 0.347\ \mathrm{d}^{-1}$$

식(5.12)에서 $N_0 = 10^8$을 $t = 5$ d와 함께 사용하면

$$\begin{aligned} N(t = 5\ \mathrm{d}) &= 10^8 \times \exp(-0.347\ \mathrm{d}^{-1} \times 5\ \mathrm{d}) \\ &= 10^8 \times \exp(-1.733) = 1.77 \times 10^7 \text{ 핵}. \end{aligned}$$

시간의 함수로서 핵이 붕괴되는 속도는 식(5.12)를 미분함으로써 구할 수 있다.

$$\left|\frac{\mathrm{d}N(t)}{\mathrm{d}t}\right| = \lambda N_0 \mathrm{e}^{-\lambda t}. \tag{5.14}$$

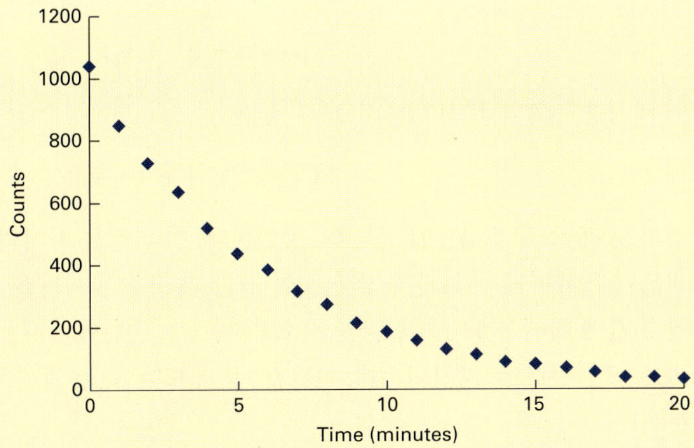

그림 5.2: 방사성 물질에 대한 단위 시간당 측정된 붕괴.

단위 시간당 붕괴 횟수(그림 5.2)를 측정하면 반감기, 붕괴 상수 및 t = 0에 존재하는 핵의 수를 결정할 수 있다. Counts rate이 초기 값의 절반으로 떨어지는 시간인 반감기는 그림 5.2에 표시된 예에서 $t_{1/2}$ = 4.1분이 된다. 식(5.13)에서 측정된 반감기로부터 λ을 얻을 수 있다. 식(5.14)는 다음과 같이 t = 0에 대해 나타낼 수 있다.

$$\left|\frac{\mathrm{d}N(0)}{\mathrm{d}t}\right| = \lambda N_0. \tag{5.15}$$

이 방정식을 통해 t = 0에서 단위 시간당 붕괴 횟수를 측정하여 N_0 값을 얻을 수 있다.

구체적인 붕괴 프로세스의 세부 사항은 표 5.4에 나와 있는 정보에 대한 통찰력을 제공한다. ^{49}Sc는 반감기 57.5분으로 ^{49}Ti로 붕괴된다. ^{49}Sc 핵에는 28개의 중성자와 21개의 양성자가 있고, ^{49}Ti 핵에는 27개의 중성자와 22개의 양성자가 있다. 따라서, 이 붕괴 과정은 ^{49}Sc 중성자 중 하나를 양성자로 변환하는 것으로 보인다. 이것은 베타 붕괴(β^- 붕괴) 공정으로 다음과 같이 중성자를 양성자로 변환하는 동안 전자 방출을 초래한다.

$$\mathrm{n} \rightarrow \mathrm{p} + \mathrm{e}^- + \bar{\nu}_\mathrm{e}, \tag{5.16}$$

$\bar{\nu}_\mathrm{e}$는 전자 반중성미자(electron antineutrino)이다(표 5.3). 전자의 초기 이름은 베타 입자였으며, 이 붕괴의 산물에 의한 전자의 관찰은 붕괴 과정의 이름에 대한 이유이다. 전자는 경입자(lepton)이고 강한 상호 작용을 받지 않기 때문에 이 붕괴는 약한 상호 작용의 결과이다(표 5.3). ^{49}Sc의 β^- 붕괴의 경우 과정은 다음과 같다.

$$^{49}\mathrm{Sc} \rightarrow {}^{49}\mathrm{Ti} + \mathrm{e}^- + \bar{\nu}_\mathrm{e}. \tag{5.17}$$

붕괴 과정에서 왼쪽의 핵종을 "parent"라고 하고 오른쪽의 핵을 "progeny"(또는 "daughter")라고 한다. 유사하게, β^+ 붕괴로 불리는 양성자의 중성자로의 변환은 양전자

(positron 또는 antielectron) 및 전자 중성미자(neutrino)의 방출을 초래한다.

$$p \rightarrow n + e^{+} + \nu_{e}. \quad (5.18)$$

이 과정은 ^{49}Cr의 β^{+} 붕괴에서 볼 수 있다.

$$^{49}\mathrm{Cr} \rightarrow {}^{49}\mathrm{V} + e^{+} + \nu_{e}. \quad (5.19)$$

전자 포획(ec, 표 5.4)은 β^{+} 붕괴와 동일하다. 이 과정들 사이의 구별은 본 논의와 큰 관련이 없으며 상세하게 논의되지 않을 것이다(둘 다 프로세스는 β^{+} 붕괴로 지칭될 것이다). A의 상수 값에 대해 Z에 대한 질량을 최소화하는(즉, 결합에너지를 최대화하는) 핵은 베타 안정(또는 β 안정)으로 지칭되는데, 이는 β^{-} 붕괴 또는 β^{+} 붕괴에 의해 활동적으로 불리하기 때문이다.

베타 붕괴는 더 정량적으로 볼 수 있으며, 붕괴 과정과 관련된 에너지를 계산할 수 있다. 아인슈타인의 관계식에 따라 "parent"와 "progeny"의 결합에너지의 차이가 운동에너지로 변환된다.

$$E = \Delta mc^{2}. \quad (5.20)$$

표 5.4에서 ^{49}Sc의 β^{-} 붕괴 동안 발생하는 질량 변화는 다음과 같이 에너지로 변환될 수 있다.

$$E = (48.95002407\ \mathrm{u} - 48.94787079\ \mathrm{u}) \times 931.494\ \mathrm{MeV/u} = 2.01\ \mathrm{MeV}. \quad (5.21)$$

이 붕괴에너지는 운동에너지로, 부분적으로는 "progeny" 핵에, 그러나 대부분은 전자와 반중성미자(antineutrino)에 전달된다. 이러한 반응에서 문제의 모든 전자를 올바르게 설명하는 것이 중요하다. β^{-} 붕괴의 예에서 여분의 전자 질량을 포함하지 않아야 하는 것이 편리하다. β^{+} 붕괴와 같은 다른 붕괴 과정에서 전자의 질량을 더 신중하게 고려해야 한다.

표 5.4와 같이 상수 A를 갖는 일련의 핵종은 Segrè 플롯에서 음의 기울기가 1인 대각선으로 표시된다(그림 5.1). 상이한 N, Z 및 A를 갖는 β 안정 핵의 라인은 β 불안정 핵종의 영역에 의해 양쪽에 둘러싸여 있다. β 안정 핵종의 이 영역은 때때로 베타 안정성 계곡으로 지칭된다.

핵이 겪을 수 있는 또 다른 유형의 붕괴 과정은 알파 붕괴(α 붕괴)이다. 알파 입자는 ^{4}He 원자의 핵이며 2개의 중성자와 2개의 양성자의 결합된 시스템으로 구성된다. 붕괴 시, 입자는 핵에 의해 방출되어 N을 2만큼 감소시키고 Z를 2만큼 감소시킨다. 전형적인 예는,

$$^{241}\mathrm{Am} \rightarrow {}^{237}\mathrm{Np} + {}^{4}\mathrm{He}$$

또는

$$^{241}\mathrm{Am} \rightarrow {}^{237}\mathrm{Np} + \alpha. \quad (5.22)$$

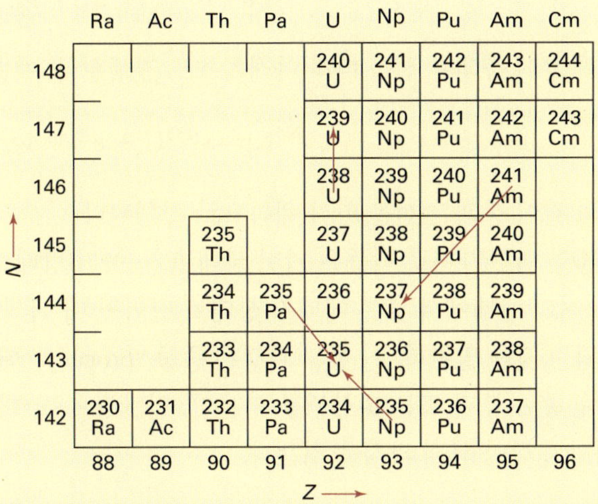

그림 5.3: 방사성 A = 230~244에 해당하는 N = 142~148과 Z = 88~96 사이의 Segre 도표의 영역. 식(5.22)에 나와 있는 α 붕괴의 예와 식(5.23)과 (5.24)에 각각 나와있는 β^+와 β^- 붕괴의 예가 나타나 있다. ^{238}U에 의한 중성자 포획(다음 절에서 논의)도 설명되어 있다.

이 과정은 무겁고 안정적인 핵에서 가장 일반적으로 발생한다. 이 붕괴 과정의 에너지를 계산할 때 모든 전자가 올바르게 설명되도록 하는 것이 중요하다. 이는 "parent"와 "progeny"의 원자 질량이 ^{4}He 원자의 질량과 함께 사용되는 경우에 가장 편리하다(예제 5.3).

그림 5.3과 같이 플롯의 영역을 확장하면 Segrè 플롯의 데이터와 β 붕괴 및 붕괴의 관계가 나타난다. 이 영역은 α-안정성 한계를 초과하므로 β 안정도 α 붕괴에 대해 안정적이지 않다. 알파 붕괴는 길이가 2단위이고 경사가 1을 나타내는 대각선으로 나타난다. 식(5.22)에 의해 주어진 붕괴 과정의 예가 그림에 예시되어 있다. 베타 붕괴는 기울기가 ±1인 1단위 길이의 대각선으로 표시된다. 예를 들어, β^- 붕괴는

예제 5.3

^{4}He 원자의 질량이 4.00260325 u이고 ^{241}Am 및 ^{237}Np 원자의 질량은 각각 241.0568229 u 및 237.0481673 u인 경우 식(5.22)에 표시된 반응과 관련된 총 에너지를 계산하라.

풀이

방정식의 왼쪽에 있는 질량에서 오른쪽에 있는 질량을 빼고 에너지 단위로 변환하면:

$$E = (241.0568229\ \text{u} - 237.0481673\ \text{u} - 4.00260325\ \text{u}) \\ \times 931.494\ \text{MeV/u} = 5.64\ \text{MeV}.$$

방정식(5.22)가 오른쪽에 ^{4}He 원자로 쓰여지면 방정식의 양면에 있는 전자의 수가 상쇄되고 원자질량이 사용되는 경우 계산에서 질량이 명시적으로 포함될 필요가 없다는 점에 유의해야 한다.

$$^{235}\text{Pa} \rightarrow {}^{235}\text{U} + e^- + \bar{\nu}_e, \tag{5.23}$$

그림과 같이 붕괴는 선을 따라 아래쪽으로 진행된다. 예를 들어 β^+ 붕괴의 경우,

$$^{235}\text{Np} \rightarrow {}^{235}\text{U} + e^+ + \nu_e, \tag{5.24}$$

그림과 같이 붕괴는 선을 따라 위쪽으로 진행된다.

원자와 마찬가지로 핵들은 기저 상태 또는 여기 상태로 존재할 수 있다. 감마 붕괴(γ-붕괴)는 여기 상태에서 낮은 에너지 상태로 전이될 때 핵에서 고 에너지 광자(또는 감마선)가 방출되는 것을 말한다. 이 붕괴 과정은 종종 "progeny" 핵을 여기 상태로 두기 때문에 이 과정은 종종 α-붕괴 또는 β-붕괴를 따른다. 일반적으로, 핵의 여기 상태는 핵이 기저 상태가 될 때까지 감마 붕괴 과정을 겪는다.

5.5 핵 반응

붕괴 과정은 불안정한 핵에서 자발적으로 발생한다. 일반적으로 (5.16)과 같이 방정식의 왼쪽에 하나의 불안정한 핵이 나타나고 오른쪽에 둘 이상의 부산물이 나타난다. 핵 반응에서 핵은 입자(예: 알파 입자 또는 중성자)와 반응하여 둘 이상의 부산물이 생성된다. 간단하고 일반적인 반응은

$$a + A \rightarrow B + b. \tag{5.25}$$

이것은 입자 (a)를 핵 (A)에 입사하여 입자 (b)와 핵 (B)가 방출되는 것을 나타낸다. 이것은 종종 A(a, b)B의 표기로 작성된다.

가장 간단한 경우, 입자 a와 b는 동일할 수 있으며, 보존법칙에 따라 핵 A와 B도 동일해야 한다. 이를 산란이라고 하며, 결과적으로 입자 a의 원래 운동에너지의 일부가 핵으로 손실될 수 있다. 이것은 단지 약간의 운동에너지를 핵에 부여하거나, (충분한 에너지가 이용 가능한 경우) 핵을 여기 상태(별표로 표시)로 남겨 둘 수 있다. ^{14}N 핵의 중성자 입사가 그 예이다.

$$n + {}^{14}\text{N} \rightarrow {}^{14}\text{N}^* + n. \tag{5.26}$$

보다 복잡한 경우는 입사와 방출된 입자가 동일하지 않을 때 발생한다. 이것은 보존상의 이유로 핵이 정체성을 변화시킨다는 것을 의미한다. 예를 들어, 중성자가 ^{14}N 핵에 입사하는 경우를 고려하자. 중성자는 핵에 흡수되어 양성자가 방출될 수 있다. 원래, ^{14}N 핵에는 7개의 중성자와 7개의 양성자가 있었다. 반응 후, 핵에는 8개의 중성자와 6개의 양성자가 남았으며 현재는 ^{14}C 핵이다. 이것은 다음 수식에 의한 (n, p) 반응이다.

$$n + {}^{14}\text{N} \rightarrow {}^{14}\text{C} + p. \tag{5.27}$$

붕괴와 마찬가지로, 반응과 관련된 에너지는 왼쪽의 질량 총계에서 오른쪽의 질량 총계를 빼고 질량 차이를 에너지 단위로 변환하여 계산할 수 있다. 하전 입자(양성자, α 입자 등)와 관련된 반응의 경우 원자 질량을 사용할 때 모든 전자를 올바르게 설명하는 것이 중요하다. 식(5.27)에 표시된 반응 에너지의 계산은 0.63 MeV를 제공한다. 이것은 이 반응이 일어날 때 0.63 MeV의 에너지가 포기되고 이 초과 에너지는 양성자와 ^{14}C 핵의 운동에너지로 나타남을 의미한다. 에너지를 포기하는 반응을 발열(exothermic)이라고 한다.

중성자가 방출되는 ^{13}C 핵에서 양성자 입사의 반응을 고려할 수도 있다.

$$p + {}^{13}C \rightarrow {}^{13}C + n. \tag{5.28}$$

이 반응에 대한 에너지의 계산은 -3.00 MeV를 제공한다. 이 에너지는 음이라는 점에 유의해야 한다. 이러한 종류의 반응을 흡열(endothermic) 반응이라고 하며, 반응이 일어나도록 에너지를 공급해야 한다(적어도 3.00 MeV). 이 에너지는 (예를 들어) 양성자가 입자 가속기에 의해 공급된다면 입사 양성자의 운동에너지로부터 비롯될 수 있다.

원자로에 대한 논의에 중요한 반응은 때때로 중성자 포획이라고 하는 (n, γ) 반응이다. 여기서 중성자는 핵에 흡수된다. 핵은 여기 상태로 남아 있고, 그 후에 γ 붕괴에 의해 다시 기저 상태로 붕괴된다. 이 유형의 중요한 반응(다음 장에서 자세히 논의된다)은

$$n + {}^{238}U \rightarrow {}^{239}U + \gamma. \tag{5.29}$$

예제 5.4

반응식(5.29)에 나타난 에너지를 계산하시오. 원자량 $m(^{238}U)$ = 238.0507826 u 및 $m(^{239}U)$ = 239.0542878 u를 사용하시오.

풀이

식(5.20)에 따라, 에너지는 식의 왼쪽의 총 질량과 오른쪽의 총 질량의 차이로 기록될 수 있다. 중성자 질량은 표 5.3에서 구한다.

$$\begin{aligned} E &= [m(^{238}U) + m_n - m(^{239}U)]c^2 \\ &= (238.0507826\ u + 1.008664904\ u - 239.0542878\ u) \times 931.494\ MeV/u \\ &= 4.81\ MeV \end{aligned}$$

식(5.29)에 표시된 (n, γ) 반응과 같은 중성자 반응의 경우 원소의 본질이 변하지 않으므로 방정식의 오른쪽과 왼쪽의 전자 수는 원자 질량을 사용하여 올바르게 설명된다.

주어진 식(5.29)는 반응에서 에너지 방출에너지 γ선으로 주어진다. 만약 ^{238}U 핵에 중성자 운동에너지가 흡수되면, γ선 에너지를 추가할 수 있다.

5.6 요약

본 장은 핵이 중성의 중성자와 양으로 하전된 양성자로 구성되어 있음을 보여 주었다. 핵은 결합에너지에 의해 함께 유지되는데, 이는 양성자 사이의 밀어내는 쿨롱 상호 작용과 모든 핵 사이의 끌어당기는 강한 상호 작용의 결과이다. 경핵은 대략 동일한 수의 중성자와 양성자를 갖는 경향이 있지만, 중핵은 더 많은 비율의 중성자를 안정적으로 유지해야 한다. Segrè 플롯에 표시된 것처럼 안정성 범위를 벗어난 중성자 대 양성자의 비율을 가진 핵은 불안정하고 보다 안정적인 핵 구성으로 붕괴된다.

이 장은 또한 붕괴 과정의 통계를 제시하고 그것들이 특징적인 수명을 갖는 지수 거동에 의해 설명됨을 보여주었다. 이 장에서는 가장 안정적인 핵 구성으로 불안정한 핵 붕괴를 일으키는 다양한 붕괴 과정(알파 붕괴, 베타 붕괴 및 감마 붕괴)을 살펴 보았다. 알파 붕괴는 불안정한 핵에서 알파 입자 또는 ^{4}He 핵의 방출에 해당한다. 베타 붕괴는 전자(또는 양전자) 및 중성미자 방출과 함께 양성자의 중성자로(또는 그 반대로)의 변환에 해당한다. 마지막으로, 감마 붕괴는 광자(감마선)의 방출을 갖는 더 낮은 에너지 수준의 핵의 중성자 및/또는 양성자의 de-excitation에 해당한다. 이들 반응과 관련된 에너지가 핵 질량에 기초하여 계산될 수 있음이 설명되었다.

핵 결합에너지는 핵 반응을 통해 방출될 수 있으며, 이러한 과정은 핵 상호 작용과 관련된 거대한 에너지를 활용하는 메커니즘을 제공한다. 이 장에서는 핵 에너지 생산과 관련된 가장 중요한 핵 반응 유형 중 하나, 즉 핵과 중성자 사이의 반응에 대해 설명했다.

연습문제

5.1 ^{29}Si, ^{44}Sc, ^{49}V, ^{210}Bi 및 ^{241}Pu 핵종의 중성 원자에 대한 중성자, 양성자 및 전자 수를 표로 작성하시오.

5.2 ^{49}Sc 원자와 ^{49}V 원자의 총 결합에너지를 계산하라. ^{49}Ti에 대한 예제 5.1의 결과와 비교하고, 가장 안정적인 핵이 가장 큰 결합에너지를 가짐을 보여라.

5.3 ^{137}C(반감기 = 30.1년)의 샘플은 초당 10^{10}의 붕괴 속도로 붕괴한다. 붕괴 속도가 10^{7} decays/s로 감소하는 데 얼마나 걸리나?

5.4 Z의 함수로 A = 49를 갖는 핵종의 원자 질량을 그래프로 나타내라. 이것을 일반적으로 질량 포물선이라고 한다. ^{49}Ca → ^{49}Sc → ^{49}Ti 붕괴 시리즈의 경우 질량 차이가 작을수록 반감기가 길어짐을 보여라.

5.5 다음 핵종의 β^- 붕괴의 붕괴 산물은 무엇인가: ^{3}H, ^{14}C, ^{64}Cu 및 ^{125}Sn?

5.6 ^{230}Th의 붕괴 동안 방출된 에너지를 계산하시오. 다음의 원자 질량이 사용될 수 있다:

$m(^{230}\text{Th}) = 230.0331266$ u, $m(^{228}\text{Th}) = 228.0287313$ u, $m(^{228}\text{Ra}) = 228.0310641$ u, 및 $m(^{226}\text{Ra}) = 226.0254026$ u.

5.7 Nuclide A의 반감기는 4일이며 Nuclide B의 반감기는 16일이다. 실험이 시작될 때, 시료는 2^{18}핵의 핵종 A와 2^{12}핵의 핵종 B를 포함한다. 두 핵종의 핵 수가 동일하기까지 얼마나 걸리나?

5.8 ^{64}Cu는 β^- 붕괴와 β^+ 붕괴 모두에 의해 붕괴될 수 있다. 이 두 가지 붕괴 과정을 보여주는 그림 5.3의 선을 따라 Segrè 플롯의 적절한 부분을 그리시오.

5.9 시간 $t = 0$에서, 샘플은 3.57×10^8 핵의 특정 핵종을 함유한다. 정확히 1년 후 시료에는 같은 종의 3.09×10^8 핵이 들어 있다. 붕괴의 반감기를 계산하시오.

5.10 식(5.28)의 과정에 대한 텍스트에 명시된 에너지를 사용하여 ^{13}N의 원자 질량을 계산하시오.

5.11 시간에 따른 방사성 물질의 측정된 붕괴율이 아래 표에 나와 있다.
(a) 붕괴의 반감기를 계산하시오.
(b) 시간의 함수로서 붕괴율의 반로그 플롯이 선형임을 보여라.
(c) (b)에 대한 선형 관계의 분석 형식을 도출하라.

time (hours)	decay rate (s^{-1})
0	7623
1	7447
2	7275
3	7106
4	6942
5	6781
6	6624

5.12 식(5.18)에서 프로세스와 관련된 에너지를 계산하라.

5.13 식(5.19)에서 β^+ 붕괴 과정과 관련된 에너지를 계산하라. 참고: 전자 계산에 주의하시오.

5.14 $t = 0$에서 샘플에 4.11×10^{11} 핵의 특정 핵 종이 존재한다. 붕괴율은 $3.21 \times 10^6\ s^{-1}$로 측정된다. 반감기를 계산하시오.

5.15 총 결합에너지는 표 5.4에서와 같이 핵의 상대적 안정성을 동일한 수의 핵과 비교하는 데 유용한 특성이다. 표 5.1에서와 같이 다른 수의 핵을 가진 핵의 경우, 결합에너지를 핵의 수 B/A로 나눈 값을 비교하는 것이 유용하다.
(a) ^{11}C, ^{12}C, ^{13}C 및 ^{14}C에 대한 B/A를 계산하시오.
(b) (a)의 결과에서 추세의 관련성을 논의하시오.

5.16 (a) ^{237}Np의 붕괴에 대한 방정식을 적으시오.

(b) ^{237}Np의 붕괴와 관련된 에너지를 계산하시오. 참고: $m(^{233}\text{Pa}) = 233.0402402$ u.

5.17 식(5.27)의 텍스트에 주어진 반응 에너지를 사용하여 ^{14}N의 원자 질량을 계산하시오.

5.18 ^{40}Ca에 대한 핵자당 평균 결합에너지, B/A는 8.55 MeV이다. 중성 ^{40}Ca 원자의 질량을 계산하시오.

5.19 탄소가 100 % ^{12}C라고 가정하시오.

(a) 모든 중성자와 모든 양성자를 1 kg의 순수 탄소에서 분리시키는데 필요한 에너지를 계산하시오.

(b) 1 kg의 탄소를 연소시켜 얻은 화학에너지와 (a)에 대한 답을 비교하시오.

5.20 지구의 나이를 계산하는 간단한 방법은 ^{235}U와 ^{238}U의 자연에서의 풍부함에 근거한다. 지구가 형성될 때 이 두 동위 원소의 양이 같았다고 가정하고 측정 결과 현재의 자연 존재비는 0.72% ^{235}U 및 99.28% ^{238}U인 것으로 나타났다. 위의 가정과 이 두 동위 원소의 반감기(^{235}U는 7.1×10^8, ^{238}U는 4.51×10^9년)를 사용하여 지구의 나이를 계산하시오.

참고문헌

D. Bodansky. *Nuclear Energy: Principles, Practices*, Prospects. American Institute of Physics, New York (1996).

M. G. Bowler. *Nuclear Physics*. Pergamon Press, Oxford (1974).

W. E. Burcham. *Elements of Nuclear Physics*. Longman, London (1979).

W. E. Burcham. *Nuclear Physics: An Introduction* (2nd ed.). Longman, London (1973).

B. L, Cohen. *Concepts of Nuclear Physics*. McGraw-Hill, New York (1971).

W. N. Cottingham and D. A. Greenwood. *An Introduction to Nuclear Physics*. Cambridge University Press, Cambridge (1986).

A. Das and T. Ferbel. *Introduction to Nuclear and Particle Physics*. Wiley, New York (1994).

R. A. Dunlap. *An Introduction to the Physics of Nuclei and Particles*. Brooks-Cole, Belmont, CA (2004).

H. A. Enge. *Introduction to Nuclear Physics*. Addison-Wesley, Reading, MA (1966).

H. Frauenfelder and E. M. Henley. *Sub-Atomic Physics*. Prentice-Hall, Englewood Cliffs (1974).

K. S. Krane. *Introductory Nuclear Physics*. Wiley, New York (1988).

W. E. Meyerhof. *Elements of Nuclear Physics*. McGraw-Hill, New York (1967).

R. L. Murray. *Nuclear Energy: An Introduction to the Concepts, Systems, and Applications of Nuclear Processes*. Pergamon Press, New York (1993).

W. S. C. Williams. *Nuclear and Particle Physics*. Clarendon Press, Oxford (1991).

CHAPTER 6

핵분열에너지

학습목표: 제6장을 학습한 후 다음 내용을 이해할 수 있다.

- 핵 결합에너지와 핵분열에 의한 핵 에너지 추출 메커니즘의 관계.
- 자발적 핵분열과 유도 핵분열의 차이점 및 쿨롱 장벽의 중요성.
- 우라늄 동위원소의 핵분열 과정.
- 중요한 반응 및 열반응기 제어.
- 핵분열 원자로의 종류 및 특성.
- 세계의 핵분열에너지 사용.
- 전 세계 우라늄의 가용성 및 생산.
- 원자로 안전 및 원자력 사고의 원인과 결과.
- 핵 폐기물 처리 방법.
- 안전 기능이 향상된 새로운 열원자로 설계.
- 고속 증식재 반응기의 작동 원리 및 장점.

6.1 서론

제임스 채드윅(James Chadwick)이 중성자를 발견한 1932년 원자력 발전의 첫 번째 중요한 단계가 시작되었다. 1938년 Lise Meitner, Otto Hahn, Fritz Strassman 및 Otto Robert Frisch는 중성자를 포함한 핵 반응이 핵분열을 유발하고 상당한 양의 에너지를 방출할 수 있음을 발견했다. 1942년 엔리코 페르미(Enrico Fermi)에 의해 개발된 시카고 대학의 원자로는 통제된 핵분열 반응이 지속될 수 있음을 보여 주었다. 그러나 이 원자로의 개발은 지속 가능한 에너지의 필요성에 의한 것이 아니라 핵무기 생산에 대한 동기였다. 전기 생산을 위한 비 군사 핵분열 원자로의 개발은 2차 세계대전 후에 추구되었다. 소련의 Obninsk 원자력 발전소는 전력을 생산하는 최초의 핵분열 원자로로 1954년에 가동되었으며 약 5 MW_e를 생산했다. 최초의 상업용 원자력 발전소는 1956년 영국 Sellafield에 개설되었으며 1962 년 Pennsylvania에 Shippingport 원자로는 미국 최초의 상업용 원자로가 되었다. 원자력 에너지가 저렴하고 사실상 무제한의 전력을 제공할 수 있다는 아이디어는 이후 30년 동안 원자력 발전소 시설의 수가 급격히 증가하게 했다. 지난 25년 정도 동안 원자력 산업의 성장은 훨씬 느리고 일부 지역에서는 부정적인 영향을 미쳤다. 이 장에서는 핵분열 원자로의 물리 및 공학에 대해 설명하고 원자력 산업의 역사와 미래에 대한 통찰력을 제공한다.

6.2 우라늄 분열

붕괴 또는 발열 핵 반응이 발생하면 관련된 성분의 총 질량 감소가 에너지로 변환된다. 이 에너지는 핵과 방출된 입자의 운동에너지로 나타나며, 원칙적으로 유용한 에너지로 변환될 수 있다. 이러한 질량 감소는 결합에너지의 증가와 관련이 있다[식(5.3)]. 이들 공정은 총 핵자 수(즉, 중성자 수 + 양성자 수)를 보존하기 때문에 핵자당 평균 결합에너지는 해방될 수 있는 운동에너지의 좋은 척도이다. 그림 6.1에서, 핵당 평균 결합에너지는 핵 내의 핵수의 함수로 그려져 있다.

몇 가지 비정상적인 피크를 제외하고, 그림은 핵의 수가 증가함에 따라 핵당 평균 결합에너지가 가벼운 핵에 대해 급격히 증가한 다음 넓은 최대 값과 무거운 핵에 대한 느린 감소를 보여준다. 이러한 거동은 특정 유형의 핵 반응으로부터 상당한 양의 에너지를 얻을 수 있게 한다. 예를 들어, ^{238}U 핵은 핵자당 7.57 MeV의 결합에너지 또는 약 1800 MeV의 ^{238}U 핵에 대한 총 결합에너지를 갖는다. 어떤 이유로 이 핵이 반으로 쪼개져, 각각 119개의 핵자를 포함하는 2개의 핵을 형성한 경우, 약 2020 MeV의 두 개의 작은 핵의 총 결합에너지에 대해서 핵당 평균 결합에너지는 8.50 MeV가 된다. 약 220 MeV의 결합에너지에서의 이러한 차이는 운동에너지로서 더 작은 핵에 제공될 것이다. 무거운 핵을 두 개의 작은 조각으로 나누는 것을 분열이라고 한다. 방금 설명한 상황은 두 핵분열 조각이 동일한 수의 핵자를 가지고 있기 때문에 대칭 핵분열이라고 한다. 이 간단한 예에서, 우라늄 분열당 MeV(분열당 220 MeV)로 측정된 에너지는 우라늄 킬로그램당 줄로 변환되어 8.9×10^7 MJ / kg을 얻을 수 있다. 이것은 32.8 MJ / kg의 탄소 연소와 비교할 수 있다. 따라서, 이 간단한 모델은 핵분열이 연소 킬로그램당 약 2.7×10^6배 많은 에너지를 생산함을 보여준다.

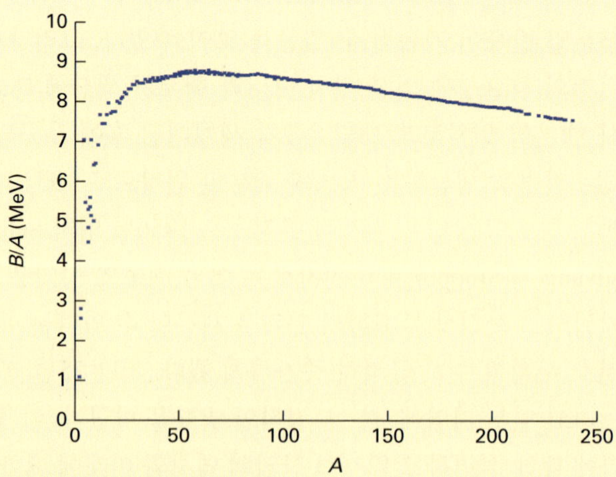

그림 6.1: 핵자 수의 함수로서 핵자당 평균 결합에너지.

Based on R.A. Dunlap, An Introduction to the Physics of Nuclei and Particles, Brooks-Cole, Belmont (2004)

이것을 다른 용어로 말하면, 우라늄 1 g은 거의 3 t의 석탄만큼 많은 에너지를 생산한다. 이것은 원자력에 대한 관심을 분명히 정당화한다. 또 다른 핵반응인 핵융합 또는 가벼운 핵의 결합은 그림 6.1의 왼쪽 부분에서 급격한 증가를 다루며 7장에서 자세히 논의된다.

우라늄 핵이 핵분열을 겪는 이유를 고려하는 것이 중요하다. 원칙적으로, 에너지를 방출하는(즉, 발열성) 공정은 자발적으로 발생할 수 있다. 이것은 우라늄 핵에서 일어날 수 있다. 왜냐하면 이 과정은 발열이기 때문이다. 그러나 우라늄 핵의 집합에서는 매우 드물게 발생한다. 그 이유는 핵을 고정시키는 힘을 조사함으로써 알 수 있다. 핵이 서로 가까이 있을 때, 이끌리는 강한 상호 작용은 하전된 양성자 사이의 반발적인 쿨롱 상호 작용을 극복하여 입자를 함께 결합시킨다. 핵은 깊은 잠재력이 있는 것으로 볼 수 있다(그림 6.2). 그러나, 개별적인 입자(적어도 양성자)를 결합하여 핵을 형성하기 위해서는, 강한 상호 작용이 이어질 수 있도록 입자가 서로 가깝게 되도록 쿨롱 반발력을 극복해야 한다. 이 동작을 담당하는 소위 쿨롱 장벽이 그림에 나와 있다. 핵 내의 입자가 분리되어(분열 중) 두 개의 작은 핵을 형성하려면, 쿨롱 장벽을 통과해야 한다. 이것은 핵의 핵자들에게는 상당히 어렵지만 때때로 발생하며 자발적인 핵분열이라고 한다. 핵분열 가능성을 높이는 한 가지 방법은 핵에 약간의 추가 에너지를 제공하는 것이다. 이것은 중성자로 핵을 공격함으로써 이루어질 수 있다.

이것이 원자로의 작동과 어떤 관련이 있는지 이해하려면 우라늄의 특성을 더 자세히 살펴볼 필요가 있다. 천연 우라늄은 두 개의 동위 원소로 구성된다. ^{235}U 및 ^{238}U은 각각 0.72% 및 99.28%로 분포하고 있다. ^{235}U와 비교하여 ^{238}U가 더 많으며 7.0×10^8년에 비해 4.5×10^9년의 반감기가 더 길다. 중성자와 ^{238}U 핵의 반응은 마지막 장에서 보여졌다:

$$n + {}^{238}U \rightarrow {}^{239}U + 4.78 \text{ MeV}. \quad (6.1)$$

이는 추가 4.78 MeV의 에너지를 제공한다(입사된 중성자의 운동에너지가 최소인 경우).

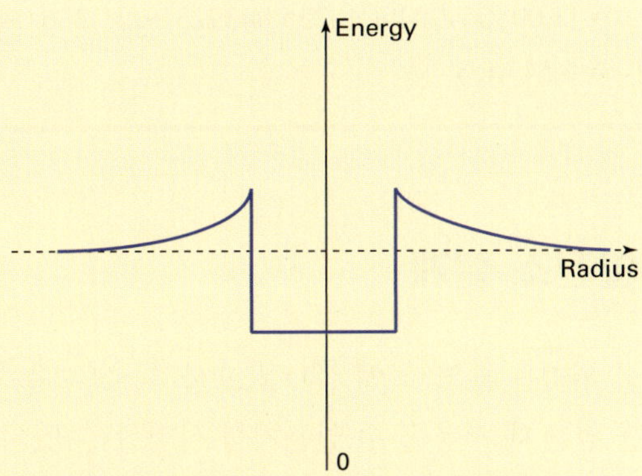

그림 6.2: 원점으로부터의 거리가 함수로서 핵의 잠재적 에너지의 단순화된 모델. 깊은 정사각형 장벽은 매력적인 강한 상호 작용에서 비롯되며 정사각형 외부의 장벽은 양성자에 대한 반발적인 쿨롱 상호 작용에서 비롯된다.

^{235}U 핵에서 중성자 입사에 대해 유사한 반응은

$$n + {}^{235}U \rightarrow {}^{236}U + 6.54 \text{ MeV}; \quad (6.2)$$

즉, 실질적으로 더 많은 에너지를 사용할 수 있게 된다. 실제 계산에 따르면 핵에서 가장 에너지가 많은 중성자와 양성자는 핵의 가장자리에 있는 쿨롱 장벽의 최대 높이 아래에서 약 6 MeV의 에너지를 가지고 있다. ^{235}U 핵에 입사 중성자(매우 작은 운동에너지를 가짐)에 의해 제공되는 에너지는 새로 형성된 ^{236}U 핵이 쿨롱 장벽을 극복하기에 충분하다. 이것은 ^{236}U 핵이 불안정하고 핵분열을 겪을 수 있음을 의미한다. 입사 중성자에 쿨롱 장벽 위로 핵을 밀어 넣기에 충분한 운동에너지(약 1.4 MeV)가 없다면 ^{238}U의 경우에는 해당되지 않는다. 저에너지 중성자에 의해 충돌될 때 핵분열을 겪는 ^{235}U와 같은 핵종을 핵분열이라고 한다. 그렇지 않은 것은 비핵분열성(nonfissile)으로 불린다. 핵과 입사 중성자와의 상호 작용으로 인한 핵분열을 유도 핵분열이라고 한다. 핵분열성 핵종에 대해서는 예제 6.1에 나타낸 결과와 비핵분열성 핵종에 대해서는 예제 5.4에 나타낸 결과를 비교한다.

예제 6.1

다음의 알려진 원자 질량 ^{235}U 및 ^{236}U를 사용하여 식(6.2)에 표시된 에너지 방출을 얻으시오.

$$m({}^{235}U) = 235.0439231 \text{ u}$$

그리고

$$m({}^{236}U) = 236.0455619 \text{ u}.$$

풀이

중성자의 질량은 부록 II에 나와 있다. 왼쪽의 초기 운동에너지가 무시될 때 반응에서의 에너지 방출은 방정식의 왼쪽과 오른쪽의 질량 차이에 해당하는 에너지에 의해 주어진다.

$$\begin{aligned} E &= [m_n + m({}^{235}U) - m({}^{236}U)]c^2 \\ &= [1.008664904 \text{ u} + 235.0439231 \text{ u} - 236.0455619 \text{ u}] \times 931.494 \text{ MeV/u} \\ &= 6.54 \text{ MeV}. \end{aligned}$$

6.3 원자력 발전소 설계

방금 설명한 우라늄 분열, 특히 ^{235}U를 포함하는 우라늄은 어떻게 우라늄이 핵 반응으로부터 에너지를 얻는 데 사용될 수 있는지를 설명할 수 있지만, 여러 가지 중요한 점들이 더 자세히 고려될 필요가 있다. 이 중 두 가지는 (1) 중성자가 어디에서 왔으며 (2) ^{238}U의 목적은 무엇인가? 그리고 중성자의 기원이 먼저 고려된다.

^{235}U 조각에서 몇 개의 핵이 자발적인 핵분열을 겪을 것이다. 비록 가능성이 적으나 1 kg

의 ^{235}U는 약 2.6 × 10^{24}개의 우라늄 핵을 포함하고 있으며, 이들 중 다수는 매우 짧은 시간에도 자발적인 분열을 겪을 것이다. 대칭 핵분열의 단순한 경우는 그리 많지 않다. 보다 일반적으로 조각 중 하나가 다른 조각보다 크다. 전형적으로, 약 137의 핵자를 갖는 하나의 단편 및 약 96개의 핵자를 갖는 하나의 단편이 생성된다. 모든 핵분열 공정이 동일한 핵분열 조각을 생성하지는 않는다. 핵분열 수율로 알려진 조각 크기의 분포는 그림 6.3에 나와 있다.

^{235}U에서 유도된 핵분열 과정의 전형적인 예는 다음과 같다.

$$n + {}^{235}U \rightarrow {}^{236}U \rightarrow {}^{137}I + {}^{96}Y + 3n, \tag{6.3}$$

여기서 ^{236}U 핵은 순간적으로만 존재하며 두 조각으로 나뉜다.

예제 6.4에서 계산된 에너지는 대칭 분열에 대한 간단한 계산값보다 약간 적다. 방정식 (6.3)의 두 가지 특징이 중요하다. 첫째, 3개의 남은 중성자가 핵분열 조각에 연결되어 있지 않다. 둘째, 핵분열 조각은 안정적이지 않다. 이러한 특성의 이유는 그림 5.1의 Segrè 플롯에서 쉽게 확인할 수 있다. 가벼운 β 안정 핵은 대략 같은 수의 중성자와 양성자를 가지고 있는 반면, 무거운 β 안정 핵은 양성자보다 많은 중성자를 가지고 있다. 따라서, 무거운 β 안정 핵이 2개의 더 작은 핵으로 부서질 때, 2개의 더 가벼운 β 안정 핵을 형성하는데 필요한 것보다 더 많은 중성자가 있다. 일반적으로 2개 또는 3개(분열당 평균 약 2.5)인 이 중성자 중 일부는 방출되어 분열 시점에 나타나기 때문에 즉발 중성자라고 한다(자세한 내용은 다음 절에서). 나머지 중성자들은 핵분열 조각에 붙어 있지만, 양성자 수와 비교하여 β가 안

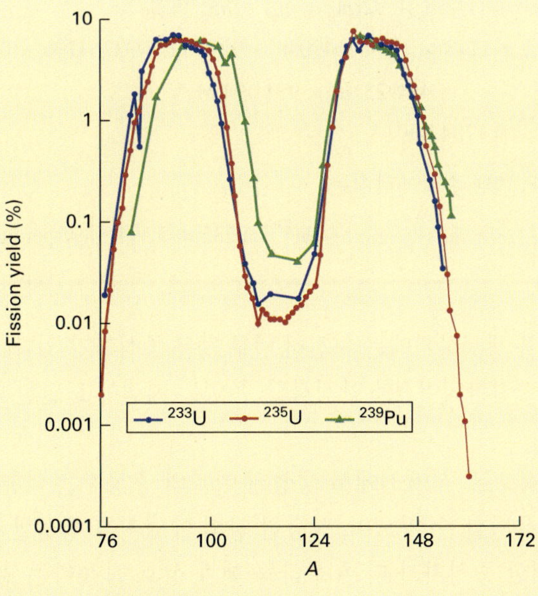

그림 6.3: 일부 핵분열성 핵에 대한 핵분열 수율.

Based on A.M. Weinberg and E.P. Wigner, The Physical Theory of Neutron Chain Reactions, University of Chicago Press, Chicago (1958)

예제 6.2

유도 핵분열 과정은

$$n + {}^{235}U \rightarrow {}^{236}U \rightarrow {}^{139}Cs + X + 3n.$$

핵종 X의 정체성을 결정하라.

풀이

방정식의 양변에서 중성자와 양성자의 수의 균형을 맞출 필요가 있다. 왼쪽에는 144개의 중성자와 92개의 양성자가 있는 ^{236}U가 있다. 오른쪽에 ^{139}Cs는 84개의 중성자와 55개의 양성자가 있다. 따라서 핵종 X는

$$N = 144 - 84 - 3 = 57 \text{ neutrons}$$

그리고

$$Z = 92 - 55 = 37 \text{ protons.}$$

37개의 양성자는 원소가 Rb이고 총 핵자의 수는 57 + 37 = 94가 되므로 핵종 X = ^{94}Rb.

예제 6.3

예제 6.1에 주어진 ^{235}U의 원자 질량으로부터, 이 핵종에 대한 핵당 결합에너지를 계산하라.

풀이

각 우라늄 원자에는 92개의 양성자와 92개의 전자가 있다. 따라서 ^{235}U에는 143개의 중성자가 있으며 총 결합에너지는

$$\begin{aligned} B({}^{235}U) &= [143m_n + 92(m_p + m_e) - m({}^{235}U)]c^2 \\ &= [143 \times 1.008664904u + 92 \times (1.007276470u + 0.0005485799u) \\ &\quad - 235.0439231u] \times 931.494 \text{ MeV/u} \\ &= 1784 \text{ MeV.} \end{aligned}$$

따라서 핵당 결합에너지는

$$B({}^{235}U)/235 = 7.591 \text{ MeV per nucleon.}$$

정된 핵을 생성하기에는 여전히 너무 많은 중성자가 있다. 이 불안정한 핵은 충분한 중성자가 양성자로 변환되어 β를 안정시킬 수 있는 지점에 도달할 때까지(약 γ 붕괴와 함께) β 붕괴를 겪는다.

원칙적으로, 식(6.3)에서 생성된 여분의 중성자는 다른 ^{235}U 핵에서 발생하여 더 많은 핵분열을 유발할 수 있으며, 상당한 양의 에너지를 생성할 수 있는 연쇄 반응을 일으킬 수 있다. 이러한 중성자가 다른 우라늄 핵과 상호 작용하는 방식과 연쇄 반응이 어떻게 통제된 방식으로 계속될 수 있는지 고려하는 것이 중요하다. 중성자가 식(6.3)과 같은 핵분열 반응에 의해 방출될 때, 약 2.0 MeV의 운동에너지를 갖는다. 이 중성자가 우라늄 조각 내에서

예제 6.4

다음 원자 질량을 사용하여 식(6.3)에 표시된 유도 핵분열 프로세스에서 실제 핵분열에너지 방출을 계산하라.

$$m(^{235}\text{U}) = 235.0439231 \text{ u.}$$
$$m(^{137}\text{I}) = 136.91787084 \text{ u.}$$
$$m(^{96}\text{Y}) = 95.91589779 \text{ u.}$$

풀이

초과 에너지는 방정식의 왼쪽에 있는 질량과 오른쪽에 있는 질량의 차이의 에너지 동등성에 의해 제공된다.

$$E = \{[m_n + m(^{235}\text{U})] - [m(^{137}\text{I}) + m(^{96}\text{Y}) + 3m_n]\}c^2$$
$$= [(1.008664904 \text{ u} + 235.0439231 \text{ u}) - (136.91787084 \text{ u} + 95.91589779 \text{ u}$$
$$+ 3 \times 1.008664904 \text{ u})] \times 931.494 \text{ MeV/u}$$
$$= 179.6 \text{ MeV.}$$

방출되면 몇 가지 일이 일어날 수 있다. 각 중성자는 다음 과정 중 하나를 겪을 수 있다.

1. 우라늄 핵에 흡수되어 핵분열을 유도하여 더 많은 중성자를 생성할 수 있다.
2. 그것은 우라늄 핵에 흡수되어 (n, γ) 반응을 겪어 핵에 가용한 과잉 에너지를 쿨롱 장벽의 에너지보다 낮은 값으로 낮춘다. 이 경우 중성자는 이전 장에서 설명한대로 포집되며 추가 분열에 기여할 수 없다.
3. 반응 1 또는 2를 거치지 않고 우라늄 조각에서 나올 수 있으며, 이 경우 추가 핵분열에 기여할 수 없다.
4. 재료의 다른 입자와 상호 작용할 수 있으며 운동에너지의 일부만 손실된다. 이 경우 여전히 1, 2 또는 3과 같이 상호 작용할 가능성이 있다.

평균적으로, 하나의 유도된 핵분열 사건에 대해 2.5 핵분열 중성자가 생성되기 때문에, 이들 중성자 중 하나가 다른 핵분열을 유도하기 위해 진행하고 과정 2 및 3에서와 같이 1.5가 손실되면 연쇄 반응은 제어된 방식으로 계속될 것이다. 그런 다음 반응기가 중요하다. 우라늄 조각이 매우 작으면 많은 중성자가 이탈할 것이다(과정 3). 우라늄이 특정 크기(임계 질량)를 초과하면 연쇄 반응이 가능하다. 임계 질량은 반응 1의 확률을 알고 계산할 수 있다. 이는 핵분열 단면과 관련이 있으며, 그림 6.4에서 ^{235}U 및 ^{238}U의 에너지 함수로 표시된다. 순수한 ^{235}U의 구형 조각은 약 8.7 cm의 반경에 해당하는 약 52 kg의 임계 질량을 갖는다. 질량이 52 kg 미만인 경우 연쇄 반응이 종료된다. 중성자가 너무 많으면 더 많은 핵분열이 발생하기 때문이다. 52 kg을 초과하는 ^{235}U의 질량에 대해, 각 핵분열에서 하나 이상의 중성자가 다른 핵분열을 유발하기 때문에 연쇄 반응이 제어에서 벗어날 수 있다. 이 경우

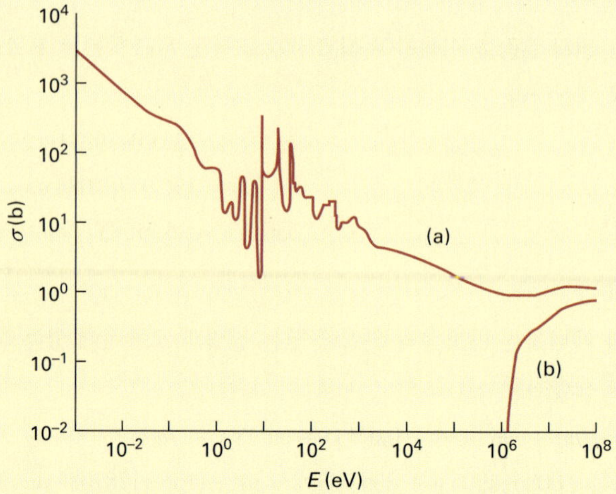

그림 6.4: (a) ^{235}U 및 (b) ^{238}U 핵에 대한 barn 핵분열 단면. 단면은 다가오는 중성자에 의해 보여지는 우라늄 핵의 겉보기 영역이며 반응이 일어날 확률의 척도이다. 횡단면은 1 barn = 10^{-28} m^2 단위로 측정된다.

Based on R.A. Dunlap, An Introduction to the Physics of Nuclei and Particles, Brooks-Cole, Belmont (2004)

방출되는 에너지의 양은 매우 짧은 시간에 매우 커진다. ^{235}U 조각의 질량을 임계 질량으로 유지하는 것은 불가능하므로, 이러한 공정은 너무 빨리 발생하기 때문에 제어를 벗어나지 않고 반응이 유지된다. 원자로 제어에 대한 접근 방식은 ^{238}U의 거동과 핵분열 조각의 특성에 대한 자세한 이해에 달려 있다. 핵분열 원자로의 이러한 측면은 아래에서 논의된다.

그림 6.4는 ^{238}U의 핵분열 단면이 약 2 MeV 아래로 매우 빠르게 떨어진다는 것을 보여준다. ^{238}U는 핵분열이 없기 때문에 핵분열을 유발하기 위해서는 중성자의 추가 운동에너지가 필요하기 때문이다. 중성자가 원래 에너지를 많이 잃으면 ^{238}U에서 핵분열을 유발할 수 없다. 이 그림은 또한 매우 낮은 에너지의 중성자가 ^{235}U 핵에 입사할 때 우라늄에서 핵분열을 유발할 수 있는 가장 큰 기회가 발생함을 보여준다. 여기에서 확률은 고에너지에서 ^{235}U 또는 어떤 에너지에서든 ^{238}U보다 1000배 이상 크다. 따라서, 천연 우라늄에서는 ^{235}U가 모든 우라늄 핵의 1% 미만을 차지하지만, ^{238}U에서 발생하는 에너지 중성자보다 ^{235}U에서 저에너지 중성자 입사에 대해 유도 핵분열이 발생할 가능성이 훨씬 높다. 따라서 예측 가능한 방식으로 핵분열을 생성하는 가장 좋은 방법은 중성자를 늦추고 우라늄 핵과 상호작용하는 것을 방지하는 것이다. 일단 그들의 에너지가 매우 낮은 값으로 감소되면, 그들은 ^{235}U 핵에서 핵분열을 유발할 수 있는 우라늄 핵 집합에 영향을 받을 수 있다. 이 절차는 중성자가 ^{235}U 또는 ^{238}U와의 반응(반응 2에서와 같이)을 겪음으로써 ^{235}U 핵과 상호 작용하고 핵분열을 유발하지 않도록 한다.

이러한 접근법은 반응기 내의 우라늄(연료 요소) 조각을 상당히 작게(즉, 임계 질량보다 훨씬 작게) 함으로써 구현될 수 있다. 이것은 핵분열 사건으로부터 중성자가 방출될 때, 연

예제 6.5

핵분열 사건을 유발하기 전에 핵분열 교차점이 σ인 물질에서 중성자가 이동한 평균 거리는 다음과 같다.

$$d = (n\sigma)^{-1}$$

여기서 n은 단위 부피당 핵의 수이다.

(a) 다른 핵분열을 유도하기 전에 ^{235}U 조각에서 핵분열 중성자가 이동한 평균 거리를 계산하시오.

(b) 감속된 후에 저에너지(10^{-2} eV에서)가 ^{235}U 조각에 들어가도록 (a)를 반복하시오.

풀이

(a) ^{235}U의 중성자 핵분열 단면은 그림 6.4에 나와 있다. 핵분열 중성자들은 약 2.5 MeV의 초기 에너지를 가지므로, 그 에너지의 단면적은 다음과 같다.

$$1 \text{ barn or } 10^{-28} \text{ m}^2.$$

^{235}U 핵의 수 밀도는 질량 밀도 ρ에 의해 주어진다.

$$n = \rho/m$$

여기서 m은 ^{235}U 핵의 질량이다.

$$m = (235 \text{ u}) \times (1.66 \times 10^{-27} \text{ kg/u}) = 3.9 \times 10^{-25} \text{ kg}.$$

우리늄의 질량 밀도는 $\rho = 1.91 \times 10^4 \text{ kg/m}^3$이다.

$$n = (1.91 \times 10^4 \text{ kg/m}^3)/(3.9 \times 10^{-25} \text{ kg}) = 4.9 \times 10^{28} \text{ m}^{-3}.$$

위에 주어진 방정식으로 수 밀도와 단면을 대체하면 다음과 같이 이동한 평균 거리가 제공된다.

$$d = [(4.9 \times 10^{28} \text{ m}^{-3}) \times (10^{-28} \text{ m}^2)]^{-1} = 0.20 \text{ m}.$$

이것은 본문에 주어진 임계 질량, 즉 0.174 m로 ^{235}U 조각의 직경의 근사치이다.

(b) 저에너지 중성 (10^{-2} eV)자의 경우, 그림 6.4는 ^{235}U의 핵분열 단면이 약 10^3 barns = 10^{-25} m^{2}임을 보여준다. 위의 유도에 따라

$$d = [(4.9 \times 10^{28} \text{ m}^{-3}) \times (10^{-25} \text{ m}^2)]^{-1} = 2.0 \times 10^{-4} \text{ m}.$$

이것이 열 중성자 원자료의 연료봉이 직경이 매우 클 필요가 없는 이유이다.

료 요소(과정 3)에서 빠르게 빠져 나가 중성자의 에너지를 감소시키는 감속재로 알려진 물질(우라늄을 함유하지 않음)을 통해 이동한다는 것을 의미한다. 감속재는 레벨이 감속재에서 원자의 열 에너지와 비슷한 약 0.03 eV가 될 때까지 중성자의 에너지를 낮춘다. 그 중성자를 열 중성자로 지칭하고, 이 원리에 따라 작동하는 원자로는 열 반응기 또는 열중성

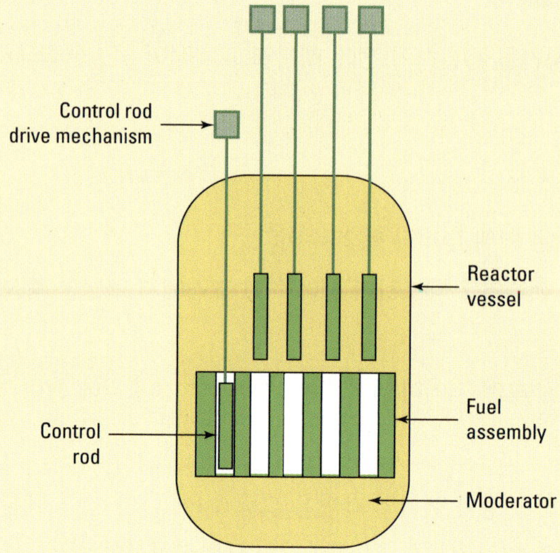

그림 6.5: 연료 요소, 제어봉 및 중재자를 보여주는 열 원자로 코어의 설계.

Based on from R.A. Dunlap, An Introduction to the Physics of Nuclei and Particles, Brooks-Cole, Belmont (2004)

자 반응기라고 한다. 중성자가 다른 연료 원소로 들어가면 ^{235}U 핵에서 핵분열을 빠르게 유발한다. 연료 요소들 사이의 중성자의 흐름은 바람직하지 않은 핵반응 없이 중성자를 쉽게 흡수하는 물질(종종 카드뮴 또는 붕소)로 만들어진 제어봉에 의해 제어된다. 원자로 노심의 일반적인 설계는 그림 6.5와 같다. 각각의 제어봉은 각각의 연료 요소의 더 크거나 작은 부분이 이웃하는 연료 요소에 노출되어 더 많거나 적은 핵분열이 발생하도록 이동될 수 있다. 반응기 내의 중성자 밀도 및 온도가 모니터링 될 수 있고, 연쇄 반응을 유지하기 위해 연료 요소들 사이의 중성자 흐름을 증가시키거나 감소시키도록 제어봉이 이동될 수 있다. 이 상태는 정확히 1개의 핵분열 중성자(평균)가 추가 핵분열을 유발할 때 충족된다. 제어된 핵분열 반응이 유지되는 방법은 다음 절에서 설명한다.

6.4 분열 반응 조절

원자로 제어의 기본 원칙은 원자로에서 발생하는 공정의 시간 척도를 신중하게 고려해야 한다. 일단 중성자가 핵에 흡수되면, 실제 핵분열 과정 자체는 10^{-8}초 정도로 매우 빠르며, 이는 즉발 중성자가 방출되는 시간 척도이다. 중성자가 감속재를 통과하는 데 걸리는 시간은 아마도 10^{-4}초 정도이다. 제어봉을 물리적으로 이동하는 데 걸리는 시간과 비교할 때 여전히 짧은 시간이다. 일반적으로 작동 조건의 변화에 따라 일부 기계적 또는 유압적 방법으로 수행된다. 중성자 플럭스 증가에 따라 제어봉을 이동하는 데 1초가 걸리면 반응기가 빠르게 불안정해질 수 있다. 예를 들어, 핵분열 시간 상수(즉, 중성자 방출과 후속 유도 핵분열 사이의 시간)가 10^{-4}초이고 핵분열을 유발하는 핵분열 중성자의 수가 갑자기 1.00에서 1.01로 변하는 경우를 고려한다. 10^{-4}초 간격에서, 반응기 내의 핵분열 중성자의 수는 0.01(또는 1%)만큼 증가하고, 다음 10^{-4}초 간격에서 핵분열 중성자의 수는 초기 값의 1.01^2로 증가한다. 1초 후 중성자 수가 $1.01^{10,000}$ 또는 초기 값의 약 10^{43}배로 증가했다. 이것은 연료봉에 있는 모든 우라늄 핵과 관련된 총 중성자 수보다 훨씬 크다(우라늄 킬로그램에는 약 3.5×10^{26} 중성자가 들어 있다). 따라서 이 상황에서 원자로의 모든 연료는 1초 이내에 핵분열을 겪어 매우 바람직하지 않은 에너지 방출 속도를 초래한다(6.8절).

이 어려움을 해결하려면 핵분열 파편의 특성을 보다 면밀히 살펴 보는 것이 중요하다. 핵분열 단편은 불가피하게 β가 불안정하고 너무 많은 중성자를 갖는다. 일반적으로, 이들 핵 β는 중성자를 안정될 때까지 양성자로 변환함으로써 붕괴된다. 때때로 이 과정에서 β 붕괴 과정이 발생하기 전에 단편 중 하나의 핵의 일부인 중성자 중 하나(그리고 매우 밀접하게 구속되지 않은)가 이탈한다. 이것을 지연 중성자 방출이라고 하며 그림 6.6에서 질량 137의 핵분열 조각에 대해 설명한다. 그림에서 알 수 있듯이 지연된 중성자 방출 시간(이 경우)은 약 23초이다. 평균적으로, 핵분열은 전형적인 핵분열의 경우 약 10초 정도이며, 즉발 중성자를 포함한 프로세스의 시간 규모에 비해 실질적으로 더 길다. ^{235}U 핵분열의 경우, 생성된 중성자 중 약 2%가 지연된 중성자이다. 발전소는 일반적으로 약 99% 즉발 중성자로 설계된다. 임계 조건에 도달하는 데 필요한 중성자의 추가 1%는 지연된 중성자이며 제어 막대를 조정하는 방법과 호환되는 시간 단위로 쉽게 제어할 수 있다.

6.5 열 중성자 반응기의 종류

전 세계적으로 여러 유형의 열 반응기가 현재 사용되고 있다. 그것들은 주로 감속재로 사용되는 재료와 반응기에서 열이 추출되는 방식이 다르다. 전자는 또한 사용된 연료의 세부

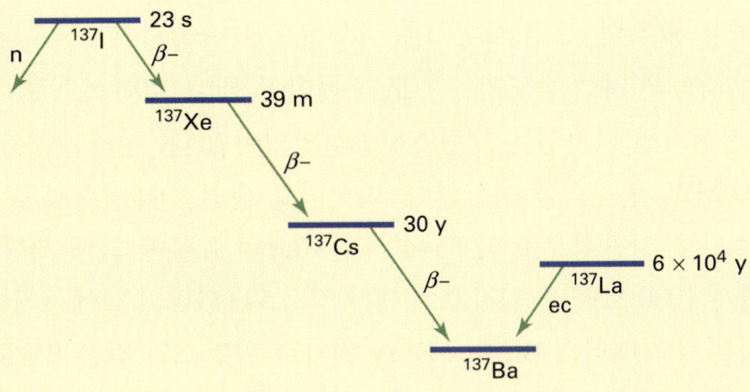

그림 6.6: 137핵으로부터 지연된 중성자 방출을 나타내는 β 안정 ^{137}Ba로의 137개의 핵 (^{137}I)을 갖는 핵분열 단편의 β 붕괴

사항에 영향을 미친다. 감속재 재료의 요구 사항은 다음과 같다.

1. 재료는 상당히 조밀해야 한다(즉, 액체와 고체는 괜찮지만 가스는 그렇지 않다).
2. 재료의 핵은 상당히 가벼워야 한다. 이렇게 하면 감속재의 핵과 상호 작용할 때 중성자가 손실하는 에너지의 양이 최적화된다. (참고 : 이것은 간단한 역학으로 이해될 수 있다. 중성자가 비슷한 크기의 물체(예 : 양성자)와 충돌하면 다른 물체는 반동하여 중성자의 일부 에너지를 제거한다. 중성자가 매우 큰 물체와 충돌하면 핵은 다소 탄력적으로 흩어져 에너지를 거의 잃지 않는다.)
3. 재료는 중성자를 흡수하기 보다는 느리게 해야 한다.
4. 중성자와 감속재와의 상호 작용은 바람직하지 않거나 위험한 물질을 생성하지 않아야 한다.
5. 물질은 가능한 한 독성이 없고, 화학적으로 안정하며, 비교적 저렴해야 한다.

불행히도 이러한 모든 측면에서 감속재는 완벽한 물질이 아니다. 그러나 이 기준을 만족시키는 데 3가지 재료가 합리적으로 우수하며 원자로에서 일반적으로 사용된다. 이러한 재료는 물(H_2O), 중수(D_2O) 및 흑연(탄소)이다. 전 세계적으로 수많은 다른 원자로 설계가 사용되고 있지만, 대부분 물 조절 원자로(미국에서 개발), 중수 조절 원자로(캐나다에서 개발) 및 흑연 조절 원자로(영국, 프랑스 및 러시아에서 개발)의 기본 범주에 속한다.

물 조절 반응기는 끓는 물 반응기 또는 가압수 반응기일 수 있다. 전자는 전력 원자로로 사용된다. 후자는 또한 원자력 선박 및 잠수함에 대한 동력 원자로 또는 더 작은 버전으로 사용될 수 있다. 끓는 물 반응기(BWR)는 아마도 가장 간단한 원자로일 것이다. 우라늄(UO_2 형태)은 직경과 길이가 센티미터 단위인 원통형 연료 펠릿으로 형성된다. 약 3~4 m 길이의 금속 튜브에 포장되어 있다. 튜브는 일반적으로 약 100개의 튜브(그림 6.7)의 연료 다발(방금 언급한 연료 요소)로 결합된다. 연료 다발은 코어에 배치되고 감속재로 둘러싸여 있으며 제어봉으로 분리되어 있다. 발전소는 수백 개(최대 약 800개)의 연료 다발을 포함하고 코어의 총 우라늄 질량은 약 10만 kg이다. BWR에서 물(감속재)은 터빈을 가동하기 위한 증기를 생성하는 데에도 사용된다. 물이 모든 측면에서 감속재로서 이상적이지 않기 때문에(특히, 요구 사항 3을 이상적으로 만족시키지는 않음), 이러한 원자로에 사용되는 우라늄은 자연 농도가 ^{235}U보다 높아야 한다. 일반적으로, 연료는 약 3% ^{235}U로 농축된다. 전형적인 디자인은 그림 6.8에 설명되어 있다. 이러한 유형의 반응기는 일반적으로 약 1000 MW_e의 전력을 생산한다. 화석연료 생성 스테이션과 같은 원자로는 열 엔진이며 전체 효율은 일반적으로 약 35~40%인 Carnot 효율에 의해 제한된다는 점을 기억해야 하며, 따라서 1000 MW_e는 원자로에 의해 약 2.5~3 GW의 열에너지 생산에 해당된다. 그림 6.9에 표시된 앨라배마의 Browns Ferry 원자력 발전소와 같은 BWR은 미국에서 일반적으로 사용된다.

가압 수형 원자로(PWR)는 BWR과 유사하다. 연료 요소의 설계는 일반적으로 약 200개

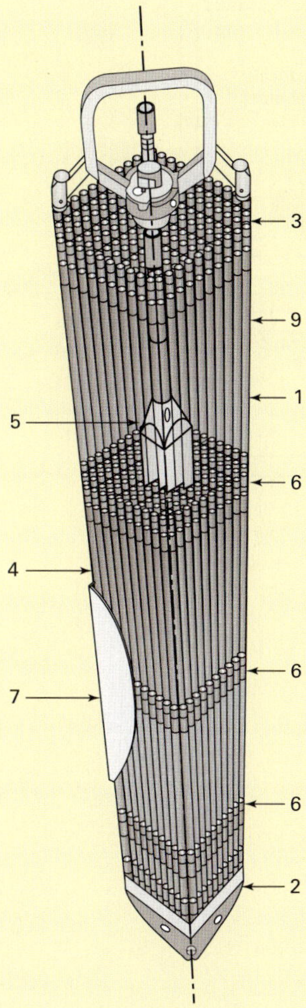

그림 6.7: BWR 연료 어셈블리. (1) 연료 어셈블리, (2) 베이스 플레이트, (3) 헤드, (4) 연료봉 다발, (5) 수로, (6) 스페이서 그리드, (7) 연료 채널 및 (9) 전장 연료봉.

U.S. patent Application, BWRnuclear fuel assembly with nonretained partial length fuel rods, US 20120243652 A1

의 봉이 다발을 구성하고 코어에 약 150~200개의 다발이 포함되어 있다는 점을 제외하면 비슷하다(그림 6.10). PWR에서 감속재로 사용된 물은 압력이 가해져 끓는 것을 방지한다. 과열된 물은 열 교환기를 통해 열을 고압으로 유지하지 않고 끓여서 증기를 생성하는 물로 전달한다; 이 증기는 차례로 터빈을 작동시킨다(그림 6.11). 이는 원자로 설계(BWR에 비해)의 복잡성을 증가시키지만 원자로 노심에서 방사성 물질이 환경으로 유입될 가능성을 줄인다. PWR의 사진은 그림 6.12에 나와 있다.

중수 조절 원자로는 캐나다에서 개발되었으며 CANDU (Canadian Deuterium Uranium) 원자로로 알려져 있다. 디자인은 PWR과 유사하다. 감속재는 압력을 받고 끓지 않는다. 오히려 열 교환기를 통해 물을 끓여 증기를 발생시켜 터빈을 구동한다. 연료 다발은 BWR 및 PWR의 것보다 작고 길이는 약 1.5 m이며 일반적으로 37개의 연료봉을 포함한다(그림 6.13). 이 반응기는 자연적으로 풍부한 ^{235}U를 사용한다. 기존의 CANDU 원자로는 약 700 MW_e를 생산했지만 새로운 설계는 약 1200 MW_e를 생산한다. 그림 6.14와 같이 CANDU 원자로는 현재 캐나다, 중국, 아르헨티나, 루마니아 및 파키스탄에서 사용되고 있다. CANDU 원자로를 기반으로 한 유사한 원자로 설계가 인도에서 사용되고 있다.

영국과 프랑스에서 개발된 흑연 조절 원자로는 가스 냉각제를 사용하여 열 교환기를 통해 원자로에서 물로 열을 전달한다. 헬륨과 CO_2는 모두 냉각제로 사용되었다. 설계도는 그림 6.15에 나와 있다. 다양한 디자인은 천연 또는 농축(약 2% ^{235}U) 연료를 사용한다. 가스 냉각 흑연 조절 반응기가 그림 6.16에 나와 있다.

수냉식 흑연 조절 반응기는 러시아에서 광범위하게 사용되었다. 러시아 디자이너의 이름(Reactor Bolshoi Moschnosti Kanalynyi)의 이름을 따서 RBMK 원자로라고 한다. 연료는 1.8%로 농축된 ^{235}U이며, 연료 요소는 일반적으로 약 7 m로 매우 길다. 연료 다발의 그림이 그림 6.17에 나와 있고, 원자로 설계의 개략도는 그림 6.18에 나와 있다. 러시아의 작동 가능한 RBMK 원자로는 그림 6.19에 나와 있다. 이 설계의 이유와 작동에 대한 자세한 내용은 체르노빌에서 이 유형의 원자로 관련 사고와 관련하여 이 장의 뒷부분에서 설명한다.

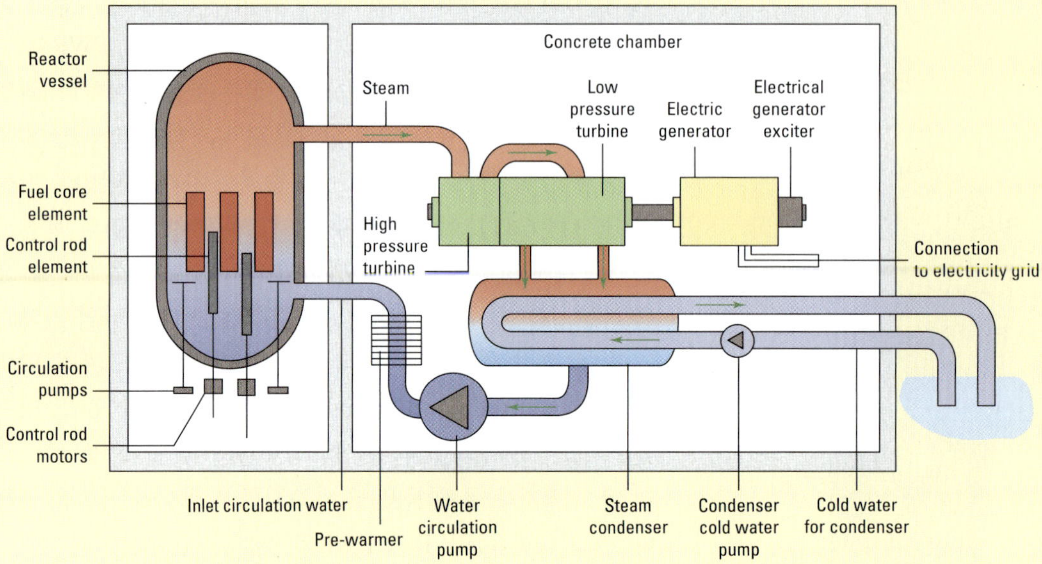

그림 6.8: BWR 설계의 개략도.

Based on U.C. NCR, BWR diagram, http://www.nrc.gov/reading-rm/basic-ref/teachers/bwr-diagram.html

그림 6.9: 앨라배마 디케이터 근처의 브라운 페리 원자력 발전소는 3.3 GW_e의 결합된 생성 용량을 가진 3개의 끓는 물 반응기로 구성된다. 사진 왼쪽 아래의 구조에는 펜 구동 냉각탑이 있다.

U. S. Nuclear Regulatory Commission

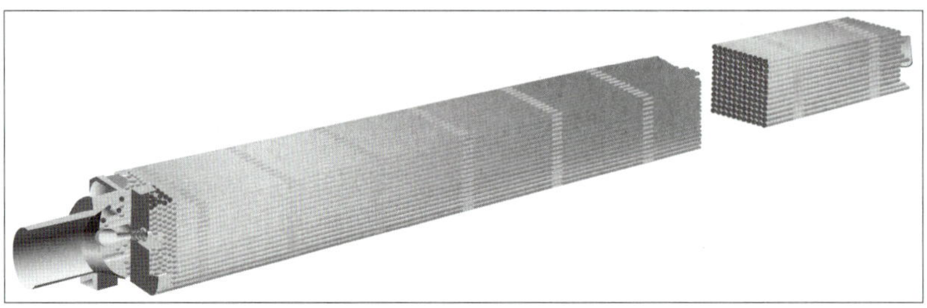

그림 6.10: PWR 연료 다발.

U.S. Maritime Administration

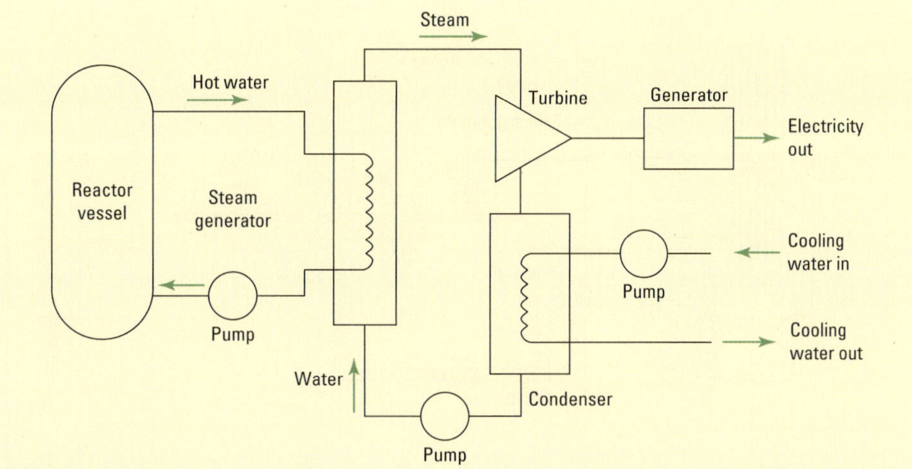

그림 6.11: PWR 개략도.

Based on R.A. Dunlap, An Introduction to the Physics of Nuclei and Particles, Brooks-Cole, Belmont (2004)

그림 6.12: 미국 뉴햄프셔의 1244-MW_e PWR 시브룩원자력 발전소.

Richard A. Dunlap

그림 6.13: CANDU 원자로 연료 다발.

Atomic Energy of Canada Limited

그림 6.14: 중국 저장성 진산 원자력 발전소의 CANDU 원자로

STR/Stringer/AFP/Getty Images

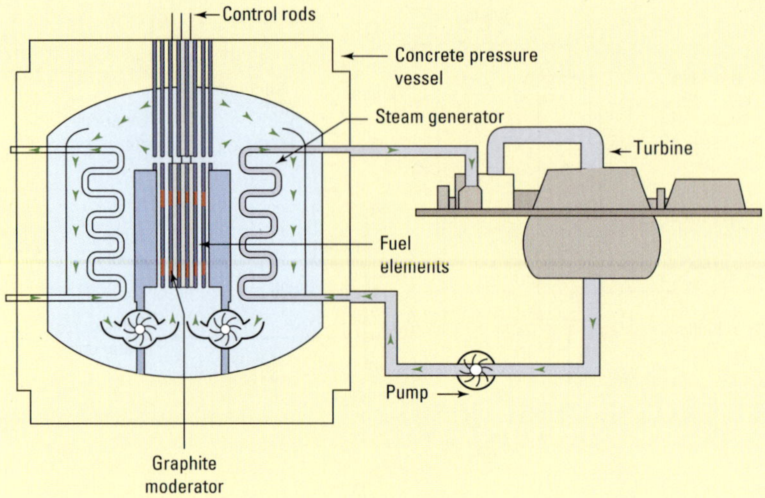

그림 6.15: 가스 냉각식 흑연 조절 원자로의 개략도.

Based on World Nuclear Association, Nuclear Power Reactors, http://www.world-nuclear.org/info/inf32.html

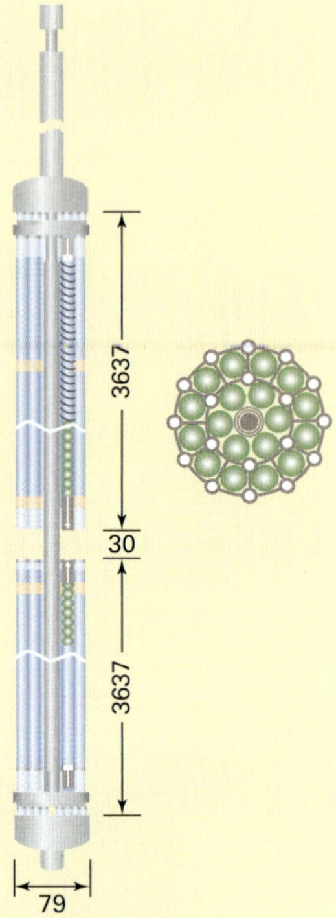

그림 6.17: RBMK 원자로용 연료다발. 치수는 mm이다.

Based on World NuclearAssociation, Nuclear Power Reactors, http://www.world -nuclear.org/info/inf32.html

그림 6.16: 스코틀랜드 토네스 원자력 발전소의 가스 냉각 흑연으로 조절되는 원자로.

Jonathan Littlejohn/Alamy Stock Photo

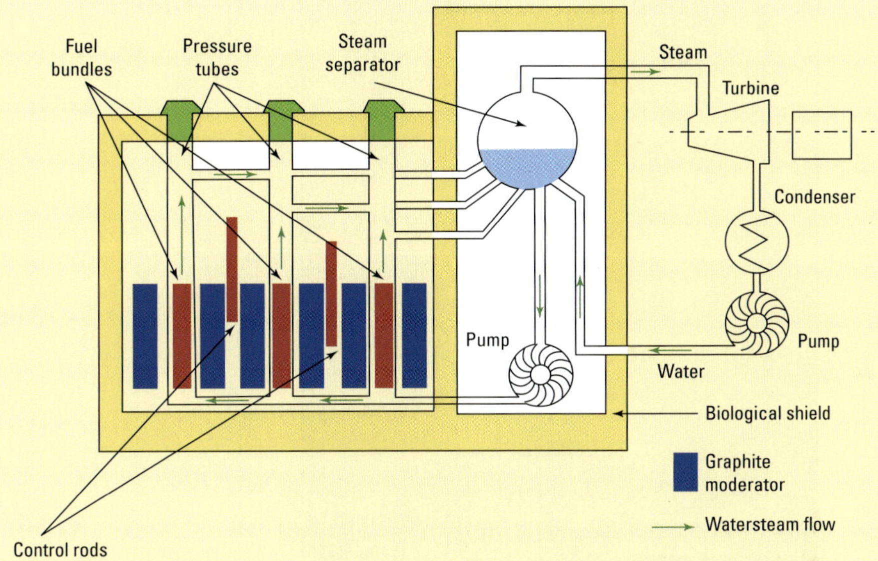

그림 6.18: RBMK 반응기의 개략도.

Based on World Nuclear Association, Nuclear Power Reactors, http://www.world-nuclear.org/info/inf31.html

예제 6.6

40% Carnot 효율로 작동하는 열 분열 원자로가 천연 우라늄에서 핵분열 ^{235}U에서 1 GW_e 출력을 생성하는 경우, 원자로에 연료를 공급하기 위해 초당 필요한 우라늄의 질량을 계산하라.

풀이

하나의 ^{235}U 핵의 유도 핵분열은 약 180 MeV의 에너지를 생성한다(예제 6.4 참조). Joules에서 이것은

$$(1.8 \times 10^8 \text{ eV}) \times (1.6 \times 10^{-19} \text{ J/eV}) = 2.88 \times 10^{-11} \text{ J.}$$

40%의 효율로 작동하는 1 GW_e 원자로는 2.5 GW의 열 에너지 또는 2.5×10^9 J/s를 생산해야 한다. 이것은 다음을 필요로 한다.

$$(2.5 \times 10^9 \text{ J/s})/(2.88 \times 10^{-11} \text{ J}) = 8.68 \times 10^{19} \text{ fissions per second.}$$

천연 우라늄이 0.72% ^{235}U이기 때문에 초당 원자로에 연료를 공급하는 데 필요한 총 우라늄 핵의 수는

$$(8.68 \times 10^{19} \text{ s}^{-1})/(0.0072) = 1.21 \times 10^{22} \text{ s}^{-1}.$$

이것은

$$(1.21 \times 10^{22} \text{ s}^{-1})/(6.02 \times 10^{23} \text{ mol}^{-1}) = 0.02 \text{ mol/s.}$$

우라늄 1몰의 질량은 약 238 g이므로 연료 소비는

$$(0.02 \text{ mol/s}) \times (238 \text{ g/mol}) = 4.8 \text{ g/s.}$$

그림 6.19: 러시아 레닌그라드 주, Sosnovy Bor에 있는 레닌그라드 원자력 발전소. 이 시설은 4개의 1 GW_e RBMK 원자로로 구성된다. 현장에서 4개의 추가 PWR이 시공될 예정이다.

ITAR-TASS Photo Agency/Alamy Stock Photo

6.6 핵분열에너지의 현재 이용

1950년대 후반에 최초의 상업용 원자력 원자로를 시작으로, 이후 30년 동안 원자력 산업의 실질적이고 일관된 성장이 있었으며, 그림 6.20과 같이 매년 새로운 원자력 발전소 건설이 시작된다. 이러한 성장은 원자력이 거의 무한하고 합리적인 가격의 전기 공급원이라는 인식에 기인한 것이다. 이러한 상황은 1980년대 중반에 바뀌었고 최근 몇 년간 새로운 성장이 있었지만 원자력 발전은 상당히 둔화되었다. 그러나 이러한 데이터는 노후화 원자로의 해체와 관련하여 고려해야 한다. 운영 원자로의 총 수와 생성된 총 에너지는 원자력 이용의 가장 좋은 지표일 수 있다. 그림 6.21은 원자력 산업이 시작된 이래 연도의 함수로서 미국의 총 원자력 발전 용량과 예상되는 진보 및 퇴보에 따른 향후 몇 년간의 예측을 보여준다. 이 수치는 1990년 이래로 미국에서 원자력 사용이 거의 일정하다는 것을 보여준다. 그림 6.22는 1971년 이후 전 세계적으로 생성된 총 원자력을 보여주고 있으며 1990년대 동안 전 세계적으로 약간의 성장이 계속되었지만 원자력 생산은 그 이후로 크게 바뀌지 않았다.

원자력의 현재 사용은 표 6.1에 요약되어 있다. 분명히 원자력은 세계 대부분의 다른 지역보다 유럽의 발전에 훨씬 더 중요한 기여를 한다. 원자력의 사용은 프랑스에서 총 발전

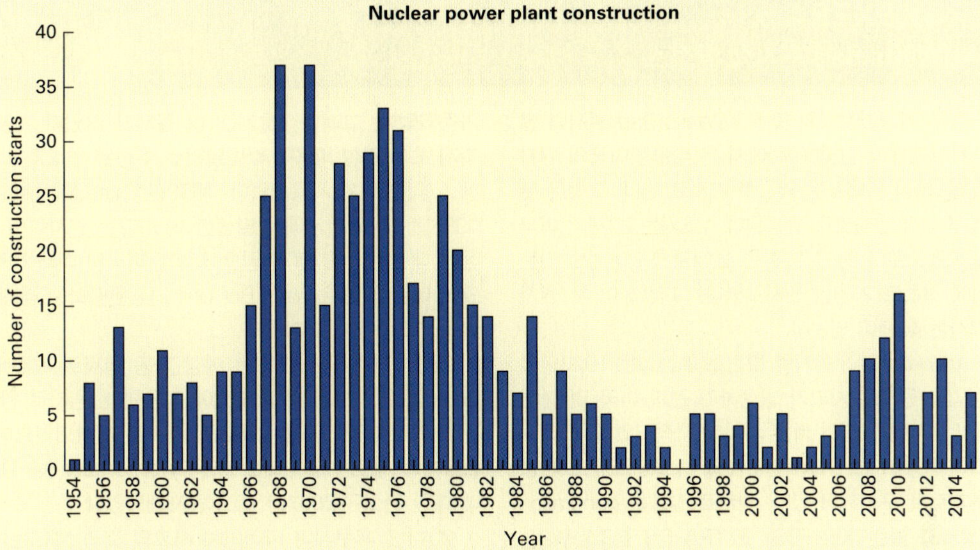

그림 6.20: 1954년 이래로 매년 시작되는 원자력 발전소 건설의 수치

Based on https://www.oecd-nea.org/press/press-kits/economics.htm and https://www.iaea.org/PRIS/home.aspx

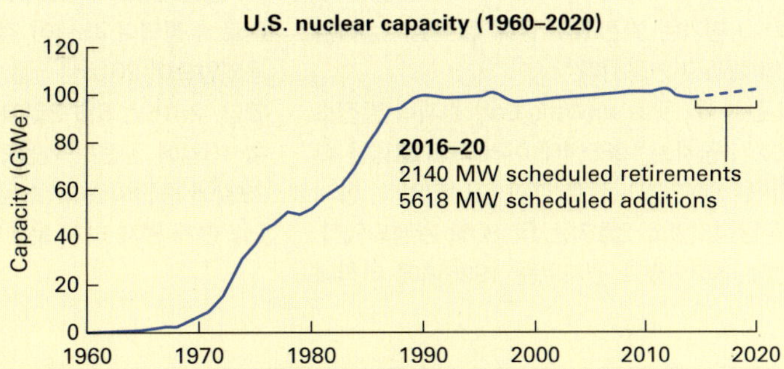

그림 6.21: 1960년 이후의 미국 핵 발전 용량과 2020년까지의 전망.

U.S. Energy Information Association, Today in Energy, http://www.eia.gov/todayinenergy/detail.php?id=23592

용량과 전체 발전의 일부 측면에서 특히 중요하다. 프랑스에서의 비탄소 생산 발전에 대한 야심찬 접근은 국가의 탄소 배출량에 반영될 수 있다(표 4.8에 나와 있으며 이전 장에서 논의). 이 표는 또한 한국에 중요한 원자력 프로그램이 있음을 보여준다. 과거 일본은 원자로의 수에 따라 상당한 원자력 발전이 있었다. 그러나 후쿠시마 사고(6.8c절 참조)에 따라 해당 국가의 거의 모든 원자로 시설의 운영이 중단되어 2015년의 에너지 생산 수준이 매우 낮아졌다. 현재 중국의 발전은 향후 몇 년 동안 전 세계 원자력 에너지 생산량을 증가시킬 것으로 보인다.

ENERGY EXTRA 6.1
왓츠 바(Watts Bar) 원자력 발전소

테네시 동부 레아카운티의 왓츠 바(Watts Bar) 원자력 발전소는 테네시밸리 당국(TVA)에서 운영하며 미국의 원자로 시설 중 가장 흥미로운 역사를 가지고 있다. 그것은 두 개의 열 중성자 원자로로 구성된다. 1호기는 20세기 미국에서 마지막으로 기능을 발휘한 원자로였으며, 2호기는 21세기에 최초로 가동된 원자로였다. 그러나 이 두 원자로의 역사는 40년이 넘는다.

왓츠 바(Watts Bar) 원자력 발전소의 건설은 1973년에 주요 상업용 원자로 사고가 발생하기 전과 미국 및 다른 지역에서 원자력 발전이 빠른 시기에 시작되었다. 스테이션은 최대 용량이 1.15 GW_e인 2개의 웨스팅 하우스 가압수형 원자로로 구성되어 있다. 원자로 설계는 generation II 원자로라고 불린다(ENERGY EXTRA 6.3 참조). Watts Bar 이후 미국에서 다른 많은 원자력 발전소가 시작되었지만 이 사이트의 두 원자로는 이 나라에서 마지막으로 완료된 원자로 두 개다(막대 그래프 참조). Watts Bar Unit 1은 1996년에 가동되었으며 Watts Bar Unit 2는 2016년에 처음으로 전력을 생산했다. 원자력 지지자들은 원자력에 대한 지속적인 관심의 예로 Watts Bar 2를 인용할 수 있지만 원자력 비평가는 발전소 건설에 잘못될 수 있는 거의 모든 것의 예라고 인용한다.

약 12년의 건설 후, 왓츠 바(Watts Bar) 원자력 발전소의 1호기와 2호기 공사는 1985년에 여러 가지 결함을 확인한 핵 규제위원회(NRC)의 검토 결과 중단되었다. 당시 1호기는 거의 완성되었고 2호기는 약 80% 완성되었다. 1호기의 결함이 해결되었고 원자로는 1996년에 마침내 가동되었다. 그러나 2호기는 더 문제가 많았다. 1985년까지 초기 건설 비용이 4억 달러로 추정된 후 2호기 건설에 17억 달러가 사용되었다. 1979년 Three Mile Island와 1986년 Chernobyl에서 발생한 핵 사고는 원자력의 안전성에 대한 우려를 불러 일으켰으며, 미국의 미래 전력 수요에 대한 전망은 Watts Bar Unit 2를 완공하는 경제적인 가능성에 의문을 제기했다.

2007년 TVA는 2013년 예상 가동 날짜로 Watts Bar Unit 2를 완공하기 위해 NRC에 적용했다. 원자로 완공에는 추가로 25억 달러가 소요될 것으로 예상되었으며, 약 250개의 새로운 일자리도 예상되었다. Watts Bar Unit 2에 대한 건설은 2007년 10월에 재개되었다.

2011년 후쿠시마 다이이치 사고의 결과 NRC는 미국 원자로에 대해서 보다 엄격한 안전 규정을 발표했다. 이러한 규정 중 일부는 Watts Bar Unit 2(기본적으로 40년이 지난 generation II 원자로 설계)의 건설에 적용되었다. 필요한 설계 수정(및 기타 요인)의 결과로 2호기의 완성이 예상보다 오래 걸렸으며 예상보다 많은 비용이 들었다. 전체적으로 Watts Bar Unit 2의 건설 비용은 64억 달러로 추정되며 43년이 걸렸다. 이 원자로는 2015년에 완공되었으며 2016년 5월 23일에 처음으로 임계점에 도달했다. 2016년 6월 3일에 전력망에 연결되어 2016년 10월 19일에 완전히 가동되었다. 이 원자로는 2017년 3월 23일에 중단되었다. 스팀 응축기 고장으로 인해 2017년 7월 현재 언제 다시 운영되는지는 확실하지 않다.

왓츠 바(Watts Bar) 원자력 발전소

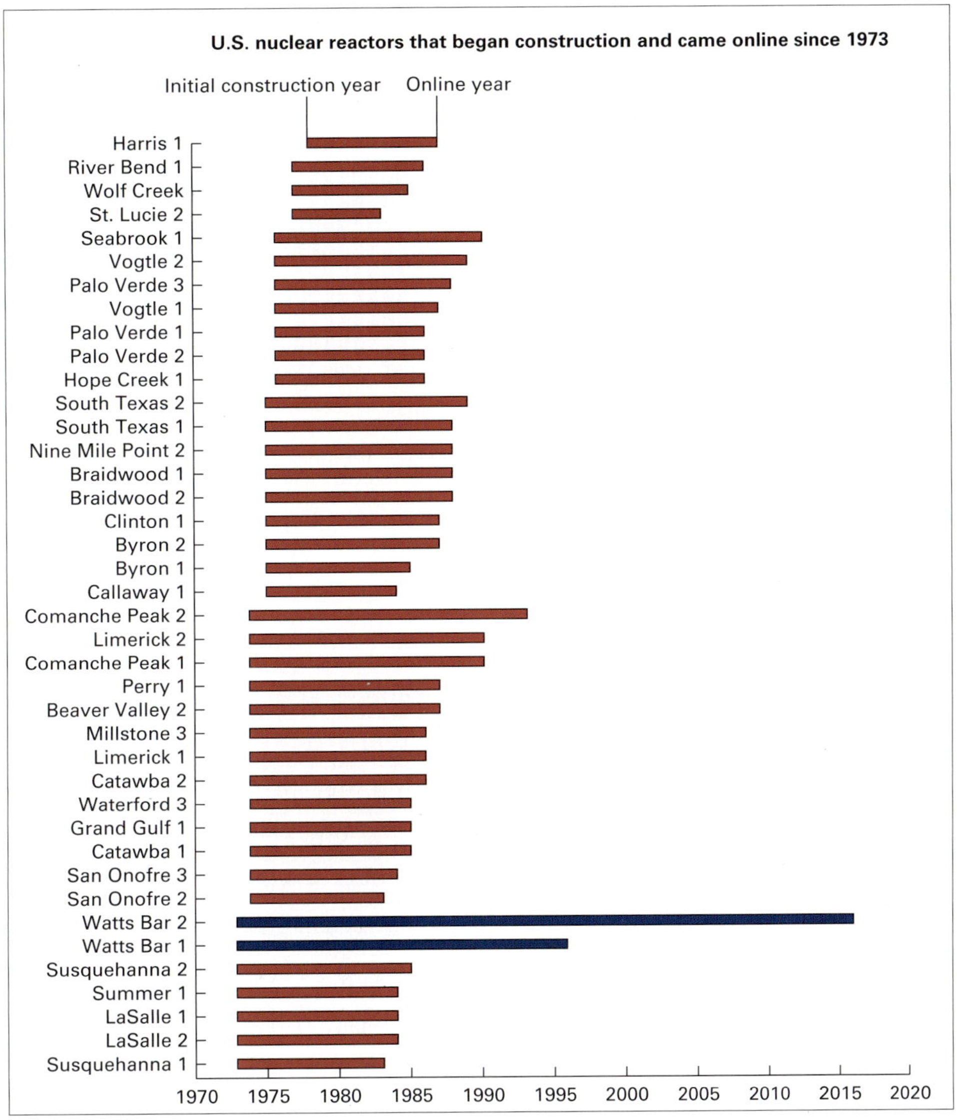

건설중인 미국의 상업용 원자로는 1973년에 시작되어 완성되었다.

토의 주제

자본 인프라 비용, 명판 용량 및 예상 수명 40년을 기반으로 Watts Bar Unit 2에서 생성된 전력의 kWh당 비용을 간단히 추정하시오. kWh당 실제 비용은 여러 가지 이유로 이 간단한 추정치보다 높다. kWh당 순 비용을 결정하는 데 다음 요소 각각의 중요성을 고려한다.

- 비용 회수 요인
- 연료 비용
- 운전 비용
- 용량 계수
- 해체 비용

웹에서 적절한 정보를 찾거나 관련 정보를 찾을 때 매개변수 값을 추정하시오.

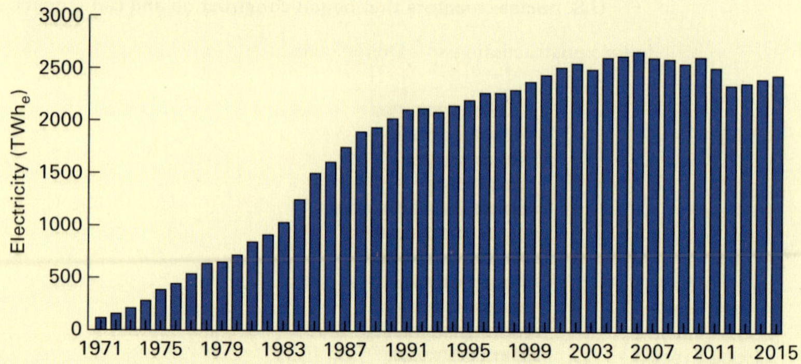

그림 6.22: 1971년 이래로 전 세계에서 생산된 총 원자력.

Based on World Energy Council. World Energy Resources - 2016, available online at https://www.worldenergy.org/publications/2016/world-energy-resources-2016

6.7 우라늄 원료

화석연료와 마찬가지로 우라늄은 제한된 자원이다. 현재 표 6.1에서 볼 수 있듯이, 원자력은 전 세계 전기 생산량의 약 11%를 차지한다. 이는 모든 1차 에너지 소비의 약 4%에 해당한다. 우라늄이 현재 소비되는 속도는 잘 알려져 있다. 미래의 우라늄 사용에 대한 예측 및 광물 자원에 근거하여 원자력의 수명을 추정할 수 있다.

대부분의 자원과 마찬가지로 가용 우라늄의 양을 추정하는 것이 간단한 것은 아니다. 확실히 지불할 의사가 많을수록 더 많은 리소스를 사용할 수 있게 된다. 표 6.2는 kg당 130달러 미만의 가용 우라늄 자원 추정치를 제공한다. 호주는 지금까지 가장 큰 자원을 보유하고 있는 것으로 보인다. 나머지 자원은 주로 캐나다, 카자흐스탄, 러시아, 미국 및 일부 아프리카 국가에 있다. 표 6.3은 주요 우라늄 생산 국가에 대한 정보를 제공한다. 현재 카자흐스탄은 우라늄 생산을 주도하고 캐나다가 뒤를 잇는다. 이 두 나라는 세계 우라늄의 거의 60%를 생산한다.

생산과 사용이 거의 동일하고 저장된 자원의 양의 변동에 의해서만 다른 화석연료의 상황과 달리 우라늄 생산과 사용은 그림 6.23에 표시된 것처럼 실질적으로 다를 수 있다. 최근 몇 년간 수요가 생산을 초과했으며, 저장된 우라늄 원자로에서 재 처리된 연료 및 해체된 무기의 군사 우라늄으로 불일치가 발생했다. 재 처리는 사용 후 핵연료의 핵분열성 성분을 반응기에서 재사용하기 위해 추출하는 방법이다. 이 연료는 주로 플루토늄이며, 많은 정부가 사용 후 핵연료를 재 처리하지 않고 단순히 저장하기를 꺼리는 것(6.10절)은 재 처리된 연료에서 추출된 플루토늄이 무기 목적으로 사용될 수 있기 때문에 보안 문제에 근거하고 있다. 이것은 고속 증식 원자로에 관한 6.12절에서 더 논의된다.

원자로가 현재와 동일한 양의 전력을 계속 공급하고 생산이 원자로 요구 사항을 충족해야 하는 경우 가용 자원(표 6.2에서 약 3,700,000 t)과 현재 수요(년당 약 70,000 t를 기반으로 간단한 계산 그림 6.23에서)는 약 50년의 자원에 대한 수명을 나타낸다. 군용 우라늄, 재처리된 연료 및 저급 연료의 사용을 가능하게 하는 전력 원자로를 위한 새로운 기술의 개발은 이 추정치를 상당량 확대할 수 있다. 하급 광석 사용에 대해서는 이 장의 뒷부분에서

표 6.1: 2015년 현재 전 세계적으로 건설중인 원자력 원자로 및 원자로의 수 및 용량 요약. 총 발전량 및 총 발전량 비율도 제공한다.(* 2013년 데이터)

country	number operational reactors	operational capacity (GW_e)	number reactors under construction	capacity under construction (GW_e)	electricity generated (GWh)	% total domestic electricity
Argentina	3	1.6	1	0.025	6519	4.8
Armenia	1	0.4			2571	34.5
Belarus			2	2.2	NA	NA
Belgium	7	5.9			24,825	37.5
Brazil	2	1.9	1	1.2	13,892	2.8
Bulgaria	2	1.9			14,701	31.3
Canada	19	13.5			95,637	16.6
China	31	26.8	24	24.1	161,202	3.0
Czech Republic	6	3.9			25,337	32.5
Finland	4	2.8	1	1.6	22,326	33.7
France	58	63.1	1	1.6	419,022	76.3
Germany	8	10.8			86,810	14.1
Hungary	4	1.9			14,960	52.7
India	21	5.78	6	4.3	34,644	3.5
Iran	1	0.9			3198	1.3
Japan	43	40.3	2	2.7	4346	0.5
Korea (South)	24	21.7	4	5.4	157,199	31.7
Mexico	2	1.4			11,185	6.8
Netherlands	1	0.5			3862	3.7
Pakistan	3	0.7	2	0.6	4333	4.4
Romania	2	1.3			10,710	17.3
Russia	35	25.4	8	6.6	182,807	18.6
Slovakia	4	1.8	2	0.9	14,084	55.9
Slovenia	1	0.7			5372	38.0
South Africa	2	1.9			10,965	4.7
Spain	7	7.1			54,759	20.3
Sweden	10	9.6			54,455	34.3
Switzerland	5	3.3			22,156	33.5
Taiwan	6	5.1	2	2.6	35,143	16.3
Ukraine	15	13.1	2	1.9	82,405	56.5
United Arab Emirates			4	5.4	NA	NA
United Kingdom	15	8.9			63,895	18.9
United States	99	99.2	5	5.6	798,012	19.5
world total	**441**	**382.9**	**67**	**66.4**	**2,441,331**	**11***

Based on data from "*World Energy Council. World Energy Resources–2016*, available online at https://www.worldenergy.org/publications/2016/world-energy-resources-2016/"

표 6.2: 2014년 현재 입증된 우라늄 자원은 US$130/kg이다.

country	uranium resources (t)
Australia	1,174,000
Brazil	155,100
Canada	357,500
China	120,000
Czech Republic	1300
Kazakhstan	285,600
Malawi	8200
Namibia	248,200
Niger	325,000
Romania	3100
Russia	216,500
South Africa	175,300
Ukraine	84,800
United States	207,400
Uzbekistan	59,400
Other	277,500
world total	**3,698,900**

Based on data from "*World Energy Council. World Energy Resources–2016*, available online at https://www.worldenergy.org/publications/2016/world-energy-resources-2016/"

표 6.3: 2014년 우라늄 생산

country	uranium production (t)
Australia	5001
Brazil	231
Canada	9134
China	1500
Czech Republic	193
India	385
Kazakhstan	23,127
Malawi	369
Namibia	3255
Niger	4057
Pakistan	45
Romania	77
Russia	2990
South Africa	573
Ukraine	962
United States	1919
Uzbekistan	2400
Other	36
world total	**56,252**

Based on *World Nuclear Association*, Uranium Markets, http://www.world-nuclear.org/information-library/nuclear-fuel-cycle/uranium-resources/uranium-markets.aspx

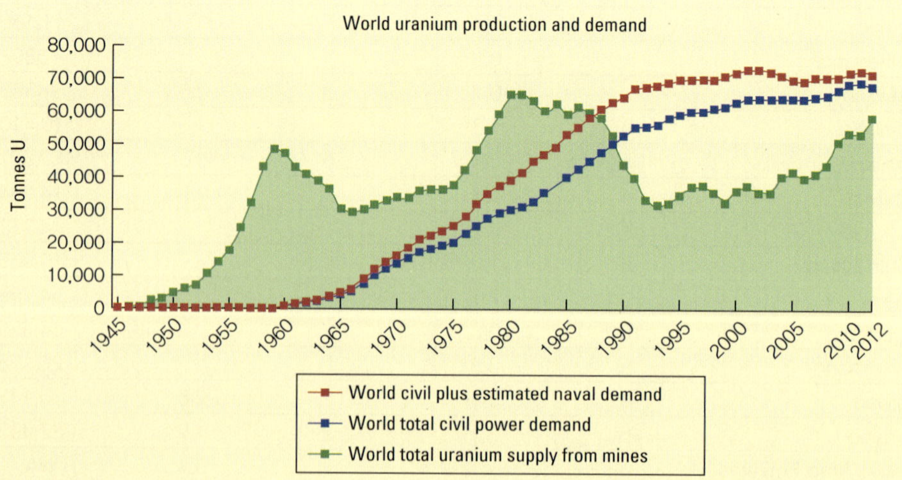

그림 6.23 1945년 이래 세계 우라늄 생산 및 수요. 최근 몇 년간 전력 원자로는 세계 우라늄 사용의 약 90%를 차지해왔다.

Based on World Nuclear Association, Uranium Markets, http://www.world-nuclear.org/information-library/nuclear-fuel-cycle/uranium-resources/uranium-markets.aspx

예제 6.7

약 400 GW_e의 세계 원자력 발전 용량을 가정하면 핵분열에너지가 연료의 ^{235}U 성분에서 추출되는 경우 알려진 우라늄 자원의 수명을 추정하시오.

풀이

예제 6.6에 도시된 바와 같이, 1 GW_e 원자로는 초당 약 4.8 g의 천연 우라늄을 사용하거나 다음 식과 같다.

$$(0.0048\ \text{kg/s}) \times (3.15 \times 10^7\ \text{s/y}) = 1.51 \times 10^5\ \text{kg/y for 1 GW}_e.$$

따라서 400 GW_e의 생성비용은 다음과 같다.

$$(400\ \text{GW}_e/\text{y}) \times (1.51 \times 10^5\ \text{kg/GW}_e) = 6.0 \times 10^7\ \text{kg/y}.$$

이는 그림 6.23에 제시된 현재 연간 우라늄 요건과 일치한다. 표 6.2에서 입증된 전 세계 우라늄 자원은 약 6.3×10^9 kg이다. 따라서 이러한 자원의 수명은 다음과 같다.

$$(6.3 \times 10^9\ \text{kg})/(6.0 \times 10^7\ \text{kg/y}) = 105\ \text{years}.$$

자세히 설명한다. 그러나 원자력은 전 세계 에너지 사용의 약 4%만을 차지하므로 수명이 크게 증가하더라도 원자력(현재의 형태)은 소규모의 에너지 요구 사항을 수십 년 안에 모두 만족시킬 수는 없다.

6.8 원자력 안전

원자력 생산은 탄소를 대기로 방출하지 않지만 화석연료의 연소와 마찬가지로 환경 문제가 없는 것은 아니다. 열 엔진에 의해 원자력으로부터 전기가 생산되기 때문에, 열 공해는 발전소 주변의 지역 관심사이다. 그러나 가장 큰 관심사는 원자로의 안전성과 사용 후 핵연료의 처분에 관한 것이며, 그 중 첫 번째가 이 절에서 논의된다. 군사용으로 사용할 수 있는 방사성 물질의 보안 또한 문제가 되며, 다음 절에서 간단히 다룬다.

원자력 발전소의 안전 또는 적어도 안전에 대한 대중의 인식은 20년 전에 시작된 원자력의 성장을 막는 주요 요인이었다. 원자력 사고의 가능성과 결과는 매우 신중하게 고려되어야 하며, Three Mile Island, 체르노빌, 후쿠시마 다이이치(Fukushima Dai-ichi)에 이르기까지 가장 중요한 세 가지 사고는 이 분석에 유용한 사례 연구로 사용된다.

6.8a Three Mile Island

Three Mile Island 원자력 발전소는 펜실베니아 동부에 있으며 2개의 PWR로 구성되어 있다(그림 6.24). 4개의 대형 냉각탑이 그림에 쉽게 표시되며 2개의 원자로 격납 건물이 중앙에 있다. Three Mile Island 공장의 건설은 1968년에 시작되었다. 사진에서 가장 왼쪽에 있

그림 6.24: 1979년 3월 28일 사고 이전 Three Mile Island 원자력 발전소.
Centers for Disease Control and Prevention's Public Health Image Library

는 원자로인 첫 번째 원자로 TMI-1은 1974년에 상업 가동을 시작했다. 사고에 관여한 두 번째 원자로인 TMI-2는 1978년에 가동을 시작했으며 그림에서 가장 오른쪽에 있다.

일반적인 PWR에는 3개의 물 또는 스팀 루프가 있다(그림 6.11). 1차 루프에는 끓는 것을 막기 위해 가압된 물이 포함되어 있다. 중성자를 조절하고, 코어 밖으로 열을 전달하여 원자로 코어가 과열되는 것을 방지하고, 이 열을 2차 루프로 전달하는 3가지 기능이 있다. 2차(물 / 증기) 루프에는 터빈을 작동시키는 데 사용되는 증기를 끓여 생산할 수 있는 물이 포함되어 있다. 세 번째 또는 냉각 루프에는 물이 포함되어 있으며 과도한 열을 환경으로 전달하는 데 사용된다. Three Mile Island 원자로의 경우 이 냉각 루프는 냉각탑을 통해 대기로 열을 방출한다.

TMI-2 사고는 1979년 3월 28일 오전 4시에 시작되었다(초기 시동부터 정확히 1년, 1분). 사고는 2차 루프에서 주 급수 펌프의 고장으로 시작되었다(그림 6.25의 원자로 설계 모식도를 참조). 이로 인해 1차 루프에서 열이 제거되지 않고 물의 온도와 압력이 증가했다. 스팀을 방출하여 압력을 낮추기 위해 1차 루프의 가압 릴리프 밸브가 열렸다. 불행히도, 이 밸브를 작동시키는 시스템의 고장으로 인해 압력이 정상으로 돌아왔을 때 밸브가 닫히지 않고 증기 형태의 과도한 물이 밸브에서 방출되었다. 이로 인해 1차 루프(LOCA, 냉각수 사고의 손실)로 인한 냉각수가 현저히 감소하고 원자로의 코어 온도가 상승했다. 반응기가 제어되기 전에, 코어의 일부가 용융되고 연료 요소로부터의 방사성 물질이 1차 루프에서 물을 오염시켰다. 원자로의 코어 주위의 격리 용기가 파손되지 않았지만, 일부 방사성 물질(6.3×10^{11} Bq, Bq = 1초당 붕괴)은 압력 방출 밸브를 통해 오염된 증기로서 환경으로 방출되었다. TMI-1은 이 사고에 관여하지 않았으며 상용 발전소로 계속 작동하지만 TMI-2는 사고 이후로 폐쇄되었다.

수많은 미국 정부 기관(핵 규제위원회; 환경 보호국; 보건 교육 복지부; 에너지 부서; 펜실베니아 연방)의 연구들은 Three Mile Island 사고로 인한 환경 및 건강의 결과를 검토하

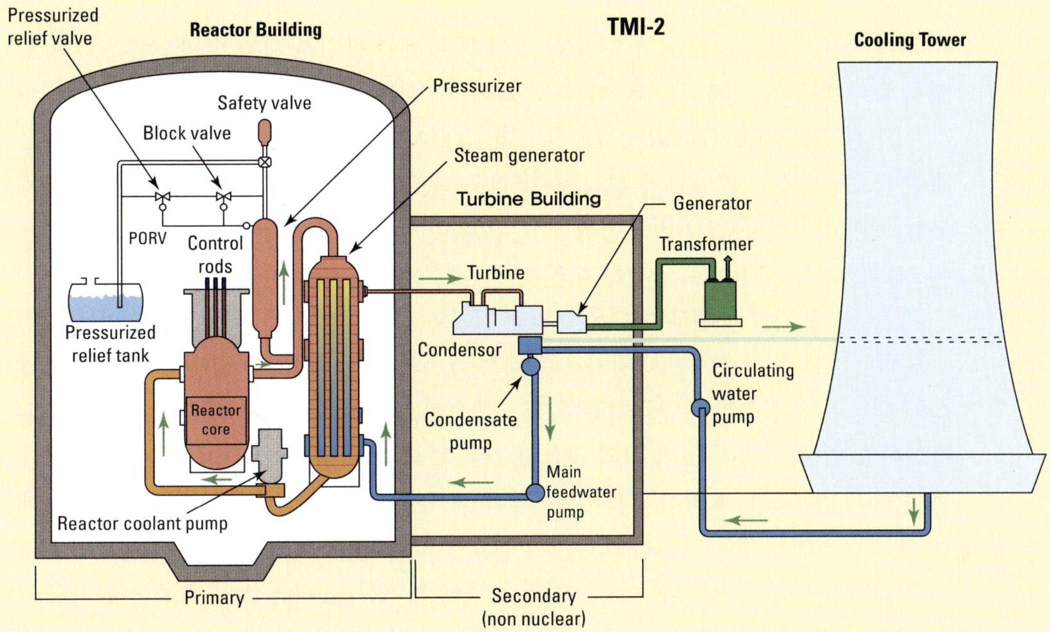

그림 6.25: Three Mile Island Reactor (TMI-2)의 단순화된 모식도.

고 숙고했다. 이 연구의 일반적인 결론은 사고로 인한 즉각적인 건강상의 부작용은 없었으며 장기적인 영향은 무시할 수 있다는 것이다. 구체적으로, 펜실베니아 동부에서 약 2백만의 인구에 대한 평균 방사선 노출은 약 10^{-5} Sv(Sv = Sievert)인 것으로 밝혀졌다. 이에 비해 흉부 X-선의 방사선 노출은 약 6×10^{-5} Sv이다. 원자로 바로 인근 지역 주민들의 최대 노출량은 10^{-3} Sv이다. 이 값은 해당 지역의 배경 방사선에 의한 연간 평균 노출량과 거의 같으며 추가 노출량은 덴버와 같은 고도가 높은 도시에서 1년을 보내는 것과 같다. 위험 분석에 따르면 사고로 인한 추가 암 사망은 예상되지 않는다.

Three Mile Island는 미국에서 최악의 원자력 발전소 사고이며 운영자가 적절하게 처리하지 못한 일련의 장비 고장의 결과이다. Three Mile Island 사고가 미국의 원자력 발전에 미치는 영향은 완전히 명확하지 않는다. 1970년대 초 중반에 미국에서 원자로 건설 감소가 시작되었고, Three Mile Island 사고 이전에 다수의 계획된 원자로 건설이 이미 취소되었다. 그러나 Three Mile Island 사고는 핵 정책에 영향을 미치는 여러 요인 중 하나일 뿐이다. 핵 안보 및 폐기물 처리에 대한 우려뿐만 아니라 군용 및 상업용 원자로와 관련된 덜 심각한 사고의 결과로 원자력 안전에 대한 우려가 커졌다. 다른 요인으로는 1970년대 초 석유 위기 이후 화석연료 사용의 재평가, 국내 생산보다는 에너지 자원의 수입으로의 전환, 저렴한 석탄 자원의 사용을 촉진하는 연방 오염 기준의 변화가 있었다. 아마도 Three Mile Island 사고의 가장 큰 영향 중 하나는 원자력에 대한 대중의 인식이 바뀌었다는 것이다.

6.8b 체르노빌

1986년 체르노빌 원자로에서 훨씬 더 심각한 원자력 발전소 사고가 발생했다. 체르노빌은 당시 소비에트 연방(지금은 우크라이나와 벨로루시 국경 근처)에 위치하고 있다. 발전소는 수냉식 흑연 조절(Russian RBMK) 유형의 1000 MW_e 원자로 4개로 구성되었다. 사고 당시 현장에 2개의 추가 원자로가 건설 중이었다. 체르노빌의 첫 번째 원자로는 1977년에 가동되었으며, 4번 원자로(사고를 경험 한)는 1983년에 가동되었다. 두 가지 주요 요인이 사고에 기여했다; 본질적으로 안전하지 않은 원자로 설계 및 작업자 오류.

체르노빌 원자로는 핵무기 사용을 위해 전기와 방사성 ^{239}Pu를 생산하도록 설계되었다. 원자로에서 ^{239}Pu를 추출하면서 원자로를 계속 가동시키면서 전기를 생산하기 위해, 설계 안전성에 대한 특정 절충안이 만들어졌다. 구체적으로, 반응기를 정지시키지 않고 일부 연료봉을 제거하기 위해, 반응기 코어 위의 많은 공간이 필요했다. 원자로 노심 주변의 광범위한 구조를 피하기 위해 초기 RBMK 원자로는 격리 구조가 손상되어 설계되었다. 이 접근법의 개념은 사고가 발생한 경우 사고를 포함시킬 필요를 고려하지 않고 사고 가능성을 최소화함으로써 안전을 다루는 것이었다. 체르노빌의 문제에 기여한 또 다른 설계 요소는 원자로 작동에 필요한 전기가 공급되는 방식이었다. 이 전기는 냉각수 펌프를 가동하고 원자로 작동을 제어하는 컴퓨터를 작동시키는 데 사용되었다. 반응기는 일반적으로 그리드를 통해 제공되는 전력으로 작동되었지만 그리드 정전 시 백업 발전기가 대신 사용되었다. 계통 정전과 전체 발전기 용량 사이의 지연이 용납될 수 없다는 우려가 있었다. 실제로 이러한 상황에 대한 인식은 1986년 4월 25일 저녁 정전 때 다른 메커니즘으로 현장에서 생산된 전기를 사용할 테스트를 촉발시켰다. 정기 유지 보수 종료 중에 테스트를 수행하기 위해 여러 안전 시스템을 의도적으로 비활성화했다. RBMK는 저전력 수준에서 본질적으로 불안정하며, 시험 동안 반응기가 제어 불능 상태라는 몇 가지 징후는 무시되었다.

그림 6.26: 1986년 4월 26일 사고 후 체르노빌 4번 원자로.
SPUTNIK/Alamy Stock Photo

4월 26일 이른 아침 작업자가 안전상의 이유로 원자로를 폐쇄하기로 결정했을 때 전력 출력이 변동하여 냉각 시스템에 압력이 증가하고 일부 냉각수 파이프가 파열되었다. 방출된 물 및 증기는 흑연 감속재 및 연료봉을 함유하는 지르코늄 튜브를 포함하는 고온 반응기 코어와 반응하였다. 이 반응은 물을 분해하여 수소를 방출시켰다. 점화된 수소는 원자로 건물의 꼭대기에서 폭발을 일으켰다. 이 폭발은 핵무기의 경우와 같이 핵의 반응이 아니라 원

그림 6.27: 체르노빌 4번 원자로 주변의 콘크리트 석관.
Time & Life Pictures/Getty Images

자로에서 생성된 수소의 화학 반응에서 비롯된 것이다. 그러나, 코어로부터 상당한 양의 방사성 물질이 환경으로 방출되었다. 이 폭발의 결과는 그림 6.26에 나와 있다. 흑연(순 탄소)은 인화성이기 때문에 화재를 처리해야 했다. 원자로 노심의 잔류물을 수용하기 위해 콘크리트 격실(Sarcophagus)이 그 후 4번 원자로 주위에 구성되었다(그림 6.27).

체르노빌 사고의 즉각적인 여파로 237명이 급성 방사선 병으로 고통 받았다. 이들은 원자로의 노동자와 소방관이며, 그 중 29명은 방사선 노출로 사망했다. 폭발과 화재로 인해 2명이 추가로 사망했다. 2005년의 한 연구에 따르면 사고와 직접적으로 관련이 있을 수 있는 추가 25건의 암 사망이 확인되었다.

체르노빌 사고의 장기적인 영향은 명확하지 않다. 상당량의 방사성 물질이 총 1.8×10^{18} Bq(3마일 섬의 경우 6.3×10^{11} Bq와 비교)로 환경으로 방출되었다. 원자로 부지 주변의 상당한 지역은 대피했으며 수년간 거주할 수 없는 상태로 남아 있을 것이다(방사성 폐기물의 수명에 관한 정보는 6.10절 참조). 한때 약 12만 명이 거주했던 소위 제외 구역(Exclusion Zone)은 현재 원자로 부지 주변에서 반경 30 km 정도의 지역을 포함하고 있다. 당시 기상 조건으로 인해 방사성 물질의 대부분은 현재 벨로루시로 이동되었으며, 우크라이나와 러시아로 소 량이 흘러들었다. 1996년 현재 잔류 방사선의 분포는 그림 6.28의 지도에 나와 있다. 이 그림은 오염이 수백 킬로미터에 이르는 지역에 퍼져 있으며, 현장에서 100 km 이상까지 많은 지역이 거주할 수 없는 상태로 남아 있음을 보여준다. 측정 가능한 방사성 물질은 대부분의 유럽과 소비에트 연방 동부에서 발견되었다. 실제로, 넓은 지역의 많은 사람들이 증가된 방사선 수준에 노출되었다(표 6.4). 체르노빌 원자로 시설은 프리피야트강(Pypyat River)에 위치하여 지역 저수지 시설에 물을 공급하고 사고 후 수개월 동안 식수 공급원에서 높은 방사능 수준을 기록했다. 이 노출이 해당 지역의 인구에 미치는 궁극적인 영향은 낮은 수준의 방사선과 증가된 질병 위험 사이의 관계가 불확실하기 때문에 결정하기 어렵다. 그러나 암 발병률 증가는 의심할 여지없이 과도한 방사선 노출의 결과 중 하나다. (에너지 생산의 다양한 측면과 관련된 위험 요인에 대해서는 다음 절에서 설명한다.) 체르노빌 사고가 유럽과 소련의 암 사망에 미치는 영향의 추정치는 표 6.4에 요약되어 있다. 암 사망률의 증가율은 상당히 적지만(모든 암 사망률의 1~2%) 실제 추가 사망 건수는 상당수에 이른다(수천 명).

6.8c 후쿠시마 다이이치

가장 최근의 심각한 핵 사고는 2011년 3월 일본 후쿠시마 다이이치 핵 시설에서 발생했다.

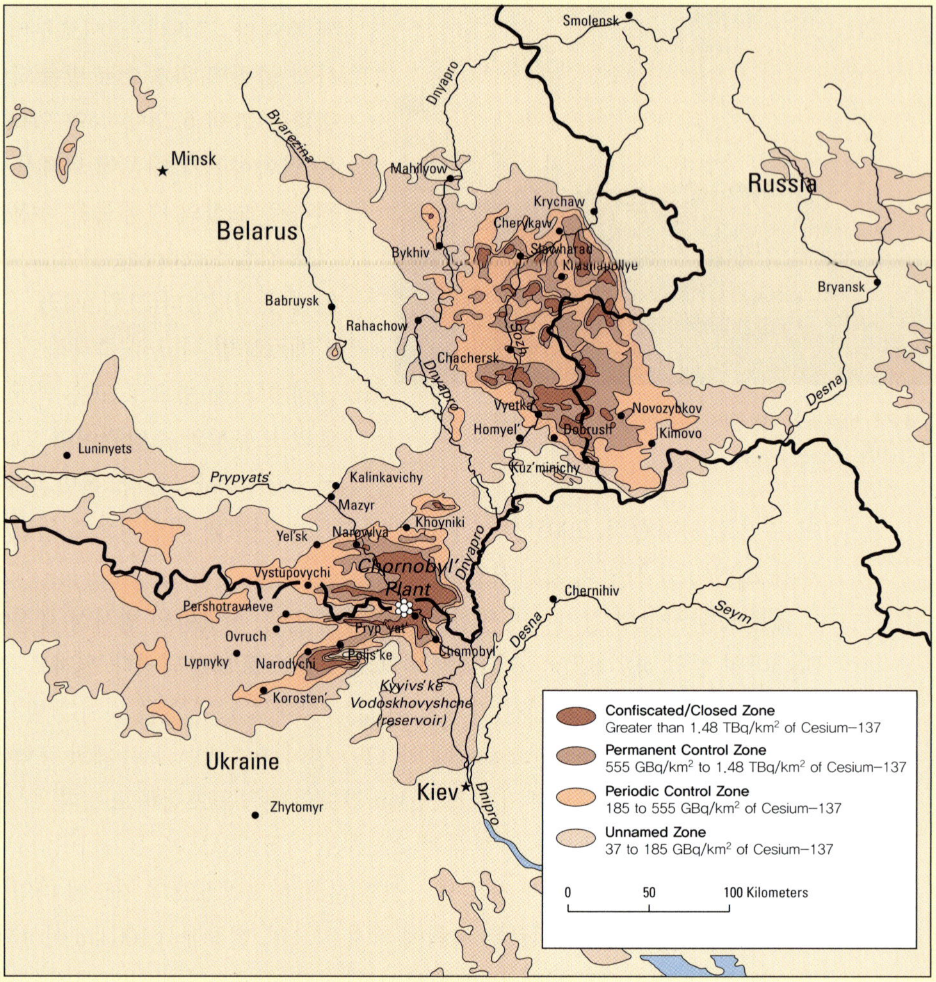

그림 6.28: 1996년 체르노빌 주변의 오염된 지역의 방사선 수준.

CIA, Handbook of International Economic Statistics. 1996

이 사고는 2011년 3월 11일에 발생한 9.0규모의 도호쿠 지진과 쓰나미에서 이어졌다. 이 사고의 세부 사항은 여전히 조사되고 있으며 여러 가지 면에서 현재까지 가장 복잡한 핵

표 6.4: 구소련과 유럽에서 암 위험 증가 측면에서 체르노빌의 장기 효과 추정.

region	population affected (millions)	natural cancer deaths	Chernobyl cancer deaths	increase in cancer deaths (%)
Soviet Union	279	35,000,000	6500	1.9
Europe	490	88,000,000	10,400	1.2

Based on data from G. J. Aubrecht II, Energy: Physical, Environmental and Social Impact (3rd ed.). Pearson, Prentice Hall, Upper Saddle River, NJ (2006).

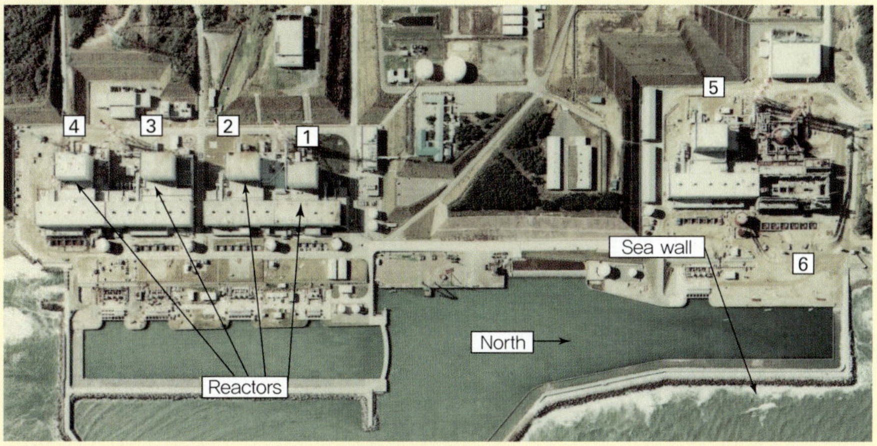

그림 6.29: 2011년 원자력 사고 이전 일본의 후쿠시마 다이이치 원자력 시설. 원자로는 6호기 건설중인 정사각형 건물이다. 방벽 구조의 일부가 오른쪽에 보인다.

National Land Image Information (Color Aerial Photographs), Ministry of Land, Infrastructure, Transport and Tourism

사고다. 사고 전 후쿠시마 다이이치 원자로의 배치는 그림 6.29와 같다. 총 발전 용량이 4.7 GW_e인 6개의 경수 BWR로 구성된다. 이 시설은 도쿄 전력 회사(TEPCO)에서 운영한다. 이 시설은 그림과 같이 방파제 시스템으로 쓰나미로부터 보호되었다. 방파제는 최대 5.7 m 높이의 파도를 견딜 수 있도록 설계되었다. 지진이 발생한 지 51분만에 후쿠시마시 쓰나미를 분석한 결과 쓰나미의 높이는 13.1 m였다. 그림 6.30은 쓰나미가 후쿠시마 원자력 발전소에 미치는 영향을 보여준다.

지진이 발생하면 원자로 1~3번이 작동하고 원자로 5번과 6번이 유지 보수를 위해 종료되었다(즉, 연쇄 반응을 제거하기 위해 제어봉이 완전히 삽입되었다). 원자로 컴포넌트의 교체를 위해 4번 원자로가 연료로 보급되었고, 연료봉은 원자로 빌딩의 별도 풀에 보관되었다. 지진 발생 시 원자로 1~3번이 자동으로 꺼지고 원자로 냉각에 필요한 워터 펌프 및 제어 시스템을 유지하기 위해 비상 발전기가 가동되었다. 원자로 외부에 저장된 폐쇄 연료

그림 6.30: 쓰나미가 2011년 3월 11일에 5호기 근처의 후쿠시마 다이이치 핵 시설에 접근하고 있다.

Kyodo News/Contributor/Getty Images

그림 6.31: 후쿠시마 다이이치 핵 시설 손상. 반응기 4는 우측 상단에 있고 반응기 1은 하단 중앙에 있다.

DigitalGlobe/Contributor/Getty Images

또는 원자로의 연료는 핵분열 부산물의 방사성 붕괴로 인한 열로 인해 냉각되어야 한다(그림 6.6). 쓰나미가 방파제 시스템을 침범했을 때(그림 6.30), 원자로 시설을 계통에 연결하는 전력선이 파괴되었고 발전기와 제어 시스템이 침수되어 작동하지 않게 되었다.

냉각수 손실 후, 원자로 1~3번의 코어는 며칠만에 완전히 붕괴했다.

$$Zr + 2H_2O \rightarrow ZrO_2 + 2H_2. \tag{6.4}$$

반응에 따라 체르노빌 사고에서와 같이 지르코늄 함유 연료봉 튜브의 과열로 수소 가스가 방출되어 이 3개의 원자로에서 폭발 및 화재가 발생하여 원자로 및 건물에 심각한 손상을 초래했다.

4번 원자로에서도 수소가 축적되면서 건물에서 폭발과 화재가 발생했다. 현재의 증거는 4번 원자로에서 사용 후 핵연료 풀에 저장된 연료봉에 최소한의 손상이 있음을 시사한다. 사고 당시 코어에 연료가 없었기 때문에 코어가 녹지 않았으며 코어의 냉각이 필요하지 않았다. 쓰나미 후 약 10일 후에 원자로 3번과 4번에 대한 손상은 그림 6.31에 나와 있다.

원자로 5번 및 6번은 과열되었지만 코어 붕괴는 경험하지 않았다. 빌딩 패널이 수소를 배출하기 위해 제거되었기 때문에, 이들 반응기 중 어느 것도 폭발하지 않았다. 냉각수는 이 두 원자로로 복원되었으며 구조적 손상없이 안전한 셧다운 모드에 있다.

전체 구조 손상, 방사선 누출 및 일반적으로 손상된 전기 그리드는 후쿠시마 시설에서 핵 사고를 통제하려는 노력을 방해했다. 시설의 완전한 격리 및 정화에는 수년 또는 수십 년이 소요될 수 있다. 일부 추정치는 연료가 시설에서 제거되어 적절히 처리되기까지는 한 세기가 걸릴 수 있다고 주장했다.

후쿠시마의 환경 영향은 확실히 상당하며 방사성 물질의 방출이 현저했다. 이 방사능 오염은 일본에서 가장 실질적인 영향을 미쳤지만, 전 세계적으로 방사성 물질의 수준이 높아졌다. 이 물질은 주로 ^{131}I와 ^{137}Cs로 구성되며 반감기는 각각 8일과 30년이다. ^{137}Cs의 반감기가 길기 때문에 장기적인 영향은 알려져 있지 않지만, 일부 추정에 따르면 사고 지역 인구의 암 발생률이 약 1% 증가한 것으로 나타났다. 연구에 따르면 환경으로의 방사성 물질의 총 방출은 체르노빌 사고에서 방출된 것의 10~20% 범위에 있을 수 있다. 생명을 위협하지는 않지만 심각한 방사선 피폭으로 2명의 원자력 발전소 직원이 입원했으며 비방사선 관련 사고로 수십 명의 근로자가 부상을 입었다.

IAEA(International Atomic Energy Agency)에서 제정한 국제 핵 및 방사능 사건 척도(INES)는 사람이나 환경에 영향을 줄 수 있는 핵 사건의 분류에 사용된다. 체르노빌과 후쿠시마는 모두 7등급 사건(최상위 수준)으로 분류되었으며 이 분류를 보증하는 유일한 2건의 핵 사고이다. 두 사고는 모두 레벨 7로 분류되지만 방사선 방출 및 장기 효과 측면에서 세부 사항은 상당히 다르다. 일반적으로 후쿠시마는 관련 원자로의 수가 많기 때문에 가장 복잡한 핵 사고라고 인정한다. Three Mile Island는 레벨 5 사건으로 분류되었다. 상업용 전력 원자로는 레벨 6 사건이 발생하지 않았지만, 적어도 하나의 또 다른 레벨 5 상업용 원자로 사고(1957년 영국에서 흑연으로 작동되는 원자로에서 화재)가 발생했다.

ENERGY EXTRA 6.2
핵 사고와 INES(국제원자력사고등급) 분류

1990년에 국제 원자력기구는 사람이나 환경에 영향을 미칠 수 있는 핵 사건의 분류를 위해 국제 원자력 방사능 사건 척도(INES)를 설립했다. 이 척도에는 8개의 레벨(0~7)이 있으며 7이 가장 심각하다. 수준 4~7은 지정된 사고이며 수준 1~3은 소멸된 사고이다. 레벨 0은 안전상 중요하지 않은 작동 편차이다. 스케일은 그림에서와 같이 피라미드로 볼 수 있는데, 덜 중요한 사건은 아주 자주 발생하고 더 중요한 사건은 점진적으로 덜 자주 발생한다. 이 척도는 지진을 분류하는데 사용되는 리히터 척도와 유사하다. 그러나 진동 진폭의 단일 정량적 측정에 의해 규모가 결정될 수 있는 지진과는 달리, 핵 사건의 평가에는 여러 가지 요인에 대한 연구를 기반으로 한 주관적인 분

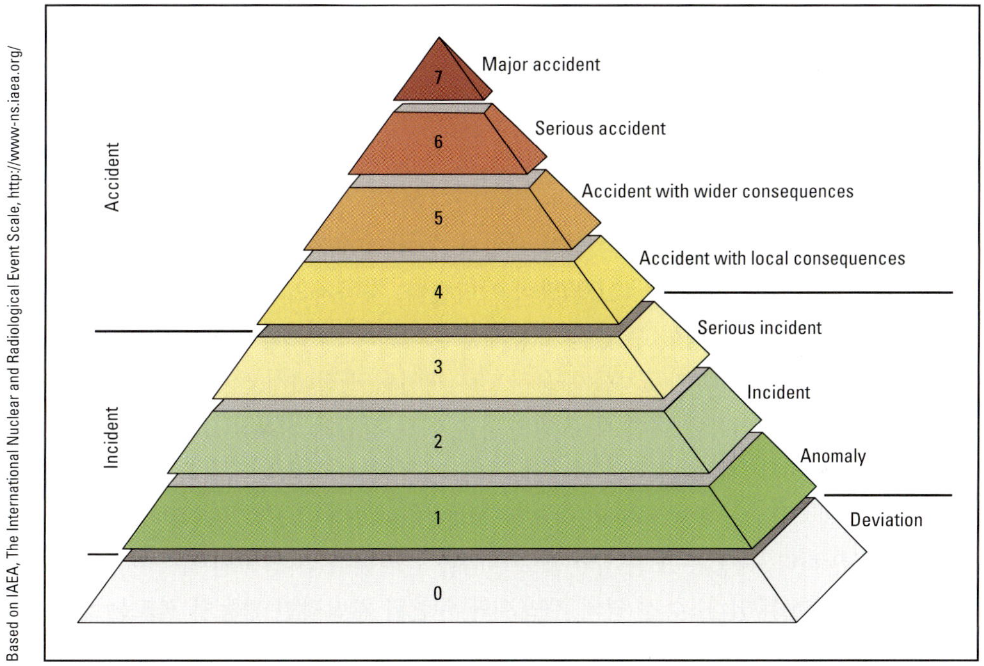

INES 사건 삼각형

level	designation	typical characteristics
7	major accident	major release of radioactive material with widespread health and environmental effects
6	serious accident	significant release of radioactive material with impact on people and the environment
5	accident with wider consequences	limited release of radioactive material with some impact on people and the environment
4	accident with local consequences	minor release of radioactive material with possible impact on local food sources
3	serious incident	exposure in excess of ten times the legal annual limits for radiation workers
2	incident	exposure in excess of the legal annual limits for radiation workers
1	anomaly	minor problems with reactor safety components with possible exposure in excess of the legal annual limits for the general public
0	deviation	deviation of reactor operation with no safety significance

석이 포함된다. 결과적으로, 핵 사고의 결정적인 분류는 사건이 발생한 후에만 가능하다.

표에는 INES 수준과 특성이 나와 있다. 사건의 심각성 평가는 사람과 환경에 미치는 영향과 이러한 영향의 지리적 범위에 근거한다. 상업용 전력 원자로(Three Mile Island, Chernobyl 및 Fukushima)에서 발생한 3건의 핵 사고가 언론에서 가장 널리 알려졌다. 그러나 전 세계의 군사 및 연구 원자로에서 여러 가지 심각한 (최대 레벨 6) 사고가 발생했다.

토의 주제

상업용 원자력은 50년 이상 활용되어 왔다. 그 당시에 발생한 주요 핵 사고를 검토하시오. 6.9절에서 논의된 Rasmussen 보고서는 원자력의 위험에 대한 합리적인 평가를 제공하는가?

6.9 위험 평가

위험은 사실상 모든 인간 활동과 관련이 있다. 일부는 그들과 관련된 혜택도 가지고 있다. 위험과 이익을 평가하는 것은 쉬운 일이 아니며 두 가지 모두 정량화하기가 어렵다. 위험을 정량화하는 한 가지 방법은 연간 사망자 수이다. 자동차 사용이 예이다. 미국에서는 매년 자동차 사고로 인해 약 42,000명이 사망한다. 자동차의 이점에는 편의성, 재정적 이점 및 다른 방법으로 발생할 수 있는 사망자를 피하는 것이 포함된다. 그러나, 거의 모든 북미 사람들은 정기적으로 자동차를 사용하므로 개인의 관점에서 혜택이 위험보다 중요하다는 점을 인정한다. 위험에 대한 대중의 인식은 어떤 활동이 허용되고 어떤 것이 허용되지 않는지를 결정하는 데 매우 중요한 요소이다. 자동차 사망자의 위험은 매우 잘 정의된 수량이다. 사망자 수의 매년 변동은 비교적 적다. 자동차를 운전할 위험은 1년에서 다음 해로 거의 동일하다. 대중은 또한 사건별로 위험을 인식한다. 치명적인 자동차 사고로 인해 1~2명이 사망할 수 있다. 수천 명의 사망자와 관련된 치명적인 자동차 사고는 없다. 1~2명의 사망자와 관련된 사고로 이어질 수 있는 활동은 매년 수만 번 발생한다고 확신하더라도 허용되는 것 같다. 42,000명의 생명을 앗아가는 단일 재앙 사건은 1년에 한 번만 발생하더라도 받아 들일 수 없는 것처럼 보인다.

에너지 생산에는 항상 위험이 수반된다. 이러한 위험은 (1) 에너지 생산과 직접 관련된 근로자에 대한 위험과 (2) 일반 대중에 대한 위험으로 구분될 수 있다. 천연 자원으로부터의 전기 생산과 관련된 직업상 위험은 대략 (1) 지구로부터 자원의 추출, (2) 자원의 처리, (3) 수송 및 (4) 발전기의 작동 등을 포함한다.

석탄과 우라늄에서 전기를 생산하는 것을 비교하면 직업상의 위험에 약간의 유사점과 차이점이 있음을 알 수 있다. 두 경우 모두 사고로 인해 광부가 위험한 물질(예 : 석탄 먼지, 다른 한편으로는 방사성 물질)에 노출될 위험이 있다. 두 경우 모두, 산업 재해와 석탄 먼지 또는 방사성 물질에 노출되어 자원을 처리하는 근로자에게 위험이 있을 수 있다. 마찬가지로 두 경우 모두 운송 작업자가 사고에 연루될 수 있다. 발전소 근무자의 경우, 석탄 화력 발전소 및 우라늄으로부터 전기를 생산하는 원자력 발전 사고의 요인으로 사고, 화재, 폭

표 6.5: 석탄과 우라늄으로부터 생성된 전력의 GWy_e당 예상 사망자 수.

resource	mining	processing	transportation	generating station	total
coal (deep mines)	1.7	0.02	2.3	0.01	4.0
uranium	0.2	0.001	0.01	0.01	0.22

Based on data from Kraushaar and Ristinen, Energy and Problems of a Technical Society (2nd ed.) (Wiley, New York, 1993)

발 및 기타 위험을 상상할 수 있다. 그러나 이 2가지 경우를 비교할 때 1그램의 우라늄이 3 t의 석탄만큼 많은 전력을 생산하며 이는 교통 사고의 중요성에 대한 우리의 관점이 확실히 영향을 미칠 것임을 인식하는 것이 중요하다. 표 6.5는 석탄과 우라늄으로부터 1 GWy_e의 전기 생산을 위한 에너지 근로자의 예상 사망자 수에 대한 한 연구 결과를 제공한다. 분명히 이러한 추정은 석탄에서 에너지를 생산하는 직업상의 위험이 우라늄으로부터 전기를 생산하는 것보다 훨씬 크다는 것을 암시한다.

다른 에너지 생산 방법에서 일반인에 대한 위험요소는 중요한 문제이다. 석탄에서 전기를 생산하는 것과 관련된 가장 명백한 위험은 대기 오염이다. 가능한 기후 변화의 장기 영향은 평가하기 어렵고 이 절에서는 고려되지 않는다. 대기 오염의 영향은 상당히 지역화되어 있기 때문에 석탄 화력 발전소에서 발생하는 오염의 영향은 지역 인구 밀도에 따라 크게 달라진다. 오염의 양은 또한 배기 가스 정화 프로세스의 구현에 달려 있다. 석탄에서 생산 된 기가와트 년 전기의 예상 사망자 수에 대한 일부 추정치는 표 6.6에 나와 있다. 배기 가스의 오염을 줄이는 방법은 스테이션 위치 선택과 같이 사망자를 줄이는 데 효과적이다.

원자력의 경우 다음 세 가지 요소를 고려해야 한다. (1) 방사성 폐기물 처리와 관련된 건강 영향, (2) 정상적인 발전소 운영 중 방사성 배출 및 (3) 핵 사고. 핵 폐기물에 대해서는 다음 절에서 자세히 설명한다. 정상적인 작동 조건에서 원자력 발전소의 방사성 물질은 매우 잘 보관되어 있으며 일반에 노출할 수 있는 방사선량에 대한 엄격한 지침이 존재한다. 실제로, 연구에 따르면 석탄 화력 발전소의 방사능 노출은 원자력 발전소의 방사능 노출과 유사하거나 더 클 수 있다. 이것은 석탄에 우라늄과 토륨 불순물이 포함되어 있으며, 이 중 일부는 배기

표 6.6: 다른 플랜트 조건에서 석탄이 생산하는 기가와트 년당 예상 사망률

location	scrubbers	fatalities
urban	no	74
rural	no	11
urban	yes	28
rural	yes	7

Based on data from H. A. Bethe, "The necessity of fission power," *Sci. Am.* **234**(1) (January 1976) 21–31.

표 6.7: 일부 위험으로 인해 기대 수명의 감소.

factor	decreased life expectancy
smoking 1 pack per day	7 y
urban rather than rural living	5 y
overweight by 25%	3.6 y
nuclear power plants as of 1970	less than 1 minute

Based on data from Kraushaar and Ristinen, *Energy and Problems of a Technical Society* (2nd ed.) (Wiley, New York, 1993)

가스와 함께 환경으로 방출되기 때문이다.

다양한 활동의 위험을 평가하는 한 가지 방법은 평균 수명의 감소를 추정하는 것이다. 표 6.7은 이러한 유형의 분석 결과를 보여주며, 생활 습관 변화가 원자력의 확산보다 일반 대중의 건강에 훨씬 더 큰 영향을 미칠 수 있음을 시사한다.

대부분의 사람들에게 원자력과 관련된 가장 큰 우려는 원자력 사고의 가능성이다. 확실히 이 두려움은 Three Mile Island 사고로 먼저 악화된 다음 체르노빌에 의해 더욱 악화되었다. 라스무센 보고서(미국 핵 규제위원회에서 제작)는 미국에서 사용중인 여러 유형의 원자로(BWR 및 PWR)의 안전성을 고려했다. 이 연구는 Three Mile Island 또는 체르노빌 사

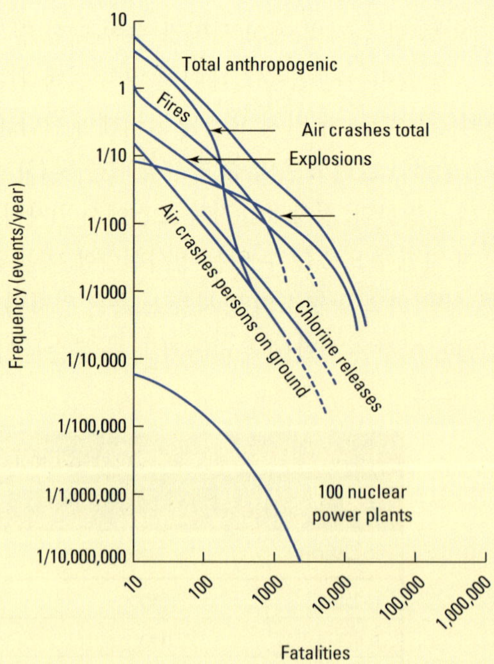

그림 6.32: Rasmussen 보고서에 의해 예측된 인위적 재앙에 대한 사망률의 함수로서 빈도와의 관계.

Reactor Safety Study: An assessment of Accident Risks in U.S. Commercial Nuclear Power Plants U.S. Nuclear Regulatory Commission (1975) WASH-1400 (NUREG 75/014) p. 2

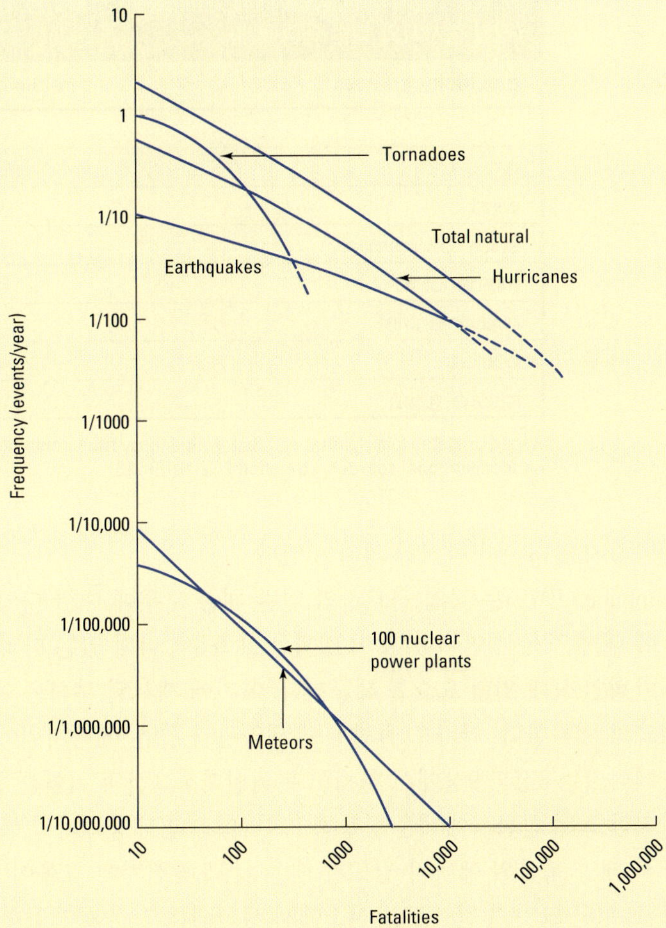

그림 6.33: Rasmussen 보고서에 의해 예측된 자연 재해 사망자의 함수로서 빈도와의 관계.

Reactor Safety Study: An assessment of Accident Risks in U.S. Commercial Nuclear Power Plants U.S. Nuclear Regulatory Commission (1975) WASH-1400 (NUREG 75/014) p. 2

고가 발생하기 전에 1975년에 이루어졌다. 다른 인위적 자연 재해와 비교했을 때 핵 사고의 가능성을 고려했다. 재난은 발생할 것으로 예상되는 빈도와 그로 인한 사망자 수에 따라 분류될 수 있다. 예를 들어, 1명의 사망자가 발생하는 화재는 빈번하고, 100명의 사망자가 발생하는 화재는 몇 년마다 발생하며, 1000명의 사망자가 발생하는 화재는 드문 경우이다. 다양한 인위적 재해 및 다양한 자연 재해에 대한 라스무센의 분석은 각각 그림 6.32 및 6.33에 요약되어 있다.

비행기 추락 및 토네이도와 같은 보다 위험한 사건의 경우 이 수치의 곡선과 비교할 상당한 데이터가 있다. 그러나 원자력 안전에 대한 예측과 비교할만한 정보는 거의 없다. 기본적으로 명백한 사고 사망자는 체르노빌에서 발생했다. 그림 6.33의 도표는 이 사건이 다소 비정상적이며 이 규모의 재난이 발생할 가능성이 상당히 낮음을 시사한다. 라스무센 보고서의 세부 사항에 대한 논란은 있지만, 거의 40년이 지난 후 원자력이 대중의 인식만큼

표 6.8: 전기 생산 방법에 따른 정규화된 상대적 총 위험 지표 (직업 종사자와 일반 대중에게)

electricity source	relative risk
coal	100
oil	67
wind	33
solar (photovoltaic)	23
methanol (biofuel)	10
hydroelectric	1.5
nuclear	0.3
natural gas	0.2

Based on data from H. Inhaber, "Risk with energy from conventional and nonconventional sources," Science 203 (1979) 718

위험하지 않다는 일반적인 의견이 있다.

Inhaber(1979)는 직업 근로자와 일반 대중 모두에 대한 다양한 에너지원의 전반적인 위험에 대해 자세히 연구했다. 이 결과는 표 6.8에 나와 있는 다양한 에너지 생산 방법에 대한 전반적인 상대 위험 요소를 제공한다. 여기에 제시된 분석은 이미 제시된 석탄과 원자력의 비교와 일치한다. 아마도 놀랍게도 태양광과 같은 에너지원이 목록에서 상당히 높다. (태양에너지는 8장과 9장에서 자세히 논의된다.) 그것의 위험은 일반 대중에게는 상대적으로 작지만 직업 근로자에게는 상당히 크다. 이러한 태양에너지 특징의 기본 이유는 지구 표면에서 태양 복사의 에너지 밀도가 매우 낮고 광전지의 효율이 매우 낮기 때문이다. 일반적으로, 평균 크기의 원자력 발전소에서 생산되는 전력을 제공하려면 약 40 km^2의 면적을 가진 태양 집광판이 필요하다. 이를 위해서는 엄청난 양의 재료가 처리되고 건설에 많은 시간이 소요된다. 필요한 재료의 양과 필요한 시공 시간은 그림 6.34에서 다른 에너지원에 대해 비교된다. 이 그림은 이후 장에서 논의할 대체에너지원 중 일부를 매우 신중하게 분석해야 함을 분명히 보여준다.

6.10 폐기물 처리

폐기물 처리는 원자력 사용에 대한 또 다른 심각한 관심사이다. 코어의 ^{235}U가 충분히 고갈되고 반응기의 정상적인 작동을 방해하는 다른 핵 종이 형성되기 때문에 일반적으로 6~12개월의 작동 후 반응기에 연료를 보급해야 한다. 사용 후 핵연료는 방사성이 높으므로 적절히 취급해야 한다. 앞서 설명한 바와 같이, 일부 사용 후 핵연료는 재생산되어 원자로를 위한 새로운 연료로 만들어진다. 현재 대다수는 안전한 장소에 보관되어 있다. 사용 후 핵연료에는 원자로의 핵 과정에서 발생하는 다양한 핵 종이 혼합되어 있다. 사용 후 핵연료

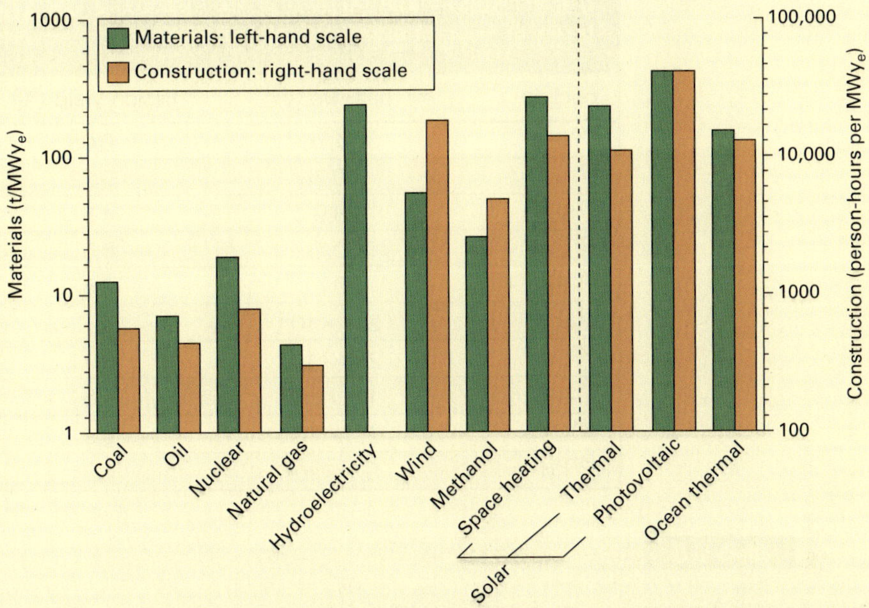

그림 6.34: 서로 다른 방법에 의하여 1 MWy$_e$의 전력 생산에 필요한 자재 및 시공 시간 자원. 로그 스케일

Based on H. Inhaber, "Risk with energy from conventional and nonconventional sources," Science 203 (1979) 718

에서 다른 핵종의 중요성은 농도, 붕괴 과정 및 반감기에 달려 있다. 반감기가 상당히 짧은 핵종은 방사능이 빠르게 붕괴되기 때문에 걱정할 필요가 없다. 매우 오래 지속되는 핵종은 매우 느리게 붕괴되어 상대적으로 약한 방사선을 생성하기 때문에 가장 큰 관심사는 아니다. 가장 염려되는 것은 수십 년에서 수백 년 동안 반감기가 가장 큰 핵종이다. 이들은 상당한 방사선을 생성할 만큼 빠르게 붕괴하지만, 많은 반감기를 겪으며 저장될 만큼 천천히 붕괴한다(예 : 수백 년).

원자로에서 소비된 연료는 핵분열 생성물 및 악티늄족의 두 가지 다른 유형의 핵종의 혼합물이다. 핵분열 생성물은 사용된 연료의 질량의 약 3%를 차지하며(이전 장에서 상세하게 논의됨) 식(6.3)으로 예시된다. 핵분열 생성물은 안정적인 핵종에 도달할 때까지 β 붕괴된다. 체인에서 처음 몇 개의 β 붕괴는 상당히 빠르게 발생하며, β 안정성이 달성되기 전에 가장 문제가 되는 것은 마지막 붕괴이다. 그림 6.6은 A = 137에 대한 이러한 일련의 β 붕괴를 보여준다. 여기에서 볼 수 있듯이 ^{137}I는 몇 분 내에 ^{137}Cs로 β 붕괴하지만 ^{137}Cs는 ^{137}Ba로 붕괴되며 반감기는 30년이다. 표 6.9는 폐 원자로 연료에서 발견되는 상당히 오래 지속되는 불안정한 핵종의 특성을 보여준다.

악티늄족은 사용 후 핵연료에서 발견되는 우라늄과 관련된 무거운 원소이다. 사용된 연료의 약 95%는 원래 연료에서 ^{238}U로 구성되며 최대 약 1%는 사용되지 않은 ^{235}U(원래 연료의 농축 정도에 따라)이다. 나머지 1% 정도는 주로 ^{236}U와 플루토늄(대부분 ^{239}Pu)으로

표 6.9: 소비된 원자로 연료에서 발견된 일부 방사성 핵분열 생성물 및 그것들의 반감기와 수율(그림 6.3).

nuclide	half-life (y)	fission yield (%)
^{155}Eu	4.76	0.08
^{85}Kr	10.76	0.22
^{90}Sr	28.9	4.5
^{137}Cs	30	6.3
^{151}Sm	90	0.53
^{99}Tc	211×10^3	6.1
^{126}Sn	230×10^3	0.11
^{93}Zr	1.5×10^6	5.5
^{135}Cs	2.3×10^6	6.9
^{107}Pd	6.5×10^6	1.2

예제 6.8

(a) ^{137}Cs의 붕괴 과정에 대한 방정식을 쓰시오.

(b) 핵분열 폐기물로부터 ^{137}Cs의 샘플이 초당 5×10^{15} 속도로 붕괴하는 경우, 붕괴 속도가 초당 1000 붕괴로 감소하는 데 필요한 시간을 계산하시오.

풀이

(a) ^{137}C의 β^- 붕괴는 그림 6.6에 나와 있으며 (식(5.19)와 유사)

$$^{137}Cs \rightarrow {}^{137}Ba + e^- + \bar{\nu}_e.$$

(b) 붕괴율의 시간 의존성은 식(5.16)에 의해 주어진다.

$$\left|\frac{dN(t)}{dt}\right| = \lambda N(0)e^{-\lambda t}.$$

여기서 붕괴 상수는 식(5.15)에 의해 반감기와 관련이 있다.

$$\lambda = (\ln 2)/t_{1/2}.$$

표 6.9에 주어진 30 y(9.45×10^8 s)의 반감기에서 붕괴 상수는 다음과 같다.

$$\lambda = (\ln 2)/(9.45\times10^8\ s) = 7.33\times10^{-10}\ s^{-1}.$$

$t=0$에서 ^{137}Cs 핵의 수는 붕괴 속도의 시간 의존성으로부터 다음과 같이 풀이될 수 있다.

$$N(0) = \frac{1}{\lambda}\left|\frac{dN(t)}{dt}\right| = (5\times10^{15}\ s^{-1})/(7.33\times10^{-10}\ s^{-1}) = 6.82\times10^{24}\ \text{nuclei}.$$

붕괴 속도의 함수로 시간을 계산하면

$$t = -\frac{1}{\lambda}\ln\left[\frac{1}{\lambda N(0)}\left|\frac{dN(t)}{dt}\right|\right].$$

붕괴율 $10^3\ s^{-1}$을 사용하면 다음과 같다.

$$t = -(1/7.33\times10^{-10}\ s^{-1})\times\ln[(10^3\ s^{-1}/(7.33\times10^{-10}\ s^{-1}\times6.83\times10^{24})]$$
$$= 4.0\times10^{10}\ s,$$

약 1266년.

구성된다. ^{236}U는 ^{235}U에서 중성자 포획에 의해 생성된 다음 γ 붕괴로 생성된다.

$$n + {}^{235}U \rightarrow {}^{236}U + \gamma \tag{6.5}$$

^{236}U는 2천 4백만 년의 붕괴 반감기를 가지므로 원자로 작동의 시간 척도에서 안정적이다. ^{239}Pu는 다음 반응에 의해 ^{238}U의 중성자 포획에 의해 생성된다.

$$n + {}^{238}U \rightarrow {}^{239}U + \gamma \tag{6.6}$$

^{239}U는 며칠의 시간 단위로 ^{239}Np로 β 붕괴한 다음 ^{239}Pu로 β 붕괴한다.

$${}^{239}U \longrightarrow {}^{239}Np + e^- + \bar{\nu}_e \longrightarrow {}^{239}Pu + e^- + \bar{\nu}_e \tag{6.7}$$

^{239}Pu는 β가 안정하고 24,000년의 α-붕괴 반감기가 있다. 폐 원자로 연료에 ^{239}Pu가 존재하면 ^{239}Pu를 사용하여 무기를 만들 수 있기 때문에 연료 재처리에 대한 보안 문제가 발생한다. 그러나, ^{239}Pu의 존재는 ^{238}U로부터 에너지를 추출할 수 있는 기초 및 열 중성자 원자로를 위한 우라늄 자원의 수명이 연장될 수 있는 방법이다. 또한 고속 증식재 반응기의 작동을 위한 기초를 형성한다.

일반적으로 핵분열 산물의 평균 활동 수명은 악티늄 종의 수명보다 짧다. 따라서 활동은 주로 연료가 원자로에서 제거될 때 핵분열 생성물에서 비롯되지만, 충분히 오랜 시간이 지나면 악티늄족이 대부분의 활동을 담당한다(그림 6.35).

방사성 핵 폐기물 문제에 대한 대중의 인식은 전적으로 현실적이지는 않을 수 있다. 원자력 반응으로 인한 에너지 생산에는 적은 양의 연료가 필요하기 때문에(화학 에너지를 사용하는 공정과 비교하여) 생성되는 실제 원자로 폐기물의 양은 질량 또는 부피 측면에서 상대적으로 적다. 저수준 폐기물은 원자로 및 연료 처리(예 : 우라늄 정제)뿐만 아니라 의

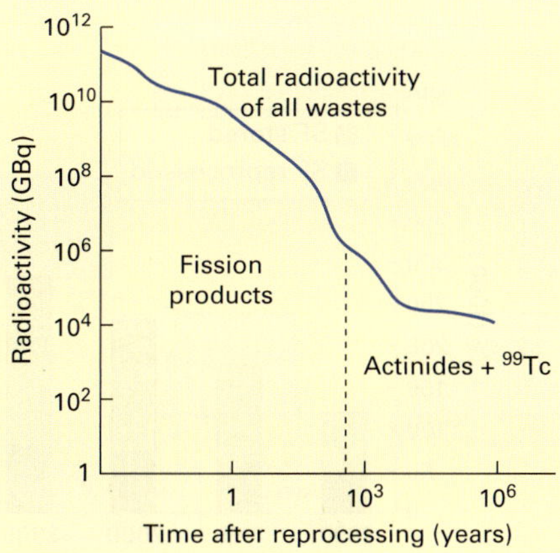

그림 6.35: 사용된 원자로 연료에서 시간의 함수로서의 활동성

Based on J.L. Zhu and C.Y. Chen, "Radioactive waste management: World overview," IAEA Bulletin 4/1989 p. 5

로운 연료로 재처리되지 않는 한 다소 무한정 저장되어야 한다. 현재 미국에서 군사 활동에 의해 생산되는 고수준 방사성 폐기물의 양이 상용 원자로에서 생산된 것보다 훨씬 많다는 점은 지적되어야 한다.

6.11 진보적 원전 설계

지난 30~40년 동안 원자력 산업의 확장은 거의 없었지만 최근 몇 년간 새로운 원자로 건설에 대한 관심이 높아졌다. 이러한 관심은 미래를 위한 실행 가능한 에너지원에 대한 대중의 시각 변화와 공공 안전에 대한 많은 우려를 완화시키기 위한 개발에서 비롯된다. 현재까지 주요 핵 사고를 분석한 결과, 조작 오류가 설계 결함(Chernobyl)만큼 중요한 문제(Three Mile Island 및 Chernobyl에서와 같이)임이 나타났다. 그러나 최근의 사건에 따르면 자연 재해(예 : 후쿠시마)도 핵 사고의 가능한 원인으로 간주되어야 한다. 새로운 원자로 설계는 사고를 피하기 위한 안전 시스템뿐만 아니라, 사고 발생 시에 방사성 물질에 대한 대응도 포함된 개선된 시스템까지 고려된다.

또한, 원자로를 위한 몇 가지 더 혁신적인 설계가 개발되고 있다. 아마도 이들 중 가장 유망한 것은 페블 베드 반응로이다. 이것은 흑연으로 조절되는 가스(He) 냉각식 원자로이기 때문에 영국 원자로 설계와 어떤 면에서 비슷하다. 우라늄 연료 요소는 막대 형태가 아니라 직경이 약 0.5 mm인 구 형태이다. 각각이 내열 실리콘 카바이드 층으로 코팅되어 있다(그림 6.38). 이들 개별적으로 코팅된 연료 구체 중 약 15,000개가 흑연 매트릭스로 조립되

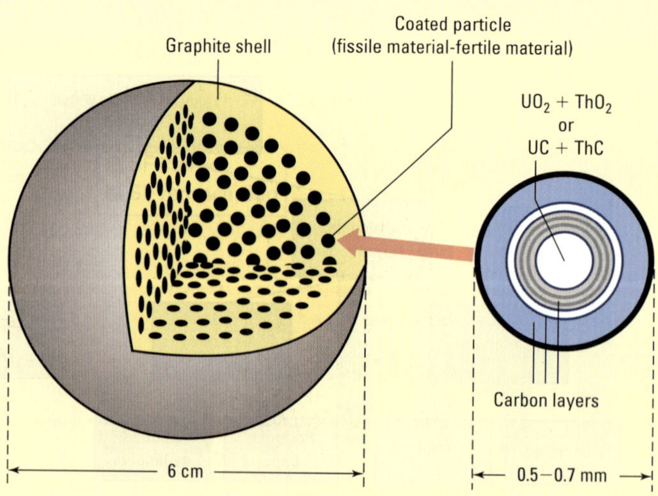

그림 6.38: 페블 베드 반응기의 연료 요소.

Based on European Nuclear Society, Pebble bed reactor, http://www.euronuclear.org/info/encyclopedia/p/pebble.htm

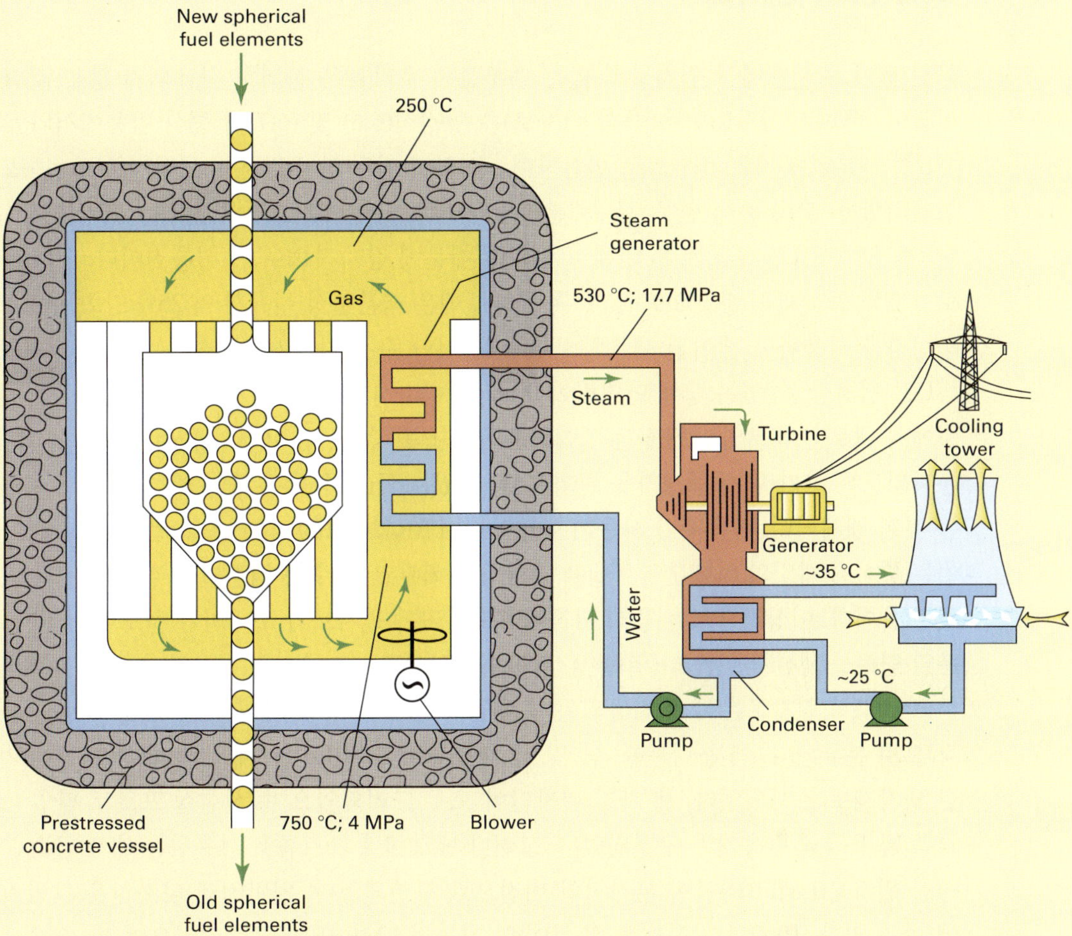

그림 6.39: 페블 베드 반응기의 개략도.

Based on European Nuclear Society, Pebble bed reactor, http://www.euronuclear.org/info/encyclopedia/p/pebble.htm

어 6 cm 직경의 구체(연료 페블)를 형성한다. 이 연료 페블 중 약 300,000개가 원자로의 코어에 포함되어 있다(그림 6.39). 우라늄을 포함하지 않는 추가 흑연 구체뿐만 아니라 우라늄을 둘러싼 흑연도 감속재 역할을 한다. 원자로 노심을 통해 흐르는 헬륨 가스는 냉각제 역할을 하며 가스 터빈을 구동하기 위해 열을 전달하는 데 사용된다.

원자로는 안전을 염두에 두고 특별히 설계된다. 고온 코팅은 연료가 녹는 것을 방지한다. 헬륨 냉각 가스의 총 손실이 발생하더라도 연료 페블의 온도는 카바이드 코팅의 용융 온도를 초과해서는 안 된다. 이 원자로는 전형적으로 작고(150 MW_e 정도) 기존의 설계보다도 더 작다. 이들은 미래의 원자로 설계 및 원자력 부흥의 기초가 될 수 있다.

6.12 고속 증식 원자로

앞선 원자로 설계에서 원자로에 있는 대부분의 우라늄은 분명히 사용되지 않을 것이다. 이것이 ^{238}U이다. FBR(고속 증식 원자로)은 방정식(6.6) 및 (6.7)의 증식 반응에서와 같이 ^{238}U를 핵분열 원자로의 연료로 변환하여 ^{238}U와 관련된 많은 잠재적 에너지를 사용하도록 설계되었다. 고속 증식 반응기는 핵분열성 핵(^{235}U 또는 ^{239}Pu)을 함유하는 코어로 구성된다. 후자의 재료는 원자로에 의해 증식되기 때문에 장기적으로 더 실용적이다. 코어는 주로 ^{238}U의 증식재 블랭킷으로 둘러싸여 있다. 핵은 핵분열성 핵에서 약 25% 강화되어 고속 중성자를 사용하여 제어된 핵분열 반응을 유지할 수 있다. 고속 중성자는 열 중성자보다 ^{238}U로 캡처할 수 있는 상대 단면적이 더 높다. 따라서, 초과 중성자 중 일부는 증식재 블랭킷에서 새로운 핵분열성 물질을 생성하는데 사용될 수 있다. 코어의 중성자가 고에너지로 유지되도록 하기 위해 중성자를 완화시킬 수 있는 물(경수 혹은 중수)을 냉각제로 사용하는 것이 배제되며, 감속재가 사용되지 않는다. FBR의 중요한 매개 변수는 증식 비율이다. 이는 증식재 재킷의 비핵분열 ^{238}U에서 생성된 핵분열 핵 수와 핵분열을 겪는 핵분열 핵 수의 비율이다. 이상적으로는 증식 비율이 1보다 커야 원자로가 소비하는 것보다 더 많은 핵분열 연료를 생산할 수 있다(열을 생산하는 것 외에도).

고속 증식 원자로는 주로 사용되는 냉각수 유형(가스 냉각, 액체 금속 냉각 및 용융염 냉각)으로 분류된다. 액체 나트륨, 납 및 납-비스무스 혼합물은 액체 금속 냉각 품종에 가능한 냉각제로 조사되었다. 세 가지 디자인이 모두 고려되었으며, 실험실 프로토 타입 액체 금속 및 용융염 반응기가 구성되었다. 그러나 냉각제로 나트륨을 사용하는 액체 금속 고속 증식 원자로(LMFBR)만이 본격적인 버전으로 구현되었다. 일반적인 디자인은 그림 6.40에 나와 있다. 1960년대 이래로 약 20개의 기능적 LMFBR이 구축되었으며 이 중 일부는 여전히 작동 중이다. 이들 중 대부분은 상당히 작은(200 MW_e) 원자로였다. LMFBR은 미시간에 건설되어 1963년에 운영되었다. 1972년에 운영이 중단되었으며 고속증식로에 대한 미국 프로그램이 중단되었다. 다른 국가(프랑스, 러시아, 인도 및 일본)에는 적극적인 FBR 개발 프로그램이 있으며 경우에 따라 운영 원자로가 있다. FBR의 신뢰성과 안전성을 보장하기 위해서는 추가 기술 개발이 필요할 것으로 보인다.

FBR의 장점은 이용 가능한 ^{238}U의 상당 부분에서 에너지를 추출할 수 있다는 것이다. ^{238}U는 ^{235}U보다 140배 풍부하기 때문에 FBR이 열 중성자 원자로를 대체하는 경우 우라늄 자원의 수명이 그것과 비슷하게 증가할 것으로 예상할 수 있다. 이것은 세계 우라늄 자원이 이전에 열 원자로에서 언급한 것처럼 35년이 아닌 5000년 동안 현재 원자력 에너지 생산 속도로 에너지를 제공한다는 것을 의미한다. 실제적인 상황은 이것보다 훨씬 고무적이다. 증식재 블랭킷에 대한 요구 사항은 열 원자로 연료에 대한 요구 사항보다 덜 까다롭다. 이는 품질이 낮은 우라늄 광석이 사용 가능하다는 것을 의미한다. 추정에 따르면 현재 사용률에서 우라늄 자원은 향후 50,000년 동안 고속 증식 원자로에 연료를 공급할 수 있다고 제시하고 있다. 보다 활발한 FBR 프로그램을 사용하더라도 수천 년 동안 자원을 유지할

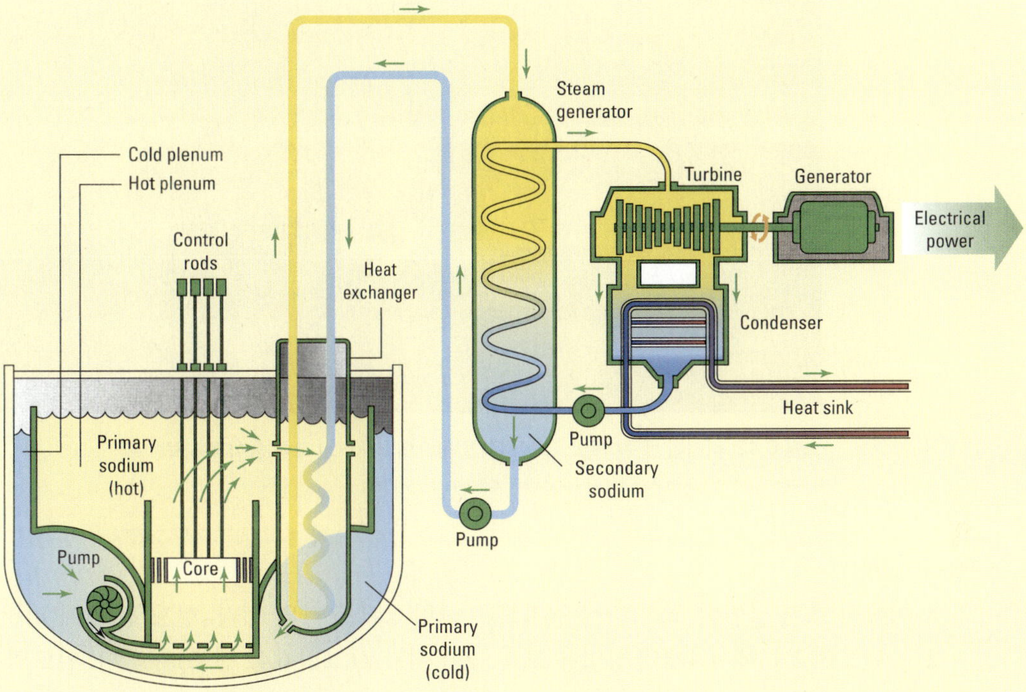

그림 6.40: 나트륨 냉각 LMFBR의 개략도.

INL/U.S. Department of Energy

그림 6.41: 실험용 고속 브리더 반응기(EBR-II)는 아이다 호의 아르곤 국립 연구소에서 설계, 제작 및 운영했다. 원자로는 1965년부터 1994년까지 가동하여 20 MW_e의 전력을 생산했다.

David R. Frazier Photolibrary, Inc./Alamy Stock Photo

그림 6.42: 러시아 벨로야르스크 원자력 발전소의 BN-600 고속 증식 원자로.
Hardscarf, https://commons.wikimedia.org/wiki/File:Beloyarsk_NNP.jpg

수 있다.

미국의 초기 실험의 고속 증식 원자로는 그림 6.41에 나와 있다. 현재 전 세계(러시아에 2개, 인도에 2개)에서 4개의 상업용 고속 증식 원자로(그림 6.42 참조)가 있다. 인도의 고속 증식 원자로 프로그램은 ENERGY EXTRA 6.4에서 추가로 논의되는 전체 국가 에너지 계획의 일부이다.

비핵분열 물질로부터 핵분열 물질을 증식시키는 능력은 자연적으로 발생하는 ^{232}Th를 연료로 사용하는 또 다른 흥미로운 가능성을 열어 준다. ^{232}Th, ^{238}U 및 ^{235}U는 유일하게 자

예제 6.11

아래 형태의 ^{233}U의 유도 핵분열 반응에 대한

$$\mathrm{n} + {}^{233}\mathrm{U} \rightarrow {}^{234}\mathrm{U} \rightarrow {}^{134}\mathrm{Te} + {}^{98}\mathrm{Zr} + 2\mathrm{n},$$

핵분열에너지를 계산하라.

Note: $m({}^{233}\mathrm{U}) = 233.0396282\ \mathrm{u}$,

$m({}^{134}\mathrm{Te}) = 133.9115405\ \mathrm{u}$, $m({}^{98}\mathrm{Zr}) = 97.91274637\ \mathrm{u}$.

풀이

핵분열에너지는 방정식의 왼쪽과 방정식의 오른쪽에 있는 질량의 차이로 주어진다.

$$E = [m_\mathrm{n} + m({}^{233}\mathrm{U}) - m({}^{134}\mathrm{Te}) - m({}^{98}\mathrm{Zr}) - 2m_\mathrm{n}]c^2.$$

적절한 값을 대체하면

$$\begin{aligned} E &= [1.008664904\ \mathrm{u} + 233.0396282\ \mathrm{u} \\ &\quad - 133.9115405\ \mathrm{u} - 97.91274637\ \mathrm{u} - 2 \times 1.008664904\ \mathrm{u}] \times 931.494\ \mathrm{MeV/u} \\ &= 192.5\ \mathrm{MeV}. \end{aligned}$$

ENERGY EXTRA 6.3
진보된 핵분열 원자로 설계

1950년대에 원자력 발전이 처음 등장한 이후 핵분열로 설계는 계속 발전해왔다. 가장 초기의 원자로는 first-generation, 또는 generation I, 원자로(reactor)라고 하며, 영국에서 여전히 작동하는 소수의 유닛을 제외하고, 이들 원자로는 모두 해체되었다. Second-generation (generation II) 원자로가 현재 가장 일반적으로 사용되고 있다. Generation III 원자로는 진보된 원자로라고도 하며 일부는 1990년대 후반부터 전 세계적으로 운영되고 있다. Generation III 원자로는 generation II 원자로를 따르는 진화적인 디자인이지만 다음과 같은 추가 디자인 기능을 포함한다.

- 생산 비용 절감
- 작동 편의성 향상
- 안정성과 보안성 향상
- 보다 견고한 디자인 및 내충격성
- 연료 활용률 향상
- 더 긴 수명

현재 전 세계적으로 수많은 generation III 원자로가 가동되고 있으며, 이러한 설계는 향후 10~20년 동안 원자력 발전에 가장 중요한 역할을 할 것이다.

페블 베드 원자로와 같은 generation IV 원자로는 설계에서 더욱 급진적인 경향이 있으며 generation III의 개선된 비용 및 안전 측면을 더욱 발전시키려고 노력한다. 많은 generation IV 설계(페블 베드 반응기와 같은)는 개발 후반 단계에 있으며 그 중 일부는 몇 년 안에 작동될 수 있을 것으로 예상된다. 많은 generation IV 원자로가 공통적으로 갖는 특징은 모듈 식 설계이다. 1 GW_e 출력을 초과하는 고용량 원자로를 목표로 하기 보다는, generation IV 원자로는 수백 메가와트 범위에 있는 경향이 있다. 이러한 개별 원자로 모듈은 더 큰 시설로 결합될 수 있다.

또 다른 흥미로운 개념은 소위 개인 원자로이다. 이 디자인은 미래의 달 기지에 어떻게 전력을 공급할 것인지에 대한 아이디어를 어느 정도 개발했다 이러한 장치에 대한 요구 사항은 작동하기 쉽고, 독립적이며, 안전하고, 작으며 거의 제로 유지 보수가 필요하고 장기간 연료 보급이 필요하지 않아야 한다는 것이다. 이러한 동일한 기준은 아파트나 사무실 건물 또는 그리드에 연결할 수 없는 외곽 지역에 전력을 공급하기에 적합한 소형 원자로로 이어질 것이다. 일본 원자력 연구소인 Tokai Research 설립은 그림과 같이 200 kW_e Rapid-L 원자로의 설계를 추진했다. 다이어그램의 치수는 반응기의 작은 크기를 나타내며 총 질량은 약 8000 kg이다. 연료를 보급하지 않고 10년 동안 지속적으로 작동하도록 설계되었다 이러한 원자력 접근 방식이 경제적이고 실용적이며 공공 지원을 받고 정부 정책과 일치하는지 여부는 두고 볼 일이다.

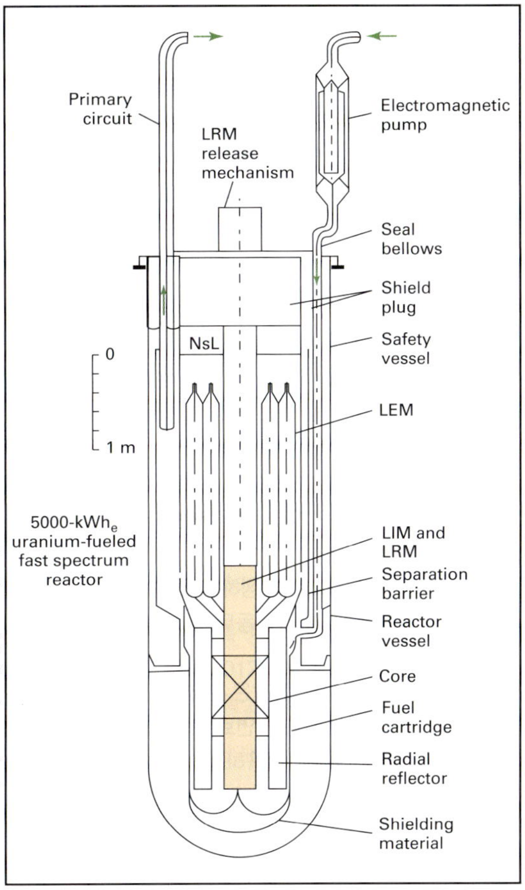

Based on JAERI, http://www.jaea.go.jp/jaeri/english/press/2001/010704/index.html

Rapid-L 원자로 내부 설계.

토의 주제

Rapid-L 원자로는 경제적으로 실행 가능할 것으로 예상된다. 유지 관리 비용을 최소화하고 용량 계수는 50%이다. 전기 요금이 kWh당 $0.15(일반 화석연료로 생성된 전기 요금보다 약간 높음)인 경우, 회수 기간이 10년 이하인 경우 최대 인프라 비용은 얼마인가? 이 설치 비용은 W_e당 달러로 얼마나 될지, 대규모 원자력 발전소의 설치 비용과 비교하라.

하므로 외부 우라늄 공급원이 필요하지 않다. 두 배의 시간과 연료 재처리 요구 사항으로 인해 3단계는 2단계 원자로가 가동된 후 30~40년 후에 시작될 것으로 예상된다.

토륨은 미래를 위한 매력적인 대체에너지원이며 우라늄을 사용하는 현재의 원자력 기술에 비해 많은 장점을 가지고 있지만, 위의 논의는 이것이 단기적으로 구현될 수 있는 에너지 솔루션이 아니라 오랜 기간 동안 신중한 계획이 필요하다는 것을 시사한다.

토의 주제

분열당 평균 180 MeV의 핵분열에너지를 사용하여 표에 나열된 각 국가의 토륨 매장량에서 최대 총 에너지 생산량을 추정하시오. 각 국가의 현재 1차 에너지 사용량을 추정하시오. 토륨이 1차 에너지의 유일한 원천으로 사용된다면, 매장량의 평균 수명은 얼마인가? 세계 토륨 자원이 전 세계적으로 사용된다면, 그들의 수명은 얼마인가?

참고문헌

1. R. Tongia and V.S. Arunachalam, “India’s nuclear breeders: Technology, viability and options” *Current Science* **75** (1998) 549–558.

연적으로 발생하는 악티늄족 핵종이다. ^{232}Th의 반감기는 1.4×10^{10}년으로 ^{238}U의 4.5×10^9 년에 비해 길기 때문에, ^{232}Th는 우라늄 동위 원소보다 지구상에서 더 풍부하다. 그것은 비분열성이며 α 붕괴에 의해 자연적으로 붕괴된다. 아래 과정에 따라서 4.081 MeV의 에너지를 방출하며 붕괴된다.

$$^{232}\text{Th} \rightarrow {}^{228}\text{Ra} + \alpha \tag{6.8}$$

^{232}Th는 다음 과정에 의해 핵분열성 핵으로 변환될 수 있다: 첫째, 중성자 포획은 ^{233}Th을 형성한다.

$$\text{n} + {}^{232}\text{Th} \rightarrow {}^{233}\text{Th} + \gamma. \tag{6.9}$$

^{233}Th는 두 개의 β 붕괴를 겪는다.

$$^{233}\text{Th} \rightarrow {}^{233}\text{Pa} + e^- + \bar{\nu}_e \rightarrow {}^{233}\text{U} + e^- + \bar{\nu}_e, \tag{6.10}$$

(Pa = protactinium), 반감기가 각각 22분, 27일이다. ^{233}U는 β 안정적이며 반감기가 1.6×10^5년인 α 붕괴에 의해 자연적으로 붕괴된다. 따라서 원자로 연료 역할을 하기에 충분히 안정적이며, 핵분열이기 때문에 유도 핵분열에 의한 에너지 생산에 사용될 수 있다. 토륨은 최근에 관심을 끌었던 자원이며 미래의 원자로 개발에 영향을 줄 수 있다.

6.13 요약

이 장은 제어 핵분열 원자로에서의 에너지 생산을 다루었다. 핵 결합에너지가 핵 크기에 의존하기 때문에 무거운 핵분열에서 가용 에너지를 추출할 수 있다. 중핵의 핵 크기 감소를 위한 결합에너지의 증가는 중핵이 2개의 더 가벼운 핵으로 분해될 때 에너지가 방출됨을 의미한다. 자발적 핵분열 과정은 전자기 쿨롱 장벽이 공정을 방해하기 때문에 매우 느리게 발생한다. 그러나, 중성자 반응을 통해 핵분열을 유도함으로써 핵분열 속도를 증가시킬 수 있다. ^{235}U는 핵분열성이므로 저에너지 중성자가 흡수될 때 쿨롱 장벽 에너지가 초과됨을 의미한다. ^{238}U는 분열되지 않는다. 반응기 연료의 ^{235}U 성분에서 제어된 연쇄 반응은 감속재 및 제어 막대를 사용하여 반응기에서 중성자의 플럭스를 조절함으로써 유지된다. 이러한 원리로 작동하는 반응기를 열 중성자 반응기라고 한다. 상이한 유형의 열 반응기가 논의되었으며, 이들은 감속재에 사용되는 재료에 기초하여 분류된다.

이 장은 또한 전력 생산을 위한 핵분열 원자로의 세계적 사용에 대해서도 개괄했다. 1960년대와 1970년대 원자력 에너지의 급속한 증가는 이것이 저렴하고 풍부한 에너지원을 제공할 것이라는 희망에 의해 촉진되었다. 프랑스와 같은 일부 국가에서는 거의 모든 전력 요구를 충족시키는 원자력 프로그램을 개발했다. 1980년대 후반까지 원자력 산업의 확장은 거의 중단되었다. 이러한 정책 변경은 다음과 같은 여러 가지 요인의 결과였다.

- 원자력 에너지가 화석연료나 수력 전기보다 싸지 않다는 인식 (사실, 다른 에너지원들이 다소 저렴하다.)
- 우라늄 공급은 무제한이 아니며 전통적인 열 중성자 원자로의 원자력 수명은 매우 제한적이라는 인식
- 많은 국가에서 검토하는 고속 증식 원자로 및 연료 재처리와 관련된 정책의 주요 요소인 핵 물질의 보안에 대한 우려
- 원자로의 안전에 대해서 증가하는 우려 (Three Mile Island과 체르노빌 사건 이후 원자력 사고의 광범위한 건강 및 환경적 영향에 대한 가능성이 분명해졌다.)
- 핵 폐기물 처리의 환경적 영향에 대한 우려

최근 몇 년간, 원자력에 대한 태도는 세계 여러 지역에서의 원자력의 확장 및/또는 미래의 계획된 개발에까지 다소 활발해졌다. 이러한 방향은 화석연료 공급의 감소와 환경 영향에 대한 인식의 증가, 본질적으로 더 안전한 새로운 핵분열 원자로의 개발, 연료 재처리에 대한 긍정적인 태도 등에 영향을 받은 결과이다.

이 장은 또한 원자로와 관련된 잠재적 위험에 대해서도 논의했다. 이 논의에서는 위험 평가의 연구결과를 제시했는데 그 중에서 Three Mile Island(1979), Chernobyl(1986) 및 Fukushima(2011)에서 발생한 실제 핵 사고 평가에 중점을 두었다. 최근 일본의 후쿠시마 사고는 이미 일부 국가의 정부 정책에 영향을 미쳤다. 스위스와 독일은 모두 원자력 활동을 폐지하고 있으며, 이탈리아 유권자들은 원자력 활동을 부흥시키는 계획을 거부했다.

우라늄 자원의 이용에 대한 한계가 논의되었다. 열 원자로는 1% 미만의 자연 발생 우라늄을 포함하는 ^{235}U와 관련된 에너지만을 사용한다. 고속 증식 원자로는 고에너지 중성자를 사용하여 비핵분열성 ^{238}U를 핵분열성 ^{239}Pu로 변환한다. 이 방법에 의해, 천연 우라늄으로부터의 가용 에너지는 100배 이상 증가될 수 있다. 이 원자로는 전 세계적으로 사용이 제한되어 있으며 고속 증식 원자로 사용과 연료 재처리의 가능성이 제시되었다. 원자로에

서 연료로서 자연적으로 발생하는 ^{232}Th의 가능한 사용이 논의되었다.

연습문제

6.1 유도 핵분열을 겪을 때 석탄 1톤과 동일한 양의 열에너지를 생성하는 ^{235}U의 질량은 얼마인가?

6.2 (a) 1 kg의 ^{235}U에 대한 질량 에너지를 계산하라.
(b) 1 kg의 ^{235}U에 대한 총 핵 결합에너지를 계산하라.
(c) 1 kg의 ^{235}U의 핵분열로 인한 에너지를 계산하라.

6.3 다음 질량을 사용하여 ^{239}Pu가 핵분열임을 보여라.

$$m(^{239}\text{Pu}) = 239.0521565 \text{ u.}$$

$$m(^{240}\text{Pu}) = 240.0538075 \text{ u.}$$

참고 : ^{239}Pu의 이 특성을 통해 자연 발생 ^{235}U가 사용되는 것과 동일한 방식으로 열 중성자 원자로에 사용할 수 있다.

6.4 ^{137}Cs는 열 중성자 원자로에서 생성되는 일반적이고 특히 까다로운 핵분열 조각이다. ^{137}Cs의 어려움은 β 붕괴 사슬에서 반감기(30년)가 길기 때문에 발생한다(그림 6.6). 원자로 폐기물의 ^{137}Cs가 원래 활동의 10^{-6}으로 붕괴하는 데 필요한 시간을 계산하라.

6.5 ^{239}Pu [m (^{239}Pu) = 239.0521565 u]의 붕괴에너지를 계산하라.

6.6 저급 우라늄 광석은 우라늄 백분율(중량 기준)의 일부를 함유한다. 매우 높은 등급의 광석(캐나다의 일부 매장에서 발견됨)은 최대 20%의 우라늄을 함유할 수 있다. ^{235}U (자연 발생 우라늄의 0.72%)의 핵분열에 의해 우라늄으로부터 에너지가 추출된다면, 1톤의 우라늄 광석(에너지 측면에서)을 1톤의 석탄과 동등한 양으로 만들려면 광석의 우라늄 비율이 얼마나 큰가?

6.7 ^{235}U의 유도 핵분열에 대한 가능한 공정은

$$\text{n} + {}^{235}\text{U} \rightarrow {}^{236}\text{U} \rightarrow {}^{138}\text{Xe} + {}^{96}\text{Sr} + 2\text{n}.$$

다음 원자 질량을 사용하여 이 프로세스에서 방출된 에너지를 계산하시오.

$$m(^{138}\text{Xe}) = 137.9139885 \text{ u.}$$

$$m(^{96}\text{Sr}) = 95.92168047 \text{ u.}$$

6.8 그림 6.32의 정보를 사용하여 사망자가 1000명에 달하는 사고에서보다 사망자가 10명에 달하는 원자력 사고로 사망할 가능성이 더 높다는 것을 입증하시오.

6.9 800 MW_e 원자력 발전소는 5°C의 온도에서 냉각수를 공급하고 25°C의 온도에서 배기한다. 스테이션이 41%의 효율로 작동하는 경우 kg/s의 물 유량은 얼마인가?

6.10 1970년대 중반 이후로 전 세계의 원자로의 총 수는 상대적으로 일정하다고 가정하자. 이 장에서 논의된 세 가지 주요 핵 사고가 그림 6.32에 나와 있는 Rasmussen 연구의 예측과 일치하는가?

6.11 석탄은 최대 약 2000 ppm(질량)의 천연 우라늄을 함유할 수 있다. 석탄의 화학적 에너지 함량과 우라늄의 ^{235}U 함량(열 반응기에서 사용)의 가용 핵분열에너지 및 ^{238}U를 포함한 우라늄의 총 가용 핵분열에너지(종축 반응기에서 사용될 수 있음)를 비교하시오.

6.12 1986년 체르노빌 사고로 총 56명의 사망자가 발생했다. Rasmussen 보고서에 근거하여 유사한 사고에 대한 예상 시간 척도를 추정하시오. 이 추정치를 후쿠시마 다이이치 사고와 관련하여 논의하시오.

6.13 열 원자로에서 일반적인 유도 핵분열 과정은 다음과 같다.

$$n + {}^{235}U \rightarrow {}^{236}U \rightarrow {}^{137}Xe + {}^{97}Sr + xn.$$

(a) 방정식의 오른쪽에서 중성자 수 x를 결정하라.

(b) 이 과정과 관련된 핵분열에너지를 계산하라.

참고 : $m\,({}^{137}Xe) = 136.9115629$ u; $m\,({}^{97}Sr) = 96.926153$ u.

6.14 ^{137}Cs는 핵분열 원자로에서 발생하는 전형적인 수명이 긴 폐기물이다. 핵분열 과정으로 시작하여:

$$n + {}^{235}U \rightarrow {}^{236}U \rightarrow {}^{137}I + {}^{95}Y + 4n$$

^{137}Cs가 어떻게 생산되는지 설명하시오.

6.15 $233 \le A \le 238$의 우라늄 동위 원소에 다음 원자 질량 사용하여:

$$m({}^{233}U) = 233.0396282 \text{ u},$$
$$m({}^{234}U) = 234.0409456 \text{ u},$$
$$m({}^{235}U) = 235.0439231 \text{ u},$$
$$m({}^{236}U) = 236.0455619 \text{ u},$$
$$m({}^{237}U) = 237.048724 \text{ u},$$
$$m({}^{238}U) = 238.0507826 \text{ u},$$

어떤 동위 원소가 핵분열인지 확인하고 결과의 추세에 대해 언급하라.

6.16 열 중성자 포획 동안 방출된 감마선의 에너지를 ^{232}Th로 계산하라.

참고 : $m\,({}^{232}Th) = 232.0380504$ u; $m\,({}^{233}Th) = 233.0415769$ u.

6.17 핵분열성 ^{233}U는 중성자 포획에 의해 비핵분열성 ^{232}Th에서 사육될 수 있다. ^{233}U에 대한 유도 핵분열 반응을 작성하고(그림 6.3 참조) 핵분열에너지를 계산하시오.

참고: 핵종의 원자 질량은 많은 핵 물리학 텍스트(예 : Dunlap, 핵과 입자의 물리학 소개 또는 Krane, 입문 핵 물리학)에서 사용할 수 있다. 5장과 6장의 참고 문헌 또는 https://www.ncsu.edu/chemistry/msf/pdf의 온라인 참고 문헌 참조 / IsotopicMass_NaturalAbundance.pdf

6.18 식(6.3)의 핵분열 과정을 고려하시오.

$$n + {}^{235}U \rightarrow {}^{137}I + {}^{96}Y + 3n.$$

(a) 반응의 각 성분에 대한 총 결합에너지를 계산하라.

(b) 핵분열에너지가 방정식의 오른쪽에 있는 총 결합에너지에서 왼쪽에 있는 총 결합에너지를 뺀 값임을 보여라.

6.19 지구가 형성되었을 때 ^{232}Th (반감기 1.4×10^{10}년)와 ^{238}U (반감기 4.5×10^{9}년)가 같은 양으로 존재한다면, 현재의 상대 풍부도를 계산하시오.

참고 : 지구의 나이는 45억 4천만 년이다.

6.20 원자력 에너지 생산 및 원자력 폐기물 정책이 현재와 동일하게 유지되는 경우 2100년에 상용 전력 원자로에서 소비되는 연료의 양과 부피를 추정하시오.

참고문헌

D. Bodansky. *Nuclear Energy: Principles, Practices, Prospects*. American Institute of Physics, New York (1996).

B. L. Cohen. *The Nuclear Energy Option—An Alternative for the 90s*. Plenum Press, New York(1990).

B. L. Cohen. "The nuclear reactor accident at Chernobyl, USSR." *American Journal of Physics* **55** (1987): 1076.

B. L. Cohen. "Breeder reactors: A renewable energy source." *American Journal of Physics* **51** (1983): 75.

B. L. Cohen. "The disposal of radioactive wastes from fission reactors." *Scientific American* **236** (1977): 21.

R. A. Dunlap. *An Introduction to the Physics of Nuclei and Particles.* Brooks-Cole, Belmont, CA (2004).

M. M. El-Wakil. Powerplant Technology. McGraw-Hill, New York (1984).

J. A. Fay and D. S. Golomb. *Energy and the Environment*. Oxford University Press, New York (2002).

S. Glasstone and A. Sesonske. *Nuclear Reactor Engineering: Reactor Design Basics, Volume 1*. Springer, New York (1994).

S. Glasstone and A. Sesonske. N*uclear Reactor Engineering: Reactor Systems Engineering,* Volume 2. Springer, New York (1994).

D. R. Inglis. *Nuclear Energy—Its Physics and Its Social Challenge*. Addison-Wesley, Reading, MA

(1973). Bibliography 235

H. Inhaber. "Risk Evaluation." *Science* **203** (1979): 718.

R. A. Knief. *Nuclear Engineering*. Taylor and Francis, Washington, DC (1992).

J. A. Kraushaar and R. A. Ristinen. *Energy and Problems of a Technical Society* (2nd ed.). Wiley, New York (1993).

J. Lamarsh. *Introduction to Nuclear Engineering* (2nd ed.). Addison-Wesley, Reading, MA (1983).

H. W. Lewis. "The safety of fission reactors." *Scientific American* **242** (1980): 53.

J. N. Lillington. *The Future of Nuclear Power. Elsevier,* Amsterdam (2004).

R. L. Murray. *Nuclear Energy: An Introduction to the Concepts, Systems, and Applications of Nuclear Processes*. Pergamon, New York (1993).

R. L. Murray. *Understanding Radioactive Waste*. Battelle Press, Columbus (1989).

R. L. Murray. *Introduction to Nuclear Engineering*. Prentice Hall, Englewood Cliffs, NJ (1961).

A. V. Nero Jr. *A Guidebook to Nuclear Reactors*, University of California Press, Berkeley (1979).

R. G. Steed. *Nuclear Power: In Canada and Beyond*. General Store, Renfrew (2007).

J. Tester, E. Drake, M. Driscoll, M. W. Golay, and W. A. Peters. *Sustainable Energy: Choosing Among Options*. MIT Press, Cambridge, MA (2006).

D. F. Torgerson, K. R. Hedges, and R. B. Duffy. "The evolutionary CANDU reactor—Past, present and future." *Physics in Canada* **60** (2004): 341.

J. Weil. "Pebble bed design returns." *IEEE Spectrum* **38** (2001): 37.

World Energy Council, *World Energy Resources 2016*, available online at https://www.worldenergy.org/publications/2016/world-energy-resources-2016/

CHAPTER 7

핵융합 에너지

학습목표: 제7장을 학습한 후 다음 내용을 이해할 수 있다.

- 핵융합 반응의 특성 및 핵융합 에너지의 생산
- 자기밀폐형 원자로의 설계 및 작동
- 관성밀폐형 원자로의 설계 및 작동
- 로손 기준의 중요성
- 핵융합로의 설계
- 실행 가능한 핵융합 원자로의 과제

7.1 서론

이전 장에서 효과적인 연료 재처리가 가능한 고속증식로(fast breeder reactors) 또는 열중성자 증식로(thermal reactors)를 사용하면 상당기간 에너지 제공이 가능한 것을 알 수 있었다. 하지만 핵분열 에너지를 활용하기 위해서는 원자로 안전, 핵 폐기물 처리 및 핵물질의 안전성 등에 대해 문제가 발생된다. 이에 핵력(nuclear force)을 활용해 막대한 에너지 생산이 가능한 대안방법으로 핵융합이 있다. 그림 6.1에서 핵자당 결합에너지는 작고 가벼운 핵일수록 증가됨을 알 수 있었다. 따라서, 두 개의 가벼운 핵들을 더 무거운 핵(A = 55 이상)으로 만드는 과정은 발열과정이기 때문에 에너지 생산이 가능하다. 핵융합에는 몇 가지 중요한 장점이 있다.

- 저렴하고 풍부한 연료 공급
- 쉬운 반응의 제어로 상향된 안정성
- 융합로 부산물로 발생되는 환경 위험 감소

그러나, 현재 핵분열과 핵융합 과정의 근본적인 차이로 인해 융합은 기술적으로 실현이 어렵다. 이 장에서는 핵융합 물리학을 검토하고 사용 가능한 핵융합로를 생산하기 위한 가능성을 논의한다.

7.2 핵융합 에너지

핵분열 물질의 핵과 중성자의 충돌은 핵을 쿨롱장벽 이상의 에너지 레벨로 놓기에 충분한 에너지를 제공한다. 이로 인해 핵은 분열되며, 핵분열된 파편은 양성자 사이의 반발성 쿨롱 상호작용으로 서로 반발하게 된다. 두 개의 가벼운 핵을 융합하기 위해서는 쿨롱 힘 이상의 힘이 필요하다. 핵들은 쿨롱장벽을 넘기 위해 충분한 에너지가 필요하며, 충분한 시간 동안 서로 근접해 있어야 한다. 일단 핵들이 충분히 근접한 상태에서는 강한 상호작용으로 인해 핵융합이 발생되고 에너지가 방출될 것이다. 적당한 입자 가속기에서도 핵을 가속시키고 핵을 다른 핵과 충돌시켜 융합 반응을 일으키는 것은 가능할 것이다. 하지만, 이런 상황에서 가속기에 대한 에너지 소비는 융합으로부터 얻어지는 에너지 이득보다 크다. 따라서, 이것은 실험실에서 융합 반응에 대해 배우는 유용한 방법이지만, 에너지를 얻는 실질적인 방법은 아니다. 따라서, 융합 에너지를 사용하려면 융합과 호환되지만 과도한 에너지 소비가 필요하지 않은 조건을 형성해야 한다. 이것은 일반적으로 융합이 진행되기에 충분한 밀도를 가지고 충분히 격렬한 핵을 수집하는 것을 의미한다.

실제적인 관점은 가능한 적은 가벼운 양성자를 사용하여 쿨롱 반발을 줄이는 것이 바람직하다. 예로 두 개의 알루미늄 원자(각각 13개의 양성자)를 철 원자(26개의 양성자)로 융합하는 것은 이론적으로 가능하지만 핵융합과정에서 생산적인 방법은 아니다.

가장 단순한 핵융합과정은 두 양성자의 융합 또는 소위 p-p 반응이다; 즉, 두 개의 수소(^{1}H) 핵의 융합. 그러나, 두 개의 양성자가 결합 상태를 형성할 수 없으며, p-p 융합에는 양성자 중 하나가 중성자로 변환되기 위한 β^+붕괴 과정이 필요하다.

$$\mathrm{p} + \mathrm{p} \rightarrow \mathrm{d} + \mathrm{e}^+ + \nu_\mathrm{e}. \tag{7.1}$$

여기에서 d는 중수소(^{2}H 원자의 핵) 즉, 중성자와 양성자로 구성된 결합쌍이다. β붕괴(식 5.18)와 관련되기 때문에 약한 상호작용은 p-p 융합에 영향을 미친다. 결과적으로 이 반응이 발생되는 것은 매우 어렵다.

예제 7.1

식(7.1)에 나타낸 융합과정과 관련된 에너지를 계산하시오.

풀이

방정식 왼쪽과 오른쪽 항 사이의 질량 차이에 의해 에너지로 전환된다.

$$E = (2m_\mathrm{p} - m_\mathrm{d} - m_\mathrm{e})c^2.$$

부록 II의 질량 값을 사용하면 (양성자는 전자와 무게가 같은 반입자임을 생각하라.)

$$E = (2 \times 1.007276470\ \mathrm{u} - 2.013553214\ \mathrm{u} - 0.000548579903\ \mathrm{u})$$
$$\times 931.494\ \mathrm{MeV/u} = 0.42\ \mathrm{MeV}.$$

일반적으로 융합과정은 양성자와 전자가 소멸되는 과정이다. 이 소멸 과정 다음과 같다.

$$e^- + e^+ \rightarrow 2\gamma,$$

여기서 방정식의 오른쪽의 광자의 질량은 0이다. 그러므로 방출된 에너지 다음과 같다.

$$E = (m_e + m_e)c^2 = (2 \times 0.000548579903\ \text{u}) \times 931.494\ \text{MeV/u} = 1.02\ \text{MeV}.$$

p-p융합 공정에서 방출된 총 에너지의 양은 다음과 같다.

$$0.42\ \text{MeV} + 1.02\ \text{MeV} = 1.44\ \text{MeV}.$$

중수소(^{2}H 원자의 핵)가 수반된 융합과정은 매우 중요하며, 가장 단순한 반응은 d-p 융합이다.

$$d + p \rightarrow {}^3\text{He} + \gamma \qquad (Q = 5.49\ \text{MeV}), \tag{7.2}$$

여기서 에너지 계산을 위해 오른쪽의 ^{3}He는 ^{3}He원자의 핵을 나타낸다. 원자 질량은 $^2\text{H} + {}^1\text{H} \rightarrow {}^3\text{He} + \gamma$로 대체할 수 있다. 두 경우 모두 상호작용이 포함되지 않기 때문에 전자의 수는 일정하다. 방정식의 Q는 방출된 에너지이다. 두 개의 중수소가 융합되는 가장 확실한 과정인 ^{4}He의 형성 과정은 다음과 같다:

$$d + d \rightarrow {}^4\text{He} + \gamma \qquad (Q = 23.8\ \text{MeV}), \tag{7.3}$$

하지만 이러한 과정은 잘 발생되지 않는데, 그 이유는 큰 에너지 방출은 ^{4}He핵을 불안한 상태로 만들기 때문이다. 일반적으로 중성자 중 하나 또는 양성자 중 하나가 방출된다. 결과적으로 d-d 융합에는 선호되는 두 가지 방법이 있다.

$$d + d \rightarrow {}^3\text{He} + n \qquad (Q = 3.3\ \text{MeV}), \tag{7.4}$$

와

$$d + d \rightarrow {}^3\text{H} + p \qquad (Q = 4.0\ \text{MeV}), \tag{7.5}$$

중수소와 삼중수소(^{3}H 핵)의 융합은 매우 중요한 공정이다. d-t 융합은 다음과 같다:

$$d + t \rightarrow {}^4\text{He} + n \qquad (Q = 17.6\ \text{MeV}), \tag{7.6}$$

이 공정은 상당 양의 에너지가 방출되며, 제어된 핵융합로의 작동에 특히 중요하다.

태양에서 에너지를 생산하는 과정은 핵융합 과정을 이해하는데 도움이 된다. 대부분의 별과 같이 태양은 주로 4개의 수소 핵(^{1}H)을 하나의 헬륨 핵(^{4}He)으로 융합하여 에너지를 생성한다.

$$4p \rightarrow {}^4\text{He} + 2e^+ + 2\nu_e, \tag{7.7}$$

여기서 융합 양성자 중 2개는 약한 β^+붕괴 과정에 의해 중성자로 전환된다. 4개의 수소 핵은 동시에 융합되어 헬륨을 형성하지 않는다. 대신 헬륨은 일련의 단계로 형성된다. 핵융합과정의 첫 단계는 식(7.1)에 주어진 것과 같은 두 개의 양성자 융합이다. 원칙적으로, 2개의 중양자는 식(7.3)에 따라 융합하여 ^{4}He을 형성할 수 있지만, 이는 앞에서 설명한 바와 같이 발생될 가능성이 없다. 보다 가능성이 있는 과정은 식(7.2)에서 주어진 ^{3}He를 형성하기 위한 p-d 융합과정이다. 두 개의 ^{3}He 핵들은 다음과 같은 반응으로 융합된다.

$$^{3}\mathrm{He} + {}^{3}\mathrm{He} \rightarrow {}^{4}\mathrm{He} + 2{}^{1}\mathrm{H} + \gamma \qquad (Q = 12.86\ \mathrm{MeV}), \qquad \textbf{(7.8)}$$

이 전체 과정은 태양에서 가장 일반적인 에너지 생산 방법이며 양성자-양성자 주기(또는 p-p 주기)라고 한다. 다른 과정도 발생되지만 p-p 주기는 태양에너지의 약 85%를 생산한다. p-p 주기와 관련된 총 에너지는 Q = 26.7 MeV이며, 대부분 태양광으로 변환된다. 모든 과정은 천천히 이루어진다. 식(7.2)와 (7.8)은 태양에서 ^{2}H와 ^{3}He의 양이 한정되어 있으며, 후자의 경우 쿨롱장벽이 증가되기 때문에 식(7.1)은 약한 상호작용을 포함하고 있다. 현재 태양 진화 단계에서 대부분의 ^{1}H 핵은 여전히 반응되지 않았다. 하지만, 식(7.1)은 태양에너지 생산에 가장 제한적인 요소이다. 이는 지구에서 필요한 만큼의 태양에너지가 발생되고 태양의 수소가 빠르게 손실되지 않기 때문에 좋은 상태이다.

만약 태양에 존재하는 조건이 연구소에서 재현될 수 있다면, 핵융합로의 작동이 가능할 것이다. 태양은 약 10^{57}(많거나 혹은 적음)의 양성자로 구성되어 있다. 총 에너지 출력은 약 3.8×10^{26} W(또는 J/s)이다. 하나의 p-p 사이클은 약 27 MeV(또는 4×10^{-12} J)를 생성하기 때문에, 약 $(3.8 \times 10^{26}\ \mathrm{W})/(4 \times 10^{-12}\ \mathrm{J}) \approx 10^{38}$ p-p 주기가 매 초마다 발생되며, 이는 4×10^{38} 양성자의 핵융합에 해당된다. 태양의 총 양성자 수(10^{57})의 일부로, $1/(10^{57}/4 \times 10^{38})$ 또는 $1/2.5 \times 10^{18}$에 해당한다. 만약 태양이 일정한 속도로 에너지를 생산하고 모든 양성자를 융합시킬 수 있다면, 2.5×10^{18}초, 즉 약 800억 년 동안 존재할 수 있다. 이것은 가정한 것으로 실제 태양의 수명은 이보다 다소 적을 수 있다. 하지만, 만약 태양과 같은 조건으로 핵융합로에 ^{1}H을 가득 채운다면 연료로부터 얻을 수 있는 핵융합에너지를 추출하는데 수백억 년이 걸릴 것이다. 이는 실용적이지 않으며 p-p 융합이 지구에서의 융합에너지 생산에 고려되지 못한 이유이다.

에너지 생산에 대한 다른 핵융합 반응의 유용성을 확인하기 위해 이러한 과정의 물리학에 대한 조사가 필요하다. 이는 쿨롱장벽의 감소를 위해 헬륨보다 수소 동위 원소를 사용하는 것이 유리하다. 일반적으로 중성자 수가 많을수록 핵이 쿨롱장벽을 통과하여 핵을 융합시키는 강한 상호작용의 강도가 증가한다. 그림 7.1에서 d-d 및 d-t 융합에 대해 나타내었다. 여기에서 상대적인 핵융합 확률(핵융합 반응 단면적)은 에너지의 함수로 그려진다. 이러한 반응은 d-d 융합에 대한 식(7.4)와 d-t 융합에 대한 식(7.6)와 일치한다. 그림의 정보의 d-d 융합은 두 반응의 합이다.

그림에 표시된 d-d와 d-t 융합의 차이점은 연구실에서 d-t 융합을 수행하는 것이 d-d 융합을 수행하는 것보다 수월함을 나타낸다. 이러한 이유로 d-t 융합에 대한 연구가 집중되어 왔으나 7.5절에서 논의된 d-d 융합에 대한 연구는 이 분야에서 궁극적인 목표가 될 수 있다.

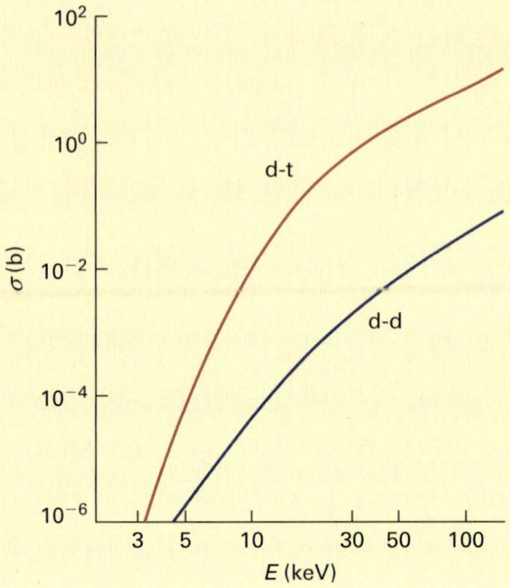

그림 7.1: d-d와 d-t 반응에 대한 에너지의 함수로서 핵융합 단면(b = barns; 1 b = 10^{-28} m^2)

Based on R.A. Dunlap, An Introduction to the Physics of Nuclei and Particles, Brooks-Cole, Belmont (2004).

7.3 자기밀폐형 융합로

핵융합로 개발의 기본적인 목표는 핵융합조건을 유지하는데 사용되는 에너지가 핵융합로에서 얻어지는 에너지보다 낮은 것이다. 즉, 핵융합으로부터 얻어지는 에너지가 발생되는 것이다. 핵융합로에 대한 전통적인 접근 방식은 매우 높은 온도를 사용하여 필요한 조건에 도달하는 것이다. 이 방법은 충분히 가능하며 이는 그림 7.1에서처럼 온도가 증가하면 핵의 운동에너지가 증가하고 융합 확률이 증가되기 때문이다. 일반적으로 그림에서처럼 입자의 열에너지가 10 keV에 도달하기 위해서는 온도가 약 1억도(K)여야 한다. 핵융합 반응을 유발하기 위한 주요 문제점은 핵을 지속적인 융합 반응이 일어날 수 있는 상태로 유지하기 위한 온도에 도달 및 유지하는 것이다. 이 온도에서 모든 물질은 완전히 이온화된 플라즈마가 된다. 즉, 전자는 핵으로부터 방출되어, 음으로 하전된 전자와 양으로 하전된 핵은 독립적으로 움직있는 상태이다. 플라즈마에서 양전하와 음전하가 함께 결합되어 있지는 않지만, 플라즈마는 전체적으로 초기 중성원자와 동일한 수의 양전하와 음전하를 포함하며 전기적으로 중립을 유지한다.

일반적인 핵융합 연구에서 가장 큰 어려움은 이러한 고온의 플라즈마를 가둘 수 있는 방법이다. 이 온도에 도달하기 전에 모든 고체 물질이 녹아 휘발된다. 플라즈마 상태에서 핵융합 반응을 얻기 위한 방법으로 자기밀폐형과 관성밀폐형의 두 가지 방법이 있다.

자기밀폐형 융합로는 전자 및 이온화된 핵의 하전된 성질을 이용한다. 플라즈마의 이온과 전자는 독립적으로 자유롭게 움직일 수 있기 때문에, 적절한 자기장을 적용하면 운동

제어가 가능하다. 자기밀폐형 반응로는 입자가 격납 구조물의 벽과 충돌하는 것을 방지하기 위해 자기장을 이용하여 플라즈마 입자를 유도한다. 이 장치는 선형 구조와 도넛형 구조의 두 가지 형상이 사용된다.

선형 (또는 거울) 구조는 끝에서 핀치 되거나 닫힌 플라즈마 컬럼을 사용한다. 플라즈마는 원통형 챔버에 포함되며, 축방향 자기장은 챔버 외부를 둘러싼 코일에서 제공된다. 기본적으로 입자는 실린더의 길이를 따라 비교적 낮은 필드의 영역으로 이동하고 더 큰 필드의 영역에 의해 실린더의 끝단으로부터 반사된다. 일반적으로, 선형 구조 장치에서 지속적인 융합 반응에 필요한 조건으로의 진행은 다른 반응기 설계에서 달성된 것보다 부족하다. 결과적으로, 대부분의 현재 융합 연구는 도넛형의 반응로와 관성밀폐형 반응로에 관한 것이다.

도넛형 반응기에서, 플라즈마 컬럼은 도넛형 형태로 폐쇄할 수 있으며, 이 경우 입자는 토로이드 주위 코일의 전류에 의해 생성된 도넛형 라인을 따라 이동한다[그림 7.2 (a)]. 이 방향으로 하전된 입자에 의해 생성된 전류는 폴로이드 전류라 지칭한다. 이 구조에서, 코일의 권선은 외부보다 도넛형 내부에서 서로 더 가깝게 되어 내부 근처에서 더 강한 자기장이 발생된다. 그 결과 입자가 약한 영역을 향해 천천히 바깥쪽으로 나선형이 되어 결국 챔버의 외벽에 부딪치게 된다. 이 효과를 보정하기 위해 추가 (폴로이드) 필드가 적용된다[그림 7.2 (b)]. 자기장 영역 라인은 나선형이고, 입자는 이들 곡선 라인을 따라 챔버 벽과의 상호 작용을 피한다. 이 구조에 기반한 가장 성공적인 원자로는 tokamak(러시아 장치 이름의 약어: *to*roidal'naya *ka*mera s *ma*gnitnymi *k*atushkami 또는 자기 코일이 있는 도넛형 챔버(그림 7.3))이다. 이 장치에서, 토로이드 전류는 실제로 원환체 주위에 하전된 플라즈마 입자의 흐름과 관련된 전류이다. 그림 7.4의 사진은 토카막의 설비이다. 많은 설계가 토로이드 직경보다 훨씬 작지 않은 폴로이드 직경을 갖기 때문에, 반드시 그림 7.3에 도시된 일반적인 (도넛형) 형상을 갖는 토로이드를 생각해서는 안 된다. 실제로 많은 설계에는 원형의 폴로이드 단면이 없다. 가장 성공적인 디자인 중 하나는 구형 토카막으로 원형 구멍이 있

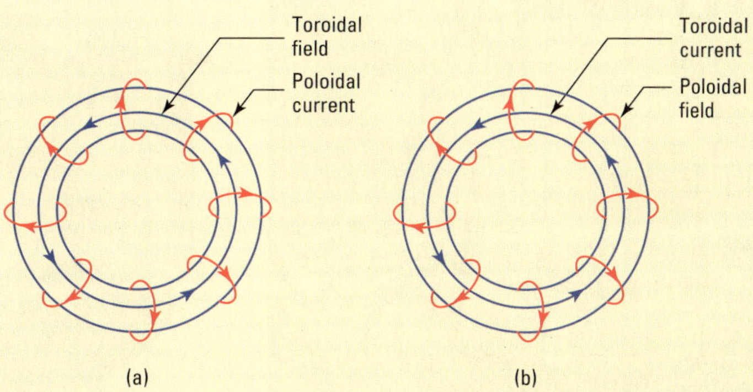

그림 7.2: 도넛형 반응기에서의 전류 및 자기장 라인의 형상: (a) 폴로이드 전류에 의해 생성된 도넛형; (b) 토로이드 전류에 의해 생성된 폴로이드

Based on R.A. Dunlap, An Introduction to the Physics of Nuclei and Particles, Brooks-Cole, Belmont (2004).

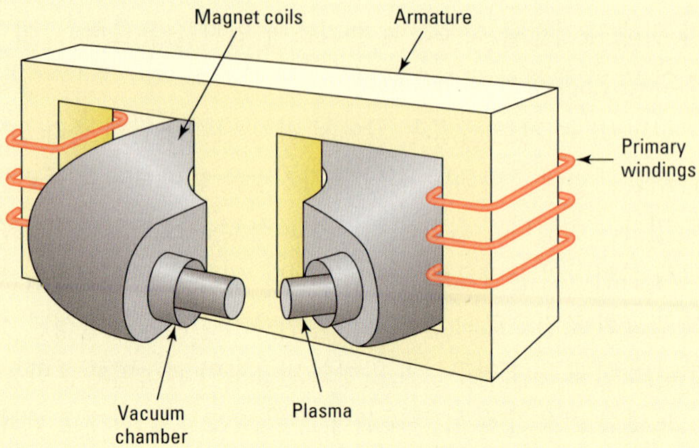

그림 7.3: 토카막의 개략도

Based on R.A. Dunlap, An Introduction to the Physics of Nuclei and Particles, Brooks-Cole, Belmont (2004).

는 구(cored-apple geometry)와 유사하다.

자기 융합 실험에서 가장 최근의 중요한 발전은 ITER(International Thermonuclear Reactor)(그림 7.5)이다. 이것은 유럽 연합, 중국, 인도, 일본, 러시아, 한국 및 미국의 공동 프로젝트이다. 캐나다도 프로젝트에 참여하였으나, 철회하였다. 이 토카막형의 자기밀폐 원자로는 프랑스 남부에 위치해 있다. 이 프로젝트는 2006년에 시작되었으며 2019년까지 공사가 진행될 예정이다.

이 반응기는 중수소 및 삼중수소의 조합을 연료로 사용하며, 이들은 지속적인 핵융합반응이 가능한 조건을 달성할 것으로 기대된다. 이 조건에서, 융합에 의해 생성된 일부 에너

그림 7.4: 영국 옥스퍼드셔 주 컬햄에 위치한 토카막(Joint European Torus, JET)의 내부

EFDA-JET/Science Source

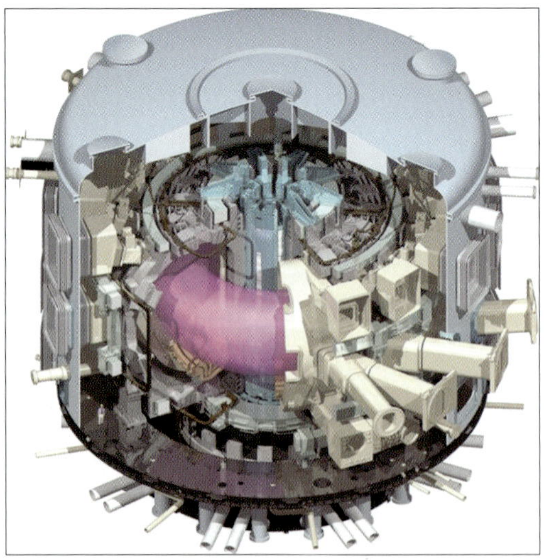

그림 7.5: ITER 원자로의 단면도.

ITER Organization

지는 플라즈마의 상태를 유지하기 위해 사용되며, 나머지는 열로 추출 가능하다. ITER의 설계 목표는 50 MW의 에너지 입력에 대해 500 MW의 열 출력을 생성하는 것이다. 작동 전력 반응기에서, 과열은 터빈/발전기를 구동하고 전기를 발생시키기 위해 증기를 발생시키는데 사용된다.

7.4 관성밀폐형 융합로

관성밀폐는 반응로 연료가 플라즈마 자체의 관성력에 의해 제한되는 상황을 지칭한다. 이 범주에 속하는 대부분의 실험을 레이저 융합 실험이라고 한다. 연료 펠릿(밀리미터 크기 캡슐에 포함된 중수소와 삼중수소의 혼합물(그림 7.6))은 한 번에 여러 방향에서 고에너지 레이저 펄스에 의해 충격을 받는다. 종종 연료 캡슐은 Hohlarum으로 불리는 원통형 챔버 내에 있으며, 연료 펠릿에 흡수된 레이저 방사는 X-ray로 변환된다. 펠렛 연료는 융합이 발생할 수 있는 온도로 급격히 가열된다. 펠릿이 가열될 때 발생되는 실제 공정은 매우 복잡하다. 그림 7.7은 단순하게 묘사된 것이다. 그림 7.7(a)에서, 레이저 방사는 펠렛 연료에 흡수되어 외부에서 가열된다. 그림 7.7(b)에서 열이 펠릿을 통해 전파되면 외부 부분이 플라즈마로 변형된다. 그림 7.7(c)에서 이 외부 플라즈마 분위기는 가열 및 팽창함에 따라 제거된다. 이 과정을 융제라 한다. 그림 7.7(d)에서 펠렛의 나머지 중심부는 압축된다. 이는 외부 부분과 동일한 반대 반응(뉴턴의 법칙에 의해)으로 내부 부분을 안쪽으로 밀어내기 때문에 발생된다. 레이저로부터 흡수되는 많은 양의 에너지로 펠렛 코어의 밀도는 물 밀도의 수천 배의 밀도로 압축된다. 레이저 융합 실험 사진은 그림 7.8에 나와 있다. 캘리포니아의 로렌스 리버모어 국립 연구소(Lawrence Livermore National Laboratory)에서 이 실험에 현

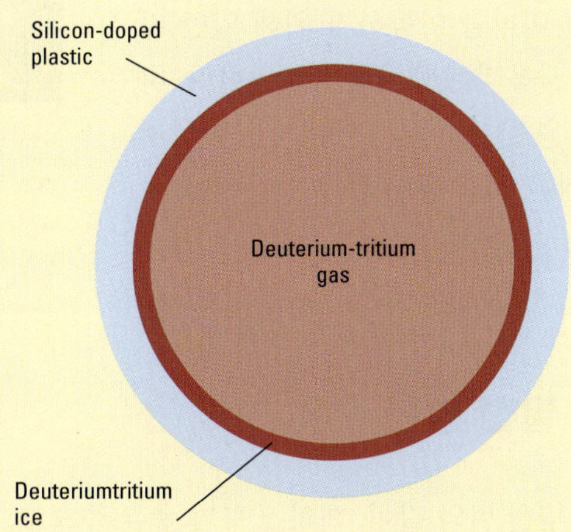

그림 7.6: 관성밀폐형 융합을 위한 d-t 연료 펠릿의 구조.

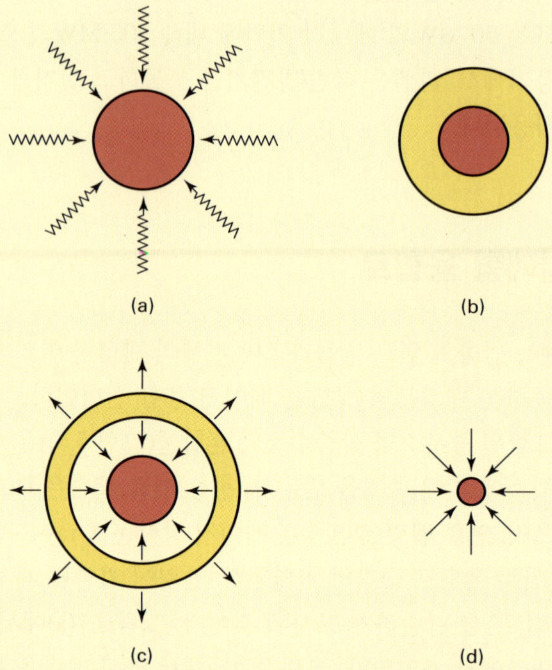

그림 7.7: 관성밀폐형 융합로에서 펠렛 연료의 가열 및 압축 단계. 다양한 융합 단계들이 본문에 설명되었다.

Based on R.A. Dunlap, An Introduction to the Physics of Nuclei and Particles, Brooks-Cole, Belmont (2004).

재 사용되고 있는 레이저는 750 TW의 출력을 생성한다. 이는 전 세계 평균 전력 소비의 50배에 해당한다. 그러나 레이저는 2.4 ns 길이의 펄스 에너지를 생성한다. 하나의 펄스는 750 TW × 2.4 ns = 1.8 MJ 또는 수백 미터를 이동하기 위해 일반 자동차에서 사용되는 에너지에 해당한다. 따라서 이것은 실제로 많은 에너지는 아니지만 매우 짧은 시간 동안 매우 적은 양으로 농축된다.

그림 7.8: Lawrence Livermore National Laboratory (캘리포니아)의 레이저 융합 (관성밀폐형 융합) 시스템 사진. 사진의 아래쪽 부분에 있는 작업자로 크기를 확인할 수 있다.

Lawrence Livermore National Laboratory

7.5 핵융합 발전 방향

앞에서 설명한 바와 같이, 핵의 밀도가 충분히 크고, 온도가 충분히 높으며, 충분한 융합이 일어나도록 조건이 길게 유지되는 플라스마에 대한 조건을 달성할 필요가 있다. 이러한 조건은 핵의 밀도 n과 밀폐 시간 τ의 곱인 로슨 매개변수 $n\tau$로 정량화할 수 있다. 융합 반응을

ENERGY EXTRA 7.1
홀라움(The hohlraum)

많은 관성밀폐형 핵융합 실험에서, 밀리미터 크기의 d-t 연료 펠릿은 Hohlraum(독일어로 "빈 공간"을 의미)이라고 불리는 센티미터 크기의 금색 원통형 장치에 들어 있다. 레이저는 실린더의 한쪽 끝에 있는 플라스틱 창을 통해 Hohlraum으로 들어가고 내부 금벽에 반사된다. 레이저는 금을 고온으로 빠르게 가열하여 금 원자의 전자 전이를 유도하고 X-ray를 방출한다. 연료 펠렛에 입사되는 X-ray는 핵융합 반응을 생성하는데 필요한 에너지를 제공한다.

Hohlraum은 연료 펠렛을 지지하는 수단 및 저온으로 냉각시키는 방법을 제공한다. 중수소와 삼중수소는 실온에서 가스이므로(둘 다 수소의 동위원소임), 작은 연료 펠릿로 만들기 위해 액체 상태를 유지하려면 저온(~18 K)으로 냉각되어야 한다. Hohlraum은 연료를 조사하기 전

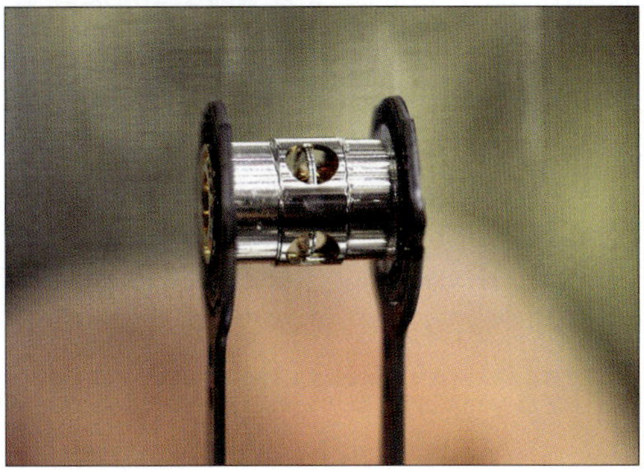

Lawrence Livermore National Laboratory의 National Ignition Facility에서 관성밀폐형 실험에 사용되는 hohlraum의 사진.

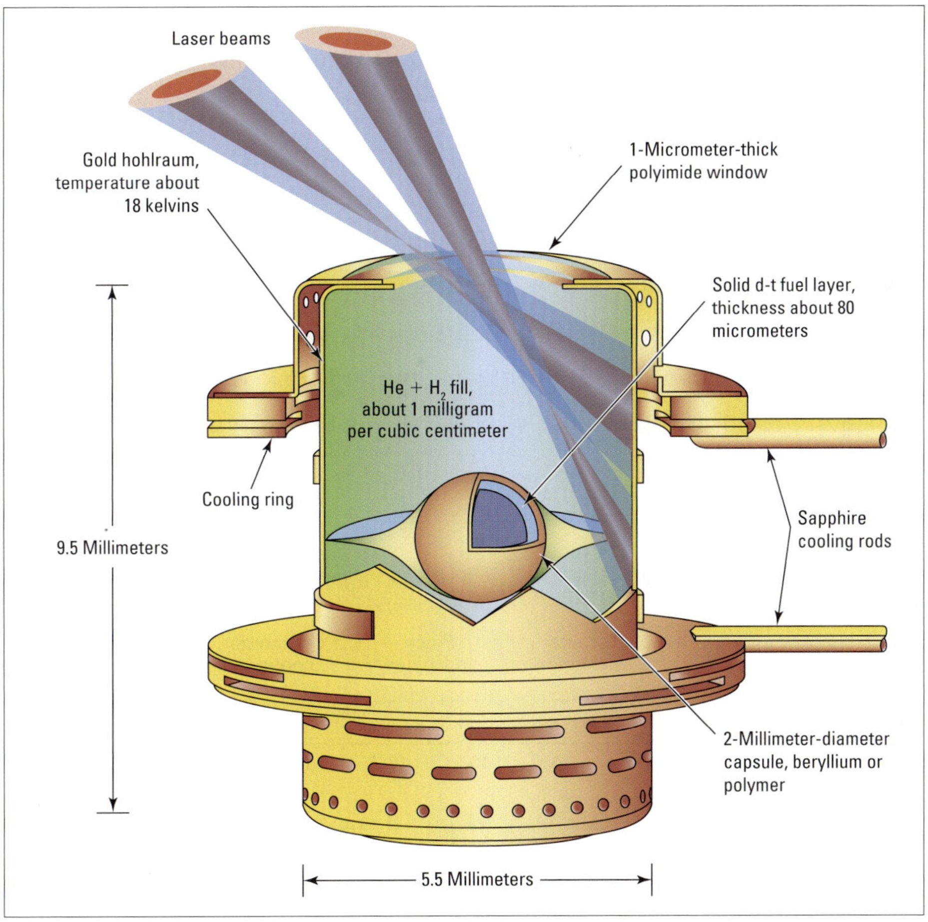

Hohlraum의 작동 도표

에 액체로 유지되도록 연료를 적절한 온도로 냉각시키는 수단이다. X-ray 방사선은 hohlraum의 벽에서 반복적으로 산란되어 연료 펠릿 주위에 방사 평형을 생성하고 펠릿이 등방적으로 가열된다. 이를 통해 분리된 연료 펠렛에서 반사되어 레이저 에너지가 손실될 수 있는 잠재적인 문제를 제거하고, 레이저 빔이 작은 펠릿에 정확하게 초점을 맞추어야 하는 필요성을 제거한다.

토론주제

2014년 초 로렌스 리버모어 국립 연구소는 d-t 융합으로 얻어진 에너지를 발표했다. 이는 연료에 과량의 X-ray를 조사해 연료 안에 있는 중수소와 삼중수소가 핵융합하여 에너지를 생상하는 방법이다. 그러나, 연료 펠릿에 입사되는 X-ray의 에너지는 시스템에 투입되는 에너지의 약 1%에 불과하다. 레이저 방사선을 X-ray 방사선으로 변환하는 손실이 있으며, 전기적인 투입을 레이저 광으로 변환하는데 효율이 100% 미만이다. 또, 다른 전기적인 시설(예를 들어 냉각 펌프, 조명 등의)이 필요하다. 마지막으로, 그림 7.12에서 알 수 있듯이 융합 공정에서 전기로 열을 변환하는데 열역학적 한계가 있다. 레이저 융합에 대한 미래의 진행 상황에 대한 정보를 찾고 실행가능한 전기 생산의 맥락에서 이러한 예측을 고려해보자.

유지하려면 최소 온도가 200 MK에 도달해야 하며 로슨 매개변수는 다음 관계를 충족한다(로슨 기준):

$$n\tau > 10^{20} \quad \mathrm{s \cdot m^{-3}}. \tag{7.9}$$

관성밀폐형 핵융합의 밀폐 시간의 정의는 상당히 명확하지만, 자기밀폐형에 대해서는 명확하지 않다. 자기밀폐형 융합로의 경우, 플라즈마를 가두는 자기장은 진동화되고, 밀폐 시간은 진동에 소요되는 시간이다. 그림 7.9는 다른 융합로의 설계를 위해 관련된 수량의 관계를 나타내었다.

핵분열로의 개발은 기본 물리학에 대한 이해가 이루어진 후 매우 빠르게 이루어졌다. 실제 작동 가능한 핵융합로의 개발 진행은 이보다 느리다. 지금까지의 연구는 연료를 위한 중수소-삼중수소 혼합물의 사용을 다루었다(다음 절에서 더 언급). 실험용 원자로는 로슨 기준을 충족했지만 자기 유지 반응(때로는 발화라고 함)으로 아직까지 에너지를 얻기에는 한계가 있다. 자기밀폐형 융합로 및 관성밀폐형 융합로의 목표에 대한 진전은 그림 7.10과

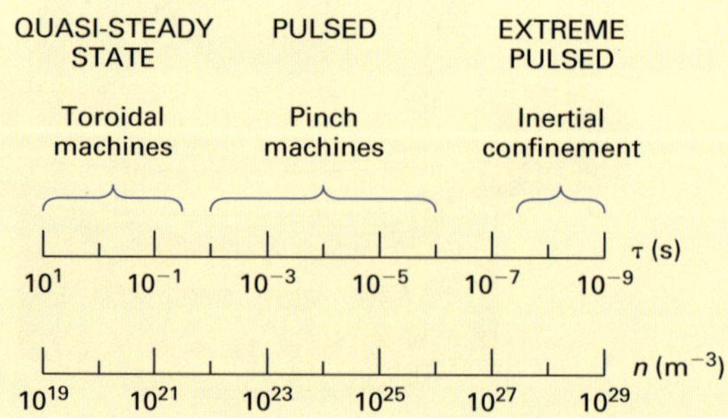

그림 7.9: 로슨 기준을 충족시키는데 필요한 다양한 유형의 핵융합로에 대한 로슨 매개변수의 수량 관계.

Based on R.A. Dunlap, An Introduction to the Physics of Nuclei and Particles, Brooks-Cole, Belmont (2004).

예제 7.2

입방 미터당 10^{24} 수밀도의 중양자와 전자로 이루어진 플라즈마의 경우 공기와 비교 한 실제 질량 밀도는 (STP가) 얼마인가?

풀이

전기적으로 중성인 플라즈마의 경우, 중양자당 1개의 전자가 있으므로 m^3당 총 질량은

$$10^{24}\,m^{-3} \times [2.013553214\,u + 0.000548579903\,u] = 2.014 \times 10^{24}\,u/m^3,$$

여기서 중양자와 전자 질량은 부록 II에 주어진다. 이것을 킬로그램으로 변환하면,

$$2.104 \times 10^{24}\,u/m^3 \times 1.6605 \times 10^{-27}\,kg/u = 3.34 \times 10^{-3}\,kg/m^3.$$

공기 밀도는 1.204 kg/m^3이다. 따라서 플라즈마는 공기 밀도의 약 0.3%이다.

7.11에 설명되었다. 하늘색 영역은 점화가 발생되고 순 에너지가 생성되는 부분이다. 일반적으로, 하늘색 영역을 향한 데이터 점의 진행은 시간의 함수로서 융합로 개발에서의 진행을 나타낸다. 예를 들어, 그림 7.11에서 그림의 왼쪽 하단에서 오른쪽 상단까지의 일반적인 추세는 밀리와트 레이저를 사용하는 1960년대 후반부터 테라와트 레이저를 사용하여 현재 10년까지의 핵융합로의 발전을 나타낸다. 관성밀폐형의 경우, 화살표는 레이저 융합에 대한 새롭고 희망적인 접근법을 나타낸다. 연료 펠릿(레이저 방사선으로 조사된)이 최

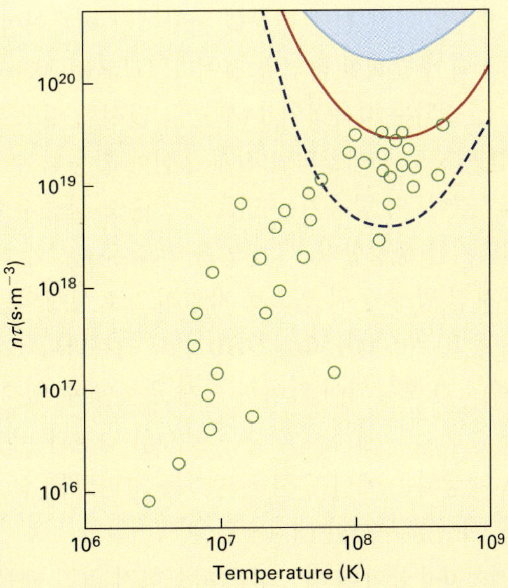

그림 7.10: 자기밀폐형 융합로의 점화를 향한 진행. 점선의 청색 선은 추가적인 에너지 입자가 플라즈마에 주입되었을 때의 손익분기점이며, 적색 선이 입자 주입이 없을 때의 손익분기점이다.

Based on R.A. Dunlap, An Introduction to the Physics of Nuclei and Particles, Brooks-Cole, Belmont (2004).

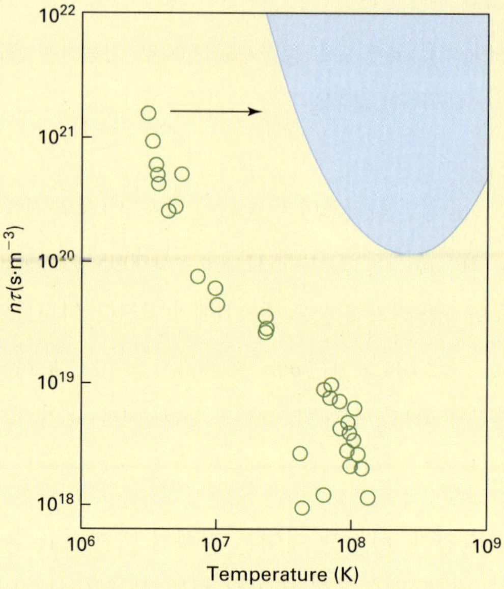

그림 7.11: 관성밀폐형 핵융합로를 위한 점화를 향한 진행.

Based on R.A. Dunlap, An Introduction to the Physics of Nuclei and Particles, Brooks-Cole, Belmont (2004).

대 밀도 및 온도에 있을 때, 제 2레이저 펄스는 연료를 목표로 한다. 이것은 첫 번째 펄스와 마찬가지로 펠릿의 중심을 더 높은 밀도와 온도로 유도하고 조건을 점화에 더 가깝게 만든다.

가능한 반응을 얻기 전에 핵융합 연구에서 이루어야 할 것이 많다. 이것은 아마도 수십 년에 걸친 노력이 필요한 작업일 것이다. ITER는 2026년까지 발생 전력 대 투입 전력의 비율 10 : 1로 산출되는 지속적인 d-t 반응을 달성할 것으로 예상한다.

실제적인 원자로가 개발되면 전기 생산에 활용될 수 있다. 핵융합 발전소의 설계는 그림 7.12에 나와 있다. 이 반응기는 연료로 중수소-삼중수소 혼합물을 이용하고 d-t 융합 반응에 의해 에너지를 생성한다. 이 방법은 연료 유효성에 대한 문제가 제기되었다. 중수소(^{2}H)는 수소의 자연 발생 동위 원소로 자연적으로 생성되는 수소 원자와 함께 0.01056%의 자연 발생 또는 100/(0.000156) = 6410 수소 원자마다 1개의 중수소가 존재한다. 따라서, 해수에는 중수소가 포함되어 있어서 쉽게 추출할 수 있다. 만약 d-d 핵융합로가 실현 가능하다면, 해양 중수소의 에너지 함량은 태양의 수명과 비슷한 기간 동안 에너지 생성이 가능할 것이다. 예상되는 에너지 사용 증가를 고려하고 심지어 바다 중수소의 작은 부분만 사용하더라도 사실상 무한한 에너지원을 의미한다.

융합로에서 d-d 융합의 가능성은 확실하지 않기 때문에, d-t 융합의 삼중수소 이용 가능성을 고려해야 한다. 삼중수소는 자연적으로 발생하는 수소의 동위 원소가 아니다. 삼중수소는 불안정하고 β^- 붕괴하기 때문에 반감기가 12년이다. 따라서, 융합로에 사용될 삼중수소는 인위적으로 생성해야 한다.

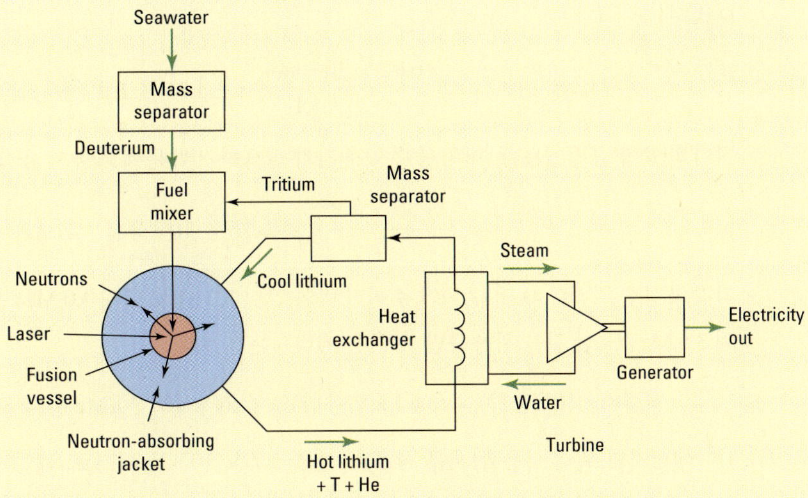

그림 7.12: 전기 생산을 위해 제안된 관성밀폐형 핵융합기.

Based on R.A. Dunlap, An Introduction to the Physics of Nuclei and Particles, Brooks-Cole, Belmont (2004).

그림 7.12에 나타낸 융합로 설계는 융합이 발생하는 영역이 리튬을 함유한 외관으로 둘러싸여 있음을 보여준다. 이 설계는 냉각된 고속증식 액체 금속은 라인을 따라 흐르며 삼중수소를 생성뿐 아니라 생성된 열이 물로 전달되어 증기를 생성한다. 리튬은 약 7% ^{6}Li 및 93% ^{7}Li로 구성되어 있기 때문에 유용한 재료이다. 식(7.6)은 d-t 융합 반응이 중성자를 생성함을 보여준다. 이러한 중성자가 리튬에 노출되면 다음 반응 중 하나가 발생된다.

예제 7.3

바다의 물의 양은 약 1.3 × 10^{9} km^{3}이다. 이를 현재의 에너지 사용률에서 d–d 융합에 의해 독점적 일차 에너지원으로 인류가 사용할 수 있는 시간을 계산하여라.

풀이

바닷물의 질량 (g)은

$$m = (1.3 \times 10^9\ \text{km}^3) \times (10^9\ \text{m}^3/\text{km}^3) \times (10^6\ \text{g/m}^3) = 1.3 \times 10^{24}\ \text{g(H}_2\text{O)}.$$

수소의 총 질량은 다음과 같이 산소 및 수소의 원자 질량으로 표시된다.

$$m = \frac{(2 \times 1\ \text{g/mol})}{(2 \times 1\ \text{g/mol} + 16\ \text{g/mol})} \times 1.3 \times 10^{24} = 1.44 \times 10^{23}\ \text{g 수소}.$$

중수소의 원자 백분율은 0.0156% 또는 중량 기준으로 0.000312이다(중수소의 원자 질량은 정상 수소의 2배이다).

$$1.44 \times 10^{23} \times 0.000312 = 4.49 \times 10^{19}\ \text{g 중수소}.$$

따라서

$$(4.49 \times 10^{19}\ \text{g}) \times \frac{6.02 \times 10^{23}\ \text{mol}^{-1}}{2\ \text{g/mol}} = 1.35 \times 10^{43}\ \text{중수소의 원자.}$$

하나의 융합 공정에는 두 개의 중수소 원자가 필요하기 때문에 가능한 융합 수는

$$\frac{(1.35 \times 10^{43})}{2} = 6.76 \times 10^{42}\ \text{융합.}$$

각각의 융합은 식(7.4) 및 (7.5)에 주어진 바와 같이 3.3 MeV 내지 4.0 MeV를 생성한다. 대략적인 3.6 MeV/융합 값을 사용하면 총 가용 에너지는

$$(6.76 \times 10^{42}\ \text{융합}) \times (3.6\ \text{MeV/융합}) \times (1.6 \times 10^{-13}\ \text{J/MeV}) = 3.9 \times 10^{30}\ \text{J.}$$

1차 에너지의 현재 사용률(서문 참조)이 연간 5.7 × 10^{20} J/y이므로, 해양 중수소의 에너지 함량으로 지속할 수 있다. (현재 사용률에서)

$$(3.9 \times 10^{30}\ \text{J}) / (5.7 \times 10^{20}\ \text{J/y}) = 6.8 \times 10^{9}\ \text{y.}$$

$$^{6}\text{Li} + \text{n} \rightarrow {}^{3}\text{H} + {}^{4}\text{He} \qquad (Q = 4.78\ \text{MeV}) \tag{7.10}$$

과

$$^{7}\text{Li} + \text{n} \rightarrow {}^{3}\text{H} + {}^{4}\text{He} + \text{n} \qquad (Q = -2.47\ \text{MeV}) \tag{7.11}$$

첫 번째 반응은 발열성이고 큰 단면을 갖는 반면, 두 번째 반응은 흡열성이고 작은 단면을 갖는다. 따라서 첫 번째 반응의 리튬으로부터 삼중수소를 생성하는 것이 유용하다. d-t 반응으로부터의 융합력의 활용 가능성은 삼중수소를 생성하기 위한 ^{6}Li 핵의 이용 가능성에 의해 제한되며, 또한 리튬 블랭킷의 설계 및 효율에 의존한다.

현재 요구되는 에너지를 공급하기 위한 수단으로 d-t 융합의 수명은 불분명하다. 지구상에 존재하는 리튬의 양이 불확실하기 때문이다. 현재는 리튬에 대한 수요가 상대적으로 적으며, 가격은 상대적으로 낮다. 이는 새로운 리튬 자원을 탐색하거나 추출을 위한 보다 효율적인 방법을 개발할 동기부여가 거의 없음을 의미한다. 사용 가능한 리튬의 양은 약 1.7 × 10^{7} t으로 추정되며, 이는 d-t 융합이 500년에서 1000년 동안 총 에너지 수요에 따라 공급할 수 있는 에너지 자원으로 제시된다. 개선된 리튬 블랭킷 기술은 19장에서 논의를 통해 개념이 확장되나, 즉각적인 리튬 사용은 경쟁 요소가 될 수 있다.

작동 가능한 상용 핵융합로의 개발 시기는 아직까지 확실하지 않다. 2050년경에 이러한 시설이 개발될 것이라고 추정되지만, 기술적 측면을 예측하기 위해서는 여전히 기본적인 과학적 개발이 필요하다.

예제 7.4

(a) 카르노 효율이 40%로 제한되는 열엔진을 사용하여 전기를 생산하는 500 MW_e 상용 d-d 융합 반응기가 구성된 경우 초당 사용되는 중수소의 총 질량은 얼마인가?

(b) 중수소가 해수에서 제공되는 경우 초당 사용되는 물의 양은 얼마인가?

풀이

(a) d-d 융합당 평균 에너지는 식(7.4) 및 (7.5)에서 주어진 평균을 이용한다. 3.65 MeV 또는

$$(3.65\ \text{MeV}) \times (1.6 \times 10^{-13}\ \text{J / MeV}) = 5.84 \times 10^{-13}\ \text{J}$$

500 MW_e는 아래의 실제 에너지 생산이 필요하다.

$$(500\ \text{MW}_e) / (0.4) = 1.25\ \text{GW}_e = 1.25 \times 10^{9}\ \text{J / s.}$$

$$(1.25 \times 10^{9}\ \text{J/s})/(5.84 \times 10^{-13}\ \text{J/fusion}) = 2.14 \times 10^{21}\ \text{fusions/s.}$$

각각의 융합은 2개의 중수소가 필요하기 때문에, 반응기는 초당 4.18×10^{21}개의 중수소 원자를 사용한다. 이것은 중수소 질량에 해당한다.

$$(4.18 \times 10^{21}\ \text{중수소/s}) \times (2\ \text{g/mol})/(6.02 \times 10^{23}\ \text{중수소/mol}) = 0.014\ \text{g/s.}$$

(b) 중수소는 해수에서 수소의 0.0156%를 구성하므로 4.18×10^{21} 중수소/s는

$$(4.18 \times 10^{21}\ \text{중수소/s})/(0.000156) = 2.68 \times 10^{25}\text{초당 수소 원자.}$$

이것은 질량 1.34×10^{25} 물 분자로 나타내면

$$(1.34 \times 10^{25}\ H_2O\text{/s}) \times (18\ \text{g/mol})/(6.02 \times 10^{23}\ H_2O\text{/mol}) = 400\ \text{g/s 또는 0.4 L/s}$$

ENERGY EXTRA 7.2
대체 핵융합 기술

대부분의 핵융합 연구는 자기밀폐형 융합로 또는 관성밀폐형(레이저) 융합로를 다룬다. 두 방법 모두 로손조건에 도달하기 위해 수소 핵들을 고온 및 고밀도의 플라즈마로 만들기 위한 다양한 노력을 해왔다. 수 년간, 고온 환경이 아닌 분위기에서 융합하기 위한 노력을 하였으나, 대부분 큰 성과를 얻지 못하였다.

전기 분해법을 사용하는 상온 핵융합(cold fusion)은 1980년대 후반 Martin Fleischmann과 Stanley Pons에 의해 보고되었다. 그들은 팔라듐(Pd) 전극을 사용해 중수(D_2O)를 전기분해하는 동안 핵융합이 발생된다고 주장하였다. 하지만 이 결과는 과학적으로 받아들여지지 않았다. 실제로, 미국 특허청은 상온 핵융합을 주장하는 발명을 수용하지 않았다.

2002년에는 Rusi Taleyarkhan이 기포 핵융합(sonofusion 또는 bubble fusion)을 처음 발표하였다. 이 실험은, 중수소화된(중수소가 포함된) 유기유체에 고강도 음파를 흘려 보낸다. 중수소가 포함된 유체에 중성자를 쏘아 생성된 작은 기포들이 초음파에 의해 터지면서 부분적으로 고온 및 고압을 유발한다고 언급하였다. 발생된 고온은 천만 K의 온도에 도달하여 d-d 융합 반응을 초래할 수 있다고 주장하였다. 유사한 실험들이 수행되었으나, 실험의 재현성이 떨어지는 것으로 보고되었다. 이 분

야는 계속해서 연구가 진행되고 있으나, 상당한 논란이 있으며, 이 방법은 상온 핵융합으로 분류되었다.

뮤온 촉매 핵융합(muon-catalyzed fusion)은 과학적인 흥미를 유발하였다. 뮤온 촉매작용 이론은 1940년대 후반 Andrei Dmitrievich Sakharov(노벨 물리학상, 1975)과 그의 동료에 의해 제시되었다. 이 현상에 대한 실험적인 확인은 뮤온 촉매 p-d 융합을 관찰한 Luis W. Alvarez(노벨 물리학상, 1968)를 포함한 수많은 연구자들에 의해 보고되었다. 이 과정에 대한 이론적인 설명은 유명한 물리학자인 John David Jackson이 제시하였다. 뮤온 촉매 융합에 대한 과학적인 타당성은 충분하나, 상업적인 에너지 생산에 대한 가능성은 불확실하다. 기본적인 설명은 다음과 같다.

뮤온은 질량이 약 207배 더 크고 수명이 약 2.2×10^{-6}초인 것을 제외하면 전자와 유사한 특성을 갖는 아원자 입자이다. 뮤온은 특정 입자 반응에서 생성되기도 하며, 입자 가속기에서 상대적으로 낮은 에너지의 강입자-강입자 충돌(6장 참조)에도 생성된다. 뮤온이 물질(예를 들어, 수소)에 들어가면, 원자 내에서 전자의 자리에 치환되어 핵과 결속하여 뮤입자 원자를 형성한다. 뮤온은 전자보다 가볍기 때문에 뮤입자 원자의 크기는 일반 원자보다 작다. 2개의 뮤온 수소 원자는 서로 결합하여 수소 핵이 근접한 상태의 뮤온 수소 분자를 형성할 수 있다. 뮤온 분자는 오랫동안(상대적으로 말하면) 지속되기 때문에, 핵은 융합할 수 있는 가능성이 증가된다. 수소 핵이 중수소 또는 삼중수소인 경우에 특히 더 증가된다. 만약 융합이 발생되면 에너지가 생성되고 뮤온은 방출되어 융합을 촉진한다(완전 붕괴될 때까지).

가속기에서 뮤온을 생산하기 위해 상당한 에너지가 필요하기 때문에, 순 에너지를 얻기 위해서 각 뮤온당 300 (d-t) 융합을 발생해야 한다. 실제로도 전기 생산을 위해 약 40%의 효율의 열엔진을 사용하기 때문에 뮤온당 700~800 융합이 발생되어야 한다. 원칙적으로 이 반응은 알파 입자 포획 현상을 제외하고 뮤온 붕괴 전까지 가능하다. d-t 융합과정에서 알파 입자(^{4}He 핵)가 생성되는데, 때때로 뮤온은 ^{4}He 핵과 결합한다. 만약 이런 현상이 발생되면 뮤온은 빠져나올 수 없기 때문에 융합 촉매가 불가능해진다. 뮤온 촉매의 실험에서 뮤온당 약 150개의 융합이 발생됨을 확인하였다. 이 결과로 순 에너지를 생산하기에는 다소 어려움이 있으나, 이 방법은 추후 사용 가능한 대안임을 시사한다. 이는 더 발전하게 된다면 순 에너지 생산이 가능할 것으로 예상되지만, 경제적인 실현 가능성은 미지수이다.

토론주제

핵융합로 개발의 가장 중요한 목표는 소비되는 에너지보다 큰 에너지 생산이 가능한 장치를 구성하는 것이다. 이것이 달성되면, 상업적인 핵융합 발전소 개발이 가능하다. 하지만, 경제성에 대한 고려가 수반되어야 한다. 성공적인 핵융합 발전소를 위해 필요한 고려사항에 대해 논의하시오. 핵분열 원자로의 개발과 경제성은 비교를 위한 좋은 근거이다.

7.6 요약

핵융합 에너지는 안정성, 핵폐기물 처리, 방사성 물질의 관리 등의 문제가 없기 때문에 핵분열 에너지의 대안으로 주목받고 있다. 하지만, 핵융합 발전을 개발하기 위해 과학적/공학적인 해결해야 하는 많은 과제가 남아 있다. 이 장에서는 경핵의 핵 수에 대한 결합에너지의 의존성이 융합과정 동안 얼마나 에너지 추출을 허용했는지를 설명했다. 실제적인 관점에서, 핵융합이 어려운 이유는 두 개의 핵에서 하전된 양성자 사이의 반발적인 쿨롱 작용으로 생성된 장벽을 극복해야 하기 때문이다. 사용할 수 있는 에너지를 생성하기 위해선 핵들은 융합되도록 높은 밀도와 에너지 상태가 유지되어야 한다. 자기밀폐형 핵융합과 관성밀폐형(레이저) 핵융합은 이러한 요구사항을 충족시키는 방법으로 제시되었다. 자기밀폐형 융합로는 이온화된 가스와 전자들로 이루어진 플라즈마를 자기장에 가두어 이용하는 방법이다. 관성밀폐형 융합로는 융합 연료 펠렛을 고에너지 레이저의 충격으로 가열 및 고밀도로 압축하는 것을 이용한다. 핵융합이 발생되는 조건은 로손조건에 의해 입도, 밀도와 시간의 관점으로 설명된다.

이 장에서는 사용할 수 있는 에너지를 생산할 수 있는 다양한 융합반응에 대해 다루었다. 그 중 천연에서 연료를 얻을 수 있는 중수소-중수소 반응이 가장 바람직하다. 중수소는 해양에 포함되어 있기 때문에 사실상 무한한 융합 연료 공급이 가능할 것이다. 그럼에도 중소수-중수소 융합은 발생되기 어렵기 때문에, 현재 융합 발전은 중수소-삼중수소 융합에 대해 연구되고 있다. 중수소-삼중수소 융합 반응을 위한 삼중수소 연료는 리튬으로부터 생산해야 한다. 전 세계 리튬 공급량은 제한되며, 연료가 재처리되거나 핵분열성 물질이 증식되거나 토륨이 핵분열 연료로 사용되는 경우, 에너지원으로서의 d-t 융합 수명은 우라늄 핵분열보다 수명이 짧을 수 있다.

최근 몇 년 동안 지속 가능한 핵융합 반응을 가능하기 위한 많은 진전이 있었지만, 에너지 측면이나 경제적인 측면에서 실행 가능하기 위해선 해결해야 하는 문제들이 많다. 열엔진과 발전기를 기반으로 한 핵융합 발전소의 설계가 제시되었다.

연습문제

7.1 전 세계의 모든 에너지 수요가 d-t 융합에 의해 제공된 경우, 삼중수소를 생산하기 위한 연간 리튬의 사용량은? 융합과 관련된 총 에너지를 세계의 현재 1차 에너지 사용과 동등한 것으로 간주하여라.

7.2 태양의 총 출력은 4×10^{26} W이다. 이 에너지의 대부분은 중심에서 반경 175,000 km 이내에 생산된다. 활성 부피가 $10 \times 10 \times 10$ m^{3}인 융합로에서 p-p 융합을 태양의 조건과 동일하게 재현한다면 융합로의 출력은 얼마인가? p-p 융합은 전력 융합로에 대한 합리적인 접근 방법인가?

7.3 부록 II에서 알맞은 질량을 사용하여 식(7.7)에서 방출된 에너지가 26.7 MeV임을 증명하여라.

7.4 STP(1.204 kg/m^3)에서 공기와 동일한 질량 밀도를 갖는 50% d/50% t 플라즈마에서 삼중수소의 밀도는 얼마인가?

7.5 면적 1 km^2, 깊이 100 m의 물기둥이 있다. 물의 중심이 높이 300 m 상승하였다. 이때, 물 기둥의 중력에 대한 위치에너지와 중수소의 융합 에너지 함량을 비교하시오.

7.6 ITER는 최대 480초의 자기장 펄스 지속 시간을 갖도록 설계되었다. 로손조건을 만족하기 위한 플라즈마 입자 밀도는 얼마인가?

7.7 삼중소소-삼중수소 융합은 주어진 반응으로 발생된다.

$$t + t = {}^4\text{He} + 2\text{n}.$$

이 반응의 에너지 방출을 계산하시오. 다음 원자 질량을 참고하라.

$$m(^3\text{H}) = 3.016049268 \text{ u}$$

와

$$m(^4\text{He}) = 4.00260325 \text{ u}.$$

전자가 방정식의 양변에 올바르게 설명되어 있는지 확인하라.

7.8 200 MK 온도에서 플라즈마 입자의 운동에너지는 얼마인가?

7.9 현재 전 세계 1차 에너지 사용률에서 리튬을 사용하는 d-t 융합이 유일한 전원이라면 사용 가능한 수명을 계산하라. 전 세계에서 가능한 리튬은 약 1.7×10^{10} kg이다. 이 결과를 예제 7.3의 결과와 비교하라.

7.10 식(7.3)에서 주어진 에너지 방출을 증명하라.

7.11 태양은 질량을 에너지로 변환하는 핵융합을 통해 에너지를 생성한다. 태양이 3.8×10^{26} W의 전력을 방출하는 경우, 태양의 질량손실(kg/s)을 계산하라.

7.12 카르노 효율 35%인 d-t 융합 반응기가 생성하는 에너지는 1000 MW_e의 출력이다. 다음을 계산하라.

(a) 1초 동안 소비되는 연료 질량 (d + t)을 계산하라.

(b) 동일한 용량의 핵분열 원자로에서 소비된 질량 ^{235}U와 (a)에 대한 답을 비교하라.

7.13 삼중수소의 β^- 붕괴에 대한 방정식을 서술하고, 붕괴에너지를 계산하라. 참고 : 삼중수소 원자의 질량은 문제 7.7을 참고하라.

7.14 1 m^3의 물이 있다. 다음을 계산하라.

(a) H_2O 분자

(b) HDO 분자

(c) D_2O 분자

7.15 fm 단위의 핵은 물리적 반경이 $r = 1.2 \times A^{1/3}$와 근접하다(A는 총 핵의 수). 중수소와 삼중수소의 실제 크기를 100 keV의 에너지에서 d-d 및 d-t 융합에 대한 융합 단면과 비교하라.

7.16 자기밀폐형 융합로에서 1 m 직경의 d-t 플라즈마 구체는 로손 기준을 만족시키고 입자 주입없이 손익분기점에 있다. 플라즈마 구체가 흑체로 방사되는 경우 표면에서 방사되는 총 전력을 계산하라.

7.17 (a) ^{7}Li 핵, 삼중수소, α-입자의 총 핵결합에너지를 계산하라.

(b) 식(7.11)의 반응과 관련된 에너지를 결합에너지의 차이로 설명 가능함을 보여라.

참고: 중성 ^{7}Li 원자의 질량은 $m(^{7}\text{Li})$ = 7.016004049 u이다. 삼중수소 원자의 질량은 문제 7.7를 참고하라.

7.18 식(7.6)의 반응에 의해 방출된 총 에너지가 17.6 MeV임을 증명하라.

7.19 석탄 연소, d-d 핵융합 및 d-t 핵융합을 위해 연료 kg당 생산된 에너지를 비교하라.

7.20 태양의 나이는 46억년으로 추정된다. 만약 태양이 3.8×10^{26} W의 동일한 속도로 에너지를 방출했다면, 현재 질량이 1.989×10^{30} kg이라고 할 때 원래 질량의 몇 %가 손실되었는가?

참고문헌

U. Columbo and U. Farinelli. "Progress in fusion energy." *Annual Review of Energy* **171** (1992).

R. W. Conn, V. A. Chuyanov, N. Inoue, and D. R. Sweetman. "The International Thermonuclear Experimental Reactor." *Scientific American*, **266** (1992): 103.

R. A. Dunlap. An Introduction to the Physics of Nuclei and Particles (Brooks-Cole, Belmont, CA (2004).

H. Furth. "Fusion." *Scientific American* **273** (1995): 174.

G. McCracken and P. Stott. *Fusion: The Energy of the Universe*. Academic Press, New York (2005).

J. Tester, E. Drake, M. Driscoll, M. W. Golay, and W. A. Peters. *Sustainable Energy: Choosing Among Options*. MIT Press, Cambridge (2006).

PART IV

신재생에너지

미래를 대비하기 위해서는 화석연료와 원자력에너지 이상의 것들을 생각해볼 필요가 있다. 수많은 실행 가능 대체에너지원들이 이용되거나 연구될 수 있다. 물론 이러한 에너지 기술 각각에 내재되어 있는 장점과 단점에 대해서는 신중하게 검토해야만 한다. 사회 기반 시설의 발달과 운영이 환경에 미치는 영향을 완전하게 평가할 수 없을 뿐만 아니라 특정 에너지 발전 방법의 경제적인 면을 제대로 산출하기는 어렵다는 점에서 화석연료에 비해 대체에너지원들이 얼마나 향상될 것인지가 항상 명백하게 드러나는 것은 아니다.

우리는 에너지를 창조할 수 없다. 에너지 생산 방법들은 때때로 에너지 수확 기술이라고도 하는데 그것은 단순히 자연으로부터 (예를 들어 태양, 바람 그리고 지열 등과 같은) 주요한 에너지원을 우리가 사용할 수 있는 (예를 들어 전기, 열, 바이오 연료 등과 같은) 다른 에너지원의 형태로 전환시킬 수 있기 때문이다. 주에너지원을 사용 가능한 에너지원으로 전환하는 기술들은 그들의 환경적 그리고 경제적 기여 요인들을 포함한다. 잠재적인 대체에너지 기술을 평가하기 위한 체계적인 접근 방법은 그것이 얼마나 곡선(청정도, 무제한성, 재생가능성, 다목적성, 그리고 경제성)에 잘 맞는지를 고려하는 것이다. 이러한 요인들의 각각에 대한 평가는 확실한 기준의 실행가능성을 결정하는데 필요한 객관적인 기준을 제시한다.

- **청정도(Clean):** 에너지원의 환경적인 영향은 그것의 평가에 있어서 가장 결정적인 요인이다. 상세한 전과정평가는 실제로 그 기술이 화석연료보다 더 청정한지를 정립하는데 있어서 유익하다.
- **무제한성(Unlimited):** 물론 무한한 에너지는 없다. 그러나 태양에너지와 같이 몇몇의 경우 이용가능한 양이 인류의 총 에너지 사용량보다 훨씬 많다. 이용가능성이 커지면 커질수록, 미래에 필요한 우리의 에너지에 더 크게 기여한다.
- **재생가능성(Renewable):** 몇몇 에너지원은 엄청난 양으로 이용가능하지만 무한한 수명을 가지지는 못한다. 예를 들어 우리의 에너지 수요를 거의 충족시키고 있지만 무한정으로 지속될 수 없는 화석연료의 경우가 이에 해당한다. 그것들은 명백하게 재생가능하지 못하다. 바람이나 조력과 같은 다른 에너지원들은 재생가능하지만 그것들의 이용가능성은 제한적이다.
- **다목적성(Versatile):** 우리는 다른 목적들(예를 들어 건물의 난방을 위한 열에너지 또는 가전기기들을 동작시키기 위한 전기 등)을 위해서 다른 형태의 에너지를 사용한다. 물론 한 에너지 형태는 다른 에너지 형태로 전환될 수 있다. 그러나 거기에는 항상 전환 손실이 동반되며 때때로 그러한 손실은 매우 커질 수 있다. 비록 어떠한 에너지 형태가 우리의 모든 수요를 만족할 수 없지만, 에너지 밀도가 높은 전기자동차와 같은 응용장치들을 활용함으로서 에너지원을 충족시킬 수 있다.
- **경제성(Economical):** 새로운 에너지 기술은 현존하는 기술들과 비교하여 잘 갖추어져 있으며, 신뢰성과 경제성이 높아야 한다. 이것은 화석연료가 경제성을 결정하는데 있어서 첫 번째 비교 기준이 된다는 것을 의미한다. 태양광 발전과 같은 기술들은 경제적으로 경쟁이 어렵기 때문에 심각한 도전을 직면하고 있다.

이 파트에서는 대체에너지원에 대한 가장 중요한 접근에 대해서 알아보며, 그것들이 곡선에 얼마나 잘 맞는지 또한 미래의 화석연료가 배제된 에너지 경제에 있어서 대체에너지원들이 얼마나 많은 비중을 차지할 것인지에 대해 평가하고자 한다. ■

© WoodyStock/Alamy

Origin
QANTAS

CHAPTER 8

태양에너지의 직접 이용

학습목표: 제8장을 학습한 후 다음 내용을 이해할 수 있다.

- 지구에 입사하는 태양광 에너지의 구성 및 특성
- 열전달 메커니즘
- 재료에 따른 전도성 열전달과 열류저항(*R*-value)의 사용
- 표면으로부터의 복사열 전달
- 태양열 집열기의 설계 및 동작
- 주거공간의 난방에 요구되는 에너지
- 난방도일(heating degree day)에 근거한 난방에 필요한 사항들에 대한 설명
- 열에너지의 저장과 고체의 열용량
- 주거 난방에 요구되는 요소로써 수동형 태양 난방 기술의 이용

8.1 서론

태양 복사는 사실상 신재생에너지의 무한한 원천이다. 태양에너지의 사용을 가능하게 하는 가장 간단한 기술은 물질이 전자기파를 흡수하였을 때에 생산되는 열을 이용하는 것이다. 이 열은 실내 난방 또는 주거 공간 및 사무실 건물에서 온수를 생산하는데 직접적으로 사용되거나 흐린 날 또는 밤사이 사용을 위하여 저장된다. 이러한 목적을 위해서 태양에너지의 이용을 가능하게 하는 시스템은 크게 능동형과 수동형으로 나눌 수 있다. 능동형 시스템은 물과 같은 유체를 순환하기 위하여 전기를 사용하는데 그 유체는 태양 복사로부터 에너지를 흡수하고 다시 열의 형태로써 건물 내 필요한 곳에서 사용된다. 반면에, 수동형 시스템은 열의 흡수, 저장, 분포에 있어서 건물 구조와 같은 자연적인 요소들의 열적 특성을 단순히 이용한다.

태양에너지를 어떻게 활용할 수 있는지를 이해하기 위해서는 먼저 태양광의 특성에 대한 지식을 가져야 한다. 따라서 이 장에서는 태양 복사의 특성을 복습하는 것으로부터 시작하고자 한다. 그리고 다양한 물질로 태양 복사가 어떻게 흡수되며 또 어떻게 열에너지로 변환되는지를 이해하기 위하여 그것의 열적 특성에 대해 이해할 필요가 있다. 그러므로 이 장에서는 능동형 그리고 수동형 태양 난방 시스템에서 사용되는 열에너지의 저장에 적합한 구조 재료의 열역학적 특성에 대해 알아보고자 한다.

8.2 태양광의 특성

태양으로부터 생산되는 총 에너지양은 (7장에서 주어진 것과 같이) 3.8×10^{26} W이고 등방성으로 방출된다. 이 에너지는 총 에너지를 반경이 태양과 지구 사이의 평균 거리(1.49×10^{11} m, 1천문 단위)인 구의 표면적으로 나눈 만큼의 밀도를 가진다. 지구의 궤도가 원형이 아닌 타원형이기 때문에 일년 동안 작은 변동이 생길 수 있지만 본 논의에서는 무시하도록 한다. (실제로 겨울에 북반구에서는 지구에서 태양과의 거리가 약 3% 정도 가까워진다.) 지구 궤도의 축이 경사를 이룸으로써 그것은 우리에게 태양과 지구 사이의 거리의 변화가 아닌 계절을 준다. 단위면적당 에너지의 밀도는 다음과 같다.

$$\frac{P}{A} = \frac{3.8 \times 10^{26}\ \text{W}}{4\pi \times (1.49 \times 10^{11}\ \text{m})^2} = 1367\ \text{W/m}^2. \tag{8.1}$$

태양 상수는 단위면적당 에너지로 정의되는데 이것은 지구 대기권 밖 위성에서 센서를 사용하여 측정된 값이다. 태양 스펙트럼은 6000 K의 흑체 복사와 거의 근사하게 된다. 그림 8.1에는 이러한 태양에너지의 파장별 스펙트럼이 잘 나타나 있다. 그림에서 보는 바와 같이 복사조도(irradiance)는 단위파장과 단위면적에 있어서의 에너지이다. 여기에서, 모든 파장 영역에서의 단위면적당 전체 태양에너지는 그림 8.1에 나와 있는 곡선 아래의 면적을 모두 합친 것과 같다. 또한 전자기 스펙트럼의 가시광선 영역에서의 스펙트럼 비율이 표시되어 있다. 흑체 복사가 매끄러운 곡선만을 가지는 반면에 태양 복사 곡선의 경우 매끄럽지 못한 작은 파동 부분이 보이는데 이것은 태양의 대기 바깥쪽에 있는 가스와 원자 단위의 물리적 과정에 의해 태양 복사에너지가 영향을 받기 때문이다.

지구로 입사되는 전체 태양에너지는 지구의 겉보기 면적에 에너지 밀도를 곱한 값으로

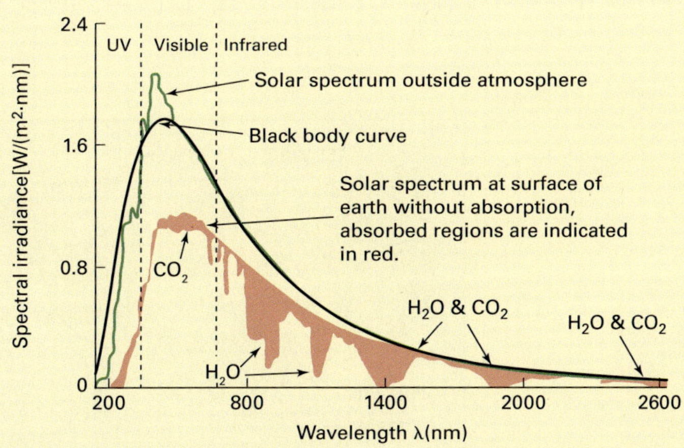

그림 8.1: 태양 복사에너지 스펙트럼

Based on G. Li et al. "Recent Progress in Modeling, Simulation, and Optimization of Polymer Solar Cells," Photovoltaics, an IEEE Journal, 2 (2012) 320–340 AND http://www.itacanet.org/the-sun-as-a-source-of -energy/part-2-solar-energy-reaching-the-earths-surface/

주어진다. 태양 복사의 입사에서 지구는 πr^2의 면적을 가진 원반으로 생각할 수 있는데, 여기에서 r은 지구의 반경(6.731×10^6 m)이다. 따라서

$$P_{\text{total}} = (1367\ \text{W/m}^2) \times 3.14 \times (6.371 \times 10^6\ \text{m})^2 = 1.73 \times 10^{17}\ \text{W}. \tag{8.2}$$

지구 대기의 바깥 부분에 도달하는 복사에너지 대부분은 다시 우주 공간으로 반사되거나 또는 대기에 의해 흡수된다. 실제로 전체 입사된 태양광의 오직 절반만이 지구 표면에 도달할 수 있다. 지구 대기 바깥에서 태양 복사에너지 스펙트럼과 비교하여 지구 표면에서 태양 일사량의 에너지 스펙트럼은 그림 8.1에 나와 있다. 그 특징으로는 대기 안의 다양한 원자와 분자에 의해 특정 파장의 흡수가 일어난다는 것을 들 수 있다. 일사량(insolation)은 지구 표면에 도달하는 모든 파장에서의 단위면적당 에너지를 합한 것으로 정의된다. 지구 표면에서의 평균 일사량은 식(8.2)에 나와 있는 총 태양 복사에너지에서 대기를 통해 전달되는 비율을 곱하고 그것을 다시 지구의 표면적 ($4\pi r^2$)으로 나눈 값이다.

$$\frac{P}{A} = \frac{0.5 \times 1.73 \times 10^{17}\ \text{W}}{4\pi \times (6.371 \times 10^6\ \text{m})^2} = 168\ \text{W/m}^2. \tag{8.3}$$

이것은 전체 표면적과 전체 시간 (낮과 밤)에서 평균으로 계산된 수평면에서의 태양 일사량이다. 또한 일일 평균 일사량은 하루 동안 단위면적에 입사되는 총 에너지이므로 다음과 같이 ($168\ \text{W/m}^2$) $\times$ (86,400 s/d) = $14.5\ \text{MJ/m}^2$로 구할 수 있다(8.5절).

지구의 특정 위치, 특정 시간에서의 일사량은 여러 가지 요인에 의해 결정이 되는데 그 요인은 다음과 같게 쉽게 예상할 수 있다.

- 하루 중 시간
- 일년 중 날짜
- 위도

그러나 보다 정확하게 예측하기 위해서는 추가적으로 고려해야 할 어려운 조건이 있는데

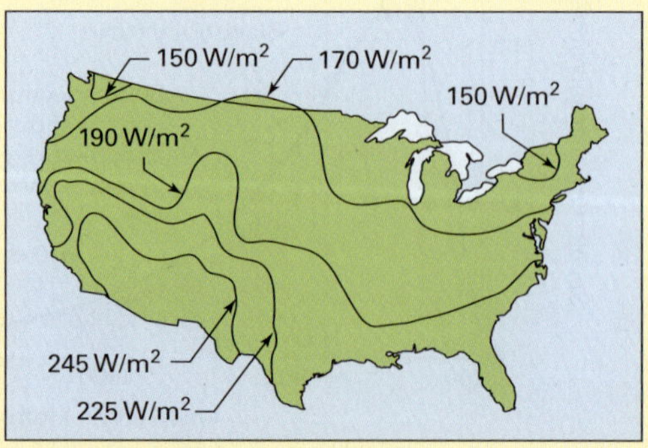

그림 8.2: 미국의 연간 24시간 평균 일사량

U.S. Department of Energy

바로 날씨이다. 평균적으로 특정 지역에서 일사량은 평균적인 날씨 조건에 따라 결정이 된다. 그림 8.2에는 미국의 지역별 연간 24시간 동안의 평균 일사량이 나와 있다. 비록 이 그림이 평균 일사량의 지리적 경향성을 보이지만 거기에는 상당한 지역적인 편차가 있을 수 있다.

태양 복사에너지는 우리의 에너지 필요량을 충족시키기 위해 두 가지 방법으로 사용되는데 열 또는 전기 생산의 직접적인 이용이다. 전자의 경우는 이번 장에서 다루어질 것이고 후자의 경우는 9장에서 논의할 것이다.

8.3 열전달

태양에너지 집열기 설계를 위한 세부사항을 고려하기 위해서는 어떻게 열에너지가 전달될 것인지에 대한 고려가 요구된다. 열은 전도, 대류, 복사의 방법으로 전달된다.

8.3a 전도

열역학 2법칙에 의하면, 열은 높은 곳에서 낮은 곳으로 이동하고 이러한 기본 법칙이 우리로 하여금 물질을 통하여 전도에 의해 열이 전달되는 것을 수치화 할 수 있도록 한다. 만약 어떤 한 물질을 가로지르는 온도차가 존재한다면 에너지가 높은 쪽에서 낮은 쪽으로 전달되는 속도는 (예를 들어 에너지)

- 온도의 차($T_h - T_c$) 만큼의 크기에 비례하고
- 물질의 단면적(A)에 비례하고
- 물질의 열전도도(k)에 비례하고
- 물질의 두께(l)에 반비례하게 된다.

이러한 관계를 수학적으로 표현하면 다음과 같다

$$P = \frac{kA(T_h - T_c)}{l}. \tag{8.4}$$

에너지는 와트(W), 열전도도는 (W·cm)/(m^2·^{o}C)로 표현되는데 이 때 단위면적은 평방 미터(m^2), 두께는 센티미터(cm), 온도는 섭씨(Celsius, ^{o}C)로 나타난다. 주목할 점은 온도를 절대온도 단위인 캘빈(Kelvin)이 아닌 섭씨로 단위를 사용해야 하는데 그것은 식(8.4)에서 보는 바와 같이 절대온도가 아닌 온도의 차를 사용하기 때문이다. 표 8.1에서는 널리 알려진 물질들(특히 건물 건설 시에 사용되는 재료)의 열전도도가 나와 있다.

열을 전달하기 위한 재료의 특성(보다 정확히는 얼마나 열을 전달하지 못하는지에 대한 특성)을 수치화하기 위해서는 물질의 *R*-value 즉 열류저항을 정의하는 것이 편하다. 열류저항(*R*-value)은 표 8.1에 주어진 것과 같이 물질의 열전도도 및 두께에 의해 다음과 같이 $R = l/k$로 결정이 된다. 따라서 식(8.4)에서 얻어지는 것과 같이 단위면적당 열의 흐름은 식(8.5)와 같이 다시 구할 수 있다.

표 8.1: (W · cm)/(m² · °C)을 단위로 나타낸 보통 널리 사용되는 물질들의 열전도도

material	k [(W · cm)/(m^2 · °C)]
aluminum	20,100
iron	4600
concrete	170
brick	71
water	60
glass	59
wood (cross grain)	13
sawdust	5.9
cork	4.2
fiberglass insulation	3.8
polystyrene foam	2.84
air	2.3

예제 8.1

뜨거운 쪽의 온도가 100℃ 차가운 쪽의 온도가 20℃일 때 가로, 세로, 높이가 각각 5 cm, 5 cm, 15 cm인 알루미늄을 통하여 전달되는 에너지를 계산하라. 이것은 한 쪽 끝이 뜨거운 물과 접촉하고 다른 한 쪽 끝은 상온에 놓여 있을 때의 상황이다.

풀이

식(8.4)로부터

$$P = \frac{kA(T_h - T_c)}{l},$$

에너지를 계산하기 위하여 필요한 값은 다음과 같다.

$$k = 20{,}100\ (\text{W}\cdot\text{cm})/(\text{m}^2\cdot{}^\circ\text{C})\ (\text{표 } 8.1)$$
$$A = 5\ \text{cm} \times 5\ \text{cm} = 0.0025\ \text{m}^2.$$
$$T_h = 100^\circ\text{C}.$$
$$T_c = 20^\circ\text{C}.$$
$$l = 15\ \text{cm}.$$

주목할 점은 W 단위로 에너지를 구할 때 k 값에서 길이는 cm로 주어진 반면에 열전도체의 면적은 m^2으로 주어진 것이다. 단위에 대한 이 접근이 왜 편리한지는 열전달이 건물의 벽이나 창문을 통해서 이루어지는 것을 고려할 때에 명백해진다. 그러므로 에너지는 다음과 같이 계산된다.

$$P = 20{,}100\frac{\text{W}\cdot\text{cm}}{\text{m}^2\cdot{}^\circ\text{C}} \times (0.0025\ \text{m}^2) \times \frac{100^\circ\text{C} - 20^\circ\text{C}}{15\ \text{cm}} = 268\ \text{W}.$$

예제 8.2

온도가 한쪽이 20℃, 다른 한쪽은 −10℃로 다른 철 및 유리 1 cm 두께를 통해 전달되는 단위면적당 전송 전력을 비교하라.

풀이

식(8.4)로부터

$$\frac{P}{A} = \frac{k(T_h - T_c)}{l}$$

여기서 다음의 값들은 두 재료에 모두 사용되어진다.

$$(T_h - T_c) = (20°C - (-10°C)) = 30°C$$
$$l = 1 \text{ cm}$$

철의 경우 $k = 4600 \ [(W{\cdot}cm) / (m^2{\cdot}°C)]$

유리의 경우 $k = 59 \ [(W{\cdot}cm) / (m^2{\cdot}°C)]$

즉, 철의 경우 전송 전력은

$$P / A = (4600 \ [(W{\cdot}cm) / (m^2{\cdot}°C)])(30°C) / (1 \text{ cm}) = 138 \text{ kW/m}^2$$

이고 유리의 경우는

$$P / A = (59 \ [(W{\cdot}cm) / (m^2{\cdot}°C)])(30°C) / (1 \text{ cm}) = 1.77 \text{ kW/m}^2$$

가 된다. 그러므로 철은 유리와 비교할 때 다음과 같이 78배의 전달량을 갖는다.

$$(138 \text{ kW} / m^2) / (1.77 \text{ kW} / m^2) = 78.$$

이러한 비는 단순히 열전도도의 비에서도 쉽게 보여진다.

$$(4600 \ [(W{\cdot}cm) / (m^2{\cdot}°C)]) / (59 \ [(W{\cdot}cm) / (m^2{\cdot}°C)]) = 78.$$

예제 8.3

바깥층은 두께 10 cm의 벽돌로, 가운데층은 두께 15 cm의 절연 유리섬유로, 안쪽층은 두께 2 cm의 나무로 이루어진 벽에서의 유효한 *R*–value를 구하라.

풀이

각 층의 *R*-value는 표 8.1에서의 *k* 값으로부터 다음과 같이 구할 수 있다.

$$\text{벽돌: } R = \frac{10 \text{ cm}}{71(W \cdot cm)/(m^2 \cdot °C)} = 0.14 \text{ m}^2{\cdot}°C/W.$$

$$\text{유리섬유: } R = \frac{15 \text{ cm}}{3.8(W \cdot cm)/(m^2 \cdot °C)} = 3.95 \text{ m}^2{\cdot}°C/W.$$

$$\text{나무: } R = \frac{2 \text{ cm}}{13(W \cdot cm)/(m^2 \cdot °C)} = 0.15 \text{ m}^2{\cdot}°C/W.$$

벽의 전체 *R*-value는 $R = (0.14 + 3.95 + 0.15) = 4.24 \ (m^2 \cdot °C)/W$이다. 이것은 벽을 통해 단위면적, 단위시간 동안 전달되는 에너지를 계산하기 위하여 사용될 수 있다. 명백하게 예제에서 벽이 열을 전달하지 못하는 것이 거의 절연 유리섬유 때문이라는 것을 알 수가 있다.

$$\frac{P}{A} = \frac{T_h - T_c}{R}. \quad (8.5)$$

R-value는 $(m^2 \cdot {}^oC)/W$의 단위를 사용하며, $(m^2 \cdot K)/W$ 또는 $(m^2 \cdot s \cdot K)/J$로도 표현한다. R-value는 물질의 두께가 고려되는데 만약 2 cm의 두께를 가진 물질이 R-value에서 R 값이 2를 가진다면 같은 물질 4 cm의 두께에서 R-value의 R 값은 4를 가지게 된다. (이 간단한 방법은 오직 전도성 열 손실만을 다룬다. 만약 복사성 열 손실의 경우라면 맞지 않는다.) 전기회로에서 저항과 같이 여러 물질들이 하나가 다른 하나와 연결되어 있다면 (예를 들어 직렬회로의 저항과 같이) R-value는 다음과 같이 더해진다.

$$R_{total} = R_1 + R_2 + R_3 + R_4 + \ldots. \quad (8.6)$$

창문의 유리를 예로 계산해보자. 보통 창문의 유리는 약 0.3 cm의 두께를 가지며 표 8.1에 주어진 것과 같이 유리의 열전도도를 이용하면 $R = 0.005$로 계산된다. 따라서, 창문 유리 그 하나의 창만으로는 사실상 열이 전달되는 것을 막기가 어렵다. 창문이 전도의 방법으로 열이 전달되는 것을 어렵게 만드는 주된 원인은 그것이 공기의 흐름을 방해하기 때문이다. 유리 한 창의 표면 가까이에서 공기층은 정체되고 여기에서 움직임이 없는 공기는 열이 전달되는 것을 막는 것과 관련이 있다. 공기의 R-value가 고려될 때 유리 한 창의 유효한 R-value는 약 $R = 0.18$이다. 창문은 또한 건물 안에서 바깥으로 공기의 실질적인 흐름을 막음으로써 대류성 열전달을 제거한다. 그림 8.3은 전도(논의한 바와 같이), 대류 그리고 복사를 포함하여 창문을 통한 서로 다른 열 손실 메커니즘의 관계를 보여준다.

8.3b 대류

대류는 열전달에 있어서 중요한 요소이며 앞에서 설명한 바와 같이 유리 한 창 가까이에 정체된 공기가 열을 전달하지 못한다는 것으로 대류를 확실하게 이해할 수 있다. 대류는 유체의 움직임에 의해 열을 전달시킨다. 이러한 유체의 움직임은 밀도나 점성과 같은 유체의 특성에 따라 결정된다. 대류를 정량적으로 설명하는 방법은 매우 복잡하기 때문에 여기에서는 다루지 않을 것이다.

8.3c 복사

절대 온도가 0보다 높은 모든 물체는 에너지를 방출한다. 특정 온도 T에서 흑체로부터 방출되는 단위표면적당 총 에너지는 Stefan-Boltzmann 법칙에 의해 다음과 같이 주어진다.

$$\frac{P}{A} = \sigma T^4, \quad (8.7)$$

여기에서 σ은 Stefan-Boltzmann 상수 $5.67 \times 10^{-8}\ W \cdot m^{-2} \cdot K^{-4}$이다. 이 식이 물체의 절대온도로 (온도차가 아닌) 주어지기 때문에 켈빈(Kelvin)으로 온도를 표현하는 것이 중요하

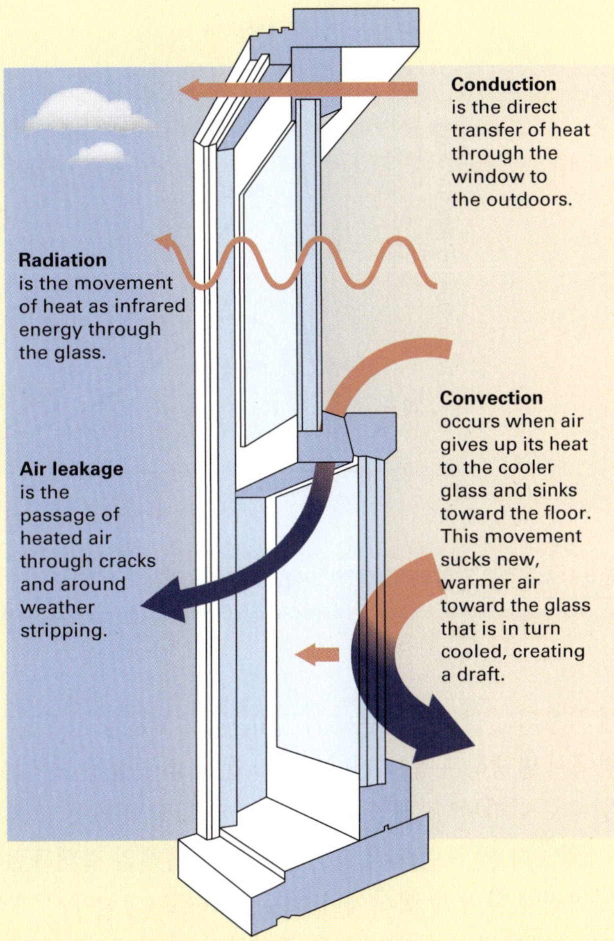

그림 8.3: 창문을 통한 열 손실의 예

Based on http://www.finehomebuilding.com/CMS/uploadedImages/Images/Homebuilding/Articles/h00029_02_lg.gif; http://www.greenspec.co.uk/windows.php

다. 또한 이 식은 흑체로부터 발생하는 복사에너지의 총량이 온도에 의해 크게 좌우됨을 보여준다. 일반적으로 물체는 완전한 흑체의 특성을 가지지 못하고 이 때문에 같은 온도에서 흑체만큼의 복사에너지를 방출하지 못한다. 같은 온도에서 흑체로부터 복사되는 에너지에 대한 물체의 복사에너지 비율을 복사율(emissivity, ε)로 정의한다. 그러므로, 식(8.7)은 실제 물체에 대해서는 다음과 같이 표현될 수 있다.

$$\frac{P}{A} = \varepsilon \sigma T^4 \tag{8.8}$$

여기에서 ε는 0과 1사이의 값을 가지면서, 특정 물질의 표면에서 얼마나 효과적으로 에너지를 복사하는지 판단하는 지표가 된다. 복사율은 물질에 따라 상당히 다를 수 있고 특정한 물질에서는 온도에 따라 달라질 수 있다. 유리, 나무, 강철, 페인팅된 표면 등과 같이 보통

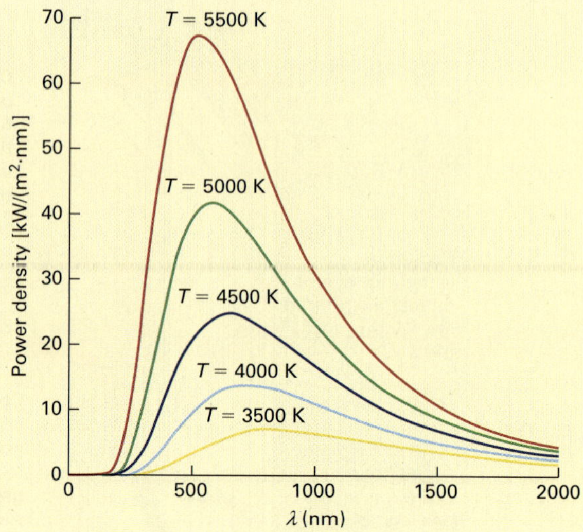

그림 8.4: 세로축은 단위 파장당 단위 면적당 복사되는 전력을 나타낸다.

Based on Encyclopaedia Britannica, Wien's law, http://www.britannica.com/EBchecked/topic/643338/Wiens-law

건물에 사용되는 물질은 실온에서 약 0.9의 복사율을 가진다.

표면에서 발생하는 총 복사에너지가 온도 의존성을 보이는 것과 같이 복사 파장 역시 온도의 함수로 나타난다. 태양 복사에너지의 파장 분포는 그림 8.1에서 이미 다루었다. 그림 8.4는 태양보다 낮은 온도의 표면을 가지는 흑체의 스펙트럼을 보여주고 있다. 명백히, 온도가 낮아짐에 따라 총 복사에너지는 감소하고 (그림에서 곡선 아래 면적에서 보여지는 바와 같이) 스펙트럼의 최대 파장은 증가한다. 태양에서는 (6000 K의 흑체와 같은) 최고점이 가시 영역에 존재한다. 350 K(약 75°C)의 표면에서는 최고점이 스펙트럼의 가시광선 영역에 존재한다.

복사와 더불어 모든 표면은 그 위에 복사된 에너지를 흡수한다. 표면에서 에너지를 흡수할 수 있는 능력은 흡수율(absorptance, a)이라 하고 일반적으로 복사를 잘 하는 표면이 흡수 또한 잘 한다. 특정 온도에서 복사율 ε을 가지는 표면에서의 흡수율은 $a = \varepsilon$으로 같으며 그 특정 온도에서의 복사 파장을 가진다.

예제 8.4

태양 표면 1 m²에서 방출되는 에너지를 구하라.

풀이

식(8.8)로부터

$$\frac{P}{A} = \varepsilon\sigma T^4 \qquad \text{또는} \qquad P = A\varepsilon\sigma T^4,$$

여기에서 다음과 같은 값이 사용된다.

$A = 1\ \text{m}^2$

$\varepsilon = 1$ (태양은 흑체와 같이 고려된다)

$\sigma = 5.67051 \times 10^{-8}\ \text{W} \cdot \text{m}^{-2} \cdot \text{K}^{-4}$ (부록 II로부터)

$T = 6000\ \text{K}$ (본문에서와 같이)

따라서 에너지는

$$P = (1\ \text{m}^2) \times 1 \times (5.67051 \times 10^{-8}\ \text{W} \cdot \text{m}^{-2} \cdot \text{K}^{-4}) \times (6000\ \text{K})^4 = 73.5\ \text{MW}.$$

ENERGY EXTRA 8.1
광학 코팅

수동형 태양 난방은 창문의 광학적 특성에 영향을 받는다. 일반적으로 창문은 전자기파 스펙트럼의 가시광선 영역에서 가능한 한 투명해야 하는 것이 바람직하다. 가시광선 영역에서는 높은 투과도를 적외선 영역에서는 낮은 투과도를 가지는 유리창이 수동형 태양 난방에 유리하다. 그러나 특정한 광학적 성질을 가지도록 재료를 설계함으로써 다양한 파장에서 창문을 통해 복사열의 흐름을 보다 더 실질적으로 제어할 수 있다. 오른쪽 그림은 보통의 유리와 폴리머와 금속-절연체가 각각 코팅되어 있는 유리에서의 파장에 따른 투과도를 보여주고 있다. 가시광선 영역(약 350~650 nm)의 스펙트럼에서는, 코팅된 두 물질 모두 약 70%의 투과도를 가짐으로써 (90%의 투과도를 가지는 보통 유리와 비교하여) 상당히 투명하다고 할 수 있다. 보통의 유리는 적외선 영역 중 2700 nm 이상에서 불투명한 특성을 보이기 시작하는 반면에 코팅된 유리의 경우 적외선 영역 매우 가까이에서부터 불투명한 특성을 보이기 때문에 재방출되는 복사에너지의 스펙트럼에서 장파장 중 많은 양이 빠져나가는 것을 막을 수 있다. (4장 온실효과를 참고하라)

보통의 유리와 코팅된 유리의 반사도는 오른쪽 그림과 같이 나타난다. 주목할 점은 폴리머로 코팅된 유리와

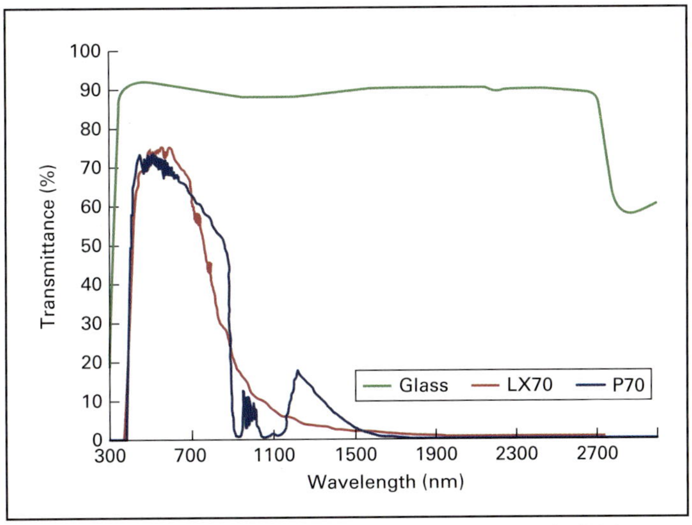

유리, 폴리머 코팅된 유리(P70)와 유전체가 코팅된 유리(LX70)의 광투과도.

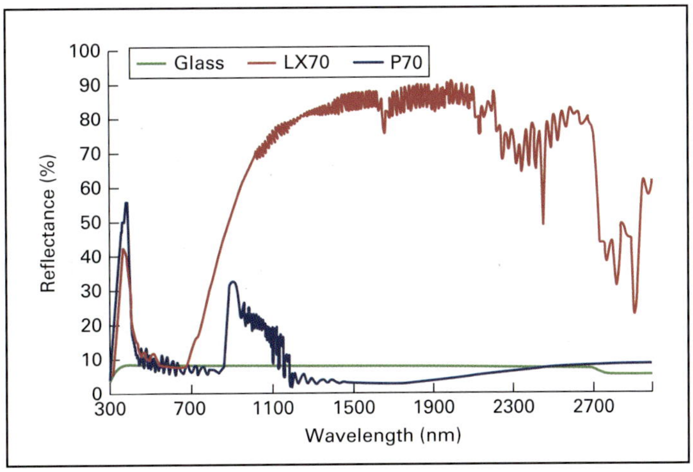

유리, 폴리머 코팅된 유리(P70)와 유전체가 코팅된 유리(LX70)의 반사율.

금속–절연체로 코팅된 유리에서 다른 반사 특성이 보인다는 것이다. 폴리머가 코팅된 유리의 경우 보통의 유리와 명백하게 비슷한 반사도를 나타내지만, 금속–절연체로 코팅된 유리의 경우 적외선 영역에서 반사도가 높다는 것을 알 수 있다. 따라서 이 재료들을 이용하여 우리는 겨울에 수동형 태양난방을 극대화 할 수 있다. 그림에서 그려지는 것과 같이, 코팅된 유리의 투과도는 빛이 들어오도록 하지만 그것을 통해 반대로 빠져나가는 장파장의 복사 열 손실을 최소화 할 수 있기 때문이다.

토의 주제

태양 블라인드들은 고효율 창문에 중요한 추가 기능을 갖게 한다. 이것들은 한 쪽은 반사 물질로 다른 한 쪽은 흡수 물질로 구성된 베네치아블라인드들과 비슷하다. 블레이드들은 반사면이 바깥쪽으로 흡수면은 안쪽 방향으로 향하거나 또는 그 반대로 향할 수 있다. 낮과 밤, 그리고 계절에 따라 가정에서 난방 효율을 최적화하기 위해 이들을 어떻게 사용할 수 있는지 논의하시오.

8.4 태양 집열기 설계

난방을 목적으로 태양 복사에너지를 이용하는 시스템은 크게 능동형과 수동형으로 나뉜다. 능동형 시스템은 태양으로부터 얻어진 열을 전달하고 적절한 유체(주로 물이나 공기)를 펌프나 송풍기를 이용하여 순환시킴으로써 전달하고 저장한다. 수동형 시스템은 건물 내 공기나 다른 물질을 가열하는 태양을 이용할 수 있는 건물 설계에 단순히 의존한다. 능동형 태양열 난방 시스템들은 전통적인 평판 수집기들(그림 8.5) 또는 진공관 수집기들을 사용한다. 평판 집열기의 작동은 이번 절에, 진공관 집열기는 ENERGY EXREA 8.2에 각각 설명되어 있다. 평판태양 집열기의 기초적인 디자인은 그림 8.6에 나와 있다. 집열기는 기본적으로 태양광이 들어올 수 있도록 앞면에 창을 가지고 있고 다른 부분은 절연막으로 둘러싸인 상자이다. 태양광은 집열판에서 흡수되고 열은 판에 붙어 있는 파이프를 통해서 흐르는 물에 전달된다. 집열판의 특성은 집열판의 동작에 있어서 매우 중요하다. 이상적으로, 판은 태양 복사에너지를 최대한 흡수해야 하고 재방출을 통해서 최대한 적은 에너지를 잃어야 한다. 이미 설명한 것과 같이 흡수와 방출 사이의 관계식은 평판 집열기를 주의 깊게 분석함으로써 고려해야 한다. 태양광의 형태로 흡수된 복사에너지는 태양으로부터 왔기 때문에 기본적으로 500 nm의 최대 파장을 가지는 6000 K 흑체 복사와 비슷한 스펙트럼(그림 8.1과 8.4)을 가진다. 집열기 판에 의해 재방출되는 에너지는 판의 온도(약 350 K 정도)에 의해 결정된다. 이 재방출 복사에너지는 8000 nm의 최대 파장을 가지는 적외선 영역의 스펙트럼 안에 있을 것이다. 집열기 판의 이상적인 설계는 500 nm 파장에서 흡수를 크게 하며 8000 nm 파장에서 방출을 적게 함으로써 태양광으로부터 상당한 에너지를 흡수하고 재방출에 의해 에너지를

그림 8.5: 평판 태양 집열기 설치

Richard A. Dunlap

ENERGY EXTRA 8.2
진공관 태양 집열기들

최근에 사용된 전통적인 평판 태양열 집열기에 대한 대안적인 디자인은 진공관 태양열 집열기이다. 진공관 태양열 집열기는 일련의 진공 유기관으로 구성되며 각 튜브에는 흡수제가 포함되어 있다. 일반적으로 이 흡수제는 그림에서 보는 것과 같이, 양쪽 끝이 닫혀진 관에 열적으로 연결된 (빛을 흡수하기 위해 검은 색으로 칠해진) 금속판으로 구성되어 있다. 이 관은 가열될 때 증기 상태로 상 전이되는 일정량의 작동 유체(프로필렌 글리콜과 물 혼합물이 일반적으로 사용됨)를 포함한다. 이 가열된 증기는 (매니폴드라고 불리는) 열교환기를 통해 열을 물로 전달하는 관의 상단부까지 올라간다. 그런 다음 작동 유체가 응축되어 튜브 바닥으로 떨어진다. 진공 유리관은 열 손실을 줄이는 역할을 한다. 매니폴드에서 가열된 물은 난방용 또는 가정용 온수로 사용될 수 있다.

원칙적으로 진공관 태양열 집열기는 평판 집열기와 동일한 응용분야에서 사용될 수 있으며, 특정 상황에서 각각 장점을 가진다. 진공관 집열기는 유리관의 흡수체 주위 공간과 관 사이의 공간으로 인해 전체 집열기 면적의 약 70%만이 태양 복사를 흡수한다는 단점을 가진다. 증발관 집열기는 더 새로운 기술이며 장기적으로 신뢰성이 결정될 수 있다. 또한 그것들은 평방 미터당 비용이 더 많이 드는 경향이 있어, 일반적으로 동일한 흡수기 면적의 평판 시스템 비용의 약 2배가 소모된다. 모듈형 디자인으로 서비스성과 확장성을 향상시킨다는 장점이 있다.

Richard A. Dunlap

진공관 태양 집열기

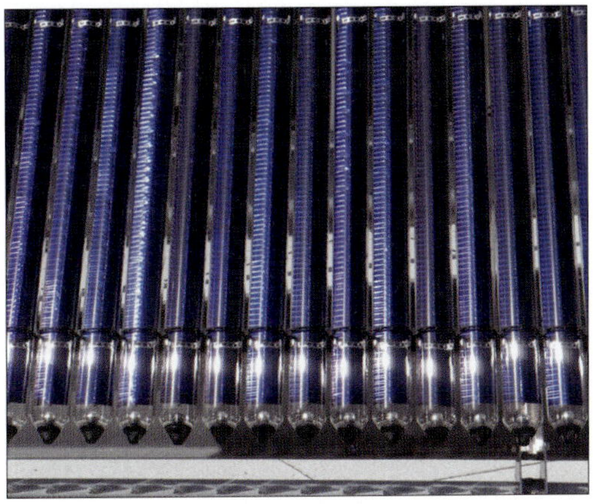
Richard A. Dunlap

진공관 태양 집열기의 상세 모습

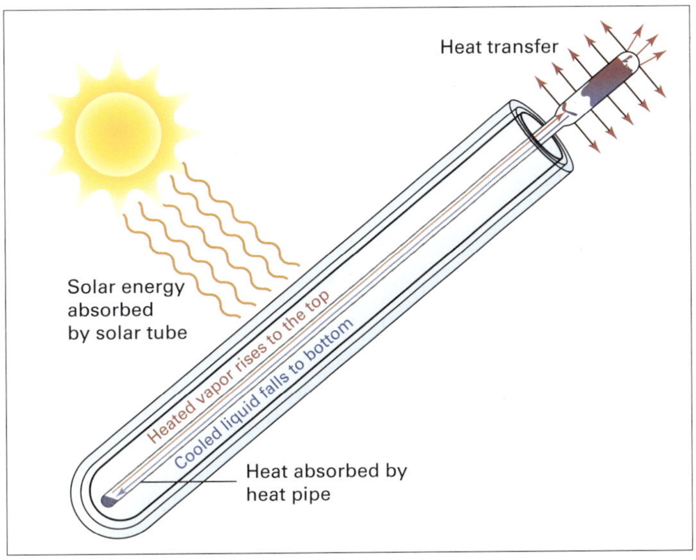

Based on http://www.solarpanelsplus.com/evacuated-tube-collectors/

일반적인 진공관 태양 집열기의 내부 구조

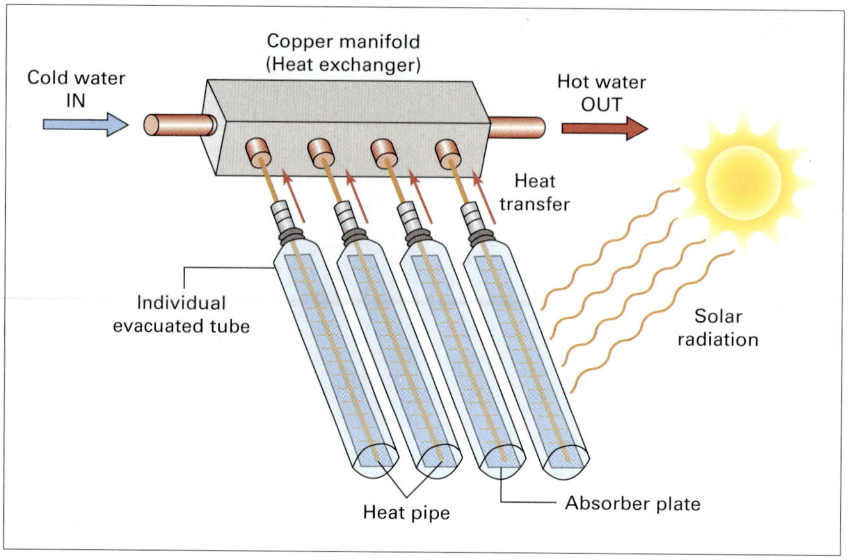

Based on http://www.alternative-energy-tutorials.com/solar-hot-water/evacuated-tube-collector.htmlrs/

열교환기에 진공관 태양 집열기 연결

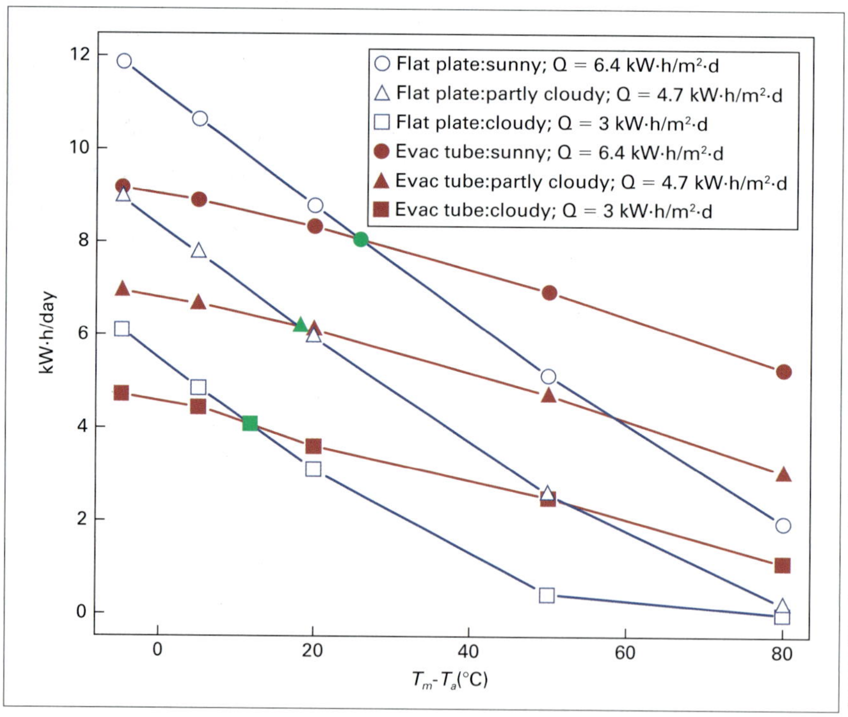

Based on Willemferguson, https://commons.wikimedia.org/wiki/File:SolarCollectorsCompare1.jpg

다른 단열 조건과 다른 온도차에 대한 평판 집열기와 진공관 집열기의 전력 출력 비교. 평판 집열기는 2.8 m^2의 흡수기 면적을 갖고, 진공관 수집기는 3.1 m^2의 흡수기 면적을 가짐.

이 두 가지 기술을 비교할 때 고려해야 할 주요 사항은 그들의 상대적인 효율들이다. 그림의 그래프는 상온(T_a)과 매니폴드 온수 온도(T_m) 간 차이의 함수로서 유사한 크기의 두 집열기의 출력들을 보여준다. 모든 경우에 효율은 온도 차이가 증가함에 따라 감소한다. 이는 단지 온도 차이가 큰 환경에서 열 손실이 더 큰 결과이다. 그러나, 이러한 진공관 집열기에서의 감소는 평판 집열기에서처럼 중요하지는 않다. 이는 튜브의 비워진 공간에 의해 제공되는 보다 효과적인 단열의 직접적인 결과이다. 이러한 특징의 최종 결과는 진공관 집열기가 더 큰 온도 차이에서 보다 효율적으로 되는 교차점이 존재한다는 것이다. 더 높은 일사량이 있을 때 교차점은 더 높은 온도 차이로 이동한다. 그래프는 진공관 집열기와 평판 집열기의 효율 사이의 관계에 대한 일반적인 특징을 보여 주지만, 이 동작의 세부 사항, 즉 실제 효율과 교차점은 집열기 디자인의 특정 세부 사항에 따라 달라진다.

토의 주제

매니폴드의 온도가 50℃인 가정용 온수 생산을 위한 진공관 집열기와 평판 집열기의 경제성을 고려하여라. 여름이나 겨울철 몬트리올과 여름이나 겨울철 뉴올리언스와 같이 다른 기후 조건에 대한 양적 비교를 제시하여라.

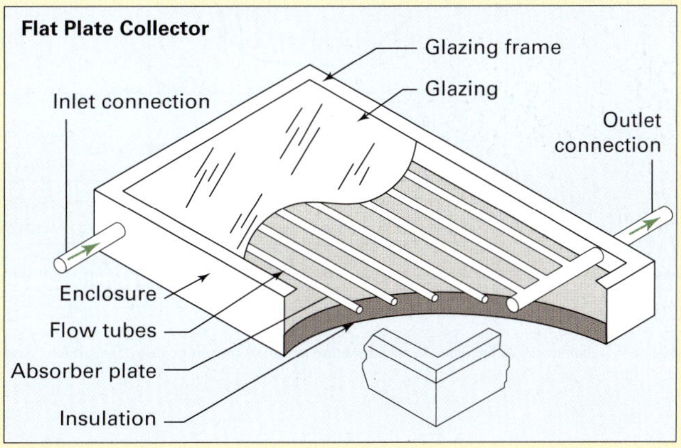

그림 8.6: 평판 태양 집열기의 설계

U.S. Department of Energy

적게 잃어야 한다(그림 8.7). 특수하게 설계된 집열기의 표면 코팅은 가시광선 영역에서는 흡수가 잘 일어나게 하고, 적외선 영역에서는 방출이 잘 일어나지 않도록 한다. 평평하게 검은색으로 페인트 처리하는 것도 간단하게 같은 효과를 낼 수 있는 방법이다.

집열기의 앞면에 있는 유리판 역시 집열기가 동작하는데 중요한 역할을 한다. 유리는 가시광선을 잘 투과시키는 반면 적외선을 투과시키지는 못한다. 그러므로 따뜻한 집열기 표면에서 재방출되는 많은 에너지가 유리 덮개를 통해서 빠져나가지 못하고 집열기 상자안에 갇히게 된다. 이것이 4장에서 논의한 온실효과와 같은 원리이며 햇살이 가득한 날에 자동차 안이 더워지는 이유이다.

집열기의 효율은 집열기에 입사되는 에너지에 대한 물에 흡수되는 열의 비율이다. 뜨거운 집열기 표면으로부터 재방출되는 에너지 손실은 집열기의 효율을 제한하는 하나의 요소이다. 상자의 벽을 통해 전도되어 잃게 되는 열은 집열기의 효율을 제한하는 또 다른 요인이다. 식(8.8)과 (8.4)는 집열기의 온도가 증가함에 따라 열 손실도 증가함을 보여준다. 어

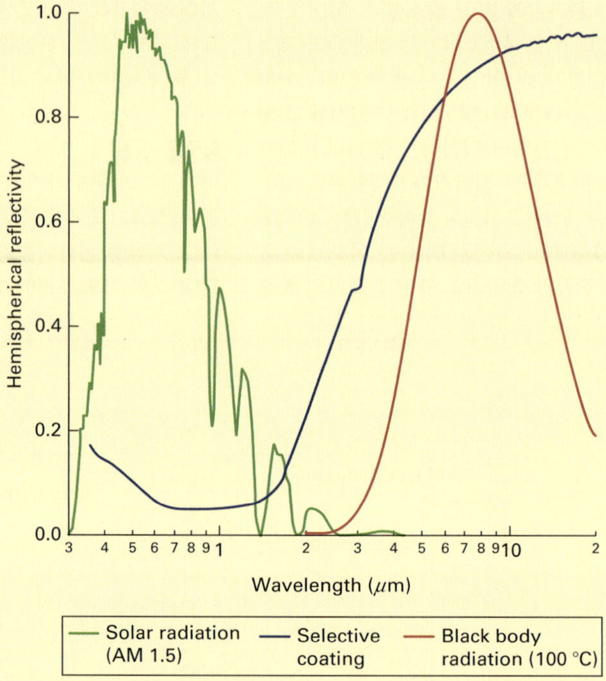

그림 8.7: 태양 스펙트럼에 적합한 태양열 집열기 코팅재의 상대적인 반사율을 측정(AM 1.5) 및 100℃ (373 K)에서의 흑체 곡선.

Based on P. Oelhafen and A. Schüller, "Nanostructured materials for solar energy conversion," Solar Energy 79 (2005) 110–121.

떤 시점에서 그 손실은 집열기에 입사되는 에너지의 양과 같게 되며 결국 효율은 0이 된다. 그러므로 효율이라는 관점에서는 집열기가 낮은 온도에서 동작을 하는 것이 이득이 되며 최대 효율은 집열기의 온도가 그것의 주변 온도와 같아질 때 얻어진다.

다른 한편으로, 집열기의 가열된 물에 의해 주거 난방 시스템으로 실제적으로 전달되는 에너지의 양은 온도가 증가함에 따라 증가한다(8.5절). 이러한 관점에서는 집열기를 가능한한 높은 온도에서 동작하는 것이 효율면에서 유리하다. 그러나, 사용되는 유체(예를 들어 물과 같은)의 특성에 기초하여 동작온도에 대한 실제적인 고려도 있어야 한다. 만약 물의 온도가 높다면 시스템을 통해 전달되는 열에너지의 양은 최대가 될 것이지만 집에서의 집열기와 난방 시스템 사이의 열 손실은 더욱 크게 될 것이다. 이러한 모순된 기준 사이에서 최선의 타협점은 약 50%의 효율로 집열기를 동작시키는 것이다. 따라서 집열기 판의 온도는 물의 끓는점에 비해 다소 낮은 온도가 된다.

8.5 주거 난방에 필요한 사항

능동형 태양 난방 시스템은 보통 주거 공간 난방과 추가적인 온수를 위해 사용된다. 여기에

표 8.2: 북위 40도에서의 일일 총 일사량(Allentown, Pennsylvania 위도는 북위 40.65도이다) 1961년부터 1990년까지 30년 동안 월 평균 값은 집열기의 평판의 각도에 따라 주어진다. 수직의 의미는 남쪽으로 배치한 것을 말하며 경사는 남쪽으로 배치하면서도 최적의 각도로 기울어졌음을 의미한다. 추적은 하루 동안 집열기가 2축(수평, 수직방향)을 기준으로 태양의 입사 방향에 따라 변화했음을 의미한다.

	horizontal	vertical	tited	tracking
month	MJ/m^2	MJ/m^2	MJ/m^2	MJ/m^2
Jan.	6.8	11.2	11.2	13.7
Feb.	9.7	13.0	14.0	16.9
Mar.	13.3	12.2	16.2	20.2
Apr.	16.9	10.8	18.0	23.0
May	19.4	9.4	18.7	25.2
Jun.	21.6	9.0	19.4	27.0
Jul.	21.2	9.4	19.4	27.0
Aug.	18.7	10.4	19.1	25.2
Sep.	15.1	11.9	17.6	21.6
Oct.	11.2	12.2	15.1	18.4
Nov.	7.2	10.1	10.8	13.0
Dec.	5.8	9.4	9.4	11.2

Based on data from National Solar Radiation Data Base of National Renewable Energy Laboratory

서는 공간 난방 시스템 설계를 위해 요구되는 사항을 살펴볼 것이다. 태양광은 오직 낮 시간에만 존재하기 때문에 밤사이 동안 사용을 위해서는 열에너지를 저장할 수 있어야 한다. 집열기를 통한 물의 순환은 가열되어 탱크에 저장되는데 이 역시 집에 열에너지와 온수를 공급하는 열에너지 교환의 역할을 한다.

그러한 시스템의 설계에 있어서, 특정 집열기 시스템이 얼마나 많은 태양에너지를 생산하고 특정 주거가 얼마나 많은 열에너지를 요구하는지 파악하는 것은 중요하다. 그림 8.2에 있는 미국의 지역별 평균 일사량에 관한 정보는 이러한 분석을 위해 가장 유용한 것은 아니다. 먼저 일사량은 겨울에 더 적다. (태양의 각도 때문에) 그러나 그 때가 가장 난방을 필요로 할 때이다. 둘째로 수평형은 태양에너지를 최대로 모으기에 이상적인 방향은 아니다. 표 8.2는 집열기의 방향에 따른 m^2당 일일 총 태양에너지를 보여준다. 수직형 집열기는 집열기를 움직이게 하는 (낮 시간동안) 시스템이 내재되어 있기 때문에 항상 태양의 입사각과 수직을 이룬다. 이것은 최대 에너지를 공급하게 되지만 반면에 비용이 늘게 되며, 시스템이 복잡해지고 짐작컨대 시스템의 신뢰성에도 영향을 주게 된다. 대안은 집열기를 남쪽(북반구)을 향하게 하고 수직으로부터 약간의 각도를 줌으로써 수직 입사로부터의 편차가 최소화되도록 하는 것이다. 수직으로부터 최적의 기울기에 대한 첫 번째 근사치는 90도에서 위도를 뺀 것이다. 이러한 접근법은 겨울철에는 (수직으로부터의) 기울기가 감소하고 여름철에는 증가하는 계절적인 조정에 의해 향상될 수 있다. 또 다른 방법으로는 집열기를 수직방향으로 동시에 남쪽을 향하게 배치하는 방법이다. 끝으로 집열기를 수평방향으로 배치하는 방법이 있다. 다음의 표는 각 경우에 있어서 일일 일사량을 보여준다.

표 8.3: 북위 40도에서 1월 21일 정렬 방향에 따른 수직형 집열기의 상대적인 일사량 비교

orientation	% of perpendicular
60° south	89
vertical south	79
horizontal	43

1월 21일 (북반구에서 일반적으로 일년 중 가장 추운 시기) 이상적인 수직 경우와 비교하여 정렬 방향에 따른 상대적인 일사량이 표 8.3에 나와 있다. 경제성과 단순성의 관점에서는 정지된(고정된) 집열기가 선호된다. 표는 일년 중 가장 추운 시기에 남위 60도 방향의 집열기가 이상적인 경우와 비교하여 약 90%를 공급할 뿐만 아니라 시스템 설계에 있어서도 가장 단순한 방법임을 보여준다. 명백하게 수평 방향의 경우가 일사량에 있어서 가장 바람직하지 못하였다. 그림 8.8은 각 집열기의 방향과 하루 동안의 시간 변화에 따른 일사량의 변화를 보여준다.

이 결과는 집열기의 효율이 약 50%일 때 특정한 크기의 태양열 집열판에서의 총 에너지양을 추정하고 있다. 주거 난방에 필요한 에너지 총량은 여러 요인에 의해 결정된다. 주거 공간의 크기, 그것의 구성 세부 사항과 지역적 기후 환경 등이다. 기후 조건은 도일(degree days)이라고 표현된다. 때때로 도일은 난방도일(heating degree days)이라고도 하는데 평균적인 외부 온도가 적정 내부 온도보다 1도 낮은 날을 하루로 계산한다. 더 따뜻한 기후에서는 냉방도일(cooling degree days)이 쓰이는데 냉방을 위해서 필요한 에너지의 기준이 된다.

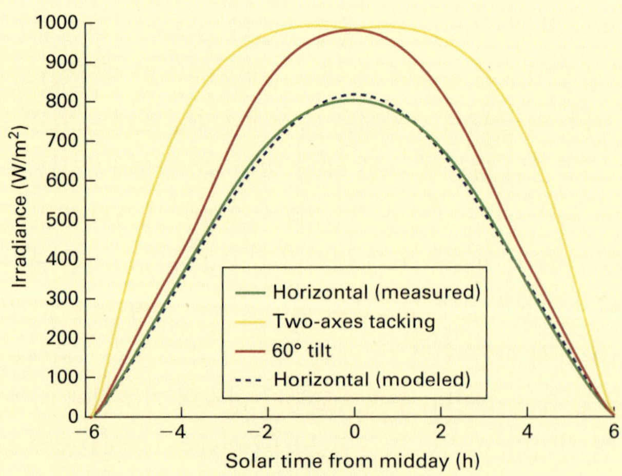

그림 8.8: 방향에 따른 태양광 집열기의 단위면적당 입사된 에너지

Based on F. Cruz-Peragón, P.J. Casanova-Peláez, F.A. Díaz, R. López-García and J.M. Palomar, "An approach to evaluate the energy advantage of two axes solar tracking systems in Spain," Applied Energy 88 (2011) 5131–5142.

여기에서는 오직 난방도일만을 논의한다.

도일은 섭씨 단위가 사용되며 표현된다[degree days(°C)]. 보통 18.3°C가 적정 내부 온도이다. 비록 많은 건물들에서 이 온도는 목표 온도보다 낮을지 몰라도, 추후에 논의되겠지만 내부 열 공급원으로부터 이 차이를 보상할 수 있다. 일년 총 도일수는 일년 동안의 도일수를 모두 합한 것인데 연간 난방에 필요조건 지표로 사용된다. 예를 들어 외부 평균온도가 −5°C인 추운 겨울날씨를 생각해보자. 일년동안 총 도일수는 [18.3°C−(−5°C)] = 23.3°C인 날들로 계산이 된다.

그림 8.9와 8.10에서는 미국과 캐나다의 지역에 따른 일년 중 도일의 평균수를 보여준다. 특정 도시의 보다 정확한 값은 표 8.4에 나와 있다.

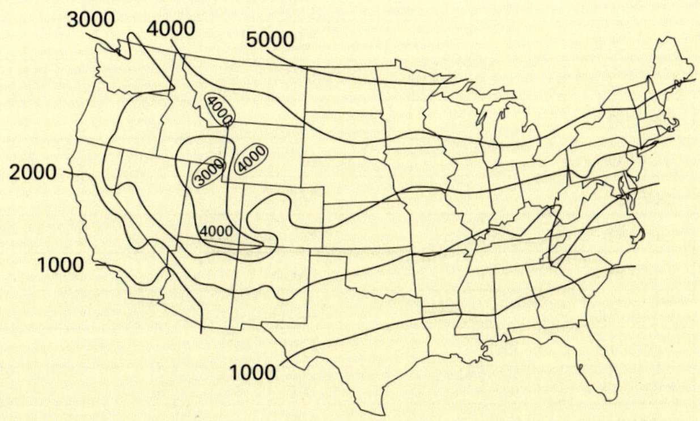

그림 8.9: 연간 난방도일(℃) 수를 보여주는 미국 지도 (1961-1990년 평균)

National Oceanic and Atmospheric Administration (NOAA)

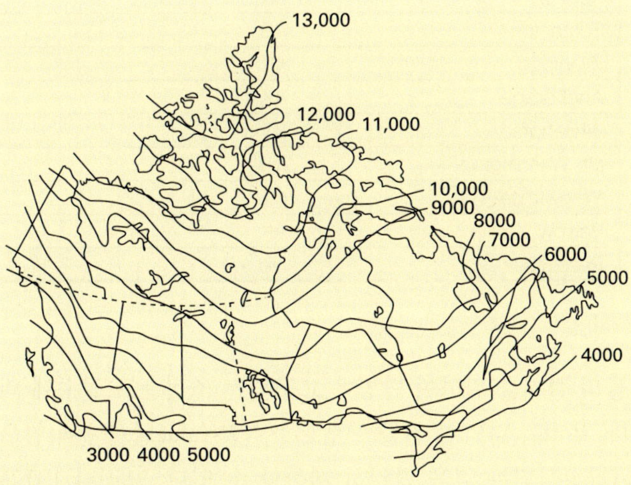

그림 8.10: 캐나다의 연평균 난방도일(℃)을 보여주는 지도

From Hunt, Energy, Physics and the Environment, 3E. © 2007 Cengage Learning.

표 8.4: (1971년부터 2000년까지 평균적인) 미국과 캐나다 도시들의 연평균 난방도일 수

city	state/province	heating degree days per year (°C)
Honolulu	HI	0
Miami	FL	86
Phoenix	AZ	578
San Diego	CA	602
New Orleans	LA	787
San Francisco	CA	1452
Albuquerque	NM	2378
Portland	OR	2426
Baltimore	MD	2574
New York	NY	2635
St. Louis	MO	2643
Philadelphia	PA	2644
Seattle	WA	2665
Vancouver	BC	2926
Boston	MA	3128
Denver	CO	3404
Detroit	MI	3583
Chicago	IL	3607
Toronto	ON	4066
Portland	ME	4069
Halifax	NS	4367
Minneapolis	MN	4379
Montreal	QC	4575
St. John' s	NL	4881
Grand Forks	ND	5281
Regina	SK	5661
Edmonton	AB	5708
Winnipeg	MB	5777
Anchorage	AK	5817
Whitehorse	YT	6811
Mt. Washington	NH	7658
Yellowknife	NT	8256
Barrow	AK	11,052
Resolute	NU	12,526

건물의 설계를 위하여 난방에 요구되는 조건은 도일수에 의해 나타나는 기후에 따라 달라진다. 우리는 다양한 건물 구성요소의 *R*-value들을 분석함으로써 벽, 창문, 지붕, 기초 등을 통해 손실되는 열을 면밀히 계산할 수 있다. 그러나 1972년 미연방공공주택국(United States Federal Housing Authority)은 주거 난방을 위한 도일(°C)당 주거공간에 67 kJ/m^3로 추정하였다. 비록 1972년 이래로 건설 기술이 발전되고 재료의 특성이 향상되었다고 할지

라도 이 값은 난방에 필요한 대략적인 가이드라인을 세우는데 매우 유용하다. 연간 주거 난방에 필요한 기준은 단위부피당 단위도일에서의 난방에 필요한 기준에서 주거 공간의 부피를 곱하고 거기에 단위 주거 공간의 위치에서의 연간 도일수를 곱하면 된다.

태양열 시스템을 합리적으로 설계하기 위해서는 예제 8.5에 나와 있는 필라델피아에 위치한 주택의 일일 요구량을 살펴보는 것이 도움이 된다. 겨울날(2월) 평균 일일 온도가 0°C 일 때 도일(°C)은 18.3이 되며 따라서 그 날

$$700 \text{ m}^3 \times 67 \text{ kJ/m}^3 \times 18.3 = 858 \text{ MJ} \tag{8.9}$$

의 열이 필요하다.

이것은 적어도 4가지 이유에서 과하게 값이 계산되었을지 모른다.

1. 수동형 태양열 난방(8.6절)이 고려되지 않았다.
2. 다른 방식에 의하여 주택 안에서 열이 생겨날 수 있다. 예를 들어 사람에 의해, 요리를 하는 과정에서, 가전제품이나 전자장치로부터 열이 생겨날 수 있다. 표 8.5에는 난방에 필요한 부분에서 약 10%를 설명할 수 있는 위에서 열거한 예들의 발생하는 열에너지가 나타나 있다.
3. 태양열은 다른 난방 방법과 결합할 수 있으며 (예를 들어 기름 또는 전기) 난방 필요분의 전부를 충족시켰다고 보기 어렵다.
4. 보다 잘 설계된 최신의 건물은 보통 1972년 미국 가이드라인 보다 더 적은 열을 필요로 한다.

예제에서 보는 바와 같이 식(8.9)에서 약 60% 즉 500 MJ을 목표로 하는 것이 주거 난방을 위한 태양열 난방에 있어서 합리적이다. 표 8.2로부터 (필라델피아에 적합한) 우리는 남위 60도 집열기에서 일일 일사량이 14.0 MJ/m²가 됨을 알 수 있다. 50%의 전형적인 집열기의 효율을 고려한다면 이 필요 기준을 만족하기 위하여 요구되는 집열기의 면적은 다음과 같이 단순하게 계산된다.

$$\frac{500 \text{ MJ}}{14.0 \text{ MJ/m}^2 \times 0.5} = 71 \text{ m}^2. \tag{8.10}$$

표 8.5: 주거 난방에 기여하는 내부 공급원의 일일 열에너지

source	heat per day(MJ)
lights	11
cooking	7
appliances	33
electronics	5
people	12
other	5
total	73

예제 8.5

(a) 2.8 m의 천장과 250 m^2를 가지는 필라델피아의 주거 공간에서 연간 요구되는 난방에 필요한 기준(J 단위로)을 구하라.

(b) 전기가 1 kWh당 0.11달러일 때 전기 난방시 (100% 사용) 연간 난방 비용을 계산하라.

(c) 기름이 1 L당 1.10달러일 때 기름 난방시 (효율이 85%일 때) 연간 난방 비용을 계산하라.

풀이

(a) 표 8.4에서 팔라델피아는 연간 2644 난방도일(°C)을 가지기 때문에 총 주거 난방에 필요한 기준은 도일(°C)당 67 kJ/m^3에서 부피 250 m^2 × 2.8 m = 700 m^3를 가지므로

$$67\ \text{kJ/m}^3 \times 700\ \text{m}^3 \times 2644 = 1.24 \times 10^{11}\ \text{J}$$

이다.

(b) 부록 III에서 난방 필요 기준은 J에서 kWh로 바꾸어 다음과 같이

$$(1.24 \times 10^{11}\ \text{J}) / (3.6 \times 10^6\ \text{J/kWh}) = 34{,}445\ \text{kWh}$$

구할 수 있다. kWh당 0.11달러에서 총 비용은 3789달러가 된다.

(c) 부록 V에서 크루드 기름 1 L당 에너지는 (주거 난방용 기름과 같다고 할 때) 3.85 × 10^7 J이다. 효율이 85%일 때 약 3.27 × 10^7 J/L이다. 따라서 1.24 x 10^{11} J로 난방에 필요한 기준은 다음과 같다.

$$(1.24 \times 10^{11}\ \text{J}) / (3.27 \times 10^7\ \text{J/L}) = 3792\ \text{L of oil.}$$

1 L당 1.10달러에서 비용은 3792 L × \$1.10/L = \$4171가 된다.

7 m × 10 m의 집열기가 이 난방 필요 기준을 충족시키며 예제에서는 집열기의 면적이 대략적으로 지붕의 면적과 같다.

예제 8.6

(a) 2.5 m의 천장과 230 m^2를 가지는 위니펙의 주거 공간에서 연간 요구되는 난방에 필요한 기준(J 단위로)을 구하라.

(b) 전기가 1 kWh당 0.11달러일 때 전기 난방시 (100% 사용) 연간 난방 비용을 계산하라.

(c) 기름이 1 L당 0.90달러일 때 기름 난방시 (난방효율 90%) 연간 난방 비용을 계산하라.

풀이

(a) 표 8.4에서 위니펙은 연간 5777난방도일을 가지기 때문에 총 주거 난방에 필요한 기준은 도일당 67 kJ/m^3에서 부피 230 m^2 × 2.5 m = 575 m^3를 가지므로

$$67000\ \text{J/m}^3 \times 575\ \text{m}^3 \times 5777 = 2.23 \times 10^{11}\ \text{J}$$

이다.

(b) 부록 III에서 난방 필요 기준은 J에서 kWh로 바꾸어 다음과 같이

$$\frac{2.23 \times 10^{11}\ \text{J}}{3.6 \times 10^{6}\ \text{J/kWh}} = 6.18 \times 10^{4}\ \text{kWh}.$$

1 kWh당 0.11달러에서 총 비용은 6800달러가 된다.

(c) 부록 IV에서 크루드 기름 1 L당 에너지는 (주거 난방용 기름과 같다고 할 때) 3.85×10^{7} J/L이다. 효율이 90%일 때 약 3.47×10^{7} J/L이다. 따라서 2.23×10^{11} J로 난방에 필요한 기준은 다음과 같다.

$$\frac{2.23 \times 10^{11}\ \text{J}}{3.47 \times 10^{7}\ \text{J/L}} = 6427\ \text{L of oil}.$$

1 L당 0.90달러에서 비용은 5784달러가 된다.

8.6 열 손실

계속해서 주거용 난방 시스템을 설계하는데 있어서 유용한 기본 법칙을 설명하도록 한다. 그러나 먼저 태양은 하루 24시간 동안 있는 것이 아니며 앞에서 사용된 일사량의 값은 평균값임을 잊지 말아야 한다. 사실 난방을 위해서 태양에너지를 사용할 때 문제가 되는 것은 가장 난방이 필요하지만 일조량이 가장 적은 겨울일 때이다. 그래서 낮 동안 모은 에너지를 밤 사이에 사용하기 위하여 저장을 해야만 한다. 또한 햇살이 가득한 날에 모은 에너지도 구름이 많은 날에 난방 하는 것을 돕기 위해서는 저장되어야 한다. 태양열 집열기(그림 8.6)에서 물을 끓임으로써 물에 열에너지가 전달되고 열전달이 차단된 탱크에 물을 저장함으로써 열에너지가 저장되거나 또는 다른 물질로 열이 전달된다. (그러한 시스템에 대한 설계는 17장에서 논의될 것이다. 그림 17.16을 참고하라) 물질에 저장된 열에너지의 양은 물질의 온도 및 질량 m, 그리고 열적 특성에 의한 함수가 된다. 만약 물질이 초기 온도 T_i에서 나중 온도 T_f로 차가워진다면 (상변환이 없다고 가정할 때) 잃은 열량은 다음과 같다.

$$Q = Cm(T_i - T_f), \tag{8.11}$$

여기에서 C는 재료에 따른 비열(specific heat)이다. 식(8.11)로부터 비열은 단위질량 · 단위온도 변화에 따른 물질의 열에너지양을 명백하게 나타내고 있다. 용적 열용량은 단위온도에서 단위부피당 물질이 저장하고 있는 열로 정의가 되는데 C에 밀도를 곱한 값에서 얻어진다. 표 8.6은 몇 가지 물질에서의 비열과 용적 열용량을 보여준다. 식(8.11)은 다음과 같이 다시 바꿀 수 있으며

표 8.6: 몇 가지 보통 물질에서의 비열과 용적 열용량

material	specific heat J/(kg · °C)	density kg/m^3	volumetric heat capacity kJ/(m^3 · °C)
water	4186	1000	4186
aluminum	895	2700	2416
iron	460	7855	3613
wood (pine)	2800	500	1400
stone (solid)	879	2560	2250
stone (loose)	879	~1500	~1300
brick	920	1800	1656
concrete	653	2300	1502
glass	837	2720	2277
sand	816	1600	1306

$$\Delta T = \frac{Q}{Cm} \tag{8.12}$$

열이 가해질 때 재료의 온도가 증가함을 보여준다. 식(8.12)에서 큰 비열을 가진 물질은 열이 가해질 때 상대적으로 온도가 작게 증가하고 반대로 작은 비열을 가진 물질은 상대적으로 온도가 크게 증가한다는 것을 알 수 있다. 반대로 말하면, 큰 비열을 가진 물질은 큰 온도 변화 없이 많은 양의 열을 잃을 수 있다.

표 8.6에 나와 있는 보통 물질들 중에 물은 단위무게와 단위부피당 열에너지 저장 능력이 모두 가장 크다는 것을 알 수 있다. 또한 독성이 없으며 상대적으로 반응성이 약하고 비싸지 않으며 액체 형태이기 때문에 열을 전달하는데 적합하다는 점에서 장점을 가진다. 태양 열에너지를 사용하는 공간 난방 시스템을 위해서는 겨울 동안 하루에 사용되는 양만큼 열에너지가 저장되어야 한다. 다음에 나오는 분석은 열에너지 저장 시스템을 유용하게 하기 위한 조건들을 설명할 것이다.

예제 8.7에서 계산된 1.09 GJ을 물 탱크에 저장하는 시스템을 설계하기 위해서는 물의 최고 온도 T_i와 1.09 GJ이 빠져나간 후의 물의 온도 T_f를 알 필요가 있다. 물의 질량은 식(8.12)에서 다음과 같이 다시 바꾸어서 구할 수 있다.

$$m = \frac{Q}{c\Delta T}. \tag{8.13}$$

탱크의 크기를 최소화하는 것은 T_i와 T_f를 최소화해야 함을 의미한다. 최고 온도는 태양열 집열판에 있는 물의 온도에 의해 제한된다. (태양열 집열기에 있는 물에서 저장탱크 물로 열을 전달하기 위해서) 최저 온도는 집 온도에 의해 제한된다. (난방 시스템에서 방으로 열을 전달하기 위해서) 비록 절대적인 최고 온도는 90°C, 최저 온도는 18°C가 될지 모르지만 열을 전달하는데 있어서 좋은 효율을 위해서는 T_i = 65°C, T_f = 30°C 사이에서 동작 온도가 있어야 한다.

예제 8.7

예제 8.6에서 겨울철 평균 일일 온도가 −10℃인 위니펙의 집을 난방하는데 필요한 열에너지 양을 계산하라.

풀이

하루 동안의 평균 −10°C에서 도일은 [18.3°C−(−10°C)] × 1 day = 28.3도일(°C)이다. 도일당 67 kJ/m^{3}의 575 m^{3}의 부피를 가진 집에서 총 에너지는 67000 J/m^3 × 575 m^3 × 28.3 = 1.09 × 10^9 J이다.

예제 8.8

만약 최고 온도가 65℃ 최저 온도가 30℃일 때, 1.09 GJ의 열에너지를 저장하기 위해 필요한 물의 질량과 부피를 계산하라.

풀이

식(8.13)에서

$$m = \frac{Q}{c\Delta T},$$

여기에서 $Q = 1.09 \times 10^9$ J이고 $\Delta T = (65^{\circ}\text{C} - 30^{\circ}\text{C}) = 35^{\circ}\text{C}$이다. 표 8.6에서 물의 용적 열용량 c = 4186 kJ/(m^3 · °C)이고 밀도가 10^3 kg/m^{3}이므로 다시 바꾸면 비열 C는 4186 J/(kg · °C)이다. 따라서 물의 질량은 다음과 같이 계산된다.

$$m = \frac{1.09 \times 10^9\ \text{J}}{(4186\ \text{J}/(\text{kg} \cdot {}^{\circ}\text{C})) \times (35^{\circ}\text{C})} = 7.4 \times 10^3\ \text{kg}.$$

물의 질량은 부피 7.4 m^{3}를 나타내며 이것은 한 면에 약 1.9 m인 정육면체 탱크에 저장될 수 있다.

8.7 수동형 태양열 난방

모든 건물은 태양복사에너지에 의해 어느 정도 데워진다. 그러나 건물의 설계와 위치는 이러한 점을 극대화 할 수 있다. 수동형 태양열 난방을 최적화하기 위해서는 궁극적으로 더 많은 열을 필요로 하지 않아야 한다. 그러므로 얻게 된 열과 잃게 된 열이 균형을 유지해야 한다. 수동형 태양열 난방을 최적화하기 위해서 설계된 집은 남향으로 된 큰 창문을 포함한다(그림 8.11). 그림 8.12는 겨울동안 수동형 태양열 난방을 극대화 하고 여름동안 초과된 난방을 최소화 할 수 있는 건물 설계 방법을 보여주고 있다.

거대한 석조 바닥은 24시간 동안 수동형 난방 효과가 낮동안 열을 흡수하고 (특히 어두운 색일 때) 밤동안 열을 재복사함으로써 나뉘어진다.

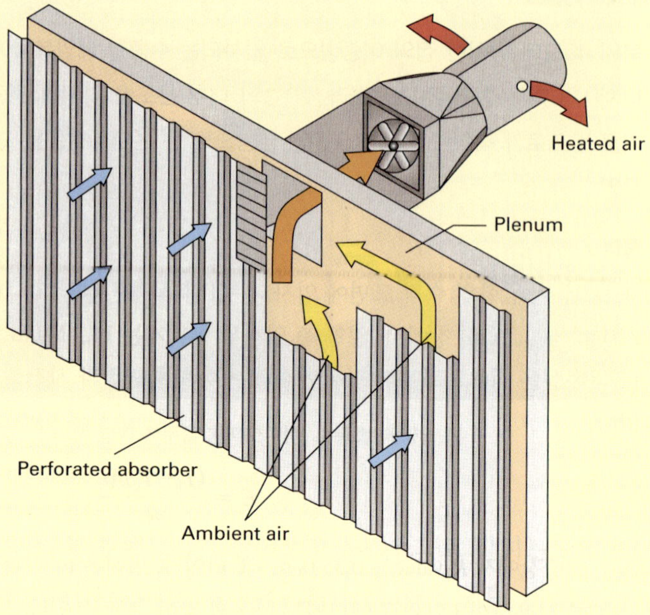

그림 8.13: 태양 기공 집열기의 구조

NREL, Solar Buildings, http://www.nrel.gov/docs/fy06osti/29913.pdf

통과하면서 가열된다. 집열기를 통해 공기를 흡입하는 그림에 표시된 팬은 건물의 환기 시스템의 구성 요소이거나 집열기와 관련된 추가 팬일 수 있다. 건물로 들어오는 공기는 주변 외기 온도와 비교하여 약 22°C까지 가열될 수 있으며 집열기는 건물에 추가 열을 연간 최대 2.7 GJ / m^2 제공할 수 있다. 환기 공기를 예열하면 건물의 난방 요구량이 줄어든다.

그림 8.14는 겨울과 여름에 발생한 태양 기공 집열기의 작동을 보여준다. 겨울에는 집열기에 의해 예열된 공기가 건물로 유입되어 난방 시스템의 부하가 줄어든다. 여름에는 환기된 공기가 배출된 집열기에 의해 가열되지 않고 공조 시스템으로 직접 유입된다. 태양 기공 집열기는 기술적 요구 사항을 충족하는 기존 건물에 새로 장착할 수 있다. 그것들은 많은 새로운 건물의 설계에 쉽게 통합되며, 이 경우 설치 비용은 정면 마감 표면의 비용 절감으로 부분적으로 상쇄된다. 원래 건물 설계에 통합된 일반적인 누적 태양열 수집기 설치는 그림 8.15에 나와 있다. 스포츠 센터의 지붕 표면에 개조된 태양 기공 집열기는 그림 8.16에 나와 있다.

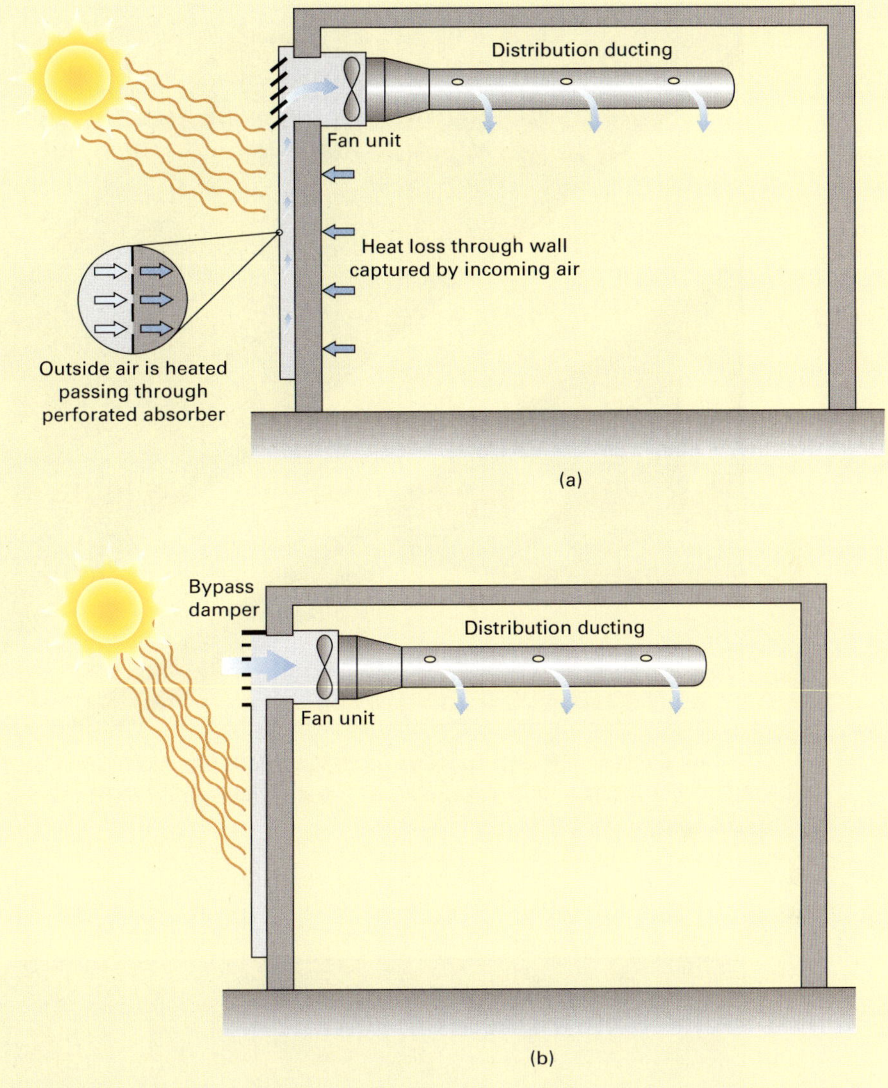

그림 8.14: 겨울(a)과 여름(b)에 태양 기공 집열기 작동

U.S. Department of Energy, Transpired Collectors (Solar Preheaters for Outdoor Ventilation Air), http://www1.eere.energy.gov/femp/pdfs/fta_trans_coll.pdf

그림 8.15: Dalhouse 대학교(Halifax, Nova Scotia, Canada)에 있는 Mona Campbell 건물의 남서쪽 벽에 설치된 태양 기공 집열기. 이 건물은 LEED Gold 인증을 받았다(ENERGY EXTRA 17.1 참조).

Richard A. Dunlap

그림 8.16: 스포츠타운(Darmouth, Nova Scotia)에 있는 태양 기공 집열기. 300 m^2 수집기는 건물 중앙 근처의 지붕의 어두운 부분이다.

Richard A. Dunlap

8.9 요약

이 장은 태양의 특성에 대해 살펴보았다. 태양에 의해 복사되는 총 에너지를 기반으로 평균 시간, 전 지역에서 지구 표면의 일사량이 168 W/m^{2}임을 알았다.

태양에너지를 난방 목적을 위해 어떻게 사용할 수 있는지를 논의하기 위하여 이 장에서는 3가지 열 전달 메커니즘을 살펴보았다: 전도, 대류, 복사. 물질의 단위면적당 전도에 의해 전달되는 에너지는 $P/A = \Delta T/R$으로 주어졌고 여기에서 ΔT는 온도 차이, R은 R-value 즉 열 전도도를 물질의 두께로 나눈 값이다. 절연 재료의 R-value는 벽, 창문 그리고 다른 건물의 구성 요소를 통해 열이 전달되는 것을 계산하기 편하게 하였다. 복사 열 전달은 스테판-볼츠만의 법칙으로 구했는데 에너지는 절대온도의 4승에 비례하였다.

평판 태양열 집열기는 태양에너지를 유체에 전달하여 건물의 공간 난방이나 온수를 필요로 하는 곳에 에너지를 전달하도록 한다. 태양열 집열기의 효율은 복사와 전도의 열에너지 메커니즘에 의해 결정이 되었는데 집열기로 열에너지를 전달하거나 집열기로부터 열에너지를 전달받는 것을 기본으로 한다.

이 장에서는 건물의 난방을 위해 필요한 기준을 바탕으로 태양열 난방의 유용성을 평가하였다. 난방을 목적으로 필요한 에너지는 건물의 크기와 그것의 구성 품질, 그리고 지역적인 기후에 의해 결정된다. 기후의 효과는 도일을 사용하여 수량화하였는데 여기에서 도일은 표준 내부 온도보다 외부 온도가 1도 낮은 날을 의미한다. 연간 난방에 필요한 기준은 일년 동안 합쳐진 도일의 수에 의해 결정된다. 이 장에서 설명된 것과 같이 한 가정이 공간 난방을 위해서 필요한 집열기는 지붕의 면적을 이용하는 정도로 충분하다.

일별, 계절별 태양의 주기적인 특성과 난방에 필요한 조건들의 다양성 때문에 태양에너지의 효율적인 사용을 위해서는 열에너지 저장 방법이 필요하다. 이 장에서는 열용량 관점에서 열저장을 위한 각 물질의 효용성과 저장 시스템과의 열전달 메커니즘을 논의하였다.

이 장에서는 창문을 통해 열을 얻고 잃는 과정 사이의 균형이라는 관점에서 수동형 태양열 난방의 효용성을 살펴보았다. 수동형 태양열 난방의 특징은 새로운 건물 설계, 특별한 설계를 이용한 적은 비용, 건물 위치 및 방향성과 결합될 수 있다.

연습문제

8.1 120°C의 표면온도를 가지는 높이 65 cm, 깊이 55 cm, 너비 85 cm의 나무난로에 의해 복사되는 에너지를 계산하라. 이 때 열은 모든 면에서 방출되고 난로의 복사율을 1로 가정하자. 나무난로는 높은 흡수를 위해서 표면이 검은색으로 페인트되어 있고 높은 흡수를 가진 물체는 역시 높은 복사율을 가진다는 것을 주목하라.

8.2 주거 난방용 기름과 천연가스의 현 시세와 주거용 전력 비용에 관한 정보를 찾아내라. 이때 기름은 85%, 전기는 100%의 효율을 가진다고 가정하여 만약 두 난방 시스템이 같은 총 에너지를 필요로 할 때 기름과 천연가스에 비해 전열의 상대적인 비용을 계산하라.

8.3 북위 40도에 위치한 집의 수직으로 남쪽을 향하는 창을 고려하라. 20°C의 내부 온도를 위해 외부 온도가 −30°C에서 10°C로 증가할 때 *R*-value의 최소값을 표로 나타내라. 여기에서 수동형 태양열 난방은 창문을 통한 열 손실을 초과하지 못한다.

8.4 일년 동안 지구 표면이 받는 전체 태양에너지를 연간 전 세계 총 에너지 필요 기준과 비교하여라.

8.5 *R*-value를 다음과 비교하라.
(a) 3 mm 두께의 유리 사이가 열적 접촉을 하고 있을 때
(b) 3 mm 두께의 유리 사이에 1 cm의 공기가 있을 때

8.6 한 변이 7 m의 길이를 가지는 정육면체 모양의 집이 있다고 가정하라. 이 집은 4면의 벽과 지붕으로부터 (바닥은 아닌) 열을 잃고 있다. 벽과 지붕의 평균 *R*-value는 R = 1.2이다(이것은 벽, 창문, 문 등을 모두 고려한 값이다). 도일(°C)당 열 손실을 MJ/m^{3}으로 계산하고 이것을 이 장에서 논의된 주거용 난방에 필요한 기준과 비교하라.

8.7 300 L(U.S.) 전기 온수 히터가 물을 끓이기 위하여 9000 W의 에너지를 사용한다. 만약 히터가 10°C의 초기 온도를 가진 물로 가득 차 있다면 물이 60°C가 될 때까지 얼마나 시간이 걸리는가? 여기에서 열 손실은 없다고 가정하라.

8.8 만약 동작온도가 T_c = 30°C, T_h = 80°C라면 1 GJ의 열을 저장하기 위하여 필요한 물, 콘크리트, 모래와 나무의 질량과 부피를 비교하라. 각 경우 2.5 m의 높이를 가진 정사각형의 저장 단위의 한쪽 길이를 구하라.

8.9 측면이 8 m이고 창문이 없는 입방체로 추정되는 집을 생각해 보자. 집은 네 벽과 지붕에서 열을 잃는다. 내부 온도가 20°C이고 외부 온도가 –20°C인 경우, 총 열 손실을 5 kW 미만으로 유지하는 것이 바람직하다. 벽들과 지붕에 필요한 최소 R_{SI} 값은 무엇입니까?

8.10 직경 1.5 m, 높이 2.5 m의 원통형 물탱크가 R_{SI}가 3인 단열재로 양쪽 끝과 측면이 둘러싸여 있다. 주변 온도가 20°C인 경우, 물을 80°C로 유지하는 것이 바람직하다. 탱크 내부에 배치해야 하는 전기 히터의 최소 전력량은 얼마인가?

8.11 Anchorage, AK의 월별 평균 온도가 아래 표에 나와 있다. 연간 난방도일들을 계산하고 그 결과들을 표 8.4의 정보와 비교하여라.

month	average temperature (°C)
January	−8.5
February	−6.5
March	−4.0
April	+2.5
May	+8.5
June	+12.5
July	+15.0
August	+13.5
September	+9.0
October	+1.0
November	−5.5
December	−7.5

8.12 (a) 한쪽 끝의 온도가 0°C 다른 한쪽 끝의 온도가 20°C인 길이 1 m, 직경 10 cm의 철 막대를 통해 전달되는 전력을 계산하여라.

(b) 막대의 직경을 줄임으로써 막대를 통해 전달되는 전력을 4 W로 감소시키는 것이 바람직하다. 새로운 지름은 얼마가 되어야 하는가?

8.13 높이 7.0 m이고 8.5 m × 12.0 m 크기의 ME의 포틀랜드에 있는 2층 주택은 전기 난방을 한다. 전기 비용은 kWh당 0.11이다. 연간 난방비를 추정하여라.

8.14 어떤 집이 kWh당 $0.10의 비용으로 전기 난방을 한다. 건물에는 R_{SI} 값이 0.4인 20 m^2의 이중 유리창이 있다. 6개월 동안 밤에 (즉, 하루 12 시간 동안) 10 cm의 폴리스티렌 폼으로 창문을 덮는 메커니즘으로 건축이 되어 있다. 외부 온도가 0°C로 일정하고 내부 온도가 20°C로 유지되는 경우 이러한 방식으로부터의 연간 절감액을 계산하여라.

8.15 어떤 나무 난로의 총 표면적은 1.5 m^2이며 1.0 kW의 전력을 방출한다. 방사율 함수로 °C의 표면 온도를 도시화하여라.

8.16 R_{SI} 값이 0.18인 창문은 300 W/m^2의 일사량을 받는다. 건물 내부가 20°C인 경우 수동 태양 난방으로 효과를 볼 수 있는 최소 외부 온도는 얼마인가?

8.17 이떤 벽이 15 cm 층의 폴리스티렌 폼으로 분리된 3.0 cm의 외부 목재와 2.0 cm의 내부 목재로 구성된다. 내부가 19°C로 유지되면 벽을 통한 열 손실이 10 W/m^2일 경우의 외부 온도를 계산하여라.

8.18 PA주 Allen타운에 있는 주택 소유자는 (연중 평균) 1 kW의 전기 열을 대체하는 60° 남향 태양열 집열기를 설치한다(공공 시설에서 kWh당 $ 0.11로 구입). 주택 소유자는 집열기와 태양열의 수직 정렬을 유지하기 위해 추적 메커니즘 추가를 고려하고 있다. 업그레이드에 대한 투자회수기간이 5년으로 예상되는 경우, 주택 소유자는 추적 장치에 대해 무엇을 기꺼이 지불해야 하는가? 이 계획에 대한 의견을 주세요.

8.19 한 주택 소유자는 Minneapolis에서 3.2 m 높이의 천장을 가진 280 m^2 크기의 전기 난방 주택을 판매하고 샌프란시스코에서 동일한 주택을 구입한다. 연간 난방 비용의 예상 절감효과를 추정하세요.

8.20 어떤 가정에서 수동 태양에너지를 저장하기 위해 콘크리트 바닥을 사용한다. 낮에 바닥이 40°C로 가열되고 밤에 20°C로 냉각되는 경우 바닥 면적이 150 m^2이라면 예제 8.7을 이용하여 에너지양을 저장하기 위해 필요한 콘크리트의 두께를 계산하여라.

참고문헌

B. Anderson. *Solar Energy: Fundamentals in Building Design.* McGraw-Hill, New York (1977).

B. Anderson and M. Riorden, *The New Solar Home Book* (2nd ed.). Brick House Publishing, Andover, MA (1996).

B. Anderson and M. Wells. *Passive Solar Energy: The Homeowner's Guide to Natural Heating and Cooling* (2nd ed.). Brick House Publishing, Andover, MA (1996).

A. K. Athienitis and M. Santamouris. *Thermal Analysis and Design of Passive Solar Buildings.* James & James, London (2002).

G. Boyle (Ed.). *Renewable Energy.* Oxford University Press, Oxford (2004).

D. Chiras. *The Solar House: Passive Heating and Cooling* Chelsea. Green Publishing, White River Junction, VT (2002).

J. A. Duffie and W. A. Beckman. *Solar Engineering of Thermal Processes* Wiley, Hoboken, NJ (2006).

J. Fanchi. *Energy: Technology and Directions for the Future.* Elsevier, Amsterdam (2004).

F. A. Farret and M. Godoy Simões. *Integration of Alternative Sources of Energy.* Wiley, Hoboken (2006).

D. Y. Goswami, F. Kreith, and J. F. Kreider. *Principles of Solar Engineering* (2nd ed.). Taylor & Francis, New York (2000).

D. Hawkes and W. Forster. *Energy Efficient Building: Architecture, Engineering and Environment.* W. W. Norton, New York (2002).

R. Hinrichs and M. Kleinbach. *Energy: Its Use and the Environment* (5th ed.). Brooks-Cole, Belmont, CA (2012).

R. W. Jones, J. D. Balcomb, C. E. Kosiewicz, et al. *Passive Solar Design Handbook, Volume Three: Passive Solar Design Analysis,* NTIS, U.S. Dept. of Commerce, Washington, DC (1982).

M. Kaltschmitt, W. Streicher, and A. Wiese (Eds.). *Renewable Energy: Technology, Economics and Environment.* Springer, Berlin (2007).

J. A. Kraushaar and R. A. Ristinen. *Energy and Problems of a Technical Society* (2nd ed.). Wiley, New York (1993).

F. Kreith and J. F. Kreider. *Principles of Solar Engineering.* McGraw-Hill, New York (1978).

F. Kreith and R. West. *Handbook of Energy Efficiency.* CRC Press, Boca Raton (1997).

G. Lof. *Active Solar Systems.* MIT Press, Cambridge, MA (1993).

P. J. Lunde. *Solar Thermal Engineering.* Wiley, New York (1980).

E. Mazria. *The Passive Solar Energy Book.* Rodale Press, Emmaus, PA (1979).

B. Norton. *Solar Energy Thermal Technology.* Springer-Verlag, London (1992).

T. Reddy. *The Design and Sizing of Active Solar Thermal Systems.* Clarendon Press, Oxford (1987).

S. Weider. *An Introduction to Solar Energy for Scientists and Engineers.* Kreiger Publishing, Melbourne (1992).

CHAPTER 9

태양에너지로부터의 전력

학습목표: 제9장을 학습한 후 다음 내용을 이해할 수 있다.

- 태양에너지로부터 열기관을 통한 전력 생산
- 반도체 물질의 기본적인 물리 법칙과 n형, p형 물질의 특성
- 반도체 접합 소자의 구조
- 반도체 접합에서의 광자들의 상호작용을 통한 전력 생산
- 태양광 소자의 민감도와 효율
- 전력 생산을 위한 태양광 소자의 전 세계적인 적용
- 태양에너지의 유용성과 그것의 이용에 대한 경제적 상업성

9.1 서론

이전 장에서는 태양에너지 자원의 정도를 소개하였다. 그러나 태양에너지로부터 얻게 되는 열에너지를 이용하는 활용방법은 주거용 공간 난방에 가장 적합하다. 태양에너지를 전기로 변환하는 것은 지역적인 주거 목적외에도 넓은 범위에서 에너지 분배를 가능하게 한다. 태양에너지를 전기로 변환하는데는 두 가지 방법으로 접근이 가능한데 첫 번째는 태양 복사를 열로 변환하고 그 변환된 열을 열기관을 통해서 기계적인 에너지로 바꾼 후에 모터를 이용하여 전기를 생산하는 방법이다. 두 번째는 태양광 소자를 통해 복사에서 전기에너지로 직접 변환하는 것이 있다. 이 장에서는 이 두 방법에 대해 논의하고자 한다.

9.2 태양광 전력 발전

태양에너지로부터 전기를 생산하는 비교적 간단한 (적어도 개념상으로) 방법은 열기관을 통하여 태양 집열기에서 생겨난 열을 사용하는 것이다. 이것은 물을 끓는점보다 높은 온도로 가열하여 증기를 생산하고 그것으로 증기 터빈을 돌려서 가장 쉽게 이룰 수 있다. 이러한 목적을 위해 초점 집열기가 필요하다. 평판집열기의 경우 끓는점 이상의 온도를 달성하

기 어려워 적합하지 않다. 과거로부터 넓은 면적에서의 초점 집열기를 설계하기 위한 여러 방법이 연구되어 왔다. 가장 주목할 부분은 다음과 같다.

- 포물선 통
- 포물선 접시
- 중앙 수신기

이 세 장치에 대해 간단히 살펴보도록 한다.

9.2a 포물선 통

포물선 통 집열기(Parabolic trough collectors, PTC)는 포물선 통의 초점에 위치한 파이프를 통해 흐르는 유체를 가열한다(그림 9.1). 포물선 통은 태양의 위치에 따라 회전이 가능한데 유체가 이동하는 파이프에 태양복사가 집중될 수 있도록 한다. 이러한 배치에서 유체는 보통 기름이며, 가열된 기름은 열교환기를 통해 열에너지를 물로 전달하여 증기를 생성한다. 태양에너지를 전기에너지로 변환하는 전체 효율은 고온 및 저온 저장조 온도에 따른 카르노효율에 의해 제한된다. 가장 큰 포물선 태양열 집열 프로젝트는 캘리포니아의 Mojave 사막에 위치하고 있으며 최대 정격 용량은 354 MW_e이다. 전 세계적으로 수많은 통 집열기 시스템이 건설되었으며, 표 9.1에 주요 운영 시설이 나와 있다. 표로 나타낸 것과 같이 이 분야의 많은 활동이 미국 남서부와 스페인에서 일어났다.

9.2b 포물선 접시

포물선 통 구조의 다른 대안은 바로 포물선 접시 구조이다(그림 9.2). 단위는 개별 포물선 접시들 또는 접시의 어레이가 된다. 포물선 통의 선초점 대신에 포물선 접시는 점초점을 가

그림 9.1: 캘리포니아 주 크레이머 정션의 포물선 통 태양 집열기

RGB Ventures/SuperStock/Alamy Stock Photo

그림 9.2: 아리조나 주 피오리아(Peoria)에 있는 마리코파 태양 프로젝트(Maricopa Solar Project)의 포물선 접시 태양 집열기 어레이. 시설은 전체 60개의 포물선 접시를 가진다.

Brian Green/Alamy Stock Photo

표 9.1: 2016년을 기준으로 운영되고 있는 주요 포물선 통 태양광 프로젝트(≥ 150 MW_e).

name	location	maximum capacity (MW_e)
Solar Energy Generating Station (SEGS)	Mojave Desert, California	354
Mojave Solar Project	Harper Dry Lake, California	280
Solana Generating Station	Gila Bend, Arizona	280
Genesis Solar Energy Project	Blythe, California	250
Solaben Solar Power Station	Logrosán, Spain	200
NOOR 1	Ouarzazate, Morocco	170
Andasol 1	Andalusia, Spain	150
Extresol	Torre de Miguel Sesmero, Spain	150
Solnova Solar Power Station	Sanlúcar la Mayor, Spain	150

그림 9.3: 아리조나 주 피오리아에 있는 마리코파 태양 프로젝트의 포물선 접시 태양 집열기, 열에너지를 기계적 에너지로 바꾸기 위하여 스털링 엔진을 사용했다.
DOE Photo/Alamy Stock Photo

진다. 이것들을 집열기를 추적하고 두 개의 다른 방법 중에 한 가지를 이용하여 태양에너지를 전기에너지로 변환한다. 조지아 주의 섀넌도어(Shenandoah)의 태양 총 에너지 프로젝트(The Solar Total Energy Project, STEP)는 물을 가열하고 증기를 생산하여 기존의 발전기를 통해서 전력을 생산한다. 그러나, 이 시설은 더이상 운영되지 않는다. 또 다른 방법은 스털링 엔진(Stirling engine)을 이용하여 태양복사에너지의 흡수로 발생한 뜨거운 가스의 에너지를 기계적 에너지로 직접 변환하는 것이다. 그림 9.2와 9.3은 아리조나 주 피오리아(Peoria)에 있는 마리코파 태양 프로젝트(Maricopa Solar Project)의 포물선 접시 태양 집열기 어레이 기반의 스털링 엔진을 보여준다. 이 시스템에서 효율은 약 26%이고 그 효율은 카르노 효율에 의해 주로 제한된다.

예제 9.1

그림 9.3에 나와 있는 10 m의 반경을 가진 포물선 접시에서 5 cm의 반경의 초점 면적에 입사되는 단위면적당 평균 에너지를 계산하라. 맑은 날 정오 일사량은 650 W/m^{2}으로 가정한다.

풀이

10 m 반경 접시의 면적은 다음과 같다.

$$\frac{\pi(10\ \mathrm{m})^2}{4} = 78.5\ \mathrm{m}^2,$$

전체 일사량은 다음과 같이 주어지는데

$$(78.5\ \text{m}) \times (650\ \text{W/m}^2) = 51\ \text{kW}.$$

만약 이것이 다음과 같은 면적에 집중되면

$$\frac{\pi(0.05\ \text{m})^2}{4} = 1.96 \times 10^{-3}\ \text{m}^2,$$

단위면적당 에너지는 다음과 같다.

$$\frac{51\ \text{kW}}{1.96 \times 10^{-3}\text{m}^2} = 26\ \text{MW/m}^2.$$

9.2c 중앙 수신기

열기관을 통해 태양에너지를 전기로 변환하는 다른 방법은 중앙 수신기에 의한 방법이다. 이것은 하나의 큰 포물선 접시와 유사한데 다만 포물선 접시는 컴퓨터가 제어하는 거울의 평면 어레이와 대체된다. 이 거울은 태양을 추적하고 한 점으로 태양광을 반사한다. 개별 거울을 일광 반사 장치(heliostat)라고 하고 중앙수신기는 소위 전력 타워에 들어 있다. 이 타입의 초기 설계의 한 예는 1982년부터 1986년 사이에 운영된 캘리포니아 주의 Solar One 이다. 이것은 후에 Solar Two로 다시 설계되었다(그림 9.4와 9.5). Solar Two는 1995년부터 1999년까지 운영되었고 10 MW_e 정격출력을 달성했다. 타워 정상의 초점을 통해 순환되는

그림 9.4: 캘리포니아 주 대거트(Daggett)의 Solar Two. 약 90 m 높이의 중앙 타워에 의해 스케일이 결정된다.

Aerial Archives/Alamy Stock Photo

그림 9.5: Solar Two의 일광 반사 장치(heliostat), 전력 타워(Solar Power Tower)가 거울에 비쳐지고 있다.

DOE Photo/Alamy Stock Photo

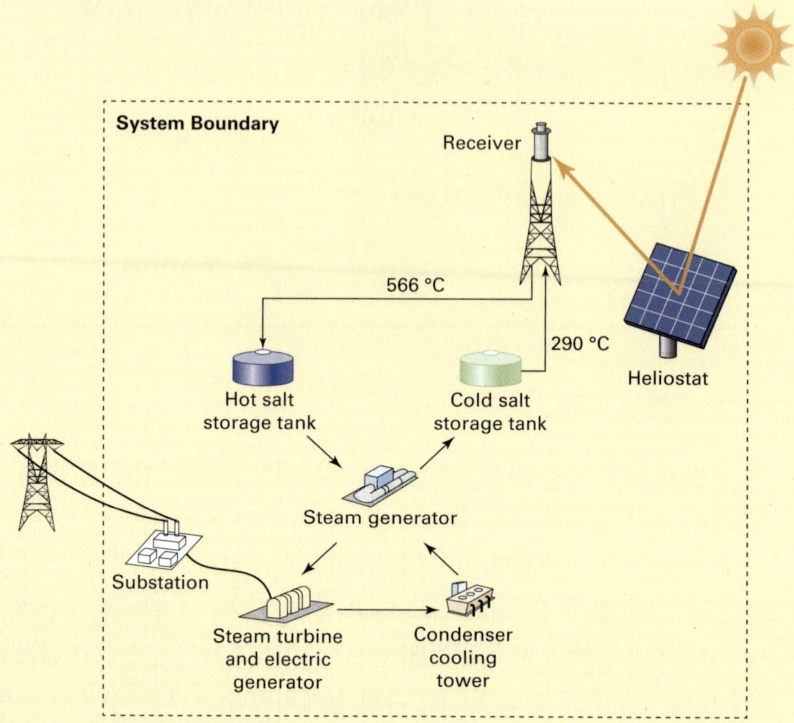

그림 9.6: Solar Two 동작을 보여주는 개략도

U.S. Department of Energy

유체는 증기를 만들기 위해 사용되고 이것은 터빈이나 발전기를 돌려서 전기를 직접적으로 생산하거나 추후 사용을 위해 열에너지로 저장한다(그림 9.6). Solar One은 열 저장을 위해 기름을 사용하였고 Solar Two는 용융염을 사용하였다.

중앙 수신기 시스템의 최근 예로는 스페인의 PS10 및 PS20 시설들이 포함된다(그림 9.7). 11 MW_e 등급의 PS10은 2007년에 가동되었고, 20 MW_e 등급인 PS20은 2009년에 가동되었다. 두 시설 모두 현재 운영되고 있다.

현재 가장 큰 중앙 수신기 태양광 발전소는 캘리포니아 모하비 사막의 Clark Mountain 기슭에 위치한 Ivanpah 태양광 발전소로, 2014년에 가동되었다. 이 시설은 3개의 중앙 타워 수신기(그림 9.8)와 총 표면적이 2.44 km^2인 173,500개의 일광반사장치로 구성되어 있다. 세 장치의 총 용량은 377 MW_e이다.

9.2d 태양 연못들

태양 연못은 자연 또는 인공 해수 연못으로, 태양 복사 흡수로부터 열에너지를 저장하는 수단을 제공한다. 밀도가 높은 고염도 물은 바닥으로 가라 앉히고 밀도가 낮은 저염도 물은 맨 위에 떠 있게 하는 곳인 연못에서 소금은 자연적인 수직 구배를 형성한다. 총 염 함량

그림 9.7: 스페인 Andalusia의 Seville 근처 Sanlúcar la Mayor의 11 MW_e(전경)급 PS10과 20 MW_e(후경)급 PS20

그림 9.8: 캘리포니아 Mojave 사막의 Ivanpah 태양광 발전소의 3개의 집열 타워들

은 연못의 바닥 근처의 염 용액이 포화되도록 조정된다.

연못에 햇빛이 들어올 때, 햇빛은 물을 통과하고 바닥에 흡수되어 열에너지로 전환된다. 이 열에너지는 물의 하층을 가열한다. 보통 연못 바닥에서 가열된 물 영역은 상승할 것이며(따뜻한 물은 밀도가 낮기 때문에) 더 염도가 높은 물이 염분이 적은 물과 혼합되는 대류 전류를 형성한다. 그러나, 연못의 바닥 영역은 포화 염 용액이기 때문에 염분 구배가 없으며, 이는 상부 층과의 대류 혼합을 방지한다. 이 기능은 연못의 하부에 열을 가두어 연못의 하부와 상부 층 사이에 온도차를 만드는데, 여기서 하부는 일반적으로 최고 90°C의 온도에 도달할 수 있고 상부는 30°C에 도달할 수 있다. 연못의 바닥 영역에 포함된 열에너지는 직접 열원으로 사용될 수 있지만, 연못의 하부와 상부 사이의 온도 차이는 열 엔진을 작동시키고 전기를 생성하는 데 사용될 수 있다. 온수가 터빈을 직접 작동시키기 위한 증기를 생성하기 위해 끓는 것은 아니지만 열교환기(그림 9.9)는 터빈/발전기를 구동하는 데 사용할 수 있는 적절한 위상 다이어그램을 통해 온수의 열에너지를 작동 유체로 전달할 수 있다. 차가운 지표수는 그림과 같이 열 엔진의 저온 저장소 역할을 한다.

전 세계에 수많은 실험용 태양 연못이 건설되었다. 지금까지 가장 큰 태양 연못은 1980년대 이스라엘의 Beit HaArava에서 운영되었다. 면적은 약 0.2 km^2이며 전기 출력은 5 MW_e이다. 1987년 이래 텍사스 El Paso에서 실험중인 태양열 연못(그림 9.10)이 운영되고 있다. 면적은 3,200 m^2이며 태양열 연못 기술을 개선하기 위한 실험 시설로 사용되어 왔다.

태양 복사로부터 전기를 생산하는 이 방법의 한 가지 장점은 연못에 있는 물의 큰 열 질량이 맑은 날과 흐린 날 사이, 낮과 밤 사이의 변동을 균일하게 한다는 것이다. 다른 한편으로, 열 저장소와 저온 저장소 사이의 온도 차이가 비교적 적다는 것은 (대부분의 열 생성 방식과 비교했을 때) 열역학적 효율이 낮다는 것을 의미한다. 태양 연못은 간단한 기술이 요구되며 낮은 인프라와 운영 비용 때문에 개발 도상국들이 특히 많은 관심을 갖고 있다.

전력 생산을 위한 염도 구배 사용에 대한 다른 접근법은 14장에서 논의된다.

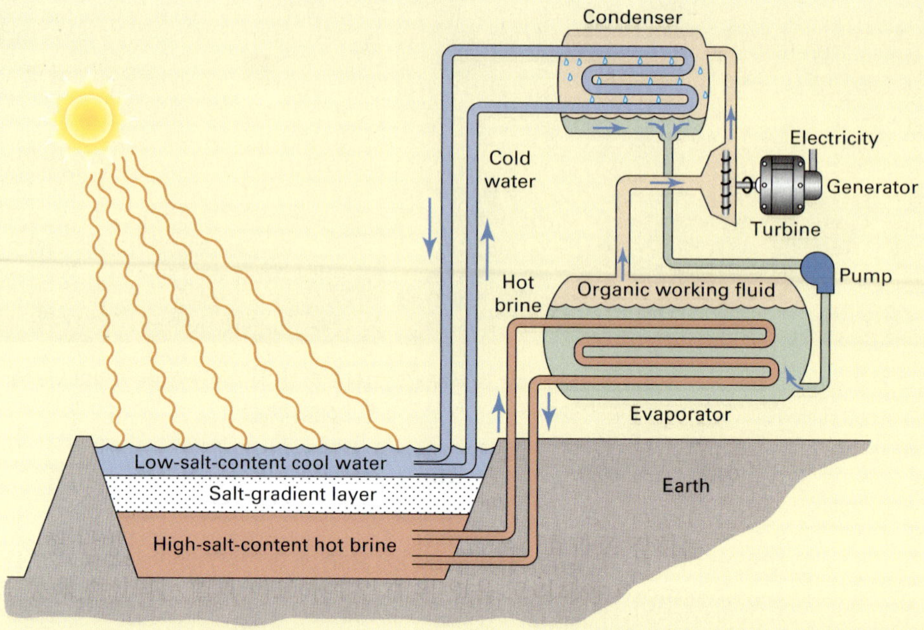

그림 9.9: 태양 연못을 이용한 발전 방법

Based on Quora, How does a solar pond work?, https://www.quora.com/How-does-a-solar-pond-work

그림 9.10: El Paso 태양 연못

Huanmin Lu, Andrew H. P. Swift, Herbert D. Hein and John C. Walton "Advancements in Salinity Gradient Solar Pond Technology Based on Sixteen Years of Operational Experience" J. Sol. Energy Eng 126 (2004) 759–767 doi:10.1115/1.1667977. Courtesy Herbert D. Hein, Jr.

ENERGY EXTRA 9.1
태양 업드래프트 타워

태양 업드래프트 타워는 태양에너지를 활용하는 흥미로운 방법이다. 이 개념은 1903년 스페인 군대의 대령인 Isidoro Cabanyes에 의해 처음 제안되었다. 일반적인 설계는 다이어그램에 설명되어 있다. 그림과 같이 지상에서 몇 미터 떨어진 곳에 투명 시트를 매달아 큰 온실을 만든다. 태양은 캐노피 아래의 공기를 가열한다. 캐노피는 터빈 세트와 높은 굴뚝 또는 탑을 통해 끌어온다. 공기는 대기에서 높은 위치에 있는 공기보다 밀도가 낮기 때문에(따뜻하기 때문에) 굴뚝을 통해 상승한다(그림 4.6 참조). 굴뚝 효과 또는 스택 효과라고 하는 이 현상은 오랫동안 알려져 왔다. 이 효과는 대략 다음과 같이 터빈을 통해 공기를 구동하는 압력 차, ΔP에 의해 정량화 될 수 있다.

$$\Delta P = Cah\left[\frac{1}{T_{out}} - \frac{1}{T_{in}}\right],$$

여기서 a는 대기압, h는 굴뚝의 높이, T_{out}은 캐노피의 외부 온도, 그리고 T_{in}은 캐노피의 내부 온도이다. SI 단위의 상수 a 값은 0.0342 K/m이다. 이 표현은 높이가 높은 굴뚝의 필요성과 내부와 외부의 온도 차이를 최적화하기 위한 효과적인 온실 효과를 강조한다.

태양 업드래프트 타워의 개념은 1982년 스페인에서 건축된 프로토 타입 장치에 의해 매우 성공적으로 입증되었다. 그것은 높이 195 m, 지름 10 m의 태양 타워로 구성되었다. 온실은 0.046 km^2의 면적을 차지한다. 이 타워는 3년간의 테스트 프로젝트로 설계되었지만 실제로는 지지선이 부식되어 1989년까지만 운영되었다. 집열기의 약 1 W/m^2에 해당하는 약 50 kW의 최대 전기 출력을 생성한다.168 W/m^2의 전 세계 평균 일사량과 비교할 때, 실험적인 태양 업드래프트 타워는 1% 미만의 효율을 달성했다.

낮은 효율은 일반적으로 태양 업드래프트 타워의 단점이다. 시뮬레이션 결과 최대 몇 %, 광전지의 15% 또는 그것보다 낮은 효율을 예상했다(9.3~9.5절 참조). 또한 인프라 비용이 높고 더 큰 장치가 경제적 관점에서 유리할 것으로 예상된다. 반면에, 업드래프트 타워는 비교적 간단한 기술을 이용하고 운영 비용은 낮을 것으로 예상된다.

태양에너지의 잠재적 문제는 광원의 간헐적인 본질 때문에 에너지 저장이 요구된다는 것이다. 태양열 업드래프트 타워의 경우 다이어그램에서 알 수 있듯이 열 저장장치를 사용하면 발전량을 상쇄할 수 있다. 물 저장장치 캐노피 아래의 땅을 덮는다. 낮에는 태양에너지가 캐노피 아래의 공기를 모두 가열하여 전기와 물을 생성한다. 밤

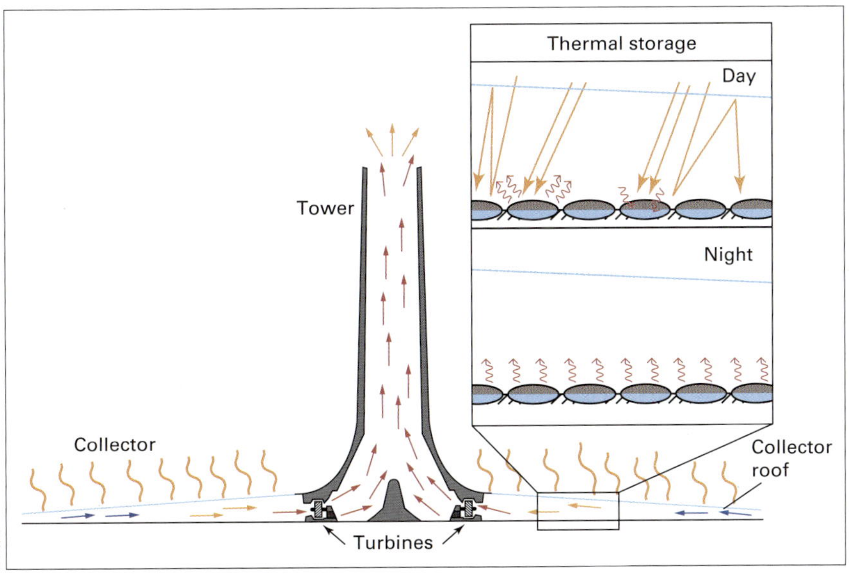

Based on Kilohn limahn, https://fr.wikipedia.org/wiki/Fichier:Sch%C3%A9ma_fonction-nel.jpg

태양 업드래프트 타워의 운영 개념

Courtesy of sbp

스페인 Manzanares의 실험용 태양 업드래프트 타워

에는 따뜻한 물이 더 차가운 대기로 열을 전달하여 터빈을 통해 공기를 끌어들이는 온도 차이를 제공한다. 이 접근법은 낮 동안 일사량의 변동을 고르게 한다.

토의 주제

최근의 한 연구에서 서호주에 200 MW_e 태양광 발전 플랜트를 건설할 가능성이 고려되었다. 굴뚝의 높이는 1 km이고 온실의 지름은 10 km이다. 예상 자본 비용은 약 167억 달러이다. 면적, 평균 일사량 및 정격 출력을 기준으로 장치의 효율성에 대해 논의하시오. 운영 비용이 최소인 경우, kWh당 전기 가격이 다른 재생 기술과 경쟁할 수 있도록 비용 복구 요소를 포함한 회수기간에 대해 논의하시오.

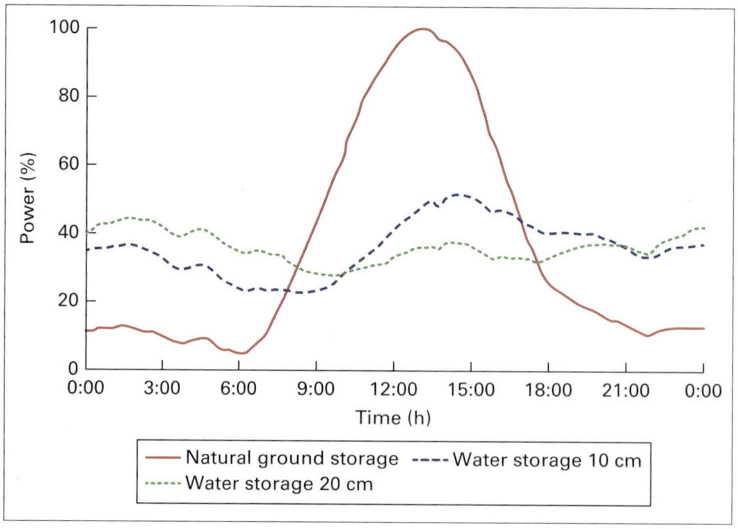

Based on Schlaich Bergermann Solar GmbH, Schwabstr. 43, 70197 Stuttgart info@sbp.de, http:\\www.solar-updraft-tower.com

Schlaich Bergermann Solar GmbH, Schwabstr. 43, 70197 Stuttgart

9.3 태양광 소자

열기관을 사용하여 태양광으로부터 전기를 생산하는 다른 방법은 태양광이다. 태양광 소자의 매력적인 점은 시계나 휴대용 계산기(그림 9.11)를 작동시키는데 적합한 밀리와트 소자들로부터 멀티 메가와트 설비(그림 9.12)에 이르기까지 광범위한 스케일에 걸쳐 이 기술을 적용할 수 있다는데 있다. 태양광 소자는 광이 반도체 물질의 전자와 상호작용을 함으로써 작동한다. 이것을 이해하기 위해서는 기본적인 반도체 물리학을 간략히 살펴보는 것에서 시작한다.

원자에 구속된 전자는 에너지 준위로 설명된다. 할로겐 원자에서 전자는 다음의 식과 같이 표현되는 에너지를 가진 양자화된 에너지 준위에 위치한다.

$$E = -\frac{me^4}{8\varepsilon_0^2 h^2 n^2}, \tag{9.1}$$

여기에서 e는 전자의 전하량, m은 전자의 질량, ε_0는 진공유전율, h는 플랑크상수, 그리고 n은 에너지 준위를 나타낸다. n 값이 증가하면 이에 상응하여 에너지가 증가한다[그림 9.13(a)]. 식(9.1)은 때때로 $E = -hcR/n^2$로 쓰여지며, 여기서 R은 Rydberg 상수(R = 1.097 $\times 10^7$ m^{-1})다. 많은 전자를 가지고 있는 원자 안에서 전자사이의 상호작용은 에너지 준위를 더 작은 준위로 나누게 된다[그림 9.13(b)]. 이 부준위는 그림에서 보여지는 것과 같이 s, p, d, f 등으로 표시되는데 이는 오비탈 각각의 운동량 값들에 해당한다. s 부준위에는 2개의 전자를, p 부준위에는 6개의 전자를, d 부준위에는 10개의 전자를, f 부준위에는 14개의 전자를 가질 수 있다. 실리콘은 14개의 전자를 가지는데 보통 가장 대표적인 반도체 물질이다. 실리콘의 가장 낮은 에너지 준위의 배치에서 전자들은 다음과 같이 표현될 수 있다.

$$1s^2 2s^2 2p^6 3s^2 3p^2 \tag{9.2}$$

그림 9.11: 휴대용 계산기 구동을 위해 사용되는 태양광 장치(모델 넘버위에 검은색 부분). 밝은 태양광으로 1.5 cm^2 셀에서 약 10 mW$_e$를 생산한다.

Richard A. Dunlap

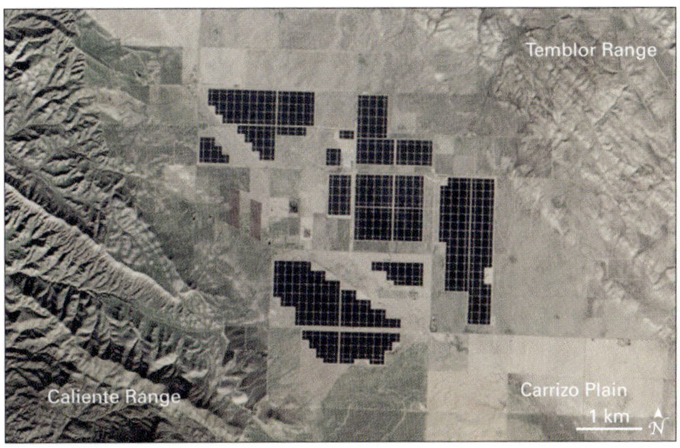

그림 9.12: 남캘리포니아 Carrizo Plain에서 25.6 km^{2}를 덮고 있는 550 MW$_e$ 태양광 발전 설비인 Topaz Solar Farm의 공간에서 촬영한 이미지. 이미지 오른쪽 하단의 거리 눈금을 참고하시오.

NASA

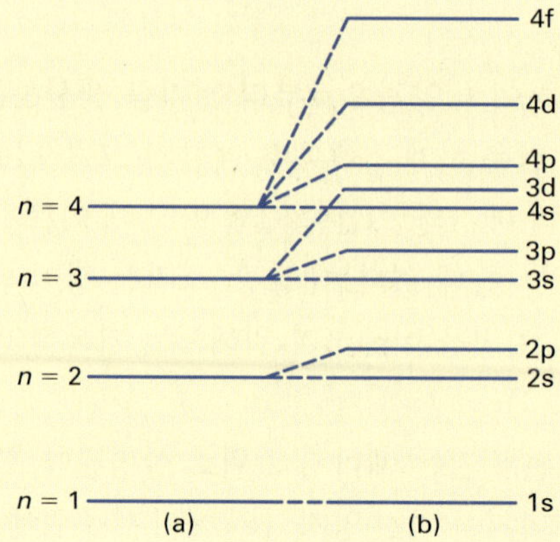

그림 9.13: (a) 수소의 에너지 준위 (b) 다수의 전자를 가진 원자의 에너지 준위

Based on R. A. Dunlap, An Introduction to the Physics of Nuclei and Particles, Brooks Cole, 2003.

여기에서 1s, 2s, 2p 등은 에너지 부준위를 나타내고 그 위에 표시된 숫자는 그 에너지 준위에서의 전자 수를 의미한다(그림 9.14). 3s에 있는 두 개의 전자와 3p에 있는 두 개의 전자는 다른 전자와는 같지 않게 실리콘 원자와 강하게 결합되지 못하는데 이것을 원자가 전자(valence electron)라 한다.

많은 수의 실리콘 원자들은 고체가 되면서 서로 결합하고 이 때 한 원자에 구속된 전자들과 또 다른 원자에 구속된 전자들이 서로 상호작용을 함으로써 에너지 준위가 작거나 때로는 조금 더 낮거나 조금 더 높게 변화하게 한다. 그러므로 에너지 준위는 서로 섞이면서 밴드(Band)가 형성된다(그림 9.15). 한 개의 실리콘 원자에서 1s 에너지 준위는 2개의 전자를 가질 수 있다. *N*개의 실리콘 원자를 포함하는 경우, 1s 밴드는 2*N*개의 전자를 가질 수 있다. 비슷하게 2s의 밴드는 2*N*개의 전자를 가지고 2p의 밴드는 6*N*개의 전자를 가질 수 있다. 고체 안에서의 상호작용은 역시 2p와 3p 밴드를 2*N*개의 전자를 포함할 수 있는 3개의 서브밴드로 나누게 된다. 그러므로 실리콘의 전자는 1s, 2s, 2p, 3s 그리고 3p의 3개의 서브밴드 중 첫 번째를 채우게 된다(그림 9.16). 3s 밴드에 있는 2*N*개의 전자와 3p 서브밴드 중 가장 에

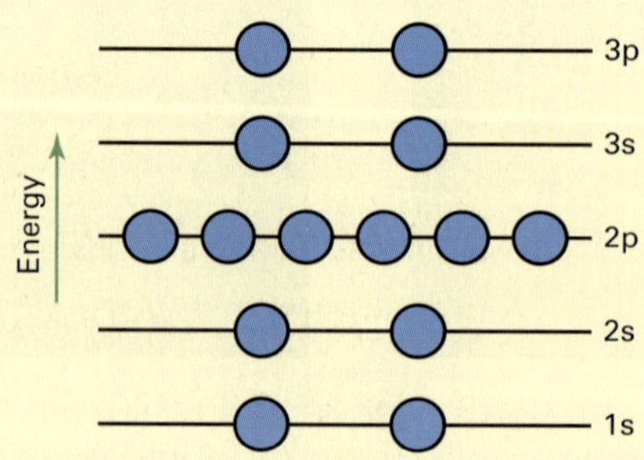

그림 9.14: 실리콘 원자에서 바닥 상태에 있는 전자의 에너지 준위. 원은 전자를 나타낸다.

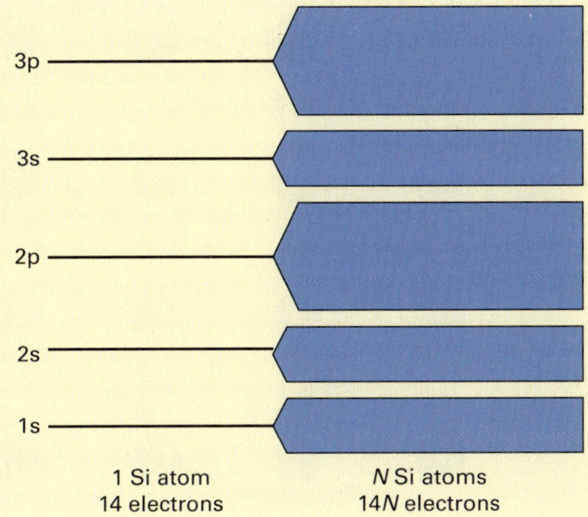

그림 9.15: *N*개의 실리콘 원자들에서 에너지 밴드

너지가 낮은 $2N$개의 전자들은 N개의 실리콘 원자를 포함하는 실리콘에서의 원자가 전자가 된다. 실리콘의 3p 두 번째 서브밴드는 소위 전도대(conduction band)라고 불리고 그림에서 보여지는 바와 같이 바닥상태에서 비어 있다(다시 말해 전자를 포함하지 않는다). 밴드 사이의 에너지 공간은 에너지 준위가 존재할 수 없는 곳으로 전자에 있어서는 금지된 에너지 영역이다. 이처럼 전도대와 가전도대(원자가 전자대) 사이의 금지된 에너지 공간은 에너지

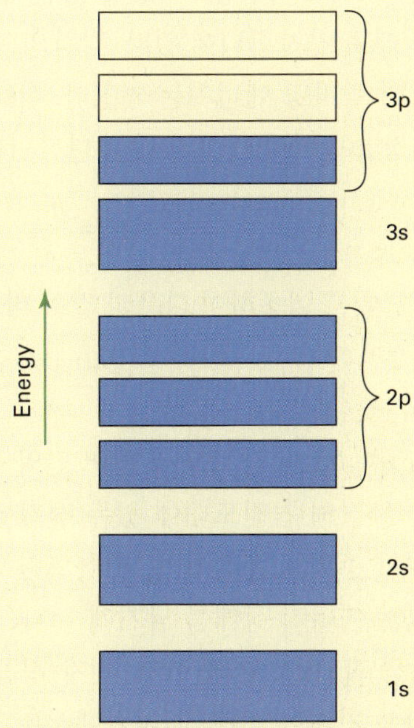

그림 9.16: 실리콘의 밴드 구조. 박스가 파란색으로 칠해진 것은 밴드가 전자로 채워져 있는 것을 나타내고 박스가 비어 있는 것은 밴드에 전자가 없는 것을 나타낸다.

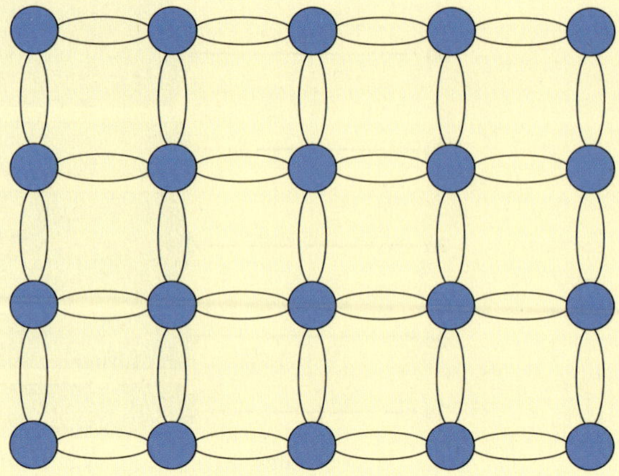

그림 9.17: 실리콘에서 결합을 나타내는 2차원적 그림. 원자 사이의 각 선들은 결합에 참여한 3s 또는 3p의 전자를 나타낸다.

갭(또는 밴드 갭)이라 하고 에너지 E_g 만큼에 상응하는 폭을 가진다. 에너지 갭의 크기는 주로 물질의 종류에 따라 달라진다. 실리콘의 경우 1.1 eV이다.

원자가 전자들은 고체 실리콘의 원자 사이의 결합에 기여하는데 그림 9.17은 실리콘 격자에서의 원자들의 대략적인 2차원적인 그림을 보여준다. 각 실리콘 원자는 네 개의 원자가 전자를 4개의 주변 원자들과 공유한다.

이제는 빛이 전자와 어떻게 상호작용을 하는지 설명할 수 있다. 1장에서 설명한 바와 같이 빛은 광자의 형태로 양자화되어 있다. 각각의 광자는 빛의 주파수에 따라 에너지를 가진다[주파수가 클수록 광자당 에너지는 커진다. 식(1.26)을 참고하라]. 식(1.25)로부터 광자당 에너지는 빛의 파장 λ에 따라 다음과 같이 나타난다.

$$E = \frac{hc}{\lambda}. \tag{9.3}$$

관습적으로 쓰는 단위를 이용하여 다음과 같이 바꿀 수 있다.

$$E = \frac{1240\ \text{eV}\cdot\text{nm}}{\lambda}, \tag{9.4}$$

여기에서 E는 eV, λ는 nm의 단위를 가진다. 만약 충분한 에너지를 가지는 광자가 실리콘에 입사되면, 그것은 물질의 가전도대에 있는 전자에 에너지를 전할 수 있게 되고 전자는 전도대에 있는 에너지 준위로 올라가게 된다(그림 9.18). 전자가 전도대로 여기하게 되면 가전도대에 비어 있는 에너지 상태를 남기게 된다. 이 비어 있는 상태는 유효한 양성 전하를 가지는데 이를 정공(홀, hole)이라 한다. 전자-정공 쌍을 생성하기 위해서는 광자가 에너지 갭보다 큰 에너지를 가져야 한다. 실리콘에서는 1.1 eV의 에너지 갭이 [식(9.4)에 따르면] 1130 nm의 파장에 해당한다. 그림 8.1에서 태양의 스펙트럼의 대부분은 (전체 가시광선을 포함하여) 이 조건을 만족한다는 것을 알 수 있다. 전자-정공 쌍의 생성을 보여주기 위하여

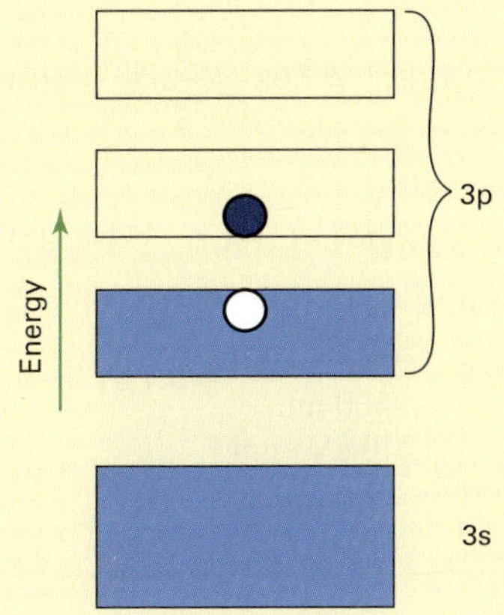

그림 9.18: 실리콘의 밴드 구조, 충분한 에너지를 가지는 광자의 흡수에 의하여 전자는 가전도대에서 전도대로 여기하게 되는 것을 보여준다.

격자의 단순화된 그림은 그림 9.19에 보여준다. 이 방법으로 형성된 전자는 어떤 특정 원자와도 결합되어 있지 않고 물질에서 자유롭게 움직일 수 있다. 비슷하게 정공은 재료에서 다른 실리콘 원자에 구속되지 않은 원자가 전자들 중 하나와 자리를 바꿈으로써 움직일 수 있게 된다. 만약 많은 수의 광자가 실리콘에 입사되고 많은 수의 전자-정공 쌍이 형성이 된다면 이러한 전자와 전공은 물질을 통해 움직일 수 있게 되고 이것은 전류를 구성한다. 이러한 방법으로 복사에서 광자와 연관된 에너지가 전기적 에너지로 변환할 수 있게 된다.

계속되는 설명은 태양전지를 만드는 방법인데 이것은 중요한 문제를 나타낸다. 전자가 음으로 대전된 것과 같이 정공은 양으로 유효하게 대전되며 물질에서 둘 다 움직일 수 있다. 다르게 대전된 전하는 서로 끌어당기고 결국 결합되어 서로 없어지게 된다. 이것을 재결합(recombination)이라고 하는데 전도대의 자유 전자가 에너지를 잃고 에너지 갭 아래로 떨어져서 가전도대의 정공을 채우면서 일어난다(그림 9.18). 그림 9.19는 전자가 깨진 결합

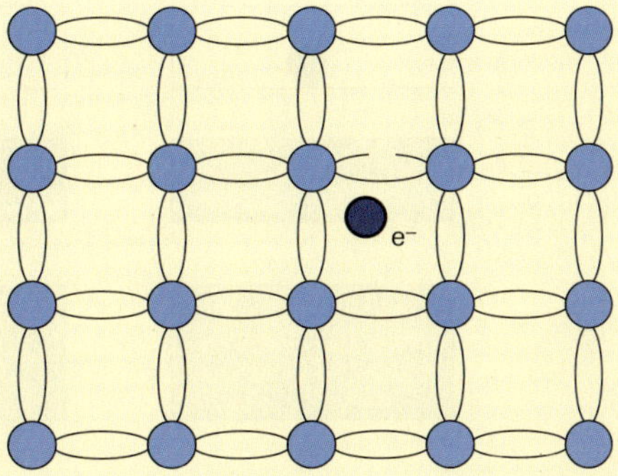

그림 9.19: 깨진 결합과 결과적으로 생겨난 전도대의 전자를 보여주는 실리콘 격자의 한 부분

예제 9.2

태양 스펙트럼의 가시광선 영역에 상응하는 광자의 에너지 영역을 구하라.

풀이

그림 8.1은 태양 스펙트럼의 가시광선 영역이 400 nm의 파장에서 700 nm 파장을 차지하는 것을 보여준다. 식(9.4)에서 이러한 파장은 다음과 같은 에너지에 상응하게 된다.

400 nm 파장의 경우 $\frac{1240 \text{ eV} \cdot \text{nm}}{400 \text{ nm}} = 3.1 \text{ eV}$로 가시광선 영역에서 보라색 끝에 있다.

700 nm 파장의 경우 $\frac{1240 \text{ eV} \cdot \text{nm}}{700 \text{ nm}} = 1.8 \text{ eV}$로 가시광선 영역에서 빨간색 끝에 있다.

을 채우고 자유 전자와 정공이 둘 다 사라지는 것을 격자 그림에서 보여준다.

태양전지의 설계는 재결합을 (가능한한 많이) 없애는 것을 요구한다. 어떻게 이것을 가능하게 할지를 이해하기 위해서는 반도체 재료의 불순물(impurity)의 효과를 고려해야 한다. 실리콘 격자에서의 불순물 인(phosphorus) 원자를 먼저 살펴보자. 인은 $1s^2 2s^2 2p^6 3s^2 3p^3$의 전자 배치로 15개의 전자를 가진다. 인 원자가 하나가 실리콘 원자와 대체되면, 인의 가전도대에 있는 3s의 2개 전자는 실리콘 원자의 가전도대에 있는 3s의 2개 전자와 자리를 바꾸게 된다. 인의 3p의 2개 전자 역시 실리콘의 3p의 2개 전자와 자리를 바꾸게 된다. 그러나 인의 3p에 한 개의 전자는 남게 된다. 실리콘 가전도대는 모두 채워졌기 때문에 남은 하나의 인의 전자를 위한 자리가 존재하지 않게 되고 그것은 전도대로 올라가게 된다[그림 9.20(a)]. 이 그림과 그림 9.18 사이의 차이는 가전도대에서 정공의 생성 없이 전도대에 전자가 생겨나는 것을 보여준다. 그림 9.21(a)는 이 상황을 설명하고 있는데 거기에서 인 원자는 그것의 편재된(localized) 원자가 전자 중 하나를 잃고 물질에서 자유롭게 움직일 수 있는

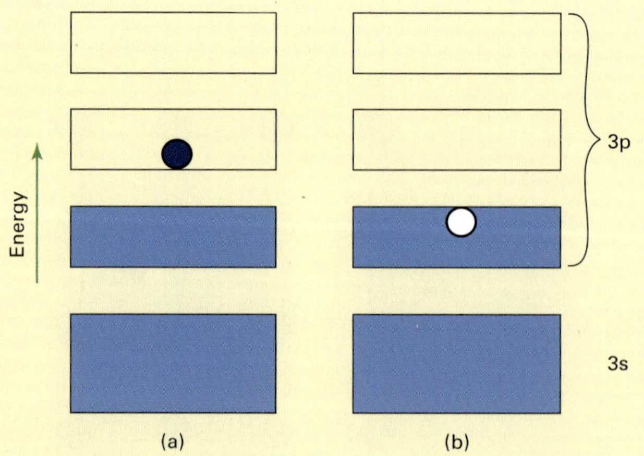

그림 9.20: (a) 전자를 제공하는 불순물과 (b) 전자를 받으려는 불순물이 있는 실리콘의 차 있는 전자 상태

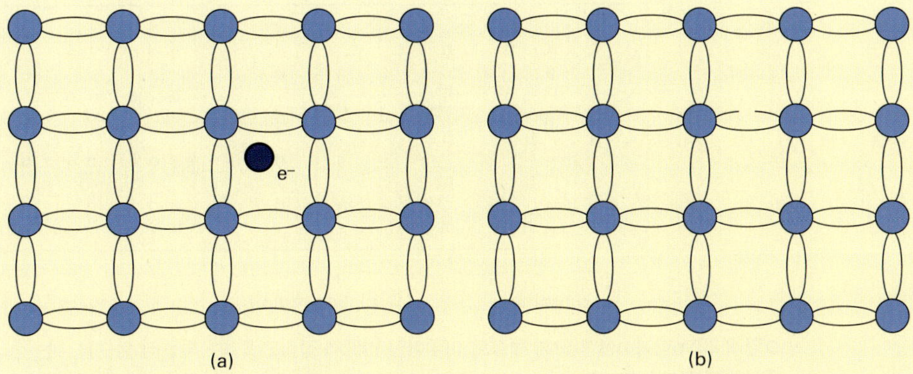

그림 9.21: (a) 전자를 제공하는 불순물로부터 생겨난 전자와 (b) 전자를 받으려는 불순물로부터 생겨난 정공을 보여주는 실리콘 격자의 한 부분

전자가 생겨난다. 이로 인하여 인 원자는 전자를 하나 잃게 되고 그에 상응하는 양전하를 띠게 된다(양성 인이온). 전체적으로는 처음에 중성이었던 원자들로 구성되기 때문에 이 물질은 전기적으로 중성이라는 것을 주목해야 한다. 그러나 순수한 실리콘과는 다르며 그것은 다른 음으로 대전된 전자는 물질에서 자유롭게 움직이는 반면 양으로 대전된 이온은 격자에서 그 위치가 고정된다. 인 원자는 도너(donor)가 되는데 그것은 전자를 잃거나 전도대에 전자를 제공하기 때문이다. 그리고 이 물질은 n형 반도체 물질로 불리는데 그것은 물질 안에 음으로 대전된 자유전자들이 존재하기 때문이다.

반대로 실리콘에서 알루미늄(aluminum) 불순물은 다르게 작용한다. 알루미늄은 $1s^2 2s^2 2p^6 3s^2 3p^1$의 전자 배치로 13개의 전자를 가진다. 그러므로 거기에는 3s 밴드와 3p의 첫 번째 가전도대를 채우지 못하는 전자가 생긴다. 부족한 전자는 전도대의 전자의 생성이 아닌 3p의 가전도대에 전공을 생성하게 된다. 이 상황[그림 9.20(b)]은 그림 9.18에서 보여지는 전자-정공쌍의 생성과는 대조적이다. 그림 9.21(b)는 결과적으로 실리콘 격자에서 깨진 결합과 연관된 정공의 생성을 보여준다. 일반적으로 이 정공은 실리콘 원자들 사이의 결합을 형성하는 편재된 전자들과 자리를 바꿈으로써 물질에서 자유롭게 움직일 수 있다. 정공의 이 움직임은 알루미늄 원자(음성 알루미늄 이온)가 추가된 전자와 결합되어 음이온이 되는 것을 의미한다. 마찬가지로 물질은 전기적으로 중성을 띠지만 자유롭게 움직일 수 있는 양성 정공과 고정된 음이온이 있다. 실리콘의 알루미늄은 억셉터가 되고 이 물질은 p형 반도체 물질로 불린다.

불순물이 들어 있는 반도체를 도핑된(doped) 반도체라고 하는데 반하여 불순물이 없는 순수한 반도체 물질은 진성(intrinsic) 반도체라고 한다. 사실 모든 반도체 소자들은 n형과 p형 물질의 조합으로부터 만들어진다. n형과 p형 물질들을 이용하여 만든 가장 간단한 구조가 반도체 접합(또는 다이오드)인데(그림 9.22) n형 물질은 p형 물질과 전기적으로 접촉해 있다. 그림 9.22는 이와 같은 다이오드 구조에서의 각 전하들(음으로 대전된 억셉터 이온들,

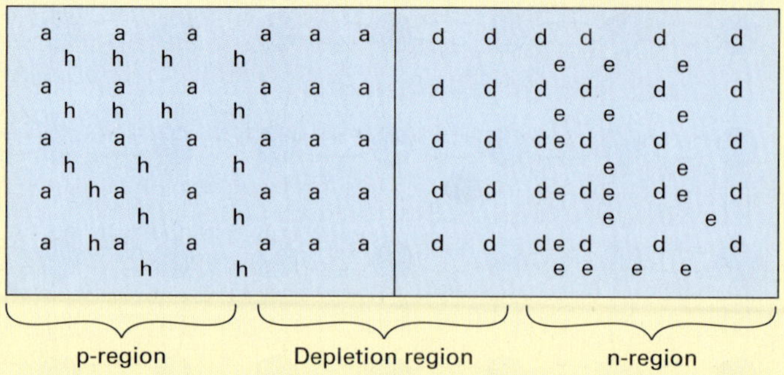

그림 9.22: p형과 n형 반도체 물질로 이루어진 반도체 접합으로 a는 억셉터 불순물, h는 정공, d는 도너 불순물, e는 전자를 나타낸다.

Based on R. A. Dunlap, Experimental Physics. Modern Methods. Oxford University Press Inc, 1988

양으로 대전된 도너 이온들, 음으로 대전된 전자, 양으로 대전된 정공)을 보여준다. 전기적으로 중성의 실리콘 원자는 보여지지 않는다. 대전된 전자와 정공은 자유롭게 움직일 수 있는 반면에 대전된 억셉터와 도너 이온들을 격자에 고정되어서 움직일 수 없다는 것을 기억하도록 한다. n형 물질에서 음으로 대전된 전자는 접합으로부터 멀어지려는 경향이 있는데 그것은 전자들이 반대쪽에 있는 음으로 대전된 억셉터 이온들에 의해 반발력에 의해 밀려가기 때문이다. 비슷하게 p형 물질에서의 양의 대전된 정공은 접합으로부터 멀어지려는 경향이 있는데 그것은 정공이 반대쪽에 있는 양으로 대전된 도너 이온들에 의해 반발력에 의해 밀려가기 때문이다. 그러므로 그림에서 보여지는 바와 같이 자유 전자와 정공이 존재하지 않는 접합 주변 영역[공핍 영역(depletion region)이라 불리는]이 생겨나게 된다.

만약 충분한 에너지를 가진 광자가 이 공핍 영역에 입사되면, 앞에서 순수한 실리콘에서 설명한 바와 같이 전자-전공 쌍이 생겨난다. 전자는 p형 물질에서 물러나서 n형 물질쪽으로 끌려갈 것이고, n형 물질로 이동한 뒤에 그림의 오른쪽 영역에서 보는 바와 같이 다른 전자들과 만나게 된다. 비슷하게, 정공은 n형 영역에서 물러나서 p형 영역으로 끌려가게 되며, p형 물질로 이동한 뒤에 그림의 왼쪽 영역에서 보는 바와 같이 다른 정공들을 만나게 된다. 따라서, 접합의 특성은 입사된 전자기파 복사에 의해 생겨난 전자들과 정공들을 서로 떨어뜨리고 그들이 재결합할 확률을 낮추는 역할을 한다. 전자들과 정공들의 이러한 움직임은 접합을 가로질러서 흐르는 전류를 생성하게 되고 이 전류가 접합에 연결된 외부 소자에 흘러가게 된다. 이것은 광다이오드(photodiode), 또는 태양전지(photovoltaic cell)의 기본 동작이다. 광에 민감한 영역의 공간적인 범위는 공핍영역(예를 들어 대전입자가 없는 영역)을 크게 함으로써 넓힐 수 있는데 이것은 p형과 n형 영역 사이의 진성 (순수) 반도체 층을 양쪽으로 둘러싸서 샌드위치 구조로 만들면 된다.

9.4 태양광 소자의 적용

태양전지의 동작이 전자-정공 쌍을 생성할 수 있을 만큼의 충분한 에너지를 가진 광자의 흡수를 기반으로 하기 때문에 설명한 바와 같이 거기에는 이 효과에 따른 빛의 최대 파장이 있다. 그림 9.23은 태양전지의 스펙트럼에 따른 흡수을 보여준다. 긴 파장에서 급격하게 떨어지는 것은 그 파장에서 광자의 에너지가 에너지 갭보다 작아서 전자-정공 쌍을 생성하기 어렵기 때문이다. 그림 8.1은 태양으로부터 온 광자의 약 23%가 실리콘 태양전지에서 전기로 변환시키는데 충분한 에너지를 가지지 못하는 것을 보여준다. 또한, 전자기파 에너지의 상당 부분이 전기보다 오히려 열로 변환된다. 태양전지의 스펙트럼에 따른 흡수는 더 작은 에너지 갭을 가진 반도체 물질을 사용함으로써 개선될 수 있으며 이것이 태양광 스펙트럼의 더 많은 부분은 전기를 생산할 수 있도록 한다. 그림 9.23은 실리콘(E_g = 1.1 eV)과 비교하여 게르마늄(germanium, E_g = 0.67 eV)이 더 긴 파장에서 떨어지는 것을 보여준다.

표 9.2에는 이종 반도체 물질을 기반으로 한 태양전지들의 이론적 최대효율이 나와 있다. 고품질 전지는 약 23%의 효율을 가지는 반면에 실리콘을 기반으로 한 태양전지는 보통 효율이 15~17%이다. 광을 모으거나 특정스펙트럼에 맞는 태양전지에 광을 분산시키는 기술을 통해서 최대 40%가 넘는 효율을 얻을 수 있다.

태양전지는 다양한 크기로 구현되어 왔다. 보통 두 가지 카테고리로 나뉘는데 오프그리드(off-grid)와 온그리드(on-grid)이다. 이것은 발전 설비와 시스템이 연결되었는지에 따라 각각 정의된다.

오프그리드 태양전지는 보통 다음과 같은 카테고리 중 하나로 나뉜다.

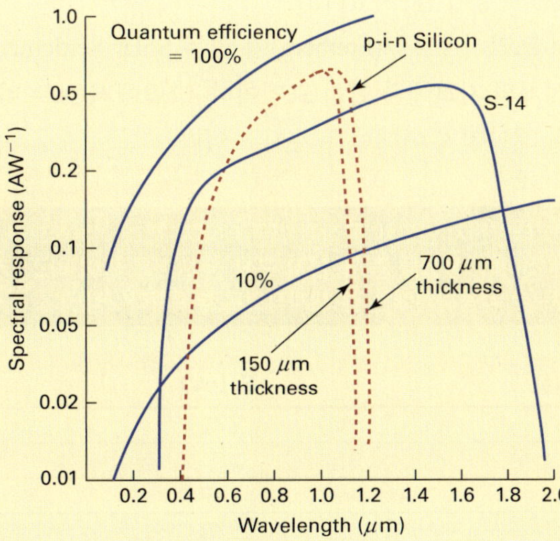

그림 9.23: 태양전지에서의 실리콘(p형-진성-n형 실리콘)과 게르마늄(S-14)의 스펙트럼에 따른 흡수

Based on RCA Solid State Division, Lancaster, Pennsylvania

예제 9.3

설치비가 와트당 3달러인 태양전지 시스템을 10년 동안 동작시킬 때 만약 시스템의 용량 계수가 8%라면 (이것은 태양전지의 효율과 하루 중 일광 시간 비율을 모두 고려한 것이다) 평균적으로 kWh당 비용을 계산하라. (비용 회수 요인은 고려하지 말 것)

풀이

10년은 (10 y) × (365 d/y) × (24 h/d) = 87,600시간이다. 이 기간 동안 태양 설비 1 W는 8%의 용량 계수를 가지고 동작할 때 전체

$$87{,}600 \text{ h} \times 0.08 \text{ W/W} = 7{,}008 \text{ Wh/W} = 7.0 \text{ kWh/W}$$

를 생산한다.

전체 와트당 비용이 3달러이므로 따라서 kWh당 비용은 다음과 같다.

$$\frac{\$3.00/\text{W}}{7.0 \text{ kWh/W}} = \$0.43/\text{kWh}.$$

- 휴대용 전자장치에서 배터리를 충전할 정도의 작은 크기(그림 9.11)
- 캠핑용, 비상용 배터리 충전(그림 9.24), 이동이 가능한 도로 표지판(그림 9.25), 원거리지역의 전력공급장치(그림 9.26)에 사용될 중간 정도의 크기
- 주거용 전력공급장치에 사용되는 큰 설비(그림 9.27)

개별 태양전지는 상당히 작지만(보통 한쪽이 10 cm 정도보다 작은) 직렬(전압이 증가)이나 병렬(전류가 증가)로 연결할 수 있다. 개별 태양전지는 직사각형(그림 9.24) 모양이나 원형(그림 9.25) 모양이 될 수 있다.

독일의 프라이베르크(Freiberg)에 있는 Solar Settlement(그림 9.27)는 탄소 방출이 전혀 없도록 설계된 지역에 적합한 모델이다. 그림에서 보는 바와 같이 많은 집들이 전기를 생산하기 위한 태양전지 어레이를 가지고 있다.

표 9.2: 태양전지 반도체 물질에 따른 에너지 갭과 이론적으로 얻을 수 있는 최대 효율. 값은 실온에서 구한 것이다. 물질들 중 몇 가지 구성 원소(예를 들어 비소, 카드뮴)는 독성이 있으며, 인듐과 갈륨은 대규모로 사용하기에는 전 세계적으로 부족하다(2장).

material	E_g (eV)	maximum theoretical efficiency (%)
CdS	2.42	18
AlSb	1.6	27
CdTe	1.49	27
GaAs	1.43	26
InP	1.35	26
Si	1.11	25
Ge	0.67	13

그림 9.24: 휴대용 1.8 W_e 태양전지 패널. 활성 면적의 크기 약 9 cm X 30 cm.

Richard A. Dunlap

그림 9.25: 태양광전지 어레이(가로, 세로 약 1 m, 2.5 m 크기)를 이용하여 배터리를 충전하는 건설 현장에서의 이동이 가능한 도로표지판

Richard A. Dunlap

그림 9.26: 원거리 라디오 송신 스테이션에서 전력을 공급하는 태양전지 어레이

Richard A. Dunlap

그림 9.27: Freiberg(Baden-Wuerttemberg, Germany)의 생태 Vauban 지구에 위치한 집들의 태양광전지 패널들.

imageBROKER/Alamy Stock Photo

ENERGY EXTRA 9.2
삼층 접합 태양전지

대부분의 상업적 태양전지는 태양복사에너지로부터 12~18%의 전기에너지를 변환시켜 얻을 수 있다. 많은 요소들이 효율에 영향을 주지만 그 중에서 가장 중요한 것들 중 하나는 바로 태양전지에 사용되는 반도체 물질의 스펙트럼에 따른 민감도이다(그림 9.23). 광 스펙트럼의 흡수를 지배하는 주요한 반도체 특성은 에너지 갭이다. 수많은 반도체 물질이 있고 물질의 구성을 바꿈으로써 물질에 따른 에너지 갭(따라서 스펙트럼에 따른 흡수를)을 바꿀 수 있다. 문제는 만약 에너지 갭이 어떤 물질의 전자기파 스펙트럼에서 붉은색 끝에서 높은 효율을 가지도록 바뀐다면 파란색 끝에서의 효율은 희생된다는데 있다. (또는 그 반대와 같이)

보다 넓은 스펙트럼 영역에서 태양전지의 효율을 높이는 방법 가운데 하나는 스펙트럼에 따라 다르게 흡수하는 물질들을 샌드위치 구조[다층 접합(multijunction)]로 만드는 것이다. 삼층 접합은 붉은색 광자들을 흡수하는 반도체 물질과 녹색과 파란색 각각의 광자들을 흡수하는 반도체 물질들을 세 층으로 쌓아 적층구조를 가진다. 이러한 전체적인 태양스펙트럼을 통해 보다 높은 효율을 가지는 태양전지를 만들 수 있다.

삼층 접합 설계의 한 예가 오른쪽 위에 나와 있다. 이 예시에서 맨 위층은 비정질 실리콘이다(그림에서는 i a-Si은 n형과 p형 실리콘 사이에 샌드위치 구조로 끼워 넣은 비정질 진성 실리콘층을 나타낸다). i a-Si층은 약 1.8 eV의 에너지 갭을 가지고 태양 스펙트럼의 파란색 영역의 광자들을 잘 흡수한다. 가운데 층은 비정질 진성 실리콘-게르마늄(i a-SiGe)인데 실리콘이 80%, 게르마늄이 20%를 차지한다(다시 언급하면 p형과 n형 영역 사이의 샌드위치 구조이다). 이 물질은 약 1.6 eV의 에너지 갭을 가지는데 스펙트럼의 녹색 영역의 광자들을 잘 흡수한다. 맨 밑층 역시 비정질 진성 실리콘-게르마늄인데 이때 실리콘은 60%, 게르마늄은 40%를 차지한다. 이 구성은 에너지 갭을 1.4 eV로 낮추고 붉은색 영역의 광자들을 잘 흡수한다. 각 층의 순서는 매우 중요한데 그것은 맨 위층이 가장 큰 에너지의 광자를 이용하고 더 낮은 에너지의 광자들은 더 하위층에서 흡수가 됨으로써 가장 효율적으로 광자들을 흡수할 수 있기 때문이다.

오른쪽 아래의 그림은 세 층의 스펙트럼 흡수를 보여준다. 그림에서 왼쪽에서 오른쪽으로 가로축은 파란색에서 붉은색 광자를 나타낸다. 전체 스펙트럼 흡수는 그림에서 전체 흡수 곡선으로 나타나는데 광에너지(또는 파장)의 넓은 영역에 걸쳐 높은 효율을 보여준다.

이 방법으로 태양전지는 전체적으로 효율 40%를 가지게 된다(상업용 실리콘 기반 태양전지의 보통 효율에 2배보다 크다). 그러나 안타깝게도, 이러한 태양전지를 제작하기 위한 비용은 비싸기 때문에 적어도 현 시점에서는 오직 특정하게 적용이 될 경우만 가능하다. 예를 들어 비용보다는 무게가 더 중요하게 고려되어야 할 우주선이나 전체 집열기의 면적과 비교하여 태양전지 크기가 작거나 태양복사에너지가 작은 면적에 입사되는 전지 장치들이다.

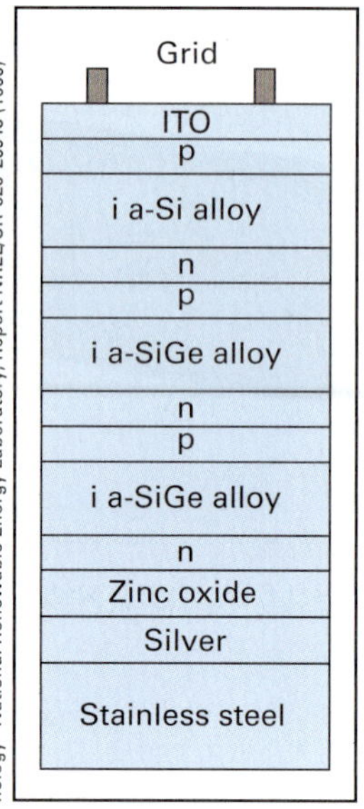

S. Guha, "High-Efficiency Triple-Junction Amorphous Silicon Alloy Photovoltaic Technology" National Renewable Energy Laboratory, Report NREL/SR-520-26648 (1999)

삼층 접합 태양전지의 구조

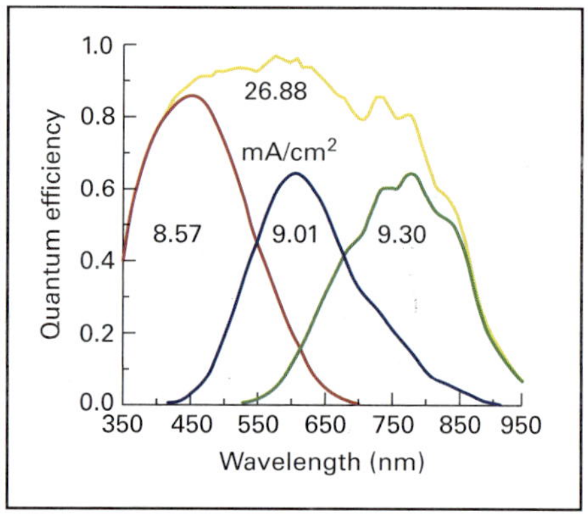

S. Guha, "High-Efficiency Triple-Junction Amorphous Silicon Alloy Photovoltaic Technology" National Renewable Energy Laboratory, Report NREL/SR-520-26648 (1999)

삼층 접합의 세 층에서의 스펙트럼 흡수와 전체 흡수

토의 주제

만약 삼층 접합 태양전지 소자를 만드는 비용이 단순한 실리콘 기반 소자를 만드는 비용과 같다면 풍력, 원자력, 화석연료와 비교하여 태양전지를 통해 얻게 되는 전기의 비용은 어떻게 되는가?

ENERGY EXTRA 9.3
염료감응 태양전지

명백히 kWh당 비용이 태양광 소자를 이용하여 전기를 생산할 때 중요한 문제가 된다. 한 가지 방법은 높은 효율의 태양전지를 만드는 것이다. 물론 이것은 단위면적당 생성되는 전력이 더 크다는 장점이 있다. 그러나 높은 효율을 가지는 태양전지는 더 비싸지기 때문에 확실히 생산성과 가격 사이에서의 균형이라는 점에서 바람직하지는 않다. 반대의 방법으로는 오히려 효율을 고려하지 않으면서 가능한 한 태양전지를 싸게 만들기 위해 태양광 물질과 소자의 설계를 다르게 하는 것이다. 염료감응 태양전지(dye-sensitized solar cells; DSSCs)는 최근 상당한 주목을 받고 있는 유기 태양전지의 한 형태이다. 이 방식은 매우 다른 방법으로 태양전지를 제작함으로써 혁신적이고 실용적인 소자들을 만든다.

전통적인 태양전지는 두 개의 전도성 전극사이에 n형과 p형 물질을 샌드위치처럼 끼워 넣은 구조를 가진다. 충분한 에너지를 가진 광자가 (에너지 갭보다 큰) 반도체 접합 가까이 영역에 입사되면, 전자-정공 쌍이 형성되며 외부 회로를 통하여 전류가 생성된다. 전자와 정공은 재결합하기 전에 전극에 도달해야 하기 때문에 소자 구조에는 제약이 있게 된다. 그러나 광을 흡수하는 영역은 이종접합 설계를 적용함으로써 원칙적으로는 보다 경제적으로 크게 할 수 있다. 이종접합소자에서 반도체 영역은 다음의 그림에서 보는 바와 같이 서로 다른 물질이 섞여 있다. 염료감응 태양전지에서 이종접합은 구멍이 없는 이산화타이타늄(TiO_2)을 기반으로 한다. TiO_2는 큰 에너지 갭을 가지기 때문에 상대적으로 낮은 효율로 광을 흡수하여 전자-정공 쌍을 생성한다. 그러나 TiO_2의 구멍은 매우 광을 잘 흡수하는 유기 염료로 채워진다. 보통 광학적으로 투명하고 전도성 물질인 할로겐화물이 도핑된 산화주석(halide-doped tin oxide)이 상부 전극이 되며 태양전지와 전기적으로 연결되고 광을 흡수하는 영역으로 빛이 들어올 수 있도록 한다. 만약 이종접합에서 분사된 결정입자의 크기가 전하의 확산 길이와 비슷하면 광자를 흡수한 전하들은 재결합이 일어나기 전에 반도체 경계에 도달할 수 있게 된다.

초기 염료감응 태양전지는 1990년 중반에 만들어졌는데 주로 태양광 스펙트럼의 높은 에너지(UV)만을 흡수했다. 최근에는 염료 물질이 개발되어 전체 광 스펙트럼 영역에서 흡수가 이루어진다. 이 물질은 모든 광 파장을 흡수하기 때문에 보통 검은색으로 띄게 되고 따라서 검은색 염료(Black dye)라고 한다. 가장 보편적인 검은색 염료는 다음 그림에서 보여지는 바와 같이 루테늄(ruthenium)을 기반으로 한 유기 복합체이다.

Based on University of Minnesota, Organic Photovoltaic Solar Cells usingGraded Heterojunction Technology, http://www.license.umn.edu/Products/Organic-Photovoltaic-Solar-Cells-using-Graded-Heterojunction-Technology__Z09174.aspx

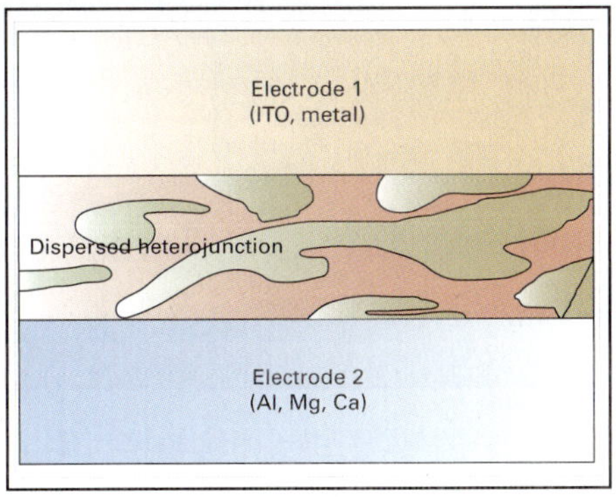

분사된 이종접합 태양전지 그림

염료감응 태양전지는 11%의 효율을 가지는데 20%의 효율을 가지는 기존의 실리콘 기반 반도체 태양전지에 비해 낮을 뿐 아니라 루테늄 원소는 비싸다. 그러나 새롭고 경제성이 높은 물질들이 (루테늄을 포함하지 않는) 개발되고 있으며, 새로운 물질을 적용한 태양전지를 설계하면 kW/m²당 비용면에서 경쟁력을 가지는 전자소자들을 만들 수 있다.

토의 주제

새로운 기술의 발전은 비용과 물질의 이용가능성의 문제를 낳는다. 염료감응 태양전지에서 루테늄의 사용은 경쟁력을 가지며 저렴하면서도 보다 지속적으로 사용할 수 있도록 새로운 물질을 개발할 필요가 있음을 보여주는 한 예이다. 루테늄의 시장 가치와 매년 생산되는 양에 관한 정보를 찾아라. 유용한 정보를 줄 수 있는 웹사이트는 다음과 같다. http://minerals.usgs.gov/minerals/pubs/commodity/ 과학과 기술 경제가 우리의 미래를 디자인하는데 있어서 어떠한 역할을 하는지에 대해 논의하고자 한다.

Ph0987

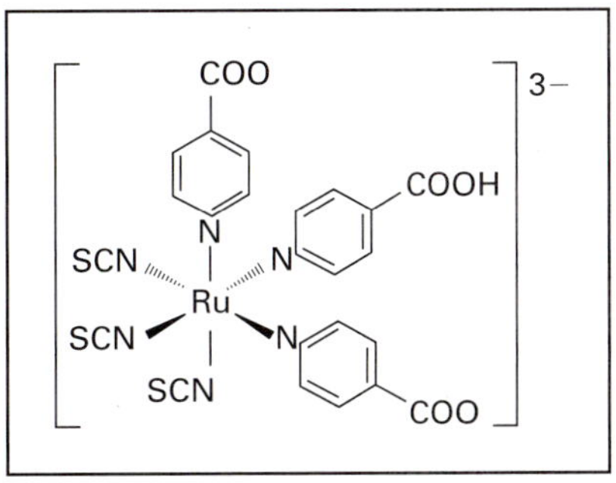

Triscarboxy-ruthenium terpyridine의 구조(검은색 염료)

그림 9.28: 태양광 발전에 의해 전력을 공급받는 차

Stefano Paltera, the NASC's official photographer

그림 9.29: 태양광 발전에 의해 전력을 공급받는 비행기

NASA photo by Nick Galante/PMRF

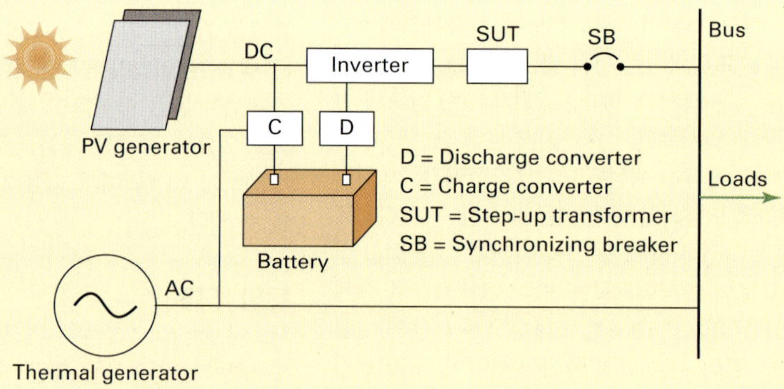

그림 9.30: 그리드가 연결된 태양광 시스템

Based on M.R. Patel, Wind and Solar Power Systems: Design, Analysis, and Operation (2nd ed.), CRC Press, Taylor & Francis, Boca Raton (2006)

태양전지로 구동되는 실험용 차량(그림 9.28)과 심지어 비행기(그림 9.29)가 만들어졌다. 비록 이 운송수단들은 흥미로운 공학적 도전이지만, 태양빛에서의 전력 밀도는 그것들을 실용화하기에는 충분하지 않다.

계통 연계형 태양광 발전시설은 여러 국가에 있으며 전력망을 통해 배전을 위한 전력을 공급한다. 광전 어레이와 전력 그리드를 통합하기 위한 일반적인 시스템은 그림 9.30에 나와 있다. 열 발생기(즉, 석탄 또는 원자력 발전소)는 그리드에 1차 AC 전원을 공급한다. 태양광 어레이의 DC 전원은 배터리 시스템에 저장된다. 태양광 어레이 및 배터리 저장 시스템의 DC 전원은 인버터에 의해 AC로 변환된다. 승압 변압기를 통해 열 발생기의 계통 전력과 전압이 맞추어진다. 전압이 주파수, 진폭, 및 위상에 맞추어지면 동기화 차단기는 태양광 어레이의 전력을 그리드에 연결한다.

예제 9.4

8장에서 지구에 입사하는 평균 일사량(구름이 없을 때)을 고려하여 가정당 평균적으로 2.6명이고 도시 250,000명의 주거에 필요한 전기 사용량을 만족시키는 효율 20%를 가지는 수평 태양 전지 어레이의 면적을 계산하라.

풀이

도시에는 250,000/2.6 = 9.6×10^4 집이 있고 언급한 바와 같이 가정당 필요한 평균 전력은 1,370 W이다. 이 도시에 필요한 총 전력량은 다음과 같다.

$$(9.6 \times 10^4) \times (1{,}370\ \text{W}) = 1.32 \times 10^8\ \text{W}.$$

평균적으로 구름이 없을 때의 일년간 일사량은 (8장에서) 168 W/m^{2}이다. 그러므로 도시의 전기 필요량은 (효율 20%에서) 다음과 같다.

$$\frac{1.32 \times 10^8\ \text{W}}{0.2 \times 168\ \text{W/m}^2} = 3.9 \times 10^6\ \text{m}^2,$$

또는 한쪽이 약 2 km인 정사각형 어레이이다.

일반적으로, 대규모 태양광 설비는 수백 MW_e의 정격 용량을 갖는다(그림 9.12 참조). 현재 세계 최대의 태양광 시설은 중국 Qinghai의 Gonghe에 위치한 850 MW_e Longyangxia Dam Solar Solar Park이다. 이 시설은 2013년에 초기 320 MW_e급으로 설치되었고 2015년에 530 MW_e가 추가설치되어 총 2단계에 걸쳐 건설되었다. 미국에서 가장 큰 태양광 발전소는 현재 캘리포니아의 Solar Star Power Plant로, 579 MW_e의 정격 용량을 가지며 2015년에 완공되었다(그림 9.31 참조).

그림 9.32에서 볼 수 있듯이 최근 태양광 발전 비용이 상당히 감소하였다. 이러한 비용은 광전지의 와트당 비용이며, 완전한 설치를 위한 비용은 또한 이 장의 뒷부분에서 논의하는 것과 같이 적절한 전기 저장방법(즉, 배터리) 및 적절한 전자제품(예를 들어, 인버터)을 포함할 것이라는 점을 유의해야 한다.

그림 9.31: 캘리포니아 로스앤젤레스 County에 있는 579 MW_e Solar Star Power Plant의 태양광 발전 패널. 대부분의 다른 대형 태양광 발전소와 달리 Solar Star는 고정 수집기 대신 단일축 추적 수집기를 사용한다.

Daniel Schweinert/Shutterstock.com

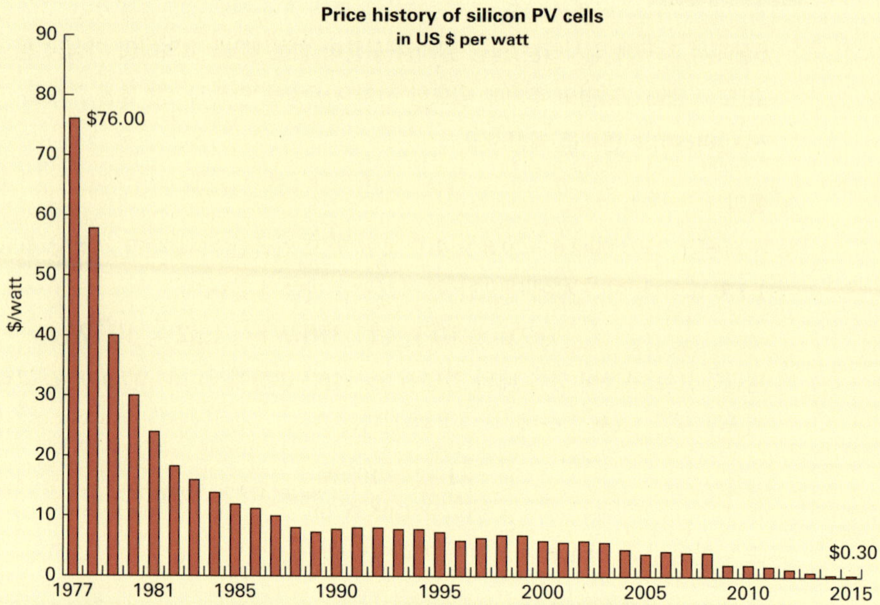

그림 9.32: 결정질 실리콘 광전지들에 대한 W_e당 비용, 1977년에서 2015년

Based on data: 1977–2013: Bloomberg, New Energy Finance, (archived) 2014: based on average sales price of $0.36/watt on 6 June 2014 from EnergyTrend.com 2015: based on average sales price of $0.30/W on 29 April 2015 from EnergyTrend.com

광전지 비용은 주로 지속적인 연료 공급을 요구하는 석탄 전력과 비교하여 운영 비용이 거의 또는 전혀 없는 자본 비용으로 볼 수 있다. 그러나 태양광 발전 시스템의 자본 비용은 실제 단위 에너지당 비용을 결정하기 위해 예상 수명 동안 상각되어야 한다(2장). 저장 시스템의 배터리 수명은 적을 수 있지만 광전지의 수명은 약 20년이다. 표 9.3은 다른 에너지 생산 방법과 비교한 광전지의 단위 에너지당 예상 비용을 요약한 것이다. 미국 에너지 정보 관리국의 이러한 추정치는 2022년에 미국에서 서비스를 시작한 스테이션에서 생성된 MWh당 예상 비용을 나타낸다. (현재 운영 중인 발전소의 낮은 값과 비교하여) 석탄에서 생산된 전기의 비정상적으로 높은 값은 30% 탄소 격리가 포함된 결과이다. 이 표는 태양광 발전이 비교적 가까운 미래에 다른 에너지 기술과 순조로운 경쟁이 예상된다는 것을 나타낸다.

9.5 태양광의 전 세계적인 사용

그림 9.33에서 볼 수 있듯이 최근 몇 년 동안 설치된 태양광 용량은 전 세계적으로 크게 증가했다. 이 증가는 광전지의 비용 감소와 함께 화석연료 자원들의 감소와 그들의 환경적 영향에 대한 관심 증가의 결과이다(표 9.3). 현재의 추세에 따라 태양광 발전은 계속될 것으로 예상된다. 표 9.4는 2 GW_e 이상의 태양광 용량을 가진 국가들의 총 설치 용량을 요약한 것

표 9.3: 2022년에 서비스에 들어가는 유틸리티 규모의 발전시설들의 MWh당 예상 비용. 정부 보조금은 산정에 포함시키지 않았음.

technology	US$/MWh
solar–thermal	235.9
wind–offshore	158.1
advanced coal	139.5
natural gas combustion turbine	110.8
nuclear	102.8
solar–photovoltaic	84.7
hydroelectric	67.8
wind–onshore	64.5
natural gas–combined cycle	58.1
geothermal	45.0

Data adapted from U.S. Energy Information Administration, http://www.eia.gov/outlooks/aeo/pdf/electricity_generation.pdf

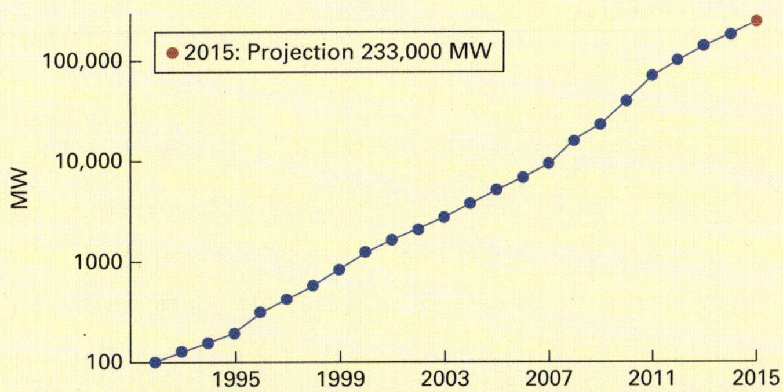

그림 9.33: 1992년부터 연도별로 누적 설치된 전 세계 태양광 용량. 로그 수직 스케일에 유의하시오.

Based on data from: 1992-1995: Wikipedia article growth of photovoltaics-collected figures of 16 main markets, including Australia, Canada, Japan, Korea, Mexico, Western European countries, and the United States. 1996-1999: BP-Statistical Review of world energy, 2014 (XLS-spread-sheet). 2000-2013: SPE (former EPIA) Global Market Outlook for Photovoltaics (Report, June 2014, archived). 2014: Snapshot of Global PV 1992-2014 (archive) and IHS estimates/projections for worldwide deployment in 2014 and 2015 (March 2015). 2015 (projection only). Averaged from several different forecasting groups, companies and organizations. Data listed in article Growth of photovoltaics

이다. 중국과 일본은 최근 몇 년 동안 절대적으로 가장 큰 성장을 보였다. 그러나 독일이 최근 몇 년 동안 가장 높은 일인당 용량을 유지해 왔다.

에너지원으로 태양의 수명은 실용적인 목적에서는 거의 무한하다. 그러나 그것의 이용 가능성을 고려할 필요가 있다. 식(8.2)를 보면, 지구 대기 바깥에서 입사되는 총 에너지양은 1.8×10^{17} W이다. 평균적으로 이것의 절반이 대기를 통과하므로 표면에 도달하는 에너지는 9×10^{16} W이다. 태양광 효율이 15%라고 가정하면 전 세계적으로 태양광으로부터 1.3×10^{16} W의 에너지를 얻게 된다. 서두에서 전 세계적으로 총 주요 에너지 사용량은 일년동

표 9.4: 2 GW_e급 이상의 용량을 가진 국가들의 2015년 기준 총 태양광 발전 용량과 1인당 발전 용량

country	total capacity (MW_e)	population (10^6)	capacity per capita (W_e)
China	43,530	1376.0	31.6
Germany	39,700	80.7	491.9
Japan	34,410	126.6	271.8
United States	25,620	321.8	79.6
Italy	18,920	59.8	316.4
United Kingdom	8780	64.7	135.7
France	6580	64.4	102.2
Spain	5400	46.1	117.1
Australia	5070	24.0	211.3
India	5050	1311.1	3.9
South Korea	3430	49.8	68.9
Belgium	3250	11.3	287.6
Greece	2613	11.0	237.5
Canada	2500	35.9	69.6
Czech Republic	2083	10.8	192.9

안 평균 전력소비 $(6.0 \times 10^{20}\ J/y)/(3.156 \times 10^7\ s/y) = 1.9 \times 10^{13}\ W$에서 6.0×10^{20} J이 됨을 알았다. 그러므로 이용가능한 태양에너지 중 오직 0.15%만을 이용하여 우리의 에너지 필요를 채우게 된다. 확실히, 태양광 어레이의 사용은 지구의 어떤 지역에서는 실용적이지도 또 경제적이지도 못하다. 육지 지역은 아마도 해양 대부분에서보다 더 실용적인 것이다. 모든 에너지 필요를 충족하기 위하여 태양에너지에 필요한 육지 면적이 국가별로 고려될 수 있다. 인구 밀도와 인당 에너지 사용 그리고 위도, 기후 조건 등이 연관 요인이 될 것이다. 미국과 캐나다의 비교가 한 예가 될 것인데 표 9.5에 이 분석이 정리되어 나와 있다. 그림 8.2에서 보는 바와 같이 미국에서의 일사량은 보통 200 W/m^{2}이다. 캐나다의 경우, 태양 집열기가 보통 남쪽 지역에 위치하고 평균 일사량이 약 150 W/m^{2}라고 가정한다. 표는 주요 에너지 필요 기준을 충족하기 위해 태양광 발전에 의해 전기를 생산하기 위해서는 상대적으로 작은 미국과 캐나다의 육지 면적만이 필요하다는 것을 보여준다. 미국에서 한 쪽이 약 300 km의 정방형 땅이 필요하다. 이것은 오하이오주의 크기 정도이다. 또한, 캐나다에서는 한 쪽이 135 km인 정방형 땅이 필요하다(Nova Scotia 면적의 약 삼분의 일). 하나의 큰 시설보다 전체적으로 같은 면적을 가지도록 작은 설비들을 더 많이 만드는 것이 보다 실용적이다. 그림 9.34에 보여지는 것과 같이 상대적으로 맑은 날과 작은 인구 밀도를 가지는 곳에 가로와 세로가 각각 300 km인 시설을 6개 만들면 (또는 더 작은 시설을 매우 많이 만들어서) 전 세계적인 에너지 필요 기준을 충족할 수 있게 된다.

태양에너지는 우리의 모든 에너지 필요 기준을 충족할 수 있을 만큼의 에너지를 생산할

표 9.5: 캐나다와 미국에서 모든 1차 에너지 필요량을 태양전지의 사용으로 제공할 경우 필요한 토지 면적 비율을 결정하는 요소들. 태양전지의 효율은 15%로 가정.

country	total annual energy use (J)	average power consumption (W)	typical insolation (W/m^2)	land area needed (km^2)	total land area (km^2)	% land area needed
United States	1.0×10^{20}	3.2×10^{12}	200	1.1×10^{5}	9.63×10^{6}	1.1
Canada	1.3×10^{19}	4.1×10^{11}	150	1.8×10^{4}	9.98×10^{6}	0.18

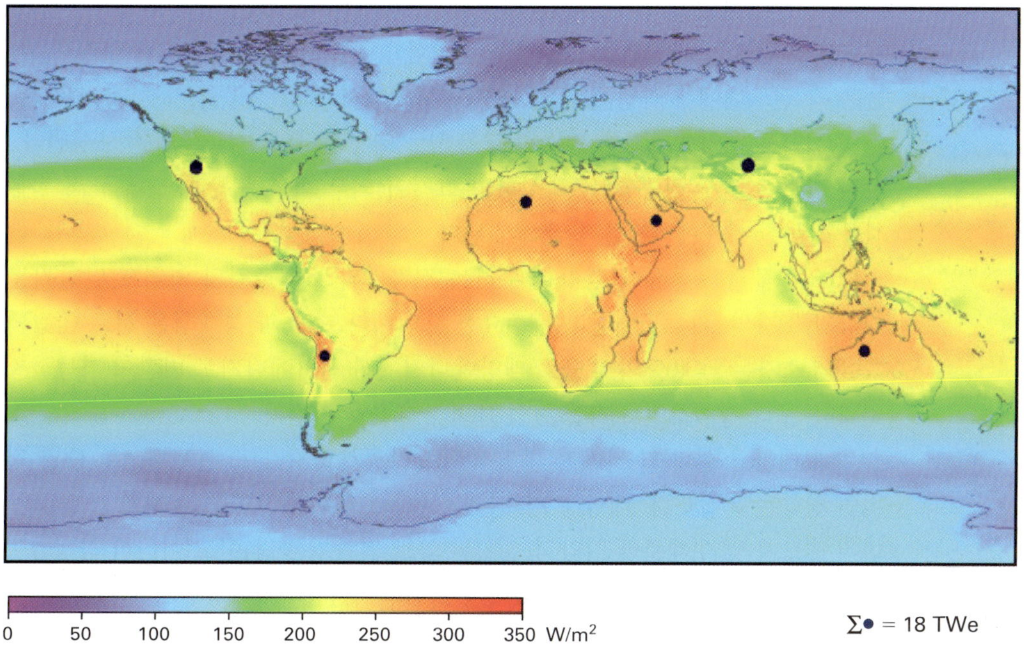

그림 9.34: 태양으로 세계 에너지 수요를 공급하는 데 필요한 토지 면적. 평균 일사량이 설명되었음.

Matthais Loster, http://www.ez2c.de/ml

수 있는 능력을 가진 오직 하나 뿐인 에너지원이자 무기한 재생이 가능하다. 태양광 기술은 에너지원으로 전기를 독점적으로 사용하기 위하여 우리가 에너지 인프라를 조정할 때 필요한 수단이다. 이와 같은 발전에 비싼 화석연료의 계속되는 이용은 아무런 재정적인 효과를 주지 못한다.

9.6 요약

태양복사는 현재와 미래에 우리 사회의 모든 에너지 필요 기준을 충족할 수 있을 만큼 충분한 화석연료가 아닌 에너지이다. 비록 태양에너지의 직접적인 이용이 주거용 난방에 필요한 에너지를 만드는 정도이지만, 이 장에서 설명한 바와 같이 태양의 복사에너지는 미래에 우리의 모든 에너지 필요 기준을 만족하기 위한 잠재성을 가진다. 태양에너지를 이용하여 전기를 생성하는 방법을 설명하였다. 기본적으로 두 가지 방법인데 하나는 열기관이고 다른 하나는 태양광 소자이다. 이 장에서는 작은 면적에서 태양이 모아지고 그것이 유체를 가열하는 시스템을 설명하였다. 유체는 열기관을 통해 기계적 에너지를 생산하고 그것은 발전기에 의해 전기에너지로 바뀐다. 실험용 설비는 세 구조 중 하나를 사용하는데 포물선 통, 포물선 반사면 그리고 중앙 수신기이다. 이 소자들의 효율은 궁극적으로 카르노 효율에 의해 제한된다.

이 장은 태양광 소자의 동작을 설명하기 위해서 기본적인 반도체 물리를 소개하였다. 주 재료에 도핑 또는 억셉터 불순물들을 주입함으로써 n형과 p형 반도체 물질이 된다. 이 물질들은 각 전도대에서 과잉 전자 또는 가전도대에서 과잉 정공을 가진다. n형과 p형 물질 사이의 접합은 태양에너지에 민감한 부분으로 태양전지의 기본 설계를 구성한다. 접합에 입사된 광자는 전자-정공 쌍을 생성하고 그것이 외부 회로를 통해 전류를 흐르게 하여 결국 사용 가능한 전기에너지를 공급하게 된다.

반도체 물질의 종류에 따라 흡수하는 전자기파 스펙트럼의 영역도 달라지는데 이것이 태양광 소자의 효율을 제한하는 주요한 요인이다. 효율과 경제성은 서로 대립되는데 높은 효율의 소자는 약 40%의 효율로 태양에너지에서 전기에너지로 변환이 가능하지만 가격이 비싸다. 보다 경제적인 소자들은 약 18%의 효율을 가진다.

비록 태양광 설비 그 자체가 환경적으로 무공해일지라도, 전체적으로 태양 전기의 환경적인 영향은 복잡하다. 태양광 재료들을 생산하기 위해 요구되는 제조 과정들은 태양의 에너지 밀도가 낮기 때문에 집약적(설치된 와트 전력 용량당)이고 이러한 과정들이 환경적인 영향을 전체적으로 평가하는데 있어서 포함되어야 한다. 태양전지에 사용되는 몇 가지 원소들은 독성이 있으며 인듐과 같은 몇몇 물질들을 전 세계적으로 이용량이 제한적이다. 이러한 모든 요소들은 현재 태양 전기의 높은 비용에 일조하고, 앞으로의 개발에 가능한 영향을 미칠 것이며, 태양전지의 실현가능성을 전체적으로 분석하는데 있어서 고려되어야 한다. 그러나 태양전지는 여전히 화석연료의 공급을 줄이는 매력적인 대안이고, 최근에는 태양전지의 사용이 상당히 증가되어 왔다. 독일은 태양전지 분야에서 매우 진취적인 개발 프로그램을 가지고 있으며 그리드에 전기를 공급하는 기술을 실현하는데 있어서 선두로 자리하고 있다. 적은 비용과 독성이 없는 구성 요소를 기반으로 하여 경제적으로 높은 효율을 가진 태양전지를 제조할 수 있도록 개발하는 것은 적극적인 연구 분야가 되며, 미래의 그러한 이용가능성은 신재생 에너지원이 성장하도록 도울 것이다.

연습문제

9.1 초점에 기름으로 가득찬 1 cm 반경의 파이프를 가진 1 m 너비의 포물선 통 반사경이 있다. 만약 태양복사에너지 전부가 열로 변환된다면 기름이 20°C에서 100°C로 올라갈 때 맑은 날 정오에 얼마만큼 시간이 걸리는지 계산하라.

9.2 우리 에너지 전부를 수평판을 가진 효율 18%의 태양전지에 의해 얻는다고 가정하자. 만약 모든 에너지가 미국에서 주 기준으로 생산된다면, 로드 아일랜드와 아이다호에서 에너지를 공급하기 위해 몇 퍼센트의 육지 면적이 필요한지 계산하라. 인당 연 에너지 필요 기준은 평균적으로 350 GJ이다. 이 과정의 타당성을 논하라.

9.3 북위 40도의 집이 가로, 세로 8 m, 15 m의 지붕을 가진다. 이 면적은 17%의 효율을 가진 최적의 고정 각도에 맞추어진 태양전지로 덮여 있다. 평균적인 하늘의 상태를 가정할 때 이 설비로 얻어지는 연간 에너지 생산량은 얼마인가? 만약 이 전기가 38%의 효율을 가진 화력발전에 의해 생겨난다면 얼마나 많은 양의 석탄이 필요한가? 이러한 비교에 기초하여, 태양전지의 사용으로부터 연간 얼마나 (킬로그램으로) 이산화탄소를 줄일 수 있는가?

9.4 만약 인류를 위한 에너지의 전부가 15%의 효율을 가진 수평 태양전지 어레이에 의해 생겨나고, 그것이 지구의 육지 면적 중 1%를 차지한다고 하면, 유지될 수 있는 최대 인구 밀도는 얼마인가?

9.5 1 GW_e의 화력발전소를 대체할 만한 그림 9.6에 나와 있는 태양 전력 타워에 있는 거울 어레이의 반경을 계산하라. 그림 9.8에서와 같이 어떤 전기가 생성되는지에 의해 방법을 고려하여라. 그러한 설계의 실용성에 대해 논의하라. 중앙 타워의 무게와 어레이의 바깥 부분이 가까이에 있는 거의 배열 사이의 관계에 대해 고려하라. 거울과 중앙 수신기 사이에는 장애물이 없다. 이것이 타워 높이 면에서 어레이의 크기를 제한하는가?

9.6 에너지 1.02 eV를 가지는 반도체로 만들어진 태양광 소자에서 전력을 생산하는 광의 최대 파장은 얼마인가?

9.7 CdS 태양광 소자에서 전압을 생성하는 빛의 최대 파장은 얼마인가? 8장에서 보여지는 태양광 스펙트럼을 이용하여 이것을 논의하라.

9.8 20%의 효율을 가진 태양전지로 맨 위 표면이 덮여 있는 그림 9.28에 보여지는 차량과 같은 전력을 공급받는 보통의 가정용 차가 있다. 맑은 날 이 차량에서 이용될 수 있는 전력을 보통의 가솔린 차와 비교하라. 보통 차량의 특징은 표 19.5에 나와 있다.

9.9 태양 일사량이 500 W/m^{2}인 화창한 날에 금속판을 수평 표면 위에 위치시켰다. 방사율의 함수로서 평형 온도를 계산하고, $\varepsilon = 0.1$에서 $\varepsilon = 1.0$까지의 방사율 값에 대한 이 결과들을 도시하라.

9.10 예제 9.1의 초점 면적은 방사율이 0.9인 재료로 만들어졌고 5 cm 직경 면적의 복사에 의해서만 열이 손실되는 경우, 평형 온도를 계산하라.

9.11 수소 원자에서 1s 에너지 수준의 전자 에너지를 계산하라.

9.12 Ge 기반 태양광 전지에서 출력을 생산하는 빛의 최대 주파수는 얼마인가?

9.13 그림 8.2에서 보는 것처럼, 미국 북부에는 전형적인 전 세계 평균 값인 24시간 평균 태양 일사량을 가진다. 전 세계 평균을 사용하여, 태양광 설치의 경제성을 판단해 보아라. 태양광 효율이 20%이고 3년의 투자회수기간이 예상되는 경우 (비용 복구 요소 제외) W당 최대 허용 설치 비용은 얼마인가? 전기 비용이 kWh당 $0.10이라고 가정하라.

9.14 표 9.4에 제시된 미국의 태양광 용량을 그림 2.5에 표시된 에너지 사용량과 비교해라. 이 결과에 대해 의견을 제시하라.

9.15 식(9.1)에 의해 주어진 바와 같이, 수소 원자의 전자 에너지를 *n*의 함수로 사용하고, 그림 9.13의 그래프 라인을 따라서, 전자 전이가 광학 광자를 생성할 *n* 값의 모든 조합을 결정하라.

9.16 5 m 길이와 2 m 너비의 포물선 통 반사판의 초점에서 5 cm 직경의 파이프를 통해 0.2 L/s의 속도로 물이 흐른다. 일사량이 500 W/m^2이고 모든 태양에너지가 열로 변환되는 경우, 반사기 길이를 통과한 후의 물의 온도는 몇 도로 증가하는가?

9.17 직경 15 m의 포물선 접시는 스털링 엔진을 발전에 사용한다. 화창한 날에 접시는 태양 상수 값의 47%인 일사량을 받는다. 그 출력을 W_e로 산정하라.

9.18 태양광 효율이 20%고 평균 피크 일사량이 350 W/m^2인 경우, 독일의 1인당 태양광 용량과 같도록 하려면 미국에 추가적으로 몇 km^2의 태양 집열기가 필요한지 계산하라.

9.19 효율이 19%인 태양광 패널은 수평 표면에서 평균 전 세계 평균 일사량과 동일한 평균 일사량을 받는다. 이 패널은 2장에 제시된 평균 가정용 전기 요구 사항(전기 열 없음)을 만족시킬 수 있는 저장 시스템(100% 효율)과 함께 사용된다.

(a) 패널의 요구 면적은 얼마인가?

(b) 40% 효율의 석탄화력발전소에서 공급되는 전력량과 비교하여 연간 CO_2 배출 절감은 얼마인가?

9.20 그림 9.25에 보여진 휴대용 태양전지판의 효율이 19%라고 가정하라.

(a) 정격 출력 전력을 제공하는 데 필요한 일사량은 얼마인가?

(b) 야영객이 이 패널을, (a)에 따른 햇빛에서, 물 1 L 용기의 온수 히터에 연결한다. 이 물의 온도를 15°C에서 100°C로 올리려면 (끓이지 않고) 시간이 얼마나 걸리는가? 열 손실이 없다고 가정하라.

참고문헌

M. D. Archer and R. Hill. *Clean Energy from Photovoltaics*. Imperial College Press, London (2001).

E. G. Boes and A. Lague. "Photovoltaic concentrator technology." In *Renewable Energy*, T. B. Johansson, H. Kelly, A. K. N. Reddy, and R.H. Williams (Eds.). Island Press, Washington, DC (1993).

G. Boyle (ed.). *Renewable Energy*. Oxford University Press, Oxford (2004).

P. DeLaquil, D. Kearney, M. Geyer, and R. Diver. "Solar-thermal electric technology." In R*enewable Energy*, T. B. Johansson, H. Kelly, A. K. N. Reddy, and R. H. Williams (Eds.). Island Press, Washington, DC (1993).

R. A. Dunlap. *Experimental Physics—Modern Methods*. Oxford University Press, New York (1988).

M. Green. *Solar Cells*. Prentice-Hall, Englewood Cliffs, NJ (1982).

R. Hinrichs and M. Kleinbach. *Energy: Its Use and the Environment* (5th ed.). Brooks-Cole, 2012.

R. J. Komp. *Practical Photovoltaics*. Aatec Publications, Ann Arbor, MI (1995).

J. A. Kraushaar and R. A. Ristinen. *Energy and Problems of a Technical Society* (2nd ed.). Wiley, New York (1993).

T. Markvart. *Solar Electricity* (2nd ed.). Wiley, Hoboken, NJ (2004).

J. A. Merrigan. *Sunlight to Electricity* (2nd ed.). MIT Press, Cambridge, MA (1982).

J. Nelson. *The Physics of the Solar Cell*. Imperial College Press, London (2003).

M. R. Patel. *Wind and Solar Power Systems: Design, Analysis, and Operation* (2nd ed.). Taylor & Francis, Boca Raton, FL (2006).

S. Roberts. *Solar Electricity: A Practical Guide to Designing and Installing Small Photovoltaic Systems*. Prentice-Hall, London (1991).

J. N. Shive. *Physics of Solid State Electronics*. Merrill, Columbus, OH (1966).

F. C. Treble (Ed.). *Generating Electricity from the Sun*. Pergamon Press, Oxford (1991).

F. C. Treble. *Solar Electricity: A Lay Guide to the Generation of Electricity by the Direct Conversion of Solar Energy* (2nd ed.). The Solar Energy Society, Oxford (1999).

CHAPTER 10

풍력에너지

학습목표: 제10장을 학습한 후 다음 내용을 이해할 수 있다.

- 풍력 발전용 터빈의 설계
- 풍력의 에너지 함량에 따른 물리학
- 풍력 발전용 터빈의 효율과 날개 끝 속도 비율의 중요성
- 풍력에너지의 지질학적 분포
- 풍력 발전 지역 설계
- 전 세계적인 풍력에너지의 사용
- 연안 풍력 발전 지역의 이점

10.1 서론

태양에너지와 같이 풍력에너지는 사실상 전 세계 어디서나 흔히 구할 수 있는 유일한 대체에너지원이다. 또한 인류에 의해 이용된 첫 에너지원이다. 풍력에너지의 초기 사용은 기계적인 장치(예를 들어 물을 펌프하거나 곡식을 빻는 등)와 운송(범선)을 위한 것이었다. 그러나 19세기 후반부터 풍력에너지는 전기를 생성하는데 이용되어 왔고 최근에는 화석연료를 대체할 매력적인 에너지원이 되었다. 풍력 발전에 의한 전기는 비용면에서 상당히 효과적이며 환경에 최소한의 영향만을 주도록 잘 확립된 기술이다. 풍력에너지는 확실히 미래의 대체에너지 전략을 개발하는데 중요한 역할을 할 것이다. 이 장에서는 풍력에너지의 역사, 과학적 기반, 그리고 최근의 기술적 진보에 대해 살펴보도록 한다.

10.2 풍력 발전용 터빈 설계

바람은 움직이는 공기이다. 공기는 움직이는데 그것은 대기가 뜨거워지거나 차거워지게 되면 열적 경도에 의해 압력 경도가 생기기 때문이다. 전형적인 예는 아침에 호수나 바다 연안을 따라 생기는 바람이다. 육지 위의 공기는 더 빨리 가열되고 상승한다. 상승한 공기는 압력 경도를 만들고 그것이 물 위의 공기를 육지 쪽으로 밀게 된다. 이것이 아침에 보통 느낄 수 있는 전형적인 해풍이다. 저녁에는 이와 반대로 일어나는데 이것이 전형적인 육상풍이다.

태양에너지와 비슷하게, 풍력에너지는 시간에 따라 변화한다. 비록 특정 지역에서의 평균 풍속은 알 수 있지만, 그 변동 폭은 태양 일사량의 경우보다 더 예견하기가 어렵다. 그러므로, 풍력에너지의 완전한 사용은 저장 메커니즘을 반드시 포함해야 한다.

풍력에너지는 글자 그대로 수천년 동안 얻어져 왔다. 풍력에너지의 초기 사용 중 하나는 그림 10.1에서 보는 바와 같이 운송이다. 이러한 종류의 큰 범선은 강한 바람에서 8 MW 가까운 전력을 생산할 수 있다.

풍력에너지 사용의 목적은 수백 년 또는 수천 년을 거슬러 올라간다. 그림 10.2에서 보는 바와 같이 곡식을 빻기 위해 사용한 전통 네덜란드 풍차는 500년 보다 더 전에 유럽에서 퍼졌다. 비록 전통적인 풍차의 설계 및 방향이 고정되어 있기 때문에 효율 면에서 좋지 못할지라도, 몇몇 디자인은 방아가 회전하도록 함으로써 항상 바람을 직면할 수 있게 하였다. 회전식 풍차(post windmill)라고 알려진 이 디자인은 그림 10.3에 나와 있다. 이 유형의 풍차는 중앙의 회전축 위에 올라가 있고, 건물 전체가 바람의 방향이 변할 때 수동적으로 회전할 수 있다. 후에 풍차는 물을 펌프하기 위하여(관개용수를 위해) 폭넓게 사용되었다. American multiblade 설계(그림 10.4)는 19세기 동안 북미 지역에서 이러한 목적을 위해 보통 사용되었다.

비록 현재는 풍력에너지의 사용에 있어서 오락적인 부분에 관심이 있지만(예를 들어 돛단배), 풍력에너지 개발에 있어서 주요한 노력은 전기를 생산하는데 있다. 현대의 풍차는 (풍력 발전용 터빈이라 불리는) 이러한 목적으로 개발되어 왔다. Darrieus 풍력 발전용 터빈 또는 Darrieus 회전자(그림 10.5)는 현대적인 설계(1930년대에 개발된) 중 하나다. 이 장치들은 이 장에서 논의된 다른 디자인보다 명백히 두 개의 이점이 더 있는데 하나는 발전 메커니즘이 하부에 있어서 공급이 더 원활하다는 것이고 다른 하나는 바람쪽으로 향할 필요가 없다는 것이다. 그러나 거기에는 몇 가지 심각한 단점이 있다. 먼저 스스로 동작할 수가 없는데, 그것은 만약 바람이 부족하여 멈추게 되면 바람이 다시 불 때 수동으로 시작해야 한다는 것이다. 다음으로 다른 설계에 비하

그림 10.1: Royal Clipper, 2014년까지 세계에서 가장 큰 동작을 하는 범선

Orlica

그림 10.2: 네덜란드의 전통적인 4블레이드 네덜란드 풍차

Vincent

그림 10.3: 영국의 회전식 풍차

Paste

그림 10.4: Maine에 위치한 미국의 다중 블레이드 풍차

Richard A. Dunlap

여 효율이 낮고 기계적인 결함을 발생시킬 수 있는 과도한 스트레스를 받는다는 점이다. 수년동안 이 유형의 수많은 실험적인 장치들이 있었지만 상업적으로 다른 설계만큼이나 매력적이지는 않았다.

현대 3중면 풍력 발전용 터빈(three-blade wind turbine) (그림 10.6)은 전기를 생산하는데

그림 10.5: 퀘백의 Îles de la Madeleine에 있는 Darrieus 회전자

Richard A. Dunlap

그림 10.6: 각각 1.6 MW로 정격된 2개의 일반 전기 1.6~82.5 풍력 터빈. 허브 높이는 80 m이고 로터 직경은 82.5 m이다.

Richard A. Dunlap

그림 10.7: 현대의 빠른 속도의 2블레이드 풍력 발전용 터빈

NASA Glenn Research Center

그림 10.8: 600 kW 풍력 발전용 터빈의 엔진실

Richard A. Dunlap

그림 10.9: 중형 풍력 터빈의 엔진실. 이것은 100 kW Northern Power Systems NPS100-21 풍력 터빈이다. 허브 높이는 37 m이고 로터 직경은 21 m이다.

Richard A. Dunlap

있어서 가장 흔한 설계이다. 빠른 속도의 두 날개로 이루어진 풍력 발전용 터빈(high-speed two-blade wind turbin)은 그림 10.7에 나와 있다. 비록 이중면 설계가 본질적으로 보다 효율적일지라도, 균형을 유지하는 것이 더 어렵고, 3중면보다 더 빠른 속도로 움직이기 때문에 더 쉽게 고장난다. 이러한 이유에서 3중면의 설계가 풍력 발전용 터빈에 있어서 상업적으로 보편화되었다.

전형적인 풍력 발전용 터빈(그림 10.6) 안에는 구동 시스템과 결합된 전기 발전기와 발전기의 특성을 풍력 발전용 터빈의 회전 속도와 맞추는 기어박스가 터빈의 타워 상층부(엔진부라 불리는)에 위치한다(그림 10.8과 그림 10.9). 보통 빗놀이 드라이브(yaw drive)가 터빈이 풍향에 따라 정열을 유지하도록 하는데 사용된다.

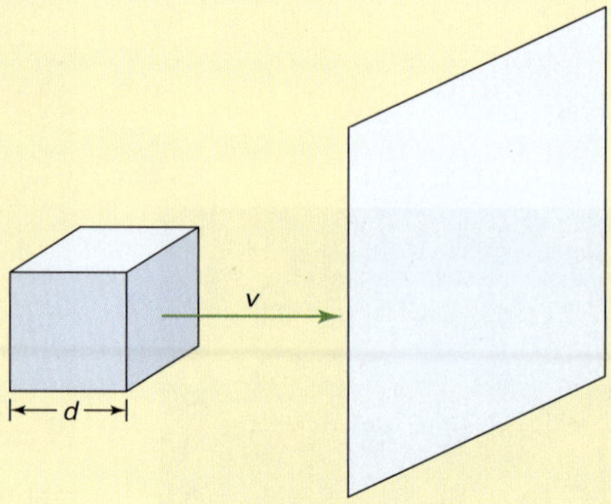

그림 10.10: 속도 v와 그것의 한 면과 수평면으로 평행하게 들어오는 가로 세로 높이가 $d \times d \times d$인 정육면체 크기의 공기

Richard A. Dunlap

예제 10.1

4 m/s로 움직이는 공기 1 m^3의 에너지(J단위로)를 계산하라. 만약 효율 40%의 전기로 변환될 수 있다면 60 W 전구를 밝히는데 얼마나 오랫동안 이 에너지를 사용할 수 있는가?

풀이

식(10.1)에서

$$E = \tfrac{1}{2}d^3\rho v^2.$$

$d = 1$ m, $v = 4$ m/s 그리고 $\rho = 1.204$ kg/m^3에서 에너지는

$$E = (1/2) \times (1\ m^3) \times (1.204\ kg/m^3) \times (16\ m^2/s^2) = 9.6\ J$$

1 J = 1 W·s이고 40%의 효율에서

$$(0.4) \times (9.6\ W \cdot s)/(60\ W) = 0.064\ s$$

이다.

10.3 풍력에서 에너지 얻기

바람으로부터 이용할 수 있는 에너지는 움직이는 공기 한 덩어리로 에너지의 분석을 통해 계산할 수 있다. 그림 10.10은 속도 v로 움직이며 한 쪽의 길이가 d인 정육면체 크기의 공기가 나와 있다. 공기의 한 덩어리는 $d^3\rho$의 질량을 가지며 여기서 ρ는 공기의 밀도이다(1.204 kg/m^3). 그러므로, 움직이는 공기 한 덩어리의 운동에너지는 다음과 같이 나타난다.

$$E = \frac{1}{2}mv^2 = \frac{1}{2}d^3\rho v^2. \tag{10.1}$$

만약 공기 한 덩어리가 그림에서 보여지는 바와 같이 한 면을 통해 나가면 시간은 정육면체가 면을 통해 나가는데 걸리는 시간은 $t = d/v$이 된다. 따라서 에너지는 다음과 같이 나타난다.

$$P = \frac{E}{t} = \tfrac{1}{2}d^2\rho v^3. \qquad \textbf{(10.2)}$$

단위면적당 에너지는

$$\frac{P}{A} = \frac{P}{d^2} = \tfrac{1}{2}\rho v^3. \qquad \textbf{(10.3)}$$

공기의 밀도를 kg/m^{3}으로 속도를 m/s의 단위로 이 식을 다시 쓰면

$$\frac{P}{A} = (0.602\ \text{kg/m}^3)v^3, \qquad \textbf{(10.4)}$$

여기에서 P/A는 W/m^{2}의 단위를 가진다. (kg/m^3) × (m^3/s^3) = kg/s^{3}의 단위를 주목하라. J = kg · m^2/s^2 이고 W = J/s이므로 W/m^2 = (kg · m^2/s^2)/(s · m^2) = kg/s^{3}이 된다.

풍력 발전용 터빈의 목적은 바람의 운동에너지를 가능한 한 많이 기계적 에너지로 변환하여 전기를 생산하는 것이다. 공기 한 덩어리로부터 운동에너지 전부를 뽑아내기 위해서는 공기의 움직임을 멈추게 할 필요가 있다. 이것은 공기가 한 면을 통해서 다른 면으로 빠져나가지 못하도록 터빈을 설계하도록 요구한다. 만약 터빈이 공기의 움직임을 확실히 막게 되면, 공기는 터빈 주변에서 흐르게 되는데 이것이 이상적인 상황은 아니다. 다른 한편으로 만약 터빈이 공기 속도를 약간만 줄였다면 운동에너지 중 작은 부분만을 변환할 수 있게 된다. 최선의 상황은 그 사이에 있는 것인데 보다 자세한 분석에 따른 결과가 그림 10.11에 나와 있다. 거기에서, 때때로 전력 계수라고도 불리는 효율은 터빈을 지나가는 공기의 속도(v_0)와 지나가기 전의 속도(v)의 비율로 나타나 있다. 이 그림은 풍력 발전용 터빈에 의해 이론적으로 얻을 수 있는 최대 효율(Betz limit이라고 불리는)이 59%라는 것을 보여준다.

그림 10.12에는 풍력 터빈의 종류에 따른 효율이 나와 있다. 날개 끝 속도 비율(tip speed ratio)은 실제 풍속에 대한 날개면 또는 회전자에서 가장 빠르게 움직이는 팁 속도의 비율로 정의된다. 이 비율은 풍력 터빈의 설계, 특히 날개면의 설계에 의해 결정된다. 최상의 실제 효율은 빠른 속도의 이중 날개면 설계에서 약 45%가 된다. 현대 3중 날개면 풍력 터빈은 약

예제 10.2

5 m/s의 속도로 바람에 의해 제공되는 전력의 10배를 제공하는 바람의 속도는 얼마인가?

풀이

식(10.4)는 일정 단면적에서의 에너지가 입방체 풍속에 비례한다는 것을 보여준다. 따라서 에너지를 10배로 늘리려면 속도는 10의 세제곱근만큼 증가해야 한다. 따라서 속도는 다음과 같다.

$$(5\ \text{m/s}) \times (10)^{1/3} = 10.8\ \text{m/s}$$

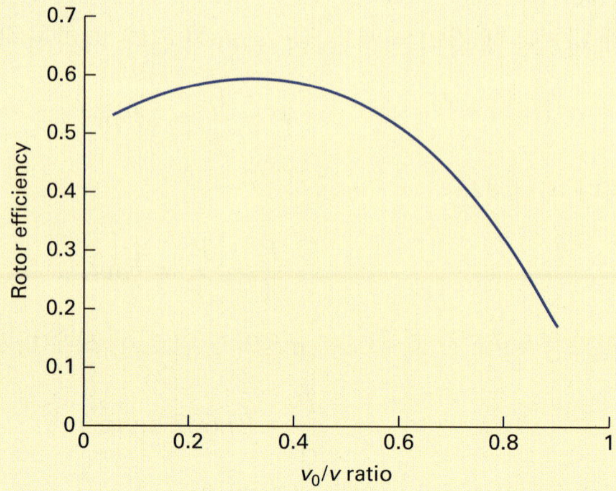

그림 10.11: 풍력 발전용 터빈으로 들어온 공기의 상대적인 속도에 따른 터빈의 효율

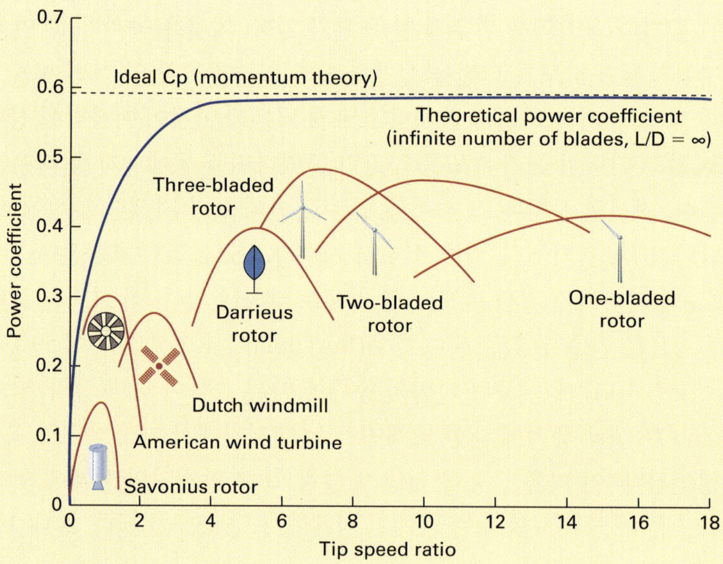

그림 10.12: 서로 다른 풍력 터빈 설계에서 날개 끝 속도 비율에 따른 효율

Based on E. Hau, Wind Turbines: Fundamentals, Technologies, Application Economics, 2nd ed., Springer 2006

40~42%로 근소하게 작은 효율을 가진다. 그러므로 실제 풍력 터빈은 이론적으로 얻을 수 있는 최대 효율의 약 2/3에서 3/4에 도달한다.

식(10.4)와 그림 10.12에 기초하여, 특정 크기의 풍력 터빈에서의 전력 출력은 풍속의 함수로 계산될 수 있다. 예를 들어, 전형적인 삼중 날개 터빈은 약 40%(η = 0.40)의 효율(η)을 가진다. 20 m의 회전자 반경을 가지는 터빈은 풍속 5 m/s에서 다음과 같은 전력을 생산한다.

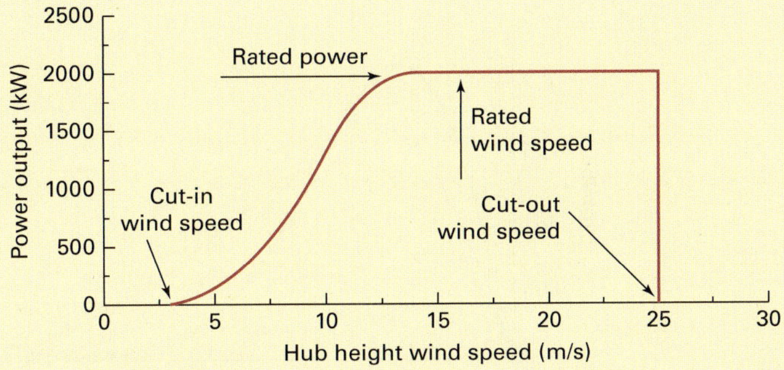

그림 10.13: 2 MW 풍력 터빈의 풍속에 대한 전력 출력

Based on World Energy Council, "2010 Survey of Energy Resources"

예제 10.3

대형 네덜란드 풍차는 직경 30 m의 날개를 가질 수 있다. 만약 그러한 풍차가 풍속 10 m/s에서 최적 날개 끝 속도 비율로 동작을 한다면, 기계적 동력 출력은 몇 kW인가?

풀이

식(10.5)에서 전력은

$$P = (0.602\ \text{kg/m}^3)\eta A v^3$$

이고, 그림 10.2에 나와 있는 것과 같이 네덜란드 풍차의 최대효율은 약 27%이다. 회전자의 면적(m^2)은

$$A = 3.14 \times (15\ \text{m})^2 = 707\ \text{m}^2.$$

가 된다. 따라서 전력(W)은

$$P = (0.602\ \text{kg/m}^3) \times (0.27) \times (707\ \text{m}^2) \times (10\ \text{m/s})^3 = 115\ \text{kW}.$$

$$\begin{aligned} P &= (0.602\ \text{kg/m}^3)\eta A v^3 \\ &= (0.602\ \text{kg/m}^3) \times (0.40) \times (3.14) \times (10\ \text{m})^2 \times (5\ \text{m/s})^3 = 9450\ \text{W} \end{aligned} \tag{10.5}$$

이 식은 전력이 풍속의 세제곱과 비례하고 풍속이 증가함에 따라 크게 증가함을 보여준다. 예를 들어 풍력 터빈은 15 m/s의 풍속에서는 255 kW를 생산하게 된다.

실제 풍력 터빈의 전력은 여러 가지 면에서 이와 같은 단순한 분석과는 다르다. 실제 풍력 터빈의 출력에 대한 전형적인 예는 그림 10.13에 잘 나타난다. 특정 속도(한계속도, cut-in speed) 하에서, 풍력 터빈은 비효율적이며 작은 전력을 생산한다. 한계속도에서 정격속도에 이르기까지 유도된 v^3의 관계식으로 특성은 잘 설명된다. 정격속도 이상에서는 과도한 속도의 결과로써 날개나 발전기 메커니즘에 손상을 줄 수 있는 위험이 있다. 이런 점에서 풍력 터

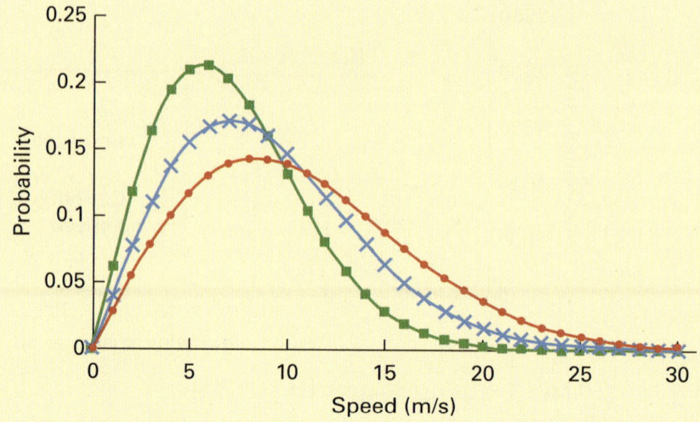

그림 10.14: 각기 다른 평균 풍속 값에서의 풍속에 대한 레일리 분포

빈의 속도는 전형적으로 날개면들의 각도를 조정함으로써 그것들을 의도적으로 덜 효율적으로 만들어 손상을 피하기 위하여 통제가 된다. 다른 측면(한계속도, cut-out speed)에서는, 풍속이 매우 커지게 되었을 때 풍력 터빈은 손상을 피하기 위하여 브레이크를 동작시킴으로써 멈추게 된다.

풍력 터빈으로부터 얻을 수 있는 전력량은 물론 풍력 터빈의 크기와 설계 그리고 바람의 상태에 의해 결정된다. 풍력에 관한 구체적인 내용들을 다음 장에서 논의된다. 그러나 풍력에너지 시스템 설계를 위한 몇 가지 일반적인 고려사항들은 여기에서 논의되는 것이 적절하다. 풍력 터빈의 설계는 지역에 따라 우세한 바람의 상태를 고려해야 한다. 한편으로 풍력 터빈은 너무 많은 시간 동안 한계속도보다 낮은 속도에서 동작을 해서는 안 되는데 그것은 전력을 생산할 수 없기 때문이다. 다른 한편으로 풍력 터빈은 너무 많은 시간동안 정격속도보다 높은 속도에서 동작을 해서는 안 되는데 그것은 효율이 손상을 피하기 위하여 제한되어야 하기 때문이다. 비록 각 지역이 평균 풍속과 연관이 있을지라도 그것은 역시 잘 정의된 풍속의 분포를 가진다. 풍력 터빈의 전력 출력이 풍속의 세제곱에 의하여 증가하고 감소하기 때문에 일정 시간에 걸쳐서 최대 총 에너지를 얻기 위해서는 이러한 분포를 아는 것이 중요하다. 각기 다른 평균 풍속에서의 전형적인 풍속 분포도는 그림 10.14에 잘 나타나 있다. 에너지는 풍속의 세제곱에 비례하기 때문에 에너지 분포에서 정점은 속도 분포의 정점보다 높은 에너지에서 위치한다(그림 10.15). 이러한 결과는 일정 시간에 걸쳐 생산되는 에너지의 가장 큰 부분이 일반적으로 풍속이 평균보다 높을 때 상대적으로 짧은 시간동안에 생겨나기 때문이다.

풍력 터빈의 전력 출력에서 중요한 역할을 하는 요인 중 하나는 고도이다. 수백 미터의 높이까지, 풍속의 높이 의존성에 대한 주된 이유는 일반적으로 이동 영역과 지표면 간 마찰 때문이다. 풍속에 대한 경험적 관계는 다음과 같이 쓸 수 있다.

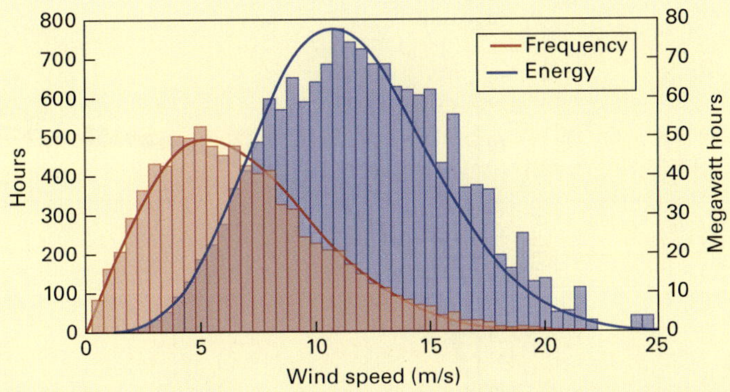

그림 10.15: 전형적인 바람의 상태에 있어서 속도와 에너지 분포 비교. 이 에너지는 100 m 직경의 원에서 풍향의 방향으로 베츠 한계와 같은 효율에서 계산된다.

Based on Sandia National Laboratories, "New Mexico Wind Resource Assessment," Lee Ranch, http://windpower.sandia.gov/other/LeeR-anchData-2002.pdf

$$v(h) = v(h_0)\frac{\ln\left(\frac{h}{\delta}\right)}{\ln\left(\frac{h_0}{\delta}\right)}, \tag{10.6}$$

여기서 h_0은 기준 높이이고 $v(h_0)$은 기준 높이에서의 풍속이다. 변수 δ는 거칠기 길이이고 지형의 유형을 특성화한다. 표 10.1은 다른 형태의 지면들에 대한 거칠기 길이 값을 나타낸다.

그림 10.16은 풍속에 미치는 고도와 표면 거칠기의 영향을 설명한다. 그림은 지상에서 가능한 한 높은 곳에 풍력 터빈을 배치하는 것이 중요함을 보여준다. 따라서, 높은 타워의 상단에 터빈을 위치시키는 것이 확실히 유리하다. 그러나 전력 출력과 설치비용 및 서비스 가능성 사이에 관계가 있다. 계곡의 바닥이 아닌 언덕의 꼭대기에 터빈을 배치하는 것이 유리하다는 것 또한 명백하다. 풍속의 높이 의존성에 대한 거칠기의 영향은, 그림에 설명된 것처럼, 특히 물 위에서와 같이 매끄러운 표면에 대해서는 높이 고려 사항이 덜 중요하다는

표 10.1: 거칠기 길이와 전형적인 지형특성 측면에서의 거칠기 클래스 정의

roughness class	roughness length, δ (m)	typical terrain
0	0.0002	water
1	0.03	open flat agricultural land
2	0.1	fields with some trees
3	0.4	forests or villages
4	1.6	large cities

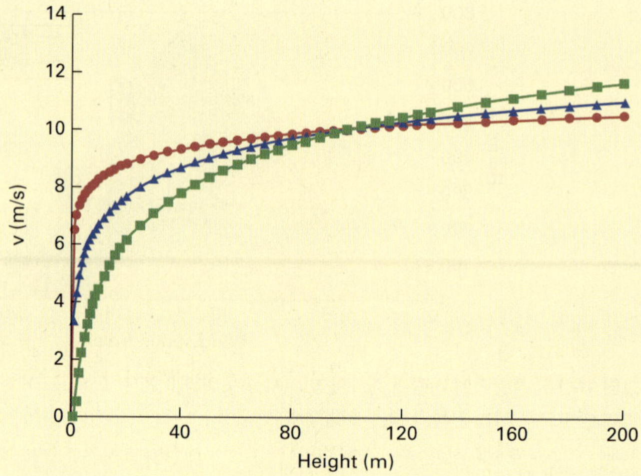

그림 10.16: 다른 거칠기 등급에 대한 고도 함수로서의 풍속의 변화들. 거칠기 등급 0 (원형), 거칠기 등급 2 (삼각형) 및 거칠기 등급 4 (사각형). 식(10.6)의 기준 풍속은 100 m의 기준 높이에서 10 m/s이다.

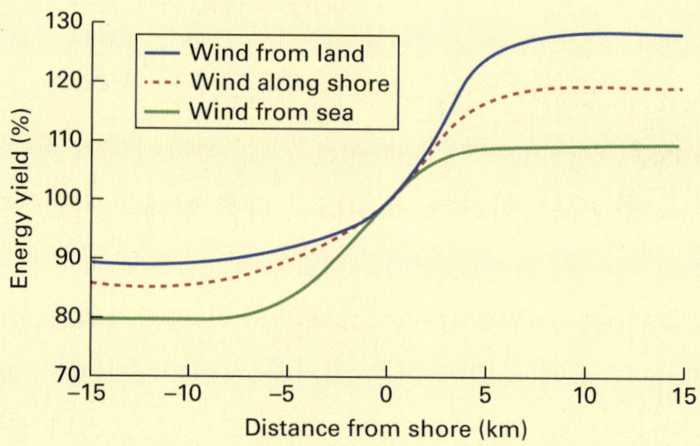

그림 10.17: 해안 가까이에서의 풍력에너지의 변화

Based on M. R. Patel, Wind and Solar Power Systems, Design, Analysis, and Operation. CRC Press, 2006

것을 보여준다.

해변 가까이에 설치하는 것은, 바람이 내륙보다 해안 가까이에서 보다 강하기 때문이다(그림 10.17). 해안에서 수 킬로미터 떨어진 위치에 풍력 터빈을 놓게 되면 보다 많은 에너지를 생산할 수 있고 또한 설비의 환경적인 영향을 최소화 할 수 있게 돕는다. 이것은 후에 다시 논의하도록 한다.

다수의 풍력 터빈을 포함한 시설에서는 (일반적으로 풍력 발전 지역(wind farm)이라 불리는), 풍력 터빈의 상대적인 위치가 중요하다. 만약 그것들이 너무 멀리 떨어져 있으면, 시설은 필요보다 더 넓은 땅을 차지할 것이다. 만약 그것들이 너무 가까이 함께 위치하면, 각 풍

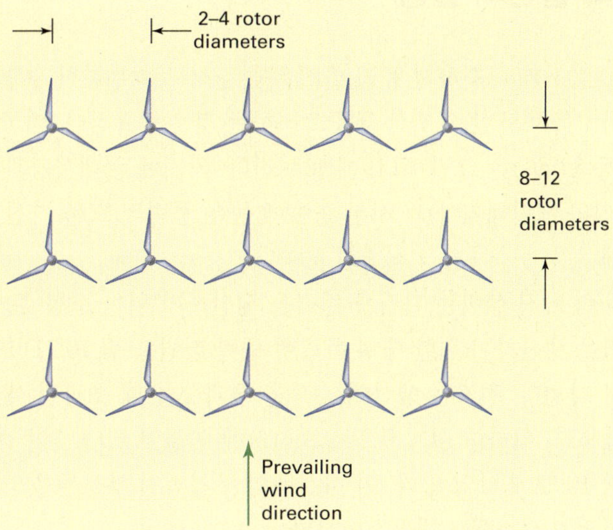

그림 10.18: 풍력 발전 지역에서의 풍력 터빈의 최적 위치 조건. 거리는 회전자 직경의 함수로 나타난다.

력 터빈은 그것의 최적 출력에 도달할 수 없게 될 것이다. 그림 10.18은 풍력 발전 지역에서의 풍력 터빈의 최적 위치 조건을 보여준다.

예제 10.4

만약 풍속이 낮 12시간 동안에는 12 m/s이고 밤 12시간 동안에는 3 m/s라면, 하루 동안 풍력 터빈에 의해 생산되는 총 에너지 중 낮 시간 동안 생산되는 에너지의 비율은 얼마인가?

풀이

시간 t동안 터빈에 의해 생산되는 에너지는 식(10.5)에서 다음과 같이 구해진다.

$$E = (0.602\ \text{kg/m}^3)\eta A v^3 t.$$

그러므로 특정 풍력 터빈에서 특정 시간 동안 생산되는 총 에너지는

$$E = (\text{상수})v^3 t.$$

따라서 낮 시간 동안 생산되는 에너지는

$$E = (\text{상수})(12\ \text{h})v_{\text{day}}{}^3,$$

이고, 밤 시간 동안 생산되는 에너지는

$$E = (\text{상수})(12\ \text{h})v_{\text{night}}{}^3,$$

이며, 총 에너지는

$$E = (\text{상수})(12\ \text{h})(v_{\text{day}}{}^3 + v_{\text{night}}{}^3).$$

이다. 그러므로 하루 동안 생산되는 총 에너지 중 낮 시간 동안 생산되는 에너지 비율은

$$\text{에너지 비율} = \frac{v_{\text{day}}{}^3}{v_{\text{day}}{}^3 + v_{\text{night}}{}^3} = \frac{(12\ \text{m/s})^3}{(12\ \text{m/s})^3 + (3\ \text{m/s})^3} = 0.98.$$

이다. 이것은 에너지의 대부분이 바람이 가장 강할 때 생산된다는 것을 알 수 있다.

10.4 풍력 발전의 활용

태양 발전과 비슷하게 풍력 발전은 본질적으로 무한한 수명을 가진다. 그러나 얼마나 많은 에너지를 이용할 수 있는지를 고려하는 것은 중요하다. 미국의 여러 지역에서 80 m 높이 평균 풍속(m/s)은 그림 10.19에 보여진다. 거기에는 대서양과 태평양 연안을 따라 산악 지역(로키와 애팔래치아)과 서부 평야에 높은 풍력 밀도를 가진 지역들이 있다. 이 지역들은 풍력에너지 개발에 가장 적합한 곳이다.

풍력 발전 설비는 가정용 전력을 생산하기 위한 소형 주거용 시설(그림 10.20)과 그리드 전력을 생산하기 위한 대형 독립형 풍력 터빈(그림 10.21) 또는 풍력 발전 지역(그림 10.22)으로 나뉜다. 전자는 생산이 수요를 초과했을 때 초과된 에너지를 공동 시설로 다시 팔 수 있게 하기 위하여 실제적으로 그리드에 연결이 된다. 전형적인 풍력 터빈의 그리드 연결은 그림 10.23에 나와 있다. 이 시스템의 구체적인 부분들을 9장에서 보여진 그리드가 연결된 태양전지 시스템과 대동소이하다.

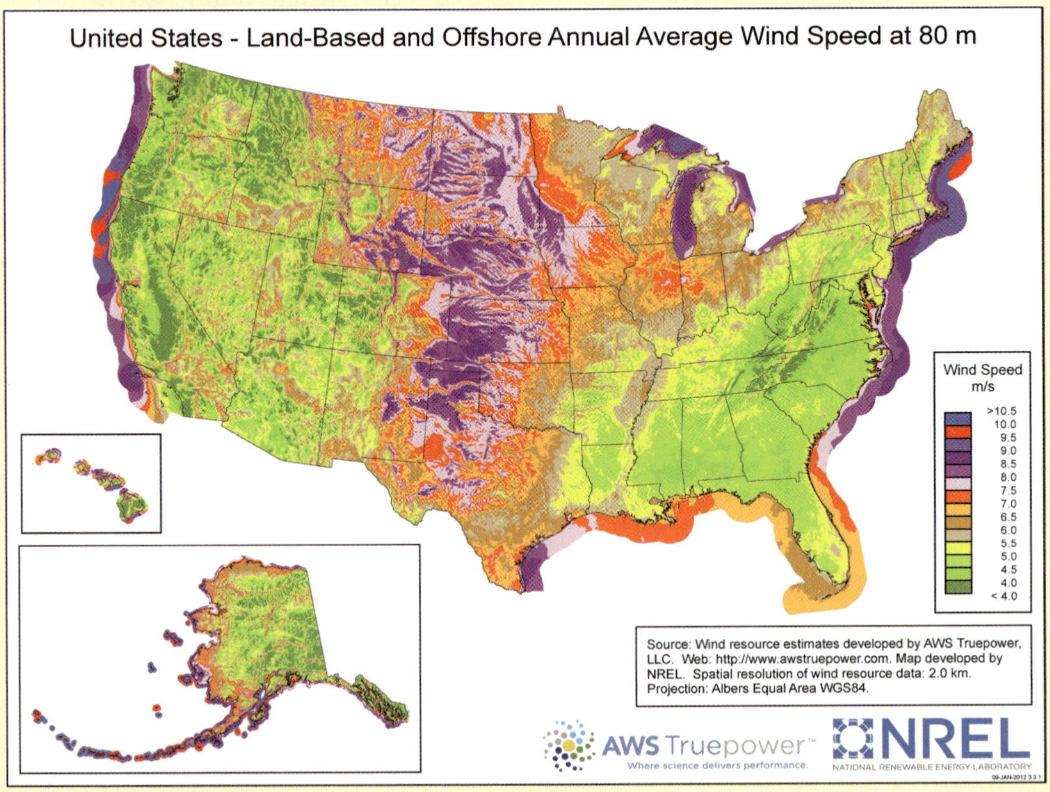

그림 10.19: 미국 내륙 및 해상 현장의 경우 80 m 높이에서의 평균 풍속

NREL

그림 10.20: 소형 주거용 풍력 터빈

Richard A. Dunlap

그림 10.21: Enercon E-92 WTG 2.3 MW 터빈. 허브 높이는 98 m이고 로터 직경은 92 m.

Richard A. Dunlap

그림 10.22: Amherst, Nova Scotia의 풍력 발전 단지. 이 농장은 각각 2.1 MW 등급의 15개의 Suzlon S97 터빈으로 구성된다.

Richard A. Dunlap

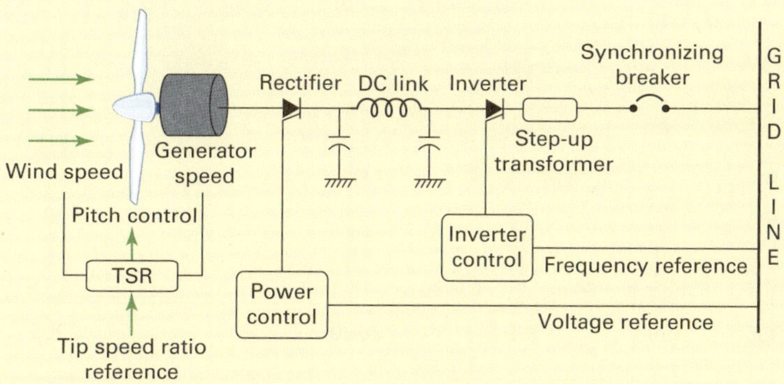

그림 10.23: 그리드가 연결된 풍력 터빈 시스템 도식도

Based on M.R. Patel, Wind and Solar Power Systems: Design, Analysis, and Operation (2nd ed.), CRC Press 2006

ENERGY EXTRA 10.1
풍력 터빈 크기의 제약

풍력에너지 이용의 증가는 덴마크, 스페인 그리고 독일에서 명백하게 보여질 뿐만 아니라 북미 대륙, 인도, 중국을 포함한 전 세계에 걸쳐 많은 지역에서 보다 적극적인 개발이 이루어지고 있다. 이러한 개발들은 보다 큰 풍력 터빈의 설계를 유발시키고 있다. 그림 10.18의 간단한 분석은 회전자의 전체 면적이 동일한 조건에서 몇 개의 대형 풍력 터빈으로 구성이 된 풍력 발전 지역이 많은 수의 소형 풍력 터빈으로 구성된 풍력 발전 지역과 같은 에너지를 생산한다는 것을 보여준다. 그러나 대형 풍력 터빈은 두 가지 기본적인 이유에서 유리하다. 첫째, 터빈이 대형화 될수록 높이 또한 커진다. 그림 10.16에서 보는 바와 같이 풍력의 전력 밀도는 높이에 따라 증가한다(적어도 특정 지점까지는). 다른 이유는 기반 시설 비용이 터빈의 비용 뿐만 아니라 통제 시스템과 그리드 연결까지 포함한다는 것이다. 이러한 비용은 풍력 터빈의 수가 줄어들수록 작아진다.

시간에 따른 가장 큰 보통의 풍력 터빈의 크기는 다음 그림에서 잘 나타나 있다.

현재, 가장 큰 풍력 터빈은 Enercon E-126(2007년 도입)인데 7.58 MW의 정격용량, 198 m의 높이(엠파이어 스태이트 빌딩 높이의 절반보다 큰)를 가진다. 풍력 터빈의 전력 용량이 커짐에 따라 높이와 나셀의 무게가 증가한다. 이것은 타워의 높이가 더 커지고 그것을 포함한 나셀의 무게를 견딜 수 있을 만큼 더 무거워져야 함을 의미한다. Enercon E-126의 크기는 현재의 설계 및 재료의 기술력으로 건설될 수 있는 풍력 터빈의 크기에 의해 결정된다.

풍력 터빈의 크기를 확장하는 한 가지 방법은 초전도 권선(superconducting winding)을 이용하여 발전기의 질량을 감소하는 것이다(초전도체에 대한 자세한 내용은 2장 및 18장 참조). The American Superconductor Corporation은 미 에너지국과 협조하여 10 MW의 초전도성 풍력 터빈의 설계를 연구해왔다. 제안된 설계는 10 MW의 비초전도체 터빈의 300 t 무게와 비교하여 약 120 t의 무게를 가진다. 이러한 방법은 20 MW 풍력 터빈을 만드는 것을 가능하게 한다.

더 높은 전력 용량의 풍력 터빈을 설계하는 다른 방법은 현재의 수평 방향의 구조를 포기하는 것이다. 수직축

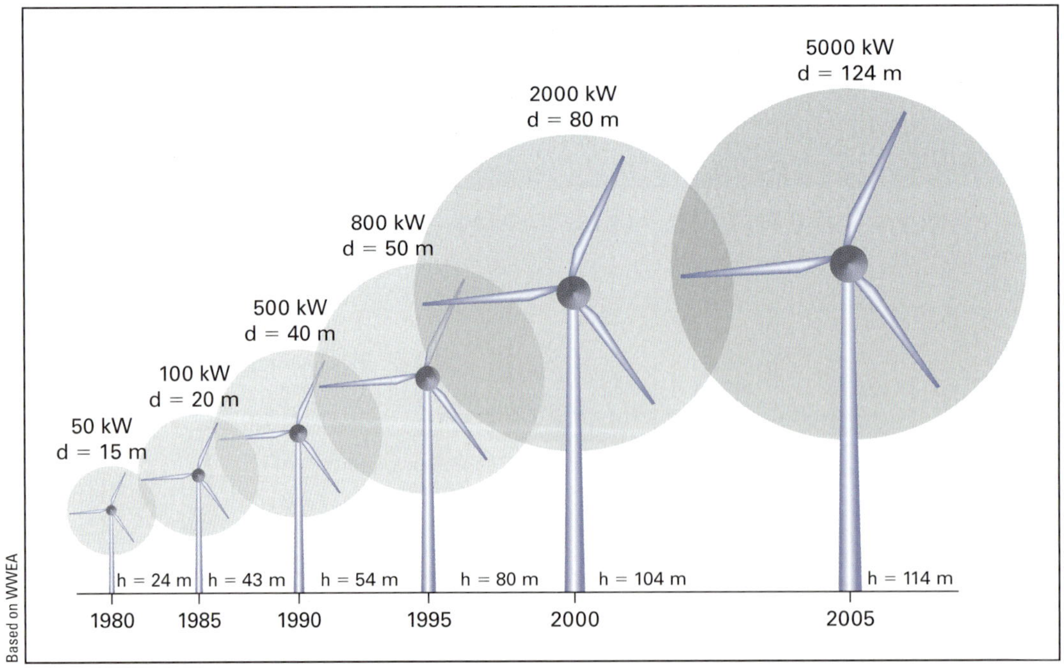

시간에 따른 가장 큰 풍력 터빈의 크기와 전력 용량 (d = 직경, h = 높이)

풍력 터빈은 발전기가 회전자 아래의 정적인 구조체 안에 위치하게 함으로써 수평축 설계의 제안 요소들을 완화할 수 있게 한다. 실험적인 수평축 터빈의 몇 가지 예시들이 다음 사진에 나와 있다.

토의 주제

구조적인 고려와 더불어, 구성요소들의 운반과 조립 역시 터빈의 크기를 제한하는데 특히 하나의 개체로 제조되어 터빈 지역으로 운송되어야 하는 터빈의 날개를 생각할 수 있다. 북미 대륙의 표준 운송 트레일러는 14.6~16.2 m의 길이를, 영국은 13.7 m의 길이를 가진다. 표준 트럭 운송 방법을 사용하여 고속도로에서 운송되는 구성요소들로 만들어지는 풍력 터빈의 전력 용량은 얼마인가? 오늘날 대형 풍력 터빈의 날개를 운송하는데 있어서 특별한 고려가 요구된다. 만약 유튜브에서 풍력 터빈 날개 운송을 찾게 되면 몇 가지 흥미로운 내용을 발견할 수 있을 것이다. 잠재적으로 이상적인 풍력 발전 지역과 양립할 수 있는 고속도로 시스템에 대해서 논의하라.

Martin Bond/Science Source

실험용 수직축 풍력 터빈의 예

우리는 풍력으로부터 이용할 수 있는 에너지양을 대략적으로 산출해 낼 수 있다. 예를 들어, 350 W/m^2의 전형적인 값에서 (풍력에너지를 개발하기 위하여 유리한 조건을 가지는 지역에 해당하는), 직경 50 m의 날개와 40%의 효율로 동작을 하는 하나의 풍력 터빈에서 생산되는 에너지는 다음과 같다.

$$P = 350\ \text{W/m}^2 \times 3.14 \times (25\ \text{m})^2 \times 0.4 = 275\ \text{kW}. \qquad (10.7)$$

그림 10.18에서 보여지는 것과 같이, 한 방향에서 3개의 회전자 직경과 다른 방향에서 10개의 회전자 직경을 가지는 평균 위치값을 이용하면 풍력 터빈당 150 m × 500 m(또는 0.075 km^2)의 면적을 얻을 수 있다. 이것은 풍력에너지로부터 약 275 kW/0.075 km^2 = 3.6 MW_e/km^2을 얻을 수 있다는 것을 의미한다. 주목할 점은, 첫 번째 근사와 특정 한계 내에서 풍력 터빈에 의해 생산되는 에너지는 회전자 직경의 제곱에 비례한다는 것이다. 풍력 터빈의 최적화된 위치는 북남과 동서 방향 둘 다에서 회전자의 직경에 비례한다(그림 10.18). 그러므로 주어진 면적내에서 수용할 수 있는 풍력 터빈의 수는 회전자의 직경에 반비례하게 된다. 따라서 총 에너지는 대략적으로 회전자의 직경에 영향을 받지 않게 된다. 그러나 다른 요인들 예를 들어 풍속의 전형적인 고도 의존성이 고려될 때 보다 큰 풍력 터빈이 명백하게 유리하다.

풍력 발전을 위하여 요구되는 입지조건의 예시에서 보는 바와 같이, 미국 대평원의 대규모 풍력 생산을 위해 가장 최상의 후보가 되는 지역에 대해 고려해야 한다. 노스 다코타, 사우스 다코타, 네브라스카, 캔사스, 오클라호마 그리고 텍사스를 포함한 미국 중부를 관통하는 지역은 약 1.7×10^6 km^2의 면적을 가진다. 3.6 MW_e/km^2의 전력 밀도에서 이것은 대평원 지역에서 $(1.7 \times 10^6\ km^2) \times (3.6 \times 10^6\ W_e/km^2) = 6.1 \times 10^{12}\ W_e$의 총 에너지 용량을 생산한다. 2장의 데이터에서 얻은 약 3.8×10^{12} W의 미국 총 전력 요구량 추정치와 비교하면 국가의 에너지 필요량을 충족시키기 위한 적정 공간으로 국토의 절반 이상을 이용해야 함을 의미한다. 많은 지역들이 풍력 터빈에 부적합하기 때문에 미국에서의 모든 에너지 수요를 풍력에너지로부터 공급받을 수 있는 가능성은 매우 희박하다. 그러나 현재 풍력 발전의 비용(표 2.6)은 다른 에너지원을 보충할 수 있는 매력적인 대안으로 나타난다.

모든 지역에서 바람의 상태는 예측하기가 어렵고 수일 전에 미리 확실성을 가지고 예보하기가 불가능하기 때문에, 풍력에너지로부터 그리드에 전력을 안정하게 공급하는 것은 힘들다. 매순간 충분한 에너지 공급을 확실하게 하기 위해서, 풍력에너지는 다른 에너지원과 결합될 필요가 있다. 태양전지와 함께, 대규모 풍력 발전 설비를 가지는 적합한 에너지 저장 시스템과 통합될 필요가 있다. 에너지 저장은 18장에서 논의될 것이다.

가장 큰 설치용량을 가진 나라들의 풍력에너지 개발상황은 표 10.2에 요약되어 있다. 몇

표 10.2: 용량이 2 GW_e 이상인 국가들의 2015년 기준 설치된 풍력 발전량.

country	installed capacity (MW_e)	population (10^6)	installed capacity per capita (W_e)
China	145,104	1376.0	105.5
United States	72,578	321.8	225.5
Germany	44,947	80.7	557.0
India	25,088	1311.1	19.1
Spain	23,008	46.1	499.1
United Kingdom	13,855	64.7	214.1
Canada	11,200	35.9	312.0
France	10,358	64.4	160.8
Italy	9126	59.8	152.6
Brazil	8715	207.8	41.9
Sweden	6025	9.78	616.1
Poland	5100	38.6	132.1
Denmark	5063	5.67	892.9
Portugal	5034	10.3	488.7
Turkey	4694	78.7	59.6
Australia	4187	24.0	174.5
Netherlands	3431	16.9	203.0
Romania	3244	19.5	166.4
Mexico	3073	127.0	24.2
Japan	3035	126.6	24.0
Ireland	2486	4.69	530.1
Austria	2411	8.54	282.3
Belgium	2229	11.3	197.3
Greece	2152	11.0	195.6

그림 10.24: 덴마크 해안 풍력 발전 지역

Tony Moran/Shutterstock.com

그림 10.25: 캘리포니아 San Gorgonio Pass의 풍력 발전 지역. 풍력 터빈 열들이 명확히 보인다.

Tim Roberts Photography/Shutterstock.com

몇 국가는 풍력 발전에 대해 매우 진지하였다. 절대적으로, 중국은 최근 몇 년 동안 가장 큰 풍력 용량을 설치했다. 북유럽과 서유럽 국가들도 풍력 발전을 추구하는 데 적극적으로 노력하고 있다. 특히 덴마크는 1인당 발전 용량이 가장 크며 풍력 발전은 현재 발전량의 약 30%를 차지한다. 덴마크의 해안 풍력 발전 지역(그림10.24)은 특히 주목할 가치가 있다. 이는 더 큰 해안 풍력에너지의 이점을 가지며 환경적인 영향들을 완화하는데 도움을 준다.

풍력에너지는 (비록 심각하지는 않을지 몰라도) 몇 가지 환경적인 문제점을 가진다. 소위 청정에너지원이라 불리우는 다른 에너지원와 마찬가지로, 만약 그것의 설비와 구조물의 제조 및 유지보수가 모두 친환경적인 요인으로부터 오는 에너지를 사용한다면 진정으로 청정에너지라고 할 것이다. 풍력에너지 생산의 환경적인 요인들은 그것 자체로 상당히 적다. 주요 요인은 다음과 같이 나타난다.

1. 소음
2. 야생동물에 대한 영향
3. 입지 사용에 대한 영향
4. 미학적 요인

모든 풍력 터빈은 소음을 발생시킨다. 소형 풍력 터빈은 주거용 전기 생산을 위해 사용되는 용도가 대부분인데 그들이 가장 심각한 소음을 발생시킨다. 이것은 효율적인 동작을 위해 날개 끝 속도 비율에 도달하기 위해서 필요한 회전자의 회전 주파수가 더 크기 때문이다. 대형 풍력 터빈은 보통 더 소음이 적고 더 낮은 주파수에서 소음을 발생시킨다. 이것은 이러한 설비 가까이에 살고 있는 주거자들에게 상당히 성가신 부분이 될 수 있으며, 장기간 건강에 미치는 소음의 영향을 주의 깊게 고려해야 할 필요가 있다.

새들과 박쥐들은 풍력 터빈으로부터 위험에 노출되며, 때때로 이것은 공공의 관심사가 되어 왔다. 모든 관련 연구들은 풍력 발전의 사용이 크게 증가되더라도 판유리창, 차량, 및 전선이 조류와 박쥐에 미치는 위험도가 풍력 터빈보다 수십배 더 크다는 결과를 나타

ENERGY EXTRA 10.2
풍력 터빈 사고들

표 6.8은 화석연료만큼 심각하지는 않지만 풍력 발전이 다른 형태의 재생에너지보다 인간에게 더 큰 위험을 가져온다는 것을 보여준다. 태양에너지와 마찬가지로, 풍력에너지는 수력과 핵과 같은 다른 에너지와 비교할 때 저에너지 밀도 자원이다. 따라서, 그림 6.34에 설명된 것처럼, 단위 설치 용량당 상당량의 생산설비들을 필요로 한다. 전 세계적으로 풍력 터빈의 수가 증가함에 따라, 사고 횟수도 증가한다. 이 추세는 그림에 나와 있다.

풍력에너지 관련 사고는 몇몇 다른 범주로 분류된다. 풍력 터빈 부품의 제조와 설치에 관련된 사고가 있다. 이동해야 하는 구성요소의 크기로 인해 운송 사고가 심각하다.

풍력 터빈 운영 관련 사고들은 일반적으로 세 가지 카테고리로 분류한다. 가장 일반적인 것은 터빈 블레이드 고장이다. 이러한 고장은 부품 결함이나 부적절한 유지보수 때문일 수 있지만 회전 빈도를 제한하도록 설계된 제어 메커니즘의 고장과 관련이 있는 경우도 종종 있다. 블레이드 고장과 관련된 주요 위험은 터빈이 블레이드 조각을 상당히 먼 거리로 날려 버릴 수 있다는 것이다.

두 번째로 가장 일반적인 풍력 터빈 사고 유형은 나셀(nacelle), 특히 발전기와 관련된 화재이다. 이런 화재는 번개가 칠 때 가장 일반적으로 발생하지만 나셀 내부의

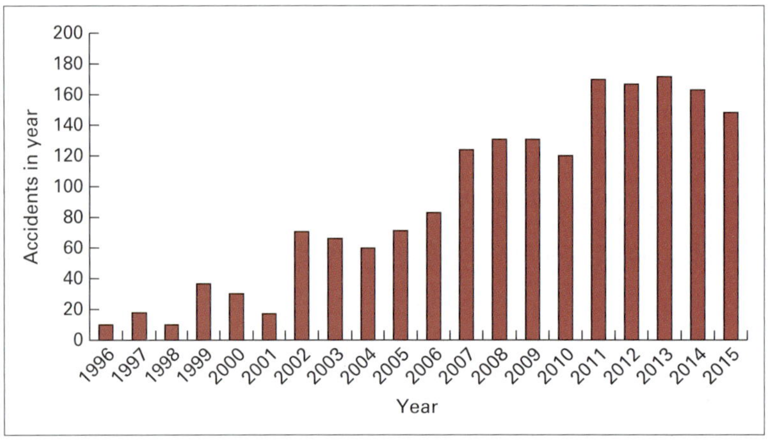

Based on Caithness Windfarm Information Forum - CWIF, www.caithnesswindfarms.co.uk

1990년대 중반 이후 연도별 풍력에너지 관련 사고의 수.

Ali Kemal Akan/Anadolu Agency/Getty Images

터키 Afyonkarahisar의 풍력 터빈 블레이드와 관련된 교통 사고

전기 고장으로 인해 발생할 수도 있다. 산림 지역에서는, 터빈 화재가 주변 지역으로 퍼질 수 있다. 풍력 터빈 화재와 관련된 주요 어려움은 대부분의 상용 터빈의 나셀이 너무 높아서 소방 방법이 화재에 접근할 수 없다는 것이다.

풍력 터빈에 영향을 줄 수 있는 세 번째 유형의 사고는 타워의 구조적 고장이며, 이는 구조적 결함 또는 유지보수의 불량으로 인해 발생할 수 있지만 다른 구성요소의 고장의 결과일 수도 있다.

많은 풍력에너지 관련 사고로 인해 사망자가 발생했다. 1970년대 이래, 164명이 풍력에너지 운영의 결과로 사망했다. 이 중 96명은 풍력에너지 산업 종사자의 산재 사망자이며 나머지 68명은 일반 사망자이다. 2000년 이후 매년 치명적인 사고 건수가 그림에 나와 있다. 사망자 수는 사망 사고 수보다 다소 많으며 경우에 따라 사고로 인해 여러 명의 사망자가 발생하기도 한다. 풍력 터빈의 수가 증가함에 따라 매년 사망자 수가 매년 증가했지만, 지난 몇 년 동안은 감소했다. 이 추세의 통계적 유의성을 결정하기 위해 추가 데이터가 필요하다.

dpa picture alliance archive/Alamy Stock Photo

화재로 손상된 풍력 터빈

northlight/Shutterstock.com

풍력 터빈 블레이드 손상

ZU_09/iStock/Getty Images Plus

독일 Central Saxony의 Leisnig 근처 풍력 터빈의 손상된 타워

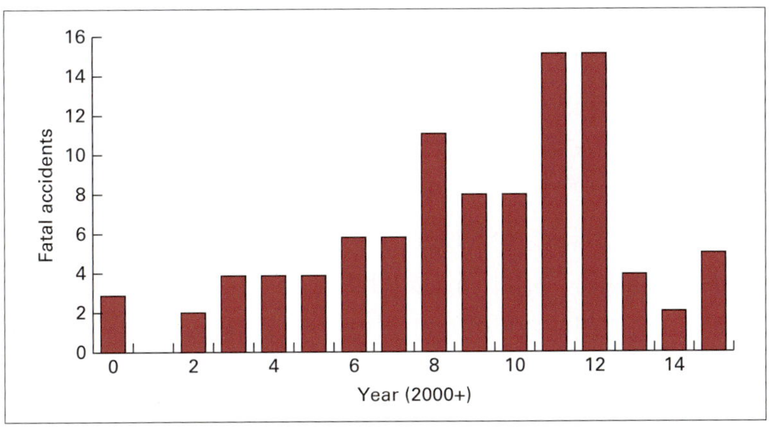

Based on Caithness Windfarm Information Forum - CWIF, www.caithnesswindfarms.co.uk

2000년 이후 매년 치명적 풍력에너지 관련 사고의 수

토의 주제

이 ENERGY EXTRA 박스에 풍력에너지 관련 사망자 데이터와 생성된 GWy_e 풍력에너지에 대한 이 장의 정보를 기반으로 표 6.5에 주어진 석탄 및 원자력 대비 풍력에너지 사망률을 논의하시오.

내었다.

풍력 발전을 개발하기 위하여 야생지역의 삼림 벌채는 중요한 관심사이지만 농지의 사용과 풍력 발전을 양립할 수 있다. 우세한 바람의 방향에 따라 풍력 발전 지역의 풍력 터빈의 열과 열 사이 공간은 거의 킬로미터에 육박한다(그림 10.25). 풍력 발전과 농사를 위해 중서부에서 토지를 이중으로 사용하는 방법은 매력적인 선택이다.

풍력 발전 지역은 확실히 풍경 모습을 바꾸며(그림 10.22), 이것은 다른 에너지 생산 방법들의 영향을 확인할 수 있는 관련 요인으로 고려될 수 있다. 해안 풍력 발전 지역은 대양의 미학적 부분에 영향을 준다(그림 10.24). 물론 항해에 있어서 가능한 부정적인 요소들을 최소화해서 위치해야 한다.

10.5 요약

풍력에너지는 화석연료 에너지원을 대체할 수 있는 대안으로서 많은 관심을 끌어왔다. 풍력은 다른 대체에너지원과 비교하여 많은 중요한 이점과 상대적으로 적은 단점을 가진다. 환경적으로 적합한 에너지원으로서 풍력의 매력이 최근에 그것의 성장을 이끌어 왔다. 개발에 적합한 풍력에너지원은 거의 전 세계의 모든 지역에 걸쳐서 이용이 가능하다. 풍력에너지의 이용을 위한 기초적인 기술은 신뢰할 수 있으며, 견고하게 확립되었고 꽤 비용 면에서 효율적이다. 풍력에너지는 상대적으로 안정하고 전체적으로 환경에 대한 우려가 적다.

이 장은 풍력 터빈의 다양한 종류를 살펴보는 것으로 시작하였는데 여기에는 다레니우스 회전자와 같은 수직축 터빈 뿐만 아니라 보다 흔한 수평축 터빈을 포함한다.

이 장은 풍력에너지의 물리적 기본 개발을 다루면서, 움직이는 공기가 가지는 에너지는 속도의 세제곱에 비례한다는 것을 보여준다. 풍력 터빈은 바람의 속도를 늦춤으로써 그것으로부터 에너지를 가져온다. 그러나 모든 에너지를 가져올 수는 없는데 그것은 풍력 터빈이 공기의 속도를 줄일 뿐 완전히 멈추게 할 수 없기 때문이다. 움직이는 공기로부터 변환할 수 있는 에너지의 최대치는 약 59%로, 이를 베츠의 법칙이라 한다. 실제적으로 풍력 터빈은 보통 약 40%의 효율을 가진다. 효율은 날개 끝 속도 비율, 즉 바람의 속도에 대한 날개면 꼭대기의 속도 비율에 의해 결정이 된다. 각각의 풍력 터빈의 구조는 최적화된 날개 끝 속도 비율을 가진다.

이 장에서는 바람의 성질과 그것의 터빈 동작과의 관계에 대해서 살펴보았다. 보통의 풍속 분포는 레일리 분포로 주어진다. 에너지는 풍속의 세제곱에 비례하기 때문에 에너지 대부분은 풍속이 빠른 짧은 시간동안 얻어진다. 어느 시점까지 풍속은 고도에 따라 증가한다. 이것은 비록 구조적인 설계와 유지보수 사이에서 균형이 요구된다 할지라도 높은 타워 꼭대기에 터빈을 위치시키는 것이 유리하다는 것을 명백하게 보여준다. 또한 풍력에너지는 보통 육지에서 작고, 대양에서는 약 5 km 가까이 거리에 따라 증가한다. 육지에서는 풍력에너지원이 다양한 지리학적, 기후적인 특징에 의해 영향을 받는다. 미국에서는 산악지형과 중앙 대평야를 가로질러 가장 큰 풍력에너지원을 얻을 수 있다.

풍력 발전 지역의 설계가 이 장에서 논의되었다. 최적의 풍력에너지를 얻기 위하여, 터빈은 회전자의 지름에 따라 배치되어야 한다. 풍력에서 에너지 밀도가 낮은 것은 풍력 발전 지역을 수용하기 위하여 꽤 넓은 용지 면적이 필요하다는 것을 의미한다. 해안 풍력 발전 지역은 육지 지역의 용지가 필요 없고 해안가의 바람이 보다 높은 에너지 밀도를 가지고 있다는 점에서 이점을 가진다.

최근에는 풍력에너지를 이용하기 위한 진취적인 노력이 계속되어 왔다. 유럽연합, 특히 덴마크, 스페인 그리고 독일에서 지속가능한 개발이 이루어져 왔다. 인도 역시, 적극적인 풍력에너지 프로그램을 가지고 있으며 최근에 정격 용량에서 상당한 향상을 보여 왔다.

연습문제

10.1 거칠기 등급이 2인 토지에 위치한 효율이 45%인 10 m 직경의 풍력 터빈에 대해, 50 m 높이에서 10 m/s의 풍속을 가질 경우 허브 높이 20 m에서 120 m까지의 생성 전력을 계산하라.

10.2 (a) 그림 10.18에서 보여진 평균적인 공간 배치를 가지는 그리드에서 40% 효율을 가지는 지름 10 m 직경의 풍력 터빈으로 구성된 풍력 발전 지역을 생각하라. 풍속이 6 m/s일 때 전력 출력을 kW/m^2 단위로 나타내어라.

(b) (a)의 결과를 효율 18%를 가지는 1 km^2 태양전지 어레이의 24시간 평균 출력과 비교하라. 평균 (전 세계적인) 일사량 조건을 가정하라.

10.3 40 m 지름의 회전자를 가지는 풍력 터빈이 풍속 10 m/s에서 287 kW의 출력을 생산한다. 그것의 효율은 얼마인가?

10.4 42% 효율을 가지는 풍력 터빈이 풍속 13 m/s에서 1 MW의 출력을 생산한다. 회전자의 지름은 얼마인가?

10.5 풍속은 하루 동안 끊임없이 변화한다. 풍력 터빈에 의해 생산되는 일일 평균 전력은 하루 동안 풍속에 따라 평균적으로 얻어지는 전력을 의미한다. 효율 37%, 지름 20 m를 가지는 풍력 터빈이 만약 24시간 동안 다음과 같은 풍속을 가진다고 할 때 평균적

인 전력을 구하여라.

- 4시간 동안 2 m/s
- 16시간 동안 8 m/s
- 3시간 동안 14 m/s
- 1시간 동안 17 m/s

10.6 주거 소유주가 공공 시설로부터 전기를 보충하기 위하여 2 m의 지름의 회전자를 가지는 풍력 터빈을 설치한다. 터빈, 관련된 전자 장치들 그리고 에너지 저장 시스템 (배터리)을 총 비용은 미화 10,000달러이다. 만약 터빈의 효율이 35%, 에너지의 이용 및 저장에 있어서 효율이 100%라고 가정하면, 투자금을 회수할 수 있는 기간은 얼마인가? 이때 유지 보수 비용은 거의 없고, 원가 보상 요인은 통합되며, 공공 시설로부터의 전기 비용은 kWh당 미화 0.1달러이며, 풍속은 12 m/s로 변화가 없다.

10.7 다레니우스 회전자가 1,500 m^2의 면적에서 최적화된 날개 끝 속도 비율로 동작을 한다. 풍속이 20 m/s의 바람에서 그것의 전력 출력은 얼마인가?

10.8 우수한 풍력에너지원을 가지는 나라가 풍력에너지의 개발을 위하여 국책 사업을 결정한다. 육지 면적의 10%가 1인당 1.5 kW_e 풍력에너지를 위하여 할애될 예정인데, 이것은 대략적으로 산업화된 나라의 한 사람에 의해 사용되는 전기량이다(2장). 80 m 지름의 회전자를 가지는 2 MW 풍력 터빈(ENERGY EXTRA 10.1)이 그림 10.18의 평균 배치 공간에 놓인다. 바람의 조건에 따라 평균적인 출력은 터빈당 650 kW_e이다. 이 사업 계획과 일치하는 최대 인구 밀도를 계산하라. 지리학적 정보를 독일, 스페인, 인도 그리고 덴마크에 맞추고(그들 모두 적극적인 풍력 발전 프로그램을 가지고 있다), 각각의 이러한 나라들에서 이 목표를 달성하기 위한 가능성에 대해 논의하라.

10.9 (a) 두 장소의 평균 풍속이 동일하다. 한 장소는 10 m/s의 일정한 풍속을 갖는 반면 다른 장소는 하루에 12시간 동안 5 m/s의 풍속과 나머지 12시간은 15 m/s의 풍속을 가진다. 두 위치에서 동일한 풍력 터빈에 대해 매일 생산되는 총 에너지를 비교하라.

(b) 풍속이 하루에 12시간 동안은 0 m/s, 12시간 동안 20 m/s인 장소에 대해 (a)를 고려해 보아라.

10.10 속도가 12 m/s인 바람은 로터 직경이 90 m인 세 개의 날개를 가진 풍력 터빈에 유입된다.

(a) 터빈으로 전달되는 바람의 힘은 얼마인가?

(b) 바람에서 추출할 수 있는 최대 출력은 얼마인가?

(c) 최대 출력이 생성될 때 로터의 각속도(ω/s)는 얼마인가?

10.11 아래 각 바람에 대해 해상에서의 풍속에 대한 10 km 연안 풍속의 비율을 추정하시오. (a) 육지로부터의 바람, (b) 해안을 따르는 바람, 그리고 (c) 바다로부터의 바람.

10.12 Royal Clipper(그림 10.1)는 5200 m^2의 총 항해 면적을 갖는다. 본문에 제시된 대형 범선의 총 전력에 대한 추정치가 합리적임을 보여라.

10.13 허브 높이가 40 m인 두 개의 동일한 풍력 터빈을 고려해라. 하나는 평평한 농지에 있고 다른 하나는 숲 위에 있다. 두 경우 모두 100 m의 높이에서 풍속이 10 m/s라면 이 두 터빈의 상대 출력 전력은 얼마인가?

10.14 (a) 3개의 로터 직경 측풍과 10개의 로터 직경 측풍의 풍력 터빈 간격에 대해, 풍력 발전 단지의 단위 면적당 생성된 전력은 로터의 직경과 무관하고

$$\frac{P}{A_{\text{land}}} = \frac{\pi\rho\eta}{240}v^3,$$

갈음을 보여라. 여기서, ρ은 공기 밀도이고 η는 터빈 효율이다.

(b) 속도가 m/s로 측정될 때, 단위 면적당 전력은 kg/s^3임을 보여라.

(c) (a) 부분에 대한 답변에서 허브 높이의 관련성을 논의하여라.

10.15 100 m 로터 직경을 가진 삼중 블레이드 터빈은 팁(tip) 속도 비율 10으로 작동된다.

(a) 효율은 어떠한가?

(b) Betz 한도의 어느 정도가 달성되는가?

(c) 11 m/s의 풍속에서 kW 단위의 실제 출력은 얼마인가?

(d) (c) 부분의 풍속에서 실제 블레이드 팁 속도는 얼마인가?

(e) (c) 부분의 풍속에 대해, 로터가 1회전하는데 얼마나 걸리는가?

10.16 고속 이중 블레이드 풍력 터빈은 팁 속도 비율 14로 작동한다. 12 m/s 풍속에서 1.0 MW_e를 생산한다. 로터 직경은 얼마인가?

10.17 독일 Dresden의 인구는 70만 명, 도시의 인구 밀도는 2200/km^2이다. Dresden의 전기 수요는 일인당 평균 1.0 kW_e이며, 최적의 효율과 최적의 간격으로 작동하는 100 m 직경의 삼중 로터 풍력 터빈들로 구성된 풍력 발전 단지에 의해 충족된다. 풍속이 7 m/s로 일정하다면, 제공되는 도시 면적에 관련된 풍력 발전 단지의 면적은 얼마인가?

10.18 어떤 국가가 일인당 2.5 kW_e의 속도의 풍력으로 모든 주거 및 산업 전기 수요를 제공하고자 한다. 주풍 방향으로 1.0 km, 직각 방향으로 0.5 km, 되는 공간과 전체 용량 계수가 24%가 되는 2 MW 풍력 터빈으로 구성된 토지 면적의 10%를 차지하는 풍력 발전 단지를 설치할 계획이다.

(a) 이러한 접근에 의해 수용할 수 있는 최대 인구 밀도를 추정해라.

(b) 어느 유럽 국가들에서 이것이 적용 가능한가?

10.19 로터 직경이 50 m인 삼중 블레이드 풍력 터빈이 10 m/s 바람에서 570 kW의 출력을 생성한다. 터빈을 통과 후 풍속을 계산하라.

10.20 1000 m^2의 날개 면적을 가진 Darrieus 로터는 10 m/s 바람에서 240 kW 출력을 생성한다.

(a) 팁 속도 비율는 얼마인가?

(b) 로터의 높이가 60 m인 경우 한 번의 회전 시간을 추정하시오. 회전 속도(초당 회전 수)는 얼마인가?

참고문헌

G. Boyle (Ed.). *Renewable Energy*. Oxford University Press, Oxford (2004).

T. Burton, D. Sharpe, N. Jenkins, and E. Bossanyi. *Wind Energy Handbook*. Garrad Hassan and Partners, Bristol (2003).

D. M. Eggleston. "Wind power." In *CRC Handbook of Energy Efficiency*, F. Kreith and R. E. West (Eds.). CRC Press, Boca Raton, FL (1997).

D. M. Eggleston and F. S. Stoddard. *Wind Turbine Engineering Designs*. Van Nostrand Reinhold, New York (1987).

F. R. Eldridge. *Wind Machines* (2nd ed.). Van Nostrand Reinhold, New York (1980).

F. A. Farret and M. Godoy Simões. *Integration of Alternative Sources of Energy*. Wiley, Hoboken, NJ (2006).

L. L. Freris (Ed.). *Wind Energy Conversion Systems*. Prentice-Hall, London (1990).

P. Gipe. *Wind Energy Comes of Age*. Wiley, New York (1995).

P. Gipe. *Wind Power: Renewable Energy for Home, Farm, and Business* (rev. ed.). Chelsea Green Publishing, White River Junction, VT (2004).

E. W. Golding. *Generation of Electricity by Wind Power*. E. & F. N. Spon, London (1955).

S. Heier. *Grid Integration of Wind Energy Conversion Systems*. Wiley, New York (1998).

R. Hinrichs and M. Kleinbach. *Energy: Its Use and the Environment* (5th ed.). Brooks-Cole, Belmont, CA (2012).

G. L. Johnson. *Wind Energy Systems*. Prentice Hall, London (1985).

J. F. Manwell, J. G. McGowan, and A. L. Rogers. *Wind Energy Explained: Theory, Design, and Application*. Wiley, Chichester, U.K. (2002).

J. Park. *The Wind Power*. Cheshire Books, Palo Alto, CA (1981).

M. R. Patel. *Wind and Solar Power Systems: Design, Analysis, and Operation* (2nd ed.). Taylor & Francis, Boca Raton, FL (2006).

P. C. Putnam. *Power from the Wind*. Van Nostrand Reinhold, New York (1948).

J. Reynolds. *Windmills and Watermills*. Hugh Evelyn, London (1970).

R. A. Ristinen and J. J. Kraushaar. *Energy and the Environment*. Wiley, Hoboken (2006).

D. Spera (Ed.) *Wind Turbine Technology: Fundamental Concepts of Wind Turbine Engineering*. ASME Press, New York (1994).

R. Wolfson. *Energy, Environment, and Climate* (2nd ed.). W. W. Norton, New York (2011).

World Energy Council. *World Energy Resources 2016*, available online at https://www.worldenergy.org/publications/2016/world-energy-resources-2016/

A. J. Wortman. *Introduction to Wind Turbine Engineering*. Butterworth, Boston (1983).

CHAPTER 11

수력발전 에너지

학습목표: 제11장을 학습한 후 다음 내용을 이해할 수 있다.

- 물과 관련된 운동에너지
- 수력 터빈의 다양한 종류와 그것들의 활용
- 고낙차 수력발전 시스템의 설계와 특성
- 저낙차 유입식 수력발전 시스템의 설계와 특성
- 전 세계적인 수력발전 에너지의 이용
- 수력발전 에너지의 환경에 대한 영향과 사회에 대한 유해성

11.1 서론

수력발전은 많은 국가에서 이용되어 왔다. 풍력발전과 마찬가지로, 처음에는 기계적 에너지원으로 사용되었고, 보통은 나무를 톱질하거나 곡식을 빻기 위하여 사용되었다. 그림 11.1은 19세기 기계적 에너지를 얻기 위하여 사용된 수차의 복원된 모습을 보여준다. 과거 수 세기 동안, 수력발전은 전기를 생산하는 주요한 원천이 되어 왔다. 수력발전 에너지는 과거에서 지금까지, 또한 앞으로도 계속적으로, 재생가능하면서 탄소가 배제된 가장 우세한 전기 생산 방법이 될 것이다. 수력발전 에너지를 얼마나 정확하게 기술하는지의 정도는 크게 이 자원이 어떻게 이용될 수 있는지에 달려 있을 뿐만 아니라 지리와 기후와 같은 요소들을 포함하고 있다. 이 장에서는 수력발전 에너지의 과학적, 기술적인 면이 제시된다. 또한 이 장에서는 수력발전 자원들의 범위와 그것들의 이용, 그리고 관련 위험 요소들과 환경적 요인들을 살펴본다.

11.2 수력

아래로 흐르는 물과 관련된 에너지는 두 가지 방식으로 이용될 수 있다. (1) 댐 뒤에 가두어진 물의 위치에너지가 댐 하부에 위치한 터빈을 돌리는데 사용될 수 있거나 (2) 강에서 흐르는 물의 운동에너지가 터빈을 동작시키는데 사용될 수 있다. 첫 번째 경우는 일반적으로

그림 11.1: 흐르는 물의 운동에너지를 기계적 에너지로 바꾸어서 나무를 톱질하는데 사용되는 수차(캐나다 Nova Scotia 지역의 19세기 시설을 재현함)

Richard A. Dunlap

규모가 큰 수력발전 시설을 건설하는데 사용된다(그림 11.2). 보통 수 백 메가와트의 전기 용량을 가지며 10,000 MW_e 또는 그 이상에 이를 수 있다. 이러한 시설들을 고낙차 수력발전 시설이라고 한다.

비록 많은 시설들이 작은 (저낙차) 댐과 연결이 되었을지라도, 물의 운동에너지를 사용하는 시설들은 유입식 시스템으로 불리운다. 보통 수 메가와트(10 MW_e에 이르는)의 전기 용량을 가져도 작은 형태는 100 kW_e 미만일 수도 있다(그림 11.3). 중낙차 시스템은 이러한 두 극단적인 경우의 가운데에 있는데, 실제적으로는 이러한 설계들 사이에서의 구별이 항상 잘 정의가 되는 것은 아니다.

그림 11.2: 중국에 위치한 삼협댐 수력발전 시설. 세계에서 가장 큰 수력발전 시설이자 현재 22,500 MW_e를 생산한다. ENERGY EXTRA 11.2에서는 이 시설이 환경에 미치는 결과에 대해 논의한다.

PRILL/Shuttersock.com

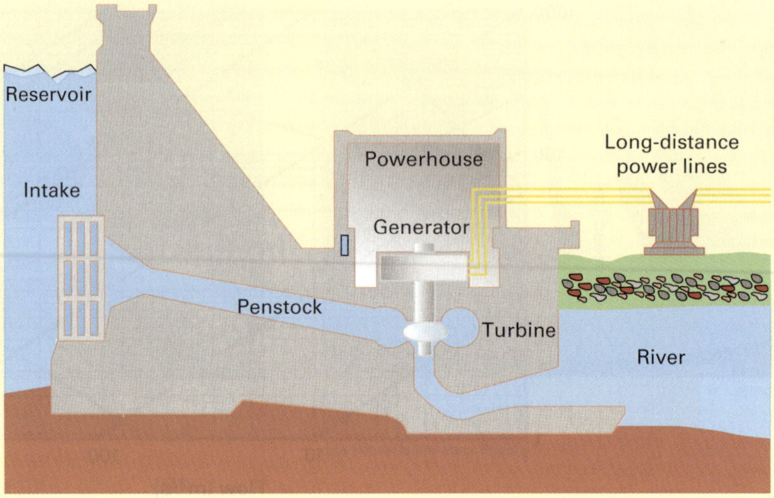

그림 11.12: 댐, 수압관 터빈을 보여주는 전형적인 고낙차 수력발전 시스템의 설계도

Based on Texas Comptroller of Public Accounts, Hydropower, http://www.window.state.tx.us/specialrpt/energy/renewable/hydro.php

들어간 콘크리트 양이 지구 적도 주변에 너비 2.5 m, 깊이 10 cm의 도로를 건설하는데 필요한 양과 맞먹는다는 사실로 설명될 수 있다.

보통 고낙차 시스템에서는 댐으로 들어가는 수중 물이 있다. 물은 파이프(수압관)를 통해 댐의 바닥 가까이에 있는 터빈으로 유입된다(그림 11.12). 그림 11.11과 11.13은 전형적인 고낙차 수력발전 댐의 모습을 보여준다. 두 사진들에서 오른쪽에 있는 댐의 부분은 과도하게 유입된 물이 터빈을 우회해서 돌아가도록 하는 배수로이다. 사진들의 왼쪽에는 댐의

그림 11.13: 몬타나에 위치한 Libby 댐

U.S. Army Corps of Engineers

그림 11.14: Milltown 수력 발전소는 북미에서 가장 오래된 수력발전소이다. 그것은 4 MW_e의 용량을 가지고 있으며 1881년부터 운영되었다. 그것은 Maine과 New Brunswick 사이의 미국-캐나다 국경에 위치하고 있으며 전기는 미국과 캐나다에 분배된다.

Richard A. Dunlap

바닥 가까이 구조물이 터빈과 발전기들을 수용하고 있다. 수직축 배열은 (다음 절에서 이것에 관해 더 논의한다) 고낙차 설비에서 터빈을 위한 가장 보편적인 배치인데, Francis 터빈이 이러한 응용에 보통 사용되고 있다(그림 11.6).

11.5 저낙차 유입식 시스템

저낙차 유입식 수력발전 시설은 엄청난 양의 물을 가두어 두지 않는다. 이러한 시설들의 대부분이 저전력을 생산하는 반면(그림 11.14), 어떤 시설은 더 큰 용량을 갖는다(그림 11.15). 그림에서 보는 바와 같이, 댐은 거대한 저수지를 만들지 않고 흐르는 물의 에너지를 사용하

그림 11.15: 워싱턴에 위치한 Chief Joseph 댐, 2620 MW_e의 전력 용량을 가지는 저낙차 수력발전 설비

U.S. Army Corps of Engineers

그림 11.16: 발전소를 통하여 강의 흐름을 변환하는데 사용되는 수압관

Erick Margarita Images/Shutterstock.com

그림 11.17: Smyrlabjargaarvirkjun(Iceland)에서 물을 1.4 MW_e 급 수력발전소로 공급하는 수압관

Richard A. Dunlap

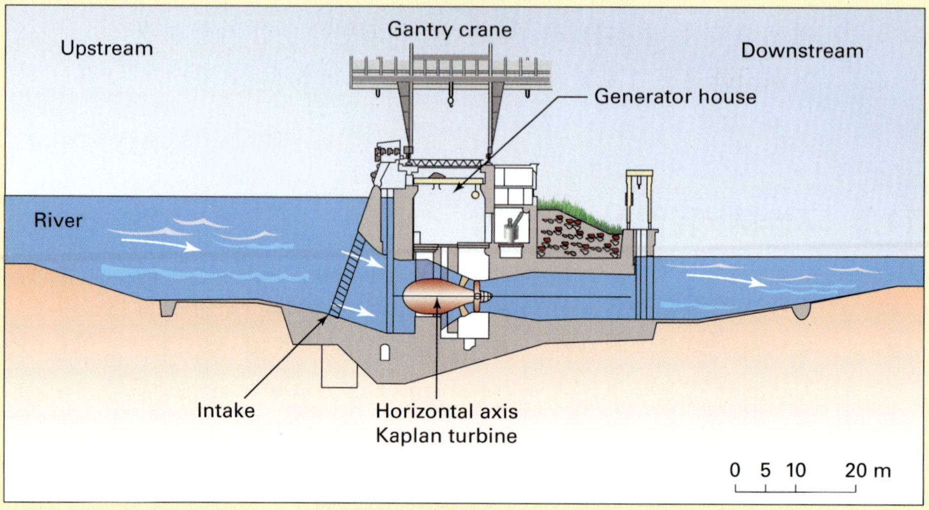

그림 11.18: 수평축 벌브 (Kaplan) 터빈을 이용하는 저낙차 유입식 수력발전 시설

Based on http://de.wikipedia.org/w/index.php?title=Datei:Kraftwerk_Ottensheim-Wilhering_Querschnitt_Krafthaus.jpg&filetimestamp=20051130202844

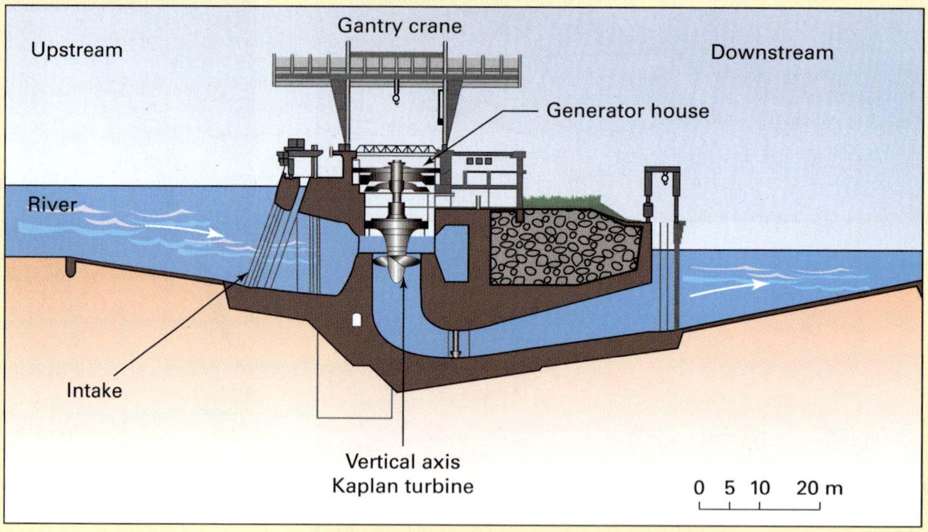

그림 11.19: 수직축 Kaplan 터빈을 이용하는 저낙차 유입식 수력발전 시설

Based on http://en.wikipedia.org/wiki/File:Kraftwerk_Wallsee-Mitterkirchen_Querschnitt_Krafthaus.jpg

기 위해서 강의 전체 폭을 가로지르도록 설계된다. 또 다른 설계방법으로는 강의 흐름이 수압관(그림 11.16와 11.17) 쪽으로 방향을 바꾸어 아래쪽으로 흐르게 하면서 수압관을 통해 발전기 시스템으로 유입하게 만드는 변환 시스템이다. 발전 터빈을 통과한 후에 물은 강으로 다시 돌아가는데, 어떤 경우에는 호수나 바다 쪽으로 유입된다. 그림 11.10은 Kaplan 터빈이 이러한 저낙차 시스템에 가장 적합하다는 것을 보여준다. 터빈과 발전기의 배치는 수

ENERGY EXTRA 11.1
나이아가라 폭포: 에너지와 관광산업

Deymos/Shutterstock.com

나이아가라 폭포의 파노라마 뷰

나이아가라 폭포는 전 세계적으로 알려져 있는 폭포 중 하나이다. 또한, 나이아가라 폭포는 수력발전 에너지원으로 사용된다. 폭포는 미국과 캐나다 경계의 나이아가라 강에 위치하며 51 m의 수직 낙차를 가진다. 사진에서 보는 바와 같이 폭포는 사진의 왼쪽에 있는 American 폭포와 그 바로 오른편에 있는 (작은) Bridal Veil 폭포 그리고 사진의 오른쪽에 위치한 Horseshoe 폭포(일명 Canadian 폭포로 알려진)로 구성되어 있다. 폭포는 1759년 이후로 기계적 에너지원으로 사용되어 왔고, 1981년 이후로는 수력발전 에너지원으로 사용되어 왔다.

나이아가라 폭포가 인기 있는 관광 상품이기 때문에 (그리고 경제적으로 중요한), 폭포의 외관을 최소한으로 변경시키는 선에서 수력발전으로 이용이 계획되었다. 나이아가라 강의 물은 폭포로부터 상류쪽으로 방향을 바꾸고 수로 또는 수력발전소에서 거리로 약 10 km 혹은 그 이상에 이르는 지하 터널로 향한다. 그리고 나서 폭포로부터 하류쪽 강으로 다시 돌아간다. 8개의 수력발전소는 나이아가라 폭포와 이어지고 있고, 약 5 GW의 총 발전 전기 용량을 가진다. 이 중 가장 큰 규모는 위 사진에서 볼 수 있는 것처럼 Robert Moses Niagara Generating Station인데 약 2.5 GW의 최대 발전 전기 용량을 가진다.

나이아가라 폭포 수력발전 에너지원의 사용은 1950년 미국과 캐나다 조약에 의해 지배되어 왔다. 미국은 수력발전을 위해서 나이아가라 강으로부터 최대 920 m^3/s의

Busfahrer

Robert Moses 나이아가라 폭포 수력발전소

물을 이용할 수 있고, 캐나다는 최대 1600 m^3/s의 물을 이용할 수 있다. 이와 같은 물의 양의 차이는 국경을 따라 위치한 자원들을 미국쪽 호의에 의해 다른 수력발전 시설 협정을 위한 보상으로 이루어졌다. 이러한 양은 4월과 10월 사이에 (관광 시즌을 절정기) 낮 동안 나이아가라 강의 흐름 중 적어도 50%가 폭포로 건너가야 하는 상황에 해당한다. 나이아가라 수력발전소들은 경제적 이익을 최대로 하는 방법을 통해 엄청난 에너지원을 경영하는 흥미로운 예이다.

토의 주제

천연 관광 명소로 나이아가라 폭포를 유지하기 위한 (연간) 재정 비용을 계산하라. 구체적으로 터빈을 통해 나이아가라 강의 흐름 전부를 바꿈으로써 추가적으로 생산할 수 있는 전기량은 얼마인가?

평축에 놓이게 되거나(그림 11.18), 수직축에 놓이게 되는데 이것은 고낙차 시스템에서도 일반적이다(그림 11.19).

11.6 수력발전 에너지의 이용

일반적으로 재생가능하다고 여겨지는 에너지원 중에서, 오직 수력발전만이 널리 사용되고 있다. 표 11.2에는 국가별 수력발전 에너지의 주생산국이 정리되어 있다. 설비용량은 각 국가에서 모든 수력발전 시설들로부터 생산되는 최대 에너지 산출량이다. 이러한 시설들은 평균적으로 그것들의 최대 용량보다 적게 에너지를 생산한다. 일반적으로 산출량은 강우에 의해 결정되는데, 다양한 조건들 때문에, 수력발전 에너지는 신뢰성 있고 일관적으로 에너지를 공급하기 위해서 다른 에너지원과 함께 사용된다. 에너지 저장 방법들(18장에서 논의)은 이러한 점에서 역시 매우 유용하다. 설비 이용률은 실제적으로 평균 생산되는 최대 전기 용량의 분율로 나타낸다. 수력발전 시설들의 전형적인 설비 이용률은 0.3과 0.6 (또는 30~60%)이다. 표 11.2는 역시 국내 수력발전에 의해 생산되는 국가적 전기 사용의 퍼센트

표 11.2: 2015년 주요 생산 업체의 수력발전 용량 및 생산.

country	installed capacity (GW_e)	actual production (TWh_e)	capacity factor	approximate % of domestic electricity production
China	319.4	1126.4	0.40	20
United States	101.8	250.1	0.28	6
Brazil	91.7	382.1	0.48	77
Canada	79.2	375.6	0.54	65
Russia	50.6	160.2	0.36	16
Japan	49.9	91.3	0.21	10
India	47.6	129.0	0.31	13
Norway	30.6	139.0	0.52	98

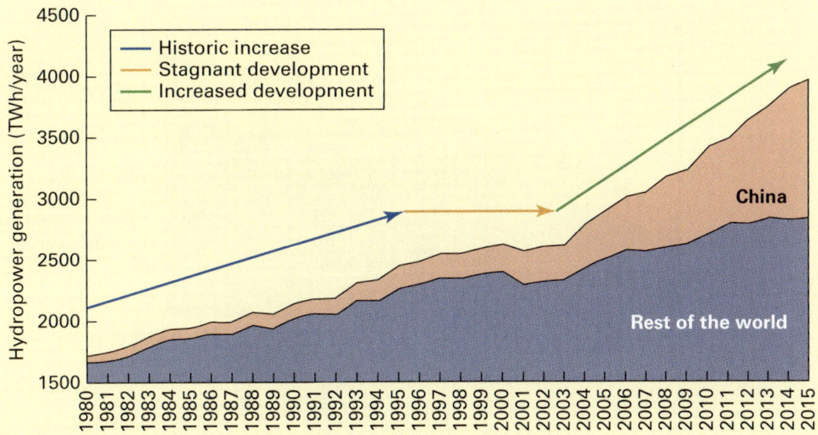

그림 11.20: 1980년 이후 중국과 세계 다른 지역에서 연간 수력 에너지 생산.

Based on World Energy Council. World Energy Resources - 2016, available online at https://www.worldenergy.org/publications/2016/world-energy-resources-2016/

를 보여준다. 확실히, 몇몇 국가들(예를 들어, 캐나다, 브라질, 노르웨이)은 수력발전에 크게 의존한다. 캐나다와 노르웨이는 전통적으로 상당히 많은 수력발전 시설들을 보유하고 있는 반면, 브라질은 20세기 후반에 들어와서 엄청난 용량을 설치하고 있다. 전체적으로 수력발전 에너지 생산은 전 세계 전기량의 약 16% 그리고 전 세계 총 에너지의 약 6%를 차지한다.

수력발전 에너지 생산에 있어서 시간에 따른 경향성은 아주 흥미롭다. 그림 11.20는 지난 35년간 전 세계 총 수력발전 생산량을 보여준다. 1980년대와 1990년대 초반에는 상당히 일관된 성장이 있었지만 1990년대 후반과 2000년대 초반에는 생산량 증가가 다소 느리다. 그림에서 볼 수 있듯이 최근 몇 년간의 증가는 주로 개발 도상국, 특히 중국의 수력 자원 개발에 기인한 것이다. 그러나 이 산업이 더 크게 성숙되어 있는 국가들에서의 경향성으로부터 수력발전의 미래에 관한 더 많은 것을 이해할 수 있다. 그림 11.21과 그림 11.22는 각각 캐나다와 미국의 경향성을 보여준다. 지난 반세기 동안, 이 두 국가들에서 수력발전으로부터 생산되는 전기량의 비율은 점차 감소하고 있다. 비록 수력발전원으로부터 생산되는 실제 전기량이 1970년 이후로 크게 변화하지 않는다 할지라도, 인구 성장과 일인당 전기 소비량에 있어서의 변화로 인한 수요의 증가는 화석연료와 핵 시설로부터 생산되는 에너지 증가만큼으로 채워지고 있다. 그래프는 미국에서 수력발전이 전기 공급의 약 6%를 차지하지만 캐나다의 경우 거의 60%에 해당하는 것을 보여준다. 전통적으로 캐나다에서 전기의 대부분은 수력발전소로부터 온다. 사실 캐나다에서 hydro라는 용어는 전기가 어떻게 생산되었는지 불구하고 공공 시설에 의해 공급되는 전기와 동의어이며, 심지어 다양한 방법으로 전기가 생산됨에도 불구하고, 지방 전기 회사의 다수는 Québec Hydro와 Manitoba Hydro와 같은 이름을 가진다.

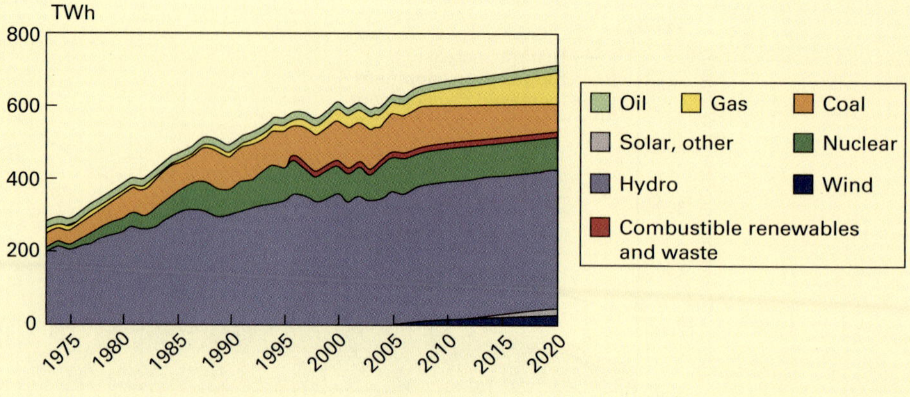

그림 11.21: 캐나다에서 전기를 생산하는 각 자원들의 상대적 비율

Based on International Energy Agency, 2010, Energy Policies of IEA Countries-Canada 2009 Review

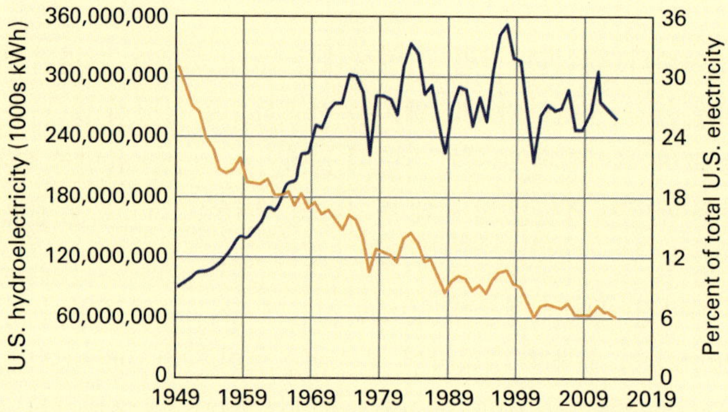

그림 11.22: 미국의 모든 수력발전소 발전량(파란선)에 대한 시간에 따른 전기 생산량(노란선)

Based on U.S. Energy Information Administration, Electric Power Monthly, http://www.eia.gov/electricity/monthly/

이러한 경향들에 대한 이유는 수력발전 에너지의 가용성 측면으로 이해될 수 있다. 경제적으로 실행가능하고 환경적으로 받아들여질 수 있는 방법으로 대규모 개발이 가능한 지역들은 매우 제한적이기 때문에 수력발전 에너지는 무한한 자원은 아니다. (다음 절에서 환경적 고려사항들을 살펴보라.) 실제로, 세계의 보다 산업화된 지역들에서, 예를 들어 북아메리카와 유럽과 같은, 수력발전 에너지 생산 가능성이 높은 곳들은 이미 개발되어 왔다. 그림 11.23은 미국의 각 지역들에서 개발된 수력발전 가능성과 개발되지 않는 수력발전 가능성을 보여준다. 평균적으로 수력발전이 가능한 곳들의 절반 이상이 이미 사용되고 있다. 캐나다에서는 그 비율이 더 크다. 그림 11.24는 전 세계적인 수력발전 사용 가능성을 보여준다. 아시아와 아프리카가 수력발전의 사용에 있어서 가장 큰 가능

예제 11.4

(a) 표 11.2의 노르웨이의 설치 용량 및 연간 생산량 수치로부터 표의 용량 계수를 확정하라.

(b) 노르웨이의 1차 에너지 사용은 전기가 약 30%(산업화된 국가들의 전형)를 차지한다고 가정하면, 본질적으로 이 국가의 모든 전기는 수력 설비를 사용하여 생성된다는 것을 검증하라. 노르웨이의 인구는 5백 8만 명이다.

풀이

(a) 용량 계수는 연간 생산량을 설치용량과 연중시간의 곱으로 나눈 값으로 나타낸다. 그건,

$$\text{용량 계수} = (1.39 \times 10^{14}\ \text{Wh}_e/\text{y})/[(3.06 \times 10^{10}\ \text{W}_e) \times (8760\ \text{h/y})] = 0.52.$$

(b) 노르웨이의 연간 수력발전량은 줄단위로 아래와 같이 표현된다.

$$(1.39 \times 10^{14}\ \text{Wh}_e/\text{y}) \times (3600\ \text{J/Wh}_e) = 5.00 \times 10^{17}\ \text{J/y}.$$

일인당 연간 수력발전량은

$$(5.00 \times 10^{17})/(5.08 \times 10^{6}) = 9.8 \times 10^{10}\ \text{J/y}.$$

수력발전이 대략 85% 효율이면, 그때 일인당 수력에너지는 약

$$(9.8 \times 10^{10}\ \text{J/y})/(0.85) = 1.15 \times 10^{11}\ \text{J/y}.$$

그림 2.4에서 노르웨이의 일인당 1차 에너지 사용량은 4.3×10^{11} J/y이다. 만약 전기가 이 에너지 사용의 30%를 차지할 경우, 전기로 사용되는 일인당 1차 에너지는 일인당 수력에너지와의 적절하게 일치하는 $(0.3) \times (4.3 \times 10^{11}\ \text{J/y}) = 1.29 \times 10^{11}$ J/y가 될 것이다.

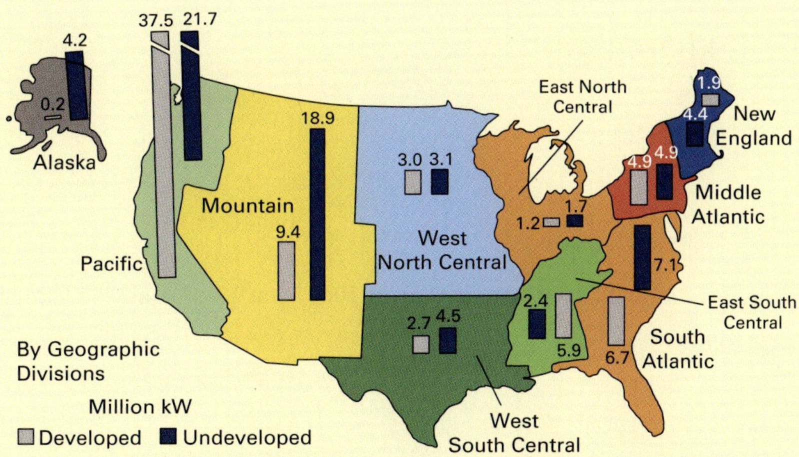

그림 11.23: 미국 각 지역들에서 개발된 수력발전 용량과 개발되지 않는 수력발전 용량

Based on U.S. Energy Information Administration, http://www.eia.doe.gov/cneaf/electricity/epm/table1_1.html

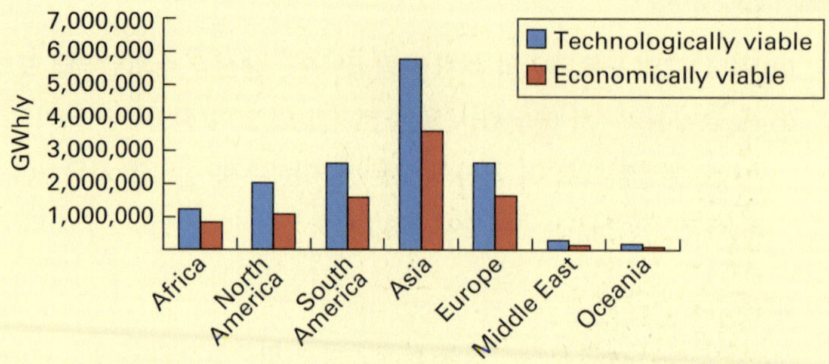

그림 11.24: 세계의 각 지역들에서 기술적으로 또한 경제적으로 실현 가능한 수력발전 전기 용량

Based on 2010 World Energy Council, Survey of Energy Resources, http://www.worldenergy.org/documents/ser_2010_report_1.pdf

성을 보여준다. 아시아 특히 중국에서 상당한 개발은 현재 진행 중이며, 계획 단계에 있다. 전 세계적으로 50%의 수력발전 용량에 있어서 증가는 아마도 경제적으로 실현가능하며 다른 자원으로부터 생산되는 에너지 정도의 경쟁력을 가지는 에너지를 생산할 수 있다. 2에서 3배의 증가는 기술적으로 실현가능하지만 경제적으로는 실현가능하지 못할 것이다. 그러므로, 미래의 한 시점에서, 아마도 최대 10~15% 증가할 수 있는 세계의 전기 수요에 대한

예제 11.5

한 수압관이 강에서 150 m 낙차의 수력발전 시설로 4 m/s의 속도로 물을 운반한다. 터빈/발전기가 85% 효율이고 출력이 15 MW_e인 경우 수압관의 요구 직경은 얼마인가?

풀이

식(11.3)에서 전력은

$$P = (0.85)\rho\varphi gh.$$

유량에 대해서 풀면,

$$\varphi = \frac{P}{(0.85)\rho gh}.$$

위 값들을 사용하면,

$$\varphi = (1.5 \times 10^7 \text{ J/s})/[(0.85) \times (1000 \text{ kg/m}^3) \times (9.8 \text{ m/s}^2) \times (150 \text{ m})] = 12 \text{ m}^3\text{/s}.$$

4 m/s의 속도에서, 12 m^3/s의 유량은

$$(12 \text{ m}^3\text{/s})/(4 \text{ m/s}) = 3 \text{ m}^2,$$

의 수로 단면적

$$d = (4 \times 4 \text{ m}^2/\pi)^{1/2} = 2.26 \text{ m}.$$

의 직경이 필요하다.

ENERGY EXTRA 11.2
Three Gorges 탄소 복구 기간

비록 대체에너지원들이 화석연료들을 대신하고 환경에 부정적인 영향들을 줄이는 메커니즘으로 인하여 매력적이라고 할지라도, 탄소 방출은 에너지 생산에 있어서 피할 수 없는 부분이다. 대규모 수력발전 에너지는 재생가능한 에너지와 관련된 탄소 비용 차원에서 흥미있는 예가 아닐 수 없다. 비록 토지구획정리로 인하여 생태계 변화에 영향을 주는 환경적 요인에 대한 분석이 일반적으로 간단하지는 않을지라도, 댐 건설과 관련된 물질들의 수명주기 분석은 상당히 간단하다.

수력발전 댐들은 크게 콘크리트로 건설이 되는데 이는 3가지 요소들로 이루어져 있다. 시멘트(CaO), 모래 그리고 필러(보통 자갈)가 약 1:2:3의 비율로 만들어진다. 모래와 자갈이 상대적으로 작은 탄소비용을 가지는 반면에, 시멘트는 3가지 이유에서 환경에 탄소를 증가시킨다. (1) CaO는 라임스톤($CaCO_3$)이 열에 의해서 분해될 때 ($CaCO_3$+ 열 → CaO + CO_2) 생성된다. (2) 라임스톤에 열을 가하기 위해서 사용되는 용광로(furnace)는 대체적으로 화석연료를 사용한다. (3) 운반하는 과정에서 탄소가 방출된다. 마지막 요인은 상대적으로 더 중요하지만 처음 두 요인들은 1 kg의 콘크리트당 약 0.15 kg의 이산화탄소를 방출하는데 기여한다. 중국의 Three Gorges 댐 건설을 예로 들어 생각해보자. 이 댐은 6.5×10^{10} kg의 콘크리트를 사용했고 대기 중에 (6.5×10^{10} kg) X (0.15) ≈ 10^{10} kg의 이산화탄소를 방출한다. 이처럼 대기에 배출한 탄소를 다시 복구하는데 걸리는 시간은 댐으로부터 생산되는 전기량과 같은 양을 방출하는 석탄 연소 발전소로부터 생산되는 전기량을 같게 둠으로써 계산할 수 있다.

석탄 연소 시 0.11 kg CO_2/MJ가 발생한다. 카르노 효율 약 40%를 가지는 석탄 연소 발전소에서는 (0.11 kg/MJ)/0.40 = 0.28 kg CO_2/MJ_e 또는 약 1 kg CO_2/kWh_e가 발생한다. 그러므로 이산화탄소 10^{10} kg의 방출은 (석탄) 10^{10} kWh_e의 생산에 해당한다.

다음 그래프는 2008년 Three Gorges 댐의 연간 평균 월 에너지 산출량을 보여준다. 한 해 동안 합쳐진 데이터는 2008년 동안 총 7.4×10^{10} kWh_e를 생산한다는 것을 보여준다. 그러므로, Three Gorges 댐 건설에 사용된 콘크리트에 대한 탄소 복구 기간은 약 [10^{10} kWh_e]/(7.4×10^{10} kWh_e/y) = 0.14년(약 1달 반)이다. 댐 건설에 사용되는 다른 물질(예를 들어 강철)은 보다 정밀한 분석으로 비슷한 방법을 통해 생각해볼 수 있다. 이러한 분석 방법은 일단 댐이 건설되면 탄소를 배출하지 않는다는 전제하에 성립을 한다.

이 분석은 수력발전 댐 건설에 있어서 탄소 복구 기간

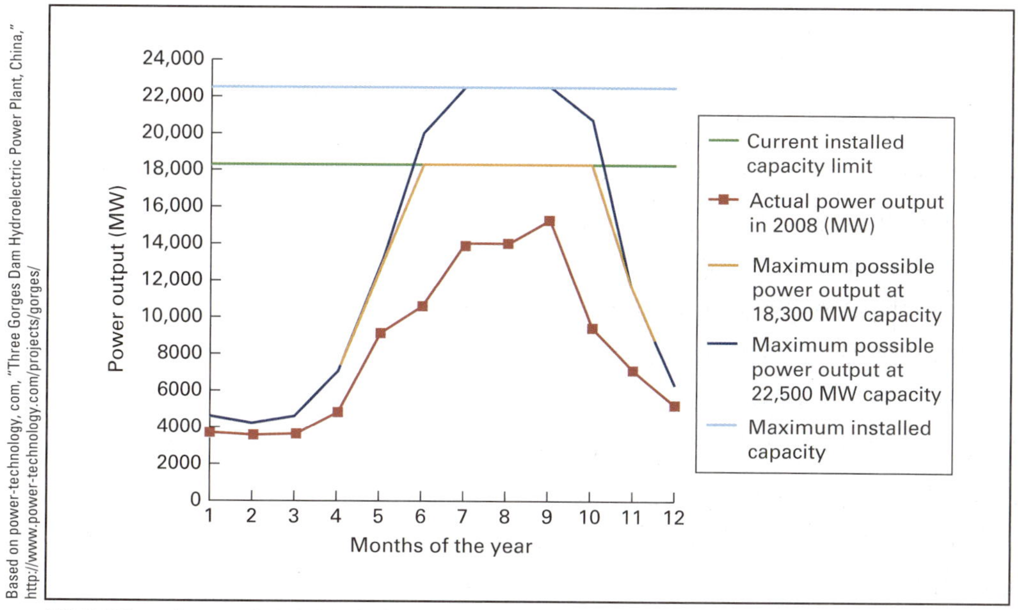

2008년 Three Gorges 수력발전소의 월 평균 전력생산량

이 상당히 합리적일 수 있음을 보여준다. 우리가 주의 깊게 평가해야 할 것이 있는데 그것은 바로 대규모 수력발전소가 장기적으로 환경에 미치는 영향이다.

토의 주제
Three Gorges 댐에 4.6×10^8 kg의 강철이 사용되었을 때 추가적으로 들어가는 탄소 복구 기간을 계산하여라.

수력발전의 기여도를 기대하는 것이 보다 합리적일 것이다.

또한 수력발전 자원의 수명을 고려하는 것도 중요하다. 수력발전은 재생 가능한 자원으로써 장려되어 왔지만, 태양에너지 또는 풍력에너지와 같은 방법으로 분류를 하는 것은 적합하지 않다. 하류에 운반되는 토사는 댐 뒤로 쌓이게 되고 에너지 공급을 방해한다. 이러한 점에서, 유지와 운영 비용은 에너지 생산을 압도하며 댐의 경제적 실현가능성은 줄어든다. 이것은 전형적으로 소규모 댐과 유입식 시스템보다 대규모 시설에서 더 중요한 요인이다. 또한 지역의 지리적 특성도 민감한 부분이다. 전체적으로, 몇몇 고낙차 수력발전 시설들의 수명이 50에서 200년 사이로 제한되며, 이것은 명백하게 무한한 재생가능한 에너지원이라고 하기 어렵다.

11.7 수력발전 에너지의 환경에 대한 영향

비록 수력발전 에너지가 자주 친환경적인 에너지원으로 여겨지더라도, 그것의 환경에 대한 영향에 관해서 자세하게 살펴보는 것이 중요하다. 유입식 시설들이 많은 이유에서 나쁘지 않은 반면에 대규모 고낙차 댐들이 가장 큰 우려를 가진다. 대규모 댐을 건설하는 것이 주된 문제이다(그림 11.25). 댐은 상류쪽에 매우 상당한 크기의 저수지를 만들 수 있다. 예를 들어, 중국에 있는 Three Gorges Dam과 연결된 저수지는 상류쪽으로 600 km가 확장된다. 대부분 초목지(예를 들어 수목들)로 이용이 되는 육지가 저수지로 대체가 되는 것은 환경적으로 중요한 결과를 초래한다. 수목들은 탄소를 격리시키고, 온실효과 가스(예를 들어 이산화탄소와 같은)를 줄이는 역할을 한다. 그러나 초목지를 저수지로 대체할 경우 물이 잠긴 초목지는 부패하고, 이산화탄소와 메탄가스와 같은 온실효과 가스를 생산한다. 비록 황화합물, 질소산화물, 그리고 미세먼지들과 같은 다른 오염원들이 수력발전 시설로부터 생겨나지는 않지만, 많은 연구들은 열대지역에서 저수지로 인한 온실효과 가스의 유출은 규모면으로

그림 11.25: Three Gorges 수력발전 시설의 건설

Zoonar GmbH/Alamy Stock Photo

비교했을 때 화석연료 발전소에 의해 생겨나는 것보다 크다는 것을 보여주고 있다. 온대지역에서는 이러한 경우는 드물며, 온실효과 가스의 방출은 화석연료 발전소 방출의 10%보다 적은 것이 일반적이다. 주거의 변화는 야생동물 특히 야생동물의 다양성에 있어서 부정적인 영향을 미친다. 어류의 이동성은 댐 건설에 의해 영향을 받는 가장 명확한 요인들 중의 하나이다. 수중 환경에 의해 밀림들이 대체되면서 긍정적인 결과와 부정적인 결과 둘 다를 가진다. 토사의 이동이 막히면서 댐 하류의 농경 산업은 부정적인 결과를 낳게 되는데 이는 농경지들이 강으로부터 운반되는 영양분들을 얻기 때문이다.

환경적인 영향에 덧붙여서, 수력발전 댐의 건설은 일반적으로 사회와 문화적인 결과를 초래한다. 댐 건설로 인하여 침수가 되는 지역에 거주하는 사람들은 이주를 해야 한다. 오늘에 이르기까지 수십만 명의 사람들이 이와 같은 이유로 이주를 했다고 추정된다. 사람들의 이주 뿐만 아니라 대부분의 경우에는 문화적 또는 역사적인 장소들과 묘지들 역시 옮겨져야만 한다. 수력발전소의 건설로 인하여 사회적, 문화적 영향을 확인할 수 있는 최근의 예는 바로 중국의 Three Gorges 댐이다. 이 프로젝트는 124만 명의 거주자들을 이주시켰다. 이주 비용은 수력발전 시설을 실제 건설하기 위한 만큼이 들어갔다. 또한, 이 프로젝트는 약 1,300개의 고고학적 지역들에 영향을 미쳤다. 비록 많은 부분이 보존되고 옮겨졌지만, 아직 발굴되지 않거나 미지의 그러나 고고학적으로 가치있는 지역들이 파괴되었다.

끝으로 수력발전소의 건설에 있어서 고려되어야 할 점은 안전이다. 큰 규모의 댐은 심각한 결과를 초래하여 붕괴될 수 있다. 댐은 수력발전 에너지의 생산뿐만 아니라 물의 저장, 관개수로, 홍수 조절 등 많은 이유에 의해서 건설이 되며, 많은 댐들이 다목적으로 고려된다. 모든 것에는 적어도 몇 가지 붕괴에 대한 위험이 도사린다. 이러한 붕괴의 심각성은 많은 요인들, 예를 들어 댐에 가두어진 물의 부피, 하류쪽에 거주하고 있는 인구 밀도, 붕괴 전 경고 시간들에 의해 상관관계를 가진다. 가장 주목할 만한 댐의 붕괴는 1975년 태풍 니나(Nina) 기간 동안 Banqiao 저수지 댐과 61개의 다른 연결된 댐들에서 일어났다. Banqiao 댐은 1950년대 Ru 강에서 건설되었다. 태풍으로 인하여 엄청난 양의 강수량이 강의 유속과 수위를 증가시켰고 궁극적으로 댐의 붕괴를 일으켰다. 118 m의 높이를 가지는 Banqaio 댐은 이것들 중 가장 큰 규모의 댐이었다. 과잉의 물을 방출하기 위한 수문의 적절한 숫자를 고려하지 않은 설계가 댐의 붕괴의 원인이었다. 이러한 붕괴로 인한 홍수는 26,000명의 사망자를 낳았고, 전염성을 퍼지게 하였으며, 그 지역에 기근을 발생시켜서 추산된 바에 의하면 145,000명의 사망자가 더 생겨났다. 비록 그러한 천재지변들이 드문 경우라 할지라도, 과거 수세기 동안 30개보다 더 많은 댐의 붕괴가 있었고 100번보다 더 많은 사망사고를 낳았다. 11명의 목숨을 앗아간 아이다호의 Teton 댐은 잘 알려진 댐 붕괴 중 하나이다. 그 댐은 부실한 설계와 지역의 불안정한 지리적 조건에 의하여 건설 후 1년 내에 붕괴가 일어났다. 그림 11.26은 천재지변이 일어난 몇 시간 안에 붕괴된 댐을 통해 저수지의 물이 빠져나가는 것을 보여준다.

댐의 붕괴에도 불구하고, 표 6.8에서 알 수 있는 바와 같이 수력발전 에너지는 평균적으

그림 11.26: 1976년 아이다호에 위치한 Teton 댐의 붕괴
Bettmann/Contributor/Getty Images

로 볼 때 전체적으로 안전한 선택이다. 그러나 비록 같지는 않다 할지라도, 댐의 붕괴는 그림 6.32에 보여지는 바와 같이 인재로 발생할 수 있는 큰 규모의 재난 중 가장 높은 위험성을 가진다.

예제 11.6

수력발전이 카본 프리로 간주되면, 2008년 Three Gorges Dam의 연간 CO_2 방출 절감 효과를 40%의 Carnot 효율로 운영하는 천연가스 연소 발전소의 동일한 발전량과 비교 평가하라.

풀이

2008년 Three Gorges Dam에서 생성된 총 전기량은

$$(7.4 \times 10^{10}\ \text{kWh}) \times (3.6 \times 10^{6}\ \text{MJ/kWh}) = 2.66 \times 10^{17}\ \text{MJ}.$$

와 같이 ENERGY EXTRA 11.2에 나와 있다. 표 3.2에서 메탄의 에너지 함량은 55.5 MJ/kg이다. 40% 효율에서 이는 22.2 MJ/kg에 해당한다.

따라서, 수력 전기 생산과 동일하게 하는데 필요한 메탄의 양은

$$(2.66 \times 10^{17}\ \text{MJ})/(22.2\ \text{MJ/kg}) = 1.20 \times 10^{16}\ \text{kg}.$$

식(1.15)의 연소 반응에서

$$CH_4 + 2O_2 \rightarrow CO_2 + 2H_2O,$$

우리는 1몰의 $CH_4(12 + 4) = 16$ g이 1 mole $(12 + 2 \times 16) = 44$ g의 CO_2를 생성함을 알 수 있다.

따라서 1.20×10^{16} kg의 메탄의 연소는

$$(1.20 \times 10^{16}\ \text{kg}) \times (44/16) = 3.30 \times 10^{16}\ \text{kg of } CO_2.$$

를 생산할 것이다.

11.8 요약

이 장에서는 물과 관련된 위치에너지와 운동에너지의 기본 물리법칙에 대해 알아보았다. 물에 의한 위치에너지는 중력과의 상호작용 결과로써 $E = mgh$로 표현되는데 여기서 m은 질량, g는 중력가속도 그리고 h는 높이이다. 움직이는 물의 운동에너지는 전 장에서 논의한 움직이는 공기와 비슷하며, 그것은 속도의 체적과 상관이 있다.

이 장에서 또한 터빈의 다양한 설계에 대해 살펴보았다. 다양한 수차 구조들은 유속비와 압력을 기반으로 하여 다양한 활용에 있어서 적합하다. 일반적으로 Kaplan 터빈은 저낙차 시스템에 적합한 반면에 Francis 터빈은 고낙차 시스템에 적합하다.

고낙차 수력발전 시스템은 보통 큰 저수지를 만들기 위하여 댐을 사용하는 방법으로 건설된다. 생산되는 전기 용량은 20 GW_e를 넘길 수 있는데 이는 보통의 석탄 연소 발전 또는 핵발전 시설에서 생산되는 1 GW_e보다 크다.

저낙차 유입식 시스템은 전형적으로 엄청난 낙차를 만들기 위하여 저수지를 포함하지 않고 주로 강의 유속에 따라 운동에너지를 이용한다. 이러한 시스템은 보통 고낙차 시스템에 비하여 작은 용량을 가지면 10~100 MW_e 범위를 가진다.

수력발전 에너지의 이용가능성과 사용에 대해서 논의했다. 수력발전 에너지는 전 세계 전기 생산량은 약 16%를 차지한다. 에너지의 주 원천임과 동시에 핵에너지와 함께 (비슷한 정도로) 전 세계 비화석연료 전기의 대부분을 차지한다. 비록 북아메리카와 유럽에서 실제적인 수력발전 용량의 대부분이 이미 개발되었음에도 불구하고, 세계의 많은 다른 지역들에서 대규모의 새로운 개발이 계속되고 있다. 수력발전 에너지는 몇 가지 매우 긍정적인 면을 가진다. 먼저 비용이 적고, 시설 보수가 상대적으로 적게 든다. 충분한 자원으로 구성되어서 전 세계 전기 수요의 큰 부분을 감당할 수 있다. 수력발전 시설의 안전 기록은 꽤 좋게 유지되어 왔으며, 평균적인 총 위험성은 대부분의 대규모 발전 기술들에 비하여 적다. 소규모 수력발전은 구체적으로 유입식 시설에서는 상대적으로 환경에 미치는 영향이 적다.

수력발전에 있어서 부정적인 면은 적어도 대규모 고낙차 시설에서는 다른 대체에너지

기술들 특히 온대 기후에서와 마찬가지로 환경적으로 중립적이지는 않다. 수력발전소의 건설은 온실효과 가스를 방출하고 농업과 야생동물들에 부정적인 영향을 미친다. 수력발전 댐의 수명은 지리적 조건과 상관이 있으며, 장기적으로 몇몇 수력발전 자원들은 제한적인 면에서 재생가능하다. 끝으로 천재지변에 따른 댐의 붕괴에 대한 위험은 항상 도사리고 있으며, 그것은 중대한 인명 피해를 발생시킬 수 있다.

연습문제

11.1 20°C의 물 1 m^3가 수직 높이 100 m에서 떨어진다. 만약 위치에너지의 변화가 100%의 효율로 모두 열로 변환되고 이 열에너지가 물을 끓이는데 사용된다면 물의 최종 온도는 얼마인가?

11.2 Three Gorges 댐이 최대 22.5 GW_e를 생산한다. 만약 그것의 발전 효율이 90%이고 그것은 낙차가 81 m라면 최대 전력에서 터빈을 통해 흐르는 유속(kg/s 단위)은 얼마인가?

11.3 100 m의 낙차로부터 물이 1 m^3/s의 속도로 떨어지며 이 에너지는 효율 90%로 전기에너지로 변환된다. 얼마나 많은 단독주택들에 전기를 공급할 수 있는가?

11.4 예제 11.3에 나온 유입식 시스템을 고려하라. 그러한 시스템에서 가장 합리적인 터빈 수차의 설계는 무엇이며 왜 그런가?

11.5 총 연간 미국 수력발전 생산량과 2장에서의 정보를 활용하여 표 11.2에 나타난 수력발전 시설로부터 생산되는 미국 전기의 퍼센트를 구하라.

11.6 Three Gorges 댐에 의한 저수지가 1045 km^2의 면적을 가진다. 장기적으로 이러한 발전 시설의 설비 이용률은 약 0.5로 예상된다. Three Gorges 저수지에 의해 이용되는 육지 면적이 평균 효율 20%의 태양전지 어레이로 이용이 된다고 가정하라. 이러한 가정이 에너지 생산이라는 점에서 다른 것들과 비교하여 상대적으로 더 중요한 이점을 가지는가?

11.7 너비 1 km, 길이 10 km 그리고 깊이 100 m의 저수지가 있다. 매 시간 저수지 부피 중 0.1%가 100 m의 수직 높이로 떨어져서 터빈을 통해 효율 92%로 전기를 생산한다. 이 시설의 전기에너지 생산량은 얼마인가?

11.8 Micro hydro 용어는 매우 소규모 수력발전 에너지로 불리며 단독주택에 필요한 전기의 다른 원천을 보충할 수 있는 설비들을 포함한다. 보통 효율은 공업용 수력발전 설비보다 작은 75%의 범위를 가진다. 집주인이 평균 유속 1,200 L/min과 수직 높이 5 m에 이르는 개울가에 micro hydro 발전기를 설치할 계획에 있다. 이 시설로부터 기대

할 수 있는 평균 전기에너지는 얼마인가? 만약 건설 비용이 약 $3,000라고 하면, 이 프로젝트를 심각하게 고려해야 하는가?

11.9 직사각형 저수지는 너비 2 km, 길이 10 km이다. 그 것은 수심 50 m, 평균 수두 100 m인 93% 효율의 수력 전기 시설을 통해 배수된다.

(a) 저수지의 물에서 생성되는 총 전기에너지를 계산하라.

(b) kWh당 $0.10의 비율로 생성되는 전력값은 얼마인가?

(c) 1인당 전력 요구량이 1 kWh_e인 인구가 100,000명인 도시에서 전기를 사용하는 경우, 전기는 얼마나 오래 지속될까?

11.10 1.2 m 직경의 수압관이 150 m 낙차의 저수지로부터 10 MW_e를 생산하는 90% 효율의 수력발전 시설로 물을 운반한다.

(a) 수압관의 물 유량은 단위 시간당 질량 단위로 얼마인가?

(b) 수압관의 유속은 얼마인가?

11.11 나이아가라강의 총 유량은 6.0×10^3 m^3/s이다. 텍스트에 주어진 나이아가라 폭포의 높이와 관광 시즌 외에 수력발전을 위해 최대 75%의 유량을 활용할 수 있다는 사실을 이용하여, 발전기가 85 %의 효율을 가질 경우 최대 가용 전력을 계산하여라.

11.12 평균 길이가 2.6 m이고 8 m의 폭과 14 m의 길이를 갖는 수영장이 85% 효율의 전기 펌프를 사용하여 수영장 아래 50 m 높이의 호수로부터 채워진다. kWh당 $0.11의 요율로 수영장을 채우기 위한 전기 사용량은 얼마인가?

11.13 Three Gorges 수력발전소에서 생산된 전력이 kWh당 $0.06로 판매되는 경우, 실제 생성된 전력 기준으로 2008년 총 수입은 얼마인가?

11.14 높은 수력발전 시설에 탄소 배출이 없다고 간주할 경우, 38% 효율로 작동하는 1000 MW_e 석탄발전소와 비교하여 1000 MW_e 수력발전소의 연간 CO_2 배출 감소량은 얼마인가? 두 발전소의 용량 계수가 70%라고 가정해라.

11.15 수력발전은 미국의 전력 생산을 위해 사용되는 1차 에너지의 약 6%를 차지한다.

(a) 미국에서 적용 가능한 미개발 수력 자원을 모두 구현될 경우, 수력발전이 미국 전력 요구량의 어느 정도를 만족시킬 것인가?

(b) 현재 존재하거나 앞으로 가용될 수 있는 수력발전 설비들로 대략 몇 개의 1000 MW_e급 화력발전소가 제거될 수 있는가? 모든 시설에 대해 60% 용량 계수를 가정하라.

(c) 수력발전이 탄소를 배출하지 않는 것으로 간주될 경우 연간 CO_2 배출량 감소는 어느 정도일까?

11.16 공공시설이 높은 수력발전소를 건설할 계획이다. 대규모 시설들의 대략적인 설치 비용은 kW_e당 $3000 USD이다. 이 시설은 70% 용량 계수로 작동하는 600 MW_e 시설

또는 65% 용량 계수로 작동하는 800 MW_e 시설의 두 가지 옵션을 고려하고 있다. 전기가 kWh당 $0.13에 판매되는 경우 대규모 시설의 추가 인프라 비용에 대한 투자회수기간을 추정하시오. 비용 복구 요소와 운영 비용을 무시하라.

11.17 상당한 고도 변화와 큰 연간 강우량(1.54 m)을 가진 지역의 주택 소유자가 수력발전 설비를 통해 연중 평균 1.1 kW의 전력 수요를 보완할 계획이다. 직경 15 m의 개방형 탱크는 표면에 떨어지는 빗물을 수집한다. 주기적으로 탱크는 수압관 통해 탱크 아래 100 m 높이의 수력발전기로 배출한다. 이 접근법의 장점에 대해 토론하라.

11.18 물은 2.5 m/s의 속도로 2 m 직경의 수압관을 통해 흐른다. 87 % 효율의 터빈/발전기를 통과한다. 전력 출력은 얼마인가?

11.19 아마존강의 유속은 평균 속도 0.7 m/s에서 (세계에서 가장 큰) 2.09×10^5 m^3/s이다. 이 전력의 10 %가 하천 수력발전 시설로 추출될 수 있다면 MW_e 출력은 얼마인가?

11.20 Kaplan 터빈 수차의 직경은 5 m이고 터빈/발전기 어셈블리의 효율은 80 %이다.
(a) 1 MW_e의 출력을 생성하는 데 필요한 물의 속도는 얼마인가?
(b) 터빈을 통과하는 물의 kg/s 유량은 얼마인가?

참고문헌

G. Boyle (Ed.). *Renewable Energy*. Oxford University Press, Oxford (2004).

R. Hinrichs and M. Kleinbach. *Energy: Its Use and the Environment* (5th ed.). Brooks-Cole, Belmont, CA (2012).

M. Kaltschmitt, W. Streicher, and A. Wiese (Eds.). *Renewable Energy: Technology, Economics and Environment*. Springer, Berlin (2007).

R. A. Ristinen and J. J. Kraushaar. *Energy and the Environment.* Wiley, Hoboken (2006).

C. Simeons. *Hydropower: The Use of Water as an Alternative Source of Energy*. Pergamon Press, Oxford(1980).

N. Smith. "The origins of the water turbine." *Scientific American* **242** (1980): 138.

J. Tester, E. Drake, M. Driscoll, M. W. Golay, and W. A. Peters. *Sustainable Energy: Choosing Among Options*. MIT Press, Cambridge, MA (2006).

C. C. Warnick. *Hydropower Engineering*. Prentice-Hall, Englewood Cliffs, NJ (1984).

World Energy Council. *World Energy Resources 2016*, available online at https://www.worldenergy.org/publications/2016/world-energy-resources-2016/

CHAPTER 12

파도에너지

학습목표: 제12장을 학습한 후 다음 내용을 이해할 수 있다.

- 파도에너지의 전세계적인 이용
- 파도의 성질과 에너지와의 관계
- 파도에너지를 이용하는 장치의 형태
- 진동수주(Oscillating water column)의 설계와 웰스터빈(Wells turbine)의 특징
- 파도에너지 생산을 위한 부유 및 고정설비의 사용
- 파도를 모으는 설비(wave-focusing device)의 사용

12.1 서론

해양에서 해수의 온도와 염분 농도의 차이 혹은 해수의 움직임을 이용하여 에너지를 얻을 수 있으며, 온도와 염분 농도의 차이에 관한 내용은 14장에서 다루고자 한다. 조수간만의 차이, 해수의 흐름, 파도 등이 해수의 움직임이며 이 중 조력에너지는 중력작용으로 일어나며 다음 장에서 다루기로 한다. 해수의 흐름은 해수의 온도 차이, 바람 또는 조수간만의 차이로 인해 발생하며 여기서 조수간만의 차이에 의해 발생하는 해수의 흐름으로부터 얻을 수 있는 에너지에 대해서는 다음 장에서 다룬다.

본 장에서는 파도로부터 얻을 수 있는 에너지에 대해 다루며 파도는 바람과 바다의 표면사이에서 발생하는 상호작용에 의해 일어나며, 풍력에너지와 같이 파도에너지도 태양에너지에 의해 일어나는 하나의 형태이다. 파도는 해양 어디에서나 발생하나 어떤 지역은 다른 지역에 비해 훨씬 큰 파도가 발생한다. 그림 12.1은 전 세계의 다양한 지역에서 이용 가능한 평균 파력 현황인데 연간 평균적으로 50 kW/m 이상의 매우 큰 파도에너지를 가지는 지역도 있다. 그리고 50 kW/m의 파도에너지보다 훨씬 낮은 파도에너지를 가지는 지역은 파도에너지를 이용하기에는 경제적으로 적당하지 않다. 평균 파도에너지가 50 kW/m인 지역에 파도전면 20 m지점에 파력발전장치를 설치하면 이론적으로 1 MW의 전기를 얻을 수 있다. 파력을 상업적으로 이용하기에 적당한 지역은 호주 남부해안, 노르웨이, 영국, 아일랜드, 포르투갈의 대서양 지역이다. 캐나다, 미국, 중국, 덴마크, 일본 등에서 파도에너지 이용에 대해 많은 활동을 보이나, 파도에너지가 높은 지역에서도 많은 활동을 보인다.

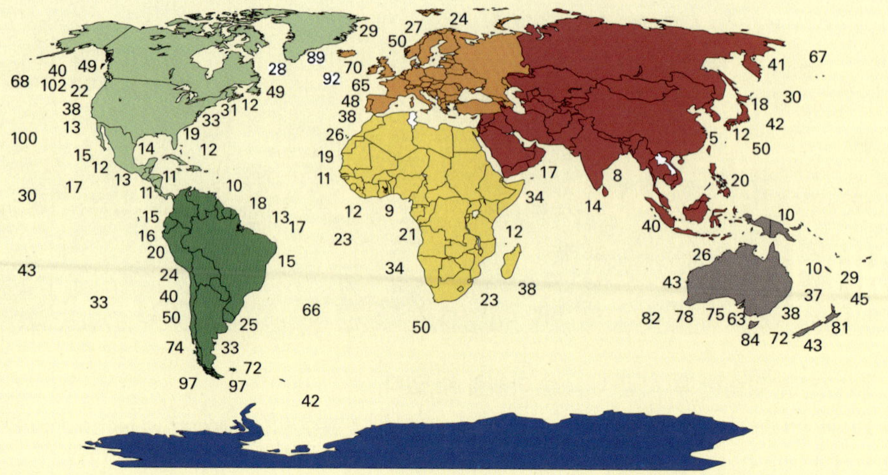

그림 12.1: 다양한 지역에서의 파력. 파력은 파도전면에서의 kW/m로서 연평균 값이다.

KerdaZz/Shutterstock.com; data from 2004 Survey of Energy Resources, 20th Edition

본 장에서는 파도에너지의 기본 물리에 대해 먼저 배우고 그 다음 파도로부터 에너지를 얻기 위해 개발된 기술과 개발된 기술을 적용한 장치에 대해 배우기로 한다.

12.2 파도로부터 에너지

그림 12.2는 파도의 단면도이며, 파도의 높이는 A, 파장은 λ이다. 파도는 움직임으로 인해 운동에너지를 가지고, 수면이 평편하지 않고 위로 상승 혹은 아래로 하강함으로 인해 위치에너지를 갖는다.

그림 12.2에서 나타난 바와 같이 그림의 좌측은 상승한 표면이고 우측은 하강한 표면이다. 파도의 파형은 사인형(sine wave)이며, 그림은 기준선보다 아래에 있는 우측의 짙은 청색부분의 물이 좌측의 옅은 청색의 물을 밀어 올리는 형상이다. 기준선보다 위에 있는 부분의 면적은 반 파장의 길이에 대해 사인파를 적분한 값이며 값은 $A\lambda/\pi$이다. 단위길이당 반 파장 부분의 질량은

$$\frac{m}{l} = \frac{\rho A \lambda}{\pi}, \tag{12.1}$$

이며 여기서 ρ는 물의 밀도이며, l은 평면에 직각 방향(파도의 전파방향)에 대한 단위길이이다. 파도의 반쪽 부분의 중력 중심은 영점기준(zero level)으로부터 위로 h거리에 있으며 (그림 12.2) h는 간단하게 다음과 같이 계산된다.

$$h = \frac{\pi A}{8} \tag{12.2}$$

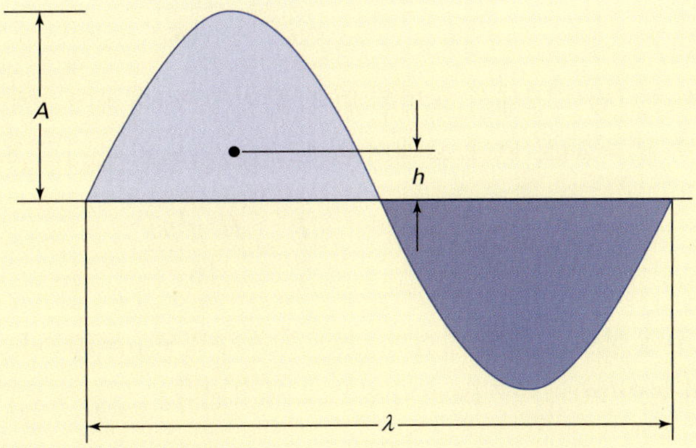

그림 12.2: 해양 표면에서의 파도의 단면

평편한 표면의 아랫부분이 윗부분을 밀어올림으로 인해 형성된 파도는 식(12.1)에 계산된 무게를 $\Delta h = 2h$ 거리만큼 수직으로 끌어올리는 셈이 된다. 이러한 과정에 의해 생성된 위치에너지(파도전면의 단위길이당)는 다음과 같다.

$$\frac{E}{l} = \frac{m}{l}g\Delta h = \left(\frac{\rho A\lambda g}{\pi}\right)\left(\frac{\pi A}{4}\right) = \frac{1}{4}\rho A^2\lambda g \quad (12.3)$$

단위길이당 파도의 운동에너지는 단위길이당 위치에너지와 같으며 파도에 의해 생성된 전체 에너지는 식(12.3)에 주어진 값의 2배이다.

$$\frac{E}{l} = \frac{A^2\lambda\rho g}{2} \quad (12.4)$$

상기의 에너지는 파도의 한 파장에 걸쳐 생성되는 에너지이며, 파도에너지를 이용할 수 있는 장치(전기발생장치 등)가 있으면, 파도의 한 파장에 걸쳐 발생한 에너지는 한 파장기간 동안 에너지전환 장치에 전달된다. 파도의 주기를 T라 하면, T는 다음과 같이 파장과 관련된 식으로 표현된다.

$$\lambda = \frac{gT^2}{2\pi} \quad (12.5)$$

식(12.5)를 식(12.4)에 대입하면 다음과 같다.

$$\frac{E}{l} = \frac{A^2g^2\rho T^2}{4\pi} \quad (12.6)$$

발생되는 힘의 형태(단위길이당 에너지)로 표시하기 위해, 식(12.6)의 좌변을 파장의 주기로 나누면 파도전면(wave front)의 단위길이당 힘의 형태로 표시된다.

$$\frac{P}{l} = \frac{A^2 g^2 \rho T}{4\pi} \quad (12.7)$$

너비 A는 그림 12.2에서 표현된 바와 같이 파도의 꼭대기에서 골까지 높이인 H의 절반이므로, 즉 $H = 2A$로 된다. 그래서 식(12.7)은 파도의 높이로 표현되기도 한다.

$$\frac{P}{l} = \frac{H^2 g^2 \rho T}{16\pi} \quad (12.8)$$

식(12.8)에 상수에 대해 적절한 값과 해수의 밀도($\rho = 1025$ kg/m^3)를 대입하면 힘(kW/m)은 파도의 높이(m)와 주기(sec)의 항으로 표시된다.

$$\frac{P}{l} = [1.96\ \mathrm{kW/(m^3 \cdot s)}]H^2 T \quad (12.9)$$

예제 12.1

파도의 높이가 2 m이고, 주기는 10초이다. 파도전면 1 km에서 이용할 수 있는 힘은 얼마인가?

풀이

식(12.9)로부터 파도전면의 kW/m 단위의 힘은

$$\frac{P}{l} = [1.96\ \mathrm{kW/(m^3 \cdot s)}] \times (2\ \mathrm{m})^2 \times 10\ \mathrm{s} = 78.4\ \mathrm{kW/m}.$$

파도전면 1 km에 대한 이용 가능한 전체 힘은

$$P = 78.4\ \mathrm{kW/m} \times (1000\ \mathrm{m/km}) = 78.4\ \mathrm{MW}.$$

파도는 시간 T 동안에 거리 λ를 이동하므로 파도의 속도는 식(12.5)로부터 구할 수 있다.

$$v = \frac{\lambda}{T} = \frac{gT}{2\pi} \quad (12.10)$$

예제 12.2

파도의 주기가 8초일 때 파도의 속도와 파장은?

풀이

파도의 속도를 파도주기의 항으로 표현한 식(12.10)으로 계산할 수 있다.

$$v = \frac{gT}{2\pi} = \frac{9.8\ \mathrm{m/s^2} \times 10\ \mathrm{s}}{2 \times 3.14} = 15.6\ \mathrm{m/s}.$$

파도의 주기는 식(12.5)로부터 구할 수 있다.

$$\lambda = \frac{gT^2}{2\pi} = \frac{9.8\ \mathrm{m/s^2} \times (10\ \mathrm{s})^2}{2 \times 3.14} = 156\ \mathrm{m}.$$

12.3 파력 이용 설비(wave power devices)

파도로부터 에너지를 얻을 수 있는 장치는 해안(onshore) 또는 먼 바다(offshore)에 설치할 수 있으나 실제적으로 적합한 위치는 해안으로부터 멀지 않은 지점이 적당하다. 해안에 가까이 설치된 시설은 먼 바다의 풍력단지의 경우처럼 전송케이블(transmission)로 연결할 수 있는데 이는 매우 실용적이며(본 장의 Pelamis에 대한 내용을 참조하라), 해안에 설치된 시설은 직접 전력케이블로 연결할 수 있다. 해안으로부터 멀리 떨어진 곳에 위치한 시설은 생산된 전기를 해안으로 송전하는 적절한 방법이 필요하다. 에너지를 배터리 또는 수소를 이용하여 저장할 수 있으나 비싸고, 효율이 낮을 뿐만 아니라 파도를 이용하여 에너지를 발생시키는 장치의 효율 또한 이론적인 효율에 비해 실제적으로는 매우 낮다. 해안에 위치한 시설은 파도가 해안으로 접근하면서 해수면과의 상호작용으로 에너지를 잃어버리는 문제점이 있는데, 20 m 수심에서의 파도는 깊은 수심이었을 때보다 약 60%의 에너지를 잃어버린다.

파도에너지를 얻기 위해 개발되고 있는 장치는 해안에 설치하는 부유 및 고정장치, 진동수주장치, 그리고 먼 바다에 설치하는 파도를 모으는 장치이다. 3종류의 장치에 적용되는 상세 기술은 다음과 같다.

12.3a 진동수주(OWCs)

진동수주(OWCs, Oscillating Water Columns)는 보통 영구적으로 해안가 또는 해안과 가까운 곳에 고정식으로 설치한다. 스코틀랜드에서는 해안가에 설치하였으며 호주에서는 해안과 가까운 곳에 설치하였다(그림 12.3, 그림 12.4).

OWS의 기본설계도는 그림 12.5와 같으며 발전기의 상세도는 그림 12.6과 같다. 장치가 해안 또는 해안과 가까운 곳에 설치된 경우, 파도가 장치로 들어오면, 파도챔버에서의 물

그림 12.3: 스코틀랜드에서 Wavegen에 의해 건설된 250 kW급 진동수주 형인 LIMPET의 예

Claus Lunau/Bonnier Publications/Science Source

그림 12.4: 호주에서 Energetech에 의해 개발된 진동수주형이며, 해안부근에 고정되어 있으며 500 kW급이다.

NOAA

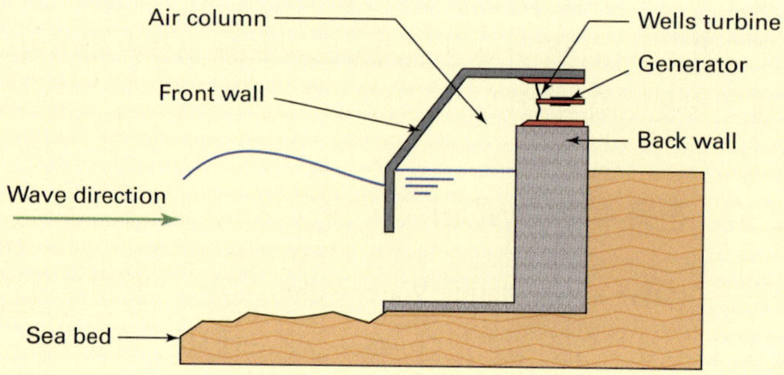

그림 12.5: OWC의 개략도

Based on 2004 Survey of Energy Resources, 20th Edition

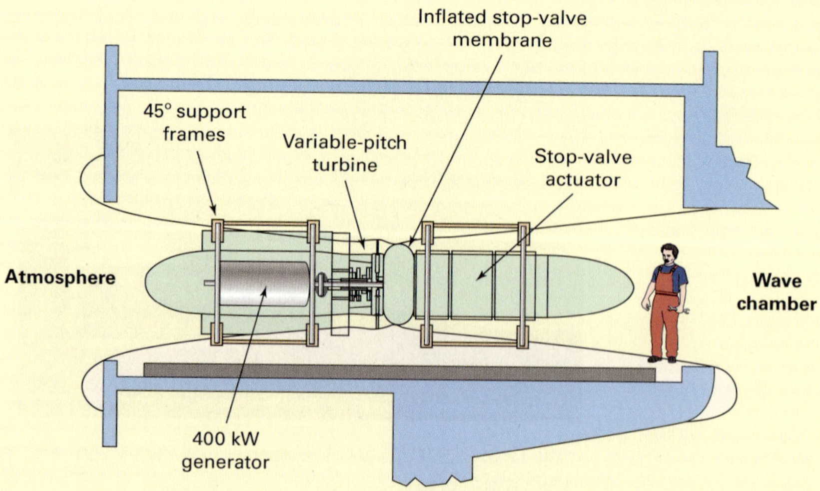

그림 12.6: OWC의 발전부품의 상세. 파도챔버는 장치의 오른편 부분이다.

Based on R.M. Taylor, N.J. Caldwell, "Design and Construction of the Variable-Pitch Air Turbine for the Azores Wave Energy Plant," Proc. Third European Wave Power Conference 30th September–2nd October 1998, Patras

의 높이는 상승한다. 수주(water column)의 높이가 올라가면, 공기는 터빈을 통해 나가게 되며 이때 터빈을 통해 전기가 생산된다. 파도챔버에서 물의 높이가 내려가면 공기는 터빈을 통해 들어온다. 전형적인 바람터빈은 바람방향이 한 방향이면 한 방향에서 회전하며, 바람방향이 반대방향이면 바람터빈은 반대방향에서 회전한다. 일반의 바람터빈은 바람방향이 변하면, 터빈이 바람에 견딜 수 있도록 회전할 수 있는데 이 과정은 매우 느리게 일어난다. 파도의 주기에 따라 바람방향이 바뀌며 대개 그 주기는 10초 정도이다.

이러한 문제점에 대한 실질적인 해법은 바람의 방향에 관계없이 항상 동일한 방향에서 터빈이 회전할 수 있도록 설계하는 것이다. 상기와 같은 장치를 설계하는데 2가지 방법이 있는데 그것은 가변피치터빈(Variable pitch turbine)과 웰스터빈(Wells turbine)이다. 바람터빈(Wind turbine)은 가변피치장치인데, 바람방향으로 날개의 각도를 변경하기 위해 축에 대해 날개가 회전할 수 있도록 하였으며, 좀 더 극단적인 경우는 날개의 각도가 바람방향에서 발생하는 모든 변화를 충분히 적응할 수 있는 수준으로 변할 수 있다. 그림 12.7은

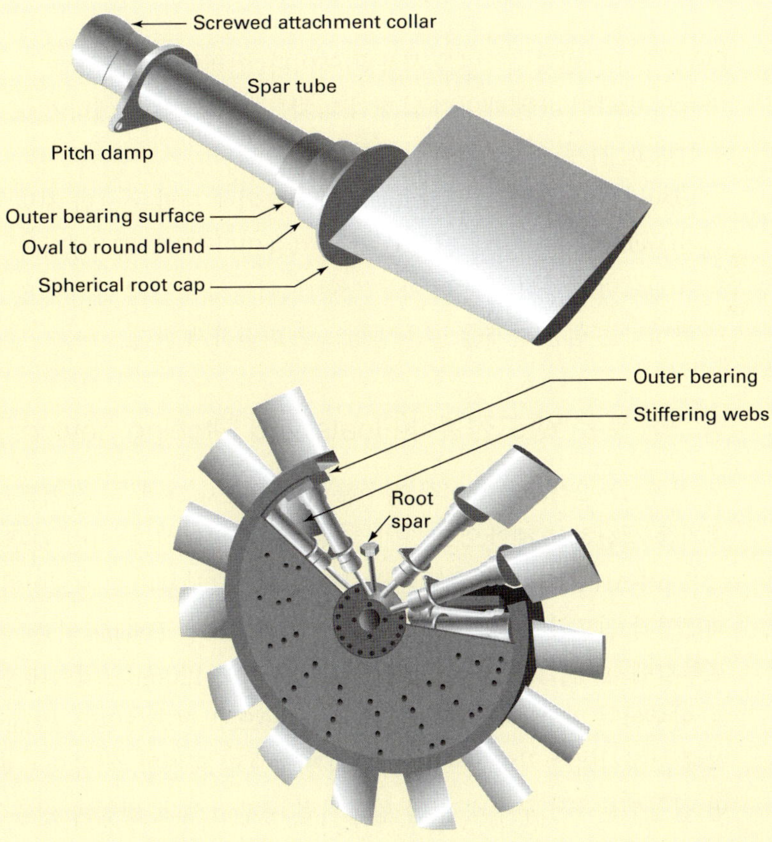

그림 12.7: 가변피치터빈의 설계도

Based on R.M. Taylor, N.J. Caldwell "Design and Construction of the Variable-Pitch Air Turbine for the Azores Wave Energy Plant" Proc. Third European Wave Power Conference, 30th September–2nd October 1998, Patras

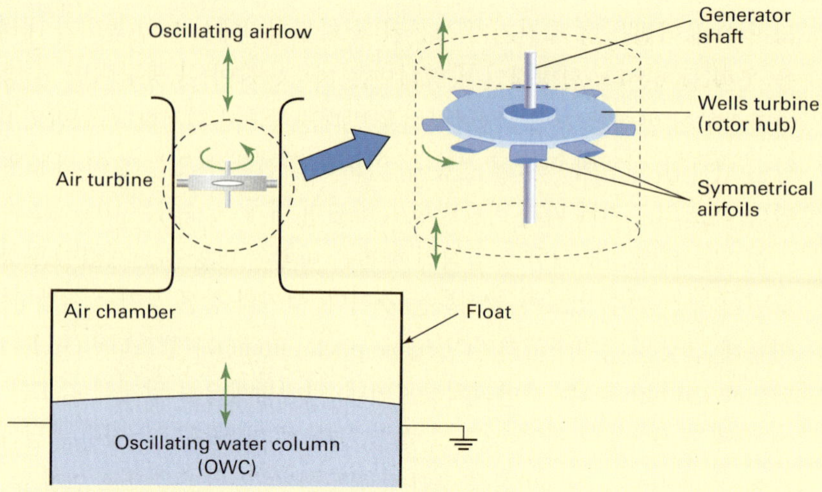

그림 12.8: Wells 터빈의 설계도

Based on M. Mamun et al., Ocean Engineering 31 (2004) 1423–1435

OWC에서 가변피치터빈을 사용한 예이다. 이러한 형태의 터빈이 가장 효율적이기는 하나 바람의 방향이 바뀔 때마다 날개의 피치를 바꾸기 위해 에너지가 소모되며, 장치가 비싸며 복잡하고, 기계적인 결함이 발생할 확률이 높다.

1980년대 Queen's 대학의 Alan Wells에 의해 개발된 보다 저렴하고 단순한 장치가 웰스터빈(Wells turbine)인데 단점은 낮은 효율이다. 그림 12.8에서 웰스터빈의 날개들은 고정되어 있으며 대칭적(단면이 아몬드 형태)이어서 바람의 방향이 양쪽 어느 방향이어도 날개에 발생하는 힘은 날개를 같은 방향으로 회전하게 한다.

12.3b 부유 및 고정설비(Floats and Pitching devices)

본 절에서는 2가지의 특이한 장치를 소개하고자 하며, 이 장치들은 해안 근처에 고정시켜 전기를 생산하고 해안으로 전기를 송전하는 방식이다. 가장 보편적인 장치가 Pelamis(발음은 pel-AH-mis)이며, 명칭은 바다뱀의 학명으로부터 유래되었다(Pelamis는 독이 있으며 태평양과 인도양 해안에서 서식한다). 그림 12.9는 Pelamis의 한 예이며, 스코틀랜드와 포르투갈에서 개발되었으며 직경 약 3.5 m, 길이 120 m 크기인데 여러 조각(보통 4조각)으로 이루어져 있으며 각 조각은 경첩(hinge)으로 연결하였다. Pelamis는 수심이 50 m인 지역에 고정시켜 설치하였으며, 파도의 방향으로 회전할 수 있으며 파도가 Pelamis를 통과하면 경첩부분에서 구부려져 뱀 형상처럼 구부러진다. 경첩과 연관된 수력실린더(hydraulic cylinder)는 발전기와 연결된 수력터빈(hydraulic turbine)으로 수력유체(hydraulic fluid)를 보내는 역할을 한다. 일반적인 Pelamis 발전기는 750 kW_e 출력이다.

최근에 시험된 다른 장치는 뜨게 하여 상하로 움직이면서 파도를 타게 한다(그림 12.10).

그림 12.9: Orkney에서 떨어진 European Marine Energy Centre 현지에 설치된 Pelamis proto형 기계

P123

그림 12.10: Hawaii, Oahu, Kaneohe Bay에서 떨어진 위치에 설치된 실험적인 파도에너지 부표. 수면의 위와 아래부분에서의 장치 부분들을 보여준다.

David Fleetham/Alamy Stock Photo

그림 12.11: 프로토형 NEMOS 파도에너지 부표. 전기발전기를 지지하는 타워는 사진의 오른쪽에 위치해 있음.

Courtesy of NEMOS GmbH

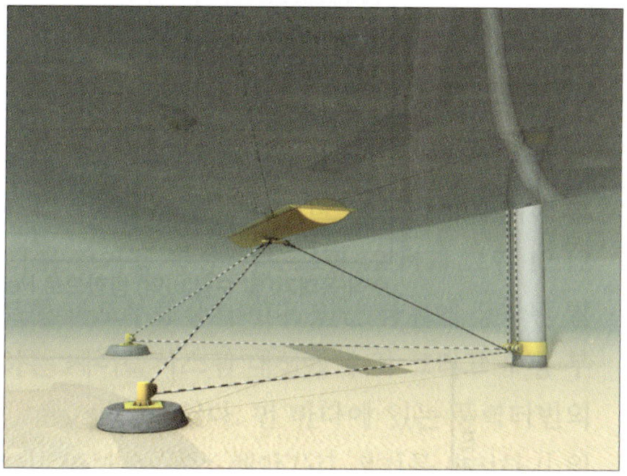

그림 12.12: 수면 아래에 있는 기초부분과 케이블을 볼 수 있는 NEMOS 파도에너지 부표시스템의 개략도

Courtesy of NEMOS GmbH

음발생이 있으므로 방음설비가 필요하며, 바다에 설치하는 Pelamis, Aquabuoy, 혹은 Wave Dragon 등과 같은 시설은 항해도 고려하여야 한다. 파력설비는 바다에 설치된 풍력설비보다 경관적인 면에서 훨씬 덜 두드러진다.

12.5 요약

파도에너지는 전체 에너지 요구량에 비해 대규모의 자원이나 파도에너지의 작은 비율만이 이용되고 있다. 본 장에서 파도자원의 지역적인 분포, 이용 가능성이 있는 파도에너지를 전부 활용하더라도 전체 에너지 요구량의 수%에 불과하다. 파도에너지는 변동적이고 예측불가능하기 때문에 파도에너지를 대부분 다른 신재생에너지, 그리고 적절한 에너지 저장시스템과 연결하여 이용한다.

해양의 파도로부터 이용 가능한 힘에 대한 기초물리원리를 다루었고 파도의 단위길이(l)당 전체 힘은 다음과 같으며 여기서 H는 파도의 높이, T는 파도주기이다.

$$\frac{P}{l} = \frac{H^2 g^2 \rho T}{16\pi}$$

힘이 파도 높이의 제곱에 의존함은 평균 이상의 파도가 일어날 때 이용가능한 대부분의 에너지가 발생한다는 것을 의미한다.

본 장에서 파력에너지를 이용할 수 있는 3종류의 기술에 대해 기술하였으며 그 기술은 진동수두, 부유 및 고정설비, 파도를 모으는 설비이다. 진동수두는 파도 움직임을 이용하여 공기를 통해 터빈을 회전시켜 전기를 얻고 대부분의 터빈은 양방향의 웰스터빈을 사용한다.

Pelamis 같은 부유 및 고정설비는 파력에너지를 얻기 위해 가장 폭넓게 개발되었으며, 파도의 기계적인 움직임을 이용하여 터빈과 발전기를 작동시킨다. Wave Dragon 같은 파도를 모으는 설비는 방책을 사용하여 파도의 운동에너지를 위치에너지로 바꾸며 이를 이용하여 터빈을 가동시킨다.

파도에너지를 전기로 변환하는 기술이 상대적으로 간단하게 보여도 아직까지 상용화 초기단계에 머물러 있다. 포르투갈과 스코틀랜드가 파도에너지를 이용하기 위해 가장 활발한 활동을 하는 국가이다. 장기적인 안목으로 파도에너지는 경제적으로 다른 신재생에너지 기술에 비해 경쟁력이 있고 또한 환경적인 영향이 낮고, 안전과 보안 문제도 크지 않다는 장점이 있다.

연습문제

12.1 노스캐롤라이나는 미국의 500 km 해안선 중에서 가장 높은 평균 파도에너지를 갖는 지역(그림 12.1)이다. 노스캐롤라이나에서 사용하는 모든 전기를 '파도에너지'로 이용할 수 있는가? 1인당 연간 전기 요구량은 15 MWh_e이며, 평균 효율 20% 수준에서 해안의 5%만이 파도에너지로부터 전기를 생산할 수 있는 것으로 가정한다.

12.2 작은 보트에 2명이 타고 있고 배 밖으로 15 kW모터가 달려 있다(전체 무게 = 500 kg). 작은 보트가 10초의 주기로 1 m의 높이로 상승과 하강을 계속하고 있다. 모터로부터 이용 가능한 힘과 보트를 파도의 바닥으로부터 꼭대기까지 끌어올리는 평균 파도의 힘과의 비를 계산하라.

12.3 8.5 m/s의 속도를 가지는 파도가 있다. 파도의 주기와 파장은 얼마인가?

12.4 높이 2.5 m, 10초의 주기를 가지는 파도가 있다. 파도전면의 20 m부터 이용할 수 있는 전체 힘은 얼마인가?

12.5 하와이에서 이용할 수 있는 평균 파도에너지(그림 12.1)는 100 kW/m이다. 10초의 주기를 갖는 파도에 대해 평균 파도 높이는 얼마인가?

12.6 폭풍에서, 파도는 높이 12 m, 주기는 15초이다. 파도전면의 m당 힘을 그림 12.1에 보여준 평균값과 비교하라.

12.7 깊은 수심에서 쓰나미는 상대적으로 높이(보통 2 m)가 작으며 매우 긴 주기(보통 30분)를 가진다. 쓰나미가 얕은 물에 도달할 때 세기는 커진다. 깊은 수심에서의 쓰나미에 대해 파도전면의 m당 에너지(J/m)를 계산하라. 쓰나미의 에너지를 중량 1500 kg, 120 km/h의 속도로 달리는 너비 2 m 자동차의 너비 m당 에너지와 비교하라. 이 비교는 쓰나미에 의해 발생될 수 있는 피해를 강조하기 위함이다.

12.8 높이 2 m의 파도가 10 m/s 속도로 진행하고 있다. 파도에너지로부터 전기를 생산하는 장치의 평균 효율이 20%이면, 1 MW_e의 전기를 생산하기 위해서는 장치의 크기는 얼마나 커야 하는가?

12.9 부진동파(seiche)는 호수와 막힌 해안만의 표면에서 공명조건 때문에 발생하는 정상파(standing wave)이다. 부진동파는 지진활동 또는 기후조건변화와 같은 현상에 의해 일어난다. 부진동파의 주기는 대략적으로 다음 식으로 표현된다.

$$T = \frac{2L}{\sqrt{gh}},$$

여기서 L은 공명이 일어나는 막힌 지역의 길이, g는 중력가속도, h는 평균 수면깊이. Lake Ontario는 특별하게 부진동파 지역으로 간주된다. Lake Ontario의 길이에 따른 부진동파의 주기를 계산하시오.

12.10 바다 해안선 지역은 15초의 주기를 갖고 있는 입사 파도를 가지고 있다. 하루 동안 파도는 크게 12시간 동안은 2 m 높이, 8시간 동안은 3 m 높이, 4시간 동안은 5 m 높이에 이른다.

(a) 해안선 km당 이용할 수 잇는 전체 에너지는 얼마인가?

(b) 가장 많은 에너지를 이용할 수 있는 주기는 다른 파도 높이를 가진 3주기 중 어느 주기인가?

(c) 하루 동안 해안선 km당 평균 파도에너지는 얼마인가?

12.11 Greenland의 전력 대부분은 수력발전 시설로부터 얻는다. 생산되는 전력은 연간 300백만 kWh이다. Greenland 남동해안에 파도에너지가 개발된다면, 파도에너지를 이용한 발전효율은 25%로 가정할 때 수력발전양을 대체하기 위해 필요한 해안의 길이는 몇 km인가?

12.12 해안 파도의 높이는 5 m, 주기는 12이다.

(a) 상기 파도의 파장을 계산하시오.

(b) 상기 파도에 대해 단위 파도전면당 동력(power)을 계산하시오.

(c) 상기 파도의 한 주기에 대해 단위 파도전면당 에너지를 계산하시오.

12.13 해안 파도의 파장은 120 m, 주기는 16이다.

(a) 파도의 속도를 계산하시오.

(b) 파도의 크기가 1.5 m일 때, 한 주기에 파도전면의 km당 에너지를 계산하시오.

12.14 깊은 물속에서 쓰나미의 주기는 5.7×10^2초이다.

(a) 속도는 얼마인가?

(b) 파장은 얼마인가?

(c) 쓰나미의 2.5 m의 높이일 때, 파도전면의 km당 힘(power)은 얼마인가?

12.15 (a) 모든 다른 요소들이 같을 때, 파도의 한 주기에 대해 파도전면의 단위길이당 에너지를 최대화화 시키는데 있어 가장 중요한 요소는 다음 중에서 어느 것인가? 파장, 파도의 높이, 파도의 속도.

(b) 주기당 파도에너지에 대해 이러한 요소들에서 2배가 되는 효과는 무엇인가?

12.16 깊은 물속에서 쓰나미의 주기가 10분일 때, 파도전면의 1 km에서 1000 MW_e 화력발전소가 생산하는 양만큼 에너지를 생산하기 위해서는 파도의 높이는 얼마이어야 하는가?

이러한 결과는 깊은 물속에서의 쓰나미는 수 미터 높이의 파도, 몇 백 미터의 파장을 갖는 보통의 해양파도와 비교하여 실제적으로 감지하기 어렵다는 것을 강조하기 위함이다.

12.17 20 m/s의 속도를 갖는 파도가 있다.

(a) 주기는 얼마인가?

(b) 파장은 얼마인가?

(c) 파도전면의 미터(m)당 에너지가 1 MJ/주기일 때, 파도의 높이는 얼마인가?

12.18 하와이는 해안선 길이가 약 1200 km이고 인구는 약 140만명이다.

(a) 하와이에서 1인당 에너지소비가 미국의 다른 주와 비슷하다고 할 때, 하와이에서 전체 연간 1차 에너지 이용량을 계산하시오.

(b) (a) 부분에서 얻은 결과를 하와이에서 이용가능한 전체 연간 파도에너지와 비교하시오. 1차 에너지 수요를 만족시키기 위해서는 전체 파도에너지 중에서 얼마가 필요한가?

12.19 깊은 물속에서 10초 주기, 높이 2 m인 해양파도가 있다.

(a) 파장은 얼마인가?

(b) 해안으로 접근함에 따라 주기는 6초로 감소한다. 이때 파장은 얼마인가?

(c) (b) 부분의 상태에서 파장당 파도에너지가 보존될 때 새로운 파도의 높이는 얼마인가?

12.20 Scotland에 있는 파도에너지 생산 설비 LIMPET의 폭이 21 m이다. 효율을 예측하시오.

참고문헌

G. Boyle (Ed.). *Renewable Energy*. Oxford University Press, Oxford (2004).

R. Cohen. "Energy from the ocean." *Philos. Trans. Royal Soc. London* **A307** (1982): 405.

A. Goldin. *Oceans of Energy—Reservoir of Power for the Future*. Harcourt, Brace, Jovanovich, New York (1980).

M. Knott. "Power from the waves." *New Scientist* **179** (2003): 2473.

M. McCormick. *Ocean Wave Energy Conversion*. Wiley, New York (1981).

T. R. Penney and D. Bharathan. "Power from the sea." *Scientific American* **256** (1987): 86.

D. Ross. *Energy from the Waves*. Pergamon Press, Oxford (1979).

R. J. Seymour. *Ocean Energy Recovery: The State of the Art*. American Society of Civil Engineers, New York (1992).

World Energy Council. *World Energy Resources 2016*, available online at https://www.worldenergy.org/publications/2016/world-energy-resources-2016/

CHAPTER 13

조석에너지

학습목표: 제13장을 학습한 후 다음 내용을 이해할 수 있다.

- 둘러싸인 내만에서 조석운동과 공명효과에 대한 이유
- 조석움직임과 관련된 에너지
- 댐 시스템의 설계
- 댐 시스템에 기본으로 한 조석에너지의 이용 가능성과 이용
- 댐 시스템의 유지에 영향을 주는 환경적인 요소와 그 외의 요소
- 조석에너지 시스템의 설계
- 실험적 수준 그리고 상업적 수준의 조석시스템

13.1 서론

에너지는 파도뿐만 아니라 바다의 조석에 의한 움직임과도 연관되어 있다. 조석운동은 파도운동보다 예측이 쉽고, 조석운동을 에너지로 실현시키는 일은 오래전부터 시작되었다. 중세 유럽시대엔 조석수를 보관했다가 그 뒤 수레바퀴를 통해 내보내기 위해 둑을 건설했다. 흐르는 강에서 에너지를 얻는 유체역학과 유사하게, 이 조석에너지는 곡식을 갈기 위한 일 등에 사용되었다. 비화석연료 에너지 원천을 개발하기 위한 관심이 증가하면서, 1960년대부터 조석에너지를 상업적인 규모로 만들어 전기를 생산하려는 관심이 생겨났다. 덕분에 최초의(그리고 아직 기능을 하고 있는) 상업적인 조석발전장치가 1966년 시작되었다. 조석는 바다 어느 곳이나 존재하지만, 조석에너지를 만들 정도로 실용적이기 위해서는 충분히 큰 조차가 필요하며, 이러한 조건을 충족시키는 지역은 지구상 조금밖에 없다. 특히 미국에는 조석에너지를 생산할 수 있는 지역이 매우 드물다. 그럼에도 불구하고, 조석에너지를 화석연로에 대한 대체재로 사용하기 위한 관심은 계속됐고, 지금은 북미 지역과 그 외 다른 지역에 몇몇 조석에너지 초기시설이 존재한다. 이번 장에서는 조력의 발전에 대해 역사적, 과학적, 그리고 공학 기술 측면에서 살펴보고, 더불어 최근 몇 년간 이루어진 발전에 대해 다룰 것이다.

13.2 조석으로부터 에너지

바다의 조석는 태양, 달과 이루어지는 바닷물의 중력 상호작용에 의해 생겨난다. 조석에너지는 핵, 지열과 마찬가지로 태양 방사를 직접적으로 이용하지 않고 에너지를 창출할 수 있는 유일한 에너지원이다. 조석에너지는 바닷물의 오르내림을 통해 얻은 중력 위치에너지의 형태로 이용할 수 있거나, 혹은 수위 변화로 인해 통로로 흘러 들어오는 해류를 운동에너지로 변형시켜 이용할 수 있다. 지난 반세기 동안, 혹은 더 많은 세월 동안 조력발전에 대한 관심은 증가해왔다. 하지만 조력은 11세기부터 영국과 프랑스에서 이용해 왔으며 이들은 조석수를 동력으로 한 물레방아와 강물을 이용한 전통적인 물레방아를 병행해 이용해 왔다.

조석은 주로 바다와 달 간의 중력작용에 의해 발생한다. 달과 정면으로 위치한 물은 지구의 반대편에 위치한 물보다 더 가깝게 달과 있으며, 이 때문에 달에 더 강하게 끌리게 된다. 그 결과물은 달을 향해 불룩한 형태를 띠게 된다. 지구상에서 달과 반대편에 있는 물은 달에 덜 끌리게 되고, 반대방향으로 불룩한 형태를 띤다. 이 현상은 그림 13.1에 묘사되어 있다. 지구가 자전하면, 조석 부풀음은 태음일(달과 같은 위치에 놓일 때까지 지구가 돌아오는 시간)의 절반 시간 동안 지구를 돈다. 그 영향으로, 조석의 주간 주기가 생기게 되는데 그 시간은 약 12시간 25분이다.

조석의 변화는 태양이 달과 더불어 바닷물에 중력 영향을 주기 때문에 더욱 복잡하다. 달보다는 영향력이 작지만, 그래도 중요하다. 달이 초승달이거나 보름달일 때 지구와 달, 태양은 일렬로 배치된다(그림 13.1). 이 경우, 태양 조석이 태음 조석에 더해져 조차가 증가하게 된다. 이런 현상을 대조라고 부른다. 상현달이나 하현달일 경우 달은 지구, 태양과 직각으로 위치한다(그림 13.1). 이 경우(소조라 알려져 있는), 태양과 달의 영향은 함께 작용

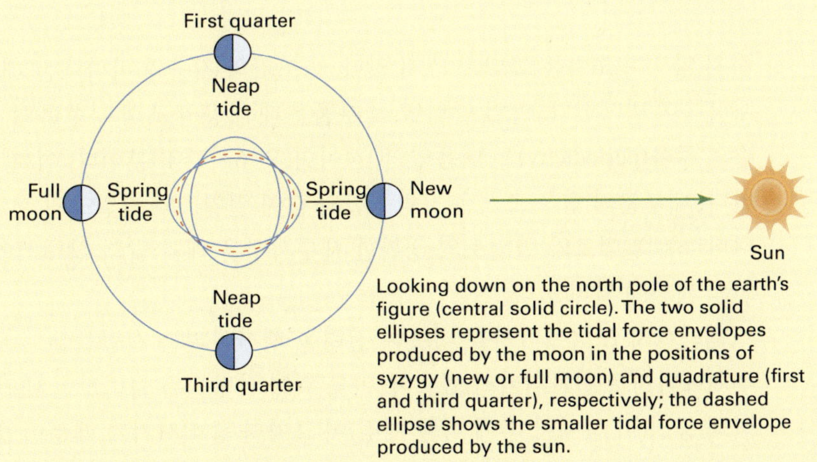

그림 13.1: 달의 다른 형태에 따른 조석에 영향을 주는 태양 및 달의 요소

NOAA

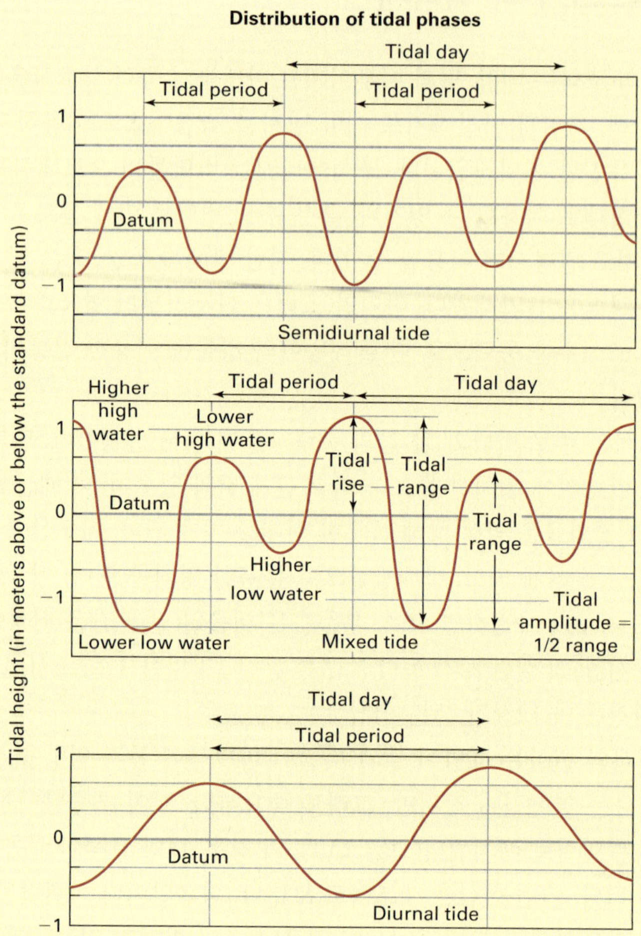

그림 13.2: 매일(맨 밑), 반일(맨 위) 그리고 혼합된(중간) 조수에서의 물의 수위

NOAA

하지 않으며 조차는 그다지 크지 않다. 소조기의 지구의 바다에는 태음일 동안 4번의 조석 부풀음이 발생한다. 만일 달의 조석 부풀음과 태양의 조석 부풀음의 진폭이 유사하다면 조수의 주율(periodicity)은 태음일의 1/4이며, 약 6시간 13분이다. 이 현상을 반일주조라고 부른다. 대부분의 경우 조석은 그림 13.2와 같이 일일조와 반일조의 혼합이다. 특정 지역에서 나타나는 일일조와 반일조의 정확한 세부사항은 해와 달의 상대적인 위치와 구체적인 해안의 지리에 달려 있다.

최근까지 조석에너지를 이용해 전력을 생산하려는 사람들은 수위의 오르내림을 중력 위치에너지로 전환시키려 했으며, 이를 위해 사람들은 둘러쌓인 내만을 이용했는데, 이 지역의 공진(이 장에서 후에 다룰 예정)이 조차를 증대시키기 때문이었다. 지구상에서 이 조건을 만족시키는 특정 지역들은 다음 절에 서술되어 있다. 조차는 조석주기와 기하학적 구조를 응용한 둘러쌓인 내만에서 생겨난 것이다. 공명효과로 인해 조차가 증가하는데, 이

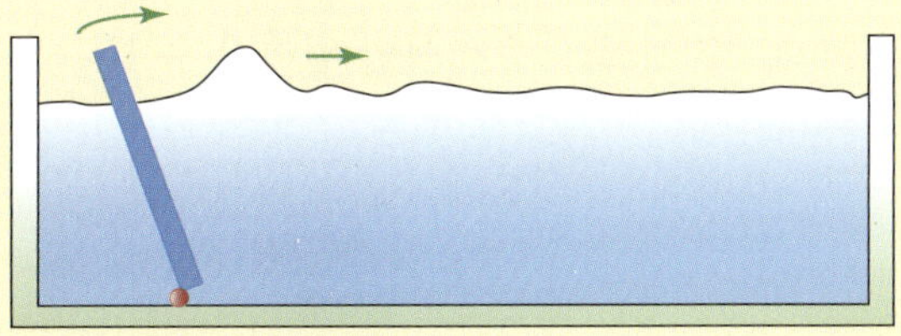

그림 13.3: 물 탱크에서 파도의 발생

그림 13.4: Novo Scotia, Fundy Bay의 Parrsboro에서의 낮은 조수, 이 지역에서 일어나는 극단적인 조수환경을 나타낸다.

Richard A. Dunlap

현상은 물탱크에서 계속해서 물결을 만드는 메커니즘(노를 저어서 발생시킨다)을 활용해 설명할 수 있다. 그림 13.3에서와 같이 물결이 노에서 생성되면, 물결은 물탱크의 끝까지 갔다가 다시 노를 향해 돌아올 것이다. 물결이 이 거리를 왕복하는데 걸리는 시간은 물과 탱크의 기하학 구조(예: 길이)에 달려 있다. 이를 공명주기라고 부른다. 만일 첫 번째 물결이 돌아오는 그 시점에 두 번째 물결이 생성되면 물결 진폭이 합쳐질 것이다. 게다가 만일 물결이 공명주기에 맞춰 생성된다면, 공명효과가 발생해 물결의 진폭은 매우 커질 것이다. 만약 대양의 분지 조석주기가 공명주기와 유사하다면 조석의 진폭은 증가할 것이다. 그 예로 펀디만에서는 만의 주기가 13.3시간이며, 조석주기는 12.4시간이어서 13 m에 달하는 거대한 조차를 생성한다. 이러한 극도의 조수는 그림 13.4에 묘사되어 있다.

조수와 연관된 위치에너지는 식을 통해 계산할 수 있다. 만일 내만이 어떤 임의의 면적이 있다면 이를 A라고 하고, 조차는 h, 내만을 매 조차 T시간마다 순환하는 물의 용적을 V라면,

$$V = 2Ah. \tag{13.1}$$

여기서 계수 2는 밀물 때에 분지에 들어오는 물과 썰물 때에 분지에서 나가는 물을 나타낸다. 물의 양은 밀도로 표현하며, ρ로 나타낸다.

$$m = 2Ah\rho. \tag{13.2}$$

조석 움직임을 통해 얻어낼 수 있는 위치에너지는

$$E = 2Ahg\rho\left[\frac{h}{2}\right] = Ah^2g\rho, \tag{13.3}$$

여기서 $h/2$는 내만 내에 있는 물의 만조와 간조 사이의 절반 높이이다. g는 중력가속도를 나타낸다. 만약 이 에너지가 조석주기 동안 얻어질 수 있다면, 아래 식의 평균 힘과 일치할 것이다.

$$P = \frac{Ah^2 g\rho}{T}. \tag{13.4}$$

위 식에서 알 수 있듯이, 힘을 높이기 위해선 넓은 지역에 위치하는 것도 중요하지만, 큰 조차를 갖는 것이 가장 중요하다.

하지만, 실제로는 이 값의 1/4만을 전환시킬 수 있으며, 용량계수는 25%이다.

예제 13.1

내만의 폭이 10 km, 길이가 25 km이며 조차가 10 m일 때, 내만으로부터 이용할 수 있는 평균 조력을 계산하라.

풀이

이용할 수 있는 평균 조력은 식(13.4)로부터 구할 수 있다.

$$P = \frac{(10 \times 25 \times 10^6 \mathrm{m}^2) \times (10\mathrm{m})^2 \times (9.8\mathrm{m/s}^2) \times (1025\mathrm{kg/m}^3)}{(12.4\mathrm{h} \times 3600\mathrm{s/h})} = 5.6\ \mathrm{GW},$$

얻어진 평균 조력은 여러 개의 큰 화력발전소나 원자력발전소에서 얻어지는 전력과 거의 같다.

13.3 댐 시스템

댐 시스템(Barrage system)은 위에서 설명한 방식의 조석에너지를 이용한다. 제방은 근본적으로 내만(때때로 headpond라고 불린다)을 고립시키는 방식을 이용하는 댐이다. 수문은 열고 닫게 하여서 물을 분지에서 나가게 하거나 들어오게 할 수 있는 댐의 문이다. 그림 13.5에 있는 간략한 묘사를 보면, 수문은 조수가 높아지기 시작하면 내만을 채우기 위해 열린다. 조수가 높아지고 내만이 채워지면, 수문은 닫힌다. 그 시점에서 터빈 게이트는 닫히고, 조수가 나감에 따라 바다의 수위는 낮아진다. 조수가 낮아지기 시작하면 터빈 게이트는 터빈을 통해 바다로 나가도록 하기 위해 열린다. 이에 따라 전기가 생성된다. 터빈의 출력은 내만 내에 있는 물의 수두에 달려 있기 때문에 터빈은 통수속도가 조석주기의 시간척도(timescale)와 적합하도록 설계된다. 그림 13.6은 댐 시스템의 간략한 단면 도해다.

이 간략한 계획의 가장 큰 문제점은 물이 내만에서 나갈 때, 바다 또한 밀물 때문에 수위가 높아진다는 점이다. 게다가 조류가 높아지면 내만 내에 있는 물의 수위가 감소하고, 댐의 안과 밖의 수위가 일치하게 되면 더 이상 힘이 생성되지 않는다.

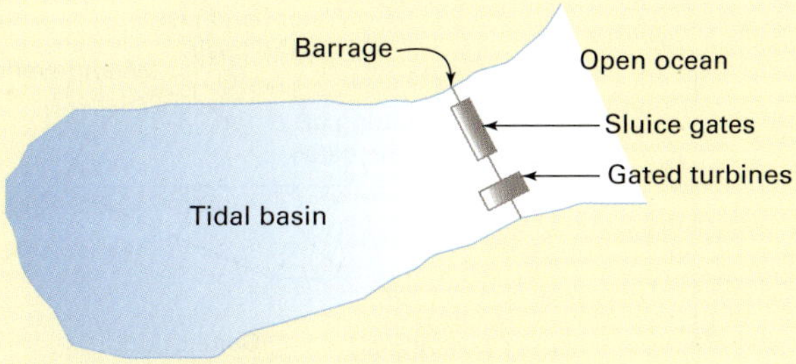

그림 13.5: 조력발전의 댐 시스템의 개략도

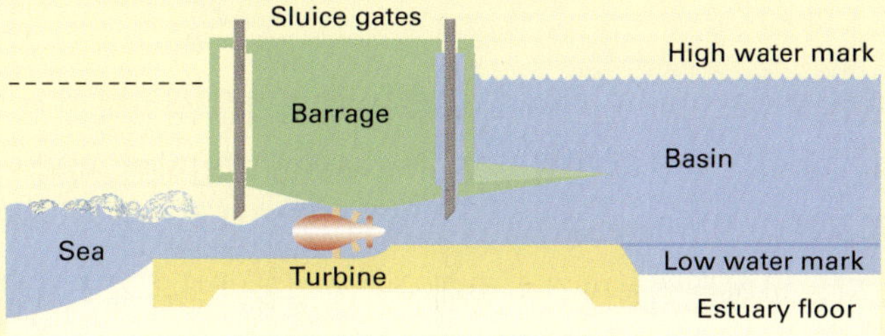

그림 13.6: 터빈을 보여주는 댐설계의 개략도. 수문은 물이 내만으로 들어오고 나가게 하며 물은 터빈으로 직접 통하도록 한다.

Based on http://www.eepe.murdoch.edu.au/resources/info/Tech/tidal/index.html

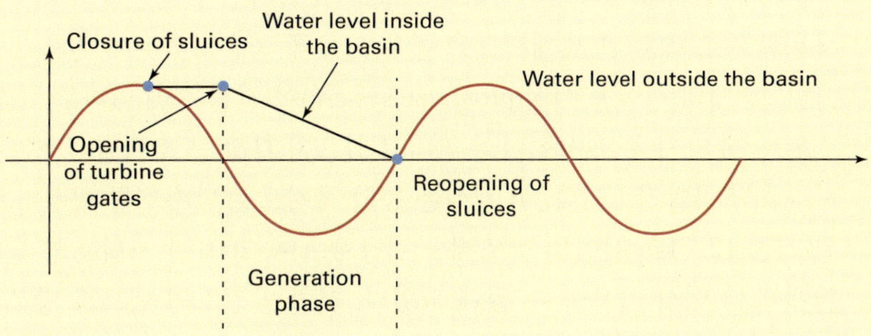

그림 13.7: 썰물발전주기에서의 수위

Based on World Energy Council, Survey of Energy Resources, Elsevier (2004) p. 393

이 단순한 상황을 개선하기 위한 방안이 그림 13.7에 나타나 있다. 썰물발전으로 알려져 있는 이 방식은, 내만이 채워진 후 조류가 여전히 낮아지고 있을 때 터빈 게이트를 연다. 그림에 나타난 이 도식은 전력이 최저점의 반만큼 채워지는 지점에서 생성됨을 보여준다.

다른 방안은 썰물 때 수문을 닫아 둑 바깥의 해수의 수면이 일정수준까지 올라올 때까지 기다렸다가 터빈 문을 열어 내만으로 물이 들어오게 한다. 그림 13.8은 밀물 때 전기 생산

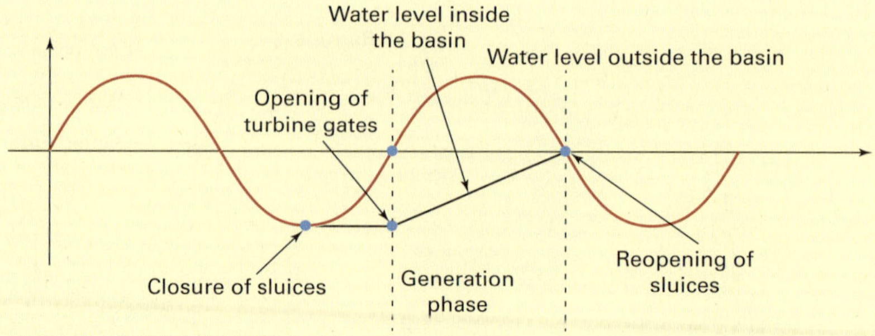

그림 13.8: 밀물발전주기에서의 수위

Based on World Energy Council, Survey of Energy Resources, Elsevier (2004) p. 393

에 대한 모식도이다. 일반적으로, 썰물 때 전기를 생산하는 경우가 밀물 때 경우보다 더 효과적인데 이는 내만의 전형적인 형태 때문에 기인하며, 바닥으로부터 절반(bottom half)보다 위로부터 절반(top half)의 경우가 더 많은 물을 가둘 수 있기 때문이다. 또한 내만으로 유입되는 하천은 썰물발전은 증대시키나 밀물발전은 감소시킨다. 그림 13.7과 그림 13.8을 단순하게 분석하면 용량계수(capacity factor)를 개략적으로 예측가능하다. 위의 두 예에서 전기생산은 전체 조수 간만의 주기 중 반주기 동안에 일어나는데 이는 내만에서 물의 수위가 직선적으로 변할 때만 물이 터빈을 통해 유입되기 때문이다. 부가하여 내만에서의 전체 수위는 바다에서의 전체 수위의 절반수준임을 보여주며, 상기의 절반수준의 수위가 되는 부분과 반주기만 이용가능하다는 부분을 조합하면 전체용량의 25%만 이용가능하다. 둑을 사용한 시스템은 전 세계적으로 매우 드물게 적용되었는데 현재 2개의 시설만이 가동 중이며, 몇 개의 시험용 시설(prototype system)이 건설 중에 있다.

현재 세 가지 주요 시설이 운영되고 있으며 가장 큰 조력발전소는 대한민국 서울 근처의 시화호 조력발전소이다. 이 시설은 농업 목적으로 담수호를 형성하기 위해 1994년에 건축된 기존 12.7 km 길이의 방조제를 이용했으며, 2001년 시화호의 물이 심각하게 오염되어 관개에 더 이상 사용할 수 없게 되었다. 갯벌 발전소의 댐으로 방조제를 사용함으로써 시화호와 바다 사이에 해수가 유통되고 이로 인해 호수의 오염도 감소하였다(지금은 바닷물이며 더 이상 농업 관개에 사용되지 않고 있다). 조력발전소는 2012년에 가동되었으며 홍수 발생 체계를 활용하며 평균 조석 범위는 5.6 m이며, 24.8%의 용량계수를 갖는 10개의 터빈을 가동시킴으로 인해 총 254 MW_e의 전력을 생산하고 있다. 그림 13.9는 시설의 개략도이며 터빈과 수문의 관계를 보여준다. 그림 13.10은 전면에 발전기 부분이 위치한 방조제를 보여준다.

두 번째로 큰 조력발전소는 프랑스 Bretagne의 Rance River Tidal Generating Station이다(그림 13.11). Dinar와 Saint Malo사이에 Rance River의 하구부분에 설치되어 있으며 1966년에 가동되었으며 현재 사용되는 조력발전시설 중 가장 긴 기간 동안 운영되고 있다. 둑

그림 13.9: 시화호 조력발전소의 개략도

Based on pemsea.org/eascongress/international-conference/presentation_t4-1_kim.pdf

은 길이가 750 m이며 둑을 가로지르는 도로의 역할도 수행하고 있다. 평균 조석 8 m의 범위에서 내만의 크기는 22.5 km^2이며 그림 13.13에서 보여준 24개의 벌브터빈(Bulb turbine)이 설치되어 있으며 이 터빈들은 그림 11.4와 그림 11.5에서 보여준 카플란터빈(Kaplan turbine)과 유사하다. 발전시설의 최대용량은 240 MW_e이나 실질적으로 생산하는 평균 전력은 68 MW_e이며 이는 25% 용량계수가 적용됨을 보여준다.

캐나다 노바스코티아 Annapolis Royal에 있는 세 번째 중요한 조력발전소는 1984년에 가동되었으며 위치는 그림 13.14와 그림 13.15에 나타내었다. 내만의 둑에 의해 상류에 형성되어 있으며 시설은 그림 13.17, 수문(큰 콘크리트 문이며 하강 및 상승이 가능함)의 상세사진은 그림 13.15와 같으며 둑은 자동차도로의 역할도 수행한다. 최대 발전용량은 20 MW_e이며, 매 조수 간만의 주기 동안 약 5시간 동안 전기를 생산하며, 벌브터빈에 비해 유

그림 13.10: 전면에 발전부분이 있는 시화호 조력발전소

Topic Images Inc./Getty Images

그림 13.11: 프랑스에서 Rance River Tidal Generating Station에서의 댐

Robert Estall photo agency/Alamy Stock Photo

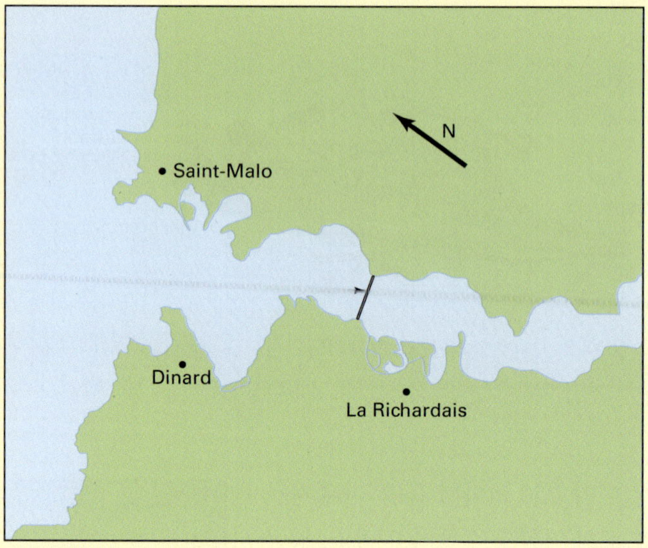

그림 13.12: 프랑스에서 Rance River Tidal Generating Station의 위치

Based on Google Earth

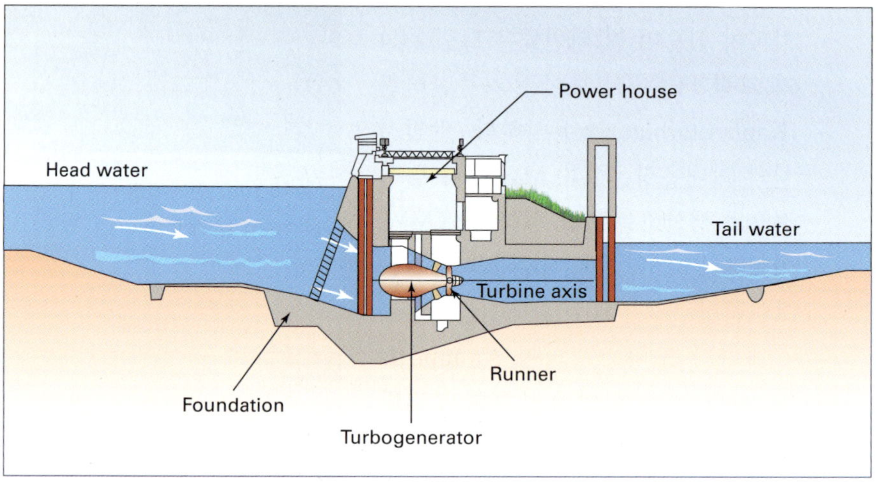

그림 13.13: 조력발전에 사용된 Bulb 터빈

Based on Figure 1 in http://www.docstoc.com/docs/31700275/Electric-Power-Generation-Equipment Incorporating-Bulb-Turbine-generator---Patent-4289971 and http://nptel.iitm.ac.in/courses/Webcourse-contents /IIT-KANPUR/machine/chapter_7/fluid2%5B1%5D.jpg

지보수비가 적은 림터빈(rim turbine)을 사용하고 있다(그림 13.18).

현재 사용되고 있는 조력발전원의 비율은 매우 적으나, 전 세계의 많은 곳에서 프랑스에서 설치된 발전시설과 비슷한 큰 규모의 시설이 설치될 가능성이 있으며, 조수 간만의 범위와 내만의 크기를 고려했을 때, 확실히 12개 이상의 지역에서 이용 가능할 것으로 예상되며, 표 13.1에 나타낸 대부분의 지역들에 25%만 사용가능한 용량계수를 적용하여도 주요 핵 또는 화력발전시설에서 생산하는 수준의 전기를 생산할 수 있으며, Penzhinsk지역은

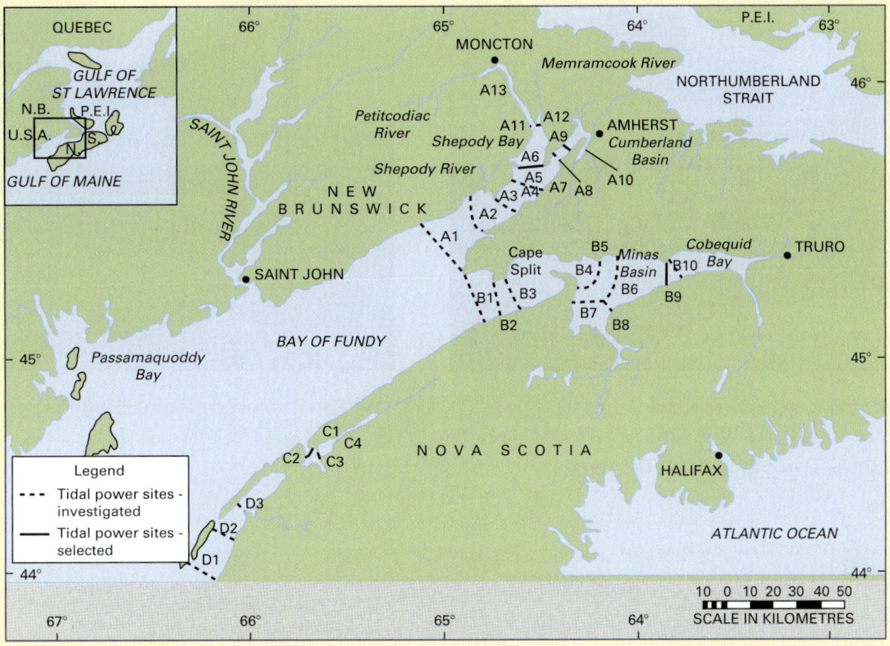

그림 13.14: Fundy Bay에서 Annapolis Royal(site C4)과 다른 가능성 있는 조력발전위치들을 보여준다.

Atlaspix/Shutterstock.com, data from Google Maps

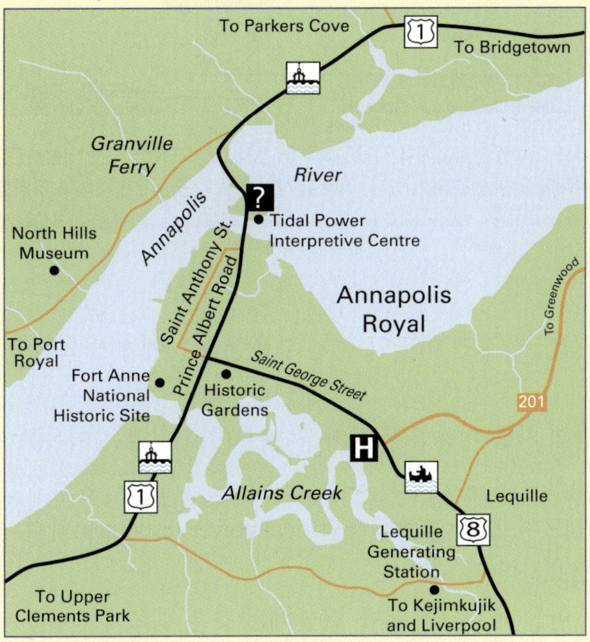

그림 13.15: Annapolis River에서 Annapolis Royal 조력발전시설의 상세지도.

Atlaspix/Shutterstock.com, data from Google Maps

그림 13.16: Annapolis Royal, Nova Scotia 조력발전시설. Annapolis River의 북쪽에서 찍은 사진(그림 13.15). 저수되는 부분은 앞부분이며 해양으로의 출구는 댐 뒤편이다.

Richard A. Dunlap

그림 13.17: Annapolis Royal 조력발전시설의 수문

Richard A. Dunlap

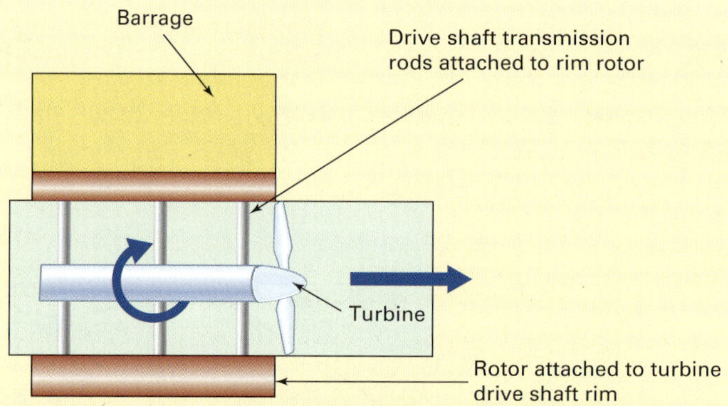

그림 13.18: Annapolis Royal 조력발전시설에서 사용된 rim 터빈의 개략도. 회전하는 터빈축은 해양환경에 노출되는 지역 바깥에 원통형인 발전기의 막대에 의해 연결되어 있다. 이러한 시설은 유지관리가 편리하고 다양한 환경효과를 감소시킨다.

Based on Bright Hub Engineering, Marine Energy - Tidal Barrage, http://secure.brighthub.com/engineering/marine/articles/55520.aspx?image=58429

600만명 이상(전형적인 미국인 전기 사용량수준)에게 필요한 전기를 생산할 수 있는 지역이다.

조수 간만의 차를 이용한 발전이 잘 이루어지지 않는 이유는 기본적인 기술은 수력발전과 비슷하나 대규모 조수조절 둑 시스템은 실질적으로 공학적인 측면에서 해결해야 할 부분이 남아 있으며, 또한 조력발생원(tidal power resources)의 수명과 환경적인 영향의 철저한 조사가 필요하다.

바다의 내만을 가로질러 둑을 건설하는 것은 주요 수력발전시설을 건설할 때와 유사한 영향들을 내포하고 있으며, 물의 자연스러운 흐름의 단절, 그리고 배의 운항, 물고기와 동물들의 이동, 침전물의 운반 등에도 영향을 미친다. Rance River 발전시설의 경우에는, 발

표 13.1: 댐 시스템을 사용한 조력발전이 가능한 지역. 표는 이해되지는 않지만 댐 시스템을 이용하여 1000 MW 이상 발전가능한 지역을 거의 대부분 포함한다.

country	loacation	mean tidal range (m)	basin area (km^2)	maximum capacity (MW)
Argentina	San Jose	5.8	778	5040
	Golfo Nuevo	3.7	2376	6570
	Santa Cruz	7.5	222	2420
	Rio Gallegos	7.5	177	1900
Australia	Secure Bay	7.0	140	1480
	Walcott Inlet	7.0	260	2800
Canada	Cobequid	12.4	240	5338
	Cumberland	10.9	90	1400
	Shepody	10.0	115	1800
India	Gulf of Khambhat	7.0	1970	7000
United Kingdom	Severn	7.0	520	8640
Russia	Mezen	6.7	2640	15,000
	Tuigar	6.8	1080	7800
	Penzhinsk	11.4	20,530	87,400

전시설을 건설한 이후로 해양생태계에서의 변화가 관찰됨에도 불구하고 작은 선박들이 통과할 수 있도록 갑문을 만들었다. 시화호 조력발전소의 경우 기존 방파제를 댐으로 활용하였고 시화호와 바다 사이의 해수유통이 기존 환경 문제를 완화하는 데 도움을 주었다. 침전물의 운반에 대한 영향은 수력발전 댐 뒤쪽으로 침전토(silt)가 모이는 것과 유사하다(11장에서 다루었음). Fundy Bay의 경우, 지역특성상 거의 진흙지역이어서 둑에 조성된 내만지역으로 침전물이 쌓이며 이로 인해 조력발생원을 감소시키며 또한 생태계의 변화도 일으킨다.

대규모 둑을 가진 시스템의 설치에 있어 가장 중요한 고려사항은 조수 간만의 특징에 대한 둑의 효과이다. 예를 들어 Fundy Bay의 경우 이러한 효과들에 대해 광범위하게 조사되었으며 그림 13.14에 장래의 조력발전용 둑의 예상지점을 나타내었다. 조사한 모든 경우에 있어 Fundy Bay 전체를 둑으로 조성하는 것이 아니라 만의 안쪽에 작게 조성하는 것이며, 표 13.1에서 나타낸 3지역은 그림에도 나타나 있으며 지역은 Shepody(A6), Cumberland(A9), Cobequid(B9)이다. 상기지역 어디에 둑이 조성되어도 Fundy Bay의 유효길이는 감소한다. 그림 13.3에서 보여준 예에서처럼, 물의 몸체의 길이가 감소하면 이로 인해 파도가 물의 몸체의 길이만큼 진행될 때 걸리는 시간도 줄어든다. Fundy Bay의 어느 지역에 둑을 조성하면 파도의 공명주기가 줄어든다. 만의 공명주기는 최근에 13.3시간이므로, 줄어든 주기는 12.4시간의 조수 간만의 주기에 보다 더 근접하였다. 이러한 변화는 공명효과와 조수 간만의 범위를 증가시키며, 이러한 증가된 조수 간만의 범위는 Fundy Bay로부터 멀리 떨어진 지역에 큰 효과를 나타낸다. 컴퓨터모델을 이용한 결과에 의하면 Cumberland Basin(site A8)을 가로질러 둑을 조성하면 Boston에서 조수 간만의 범위가 약 3

예제 13.2

발전효율 25%로 할 때, Cobequid Bay(캐나다)에서 1조석 주기동안 이용가능한 전체 조석에너지와 평균 전력을 계산하시오.

풀이

식(13.3)을 사용하면

$$E = Ah^2 g\rho,$$

여기서 $A = 240\ \text{km}^2 = 2.4 \times 10^8\ \text{m}^2.$

$h = 12.4\ \text{m}.$

$g = 9.8\ \text{m/s}^2.$

$\rho = 1025\ \text{kg/m}^3.$

전체에너지는

$$E = (2.4 \times 10^8\ \text{m}^2) \times (12.4\ \text{m})^2 \times (9.8\ \text{m/s}^2) \times (1025\ \text{kg/m}^3) = 3.7 \times 10^{14}\ \text{J}.$$

25%의 효율이므로

$$(0.25) \times 3.7 \times 10^{14} = 9.3 \times 10^{13}\ \text{J}$$

평균 전력은 조석주기로 나누면 얻을 수 있다.

$$\frac{9.3 \times 10^{13}\text{J}}{12.4\,\text{h} \times 3600\,\text{s/h}} = 2.083 \times 10^9\text{W} = 2083\,\text{MW}.$$

cm 증가하는 것으로 나타났으며, Cobeguid Bay(site B9)을 가로질러 둑을 조성하면 Boston에서 조수 간만의 범위가 약 13 cm 증가하는 것으로 나타났다. 평균 해수면에서 보통의 변화들은 연안환경과 해양구조에 커다란 영향을 미치게 된다.

결론적으로 필요한 둑의 길이는 조수 간만의 차를 이용한 전력생산사업의 경제성에 중요한 영향인자이다. 예를 들어 Cobequid Bay를 가로질러 둑을 조성하면 길이가 8 km이고, 영국의 Severn Estuary를 가로질러 둑을 조성하면 길이는 17 km이고, 인도에서 Khambhat Gulf에 둑을 조성하면 25 km이다. Severn지역에 둑을 이용한 시스템을 조성하는데 약 300억달러의 비용이 소요된다. 이러한 요소들이 건설과 유지관리의 관점에서 볼 때 주요한 사안이다.

여러 이유로 인해 과거보다 둑을 조성하는 시스템은 관심을 덜 받고 있으며, 현재는 둑을 조성하지 않고 조수 간만의 차를 이용하는 에너지에 관심이 집중되고 있으며 이러한 접근은 다음 절에서 다루기도 한다.

13.4 둑 없는 조력시스템(Nonbarrage tidal power system)

조력을 이용하려는 여러 시도들은 둑이 없는 시스템에 관한 것이었으며, 여기서 중요한 조건은 둑이 있는 시스템에서 같은 원리로 적용되는 인공 가둠시설인 조석라군(tidal lagoon), 수중터빈(underwater turbine), 조류에 수반되는 운동에너지를 이용하는데 사용되는 조석막(tidal fence)이 갖추어져야 한다.

13.4a 조석라군

조석라군(tidal lagoon)은 조수 간만의 차가 큰 지역, 해안으로부터 수 km 떨어진 위치에 설치된 인공가둠시설이다. 이론적으로 조석라군의 운전은 둑이 있는 시스템 운전과 유사하다. 둑으로 해안의 내만을 막음으로써 일어나는 많은 환경적인 영향은 피할 수 있다. 그리고 내만의 공명주기에 큰 영향을 미치지 않으므로 침강물로 인한 불리한 영향도 최소화할 수 있으며 선박운항, 수중동물의 이동도 크게 영향을 받지 않는다. 양방향 흐름을 통한 발전(밀물 및 썰물주기에서 발전가능)은 전형적인 둑이 있는 시스템보다 훨씬 쉽게 적응할 수 있으며 자연적인 내만보다 라군은 규격화가 가능하므로 더욱 적용성이 높다. 특히 설계를 통해 수문과 터빈게이트를 분리할 필요가 없게 할 수도 있다. 조석주기에 따라 변하는 해양과 라군에서의 수위를 그림 13.19에 나타내었으며, 썰물과 밀물발전의 주기에 대한 예를 들었다. 양방향 흐름을 통한 발전은 35% 용량계수를 얻을 수 있으며. 이를 통해 한 방향 썰물발전에 비해 비용 절감면에서 진전이 있었으며 용량계수에서의 이러한 진전은 그림 13.7의 썰물발전 주기 부분과 그림 13.8의 밀물발전 주기 부분을 합함으로써 개략적으로 알 수 있다. 그림 13.20은 전형적인 조석라군 설치 예이며, 라군으로부터 물이 유입되고 유출되는 동안 전기를 생산할 수 있는 터빈의 위치를 보여준다. 조석주기 동안 계산된 생산출력은 그림 13.21에 나타내었으며, Wales의 해안에서 떨어진 Swansea에서 시험용 규모 조석라군이 계획되어 있으며, 상기지역에서 연평균 조수 간만의 범위는 6.3 m이며, 계획된 라군면적은 5 km^{2}이다. 2.5 MW$_e$ 터빈 24개를 작동시키면 최대 60 MW$_e$의 전기를 생산할 수 있으며, 보다 더 큰 조석라군, 300 MW$_e$ 규모급이 중국에서 계획되고 있다.

13.4b 수중터빈

수중터빈(underwater turbine)을 조류에 수반된 운동에너지를 이용하며, 실질적인 조수 간만의 범위보다는 조류흐름속도와 부피에 더 큰 영향을 받는다. 해류흐름에 수반된 에너지를 얻는 경우와 동일한 기술이 적용되며 기본설계는 바람터빈의 설계와 유사하다. 바람에너지에 대한 식(10.3)과 유사하게, 물 터빈에 의해 생산된 단위면적당 힘(P/A)은 다음과 같다.

$$\frac{P}{A} = \frac{1}{2}C\rho v^3, \qquad (13.5)$$

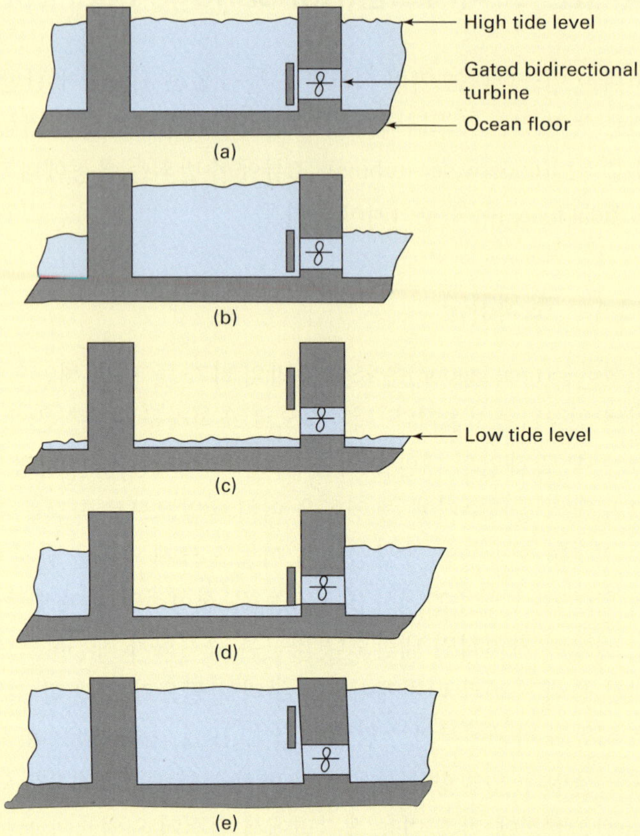

그림 13.19: 조석라군에 대한 간단한 양방향 에너지생산 개략도
(a) 높은 조석 – 터빈수문 닫음.
(b) 감소하는 조석 – 라군 내에 수위차 발생. 조석이 반으로 될 때 전기를 생산하기 위해 터빈수문을 개방함.
(c) 낮은 조석 – 터빈수문은 조석이 상승함으로써 닫음.
(d) 상승하는 조석 – 라군 외부에 수위차 발생. 조석이 반으로 될 때 전기를 생산하기 위해 터빈수문을 개방함.
(e) 높은 조석 – 그림 (a)처럼 조석이 높을 때 터빈수문은 닫음.

그림 13.20: 전형적으로 제안되는 조석라군 발전시스템의 예

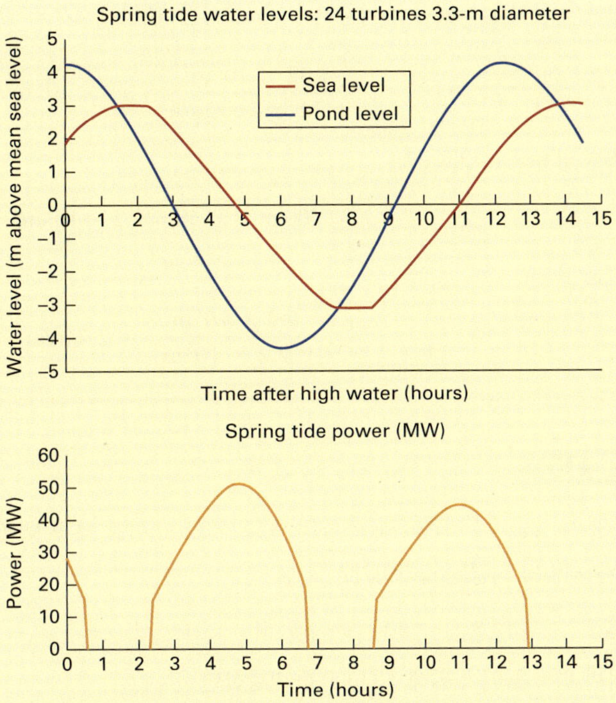

그림 13.21: Swansea Tidal 라군의 수위와 예상되는 발전량

Based on Tidal Lagoon Power Generation Scheme in Swansea Bay. April 2006. A report on behalf of the Department of Trade and Industry and the Welsh Development Agency

여기서 C는 성능계수이며 터빈효율로서 측정되며, 전형적인 C값은 0.3에서 0.4의 범위이다. ρ는 물의 밀도이고 v는 조류흐름속도이다. 조류흐름속도는 일반적으로 바람속도보다 적어서 v^3의 식으로 표현된다. 그러나 공기밀도(1.204 kg/m^3)와 해수밀도(1025 kg/m^3)와의 차는 해수흐름과 공기흐름에 대한 에너지 함유량을 분석할 때 가장 크고 중요한 차이다. 상대적 적은 물 터빈(5~10 m 직경)일지라도 일반적인 조수흐름에서 MW범위의 전기를 생산한다.

예제 13.3

조수 간만의 범위가 11 m이고, 12 km^{2}의 내만에서 폭 200 m의 방류구를 통해 방류된다. 떨어지는 조석주기(falling tide cycle) 동안 물의 평균 속도는 얼마인가?

풀이

내만내 조수 간만에 의한 물의 양은

$$(12\ \text{km}^2 \times 10^6\ \text{m}^2/\text{km}^2) \times 11\ \text{m} = 1.32 \times 10^8\ \text{m}^3.$$

상기의 물이 떨어지는 조석주기 동안(6.2시간) 내만으로부터 방류된다면, 평균 유속은

$$\frac{1.32 \times 10^8 \text{ m}^3}{6.2 \text{ h} \times 3600 \text{ s/h}} = 5.9 \times 10^3 \text{ m}^3\text{/s}.$$

조수 방류구의 면적은

$$200 \text{ m} \times 11 \text{ m} = 2.2 \times 10^3 \text{ m}^2.$$

평균 유속은

$$\frac{5.9 \times 10^3 \text{ m}^3\text{/s}}{2.2 \times 10^3 \text{ m}^2} = 2.7 \text{ m/s}.$$

예제 13.4

0.35의 성능계수조건에서, 조류의 속도가 3.5 m/s일 때 5 MW의 출력을 얻기 위해 요구되는 수중터빈의 직경은 얼마인가?

풀이

터빈 면적을 얻기 위해 식(13.5)를 변형하면

$$A = \frac{2P}{C\rho v^3}$$

그리고 각 값을 대입하면

$$P = 5 \times 10^6 \text{ W},$$
$$C = 0.35,$$
$$\rho = 1025 \text{ kg/m}^3,$$
$$v = 3.5 \text{ m/s}$$

따라서 면적은 다음과 같이 얻어진다.

$$\frac{2 \times 5 \times 10^6 \text{ W}}{0.35 \times 1025 \text{ kg/m}^3 \times (3.5 \text{ m/s})^3} = 650 \text{ m}^2,$$

직경은 다음과 같다.

$$d = (4 \times 650 \text{ m}^2/\pi)^{1/2} = 29 \text{ m}.$$

많은 장치들이 시험되었는데, 가장 간단한 장치가 최근의 바람터빈과 비슷한 날개형 터빈(bladed devices)이다(그림 13.22 ~ 그림 13.24). 이러한 장치들은 수직축에 대해 로터 몸체를 회전시킴으로써 바람터빈을 바람방향으로 향하게 하는 방식과 같이 수중터빈의 날개가 항상 조류흐름방향으로 향하게 한다. 림터빈(그림 13.25)과 유사한 다른 형상의 터빈에 대해서도 연구 중이다. 그것은 shrouded turbine(물이 직접 날개로 가도록 울타리가 장착된 터빈)이

그림 13.22: Strangford Lough에서 Seagen에 의해 건설된 수중터빈. 터빈날개는 수중에 있으며 지지타워는 수면 위에 있다(그림 13.23과 비교하라).

Bloomberg via Getty Images

그림 13.23: 유보지수를 위해 수면 위로 올려진 로터가 붙은 Seagen의 수중터빈의 예

Bloomberg via Getty Images

그림 13.24: Atlantis' AR 1000터빈

Courtesy of Atlantis Resources Corporation

그림 13.25: 운반되고 있는 OpenHydro 시스템의 로터. 크기를 알기 위해 로터의 오른쪽 적색이 작업자이다.

THE CANADIAN PRESS/Andrew Vaughan

그림 13.26: OpenHydro에 의해 생산된 직경 16 m의 조력터빈이며 2016년 11월에 Bay of Fundy에 설치된 2 MW급 발전터빈

THE CANADIAN PRESS/Andrew Vaughan

며 물 설비(water devices)에 대해서는 효과적이다. 풍력단지에서 바람터빈이 설치된 것처럼 적절한 지점에 1 MW 출력을 가진 많은 조수터빈이 조석에너지 단지에 설치될 수 있다.

영국, 호주, 캐나다 등에서 조석에너지 분야의 진전이 있어 커다란 활동들이 있으며, 여러 조석터빈이 건설 중이거나 계획 중에 있다. 그림 13.22는 Northern Ireland의 해안에 설치된 발전시설이며 2008년 이래로 상업발전 중이며 1.2 MW_e의 전력이 생산되는 것으로 평가된다. 캐나다에서는 2.0 MW 조력터빈이 최근 Nova Scotia의 Parrsboro 근처 Fundy 베이 Cape Sharp에 설치되었다(그림 13.26). 두 번째

ENERGY EXTRA 13.2
미국에서 조석에너지

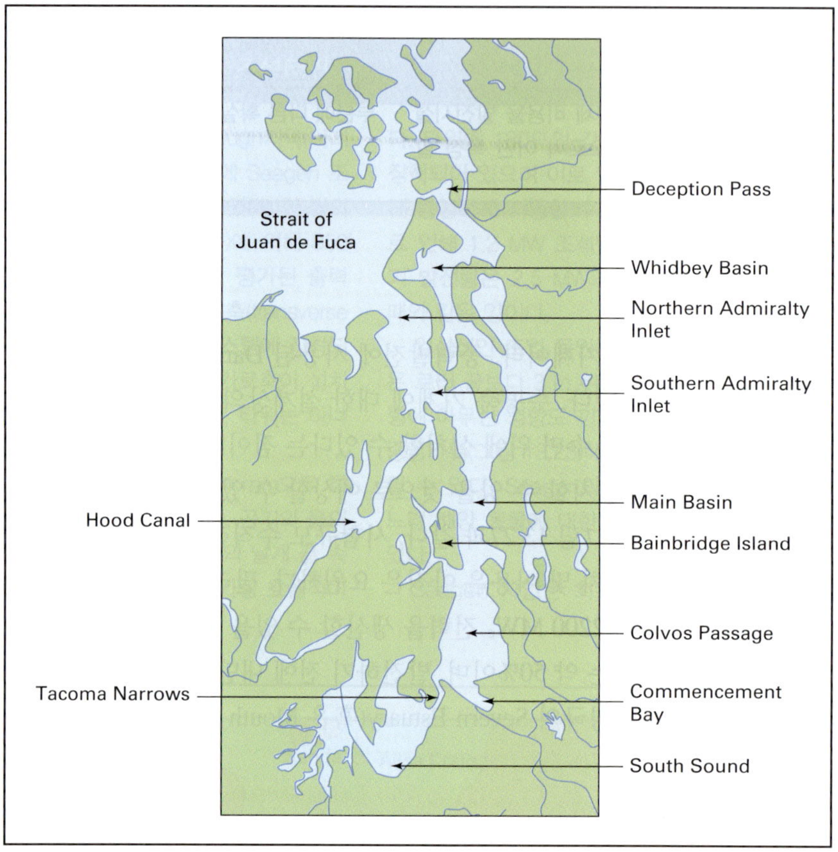

Modified from Stacey Lynn Payne / Shutterstock.com, data from B. Polagye et al. "In-Stream Tidal Energy Potential of Puget Sound, Washington," J. Power and

Washington주에서 Puget Sound

전 세계적으로 상당한 수준의 조석에너지원을 가진 지역은 거의 대부분 미국 이외의 지역이며, 미국 내 몇 군데 지역만이 조력에너지 발전을 고려할 만하다. 가장 매력적인 3개 지역은 워싱턴주의 Puget Sound, 알래스카의 Cook Inlet, 메인주의 Bay of Fundy이다.

Puget Sound는 Strait of Juan de Fuca를 통해서 태평양과 연결된 복잡한 하구지역 시스템이다. 여러 기관에서 Puget Sound에서 조석수 발전이 가능한지 조사하였다. Tacoma Power는 Tacoma Narrow에 in-stream turbine을 설치하는 것으로 계획하였으나 현재에는 상업적으로 타당하지 않다는 것으로 결론지었다. US Navy에서 Puget Sound에 조력발전에 대해 관심을 보였으나 아직 초기단계이다. 가장 진전을 보인 조사는 Snohomish County Public Utility District에 의해 이루어졌으며, Admiralty Inlet and Deception Pass(이 지역의 조류흐름이 4 m/s를 넘을 것으로 예상됨)가 고려할 만한 지역이며, 조만간 2개의 수중터빈을 설치할 계획이다.

Cook Inlet이 북미지역에서 2번째로 큰 조수 간만의 차(Bay of Fundy 지역 다음)를 가진 지역이다. 그리고 미국에서 조석에너지원의 90%가 알래스카에 위치하고 있는 것으로 평가된다. Turnagain Arm on Cook Inlet 지역은 조석해일(tidal bore)이 일어나는 전 세계 수십군데 중의 하나이다. 조석해일은 조석 강(tidal river)이나 유입조석이 전방의 좁은 유입에서 생성되는 파도같은 구조이다. Ocean Renewable Power Company는 Cook Inlet의 2지역에 대해 조력발전을 계획하고 있으며 한 지역은 Anchorage이며, 다른 하나는 Nikiski 마을 근처이다. 이러한 계획이 상업화가 이루어지면, 조력발전으로 생산된

Archival photograph by Mr. Steve Nicklas, NGS/RSD

Cook Inlet의 Turnagain Arm에서의 조석 고조

전력은 지역 화석연료로부터 생산되는 전력에 대한 의존도를 줄일 수 있을 것이다.

미국에서 조력에너지원의 이용에 가장 진전된 지역은 메인주이다. 메인주는 캐나다의 New Brunswick과 Nova Scotia와 같이 국경으로 Bay of Fudy를 공유하고 있으며 조수 간만의 범위는 8 m 이상인 것으로 알려져 있다. 2006년 이래로 Ocean Renewable Power Corporation에 의해 파일럿 규모의 프로젝트가 수행중에 있으며 New Brunswick와 경계지역으로 메인주의 Cobscook Bay에 설치되어 있다. 그리고 캐나다 회사, Fundy Tidal Power와 국경지역의 높은 에너지 잠재력을 이용하기 위한 협력 방안도 논의 중에 있다.

토의 주제

Cook Inlet 지역에 1 MW_e 터빈들로 이루어진 조석에너지 단지에서 알래스카의 Anchorage에 필요한 모든 전력을 공급하는 것이 타당한가? 그리고 얼마나 많은 터빈이 필요한가?

과적인 지역이기도 하다(그림 13.28). 조석막은 자동차 도로로도 사용가능하나, 환경적인 면과 선박 운항 면에서 수평축 수중터빈, 조석발전단지보다 훨씬 악영향을 끼치므로 환경적인 면을 주의 깊게 고려하여야 한다.

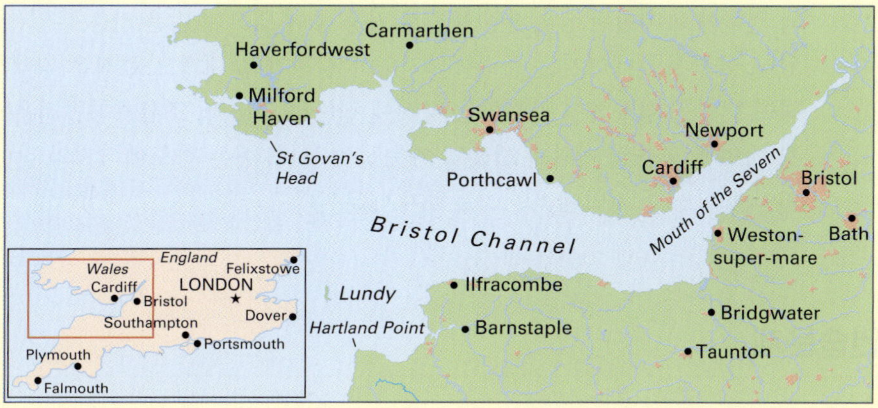

그림 13.28: 영국 Severn Mouth의 위치와 지형도

Combination of CIA World Factbook map and Demis Map Server (http://www2.demis.nl/mapserver/mapper.asp)data with additional annotations and modifications by ChrisO.

설치된다면 조석발전은 환경적인 영향이 적은 재생가능 에너지원이다. 해양에서의 조석에너지가 실질적이라고는 하나, 실제 이용 가능한 지역은 어느 정도 제한적이다. 그러나 새로운 기술들이 개발된다면 더 많이 설치될 수 있을 것이다.

13.5 요약

지구의 해양에서의 조석은 태양과 달의 중력 작용으로 인해 발생한다. 본 장에서는 조석에너지에 대해 살펴보았으며 아울러 조석에너지를 얻을 수 있는 방법에 대해서도 토론하였다. 지구상의 대부분지역에서 조석세기가 상대적으로 작지만, 어떤 막힌 내만에서는 공명효과로 인해 조수 간만의 범위가 커진다. 이러한 공명효과는 조석주기와 내만의 자연적인 진동주기가 유사함으로 인해 발생되며 이러한 지역에서 조석에너지의 이용 가능성이 매우 커진다. 강으로부터 수력을 얻는 것과 동일하게 조석에 수반된 위치 및 운동에너지를 이용한다.

댐 시스템은 전기를 생산하기 위해 상승하고 하강하는 조석의 위치에너지를 이용한다. 예를 들어 만조일 경우 막힌 내만의 물은 수문으로 가두고, 썰물일 때 즉 내만 밖의 수면이 낮을 때, 내만 안의 물을 방류하여 이때 터빈과 발전기를 운전한다. 2개의 작은 규모 댐 시스템이 프랑스와 캐나다에 여러 해 동안 성공적으로 상업 운전 중에 있다.

불행하게도 댐 시스템은 커다란 환경적인 악영향을 끼친다. 조수의 흐름을 증폭시킴으로써 보다 많은 지역에 대해 조수 간만의 범위에 대한 영향을 미치며, 각 지역에서의 생물학적인 유기체의 생활주기를 변화시킨다. 미세 침전물은 댐 시스템의 작동에 나쁜 영향을 끼친다.

그리고 최근에 활발하게 진행되고 있는 조류흐름 발전에 대해서도 기술하였다. 하천에서 물의 흐름에 의해 발전하는 수력발전과 동일하다. 조류흐름에 수반된 운동에너지를 수중터빈을 통해 얻는 방식이며 환경에 대한 영향은 최소화되었다. 시험적인 장치가 캐나다와 영국에서 제한된 상업적인 용도로 가동 중에 있으며 많은 가능성 있는 지역이 제안되고 있다. 조류흐름에너지는 풍력에너지와 유사하게 상대적으로 작은 각각의 장치들로 구성하여 단지를 형성하며 발전하는 방식에 집중하고 있다. 조류흐름발전은 글로벌이 아닌 특정 지역에 국한된 에너지 생산일 가능성이 높다. 이는 파도에너지와 같이 전 세계의 연안지역의 어느 한 지역에서만 가능하기 때문이다.

연습문제

13.1 1 m/s의 속도로 움직이는 해수 1 m^3 덩이의 전체 운동에너지를 계산하라(MJ 또는

kWh의 단위로).

13.2 조수 간만의 범위가 8 m이고 내만의 면적이 100 km^2인 지역에서 떨어지는 조석 동안 이용 가능한 전체 조석에너지(100% 효율로 가정)는 얼마인가?

13.3 본 장에서 주어진 Penzhinsk 입구에 대한 조수 간만의 범위와 내만 면적을 사용하여, 감소하는 조석 1주기 동안 발전할 수 있는 전기에너지의 금전적인 가치를 예측하라(효율은 25%로 가정하라, 전력가격은 $0.10/kWh로 가정하라).

13.4 직경 15 m의 수력터빈이 조류의 유속이 3.5 m/s인 지역에 설치되어 있다. 터빈에 의해 생산된 전력을 평가하라.

13.5 2.0 m/s의 유속으로 흐르는 지역에 효율계수 0.4인 직경 10 m의 수중터빈이 작동하고 있을 때 이용 가능한 전력은 얼마인가?

13.6 폭 0.5 km, 평균 깊이 28 m의 수로에서 유속 1.5 m/s의 조류흐름에 대해, 수로를 통해 움직이는 단위시간당 물의 무게를 계산하라.

13.7 0.3의 성능계수를 가진 직경 8 m의 수력터빈이 1 MW의 전기를 생산하기 위해 필요한 평균 조류속도를 계산하라.

13.8 표 13.1의 자료를 이용하여, 아르헨티나에 제안된 4개의 댐 발전시설을 고려하라. 이용 가능한 평균 전력을 계산하고, 표에서 주어진 용량과 비교하라. 이러한 양들 간 차이에 대해 의견을 제시하라.

13.9 직경 10 m의 조석터빈이 입구에 설치되어 있으며, 0.3의 효율계수로 운전되고 있다. 12.4시간 조석주기 동안 입구에서의 조류속도는 한 방향으로 3.5 m/s에서 반대방향으로 3.5 m/s로 변한다. 조류속도 변화가 선형적이라면, 1조석주기 동안 터빈의 전체 에너지 생산량은 얼마인가?

13.10 조석주기를 통한 조류속도변화는 사인형으로 묘사하는 것이 더 정확하다(문제 13.9에서 가정한 선형보다). 사인형 변화를 사용하여 앞의 문제를 다시 고려할 때 새로운 가정이 결과에 어떻게 영향을 미치는가?

13.11 조력터빈을 사용하여 조류로부터 전력을 생산할 수 있음이 제안되었다. 예를 들어 걸프스트림은 약 1.5 m/s의 일정한 속도를 가지고 있다. 한 방향으로 −3.0 m/s에서 다른 방향으로 +3.0 m/s로 변하는 조류에 터빈 사용에 대한 장점과 단점에 대해 토론하시오.

13.12 조력댐시스템이 발전사이클 시작부분에서 85% 효율을 갖는 터빈/발전기로부터 15 MW_e를 생산한다. 터빈 상부의 물의 평균 수두는 5.7 m이며 6 m/s의 속도로 터빈을 통해 흐른다. 전체 터빈 면적은 얼마인가?

13.13 걸프스트림은 아마 가장 잘 알려진 해류이지만, 남극 Circumpolar Current는 가장 큰

해류이다. 상기 해류는 남극대륙 주위를 순환하며 1.1 m/s의 속도를 가지고 약 1.5×10^8 m^3/s의 물을 이동시킨다. 상기 해류로부터 이용 가능한 총 전력을 계산하고, 계산 결과를 최근 세계 전력 이용과 비교하시오.

13.14 사용가능한 총 에너지 계산과 0.24의 가정된 용량계수를 바탕으로 표 13.1에 제시된 캐나다 3지역에서 조석발전시설에서 생산하는 연간 총 에너지 생산량을 계산하시오. 상기 3지역에서 생산되는 전기는 몇 가구에 공급 가능한가?

13.15 조석이 유입되는 입구의 면적은 320 km^{2}이고 조석 간만의 범위는 6.7 m이다.

(a) 1조석주기 동안 이용 가능한 총 에너지를 계산하시오.

(b) 1조석주기 동안 이용 가능한 평균 전력을 계산하시오.

(c) 0.27의 용량계수, 그리고 1가구가 평균 1.3 kW의 전력이 필요하다고 할 때, 평균적으로 얼마나 많은 가구에 전기를 공급할 수 있나?

13.16 보다 개방된 지역에서 조류를 이용하는 조석터빈이 적용되는 반면에, Fund of Bay와 같은 일부 조석 지역에서는 일부 작은 내만이 댐시스템을 이용한 조석발전에 이용된다. 조석주기 동안 상기 두 방식의 전력생산에서의 변동이 어떻게 상호 보완하는지 토론하시오.

13.17 (a) 조력터빈의 효율은 40%이다. 속도가 7 m/s인 조수흐름에서 1 MW$_e$를 생산하는데 필요한 터빈의 직경은 얼마인가?

(b) 풍력터빈의 효율은 40%이다. 속도가 7m/s인 바람흐름에서 1 MW$_e$를 생산하는데 필요한 터빈의 직경은 얼마인가?

(c) 상기 (a), (b) 답으로부터 초당 로터를 통과하는 공기에 대한 물의 상대적인 무게를 계산하라.

13.18 인도에서 조석 또는 파도 에너지를 구현할 가능성을 고려하시오.

(a) 표 13.1에 제시된 바와 같이, Khambhat 만에서 조력발전을 위한 최대 용량과 추정 용량계수 0.24을 적용하여 생산되는 총 연간 에너지를 계산하라.

(b) 용량계수가 0.25인 파도에너지의 경우, (a) 부분에서 계산된 바와 같이, Khambhat 만에서 조석에너지와 동일한 연간 에너지를 생성하기 위해 인도 남해안의 몇 km의 해안선을 개발해야 하나?

13.19 Swansea(13.4a절)에서 제안된 조석라군시설의 경우, 조석주기 동안 이용 가능한 평균 조석발전량을 계산하시오. 제안된 터빈이 상기 시설에 적합한가?

13.20 떨어지는 조수사이클 동안 Khambhat 만을 떠나는 물의 평균 속도를 추정하시오.

참고문헌

A. C. Baker. *Tidal Power*. Peter Peregrinus, London (1991).

G. Boyle (Ed.). *Renewable Energy*. Oxford University Press, Oxford (2004).

R. Charlier. *Tidal Energy*. Van Nostrand Reinhold, New York (1992).

R. Charlier. *Ocean Energies: Environmental, Economic, and Technological Aspects of Alternative Power Source*. Elsevier, New York (1993).

R. H. Clark. " Tidal power." *Annual Review of Energy* (1997): 2648.

R. H. Clark. " Tidal power." *In Wiley Encyclopedia of Energy Technology and the Environment*, Vol. 4. A. Bisio and S. Boots (Eds.). Wiley, New York (1995).

R. H. Clark (Ed.). *Tidal Power: Trends and Developments*. Thomas Telford, London (1992).

R. Cohen. "Energy from the ocean." *Philos. Trans. Royal Soc. London* **A307** (1982): 405.

M. W. Conley and G. R. Daborn (Eds.). *Energy Options for Atlantic Canada*. Formac Publishing, Halifax (1983).

A. Goldin. *Oceans of Energy—Reservoir of Power for the Future*. Harcourt, Brace, Jovanovich, New York (1980).

D. A. Greenberg. "Modeling tidal power." *Scientific American* **257** (1987): 128.

T. J. Hammons. "Tidal power." *Proc. IEEE*, **8** (1993): 419.

T. R. Penney and D. Bharathan. "Power from the sea." *Scientific American* **256** (1987): 86.

R. J. Seymour. *Ocean Energy Recovery: The State of the Art. American Society of Civil Engineers*, New York (1992).

World Energy Council. World Energy Resources 2016, available online at https://www.worldenergy.org/publications/2016/world-energy-resources-2016/

CHAPTER 14

해양 열에너지 전환과 해양 염도구배에너지

학습목표: 제14장을 학습한 후 다음 내용을 이해할 수 있다.

- 해양에서의 열에너지의 분포
- 해양으로부터 에너지를 얻고 얻은 에너지를 전기로 전환시키기 위한 열기관의 사용
- OTEC 시스템의 다른 형태들의 설계
- 실험적인 OTEC 시설과 OTEC 성능
- 삼투압에너지 생산의 기본 원리
- 삼투압에너지 생산을 위한 실험적인 시설

14.1 서론

해양에서 해수의 움직임에 수반된 운동 또는 위치에너지로부터 에너지를 얻는 여러 방법들에 대해 앞의 2개의 장에서 다루었다. 해양으로부터 에너지를 얻는 다른 두 가지 방법에 대해 이 장에서 다루고자 한다. 먼저 해양 열에너지 전환(ocean thermal energy conversion, OTEC)은 해양에서 열에너지를 만드는 방법이다. 화석연료를 태우거나 핵반응에 의해 생산된 증기의 열에너지를 기계적인 에너지로 전환시켜 전기를 생산할 수 있는 열기관과 근본적으로 유사하다. 다른 하나는 해수의 화학적인 조성에 수반된 에너지를 사용할 수 있게 하는 방법이다. 해수로부터 소금을 제거하여 담수를 만들기 위해서는 에너지가 요구되나, 역으로 해수와 담수가 혼합될 때 에너지를 얻을 수 있다. 이러한 방법에 의해 얻어진 에너지를 염도구배에너지(salinity gradient energy) 혹은 삼투에너지(osmotic energy)라고 한다.

14.2 해양 열에너지 전환의 기본원리

해양에서 열에너지의 기계적인 에너지로 전환은 여분의 열(excess heat)을 전달할 수 있는 차가운 저장소(cold reservoir)의 이용에 주로 좌우되며 이러한 여건을 충족시키는 곳이 해양이며, 해양에서 수온은 수심의 함수이기 때문이다. 심해에서 온도의 수심에 대한 의존성을 그림 14.1에 나타내었다.

그림에서 수심이 약 1000 m 이하에서 온도가 약 4 °C로 거의 일정함을 알 수 있다. 이는 지구상의 위치, 시간, 공기의 온도 등에 무관하다. 온대 그리고 더 추운 지역에서, 특히 겨울에는 심해와 표면수에서의 온도 차이는 매우 적으나, 열대지역에서, 특히 여름에는 심해와 표면수간의 온도 차이는 매우 크다. OTEC 공정은 해양에서 심해와 표면수간의 온도 구배에 좌우되며 적당한 지역은 열대지역이다. 그림 14.2는 지구상의 다양한 지역에서 해양 수심 1000 m에서의 온도와 표면에서의 온도와의 연간 평균 차이를 나타낸 그림이다. OTEC를 사용하기 위해서는 최소 20 °C(최소한 큰 온도)의 온도 차이가 필요하다.

OTEC 시설에서 차가운 물은 심해로부터 공급되어진다. 열은 표면의 따뜻한 물로부터 심해에서 끌어올려진 차가운 물로 전달된다. 그림 1.4에 따라 따듯한 물은 뜨거운 저장소(hot reservoir)로 작용하며, 차가운 물은 차가운 저장소(cold reservoir)로서 작용하며, 열의

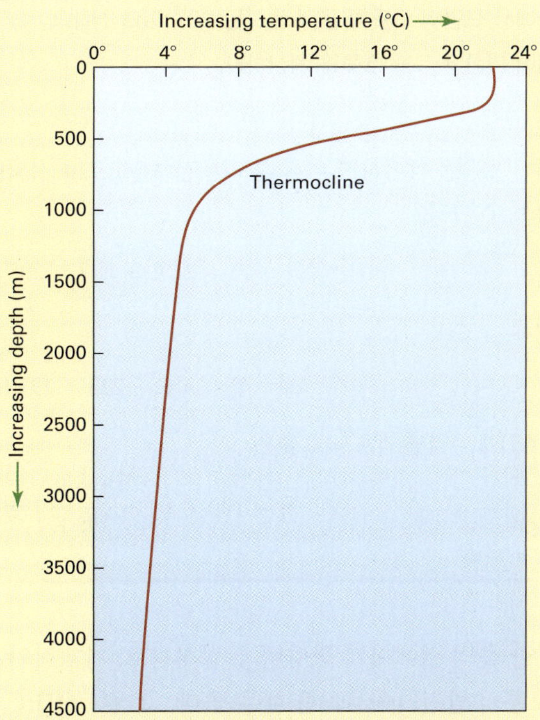

그림 14.1: 적도지역에서 해양온도의 전형적인 수심에 따른 변화

Based on National Earth Science Teachers Association, http://www.windows2universe.org/earth/Water/temp.html

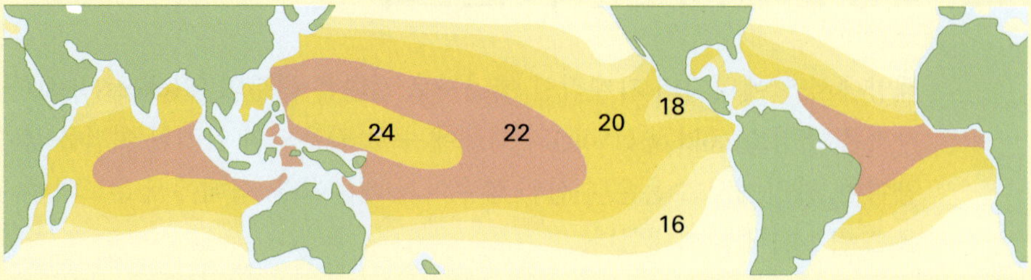

그림 14.2: 섭씨온도로 측정된 1000 m 깊이의 물과 해양표면 사이의 온도 차이

Based on World Energy Council, 2010 Survey of Energy Resources, http://www.worldenergy.org/documents/ser_2010_report_1.pdf

전달은 기계적인 에너지를 얻을 수 있게 한다. 이러한 공정은 모든 열기관에서처럼 열역학 법칙을 따르며 얻을 수 있는 최대효율은 카르노 효율에 의해 제한된다.

$$\eta = 100\left(1 - \frac{T_c}{T_h}\right) \quad (14.1)$$

1장에서처럼, 상기 식에서 사용된 온도는 절대온도 즉 Kelvin온도를 사용한다.

예제 14.1

해양에서 표면의 따뜻한 물의 온도는 22℃이고 심해의 차가운 물의 온도는 4℃일 때 OTEC 시스템에 대한 카르노 효율을 계산하라.

풀이

열역학 효율을 계산하기 위해 온도는 절대온도로 표시되어야 하며 따뜻한 저장소와 차가운 저장소의 온도는

$$T_h = 22°C + 273 = 295\ K$$

그리고

$$T_c = 4°C + 273 = 277\ K,$$

식(14.1)에 나타낸 카르노 효율은

$$\eta = 100 \times \left(1 - \frac{277\ K}{295\ K}\right) = 6.1\%.$$

따뜻한 물의 열에너지 함량이 실질적이고, 기계적인 에너지로부터 전기를 생산하는 효율은 보통의 발전기에서처럼 매우 좋다. 그러나 OTEC 시스템을 설계하고 가동하는데 예제 14.1에서 계산된 것처럼 낮은 카르노 효율을 필히 고려해야 할 요소이다.

OTEC 공정에 의해 유용한 에너지를 얻을 수 있다는 가능성은 1881년 프랑스의 물리학

자 자크 아르센 다르손발(Jacques Arsene d'Arsonval)에 의해 처음 제안되었다. 최초로 가동된 OTEC 시스템은 1930년, 쿠바의 Mantanzas Bay에서 Georges Claude에 건설되었다. 상기 시스템이 22 kW의 전기를 생산하였으나 불행하게도 열역학적인 효율이 낮아 생산된 전력보다 가동하기 위해 소비되는 전력이 더 많았다. 보다 진보된 설계를 위해서는 다음 절에서 언급되는 OTEC 시스템의 운전을 이해하는 것이 중요하다.

14.3 OTEC 시스템 설계

14.3a 개방형 주기시스템

근본적으로 3종류의 OTEC 시스템이 있다: 개방형 주기시스템(open cycle system), 폐쇄형 주기시스템(closed cycle system), 혼합형 시스템(hybrid system)이다. 개방형 주기시스템(그림 14.3)은 가장 단순하고 작동유체(working fluid)로 해수를 사용한다.

해양의 표면부근에 있는 따뜻한 물은 개략도의 왼쪽부분의 시스템으로 유입되며, 펌프에 의해 감압되는 증발기에서 증발된다. 이러한 과정의 상세한 설명은 그림 14.4의 물의 상변이 그림으로 알 수 있다. 1기압의 압력에서, 액체(물)영역에서 기체(수증기)영역으로(즉, 끓는점으로) 바뀌는 전이곡선은 100°C에서 일어난다. 압력이 낮아지면, 액체에서 기체로 바뀌는 전이곡선, 즉 그림에서 보듯이 끓는점이 낮아진다. 충분히 낮은 압력에서는 물은 상온(혹은 보다 낮은 온도)에서 물이 끓는다. 그래서 따뜻한 물이 증발기(그림 14.3)로 들어갈 때 압력이 충분히 낮으면, 물은 증발하기 시작한다. 이러한 증기는 터빈(전기를 생산할 수 있는 발전기를 회전시키는 터빈)을 회전시키고 그 다음 응축기로 유입되어 액체로 되돌아간다. 응축기는 해양의 심해로부터 끌어올려진 차가운 물로 냉각된다. 이러한 과정

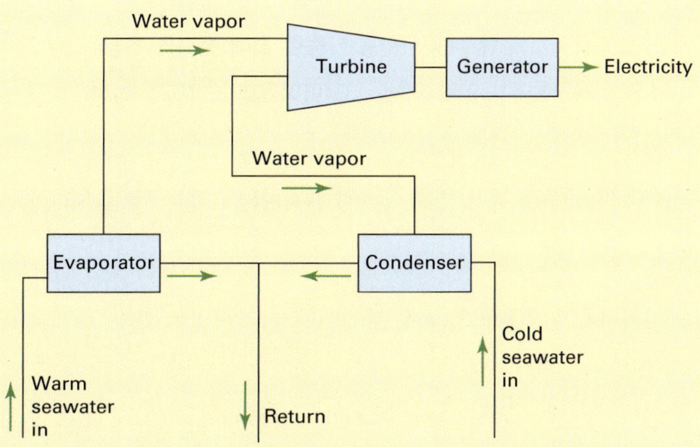

그림 14.3: 개방형 주기 OTEC 장치의 개략도

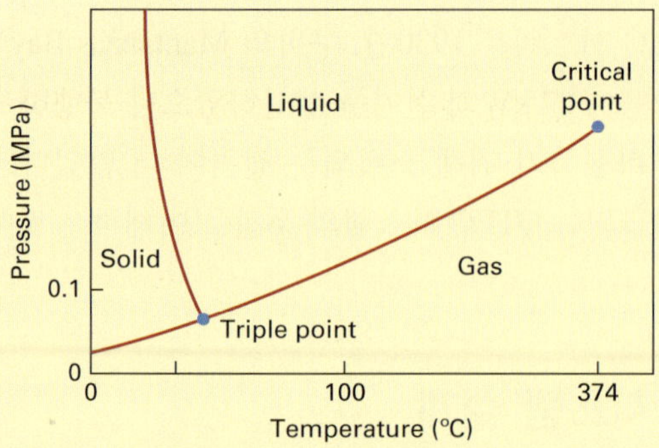

그림 14.4: 물의 상태도

들은 액체-증기 전이곡선보다 더 낮은 온도에서 물을 끓게 만든다. 일반적으로 이러한 시스템은 동일한 양의 해양 표면의 따뜻한 물과 심해의 차가운 물이 이용된다. 이상적으로는 생산된 에너지는 증발기와 응축기 사이의 온도차와 관계가 있는 터빈에 의해 증기로부터 얻어진 에너지와 뜨거운 저장조(따뜻한 표면수)와 차가운 저장조(차가운 심해수) 사이의 온도 차이에 의해 좌우되는 열역학적인 효율에 의해 결정된다. 그러나 효율은 결코 이상적인 수준으로 얻을 수 없으며, 부가하여 물을 심해로부터 표면으로 끌어올리는 데도 실질적인 에너지가 필요하다.

개방형 주기시스템 OTEC의 운전에 대한 상세한 개략도는 그림 14.5와 같다. 그림에서처럼 에너지 생산에 대한 부산물은 염분이 없는 식수의 생산이다. 식수는 수증기의 응축으로 얻어지며 OTEC 시스템이 적용될 수 있는 지역에서 종종 가치있는 자원으로 이용될 수 있다.

예제 14.2

22℃에서 4℃의 해수에서 사용 가능한 최대 전력을 초당 1 m^3의 속도로 계산하라. 여기서 해수의 열용량은 약 3930 J/(kg · ℃)이며 밀도는 1025 kg/m^3)이다.

풀이

식(8.12)로부터, 온도 변화 사이의 관계, $(T_h - T_c)$, 그리고 열, Q는,

$$Q = (T_h - T_c)Cm,$$

여기서 C는 특정한 열, m은 무게이다. 따라서 1 m^3(또는 1025 kg)의 바닷물을 냉각하여 사용할 수 있는 에너지는

$$Q = (22°C - 4°C) \times (3930\ J/(kg·°C)) \times (1025\ kg) = 72.5\ MJ$$

만약 이 에너지가 1초 동안 사용 가능하다면, 그 전력은 72.5 MW가 된다.

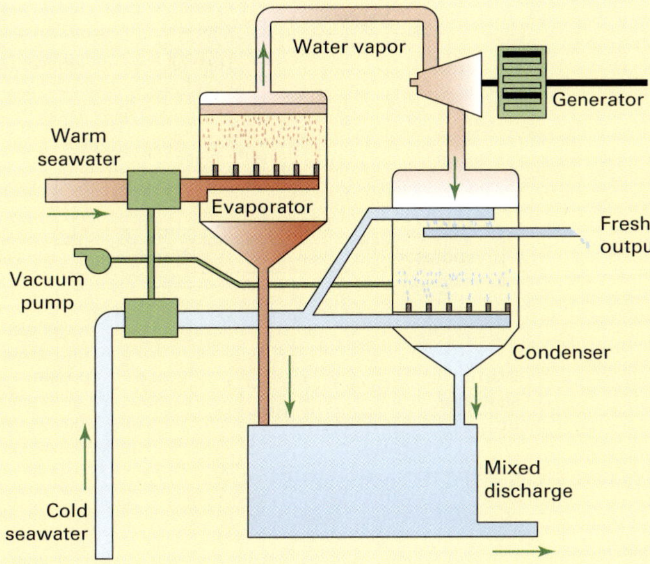

그림 14.5: 개방형 주기 OTEC

Based on World Energy Council, 2004 Survey of Energy Resources, 20th ed., Elsevier, Amsterdam (2004), http://www.worldenergy.org/documents/ser2004.pdf

14.3b 폐쇄형 주기시스템

그림 14.6은 폐쇄형 주기 OTEC 시스템의 개략도이다. 작동유체는 시스템 내의 온도와 압력에서 상태도 그림에 따르는 물질로서 냉장고 등에 상용적으로 사용되는 암모니아이다. 그림 14.6에서 해양 표면의 따뜻한 물은 폐쇄형 주기의 작동유체를 끓는점 이상으로 가열하는데 사용된다. 증발된 유체는 터빈을 회전시키는데 사용되며 사용된 후에는 심해로부터 끌어올려진 차가운 물에 의해 냉각되어 응축된다. 폐쇄형 주기 OTEC 시스템의 보다 자세한 개략도는 그림 14.7에 나타내었다. 폐쇄형 주기시스템은 작동유체가 유출될 시 환경에 심각한 피해를 주는 점이 단점이다.

14.3c 혼합형 시스템

혼합형 시스템의 동작(그림 14.8)은 폐쇄형 주기시스템의 운전 지침선을 따라 운전된다. 그러나 작동유체를 증발시키기 위해 사용된 따뜻한 해수도 증발된다. 증발된 작동유체는 폐쇄형 주기시스템에서처럼 터빈을 가동시키고 증발된 물은 응축되어 담수로 된다. 즉 혼합형 시스템은 폐쇄형 주기시스템에 담수를 생산하는 역할이 덧붙여진 것이다.

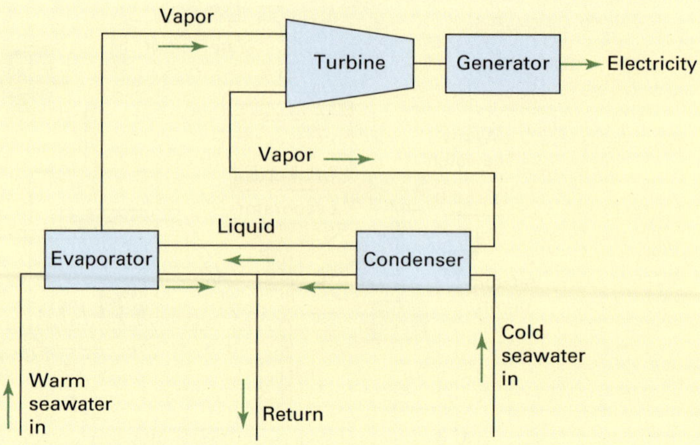

그림 14.6: 폐쇄형 주기 OTEC 장치의 개략도

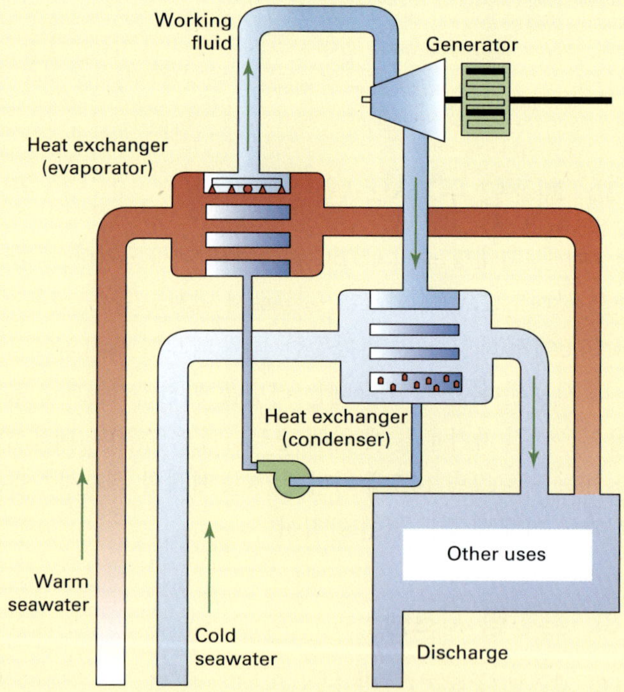

그림 14.7: 폐쇄형 주기 OTEC 장치

Based on 2004 Survey of Energy Resources, http://www.worldenergy.org/documents/ser2004.pdf

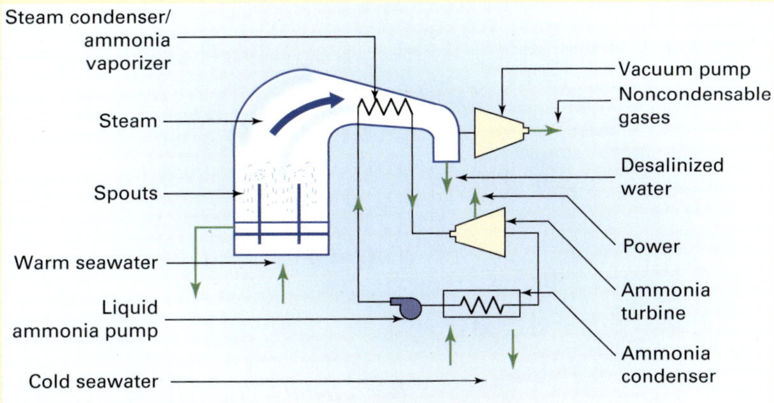

그림 14.8: 혼합형 OTEC 장치의 개략도

National Renewable Energy Laboratory, http://www.nrel.gov/otec/electricity.html

14.4 OTEC 시스템 운전의 물리학

예제 14.1과 14.2에서 OTEC 장치의 간단한 분석은 Carnot 효율에 사용 가능한 동력만 곱하면 얻을 수 있을 것처럼 보인다. 그러나 이것은 OTEC 시스템이 어떻게 작동하는지 정확한 형태를 제공하지 못한다. OTEC 기기의 실제 세부 작동은 상당히 복잡하다. 그러나 시스템 작동에 대해 자세히 관찰하면 다음의 접근을 통해 작동특성의 합리적인 평가를 얻을 수 있다.

해수덩어리가 $(T_h - T_c)$양 만큼 냉각된다고 생각하라. 이용할 수 있게 되는 에너지는

$$Q = mC(T_h - T_c), \tag{14.2}$$

여기서 C는 비열이다. dm/dt의 속도로 흐르는 물이 T_h에서 T_c로 냉각되는 경우, 사용 가능한 동력은

$$P = (dm/dt)C(T_h - T_c), \tag{14.3}$$

예를 들어 폐쇄형 주기 OTEC 시스템의 세부사항(그림 14.6)을 살펴보면, 따뜻한 바닷물과 차가운 바닷물 사이의 총 온도 강하가 시스템의 여러 부분에 걸쳐 발생하는 것을 알 수 있다. 증발기를 거치면서 온도가 떨어지고, 터빈을 거치면서 온도가 떨어지고, 응축기를 거치면서 온도 강하가 일어난다. 이러한 온도 강하의 합은 $(T_h - T_c)$이어야 한다. 세 종류의 온도 강하가 다음과 같으면 시스템의 성능은 최적화될 수 있다.

$$\Delta T(\text{응축기}) = (T_h - T_c)/4.$$
$$\Delta T(\text{터빈}) = (T_h - T_c)/2.$$

$$\Delta T(\text{콘덴서}) = (T_h - T_c)/4. \tag{14.4}$$

따라서 폐쇄 터빈 사이클의 카르노 효율은 다음과 같다.

$$\eta = (T_h - T_c)/2T_h. \tag{14.5}$$

증발기에서 추출한 열은

$$Q = mC(T_h - T_c)/4 \tag{14.6}$$

그리고 그에 상응하는 힘은

$$P = (dm/dt)C(T_h - T_c)/4, \tag{14.7}$$

여기서 dm/dt는 증발기를 통한 유량(kg/s)이다.

식(14.7)과 식(14.5)의 열엔진 효율을 결합하면 다음과 같이 생성된 열역학적 동력으로 표현된다.

$$P = (dm/dt)C(T_h - T_c)^2/(8T_h). \tag{14.8}$$

이는 증발기와 응축기를 통과하는 총 유량, $(dm/dt)_{tot}$의 항으로 다음과 같이 조합하여(이것이 동일하다고 가정하여) 쓰기도 한다.

$$P = (dm/dt)_{tot}C(T_h - T_c)^2/(16T_h). \tag{14.9}$$

전력출력은 식(14.9)에 터빈/발전기의 효율, 일반적으로 85~90%을 곱한 값이다.

식(14.9)의 결과는 식의 위변에 있는 제곱항에 기인하여 따뜻한 저장소와 차가운 저장소 사이 온도차의 중요함을 강조하고 있다. 이는 바닷물에서 추출한 에너지가 온도차에 비례하고 열엔진의 효율도 온도차에 비례한다는 데서 비롯된다.

순전력 생산을 결정하기 위해서는 설비 운용에 필요한 전력을 식(14.9)으로 표현된 출력에서 빼 주어야 한다는 것을 깨닫는 것이 중요하다. 운전 동력의 가장 중요한 요소는 냉수 펌프를 사용하여 심해의 해수를 시설로 공급하는데 소요되는 동력이다. 총 운전동력은 생산동력의 절반이상을 차지할 수 있다.

예제 14.3

온수온도 24℃, 냉수온도 4℃, 온도 강하 등은 식(14.4)를 따르는 OTEC 시스템을 고려한다.

(a) 이상적인 카르노 효율을 계산하라.

(b) 100 m^3/s 유량으로 증발기를 통과하며, 터빈/발전의 효율이 85%일 때 예상되는 전력을 계산하라.

풀이

(a) 총 온도 강하는

$$(24°C - 4°C) = 20°C$$

그리고 터빈의 입구 및 출구의 온도는

$$24°C - 20°C/4 = 19°C = 292K$$
$$4°C + 20°C/4 = 9°C = 282K$$

그래서 카르노 효율성은

$$\eta = 100 \times (1 - 282\ K/292\ K) = 3.4\%$$

(b) 식(14.8)로부터 출력은

$$P = \eta_{gen}(dm/dt)C(T_h - T_c)^2/(8T_h),$$

또는

$$P = (0.85) \times (100\ m^3/s) \times (1025\ kg/m^3) \times (3930\ J/(kg \cdot K)) \times (20\ K)^2/(8 \times (24 + 273)K) = 57.6\ MW_e$$

예제 14.4

증발기, 터빈 그리고 응축기를 거치면서 발생하는 온도 강하를 $(T_h - T_c)/3$인 OTEC 시스템이라고 생각하라. 이 경우 식(14.4)에 주어진 조건보다 낮은 출력이 발생함을 보여라.

풀이

본문 14.4절에서 표현된대로 다음과 같이 가정한다.

$$\Delta T(\text{evaporator}) = (T_h - T_c)/3.$$
$$\Delta T(\text{turbine}) = (T_h - T_c)/3.$$
$$\Delta T(\text{condenser}) = (T_h - T_c)/3.$$

따라서 폐쇄 터빈 사이클의 카르노 효율은 다음과 같다.

$$\eta = (T_h - T_c)/3T_h.$$

증발기에서 추출한 열은

$$Q = mC(T_h - T_c)/3.$$

그리고 그에 상응하는 동력은

$$P = (dm/dt)C(T_h - T_c)/3.$$

여기서 dm/dt는 증발기를 통한 유량(kg/s)이다. 계산된 동력과 위에서 얻은 열엔진 효율을 결합하면 다음과 같은 생성된 열역학적 동력을 얻을 수 있다.

$$P = (dm/dt)C(T_h - T_c)^2/(9T_h).$$

식(14.4)에 의해 주어진 상황을 식(14.8)에서 얻은 결과와 비교하면 출력동력이 적다는 것을 알 수 있다.

14.5 OTEC 시스템의 실증

OTEC 시스템은 위치에 따라 3종류로 건설될 수 있다: 육상, 해양의 바닥에 설치, 해양에 부유.

육상에 설치하는 경우, 시설이 육지에 위치하거나 적당한 해양 열구배가 있는 해안가 근처 매우 얕은 물 위에 위치한다. 따듯한 물은 시설근처의 지역으로부터 공급받고 차가운 물은 먼 바다의 깊은 수심이 있는 지역으로부터 공급받는다. 이러한 형태의 시설은 장 · 단점이 분명하데 장점으로는 장치를 유지 · 관리하는 것이 쉽고 다양한 해양환경에 노출될 가능성이 적으며 전력망에 생산된 전기를 간단하게 연결시킬 수 있다. 일반적으로 이 경우는 배출되는 물과 따뜻한 물이 혼합되는 것을 피해야 하는 것이 중요하다. 그러나 육지에 기반으로 한 시스템의 경우 응축된 작동유체로부터 얻어진 담수는 음용수로 사용할 수 있는 정도의 수질이며 버려지는 냉각수는 에어컨용으로 사용된다. OTEC 시설은 열대지역에 건설되어져야만 하므로 차가운 물은 다른 용도로도 사용될 수 있으며, 또한 배출되는 물은 배관을 통해 먼 바다에 배출된다. 단점으로는, 설비를 설치할 위치는 먼 바다의 1000 m 이상 심해로부터 차가운 물을 끌어올리기 위해 필요한 배관의 길이를 최소화할 수 있는 곳이어야 한다. 공급배관은 설치비의 실질적인 구성요소 중의 하나이며 높은 유지비가 소요되는 다양한 환경적인 조건에 노출된다. 배관은 해안인근으로 밀려오는 파도영역을 횡단하여야 하며 폭풍기간 동안 극심한 외부환경에 노출되기도 한다.

해양바닥에 설치하는 시스템은 약 100 m 수심의 대륙붕에 설치한다. 밀려오는 파도영역 밖에 설비가 위치하면, 공급배관에 대한 외부영향이 최소화되고, 설비가 해안가에서 멀지 않으면 전력망과의 연결도 편리하다.

부유시스템은 심해로부터 차가운 물을 공급하기 위한 배관의 길이를 최소화할 수 있다. 그리고 이론적으로 물을 끌어올리는데 소요되는 힘을 줄일 수 있어 전체 효율도 향상된다. 그러나 부유시스템은 몇 가지 중요한 단점을 가지고 있다. 깊은 수심에 있으며 시설을 계류하고 다양한 기상조건에서 안정화시키는 것이 쉽지 않다. 그리고 생산된 전기는 육지로 전송되어야 하는데 전기전송시스템은 값비싼 전선이 필요하며 전선은 다양한 환경적인 영향에 노출된다. 혹은 에너지 저장 메커니즘(20장에서 언급할 수소)을 사용해야 하는데 이러한 시스템은 전체 효율을 더욱 감소시킨다. 마지막으로 배출되는 냉각수는 따뜻한 표면수가 냉각되어 열역학적인 효율이 감소되지 않도록 시설로부터 충분히 떨어진 곳으로

그림 14.9: Hawaii, Keahole Point에 설치된 내륙기준 250 kW급 개방형 주기 OTEC 시설

U.S. Department of Energy

배관을 통해 배출되어야 한다.

해양 열에너지를 이용하기 위한 많은 노력이 1970년 중반에 시작되었다. 1974년 Hawaii Authority의 National Energy Laboratory(NELHA)가 하와이의 Keahole Point에 세워졌다. 여러 목적 중 하나가 OTEC에 의해 에너지를 생산할 수 있는 가능성에 대한 연구이다. 시험용규모(prototype) 시설은 OTEC를 개발하기 위해 2가지 방법 중 하나를 택해야 하는데 2가지 방법은 운전비와 유지비를 최소화할 수 있는 육상설치와 실질적인 건설비없이 최적 효율을 낼 수 있는 이동 가능한 배에 설치하는 경우이다.

1979년에 NELHA에서 50 kW_e OTEC를 바지선에 장착한 *mini*OTEC를 출범시켰다. 바지선은 하와이의 Keahole Point로부터 2 km 떨어진 곳에 계류시켰다. 폐쇄형 주기 OTEC 시스템은 총 전력으로 52 kW_e를 생산하였으나 실제 출력(펌프 가동에 사용한 전기를 빼면)은 15 kW_e이었다. 앞에서 언급된 전기는 바지선에 있는 전기장치와 전등을 가동하는데 충분한 양이다.

1992년과 1998년 사이에 OTEC에서 가장 강도 높은 시험이 하와이의 NELHA의 시설에서 이루어졌다. 250 kW_e 개방형 주기 OTEC 설비가 Keahole Point의 해안에 건설되었다(그림 14.9). 수심 820 m 해저에서 6°C의 물이 끌어올려졌으며 유량은 400 L/s(0.4 m^3/s = 6400 gal/min)이었으며 관의 직경은 1 m이었다. 1993년 5월에 전체 전력으로 50 kW_e가 상의 시설에서 생산되었다. 상기 시설이 전기를 생산하기 위한 OTEC 시설로서는 더 이상 가동되지 않지만 차가운 물을 끌어올리는 용도로는 사용되고 있다. 차가운 물은 에어컨 대용을 사용되며 이는 전통적인 에어컨 방식으로 환산하였을 때 200 kW의 전기를 생산한 것과 동일하다.

표 14.1: 해안가 근처 해양열에너지 전환에 이용 가능한 주요 지역

area	country	temperature difference (°C)
Africa	Sao Tome	22
Latin America/Caribbean	Barbados	22
	Cuba	22–24
	Dominica	22
	Dominican Republic	21–24
	Grenada	27
	Haiti	21–24
	Jamaica	22
	Saint Lucia	22
	Saint Vincent	22
	Trinidad/Tobago	22–24
	U.S. Virgin Islands	21–24
Indian Ocean/Pacific	Comoros	20–25
	Cook Islands	21–22
	Fiji	22–23
	Guam	24
	Kiribati	23–24
	Maldives	22
	Mauritius	20–21
	New Caledonia	20–21
	Philippines	22–24
	Samoa	22–23
	Seychelles	21–22
	Solomon Islands	23–24
	Vanuatu	22–23

일본에는 OTEC 시설이 없지만 일본인 연구자들이 태평양의 Nauru의 섬에서 OTEC를 이용한 연구를 수행하였다. 1981년 10월부터 1982년 9월까지 100 kW_e의 폐쇄형 주기 OTEC 시스템을 운전하였다. 펌프 가동 후 전체 전력생산량은 31.5 kW_e이었으며 상기의 전기는 지역의 학교에 전기를 공급하였다.

전 세계적으로 OTEC 자원량은 10^{13} W 정도로 예측된다. 이 값은 전 세계 전력요구량과 근접하나 이러한 자원량의 단지 작은 부분만이 실제 경제성이 있다. 육상 또는 해안가 근처의 부지는 설치하기가 가장 쉬우나 설치 및 이용하기 위해 필요한 기준을 만족하는 부지는 수 백개 정도로 추산된다. 육지와의 10 km 이내에 차가운 물의 자원이 있는 주요 위치를 표 14.1에 요약하였다. OTEC를 사용함으로 인해 지역적인 에너지 요구를 실질적으로 해결하고 에너지 수입에 대한 요구를 줄일 수 있는 부지의 많은 부분이 섬이다.

확실하게 이러한 논의는 에너지원으로써 OTEC의 개발이 직면한 문제를 예를 들고 있다. 시험용규모 시설은 전체 에너지 출력이 작으며, 설치비와 운전비는 OTEC를 상용화하는데 걸림돌이 되고 있다. OTEC의 효율적인 보급에 있어 기술적인 어려움이 상당히 큰 편

이다. 근본적인 문제는 공정의 낮은 효율과 해양환경과 관련된 어려움이며, 이러한 어려움에는 해수의 의한 부식과 시스템 내 해양생물에 의한 막힘(biofouling)도 포함된다. 그리고 매우 많은 양의 해수를 이송하는 것도 큰 어려움이며, 100 MW_e 시설의 경우 시스템으로 해수를 초당 1000 m^3 정도 주입하여야 한다.

그러나 OTEC를 이용한 에너지 생산은 많은 장점이 있다. 상대적으로 적은 환경적인 영향을 미치며, 에어컨용으로 사용할 수 있는 차가운 물과 같이 부산물로서 담수도 생산한다. 수중양식도 OTEC 사용의 장점 중 하나인데 깊은 수심에서의 차가운 물은 많은 유기영양분을 가지고 있으며 차가운 물을 해양의 표면에 배출시킴으로 인해 차가운 물이 수중양식에 이용된다. 차가운 물은 적도지역에서 온대지역에서나 가능했던 물고기(연어)를 양식하거나 갑각류(가재)를 양식하는데 사용될 수 있어, 단순히 전기를 생산하는 것 이외에 다른 용도로도 이용될 수 있다.

OTEC의 이용에 대한 예측은 정확하지 않으며 1980년에 예측치가 발표되었다(그림 14.10). 그러나 실질적인 누적용량은 0이다. OTEC 시스템은 외부환경에 매우 작은 영향을 미치나 아직까지 낮은 효율로 인해 적용이 거의 이루어지지 않고 있으며 경제성을 가지기 위해서는 기술적인 한계를 극복하여야 한다.

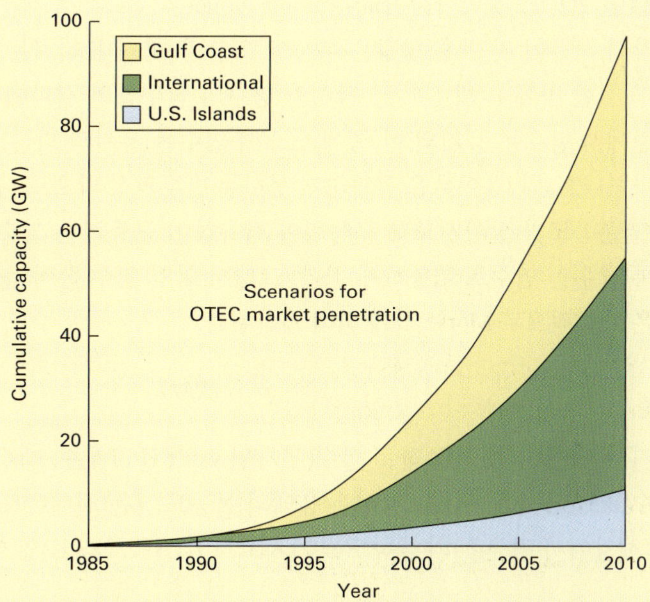

그림 14.10: OTEC에 의해 생산 가능한 예상 전력량

Based on Solar Energy Research Institute

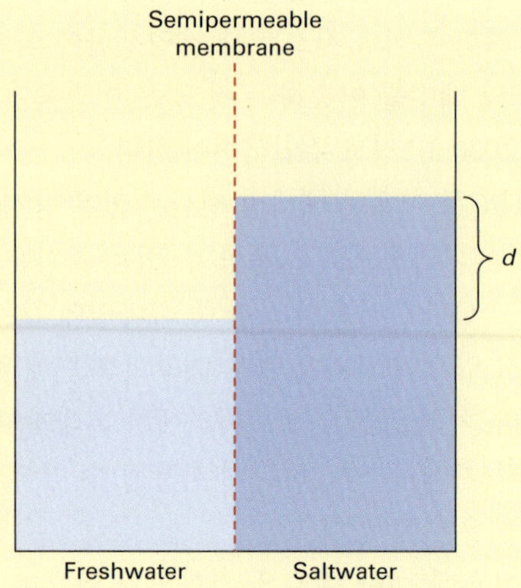

그림 14.11: 삼투압의 결과로써 반투과성막의 양쪽의 담수와 염수사이의 높이차

14.6 해양 염도구배에너지: 기본원리

1784년, 프랑스 물리학자 Jean-Antoine Nollet은 포도주로 채운 돼지방광을 물통에 넣은 후 한참의 시간이 지난 후 방광은 부풀어 오른 후 마침내 터지는 것을 발견했다. 이러한 거동은 적절한 막에 의해 분리된 담수와 염수의 삼투압의 결과에 의해 일어난다(그림 14.11). 그림에서 담수는 용기의 한 쪽에 있으며 염수는 용기의 다른 쪽에 있다. 양쪽은 물분자는 통과하나 Na와 Cl 이온은 통과하지 못하는 반투과성 막으로 나누어져 있다. 막의 양쪽에서의 염분농도가 같아지도록 구동력이 작용하며 구동력은 염수를 희석하여 농도가 같아지도록 담수를 염수로 이동하게 한다. 그래서 막의 염수 쪽이 높이와 압력이 증가한다. 삼투압은 개략적으로 Morse 식에 의해 계산된다.

$$p = iRMT, \tag{14.10}$$

여기서 i는 용질에 의존하는 상수(무차원 van't Hoff계수, NaCl의 경우 $i = 2.0$), R은 기체상수($8.315\ \text{J}\cdot\text{K}^{-1}\cdot\text{mol}^{-1}$), M은 용액의 몰농도, T는 절대온도이다. 해수의 경우, 600 mol/m^3(해양에서 평균값)의 몰농도를 가지고, 10 °C(즉, 283 K)일 때 삼투압은 약 28기압이다.

$$p = 2.0 \times (8.315\ \text{J}\cdot\text{K}^{-1}\cdot\text{mol}^{-1}) \times (600\ \text{mol/m}^3) \times (283\ \text{K}) = 2.82 \times 10^6\ \text{N/m}^2 \tag{14.11}$$

그림 14.11에서, 압력차는 해수를 담수보다 d 거리만큼 밀어올리며 담수 수면보다 더 높은 부분만큼의 해수에서 압력이 $2.82 \times 10^6\ \text{N/m}^2$이다. 즉 삼투압은 담수 수위보다 더 높은

예제 14.5

삼투압에 의해 발생하는 담수 컬럼과 해수 컬럼 사이의 높이차를 계산하라.

풀이

식(14.12)에는 높이, d에 대한 항이 있으므로

$$d = \frac{p}{\rho g}.$$

압력을 식(14.12)로 치환하면

$$d = \frac{iRMT}{\rho g}.$$

여기서 NaCl의 경우 $i = 2.0$, $R = 8.315\ \mathrm{J \cdot K^{-1} \cdot mol^{-1}}$, $\rho = 1025\ \mathrm{kg/m^3}$, $g = 9.8\ \mathrm{m/s^2}$, 해수의 몰농도 $M = 600\ \mathrm{mol/m^3}$, 온도는 10 °C로 가정하면 $T = 283$ K이다.

$$d = \frac{2.0 \times (8.31\,5\ \mathrm{J \cdot K^{-1} \cdot mol^{-1}}) \times (600\ \mathrm{mol \cdot m^{-3}}) \times (283\ \mathrm{K})}{(1025\ \mathrm{kg \cdot m^{-3}}) \times (9.8\ \mathrm{m \cdot s^{-2}})} = 281\ \mathrm{m}.$$

참고: 상기 식의 단위는 다음과 같이 간략하게 된다. $\mathrm{J/(kg{\cdot}m{\cdot}s^{-2})} = \mathrm{m}$.

부분의 해수의 단위면적당 무게에 중력가속도($g = 9.8\ \mathrm{m/s^2}$)를 곱한 값이다.

$$p = mg/A = \frac{dA\rho g}{A} = d\rho g, \tag{14.12}$$

여기서 ρ는 막의 오른쪽에 있는 물의 밀도이다.

예제 14.5에서 계산된 높이차에 수반된 위치에너지는 운동에너지를 전환될 수 있으며 운동에너지는 전기를 생산하기 위해 터빈을 회전시키는데 사용된다. 실예에서 이러한 에너지의 작은 부분만이 얻어지는데, 이는 물을 통과시켜 얻은 높이차에 의해 생기는 삼투압을 막이 견딜 수 없기 때문이다(그림 14.11). (즉, 돼지방광이 터지는 이유이다.) 상업적인 접근은 막의 염수쪽에서 증가된 압력을 이용하여 터빈을 통해 물을 밀어넣는 방식을 통해 전기를 생산하는 방법이다. 이러한 방법은 pressure-retarded osmosis(PRO)라 부른다.

담수와 해수 사이의 염분농도차에 수반된 에너지로부터 전기를 생산하는 다른 방법은 reverse electrodialysis(RED)이다. 이 방법은 기계적인 에너지 도입없이 물에 용해된 이온들이 지니고 있는 전하를 직접 이용하는 것이다. 전기화학적인 셀의 개략도는 그림 14.12에 나타내었다. 한쌍의 막(그림에서 + 그리고 −)은 염수용액에서 음이온($\mathrm{Cl^-}$)과 양이온($\mathrm{Na^+}$)을 분리한다. 담수와 염수는 장치를 통해 순환된다. $\mathrm{Cl^-}$ 이온은 한 방향으로 침투되며(염수로부터 담수로), 하전된 이온의 흐름은 그림에서처럼 외부회로에 전기를 생성시킨다. 생산된 전압을 증가시키기 위해 여러 RED셀을 연속으로 연결하거나, 셀내에 염수와 담수경로(channel)을 여러 개 만들면 된다.

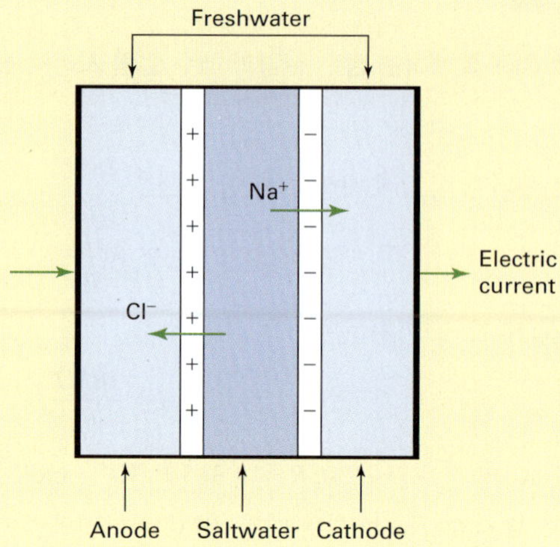

그림 14.12: reverse electrodialysis에 의한 전기생산에 대한 개략도

14.7 해양 염도구배에너지의 응용

염도구배에너지의 이용은 때로는 삼투에너지라고도 하며, 염수와 담수가 많은 곳에서 적용될 수 있다. 이러한 상황은 하천 흐름의 m^3/s당 추정 1 MW_e가 이용가능한 대양으로의 강 유출에서 가장 일반적으로 발생한다(일반적인 40% 변화 효율을 가정). 전 세계적으로 강물이 유출되는 곳에서 염도구배로부터 얻을 수 있는 잠재 전력량은 150 GW_e이다. 이러한 용량을 제공하는 곳의 절반이 전 세계적으로 큰 50개의 하천이다. 육지에 있는 염분호수도 이용할 수 있는 자원이며 높은 염도를 가져 담수보다 상대적으로 큰 삼투압을 가지고 있다. 예를 들어 사해의 경우 염도는 5000 m 수두에 해당한다.

비록 초기단계이지만 염도구배연구는 여러 곳에서 연구되고 있으며 네덜란드에서 RED에 의한 전기생산에 대한 연구프로그램을 진행 중이며, 둑에 모아진 담수를 바다로 보내어 해수와 담수와의 염도구배를 이용하여 발전하고자 한다. 러시아에서는 Vladivostok에서 RED의 시험장치를 여러 해 동안 가동 중이다. 노르웨이는 강으로부터 바다로 흘러가는 강물로부터 3 GW_e의 염도구배발전 잠재량을 가지고 있으며 이러한 자원을 이용하려는 프로그램을 가지고 있다. 2009년 이래 제대로 갖춰진 PRO시설이 노르웨이 오슬로에서 가동되고 있으나 삼투막이 걸림돌로 작용하고 있는데, 이는 막의 수명은 한정되어 있어 교체되어야만 하기 때문이며 이러한 문제는 최근의 발전을 통해 많이 완화될 것으로 예상된다.

일반적으로 염도구배를 이용한 발전은 환경친화적이나 몇몇 환경적인 영향을 고려해야 한다. 해수와 담수의 혼합은 brakish water를 만들며 강물의 배출부분에서 발생하며 궁극적으로 환경적인 변화를 일으킨다. PRO방법에서 막은 불순물과 작은 입자들에 의해 막히며 막의 수명을 최적화시키고 염도구배를 경제적인 수준으로 적절히 유지하기 위해 세척해

ENERGY EXTRA 14.1
노르웨이에서 pressure-retarded osmosis

REUTERS/Alamy Stock Photo

노르웨이에서 pressure-retarded osmosis를 이용한 발전시설

전 세계적으로 최초로 완전하게 작용하는 삼투압을 이용한 전력생산시설은 2009년 노르웨이 오슬로 피오르드에 있는 Tofle에서 시작되었다. 설치된 시설은 전기를 생산하기 위해 pressure-retarded osmosis방식을 사용하였으며, 7~8백만달러의 비용을 들여 노르웨이의 에너지 기업인 Statkraft가 건설하였다. 시설은 담수와 염수를 공급받을 수 있는 강물이 바다로 흘러들어가는 곳에 위치하였다.

Statkraft의 시설은 2000 m^3의 막을 사용하여 전체 2~4 kW의 전기(2~3 단독가구에 충분한 양)를 생산될 수 있도록 설계되었다. 큰 규모시설로의 실증이 가능한지에 대해 3년간 연구가 진행되었는데 이러한 시설의 규모를 확장하는 것은 무의미하다는 결론을 얻었다. 경제성있는 상용의 큰 규모로 만들기 위해서는 전기출력이 1 W/

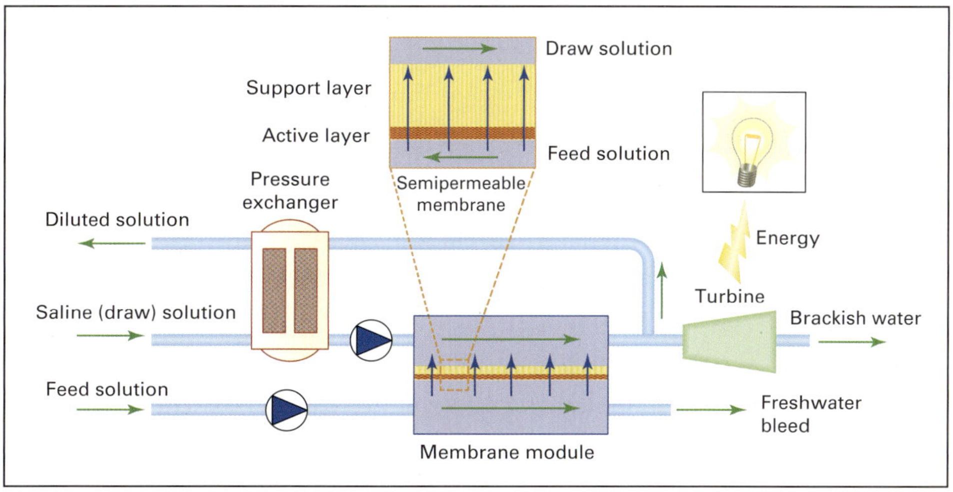

Based on http://www.yalescientific.org/2013/02/he-elixir-of-life-generating-electricity-from-water/; http://pre.docdat.com/docs/index-219628.html; http://www.theengineer.co.uk/news/osmotic-power/302450.article

Pressure-retarded osmosis를 이용한 발전설비의 개략도

m^2에서 5 W/m^2로의 막 특성의 진보가 있어야 한다. 이러한 조건임에도 불구하고 작은 규모의 25 MW_e 발전소(석탄이나 핵발전소와 비교시 규모가 작은 편임)의 경우 5×10^6 m^2의 막이 필요하다. 상기 면적은 전 세계 막 생산량(주로 담수화 설비)의 10% 수준이다. 25 MW_e 삼투압 발전소는 축구장 크기이며 25 m^3/s의 담수와 50 m^3/s의 해수가 필요하다. Statkraft사는 상업적인 삼투발전소를 2015~2017년경에 건설할 예정이며, 이러한 삼투를 이용한 기술은 2030년경에 다른 신재생에너지발전과 경쟁할 수 있을 것으로 예측하고 있다.

PRO발전시설의 일반적인 설계를 그림에 나타내었다. 염분농도를 동일하게 하기 위해 막을 통과하는 담수의 삼투는 막의 염수쪽 부분의 압력을 상승시키고 이러한 압력상승은 전기를 생산할 수 있는 터빈과 발전기를 회전시킨다.

토의 주제

다음의 에너지 생산방법에 대한 이점을 생각해보라: 육지에 있는 OTEC 시설이 차가운 물을 끌어와 전기를 생산한다. 또한 이 시설은 담수를 생산한다. PRO시설을 OTEC시설 바로 다음에 설치하여 더 많은 전기를 생산하기 위해 부가적인 염수를 공급하고 OTEC로부터 발생된 담수를 사용한다.

야 한다. 막의 세척에 사용된 화합물은 독성이 있으며 이는 외부 환경에 영향을 미친다. 폴리에틸렌(슈퍼마켓에서 흔히 식료품 담는 비닐봉투 및 삼투막 재료로 사용됨)은 석유로부터 만들어지며, 염도구배에너지 또한 화석연료의 실체에 의존하고 폐기된 막은 온실가스 발생에 기여하는 것으로 판단된다.

OTEC와 염도구배발전의 긍정적인 면은 조력이나 파도에너지가 겪고 있는 단점인 시간 변화와 주기성 등에 무관하다는 점이다.

14.8 요약

에너지를 생산하기 위해 해양의 열구배를 이용하기 위해서는 표면수와 심해수사이에 큰 온도차가 있어야 한다. 본 장에서는 전 세계 해양에서 온도차 발전할 수 있는 곳, 즉 OTEC를 건설할 수 있는 곳에 대해 살펴보았다. 해양의 심해수의 온도는 상대적으로 거의 일정하므로 큰 온도구배를 얻기 위해서는 표면수의 온도가 높아야 하며 이러한 지역이 열대지역이다.

본 장에서는 열기관을 사용하여 전기를 생산하기 위한 메커니즘으로써 표면수와 심해수사이의 큰 열적차이의 이용에 대해 다루었다. 따뜻한 물은 뜨거운 저장조에서 생기며, 차가운 물은 차가운 저장조가 있는 심해로부터 끌어올린다. 운전의 기본원리는 열기관의 기본설계를 따르며, 열에너지가 기계에너지로 전환되며 기계에너지에 의해 전기를 생산하는 발전기를 회전시킨다.

OTEC 시스템의 3가지 형태 즉 개방형 주기, 폐쇄형 주기, 혼합형 시스템에 대해 토론하였다. 개방형 주기는 열기관 작용유체로써 해수를 사용하였으며, 폐쇄형 주기는 열에너지를 해수로부터 암모니아 등의 작동유체가 있는 폐쇄형 주기로 전달시키기 위해 열교환기를 사용하였다. 혼합형 시스템은 가동유체로부터 열을 전달하는 과정이 없는 것을 제외하고는 폐쇄형 주기와 비슷한데, 해수는 증발되며 가정 등에서 사용할 수 있는 담수가 생산된다.

OTEC의 원리는 한 세기동안 잘 알려져 있으며 실험도 열대지역에서 80년동안 수행되었다. 열기관을 운전하는데 사용되는 뜨거운 저장조와 차가운 저장조 사이의 온도차가 작아 전체적인 효율이 매우 낮다. 매우 낮은 효율로 인해 OTEC 발전의 상업적인 운전은 아직 회의적이다.

본 장에서는 바닷물과 강물이 만나는 곳 즉 염도구배가 있는 곳에서 에너지를 얻는 또 다른 방법을 다루었다. 이 방법은 용질의 농도가 다른 두 용액으로부터 얻어지는 삼투에너지를 기반으로 두며 삼투에너지를 이용하는 두 가지 방법이 있으며 그 방법은 pressure-retarded osmosis(PRO)와 reverse electrodialysis(RED)이다. 삼투압에 대한 기본원리, 삼투압을 이용하며 터빈과 발전기를 회전하는 기술(PRO 기술)에 대해서도 다루었다. RED는 전해질 셀에서 용액 내 이온들에 수반된 전하를 직접 이용하는 방법이다. 염도구배에너지의 원리는 수년동안 알려져 왔으나 실제 전기를 생산하는데는 적용되지 않았다. 노르웨이에서 파일럿급 PRO가 설치되어 가동되었으나 아직까지 생산된 전기비용이 비싸다는 단점이 있으나 막에서의 발전이 기대되어 미래에너지 생산의 한 축을 차지할 것으로 전망된다.

연습문제

14.1 1 m^3의 해수가 1.2초에 24°C에서 8°C로 냉각된다. 이 기간동안 이용할 수 있는 평균 열적인 힘을 계산하라.

14.2 이상적인 OTEC 시스템은 23°C의 따뜻한 저장조와 5°C의 차가운 저장조를 통해 가동된다. 전기 1 MWh을 생산하기 위해 터빈을 통해 흘러가야 하는 물(증기)의 무게를 계산하라. 기계에너지의 90%가 전기에너지로 전환되는 것으로 가정하라.

14.3 이상적인 OTEC 시스템은 해수 100 m^3/s의 유속을 가진다. 26°C의 따뜻한 저장조, 6°C의 차가운 저장조가 있다. 기계에너지의 전기에너지로의 전환효율이 90%일 때, 상기 시설의 출력은 몇 MW_e일까?

14.4 OTEC 시설이 낮은 효율을 극복하기 위해 파도에너지를 사용하는 것으로 한다. 상기 시설을 설치하기에 가정 좋은 곳은 어디인가? 상기시설이 설정된 위치에서 200 m의 파도전면을 가지며 전체 출력이 100 MW_e이면 전체 출력의 얼마가 파도로부터 얻어지나? 파도에 의해 얻어진 전기의 효율은 35%로 가정하라.

14.5 20 MW_e OTEC시설이 2.4%의 전체 열에너지효율로 가동된다. 따뜻한 표면수는 시스템을 통과하는 동안 22°C로 냉각된다. 따뜻한 물의 유속을 m^3/s의 단위로 계산하라. 기계적인 에너지의 전기에너지로의 전환율은 86%로 가정하라.

14.6 물속에 NaCl의 농도가 0에서 10%(용액의 무게에 대한 소금의 무게)사이에서 염도

의 함수로써 지탱할 수 있는 담수와 염수의 삼투압을 물의 높이(m)로 그려라. 밀도는 1025 kg/m^{3}로 일정한 것으로 가정하라.

14.7 Great Salt Lake(Utah)의 한 지역에서의 염도(보통 NaCl)는 27%; 때때로 1000에 대한 270, 즉 용액 리터당 소금 270 g의 의미로 표현된다. Great Salt Lake의 물과 담수 사이의 삼투압에 의해 지탱될 수 있는 물의 기둥의 높이를 평가하라. 27% 소금용액의 밀도는 약 1200 kg/m^{3}이다.

14.8 교과서의 Jean-Antoine Nollet의 실험, 즉 물과 와인사이의 삼투압에 관한 실험을 생각해보자. 와인은 물속에 에탄올이 12%(부피%)라고 가정하면 물과 와인사이의 삼투압을 지탱할 수 있는 물의 기둥의 높이를 평가하라. 여기서 van't Hoff계수는 용액의 성질에 의존하며 물속의 에탄올에 대해서는 $i \approx 1.0$이다.

14.9 북극에서 겨울공기 기온은 약 −35°C이며, 해수(얼음 아래) 온도는 일반적으로 약 −2°C이다. 차가운 저장조로 공기를 사용하고 "따뜻한" 저장조로 사용하기 위해 바다에서 물을 이송해 오는 OTEC 시설을 건설할 가능성을 고려하시오.

(a) 이러한 시설의 이상적인 효율을 계산하시오.

(b) 이러한 시스템(개방 시스템 또는 폐쇄 시스템)의 설계와 작동유체에 제약이 있느냐?

14.10 근해 OTEC 시설은 따뜻한 저장조 온도 22°C와 차가운 저장조 온도 5°C로 운영된다.

(a) 시설운영을 위해 출력전력의 65%가 필요한 경우(예, 주로 물펌프) 전체효율은 얼마인가?

(b) 발생된 전기를 육상으로 운송하기 위해, 에너지 저장 메커니즘으로서 수소가 사용된다. 수소는 물의 전기분해에 의해 생성되며 전체 효율이 40%인 연료전지를 사용하여 전기로 다시 변환된다(20.9절 참조). 전체 효율은 얼마이며, 풍력과 태양광과 비교하면 어떠한가?

14.11 평균 원자력 발전소(예 : 1 GW$_e$)와 비교될 만한 전기출력을 가진 OTEC 시설 설계가 가능한지 고려하시오. 터빈/발전기 효율이 90%라고 가정한다.

(a) 표면 온도가 23°C이고 차가운 저장조가 4°C인 경우 효율은 얼마인가?

(b) 요구되는 물의 총 유량은 얼마인가?

(c) 부분 (b)의 결과를 200 m의 수두를 가진 1 GW$_e$ 수력발전시설에 필요한 유량과 비교하라.

14.12 아마존강은 평균속도 0.7 m/s에서 2.09×10^5 m^3/s의 유량으로 흐른다. 아마존강에 대해 삼투에너지의 총 잠재력과 수력에너지(40% 용량계수일 때)의 총 잠재력을 비교하시오.

14.13 미국에서 가장 큰 강인 미시시피강의 유량은 1.8×10^4 m^3/s이다. 미시시피강의 삼

투에너지 잠재력의 10%를 얻을 수 있다면, 전기를 공급받을 수 있는 가구의 수를 추정하시오.

14.14 OTEC 시설의 총 물 유량은 500 m^3/s이다. 심해의 냉수는 5°C이며, 일년 내내 지표수 온도는 19°C에서 22°C까지 다양하게 변한다. 상기의 범위에서 온수 온도의 함수로 출력을 도식하시오.

14.15 OTEC시설은 6°C의 냉수온도에서 운전되며, 총 물 유량은 50 m^3/s이다. 작동 에너지(펌프 등)가 10 MW_e인 경우, 전기에서 순 이득을 얻는데 필요한 최소 표면온도는 얼마인가?

14.16 본 장의 정보를 통해 사해의 염분을 추정하시오.

14.17 바다로 1000 m^3/s의 속도로 흐르는 담수에서 얻을 수 있는 삼투전력(효율 40% 가정)과 열교환기를 통해 1000 m^3/s로 흐르는 물에서 5°C 냉각함으로써 얻어지는 열전력을 비교하시오(3% 효율로 가정).

14.18 (a) 10^6 kg 덩이의 물이 4°C 만큼 냉각될 때 이용 가능한 에너지를 계산하시오.
(b) 상기 에너지를 물의 덩이를 위로 들어 올리는데 사용된다면(100%의 효율로 가정), 들어 올릴 수 있는 높이는 얼마인가?
(c) 상기 에너지는 노르웨이의 1인당 1차 에너지 요구량을 얼마나 오래 만족시킬 수 있느냐?

14.19 (a) 수직 거리 1 km를 들어 올린 1 m^3의 해수와 관련된 중력 위치에너지를 계산하시오.
(b) (a) 부분의 결과를 4°C에서 해수 1 m^3와 22°C에서 해수 1 m^3 사이의 총 열에너지 차이와 비교하시오.

14.20 OTEC 시스템의 증발기와 응축기에서 온도 강하가 동일하면, 식(14.4)에 주어진 상대적인 온도 강하가 전력출력을 최대화할 것임을 입증하시오.

참고문헌

W. H. Avery and C. Wu. *Renewable Energy from the Ocean: A Guide to OTEC*. Oxford University Press, New York (1994).

G. Boyle (Ed.). *Renewable Energy*. Oxford University Press, Oxford (2004).

R. Charlier. *Ocean Energies: Environmental, Economic, and Technological Aspects of Alternative Power Source*. Elsevier, New York (1993).

R. Cohen. "Energy from the ocean." *Philos. Trans. Royal Soc. London* **A307** (1982): 405.

A.V. da Rosa. *Fundamentals of Renewable Energy Processes*, (3rd ed.) Academic Press, Oxford (2013).

A. Goldin. *Oceans of Energy—Reservoir of Power for the Future*. Harcourt, Brace, Jovanovich, New

York (1980).

B. K. Hodge. *Alternative Energy Systems and Applications*. Wiley, Hoboken (2010).

J. A. Kraushaar and R. A. Ristinen. *Energy and Problems of a Technical Society*, (2nd ed.) Wiley, New York (1993).

C. Ngô and J. B. Natowitz. *Our Energy Future: Resources, Alternatives and the Environment*. Wiley, New York (2009).

T. R. Penney and D. Bharathan. "Power from the sea." *Scientific American* **256** (1987): 86.

R. J. Seymour. *Ocean Energy Recovery: The State of the Art. American Society of Civil Engineers*, New York (1992).

World Energy Council. *World Energy Resources 2016*, available online at https://www.worldenergy.org/publications/2016/world-energy-resources-2016/

CHAPTER 15

지열에너지

학습목표: 제15장을 학습한 후 다음 내용을 이해할 수 있다.

- 지열에너지에 대한 이유
- 지열에너지원의 형태와 분포
- 지열히트의 직접 이용
- 지열 이용 전기발전시설의 형태
- 지열에너지의 전세계적인 사용
- 지열에너지 사용의 지속가능 및 환경적인 영향

15.1 서론

지열에너지는 지구의 내부로부터 얻어지는 에너지를 말하며 뜨거운 지역이 지표면과 가까운 위치에 있으면 지열에너지를 얻는데 가장 편리하다. 지열에너지는 2300년보다 더 오랫동안 이용하여 왔으며 가장 오래된 지열에너지의 이용은 중국에서 목욕의 목적으로 온천을 이용한 사례이다. 로마황제는 1세기경 영국에서 목욕을 위해 지열에 의해 데워진 따뜻한 물을 사용하였다. 난방을 위해 지열에너지를 최초로 사용한 예는 14세기 프랑스 Chaudes-Aigues시가 개발한 구역난방시스템이다. 최초의 상업적인 지열이용 전기발전소는 1911년 이탈리아에서 건설되었다. 그 이후 전기발전을 위한 지열에너지의 사용은 전세계적으로 확대되었다. 본 장에서 지열에너지의 특징, 전기생산을 위해 어떻게 사용되는지, 그리고 향후 전망에 대해 다루고자 한다.

15.2 지열에너지의 기본원리

지구는 지각(crust)이라 불리는 외층, 맨틀이라 불리는 중간층, 코어라고 불리는 내층으로 구성되어 있다. 지각은 주로 바위로 구성되어 있으며 평균적으로 두께가 약 30 km이나 지역에 따라 3 km에서 60 km의 두께범위를 가진다. 맨틀은 2900 km의 두께를 가지며 바위로 구성되어 있으나 온도와 압력 때문에 매우 유연하며 주로 Mg, Fe, Al, Si, O 등으로 이루어져 있다. 핵은 주로 Fe로 구성되어 있으며 액체인 외핵(약 2300 km 두께)과 고체인 내핵(약 2400 km 직경)으로 나누어진다(그림 15.1, 그림 15.2).

지구의 내부는 뜨거우며, 이러한 열은 다음 3가지 원인에 기인하는 것으로 알려져 있다.

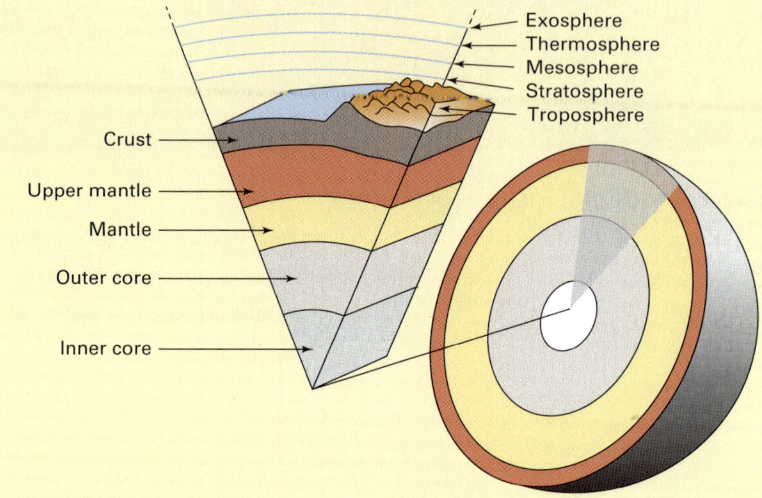

그림 15.1: 지구의 내부 구조

Jeremy Kemp. Based on elements of an illustration by USGS

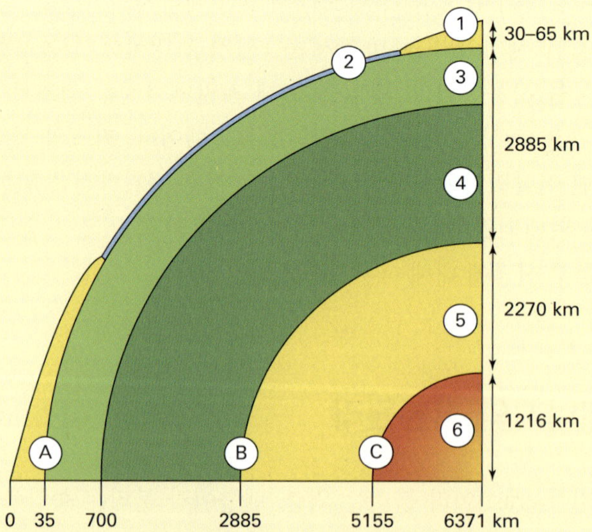

그림 15.2: 지구의 지각, 맨틀, 외핵 그리고 내핵의 특성. 1. 대륙지각; 2. 해양지각; 3. 상층맨틀; 4. 하층맨틀; 5. 외핵; 6. 내핵; A: 지각/맨틀 단절(Mohorovicic 단절); B: 맨틀/핵 단절(Gutenberg 단절); C: 외핵/내핵 단절(Lehmann 단절)

1. 태양계시스템의 초기단계에서 지구를 형성하기 위해 응축된 물질과 연관된 원시 열
2. 핵(코어) 내 방사능을 방출하는 핵물질의 감쇄
3. 지구의 핵, 달, 태양사이의 조력으로부터 발생되는 액체인 외핵에서의 마찰

목성같이 큰 행성들은 천천히 냉각되어 내부온도는 거의 원시 열에 의해 지배되고 있다. 지구는 목성보다 훨씬 더 많은 원시 열을 방출하였으며 내부의 온도는 주로 우라늄, 토륨, 칼륨 핵들의 방사능 방출 감쇄속도에 크게 좌우되며 양은 전체 열의 75% 정도 수준인 것으로 추정한다. 지구의 내부에서 바깥(냉각된 지각으로)으로 방출되는 열은 표면에서 약 0.087 W/m^2이다. 상기 양은 지구로 오는 태양복사(평균 168 W/m^2)보다 훨씬 적다(0.1%보다 적은 수준).

예제 15.1

지구의 표면을 통해 방출되는 전체 지열을 계산하라.

풀이

지구 내부로부터 방출되는 평균 열은 0.087 W/m^2이다. 지구의 표면적은 $4\pi r^2$이므로, 지구의 평균 반경인 $r = 6371\ km = 6.371 \times 10^6\ m$(그림 15.2)이므로, 전체 방출되는 양은

$$4 \times 3.14 \times (6.371 \times 10^6\ m)^2 \times (0.087\ W/m^2) = 4.4 \times 10^{13}\ W.$$

지구의 지각은 지질구조학의 판구조론으로 알려진 것처럼 분리된 지역으로 구성되어 있다. 지구의 뜨거운 내부로부터 지각으로의 열전달은 맨틀에서의 대류흐름을 발생시킨다. 이러한 대류흐름은 대륙의 표류(이동 혹은 흐름)라 불리는 지질구조적인 판을 움직이게 한다. 대양들의 중간근처에서 해양의 판이 움직여서 맨틀 내 깊은 곳의 용융된 암석(마그마)을 위로 밀어 올리며 균열을 만든다. 대륙의 경계들에서, 판들은 충돌하며 이러한 충돌은 하나의 판(해양판)을 다른 판의 아래로 밀어 넣는다. 이러한 현상은 밀려들어간 판을 가열시키고(판을 지구의 더 뜨거운 지역으로 밀어 넣기 때문에) 마그마를 지구의 표면으로 보낸다.

지표면 아래 열구배가 상기와 같은 지역에서 가장 크므로 판들의 경계 또는 근처에서 지열에너지를 이용할 수 있는 가능성이 가장 높다. 지구 표면의 판구조에 대해 그림 15.3에 나타내었다. 화산의 위치를 그림에 나타내었으며 대부분의 경우 판 경계에 있음을 알 수 있다. 이러한 지역들은 대륙판에 의해 해양판이 밀려들어감에 의해 아이슬란드에서처럼 중앙해양산맥에서 혹은 북미 및 남미의 태평양연안을 따라 생긴다(그림 15.4). 지구상 가장 활발한 지역은 가장 많은 수의 화산폭발이 일어나는 태평양판의 가장자리 지역이다. 이러한 이유로 태평양판의 가장자리는 때때로 불의 고리(ring of fire)라 불린다. 불의 고리지역은 지열에너지를 사용할 수 있는 가장 잠재력이 큰 지역이다(Caribbean, Iceland에 있는

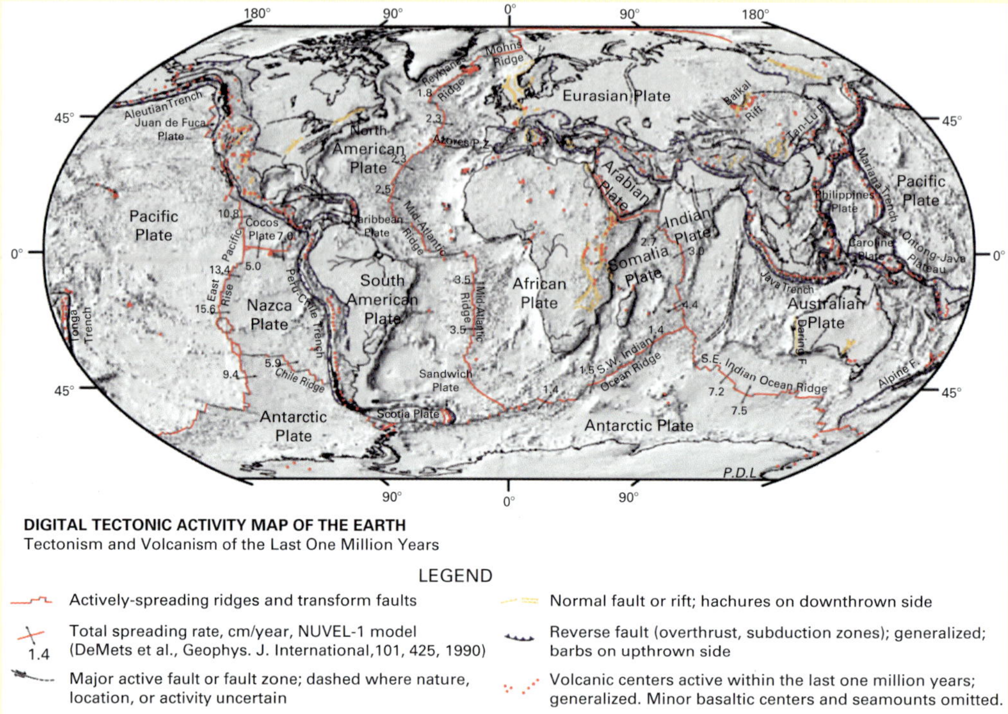

그림 15.3: 지구의 지각구조적인 판들. 역사적으로 발생되었던 화산들의 위치를 적색 점으로 나타내었다.

NASA

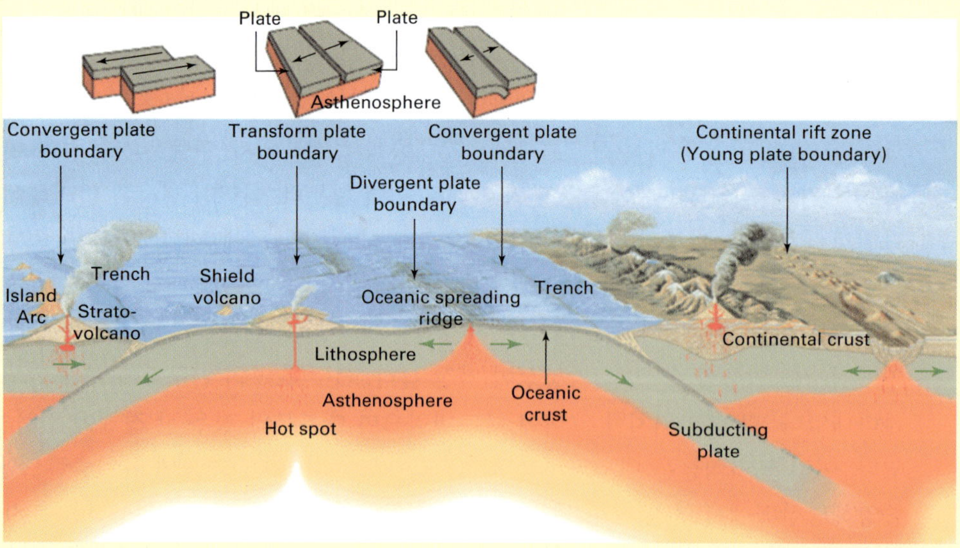

그림 15.4: 해양중앙부 융기부분과 대륙붕 경계부분에서 지구의 표면에 가까운 뜨거운 지역의 형성으로 야기되는 지구지각적인 움직임

U.S. Geological Survey

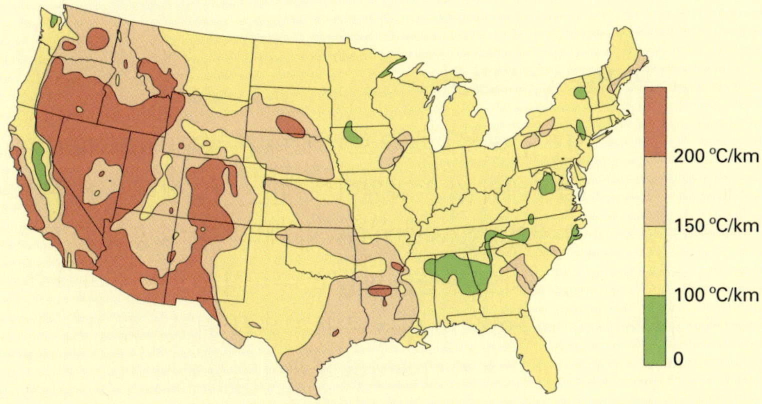

그림 15.5: °C/km 단위로 나타낸 미국의 지열온도구배

U.S. Department of Energy

다른 활발한 지역들도 중요한 자원이지만).

지구내부의 온도는 깊이의 함수로써 증가한다. 일반적인 경우 온도구배는 km당 17~30 °C 범위이다. 활발한 지역에서는 온도구배가 훨씬 크며, 온도구배는 특정지역에서 지열에너지의 이용성에 대한 척도가 된다. 미국 내 여러 지역에서 측정된 온도구배를 그림 15.5에 나타내었으며, 서부지역이 지열에너지원의 개발에 가장 적당한 것으로 추정된다.

지열자원은 크게 6부류로 나눌 수 있다.

1. 일반적인 지열구배
2. 뜨거운 건조암석
3. 뜨거운 물 저장소
4. 자연 수증기 저장소
5. 지질적으로 가압된 지역
6. 용융된 마그마

이러한 자원을 이용할 수 있는 가능성에 대해 알아보자.

15.2a 일반적인 지열구배

일반적인 지열구배지역이어도 충분히 깊이 천공하면 암석은 유용한 에너지를 공급할 만큼 충분히 뜨겁다. km당 30°C의 온도구배를 가지므로 6 km를 천공하면 약 200°C의 온도를 얻을 수 있다. 작동유체(물 등)를 천공된 우물에 주입한 후 상승된 온도의 물을 회수한다. 전기를 발생시키는 방법으로 상기 방법이 기술적으로 가능하여도 현재는 경제적으로 적당하지 않다. 그러나 지표면 부근 토양이나 암석에 수반된 잠재열은 지열열펌프를 사용하여 이용할 수 있다(17장).

15.2b 뜨거운 건조암석

뜨거운 건조암석은 근본적으로 온도가 보다 큰 속도(km당 40°C 이상)로 증가하는 것 이외에 일반적인 지열구배와 같은 자원이다. 이는 지열에너지 이용가능성을 증가시키고 미국만을 대상으로 추정하였을 시 200 GW의 에너지를 제공할 수 있을 것으로 예상된다. 온도가 높은 지역에 천공하여 우물을 만들고, 수력학적 또는 폭파기술을 사용하여 암석을 부수어 작동유체(물)가 들어갈 수 있는 즉 뜨거운 물 저장소를 만들어야 한다. 그러나 상기방법은 이행하기에는 아직 초기 단계이며 경제성도 불확실하다.

15.2c 뜨거운 물 저장소

비, 눈, 다른 발생원들로부터 유래된 표면수는 지각의 갈라진 틈을 통해 지구의 표면층으로 침투한다. 이러한 현상이 매우 큰 지열구배를 가진 지역에서 일어나며 물은 지하에서 뜨거운 물이나 수증기가 된다. 뜨거운 물이나 수증기가 막힘없이 지표면으로 다시 분출되면 많은 지역에서 일어나는 것처럼 온천이나 간헐천이 되며, 불투수층 암석에 갇히면 지하 지열저장소가 된다. 지열저장소가 압력이 가해진 상태일 때 이러한 자원을 뜨거운 물 저장소라 부른다. 지하의 뜨거운 물의 자원은 천공을 통해 얻을 수 있으며 100 m부터 수 km까지의 우물들이 이용된다. 뜨거운 물 저장소는 직접 가열을 위한 열원으로 사용될 수 있고 전기생산을 위해서도 사용될 수 있다.

15.2d 자연 수증기 저장소

저장소에 작은 양의 물 혹은 물이 없을 때 자연 수증기 저장소 또는 때때로 건조수증기 저장소라 부른다. 수증기의 온도가 매우 높아 전기생산을 위한 지열에너지원으로 적합하나 이러한 자원을 매우 드물며 단지 2개의 자연 수증기 저장소가 있다. 캘리포니아의 Geysers field와 이탈리아의 Larderello이다. 뜨거운 물 저장소와 자연 수증기 저장소가 상업적으로 이용되고 있는 주요 지열자원이다.

15.2e 지질적으로 가압된 지역

지질적으로 가압된 자원은 용해된 메탄가스를 포함한 가압된 뜨거운 물의 저장소이다. 통상적으로 3~6 km 깊이에서 발생하며 온도는 90~200 °C 범위이다. 이러한 형태의 유일한 저장소는 멕시코 연안의 Gulf 만을 따라 발생한다. 이러한 자원은 3가지 메커니즘에 의해 에너지를 얻을 수 있다: 물에 수반된 열, 메탄의 연소, 터빈회전을 위해 압력의 직접 사용이다. 시험설비가 1980년에서 1990년대에 걸쳐 Gulf 지역에 설치되었다. 압력과 수반된 기계적인 에너지는 이용하지 못했지만 화학에너지처럼 열에너지가 얻어졌다. 이용 가능한 모든 형태의 에너지를 얻는 것은 1990년대에는 경제적으로 가능하지 않았다. 그리고 지질적으로 가압된 지역에 수반된 에너지는 향후에는 천연가스 채굴과 연관하여 개발될 것으로 예상된다.

15.2f 융용된 마그마

융용된 마그마가 지구의 표면 또는 근처(활화산지역)에서 발생하는 지역은 매우 불안정하며 지열에너지를 얻기에는 적당하지 않다.

15.3 지열에너지의 직접 이용

지열에너지는 두 가지 방법으로 이용된다: (1) 공간가열 그리고 비슷한 용도를 위해 열의 직접 이용, (2) 전기를 생산하기 위해 열기관(터빈/발전기)에 이용, 지열에너지원과 수반된 열은 여러 방법(그림 15.6)으로 이용되며 보다 중요한 열원이용 관련 상세내용은 다음과 같다.

15.3a 목욕

지열에너지의 가장 오래된 이용은 목욕이다. 지열에 의해 가열된 뜨거운 물이 표면에서 나오는 지역은 소위 온천지역이라 불리었으며 고대로부터 목욕과 치료를 위해 사용되어 왔다. 현재는 이러한 자원은 미국, 일본, 멕시코, 뉴질랜드 등 많은 지역에서 주요 관광산업을 일으키는 요인으로 작용하고 있다.

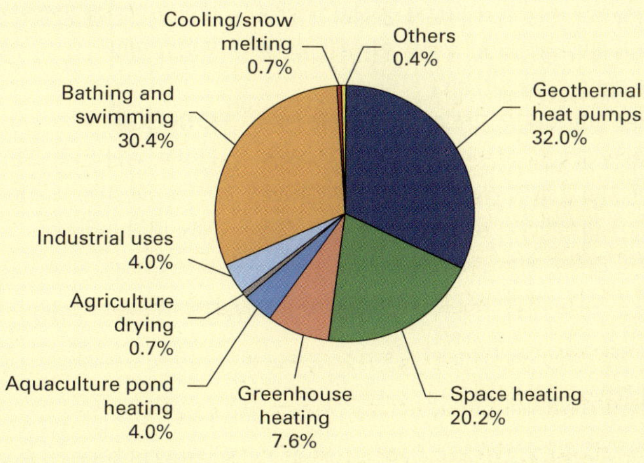

그림 15.6: 지열에너지의 직접사용 내역

Based on http://climatelab.org/Geothermal_Energy

ENERGY EXTRA 15.1
지열양식

Carol Bond/Alamy Stock Photo

지역 발전소와 Hukz prawn Park(Taupo, New Zealand).

지열에너지에 의해 가열된 연못에서 수중양식은 성장속도를 증가시키고 동물의 다양성을 증가시킨다. 물고기, 조개, 파충류들이 지열에너지가 발생하는 지역의 수중농장에서 생산된다.

지열을 이용한 양식은 다른 지열에너지 이용처럼 잘 적용되고 있다. 전기생산을 위해 열역학적으로 충분한 효율을 가지지 못할 정도의 온도를 가진 지열에너지도 사용 가능하다. 또한 전기생산이나 직접가열을 위해 지열을 사용하고 난 후 지열에너지원의 온도가 충분히 높기 때문에 양식장에 사용가능하다. 연못에서 온도를 조절하기 위해 지열온수는 차가운 물과 혼합하며, 순환은 일반적으로 과도한 열적구배를 피하기 위해 필요하다.

지열원으로부터 열의 이용은 양식에 적합하도록 연못의 온도를 일정하게 유지될 수 있도록 해준다. 양식생물들은 매우 빠르게 자라고 매우 건강한 상태를 유지함으로 인해 가열하지 않는 양식장에서 보다 생산성이 높고 경제성을 확보하며 탄소배출도 없는 점이 장점이다.

미국에서 양식활동이 두드러진 지역은 애리조나, 캘리포니아, 콜로라도, 아이다호, 네바다 등이다. 미국에서 지열 이용 양식에 이용된 전체 열을 연간 수백만 GJ이다. 양식하는 생물들은 메기, 틸라피아(tilapia), 송어, 철갑상어, 민물새우 등이다. 또 다른 양식활동은 열대어의 양식과 아이다호의 악어처럼 열대파충류를 양식하는 것이다.

전 세계적으로 지열 이용 양식은 일반적이며 슬로바키아의 장어양식, 아이슬란드의 물고기와 조개양식, 중국의 물고기양식, 일본의 장어와 악어양식 등이다. 동물양식 이외에 인간과 동물의 음식으로 사용될 식물양식에도 적용되고 있다.

토의 주제

양식을 위한 연못 또는 탱크의 온도를 조절하기 위해 차가운 물에 따른 뜨거운 지열온수를 이용하는 시스템의 설계에 대해 논하시오.

15.3b 공간가열

공간가열(space heating)은 지열에너지를 전통적으로 이용되어 왔던 방법 중의 하나로 뜨거운 물 저장소(보통 60°C 또는 더 이상의 온도)로부터 물을 끌어올려 건물로 공급하는 방법이며, 건물을 데우기 위해 열교환기를 통과한 물은 재가열시키기 위해 지열저장소로 다시 되돌려보낸다. 이 방법은 개인건물을 기본으로 하나 종종 큰 주거지역과 상업지역에 적용되기도 한다. 실질적으로 프랑스, 미국, 터키, 폴란드, 헝가리 등에서 적용되고 있지만 가장 규모가 큰 시설은 아이슬란드의 Reykjavik에 세워진 시설이다.

15.3c 농업용

지열저장소로부터 뜨거운 물을 생육조건을 개선시키기 위해 온실에 공급하는 방법이다. 이 방법은 이탈리아와 헝가리에서 보편적으로 사용되며, 온실열원의 80%를 충당하는 것으로 알려져 있다.

15.3d 산업용

지열자원으로부터의 열은 다양한 용도로 사용되고 있으며 산업용으로 음식의 건조나 나무제품의 건조에 지열에너지가 사용되기도 한다.

15.3e 눈 녹임용

지열에 의해 가열된 물은 겨울에 여러 곳에서 눈을 녹이기 위해 사용된다. 지열저장소로부터 끌어올린 뜨거운 물을 차도나 인도에 묻은 파이프에 공급하여 눈이나 얼음이 얼지 않게 한다. 지열 보도는 그림 15.7에 나와 있다.

15.3f 지열열펌프

그림 15.7: 어는 것을 방지하기 위해 지열로 가열된 물을 순환시키는 배관을 이용하는 보도의 건설, Reykjavik, Iceland.

지하 3 m에서의 온도는 지역 기후에 따라 변하지만 연중 일정하며 10 °C에서 16 °C 사이이다. 이러한 매우 일정한 온도저장소는 공간가열 용도를 위한 열펌프(1.5절)를 통해 이용될 수 있다. 17.6절에서 상세히 다루겠지만, 일반적인 열펌프는 외부공기를 차가운 저장소로 사용한다. 그러나 지열열펌프(geothermal heat pump)는 매우 안정한 온도를 갖는 차가운 저장소를 이용한다는 점이 장점이다. 이러한 시스템은 열원으로 지구의 열잠재량을 사용하며 향상된 지열능력의 사용에 의존하지 않아도 되므로 어느 지역에서나 설치가능하다.

15.4 지열전기

지열저장소로 천공된 생산용 우물로부터 뜨거운 지열유체(물 또는 수증기 또는 물과 수증기의 혼합물)를 사용하여 지열에너지를 전기로 전환시킨다. 우물로부터 얻은 뜨거운 물은 수증기(15.4b절에서 기술한 바와 같이)로 전환되며 수증기는 전기를 생산하는 발전기용 터빈을 회전시킨다. 작동유체는 지표면에서의 지열용 수자원 분포(15.5절)를 최소화시키고 저장소 내 물의 공급을 풍족하게 하기 위해 저장소로 재주입한다. 지열 이용 발전소의 일반적인 분포를 그림 15.8에 나타내었다.

뜨거운 작동유체를 이용하여 터빈을 회전시키는 방법은 여러 종류가 있으며, 여러 방법 중 적절한 방법의 선택은 지열저장소의 특성에 주로 좌우된다. 여러 가능성은 다음과 같다.

15.4a 건조수증기 기계장치

몇몇 지열저장소는 뜨거운 물이 거의 없는 순수 수증기를 공급하며 이 경우 단순히 수증기로 터빈을 회전시키면 된다. 근본적으로 수증기를 저장우물에서 추출하여 터빈으로 바로 공급하며(필터를 통해 협잡물을 제거한 후), 터빈을 회전시킨 후 수증기는 응축되며 저장소로 재주입된다(그림 15.9). 북부 캘리포니아의 Geysers 저장소가 현재 전 세계에서 가장

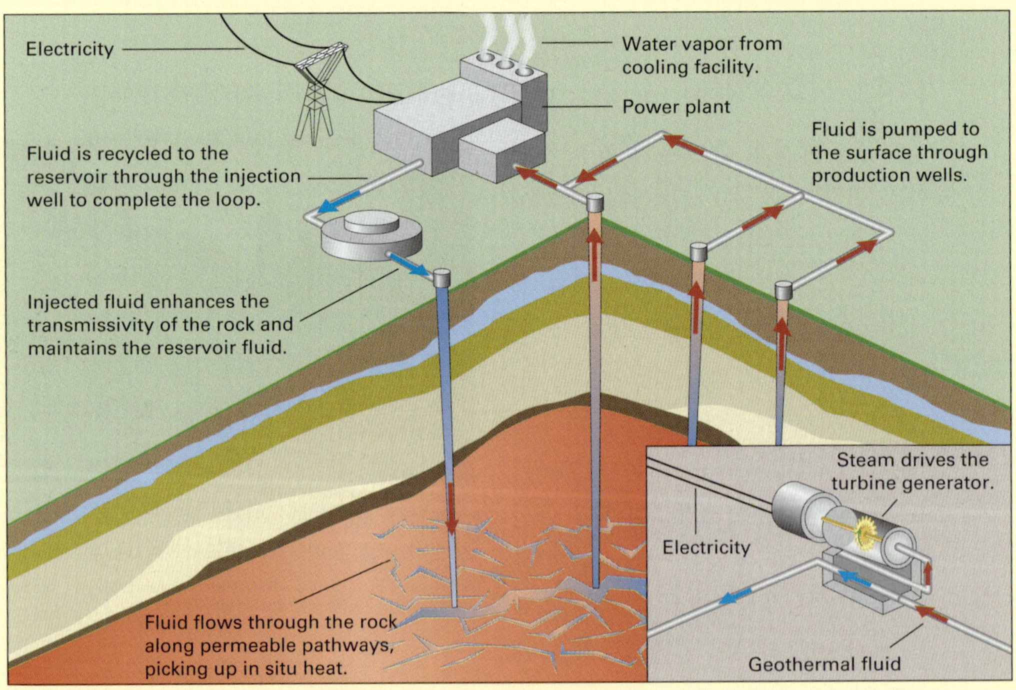

그림 15.8: 지열발전시설의 일반적인 개략도

U.S. Department of Energy, What is an Enhanced Geothermal System (EGS)?http://www1.eere.energy.gov/geothermal/pdfs/egs_basics.pdf

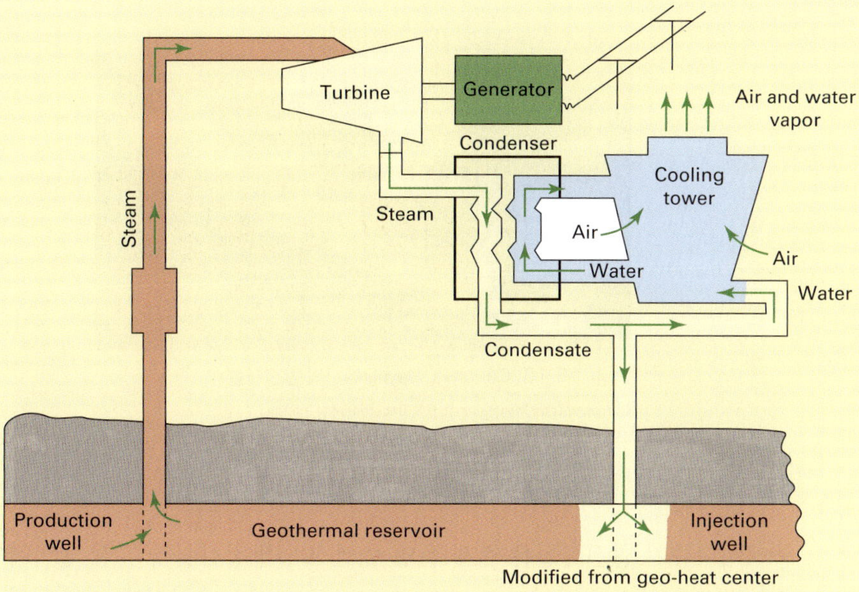

그림 15.9: 건조수증기 지열발전시설의 개략도

Based on Colorado Geological Survey

큰 수증기 저장소이며 Geysers 저장소와 관련된 22개 발전소 중의 하나가 그림 15.10에 나타낸 것이며 이러한 형태의 발전시설은 일반적으로 50 MW_e의 용량을 갖는다.

예제 15.2

지열 유체의 온도가 210℃이며 차가운 저장소의 온도가 85℃일 때 지열발전시설의 이상적인 카르노 효율을 계산하라.

풀이

식(1.34)로부터, 열기관의 이상적인 카르노 효율은

$$\eta = 100\left(1 - \frac{T_c}{T_h}\right).$$

절대온도로 전환하면

$$T_h = 210°C + 273 = 483 \text{ K}$$

그리고

$$T_c = 85°C + 273 = 358 \text{ K}.$$

따라서 효율은

$$\eta = 100 \times \left(1 - \frac{358 \text{ K}}{483 \text{ K}}\right) = 25.9\%.$$

그림 15.10: California, Geyser에서의 발전시설

Bureau of Land Management, U.S. Department of Interior

15.4b 플래시수증기 기계장치

플래시수증기 발전시설은 현재 운영 중인 지열발전시설의 가장 일반적인 형태이며 이는 대부분의 저장소가 가압된 뜨거운 물을 지니고 있으며 가압된 뜨거운 물을 이용하는 기술은 가장 편리한 기술이기 때문이다. 가압된 뜨거운 물이 지하 저장소로부터 추출될 때 그림 14.4의 물의 상태도에 따라, 압력은 떨어지며, 이때 물은 증발하여 수증기가 된다. 생산된 수증기는 터빈을 회전시키는데 사용되며, 사용 후에는 응축기를 거쳐 저장소로 재주입된다. 그림 15.11은 일반적인 플래시수증기 발전시설이며, 그림 15.12는 일본의 발전소의

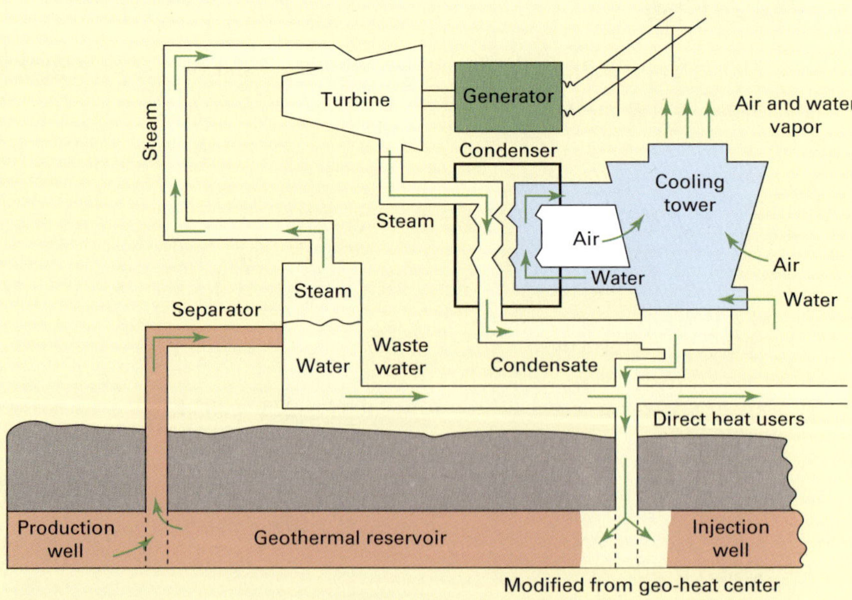

그림 15.11: 플래시수증기 지열발전시설의 개략도

Based on Colorado Geological Survey

그림 15.12: 지역발전시설, Krafla Iceland. 발전시설은 2개의 30 MW_e 규모의 시설로 구성되어 있다.

Richard A. Dunlap

사진이다. 다양한 압력의 지열유체는 20개 이상의 생산용 우물로부터 공급되며 2개의 플래시 또는 증기분리기(ENERGY EXTRA 17.1 참조)를 사용한다. 하나는 고압지열유체이고 다른 하나는 저압지열유체이다.

15.4c 건조수증기와 플래시수증기 겸용발전

건조수증기와 플래시수증기를 발생시키는 시스템이며, 지열저장소부터 얻어진 뜨거운 물과 수증기 혹은 뜨거운 물이나 수증기가 터빈을 회전시키는데 사용된다. 그림 15.13에서처럼 겸용사이클 발전시설에서 뜨거운 물과 수증기 또는 뜨거운 물이나 수증기의 열에너지는 열교환기를 통해 2차 작동유체에 전달된다. 증기는 터빈을 회전시키고 난 후 액체상태에서 열교환기로 되돌아간다. 물의 끓는 온도보다 더 낮은 작동유체를 사용하면 전기생산을 위해 사용되는 지열저장소 액체의 온도가 더 낮아도 가능하다는 장점이 있다. 그림 15.14는 네바다주에 설치된 겸용사이클 발전시설이다.

15.4d 하이브리드 발전

하이브리드 발전은 겸용사이클 발전에 지열에너지를 이용하는 다른 방법을 결합한 방식이다. 그림 15.15의 예처럼 플래시수증기와 겸용사이클 발전을 결합한 방식이다. 플래시수증기는 지열의 뜨거운 물로부터 얻어지며 터빈을 회전시키는데 이용된다. 응축된 수증기(아직까지 매우 뜨거운 수증기)는 물에 포함된 열을 보다 더 많이 얻기 위해 겸용사이클 시스템으로 주입한다.

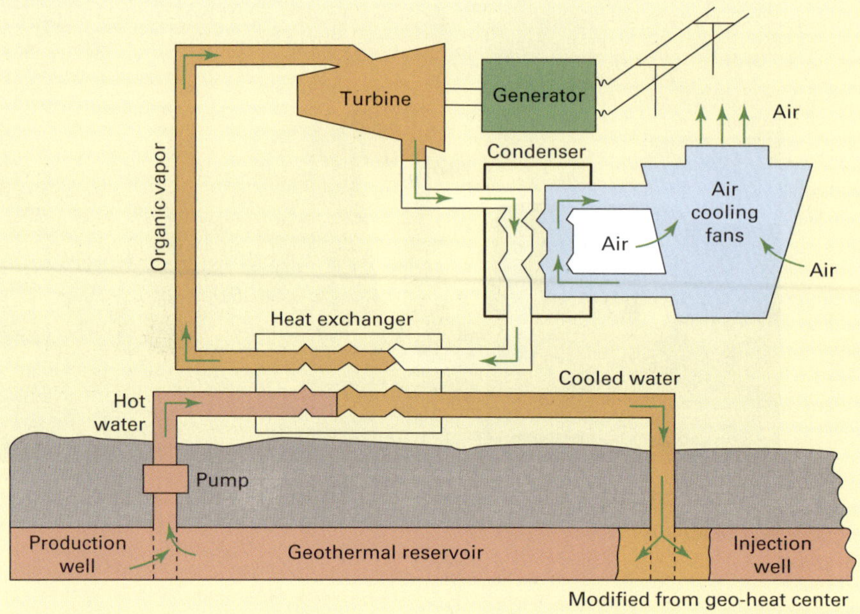

그림 15.13: 겸용사이클 지열발전시설의 개략도

Based on Colorado Geological Survey

그림 15.14: 겸용사이클 지역발전시설, mammoth lakes, California.

Visions of America, LLC/Alamy Stock Photo

그림 15.15: 플래시/겸용사이클이 혼합된 지열발전시설, Big Island, Hawaii.

U.S. Department of Energy

15.5 지열자원의 이용과 환경 영향

많은 국가에서 지열에너지 이용을 위해 설치된 시설의 용량은 표 15.1에, 그리고 전기생산과 직접이용에 대한 내용은 표 15.2에 나타내었다. 용량으로 볼 때 70%가 전기발전용이고 약 30%가 열원 직접사용인 경우이나, 통계수치에서 직접사용의 경우 변동이 심하며 일정

표 15.1: 세계 주요 생산국과 전 세계 용량자료를 이용하여 2015년 기준 지열자원으로부터 얻을 수 있는 전기생산 용량

country	installed capacity (MW_e)
United States	3567
Philippines	1930
Indonesia	1404
Mexico	1069
New Zealand	979
Italy	824
Iceland	665
Turkey	624
Kenya	607
Japan	533
El Salvador	204
Costa Rica	202
Nicaragua	155
rest of world	312
world total	**12,763**

표 15.2: 세계 주요 생산국과 전 세계 용량자료를 이용하여 2014년 기준 지열에너지를 직접 이용할 수 있는 용량

country	installed capacity (MW)
China	17,870
United States	17,416
Sweden	5600
Turkey	2886
Germany	2849
France	2347
Japan	2186
Iceland	2040
Switzerland	1733
Finland	1560
Canada	1467
Norway	1300
Italy	1014
rest of world	9749
world total	**70,017**

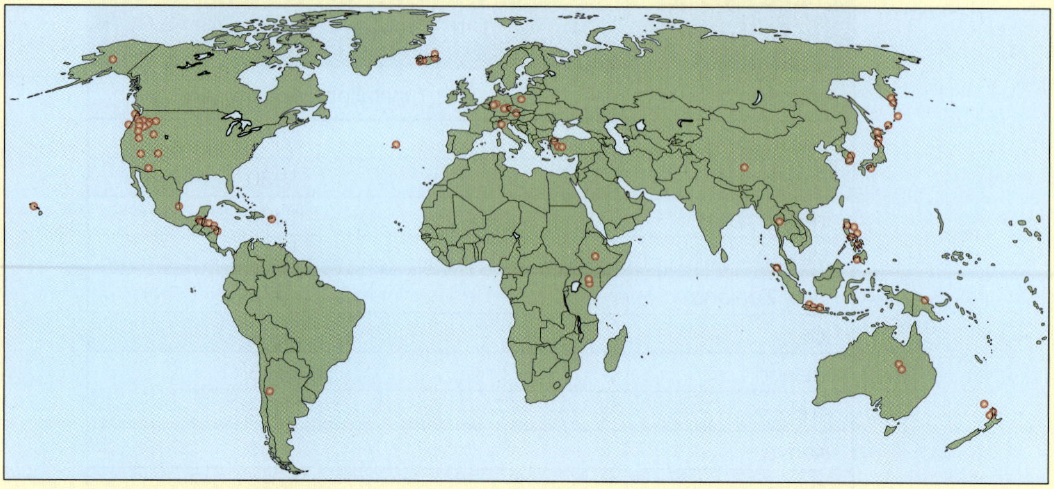

그림 15.16: 지열전기생산시설의 분포

Pyty/Shutterstock.com. Data from http://www.thinkgeoenergy.com/thinkgeoenergy-updates-global-geothermal-power-plant-map/

하지 않다. 지열저장소가 있는 지역에서만 지열자원이 이용되며, 자원의 특성이 전기생산 또는 직접 사용을 결정하는 주요 요소이다. 지열에너지를 이용하여 전기를 생산하는 시설의 분포는 그림 15.16과 같다. 지열에너지의 이용은 그림 15.4와 같이 인구밀도와 깊은 상관관계가 있다. 미국이 가장 큰 지열 이용 전기발전 용량을 지니고 있으며 이러한 용량의 2/3가 캘리포니아에 설치되어 있으며 지열을 이용하여 생산된 전기는 캘리포니아주 사용 전기의 4.5%를 충당하고 있다. 과거 수십년 동안 몇몇 개발도상국에서 지열에너지 생산량에서 증가가 있었으나 전 세계적으로 전체 성장정도는 1980년 후반 이래로 최소 수준(그림 15.17)이다. 그림 15.18은 2010년경 이후 약간의 추가적인 성장이 있었지만, 1990년대 초에 지열 발생 용량이 수평으로 유지된 미국의 상황을 보여준다. 표 15.3은 미국 지열 발전 용량에 대해 1980년도 값을 예측하며, 1980년도에서 1990년 사이의 실제 성장은 통상적인 비즈니스 시나리오와 상당히 일치하지만, 2010년의 예측은 실제 상황을 크게 과대평가했다. 이는 화석연료가 낮은 가격으로 계속 유지되고 풍력같은 다른 신재생에너지를 발굴하는 것이 경제적으로나 환경적으로 보다 많은 장점을 갖고 있기 때문이다.

2011년 일본 후쿠시마 원자력발전소에서 사고가 발생하는 이래로 일본에서는 전기생산을 위한 지열자원의 개발에 다시 관심을 갖기 시작하였으며, 현재 일본은 중간규모 원자력발전소 용량의 수준, 즉 536 MW_e의 지열 이용 전기생산 용량을 갖고 있다. 일본의 Geothermal Research Society에서는 향후 40년 이내에 일본의 지열잠재량 23 GW_e 중 1.5~2.4 GW_e가 개발될 것으로 예상하고 있다. 상기 수치는 일본의 최근 원자력발전 약 47 GW_e 용량에 관한 전후 배경을 살펴보면 개략적으로 알 수 있다.

전 세계 지열용량을 파악하는 것은 어려우며, 평가들도 크게 차이가 난다. 지열에너지의

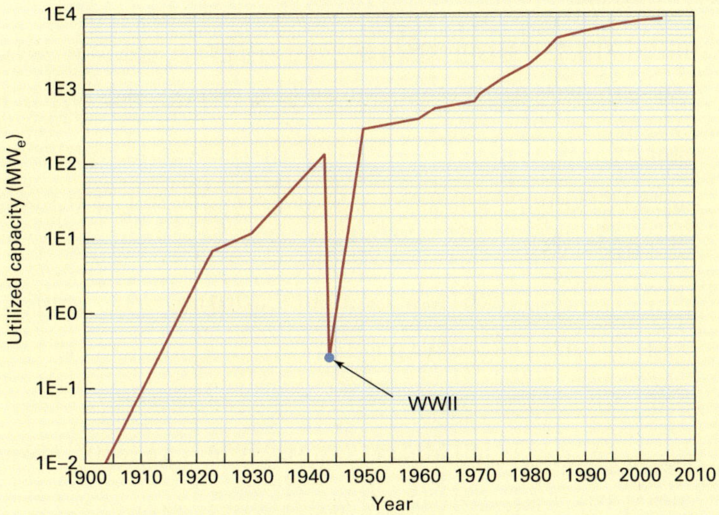

그림 15.17: 1904년에서 2004년에 걸쳐 생산된 전 세계 지열자원

Based on GHC Bulletin at: http://geoheat.oit.edu/bulletin/bull25-3/art2.pdf

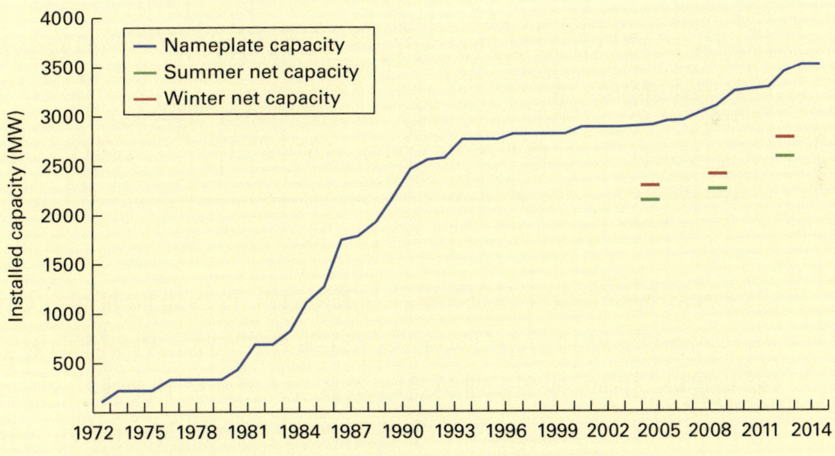

그림 15.18: 1972년부터 2015년까지 미국에 설치된 지역발전설비 용량

Based on 2015 Annual U.S. & Global Geothermal Power Production Report, data from http://www.eia.gov/electricity/data/eia860/

표 15.3: 상이한 시나리오를 통해 1980년경부터 미국에서 지역발전 용량에서의 성장에 대한 예측(MW_e의 단위)

scenario	1990	2010
business as usual	2930	18,870
national commitment	8270	60,900

Based on data from CONAES 1980

예제 15.3

미국의 지열 전기 용량이 60%의 용량에서 사용된다면, 탄소 효율 38%로 운영되는 석탄화력발전소에서 발생하는 동일한 에너지와 비교했을 때 연간 CO_2 배출 절감 효과를 추정할 수 있다.

풀이

표 15.1부터 미국의 설치 용량은 3567 MW_e이다. 70%의 용량 요소에서 이는 연간 총 에너지 생산량을 나타낸다.

$$(3567\ MW_e) \times (0.60) \times (8760\ h/y) = 18.7 \times 10^6\ MWh/y$$

유연탄의 에너지 함량은 31 MJ/kg

또는

$$(31\ MJ/kg)/(3600\ MJ/MWh) = 8.6 \times 10^{-3}\ MWh/kg$$

따라서 38%의 효율로 지열에너지 생산은

$$(18.7 \times 10^6\ MWh/y)/[(8.6 \times 10^{-3}\ MWh/kg) \times (0.38)] = 5.72 \times 10^9\ kg/y.$$

탄소의 연소에 의한 석탄의 연소에 근접한 경우

$$C + O_2 \rightarrow CO_2,$$

그러면 1 kg의 석탄이 생산될 것이다.

$$(1\ kg) \times (12\ g/mol + 32\ g/mol)/(12\ g/mol) = 3.67\ kg\ of\ CO_2\ per\ kg\ coal.$$

그래서 지열 생성은

$$(5.72 \times 10^9\ kg/y) \times (3.67) = 2.10 \times 10^{10}\ kg\ CO_2.$$

미래이용 분석에 있어 지열자원의 사용년한이 매우 중요하다. 지열에너지가 재생에너지이고 사용년한이 더 무한하느냐 혹은 덜 무한하느냐로 인식되고 있으나 실제적으로는 그렇지 않다. 지구에서 열구배 때문에 열은 연속적으로 내부에서 외부로 흐른다. 열을 지표면 바로 밑에 있는 저장소로부터 얻을 때 지구내 더 깊은 풍부한 열이 있는 저장소로부터 얻을 때보다 훨씬 빠르게 얻을 수 있다. 저장소로 재주입되는 물은 열을 운송하는 유체자원으로 공급되는 것이지 추출된 열을 되메움시키는 용도로 공급되는 것이 아니다. 저장소부터 열을 추출하는 것을 중단하면 내부로부터 흘러나오는 열에 의해 온도는 증가하나 이 과정은 매우 느리며 아마 수십만년에 걸쳐 일어날 것이다. 어떤 지점의 지열저장소에 지열에너지를 얼마나 오랫동안 사용할 수 있느냐는 저장소에서 얼마나 많이 그리고 얼마나 빨리 지열에너지를 추출하느냐에 달려 있다. 일반적으로 사용년한은 수년 정도로 짧아질수도, 수백년 정도로 길어질 수 있다.

지열발전의 환경영향은 일반적으로 매우 적으나 어떤 측면에서는 고려되어야 할 점이 있다. 지열저장소로부터 추출된 물이나 수증기는 많은 불순물을 함유하고 있으며 이러한

예제 15.4

아이슬란드의 인구는 32만3000명이다. 지열 온도에 대한 용량 1인당 설치 용량을 평균 용량 1인당 주택 난방 요구량과 비교하시오. 1인당 평균 주거 용적은 150 m^{3}라고 가정한다. 아이슬란드의 레이캬비크는 연간 5010도의 난방도일(℃)을 가지고 있다.

풀이

표 15.2에서 아이슬란드의 지열 직접 사용을 위한 설치 용량은 2040 MW이다. 이는 다음과 같은 용량당 용량을 나타낸다.

$$(2040\ \text{MW})/(323{,}000) = 6.32\ \text{kW per capita.}$$

8.5절부터 연간 주거 난방 요건은 도일(°C)당 67 kJ/m^{3}이다. 이를 통해 연간 총 난방 요구량은 1인당

$$(67\text{kJ/m}^3\cdot{}^\circ\text{C}) \times (150\ \text{m}^3) \times (5010\ {}^\circ\text{C}) = 50.\ 4\text{GJ}$$

의 평균 전력 요구량

$$(5.04 \times 10^{10}\ \text{J/y})/(3.15 \times 10^7\ \text{s/y}) = 1.60\ \text{kW per capita.}$$

그래서 아이슬란드의 1인당 지열 열 용량은 예상 거주 난방 요구량을 상당히 초과한다. 실제로 아이슬란드의 지열 열 용량은 거의 모든 주거, 상업 및 산업용 난방 수요를 제공한다.

불순물 중에는 이산화탄소, 질소화합물, 황화합물 같이 용해된 가스상태인 것도 있다. 상기 가스들은 특히 건조수증기와 플래시수증기 발전(겸용발전의 경우 정도가 약함)의 경우 대기 중으로 방출된다. 상기와 같은 오염량은 통상적으로 화력발전(생산된 단위에너지당)에 의해 배출되는 양의 약 5% 수준이며 적어도 적절한 방법에 의해 제거되어야 한다. 지하 저장소로부터 추출된 물에는 비소, 수은, 납, 안티몬 같은 중금속이 높은 농도로 포함되어 있어 저장소로 다시 주입할 때 이러한 독성물질은 제거하여 환경영향을 최소화하여야 한다. 지열자원을 사용함에 의해 발생하는 또 다른 부작용은 지질학적으로 지반이 불안정해 질 수 있다는 점이며 이러한 영향이 향후 지열자원의 개발에 장애요소가 될 수 있다.

지열에너지 이용에 있어 장점 중의 하나가 토지이용이다. 매우 낮은 에너지 밀도를 갖는 태양광 또는 풍력 혹은 채굴해야 하는 석탄과 비교하여 지열에너지는 토지를 매우 효과적으로 이용하고 있다. 생산된 단위전력으로 표시할 경우 지열에 의해 생산된 전기는 대부분 다른 에너지자원과 비교해볼 때 약 15~30% 정도의 토지만 이용한다.

15.6 요약

본 장에서는 지열에너지의 기원에 대해 다루었으며 지열에너지는 지구를 형성할 때의 물질로부터 방출되는 원시 열, 지구내부에서 핵물질의 감쇄, 조력에 의해 일어나는 지구의 용융된 외핵에서의 마찰과 관련이 있는 것으로 믿고 있다. 지열에너지는 많은 방법으로 분류되며 지열에너지원의 주요 형태는 일반적인 지열구배, 뜨거운 건조암석, 뜨거운 물 저장소, 자연 수증기 저장소, 지질적으로 가압된 지역, 용융된 마그마이다. 뜨거운 물 저장소와 자연 수증기 저장소가 전 세계적으로 가장 많이 이용되고 있는 지열에너지이다.

본 장에서는 지열에너지 자원을 이용할 수 있는 방법을 제시하였으며 이 방법들은 지열에너지의 직접사용과 지열에너지의 전기로의 전환방법으로 크게 분류할 수 있다. 지열에너지의 직접사용에는 목욕, 공간가열, 농업, 양식 등이 있으며 뜨거운 물 저장소는 상기 응용에 가장 적합하다.

지열이용 전기를 생산하는 시설은 천공으로부터 뜨거운 물이나 수증기의 형태로 에너지를 추출한다. 상기의 유체는 전기생산을 위해 터빈과 발전기를 회전시키는데 사용되며 사용된 후에는 주입공을 통해 저장소로 재주입된다. 뜨거운 건조 수증기는 이러한 이용에 가장 편리하며 캘리포니아의 지열이 발달한 지역에서 가장 많이 발견된다. 전 세계적으로 대부분의 지열 이용 발전은 지열에너지의 자원으로 뜨거운 물을 사용한다.

미국이 지열에너지의 직접사용과 전기생산 이용에 가장 많이 적용하고 있으며, 그리고 지열에너지 이용에 가장 큰 잠재력을 가진 나라는 지열에너지원이 풍부한 일본이나 아직은 이러한 자원을 발굴하는데 열정적이지는 않다.

본 장에서 언급한 바와 같이 지구 내부로부터 지표면으로 방출되는 열에 의해 지열저장소를 보충하는 속도보다 더 빨리 지열자원을 상업적인 규모로 사용하면 지열자원은 무한하지 않다. 지열자원의 사용년한은 자원의 특성과 지열자원의 사용방법에 좌우된다. 통상적으로 광범위하게 사용하면 지열자원의 사용년한은 1세기 정도로 추정된다.

연습문제

15.1 225°C 온도의 뜨거운 저장소와 75 °C의 차가운 저장소에 의해 운전되는 터빈에 대해 이상적인 카르노 효율을 계산하라.

15.2 통상적으로 미국에서의 지열의 열흐름(heat flux)이 전 세계에서 발생하는 열흐름과 같다고 가정하면, 지열에너지를 전부 이용한다는 조건에서 지열에너지에 의해 생산된 에너지는 미국의 1차 에너지에 대해 얼마만큼의 비율을 차지하는지 계산하라.

15.3 2장에서 기술한 전형적인 북미지역 단독가구의 전체 에너지 사용을 고려할 때, 한 가구의 대지면적을 160 m^2로 가정하면 지구내부로부터 방출되는 지열 열흐름에 의

해 공급될 수 있는 에너지는 전체의 수요에너지의 어느 정도 비율인가?

15.4 열이 250°C 온도의 뜨거운 암석으로부터 추출되며 이상적인 카르노 효율로서 전기를 생산한다. 차가운 저장소의 온도가 75°C일 때 1 GWh_e를 얻기 위해 필요한 암석의 양은 얼마인가? 통상적인 암석의 열적 특성치는 8장을 참고하고 발전기 효율은 90%이다.

15.5 이상적인 카르노 효율로서 225°C의 지질적으로 가압된 물로부터 열을 얻는다. 차가운 저장소의 온도가 80°C이고 발전기 효율이 90%일 때 20 MW_e 출력을 생산하기 위해 필요한 지열 물의 양은 몇 m^3/s인가?

15.6 지열의 열전달(적어도 지구의 지표면 근처)은 지각암석들을 통해 전도에 의해 전달된다고 가정하고, 0.087 W/m^2의 평균 지열 열흐름이며 100°C/km의 통상적인 열구배를 가질 때 암석의 열전도도를 계산하라. 8장에 나타낸 유사한 물질의 알려진 열전도도와 비교하라.

15.7 지열 이용 발전시설들은 지구의 내부로부터 보충되는 것보다 더 빠르게 지열자원으로부터 열을 추출한다. 경제적으로 추출할 수 있는 에너지가 10 EJ인 지열자원이 있다고 가정할 때, 상기 자원을 250 MW_e의 전기를 생산하기 위해 사용될 때 지열자원은 얼마동안 유지될 수 있느냐? 발전 효율을 아는 것이 필요한데, 이상적인 카르노 효율의 1/3수준이며 상기 수준의 효율이 지열발전시설의 통상적인 효율이다.

15.8 지열발전시설은 실질적으로 이상적인 카르노 효율의 1/3 수준이다. 70°C의 차가운 저장소를 가질 때, 100°C에서 300°C까지 지열유체의 온도함수로서 지열발전시설의 효율을 계산하고 작도하라. 지열자원을 경제성 있게 이용하려면 최소한 5%의 효율이 필요하다고 가정할 때 요구되는 최소 지열유체 온도는 얼마인가?

15.9 다음 4가지 시나리오에 대해 1000 L/s의 물 흐름을 통해 전력을 얻을 수 있는 가능성에 대해 고려하고, 생산할 수 있는 전력 출력을 계산하시오. 모든 경우에서 터빈/발전기 효율은 85%라고 가정하시오.

(a) 40°C의 냉수 저장고가 있는 200°C의 지열 물.

(b) 24°C의 온수가 냉수온도가 4°C인 OTEC 시설에 공급되며 지시된 흐름은 증발기를 통한 흐름이다.

(c) 높은 수두의 수력발전설비에서 100 m의 수두를 통해 떨어지는 물.

(d) 5 m/s의 속도로 하천수력발전설비를 통해 흐르는 물.

15.10 평균 지열 열 플럭스가 0.087 W/m^2이고 평균 1인당 전력 사용량이 10 kW라고 가정하고, 모든 1차 에너지 요구량을 충족시키기 위해 평균 효율 50%로 지열을 이용한다면 수용할 수 있는 최대 인구 밀도는 얼마인가? 평균적으로 상기 조건에 맞는 국가가 있느냐? 예를 드시오.

15.11 60°C의 냉수 저장소 온도에서, 지열유체 온도가 120°C에서 400°C로 변함에 따라 열펌프의 카르노 효율을 플로팅하시오.

15.12 2025년의 세계 지열 발전량 추정하시오.

(a) 1980년대 중반 이후 성장이 실제 속도에서 기하급수적으로 성장하는 경우.

(b) 1970년에서 1985년 사이의 실제 속도에서 1980년대 중반 이후로 성장이 기하급수적으로 성장하는 경우.

(c) 1905년에서 1920년 사이의 실제 비율에서 1920년 이후 성장이 기하급수적으로 성장한 경우.

(d) 상기 세 가지 시나리오의 실현 가능성에 대해 토론하시오.

15.13 평균 50 MW_e의 전력이 이상적인 카르노(Carnot) 효율에서 3분의 2의 수준으로 얻어지면 지열자원은 100년의 수명을 갖는다. 저수조 온도가 300°C의 가압수이고 냉수조 온도는 75°C인 경우, 저수지에서 사용할 수 있는 총 에너지는 얼마인가?

15.14 전형적인 가정이 매년 8×10^{10} J의 열을 사용하면, 미국에서 뜨거운 건조암석자원을 사용하여 난방을 할 경우 몇 가정을 충족시킬 수 있느냐?

15.15 200°C의 온도에서 물과 10^{-5}의 몰 분율로 용해된 메탄과 혼합되어 있으며 지압으로 가압된 퇴적물을 고려하시오. 물의 열 함량은 Carnot 효율의 절반과 50°C의 차가운 저장소를 갖는 열 엔진에서 전기를 생산하는 데 사용된다. 그리고 메탄의 화학에너지는 연소되어 전체 효율이 25%인 열 엔진으로 전기를 생산하는 데 사용된다. 상기 방법에 의해 자원 m^3당 생산되는 에너지는 얼마인가?

15.16 본 장에서 표시된 대로 지열은 주로 우라늄, 토륨 및 칼륨의 방사성 붕괴로부터 나온다. 방사능과 반감기에 기여하는 이들 원소의 동위 원소는 ^{235}U (7.1×10^8년), ^{238}U (4.5×10^9년), ^{232}Th (1.4×10^{10}년) 및 ^{40}K (1.4×10^9년)이다. 상기의 4개의 핵종이 4.54×10^9년 전에 지구가 형성될 당시에 같은 양으로 존재했다고 가정하시오.

(a) 현재 각 핵종의 상대적인 비율은 얼마인가?

(b) 지구의 총 방사성 붕괴에 대한 각 핵종의 상대적 기여는 얼마인가?

15.17 최근 미국의 연간 지열 발전량은 약 16.8×10^6 MWh_e이다.

(a) 평균 용량계수는 얼마인가?

(b) 지열 전기가 탄소배출이 없는 것으로 간주되는 경우, 전형적인 석탄화력발전소에 의한 등가 발전과 비교하여 방출된 CO_2에서의 질량 감소는 얼마인가?

15.18 화강암의 열전도율은 1.9 W/(m · °C)이다.

(a) 8장에서 사용된 단위(W · cm)/(m^2 · °C)에서 열전도율은 무엇인가?

(b) km당 20°C의 열 구배가 있는 경우 화강암을 통해 전달된 km^2당 전력을 계산하시오.

15.19 지열발전시설은 이상적인 카르노(Carnot) 효율로 작동하며 240°C의 가압된 뜨거운 물 자원을 이용한다.

(a) 40°C에서 90°C로 변하는 차가운 저장소 온도에 따른 카르노 효율을 계산하라.

(b) 발전으로 인한 폐열은 공간난방에 이용될 수 있으며, 따라서 시설은 전기와 열을 모두 공급할 수 있다. 이러한 방식을 열병합발전이라고 하며 17장에서 더 자세히 설명한다. 2장에 제시된 주거용 전기 및 열 요구 사항에 대해 상대적 비율(연간 평균)을 사용하면 지열 자원을 최대로 활용할 수 있는 차가운 저장소의 온도를 조절하는 방법이 있느냐?

15.20 미국의 평균 지열 발전량이 16.8×10^6 MWh인 경우, 미국의 총 전기에너지 생산량 중 몇 분의 일이냐?

참고문헌

H. Armstead. *Geothermal Energy*, (2nd ed.) E&FN Spon, London (1983).

G. Boyle (Ed.). *Renewable Energy*. Oxford University Press, Oxford (2004).

M. Dickson and M. Fanelli. *Geothermal Energy: Utilization and Technology*. Earthscan Publishers, London (2005).

R. Harrison, N. D. Mortimer, and O. B. Smarason. *Geothermal Heating: A Handbook of Engineering Economics*. Pergamon Press, Oxford (1990).

B. K. Hodge. *Alternative Energy Systems and Applications*. Wiley, Hoboken (2010).

M. Kaltschmitt, W. Streicher, and A. Wiese (Eds.). *Renewable Energy: Technology, Economics and Environment*. Springer, Berlin (2007).

R. A. Ristinen and J. J. Kraushaar. *Energy and the Environment*. Wiley, Hoboken (2006).

World Energy Council. *World Energy Resources 2016,* available online at https://www.worldenergy.org/publications/2016/world-energy-resources-2016/

CHAPTER 16

바이오매스에너지

학습목표: 제16장을 학습한 후 다음 내용을 이해할 수 있다.

- 나무의 특성과 에너지를 위한 나무의 사용
- 에탄올과 메탄올의 생산 및 사용
- 브라질과 미국의 에탄올 프로그램의 비교
- 바이오디젤 생산
- 바이오디젤 이용에 대한 환경영향
- 에너지 생산을 위한 도시폐기물의 이용

16.1 서론

최근에 바이오매스에너지는 자라는 생물학적인 물질로부터 얻어지는 에너지로 알려져 있다. 화석연료와 비교하여 사용하고 난 후 새로운 물질로 대체되므로 재생가능한 에너지이다. 바이오연료는 아주 오래전부터 난방과 요리를 위해 나무를 사용하였으며 최근에는 재생가능하다는 점 때문에 발전을 위한 연료로도 사용되고 있다. 지구 전체규모로 볼 때 바이오연료는 최근까지 재생가능에너지 중에서 가장 큰 부분을 차지하고 있다. 그러나 재생가능한 방법으로 이용하며 탄소중립을 유지하기 위해서는 생산된 탄소 제거를 위해 사용된 바이오물질을 대체할 수 있는 양만큼 새로운 바이오물질을 재배하여야 한다. 바이오연료는 나무처럼 자연계에서 발견되는 형태로 직접 이용되거나 보다 쉽게 이용될 수 있는 연료의 형태(식물로부터 에탄올의 생산 등)로 가공되어 이용되기도 한다. 바이오연료에는 폐기물(도시폐기물 등)도 포함되며 폐기물은 직접 연소시키거나, 보다 편리한 연료로 만들기 위해 처리공정을 거치기도 한다. 본 장에서는 바이오연료를 4분류로 나누었으며 이는 나무, 바이오알코올, 바이오디젤, 도시폐기물이다.

16.2 나무

나무는 1800년대 후반까지 석탄으로 대체되기 전까지 주요 연료로 사용되어 왔으며 또한 오래전부터 산업용과 건물용도의 주요 자원으로 사용되어 왔다(현재까지 상기 용도로 사용되고 있다). 북미에서 재배된 나무의 70% 이상이 산업용(크게 제지산업)과 건물건설 용도로 사용되며 30% 이하가 에너지자원으로 사용된다. 방글라데시에서는 재배된 나무의 98%가 에너지용도로 사용된다. 오늘날 전 세계 인구의 1/3정도(대부분 개발도상국가에서)가 주요 에너지원이 나무이다.

에너지 생산을 위해 사용된 나무는 3가지 형태 중 하나로 사용된다.

1. 화목(firewood): 나무가 직접 사용된다.
2. 목탄(숯): 나무를 가열함에 의해 일차적인 탄소가 생성된다.
3. 흑액(black liquor): 연소가능한 오일같은 물질이 펄프 및 종이산업의 부산물로 생산된다.

나무의 연소는 화석연료의 연소처럼 화학적인 관점에서 보면 탄소 또는 탄화수소의 산화이며, 나무의 에너지 함량은 통상적으로 유연탄의 31 MJ/kg와 비교하여 14 MJ/kg이다. 나무를 연소시키는 것과 석탄을 연소시키는 것에는 주요한 차이가 있는데 나무의 연소에 의해 생산된 이산화탄소는 연소할 때 사용한 나무와 동일한 수의 나무를 새로이 재배함으로써 이산화탄소가 제거된다. 이는 나무가 환경적인 측면에서 전체 온실가스 배출면에서 온실가스 배출에 대한 기여가 없는 재생 가능한 에너지자원으로 사용될 수 있음을 의미하며 이는 또 탄소중립(carbon neutral)으로도 불린다. 불행하게도 에너지 생산이나 산업적인 목적으로 사용된 많은 나무들이 새로운 나무의 재배를 통해 온실가스가 제거되는 방법이 아닌 방법 즉 연소, 분해, 나무의 감소 등과 같이 대기환경으로 온실가스를 방출하는 방법, 소위 재생 가능한 방법이 아닌 방법으로 사용된다. 이러한 문제를 경감시키기 위해 많은 지역에서 노력하고 있다(그림 16.1).

그림 16.1: 산림재건 활동을 장려하는 표시판, New Brunswik, Canada.

Richard A. Dunlap

예제 16.2

메탄올 1 kg의 연소에 의해 생산된 CO_2는 몇 kg인가?

풀이

메탄올은 CO_2, H_2O 그리고 에너지를 방출하기 위해 산소와 결합한다. 화학식을 세우면

$$2CH_4O + 3O_2 \rightarrow 2CO_2 + 4H_2O + \text{에너지}$$

그래서 메탄올 2몰이 이산화탄소 2몰, 즉 1:1 몰비율이 성립한다. 메탄올의 몰량(32 g/mol)과 이산화탄소의 몰량(44 g/mol)의 비를 통해 메탄올 1 g은 (1 g)× (44 g/mol) / (32 g/mol)의 관계로부터 1.37 g CO_2가 생성된다. 즉 메탄올 1 kg은 1.37 kg의 CO_2를 생산한다.

$$C_6H_{12}O_6 \rightarrow 2C_2H_5OH + 2CO_2 + \text{열} \qquad (16.2)$$

에탄올의 연소를 통해 CO_2, H_2O, 열이 발생된다.

$$C_2H_5OH + 3O_2 \rightarrow 2CO_2 + 3H_2O + \text{열} \qquad (16.3)$$

광합성과정은 본래 매우 비효율적(아마 약 2% 수준)이며, 즉 의미하는 바는 열기관을 이용하여 에탄올 연소를 통해 전기를 생산하는 경우가 태양전지를 이용하여 전기를 생산하는 경우보다 전체적인 효율로 비교할 때 훨씬 작다. 그러나 두 경우에 적용된 기술이 상당히 다르므로 바이오연료 사용에 대한 상세한 분석이 필요하다.

유기물질로부터 에탄올의 상업적인 생산에 포함된 단계들은 발효, 증류 및 탈수화반응이며 상세내용은 다음과 같다.

16.3a 발효

전통적인 발효공정은 단순한 당들(포도당, fructose, sucrose 그리고 전분 등을 포함)을 식 (16.2)에 따라 에탄올로 전환시키며 발효하기 전에 섬유소를 발효되기 쉽게 작게 쪼개기 위해서는 보다 복잡한 공정(본 장의 뒷부분에서 다룸)이 요구된다. 몇몇 식물(사탕수수 등)은 단순한 당의 함량이 매우 높으나 옥수수 같은 식물들은 단순한 당의 함량이 훨씬 낮다. 예를 들어 옥수수로부터 에탄올을 생산할 때 건조 옥수수 알갱이의 약 50%만이 이용된다(식물의 나머지들이 가축사료 등의 다른 용도로 사용된다 하더라도).

16.3b 증류

발효생산물의 증류는 보통 에탄올로부터 물을 제거하기 위해 적용되며 전통적인 증류기술은 물 4%가 혼합된 에탄올의 공비(azeotropic)혼합물을 생산한다. 이론적으로 상기 혼합물이 연소를 통한 에너지 생산에 직접 사용될 수 있다 하더라도 함유된 일부분은 섞이지 않고, 이

러한 섞이지 않음이 가솔린-에탄올 혼합연료의 사용을 제한하는 요인으로 작용한다(16.3d 절을 참조). 일반적으로 남아 있는 물을 제거하기 위해 탈수방법을 사용할 필요가 있다.

16.3c 탈수

전통적인 탈수기술은 증류에 의해 생산된 공비(에탄올-물) 혼합물과 벤젠을 혼합하는 것이다. 물은 벤젠과 비교적 잘 혼합되며 에탄올은 분리될 수 있다. 이 기술은 탈수된 고순도의 에탄올을 생산하나 폐기된 물질안에는 발암물질인 벤젠이 포함되어 있다. 발암물질과 관련된 보건 및 환경적으로 유해한 물질을 없애기 위해 벤젠이 사용되지 않는 새로운 기술이 개발되었으며 개발된 기술은 분자체를 통해 물을 흡수하여 고순도의 에탄올을 생산한다. 분자체를 이용하는 기술은 현재 통상적으로 사용되는 기술이며 증류 및 탈수공정에 적용되고 있다.

16.3d 에탄올의 사용

에탄올은 내연기관에 연료로써 순수한 형태로 사용되거나 다양한 비율로 가솔린과 혼합하여 사용될 수 있다. 연료혼합물은 에탄올의 퍼센트(부피 퍼센트)로 설정되며, 수송연료로써 가솔린과 에탄올의 혼합은 1920년대부터 시작하였다. 석유위기 동안인 1970년에 널리 적용되었으며 연료시장에서 가소올(gasohol)로 알려진 E10이 보편적으로 사용되었다. 보통 가솔린 내부 연소엔진은 엔진의 개조없이 약 E10 내외에서 에탄올-가솔린 혼합물을 사용한다. 몇몇 국가에서는 보다 낮은 에탄올 혼합비를 유지하도록 법으로 규정하고 있다(스웨덴에서 E10, 인도에서 E5). 2008년, 미국의 8개주가 E10의 사용을 명령하였으며, 다른 주들은 가솔린에 에탄올을 첨가하는 것은 일반적이며 미국에서 에탄올 사용량이 가솔린 사용량의 60% 이상을 차지하고 있다. 그림 16.3에서 보듯이 가솔린 주유기에 표시되어 있기도 하다.

가솔린에 보다 높은 퍼센트로 혼합된 에탄올을 사용하기 위해서는 작은 수준의 엔진개조가 필요하다. 대부분의 개조는 연료의 반응성을 상승시키기 위한 것이며, 연료이송시스템에서 몇몇 플라스틱 부분을 대체하는 수준이다. E15를 사용하기 위한 엔진의 통상적인 개조는 비용이 100달러 이하이다. 그러나 재조정된 오래된 엔진에서는 에탄올이 연료시스템에서 누적된 유기물(가솔린에서는 상대적 녹지 않은 물질)을 녹여 엔진의 막힘현상을 일으킬 수도 있다. 북미에서 팔린 많은 자동차(flex fuel 자동차로 알려진)들이 E85수준의 에탄올 혼합물을 이용할 수 있다(그림 16.4). 보다 높은 에탄올을 함유한 연료를 고려함에 있어 연료소모, 연료가격, 운전범위 등을 분석할 때 가솔린과 비교하여 에탄올은 보다 낮은 에너지 함량을 가진다는 점을 알아야 한다. 에탄올(표 16.1)은 23.5 MJ/L의 에너지 함량을 가지나 가솔린은 34.8 MJ/L의 에너지 함량을 가지며, 증가된 엔진효율이 이러한 차이를 일부 해소한다 하더라도 차이가 있다. 레크레이션 자동차의 가솔린 엔진에 에탄올을 함유한 연료를 사용할 경우 특히 해양용 엔진의 경우, 때때로 문제가 발생할 소지가 있다. 잠재적

그림 16.3: Maine주에서 10% 에탄올 함유를 표시하는 휘발유 주유기

Richard A. Dunlap

그림 16.4: 85% 에탄올을 함유한 휘발유를 사용하여 주행할 수 있도록 설계된 자동차명찰

Richard A. Dunlap

인 막힘 문제에 더하여, 습기가 많은 해양조건에서 보관된 연료 중 에탄올은 공기 중 수분의 응축을 촉진시켜 성능저하와 기계적인 문제점을 발생시킨다. 이러한 문제점은 보트운전자가 자동차에서 보다 훨씬 오래 연료를 사용함으로써 증폭된다.

예제 16.3

같은 범주에 드는 자동차에 대해, 70 L의 연료탱크를 가진 가솔린으로 작동하는 자동차와 비교하여 동일한 성능을 내기 위해 메탄올 또는 에탄올을 사용하는 자동차의 연료탱크 부피와 연료량을 계산하라. 3종류의 연료에 대해 엔진효율은 동일하다(참조: 가솔린의 밀도는 존재하는 여러 종류의 탄소수소비에 좌우되며 보통 0.72 kg/L이다).

풀이

가솔린의 에너지 함량이 34.8 MJ/L이며 70 L 연료탱크는 34.8 MJ/L × 70 L = 2436 MJ의 에너지 함량을 갖는다. 표 16.1에 제시한 순수한 메탄올과 에탄올의 에너지 함량은 17.9 MJ/L와 23.5 MJ/L이며, 가솔린의 70 L만큼의 에너지를 발생시키기 위해 필요한 두 연료의 양은 다음과 같다.

$$\text{메탄올:} \quad \frac{2436\ \text{MJ}}{17.9\ \text{MJ/L}} = 136\ \text{L}$$

에탄올: $\dfrac{2436\ \text{MJ}}{23.5\ \text{MJ/L}} = 104\ \text{L}.$

표 16.1의 밀도 자료로부터 두 연료의 무게를 계산하면 다음과 같다.

메탄올: $(136\ \text{L}) \times (0.792\ \text{kg/L}) = 108\ \text{kg}$

에탄올: $(104\ \text{L}) \times (0.789\ \text{kg/L}) = 82\ \text{kg}.$

비교하면, 가솔린 70 L는 $(70\ \text{L}) \times (0.72\ \text{kg/L}) = 50\ \text{kg}$이다. 이로부터 바이오연료를 이용하여 운행되는 자동차는 보다 많은 양의 연료를 사용한다.

세계 에탄올 생산의 분석치를 표 16.2에 나타내었다. 최근 에탄올 생산의 약 90%가 연료용이며, 세계적으로 연료용 에탄올 생산에서의 증가는 1970년대 중반부터이며 이러한 사실은 그림 16.5에 나타나 있다. 표 16.2으로부터 전 세계에서 생산된 에탄올의 약 70%가 미국과 브라질에서 생산되고 있음을 알 수 있다. 두 나라의 연료에탄올 생산방법을 살펴보는 것은 흥미롭다.

미국에서는 거의 모든 에탄올은 옥수수로부터 생산되며, 앞 절에서 기술한 바와 같이 옥수수식물의 일정부분만이 현재의 기술을 사용하여 에탄올로 전환된다. 섬유소로부터 에탄올 생산(당의 발효보다는 식물섬유소의 사용)은 옥수수 같은 식물의 사용을 보다 더 확대하고 목초 같은 저당함유 식물의 사용을 허용함으로써 미국에서 에탄올 생산에 실질적인 증가를 가져올 것으로 예상된다. 현재는 기술적으로 적용가능하지 않으나 미래 어느 시점에 개발되리라 예상된다. 에탄올 생산을 위한 자원물질로써 사탕수수의 사용이 최근 따뜻한 기후를 가지는 몇몇 주(루이지애나, 하와이, 텍사스, 플로리다주 등)에서 시작되고 있으나 대부분의 다른 주에서는 사탕수수는 적용 가능한 작물이 아니다. 미국의 에탄올 생산 특성을 표 16.3에 요약하였다.

브라질에서는 거의 대부분 사탕수수가 에탄올 생산에 이용되며, 40년 이상 연료로써 에탄올을 사용하여 왔으며 이를 표 16.3에 요약하였다. 브라질에서 농장의 면적당 에탄올 생

표 16.2: 최근 에탄올 생산량 (10^6 L).

country	2007	2008	2009	2010	2011	2012	2013	2014
United States	24,685	35,238	41,405	50,338	52,799	50,346	50,346	54,131
Brazil	18,999	24,499	24,900	26,203	21,096	21,111	23,723	23,432
Europe	2158	2778	3937	4577	4421	4463	5190	5470
China	1840	1900	2052	2052	2101	2101	2635	2404
Canada	799	901	1102	1351	1749	1700	1980	1931
rest of world	1192	1473	3460	3729	2642	2847	4815	5640
world total	**49,676**	**66,790**	**76,855**	**88,241**	**84,808**	**82,567**	**88,688**	**93,007**

Based on data from Renewable Fuels Association. http://www.ethanolrfa.org/resources/industry/statistics/#1454098996479-8715d404-e546

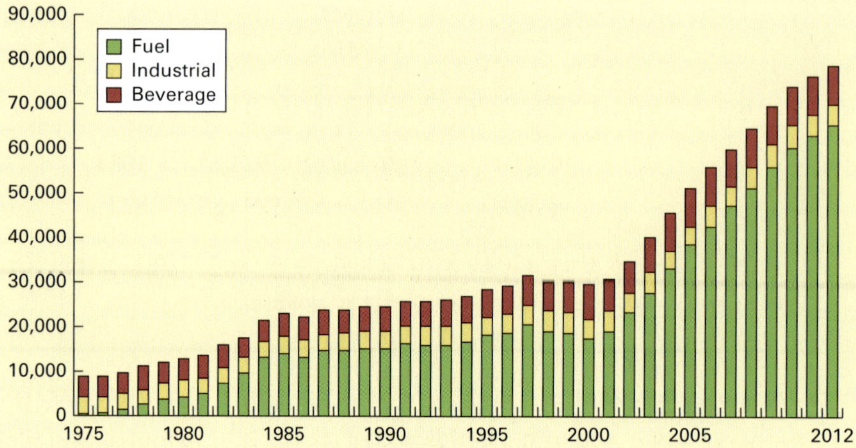

그림 16.5: 1975년부터 2012년까지의 사용분야까지 나타낸 전 세계 에탄올 생산량

Based on http://www.sugarinds.com/2011/08/worlds-top-20-ethanol-producing.html

산에서의 증진을 그림 16.6에 나타내었다. 미국 자동차는 일반적으로 가솔린에 10% 에탄올을 함유한 연료에 견디게 설계되었으며, flex fuel자동차는 E85까지 사용할 수 있게 제작되었는데, 브라질에서는 에탄올 혼합범위가 훨씬 넓게 설계되었다. 대부분 E100의 연료를 사용하며, 브라질에서 flex fuel자동차는 수분함유 에탄올(4% 물을 함유한 96% 에탄올, 즉 공비혼합물)을 사용할 수 있으며, 이로 인해 증류과정 후 부가적인 탈수공정이 제거될 수 있다.

미국과 브라질에 대한 표 16.3의 정보를 비교할 때, 두 나라의 전체 에탄올 생산량은 비

표 16.3: 미국과 브라질에서 에탄올 생산량과 사용량의 비교

property	United States	Brazil	units
major crop	corn	sugar cane	
total ethanol production (2014)	54,131	23,432	10^6 L
total arable land (excludes Alaska)	27.0	35.5	10^5 km^2
land used for ethanol production	1.0	0.36	10^5 km^2
percent arable land used for ethanol production	3.7	1.0	%
productivity	3.8–4.0	6.8–8.0	10^5 L/km^2
energy balance	~1.4	~9.2	
carbon payback period	93	17	years
ethanol fueling stations*	2326	35,017	
percent fueling stations selling ethanol	1.0	100	%
ratio of fuel ethanol to gasoline used	~1.0	~0.1	

* U.S as of 2010, Brazil as of 2007

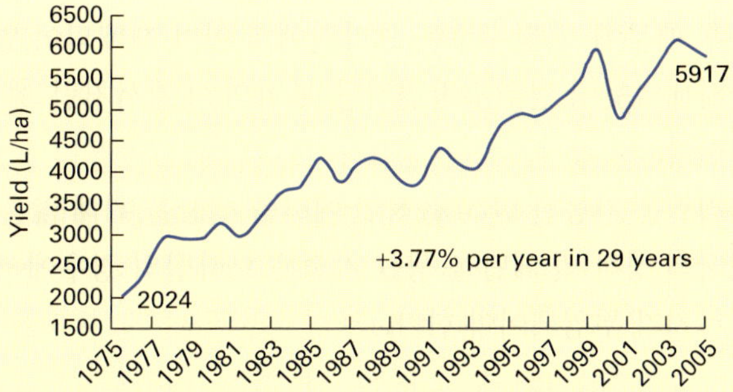

그림 16.6: 1975년부터 2005년까지 브라질에서 에탄올 생산량에서의 증가

José Goldemberg, "The Brazilian biofuels industry," Biotechnology for Biofuels 2008, 1:6. © 2008 Goldemberg; licensee BioMed Central Ltd.

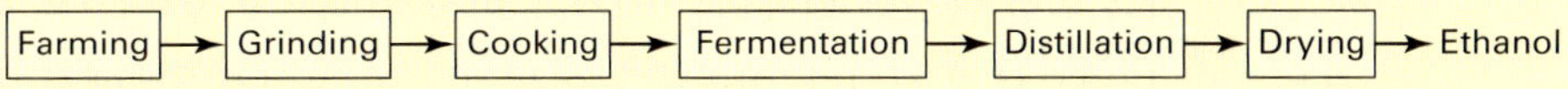

그림 16.7: 에탄올 생산공정

슷하나, 브라질에서는 수송용 연료수요의 주요부분을 차지한 반면 미국에서는 가솔린 사용에 대해 작은 양을 첨가하는 정도의 프로그램을 운영하고 있다. 이러한 비교는 에탄올함유 연료혼합물(ethanol-rich fuel mixture)을 판매하는 연료판매소의 비율을 보면 확실히 알 수 있으며, 미국의 경우 1%이나 브라질의 경우 100%이다. 표에서 미국의 에탄올 생산은 브라질보다 경작 가능한 토지 사용비율이 훨씬 높음을 알 수 있다. 브라질이 미국보다 에탄올 생산과 이용에서 훨씬 성공적인 정착을 하게 된 배경을 알기 위해서는 에탄올 생산공정을 보다 자세히 살펴볼 필요가 있다. 식물은 재배, 분쇄, 발효과정을 거치며 생산된 에탄올은 증류되고 필요하면 탈수되는 과정을 거친다(그림 16.7). 현재 미국에서는 적어도 상기 공정의 각 공정을 수행하는데 있어 화석연료를 연소시키거나 화석연료로부터 얻은 전기를 사용하는 기계를 이용하며, 이러한 상황은 에탄올 생산이 자체유지(self-sustaining) 상태가 되기 전까지 계속될 것이다. 에탄올을 생산하기 위해 에너지가 투입되므로, 에너지 투입에 대한 생산된 에탄올의 에너지 함량비는 중요한 요소이다. 미국의 경우 상기 비율이 약 1.4 : 1이며, 이는 1 J 에너지를 투입하면 1.4 J의 에너지 함량을 갖는 에탄올을 생산한다는 의미이며, 0.4 J의 에너지를 얻는 셈이다. 공정에서 전체적으로 에너지를 얻었다 할지라도, 얻어진 0.4 J의 에너지는 에너지와 금액으로 환산할 때 비싼 편이다. 브라질의 경우 비율은 약 9.2 : 1이며, 이는 에탄올 생산을 위해 1 J의 에너지를 투입하면 8.2 J의 에너지를 부가적으로 얻는 셈이며 훨씬 유리한 상황이라는 것을 의미한다.

여러 요소들이 이러한 상황을 유도한다.

1. 브라질의 기후는 미국보다 작물재배에 훨씬 유리하며, 식물은 연중 많은 시간동안 보

표 16.4: 단위경작지당 작물별 전형적인 연간 바이오디젤 생산량

plant	annual biodiesel production 10^3 L/km^2
algae	1700
palm oil	475
coconut	215
rapeseed	95
soy	55–91
peanut	84
sunflower	77

슬란드의 육지 또는 대한민국 면적정도이다. 바이오디젤 생산에 대한 향후 개발계획에 조류에 대한 연구개발을 심도있게 고려하여야 한다.

최근 몇 년 동안 바이오디젤 생산은 그림 16.8에서 알 수 있듯이 상당히 증가했다. 특히 유럽 국가들, 독일은 바이오디젤 개발에 매우 적극적이었다.

바이오디젤 사용에 따른 환경영향 문제는 중요하다. 석유계 디젤유에 비해 바이오디젤은 황화합물, 탄화수소화합물을 적게 배출하며 입자상 물질은 훨씬 더 적게 배출하나 NO_x는 더 많이 배출한다. 탄화수소의 연소는 CO_2의 형태로 대기 중으로 탄소를 배출하는 것은 확실하다. 탄소가 식물의 성장(콩 작물) 과정에 대기로부터 흡수된다 할지라도 바이오디젤 사용으로 인한 전체 탄소기여도의 상세하고 믿을만한 평가가 현재로서는 어렵다. 에탄올

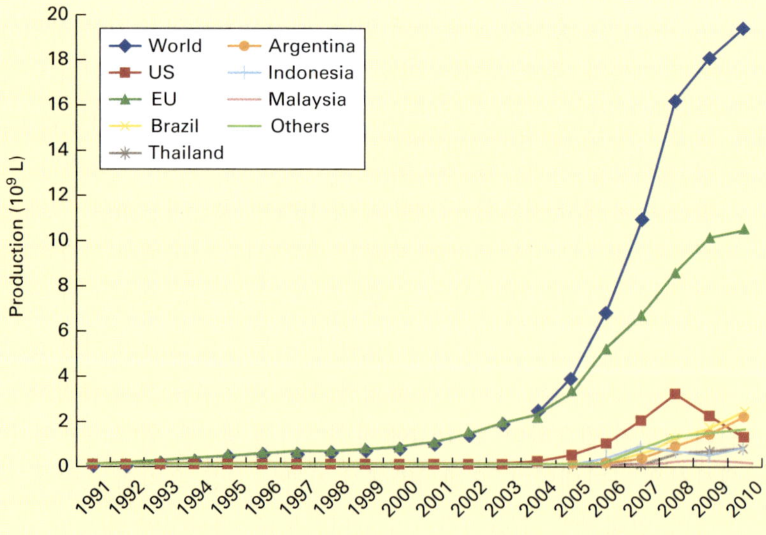

그림 16.8: 전 세계 바이오디젤 생산량 성장과 주요 생산국의 성장(1991-2010)

Based on Guyomard Hervé, Forslund Agneta and Dronne Yves (2011). Biofuels and World Agricultural Markets: Outlook for 2020 and 2050, Economic Effects of Biofuel Production, Dr. Marco Aurelio Dos Santos Bernardes (Ed.), InTech, DOI: 10.5772/20581. Available from: http://www.intechopen.com/books/economic -effects-of-biofuel-production/biofuels-and-world-agricultural-markets-outlook-for-2020-and-2050

예제 16.4

한 나라의 실제적인 해안선은 어떤 면에서 모호한 양이며, 포함된 항구, 섬, 하구, 다른 여러 형태들에 대한 크기에 의존한다. 예를 들어 미국 해안선은 최소 8,000 km에서 작은 규모의 것까지 모두 포함하면 최대 80,000 km에 이른다. 육지로부터 100 m 떨어진 미국 해안선 16,000 km에서 바이오디젤 생산을 위해 조류를 배양할 때, 생산된 바이오디젤은 미국 디젤유의 어느 정도 비율인가?

풀이

조류 생산을 위해 전체 사용가능한 면적은

$$(16{,}000\ \text{km}) \times (0.1\ \text{km}) = 1600\ \text{km}^2.$$

조류로부터 바이오디젤의 연간 생산성은 표 16.4에 주어진 것처럼 1.7×10^6 L/km^{2}이다. 이용 가능한 면적을 통해 생산되는 양은

$$(1600\ \text{km}^2) \times (1.7 \times 10^6\ \text{L/km}^2) = 2.7 \times 10^9\ \text{L 바이오디젤/년}$$

미국에서 전체 디젤유 사용량은 1.8×10^{11} L이므로 조류로부터 생산된 바이오디젤이 차지하는 비율은

$$(2.7 \times 10^9\ \text{L})/(1.8 \times 10^{11}\ \text{L}) = 0.015\ \text{L}$$

즉 전체 요구량의 1.5%를 충당한다. 상기 계산은 바이오디젤을 생산하기 위한 농업적인 부담의 세기를 잘 강조해 준다.

처럼 기간설비 개발에 대한 탄소회수기간을 포함한 많은 요소들을 고려해야 하며 이러한 것들은 작물선정과 생산방법에 크게 좌우된다.

16.5 바이오 가스

바이오 가스라는 용어는 무산소 환경에서 유기물의 분해에 의해 생성된 가스의 혼합물을 의미하며, 바이오 가스는 혐기성 미생물 유기체에 의해 공급된 원료의 소화 또는 생분해성 물질의 발효에 의해 생성될 수 있다. 공급 원료로는 하수, 분뇨, 농업 폐기물 또는 유기 도시 폐기물과 같은 물질이다. 도시 폐기물의 사용에 대한 자세한 내용은 다음 절에서 설명하도록 한다.

바이오 가스는 주로 소량의 이산화탄소를 가진 메탄으로 구성되며 또한 소량의 질소, 수소, 황화수소 및 산소를 함유할 수 있으며 생산 가스의 에너지 품질을 향상시키기 위해 메탄 함량을 증가시키도록 처리될 수도 있다. 바이오 가스는 천연가스와 구성이 유사하기 때문에 그 용도도 비슷하며 난방 연료, 운송 연료 및 전기 생산으로 사용된다.

ENERGY EXTRA 16.1
바이오연료의 환경영향

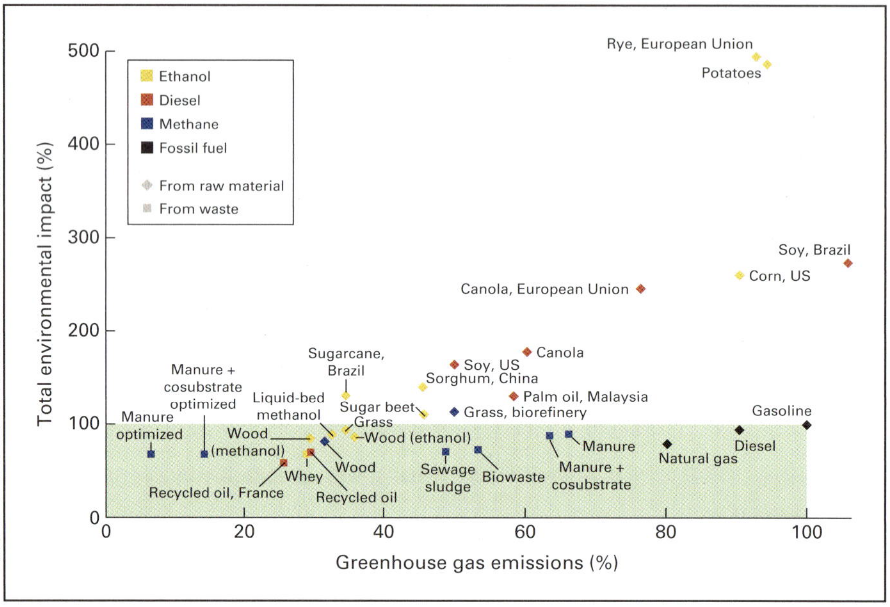

Based on R. Zah et al. [1] and J.P.W. Scharlemann and W.F. Lawrence [2].

바이오연료에 대한 온실가스 배출과 전체 환경영향지수

교과서에서 브라질의 사탕수수로부터 에탄올 생산과 미국의 옥수수로부터 에탄올 생산을 비교한 예처럼 모든 바이오연료는 화석연료와 비교하여 동일한 정도의 탄소 감소를 제공하지 않는다는 것은 명백하다. 브라질의 사탕수수는 대체연료로써 실질적인 이익을 제공하나 미국에서 생산된 옥수수는 단지 석유에 비해 환경적인 장점만 가지는 것으로 나타났다. 바이오연료의 환경적인 영향의 문제는 상대적인 탄소 배출을 단순하게 비교하는 것보다 훨씬 복잡하다. Zah와 동료들[1]은 환경적인 영향에 대해 하나의 양적인 측정을 확립함으로써 다양한 바이오연료의 사용에 따른 전체 환경적인 영향을 정량적으로 분석할 수 있게 하였다. Scharelemann과 Laurance[2]는 위와 같은 접근에 보다 명확화하였다.

하나의 특정한 연료를 평가하고자 할 때 본래의 에코시스템에 대한 영향도 환경영향평가 요소에 포함시켜야 한다. 예를 들어 사탕수수 생산에 이용할 토지를 조성하기 위해 브라질에서 탄소를 제거하는 열대우림의 파괴에 의한 산림벌채는 에탄올 사용으로 온실가스가 다소 감소되었을지라도 실질적으로는 온실가스 배출 증가에 기여한 셈이 된다. 다른 요소는 질소비료에 몹시 의존하는 작물 사용과 관계가 있다. 작물경작을 통해 배출된 아산화질소는 매우 높은 영향지수를 가진 온실가스이다(4장에서 언급).

Zah와 동료들은 하나의 특정 바이오연료에 대한 전체적인 환경영향에 대해 하나의 정량적인 측정을 확립하였으나 다른 영향들에 대해서는 정량화하는데 어려움을 겪었다. 예를 들어 에탄올 생산을 위해 식량작물인 옥수수를 사용하면 어떤 작물에 대해 시장가격에 영향을 미치고 나아가 경작지 이용용도를 변화시킨다. 그러나 Zah와 동료들의 분석은 바이오연료의 이점을 정량화하는데 큰 족적을 남겼다.

바이오연료에 대한 Zah와 동료들의 분석결과를 그림에 나타내었다. 모든 자료는 가솔린에 대한 값으로 일반화시켰는데 가솔린에 비해 환경적인 장점이 얼마인지이며, 100%보다 작은 값을 가진다. 거의 모든 바이오연료는 온실가스 배출면에서 받아들일 만하나 미국의 옥수수가 한계수준인 것에 비해 브라질의 사탕수수는 매우 우수한 것으로 나타났다. 바이오연료의 많은 부분들이 전체 환경영향에 대한 기준범위에는 들지 못했으며 브라질의 사탕수수와 미국의 옥수수(보고서에서 가장 나쁜 경우 중의 하나)도 포함되지 못했다. Zah와 동료들의 분석에는 섬유소로부터 에탄올 생산에 적합한 스위치목초(switch grass) 등과 같은 작물은 포함하지 않았다.

Zah와 동료들에 의해 제안된 분석의 형태를 주의 깊게 살펴보면 바이오연료 생산을 위한 정책수립에 많은 도움이 될 것이다.

1. R. Zah et al., kobilanz von Energieprodukten: kologische Bewertung von Biotreibstoffen(Empa, St. Gallen, Switzerland, 2007)
2. J. P. W. Scharlemann and W. F. Laurance, "How green are biofuels?" Science, 319 (2008): 43–44.

토의 주제
미국에서 다음 두 가지 가능성에 대한 상대적인 이점에 대해 토론하라.

- 식량작물로써 옥수수를 재배하기 위해 사용된 토지를 에탄올 생산을 위한 옥수수재배용 토지로 전환하는 것.
- 곡식을 재배하기 위한 옥수수재배지에 풍력터빈을 세우는 것과 그리고 가능한 한 많은 토지에서 식량 생산과 풍력발전 두 경우 모두를 시행하는 것.

전형적인 바이오 가스 시설의 개략도는 그림 16.9에 설명되며, 이 시설은 분뇨 및 농업 폐기물의 사용을 기반으로 한다. 바이오 가스 생산을 위한 공급 원료는 혐기상태에서 소화되고, 생산된 가스는 메탄 함량을 증가시키기 위해 처리되며, 최종 얻어진 연료는 운송 연료 및 전기 생산을 위한 모터/발전기를 작동하는 데 사용된다.

모터로부터 배출되는 과도한 배기 열은 가열 목적으로 직접 사용되기도 하는데, 열과 전력 또는 열병합으로 불리는 과잉 열의 사용에 대해서는 17.3절에서 자세히 설명하고자 한다. 그림 16.10은 독일의 바이오 가스 생산시설이다. 여기서 소화조는 오른쪽에, 생산 시설

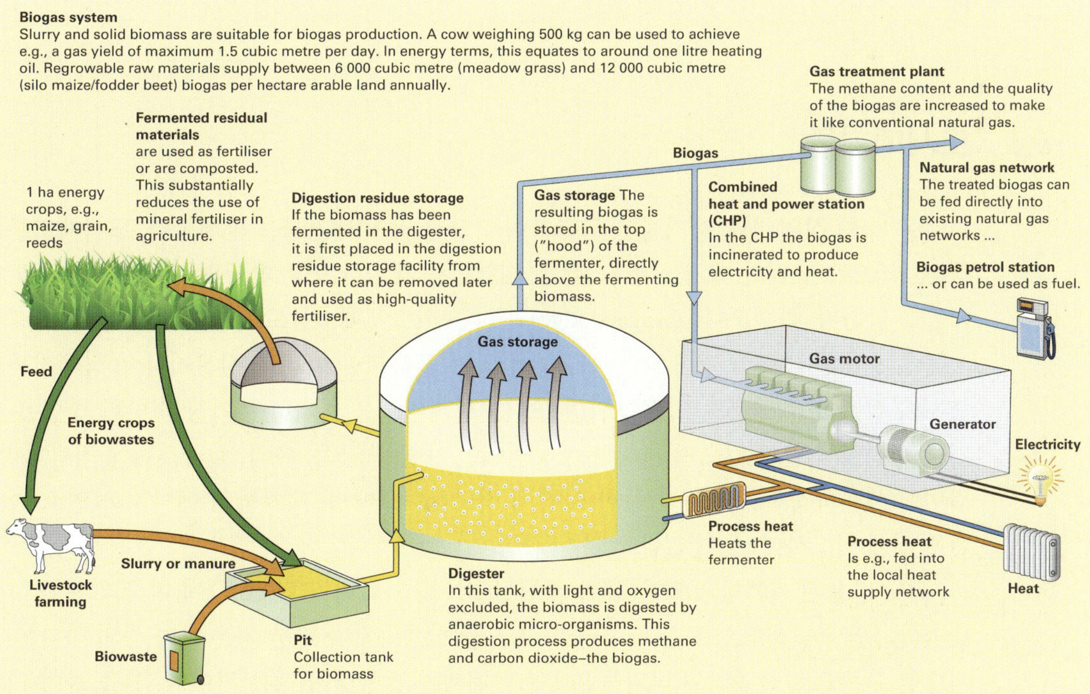

그림 16.9: 바이오 가스 발생 스테이션의 기본 개략도.

Based on PlanET, http://www.planet-biogas.co.uk/info/

그림 16.10: 독일의 바이오 가스 생산시설.
RikoBest/Shutterstock.com

은 이미지의 왼쪽에 위치하고 있다.

여러 유럽국가뿐만 아니라 인도와 중국도 바이오 가스 생산 및 사용에 관한 기술을 개발하는 데 적극적으로 노력하고 있다. 현재 독일에서는 바이오 가스 사용이 가장 광범위하게 적용되고 있으며, 일반적으로 농업 폐기물과 분뇨(그림 16.9)가 공급 원료로 사용되고 있다.

16.6 도시폐기물

인간은 가정, 상업, 산업폐기물을 포함하여 상당한 양의 폐기물을 발생한다. 도시폐기물은 생물학적으로 유해한 폐기물이나 방사능폐기물을 제외한 모든 발생원으로부터 발생된 폐기물을 말한다. 하수오니(sewage sludge)와 다른 비고체폐기물도 포함되지 않는다. 도시폐기물은 오래된 기구와 가구처럼 내구성이 있는 물품뿐만 아니라 신문지나 음식폐기물처럼 내구성이 없는 물품들도 포함되며 도시고형폐기물을 처리하는 가장 적당한 방법은 폐기물의 성질에 달려 있으며 처리하는 방법에는 재활용(금속, 유리, 플라스틱에 적당하며), 퇴비화(생물학적으로 분해 가능한 물질에 적당하며), 매립, 폐기물의 에너지화(연소 가능한 물질에 적당하며) 등이 있다.

1인당 발생된 폐기물의 양은 해가 거듭될수록 증가하며 그림 16.11에 미국의 예를 나타내었다. 1인당 발생량으로 볼 때 미국이 폐기물 발생속도가 가장 높은 나라 중의 하나이다. 비슷한 수준으로 산업화된 국가들은 1인당 폐기물 발생량이 적은 편이며, 예를 들어 캐나다, 뉴질랜드의 폐기물 발생량은 미국의 절반수준이다(그림 16.11). 수년에 걸쳐 폐기물을 처리하는 방식이 변화되어 왔다. 폐기물에 의한 에너지 회수가 몇 년 동안 증가했지만, 그림 16.12에서 알 수 있듯이, 매립은 여전히 미국의 대표적인 폐기물 처리 수단이다. 폐기물 관리는 광범위하며 복잡한 문제이다. 본 절에서는 에너지생산을 위한 폐기물의 사용에 대한 내용만 다루기로 한다.

에너지를 생산하기 위한 도시고형폐기물의 이용은 여러 방법으로 시도되었다. 유리나

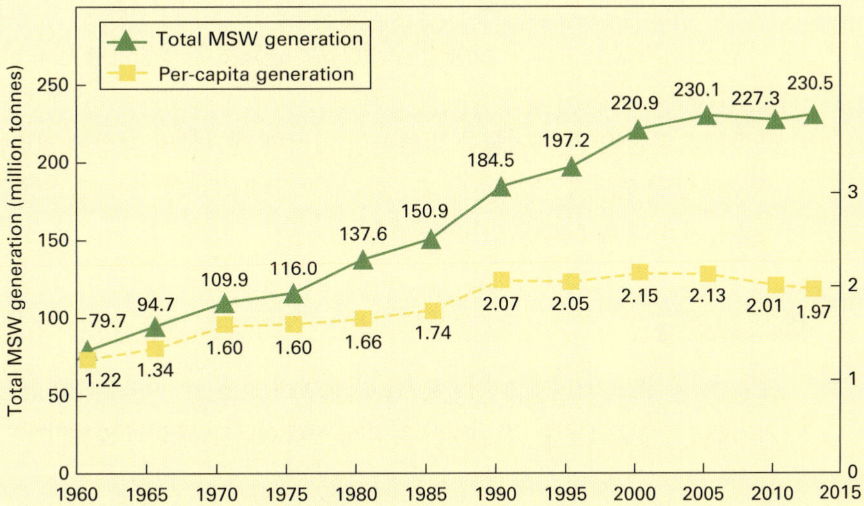

그림 16.11: 미국의 도시폐기물 배출량(1960-2013)

U.S. Environmental Protection Agency, Wastes - Non-Hazardous Waste - Municipal Solid Waste, https://archive.epa.gov/epawaste/nonhaz/municipal/web/html/index.html

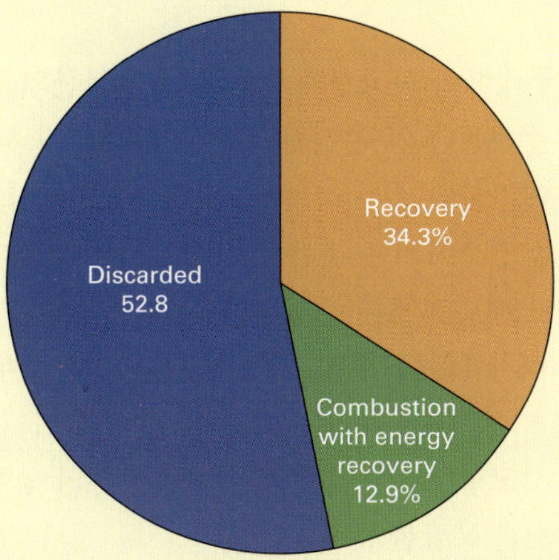

그림 16.12: 미국의 도시고형폐기물 상이한 처분방법의 상대적인 중요도(2013)

U.S. Energy Information Administration, http://www.eia.gov/energyexplained/index.cfm/data/index.cfm?page=biomass_waste_to_energy

금속과 같은 비연소성 물질은 먼저 제거되며 남아 있는 연소 가능한 물질은 전기생산용 수증기를 생산하기 위해 직접 연소하여 열을 생산한다. 상기 방법이 미국에서 가장 보편적으로 사용되는 방법이나, 매립지에서 유기물의 분해에 의해 생성된 가스(거의 메탄)를 포집하여 연소하여 열이나 전기를 얻는 다른 방법도 있다. 좀 더 개선된 방법은 가연성폐기물을 파쇄 및 성형하여 고형연료(refuse-derived fuel: RDF)를 제조하며 제조된 RDF는 연소나 가스 생산(가스화 등)을 위해 사용된다. 비교적 낮은 분해온도에서는 거의 메탄으로 배출되나, 비교적 고온에서는 전체 가스 생산량은 증가하며 가스에는 수소성분이 다량 존재한다. 메탄은 전기생산 등으로 사용될 수 있으며 수소는 연소용이나 연료전지용으로 사용될 수 있다(20장).

사회는 충분한 양의 폐기물을 발생하며 이러한 폐기물의 적절한 처리는 에너지 측면이나 환경적인 측면에서 큰 이득을 제공한다. 그러나 RDF의 가능 연소량은 우리의 전체 에너지용량에 비해 매우 적은 양이다.

예제 16.5

도시고형폐기물의 에너지 함량이 10 MJ/kg이고 30% 효율로 이용된다고 가정할 때 도시고형폐기물에 의해 공급될 수 있는 에너지는 미국 전체 에너지요구량의 몇 %인가?

풀이

그림 16.9로부터 미국에서 하루 1인당 폐기물 발생량은 약 2 kg이다. 상기 하루에 발생된 폐기물의 에너지 함량은 20 MJ 또는 1년 동안 발생된 폐기물의 에너지 함량은 7.3 GJ이다. 그림 2.5로부터 미국에서 1인당 1차 에너지소비량은 1년 동안 약 330 GJ이다. RDF는 에너지요구량의 최대 $7.3/330 = 0.022$, 혹은 2% 정도 공급할 수 있다. 상기 값은 도시고형폐기물의 수거 및 처리비용이 포함되지 않아 상당히 적정한 수치이다.

탄소배출에 대한 도시고형폐기물 에너지 생산의 정확한 영향을 결정하는 것은 어렵다. 모든 연소는 주로 CO_2인 온실가스를 배출한다. 도시고형폐기물이 전체 탄소배출에 기여하는 정도는 폐기물의 종류(content)에 달려 있다. 식물로부터 유래된 작은 나무나 종이 같은 유기물질을 연소시키는 것은 일반적으로 유익하다. 연소과정에 CO_2가 발생하나, 같은 양의 유기물이 매립지에서 분해되면 온실가스계수가 훨씬 높은 충분한 양의 메탄가스가 발생된다. 그러나 도시고형폐기물은 석유산업으로부터 생산된 물질(플라스틱)도 상당량 포함하고 있다. 상기물질은 재생 가능한 물질이 아니며 연소 시 화석연료처럼 온실가스를 배출한다. 도시고형폐기물의 이러한 구성성분의 영향을 최소화시킬 수 있는 최적의 방법을 결정하는 것은 복잡한 문제이다.

오염문제를 분석하는 것도 어렵다. 도시고형폐기물의 대부분의 연소 가능한 성분들은 나무 조각, 종이 등을 포함한 탄화수소계 물질이며 연소과정에서 오염물질을 대기 중으로 배출한다. 전형적인 오염물질은 입자상 물질, 미연탄화수소, 질소화합물이다. 그리고 일부 물질은 납, 수은, 카드뮴 같은 유해성분을 포함하고 있다. 환경적인 측면에서 연소하기 전에 상기 유해물질을 제거하여 대기중이나 지하수에 유입되지 않게 하는 것이 중요하다.

도시폐기물로부터 에너지를 생산하는 것과 재활용 또는 퇴비화시키는 것 중 어느 것이 더 효과적인지를 결정하는 것이 필요하다.

16.7 요약

나무는 가장 오랫동안 이어져 내려온 바이오계 에너지이며 우리의 에너지 생산의 한 부분이다. 본 장에서 언급하였듯이 나무 사용의 일정부분은 자원의 재생가능성을 포함하고 있으므로 탄소중립(혹은 적어도 저탄소)으로 간주된다. 그러나 전 세계의 많은 부분에서 에너지를 생산하기 위해 산림벌채라는 비용을 치러야 하므로 재생 가능한 것은 아니다.

본 장에서 포도당을 포함한 유기물질로부터 에탄올을 생산하는 방법을 기술하였으며 에탄올 생산은 브라질에서는 성공적이었으나 다른 나라에서는 덜 성공적이었다. 미국에서 에탄올 생산과 관련된 경제적 및 환경적 요소를 평가하는 것은 쉽지 않다. 농지에 대한 경작요구와 맞물려 경제적 및 에너지 측면에서 상대적 비싼 비용은 수송용 연료로 화석연료로부터 바이오연료로의 대규모로 전환시키는 것을 어렵게 만들고 있다. 확실히 많은 연구가 필요하겠지만 섬유소로부터 에탄올을 생산하는 방법이 위와 같은 문제를 해결할 수 있을 것이다.

바이오디젤은 식물기름이나 동물지방으로부터 얻어지며 단독 사용 또한 혼합 사용을 통해 석유계 디젤유를 대체할 수 있으며 바이오디젤 생산에 고려해야 할 점들은 에탄올 생산의 경우와 비슷하며 경작할 수 있는 토지자원의 이용성이 주요 쟁점이며 최근 기술은 열대지역에서만 적용가능하다. 수중환경이나 경작에 이용되지 않는 토지에서 재배되는 식물을 이용할 수 있는 능력은 중요한 요소이다.

바이오연료 사용에 대한 환경영향을 단순하게 평가하기는 어렵다. 현재 바이오연료 생산을 위해 사용된 에너지의 주요 구성성분들이 화석연료이어서 온실가스 배출에 대한 전체 저감은 인식되는 것보다 적다. 그리고 바이오연료 생산을 위한 경작과 식량 생산을 위한 경작의 상호연관성을 주의 깊게 분석하는 것이 필요하다.

열/전기 생산 또는 적절한 수송용 연료로 전환하기 위해 폐기물(도시고형폐기물 또는 농산부산물 등)을 사용하며, 상기의 양은 우리의 미래필요에너지양에 비해 작은 양이다. 매우 큰 경제적, 환경적 이득이 고형연료 사용과 관련되어 있다는 것이 언제나 명확하지 않더라도 폐기물의 관리에 대한 다른 대안은 받아들일만 하지 않다. 폐기물의 에너지 함량의 일부를 회수하는 것은 폐기물을 수거하고 처리하고 에너지 이득없이 매립하여 온실가스를 배출하는 경우보다는 이점이 있다.

연습문제

16.1 35% 효율로 연속적으로 1000 MW_e(일반적인 석탄화력시설)의 전기를 생산하는 목재연소발전에서 하루에 필요한 목재의 톤(ton)수는 얼마인가?

16.2 에탄올 1 kg을 연소할 때 생성되는 CO_2(kg으로)의 무게를 계산하라.

16.3 표 16.1에 나타낸 바와 같이 탄화수소의 n값이 1~4로 될 때 생산된 에너지의 MJ당 CO_2(kg으로)의 무게를 계산하라.

16.4 예제 16.3에 이어서, 동일한 운전범위를 이루기 위해 가솔린 자동차에서 비교한 것처럼 E85를 사용하는 자동차에 대해 필요한 연료탱크부피와 연료무게를 구하라.

16.5 광합성은 햇빛을 유용한 화학에너지로 전환시키는 매우 비효율적인 공정이다. 이론적인 효율이 25%이나, 실질적인 효율은 빛의 파장분포, 식물의 흡수도, 다른 여러 요소들에 의해 영향을 받지만 일반적으로 약 1%의 범위에 있다. 도표의 나무 에너지 함량과 168 W/m^2의 평균 일사량(8장)을 사용하여, 미국에서 평균 한사람이 필요한 에너지를 충족시키기 위해 필요한 토지면적은 얼마인가? 바이오매스 함량은 현재의 에너지원(2장)에서처럼 동일한 효율로 최종 사용자에너지로 전환된다고 가정하라.

16.6 큰 단풍나무는 직경 8 m의 넓이에 걸쳐 태양빛을 흡수한다. 평균 태양복사열(8장)은 168 W/m^2이다. 나무는 1년 중 8개월 동안 자라고 4개월 동안 휴지한다. 10년 후 나무의 무게는 540 kg만큼 증가하였다. 햇빛을 화학에너지로 전환한 효율은 얼마인가?

16.7 그림 16.11의 정보를 사용하고 도시고형폐기물의 에너지 함량이 10 MJ/kg일 때, 도시고형폐기물의 50%가 전기 생산을 위해 연소된다면 35% 효율의 1000 MW_e 화력발전소 몇 기를 제거할 수 있는가?

16.8 1 GWh_e의 전기 생산에 있어 2가지 방법이 있는데, (1) 30%의 발전효율로서 석탄을 연소하는 경우, (2) 25%의 발전효율로서 도시고형폐기물을 연소하는 경우이다. 도시고형폐기물을 이용한 발전의 경우 10 MJ/kg의 에너지 함량을 가지며 수거 및 수송에 5000 MJ/ton의 에너지가 소요되며 수거 및 수송에 소요되는 에너지는 20% 효율로 화석연료의 연소를 통해 얻어진다고 가정하라. 도시고형폐기물은 탄수중립 유기물질 50%, 화석연료로부터 유래된 물질 50%로 구성되어 있다. 상기 두 방법의 상대적인 온실가스 배출기여도를 비교하라. 가능한 탄소폐기(carbon sequestration)의 어떤 영향도 무시하라.

16.9 평균 일사량이 200 W/m^2이며 광합성 효율이 1.0%인 울창한 숲을 고려하시오. 목재의 에너지 함량은 전적으로 대기에서 격리되는 CO_2에서 유래되는 탄소의 결과라고 가정하시오. 매년 숲의 km^2당 격리되는 이산화탄소의 양은 얼마인가?

16.10 메탄과 메탄올의 연소에서 에너지 MJ당 생산되는 CO_2의 상대적인 양을 비교하시오.

16.11 미국의 산림 지역의 평균 목재 함량은 헥타르당 250톤이다. 매년 산불은 미국에서

약 4 × 10^5헥타르의 산림을 사라지게 한다.

(a) 산불로 인해 태워지는 나무의 총 에너지 함량은 얼마인가?

(b) 용량계수 70%로 운전되는 1 GW_e 석탄화력발전소가 상기의 소멸되는 나무로 연료를 사용할 때 대체될 수 있는 석탄화력발전소의 갯수는 몇 개인가?

(c) 나무의 50%가 탄소라고 가정하면, 상기 산불에서 매년 배출되는 이산화탄소의 양은 얼마인가?

16.12 주택 소유자는 85% 효율의 연소로를 사용하여 난방을 위해 매년 3000 L의 오일을 사용한다. 난방 시스템을 70% 효율로 운전되는 목재 연소로로 변환할 경우 동일한 난방 수준을 제공하기 위해 매년 필요한 목재는 얼마인가?

16.13 북미에서 1인당 하루에 약 2.0 kg의 도시고형폐기물(MSW)이 발생한다. 상기 MSW를 38%의 효율로 전기로 변환하면, 이 값을 1인당 평균 전력소비량인 0.6 kW 값과 비교할 때 몇 분율인가?

16.14 캐나다에서 1차 에너지 사용에 대한 1인당 평균 소비율은 약 13 kW이다. 가문비나무는 하루에 숲 m^2당 약 0.005 kg의 평균 속도로 자라며 평균 에너지 함량은 1.7 × 10^7 J/kg이다.

(a) 캐나다의 모든 에너지가 현재 에너지원과 동일한 평균 효율을 가지는 가문비 나무에서 얻는다면, 한 사람의 에너지 요구를 충족시키는 데 필요한 가문비 나무 숲의 면적은 얼마인가?

(b) 캐나다의 모든 인구에게 에너지를 공급하기 위해 필요한 가문비 나무 숲의 면적은 얼마인가? 상기의 면적은 총 국토면적의 몇 분의 일이냐?

16.15 에탄올을 연료로 사용하는 두 대의 차량을 다른 방법으로 운행한다. 한 차량은 에탄올 내 화학에너지를 차량 바퀴에 공급되는 기계적 에너지로 변환하기 위해 18%의 효율로 내연기관에서 에탄올을 연소시킨다. 두 번째 차량은 전기를 사용하여 배터리를 충전하여 바퀴를 구동하는 전기 모터를 작동시킨다. 전기는 38%의 순 효율로 발전기를 구동하기 위해 열 엔진에서 에탄올을 연소시킴으로써 얻는다. 배터리/전기 모터는 89% 효율이다.

(a) 두 자동차가 같은 거리를 이동하는 데 필요한 에탄올의 상대적인 양을 비교하시오.

(b) 두 차량의 상대적인 순 CO_2 배출량을 비교하시오.

16.16 메탄올은 표준온도와 압력에서 액체이기 때문에 편리한 연료이다. 메탄올은 식(3.4)에서와 같이 탄소를 물과 먼저 반응시켜 수소 및 일산화탄소를 생성함으로써 얻어질 수 있다. 일산화탄소는 식(3.5)에서와 같이 물과 반응하여 이산화탄소와 수소를 생성 할 수 있다. 메탄올(물과 함께)은 CO_2와 수소의 결합으로 얻어진다.

(a) 이러한 일련의 반응에 대한 방응식을 작성하고 과도한 CO_2가 생성됨을 보이시오.

(b) 메탄올 생산에 의해 생성된 CO_2의 질량과 다음으로 이어지는 메탄올을 연소시켜 생성된 CO_2와의 질량 비율은 얼마인가?

16.17 매년 미국에서 사용된 목재연료의 총 질량을 추정하시오.

16.18 해바라기로부터 생산되는 바이오디젤이 미국에서 사용되는 모든 디젤 요구량을 대체할 경우, 미국에서 경작 가능한 토지의 얼마를 활용해야 하나? 조류로부터 생산되는 바이오디젤에 대해서도 상기 계산을 반복하시오.

16.19 1 GW_e 목재연소발전소는 Carnot 효율이 30%이고 용량계수는 75%이다. 매년 필요한 목재의 양은 얼마인가? 상기 나무의 부피(m^3)는 얼마인가?

16.20 표 16.1의 가벼운 알코올은 1가 알코올로 지칭되며 화학식은 $C_nH_{2n+1}OH$이다. 일반적인 무거운 1가 알코올은 펜탄올(n=5)과 세틸알코올(n=16)이다.

(a) 펜탄올과 세틸알코올의 연소방정식을 쓰시오.

(b) 상기 두 물질에 대해 알코올 kg당 생성되는 CO_2질량을 계산하시오.

(c) 상기 두 화합물의 연소열에 대한 값을 찾고 에너지 MJ당 생산되는 CO_2의 질량을 계산하시오. 상기 결과에 나타난 추세에 대해 의견을 제시하시오.

참고문헌

G. Boyle (Ed.). *Renewable Energy*. Oxford University Press, Oxford (2004).

R. C. Brown. *Biorenewable Resources: Engineering New Products from Agriculture*. Iowa State Press, Ames (2003).

H. S. Geller. "Ethanol fuel from sugar cane in Brazil." *Annual Review of Energy* **10** (1985) 135–164.

R. Hinrichs and M. Kleinbach. *Energy: Its Use and the Environment*. Brooks-Cole, Belmont, CA (2002).

B. K. Hodge. *Alternative Energy Systems and Applications*. Wiley, Hoboken, NJ (2010).

A. Nag. *Biofuels Refining and Performance*. McGraw-Hill, New York (2008).

L. Olsson (Ed.). *Biofuels (Advances in Biochemical Engineering/Biotechnology)*. Springer-Verlag, Berlin (2007).

G. Pahl. *Biodiesel: Growing a New Energy Economy*. Chelsea Green Publishing, White River Junction, VT (2005).

D. Pimentel and T. Patzek. "Ethanol production using corn, switchgrass, and wood; Biodiesel production using soybean and sunflower." *Natural Resources Research* **14** (2005): 65.

P. Quack. *Energy from Biomass: A Review of Combustion and Gasification Technology*. World Bank, New York (1999).

V. Quaschning. *Renewable Energy and Climate Change*. Wiley, West Sussex, United Kingdom (2010).

R. A. Ristinen and J. J. Kraushaar. *Energy and the Environment*. Wiley, Hoboken, NJ (2006).

J. Tester, E. Drake, M. Driscoll, M. W. Golay, and W. A. Peters. *Sustainable Energy: Choosing Among Options*. MIT Press, Cambridge, MA (2006).

F. M. Vanek and L. D. Albright. *Energy Systems Engineering: Evaluation and Implementation*. McGraw Hill, New York (2008).

PART V

에너지 절약, 에너지 저장, 그리고 수송

본 장에서는 에너지 절약, 에너지 저장, 그리고 수송을 목적으로 에너지를 사용하는 방법에 대해 설명한다. 에너지 절약은 지속 가능한 에너지 기술의 발전과 관련되어 있다. 에너지 수요의 감소와 생산되는 에너지의 효율적인 사용은 모든 에너지 전략의 효과를 극대화 시키는데 도움이 될 것이다. 에너지 절약을 위한 노력은 에너지 사용기술의 발전에 기초하고 있으나 에너지 사용을 보는 우리의 시각변화에 근간을 두기도 한다. 에너지 절약을 위한 여러 옵션들은 우리가 구입하는 제품들에 관련되거나 가정에서나 수송(transportation)을 위해 사용하는 에너지와 관련되어 개인적으로 실행할 수 있는 일들을 포함한다. 에너지 절약은 좀 더 광범위한 시각, 즉 새로운 에너지 효율화 제품의 개발이나 선제적인 국가 에너지정책의 실행 관점에서 바라봐야 할지도 모른다. 이런 요소들은 17장에서 다루고자 한다.

에너지의 사용은 필요한 시기와 장소에서 사용될 때 효율적이고 효과적이다. 에너지 수요가 항상 생산되는 방식과 쉽게 호환되는 것은 아니다. 특히 많은 새로운 에너지 기술들은 더욱 그렇다. 바람을 이용한 에너지 생산은 바람이 불 때만 가능하고, 태양에너지는 낮에만 사용할 수 있다. 그러나 우리의 에너지 수요가 자연적인 현상과 항상 일치하는 것은 아니다. 대부분의 대체에너지 기술들은 전기를 생산한다. 이것은 쉽게 주거용이나 상업용 전력망에 배전될 수 있으나, 수송용으로 전기를 사용하기 위해서는 적절한 기술이 필요하다.

필요한 시기와 장소에 에너지를 사용할 수 있느냐는 적절한 에너지 저장 메커니즘의 실현과 효과적인 배전기술에 관련되어 있다. 이러한 효과적인 에너지 사용의 측면은, 종종 그럴 가치가 있는 것인지에 대해서는 고려되지 않았다. 필연적으로 에너지 저장은 한 형태에서 다른 형태로의 에너지 변환이 필요하며(일반적으로 원래의 형태로 다시 돌아온다), 이런 에너지 변환의 효율은 항상 100% 미만이다. 특별한 응용영역을 위한 가장 적절한 에너지 저장 메커니즘은 다음과 같은 여러 요소들에 관련된다. 최종적으로 사용하는 에너지의 형태, 저장이 필요한 에너지의 양, 에너지가 저장되고 추출될 때 필요한 속도(즉, 파워), 용기의 무게나 차지하는 공간(즉, 이동성) 등과 같은 것이다.

잠재적으로 실현 가능한 대용량 에너지 저장 기술들이 전력망에 대한 전기 공급과 전력수요의 변동성을 안정시킬 목적으로 고려되고 있다. 대부분의 경우 이와 같은 시스템들은 휴대용이 아니기 때문에 크기와 무게에 대한 고려는 부차적이다. 신뢰성과 에너지 저장 및 변환 효율, 그리고 인프라 구축과 운영의 경제성 등이 일반적으로 우선 고려된다(18장).

마지막으로 19장과 20장에서는 휴대용 에너지 저장 기술들이 논의될 것이다. 이런 기술들은 수송용 에너지 저장에 적합하다. 작고 가벼운 장치를 의미하는 고에너지 밀도 저장 기술들이 자동차용 에너지를 공급하는데 결정적인 요소이다. 이 문제에 대해 서로 경쟁하고 있는 2가지 접근법인 배터리와 수소에 대해 자세히 논의하도록 하겠다.

이번 파트의 시작부분에서 보여주고 있는 것은 테슬라 로드스터(전기 자동차의 한 모델)가 충전되고 있는 사진이다. 이 전기 자동차는 캘리포니아에 있는 테슬라 모터스에서 생산되었으며 2008년에 최초로 판매되었다. 로드스터는 최초로 리튬이온 2차 전지를 사용한 전기 자동차이며 또한 최초로 320 km 이상의 주행거리를 가지는 전기 자동차이다. ■

Jim West/Alamy Stock Photo

CHAPTER 17

에너지 절약

학습목표: 제17장을 학습한 후 다음 내용을 이해할 수 있다.

- 정부의 에너지 정책이 절약문제를 어떻게 다루고 있는가
- 전기와 열 생산의 결합은 어떻게 자원을 가장 잘 이용하도록 만들 수 있는가
- 전기배전에 대한 접근 방법들과 스마트 그리드(smart grid)가 어떻게 서로 다른 에너지원(energy source)들을 병합하고 전기의 사용량을 조절하는데 활용될 수 있는가
- LED 가로등을 사용한 지역사회의 에너지 절약
- 주거용 HVAC 시스템의 효율적인 가동
- 난방이 필요한 지역의 열펌프(heat pumps)의 활용
- 빌딩의 내 · 외부로의 열전달 줄이기
- 고효율 조명 기술
- 차량 연료효율 및 정부 표준
- 화석연료 절약의 수단으로써의 하이브리드 자동차의 성공가능성

17.1 서론

이 책의 대부분이 에너지 생산 방법을 다루고 있으나(예를 들면 우리의 환경으로부터 에너지를 얻어내고 이것을 수요에 적합한 형태로 변환시키는 내용), 우리가 생산한 에너지를 효율적으로 활용하는 것도 매우 중요하다. 에너지 자원(energy resource)은 제한적이나, 더 효율적으로 사용되고 미래에는 좀 더 많이 사용될 것이다. 에너지 보존(1장)은 물리학의 기본적인 원리이다. 에너지의 보존 또는 좀 더 일반적으로 '에너지 절약'이라는 용어는, 우리의 요구사항을 충족하기 위해 사용되는 에너지양을 최소화하기 위해 행해지는 최선의 조치들을 의미한다. 우리의 에너지 사용을 최소화하기 위한 조치들은 개인적인 규모에서 세계적인 규모까지 여러 단계가 가능하다. 예를 들어 우리는 일상생활에서 사용하지 않는 전등 끄기 또는 고효율 자동차 사용하기 등을 통해 에너지 절약을 수행할 수 있다. 좀 더 큰 규모로는 공공 전력생산 기관의 발전설비 효율을 향상시키거나, 도시차원에서 가로등을 LED(light-emitting diodes)로 사용하거나 하는 방법으로 에너지를 절약할 수 있다. 국가 규모로는 정부 에너지 정책에 효율적인 에너지 사용을 촉진하는 가이드라인을 포함할 수 있으며, 에너지 생산방법에 대한 지시사항이 들어갈 수 있다. 분명한 것은 에너지 절약이라는 토픽은 매우 다양하고 여러 방법으로 접근될 수 있다는 것이다. 개개인은 많은 방법을

통해 에너지 사용을 조절할 수 있다. 개개인은 자신들의 생활양식과 교통수요 충족 방법을 적절히 선택함으로써 에너지 자원이 보다 효율적으로 사용되는데 기여할 수 있다. 개인과 조직은 그들의 능력 범위 내에서 지역, 지방, 국가, 또는 국제적인 규모의 에너지 사용을 최적화하기 위한 기업이나 정부 정책에 영향을 줄 수 있다.

이 장에서는 에너지 절약이라는 주제를 여러 시각에서 접근하며, 국가 또는 국제 수준의 정책과 인센티브를 통해 효과적인 에너지 사용을 촉진할 수 있는 방법들로 논의를 시작하겠다. 다음으로 에너지 절약을 위해 지역과 지방 수준에서 적용 가능한 조치들을 설명하겠으며 마지막 부분에서는 우리의 삶에서 사용되는 에너지의 절약을 위해 개인들이 할 수 있는 일들이 논의될 것이다.

17.2 에너지 절약에 대한 접근방법들

환경보호에 대한 관심은 에너지 생산 및 절약 방법과 연결되어 있다. 이 책에서 논의된 바와 같이, 비록 모든 에너지 기술이 약간의 영향력만을 가지고, 그 영향력이 항상 명확하게 보이는 것은 아닐지라도, 환경에 덜 해로운 에너지 생산 기술들을 사용하는 것은 긍정적인 영향을 가진다. 또한 에너지 사용량을 줄이는 것은 그 에너지가 전통적인 화석연료로부터 왔는지 대체에너지 기술들로부터 왔는지에 관계없이 환경에 긍정적인 영향을 가진다. 그리고 이것은 새로운 에너지 자원의 개발뿐 아니라 절약을 위한 적절한 방법도 적극적으로 추구될 필요가 있음을 보여준다.

에너지 절약을 위한 노력들은 개인차원, 비즈니스차원, 국가 정부차원, 혹은 지방이나 지역차원에서 실행될 수 있다. 개인차원에서 실행할 수 있는 에너지 절약법에는 우리 자신의 가정에서 할 수 있는 일, 교통수요를 충족하는 방법, 에너지 절약을 촉진하기 위한 지역이나 지방 혹은 국가의 대표기관이나 정부 조직과 교류하는 방법들이 있다. 비즈니스차원에서는 에너지 사용을 줄이기 위한 선제적인 조치를 취하고, 에너지 문제를 생각한 환경친화적 생산공정과 에너지 효율적인 제품을 생산하는 공급업체를 활용함으로써 에너지 절약을 위한 노력에 기여할 수 있다. 정부차원에서는 정부나 업계 또는 개인이 에너지 절약법을 실행하도록 예산이나 인센티브를 제공하는 에너지 정책을 개발함으로써 에너지 자원의 효율적인 사용에 긍정적인 영향을 줄 수 있다.

에너지 절약에 대한 동기는 환경문제나 장기적인 에너지 안보 또는 독립이 포함될 수 있으나, 결국 에너지 절약의 가장 중요한 동기는 경제문제이다. 우리가 에너지를 절약하면 결국 돈을 절약할 수 있다. 에너지 절약을 위한 가장 효율적인 접근방법은 그 지역이 어디냐에 따라 상당부분 달라질 것이다. 에너지 자원의 가용성, 기후, 에너지 수요에 대한 분포가 어떠한가, 예를 들어 교통, 전기, 난방, 산업 등등에 어떻게 분포되어 있느냐와 같은 모든 것이 가장 효율적인 에너지 절약법이 무엇인가를 결정하는 중요한 요소들이다. 또한 경제, 사회적인 요소, 정치 등은 절약법을 실행하는데 중요한 역할을 한다. 대부분의 국가에서 국가에너지정책이 에너지 자원의 사용을 가이드하며 다음과 같은 요소들을 포함하고 있다.

- 에너지 수요의 평가
- 에너지 자원의 가용성
- 에너지 자급자족의 가능성
- 에너지 사용의 환경영향
- 에너지를 효율적으로 사용하는 제품에 대한 홍보
- 에너지 절약 대책의 추진
- 도, 지방 또는 도시 수준에서의 에너지 관련된 활동에 대한 상호작용
- 인센티브와 보조금과 같은 것을 포함한 에너지 정책의 실행 메커니즘의 개발

이런 정책들은 에너지 자원에 대한 개발뿐 아니라 에너지 절약의 여러 방안을 포함한다. 일반화시키기는 힘들겠지만 이 장에서는 다양한 지역에서 이루어지고 있는 에너지 절약에 대한 접근법들을 제시하여 에너지 절약법에 대한 통찰력을 제공하고자 한다.

17.2a 미국에서의 에너지 절약

미국의 에너지 정책은 주로 에너지부(Department of Energy)에 의해 실행된다. 미국 에너지부는 미국의 에너지 사용을 주거용, 상업용, 산업용, 수송용과 같은 4개의 넓은 범주로 분류한다. 미국 에너지부의 통계에 따르면 이런 분야들은 각각 전국적 에너지 사용량의 21%, 17%, 33%, 28%를 차지하고 있다. 에너지 사용과 절약에 대한 4가지 범주에 대한 접근방법들을 지금부터 알아보도록 하겠다.

난방과 냉방은 평균적으로 주거용 에너지 사용량의 약 42%를 차지하는 주요 사용처이다. 주거용 에너지의 13% 정도는 온수를 얻기 위해 사용하고, 10% 정도는 조명을 위해, 나머지는 대부분 전자제품이나 전기 기구를 이용하는데 사용된다. 주거용 에너지 사용의 정확한 사용처는 미국 내 지역에 따라 매우 다르며 기후에 많은 영향을 받는다. 추운 지역에서는 난방이 에너지 사용의 많은 부분을 차지하는 반면, 더운 지역에서는 에어컨이 에너지의 주요 사용처이다. 중간 정도의 기후를 가진 지역에서는 조명과 전기기구들이 에너지 사용의 주요 부분을 차지한다.

역사적으로 전체 에너지 소비의 변화는 두 가지 서로 대립되는 요소들에 의해 결정되어 왔다. 에너지 손실은 더 효율적인 기구를 사용함으로써 감소되었지만 소비자들이 더 많은 에너지를 요구함에 따라 에너지 소비는 증가되었다.

좀 더 효율적인 에너지 사용을 촉진하기 위해 미국 에너지부는 1987년 국가 가전기기 에너지 절약법(National Appliance Energy Conservation Act)을 제정, 의회의 승인을 받았다. 이 법은 주거용 에너지 소비 기기들의(가전기기, 전자기기, 전열기, 냉방기기) 최소 효율을 지정하고 있다. 이 규정은 연간의 평가 자료에 기초하여 실행 가능하고 경제적으로 타

당하도록 업그레이드된다. 특별히 효율적인 기기들은 'ENERGY STAR' 인준을 획득한다(ENERGY EXTRA 17.3). 많은 기기들이 대기모드로 있을 때에도 상당양의 전기를 소비하기 때문에, 기기가 꺼져 있는 상태에서 소비되는 에너지의 양은 에너지 절약을 위해 중요하게 고려된다. ENERGY STAR 프로그램은 에너지를 소비하는 기기뿐 아니라 에너지 수요를 결정하는 요소 중 하나인 건설재료와 건설기술도 포함한다.

소비자의 에너지 요구는 생활양식의 변화로 인해 증가되었다. 특히 1970년 이후 평균적인 주거지의 크기 증가와 전자 기기들의 사용, 중앙 에어컨 시스템의 보급 등에 의해 많은 영향을 받았다. 이와 같은 것들은 미국의 에너지 수요 증가를 초래하였다.

중앙 정부와 주정부 모두 가정의 에너지 소비감소에 세금공제를 제공함으로써 효율적인 주거용 에너지 사용을 촉진시켰다(17.6절). 많은 지역에서는 공공전력회사 등도 보다 효율적인 에너지 사용을 이끌어 내기 위해 보조금을 제공한다. 미래 스마트 그리드(17.4절)의 구현가능성은 유틸리티와 다양한 정부차원의 투자가 요구된다. 이를 위한 첫 단계는, 소비자들의 에너지 사용량에 대한 피드백(feedback) 및 실시간 에너지(특히 전기)를 모니터링 하여 에너지 절약을 촉진할 수 있다.

상업분야는 소매업, 식당, 학교, 그 외 다른 시설들을 포함한다. 상업분야 에너지 소비의 많은 부분은 냉방, 난방, 온수, 조명을 위한 주거분야의 에너지 소비패턴과 유사하다. 그러나 상업분야는 조명에 좀 더 많은 에너지를 사용한다(대략 25%까지). 특히 상업분야의 조명은 형광등이 주로 이용되고 있다. 난방과 조명 시스템의 프로그램화와 같은 빌딩에너지 사용의 중앙 조절시스템은 에너지 절약법의 실행을 위한 효과적인 수단을 제공한다. 상업분야에서 경제요소는 효율적인 에너지 사용을 위한 강한 동기를 부여한다. 많은 분야에서 새로운 상업 구조물을 위한 지역 건축법규는 에너지 효율의 표준을 준수하기 위한 설계가 요구된다. 미국 정부 정책은 연방 정부의 빌딩이 특정 에너지 효율에 대한 요구사항을 반드시 준수해야 한다고 명시하고 있다. 15%의 현존하는 빌딩들은 2015년에 만들어진 최소 에너지 요구사항에 부합할 것을 요구 받으며 모든 새로운 연방 정부 빌딩은 2030년까지 ZNE(zero net energy) 빌딩이어야 한다. ZNE 빌딩은 약간 애매모호하게 사용되는 용어로 북미에서는 타 지역에서 사용되는 것과 종종 다른 개념으로 사용된다. 엄밀한 의미의 ZNE 빌딩은 태양이나 바람과 같은 재생 가능한 자원으로부터 모든 필요한 에너지를 자체 생산해 내는 빌딩을 말한다. 미국 정부 정책에서 사용되는 ZNE 빌딩의 공식적인 정의는 건설과 운영되는 과정에서 온실가스 배출을 하지 않는 빌딩을 말한다. 이것은 때로는 탄소 배출이 없는(zero-net-carbon) 빌딩으로 일컬어지기도 한다.

제조업, 광업, 건설, 농업 등을 포함하는 산업분야의 에너지 절약은 환경과 경제 문제에 모두 영향을 받는다. 제철산업과 제지산업은 큰 에너지를 소비하지만, 과거 30~40년간 상당한 양의 에너지 소비 절감이 실행되어졌다. 열병합발전의 활용은 이런 에너지 소비 감소에 많은 기여를 했다(17.3절). 농업활동은 최근 상당히 에너지 효율적으로 에너지가 사용되고 있으며 16장에서 보여준 바와 같이, 이런 에너지 효율의 증가는 생산되는 식품의 칼로리 대비 투입되는 에너지 비율의 감소로 직접적으로 관찰된다. 많은 지역에서 담수를 처리하고 소비자에게 분배하는데 사용되는 에너지는 전체 에너지 사용의 중요한 부분을 차지한다. 따라서 담수를 이용할 수 있느냐의 여부는 장기적인 환경문제와 우리의 미래 에너지 문제의 핵심 구성요소이다.

최근 미국의 산업분야 총 에너지 사용량은 감소하고 있다. 이것은 부분적으로 고효율 에너지 기술 때문이기도 하지만, 사실상 미국의 산업 활동 유형의 변화를 반영하며, 많은 제조 과정을 아웃소싱(outsourcing)에 의존하고 있기 때문이기도 하다.

수송(17.8절)은 에너지 사용의 주요 분야이다. 미국에서 수송용 에너지 사용의 65% 정도는 휘발유 자동차(대부분 개인 소유)에 의한 것이며, 20% 정도가 디젤 자동차(대부분 상업용 트럭, 기차, 배), 15% 정도는 항공에 의한 것이다. 1970년 이후 미국 정부의 에너지 정책은 자동차 연료의 소비효율 향상을 다루고 있다. 이런 활동들은 주로 중앙 정부에 의해 이루어지고 있으며 어떤 경우에는 주규정(특히 캘리포니아 주에서)이 자동차 제조업체를 겨냥하기도 한다. 1970년대 초반의 에너지 위기 결과로, 1975년 미국 정부는 자동차 제조업체들이 제조하는 자동차의 연료효율을 향상시키도록 압력을 가하기 위해 CAFE(Corporate Average Fuel Economy) 정책을 실행하였다. 1978년에는 과도한 양의 연료를 사용하는 차량의 운전자들을 처벌하기 위한 Gas Guzzler Tax가 도입되었다. 세금부과는 지금까지 시행되지만 승용차의 연비가 개선되었기 때문에 매우 소수의 차량만이 과세되고 있다.

휘발유 차량의 환경에 대한 영향을 줄이기 위한 방안 중 하나로 플렉스(flex) 연료차량의 도입을 들 수 있다. 이런 차량들은(16장) 휘발유와 에탄올의 다양한 혼합물을 사용하여 운행될 수 있다. 다른 나라의 플렉스 연료 차량은 100% 에탄올 또는 휘발유와 에탄올의 다양한 혼합물을 사용하여 운행되지만, 미국은 대체로 85%까지 에탄올을 섞은 혼합물(E85)을 연료로 하여 운행되고 있다. 전 세계적으로 4900만대 이상의 플렉스 연료 차량이 도로를 주행 중이다. 대부분은 브라질에서 사용되고 있으며 두 번째는 미국으로 전체 대수의 약 35%를 차지한다. 하지만 상당량의 플렉스 연료 차량이 미국의 도로를 주행 중임에도 플렉스 연료(예, E85)의 사용실적은 매우 미미하다. 많은 플렉스 연료 차량의 소유주들은 그들의 차량이 에탄올/휘발유 혼합물을 이용하여 주행 가능한 것을 인지하지 못해 플렉스 연료 차량의 90%가 휘발유만으로 주행되고 있다. 각각의 플렉스 연료 차량이 판매될 때마다(비록 소유주가 휘발유로 주행한다 하더라도) 부여되는 정부의 fuel economy credit은, 자동차 제조회사들로 하여금 플렉스 차량을 생산하게 하는 동기부여 역할을 해왔다[사실 일반자동차와 플렉스 연료 차량은 약간의 차이가 있을 뿐이다(16장)]. 이런 이점은 제조사들이 연료효율의 향상 없이도 CAFE 가이드라인을 맞추는데 도움을 준다.

수송용 에너지의 효율 향상을 촉진하기 위한 다른 활동들 중 하나로 대중교통에 대한 보조금 지급이 포함되어 있다. 이런 보조금들은 일반적으로 도시 차원에서 지급된다. 또한 도시나 주 차원에서, 도시지역에 특정 숫자 이상의 승객이 탑승한 차량만 주행 가능한 특별한 차선을 지정하여, 개인 차량의 카풀(carpooling)이나 함께 탑승하는 것을 장려하기도 한다.

플러그인 하이브리드[plug-in hybrids(17.8절)]나 순수한 배터리 전기 자동차[battery electric vehicles, BEVs(19장)] 구입자들에게 장려금을 지급하는 방법도 실행되고 있다. 이것들은 세금 공제나 환급금의 형태로 중앙 정부나 많은 주정부들에 의해 지급되고 있다.

17.2b 캐나다의 에너지 절약

캐나다 헌법에 따르면, 지방(provinces) 및 지역은 천연자원에 대한 관할권을 가지고 있다. 천연자원에는 석유와 천연가스와 같은 재생 불가능한 에너지 자원과 풍력, 태양광, 조력 같은 재생 가능한 에너지 자원 모두가 포함된다. 에너지에 관해서는 연방 정부가 지방들간 또는 국제간의 중요한 문제로 다루고 있다. 에너지를 개발하기 위한 계획과 에너지 절약을 위한 많은 프로그램들은 대부분 지방(provinces) 차원에서 나온다. 2장에서 보여준 바와 같이 캐나다는 세계에서 가장 높은 1인당 에너지 소비량을 가지고 있다. 이것은 GDP, 기후, 산업적인 다양성, 인구밀도 등과 같은 요소들 때문이다. 비록 캐나다는 순 에너지 수출국(소비되는 것보다 더 많은 양을 생산한다)이나 에너지 절약은 중요한 관심사이다. 기후로 인한 난방 수요와 넓은 영토로 인한 교통 수요가 특히 중요한 관심사이며 많은 정책 계획과 보조금들이 이 지역에서 사용되고 있다.

에너지 절약을 위한 많은 보조금 프로그램들은 특정 에너지 수요와 관심에 따라 지방마다 다양하게 실시되고 있다. 많은 프로그램들은 주택소유자를 겨냥하여 다음과 같은 방법을 포함한다.

- 주요 건물과 백화점에서 무료로 소형 형광등(17.7절)을 배포
- 오래된(에너지 효율이 나쁜) 가전제품을 효율이 좋은 새 것으로 대체하는 주택소유자에게 무료 수거나 환급금 제공
- 저소득 가정을 위해서 단열처리, 에너지 효율적인 조명, 프로그래밍 가능한 자동 온도 조절 장치 및 공기 누출의 감소와 같은 무료 에너지 효율 업그레이드 제공
- ENERGY STAR 창문의 사용이나 단열의 향상과 같이 에너지 효율 업그레이드를 위한 지방 또는 연방 정부의 보조금 지급
- 태양열 수집 또는 주거용 풍력터빈과 같은 주거용 재생 에너지의 개발에 대해 보조금 지급
- 낮은 온실가스 배출 옵션을 가진 가열 시스템의 보급과 수리에 대한 보조금 지급
- 특정 에너지 효율 기준에 부합하는 새로운 주택 건설에 대한 보조금 지급

캐나다의 천연자원 에너지 효율화(Energy Efficiency of Natural Resources) 사무실은 비즈니스와 산업을 겨냥하여 에너지 절약을 다루는 많은 프로그램을 제공한다. 이것은 기기나 장비의 에너지 효율에 대한 정보 배포, 에너지 효율적인 건축에 대한 가이드라인, 에너지 효율 향상을 위해 기존 구조물의 에너지 평가 및 개조를 수행하기 위한 비용분담 프로그램을 포함한다.

1970년대 초의 에너지 위기 이후, 캐나다 정부는 국가 내 자동차 연료효율을 향상시킬 수 있는 방법들을 도입했다. 1975년, 정부와 산업체간의 연료 소비 프로그램(fuel consumption program, FCP)이 도입되었으며, 이후, 캐나다 교통국은 자동차의 연료 소모에 대한 자료를 수집했다. 이 정보들은 캐나다 천연자원국을 통해 사용되었다. 이 프로그램의 목적은 캐나다에 연료효율이 높은 차량의 도입을 장려하고 에너지 절약에 대한 대중의 관심을 촉진시키는 것이었다. 자동차와 경량트럭 제조 및 수입업체들의 연료효율 향상 노력을 장려할 목적으로 미국의 CAFE와 맥을 같이 하는 Annual voluntary CAFE 가이드라인이 제정되었다. 이 프로그램은 2010년 'Canadian Environmental Protection Act'의 일부를 구성하는 'Passenger and Light Truck Greenhouse Gas Emission Regulations'을 새로이 도입함으로써 종료되었다. 자동차 제조업체들은 캐나다의 환경을 위해 캐나다 내에서 판매된 차량에 대한 데이터를 제공해야 한다.

플렉스(flex) 연료 자동차는 캐나다에서 손쉽게 접할 수 있으며 2014년 현재 약 1,600,000대의 이런 차량들이 운행 중이다. 반면 2012년 현재 캐나다에서 일반인에게 E85를 판매하는 주유소는 단지 3개뿐이며, 이 때문에 대부분의 플렉스 연료 자동차는 휘발유만으로 주행되고 있다.

지방과 도시 차원의 카풀 차선(carpool lanes)은 많은 지역에서 일반적으로 사용된다. 온타리오와 퀘벡주 정부들은 플러그인 하이브리드(plug-in hybrids)나 배터리 전기 자동차(BEVs)의 구입자를 위한 보조금 프로그램을 시행하고 있다. 또한 온타리오주는 플러그인 하이브리드나 BEVs에 'Green Licence Plates'를 도입하였는데, 이와 같은 차량은 탑승자 수에 관계없이 카풀 차선으로 주행할 수 있다.

17.2c 유럽연합(EU)의 에너지 절약

유럽연합(EU)의 일반적인 에너지 정책은 2007년 유럽 이사회에서 승인을 받았으며 그 핵심 포인트는 다음과 같다.

- 온실가스 배출의 감축
- 신재생에너지 기술의 개발
- 에너지 절약
- 향상된 원자력 반응기의 개발
- 탄소 격리

에너지 절약이 이 정책의 구체적인 목표이나, 유럽연합에서 매우 강조하고 있는 부분은 온실가스 배출의 감소이며, 에너지 절약은 온실가스 감축의 중요한 요소로 다뤄지고 있다. 유럽연합의 에너지 정책은 풍력, 태양에너지, 바이오에너지, 탄소 격리, 스마트 그리드, 핵분열 등에 대한 시행안을 포함하는 'SET(Strategic Energy Technology) Plan'의 실행을 통해 수행되고 있다. SET plan은 유럽연합과 회원국의 프로그램들을 조정한다. 유럽연합의 많은 에너지 절약 프로그램은 SAVE(Specific Actions for Vigorous Energy Efficiency) 프로그램의 관할 하에 있다. 1991년 처음 SAVE 프로그램이 제정되어 1995년까지 시행되었다. 이후 좀 더 업데이트 되어서 SAVE II가 1996년부터 2002년까지 시행되었고 현재는 IEE(Intelligent Energy-Europe)의 일환으로 SAVE III가 진행 중이다. 이런 프로그램들은 특별히 주거용 및 상업과 산업분야의 에너지 절약을 다루고 있다.

유럽연합의 여러 주거용 에너지 절약 시행안들은 북미에서 시행되는 것들과 유사하다. 이런 프로그램들의 목표는 온실가스 배출을 줄이고 에너지 자원을 보존하는데 있다. 장기 목표로는 모든 새로운 주택을 ZNE 빌딩, 즉 탄소를 배출하지 않는 빌딩으로 만들고, 모든 주택에 실시간으로 전기 소비를 모니터링 할 수 있도록 시설을 완비하는 것을 포함하고 있다.

상업분야에서는 빌딩의 효율이 중요한 관심사이다. 유럽연합 내 빌딩을 위한 에너지 효율의 표준 시행안은 일반적으로 다음과 같은 것이다.

- 새로 건설되는 대형 빌딩은 반드시 일정한 효율 표준안을 준수할 것을 요구한다.
- 현존하는 대형 빌딩들은 반드시 최소 요구안을 따를 수 있도록 수리한다.
- 모든 대형 빌딩은 판매 전에 에너지 인증을 요구한다.
- 퍼니스(furnaces), 보일러, 에어컨 시스템은 효율적인 가동을 보장하기 위해 정기 검사를 받아야 한다.

유럽연합의 에너지 정책은 자동차로부터 이산화탄소배출량 감축 할당분을 달성하기 위해 자발적으로 합의를 한 ACEA(Association des Constructeurs Européens d'Automobiles, 영어로는 European Automobile Manufacturers' Association)를 포함한다. 연비의 향상은 온실가스 배출을 감축하기 위한 중요한 요소이다.

대부분의 유럽연합 국가들은 수송용으로 바이오연료 사용 시 제공되는 인센티브 제도를 가지고 있다. 플렉스 연료 자동차(대표적으로 E85에 의해 운행되는)는 많은 지역에서 홍보되고 있고 E85를 주유할 수 있는 주유소도 많이 늘어났다. 연료비에 붙는 세금과 자동차세를 줄여주는 방식의 인센티브 제도는 휘발유에 비해 상대적으로 낮은 E85의 에너지 함량을 상쇄하는 역할을 한다. 특히 독일에서는 바이오디젤 자동차에 많은 관심을 가지고 있다. 바이오 연료에 부과되는 세금의 감면이 이런 인센티브제도에 포함된다. 바이오디젤은 100% 비화석연료이기 때문에 판매가에 세금이 부과되지 않으며, 반면 에탄올/휘발유 혼합물의 경우에는 화석연료 함량에 비례하여 세금이 부과된다.

또한 유럽연합은 호주, 브라질, 캐나다, 중국, 인디아, 멕시코, 러시아, 한국, 미국 등과 함께 IPEEC(International Partnership for Energy Efficiency Cooperation)의 멤버이다. 이 조직은 에너지 효율에 집중하여 에너지 정책에 관한 국제협력을 높이고 있다. 이에 관련된 많은 시행안들이 멤버 국가들 중 하나에 의해 수립되어 왔다. 그것들 중 일부는 다음과 같다.

- IPEEI(Improving Policies through Energy Efficiency Indicators): 에너지 효율을 평가하기 위한 방법을 개발하고 이를 실행하기 위해 프랑스가 이끌어 가고 있음

- SBN(Sustainable Buildings Network): 독일이 이끌어 가고 있으며, 빌딩의 효율을 다루는 정책을 살펴보고 있다. 새로운 건설에 대한 가이드라인과 현존하는 빌딩들의 효율을 높일 수 있는 방법들이 연구되고 있다.
- WEACT(Worldwide Energy Efficiency Action through Capacity Building and Training): 개발도상국들의 에너지 효율에 관련된 정책을 개발하고 실행하는 것을 원활하게 하기 위해 이탈리아가 이끌어 가고 있다.

17.2d 인도의 에너지 절약

인도의 에너지 소비는 급격한 경제 성장으로 인해 급속도로 늘어나고 있다. 하지만 현재 인구의 30% 이상이 전기를 사용하지 못하고 농촌의 경우 50% 이상 전기를 사용할 수 없다. 따라서 에너지 정책에 반드시 고려해야 할 점들은 다른 많은 나라들에 비해 상당히 복잡하다. 현재, 인도 에너지 생산의 약 70%는 화석연료로부터 나오고 있으나, 재생 가능한 대체 자원으로부터 에너지를 얻기 위한 노력이 상당한 우선순위를 가지며 실행되고 있다. 실제로, 수력, 풍력, 태양 에너지와 같은 재생 에너지원을 이용하여 시골지역을 전력화하려는 노력이 활발히 진행되고 있다. 인도에서는 더 많은 에너지가 필요하기 때문에, 사용 가능한 에너지를 절약하는 것이 에너지 정책의 중요한 요소이다. 여러 정부 기관이 에너지 절약을 위한 노력에 참여하고 있다.

에너지 효율을 향상시킬 목적(특히 화석연료 절약방법에 관해)으로 1977년에 설립된 PCRA(Petroleum Conservation Research Association)는 이를 위한 인도의 정부기관이다. 최근 들어, 자원을 보존하고 환경오염을 줄이기 위해서는 에너지 효율 향상이 필요하다는 인식을 제고하기 위해 미디어 캠페인이 실행되었으며, 이를 통해 대중에게 이런 문제에 대한 정보를 제공하는 효과를 얻을 수 있었다. PCRA는 국가적으로 중요한 네 가지 광범위한 분야, 즉 주거용 에너지 사용, 산업용 에너지 사용, 농업용 에너지 사용, 교통에 관한 에너지 절약을 다룬다.

주거분야에 있어 대중에 대한 교육은 PCRA의 중요 관심사이며, 가정에서의 에너지 사용 효율을 향상시키기 위한 프로그램들을 포함하고 있다. 또한 PCRA는 연료효율이 좋은 난로의 개발, 소형 형광등과 같은 에너지 효율적인 조명의 사용, 대체 재생 에너지의 도입 등을 포함하고 있다. 산업분야에서 있어 PCRA는 산업용 에너지에 대한 감사를 실시하고, 보다 효율적인 에너지 사용에 대한 권장사항을 제공하는 등 활발히 활동하고 있다. 자본투자 없이 에너지를 절약할 수 있는 운영상의 조절(operational adjustments)은 이런 활동에 중요 부분을 차지한다. 산업과의 교감은 실제 실현된 에너지 절약을 평가하는 후속과정뿐 아니라 세미나와 클리닉, 워크샵 등도 포함된다. 농업분야에서의 활동은 농민들이 트랙터나 펌프와 같은 장비를 적절히 유지 관리하여 에너지 효율을 최적화하기 위한 교육프로그램을 포함한다. 마지막으로 교통분야에서는 연료의 효율적 사용을 위한 운전습관을 촉진하는 운전자 교육프로그램에 초점을 맞추고 있다.

2001년 인도의 의회는 Energy Conservation Act(에너지 절약 법안)를 통과시켰다. 이 법안은 에너지 사용에 대한 가이드라인을 준수하도록 대량의 에너지 소비자에 대해 제한을 가하며, 새로운 건설 시 에너지 효율적인 건축을 위한 법규를 따르도록 하며, 가전제품들이 에너지 효율에 대한 가이드라인을 따르도록 요구한다. 이 법안을 시행하기 위한 방안으로 인도의 에너지 사용 효율을 높이기 위한 프로그램 개발권을 가진 BEE(Bureau of Energy Efficiency)가 설립되었다. BEE가 초점을 맞추고 있는 몇 가지 분야는 다음과 같다.

- 백열전등을 소형 형광등으로 교체(17.7절)
- 고효율 가전기기에 대한 판촉과 에너지 소비에 대한 정보를 소비자들에게 제공
- 도시의 가로등을 LED 램프로 교체(17.5절)
- 도시의 하수를 처리하고 배분하는 시스템의 에너지 효율 향상
- 새로운 건물의 건축에 있어 자발적인 에너지 효율 표준을 수립
- 비효율적인 농업장비를 에너지 절약용 장비로 교체

BEE는 인도의 다양한 에너지 절약 노력을 조절하기 위한 수단이 되어 왔으며 실행방법의 효율성을 모니터하기 위한 시스템과 절차를 만들어 왔다.

화석연료에 대한 의존성을 줄이기 위해, 인도는 바이오 연료와 핵에너지를 적극적으로 추구하고 있다. 이의 일환으로 수송용 연료로 자트로파(Jotropha)로부터 추출된 바이오디젤을 생산하려는 많은 노력을 기울이고 있다. 뭄바이와 델리 사이 철길 주변은 자트로파를 키우는데 사용되고 있으며, 열차는 자트로파 기름을 함유한 바이오디젤 혼합물로 운행되고 있다. 이런 자원(source)들로부터 바이오디젤을 생산하고 사용하려는 많은 프로젝트가 수행되고 있다. 이 프로그램은 인도의 바이오디젤 개발에 큰 성공을 가져다주었다. 또한 ENERGY EXTRA 6.4에 나와 있듯이, 인도는 세계에서 장기 핵개발 계획을 가장 야심적으로 추진하는 국가 중의 하나이다.

인도는 또한 IPEEC(17.2c절)의 멤버이다. 이 조직에서 인도의 역할 중 하나는 AEEFM (Assessment of Energy Efficiency Finance Mechanisms) 계획을 이끄는 것이다. 이 프로그램은 전 세계적인 에너지 효율화 프로젝트의 성공적인 자금 확보를 위해, 발생되는 문제점에 대한 해결방안을 찾고 이를 문서화한다. 또한 이 프로그램은 에너지 효율화 프로그램을 수행하기 위한 세금과 보조금 등에 사용되는 자금의 효과적인 메커니즘을 평가하고 에너지 절약 활동에 어떤 혜택을 부여할 수 있는가를 고민한다.

17.3 열병합발전

열 엔진을 포함한 모든 전기 생산방법에서 열에너지가 기계적인 에너지로 변화될 때 열역학적 효율에 의해 과량의 열이 발생하게 된다. 이런 방법들은 원자력 연료, 석탄, 천연가스

등을 이용하여 열을 생산하는 것을 포함한다. 한편, 이런 과량의 열은 그 에너지가 원하는 형태로 변환되지 않으며 반드시 제거되어야 하기 때문에 열 엔진에 원치 않는 결과를 가져온다. 이 상황에서 다른 접근방법은 과량의 열을 새로운 에너지 원천으로 보는 것이다. 열은 지역사회에 난방과 온수를 제공하기 위해 사용될 수 있을 것이다. 이런 접근법을 열병합, 또는 열과 전력의 병합(combined heat and power, CHP)으로 일컬어진다. 발전소의 효율은 일반적으로 40% 이하이며, 생산되는 에너지의 많은 부분이 전기보다는 열로 사용 가능하다. 열병합발전을 실행하는데 있어 가장 큰 어려움은 전기 요구량과 열 요구량의 조화를 이루는 것이다. 전기는 광범위하게 전력망을 통해 송전될 수 있으나 열에너지는 현실적인 이유로 인해 부근에서만 사용 가능하다. 열병합발전은 주로 전기에 대한 기본 부하 요구량 또는 열/온수의 기본 부하 요구량을 충족하기 위해 설계된다. 일부의 경우 하나 또는 다른 에너지에 대한 수요가 높은 시기에는 새로운 에너지원이 필요할 수도 있다.

과량의 열을 무의미하게 버리는 것보다 유용한 목적으로 사용하는 것이 좀 더 이익이 되는 것으로 보일 수 있다. 하지만 필요한 기반시설과 유지비용을 생각하면 어느 정도 이상의 효율은 반드시 달성되어야 한다. 전력망에 전기를 송전하는 것은 비교적 간단하지만 열과 온수를 필요한 곳에 전달하기 위해서는 단열파이프 시스템이 필요하다.

열병합발전은 석탄보다는 천연가스를 이용한 발전소에 좀 더 효율적으로 사용되어 왔으나, 나무나 농업용 폐기물을 포함한 다양한 대체연료를 사용하는 발전소에서도 성공적으로 실행되어 왔다. 추운 기후를 가진 지역에서는 열이 절실히 필요하기 때문에 열병합발전이 인기를 얻으며 경제적으로 시행되고 있다. 덴마크나 네덜란드, 핀란드에서는 이것이 에너지 경제에 있어 중요한 요소가 되어 왔다. 더운 지역에서는 발전소로부터의 과량의 열을 난방이나 온수를 공급하는 용도뿐 아니라, 흡수냉각기(absorptive chiller)를 통해 에어컨에 사용할 목적으로 냉수를 공급하는 데에도 사용되어 왔다. 열을 생산하는 발전소로부터 에너지를 사용하는 이와 같은 접근법을 삼중열병합발전(trigeneration)이라고 한다.

열병합발전은 많은 양의 열이 상당히 작은 지역에서 사용될 때 매우 효과적으로 활용될 수 있다. 이런 경우의 예로 맨하탄에서는 약 100,000개의 빌딩이 열병합발전으로부터 열을 공급받고 있다. 열병합발전은 기업, 제조시설, 병원들과 같이 분산된 시설에서도 일반적으로 사용된다. 이와 같은 작은 지역사회의 요구량은 작은 발전소를 통해 충족시킬 수 있다. 천연가스를 연소시켜 터빈을 돌리는 코넬대학의 열병합발전시설은 이런 방법의 좋은 예라 할 수 있다(그림 17.1). 30 MW짜리 발전시설은 캠퍼스의 에너지 요구량의 대부분을 제공한다. 이와 같은 시스템의 일반적인 디자인은 그림 17.2에 나타내었다.

그림 17.1: 코넬대학의 열병합발전소.

Jon Reis/www.jonreis.com

예제 17.1

천연가스를 이용한 발전소가 39%의 효율로 200 MW_e의 정격을 가지면서 68%의 용량 계수로 운영되고 있다. 지역사회의 난방용 온수가 열병합발전에 의해 생산될 때 연간 사용 가능한 열에너지를 계산하시오.

풀이

정격출력으로부터 생산된 총 파워는

$$\frac{200\ \text{MW}_e}{0.39} = 513\ \text{MW}.$$

따라서 과량의 열(excess heat) 생산량은

$$513\ \text{MW} - 200\ \text{MW} = 313\ \text{MW}.$$

용량 계수 68%에서의 연간 생산되는 열에너지는

$$313\ \text{MW} \times 0.68 \times 3.15 \times 10^7\ \text{s/y} = 6.7 \times 10^9\ \text{MJ}.$$

전반적으로 열병합발전은 적절한 환경에서 폐열을 이용, 우리의 에너지 사용 효율을 높일 수 있는 적절한 방법이 될 수 있다. 이 방법은 북미에 비해 특히 북부와 동부 유럽에서 광범위하게 사용되고 있으며 최근에는 좀 더 넓은 지역으로 확산되어 가고 있다.

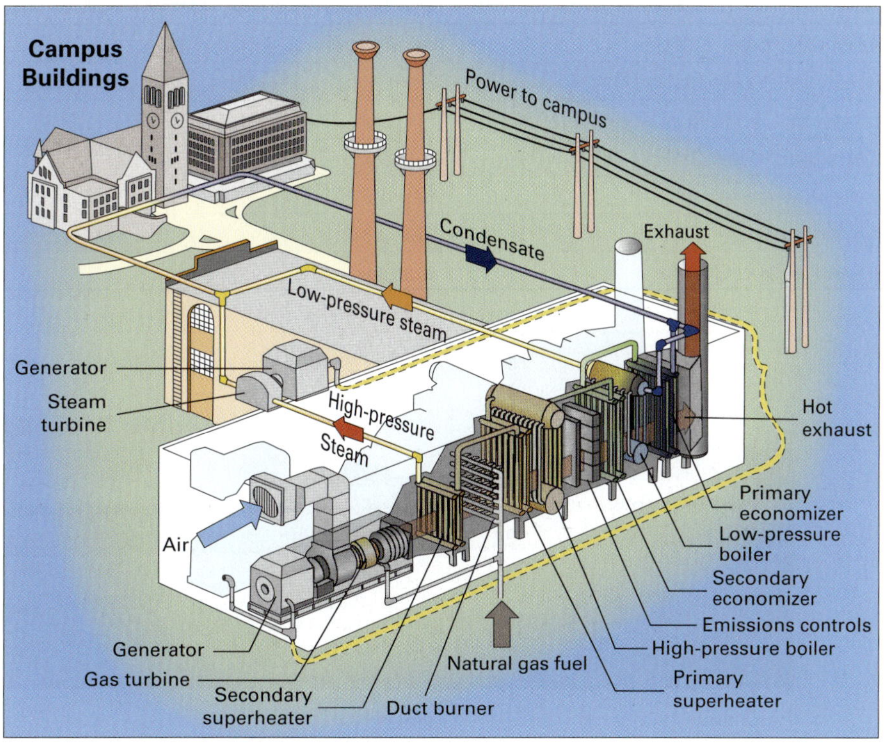

그림 17.2: 코넬대학의 열병합발전소의 개략도.

Based on Cornell University, Combined Heat and Power Plant, http://energyandsustainability.fs.cornell.edu/util/heating/production/cep.cfm

ENERGY EXTRA 17.1
아이슬란드의 지열발전

15장에서 설명했듯이 아이슬란드는 지열 자원이 풍부하며, 직접 난방 및 발전에 지열 자원을 광범위하게 사용하고 있다. 실제로 아이슬란드의 모든 주요 에너지 사용의 약 65%는 지열이다. 지열은 국가의 전력의 약 26%와 국내 난방과 온수의 90%를 제공한다. 수송에 사용되는 화석연료(일차에너지 사용의 약 15%를 차지)를 제외하고, 아이슬란드의 나머지 모든 일차에너지 사용은 거의 모두 수력발전에서 비롯된다.

열병합발전이라는 용어는 화석연료 연소 설비에서 전력과 열에너지를 생산한다는 뜻으로 가장 일반적으로 사용되지만, 아이슬란드는 지열에너지 생산에서 이 두 가지 측면을 매우 효과적으로 연계하고 있다. 아이슬란드에는 7개의 지열발전소가 있으며, 그 중 3개인 Hellisheiði, Nesjavellir 및 Nesjavellir는 열병합발전(CHP)을 제공하는 주요 발전소이다.

간단한 열병합발전 시스템의 구성도를 나타내었다. 수증기와 온수의 혼합물인 시추공 유체가 수증기 분리기를 통과한다. 수증기는 발전기를 구동하여 전력망에 분배할 전기를 생산하는 터빈으로 보내진다. 터빈 배기가스로 생산된 온수는 지역난방 용도로 열에너지를 지하수로 전달한다. 시추공 유체는 다양한 용존 미네랄을 포함하고 있어 직접 가열용으로는 적합하지 않다. 수증기 분리기에서 나오는 뜨거운 물은 열교환기에서 열을 지하수로 전달하고, 이 가열된 지하수는 터빈으로부터 나오는 가열된 지하수와 합쳐진다. 이 가열된 물은 추가로 처리한 후 난방 및 온수 사용을 위해 분배된다.

레이캬비크의 지역난방 시스템은 세계에서 가장 큰 시스템으로 매년 6천만 입방미터 이상의 온수를 운반한다. 약 85℃인 온수는 도시 전체에 분배하기 위해 용량이 각각 4,000 m^3인 6개의 대형 탱크에 저장된다.

아이슬란드의 지열 발전소. 소규모의 Bjarnarflag 및 Húsavik Station은 지역난방 및 온수를 지역에 제공한다.

name	location	electrical capacity (MW_e)	thermal capacity (MW_{th})
Hellisheiði Power Station	Hveragerði	303	133
Reykjanes Power Station	Grindavík	100	0
Nesjavellir Geothermal Power Station	Þingvellir	120	300
Svartsengi Power Station	Grindavík	75	150
Krafla Power Station	Reykjahlíð	60	0
Bjarnarflag Power Station	Reykjahlíð	3	unknown
Húsavik Power Station	Húsavik	2	unknown

Richard A. Dunlap

아이슬란드 Hveragerði에 있는 Hellisheiði 발전소.

Based on E. Gunnlagsson "Geothermal district heating in Reykjavik, Iceland" International geothermal Days, Poland 2004 paper 3.5, pp 162-169

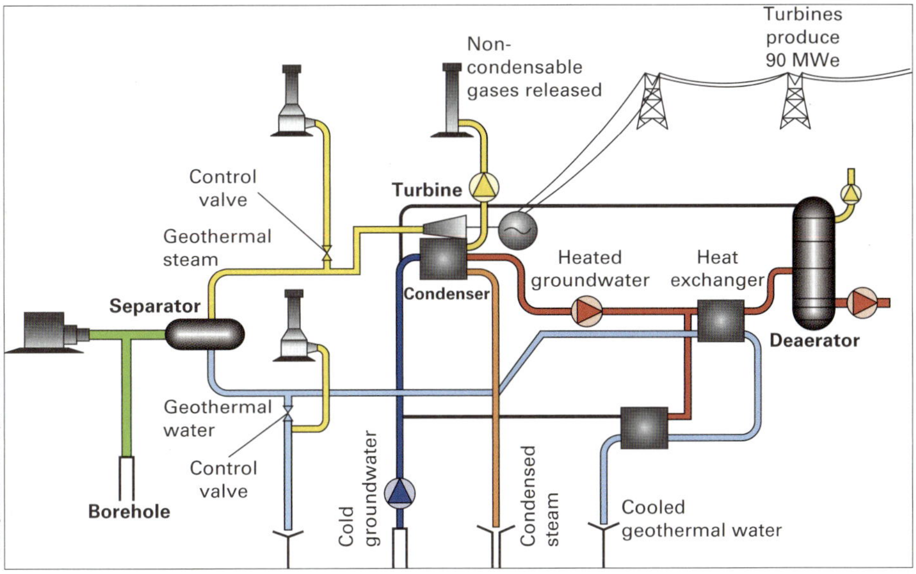

단순화한 지열 열병합발전 시스템의 구성도.

Perlan("pearl(진주)"의 아이슬란드어)이라고 불리는 저장 시설은 해발 61 m인 언덕 위에 있다. 그림과 같이 6개의 탱크 위의 돔에는 레스토랑과 선물 가게가 있으며 2시간마다 한 번씩 회전한다.

지열 열병합발전은 전 세계 다른 곳에서 사용되지만 아이슬란드 이외의 지역에서는 국가 일차에너지 요구량에서 상대적으로 작은 비중을 차지한다. 광범위한 지열 자원과 적은 인구(약 330,000명)를 보유한 아이슬란드는 환경에 미치는 영향이 적은 열병합발전을 위한 이상적인 입지를 가지고 있다.

토의 주제

아이슬란드는 1인당 에너지 사용량이 연간 1인당 709 GJ로 세계에서 1인당 에너지 사용량이 가장 높다(그림 2.4 참조). 이 높은 에너지 사용은 부분적으로 높은 생활 수준과 추운 기후에서 비롯되지만, 적은 인구에 비해 에너지 집약적 산업(주로 알루미늄 채굴 및 제련)의 수준이 높기 때문이다. 다른 국가의 1인당 탄소배출량과 비교하여 아이슬란드의 에너지 정책으로 인한 1인당 탄소배출량 감소에 대해 논의하시오(4.6절 참조).

Richard A. Dunlap

아이슬란드 Hveragerði에 있는 Hellisheiði 발전소의 수증기 분리기.

Richard A. Dunlap

아이슬란드 Reykjavík의 Öskjuhíið 언덕에 있는 Perlan 열 저장 탱크.

17.4 스마트 그리드(Smart Grid)

최초의 송전용 전력망은 1890년에 설치되었다. 이후 70년 정도에 걸쳐 전력망이 확장되고 대단위 시스템으로 성장하였다. 이 전력망이 단방향 상호연결 시스템을 통해 1960년대와 1970년대 우리들의 필요 전력을 효과적으로 공급해 주었다. 그러는 동안 대규모의 중앙 집중된 발전설비(예를 들면 1 GW_e나 그 이상의 규모로)를 지형학적으로 적절한 장소에 건설하는 것이 유행이 되었다(예를 들어 강에 수력발전용 댐, 냉각수 공급원 근처에 원자력발전소, 열차길 부근에 석탄발전소). 상호 연결된 전력망을 통해 사용자에게 전기를 단방향으로 공급하는 것은 대규모 단전에 대한 가능성을 최소화 하였다.

최근 들어 대체에너지원을 전력망에 통합시키고자 하는 욕구는 기존의 배전방식을 과거에 비해 덜 효율적으로 만들었다. 이는 많은 대체에너지 설비가 작고(예를 들어 풍력발전단지는 수십 MW_e를 생산) 출력이 간헐적이며(예를 들면 풍력, 태양광, 조력 등등), 에너지 저장시스템(양수식 발전 또는 배터리 등과 같은)과의 병합을 요구한다. 많은 대체에너지원들이 대규모 전력사용처로부터 멀리 위치하기 때문에 전력 전송을 위해 기존의 그리드 시스템을 확장하는 것은 개선되고 잘 통합된 그리드 시스템의 구축을 위해 중요하다. 또한 사용자들에게 풍력이나 태양광에 의해 생산되는 여분의 전기를 전기회사에 판매함으로써 공급자가 되며, 실시간 모니터링을 통해 피크시간 이외의 전력 사용에 대해서는 인센티브를 주고 있다. 이것이 소위 스마트 그리드(Smart Grid, 지능형 전력망)로서 전력을 배전하고 좀 더 효율적으로 사용하게 만드는 문제를 다룬다. 스마트 그리드의 또 다른 특징은 신뢰성과 안전성의 향상을 들 수 있다.

스마트 그리드 기술로 이동하는 과정에서 겪게 되는 문제점들로는 필요한 기반시설을 설치해야 한다는 것과 기술변화를 통해 공공의 관심사를 다룬다는 것이다. 전자의 예로, 각각의 가정은 전력의 생산과 분배 시스템의 통합 필요성과 함께, 전기 사용을 실시간으로 모니터링하고 컨트롤하기 위해 양방향 스마트 미터(smart meter)를 장착해야 할 것이다. 후자에 있어 공공의 관심은 인터넷상에서 정보 안전성, 인프라 비용, 개인의 에너지 사용을 제어하는 과정에서 발생하는 손실 등을 포함한다. 원론적으로 공공전력회사(또는 정부)는 시기별 전력 사용량을 일정하게 하기 위해 사용하지 않는 전기제품 사용 제한 및 전기 자동차 충전 예약을 시행하는 등의 방법으로 규제할 수 있다. 빠른 충전기 기술은 장기간 호환성을 보증할 수 있는 적절한 표준의 실행을 요구한다. 공공 전력회사는 기술에 대한 접근이 보수적인 경향이 있다. 약간의 불확실성보다는 신뢰성을 목표로 하며 변화를 실행할 때 경제성을 중요 고려사항으로 본다. 정부의 인센티브와 보조금은 이런 변화를 촉진시키는데 있어 중요하다.

장기적으로, 스마트 그리드 기술은 에너지 사용 효율의 향상으로 인해 미국에서 향후 20년간 1천억 달러 이상을 절약할 수 있을 것으로 추정된다. 스마트 그리드 기술은 이미 소비자 시장에서 그들의 길을 가고 있다. 최초의 스마트 그리드 기술의 완전한 실행은 2005년 이탈리아에서 공공전력회사인 Enel S.p.A.(Ente Nazionale per l'Energia eLettrica, Societá per Azioni)에 의해서였다. Enel은 그들 자신의 스마트 미터(smart meters)를 설계하고 제작하였으며 그들 자신의 컴퓨터 제어장치를 개발하였다. 이와 같은 기반시설에 대한 투자회수기간은 4년으로 추정되었다.

북미 텍사스주 오스틴에서는 2003년부터 스마트 그리드 기술을 활용하고 있다. 스마트 미터(smart meters)가 점진적으로 시스템에 도입되고 있으며 그들의 스마트 그리드 통합을 계속하고 있다. 콜로라도의 볼더에서는 2008년에 스마트 그리드 기술의 실행을 시작했다. 온타리오의 하이드로-원(Hydro-One)은 100만 명 이상의 소비자에게 스마트 그리드 기술을 도입하는 과정에 있다. 그러나 2009년 매사추세츠 전력규제기관은 저소득층 소비자에 대한 보호가 부족하다는 우려에서 스마트 그리드 기술에 대한 실행계획을 거부했다.

스마트 그리드 기술은 미래 전력 시스템에 있어 분명히 중요한 요소이다. 이 시스템은 비전통적인 에너지 생산 기술과 에너지 저장 방법의 효율적인 통합을 포함하고 있다. 그러나 이전의 노력에서 입증된 바와 같이, 이러한 접근법의 실행은 기술혁신이 포함되어야 하며 또한 효율적으로 작동하기 위해서는 정치적, 경제적 문제를 해결해야 한다.

17.5 지역사회의 에너지 절약 – LED 가로등

에너지 소비를 줄이기 위한 많은 방법들이 지방정부 차원에서 실행될 수 있다. 지방의 에너지 예산의 40%까지 거리의 조명을 위해 사용되기 때문에 이 분야는 상당한 에너지 절감을 실현할 수 있는 분야이다. 또한 이 분야는 비용 효율이 높은 방법들이 실행될 수 있다. 전통적인 나트륨 가로등이나 메탈 할라이드(metal halide) 가로등을 고효율의 LED(light-emitting diode) 가로등으로 바꾸는 방법은 에너지 소비를 일반적으로 60% 정도 줄일 수 있다.

LED 동작의 물리학적 원리는 9장에서 논의된 태양전지의 원리와 매우 유사하다. 태양전지는 반도체 접합(junction)으로 입사된 광에 대한 반응으로 전력을 생산한다. 광자에너지에 의해 전자와 홀의 쌍이 공핍영역(depletion region, 그림 9.20)에서 형성되고 이 전자-홀 쌍은 디바이스를 가로질러 형성되는 전기장에 의해 전류로 만들어진다. LED는 기본적으로 이와 정반대이다. 전압이 접합을 가로질러 가해지면 이로 인해 전자와 홀이 결합되면서 광자를 발생시킨다. 접합의 한쪽에 있는 n타입 지역의 전자들은(그림 9.20) 접합 쪽으로 이동하여 반대 방향으로 움직이는 p타입 지역의 홀과 재결합 할 수 있다. 이 재결합과정에서 발생하는 에너지가 광자를 생성한다. 광자의 에너지는 가전자대(valence band)의 최상부 부근에 있는 홀의 에너지와 전도대(conduction band)의 맨 아래 부근에 있는 전자 사이의 에너지 차이에 의해 결정된다. 따라서 이 에너지는 에너지 갭(gap)의 크기에 의해 결정되며 매우 좁은 범위 내에서 결정된다. 다른 에너지 갭을 가진 반도체 물질들은 다른 에너지를 가진 광자를 방출한다. 작은 에너지 갭을 가진 물질은 작은 에너지와 긴 파장을 가진

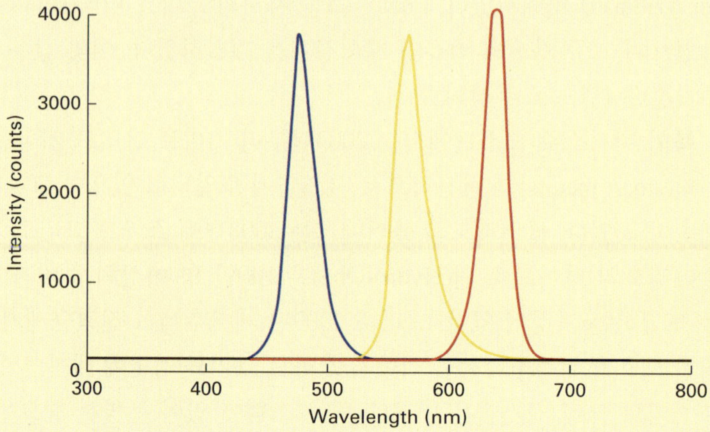

그림 17.3: 백색광을 내는 세 가지 색의 LED 스펙트럼.

Based on The Midlands Dahlia Society, Propagation 2011 - What do LEDs provide? http://www.dahlia-mds.co.uk/Topics/Propagation_2011_5.htm

붉은색 계열의 빛을 만들고, 큰 에너지 갭을 가진 물질은 큰 에너지와 짧은 파장을 가진 푸른색 계열의 빛을 만든다. 표 9.1은 다양한 반도체 물질에 관련된 에너지 갭에 대한 일반적인 정보를 나타내고 있다. 그림 1.1의 에너지(eV)와 파장(nm)의 관계식에 따르면 빛이 제공할 수 있는 색에 대한 정보를 얻을 수 있다.

$$E = \frac{1240 \text{ eV} \cdot \text{nm}}{\lambda}, \tag{17.1}$$

초기의 LED는 붉은 빛을 냈다. 반면 현대의 LED는 반도체의 조성을 조절해서 에너지 갭을 조절함으로서 원하는 다양한 색을 만들 수 있다.

조명을 목적으로 할 때에는 발생된 빛이 넓은 파장의 스펙트럼을 가져 인간의 눈에 백색으로 보이는 것이 연색성(color rendition)을 양호하게 하는데 있어 바람직하다. 단일 컬러 LED를 사용하여 이 작업을 수행하는 방법은 기본적으로 2가지가 있다. 가장 확실한 방법은 기본색의 빛(빨강, 녹색, 파랑)을 내는 3가지 LED를 조합하는 방법이다(그림 17.3). 비록 태양빛의 넓고 연속적 스펙트럼과는 상당히 다른 스펙트럼이지만 인간의 눈에는 이 빛이 백색광으로 인식된다(그림 8.1).

좀 더 저렴하고 일반적으로 사용되는 다른 방법은, 가시광선의 끝 부근인 단파장(높은 에너지)의 광자를 생산하는 청색 LED를 이용하는 것이다. 청색의 빛이 인광체에 입사되고 인광체는 청색 빛을 흡수하여 낮은 에너지(긴 파장)의 넓은 파장대를 가진 빛으로 재방출한다. 이런 디바이스의 스펙트럼은 청색 LED 원래의 스펙트럼과 함께 재방출된 넓은 스펙트럼을 포함한다(그림 17.4).

그림 17.5에서는 LED 가로등 디자인의 예를 보여주고 있다. 등의 상단 쪽에 있는 지느

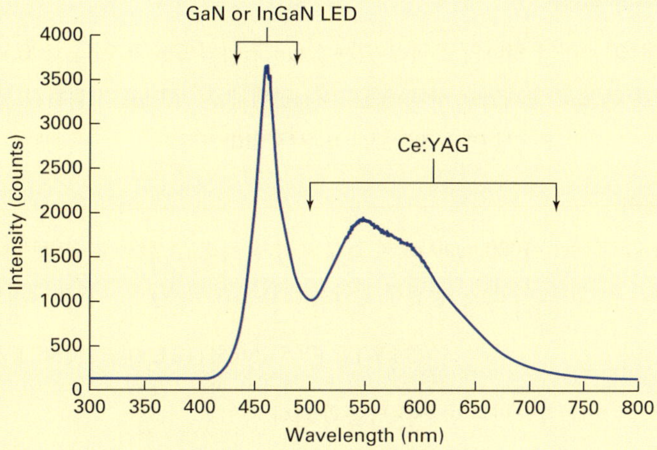

그림 17.4: 청색 GaN 또는 InGaN LED의 스펙트럼. [Ce이 도핑된 YAG(yttrium aluminum garnet) 인광체가 코팅되어 있음]

Based on White LED Tips, http://www.trainweb.org/girr/tips/tips7/white_led_tips.html

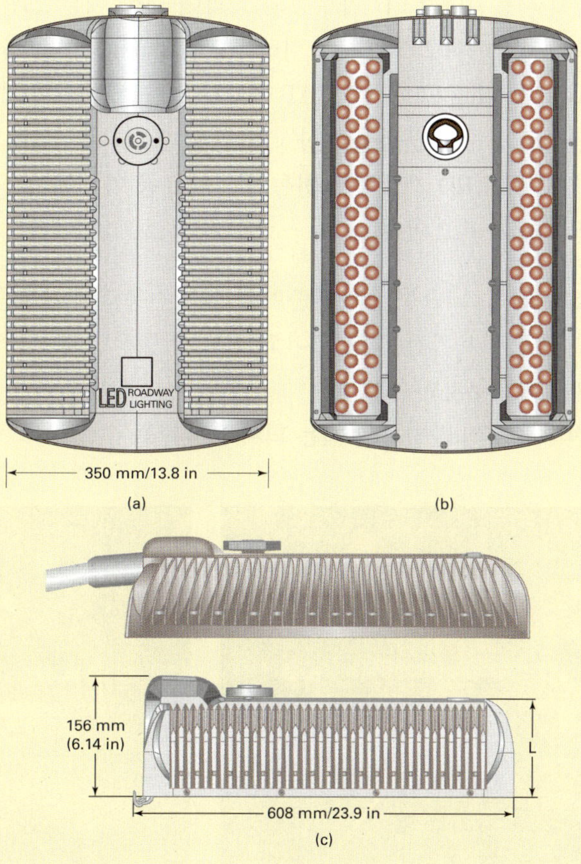

그림 17.5: 96개의 LED(LED Roadway Lighting 제조)를 포함한 86 W LED 가로등의 위(a), 아래(b), 측면(c)에서 본 모습.

Based on LED Roadway Lighting Ltd, Halifax, Nova Scotia, http://www.ledroadwaylighting.com/inde.php?option=com_docman&Itemid=106&lang=en

예제 17.2

매 40 m마다 하나의 조명이 있는 1 km 거리의 도로가 있다. 200 W의 나트륨 가로등이 80 W LED등으로 교체되고 하루 평균 12시간씩 켜져 있다고 가정하자. 전기료가 kWh당 $0.10라고 하면 이 도로에서 연간 절약되는 비용은 얼마인가?

풀이

1 km 도로는 1000 m/40 m = 25개의 등을 가진다. 전력의 절약은 하나의 등마다 (200 W − 80 W) = 120 W이고, 전체 전력 절약은 (25) × (120 W) = 3 kW이다. 1년간 하루 12시간씩 켠다면

$$(3\ \text{kW}) \times (365\ \text{d/y}) \times (12\ \text{h/d}) = 13{,}140\ \text{kWh},$$

이며 이때 절약되는 비용은 다음과 같다.

$$(13140\ \text{kWh}) \times (0.10\ \$/\text{kWh}) = \$1314.$$

러미 형상은 열을 분산시키기 위한 넓은 비표면적을 제공한다. 이런 방열판 디자인은 많은 전열기에 사용된다. LED 가로등의 효과에 대한 예는 그림 17.6에 보여주고 있다. 램프와 안정기를 포함하여 275 W를 소비하는 250 W의 고압 나트륨등을 200 W LED 가로등(LED Roadway Lighting Ltd. 모델 SAT-96M)으로 교체한다면 에너지 소비의 감소와 조명 환경의 개선으로 공공의 안전성이 향상될 수 있다.

전반적으로 LED 가로등은 전통적인 나트륨 가스등이나 메탈 할라이드 조명에 비해 몇 가지 장점을 가지고 있다.

- 낮은 전력 소비(동일한 광출력을 가진 전통적인 가로등에 비해 1/5 정도)
- 긴 램프 사용기간(대략 12~15년으로 전통적인 램프에 비해 3배 정도)
- 약 3년의 투자회수기간
- 전체 조명이 불필요할 때는 희미하게 만들 수 있음

그림 17.6: 호주 애들레이드의 킹 윌리엄 스트리트에서 고압 나트륨 가로등(왼쪽)을 LED 가로등(오른쪽)으로 교체하였음.

LED Roadway Lighting Ltd, Halifax, Nova Scotia

ENERGY EXTRA 17.2
LEED 인증

LEED(The Leadership in Energy and Environmental Design) 인증시스템은 미국 그린빌딩위원회(USGBC)에 의해 1998년 개발되었다. 이 시스템은 제3자 입장에서 빌딩이나 빌딩 그룹들이 에너지, 물의 효율, CO_2 배출, 실내 환경의 질과 같은 환경적 성과에 대해 얼마나 우수한 수준에 도달하였는가를 검증해 준다. 두 번째 버전(LEED NCv2.2)은 2005년에, 세 번째 버전(LEED NCv3)은 2009년에 공표되었다. 2003년에는 캐나다의 그린빌딩위원회가 USGBC로부터 LEED 시스템에 대한 독립적인 버전을 인증 받았다. 지금은 30여 개국이 LEED 인증 시스템을 만들었다.

건축에 있어 5개의 범주는 LEED 인증을 적용할 수 있다.

1. '그린 빌딩 디자인과 건설'은 새로운 건설과 기존 구조물들, 예를 들어 학교, 소매기업, 병원의 리노베이션을 포함한다.
2. '그린 인테리어 디자인과 건설'은 상업용 빌딩의 인테리어 디자인을 포함한다.
3. '그린 빌딩 운영 및 유지보수'는 운영 및 기존 건물의 유지관리 시스템을 다룬다.
4. '그린 이웃지역 개발'은 이웃지역을 디자인하는데 환경친화적인 개발을 다루고 있다.
5. '그린 홈 디자인과 건설'은 주거 주택을 다룬다.

빌딩은 환경 리더십의 다양한 영역에서 평가 받고 각각의 범주에서 점수를 얻게 된다. 달성 가능한 총점은 100+10(보너스 점수)이다. LEED 인증은 총점에 따라 수여되고 빌딩은 다음 레벨들 중 하나를 얻게 된다.

- 플래티늄 인증: 80점 이상
- 골드 인증: 60~79점
- 실버 인증: 50~59점
- 인증: 40~49점

일련의 연구들은 LEED 인증된 빌딩이 실제로 더 에너지 효율적이고, 그 안의 근로자들은 향상된 환경조건들(공기의 질, 환기, 온도 및 개선된 조명)에 의해 생산성 향상을 얻게 된다고 보고하고 있다. 또한 LEED 인증된 빌딩은 좀 더 높은 임대료와 높은 입주율, 환경친화적이지 않은 빌딩에 비해 높은 판매가격을 보여주고 있다.

미국에서 LEED 인증된 빌딩 프로젝트의 디렉토리는 온라인상에서 볼 수 있다. http://www.usgbc.org/LEED/Project/CertifiedProjectList.aspx. 캐나다에 대한 것은 다음과 같다. http://www.cagbc.org/Content/NavigationMenu/Programs/LEED/ProjectProfilesandStats/default.htm.

토의 주제

해당지역의 LEED 인증된 빌딩을 찾는다. 빌딩을 밖에서 관찰하거나 만약 대중 빌딩으로 접근이 가능하다면 내부를 관찰한다. LEED 인증에 기여하는 특징으로 어떤 것을 볼 수 있는가?

- 낭비되는 빛의 최소화, 빛이 노면으로 바로 비침
- 정확한 연색성(color rendering)
- 많은 전통적인 가로등에서 발견되는 독성물질(예를 들어 납, 수은)의 제거

따라서, 현재 사용 중인 나트륨 또는 메탈 할라이드 가로등을 고효율의 LED 가로등으로 교체하는 것은 합리적인 투자회수기간에 에너지 비용을 절감하고 공공의 안전을 개선하기 위한 간단하고 비용 효율적인 기술이다. 미국, 캐나다, 동유럽, 호주, 아시아 등의 도시 지역에 많은 양의 LED등 설치가 진행되고 있다.

17.6 주거용 난방 및 냉방

건물의 온도를 조절하는 시스템은 종종 HVAC(heating, ventilation, and air conditioning) 시스템이라고 불린다. 이러한 시스템을 구성하는 다양한 요소들의 중요성과 그 디자인은 지역의 기후에 크게 의존한다. 단일가구용 주택은 열교환기를 거쳐 지역시스템(열병합발전 혹은 지열로부터 증기와 온수를 공급받는 지역난방 시스템)에 연결될 수 있으며, 또는 주택 내에 독자 시스템을 가질 수 있다. 독자 시스템은 경제성과 환경친화성을 가지도록 집주인에게 시스템의 디자인과 운영에 대한 결정권을 줄 수 있다. 주거용 HVAC 시스템은, 방안에 베이스보드 히터(baseboard heater)를 가진 전기가열 시스템이나 창문형 에어컨, 또는 중앙 집중형 설비[열분배 시스템을 가진 퍼니스(furnace)와 중앙 에어컨 시스템] 등과 같은, 각각의 분산된 개별 컴포넌트로 구성될 수 있다. 비록 주거용 HVAC 시스템이 디자인면에서 상당한 다양성을 가지고 있으나, 이번 토의에서는 몇 가지 시스템에 있어 가동되는 일반적인 방법과 얼마나 효율적으로 최적화 될 수 있느냐를 다룬다. 열을 생산하는 시스템(예를 들어 퍼니스)으로부터 시작하여 빌딩 안으로 열을 전달하는 시스템(예를 들어 열펌프)을 다루고, 마지막으로 냉방 시스템(에어컨과 같은)을 다루도록 하겠다.

17.6a 퍼니스 효율

퍼니스(furnace)라는 용어의 정의는 사실 분명치 않다. 북미에서는 종종 열을 생산하여 건물 안으로 분배하는 중앙설비를 말한다. 이 용어는 또한 북미 이외의 지역에서는 산업용 가열로나 가마를 일컬을 때도 있다. 또한 퍼니스라는 용어는 때로는 더운 공기를 순환시켜 열을 분배하는 히터에 사용된다. 반면 보일러(boiler)라는 용어는 온수나 증기를 순환시켜 열을 분배하는 히터에 사용된다. 여기에서는 건물에 열을 공급하는 중앙 집중형 히터를 일반적인 퍼니스의 정의로 사용하도록 하자.

퍼니스는 연료를 연소시키거나 어떤 경우에는 전류를 이용, 저항에 의한 발열을 통해 열을 생산한다. 퍼니스에서 연소되는 연료는 천연가스, 프로판, 기름, 어떤 경우에는 나무와 같은 대체 연료들이다. 연료 내 에너지 함유량을 효율적으로 사용하는 것은 다음 두 가지 방향에서 살펴볼 수 있다: (1) 화학에너지를 효율적으로 열에너지로 전환하는 것 (2) 생산된 열을 효과적으로 분배하는 것. 후자의 것은 열이 필요한 때 필요한 곳에 제공하도록 하는 컨트롤 시스템을 포함한다. 비용 면에서 효율적인 방법은, 거주자가 필요한 시간과 필요한 방에만 열을 공급할 수 있도록 하는 프로그램 가능한 자동온도조절장치를 사용하는 것이다.

연료의 화학에너지가 열에너지로 변환되는 효율은 퍼니스의 디자인과 작동과정에서의 여러 변수들에 따른다. 퍼니스는 일반적으로 비응축형과 응축형의 2가지 범주를 가지고 있다. 탄화수소의 연소는 다양한 부산물을 만드는데, 이 중 CO_2와 수증기 형태의 H_2O가 주를 이룬다. 연소과정에서 생산된 열은 빌딩 곳곳으로 열을 분배하는 유체(공기, 물, 증

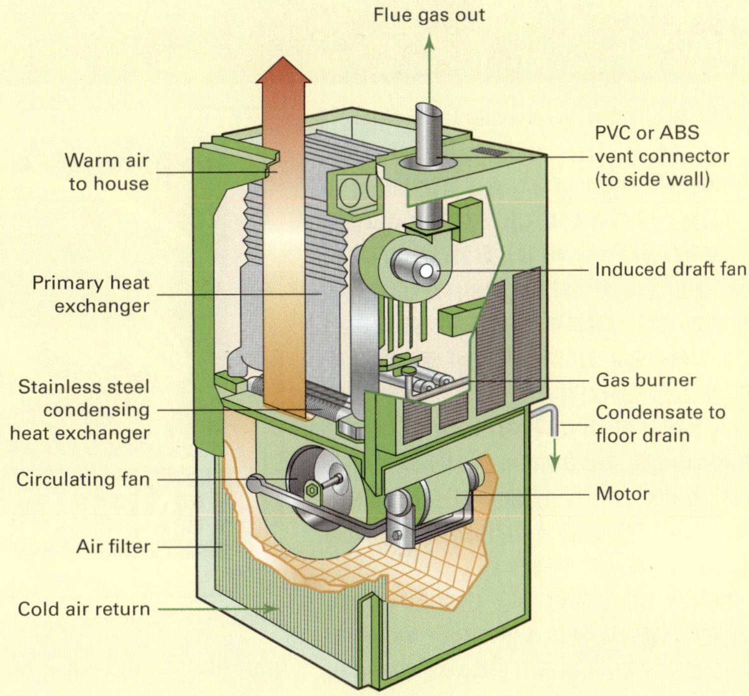

그림 17.7: 응축식 가스 퍼니스의 디자인.

Based on Natural Resources Canada

기와 같은)에 전달되는 것이 가장 바람직하다. 하지만 실제로는 생산된 열의 일부분이 부산물과 연소과정에서 배출되는 배기가스에 의해 방출된다. 때때로 매연이라고 불리는 배기가스가 상당한 열에너지를 운반하는 경우, 이들은 내열성 굴뚝을 통해 배출되어야 한다. 이것이 가열 시스템의 전통적인 디자인이다. 반면 현대의 고효율 퍼니스들은 응축 가스 퍼니스(그림 17.7)이다. 이런 퍼니스들은 배기가스를 충분히 냉각시키고 가스 중의 수증기를 액체로 응축시키는 과정을 거쳐, 배기가스로부터 건물에 사용할 열에너지를 충분히 뽑아낸다. 이 경우 배기가스의 온도는 대략 50ºC 정도이며, 플라스틱 파이프를 통해 집 지붕이나 벽 쪽으로 직접 배출될 수 있다. 일반적으로 90% 이상의 효율을 가지는 퍼니스는 응축식 가스 퍼니스이다. 이런 퍼니스들은 주택 소유주에게 98%까지의 효율을 제공한다. 구식 퍼니스는 대략 60% 부근의 효율을 가지고 있으며, 현대의 비응축식 퍼니스는 일반적으로 80~85%의 효율을 가진다. 퍼니스를 설치할 때, 연료 사용 효율을 고민하는 주택소유주는 응축식 가스 퍼니스를 선택해야 한다. ENERGY STAR로 인증된 퍼니스는 거의 대부분이 응축식 가스 퍼니스이며 운영 효율을 보증하고 있다.

퍼니스에 의해 생산된 열은 공기를 데우기 위해 사용되고 이 공기는 공기배관을 통해 빌딩의 다양한 장소로 순환될 것이다. 일반적으로 팬이나 송풍기가 더운 공기를 순환시키기 위해 사용된다(따라서 이 디자인에 적용되는 일반적인 용어는 'forced hot air heat'이다). 그

ENERGY EXTRA 17.3
ENERGY STAR

1992년 미국의 환경보호국(Environmental Protection Agency, EPA)은 에너지 사용 효율을 높이고, 온실가스 배출을 감축하며, 소비자에게 에너지 효율적인 제품에 대한 정보를 제공할 목적으로 ENERGY STAR 프로그램을 만들었다. 이 프로그램은 이후 캐나다, 유럽연합, 호주, 일본, 뉴질랜드, 대만 등에 채택되었다. 소비자들은 그림에서 보여주는 것과 같은 로고로부터 ENERGY STAR 프로그램을 좀 더 일상적으로 접하게 된다. 이 로고는 텔레비전, 컴퓨터와 같은 전자기기나 냉장고, 식기세척기와 같은 주방기기 등에서 볼 수 있다. 이 로고는 이 기기가 ENERGY STAR 테스트 프로그램에서 지정한 특정 수준 이상의 에너지 효율을 가지고 있음을 나타낸다. 미국 내에서 ENERGY STAR 인증 기준은 환경보호국 또는 미국 에너지성에 의해 각 제품별로 정해진다.

그러나 ENERGY STAR 프로그램은 단지 전자제품이나 가전기기에만 적용되지 않고 훨씬 다양한 분야에 적용되고 있다. ENERGY STAR 등급은 건축자재, 즉 창문이나 퍼니스(furnace)에도 적용된다. 오래된 집을 수리할 때도 ENERGY STAR 프로그램의 가이드라인에 의해 실행될 수 있으며, 새로운 집을 지을 때도 ENERGY STAR 구성물들과 ENERGY STAR 건설 방법이 사용되었다면 ENERGY STAR 표시를 얻을 수 있다.

병원, 학교, 공장과 같은 상업용 건물의 경우 역시 ENERGY STAR 인증을 받을 수 있다. 빌딩에 대한 LEED와 ENERGY STAR 인증은 무료로 제공된다. ENERGY STAR 등급이 다소 배타적으로 에너지 소비를 다루는 반면, LEED는 빌딩 환경의 질을 높이기 위해 좀 더 다양한 접근 방법을 사용한다. 건물은 LEED와 ENERGY STAR 인증을 모두 받을 수 있다. 현존하는 건물들의 ENERGY STAR 인증은 LEED 인증을 받기 위한 요구사항이다.

U.S. Environmental Protection Agency

ENERGY STAR 로고.

ENERGY STAR 프로그램은 에너지 절약의 필요성과 온실가스 감축에 상응하는 혜택에 대한 대중의 인식을 높였다. ENERGY STAR 로고에 대한 소비자의 인식은 제조사들에게는 환경친화적인 제품을 공급하는 동기가 된다.

토의 주제

ENERGY STAR 로고를 가지거나 가지고 있지 않은 유사한 가전기기나 전자제품을 찾아보라. ENERGY STAR 제품이 에너지를 절약하는 것이 분명한가? 만약 그렇다면 일반적인 사용자가 이 기기를 사용하는 시간을 예측하고 연간 절약되는 전기의 양을 kWh와 달러로 계산하라

리고 각각의 공기배관은 차가운 공기를 퍼니스로 다시 돌려보낸다. 공기배관은 공기 누출을 방지하기 위해 잘 밀봉되고 적절히 단열되는 것이 중요하다. 좋지 않은 공기배관은 지하실이나 다락방과 같이 난방되지 않거나 일부만 난방된 부분을 통과하면서 에너지를 소모한다. 물을 가열하는 퍼니스(흔히 보일러라 불린다)는 순환펌프를 사용하여 집안의 방들에게 열을 공급한다. 공기를 공급하는 배관처럼, 난방을 위해 온수를 나르는 파이프는 반드시 적절히 단열되어야 한다.

예제 17.3

난방유의 가격이 리터(L)당 \$1.050이고 한 가구가 일 년에 8.7×10^{10} J의 열을 필요로 한다고 가정하라. 이때 60% 효율을 가진 낡은 시스템을 94% 효율을 가진 최신 응축식 가스 퍼니스로 교체한다고 할 때, 한 가구주가 기대할 수 있는 연간 절약액을 \$로 계산하라.

풀이

60% 효율의 퍼니스가 필요로 하는 연료의 에너지양은 다음과 같다.

$$\frac{8.7 \times 10^{10}\ \text{J}}{0.6} = 1.45 \times 10^{11}\ \text{J per year}$$

반면 94% 효율을 가진 퍼니스가 필요로 하는 연료의 양은 다음과 같다.

$$\frac{8.7 \times 10^{10}\ \text{J}}{0.94} = 9.26 \times 10^{10}\ \text{J per year}$$

이때 에너지 차이는

$$(1.45 \times 10^{11}\ \text{J} - 9.26 \times 10^{10}\ \text{J})\ \text{per year} = 5.24 \times 10^{10}\ \text{J per year.}$$

이다. 난방유[대략 원유(crude oil)와 같다]가 가진 에너지양은 부록 IV에 나타난 바와 같이 3.85×10^7 J/L이고 앞에서 계산된 에너지 차이는 난방유의 양으로 다음과 같이 환산된다.

$$\frac{5.24 \times 10^{10}\ \text{J/y}}{3.85 \times 10^{7}\ \text{J/L}} = 1361\ \text{L/y}$$

이때 절약되는 금액은 다음과 같다.

$$(1361\ \text{L/y}) \times (\$1.05\ \text{per liter}) = \$1429\ \text{per year.}$$

17.6b 열펌프

열펌프의 물리학적 기본 원리는 1.5절에 나타낸 바와 같다. 열펌프의 작동원리는 저온부(건물 바깥쪽)에서 고온부로 열을 전달하기 위해 기계적인 일(input)을 가하는 시스템 디자인으로 나타낼 수 있다. 저온부에서 고온부로 전달되는 열(에너지)의 양 Q_h는 행해진 일 W로 다음과 같이 나타낸다.

$$Q_h = COP \cdot W, \tag{17.2}$$

이때 이 성능에 대한 카르노 계수(Carnot coefficient of performance, COP)는 다음과 같이 정의된다.

$$COP = \frac{1}{1 - \dfrac{T_c}{T_h}}. \tag{17.3}$$

T_h와 T_c는 각각 고온부와 저온부의 온도이다. (이 방정식에서 온도는 반드시 절대온도 K로 나타내야 한다.) 높은 성능 계수를 유지하기 위해서는 저온부로부터 열을 추출하는 과정이 그곳의 온도를 많이 낮추지 않아야 한다. 따라서 저온부의 총 열용량(heat capacity)은 열을 필요로 하는 구조물의 열용량보다 매우 커야만 한다. 이것은 열발전소에서도 유사한 상황이며, 열발전소에서도 시설의 폐열을 저온부로 내보낼 때 저온부의 온도를 높이지 않는 것이 중요하다. 저온부의 온도를 높이는 것은 이상적인 카르노 효율(Carnot efficiency)을 낮춘다. 가정의 열펌프 시스템에서 선택할 수 있는 적절한 저온부는 집 바깥의 공기(air source heat pump system)나 대지(ground source heat pump system)임이 분명하다. 가능한 곳에서는(예를 들어 호수 등에서) 물이 저온부로 사용될 수 있다. 가정용 열펌프 시스템은 때로는 차가운 계절에 열을 공급하고 더운 계절에는 에어컨으로 냉방 기능을 하도록 설계된다.

그림 17.8은 공기열원 열펌프(air source heat pump)의 동작 과정을 설명하고 있다. 이 시스템은 건물 바깥의 공기를 저온부로, 작동유체(working fluid)를 열전달 수단으로 사용한다. 집 바깥에 있는 구성요소들은 환경으로부터 열을 흡수하기 위한 것이고 집 안쪽의 구성요소들은 건물에 열을 축적하기 위한 것이다. 작동원리는 다음과 같다: 저온, 저압의 액체상태 유체가 건물 바깥의 코일로 들어가면 그곳에서 저온, 저압의 기체가 된다. 이 기체는 압축기에 의해 압축되는 과정을 통해 고온, 고압의 증기가 되어 집안으로 들어간다. 이 기체가 집안 코일을 흐르면서 열을 방출하고 고온, 고압의 액체가 된다. 이후, 건물에서 나올 때 팽창기를 거치게 되면 저온, 저압의 기체가 되고 집 바깥의 차가운 부분을 흐르면서

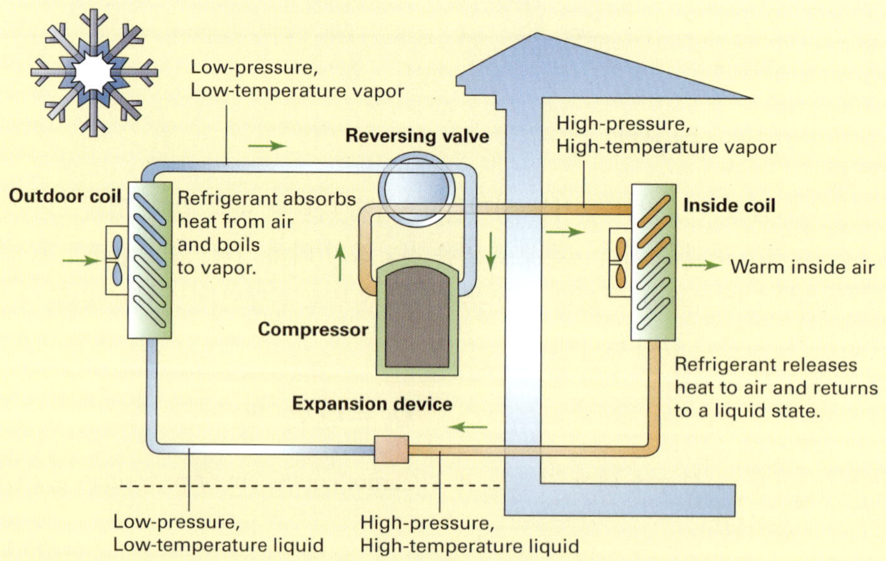

그림 17.8: 공기열원 열펌프(air source heat pump)의 작동과정을 설명하는 개략도.

Based on Natural Resources Canada

그림 17.9: 전형적인 주거용 공기열원 열펌프(air source heat pump)의 외부 시설.
Richard A. Dunlap

이 사이클을 반복한다. 이 사이클이 진행되는 동안 바깥 공기로부터 뽑아진 열은 집안으로 방출된다. 집안에 방출된 열은 퍼니스에서 생산된 열과 유사하게 공기배관을 통해 분산된다. 공기열원 열펌프(air source heat pump)의 일반적인 외부 시설은 그림 17.9에서 보여주고 있다.

그림 17.10은 지열원 열펌프(ground source heat pump) 시스템의 디자인을 보여준다. 땅속의 파이프를 통해 순환되는 물이 열교환기를 통해 작동유체(working fluid)로 열을 전달한다. 이 시스템의 동작과정은 공기열원 열펌프와 유사하며, 궁극적으로 열은 2차 열교환기를 통해 공기로 전달되어 집안으로 분산된다.

열전달 시스템의 효율 분석은 식(17.2)와 (17.3)을 바탕으로 하며, 8장에서 나타낸 바와 같이 집(건물)이 요구하는 열의 양을 고려해야 한다. 식(17.2)와 (17.3)을 복합화 하면 집에 제공되는 열(또는 파워)의 전달률은 다음과 같이 나타낼 수 있다.

$$P = \frac{P_{\mathrm{in}}}{1 - \dfrac{T_{\mathrm{c}}}{T_{\mathrm{h}}}}, \tag{17.4}$$

P_{in}은 열펌프로 공급되는 파워, T_{c}는 바깥의 온도, T_{h}는 안의 온도이다. 식(8.5)에서, 건물로부터의 열손실률은 다음과 같다.

$$P = \frac{A(T_{\mathrm{h}} - T_{\mathrm{c}})}{R}, \tag{17.5}$$

A는 표면적, R은 R-value이다. 실제 건물에서, 다양한 구성요소(벽, 창문 등)에 의한 열손실은 총 열손실 산출량에 더해져야 한다. 열펌프의 효율을 결정하기 위해서, 식(17.4)로부터 얻는 열은 식(17.5)로부터 구할 수 있는 열손실과 비교해야 한다. 두 값의 관계는 P_{in} 값과 같은 열펌프의 설계와 건물구조의 여러 세세한 부분(총 면적, 빌딩 구성요소의 R-value)에

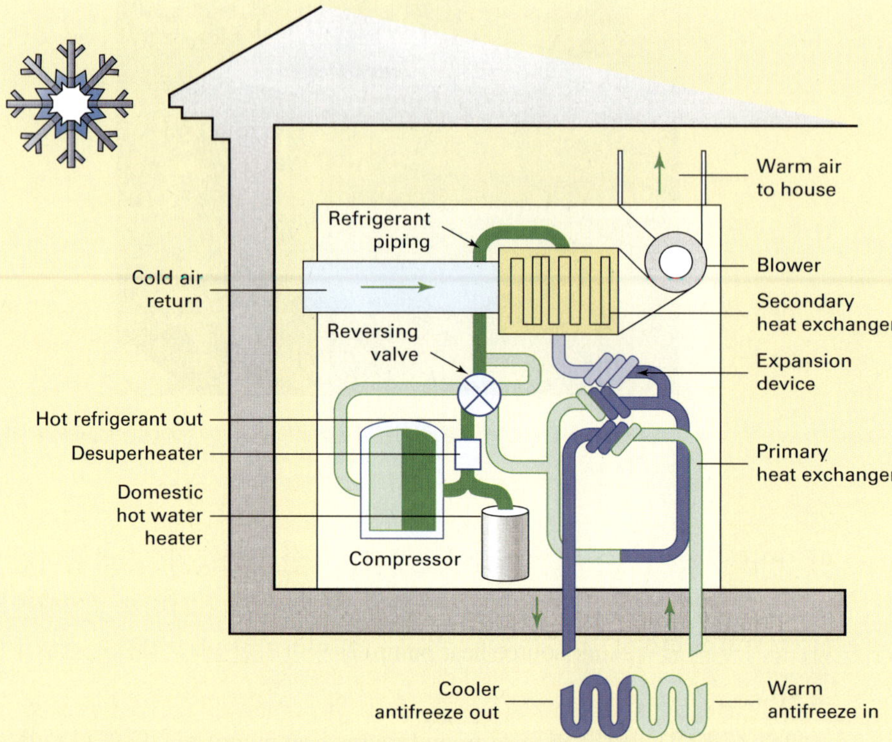

그림 17.10: 지열원 열펌프(ground source heat pump system)의 모식도.

Based on Heating and Cooling with a Heat Pump, Office of Energy Efficiency, Natural Resources Canada(Cat. No. M144-51/2004E)

의존한다. 그러나 식(17.4)의 일반적 분석은 T_c값이 증가할수록 파워가 증가하고 T_c가 T_h에 근접함에 따라 이상적인 상황에서 벗어남을 보여준다. 식(17.5)의 분석은 파워 손실이 온

예제 17.4

열펌프로 공급되는 파워가 4 kW이고 안쪽과 바깥쪽의 온도가 각각 19℃와 −3℃일 때 가능한 파워를 계산하시오.

풀이

우선 온도를 켈빈(Kelvin) 절대온도로 환산한다.

$$T_c = -3℃ + 273 = 270 \text{ K}$$
$$T_h = 19℃ + 273 = 292 \text{ K}.$$

식(17.4)로부터 가능한 파워는 다음과 같다.

$$P = \frac{4 \text{ kW}}{1 - \dfrac{270 \text{ K}}{292 \text{ K}}} = 53 \text{ kW}.$$

예제 17.5

벽이 3 m×6 m의 크기와 3.5 (s · m^2 · ℃)/J의 *R*-value 값을 가지며, 벽에 있는 창문이 1.0 m ×1.5 m의 크기와 0.35 (s · m^2 · ℃)/J의 *R*-value 값을 가진다고 가정하자. 안쪽과 바깥쪽의 온도는 각각 20℃와 −10℃이다. 이때 벽을 통한 열손실률을 kW 단위로 계산하시오.

풀이

식(17.5)에 따른 파워의 손실은

$$P = \frac{A(T_h - T_c)}{R}.$$

창문을 가진 벽을 고려할 때 벽과 창문을 통한 손실이 다음과 같이 합해질 수 있다.

$$P = \frac{A_{wall}(T_h - T_c)}{R_{wall}} + \frac{A_{window}(T_h - T_c)}{R_{window}}.$$

창문의 면적은 (1.0 m × 1.5 m) = 1.5 m^{2}이고 창문을 제외한 벽의 면적은 (3 m × 6 m − 1.5 m^2) = 16.5 m^{2}이다. 두 요소의 적절한 *R*-value 값을 사용하고, $(T_h - T_c) = (20 - (-10))$°C = 30°C임을 생각하면 총 파워손실은 다음과 같다.

$$P = \frac{(16.5\ m^2) \times (30°C)}{3.5(s \cdot m^2 \cdot °C/J)} + \frac{(1.5\ m^2) \times (30°C)}{0.35(s \cdot m^2 \cdot °C/J)}$$
$$= 141\ W + 129\ W = 270\ W$$

흥미롭게도 이 경우 창문을 통한 열손실과 벽을 통한 열손실이 비슷하다. 이것은 주거용 건물에서 특별한 상황은 아니다.

도가 증가함에 따라 선형으로 감소하여 T_c가 T_h에 접근함에 따라 0이 됨을 보여준다. 이런 특성은 그림 17.11에서 보여주고 있다. 지정된 포인트는 평형점(balance point)이다(이 온도에서 열펌프는 온도가 증가함에 따라 유용해진다). 이 간단한 분석은 특정 온도 이하에서는 열펌프가 유용하지 않음을 보여준다. 따라서 열펌프가 경제적이 되기 위한 기후조건에는 한계가 있으며, 집에서 필요로 하는 난방을 제공하기 위해서는 필요한 제한조건이 있다(17.6d절).

17.6c 에어컨 시스템

더운 기후를 가진 많은 지역에서 주거용 중앙 에어컨 시스템(air conditioning system)은 일반적으로 사용된다. 이런 시스템들은 대개 내부와 외부 요소들로 구성된다. 일반적인 디자인과 작동은 건물 안의 열이 바깥으로 전달된다는 사실만을 제외하고는 공기열원 열펌프 경우와 매우 유사하다. 그림 17.12는 에어컨 시스템의 모식도를 보여준다. 열펌프 시스템과 비교할 때 고압과 저압 부분이 서로 바뀌어 있다. 또한 작동유체(working fluid)의 흐름

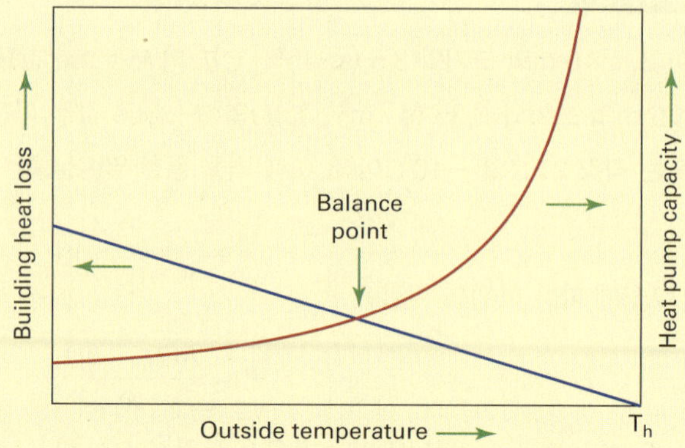

그림 17.11: 열펌프의 평형점.

이 반대방향이며 이로 인해 압축과 팽창 밸브의 방향에 변화를 가져온다. 그림 17.13은 일반적인 주거용 중앙 에어컨 시스템의 외부 부분을 보여주고 있다; 그림 17.9의 열펌프와 매우 유사하다.

17.6d 복합공조(HVAC) 시스템

효율적인 주거용 공조(HAVC) 시스템의 설계는 기후조건, 건물의 디자인, 거주자들의 요구사항 등에 상당부분 좌우된다. 대부분의 많은 지역에서는, 1년 중에 난방과 냉방을 서로

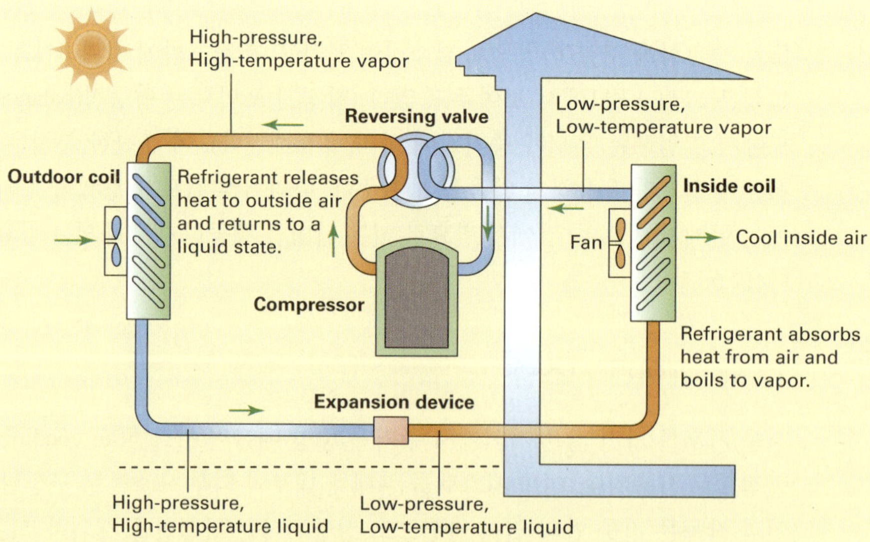

그림 17.12: 에어컨과 같은 냉방기에 있는 열펌프, 유체의 흐름이 그림 17.8의 열펌프와 반대이다.

Based on Natural Resources Canada, Air-source Heat Pumps, http://oee.nrcan.gc.ca/equipment/heating/3678

다른 시기에 모두 필요로 하거나, 적어도 둘 다 사용할 수 있는 것을 선호한다. 주거용 공조 시스템에 접근하는 다양한 방법들이 통합될 수 있는 방식은 매우 다양하다. 이번 절에서는 일상적인 예를 제공할 것이다.

그림 17.13: 주거용 중앙 에어컨 시스템의 외부 부분.

Christian Delbert/Shutterstock.com

강제식 고온 공기 난방기와 중앙 에어컨 시스템을 통합하는 것은 매우 간단하다(그림 17.14). 추운 날씨에는 퍼니스로부터 집안으로 열이 공급되고, 냉방이 필요할 때에는 에어컨 시스템으로 열교환기를 통해 열을 뽑아내서 밖으로 배출한다.

추운 날씨에는 난방이 우선적으로 필요한데, 다양한 대체 난방 방법이 유용하고 경제적일 수 있다. 이에는 앞에서 소개한 열펌프와 태양열 난방(8장) 등을 포함한 여러 다양한 방법들이 있다. 그림 17.15에서는 열펌프를 이용하여 주변으로부터 열을 뽑는 장치와 기름을 연소하는 강제식 고온 공기 퍼니스를 복합화한 시스템을 보여주고 있다. 열펌프의 성능계수는 온도가 감소함에 따라 감소한다(그림 17.11). 그리고 건물로부터의 열손실은 온도가 낮아짐에 따라 증가한다. 따라서 외부의 온도가 감소하면, 난방의 필요성은 증가하고 열펌프의 효용성은 약화된다. 어떤 포인트에서 내부의 온도를 원하는 수준으로 유지하기 위해서는 다른 난방 시스템을 통한 추가적인 난방이 필요해진다. 효율적인 에너지 사용을 위해 반드시 고려해야 할 부분은 열펌프의 성능계수(*COP*)이다. *COP*는

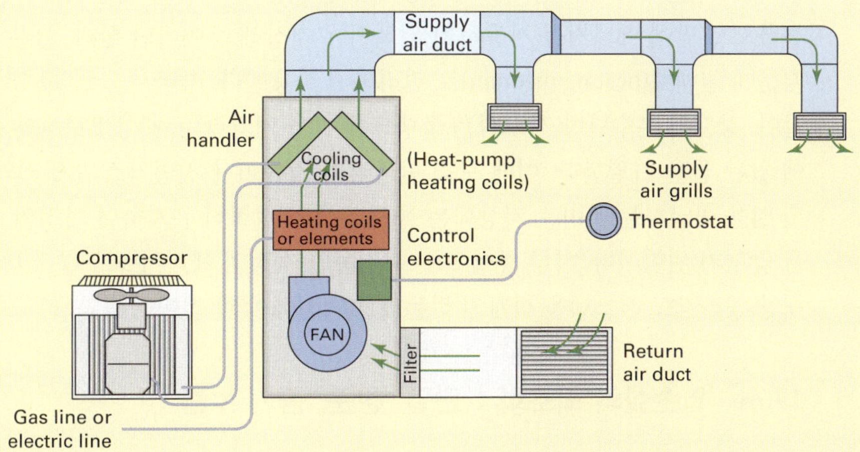

그림 17.14: 중앙 에어컨 시스템과 복합화된 강제식 고온 공기 난방 시스템.

Based on smarthomeideas, http://www.smarthomeideas.com/hvac_ideas.html

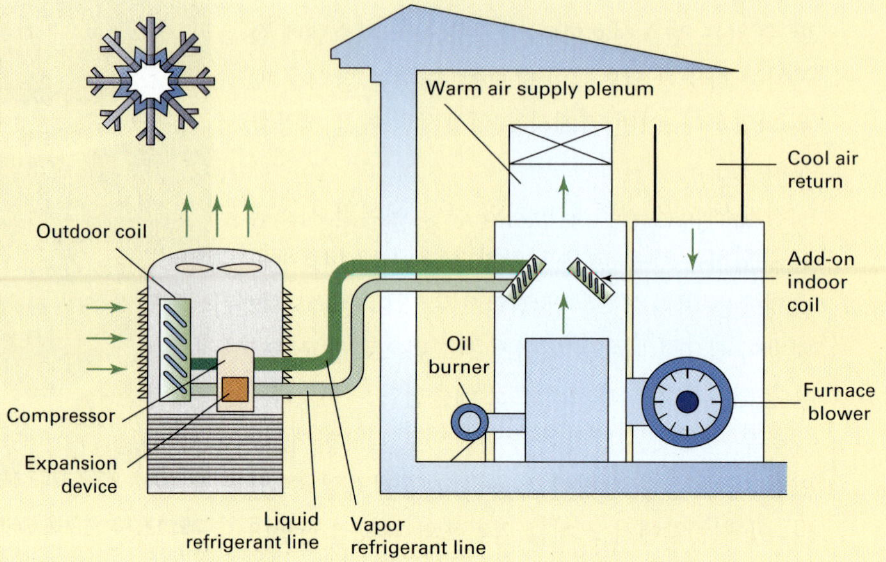

그림 17.15: 난방유 연소 퍼니스와 복합화된 공기열원 열펌프의 작동을 설명하는 모식도.

Based on Heating and Cooling with a Heat Pump, Office of Energy Efficiency, Natural Resources Canada (Cat. No. M144-51/2004E)

외부 온도가 떨어짐에 따라 감소하고, 만약 이런 것들이 더해진다면 열펌프를 가동하기 위해 요구되는 에너지는 이상적인 카르노(Carnot) 시스템에서 얻어지는 에너지조차도 능가하게 될 것이다. 따라서 공조 시스템의 효율적인 제어는 좀 더 효과적인 작동을 위해 중요하다.

태양열 난방 시스템과 상업화된 화석연료 시스템의 복합화는 약간 다른 요구사항을 다루기 위해 필요하다(그림 17.16). 8장에서 설명한 바와 같이 태양에너지는 낮에만 사용 가능하므로 밤에 에너지를 사용하기 위해서는 저장해 두어야만 한다. 물은 저장이 용이하기 때문에 열매체(heating medium)로 편리하게 사용된다. 따라서 그림 17.16에 보여주는 바와 같이, 강제식 온수난방 시스템은 물탱크에 열을 저장한다. 태양열로부터 수집된 열은 탱크에 있는 물을 가열한다. 이때 보조 난방장치(기름이나 천연가스 보일러와 같은)도 추가적인 열을 공급하는데 이는 저장되는 물의 온도를 적절히 유지하여 가정의 온수와 난방 수요를 맞추기 위함이다. 하루 중에 또는 1년 동안 가정의 에너지 요구량이 변화한다는 사실과 태양 일사량도 시스템을 디자인 하는데 고려되어야 할 것이다.

17.6e 열손실의 최소화 : 단열, 창문, 공기 누출

실내 난방에 있어 효율적인 에너지 생산이 중요하다 할지라도, 에너지를 효율적으로 사용하는 것 역시 중요하다. 따라서 건물의 열손실을 최소화하는 것은 필수적이다. 8장에서 집

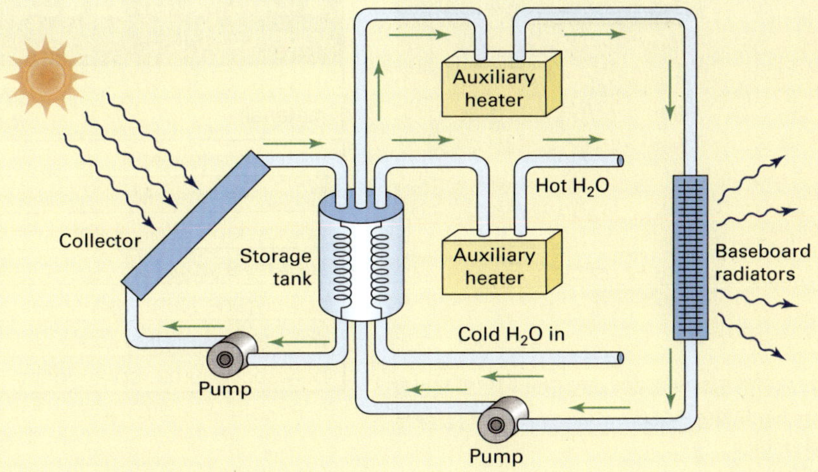

그림 17.16: 복합태양열 난방 시스템의 디자인. 시스템은 난방과 온수를 제공한다. 보조시스템(화석연료 보일러)에 의한 백업 난방도 제공된다.

Based on R. A. Hinrichs and M. Kleinbach, Energy, Its Use and the Environment, Brooks/Cole

에 필요한 난방량을 결정하기 위해, 벽이나 창문을 통한 열전달의 기본 물리학적 원리를 보여주었다. 이번 절에서는 건물의 열손실을 줄이고 실내 난방에 사용되는 에너지를 절약하기 위한, 좀 더 효과적인 방법을 결정하기 위해 이 개념을 확대한다. 겨울에 건물 내부의 열이 추운 바깥으로 빠져나가는 것을 최소화하는 효과적인 방법은, 여름에 외부의 더운 곳에서 건물 안쪽의 시원한 곳(에어컨으로 냉방된)으로 열이 흐르는 것을 최소화하는데도 역시 효과적이다. 이번 절에서는 건물의 열손실을 제한할 수 있는 세 가지 중요한 요소에 초점을 맞춘다. 즉 단열, 창문, 그리고 공기 누출의 제거이다.

단열재는 외벽의 안쪽처럼 건물의 내부를 둘러싼 공간을 채우고 있는 물질이다. 그 효율은 공간 내의 공기 순환을 제한하는 능력에 따라 결정된다. 또한 알루미늄 호일과 같은 반사면은 복사열전달을 줄이는데 효과적이다. 단열재는 여러 형태를 가지고 있다.

- **담요**: 유리섬유 울(wool)과 같은 유연한 재료로 두루마리 형태이다..
- **단단한 단열재**: 밀폐형 폴리스타이렌폼(polystyrene foam) 같은 섬유 또는 발포성 물질로 시트(sheet) 형태이다. 종종 상표명인 스티로폼(Styrofoam)으로 불린다(그림 17.17).
- **발포성 단열재**: 폴리아이신(polyicynene)이나 폴리우레탄과 같이 벽이나 지붕에 분무되어 부착되는 물질.
- **루즈필(Loose fill)**: 질석(vermiculite) 또는 유리섬유 입자의 엉성한(Loose) 섬유 펠렛(pellet). 공압(pneumatic)기기를 이용하여 지붕이나 벽의 공간에 불어 넣는다.

그림 17.17: 단단한 밀폐형 폴리우레탄 단열 시트의 일반적인 *R*-value는 cm 두께당 0.35(s · m^2 · ℃)/J이며, 다양한 두께로 사용될 수 있다.

Richard A. Dunlap

표 17.1: 몇 가지 단열 물질의 단위 두께에 따른 *R*-value의 근사치

material	*R*–value(s · m^2 · °C)/J per cm thickness
vermiculite loose fill	0.15
fiberglass loose fill	0.21
polyicynene spray foam	0.25
fiberglass wool	0.26
polystyrene foam rigid sheet	0.35
polyurethane spray foam	0.42
polyisocyanurate spray foam	0.45

몇 가지 특정한 단열 물질에 대해 단위 두께당 *R*-value는 표 17.1에 정리하였다. 단열재의 *R*-value는 단열특성에 좌우되고 두께에 선형적으로 비례한다. 식(17.5)에 따르면 단위면적당 열손실은 단열재 두께에 반비례한다. 8장에서 논의된 바와 같이 총 벽의 *R*-value를 얻기 위해서는 단열재의 *R*-value에 내부와 외부 벽의 *R*-value가 더해져야 한다. 실용적인 관점에서 표 17.1에 주어진 값들은 단열의 효과를 이해하기 위한 가이드라인으로 사용되어야 한다. 그러나 실제로는, 건물구조나 건설기술에 따라 이 표에 있는 값들과 상당히 다른 실제 *R*-value 값을 가질 수도 있다. 벽 기둥 사이의 공간을 채우는 단열재의 설치 효율에 관계된 세 가지 요소는 알아둘 필요가 있다.

1. 단열재의 단열특성은 공기의 이동을 최소화 시키는 능력에 따른 결과이다. 섬유유리울(wool)과 같은 단열재를 압축하는 것은 단열특성을 감소시킨다. 수용해야 하는 공간보다 더 두꺼운 단열재를 압착해 넣는 것은 효율을 떨어뜨린다.
2. 기둥사이의 전체 공간을 단열재로 채워야 한다. 단열재와 기둥 끝 사이의 공기 구멍은 열손실을 일으킨다.
3. 벽의 *R*-value 값은 열이 기둥을 통해 전도되어 전달되기 때문에 단열재 그 자체보다 작은 값을 가진다. 이것을 열다리(thermal bridge)라고 불린다. 이것은 나무를 뼈대로 한 건물의 경우 단지 하나의 요소이지만, 금속을 뼈대로 한 건물에서는 보다 중요한 요소이다.

다락방의 단열을 고려하는 것은 이와 조금 다르다. 단열이 천장의 접합부분을 가로질러 놓이거나 분사되어야 하기 때문이며, 이에 따라 위의 2, 3번 요소에 대한 걱정을 줄일 수 있다.

새로운 건물을 세울 때는 지역의 기후적인 조건에 적합한 단열재를 사용할 수 있다. 적절한 물질을 이용하는 것은 단열재 효과를 최적화 시킨다.

현존하는 건물의 단열을 개량하고자 할 경우에, 단열이 필요한 공간에 접근할 수 있는 것인가가 단열재의 선택에 제한조건이 될 수 있다. 다락방의 현재 있는 단열재에 추가로 단열재를 보완하는 것은 매우 간단하다. 다만 추가되는 단열재의 무게가 기존의 단열재를 압축하여 그 효과가 감소하도록 하지는 않나 주의를 기울여야 한다. 단열이 필요한 공간에 접근하는 것이 종종 제한되기 때문에 벽에 단열재를 보완하는 것은 약간 더 어렵다. 많은 경우 취입(blown-in)방식의 단열재가 현실적으로 유일한 방법이다. 벽이나 천장을 단열하는 것 이외에도 난방되지 않은 공간을 통하는 난방 배관이나 온수 파이프의 단열을 향상시키는 것도 생산적인 방법이 될 수 있다.

열손실을 줄이기 위해 단열을 향상시키는 과정에서 경제성은 종종 중요한 고려사항이 된다. 주택소유자에게 있어 짧은 투자회수기간은 이런 단열의 향상을 매력적이게 만들 것이다. 일반적으로 단열 향상의 효과에 대한 정밀한 분석은 복잡할 수 있다. 그러나 예제 17.6에서는 기존의 단열되지 않은 건물에 단열재를 추가한 결과를 이해하기 쉬운 간단한 접근법으로 보여준다.

예제 17.5에서는 창문을 통한 열손실의 중요성을 강조했다. 새로운 건설 시 에너지 효율적인 창문을 사용하는 것이 중요하다는 것은 분명하다. 기존 건물에 있는 저효율 창문을 교체하였을 때 얻을 수 있는 이익 또한 명백하다. 오래된 창문을 교체하는 것은 난방비용을 줄일 수 있는 효과적인 방법이 될 수 있다.

예제 17.6

오리건주 포틀랜드 부근에 위치해 있는 한 면이 10 m인 정사각형의 간단한 집을 생각하라. 벽과 천장을 통해서 열이 손실되고 있고 바닥을 통해서는 손실되지 않는다. 만약 벽이 단열되지 않았고 1.0 (s · m^2 · ℃)/J의 R–value 값을 가진다고 하면, 연간 얼마나 난방이 필요한가? 벽의 R–value가 3.5 (s · m^2 · ℃)/J를 가지는 단열된 집일 경우를 가정하여 이 계산을 반복해 보시오. $19.75/GJ(일반적인 기름이나 천연가스의 가격)의 열 비용을 가진다면 연간 절약되는 금액은 얼마인가?

풀이

식(17.5)를 보면

$$P = \frac{A(T_h - T_c)}{R}.$$

면적 A가 m^2, 온도가 $^\circ$C, R-value가 (s · m^2 · $^\circ$C)/J 단위를 가질 때 왼편의 파워는 W 단위를 가진다. 식의 오른쪽에 86,400 s/d가 곱해지면 왼쪽은 J/d 단위가 된다. 오른쪽의 온도가 연간 도일수(number of degree days per year)로 나타낸다면 왼쪽은 연간 요구되는 에너지를 J/y로 도출할 수 있다.

8장에서 본 바와 같이 오리건주 포틀랜드에서의 연간 도일수는 $^\circ$C 단위로 2426이다. 벽과 지붕의 표면적은 5 × 10 m× 10 m = 500 m^{2}이다. 따라서

$$\text{에너지/y} = (500\ \text{m}^2) \times (2426\ ^\circ\text{C d/y}) \times \frac{86{,}400\ \text{s/d}}{1.0\ (\text{s} \cdot \text{m}^2 \cdot {}^\circ\text{C/J})} = 1.05 \times 10^{11}\ \text{J/y}.$$

이 계산에 *R*-value값으로 3.5를 대입하면

$$\text{에너지/y} = (500\ \text{ft}^2) \times (2426\ ^\circ\text{C d/y}) \times \frac{86{,}400\ \text{s/d}}{3.5\ (\text{s} \cdot \text{m}^2 \cdot {}^\circ\text{C/J})} = 0.30 \times 10^{11}\ \text{J/y}.$$

이때 절약되는 에너지양은 $(1.05 - 0.30) \times 10^{11}$ J/y = 7.5×10^{10} J/y이며, 이를 금액으로 환산하면

$$(75\ \text{GJ/y}) \times (\$19.75/\text{GJ}) = \$148\ \text{per year}.$$

창문의 용도는 안쪽에서 바깥쪽으로의 열전달을 막으면서 집안에 빛이 들어오도록 하는 것이다. 가장 간단한 창문은 유리 한 장으로 된 것이다(단중창). 이중창의 경우 공기가 채워진 공간으로 분리된 유리 2장으로 구성되고, 삼중창은 3장의 유리로 구성되는 식이다. 유리 사이에 공기로 채워진 공간을 두는 주요 목적은, 유리판과의 접촉부분에서 생기는 공기의 순환을 막아 대류에 의한 열전달을 줄이는 것에 있다. 전형적인 이중창의 디자인을 그림 17.18에서 보여주고 있다.

전형적인 단중창의 *R*-value 값은 대략 0.18이다. *R*-value 값의 증가는 추가되는 유리창 개수당 0.18 정도이다. 따라서 기본적인 이중창의 *R*-value는 0.36이며(그림 7.18), 삼중창의 경우 0.54 부근의 값을 가진다. *R*-value는 유리 위에 낮은 방사율(low-e)을 가진 코팅을 적용함으로서 높일 수 있다(광학코팅의 물리적 의미를 설명해 놓았으니 ENERGY EXTRA 8.1을 살펴보시오). 이와 같은 코팅은 일반적으로 *R*-value를 0.18보다 높일 수 있다. 마지막으로는 유리판 사이의 공간을 공기 대신 다른 가스로 채울 수 있다. 가장 일반적으로 사

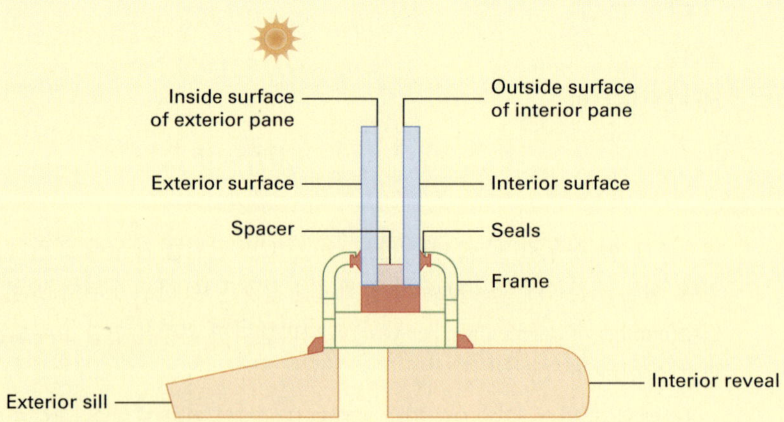

그림 17.18: 이중창의 구성요소.

용되는 가스는 아르곤이다. 아르곤은 공기보다 높은 점도와 낮은 열전도도를 가지고 있다. 앞의 특성은 가스의 순환을 줄일 수 있기 때문에 대류에 의한 열전달을 줄일 수 있다. 후자의 특성은 전도에 의한 열전달을 줄일 수 있을 것이다. 그 결과로 유리판 사이의 공기를 아르곤으로 대체하게 되면 *R*-value를 0.18 이상으로 증가시킬 수 있다.

실용적인 관점에서, 아르곤으로 채워지고 저방사 코팅을 한 3중창이, 창문이 가질 수 있는 높은 에너지 효율과 *R*-value 값의 현실적인 한계점이다. 이런 창문들은 0.9 부근의 *R*-value를 가진다(3개의 유리창으로 인해 0.54, 아르곤으로 인해 0.18, 코팅으로 인해 0.18의 값을 각각 가진다). 유리판 사이 공간의 가스를 모두 뽑아낸 진공유리창은 2.2 부근의 높은 *R*-value를 가진다. 그러나 이것은 온도 변화가 넓은 범위에서 일어난다면 실제 설치되기는 힘들 것이다. 진공으로 봉인된 부분이 과도한 열응력을 받기 때문에 신뢰성을 가지기가 어렵다.

예제 17.7

1.2 m×2.1 m의 코팅되지 않은 단중창이 저방사(low-e) 코팅과 아르곤으로 채워진 이중창(현재 창문들의 일반적인 구성임)으로 교체되었을 때 kWh/d의 단위로 열손실의 감소를 계산하시오. 안쪽의 온도는 20℃, 바깥쪽의 온도는 −5℃로 일정하다고 생각하시오.

풀이

식(17.5), 창문을 통한 열적 파워 손실은 다음과 같다.

$$P = \frac{A\Delta T}{R},$$

하루 동안의 에너지 손실은

$$E = \frac{A\Delta T}{R} \times 86{,}400 \text{ s/d}.$$

A가 m^2로, ΔT는 °C로, 에너지는 줄(J)로 나타낸다.

단중창의 경우($R = 0.18$),

$$\begin{aligned} E &= (1.2 \text{ m} \times 2.1 \text{ m}) \times [20°\text{C} - (-5°\text{C})] \times \frac{86{,}400 \text{ s/d}}{0.18 \text{ s} \cdot \text{m}^2 \cdot °\text{C/J}} \\ &= 30.2 \text{ MJ/d}. \end{aligned}$$

저방사 코팅과 아르곤을 채운 이중창의 경우($R = 0.72$),

$$\begin{aligned} E &= (1.2 \text{ m} \times 2.1 \text{ m}) \times [20°\text{C} - (-5°\text{C})] \times \frac{86{,}400 \text{ s/d}}{0.72 \text{ s} \cdot \text{m}^2 \cdot °\text{C/J}} \\ &= 7.6 \text{ MJ/d}. \end{aligned}$$

에너지 손실의 차이는

$$30.2 \text{ MJ/d} - 7.6 \text{ MJ/d} = 22.6 \text{ MJ/d}$$

kWh 단위로 환산하면 다음과 같다.

$$\frac{22.6 \text{ MJ/d}}{3.6 \text{ MJ/kWh}} = 6.2 \text{ kWh/d}.$$

예제 17.8

예제 17.7의 상황을 생각하라. 만약 집에 12개의 단중창이 있고 이것이 저방사 코팅과 아르곤이 채워진 이중창으로 교체된다고 가정한다면, 이때 겨울철 3달 동안 절약되는 금액을 계산하라. 난방은 전기로 공급하고 kWh당 $0.11가 소요된다고 가정하라.

풀이

예제 17.7에서 열손실의 감소는 창문 하나당 하루 동안 6.2 kWh이었다. 3개월간 12개의 창문을 통해 절감되는 에너지양은 다음과 같다.

$$(6.2\ \text{kWh/d}) \times (12) \times (90\ \text{d}) = 6696\ \text{kWh}.$$

에너지 생산가격을 $0.11/kWh로 하면 절감되는 금액은 다음과 같다.

$$(6696\ \text{kWh}) \times (\$0.11/\text{kWh}) = \$737.$$

실제 창문의 *R*-value 값은 약간 달라 일반적인 이런 간단한 방법들로부터 얻어낸 값보다 약간 낮은 값을 가진다. 특히 금속틀을 가진 창문의 경우 창틀을 통한 열전달(그림 17.18)이 중요한데, 이런 추가적인 열전달이 *R*-value 값을 낮춘다. 서로 다른 제조업자가 생산했다면 명목상 같은 창문이라 할지라도 실제 성능은 매우 다를 수 있다.

에너지 절약을 위해 낮은 *R*-value 값을 가진 창문을 높은 *R*-value 값을 가진 창문으로 교체했을 때, 그 향상된 효율은 열전달의 기본 물리학을 바탕으로 *R*-value의 함수로서 계산될 수 있다. 창문을 업그레이드함으로서 절감되는 에너지의 양은 예제 17.7에서 보여주고 있으며 이런 실천에 따른 경제적인 면은 예제 17.8에서 정리하였다.

벽이나 창문을 통한 열손실은 비교적 이해하기 쉬우며 정량화하기 간단하다. 반면 공기 누출(leak)에 의한 열손실은 대류에 의한 것으로 정량화하기가 좀 더 어렵다. 그러나 그 중요성은 명백하다; 겨울의 추운 날씨에 창문을 열어 놓으면 분명 열손실을 확인할 수 있다. 집 안이나 바깥에 공기가 새나갈 수 있는 작은 공간에 의해서 열손실이 발생할 수 있다. 이런 공기의 누출은 창문이나 문 부근의 또는 토대(토대판)나 집 사이의 불량한 밀봉(seal)에 의한 것이다. 그리고 외부의 공기를 집안으로 들어오게 하는 장소인 건조기 환기구(dryer vents) 같은 것도 포함된다. 그림 17.19는 몇 가지 일상적인 가정의 공기 누출을 보여주고 있다. 단열을 고려하는 경우에는 집의 난방된 부분과 그렇지 않은 공간(다락방과 같은) 사이의 공기 누출이, 외부로의 공기 누출만큼 중요하다는 것을 인식해야 한다. 더운 공기는 찬 공기에 비해 밀도가 낮기 때문에, 집안의 더운 공기는 집의 많은 부분에 있는 구멍들을 통해 새나가는 경향이 있다. 이것은 종종 다락방의 빈 공간으로 흘러간다(그림 17.19). 천장의 조명기구들은 집과 다락방 사이의 공기이동을 위한 일반적인 통로이다. 또한 공기는 전기콘센트나 스위치 또는 배관부근의 공간을 통해 단열되지 않은 내부 벽안으로 흘러 들어가서 위쪽의 난방되지 않은 곳(다락방과 같은)으로 이동해 간다(그림 17.20). 따라서 누

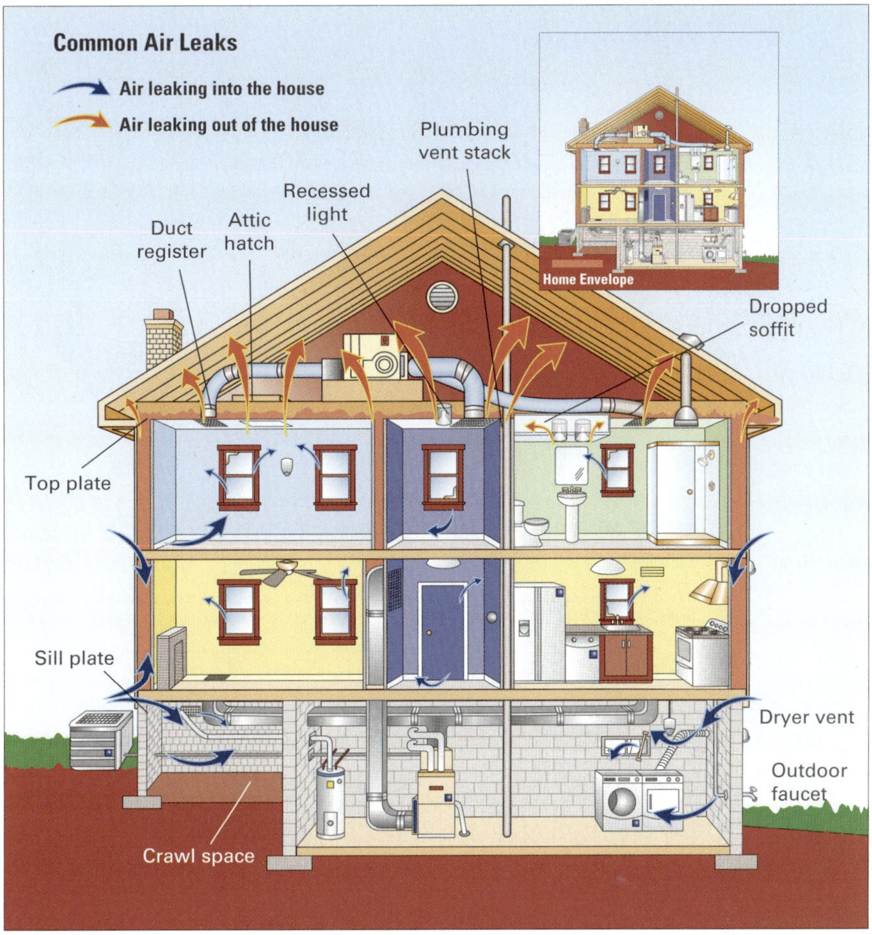

그림 17.19: 가정에서의 일반적인 공기 누출.

Energy Star, Air Seal and Insulate with ENERGY STAR, http://www.energystar.gov/index.cfm?c=home_sealing.hm_improvement_sealing

출부위가 밖으로 직접 연결이 되지 않더라도 틈마개(weather stripping)나 코킹(caulking)을 이용하여 밀폐하는 것이 중요하다.

17.7 주거용 조명

주거용 조명을 위한 효율적인 전기의 사용은, 사용하지 않는 전등을 끄는 것과 같은 개인적인 실천사항을 포함한다. 또한 이와 유사한 기능을 가진 자동화된 방법들, 예를 들어 조명을 조절하기 위해 타이머나 광전스위치를 사용하는 방법들도 있다. 그러나 효율 면에서 가장 뛰어난 발전은 좀 더 효율적인 기기의 개발이다.

공간이나 장소에 따라 방안의 조명은 백열등이나 형광등이 주로 사용되었다. 형광등은

그림 17.20: 전기콘센트나 스위치를 통해 내부공기가 난방 되지 않은 다락방으로 누출되는 것을 보여주는 모식도.

Based on Minnesota Department of Commerce, Energy Information Center at http://www.trimline-products.com/files//Air_Leaks_and_Ice_Dams_012408120912_AtticBypass.pdf

백열등에 비해 일반적으로 같은 전기에너지 투입 시 5배나 더 많은 빛을 내는 장점을 가지고 있다. 빛의 양은 루멘(lm)의 단위로 측정된다. 이 단위는 전자기 스펙트럼의 가시광선 영역에 대한 빛의 양을 측정하고, 그 파장범위에서 인간 눈의 감도 변화 뿐 아니라, 실제 빛의 강도를 설명해 준다. 따라서 이것은 사람에게 인지되는 것과 같은, 빛의 밝기에 대한 정확한 측정이다. 전기를 받아서 빛을 생산하는 여러 기기들은, 빛을 생산하기 위해 사용하는 메커니즘에 따라 같은 파워를 받아서도 서로 다른 양의 빛을 생산한다. 또한 생산된 빛의 파장분포도 다르다. 몇 가지 일반적인 광원(source)에 대한 투입된 전기량(watt)에 따른 빛의 생산량(lumens)을 표 17.2에 나타내었다. 형광등이 백열등에 비해 전기에너지를 빛으로 바꾸는데 매우 효율적이라는 것을 알 수 있다. 빛으로 전환되지 못한 에너지는 열로 발산되기 때문에 백열등은 빛보다 열을 더 많이 생산한다.

최근, 소형 형광등(compact fluorescent lamps, CFLs)이 개발되었다. 이 형광등은 대략 백열등 크기와 비슷하고 표준 베이스(base), 즉 미국과 다른 많은 나라에서 사용되는 에디슨 나사 베이스(Edison screw base)나 베이어닛 베이스(bayonet base)에 설치될 수 있어, 표준

표 17.2: 몇 가지 빛을 생산하는 디바이스의 투입되는 단위 전기량에 대한 일반적인 빛 생산량 (와트당 루멘단위로, lm/W)

light source	output/input (lm/W)
incandescent bulb	15
compact fluorescent lamp (CFL)	60–70
light-emitting diode (LED)	100–150

그림 17.21: 여러 가지 소형 형광등을 보여주고 있다. 왼쪽부터 오른쪽으로 9-W 나선형, 13-W 나선형, 23-W 나선형, 26-W 나선형, 그리고 9-W 튜브형으로 각각 백열등 40 W, 60 W, 100 W, 120 W, 그리고 40 W가 각각 내는 빛과 동일한 양을 생산할 수 있다. 보여주고 있는 등들은 북미의 표준 에디슨(Edison) 베이스(base)를 가지고 있다.

Richard A. Dunlap

형 전등 소켓 안에 들어갈 수 있다. 상업적으로 사용되고 있는 소형 형광등(CFLs)의 몇 가지 예를 그림 17.21에서 보여주고 있다. 일반적으로 사용되는 두 가지 구조로는, 북미 쪽에서 좀 더 많이 사용되는 나선형구조와 다른 지역에서 사용되는 튜브형구조이다. 이것들은 효율적인 빛의 생산과 실제 에너지 절약에 주는 긍정적인 효과로 인해 판매가 촉진되어 오고 있다.

예제 17.9

9-W CFL(소형 형광등)은 8000시간의 수명특성과 $24.80의 에너지 비용 절약이 요구된다. 이런 요구사항을 검증하시오.

풀이

9-W 소형 형광등은 40-W 백열전등과 유사한 빛을 낼 수 있으므로 31 W의 전력을 절약할 수 있다. 8000시간의 수명 동안 에너지 절약된 총량은

$$(0.031\ \text{kW}) \times (8000\ \text{h}) = 248\ \text{kWh}.$$

kWh당 전기값은 $0.10이므로 $24.80를 절약할 수 있다.

CFL의 작동원리는 형광등과 같다. 가스를 통과하는 전자는 가스 원자 내에 있는 전자들과 상호작용을 하고 그들을 높은 에너지로 여기시킨다. 이때 여기된 전자들은 기저상태(ground state)로 천이(transition)되는 과정을 겪고, 이 과정에서 광자를 발생시킨다. 형광등은 튜브 끝의 필라멘트에 의해 전자를 생산하고, 필라멘트는 흐르는 전류에 의해 가열된다. 전자를 방출하기 때문에 캐소드(cathode)로 일컬어지는 필라멘트는 일반적으로 전자를 쉽게 방출할 수 있는 금속산화물로 코팅된 텅스텐으로 만들어진다. 튜브는 매우 낮은 압력의 수은 증기를 포함하며 빛을 생산하는 것은 바로 이 수은 원자내의 전자 천이(electronic transition) 때문이다. 수은의 전자 천이에 의해 생산되는 대부분의 광자는 매우 높은 에너지를 가지고 있으며, 전자기 스펙트럼은 사람 눈에 보이지 않는 자외선 부분에 해당한다(그림 1.1). 가시광선을 생산하기 위해 자외선 광자들은 튜브 안쪽에 코팅된 인광물질로 입사된다. 인광체 코팅에 있는 원자들은 자외선 광자를 흡수해서 넓은 영역의 파장을 가지는 낮은 에너지의 광자(스펙트럼의 가시광선 영역)로 재방출한다. 이것은 청색 LED에 의해 백색광이 생산되는 방법과 유사하다(17.5절). 형광등의 파장 스펙트럼은 인광체로 다른 조합물질을 사용함으로서 변화될 수 있다. 주광색(cool white)이나 전구색(daylight)와 같은 형광등의 분류는 인광체의 다른 조합에 의한 것이다.

형광등은 흥미로운 전기적 특성을 가지고 있다. 전류가 수은 증기를 통해 흐름에 따라, 가스 원자내의 전자 천이가 일어나고, 이때 여기된 원자는 실제 전자의 흐름을 원활하게 만든다. 따라서 전류 I가 증가함에 따라 저항 R은 감소하고 더 많은 전류가 흐르기 용이하도록 만든다. 일정한 전압 V가 튜브에 가해질 때 전류는 다음과 같은 옴의 법칙(Ohm's law)에 따라 통제되지 못하면서 증가한다.

$$I = \frac{V}{R}. \tag{17.6}$$

이 상황을 피하기 위해 안정기(ballast)가 사용된다. 간단한 안정기는 튜브와 직렬로 연결된 단지 AC 회로내의 전류 흐름을 제한하는 인덕터(inductor)이다. CFL은 일반적으로 이런 요구사항을 만족시키기 위해 베이스(base)에 내장된(그림 17.22) 통합 전자 회로를 사용한다.

CFL은 잠재적 환경위험 요소를 가지고 있다. 다른 형광등과 마찬가지로 CFL은 건강에 위험한 수은(Hg)을 포함하고 있다. 미국이나 다른 지역의 정부조직들은 수은을 포함하고 있는 모든 제품에 (Hg) 심볼을 표기하도록 요구한다(그림 17.23). 현재 제조되고 있는

그림 17.22: 13-W 나선형 소형 형광등의 베이스에 있는 내장 전기 안정기(ballast).

Richard A. Dunlap

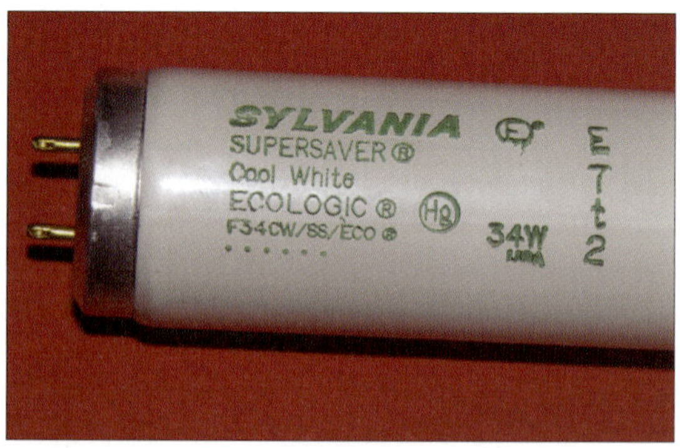

그림 17.23: 수은 심볼, 형광등 표면에 원으로 둘러싼 Hg가 있다.

Richard A. Dunlap

그림 17.24: 에디슨(Edison) 나사 베이스(base)를 가진 10-W LED등.

Richard A. Dunlap

각각의 CFL은 1~5 mg의 수은을 포함한다. 많은 지역에서는 땅에 묻어 수은이 환경에 퍼지는 것을 방지하기 위해, CFL의 처리 방법을 전환하기 위한 계획안을 가지고 있다. 그러나 이런 방안은 일반적인 것은 아니어서, 많은 지역에 버려진 CFL은 환경에 수은을 누출시키는데 일조하고 있다. 비록 수은의 누출은 바람직하지 않지만, 미국 환경보호국(U.S. Environmental Protection Agency)은 연간 미국에서 판매되는 모든 CFL의 수은양은 연간 미국의 인위적 수은 누출량의 0.1%에 불과할 것이라고 추정한다.

CFL의 에너지에 대한 정보와 경제적인 이점은 간단한 계산을 통해 얻을 수 있다. 백열등을 소형 형광등으로 교체했을 때 대체조명과 같은 수준으로 하기 위한 빛의 발생량의 차이로부터 에너지 절감분을 측정할 수 있다. 그러나 이것은 CFL이 에너지 사용에 얼마나 영향을 미쳤는가를 완전히 보여주지 못한다. CFL은 상대적으로 적은 양의 열과 함께 많은 빛을 생산한다. 비교하자면 백열전등은 대략 10%의 전기에너지가 빛으로 전환되고 나머지 90% 가량은 열로 전환된다. 따라서 대부분의 에너지는 열로 가는데, 이것은 빛을 만드는데 있어 상황에 따라 원하는 또는 원치 않는 부산물이다. 예를 들어 미네소타 지역의 겨울에는, 추가로 발생되는 열이 버려지는 에너지가 아니라, 건물 내부의 온도를 높이는데 일조하여, 난방을 위해 필요한 에너지량을 그만큼 줄여준다. 이 경우, 백열등을 CFL로 교체하여도 절약되는 총 에너지는 우리가 기대하는 것만큼 크지 않다. 한편, 알라바마의 여름과 같은 상황을 고려한다면, 백열등에서 발생되는 과량의 열은 불필요한 열로, 에어컨에 의해 빌딩으로부터 제거되어야 할 것이다. 따라서 이 경우, 백열등은 적은 양의 빛[투입되는 전기(W)당]을 생산할 뿐 아니라 냉방 시스템에 추가적인 에너지가 요구되도록 하기 때문에, CFL로 교체될 경우 절약되는 총 에너지는 기대한 것보다 크다.

표 17.2에서 보여주듯이 소형 형광등은 전기에너지를 가시광선으로 전환하는데 전통적인 백열전등에 비해 상당히 더 효율적이다. 이 표는 또한 LED가 CFL에 비해 빛을 생산하는데 좀 더 효율적이라는 것을 보여준다. LED는 도로의 조명을 위해 전통적인 조명 방식을 대체할 수 있는 중요한 대안이 되어 왔다. 최근에 LED는 가정집 실내의 등을 교체하는 데도 사용되고 있다. 높은 효율로 인해 9-W LED는 60-W 백열등과 비슷한 빛을 생산하여 제공할 수 있다. 그림 17.24에서는 실내 조명을 위해 상업적으로 사용되고 있는 LED등의 예를 보여준다. 일반적인 LED등의 수명은 약 30,000시간으로 대략 8000시간을 가진 CFL에 비해 길다. 비록 LED 가격이 꾸준히 떨어지고 있고 미래에는 상황이 바뀔 수 있지만, 현재에는 상당히 높은 초기 비용 때문에(CFL에 비해 10배), LED의 사용이 그다지 활발하지 못하다.

17.8 수송

17.8a 연비

그림 2.6에서 나타낸 바와 같이 수송은 미국에서 사용된 에너지의 거의 30%를 차지하고 석유에서 얻는 에너지의 70% 이상을 차지한다. 따라서 수송기술이 연료를 효율적으로 사용하도록 만드는 것은 중요한 문제이다. 수송용 에너지 효율을 최적화시키는데 있어 문제점은 다양한 관점을 가진 복잡한 문제라는 점이다. 또한 문제의 한 면은 널리 알려진 수송방식을 다룬다는 것이다. 이것은 세계의 한 지역에서 다른 지역으로 감에 따라, 또는 수송방식이 매우 효율적인(자전거와 같은) 것에서 적당히 효율적인 것(버스나 열차 같은 대중교통), 효율적이지 못한 것(개인용 승용차)으로 감에 따라 상당히 변화된다. 세계적으로 시간이 흐름에 따라 매우 효율적인 수송 방식에서 효율이 떨어지는 수송 방식으로의 끊임없는 변화가 있어 왔다. 자동차에 관련된 수송시스템으로의 변화는 1920년대와 1930년대 북미에서 일어났으며, 1950년대와 1960년대에 유럽에서, 그 이후 발전되는 세계 여러 지역에서 일어났다. 따라서 수송용 에너지 사용에 대한 역사적인 분석은 경제, 사회, 문화적인 요소들에 의해 많은 영향을 받는다. 수송용 기기들의 좀 더 효율적인 사용을 촉진하는 것은 에너지 절약을 도울 수 있으며, 이것은 소비자들이 운전을 덜하고, 자전거를 타고, 대중교통 이용을 독려하는 것을 포함할 것이다.

수송시스템의 효율을 살펴 볼 수 있는 다른 방법은 시대별 자동차의 효율 트렌드를 생각해 보는 것이다. 이런 방법은 인간 행동의 변화보다는 주로 수송에 관련된 과학과 기술을 다루도록 하며, 다음의 논의에서 다루는 방법들이다.

자동차의 연비(fuel economy)는 여러 가지 다른 방법으로 정량화 될 수 있다. 사용되는 단위는 연료 부피당 운행거리(일반적으로 연비 또는 연료효율이라고 일컬어진다) 또는 단위 운행거리당 연료의 부피(일반적으로 연료 소모량이라고 일컬어진다)로 나타낼 수 있다. 연비는 일반적으로 리터당 킬로미터로 측정되며, 연료 소모량은 100킬로미터당 리터(L/100 km)로 측정된다. 전 세계의 여러 국가들은 모두 각각의 기준을 사용하고 있다. 연비와 연료 소모량은 서로 다음과 같은 반비례 관계가 있다.

$$\frac{100}{(\text{L}/100\ \text{km})} = \text{km/L} \tag{17.7}$$

그 관계는 그래픽으로 그림 17.25에 나타내었다.

1960년대와 1970년대 들어, 수송용으로 화석연료를 사용하는 것이 문제라는 사실은 점점 더 명백해졌다. 화석연료 사용에 따른 오염에 대한 관심(4장)은 자동차 배출가스를 다루는 많은 정부조직들의 정책 결정에 의해 좌우된다. 이런 관심들은 화석연료 자원에 대한 장기 사용 가능 여부에 대해 생각해 보게 하고, 자동차 연료효율을 향상시키기 위한 동기를 제공했다. 많은 국가들의 정부 규제는 그 나라에서 제조사들에 대해 그들 자동차

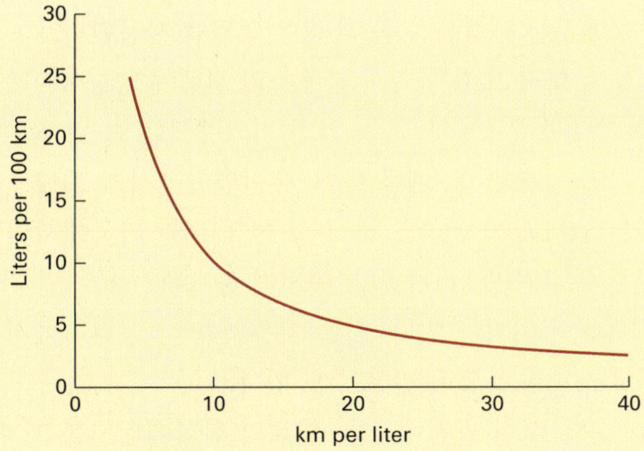

그림 17.25: L/100 km 단위로 측정된 연료 소비량과 km/L로 측정된 연료효율의 관계.

들이 맞추어야 하는 평균 연료효율을 제시하고 있다[미국의 경우는 17.2절에서 논의한 Corporate Average Fuel Economy(CAFE)이다]. 일반적으로 차량은 승용차, 경트럭, 중트럭 등등으로 분류된다. 연료 소모량 규정을 충족시키기 위한 방법은 2가지 방향으로 살펴볼 수 있다: (1) 연료 소모량에 대한 가이드라인을 충족시키는 차량에 대한 우선적인 판매 또는 (2) 효율을 높여서 연료 소모량을 줄이기 위한 차량 기술의 향상이다. 전자의 방법은 소비자의 필요성과 욕구에 관련 있어 경제와 지역과 같은 요소들의 함수로 볼 수 있다. 반면 후자는 주로 자동차 기술을 다룬다.

1인당 GDP는 어떤 자동차가 가장 성공적으로 판매될 수 있느냐를 결정하는데 중요한 역할을 하고, 결국 이것은 연비와 직접적인 관련이 있다. 일반적으로 좀 더 비싼 자동차는 많은 연료가 필요하다. 그림 17.26에서는 도요타(Toyota)사에서 제조되어 북미에서 판매되

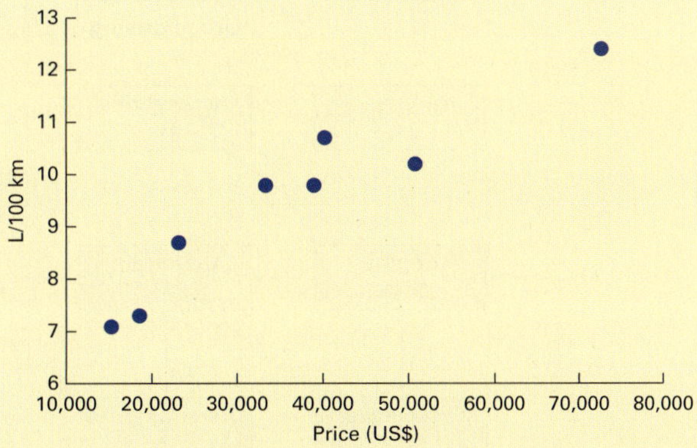

그림 17.26: 미국 환경보호국(U.S. Environmental Protection Agency, EPA) 자료에 따른, 2016년 북미에서 판매된 도요타(Toyota/Lexus)의 비하이브리드 승용차의 도시/고속도로 평균 연료 소모율(L/100 km). 승용차의 모델별 기본가격(US$)의 함수로 나타내었다.

고 있는 모든 승용차의 연료 소모량을 그 판매 가격의 함수로서 보여주고 있다. 더 비싼 자동차를 구매하는 사람들은 좀 더 많은 연료를 사용한다.

지역적, 문화적 요소들 역시 자동차의 선택에 영향을 미친다. 도시 환경에서(시골지역에 비해) 살거나 높은 인구밀도를 가진 지역에서는 좀 더 작은 자동차(일반적으로 높은 연료 효율을 가진)를 고른다. 예를 들어, 유럽연합에서의 2012년 승용차의 평균 연료 소모량 요구 수치는 5.0 L/100 km이었다. 반면에 2016년 미국에서의 승용차의 평균 연료 소모량 요구 수치는 6.6 L/100 km이었다. 이것이 중요하긴 하지만 다른 나라들 간의 데이터 비교는 때때로 오해의 여지가 있다. 같은 자동차가 다른 나라에서는 다른 테스트 과정으로 인해 다른 연료 소비량 등급을 받을 수도 있다.

과학과 공학적인 관점에서는, 연료의 화학에너지를 기계적인 에너지로 변화시키는 과정에 관련하여, 내연기관 자동차를 좀 더 효율적으로 만드는 새로운 기술의 발전이 아마 가장 흥미로울 것이다. 어떤 곳에서 주요 에너지 이득을 얻을 수 있는지를 이해하는 것은 에너지 손실이 실제 일어나는 곳을 분석하는데 필수적이다. 미국 에너지부의 연구결과를 바탕으로 이런 손실들을 도시나 고속도로 주행 조건들에 따라 그림 17.27에 정리하였다. 그림에서 나타낸 바와 같이 휘발유 승용차가 모든 주행 조건 내에 있을 때, 연료의 화학

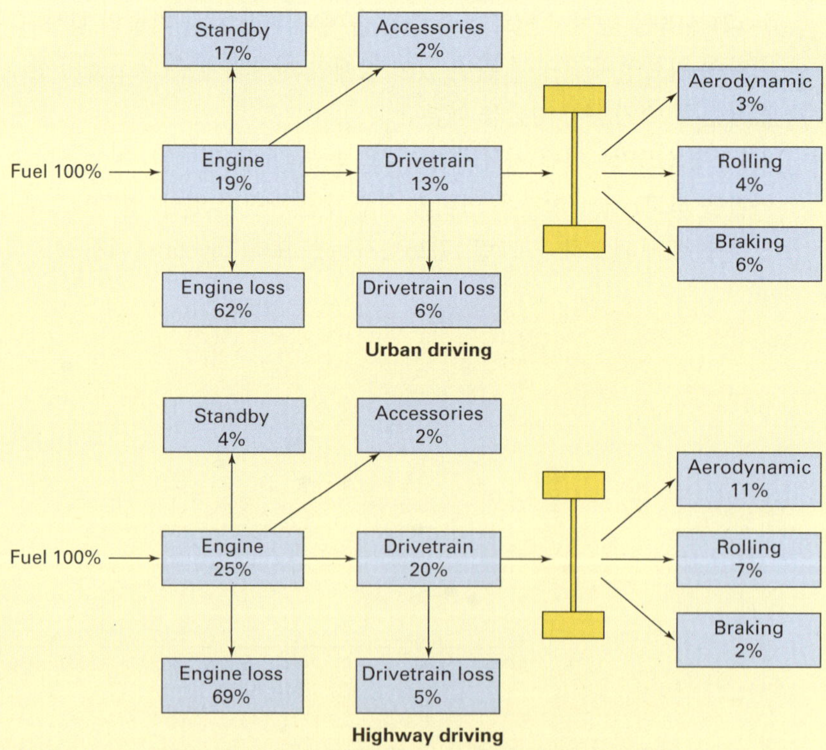

그림 17.27: 도시와 고속도로 주행 조건하에서 자동차의 에너지 흐름 다이어그램.

U.S. Department of Energy

에너지가 바퀴에 전달되는 에너지로 바뀌는 일반적인 전체 효율은 대략 17%이다(도시는 13%, 고속도로는 20%). 이것은 다음 두 장에서 논의될 다른 자동차 기술과 비교할 때 중요한 참고사항이다.

분명하게, 가장 큰 에너지의 손실은 엔진에서 발생된다. 이런 손실들은 열 엔진의 기본 열역학에 의해 어느 정도까지는 피할 수 없는 것이다. 그러나 엔진의 디자인과 운영에 의해 연료의 화학에너지를 기계적인 에너지로 전환하는 효율이 최적화 될 수 있다. 동력전달부의 디자인, 제어 시스템, 자동차의 전체 구조가 자동차를 좀 더 연료 효율적으로 만드는 몇 가지 다른 요소들이다. 특히 몇 가지 디자인 규격은 다음을 목적으로 한다.

- 냉각시스템의 효율 향상(효율적인 냉매의 사용은 냉각시스템의 부피를 감소시키고 빠른 웜업(warmup)과 우수한 온도 조절을 이끈다.)
- 작동온도나 연료 분사와 같은 엔진의 작동 조건들에 대한 좀 더 효율적인 컴퓨터 제어.
- 동작하는 구성요소들의 점성 저항(viscous drag)을 줄이기 위해 더 얇고 낮은 마찰계수를 가진 엔진 오일과 윤활유를 사용하는 것
- 변속기에 있는 기어 비율(gear ratio)을 증가시키거나 엔진 속도를 자동차 속도에 최대로 일치시키기 위한 연속적인 가변 운전 시스템(variable drive system)의 사용
- 공회전(slippage)을 줄이기 위한 자동차 변속기의 디자인 향상
- 최적의 시점에 자동변속기의 이동이 일어나기 위한 좀 더 효율적인 기술의 실현
- 구성요소들을 좀 더 효율적으로 패키징(packaging)함으로서 무게를 줄이고 장착공간을 효율적으로 사용하는 것
- 향상된 재료들을 사용하여 특히 움직이는 부분들의 무게를 줄이는 것
- 공기저항을 줄이기 위한 좀 더 공기역학적(aerodynamic)인 디자인의 사용(공기저항을 이기기 위해 필요한 파워는 속도의 세제곱에 비례한다. 따라서 고속 시 이런 요소는 특히 중요하다.)
- 회전할 때 저항이 적은 타이어의 사용
- 부가 장치들을 위한 효율적인 전기에너지 사용 방법의 구현

이제부터는 휘발유-전기 하이브리드(gasoline-electric hybrid)와 같이, 자동차 디자인에 관한 새로운 기술로의 이동을 포함하는 다른 접근 방법들을 논의하겠다.

연료 소모량을 줄이기 위한 행동에 따른 실제 이익은, 어떤 부분에서는, 자동차 기술의 향상에 기인한다. 미국 환경보호국(U.S. Environmental Protection Agency, EPA)의 연구는 1970년대 중반 정부의 규제가 시작된 시점 이후 미국의 승용차 연비는 꾸준히 향상되어 왔음을 보여준다(그림 17.28). 하지만 중트럭(heavy truck)들의 연비는 과거 40년 동안 거의 변화가 없음을 보여준다.

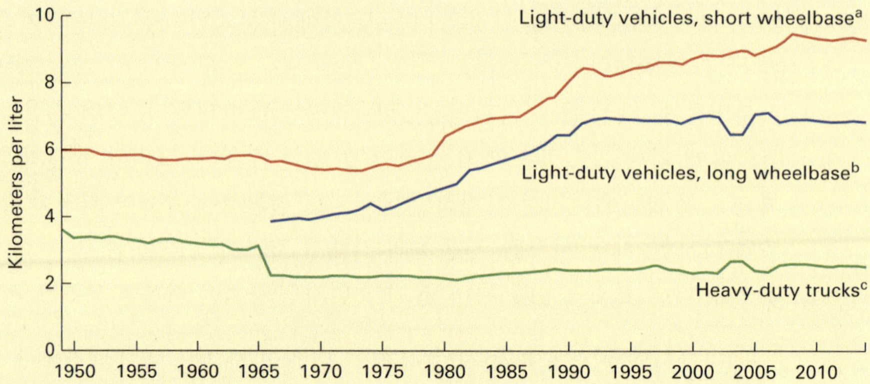

그림 17.28: 미국에 있는 자동차들의 연비, 1949-2014. 승용차는 전형적인 "짧은 축거를 가지는 경량 차량."

U.S. Energy Information Administration, http://www.eia.gov/totalenergy/data/monthly/pdf/sec1_18.pdf

ENERGY EXTRA 17.4
열전 발전기

본 장에서는 에너지가 열로 손실되는 여러 상황에 대해 논의했다. 예를 들어, 배기가스에 의해 열이 배출되는 퍼니스(17.6a절 참조)와 열이 열 엔진의 차가운 저장소로 전달되는 내연기관의 경우에 발생한다. 열전 발전기는 이 손실되는 열에너지를 활용하여 전기를 생성하는 중요한 방법 중 하나이다. 이러한 장치의 물리학은 재료의 전기적 및 열적 특성을 고려하는 것으로부터 시작된다.

한쪽 끝은 뜨거운 저장소와 연결되고 다른 쪽 끝은 차가운 저장소와 열적으로 연결된 금속 막대를 생각하자. 8장에 설명된 대로, 열은 전도에 의해 뜨거운 끝에서 차가운 끝으로 이동한다. 이 열 중 일부는 금속 막대를 통해 흐르는 전자에 의해 전달된다. 이러한 전자의 흐름은 금속 막대의 두 끝 사이에 전위차를 발생시킨다. 이러한 현상을 제벡효과(Seebeck effect)라고 하며 전위차는 다음과 같이 표현할 수 있다.

$$\Delta V = -S\Delta T$$

여기서 S는 제벡계수(Seebeck coefficient)이며, 이는 금속에 따라 다른 수치를 가진다. 마이너스 부호는 전자의 음전하로 인해 금속 막대의 뜨거운 끝이 금속 막대의 차가운 끝보다 높은 전위에 있기 때문에 발생한다. 그림과 같이 제벡계수 S_1과 S_2가 서로 다른 두 개의 금속이 연결되어 있으면 두 차가운 끝 사이에 전압 V가 생성된다.

$$V = \Delta V_1 - \Delta V_2 = (S_2 - S_1)\Delta T$$

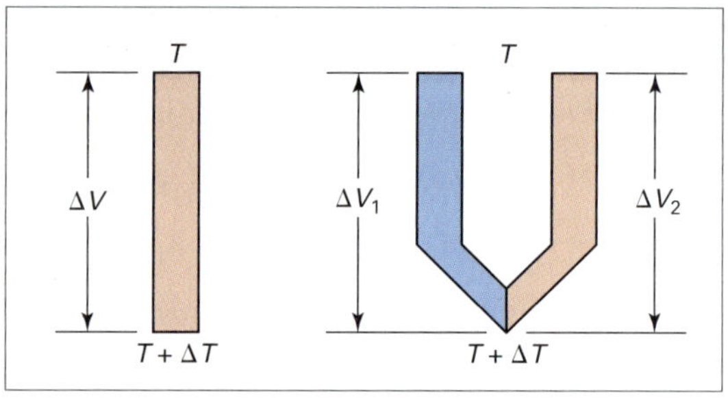

Based on Dunlap, Experimental Physics

금속 막대에서의 제벡효과(왼쪽)와 서로 다른 두 가지 금속을 사용한 열전대 구성(오른쪽).

앞에서 설명한 장치를 열전대(thermocouple)라고 하며 온도 측정에 일반적으로 사용됩니다. 원론적으로 이러한 장치는 온도 차이를 전류로 변환하는 데 사용할 수 있다. 이 장치는 일반적으로 금속이 높은 열전도도 k(thermal conductivity, 8.3a절 참조)와 높은 전기 전도도 σ(electrical conductivity, 즉, 우수한 도체임)를 갖기 때문에 실용적으로 사용하기에는 효율이 낮다. 일반적으로 제벡 발전장치의 효율은 ZT(figure of merit, 열전 성능지수)와 관련이 있다.

$$ZT = \frac{\sigma S^2 T}{k}$$

우수한 열전 재료는 낮은 열전도도와 높은 전기 전도도를

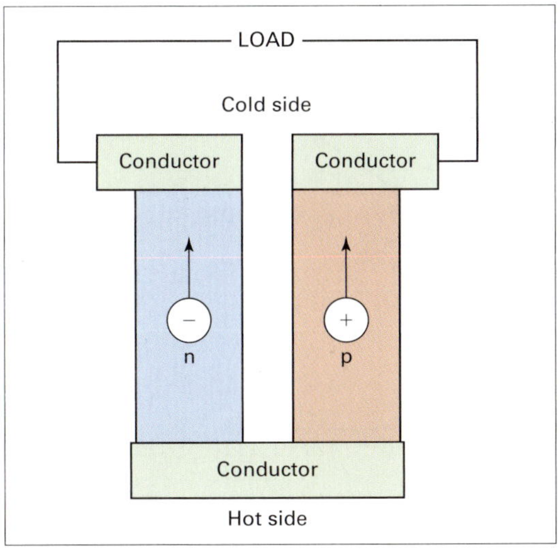

뜨거운 면에서 차가운 면으로의 전자와 홀의 흐름을 보여주는 열전 발전기.

가져야 한다. 또한 높은 제벡계수를 갖는 것이 바람직하다. 절연체는 일반적으로 낮은 열전도도와 낮은 전기 전도도를 가진다. 일부 반도체 재료는 낮은 열전도도를 가지면서도 높은 전기 전도도를 가지고 있어 좋은 열전 소재가 될 수 있다.

열전 발전기는 열전대와 유사한 장치이지만 반도체 재료로 만들어지는 것이 다르다. 그림과 같이 여분의 전자를 가지는 *n*형 반도체와 여분의 홀이 있는 p형 반도체(9.3절 참조)로 구성된다. *n*형 반도체의 전자와 p형 반도체의 홀은 장치의 뜨거운 면에서 장치의 차가운 면으로 열을 전달하여 전위차를 발생시킨다. 이 전위차는 부하를 통해 전류를 흐르게 한다.

열전 발전기는 열에너지를 전기에너지로 변환하는데 있어 보통 약 4~7%의 발전 효율을 갖는다. 하지만 이러한 낮은 효율에도 불구하고 이들 장치에 대한 몇 가지 중요한 응용이 있으며, 이는 기본적으로 두 가지 범주로 분류된다.

- 다른 에너지 수확 방법이 적합하지 않은 원격지에서 사용
- 폐열 형태의 에너지 손실이 있는 장치의 효율 개선

첫 번째 경우, 이 장치는 태양 복사가 최소인 우주 탐사선과 북극권의 등대에서 전력 공급원으로 사용된다. 이 경우 장치의 뜨거운 면에 대한 열원은 종종 방사성 물질의 붕괴에 의해 공급된다.

난방 시스템 및 산업 공정으로부터 손실되는 열에너지를 회수하기 위해 열전 발전기가 사용될 수도 있다. 그러나 최근에는 차량 내연기관의 배기가스로부터 에너지 회수를 위한 용도가 관심을 끌고 있다. 특히 BMW를 포함한 여러 자동차 제조업체가 이 가능성에 주목하고 있다. 열전 발전기가 생산하는 전기는 차량의 배터리 충전을 보조하고 전장 장치, 조명, 전기 조향 장치와 같은 전기 장치를 작동시키는 데 사용된다. 이를 통해 교류 발전기를 위한 엔진 부하를 줄이고 연료 소비를 줄일 수 있다. 그러나

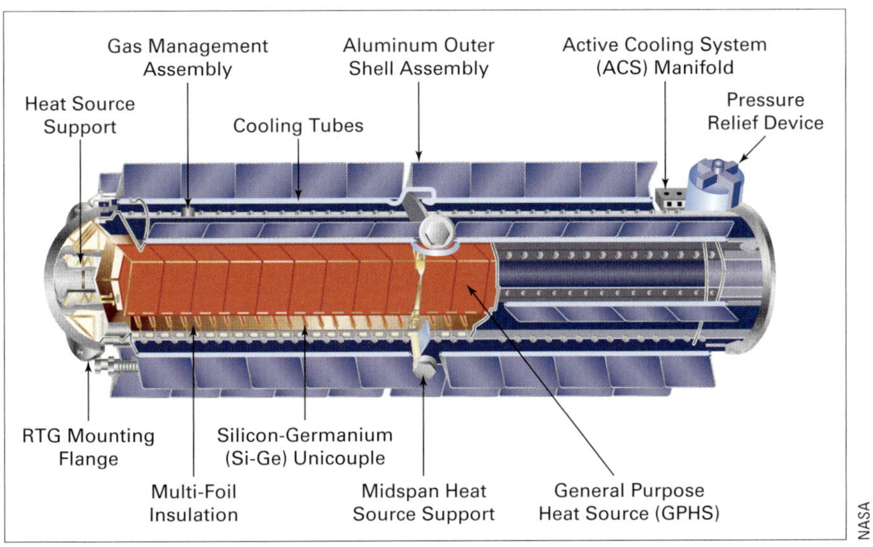

NASA에서 Galileo, Ulysses, Cassini-Huygens, New Horizon Space Probes에 사용한 열전 발전기 모듈.

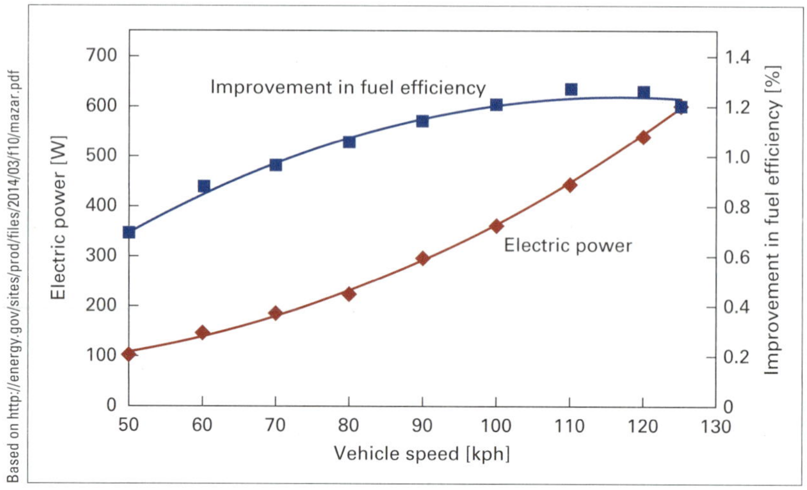

BMW X6의 열전 발전기 성능에 대한 실험 결과.

이 방법에는 단점도 있다. 배기가스는 열에너지를 추출하기 위해 열교환기를 통과해야 하는데 엔진에 추가적인 배압이 생겨 엔진성능에 악영향을 줄 수 있다. 열전 발전 장치에 적절한 온도 차이를 유지해야 하는데, 장치의 차가운 면의 온도를 유지하기 위해 일반적으로 차량 냉각시스템의 유체를 사용한다. 열전 발전기의 무게는 승용차의 경우 50 kg 이상이고 SUV 또는 트럭의 경우 100 kg 이상이며, 이 추가되는 무게는 연료 소모를 증가시킨다. 이처럼 열전 발전기를 적용했을 때, 시스템의 손익 사이에는 이해관계가 상충(trade-off)된다. 열전 발전기의 순 이득(net gain)에 대한 결과를 그림에 나타내었다.

토의 주제

차량 배기가스로부터 열에너지를 회수하기 위해 열전 발전기를 사용하는 것은 환경 또는 경제적인 이점이 있는 것으로 보인다. 열전 발전기가 장착된 일반 차량의 탄소 배출 감소량을 추정하시오. 미국의 모든 내연기관에 열전 발전기가 장착된 경우 총 탄소 배출량을 얼마나 줄일 수 있는가? 현재 열전 장치에 사용되는 반도체 재료는 상당히 비싸지만 보다 경제적인 재료의 개발에 대한 연구가 진행 중이다. 향상된 연비를 기준으로 수용 가능한 투자 회수기간을 제시하기 위해 차량에 열전 발전기를 추가하는 데 합리적인 지출은 얼마인가?

세계 여러 나라들의 최근 연비와 향후 목표치는 그림 17.29에 나타내었다. 그림에서 일본/유럽연합과 나머지 세계 다른 나라간의 뚜렷한 차이가 분명하게 보인다.

연비는 자동차 자체의 특성에 더하여 실제로 운전자의 습관에 따라 결정된다. 에너지를 절약하는 운전습관은 많은 정부의 에너지 정책에 의해 촉진되고 있으며, 고속도로에서 적당한 속도로 주행하는 것과 크루즈 컨트롤(cruise control)을 사용하는 것, 공회전을 최소화하는 것 등이 포함된다.

17.8b 하이브리드 자동차

최근 하이브리드 자동차(hybrid vehicles)는 전통적인 휘발유 내연 엔진 자동차의 대체재로 매우 일반적인 것이 되었다. 전통적인 하이브리드 자동차는 내연 엔진과 전기 모터를 구동하는 배터리 모두를 가지고 있으며 비화석연료를 사용한 수송기술 쪽으로 한 단계 진보하고 있다. 휘발유 엔진이 자동차에 파워를 제공하기 위해 사용되고, 배터리는 전기 모터를

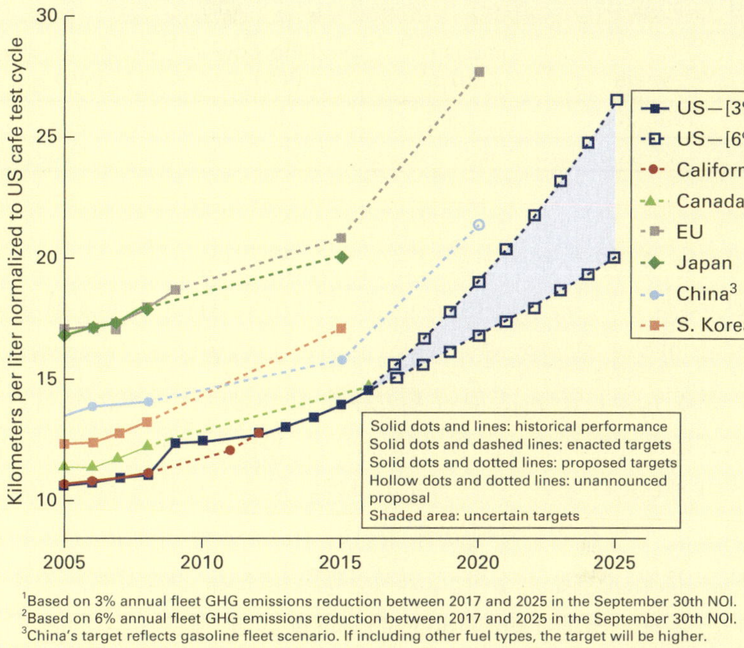

그림 17.29: 여러 나라 승용차들의 평균 연비. 2005년부터 2010년까지의 데이터와 2025년까지의 목표 수치.

Based on Center for Climate and Energy Solutions, Comparison of Actual and Projected Fuel Economy for New Passenger Vehicles, http://www.pewclimate.org/federal/executive/vehicle-standards/fuel-economy-comparison

구동하여 추가적인 파워를 제공한다. 배터리(배터리 기술에 대해 좀 더 자세히 알고 싶으면 다음 장을 보라)는 휘발유 엔진과 회생제동(regenerative braking)에 의해 얻어지는 에너지에 의해 재충전된다. 최초의 대량 생산된 하이브리드는 도요타(Toyota) 프리우스(Prius)이며 1997년에 일본에서 판매가 시작되었다. 1999년 북미지역에 최초로 판매된 하이브리드는 혼다(Honda) 인사이트(Insight)이다(그림 17.30). 두 자동차의 개량된 모델들은 아직도 전 세계에서 $20,000 부근의 가격으로 판매되고 있다. 1세대 프리우스와 인사이트의 사양은 표 17.3에 나타내었다. 실제로 사용 가능한 전체 에너지는 휘발유와 전기 출력의 합보다는 항상 조금씩 적다. 이 사양들은 이런 자동차들이 북미에서 사용되는 대부분 자동차의 성능 스케일에서 볼 때 하단 근처에 있다는 것을 나타내 주고 있다. 최근에는 많은 가족용 승용차(혼다 어코드와 같은)와 가족용 SUV(Volvo XC90)가 하이브리드 버전으로 제공되고 있다. 또한 일부

그림 17.30: 1세대 혼다 인사이트 하이브리드.

Richard A. Dunlap

표 17.3: 1세대 토요타 프리우스와 혼다 인사이트의 파워 생산량

vehicle	years	mass (kg)	gasoline power (kW)	electric power (kW)	fuel consumption (L/100 km)
Toyota Prius	1997–2001	~1200	43	30	5.6
Honda Insight	1999–2006	838	52	9.7	3.7

고성능 차량은 주로 바퀴로 가는 출력을 증가시키기 위해 하이브리드 기술을 사용하고 있다. 예를 들면, 포르쉐 918 하이브리드(그림 17.31)의 휘발유 엔진은 최대 447 kW를 공급할 수 있으며, 두 개의 전기 모터는 추가로 205 kW를 공급할 수 있다.

프리우스나 인사이트같이 휘발유를 주 연료로 사용하는 하이브리드로서는, 그들의 화석연료에 대한 의존성을 없앨 수 없으며, 온실가스 배출을 제거할 수도 없다. 그러나 부가적인 배터리나 전기 모터, 그리고 관련된 시스템 때문에 좀 더 비싸기는 하지만 같은 크기의 순수 휘발유 자동차에 비해 향상된 연료효율을 가지고 있다. 어떤 의미에서, 하이브리드는 문제들(공해, 온실가스, 화석연료의 감소)을 경감시키는 것을 돕지만 그것을 해결하지는 못하는 전환기술(transitional technology)로 생각될 수도 있다.

현재 이용 가능한 거의 모든 하이브리드 차량은 바퀴가 휘발유 엔진과 전기 모터에 의해 구동되는 병렬 하이브리드 범주에 속한다. 보다 최근에는 휘발유 엔진을 사용하여 배터리를 충전하고 전기 모터를 사용하여 차량의 바퀴를 구동하는 직렬 하이브리드 차량이 개발되었다. 이 경우, 가솔린 엔진은 일정한 속도 및 일정한 부하로 작동될 수 있으며, 이는 운전 조건의 변동에 반응해야 하는 가솔린 엔진보다 더 큰 효율을 제공할 수 있다. 직렬 하이브리드의 구동 시스템은 순수한 전기 자동차와 본질적으로 동일하고 휘발유 엔진은 배터리를 충전하는 수단으로만 사용되기 때문에 이러한 차량은 때로는 범위 확장 전기 자동차(range-extended electric vehicles) 또는 확장 범위 전기 자동차(extended-range electric vehicles)라고 한다.

초기 하이브리드 차량 시리즈 중 하나는 그림 17.32에 표시된 쉐보레 볼트(Chevrolet

그림 17.31: 포르쉐(Porsche) 918 하이브리드.

eans/Shutterstock.com

그림 17.32: 쉐보레 볼트(Chevrolet Volt) (직렬/병렬 하이브리드).

6th Gear Advertising/Shutterstock.com

Volt)이다. 북미에서는 쉐보레 볼트로 판매되는 반면 호주와 뉴질랜드의 홀든 볼트(Holden Volt), 영국에서는 복스홀 암페라(Vauxhall Ampera), 나머지 유럽에서는 오펠 암페라(Opel Ampera)로 동일한 차량이 판매되고 있다. 볼트는 2010년 12월에 처음 판매되었으며 여전히 생산 중이다(2017년 기준). 1.4 L 4기통 휘발유 엔진은 바퀴를 구동하기 위한 전기 모터에 전력을 공급하는 배터리를 충전하는데 사용된다. 어떤 상황에서는 휘발유 엔진을 사용하여 전통적인 병렬 하이브리드 설계에서와 같이 바퀴를 직접 구동할 수도 있다. 따라서 기술적으로 볼트는 직렬/병렬 하이브리드이며 순수한 직렬 하이브리드는 아니다. 이러한 구성은 출력 분할 하이브리드(power-split hybrid)라고도 한다. 1997년 이후 도요타 프리우스에서도 비슷한 방식이 사용되었다. 배터리로만 작동하는 전기 모드에서 볼트의 현재 버전의 주행거리는 85 km이며, 휘발유 엔진을 배터리와 함께 사용하는 경우, 주행거리는 휘발유 연료 탱크의 크기에 의해 제한되며 약 680 km이다.

피스커 카르마(Fisker Karma, 그림 17.33)는 핀란드에서 제조된 진정한 직렬 하이브리드였으며 2011년 7월부터 2012년 11월까지(파산) 판매되었다. 카르마는 제너럴 모터스(General Motors)의 2.0 L 터보 차지 4기통 엔진을 사용하여 배터리를 충전한다. 전기 주행거리는 51 km이며 배터리 및 휘발유 엔진을 사용하는 주행거리는 370 km이다. 카르마 설계에 대한 권리는 중국 회사 Wanxiang이 인수하였으며 카르마 레베로(Karma Revero)라는 이름의 개량된 버전의 카르마를 구입할 수 있다. 하루 충전으로 약 2.4 km의 전기 주행거리를 제공할 수 있는 태양광 지붕(그림 17.34)을 포함하여 많은 피스커 카르마 설계 사양이 유지되었다. 카르마 레베로의 현재 가격은 약 $130,000이다.

2013년 11월 이후 출시된 보다 저렴한 시리즈 하이브리드는 Range Extender가 장착된 BMW i3(그림 17.35)이며, 현재 약 46,000달러이다. i3 기본 모델은 배터리 전기 자동차(BMW i3 전기차에 대한 자세한 내용은 19.4절 참조)이며, 범위 확장(Range Extender) 옵션은 647 cc 2기통 휘발유 엔진(BMW C650GT Maxi-Scooter에서 사용)을 추가하여 차량을 직렬 하이브리드로 구성한 것이다. 휘발유 엔진은 주행거리 160 km인 i3 순수 전기 자동차의 전체 주행거리를 약 300 km로 확장한다.

그림 17.33: 피스커 카르마(Fisker Karma) 직렬 하이브리드.

Fedor Selivanov/Shutterstock.com

그림 17.34: 카르마 레베로(Karma Revero)의 태양광 지붕.

ZUMA Press, Inc./Alamy Stock Photo

그림 17.35: 옵션 휘발유 엔진이 옵션으로 장착된 BMW i3 전기 자동차(직렬 하이브리드로 구동).

Art Konovalov/Shutterstock.com

닛산은 현재 닛산 마이크라(Nissan Micra)의 1.2 L 3기통 엔진을 사용하는 직렬 하이브리드 시스템(e-Power)을 개발하고 있다. 닛산은 가까운 미래에 e-Power 시스템을 기반으로 한 차량을 판매할 것으로 예상된다.

현재 이용 가능한 많은 하이브리드 차량은 플러그인 하이브리드(plug-in hybrids)이다. 이 용어는 차량을 전력망에 꽂아 충전할 수 있는 배터리가 장착된 하이브리드 휘발유/전기 자동차를 의미한다. 이러한 차량을 전력망 연결 하이브리드(grid-connected hybrids) 또는 휘발유 옵션 하이브리드(gas-optional hybrids)라고도 한다. 배터리를 전력망에서 충전하고 휘발유 엔진 없이도 차량을 구동할 수 있기 때문이다. 하이브리드는 일반적으로 순수 전기 자동차에 비해 용량이 훨씬 작은 배터리 팩을 가지고 있기 때문에(19장 참조) 휘발유 옵션 모드의 주행거리도 일반적으로 훨씬 적다.

비록 하이브리드가 화석연료의 필요성을 없애지는 못했지만, 배터리와 하이브리드 자동차의 개발에 관련된 전자 부품들의 진보는 차세대 배터리 전기 자동차나 연료전지 자동차를 (19, 20장에서 설명할 것임) 디자인 하는데 직접적인 도움을 준다.

17.9 요약

에너지 절약은 지속 가능한 에너지를 제공하기 위해 필요한 실현 가능한 장기계획의 필수 요소이며, 이를 효과적으로 구현하기 위한 다양한 측면의 노력이 이번 장에서 논의되었다. 에너지 절약을 위한 노력들은 연방 정부의 국가 에너지 정책의 구현에서부터 개인이 자신의 가정에서 할 수 있는 일들까지 다양한 여러 규모에서 실현 가능하다.

과학과 기술적인 진보가 미래의 향상된 절약 방법을 이끌어 내는 동안, 많은 기존의 기술들은 절감 노력을 돕기 위해 시행될 수 있다. 이 장에서 논의되었듯이, 국가나 지역의 에너지 절약 정책의 개발은, 효과적인 절감조치의 이행을 촉진하는 액션(action)에 대한 가이드라인을 제공하기 위해 필요하다. 지역 규모에서 에너지 절약을 위한 가장 효과적인 접근 방법은 때때로 기후나 지형, 사회적 전통, 경제와 같은 요소들에 관련된다. 지역 또는 도시의 행정부는 공공 전력기관과 함께 지역의 에너지 절약을 위해 열병합발전, 스마트 그리드 시행, 가로등과 같은 부분에서 더 많은 노력을 할 수 있다.

열병합발전은 열발전소의 폐열을 직접적으로 이용하여 지역의 난방 수요를 충족시키는 것을 말한다. 이런 방법은 특히 대학이나 큰 공장, 또는 외딴 지역에 적합한 작은 발전 설비에서 보다 효과적이다.

스마트 그리드의 구현에 관한 내용이 제시되었는데, 스마트 그리드는 재생 에너지원과 전통적인 화석연료나 핵발전설비의 효과적인 복합화를 위해, 그리고 지역 전기 사용의 효과적인 통제를 위해 필수적인 요소이다.

LED등의 작동원리는 9장에서 제시된 광전소자에 대한 설명부분을 참고로 할 수 있다. 태양전지(photovoltaic cell)가 광자를 전압으로 변환하는 반면, LED는 전압을 빛으로 전환한다. 이번 장에서는 LED를 도시의 도로 조명을 위해 사용하는 것에 대해 설명하였다. 시 정부가 가로등에 예산의 40% 가량을 지불하고 있고, LED등이 전통적인 조명기기에 비해 60% 정도의 전력 소비의 절감을 가져오기 때문에, 더 에너지 효율적인 조명 기술로 교체함으로서, 실제 25%까지의 시 예산의 절감이 실현될 수 있다. 부가적인 이익으로는, 조명이 밝아진다는 것과 많은 전통적인 전등에 사용되고 있는 잠재적으로 인체에 유해한 원소들을 제거할 수 있다는 점이 포함된다.

또한 이번 장에서는 각각의 개인이 효율적인 난방, 환기, 에어컨(HVAC) 시스템을 사용함으로써, 효과적인 단열을 통해 열손실을 줄임으로써, 소형 형광등이나 LED등을 통해 조명을 위한 전기 소비를 줄임으로써, 가정의 에너지 사용을 줄일 수 있는 방법들을 보여준다.

마지막으로 이번 장에서는 수송에 관련된 에너지를 절약하기 위한 노력을 알아보았다. 1970년대 이후 많은 국가에서 제시된 자동차 연비의 국가 표준은 승용차와 트럭의 에너지 요구량을 줄여 왔으며 상당량의 화석연료 소비를 줄이는데 기여해 왔다. 이번 장에서는 또한 하이브리드 자동차의 성공가능성에 대해 알아보았다. 전통적인 병렬 하이브리드 승용차는 휘발유로 구동되는 차량에 비해 향상된 연비를 제공한다. 최근에 순수 전기 자동차에 더 가까워진 직렬 하이브리드 차량의 가용성에 대해서는 19장에서 논의하고자 한다.

연습문제

17.1 가정집에 있는 $R = 0.18$인 창문이 $R = 0.52$인 창문으로 m^2당 \$250의 비용을 들여 교체되었다. 바깥의 온도는 항상 5°C[연간 4300도일(degree days per year, °C)을 가진 지역의 경우 합리적인 가정임]라고 가정하고 난방비는 MJ당 \$0.03으로 생각하자. 이때 창문 교체 비용을 보충하기 위해서는 얼마나 오랜 기간이 필요할까? (비용 회수를 위한 요소들은 포함하지 마시오.)

17.2 다음 표는 2012년 미국에서 판매된 자동차의 사양을 보여주고 있다.

automobile	average gasoline consumption(L/100 km)	base price (US$)
Honda Civic DX (automatic)	6.9	16,605
Honda Civic Hybrid	5.3	24,134
BMW 750i	13.1	84,300
BMW Active Hybrid 750i	11.7	97,000

휘발유와 하이브리드 버전의 동일한 자동차의 경우 유지비용은 같다고 가정하라. 혼다 시빅 하이브리드의 높은 구입가격을 보충하기 위해서는 높은 연비를 이용하여 얼마나 많은 마일을 운행하는 것이 필요한가를 결정하시오. 이때 휘발유 가격은 당신 지역의 현재 가격을 사용하시오. 이 계산을 BMW의 경우에 적용하여 반복하시오.

17.3 그림 2.6을 참조하라. 나라 전체의 주거용 화석연료 사용(주로 난방을 위한)을 만족시키기 위해서는, 미국에 있는 전기발전소로부터 나오는 폐열의 어느 정도 비율을 필요로 하는가?

17.4 메인주에 있는 한 주택의 소유자가 가족들 방에 있는 6개의 60-W 백열등을 동등한 CFL로 교체하였다. 다음 정보들을 사용하여, 조명과 난방 시 실제 연간 절약되는 에너지 가격을 달러로 계산하시오. 전등은 하루당 평균 3.5시간씩 사용하였고, 전기 가격은 \$0.105/kWh이다. 집은 87%의 효율을 가진 기름 퍼니스로 난방되고 있고, 가정 난방용 연료 가격은 리터(L)당 \$0.74이다. 난방은 연간 191일이 필요하며 에어컨은 없다.

17.5 어떤 지역의 상점에서, 동등한 빛을 방출하는 60-W 백열등과 CFL, LED의 가격을 알아보라. 하루에 4시간씩 사용하고 전기 가격이 \$0.11/kWh일 경우를 가정하여, 각각의 전등들에 대해 백열등과 비교하여서 그 비용회수기간을 계산하라.

17.6 가정집 난방을 위해 85% 효율을 가지는 석유를 사용할 경우와, 35% 효율의 열 엔진에 의해 생산되는 전기를 이용하여 성능계수 6을 가진 열펌프로 난방할 경우의 전체 효율을 비교하라.

17.7 집에 있는 4개의 외벽을 통한 열손실을 고려하라. 집은 9.0 m × 12.0 m의 크기이며 벽은 3.0 m 높이이다. 12개의 창문은 각각 1 m × 1.6 m의 크기를 가진다. 벽은 단열되지 않았으며 $R = 1.0$의 R-value값을 가지고 있다. 창문은 코팅되지 않은 단일창이다. 집 주인은 창문을 코팅되지 않은 삼중창으로 업그레이드하거나 아니면 벽에 단열을 도입하여 R-value 값을 $R = 3.5$로 높일 수 있는 옵션을 가지고 있다. 둘 중 어느 쪽이 더 많은 이익을 제공하겠는가? 이 문제에서 문(door)과 마루, 지붕을 통한 열손실은 무시하라.

17.8 미국의 전형적인 승용차를 고려하여, 2008년 차량을 1966년 차량과 비교하여 자동차 사용주기 동안(250,000 km로 가정)의 CO_2 배출량 감소를 톤 단위로 계산하시오.

17.9 (a) 북미의 한 큰 도시에는 100,000개의 가로등이 있을 수 있다. 이 가로등이 전형적인 200-W 램프이고 전력비용이 kWh당 \$0.08인 경우 가로등을 하루 평균 12시간 켠다면 연간 전기 요금은 얼마인가?

(b) 가로등당 \$600의 비용으로 100,000개를 75-W LED등으로 교체하는데 드는 비용은 얼마인가?

(c) 이 전환에 대한 단순 투자회수기간(simple payback period, 자본 회수율, 이자 등을 고려하지 않음)은 얼마인가?

(d) 석탄화력발전소에서만 전력을 생산하는 경우, 회수기간 동안의 총 CO_2 배출 감소량을 추정하시오.

17.10 열펌프가 외부 온도 -10°C, 내부 온도 +19°C에서 작동하고 있다. 건물이 하루에 1.6 GJ의 열을 필요로 한다면 열펌프의 평균 전력 요구량(kW)은 얼마인가?

17.11 2.9 cm 두께의 외부 목재, 15 cm 두께의 단열재 및 2.0 cm 두께의 내부 목재로 구성된 155 m^2의 외벽을 가지는 집이 있다.

(a) 내부 온도가 20°C이고 외부 온도가 -2°C인 겨울날에 벽이 유리섬유 울로 절연된 경우 벽을 통한 하루당 열 손실은 얼마인가?

(b) 유리섬유 울을 폴리스티렌 폼 시트로 교체할 경우에 열손실 감소율은 얼마인가?

17.12 석탄화력발전소는 1000 가구의 지역 사회에 전기와 열을 공급한다.

(a) 각 가정은 일정하게 2.5 kW_e를 필요로 하며, 발전효율은 40%이다. 열병합발전소가 지역 사회의 전기 요구를 충족시키기에 충분한 출력을 유지하는 경우 폐열과 관련된 가용 총 전력은 얼마인가?

(b) (a)로부터, 하루의 석탄 요구량은 몇 kg인가?

(c) 각 주택의 부피는 450 m^3이며 내부 온도는 18.3°C이다. 폐열의 90 %가 가열 목적으로 이용 가능한 경우, 열병합발전소가 전기 요구를 만족시키면서 지역 사회의 난방 요구를 충족시킬 수 있는 최소(일정한) 외부 온도는 몇 도인가? 난방 요구사항에 대한 추가 정보는 8장을 참조하시오.

17.13 그림 17.3의 경우 백색 LED 패키지에 있는 3개의 LED 각각에 대한 에너지 갭을 추정하시오.

17.14 식(17.4) 및 (17.5)를 이용하여 R, A, P_{in} 및 T_h의 관점에서 T_c(즉, 히트 펌프가 효과를 가질 수 있는 최소 온도)를 구하시오.

17.15 (a) 미래의 주택 소유자가 앨라배마주의 에드먼턴의 새 주택을 위한 건축 자재를 결정하고자 한다. 주택은 kWh당 \$0.11의 비용으로 전기 난방을 하고자 한다. 15 cm 두께의 단열을 위한 공간이 있는 5 cm 두께 목재로 구성된 200 m^2의 외벽이 있다. 유리섬유 루즈 필 단열재의 가격은 2500달러이고 폴리스티렌 폼 시트 단열재의 가격은 4000달러라면 폴리스티렌에 대한 추가 투자에 대한 투자회수기간은 얼마인가?

(b) 캘리포니아주 샌프란시스코에 지어진 같은 집에 대해 (a)의 계산을 반복하시오. 필요한 추가 정보는 8장을 참조하시오.

17.16 (a) 그림 17.4로부터 GaN 또는 InGaN LED의 에너지 갭을 추정하시오.

(b) Ce:YAG 인광체에서 광자 방출을 유도하기 위해(에너지 관점에서) 사용될 수 있는 다른 반도체 물질이 있는가?

17.17 (a) 9-W LED등은 60-W 백열등에 필적하는 강도로 빛을 생성한다. 전구의 수명이 30,000시간이고 전력비용이 kWh당 $0.12인 경우 LED등 수명 동안 절약되는 에너지 비용은 얼마인가?

(b) LED등을 하루 평균 5시간 사용하면 이러한 절약 효과를 실현하는 데 얼마나 걸리는가? 하루 평균 절감액은 얼마인가?

17.18 (a) 낡은 68% 효율의 천연가스 퍼니스를 사용하여 매사추세츠주 보스턴의 400 m^3 주택을 난방하고 있다. 퍼니스를 93% 효율의 천연가스 퍼니스로 교체할 경우의 연간 CO_2 배출 감축량은 얼마인가?

(b) 낡은 퍼니스가 80% 효율의 석탄 연소 퍼니스로 교체되는 경우의 연간 CO_2 배출 감축량은 얼마인가?

17.19 미국의 평균 1970년 휘발유 승용차와 평균 2014년 승용차에 대해 주행한 km당 1차 에너지 필요량을 비교하시오.

17.20 지역 사회를 위한 열병합발전(전기 및 열)에 대한 한 가지 접근 방식은 난방 요구를 충족하면서 필요에 따라 전기를 구매 또는 판매하는 시설을 구축하는 것이다. 이 접근법은 잉여 열을 판매하는 것보다 잉여 전기를 판매하는 것이(또는 필요에 따라 구매하는 것이) 훨씬 쉽다는 철학에 기초한다. 발전효율이 40%이고 난방용으로 사용할 수 있는 폐열이 50% 발생하는 전형적인 천연가스 연소 열병합발전시설을 가정한다. 남부 지역(루이지애나주 뉴올리언스 인근)과 북부 지역(알래스카주 앵커리지 인근)에 대한 이 접근법의 타당성에 대해 논의하시오. 평가의 근거로는 정량적인 비교 자료를 제공하시오. 이러한 지역들 중 하나 또는 둘 다에 더 적합한 열병합발전에 대한 다른 접근 방법이 있는가?

참고문헌

B. Anderson and M. Riorden. *The New Solar Home Book*, 2nd ed. Brick House Publishing, Andover, MA (1996).

B. Anderson and M. Wells. *Passive Solar Energy: The Homeowner's Guide to Natural Heating and Cooling*, 2nd ed. Brick House Publishing, Andover, MA (1996).

A. K. Athienitis and M. Santamouris. *Thermal Analysis and Design of Passive Solar Buildings*. James & James, London (2002).

D. Chiras. *The Solar House: Passive Heating and Cooling*. Chelsea Green Publishing, White River Junction, VT (2002).

Natural Resources Canada. *Heating and Cooling with a Heat Pump*. Cat. No. M144-51/2004 (2004).

V. Quaschning. *Renewable Energy and Climate Change*. Wiley, Chichester (2010).

U.S. Department of Energy. *Insulation Fact Sheet*. DOE/CE-0180 (2008).

CHAPTER 18

에너지 저장

학습목표: 제18장을 학습한 후 다음 내용을 이해할 수 있다.

- 에너지 저장의 필요성
- 양수식 수력 저장과 사용방법
- 압축 공기의 특성
- 압축 공기를 이용한 에너지 저장
- 플라이휠의 에너지 저장능력과 연관된 재료들의 특성
- 초전도체의 특성과 개발 역사
- 초전도 자석을 이용한 전기저장

18.1 서론

'저장'은 에너지를 사용하는데 있어 중요한 요소이다. 에너지 저장은 에너지가 필요한 시기나 장소에 맞추어서 생산하기가 불편하거나 불가능할 경우가 있기 때문에 필요하다. 첫 번째 경우는 가용량에 비해 필요량의 변동성이 있거나(예를 들어 날마다, 주마다, 시즌마다 전기 사용량의 변동성) 또는 생산 방법이 본질적으로 변동성을 가지고 있기 때문에 나타난다(예를 들어 태양, 풍력, 조력 등등). 두 번째 경우는 수송용 에너지 수요를 보면 확실히 알 수 있다. 어떠한 형태의 에너지 저장은 한 형태에서 다른 형태로 변환이 필요한 경우가 있으며(에너지 사용 시에는 반대로 변환) 이와 같은 변환의 효율은 100% 미만이다. 따라서 에너지 저장은 에너지 손실을 의미하기도 하며 어떤 특별한 에너지 저장의 실현가능성을 분석할 때 반드시 고려해야 할 부분이다.

8장에서는 열적 에너지를 저장하는 방법에 대한 정보를 제공했다. 다른 에너지 저장 가능성을 고려해 보는 것은 특히 전기에너지의 저장 면에서 볼 때 중요한 접근법이다. 19장에서 전기저장을 배터리를 이용하여, 특히 전기 자동차의 관점에서 고려해 보고 20장에서는 에너지 저장법으로 수소를 이용하는 방법에 대한 가능성을 생각해 보도록 하겠다. 이번 장에서는 대용량 설비를 위한 전기저장을 목적으로 하는 여러 다양한 에너지 저장방법을 다뤄 보도록 하겠다.

18.2 양수식 수력발전

일주일간의 시간흐름에 따른 일반적인 전기 수요량은 그림 18.1에 나타낸 바와 같으며, 계절변화에 따른 장기간의 전기수요 변화도 있다. 최대수요량에 맞추어서 전기를 일정하게 공급할 수 있는 발전시설을 가지는 것은 비실용적이다. 접근 방법 중 하나로는 수요가 증가할 때 빠른 속도로 발전량을 높일 수 있는 추가 발전 설비를 가지는 것이다. 석탄화력발전 또는 원자력발전을 보조할 수 있는 연소터빈 발전설비가 이와 같은 역할을 할 수 있다. 또 다른 방법은 수요가 적은 시기에 생산된 여분의 에너지를 저장했다가 수요가 발전 가능량을 넘어설 때 사용하는 방법이다.

양수식 수력발전(pumped hydroelectric power)은 전기수요의 변화에 대응하도록 상용화된 공공시설에 확고히 자리 잡고 있는 기술이다. 1930년대에 처음으로 광범위하게 사용된 이후, 가장 경제적이고 현실적인 대용량 전기저장법으로 사용되고 있다. 양수식 수력발전 설비의 일반적인 디자인은 그림 18.2에 보여주고 있는 바와 같다. 잉여 전력이 낮은 위치의 저수지로부터 높은 위치의 저수지로 물을 펴 올린다. 수요가 많은 시기에는 높은 저수지의 물이 낮은 저수지 쪽으로 흘러 터빈과 발전기를 사용하여 전기를 생산한다. 일반적으로 프

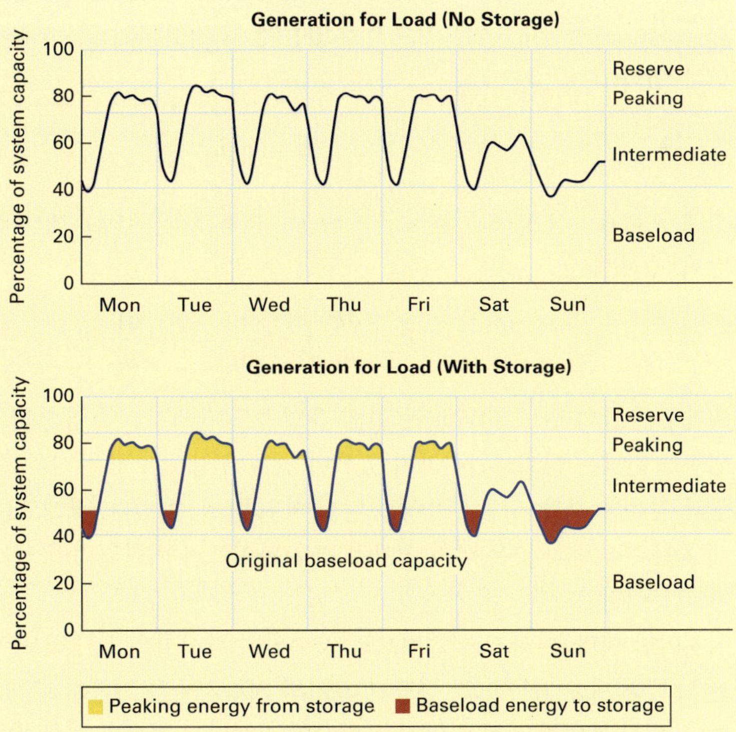

그림 18.1: 일반적인 일주일간의 전기수요의 변화. 평일과 주말간의 변동량과 더불어 하루간의 변동량도 살펴볼 수 있음.

Based on National Academy of Sciences

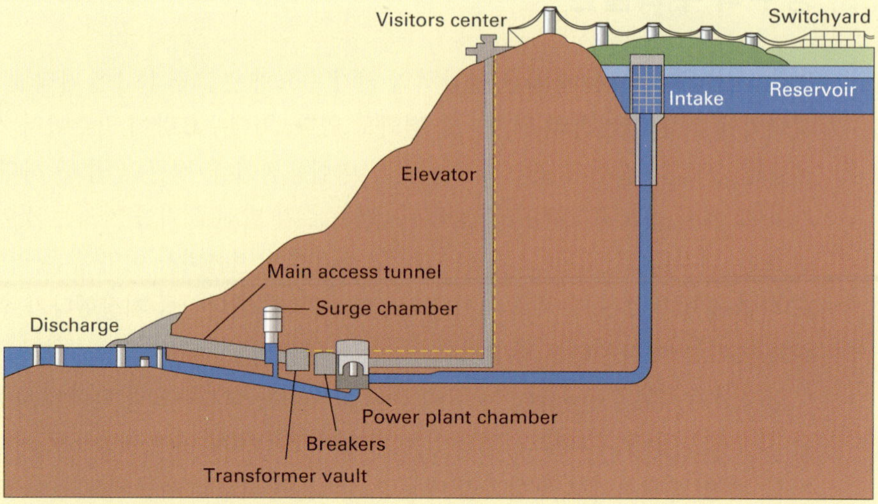

그림 18.2: 양수식 수력시설에 대한 도해.

Based on http://www.tva.gov/power/pumpstorart.htm, http://large.stanford.edu/courses/2010/ph240/boysen2/images/f2big.gif, http://www.consumersenergy.com/uploadedImages/CEWEB/OUR_COMPANY/Electricity/Pumped_Storage/how-the-ludington-pumped-storage-facility-works.gif?n=2055

란시스 터빈(Francis turbine)과 같은 터빈은 발전기를 운전하고 물을 펴 올리는 두 가지 기능을 모두 수행한다. 높은 저수지에 있는 물에 저장되어 있는 에너지는 다음 식으로 표시할 수 있다.

$$E = mgh, \tag{18.1}$$

이때 m은 물의 중량, g는 중력가속도, h는 평균낙차이다. 생산되는 파워는 다음과 같이 나타낼 수 있다.

$$P = \frac{\mathrm{d}E}{\mathrm{d}t} = gh\frac{\mathrm{d}m}{\mathrm{d}t} = \rho gh\frac{\mathrm{d}V}{\mathrm{d}t}, \tag{18.2}$$

이때 ρ는 물의 밀도, $(\mathrm{d}V/\mathrm{d}t)$는 물의 유입속도(단위시간당 유입되는 부피)이다. 낙차와 유입속도 간에는 상호보완관계가 있으며 높은 유입량과 낮은 낙차를 가진 시설과 낮은 유입량과 높은 낙차를 가진 시설이 동일한 파워를 낼 수 있다. 실제로는 높은 낙차가 선호되는데 높은 유입량과 낮은 낙차를 가질 경우 파이프가 비현실적인 크기로 크게 제작되어야 하기 때문이다. 또한 오랜 기간 동안 파워를 유지하기 위해 낮은 낙차의 시설은 총 부피가 더 커져야만 한다. 따라서 실질적으로 양수식 수력시설은 상대적으로 가까이 있으면서 충분한 낙차를 제공 가능하고, 상당한 크기의 저수지들을 사용할 수 있는 지리적 장소에 위치한다. 비록 자연적 지형을 약간 변형시켜 건설되는 경우가 대부분이지만 이 시설은 지하의 빈 공간(chamber, 미사용 중인 광산과 같은 곳)을 낮은 저수지로 사용할 수도 있다. 비록 양수식 수력발전이 일반적인 수력발전과 관련 있다고 하더라도, 지질학적인 요구사항이 반드시 필요한 것은 아니며, 양수식 수력시설에 의한 전력저장은 어떤 특별한 방법에 의해 생산된 전기에만 해당되거나, 저장시설이 인접해 있어야만 하는 것은 아니다. 사실 양수식 수력시설에 의한 에너지 저장은 태양광이나 풍력과 같은 자연적인 변화가 있는 발전 방식과 결합되어 전기를 저장하는 방법에도 적합하다.

양수식 수력 저장법은 상당한 기반시설 비용이 소요되나 유지와 운영비용은 상당히 낮

예제 18.1

0.5 km^2의 면적과 평균 10 m의 깊이를 가진 양수식 수력 저장용 저수지가 있다. 물이 낮은 곳에 있는 저수지로 100 m의 낙차를 가지고 유입되고 있다고 할 때 얻을 수 있는 총 에너지양은 MWh 단위로 얼마이겠는가?

풀이

물에 저장되는 중력에너지는 다음 식을 통해 얻을 수 있다.

$$E = mgh.$$

위쪽에 위치한 저수지에 저장되어 있는 물의 중량은 부피와 물의 밀도를 통해 계산될 수 있다.

$$m = \rho V = (1000\ \text{kg/m}^3) \times (0.5 \times 10^6\ \text{m}^2) \times (10\ \text{m}) = 5 \times 10^9\ \text{kg}.$$

이때 에너지 저장량은

$$E = (5 \times 10^9\ \text{kg}) \times (9.8\ \text{m/s}^2) \times (100\ \text{m}) = 4.9 \times 10^{12}\ \text{J}.$$

MWh 단위로 변환하면 다음과 같다.

$$E = (4.9 \times 10^{12}\ \text{J}) \times (2.78 \times 10^{-10}\ \text{MWh/J}) = 1361\ \text{MWh}.$$

예제 18.2

예제 18.1에 있는 양수식 수력발전의 예를 통해, 만약 한 사람이 필요로 하는 평균 파워가 800 W_e라고 가정하면, 이 시설이 5만 명이 거주하고 있는 타운에 얼마나 오래 전기를 공급할 수 있는가? 발전기의 효율을 90%로 가정하시오.

풀이

5만 명이 거주하는 타운의 총 사용량은

$$(50{,}000) \times (800\ \text{W}_e) = 40\ \text{MW}_e.$$

90%의 효율의 양수식 발전시설이 생산할 수 있는 에너지는

$$(1361\ \text{MWh}) \times (0.9) = 1225\ \text{MWh}_e.$$

시설이 필요로 하는 전력을 공급할 수 있는 총 시간은 다음과 같다

$$\frac{1225\ \text{MWh}_e}{40\ \text{MW}_e} = 30.6\ \text{h}.$$

ENERGY EXTRA 18.1
배스 카운티의 양수식 수력발전 설비

양수식 수력발전은 가장 일반적으로 사용되는 대용량 전기저장 방법이다. 이 방법은 합리적인 효율을 가진 신뢰성 있는 기술로 자리 잡았다. 또한 대용량의 에너지를 저장할 수 있는 능력과 손쉽게 높은 파워를 제공할 수 있는 잠재력을 가지고 있다. 비록 초기 설치비용이 높기는 하지만 유지비용은 상대적으로 낮다.

세계에서 가장 큰 양수식 수력발전 설비는 버지니아주의 배스 카운티에 있는 발전소로 1977년부터 1985년 사이에 16억 달러를 사용하여 건설되었다. 이 시설은 수직거리로 385 m 떨어져 있는 2개의 저수지로 구성되어 있다. 낮은 쪽에 있는 저수지의 면적은 2.25 km^2이고 높은 쪽 저수지의 면적은 1.07 km^2이다. 물은 각각 약 6 km 길이를 가진 3개의 터널을 통해 저수지 사이로 흐르게 된다. 각각의 터널은 5 m 직경을 가진 2개의 수압관(penstock, 총 6개)으로 분리되어 터빈으로 들어간다. 아래 지도는 발전시설 주변지역과 위, 아래에 있는 저수지의 위치를 보여준다. 기본 전력망에(grid) 보급량보다 높은 전력이 필요시 물은 높은 쪽의 저수지로부터 6개의 프란시스 타입(Francis-type)의 터빈을 통해 낮은 쪽의 저수지로 최고 850 m^3/s 속도로 흘러가 최대 2772 MW_e의 전력을 11시간 동안 생산할 수 있다. 전력요구량이 적을 때는 발전기들이 전기 모터로 동작한다. 이때는 480 MW의 에너지를 투입하여 터빈을 반대 방향으로 회전시켜 800 m^3/s의 속도로 낮은 쪽 저수지의 물을 높은 쪽 저수지로 끌어올린다.

전력을 필요로 할 때 추가적인 화력발전을 가동하여 공급하는 것과 비교하여, 양수식 발전기를 사용하여 전력을 공급하는 방법의 중요한 장점 중 하나는 반응속도이다. 배스 카운티 발전소는 전력이 추가로 요구되는 상황에서 가동을 시작한지 단 6분만에 400 MW의 전력을 기저부하용량에 공급할 수 있다.

토의 주제

양수식 수력발전은 일반적인 수력발전의 맥락에서 생각하는 것이 자연스럽다. 그러나 양수식 수력발전은 많은 경우 다른 형태의 발전과 더 관련이 있다. 풍력, 태양광, 조력 등과 같은 에너지기술은 시간에 따라 발전량의 변동성이 매우 크고 이것을 효율적으로 사용하기 위해서는 에너지 저장장치가 절실히 요구된다. 비록 전기를 생산하는 설비와 저장하는 설비가 반드시 인접할 필요는 없다고 하더라도, 서로 인접하면 매우 편리하다. 다양한 대체에너지 기술에 대한 지리적 요구사항과 양수식 수력발전을 위한 지리적 요구사항이 서로 호환가능한지 아닌지를 논의해 보도록 하자.

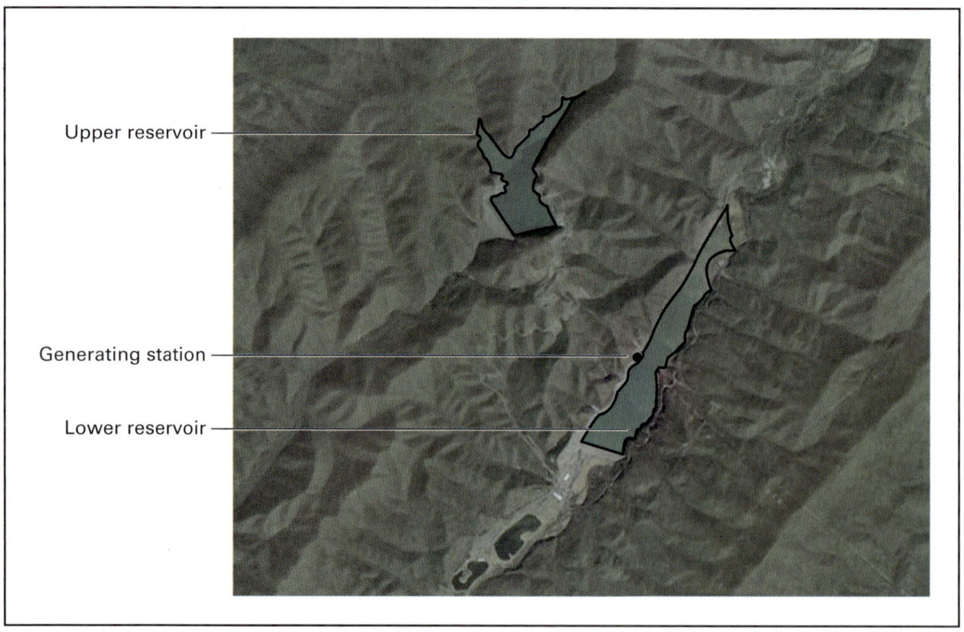

배스 카운티의 양수식 수력발전 설비 주변의 지도

표 18.1: 전 세계의 양수식 수력발전 용량(2015).

region	pumped hydroelectric capacity (MW_e)
Africa	1580
East Asia	57,999
Europe	50,949
Latin America and Caribbean	1004
Middle East and North Africa	1744
North America	2268
South and Central Asia	6146
Southeast Asia and Pacific	2425
world total	**144,465**

Based on data from U.S. Department of Energy, Global Energy Storage Database

다. 또한 재래식 기술이지만 매우 신뢰성이 높은 기술이다. 수요의 변화에 매우 빠르게 대처할 수 있으며, 자연적인 누수와 증발 때문에 무한정은 아닐지라도 저장 가능한 기간이 길다. 효율은 매우 높아 80%에 달한다. 이는 본질적으로 떨어지는 물의 기계적인 에너지를 전기에너지로 바꾸는 것의 효율이 높기 때문이며, 비록 파이프에서의 마찰이 효율을 일부 감소시키지만, 고효율의 펌프를 사용하기 때문에 달성 가능한 것이다.

전 세계적으로 양수식 수력발전량은 80 GW 이상이다. 이것은 약 수 MW부터 2 GW 이상의 발전용량을 가진 설비가 대략 300개 정도 있음을 의미한다. 표 18.1은 전 세계의 양수식 수력저장 용량을 정리한 것이다. 이로부터 양수식 수력발전소가 동아시아와 유럽에서 광범위하게 구축된 것을 알 수 있으며, 유럽에서는 기저 부하용량(base load capacity)의 약 5.5%에 해당한다. 북미 지역에서는 덜 광범위하게 구축이 이루어졌으며, 미국은 양수식 수력발전소가 기저 부하용량의 약 2.5%를 차지한다.

18.3 압축 공기 에너지 저장

압축 공기는 에너지를 저장하는 또 다른 방식이다. 압축 공기를 이용하는 방법은 대량의 에너지를 저장할 수 있다는 면에서 양수식 수력발전과 유사점이 있다고 할 수 있다. 이것은 또한 배터리와 경쟁할 수 있는 휴대용 전력공급 장치로 볼 수도 있고, 파이프라인을 통해 파워를 배분하는 것은 전력과 유사하다고 생각할 수도 있다. 압축 공기 사용에 관한 현재의 아이디어는 처음 두 개의 주요 범주만 고려하고 있는 반면에 1800년대 후반에는 압축 공기를 파워 배분의 방법으로 사용할 수 있다고 생각하였다. 1890년대 파리에서는 50 km 이상의 압축 공기 라인이 도시를 가로질러 산업용 봉제기계, 인쇄기, 기타 다른 기계 등에 기계적인 파워를 공급하였다.

에너지를 압축 기체에 저장하는 것은 이상적으로는 기체의 압력을 P_{min}에서 P_{max}로 변환하기 위한 에너지로 나타낼 수 있다.

$$E/V = nRT \cdot \ln\left(\frac{P_{max}}{P_{min}}\right), \tag{18.3}$$

n은 기체의 몰수이고, R은 이상 기체상수, T는 절대온도(K)이다. 이 식은 또한 기체의 압력이 P_{max}에서 P_{min}로 감소하는 동안 배출할 수 있는 에너지의 이상적 양을 나타낸다. 특정 온도와 압력의 범위 내에서 압축 공기 단위부피당 저장될 수 있는 에너지양은 대략 다음과 같다.

$$E/V = P_{max} \cdot \ln\left(\frac{P_{max}}{P_{min}}\right). \tag{18.4}$$

이와 같은 식은 기체가 등온선상에서, 즉 온도의 변화 없이 압축되거나 확장된다고 가정할 때 유도된다. 이 경우 이상적으로는 압축 공기에 주입된 에너지의 100%를 기체의 팽창 과정에서 얻을 수 있다. 기체를 압축하는데 압축기가 사용되고 압축 기체의 에너지를 변환하여 기계적 또는 전기적 에너지로 전환하기 위해서는 터빈이 사용된다. 이와 같은 과정을 통해 에너지를 저장하는 수단으로 기체가 사용될 수 있는 것이다. 불행하게도 실제로는 기체가 압축될 때 시스템에 유입된 에너지의 일부분은 기체를 압축하는 것보다 기체를 가열하는데 사용된다. 이런 종류의 압축을 단열(adiabatic)이라고 부르며 일정 부분 에너지의 손실을 가져온다. 비록 마찰에 의한 약간의 에너지 손실이 압축기와 터빈에서 일어나지만, 기체를 천천히 압축하거나 팽창시키면 에너지 손실을 최소화할 수 있다.

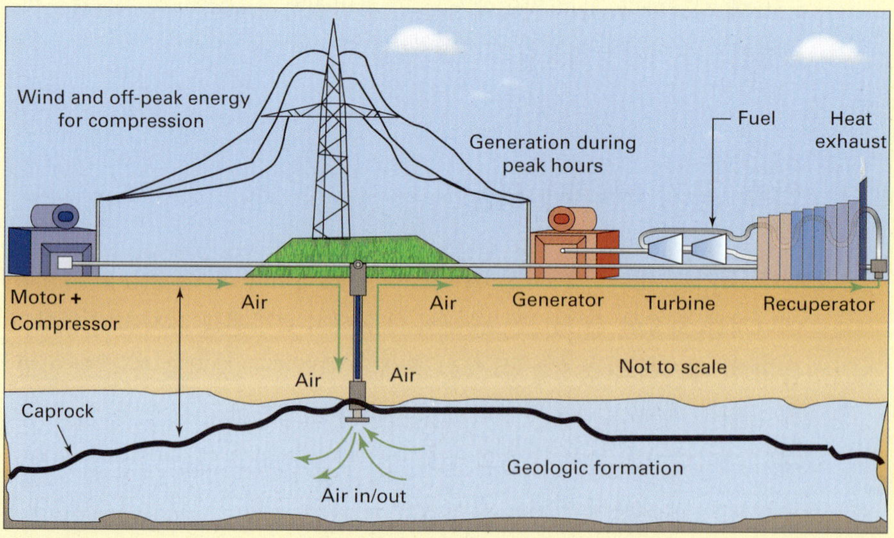

그림 18.3: 전형적인 대규모 압축 공기 에너지 저장 시스템의 개략도.

Based on Sandia National Laboratories

예제 18.3

10×10×10 m^{3}의 지하 공간(chamber)에 5 MPa의 압력을 가진 압축 공기에 의해 저장될 수 있는 이론적인 최대 에너지를 추정하라.

풀이

식(18.4)로부터

$$\frac{E}{V} = P_{\max} \cdot \ln\left(\frac{P_{\max}}{P_{\min}}\right).$$

1기압은 0.1013 MPa이므로, 식(18.4)를 적용하면, 단위부피당(/m^3) 에너지 저장량은 아래와 같다.

$$\frac{E}{V} = 5\text{ MPa} \cdot \ln\left(\frac{5\text{ MPa}}{0.1013\text{ MPa}}\right) = 19.5\text{ MJ/m}^3.$$

지하 공간의 부피가 10 m × 10 m × 10 m = 10^3 m^{3}이므로 총에너지 저장량은 다음과 같다.

$$(19.5\text{ MJ/m}^3) \times (10^3\text{ m}^3) = 19.5\text{ GJ}.$$

압축 공기는 양수식 수력발전과 함께 합리적이며 현실적인 대용량 에너지 저장방법이다. 일반적인 시스템의 개략도는 그림 18.3에 나타내었다. 열교환기는 압축되는 동안 기체로부터 열을 배출시키고 확장되는 동안에는 열을 주입하는 역할을 한다.

현재 이런 타입의 상용화 설비 2개가 가동 중에 있다. 하나는 독일의 훈토프(Huntorf)에서, 또 하나는 앨라배마에 설치되어 있다. 이들은 양수식 발전보다는 상대적으로 작은 규모로, 유럽과 북미 발전소에 각각 290 MW와 110 MW의 전력을 공급할 수 있는 용량을 가지고 있다. 이 두 시설은 모두 기체 저장을 위해 지하의 천연동굴을 사용한다.

훈토프에 있는 시설은 1978년에 건설되었으며 아직까지 가동하고 있다. 이 시설에 대한 항공 사진은 그림 18.4에 있다. 이 시설은 전체 사용 가능한 부피가 300,000 m^3(한 면이 70 m인 정사면체와 동일한 부피)에 달하는 2개의 지하동굴을 사용한다. 이 동굴들은 지하

그림 18.4: 훈토프(Huntorf)의 압축 공기 에너지 저장 시설.

Sandia National Laboratories and Strategen Consulting, LLC

650 m 지점의 상층부로부터 지하 800 m 지점에 있는 하층부까지 뻗어 있다. 바위들의 자연적인 표토층(overburden)은 최대 10^7 Pa의 가동압력을 허용한다. 위와 같은 규모의 부피와 압력용량을 가진 지상 저장 탱크를 건설하는 것은 비실용적이다. 압축기로 공기를 동굴 내에 완전히 압축하는데 12시간이 필요하며, 공기가 동굴로부터 방출될 때는 터빈을 이용하여 290 MW를 3시간 동안 생산하여 총 870,000 kWh의 전력을 공급할 수 있다.

앨라배마의 매킨토시(McIntosh) 시설은 1991년에 건설되었으며 열회수 장치의 개선을 통해 훈토프에 있는 시설보다 높은 효율을 가지고 있다. 이것은 더 큰 지하동굴(대략 5×10^6 m^3)을 사용하고 있어서, 비록 파워는 더 작지만, 26시간 동안 파워를 공급할 수 있다.

18.3a 압축 공기 에너지 저장의 실행

비록 2개의 압축 공기 에너지 저장 설비가 장기간 성공적으로 운용되고 있으나 에너지 저장을 이와 같은 방법으로 실행하기 위해서는 특별한 지질학적 자원의 사용이 요구된다. 이에, 수중의 저장소를 사용하게 되면 압축 공기 에너지 저장법을 좀 더 광범위하게 활용할 수 있다는 개념이 제안되었다. 대형의 수중 플라스틱 백은 상대적으로 적은 압력에서 기체 저장용으로 사용될 수 있다. 밑면이 열려있는 컨테이너는 컨테이너 안쪽의 물을 압축 공기로 대체함으로서 에너지 저장에 사용될 수 있다. 압축 공기 에너지 저장의 수중접근 방법은 물의 깊이가 기체를 압축할만한 압력을 제공할 수 있는 깊은 호수나 바다에 좀 더 적합하다.

좀 더 작은 스케일에서는 압축 공기가 자동차를 위한 에너지 운반수단으로 고려될 수 있다. 고압 실린더로부터의 압축 공기는 자동차의 추진력을 위한 피스톤 또는 터빈엔진을 움직이는데 사용될 수 있다. 이런 방법은 100년 이상 제한적으로 잘 사용되어 왔다. 공기를 압축하는데 필요한 에너지가 공해 없는 방법으로 생산되는 한 압축 공기를 이용하는 이와 같은 방법은 공해가 없다.

이론적으로 1 m^3의 공기가 5 L 부피의 실린더 안에 압축된다면 2×10^7 Pa의 압력을 가지게 되고 530 kJ[식(18.4)에 따르면]의 에너지를 저장할 수 있다. 실제로는 이것의 절반 정도만이 자동차를 추진할 수 있는 에너지로 사용될 수 있다. 케블라(Kevlar)나 탄소섬유(carbon fiber)와 같은 고급재료로 제조된 적합한 실린더의 무게가 2 kg 정도 나가며 공기 1 m^3는 약 1 kg이다. 따라서 압축 공기 에너지 저장시스템은 대략 $(0.5 \times 530 \text{ kJ})/(2 \text{ kg} + 1 \text{ kg}) = 90 \text{ kJ/kg}$의 에너지 밀도를 가진다. 전통적인 내연기관 엔진과 비교를 위한 휘발유의 에너지 밀도는 45 MJ/kg이다. 휘발유가 가진 화학에너지의 20%만이 사용 가능한 기계적인 에너지로 전환되는 효율을 고려하면, 휘발유는 에너지 운반수단으로 10 MJ/kg의 에너지를 공급한다(휘발유탱크의 무게가 상대적으로 매우 작다고 가정함). 이런 사실은 압축 공기 자동차의 실제적인 사용은 심각하게 제한될 수밖에 없음을 의미한다.

수송용 압축 공기 에너지 저장시스템의 실용성을 분석하는데 있어 배터리를 이용하여 파워를 전기 자동차(19장)에 공급하는, 좀 더 일상적인 대체 방법과의 비교도 필요하다. 낙

표 18.2: 식(18.5)로부터 얻어낸 여러 가지 기하학적 구조에 적용되는 상수 k의 값.

geometry	k
disk	1/2
ring	1
solid sphere	2/5
spherical shell	2/3

관적으로 보면, 압축 공기 시스템은 비독성 물질을 사용하는 손쉬운 방법이며 자동차에 연료의 재주입이 매우 빠르게 이루어질 수 있다. 비관적으로 보면, 압축 공기 시스템을 이용하여 도달할 수 있는 에너지 밀도가 기껏해야 수준 낮은 배터리(예를 들어 납축전지) 정도이며 현재 사용되고 있는 고급 배터리보다 매우 작다는 것이다. 또한 사고 시 압축 공기 실린더의 안전성도 고려할 필요가 있다.

18.4 플라이휠

플라이휠(flywheel)은 상당한 관성 모멘트를 가진 기계적인 장치이다. 플라이휠은 토크변화에 따른 축(shaft)의 회전스피드 변동성을 안정화 시키는 방법으로 사용되어 왔다. 이런 상황은 휘발유 연소를 이용하여 주기적으로 구동력을 공급하는 피스톤 엔진의 경우에 일반적으로 발생한다. 최근에는 플라이휠을 에너지 저장의 수단으로 사용하는데 관심이 높아지고 있다.

운동하고 있는 물체는 그들의 모멘텀과 관련된 운동에너지를 가지고 있고 이것은 질량 m과 속도 v로 다음과 같이 나타낼 수 있다.

$$E = \frac{1}{2}mv^2. \tag{18.5}$$

또한 회전하고 있는 물체는 그 회전운동과 관련된 운동에너지를 가지고 있고 다음 식으로 나타낼 수 있다.

$$E = \frac{1}{2}I\omega^2, \tag{18.6}$$

이때 I는 관성 모멘트(moment of inertia)이며, ω는 회전의 각진동수이다. 이것은 초당 회전진동수 f와 관련 있다.

$$\omega = 2\pi f. \tag{18.7}$$

관성 모멘트는 물체의 기하학적 모양 및 질량과 관련이 있다. 축대칭을 가진 원통형 물체의 관성 모멘트는 질량과 물체의 반경과 관련이 있으며, 다음 식으로 표시된다.

그림 18.5: 테두리에 부하가 걸려 있는 플라이휠을 장착한 증기엔진.

Richard A. Dunlap

$$I = kmr^2. \tag{18.8}$$

상수 k는 기하학적 모양과 관련이 있으며, 표 18.2에 몇 가지 단순한 형태에 대한 값을 나타내었다. 이들 식들은 다음과 같이 결합될 수 있다.

$$E = 2\pi^2 kmr^2 f^2. \tag{18.9}$$

물체의 회전에너지는 회전진동수, 질량, 반경이 최대가 되고, 가장 큰 값의 k를 가지도록 기하학적 모양이 최적화될 때 최댓값을 가진다. 표 18.2는 플라이휠의 가장 유리한 기하학적 모양이 링이라는 것을 보여준다. 링은 회전축으로부터 무게가 가능한 멀리 분산되는 것을 보장한다. 이것은 회전하는 축(shaft)의 부하를 분배하기 위해 과거에 사용해온 플라이휠의 일반적인 디자인이다(그림 18.5).

예제 18.4로부터 자전거 휠은 에너지 저장 디바이스로 유용하지 않다는 것을 알 수 있다. 적어도 회전진동수가 일반적인 자전거 휠이 사용되는 범위 내에 있을 때는 유용하지 않다. 물론 우리는 휠을 좀 더 높은 진동수로 회전시킬 수 있으나 영구적인 손실 없이 얼마나 휠을 빠르게 돌릴 수 있는가에는 분명한 한계가 있다. 좀 더 현실적인 사례로 화물열차의 강

예제 18.4

이상적인 자전거 휠이 있다고 가정하라. 모든 질량은 0.7 m 직경과 1.2 kg 질량을 가지는 얇은 링의 가장자리에 위치해 있다. 휠의 초기 회전진동수가 초당 2회(자전거가 4 m/s 속도로 주행하고 있는 것과 같음)라고 가정하고, 휠의 회전에너지양이 60-W 전구를 얼마동안 밝힐 수 있는지 그 시간을 계산하라(변환 효율은 100%로 생각하라).

풀이

식(18.9)로부터,

$$E = 2\pi^2 kmr^2 f^2.$$

식에 다음의 값들을 대입하라: $k = 1$(표 18.1에서 주어진 링에 해당되는 값), $m = 1.2$ kg, $r = 0.35$ m, 그리고 $f = 2\ \text{s}^{-1}$. 이에 따라 다음과 같은 식이 된다.

$$E = 2 \times (3.14)^2 \times (1) \times (1.2\ \text{kg}) \times (0.35\ \text{m})^2 \times (2\ \text{s}^{-1})^2 = 11.6\ \text{J}.$$

한 개의 60-W 전구는 초당 60 J을 사용한다. 따라서 11.6 J의 에너지로 전구를 다음과 같은 시간 동안 밝힐 수 있다.

$$t = \frac{11.6\ \text{J}}{60\ \text{W}} \approx 0.2\ \text{s}.$$

철 휠을 들 수 있다[예제 1.3에서와 같이 일반적으로 m = 400 kg의 무게와 d = 0.85 m의 직경을 가진 고체(solid) 디스크이다]. 이와 같은 휠의 회전으로부터의 회전에너지양은 일반적으로 운전되는 화물열차의 회전진동수(rotating frequency) 하에서 60-W 전구를 약 반 시간 동안 밝힐 수 있다. 실제 에너지 저장은 좀 더 크고 무겁고 빠른 속도로 움직이는 플라이휠을 요구한다.

현실적인 관점에서는 플라이휠을 구성하는 재료의 강도를 고려할 필요가 있다. 휠의 회전 속도가 증가함에 따라 휠에 가해지는 내부의 스트레스가 증가하게 되고 물질의 일부분은 부서질 것이다. 최적화된 k는 휠의 강도 면에서는 받아들일 수 없는 결과를 유발한다. 이는 무거운 가장자리의 부하를 떠받치고 있는 휠의 바퀴살들이 고속 시 가해지는 스트레스를 견딜 수 없기 때문일 것이다. 따라서 휠을 구성하는 재료들의 기계적인 특성은 디자인에 있어 본질적으로 중요하다. 휠의 디자인에 있어 간단한 정량적인 접근방법은 회전하는 구형 물체 가장자리에 가해지는 스트레스를 고려하는 것이다. 실제 속도가 최대가 될 때 스트레스가 최대가 될 것이다. 가장자리의 스트레스는 다음과 같이 나타낼 수 있다.

$$\sigma = \rho r^2 \omega^2, \tag{18.10}$$

ρ는 물질의 밀도이다. 이 식은 식(18.6), (18.8)들과 결합되어 다음 식을 도출한다.

$$E = \frac{1}{2} km \left(\frac{\sigma}{\rho}\right). \tag{18.11}$$

가능한 최대량의 에너지는 가해지는 스트레스가 재료를 파괴할 수 있는 양, 즉 인장강도

예제 18.5

직경과 길이가 각각 1 m로 동일한 원통형 고체 강철 플라이휠이 저장할 수 있는 최대 에너지를 계산하라.

풀이

식(18.11)에 따르면, 최대 에너지는 다음과 같다.

$$E = \frac{1}{2} km \left(\frac{\sigma}{\rho}\right).$$

1 m 직경과 1 m 길이의 강철로 만든 플라이휠(ρ = 7800 kg/m^3)의 무게는

$$m = \pi r^2 l \rho = 3.14 \times (0.5\ \text{m})^2 \times (1\ \text{m}) \times (7800\ \text{kg/m}^3) = 6120\ \text{kg}.$$

표 18.3에 있는 강철의 $\sigma/\rho = 0.22 \times 10^6$ Nm/kg 값과, 표 18.2에 있는 고체 플라이휠의 k = 0.5 값을 활용하면 최대 에너지는 다음과 같이 계산된다.

$$E = (0.5) \times (0.5) \times (6120\ \text{kg}) \times (0.22 \times 10^6\ \text{Nm/kg}) = 337\ \text{MJ}.$$

표 18.3: 사용 가능한 플라이휠 재료들의 밀도(ρ), 인장강도(σ), 그리고 그 비율

material	density (kg/m^3)	tensile strength (N/m^2)	σ/ρ (N · m/kg)
steel	7800	1.72×10^9	0.22×10^6
aluminum	2700	0.59×10^9	0.22×10^6
titanium	4500	1.22×10^9	0.27×10^6
fiber glass	2000	1.60×10^9	0.80×10^6
carbon fiber–reinforced polymer	1500	2.40×10^9	1.60×10^6

(tensile stress)에 도달할 때 이 식으로 나타낼 수 있다. 따라서 주어진 질량(m)과 기하학적 모양(k값이 도출됨)을 가진 휠의 에너지 저장량은 (σ/ρ)를 최대화함으로써 최적화 시킬 수 있다. 사용 가능한 플라이휠 재료에 따른 이와 같은 값들은 표 18.3에 나타내어져 있다. 이 표로부터 분명히 알 수 있는 것은 고급 재료를 플라이휠에 사용하는 것이 전통적인 금속 디자인보다 더 많은 에너지를 저장할 수 있다는 점이다.

표와 식(18.11)의 숫자들로부터 실제 크기의 수백 킬로그램(kg) 플라이휠이 50,000에서 60,000 rpm의 회전율을 가질 때, 최대 수백 메가줄(MJ)의 에너지를 저장할 수 있다는 것이 계산된다(파손를 막기 위해 안전성 요소를 고려하였다). 만약 모터/발전기 시스템이 에너지를 주입하고 빼내는데 사용된다면, 효율은 매우 좋을 것이고(대략 80~90%), 플라이휠은 수십 킬로와트(kW)의 전기를 수 시간 동안 공급할 수 있을 것이다. 비록 양수식 수력발전이나 압축 공기 시스템이 공급할 수 있는 양에 비해서는 매우 작지만, 플라이휠 시스템은 상대적으로 매우 작고 어떤 특정 응용분야에서 매우 효과적이다. 총 에너지 저장능력을 높이기 위해 여러 개의 플라이휠들을 결합시킬 수도 있다. 이와 같은 저장시스템에 대한 하나의 사용 예로 스마트 그리드 시스템(smart grid system)이 있다(17장). 이때 플라이휠은 매우 짧은 시간단위로 변화하는(예를 들어 태양전지 시스템은 구름의 움직임에 따라서도 민감하다) 에너지 공급원과 결합된다. 이와 같은 경우, 플라이휠 에너지 저장시스템은 전력망의 전류 변동성을 안정시킬 수 있다. 사용 가능한 또 다른 플라이휠 에너지 시스템을 자동차에서 볼 수 있다. 자동차가 제동 시 에너지를 플라이휠에 주입하고 필요할 때 빼내 사용하는 것이다. 자동차에 있어서는 회전하고 있는 플라이휠과 관련된 자이로스코픽(gyroscopic) 효과가 문제점으로 대두되었으나, 열차를 이용한 실험적인 응용에서는 제한적인 성공을 거두었다. 소형 실험용 고속 플라이휠을 그림 18.6에서 나타내었다.

그림 18.6: NASA에 의해 제작된 소형 실험용 고속 플라이휠. 공기마찰을 최소화하기 위해서 진공 용기(chamber) 안에 밀봉되어 있다. 원통형 설비의 총 높이는 약 60 cm이다.

NASA

마지막으로 플라이휠 시스템의 디자인에 있어 고려해야

할 주요 사항은 고속 회전으로 인한 마찰손실을 최소화 하는 것이다. 마찰은 플라이휠을 지지하는 베어링(bearing)들과 주변공기에 의해 일어난다. 실제로 사용되는 고속 플라이휠은 마그네틱(magnetic) 베어링을 사용하고 진공으로 밀봉된 용기 안에 들어 있기 때문에 일반적으로 일어나는 에너지 손실은 시간당 1% 정도이다.

18.5 초전도 자기에너지 저장장치(SMES)

전기에너지는 전도체를 통해 전류로 이동된다. 일반적인 전도체는 전류의 흐름에 따른 저항이 항상 존재하며 이로 인해 약간의 전기에너지의 손실과 열의 발생이 일어난다. 초전도체의 경우 이 저항이 0이며 전류의 흐름에 따른 에너지 손실이 없다. 따라서 전기에너지가 이론적으로는 초전도체 전선으로 만들어진 코일에 손실 없이 저장될 수 있다. 코일에 주입된 전류는 이것이 필요할 때까지 무한정으로 코일 내를 순환할 수 있다. 초전도 자기에너지 저장장치(SMES, superconducting magnetic energy storage)는 실험실에서 수요변화에 따른 전압의 변동성을 안정화시키거나 잠깐의 정전 시 일시적인 대체 전력공급을 위해 비교적 일반적으로 사용된다. 이 방법은 사용자가 매우 안정적인 전력공급이 필요할 때 상당히 유용하다. 이런 면에서 SMES는 양수식 발전설비보다는 수력발전의 완충탱크(surge tank)와 유사하다.

코일에서 순환되는 전류로 인한 에너지 저장은 다음과 같이 나타낼 수 있다.

$$E = \frac{1}{2}LI^2, \tag{18.12}$$

이때 L은 코일의 인덕턴스(inductance)이고 I는 전류이다. L은 헨리(H)로 측정되며 I는 암페어(A), 에너지 E는 줄(J)로 측정된다. 코일의 인덕턴스는 그 크기, 전선이 감긴 횟수, 코일을 구성하는 재료와 관련된다. 공심 솔레노이드(air-core solenoid)의 경우, 반경험적인 관련성을 통해 인덕턴스에 대한 근사값을 다음과 같이 얻을 수 있다.

$$L = frN^2, \tag{18.13}$$

이때 r은 평균 반지름, N은 전선의 감긴 총 횟수이다. f는 기하학적인 요소에 따른 것이며 r을 미터값으로 넣어서 다음의 값을 가진다.

$$f = \frac{3.9 \times 10^{-5}}{\left[9 + \dfrac{10l}{r}\right]} \mathrm{J/(m \cdot A^2)}, \tag{18.14}$$

이때 l은 미터(m)로 나타내어지는 솔레노이드의 길이이다.

예제 18.6

전선이 5000회 감겨 있는 직경 1 m(반경 0.5 m)와 길이 1 m의 초전도 솔레노이드 코일을 생각하라. 이때 1000 A의 전류에 대해 코일이 저장할 수 있는 에너지를 계산하라.

풀이

식(18.13)과 (18.14)를 조합하면 코일의 인덕턴스를 다음과 같이 나타낼 수 있다.

$$L = \frac{3.9 \times 10^{-5}\mathrm{J/(m \cdot A^2)}}{\left[9 + \frac{10l}{r}\right]} rN^2,$$

r과 l에 미터(m)값을 넣으면 헨리(H)로 나타낸 인덕턴스 값은 다음과 같다.

$$L = [3.9 \times 10^{-5}\ \mathrm{J/(m \cdot A^2)}] \times (0.5\ \mathrm{m}) \times \frac{5000^2}{9 + (10/0.5)} = 16.8\ \mathrm{H}.$$

식(18.12)를 사용하면 에너지는 다음과 같다.

$$E = \frac{1}{2}LI^2 = (0.5) \times (16.8\ \mathrm{H}) \times (1000\ \mathrm{A})^2 = 8.4\ \mathrm{MJ}.$$

예제 18.6에서 설명한 초전도 코일은 단일 산업체 또는 연구소의 사용자들을 대상으로 전력의 변동성을 안정화시키는데 적합할 것이다. 반면 공공시설에 사용되어 양수식 수력 발전에 의한 에너지 저장시스템 등과 경쟁하기 위해서는 직경이 수백 미터에서 심지어 수 킬로미터에 달하는 SMES 시설이 필요하다.

SMES 설비를 건설하는데 있어 주요 문제점 중 하나는 코일을 초전도체로 만드는데 필요한 조건들을 구비하는 것이다. 초전도 물질들은 고온에서는 일상적인 전기적 특성을 보인다. 그러나 온도가 내려가면 일정한 온도인 T_C(임계온도, critical temperature) 이하에서 초전도체로 변이가 일어난다. 초전도 상황에서 전기저항은 0이 되고, 실용적인 측면에서 그 물질은 에너지 저장을 포함한 다양한 응용분야에 사용될 수 있다. 이와 같은 현상은 1911년 하이케 카메르링-오네스(Heike Kammerling-Onnes)에 의해 수은에서 최초로 관찰되었는데, 수은은 4.2 K 이하에서 초전도체가 되었다. 그 이후 좀 더 높은 온도에서 초전도체 변이가 가능한 물질을 찾기 위한 노력이 진행되어 왔다. 그림 18.7에서는 실측된 가장 높은 초전도 임계온도를 연도에 따라 분류해 놓았다. 현재는 임계온도(T_C) 150 K 이상을 가진 물질도 있다. 1980년 중반에 칼 알렉산더 뮐러(Karl Alexander Muller)와 요하네스 게오르크 베드노르츠(J. Georg Bednorz) 등에 의해 소위 고온 초전도체(high-temperature superconductors, HTSCs)가 발견된 이후 실측된 임계온도는 급속히 높아졌다.

그림 18.7에서 볼 수 있듯이 약 200 K의 압력 하에서 황화수소(H_2S)가 초전도성을 가진다는 최근 발견은 흥미롭고 중요하다. 황화수소는 상온 상압 조건에서 기체 상태이다. 황화수소가 저온 고압 조건에서 초전도성을 가진다는 사실은 상온 상압 조건에서 도체 또는 고체가 아닌 다른 재료도 초전도 특성을 나타낼 수 있음을 시사한다. 만약 충분한 압력이

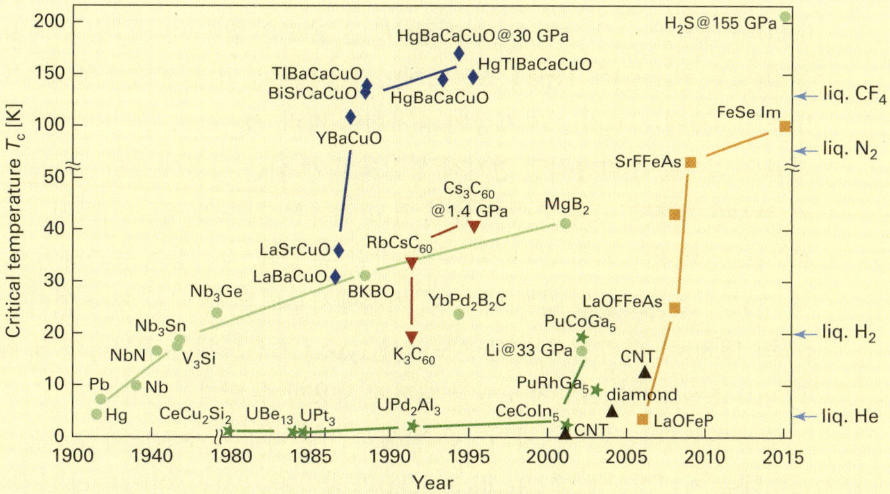

그림 18.7: 시간에 따른 초전도체 임계온도(T_C)의 상승으로 인한 초전도 기술의 진보. 기호들은 다른 종류의 물질을 나타낸다: 카본 화합물(▲), 풀러렌[ENERGY EXTRA 20.2 참조](▼), 전이금속과 알칼리 화합물(●), 희토류와 악티늄 화합물(★), 철 화합물(■), 페로브스카이트(perovskites)(◆).

Based on Pia Jensen Ray. Figure 2.4 in Master's thesis, "Structural investigation of La(2-x)Sr(x)CuO(4+y) -Following staging as a function of temperature". Niels Bohr Institute, Faculty of Science, University ofCopenhagen. Copenhagen, Denmark, November 2015. DOI:10.6084/m9.figshare.2075680.v2

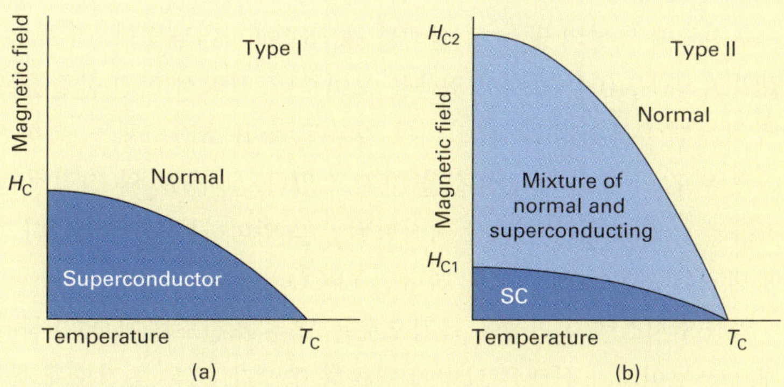

그림 18.8: 임계장(critical field)의 온도 의존성 (a) Type I 초전도체, (b) Type II 초전도체.

Based on HyperPhysics, Critical Magnetic Field, http://hyperphysics.phy-astr.gsu.edu/hbase/solids/scbc.html

가해지면 수소 및 일부 간단한 수소 화합물이 상온 근처에서도 초전도성을 가질 수 있다고 추측된다.

초전도체를 사용하는 것은 단순히 온도를 T_C 아래로 낮추는 것만을 의미하지 않는다. 자기력과 초전도성 사이에는 밀접한 관련이 있다. 사실 자기장을 초전도체에 가하면 초전도체의 초전도 특성이 파괴되어 일반적인 물질의 전기적 특성을 가지게 된다. 가장 간단한 타입의 초전도체(Type I)에서는 초전도성이 순간적으로 완전히 사라지는 임계장(critical field)을 정의할 수 있으며, 이 임계장(H_C)은 온도의 함수이다[그림 18.8(a)]. 일부 초전도성 물질(일부 원소들)은 Type I 초전도체이지만 대부분의 초전도성 물질은 Type II이다. Type II 초전도체에 가해지는 자기장이 증가함에 따라, H_{C1}으로 표시되는 자기장의 한 지점, 즉 시료의 일부분이 일반적인 전기적 성질을 띠게 되는 지점에 도달한다. 그러나 시료의 나머지 부분은 여전히 초전도성이 남아 있고 전류는 최소의 저항이 가진 길을 따라 움직이므로 시료는 여전히 저항 없이 전류를 운반할 수 있다. 자기장이 증가하여 H_{C2}에 다다르면 전체 시료가 초전도성을 잃게 되며, 이 지점에서부터는 더 이상 저항 없이 전도를 할 수 없다[그림 18.8(b)]. 따라서 주어진 온도에서 Type I 초전도체는 전기장이 H_C에 도달할 때까지, Type II 초전도체는 H_{C2}에 도달할 때까지 사용할 수 있다.

도선을 흐르는 전류는 자기장을 발생시킨다. 따라서 초전도체 도선을 흐르는 전류가 만들어내는 자기장이 임계장(critical field)과 같아지는 시점, 이에 따라 물질이 초전도성을 잃는 임계전류(j_C, critical current)가 존재한다. 비록 H_C와 j_C가 분명히 관련이 있기는 하지만, 그 관계가 명확하지는 않다. 그러나 초전도체가 임계온도 바로 밑에서 많은 양의 전류를 흐르게 하지는 못하지만 여전히 초전도성을 유지하는 것은 분명하다. 현실적인 관점에서 초전도체를 임계온도(T_C)보다 가능한 한 낮은 온도에서 사용하는 것이 일반적이다. 흘릴 수 있는 최대 전류량은 Type I의 $H_C(0)$나 Type II의 $H_{C2}(0)$ (zero temperature)에서의 임계장 값과 관련이 있다. 초전도체의 유용성을 결정하기 위해서는 임계장(critical field)값과 임계온도(T_C)값을 아는 것이 중요하다.

초전도체 특성의 몇 가지 실례를 표 18.4에 나타내었다. 이 표는 Type I 초전도체가 낮은 값의 T_C와 $H_C(0)$를 가지고 있음을 보여준다. 따라서 이런 물질들은 많은 양의 전류를 흐르게 하는데 유용하지 않다. 그러나 일부 Type II 초전도체들, 특히 고온 초전도체들은 상당히 높은 값의 T_C와 $H_{C2}(0)$ 값을 가지고 있다. j_C가 H_{C2}와 직접적인 연관은 없기 때문에 최적화된 T_C와 $H_{C2}(0)$가 항상 최적화된 j_C를 의미하는 것은 아니다. 이에 관련하여서는 초기에 발견된 고온 초전도체 중 하나인 YBCO가 선두에 있다.

SMES 시스템의 건설을 목적으로는 고온 초전도체(HTSC) 물질을 이용하는 것이 좋을 것으로 보이지만 선택은 그렇게 명확하지 않다. 고온 초전도체 물질은 냉각비용을 최소화

표 18.4: 몇가지 초전도체의 특성. (T = tesla)

material	type	T_C (K)	$H_C(0)$ (T)	$H_{C2}(0)$ (T)
Sn	I	3.7	0.03	–
Pd	I	7.2	0.08	–
Nb	II	9.3	–	0.4
NbTi	II	10	–	12
Nb_3Sn	II	18	–	25
$YBa_2Cu_3O_7$ (YBCO)	II	93	–	168
$Bi_2Sr_2Ca_2Cu_3O_{10}$ (BSCCO)	II	110	–	200

시킬 것이다. 그러나 대형 시스템에서 운행 중 냉각비용은, 말하자면 80 K에서 운행하는 것과 5 K에서 운행하는 비용 차이는 소형 시스템에서처럼 중요하지는 않다. 사실상 비록 고온 초전도체 물질이 사용된다 하더라도, 임계장의 증가가 냉각비용의 증가보다 더 중요하기 때문에 시스템이 5 K에서 운행되는 것이 80 K에서 운행되는 것보다 유리하다. 2장에서 논의한 바와 같이 고온 초전도체 물질은 일반적으로 부서지기 쉽고 가공하기가 어려워 자본비용과 신뢰성이 냉각비용보다 디자인의 실현가능성을 결정하는 좀 더 중요한 요소가 될 것이다.

SMES는 100%의 효율을 가지지는 않는다. 비록 전류가 코일 내에서 손실 없이 순환될 수 있으나, 도선이 가진 초전도 변이온도 이하로 코일의 온도를 유지하기 위해, 코일을 냉각시키기 위한 에너지가 필요하다. 이것은 일반적으로 시간당 코일에 저장되는 에너지의 0.1% 정도이다. 또한 전류가 코일로 들어가고 빠져 나갈 때 손실도 발생한다. 전류는 일반적으로 변압기의 전선으로부터 교류(AC) 상태로 이동하는 반면 초전도 자석에 저장되는 전류는 직류(DC)이다. 따라서 전류가 SMES에 저장되기 위해서는 교류가 직류로 변환되어야 하고 사용되기 위해서는 다시 교류로 변환되어야 한다. 이런 교류-직류-교류 변환 사이클은 대략 95%의 효율을 가지며 일반적으로 이 시스템에 있어 주요 에너지 손실로 여겨진다.

현재 소형 SMES 시스템은 성공적으로 전력망에 안정성을 제공하고 있다(그림 18.9). 2009년 이후 세계에서 가장 큰 SMES 시스템은 일본 샤프(Sharp)사의 카메야마

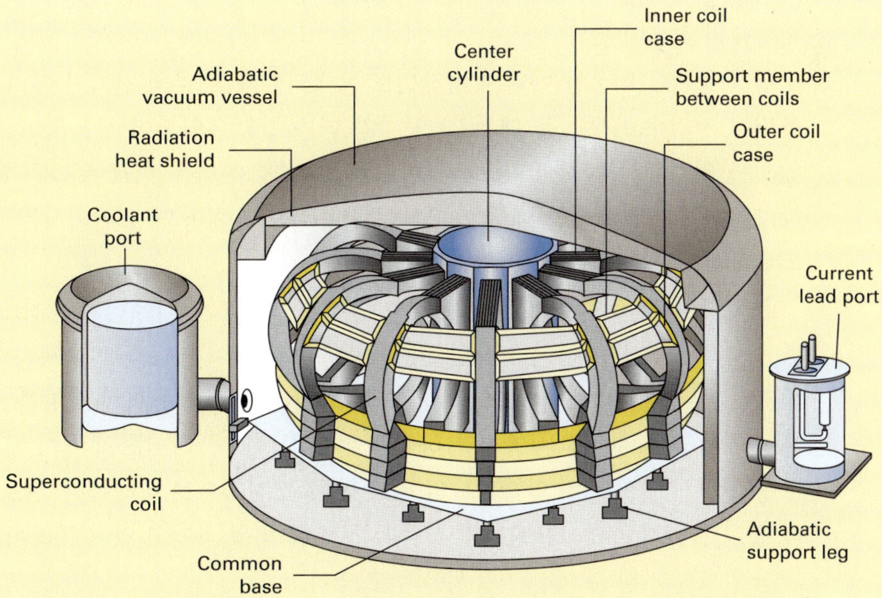

그림 18.9: 전력망을 안정화시키기 위한 SMES 시스템의 디자인.

Based on WTEC, Conceptual design of the ISTEC superconducting coil for the 100 kWh small-scale SMES, http://www.wtec.org/loyola/scpa/02_06.htm

(Kameyama) 공장에 있으며 전력을 10 MW까지 공급하고 있다. 다른 유사한 또는 조금 더 큰 시스템들이 테스트 단계에 있다. 대형 시스템들의 실제 활용성, 즉 저차원적 기술들인 양수식 발전설비 또는 압축 공기와 경쟁이 가능한가에 대해서는 아직까지 확실치 않다.

18.6 요약

에너지 저장 방법은 에너지를 필요한 시기와 장소에서 항상 사용 가능하지 않기 때문에 필요하다. 필요한 시기에 사용할 수 없는 경우는 에너지 생산량과 수요량의 변동성 때문에 일어나며 그 외에 신재생 에너지 기술을 활용하는 것과 특히 관련이 있다. 필요한 장소에서 사용할 수 없는 경우는 중앙에 집중된 시설, 예를 들면 화력발전과 같은 곳에서 생산된 에너지가 자동차나 휴대용 응용분야에 사용될 때 발생하며, 이 때문에 에너지 저장이 요구된다. 이 장에서는 에너지 저장을 위한 여러 가능한 기술, 특히 전기 에너지 저장을 위한 기술을 논의해 보았다. 배터리와 수소에 관련된 기술들은 19장과 20장에 따로 설명할 예정이므로 포함하지 않았다.

이 장에서는 전력망을 위한 대용량 전기 저장방법으로 가장 일반적으로 상용화되어 있는 양수식 수력 저장법에 대해 논의하였다. 이 방법은 전기수요량이 적은 시기에 과량 생산된 전기를 사용하여 물을 높은 쪽 저수지로 끌어 올리는 간단한 방법이다. 전기수요가 높을 때는 저수지에 저장되었던 물이 낮은 쪽에 있는 터빈으로 흘러 들어가면서 전기를 추가적으로 생산한다. 비록 초기 설치 비용은 높으나 유지비용이 낮으며 장기간으로 볼 때 비용대비 효율이 높다.

압축 공기를 이용한 에너지 저장법도 논의되었다. 여분의 전기가 공기를 압축하는데 사용되고 전기수요가 높을 때는 그 공기가 터빈으로 유입되어 사용될 수 있다. 이 같은 타입의 상업화된 설비는 두 곳에 설치되어 있는데, 하나는 미국에 다른 하나는 독일에 있다. 압축 공기를 이용한 에너지 저장이 성공적으로 활용되기 위해서는 적절한 저장 공간(chamber)을 확보하는 것이 중요한 요소이다.

본 장에서 지적한 바와 같이, 플라이휠이나 초전도 자기에너지 저장(SMES)과 같은 다른 종류의 대용량 에너지 저장법들은 아직까지 활용이 가능한 기술적 단계에 도달하지 못하였다. 본 장에서는 플라이휠의 특성과 그 에너지 저장 능력에 영향을 주는 요소들에 대해 소개하였다. 주어진 무게와 기하학적 형태 하에서 플라이휠의 최대 에너지 저장 능력은 구성 물질의 밀도 대비 인장강도의 비(σ/ρ)에 직접적으로 비례한다. 탄소섬유강화 고분자와 같이 일반적으로 사용되는 물질들이 가장 큰 비를 가지고 있어 플라이휠에 높은 에너지 저장 밀도를 가질 수 있는 가능성을 주고 있다.

또한 본 장에서는 초전도성의 기초지식과 초전도체의 발전역사에 대해 알아보았으며 초전도 자성체를 이용한 에너지 저장법(SMES)에 대한 물리적인 원리를 설명하였다.

현 시점에서는 양수식 수력 저장이 가장 효과적인 전력망을 위한 전기 저장 수단이며, 이는 높은 저장 용량, 우수한 효율과 신뢰성을 가지고 있다. 압축 공기 저장 또한 그리드를 위한 가능한 전기 저장 수단이지만, 적절한 위치에 대한 물리적 요구조건 때문에 양수식 수력 저장만큼 널리 보급되지는 못하고 있다. 앞으로 플라이휠과 SMES 디바이스 기술이 좀 더 발전하여 전통적인 대용량 에너지 저장법과 비교하여서도 경쟁력을 가질 수 있을지는 확실하지 않다. 그러나 적어도 SMES는 소규모의 전원공급 안정화 장치용으로 활용되고 있다.

연습문제

18.1 1 km^2의 면적과 30 m의 평균 깊이를 가진 양수식 수력발전용 저수지가 있다 하자. 이때 물은 낮은 쪽의 저수지로 150 m의 낙차를 가지고 흘러간다.

(a) 발전기의 효율이 85%라면 사용 가능한 전체 에너지는 몇 MWh_e이겠는가?

(b) 만일 위쪽에 있는 저수지에서 터빈으로 12시간동안 물이 흘러들어 온다면 가능한 평균 파워는 몇 MW이겠는가?

18.2 양수식 수력발전 설비에서, 높은 쪽 저수지의 전체 부피에 해당되는 물이 8시간에 걸쳐 터빈으로 흘러들어 간다. 높은 쪽 저수지의 면적은 300,000 m^2이고 평균 깊이는 15 m이다.

(a) 높은 쪽에서 낮은 쪽 저수지로 흘러가는 유속(초당 입방 미터 단위로)은 얼마인가?

(b) 만일 두 저수지 사이로 물이 직경 7.5 m의 원형 수로를 통해 흐른다면 물의 평균 속도는 얼마인가?

18.3 전기히터가 없는 단일 가정의 일반적인 하루 전기사용량을 공급하기 위한 강철 플라이휠 기반 전기 백업시스템을 디자인 하라. 이때 이론적 최대 에너지 저장능력의 70%가 사용 가능하며 전기로 변환 시 90% 효율을 가진다고 가정하라.

18.4 압축 공기로 구동하는 자동차의 제작 가능성을 고려하라. 실제 자동차는 주행을 위해 약 0.7 MJ/km의 에너지를 요구하며, 고압 탱크는 7.5 MPa의 압력으로 기체를 저장할 수 있을 것이다. 저장탱크의 부피(입방 미터 단위로)와 주행거리(킬로미터 단위로)간의 상관관계를 구하라. 만약 탱크의 가능한 최대 부피가 1 m^3라면 자동차의 주행거리는 얼마인가?

18.5 버지니아 배스 카운티에 있는 세계에서 가장 큰 양수식 수력발전 설비의 총 에너지 저장능력은 약 30 GWh_e이다. 만일 압축 공기 에너지 저장 설비가 동일한 변환 효율을 가진다고 가정하면, 5 MPa의 압력 하에서 배스 카운티 발전소와 동일한 에너지 저

장능력을 가지는 정사면체 저장 공간(chamber)의 크기를 계산하시오.

18.6 직경과 길이가 같은, 고체(solid) 원통 형태의 플라이휠을 가정하라. 강철, 알루미늄, 탄소강화 고분자를 각각 재료로 사용할 때, 10 MJ의 최대 에너지 저장 능력을 가지는 휠의 직경을 각각 계산하시오.

18.7 초기 회전진동수 f_0를 가지는 플라이휠로부터 에너지를 얻고 있으며, 이때 진동수는 시간의 경과에 따라 선형적(linearly)으로 감소한다. 플라이휠이 느려짐에 따라 공급되는 파워에 대해 시간의 함수로 설명하시오.

18.8 전력망용 대용량 전기저장 장치는 1 GWh 또는 그 이상의 용량이 요구된다. 0.5 km의 지름을 가지고 2 m 높이로 20,000번 전선이 감겨 있는 코일로 구성된 SMES 시스템의 건설 가능성을 고려하고자 한다. 1 GWh의 에너지를 저장하기 위해서는 전류가 얼마나 필요하겠는가?

18.9 양수식 수력저장 시설의 이상적인 위치에 대한 요구 사항은 수력발전소의 요구 사항과 동일하지는 않다. 양수식 저장의 경우, 물 공급하는 곳보다 높은 고도에 저장조가 위치해야 한다. 에너지를 저장하는 기능이 크게 도움이 되기 때문에 양수식 수력저장 시설의 위치가 태양광발전이나 풍력발전과 같은 대체 에너지 생산시설과 인접하는 것이 편리하다. 캐나다 노바 스코샤의 케이프 브레튼 섬은 풍력발전(풍력이 좋은 지역)과 양수식 수력저장 시설(해당 지역 대서양으로부터 약 해발 500 m의 고원임)을 고려할 수 있는 이상적인 위치이다. 인구 10만 명의 전기 수요를 공급할 수 있는 케이프 브레튼 섬의 풍력/양수식 전력저장 시스템을 설계하시오. 1인당 전기 사용량이 0.7 kW로 일정하고 낮(12시간) 동안 풍속이 일정하여 정격 풍력 터빈 용량의 55%를 제공하고 밤에는 0이라고 간단하게 가정하시오. 낮 동안 생성된 전기의 일부는 평균 500 m 높이의 저수지로 해수를 양수하는 데 사용되며, 바람이 없을 때 전기를 공급하는 데 사용된다. 아래의 사항을 포함하여 이러한 시스템의 설계 기준을 제안하시오.

- 풍력 터빈의 개수와 용량.
- 저수지로 물을 양수하는 데 사용되는 풍력 터빈 출력의 비율.
- 수력 터빈의 용량.
- 수력 터빈 효율 및 양수 효율.
- 저장 저수지의 크기.

18.10 질량이 55 kg인 피겨 선수가 초당 4.5회의 속도로 회전한다. 피겨 선수의 회전에너지는 얼마인가? 피겨 선수를 직경이 0.25 m이고 길이가 1.5 m인 원통으로 가정하여 계산하시오. 답은 J과 kWh로 각각 표현하시오.

18.11 다음 에너지를 비교하시오.

(a) 지구의 회전에너지(축을 기준으로 회전)

(b) 지구의 운동에너지(태양 주위의 궤도에서)

(c) 태양의 회전에너지(축을 기준으로 회전)

(d) 달의 운동에너지(지구 주위의 궤도에서)

모든 물체는 밀도가 균일한 고체 구형 물체로 간주하고, 모든 궤도도 원형으로 간주하시오. 각 물체의 질량, 지름, 궤도 반경 및 회전 주기는 인터넷에서 쉽게 구할 수 있다.

18.12 배스 카운티 양수식 수력발전 시설이 최대 출력으로 전기를 생산할 때 수압관(penstock)을 통해 흐르는 물의 속도는 얼마인가?

18.13 (a) 지구가 일정한 밀도의 단단한 구체라고 가정할 때, 관성 모멘트와 회전에너지를 계산하시오.

(b) 지구의 회전 속도는 느려지고 있다(즉, 지구가 회전에너지를 잃고 있음). 지구의 회전 주기(하루 길이)는 매년 1.7×10^{-5}초의 비율로 길어지고 있다. 지구의 연간 회전에너지 손실을 계산하고 이를 사회의 연간 에너지 사용량과 비교하시오.

18.14 압축 공기 에너지 저장 시설은 5×10^5 Pa의 압력과 7.5×10^6 Pa의 압력 사이에서 작동한다. 1인당 평균 전기 사용량이 0.8 kW_e인 인구 10만 명의 도시에 전력을 공급하려면 압축 공기 저장 공간의 부피는 얼마가 되어야 하는가? 발전 효율은 75%라고 가정하시오. 해답을 입방 미터로 표현하고, 정육면체 저장 공간일 경우 변의 길이를 미터로 표시하시오.

18.15 초전도 자기 에너지 저장 코일의 전선은 10,000바퀴, 평균 직경은 10 m, 길이는 2 m이며, 2000 A의 전류를 흘릴 수 있다.

(a) 에너지 저장 용량을 MJ로 계산하시오.

(b) 용량이 더 큰 장치가 필요할 경우, 다른 변수는 동일하게 유지하면서 다음 각 변수를 두 배로 늘릴 경우의 효과를 계산하시오.

(i) 길이

(ii) 평균 직경

(iii) 전류

(iv) 전선의 바퀴 수

18.16 반경이 0.2 m이고 두께가 0.1 m인 고체 원판(disk) 형태의 강철 플라이휠이 있다.

(a) 이 플라이휠의 재료 특성에 적합한 최대 회전 주파수는 얼마인가?

(b) 최대 회전 주파수에서 에너지 저장 용량은 얼마인가?

(c) 플라이휠을 1 kW(100% 효율)의 출력인 모터로에 구동하면 회전 주파수를 0에서 최대로 늘리는 데 시간이 얼마나 걸리는가?

18.17 평균 낙차가 50 m인 소형 양수식 수력발전 시설이 있다. 시설의 최대 출력은 500 kW_e이며 물은 1 m 직경의 수압관을 통해 흐른다. 발전효율은 85%이다.

(a) 최대 용량에서 총 유량은 얼마인가?

(b) 최대 용량에서 수압관에서의 물의 속도는 얼마인가?

18.18 주택 소유자는 밤에 난방을 위해 물 탱크에 열에너지(예: 태양열 집열기)를 저장하는 것이 일반적이며, 유용한 시스템을 구성하려면 하루에 필요한 열에너지 요구량을 저장할 수 있어야 한다. 압축 공기 저장탱크 형태로 가정에서 하루에 필요로 하는 전기 요구량을(예: 태양광 패널) 저장하는 것의 가능성을 고려하시오. 이러한 접근방법의 가능성과 실용성에 대해 토론하시오.

18.19 다른 재료(표 18.3에 주어진 것 외에)들도 높은 에너지 저장 능력을 가진 플라이휠의 구조에 적합한 특성을 가지고 있다(물론 이 재료들이 플라이휠의 구축에 있어 다른 측면에서 항상 편리한 것은 아니다). 아래의 재료로 만든 1 kg 원판(disk)형 플라이휠의 최대 에너지 저장 용량을 계산하고, 그 결과를 표 18.3의 재료에 대한 결과와 비교하시오.

material	density (10^3 kg/m^3)	tensile strength (10^9 N/m^2)
bamboo	0.4	0.5
graphene	1.0	130.0
kevlar	1.44	3.76
zylon	5.8	1.56
boron	2.46	3.1

18.20 양수식 수력발전 시설의 면적은 2 km^{2}이고 평균 깊이는 40 m이다. 평균 낙차는 200 m이다. 설계 요구 사항은 8시간 내에 상부 저장소를 하부 저장소에서 채울 수 있도록 하는 것이다.

(a) 양수를 위해 필요한 전력은 얼마인가? 양수 효율은 85%라고 가정한다.

(b) 상부 저수지로 양수되는 물의 유량 (m^3/s)은 얼마인가?

참고문헌

G. J. Aubrecht II. *Energy: Physical, Environmental, and Social Impact*, (3rd ed.) Pearson Prentice Hall, Upper Saddle River, NJ (2006).

J. A. Kraushaar and R. A. Ristinen. *Energy and Problems of a Technical Society*, (2nd ed.) Wiley, New York (1993).

C. Ngô and J. B. Natowitz. *Our Energy Future: Resources, Alternatives and the Environment*. Wiley, New York (2009).

A. Ter-Gazarian. *Energy Storage for Power Systems*. Peter Peregrinus, Stevenage, United Kingdom (1994).

배터리 전기 자동차(BEV)

학습목표: 제19장을 학습한 후 다음 내용을 이해할 수 있다.

- 여러 종류 배터리들의 성능과 응용영역
- 에너지 저장 수단에 있어 에너지와 출력 관계를 설명하는 라곤 플롯(Ragone plot)의 사용
- 자동차의 추진력을 위해 요구되는 에너지
- 전기 자동차의 역사적인 발전과 그 인기 변화의 원인
- 전기 자동차의 장점, 단점, 그리고 경제성
- 에너지 저장을 위한 슈퍼커패시터의 사용과 전기 자동차 디자인에 있어서의 그 중요성

19.1 서론

수송분야는 에너지원에 대해 특별한 요구사항을 가지고 있다. 즉 에너지원은 반드시 이동성이 있어야 한다. 이런 이유로 인해, 석유를 근간으로 한 제품들이 수송용 에너지원으로 압도적으로 선호되고 있다. 휘발유(가솔린), 경유(디젤)와 같은 석유 제품들이 매우 높은 에너지 밀도(수 MJ/kg)를 가지고 있다는 사실은 이런 경향을 더욱 심화하였다. 더욱이 석유제품에 저장되어 있는 화학에너지를 자동차가 주행하는데 필요한 기계적인 에너지로 변환하기 위한 기술(예를 들어 내연기관 엔진 같은)은 상당히 발전되어 있으며, 적어도 현재는 석유를 상대적으로 저렴한 가격으로 쉽게 얻을 수 있다. 많은 대체 에너지원들은 수송용으로 직접 사용하기에는 적절하지 못하다. 아마 중요한 예외 사항으로는 바이오 디젤의 경우일 것이다. 바이오 디젤은 석유를 직접 대체할 수 있으며, 거의 기존의 유통 기반시설과 자동차 기술을 그대로 사용할 수 있다. 16장에서 논의된 바와 같이, 바이오 디젤은 세계의 특정 지역(브라질 같은)에서 성공적으로 사용되고 있다. 비록 다른 지역에서의 사용은 그다지 활발하지 않지만, 항공기용으로 사용가능한 몇 개의 비화석연료 중의 하나이다. 다른 환경 친화적인 에너지원들은 이동성이 없거나, 상당히 낮은 에너지 밀도로 인해 문제를 겪고 있다. 예를 들면 전자는 핵에너지가 있고, 후자로는 풍력에너지가 있다. 이 두 가지 에너지원은 해양 수송분야의 에너지원으로는 사용이 가능하다. 수송, 특히 도로 차량에 대한 대체 에너지 전략의 실현은 충분히 높은 에너지 밀도를 가진 이동형 에너지 저장 수단이 필요하다. 앞장에서 논의된 몇 가지 방법들(예를 들어 압축 공기나 플라이휠)이 이용될

수도 있지만, 자동차를 위한 에너지 저장용으로 사용될 가능성이 가장 높은 것은 배터리와 수소이다. 이 두 가지 방법은 대체에너지를 통해 생산된 전기에너지를 저장하기에 편리한 메커니즘을 가지고 있다. 이번 장과 다음 장은 이런 방법들에 대해 논의하도록 하겠다.

19.2 배터리 타입

배터리(Battery, 전지)는 전기에너지를 화학에너지로 저장하는 전기화학적 장치이다. 이것은 하나 또는 여러 개의 셀(cell)로 구성된다. 각각의 셀은 직렬로 연결된 2개의 반쪽 전지(half cell)로 구성되어 있다. 하나의 반쪽 전지는 산화극(anode, 또는 음극)과 전해질을 포함하며, 다른 반쪽 전지는 환원극(cathode, 또는 양극)과 전해질을 포함한다. 두 전해질은 고체이거나 액체이며, 두 반쪽 전지가 공유하거나 경우에 따라서는 막(membrane)으로 분리되어 있다. 막은 많은 기공을 가지고 있어 특정 이온들의 이동 통로로 사용된다. 배터리가 충전될 때, 환원극에 있는 활성 원자는 이온화된다. 이렇게 형성된 이온들은 전해질을 통해 산화극 쪽으로 이동해가고, 또한 이때 떨어져 나온 전자들은 외부 도선을 통해 산화극 쪽으로 이동한다. 산화극에서는 이온과 전자가 소위 산화-환원(redox, reduction-oxidation) 반응에 의해 재결합된다. 배터리가 방전될 때 이온들은 전해질을 통해 산화극에서 환원극으로 되돌아가고, 이 과정에서 전자들은 외부 도선을 통해 산화극에서 환원극으로 되돌아간다. 이 과정에서 저항체를 발열시키거나, 자기장을 생산하거나, 모터를 돌리는 등의 유용한 일들을 할 수 있다.

배터리 전극 사이의 전압 차이는 셀의 화학반응 특성에 의해 좌우된다. 예를 들어, 아연-탄소(Zn-C) 배터리의 경우 화학반응 특성에 의해 1.5 V의 전압을 가지며, NiCd 배터리는 약 1.2 V의 전압을 가진다. 직렬로 서로 연결된 여러 개의 셀은 더 큰 전압을 가진다. 이상적인 배터리는 방전 과정에서, 산화극 내에 있는 과량의 전자와 양이온을 각각 외부도선과 전해질을 통해 이동시켜, 환원극에서 모두 재결합시킬 때까지 일정한 전압을 생산한다. 이런 이상적인 배터리는 내부저항이 없다. 그러나 배터리는 실제 상황에서는 내부저항을 가지고 있으며, 이 저항은 방전 과정에서 증가한다. 결과적으로 배터리의 전압은 방전 과정에서 감소한다. 방전 중 전압 곡선에 대한 자세한 사항들은 배터리의 화학적인 상태나 내부 디자인에 영향을 받는다.

배터리는 일상생활에서 널리 사용되고 있다. 배터리는 전자 기기에 널리 사용되고 있으며 다양한 디자인과 전기 저장용량을 가지고 있다. 제일 작은 것은 시계에 사용되는 것이 있으며 큰 것은 자동차에 사용되고 있다. 이번 장에서는 주로 전기 자동차에 사용되는 배터리를 다룰 것이다.

일반적으로 배터리는 충전할 수 없는 1차 전지와 충전이 가능한 2차 전지로 분류된다. 1차 전지는 대부분의 경우 작고, 상대적으로 저렴하며, 비교적 적은 출력을 필요로 하는 장치(시계나 연기 감지기와 같은)나 간헐적으로 전력을 사용하는 경우(손전등과 같은)에 적

표 19.1: 표준 아연-탄소, 알칼리 전지의 몇 가지 특성.

size	diameter (cm)	length (cm)	volume (cm^3)	Zn–C mass (g)	Zn–C energy (mWh)	Zn–C capacity (mAh)	alkaline mass (g)	alkaline energy (mWh)	alkaline capacity (mAh)
AAA	1.05	4.45	3.85	10	350	320	12	1410	1150
AA	1.35	5.05	8.34	19	650	591	23	2600	2122
C	2.62	5.00	27.0	48	2390	2172	66	9560	7800
D	3.42	6.15	56.5	98	5210	4733	135	20,830	17,000

합하다. 이런 배터리들은 방전되면 교체되도록 설계되었으며, 크기나 전압과 같은 특성에 대해 배터리 산업의 표준을 준수한다. 가장 일반적인 1차 전지의 유형으로는 리튬 1차 전지(계산기나 시계 등에 사용되는 버튼 셀), 아연-탄소 전지, 알칼리 전지(손전등, 라디오, 장난감 등에 사용되는) 등이 있다. 표 19.1에 표준 크기의 아연-탄소 및 알칼리 전지의 몇 가지 특성을 정리하였다.

표를 통해 보면 배터리의 에너지양은 배터리의 화학적 특성과 크기에 좌우된다는 것을 분명히 알 수 있다. 비에너지(specific energy) 또는 에너지 밀도(energy density, 단위질량당 에너지)는 배터리의 화학적 성질에 좌우되고, 좀 더 큰 배터리들의 경우, 그 양은 아연-탄소 배터리가 대략 55 Wh/kg, 알칼리 배터리가 대략 160 Wh/kg에 달한다. 배터리 전기 자동차(BEV)의 실현에 있어서는 배터리 무게를 최소화하기 위해 배터리의 비에너지(specific energy)를 최적화하는 것이 중요하다. 현실적인 관점에서 1차 전지는 방전 후에는 교체해야 하기 때문에

ENERGY EXTRA 19.1
전기 가격

개인적인 용도로 구매하는 대부분의 전기는 공공 전력회사로부터 온다. 이것은 조명, 텔레비전, 가전기기 등에 사용되며 일반적인 가격은 kWh당 $0.12 정도이다. 그러나 때로는 손전등, 카메라, 휴대용 전자기기, 리모컨과 같은 것들을 위해 휴대용 전원으로 배터리를 사용하는 것이 편리하다. 이렇게 휴대용 전원으로 사용되는 전기의 가격을 고려해 보는 것은 흥미로운 일이다. 비충전식 AAA 사이즈 1차 전지는 일반적으로 사용되고 있으며, 이런 배터리로부터 얻어지는 전기에너지의 가격은 실제로 배터리 그 자체의 가격과 같다. 이와 같은 배터리는 한번 방전되면 재충전되지 못하고 버려야 하기 때문이다(재활용하는 것이 선호되기는 한다). 표 19.1에서, AAA 사이즈 Zn–C 배터리의 에너지양은 350 mWh, 또는 3.5×10^{-4} kWh임을 보여준다. 4개의 AAA셀 패키지를 할인점에서 $1.00에 구매하였다면 전기의 가격은 $\$0.25/3.5 \times 10^{-4}$ kWh = $714/kWh이며 이것은 공공 전력회사로부터 같은 양의 에너지를 충전하는데 드는 비용의 약 8000배이다. 일반적인 건조기로 세탁물을 한 번 건조하는데 대략 2.5 kWh의 전기를 사용한다. 공공 전력회사로부터 kWh당 $0.12의 비율로 전기를 공급받을 때 사용되는 비용은 대략 $0.30이다. 이 건조기가 만약 AAA 배터리로 움직인다면 세탁물을 건조하기 위한 에너지 비용은 약 $1800이다. 1차 전지가 휴대용 전자 기기의 편리한 에너지원인 반면, 그 에너지 비용은 매우 높음을 알 수 있다.

토의 주제

지역 상점에서 Zn–C와 알칼리 전지의 AA 및 D 사이즈 가격을 확인하시오. 객관적인 비교를 위해 각각의 범주에서 같은 상표명의 제품을 찾으시오. 경제성 측면에서 볼 때, 크기가 중요한가? 알칼리 전지는 추가 비용을 내고 구매할 가치를 가지고 있는가?

표 19.2: 몇 가지 2차 전지의 화학적 성질. 일반적인 값을 제시하였음. 비에너지(specific energy)는 표준 미터 단위(MJ/kg) 및 배터리 특성으로 일반적으로 사용되는 전통적인 단위(Wh/kg)를 모두 나타내었음. 278 × (MJ/kg) = (Wh/kg), (NiMH = Nickel Metal Hydride)

chemistry	cell voltage (V)	specific energy (MJ/kg)	specific energy Wh/kg	specific power (W/kg)	self-discharge (%/month)	life (cycles)
Pb acid	2.1	0.13	36	100	4	600
Ni-Cd	1.2	0.22	56	150	20	1500
NiMH	1.2	0.28	78	800	20	1000
Li-ion	3.6	0.58	160	300	7	1200

전기 자동차에는 적합하지 않다. 2차 전지 또는 충전 가능한 배터리가 전기 자동차에 필요하다. 표 19.2에 몇 가지 일반적인 2차 전지의 화학적 특성을 나타내었다. 배터리에서 일어나는 화학반응의 적합성을 적절히 평가하기 위해서는 특정 크기 배터리의 에너지양보다 비에너지(specific energy)와 같은 요소들을 고려하는 것이 가장 바람직하다.

배터리에 포함되어 있는 총 에너지(MJ)는 배터리의 비에너지(MJ/kg, specific energy) 및 무게(kg)와 관련된다.

$$\text{에너지} = (\text{비에너지}) \times (\text{무게}). \tag{19.1}$$

비에너지는 배터리의 활성 구성 요소(예를 들어, 전극 또는 전해질)의 질량과 관련이 있으며, 대형 배터리의 경우에는 비활성 구성 요소(예를 들어, 용기 또는 단자)는 전체 질량에 상대적으로 거의 기여하지 않는다.

예제 19.1

1 kWh의 에너지를 공급하기 위해 필요한 납축전지의 무게를 계산하시오. 동일한 계산을 리튬이온 배터리에 대해서도 해 보시오.

풀이

표 19.2에서 납축전지의 에너지 밀도는 36 Wh/kg이다. 식(19.1)에서 배터리의 무게는 비에너지(specific energy)와 가능한 총 에너지 사이에 다음과 같은 관련이 있다.

$$\text{무게} = \frac{\text{에너지}}{\text{비에너지}}.$$

따라서 납축전지의 무게는 다음과 같게 된다.

$$\text{무게} = \frac{1\ \text{kWh}}{0.036\ \text{kWh/kg}} = 27.8\ \text{kg}.$$

리튬이온 배터리의 경우 에너지 밀도가 160 Wh/kg이고 이때 무게는 다음과 같다.

$$\text{무게} = \frac{1\ \text{kWh}}{0.160\ \text{kWh/kg}} = 6.25\ \text{kg}.$$

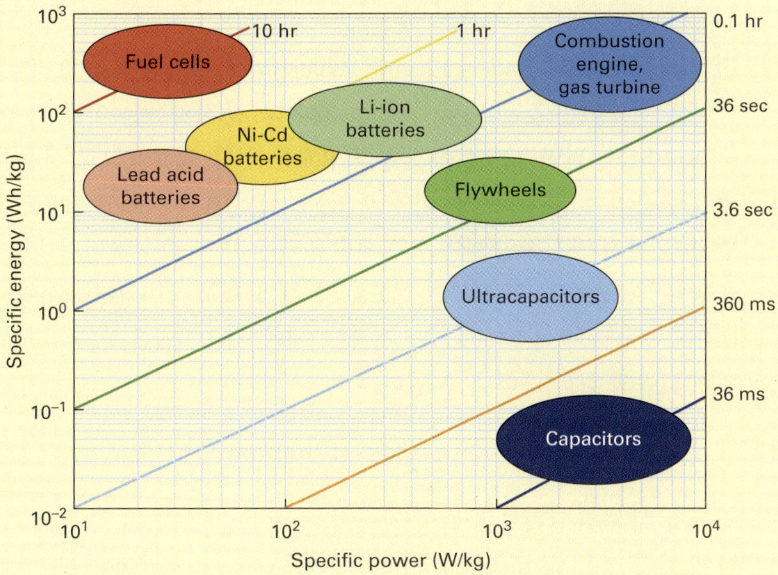

그림 19.1: 다양한 2차 전지들에 대한 비에너지(specific energy)와 비출력(specific power)의 관계(라곤 플롯). 자동차에 관련된 다른 에너지 저장 방법들과 비교하여 보여주고 있음.

Based on Moura, J. B. Siegel, D. J. Siegel, H. K. Fathy, A. G. Stefanopoulou "Education on Vehicle Electrification: Battery Systems, Fuel Cells, and Hydrogen," Proceedings of the 2010 IEEE Vehicle Power and Propulsion Conference, Lille, France, 2010

자동차의 주행거리는 대략 사용 가능한 총 에너지와 관련된다. 상용 휘발유 자동차와 비교하면, 배터리의 에너지양은 가스탱크의 부피와 유사한 면이 있다. 배터리로부터 단위시간 내에 뽑아낼 수 있는 에너지의 비율은, 전통적인 자동차 엔진으로부터 얻을 수 있는 출력과 유사한 기능을 하며, 자동차의 성능(가속능력과 같은)을 결정하기 때문에 이 또한 중요하다. 따라서 전기 자동차의 디자인을 위한 배터리 유형의 선택에 있어, 비에너지(specific energy)와 비출력(specific power) 또는 출력밀도(power density, 단위무게당 출력)를 가능한 크게 하는 것이 중요하다. 사용하고자 하는 배터리의 화학반응과 무게를 선택하는 것에 의해 이용 가능한 총 에너지와 출력이 결정되고, 이로부터 자동차의 주행 특성이 결정된다. 다음 절에서는 배터리의 특성이 어떻게 자동차 성능과 주행거리의 한계를 만드는지를 다룰 것이다. 표 19.2는 목록에 있는 유형들 중 리튬이온 배터리가 전기 자동차용으로 가장 바람직하다는 것을 분명히 보여주고 있다. 여러 가지 2차 전지의 비에너지(specific energy)와 비출력(specific power)의 관계를 그림 19.1에 나타내었으며, 이런 그래프를 라곤 플롯(Ragone plot)이라고 부른다. 안전성, 가격, 물질의 사용 가능성과 같은 요소들을 고려하는 것 또한 중요하다. 이러한 고려사항들에 대해 지금부터 논의하고자 한다.

19.3 BEV의 요구사항과 디자인

전기 자동차(BEV, Battery Electric Vehicle)의 실현가능성을 고려할 때 전통적인 휘발유 자동차와 비교하는 것은 피할 수 없는 일이다. 운전자들은 이런 자동차들의 동작 특성에 익숙해져 있고, 필연적으로 이것들을 비교를 위한 벤치마크로 사용할 것이다. 물론 모든 휘발유 승용차가 같은 특성을 가지고 있는 것은 아니다. 표 19.3에서는 소비시장을 위해 디자인된 몇 가지 전형적인 클래스의 휘발유 승용차 특성들을 나타내고 있다.

연료 소모량은 도시와 고속도로 주행의 평균이며 100 km당 사용된 휘발유의 부피(L/100 km)로 주어진다. km당 사용된 에너지는 휘발유의 에너지양(34.8 MJ/L)을 기초로 하여 다음과 같이 나타낼 수 있다.

$$0.348 \cdot (\text{L}/100\ \text{km}) = \text{MJ/km}. \tag{19.2}$$

자동차 시장을 살펴보면 소형 자동차, 가족용 자동차, 소형 SUV와 같은 차량들이 대중들에게 가장 실용적이고 경제적으로 인식되고 있다. 실용적인 관점에서는 분명 이런 차량들의 범주에 드는 전기 자동차가 가장 시장성이 있을 것이다. 표 19.3에서 제시된 자동차의 특성에 기반하여 표 19.4에 이상적인 전기 자동차의 사양을 제시하였다(휘발유 차량에 대한 시장의 고려사항 관점에서).

현재의 배터리 기술은 전기 자동차의 특성을 제한하며, 표 19.2의 정보를 바탕으로, 이

표 19.3: 여러 가지 비하이브리드 차량의 전형적인 클래스 및 사양(2017년 모델). 연료 소모량(fuel consumption, 도시/고속도로 결합)은 www.fueleconomy.gov에서 인용. 에너지 사용량(energy used)은 휘발유의 1차 에너지 기준임. 바퀴에서 사용되는 에너지는 이 값에 계수 0.17을 곱한 값임.

class	typical example	mass kg	power kW	power/mass kW/kg	fuel consumption L/100 km	energy used MJ/km	range km	base price (10^3US$)
subcompact	Honda Fit	1140	97	0.085	6.5	2.3	382	16
compact	Subaru Impreza	1354	113	0.083	7.3	2.5	422	18
family	Volkswagen Passat V6	1620	209	0.129	10.2	3.5	426	29
luxury	BMW 750i	2042	332	0.163	12.4	4.3	391	95
sport	Aston Martin V12 Vantage	1665	421	0.253	19.6	6.8	253	186
compact SUV	Toyota RAV4	1567	131	0.084	9.4	3.3	398	25
full-sized SUV	Lexus LX570	2963	286	0.130	15.7	5.5	369	89

표 19.4: 가족용 전기 자동차의 벤치마크 사양

property	goal
mass	1500 kg
power	150 kW
range	600 km
cost	US$30,000

상적인 디자인에 실제 전기 자동차가 도달할 수 있는 정도가 결정된다. 내연기관 자동차의 효율은 (바퀴에 전달되는 에너지)/(탱크에 있는 휘발유의 에너지양) 비율로 결정되며, 일반적으로 15~20%에 불과하다. 이와 비교할 때 전기 자동차는 매우 효율적이다. 배터리에 저장된 에너지 대비 바퀴에 전달되는 에너지의 비율은 일반적으로 80~90%에 달한다. 표 19.3은 실제 가족용 차량이 대략 3.5 MJ/km를 사용한다는 것을 보여준다. 효율(17%로 가정)을 바탕으로 휘발유 엔진을 통해 실제로 바퀴를 움직이는데 필요한 에너지는 대략 0.6 MJ/km이다. 따라서 전기 자동차용 배터리에 공급되어야 하는 에너지는 배터리 효율이 85%라고 가정 시 (0.6 MJ/km)/0.85 = 0.7 MJ/km이다. 이 값은 다양한 자동차의 클래스에 따라 약 0.46 MJ/km에서 1.4 MJ/km까지 변화할 수 있으며(표 19.3), 0.7 MJ/km라는 값은 이 교재의 대부분 예제에서 일반적인 값으로 사용될 것이다. 만약 0.13 MJ/kg의 에너지 밀도를 가진 납축전지(Pb-acid battery)를 사용하여 600 km의 주행거리를 가지는 전기 자동차를 만든다면 그때 배터리의 무게는 다음과 같다.

$$(600\ \text{km}) \times \frac{0.7\ \text{MJ/km}}{0.13\ \text{MJ/kg}} = 3230\ \text{kg}, \tag{19.3}$$

이것은 설계 목표를 초과한 것이다. 이 배터리로부터 공급 가능한 출력(power)은 다음과 같다.

$$(3230\ \text{kg}) \times (0.10\ \text{kW/kg}) \times (0.85) = 275\ \text{kW}. \tag{19.4}$$

이것은 출력 요구량을 상당히 넘어서고 있다. 실제로는 출력 요구사항을 만족시키기 위해서 다음 정도 무게를 가진 배터리가 필요하다.

$$\frac{150\ \text{kW}}{0.10\ \text{kW/kg} \times 0.85} = 1760\ \text{kg}, \tag{19.5}$$

이는 자동차의 총 무게를 고려했을 때 여전히 상당한 양이다. 그러나 이런 계산은 출력에 비해 주행거리가 좀 더 만족시키기 어려운 조건이라는 것을 분명히 보여준다. 납축전지의 경우, 전기 모터가 전통적인 휘발유 엔진의 단지 보조역할만 하는 하이브리드 자동차에는 적용시킬 수 있을지 모르겠지만(17.8절), 순수한 전기 자동차용 배터리라면 좀 더 높은 에너지 밀도를 가진 것을 요구할 것이다.

표 19.2에서 보여준 리튬이온 배터리의 변수(parameter) 값을 사용하면, 리튬이온 배터리에 의해 움직이는 전기 자동차의 성능특성을 계산할 수 있으며, 이를 표 19.5에 나타내었

표 19.5: 리튬이온 배터리를 사용하고 있는 전기 자동차의 특성

battery mass	power	range
100 kg	30 kW	80 km
300 kg	90 kW	250 km
725 kg	217 kW	600 km

예제 19.2

전기 자동차에 600 km의 주행거리를 제공하는데 필요한 리튬이온 배터리의 무게와 이때 가능한 최대 출력(power)을 계산하시오.

풀이

일반적인 전기 자동차가 배터리에 요구하는 에너지양(0.7 MJ/km)과 리튬이온 배터리의 비에너지(0.58 MJ/kg)를 사용하면 요구되는 무게는 다음과 같다.

$$(600\text{ km}) \times \frac{0.7\text{ MJ/km}}{0.58\text{ MJ/kg}} = 724\text{ kg}.$$

724 kg의 리튬이온 배터리가 낼 수 있는 최대 출력(power)은 비출력(specific power) 300 W/kg로부터 결정된다.

$$(724\text{ kg}) \times (0.3\text{ kW/kg}) = 217\text{ kW}.$$

다. 더 향상된 성능을 가진 새로운 배터리를 개발하기 위한 연구는 활발히 진행되고 있으며 미래에는 더 우수한 성능의 배터리가 사용될 수 있을 것이다. 성능계산은 출력과 주행거리에 대한 요구사항을 만족할 수 있는 배터리 무게에 대해 고려하였으며, 다음 표는 리튬이온 배터리를 사용하는 배터리 구동 전기 자동차에 있어, 출력과 주행거리 사이의 합리적인 타협점이 도출될 수 있음을 제시한다. 바퀴에 가해지는 최대 출력은 일반적으로 전기 모터의 사양에 의해 제한되는데, 배터리의 용량보다는 매우 적을 것이며, 또한 일반적인 주행 중에 사용되는 출력은 사용 가능한 최대값에 비해 상당히 적을 것이라는 사실들을 인식할 필요가 있다. 사실, 간단한 계산을 통해 최대 출력을 사용할 경우에는 리튬이온 배터리가 30분 이내에 방전될 수 있다는 사실을 알 수 있다.

대체적으로, 자동차에 대한 다른 에너지원과의 비교는 라곤 플롯(Ragone plot)을 통해 나타낼 수 있다(그림 19.2). 특정 에너지원에 대해 에너지와 출력(power)간에는 이해관계가 상충(trade-off)됨을 기울기 -1을 가지는 대각선을 통해 볼 수 있으며, 그 예로 휘발유 내연기관(ICE, internal combustion engines)을 의미하는 노란색 영역을 들 수 있다. 그러나 라곤 플롯(Ragone plot)상에서 모든 알려진 배터리들의 화학적 특성은 휘발유에 해당되는 부분보다 아래에 위치한다. 또한 이 플롯은 이번 장과 다음 장에서 앞으로 논의될 몇 가지 다른 에너지 저장 메커니즘(슈퍼커패시터, 수소 내연기관(H-ICE), 수소연료전지)에 대한 것도 보여주고 있다.

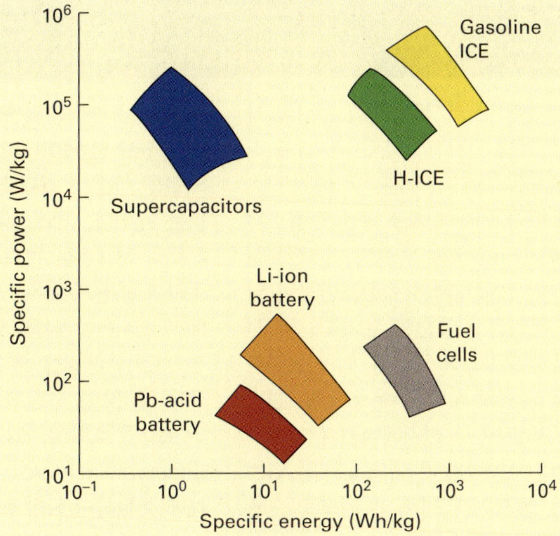

그림 19.2: 수송분야에 사용 가능한 다른 에너지 저장방법과 비교하여 나타낸 다양한 종류의 배터리에 대한 출력(power)과 에너지의 관계(Ragone plot).

전기 자동차의 개발에 있어서 중요한 동기는 전기 자동차의 전체 에너지 소비량을 다루는 것이다. 전기 자동차 제조업체는 휘발유 차량과 비교할 때 전기 자동차의 연료 소모량이 매우 낮다고 주장하는데, 그 이유는 배터리에 저장된 에너지를 차량 바퀴에서 사용 가능한 에너지로 변환하는 것이 휘발유에 저장된 화학에너지를 차량 바퀴에서 에너지로 변환하는 것보다 훨씬 효율적이기 때문이다. 이는 전기 자동차에는 열 엔진이 없기 때문이다. 전통적인 휘발유 자동차의 효율이 15~20%이고 전기 자동차의 효율이 80~90%이라고 하면, 전기 자동차는 휘발유 자동차에 필요한 에너지의 1/5 정도를 소비하게 되고, 소형이나 중형 차량에 대해 대략 1.5에서 2.0 L/100 km의 에너지 소비량을 가지게 된다. 그러나 휘발유는 기본적인 에너지원(원유)으로부터 매우 효율적으로 생산된다는 점이 중요하다. 배터리를 충전시키는데 사용될 전기도 기본적인 에너지원으로부터 매우 효율적으로 생산되기도 하나 그렇지 않을 경우도 있다. 예를 들어 수력은 매우 효율적이고, 1차 에너지와 자동차에 전달되는 에너지 사이에는 매우 적은 실효율(net efficiency)의 감소만이 있다. 그러나 석탄을 태워서 전기를 생산하고 발전 효율이 대략 40% 정도라고 하면, 1차 에너지가 자동차용 에너지로 변환되는 실제 효율은 85% × 40% = 35%이며, 이는 화석연료를 직접 연소시키는 방식에 비해 2배 정도의 효율이다. 이런 효율의 증가는 비록 전기가 화석연료로부터 생산된다 할지라도, 탄소 방출량의 약 50% 정도를 실제로 감축시킬 수 있음을 의미한다(만약 전기가 다른 친환경적인 에너지원으로부터 공급된다면 더 많은 감축이 가능하다). ENERGY EXTRA 20.3에 다양한 수송 기술의 탄소 배출량에 대한 보다 자세한 분석을 제시하였다. 전기 자동차에 유리한 다른 요소들로는 오염물질의 방출을 컨트롤 하는 것이 쉬

ENERGY EXTRA 19.2
플로우 배터리(Flow battery)

플로우 배터리는 2차 전지의 한 가지로, 액체 전해질 사이의 특정한 화학반응에 의해 전기가 생산된다. 비록 이 기술에 대한 본격적인 관심은 1970년대에 시작되었으나, 최초의 플로우 배터리는 1880년대에 제조되었다. 플로우 배터리의 일반적인 형태는 다음 그림과 같다. 한 전해질에서는 산화반응이 반대쪽 전해질에서는 환원반응이 일어나면서 전기에너지가 배터리에 충전될 수 있다. 두 전해질은 이온교환막에 의해 분리되어 있으며, 이 이온교환막은 이온이 통과하면서 반응에 참여할 수 있도록 한다. 방전 시에는 역반응이 일어나면서 전기에너지가 셀로부터 생성될 수 있도록 한다. 전해질들은 셀의 외부에 있는 탱크에 저장되어 있다가, 펌프에 의해서 셀 안으로 순환하면서 화학반응에 참여하게 된다.

플로우 배터리는 기존의 2차 전지와 구별되는 몇 가지 흥미로운 특성을 가지고 있다. 첫째로, 셀의 출력률(power rate)은 전극의 크기와 구조의 함수이며, 에너지 저장 용량은 전해질 저장 탱크의 크기에 의해서만 제한받는다. 이러한 특성은 매우 큰 에너지 저장 능력을 가진 플로우 배터리를 구축할 수 있도록 해주며, 대용량 에너지 저장용 배터리로서 매력적이도록 만든다.

플로우 배터리의 또 다른 중요한 특성은 방전된 전해질을 단순히 뽑아내고(나중에 재처리하게 됨) 충전된 전해질을 새롭게 채워 넣음으로써 빠르게 충전시킬 수 있다는 점이다. 이와 같은 특성은 내연기관 자동차에 주유하듯이 전해질을 채워 넣음으로서 플로우 배터리 전기 자동차를 충전시킬 수 있도록 해주며, 이에 따라 리튬이온 배터리 자동차 사용자들의 잠재적인 불편사항인 긴 재충전 시간을 해결할 수 있다. 다음의 그림에 있는 것은 플로우 배터리로 구동되는 프로토 타입의 자동차로서, 독일의 프라운호퍼 화학기술 연구소(Fraunhofer Institute for Chemical Technology)에서 제작되었으며, 이 기술을 미래에 실현하기 위한 진일보라고 할 수 있다.

그러나 플로우 배터리도 단점이 존재한다. 단점은 사용하기에 복잡한 작동기작, 고가의 비용 및 기존의 2차 전지에 비해 낮은 에너지 밀도를 가지는 것이다.

토의 주제

현재 사용 가능한 범위에서 가장 높은 에너지 밀도를 가지는 플로우 배터리는 아연–브롬(Zn–Br) 화학반응을 기본으로 하고 있다. 이것의 에너지 밀도는 50~70 Wh/kg

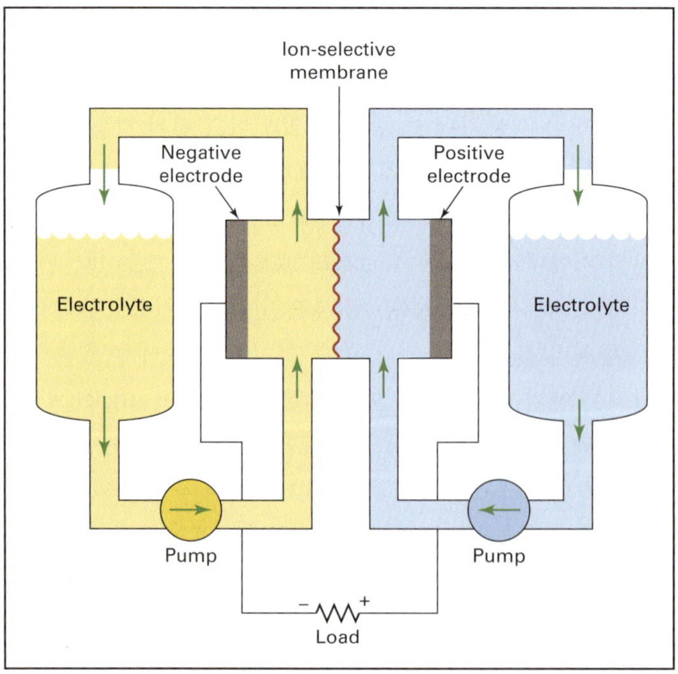

플로우 배터리의 구성도.

플로우 배터리로 구동하는 프로토 타입의 자동차

범위이다. BEV에 사용되기 위해, 플로우 배터리가 다른 배터리 기술들과 어떻게 비교될 수 있는지를 논의하시오. 예상되는 자동차의 주행거리는 얼마인가? 어떤 부분의 개선이 보다 바람직한가?

우며, 많은 수의 개인용 자동차에 비해 적은 수의 화력발전소로부터 탄소를 격리하는 것이 더 용이하다는 사실이다.

하지만, 판매용 전기 자동차의 생산은 몇 가지 중요한 점들을 고려해야 한다.

첫째, 경제성에 대한 고려가 있어야 한다. 리튬이온 배터리는 상당히 비싸다. $25,000 정도 가는 내연기관 자동차와 경쟁하는 전기 자동차는 $20,000 정도 되는 차체에 $15,000 정도의 리튬이온 배터리를 장착하여 총 가격이 $35,000에 달한다. 최근 몇 년간 배터리 기술이 크게 향상되었지만 배터리의 수명이 한정되어 있어 교체용 배터리를 고려한 유지 관리 비용이 비싸다는 점에 대한 우려가 있다.

둘째는 충전된 전력을 소모하였을 때 배터리의 재충전에 관련된 의문점들이다. 초기의 전기 자동차들은, 일반적인 재충전 시간으로 8~12시간이나 그 이상이 필요하였다. 고성능의 최신 리튬이온 2차 전지의 경우 때로는 1~2시간 내에 재충전될 수 있으나 아직 휘발유 탱크에 기름을 채우는데 필요한 시간(수 분 정도)에 비해서는 상당히 길다. 장거리 주행용보다는 단거리 운행용이나 사용자의 집에서 야간에 재충전이 가능한 경우가 좀 더 실용적일 것이다.

휘발유 자동차의 실용화를 위해 주유소 시스템이 구축되었듯이, 배터리 재충전 설비를 위한 기반시설의 구축도 필요하다. 휘발유 자동차가 전기 자동차로 대체됨에 따라, 전기 자동차 배터리 충전용 전력을 제공하기 위해 총 발전 용량도 적절하게 증가되어야 한다는 것을 인식하는 것도 중요하다.

ENERGY EXTRA 19.3
나트륨(Na) 2차 전지

현재 리튬 이온 배터리는 높은 출력과 비에너지로 인해 BEV용 배터리로 상당히 선호되고 있다. 하지만 '리튬'은 최소한 다음 두 가지 이유로 인해 배터리 제조에 가장 선호되는 물질이 되기는 어렵다. 우선 리튬은 비싸다. 그리고 BEV가 전 세계적으로 광범위하게 사용되게 된다면, 리튬 자원은 아마 이 원소의 필요량을 충족시키기에 충분하지 않을 것이다. 이 경우 줄어드는 리튬 공급은 리튬 가격을 상승시켜 비용 문제를 더욱 악화시킬 것이다.

이런 상황에서 리튬 배터리와 유사한 화학반응을 사용하는 배터리의 다른 화학적 물질을 고려해보는 것이 중요하다. 리튬은 알칼리 금속 중 가장 가벼운 물질이다. 주기율표를 살펴보면 그 다음으로 가벼운 알칼리 금속은 나트륨이다. 사실, 나트륨은 리튬과 매우 유사한 화학거동을 보인다. 나트륨은 리튬에 비해 2가지 큰 장점이 있는데, 가격이 싸고 공급량이 사실상 거의 무한대라는 것이다(소금에 있는 원자의 절반이 나트륨이다).

1960년대에 포드 자동차회사에는 나트륨을 기초로 한 배터리에 대한 초기적인 연구가 헌신적으로 실행되었다. 이 연구에서는 나트륨과 황(sulfur)간의 반응을 이용한 배터리를 다루었는데. 방전 시 셀의 반응은 다음과 같다.

$$2Na + 4S \rightarrow Na_2S_4.$$

이 반응은 가역적이기 때문에 셀은 재충전이 가능하다. 일반적인 셀의 디자인은 그림에서 보여주는 바와 같이, 고체전해질에 의해 분리된 액체 나트륨 전극과 액체 황 전극으로 구성되어 있고, 나트륨 이온은 고체전해질을 통해 이동하여 황과 반응할 수 있다. Na–S 배터리는 매우 높은 비에너지(specific energy)를 가지고 있으며, 이런 특성은 Na–S 배터리를 휴대용 전원으로 다양하게 응용할 수 있는 매우 매력적인 후보자로 만들었다. 그러나 Na–S 배터리는 2가지 심각한 문제점을 가지고 있다. (1) 반응의 특성과 나트륨의 거동이 셀을 높은 온도(대개 350℃ 부근)에서만 작동되도록 만든다. (2) 방전 과정에서 생성되는 폴리황화나트륨(sodium polysulfide)은 매우 부식성이 강하고 잠재적인 안전위협이 될 수 있다.

이러한 특성들 때문에, Na–S 배터리는 수송용보다는 대용량의 정치형 응용분야에 보다 적합하다. 최근에 이루어진 진전은 전극이 고체 상태로 존재하는 낮은 온도(<100℃)에서 구동이 가능한 Na–S 배터리의 개발이다.

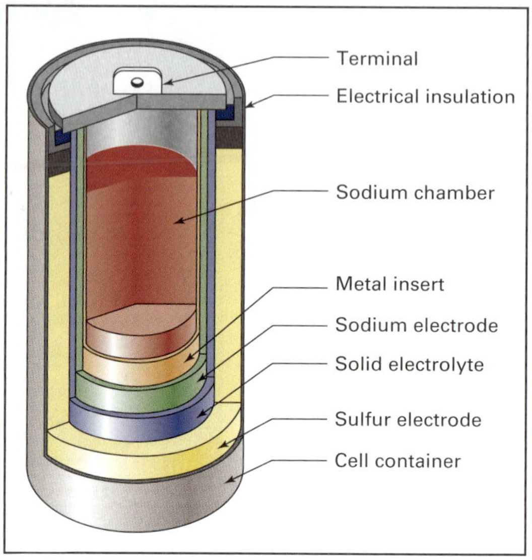

나트륨 전지의 구조.

이때 나트륨 이온의 이동을 위해서 고체전해질 대신에 이온 선택성 분리막이 사용되었다.

최근 들어 나트륨을 근간으로 한 화학반응을 이용하여 2차 전지를 생산하기 위한 또 다른 방법으로서, 나트륨 이온 배터리가 연구되고 있다. 디자인은 리튬 이온 배터리에 사용되는 것과 유사하며, 흔히 고체인 카본계 산화극(anode)과 고체인 전이금속화합물 환원극(cathode)을 사용한다. 이런 디자인의 주요 장점은 부식성이 매우 강한 반응 부산물을 제거하고, 배터리를 상온에 가까운 온도에서 작동할 수 있다는 점이다. 이런 특성들은 높은 비에너지와 함께 나트륨 이온 배터리를 자동차에 사용하기에 매력적이도록 만든다. 비록 이 분야에 대한 연구가 리튬 이온 배터리 연구에 비해 매우 초기 단계이지만, 나트륨을 근간으로 한 배터리는 실현 가능한 미래 기술로서 유망하다.

토의 주제

만약 국제적인 리튬의 공급이 바다에서 얻어지는 나트륨으로 대체된다고 가정하면, 전 세계 바다에 있는 소금의 어느 정도 분율이 사용되겠는가? 이것이 환경에 바람직하지 않은 영향을 미칠 수 있는가?

고려해야 할 마지막 요소로는 배터리를 제조하는데 있어 환경적인 영향과 배터리 생산을 위한 원료 물질의 가용성이다. 7장에서 리튬의 가용성을 바탕으로 융합에너지의 한계를 논의했던 것을 생각해 보라. 리튬이온 배터리를 장착한 전기 자동차의 광범위한 사용은 리튬 원료에 대한 국제적인 추가 수요를 일으킬 것이다. 전 세계의 리튬 공급량으로부터 생산될 수 있는 전기 자동차 수를 결정하는 데에는 수많은 불확실성이 있다. 몇 가지 추정들에 따르면 알려진 모든 리튬 매장량을 전기 자동차용 배터리에 사용한다면 전기 자동차를 5~6억대 정도 제작할 수 있다고 한다. 이것은 현재 거리에 주행하고 있는 자동차의 숫자와 유사한 정도이며, 이 문제는 고민할 필요성이 있다.

19.4 BEV의 역사

사실 전기 자동차라는 용어는 전기 열차처럼 이미 확고한 위치를 확보한 것들을 포함하여 넓은 범위의 수송기기에 적용된다. 배터리 전기 자동차(BEVs)는 배터리에 저장된 그 자신의 에너지원으로 움직이는 기기를 말하고, 이런 요구사항 때문에 구현하기 위한 기술이 매우 복잡하다. BEV는 크기가 큰 버스로부터 작은 크기의 비도로용 골프 카트와 같은 것까지 포함된다. 이번 논의에서는 개인 수송을 위한 도로 주행용 자동차에 집중하고자 한다. 사실, BEV의 역사는 전기 모터의 발전이 내연기관 엔진의 발명보다 먼저이기 때문에 휘발유 자동차보다 더 오래 되었다. 최초의 BEV는 1830년대에 제작되었으며 1880년대까지 실제 사람을 수송하기 위한 자동차로 시장에서 판매되었다. 어떤 시기에는 전기 자동차가 휘발유 자동차보다 더 많았으며 더 유명했었다. 그 이유는 BEV가 휘발유 자동차에 비해 다음과 같은 특성을 가지고 있었기 때문이다.

- 깨끗하다.
- 조용하다.
- 신뢰성이 있다.
- 출발시키기 용이하다.
- 출력이 높다.

전기 자동차는 1920년까지 시장에서 우세한 지위를 유지하였으나, 1930년대 들어서는 휘발유 자동차가 압도적으로 많이 사용되게 되었다. 전기 자동차 몰락의 원인은 다음과 같다.

- 1912년 전기 시동장치(electric starter)의 발명은 휘발유 자동차의 출발을 매우 쉽도록 만들었다.
- 장거리 주행의 필요성은 전기 자동차의 한정된 주행거리에 부적합하다(특히 미국에서는 주요 요인으로 작용하였다).
- 휘발유 자동차 제조에 있어 대량 생산 기술의 발전은(대부분 포드사에 의해 개발된

그림 19.3: Camille Jenatzy에 의해 설계 및 제작된 Jamais Contente(1899).

Public Domain

그림 19.4: 1916년 디트로이트(Detroit) 전기 자동차.

Q-Images/Alamy Stock Photo

그림 19.5: 1929년 부가티(Bugatti) 타입 52 전기 자동차.

Dale Chappell

그림 19.6: 충전 중인 GM EV1(1996-1999년에 생산).

Marmaduke St. John/Alamy Stock Photo

생산 기술들) 휘발유 자동차를 과거에 비해 매우 저렴하도록 만들었다.

- 기술적인 발전은 휘발유 자동차를 과거에 비해 더 신뢰성을 갖도록 만들었다.

1970년대나 1980년대까지는 그렇지 않았으나, 그 이후 석유 공급의 감소, 미국의 외국에 대한 에너지 의존성 심화, 환경오염과 온실가스 배출에 대한 걱정은 전기 자동차를 다시 한 번 생각해 보도록 만들었다.

자동차 개발의 초기 단계에서는 전기 자동차의 출력이 휘발유 자동차에 비해 우수했기 때문에, 대부분의 속도 기록들은 전기 자동차에 의해 수립되었다. 100 km/h를 돌파한 최초의 자동차는 자메 꽁땅뜨(Jamais Contente, 그림 19.3)였다. 더 실용적인 면에서, 지난 세기 초에는 도시에서 사용하기 위한 전기 자동차가(그림 19.4) 일상적인 것이었다. 이것들은 일반적으로 100~150 km의 주행거리와 30 km/h 부근의 최고 속도를 가지고 있었다. 이와 같은 성능은 당시에는 많은 운전자의 요구사항을 충족시키기 충분한 것이었다. 그 시대에는 몇 가지 신기한 전기 자동차들도 생산되었다(그림 19.5). 부가티 '타입 32'는 소형화된 전기 스포츠카로 자동차라기보다는 값비싼 장난감에 가까웠다.

최근에는, 전기 자동차의 발전을 통해 휘발유 자동차를 공해 없는 자동차로 대체하는 것

그림 19.7: 1997-2003년에 생산된 도요타(Toyota) RAV4 EV.

IFCAR

그림 19.8: 2001년부터 2012년까지 사용되는 인도의 레바(Reva) 전기 자동차.

Premkudva

표 19.6: 제너럴 모터스(General Motors) EV1과 도요타(Toyota) RAV4 EV 전기 자동차의 사양. 사양이 생산 연도에 따라 바뀌었으므로(특히 EV1의 경우), 나타내고 있는 사양은 후반부에 생산된 것임.

maker	General Motors	Toyota
model	EV1	RAV4 EV
years produced	1996–1999	1997–2003
number produced	1117	1249
battery type	NiMH	NiMH
mass	1320 kg	1565 kg
power output	102 kW	50 kW
top speed	128 km/h	126 km/h
range	260 km	160 km

을 목표로 하고 있다. 아마, 이와 같은 목표를 위한 최초의 성공적인 자동차 모델은 제너럴 모터(General Motors)사의 EV1일 것이다(그림 19.6). EV1은 1996년부터 2003년까지 생산되었으며, 이의 몇 가지 사양을 표 19.6에 나타내었다. 대략 비슷한 시기에 상당한 숫자가 생산된 다른 전기 자동차로는 도요타(Toyota)의 RAV4 EV(그림 19.7, 사양은 표 19.6)가 있다. 이와 같은 자동차들은 휘발유 자동차와 비교하면 무겁고 출력이 낮으며, 상대적으로 주행거리가 짧았다. 이런 사실들은 충전시간이 8시간에 달한다는 것과 함께 이들 자동차의 사용을 제한적일 수밖에 없도록 만들었다. 비용문제는 분석하기 어려운 요소이다. 이 시대에 생산된 많은 전기 자동차들이 일반 대중들에게 제공되었으나 판매되지는 않았고 주로 임대(lease)되었다. 일반적으로, 이런 자동차들은 많은 보조금을 지급받았다. 예를 들면 EV1의 경우 임대료는 $30,000에서 $40,000 수준으로 자동차와 비슷했지만, 자세한 비용분석에 따르면 생산 비용은 $80,000에 가까웠다. 제너럴 모터스(General Motors)는 임대기간이 끝난 후에 사실상 모든 EV1을 폐기했다.

2000년대 초반 가장 성공적인(생산 수 측면에서) 전기 자동차는 레바(Reva)이며(그림 19.8),

그림 19.9: 테슬라(Tesla) 로드스터(Roadster).

Olga Besnard/Shutterstock.com

이 전기 자동차는 인도에서 제조되어 전 세계적으로 판매되었다. 영국은 주요 시장이었으며, G-Wiz라는 모델명으로 불리었다. 2012년까지 제조되었으며 총 약 4600대의 차량이 판매되었다. 이후 마힌드라(Mahindra) e2o로 교체되었다(이후에 설명). 초기 버전의 레바는 납축전지를 사용했으며 차량의 주행거리는 약 80 km, 최고 속도는 약 80 km/h이었다. 2009년부터 2012년까지는 Reva L-ion으로 판매되었고 리튬 이온 배터리가 사용되었다. 이를 통해 주행거리는 약 120 km로 늘어났다.

테슬라(Tesla) 로드스터(Roadster, 그림 19.9)는 2009년부터 2012년까지 제조되었으며 실용적인 전기 자동차의 기술 개발에서 중요한 단계를 차지한다. 테슬라는 미국에서 제조되었지만 자동차 내부의 비전자적인 부품들은 영국의 로터스(Lotus)사와 협업하였고 대부분의 부품들을 외국에 의존하였다. 배터리에서 대용량의 전력을 사용할 수 있는 것은 스포츠카 디자인에서 매력적인 기능이다. 로드스터는 300 km가 넘는 주행거리를 가지는 고속도로 주행이 가능한 최초의 판매용 전기 자동차이었다. 표 19.7에 테슬라 로드스터의 사양을 요약하였다.

미국에 등록된 전기 자동차의 수에 의해 알 수 있듯이 2010년경부터 BEV 시장은 엄청나게 성장하였다(그림 19.10). 표 19.8에는 현재 전 세계에서 이용 가능한 유명 배터리 전기 자동차의 사양을 나타내었다. 일부는 전기 자동차 전용 플랫폼(예: BMW i3, Tesla Model

예제 19.3

NiMH 배터리를 사용한 75 kW BEV의 주행가능 거리를 계산하시오.

풀이

표 19.2에서, NiMH 배터리의 비출력(specific power)은 0.8 kW/kg이다. 따라서 75 kW는 다음과 같은 무게의 배터리를 필요로 한다.

$$\frac{75\ \text{kW}}{0.8\ \text{kW/kg}} = 94\ \text{kg}$$

표 19.2에 있는 NiMH의 비에너지(specific energy) 0.28 MJ/kg을 적용하면 가능한 총 에너지양은 다음과 같다.

$$(94\ \text{kg}) \times (0.28\ \text{MJ/kg}) = 26\ \text{MJ}.$$

에너지 요구량의 근사값을 0.7 MJ/km로 하면 총 주행거리는 다음과 같다.

$$\frac{26\ \text{MJ}}{0.7\ \text{MJ/km}} = 37\ \text{km}.$$

표 19.7: 테슬라 로드스터 전기 사양.	
mass kg	1235
power kW	185
top speed km/h	210 [electronically limited]
range km	390
cost (US$)	109,000
charge time hours	3.5
battery type	Li-ion
years manufactured	2009-2012
total production	**2450**

X)이 적용되었지만, 대부분은 기존의 휘발유 자동차 플랫폼(예: Honda Fit EV, Fiat 500e)을 기반으로 한다.

표 19.8에서 알 수 있듯이 현재 사용 가능한 배터리 전기 자동차는 도시용으로 설계된 상대적으로 출력이 작고 주행거리가 짧은 소형 자동차로부터 더 큰 출력과 더 긴 주행거리를 가지는 중형 자동차, 그리고 상당히 비싼 고성능 자동차까지 매우 다양하다. 미쯔비시(Mitsubishi)사의 i-MiEV(그림 19.11)는 전기 자동차의 첫 번째 범주에서 매우 성공적인(총 판매량 기준) 예입니다. 닛산(Nissan) Leaf(그림 19.12)와 BMW i3(그림 17.35)는 두 번째 범주의 차량이며, Tesla S(그림 19.13)는 매우 성공적인 고급 전기 자동차이었다.

2017년 모델로 출시된 쉐보레(Chevrolet) Bolt EV(그림 19.14)와 2018년에 출시된 테

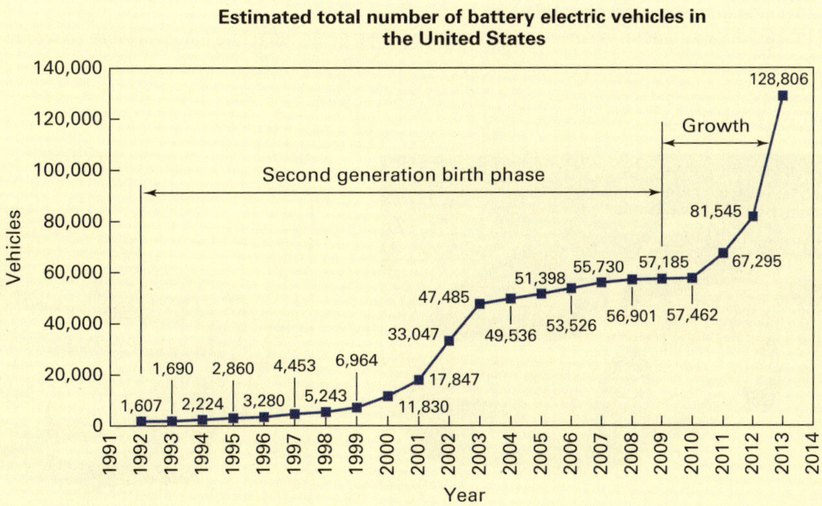

그림 19.10: 1991년부터 2013년까지 미국에서의 전기 자동차의 숫자.

Based on data from Energy Information Administration

표 19.8: 현재 사용 가능한 배터리 전기 자동차의 사양(2016 또는 2017년 모델). 일부 차량은 선택 사양으로 대용량 배터리가 제공되지만, 표에 제시된 가격은 현재 사용 가능한 기본 모델에 대한 것임. 차량은 출력이 커지는 순서로 나열.

make	model	mass (kg)	power (kW)	power/mass (kW/kg)	top speed[1] (km/h)	range[2] (km)	price[3] (10^3US$)	year[4]
Mahindra	e2o	830	19	0.023	90	120	12	2013
Mitsubishi	i–MiEV	1080	47	0.044	130	100	29	2009
Roewe	E50	1080	47	0.044	120	180	36	2012
smart	ed	900	55	0.061	125	145	26	2013
Renault	Zoe	1468	66	0.045	135	240	26	2012
Nissan	Leaf	1537	80	0.052	150	135	30	2010
Kia	Soul EV	1492	81	0.054	145	147	33	2014
Fiat	500e	1351	83	0.061	140	135	32	2013
VW	e–Golf	1538	86	0.056	138	190	30	2012
Honda	Fit EV	1478	92	0.062	144	130	37	2012
Chevrolet	Spark EV	1356	97	0.072	145	132	27	2013
Ford	Focus Electric	1643	107	0.065	135	122	30	2011
BMW	i3	1195	125	0.105	150	130	42	2013
Mercedes Benz	B250e	1725	132	0.077	160	200	42	2015
Tesla	Model X	2390	193	0.081	210	414	74	2015
Tesla	Model S	1961	225	0.115	210	340	66	2012

Notes:
(1) In many cases, top speed is limited electronically.
(2) For vehicles marketed in the United States, range figures are from the U.S. EPA. For vehicles that are not marketed in the United States., different testing protocols may be used, which make a direct comparison with EPA figures difficult.
(3) Pricing is before any government incentives and are exclusive of taxes. Prices vary depending on country, and U.S. prices for models sold in the United States are given when available. For vehicles that are not sold in the United States, prices are in the country of manufacture in equivalent US$.
(4) Year of first production model. In some cases, prototype, test, or limited edition models were sold or leased previously.

그림 19.11: 미쯔비시 i-MiEV.

Fedor Selivanov/Shutterstock.com

그림 19.12: 닛산 Leaf.

Teddy Leung/Shutterstock.com

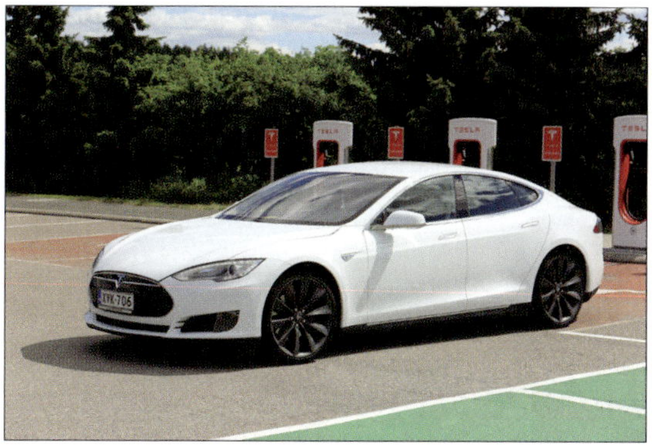

그림 19.13: 테슬라(Tesla) 모델 S 전기 자동차

Taina Sohlman/Shutterstock.com

그림 19.14: 2017 쉐보레(Chevrolet) Bolt 전기 자동차

Steve Lagreca/Shutterstock.com

그림 19.15: 테슬라(Tesla) 모델 3 전기 자동차

dpa picture alliance/Alamy Stock Photo

슬라(Tesla) 모델 3(그림 19.15)은 대표적인 전기 자동차이며, 이 두 전기 자동차의 사양을 표 19.9에 요약하였다. 이러한 사양을 벤치마크 사양(표 19.4)과 비교해 보면, 현재 소비자가 이용할 수 있는 BEV는 이러한 이상적인 기준을 달성하는 데 매우 근접하고 있으며, 비슷한 크기의 휘발유 자동차와 비교하여 차량의 무게, 동력 및 가격이 경쟁력을 가지게 되었다. 최근 몇 년간 주행거리가 크게 개선되었지만, 충전 시간은 긴 여행에 BEV를 사용하는 데 필요한 충전 스테이션의 인프라(또는 부족)와 마찬가지로 여전히 심각한 문제이다. 충전 시간은 배터리 설계뿐만 아니라 충전 회로에서 공급하는 전류에 따라 달라진다. 가정용 전원(예: 가정용 콘센트)에서 충전하는 것은 여전히 시간이 걸리지만 단거리 차량 사용을 위한 야간 충전은 충분히 실용적이다. 테슬라는 30분 충전 시 270 km의 주행거리를 추가할 수 있는 "슈퍼 차저(supercharger)"를 개발했으며, 이러한 충전소로 네트워크를 구축하면 BEV를 보다 광범위하게 사용할 수 있다. 배터리 교환 충전소의 개발은 전기 자동차의 광범위한 사용을 촉진하기 위한 또 다른 가능성 있는 방법이다. 이러한 가능한 방법의 실용성과

표 19.9: 쉐보레 볼트 EV(2017년 모델) 및 테슬라 모델 3(2018년 모델에 대한 광고 또는 추정)의 사양. 추가 정보는 표 19.8의 note를 참조.

make	model	mass (kg)	power (kW)	power/mass (kW/kg)	top speed (km/h)	range (km)	price (10^3US$)	year
Chevrolet	Bolt EV	1624	150	0.092	146	383	37	2017
Tesla	Model 3	1500	225	0.150	200	345	35	2018

경제성은 신중한 고려가 필요하다.

19.5 슈퍼커패시터

배터리 전기 자동차와 관련되어 전기에너지를 저장하는 수단으로는 직렬하이브리드(17장)와 연료전지 자동차(20장)뿐만 아니라 슈퍼커패시터[supercapacitor, 때때로 '울트라커패시터(ultracapacitor)'로도 불린다]도 해당된다. 라곤 플롯(Ragone plot)상 슈퍼커패시터의 위치는 그림 19.1과 19.2에서 나타내었다. 이 그림들은 슈퍼커패시터가 상대적으로 적은 에너지(배터리 등과 비교하여)를 저장하나 이 에너지를 매우 빠르게 방출할 수 있음을 보여준다. 따라서 이것은 낮은 에너지, 고출력 전원이다. 에너지를 빠르게 방출할 수 있는 능력은 에너지를 빠르게 저장할 수 있다는 것을 의미한다. 에너지의 저장과 방출을 위한 시간 단위가 그림 19.1의 라곤 플롯에 나타내어져 있다. 원론적으로 슈퍼커패시터는 단지 좀 더 많은 에너지를 저장하고 좀 더 높은 파워를 방출할 수 있는 일반적인 커패시터이다. 따라서 커패시터의 일반적인 동작에서부터 논의를 시작하겠다.

화학반응에 의해 전기를 저장하는 배터리와 다르게 커패시터는 분리된 양전하와 음전하에 의한 전기장(electric field)으로 전기에너지를 저장한다. 그림 19.16에서 보여주고 있는 단순한 평행판 커패시터(parallel-plate capacitor)는 두께 d를 가진 절연성 유전체(dielectric)로 분리된, 면적 A를 가진 두 개의 전도성 판으로 구성되어 있다. 이 장치의 정전용량(capacitance)은 다음과 같다.

$$C = \frac{\varepsilon_r \varepsilon_0 A}{d}, \tag{19.6}$$

이때 ε_r는 비정적유전율[relative static permittivity, 과거에는 종종 유전상수(dielectric

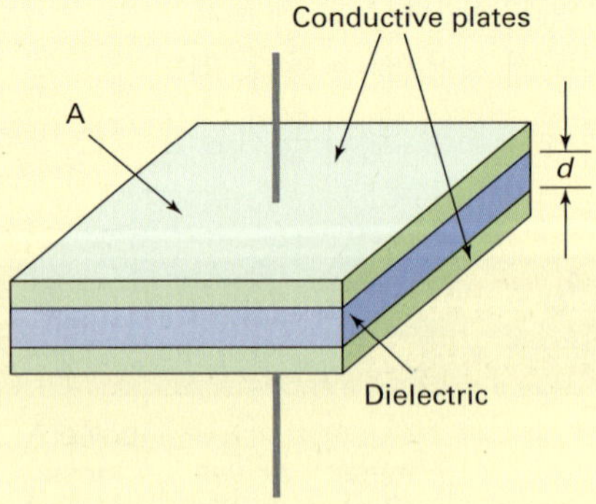

그림 19.16: 평행판 슈퍼커패시터의 개략도.

inductiveload

constant)로 불렸다], ε_0는 진공의 유전율이다. SI 단위를 사용하면, d는 미터로, A는 미터제곱으로, ε_r은 무차원이며 ε_0는 8.854×10^{-12} F/m (F = farad = J/V^2)이다.

예제 19.4

비정적유전율(relative static permittivity) $\varepsilon_r = 1$인 물질을 사용하며, 10 cm × 10 cm의 평판 면적과 0.1 mm의 사이 간격을 가진 평행판 커패시터의 정전용량(capacitance)을 패럿(Farad) 단위로 계산하시오.

풀이

식(19.6)을 미터 단위로 대입하면 정전용량은 다음과 같다.

$$C = \frac{\varepsilon_r \varepsilon_0 A}{d} = \frac{(1) \times (8.854 \times 10^{-12}\,\mathrm{F/m}) \times (0.1\ \mathrm{m}) \times (0.1\ \mathrm{m})}{0.0001\ \mathrm{m}} = 8.85 \times 10^{-10}\,\mathrm{F}.$$

커패시터가 충전되었을 때 두 평판 사이에는 전압 차이 V가 존재하게 된다. 이 조건에서 커패시터에 저장되는 에너지는 다음과 같다.

$$E = \frac{1}{2} CV^2. \tag{19.7}$$

패럿으로 나타낸 정전용량과 볼트로 나타낸 전압은 줄 단위의 에너지로 쉽게 환산해 볼 수 있다. 만약 1 F의 커패시터(예제 19.4에 계산된 정전용량과 비교하라)가 10 V로 충전된다면, 50 J의 에너지를 저장하고 있음을 의미한다. 이것은 60-W의 전등을 1초 정도 밝힐 수 있는 에너지이며 전기 자동차에 사용할 수 있는 수준은 아니다. 에너지 저장 능력은 전압(V)이나 정전용량(C)를 높임으로서 향상시킬 수 있다. 전압을 높이는 것은 에너지(E)가 전압의 제곱에 비례하기 때문에 분명히 장점이 있다. 그러나 전압에는 한계가 있어서 최대전압(V_{max})에서는 유전체가 파손되어 전기가 흐르기 시작하고 커패시터를 단락시킨다. 최대전압은 유전물질의 파손 전기장(breaks down electric field, E_b)과 관련 있다.

$$V_{max} = dE_b, \tag{19.8}$$

이때 E_b는 V/m이다. 정전용량 C는 ε_r 또는 A를 늘리거나 d를 줄임으로서 커질 수 있다. 간단한 방법은 단순히 커패시터를 크게 만드는 것이다. 그러나 이 방법에도 실제로는 한계가 있어 가장 바람직한 방법은 단위 부피(또는 무게)당 에너지를 최대화 하는 것이다. 한계 이상으로 d를 줄이는 것은 비생산적이다. 비록 정전용량은 식(19.6)에 의해 높일 수 있지만 식(19.8)에 의해 V_{max}가 감소할 것이다. 앞의 식들을 분석하면 최대 에너지 저장용량은 다음과 같다.

$$E_{max} = \frac{1}{2} CV_{max}{}^2 = \frac{1}{2}\frac{\varepsilon_r \varepsilon_0 A}{d}(E_b d)^2 = \frac{1}{2} A d \varepsilon_r \varepsilon_0 E_b{}^2. \tag{19.9}$$

커패시터의 부피는 Ad, 그 질량은 밀도 ρ의 함수로 $m = Ad\rho$를 통해 나타낼 수 있다. 대부분의 유전물질의 밀도는 물의 밀도와 비슷하다. 따라서 단위질량당 최대 에너지 밀도(J/kg)는 식(19.9)로부터 나타낼 수 있다.

$$\left(\frac{E}{m}\right)_{\max} = \frac{1}{2}\left(\frac{\varepsilon_r\varepsilon_0}{\rho}\right)E_b^2. \tag{19.10}$$

기존에는 종종 층 사이에 절연물질을 넣은 평행판을 말아서 커패시터로 만들었다. 이것은 에너지 밀도를 높이지는 못했지만 구조를 좀 더 콤팩트하게 만들 수 있었다. 실제로 에너지 밀도를 최대화하기 위해서는 ε_r와 E_b를 고려하는 것이 중요하다. 비록 이 요소들 간에 서로 상충되는 부분이 있지만 E_b를 최대화하는 것이 분명히 더 중요하다.

일반적으로 슈퍼커패시터는 에너지 밀도 문제에 두 가지 방향으로부터 접근하는데, E_b를 최대화하는 것과 기하학적 구조를 최적화하는 것이다. 폴리에틸렌 테레프탈레이트(polyethylene terephthalate, PET)는 가장 일반적으로 사용되는 유전물질이다. 이 물질은 $\varepsilon_r = 3$과 $E_b = 7.1 \times 10^8$ V/m 값을 가지며 정전용량을 기존 물질의 대략 4배 정도로 높인다. 그러나 슈퍼커패시터의 장점이 가장 크게 부각되는 곳은 전극의 기하학적 구조 부분이다. 그림 19.17에서 보여주는 바와 같이, 슈퍼커패시터에는 나노기공(nanoporous) 카본이 전극물질로 사용된다. 이 물질은 수많은 기공을 가지고 있고 그 부분으로 유전물질이 침투해 들어간다. 따라서 육안으로 보이는 표면적에 비해 대단히 큰 비표면적을 전하를 저장하기 위해 제공할 수 있다. 일반 커패시터를 능가하는 특성은 그림 19.1에 나타낸 바와 같다.

비록 슈퍼커패시터가 일반적인 커패시터를 능가하는 성능을 보여주고 있으나, 그림 19.1에서와 같이 에너지 밀도는 배터리에 비해 매우 낮다. 1000 kg의 슈퍼커패시터를 사용하여 NASA에서 제작된 전기 자동차는 주행거리가 대략 7 km로 앞의 예제에서 계산된 것

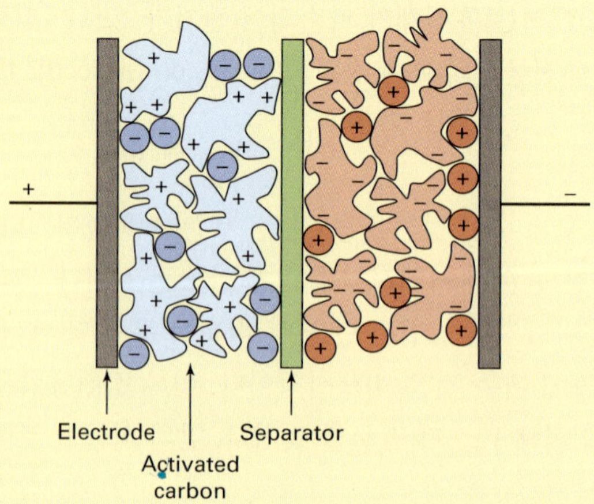

그림 19.17: 슈퍼커패시터의 개략도.

Stan Zurek, Wikimedia Commons

예제 19.5

그림 19.1에서와 같이 슈퍼커패시터의 비에너지(specific energy)로 2 Wh/kg을 사용하여 1000 kg의 슈퍼커패시터를 사용한 자동차의 주행거리를 계산하라.

풀이

완충된 1000 kg의 슈퍼커패시터의 총 에너지는

$$(2\ \text{Wh/kg}) \times 1000\ \text{kg} = 2\ \text{kWh}.$$

MJ 단위로 바꾸면 다음과 같다.

$$2\ \text{kWh} \times 3.6\ \text{MJ/kWh} = 7.2\ \text{MJ}.$$

자동차의 일반적인 에너지 요구량이 0.7 MJ/km이므로 주행거리는 다음과 같다.

$$\frac{7.2\ \text{MJ}}{0.7\ \text{MJ/km}} = 10.3\ \text{km}.$$

과 유사했다. 이 결과는 슈퍼커패시터가 전기 자동차의 독립된 에너지원으로서는 배터리와 경쟁할 수 없음을 분명하게 보여준다. 그러나 슈퍼커패시터가 강점을 가진 부분은 출력밀도이다. 그림 19.1에서 보여주는 바와 같이 슈퍼커패시터는 리튬 이온 배터리에 비해 단위무게당 10배 또는 그 이상의 출력을 제공할 수 있다.

슈퍼커패시터의 장점과 단점을 배터리와 비교하여 정리하면 다음과 같다.

장점

- 높은 출력밀도(power density)
- 단일 유닛으로부터 높은 전압을 얻을 수 있음
- 화학반응이 없음
- 10^6회까지 충전과 방전이 가능한 사이클 수명(cycle life)
- 빠른 충전과 방전
- 과충전 또는 손상을 막기 위한 정교한 충전/방전 시스템이 필요하지 않음

단점

- 낮은 에너지 밀도
- 방전 동안 전압이 선형으로 감소함
- 배터리에 비해 높은 자가 방전율(self-discharge)

이런 특성들은 슈퍼커패시터를 다음과 같은 응용분야에 적합하도록 한다.

- 추가적인 출력이 요구될 경우를 위한 BEV의 보조 파워

- 회생제동(regenerative braking)시 단기간 전력의 저장
- 상용화된 배터리를 대체할 수 있는 시동 모터(starter motors)와 같은 단기전력 응용분야

또한, 자동차 이외의 응용분야로는 전자 기기의 단기 백업파워(backup power)가 포함된다.

19.6 요약

배터리 전기 자동차는 석유 내연기관 자동차의 대체 상품으로서 대단히 매력적인 여러 가지 특징을 제공한다. 이 장에서는 먼저 배터리 기술에 대한 개요를 살펴보았으며, 배터리가 매우 효율적인 전기에너지 저장장치라는 것을 보여주었다. 또한 고효율의 전기 모터와 조합되었을 때 매우 에너지 효율적인 자동차에 사용될 수 있다는 것을 제시하였다. 에너지 저장 메커니즘에 있어 에너지와 파워의 상관관계를 이해하기 위해 수단으로 라곤 플롯(Ragone plot)이 도입되었다. 비록 배터리의 에너지 밀도는 화석연료보다 작지만, 특히 리튬 이온 배터리는 높은 비에너지(specific energy)와 높은 비출력(specific power)간의 우수한 절충을 제공한다.

배터리를 충전하기 위해 사용되는 전기의 에너지원(source)를 고려하여 실제 탄소 배출량을 분석할 필요가 있기는 하지만, 전기 자동차 그 자체는 운행 중에 온실가스를 배출하지 않는다. 최악의 경우로(탄소의 관점에서), 전기가 석탄으로부터 생산된다고 할지라도, 기본적인 에너지원으로부터 자동차로 가는 전체 효율은 30~35% 정도로 매우 뛰어나며, 이는 상용화된 내연기관 엔진의 약 2배에 해당된다. 추가적인 이득으로, 비록 전기를 생산하기 위해 화석연료가 사용된다 하더라도, 몇 개의 대형 석탄화력발전소로부터 탄소를 격리시키는 것이, 많은 수의 개별적인 자동차로부터 격리시키는 것에 비해 훨씬 쉽다.

이번 장에서는 BEV 발전의 역사를 알아보았고, 이것이 초창기 승용차의 발전과정에서 인기 있는 기술이었다는 것을 보여주었다. 최근 들어, 석유 기반 연료의 미래 가용성과 그들의 환경에 미치는 영향을 걱정하면서 BEV에 대한 관심은 다시 한 번 증가하고 있다.

현재 배터리 기술을 사용하는 BEV의 주요 문제점들은 가격, 주행거리 그리고 충전시간이다. 현재의 전기 자동차 특성은 도시에서 사용하기에는 적합하지만 장거리 여행용으로 사용하기에는 제약이 있다. 최근 주행거리의 확장과 휘발유 자동차 대비가격 경쟁력이 있는 차량의 생산은 BEV를 소비자에게 더 매력적으로 만들고 있다.

화석연료 자동차를 BEV로 대규모 단위로 교체하는 것에 대하여서는 리튬의 가용성과 가격 문제도 아직 불투명하다. 리튬을 사용하지 않는 새로운 배터리 화학반응의 개발은 많은 관심을 끌고 있으며, 이에 나트륨 기반의 전지를 개발하려는 연구가 활발히 이루어지고 있다. 나트륨은 리튬과 전자구조가 비슷하기 때문에 많은 화학적 특성을 서로 공유하고 있으며, 가격이 쌀 뿐만 아니라 바다를 구성하는 염분이므로 사용 가능한 양이 거의 무한하다.

이번 장에서는 슈퍼커패시터의 사용이 자동차 성능의 특정 부분을 향상시키는데 도움을

줄 수 있음을 보여주었다. 그러나 BEV에 있어서 출력은 주행거리보다 상대적으로 비중이 낮은 문제이므로, 슈퍼커패시터가 BEV와 관련된 근본적인 걱정거리를 해결할 수는 없다.

연습문제

19.1 250 kg의 배터리를 사용하는 패밀리 사이즈 배터리 전기 자동차의 주행거리는 얼마인가? 다음 배터리를 사용할 경우를 가정하시오. (a) 납축전지, (b) NiMH 배터리, (c) 리튬 이온 배터리

19.2 태양전지 설비가 태양이 비치는 12시간 동안 평균 20 MW의 전력을 생산하고 밤 12시간 동안에는 전력을 생산하지 못한다. 납축전지 시스템을 낮의 태양에너지를 저장하였다가 밤이나 태양광이 부족할 경우에 사용하도록 설계하고자 한다. 배터리 시스템의 무게는 얼마나 되는가?

19.3 에너지 저장 수단으로 100 kg의 슈퍼커패시터를 사용하는 패밀리 사이즈 전기 자동차의 주행거리는 얼마나 되겠는가? 이때 최대 파워 출력은 와트(W) 단위로 얼마나 되겠는가?

19.4 가족용 자동차가 100 kg 리튬 이온 배터리와 200 kg 슈퍼커패시터가 결합된 에너지 저장 시스템을 사용한다. 최대 파워 출력은 얼마이며, 주행거리는 얼마인가? 자동차의 특성을 향상시키기 위해, 슈퍼커패시터에 대한 배터리의 상대 무게를 늘리는 것이 유리한가, 줄이는 것이 유리한가?

19.5 전형적인 자동차용 납축전지의 무게는 20 kg이다. 완충 시 이 전지가 저장할 수 있는 에너지양을 휘발유 1 L가 가진 에너지양과 비교하라.

19.6 (a) 주거용 납축전지 전력 저장 시스템(backup system)을 생각하라. 2장의 정보들을 사용하여, 집에 평균적인 전력을 제공하기 위해 필요한 배터리 무게를 계산하라(난방은 배제하시오).

(b) 납축전지의 에너지 밀도를 이용하여, 얼마나 오래 평균 전력을 공급할 수 있는지 계산하시오.

19.7 일정한 속도로 고속도로를 주행 시, 휘발유 자동차는 100 km당 7 L의 연료를 사용한다. 엔진의 효율을 19%로 가정하면, 실제 자동차를 움직이는데 사용되는 파워는 얼마인가?

19.8 전기 자동차의 배터리가, 탱크에 75 L 연료를 채운 휘발유 자동차와 같은 양의 에너지를 제공할 수 있도록 디자인 되었다고 가정하라. 배터리가 30 A, 220 V[DC와 AC 전력의 차이점을 고려하지 않는다면, 이 값은 일반적인 취사용 스토브(kitchen stove)에 전기를 공급하기 위해 사용되는 AC 회로에 해당한다]를 공급하는 DC 충전기에

연결되어 충전되었다. 배터리를 충전하기 위해 얼마나 오랜 시간이 필요한가? 반드시 휘발유 자동차와 BEV의 상대적인 효율을 고려하라.

19.9 (a) 납축전지를 높이 올려서 얻는 중력 위치에너지가 납축전지의 화학에너지 저장 용량과 같아지려면 납축전지를 얼마나 높이 들어 올려야 하는가?

(b) 리튬 이온 배터리에 대해 (a)의 계산을 반복하시오.

19.10 (a) D 크기의 알칼리 1차 전지를 사용하여 전지 1개당 \$0.50의 비용으로 전기(가족용) 자동차에 전력을 공급하는 경우 1 km를 주행하는데 소요되는 비용은 얼마인가?

(b) 가족 차량에 100 km의 주행거리를 제공 할 수 있는 D 크기의 알칼리 전지로 구성된 배터리 팩의 질량 및 대략적인 부피는 얼마인가?

19.11 500 km 주행거리를 가지는 가족용 자동차에 전원을 공급하는 데 필요한 원판(disk)형 강철 플라이휠의 질량을 계산하시오.

19.12 예제 19.5에서 제시된 자동차의 사용가능한 전력을 계산하시오.

19.13 200 km 주행거리를 가지는 전기 자동차 소유자가 밤에만 차량을 운전하고 낮에는 태양전지를 이용하여 배터리를 충전할 계획이다. 필요한 태양전지의 면적은 얼마인가? 일사량, 태양광 특성과 형상, 차량 설계 또는 성능과 관련된 모든 항목에 대한 가정을 기술하시오.

19.14 전기 자동차 소유자가 매년 25,000 km를 운전하고 석탄화력발전소에서 공급되는 계통의 전기를 사용한다. 기존의 내연기관으로 구동되는 차량과 비교하여 연간 CO_2 배출량이 얼마나 감축되는가? 효율 등에 대한 가정을 모두 기술하시오.

19.15 Tesla Model S(성능 버전)의 총 배터리 용량은 85 kWh이다. 배터리 팩은 수많은 개별 리튬 이온 전지로 구성된다. 전지는 3.6 V, 3100 mAh 용량의 18650 전지를 사용한다. 18650은 직경 18 mm, 길이 65.0 mm인 원통형 전지의 크기를 나타낸다. Tesla 배터리 팩에 들어 있는 18650 전지의 수를 계산하시오.

19.16 슈퍼커패시터는 유효 표면적이 크고 전극 분리 거리가 작다는 이점이 있다. 전형적인 소형 슈퍼커패시터[캘리포니아주 샌디에고에 있는 맥스웰 인더스트리(Maxwell Industries)에 의해 제조됨]는 100 F의 커패시턴스를 갖는다. 이것은 4.5 cm의 길이 및 2.2 cm의 직경을 갖는 원통형 장치이다. 유전상수 $\varepsilon_r = 2.0$인 전해질을 사용하고 판 간격이 0.01 mm인 100 F 평행판 커패시터(사각형 구조)를 만든다면 면적은 얼마인가?

19.17 미국 내 전기 자동차의 수가 2012년과 2013년 사이의 증가율과 동일하게 계속 증가하면 전기 자동차의 수는 언제 1억대에 도달하는가?

19.18 (a) 표 19.6의 NiMH 배터리 전기 자동차에 대해 지정된 최대 출력 전력을 가정하고,

이 장에 제공된 NiMH 배터리의 특성을 기반으로 배터리 질량과 배터리의 총 에너지양을 추정하시오.

(b) (a)의 결과를 이용하여 주행거리 km당 필요한 에너지(MJ)를 계산하시오.

19.19 70 L 연료 탱크가 있는 내연 휘발유 엔진 차량과 동일한 주행거리를 제공하는 전기 자동차를 만드는데 필요한 슈퍼커패시터의 질량을 추정하시오.

19.20 아연-탄소(Zn-C) 및 알칼리 전지의 크기(size)에 따른 비에너지(specific energy)의 변화에 대해 설명하시오. 본문에서 대용량 전지에 대해 주어진 값이 합리적임을 설명하시오.

참고문헌

J. O. Besenhard (Ed.). *Handbook of Battery Materials*. Wiley VCH, Weinheim, Germany (1999).

D. R. Blackmore and A. Thomas. *Fuel Economy of the Gasoline Engine*. Macmillan, London (1977).

H. Braess and U. Seiffert (Eds.). *Handbook of Automotive Engineering*. Society of Automotive Engineers, Warrendale, PA (2004).

J. A. Kraushaar and R. A. Ristinen. *Energy and Problems of a Technical Society*, (2nd ed.) Wiley, New York (1993).

J. MacKenzie. *The Keys to the Car: Electric and Hydrogen Vehicles for the 21st Century*. World Resources Institute, Washington, DC (1994).

D. A. J. Rand, R. Woods, and R. M. Dell. *Batteries for Electric Vehicles*. Research Studies Press, Somerset, United Kingdom (1998).

R. Stone and J. Ball. *Automotive Engineering Fundamentals*. Society of Automotive Engineers, Warrendale, PA (2004).

F. M. Vanek and L. D. Albright. *Energy Systems Engineering: Evaluation and Implementation*. McGraw Hill, New York (2008).

CHAPTER 20

수소

학습목표: 제20장을 학습한 후 다음 내용을 이해할 수 있다.

- 기체수소와 액체수소의 기본적인 특성
- 수소생산 방법
- 기체수소와 액체수소 저장 시 고려해야 할 요인들
- 내연기관 연료로 수소의 사용
- 연료전지의 종류와 그 특성들
- 연료전지차(fuel cell vehicles)의 디자인
- 수소연료의 가능성과 수소 사용의 효율성 고려

20.1 서론

이전 장들에서 논의하였듯이, 바이오연료(biofuels)와 배터리 전기차(battery electric vehicles: BEVs)는 미래 비화석연료 기반 수송에 이용될 수 있는 대표적인 두 가지 기술이다. 최근 이 두 기술 모두 급속도로 발전하고 있으며, 북미에서는 바이오 연료의 경우 가변연료자동차(flex fuel vehicles: FFVs), 배터리 전기차의 경우 전기자동차(electric vehicles)라는 형태로 상용화되어 있다. 하지만, 이 두 기술 모두 단점을 가지고 있어, 바이오 연료와 배터리 전기차 외의 다른 비화석연료 기반 대체수송기술로서 수소자동차(hydrogen powered vehicles)가 개발되고 있다.

배터리와 마찬가지로, 수소는 에너지 저장 메커니즘(energy storage mechanism)이다. 유기 과정(organic process) 기반 수소생산 방식은 바이오 연료와 다소 비슷하지만, 충분한 양의 수소를 포함하는 천연 에너지원이 존재하지 않기 때문에, 수소는 석유나 석탄 같은 1차 에너지원(primary energy source)은 아니다. 수소는 전기분해(electrolysis)를 통해 생산되며, 수소의 연소는 열에너지와 기계적 에너지를 제공할 수 있으며, 연료전지(fuel cell)를 이용하면 수소로 전기를 생산할 수도 있다. 수소는 산화(oxidation)될 때 물을 유일한 부산물로 생산한다(예외적으로, 높은 온도에서 연소(combustion)될 경우 공기 중의 질소로부터 질소화합물이 생성될 수 있다). 미래 에너지 경제에서 수소의 가능성에 대해 자세히 이해하기 위해서, 수소의 생산부터 최종 사용까지의 전 과정을 자세하게 살펴볼 필요가 있다.

20.2 수소의 특성

에너지는 수소가 산소와 결합하여 물이 생성되는 다음 반응을 통해 생산된다.

$$2H_2 + O_2 \rightarrow 2H_2O. \tag{20.1}$$

산화(oxidation) 반응을 통해 얻는 수소의 에너지 함량(energy content)은 다른 연료들에 비해 매우 높다(그림 20.1). 그림 20.1이 연료로서의 수소의 장점(즉, 단위 무게당 에너지 함량이 매우 높음)을 보여주고 있지만, 실제 수소를 연료로 사용하기 위해서 고려해야 할 중요한 사항들이 있다. 수소는 표준 온도와 압력(standard temperature and pressure(STP): 25 °C, 101.325 kPa)에서 기체이며, 상당한 부피를 차지한다. 가솔린(gasoline), 에탄올의 에너지 밀도(energy density)와 STP에서의 수소가스, 메탄가스, 프로판가스의 에너지 밀도가 표 20.1에 비교되어 있다. STP에서 수소가스의 낮은 밀도(0.0899 kg/m^3)로 인해 단위 부피당 수소가스의 에너지 밀도는 다른 연료에 비해 매우 낮으며, 이를 보완하기 위해 부피를 줄이는 방법이 필요하다. 이는 수소를 발전용 연료로 사용할 때도 중요하지만, 수송용 연료

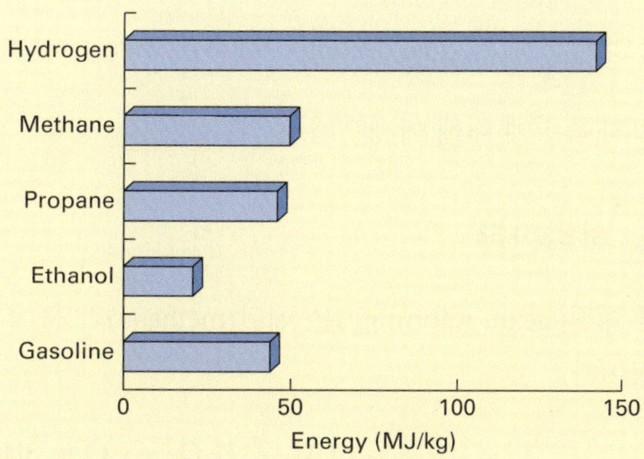

그림 20.1: 다양한 연료들의 단위 무게당 에너지 함량

표 20.1: 그림 20.1에 나온 연료들의 단위 무게당 에너지 밀도 및 단위 부피당 에너지 밀도. 가스 연료(hydrogen, methane, propane)의 에너지 밀도는 STP에서의 값임. 모든 값은 1장에서 정의된 고위발열량(higher heating value)임.

fuel	energy per kg (MJ)	energy per m^3 (MJ)
hydrogen	142	11.8
methane	55.5	36.4
propane	50.35	191.2
ethanol	29.8	23,512
gasoline	44.5	34,800

로 사용할 때 특히 더 중요하다. 60 L(일반적인 자동차 연료 탱크의 용량) 가솔린의 에너지에 상응하는 수소가스의 부피는 STP에서 약 200 m^3(한 변이 6 m인 정육면체의 부피)이다. 상온(room temperature)에서 보관하는 동안 수소가스를 압축하는 것이 하나의 방법이 될 수 있다. 다른 방법은 수소를 액화(liquefy)시켜 액체 상태로 만든 후 이 액체수소를 저온에서 보관하는 것이다. 액체수소의 에너지 함량은 8520 MJ/m^3(가솔린의 1/4보다 낮은 에너지 함량임, 표 20.1 참조)이다. 액체수소의 단위 무게당 에너지 함량이 높다 하더라도, 액체수소의 밀도(71 kg/m^3)가 가솔린의 밀도(720 kg/m^3)보다 낮다. 수소를 편리한 형태로 저장할 수 있는 방법에 대해서 더 논의(20.4절 참조)하기 전에, 수소를 생산하는 다양한 방법에 대해 살펴볼 것이다.

20.3 수소생산 방법

다음은 수소생산을 위한 기본적인 방법들이다.

1. 화학반응(chemical reactions)
2. 전기분해(electrolysis)
3. 물의 열분해(thermal decomposition of water)

각 방법의 특징에 대해 이제부터 논의할 것이다.

20.3a 화학반응

수증기 개질(steam reforming)은 메탄(methane)과 물이 고온에서 반응하여 수소가 생산되는 과정이다.

$$CH_4 + H_2O \rightarrow CO + 3H_2 \quad (20.2)$$

수증기 개질을 일으키는 데 필요한 열은 이 시스템으로 공급되는 메탄의 약 20%를 연소시켜서 공급될 수 있다.

수증기 개질 반응에서 생산된 일산화탄소(carbon monoxide)는 다음 수성 가스 전환 반응(water-gas shift reaction)을 통해 수소로 전환될 수 있다.

$$CO + H_2O \rightarrow CO_2 + H_2 \quad (20.3)$$

또한, 다음과 같이 탄소(carbon)와 물이 고온에서 반응을 일으키면 수소가 생산될 수 있다.

$$H_2O + C \rightarrow H_2 + CO \quad (20.4)$$

위 반응에서 생산된 일산화탄소는 수성 가스 전환 반응(식 20.3)을 통해 수소로 전환될 수

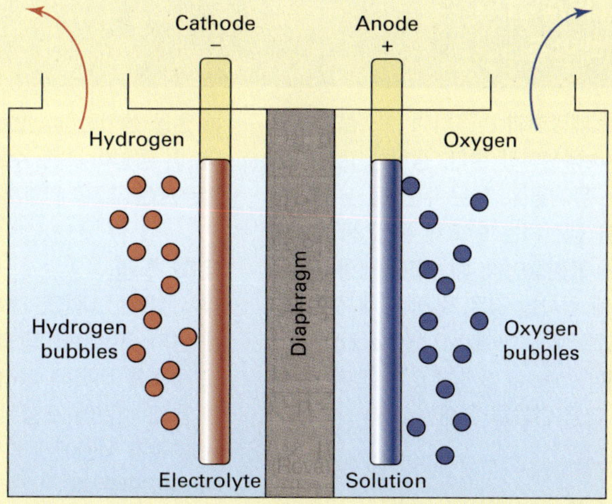

그림 20.2: 기본적인 전기분해 셀

Based on http://www.greencarcongress.com/images/standard_electrolysis.png

있다. 이러한 화학반응을 통한 수소생산은 산업적으로 중요할 수 있다. 하지만 수소생산 과정에서 이산화탄소(carbon dioxide, CO_2)를 배출하기 때문에 환경적인 측면을 고려했을 때 적합하지 않을 수 있다.

20.3b 전기분해

수소를 생산하는 가장 널리 알려진 방법 중 하나는 물의 전기분해이다. 물의 전기분해는 전기를 이용하여 물을 산소와 수소로 분해하는 반응이다. 기본적인 물 전기분해 셀(electrolysis cell)을 그림 20.2와 같으며, 이 장치에서 일어나는 전체 반응은 다음과 같다(에너지는 전기에너지의 형태로 공급된다.).

$$2H_2O + \text{energy} \rightarrow O_2 + 2H_2, \tag{20.5}$$

전기분해 셀의 음극(cathode)에서 물이 분해되어 수소가 생성된다(식 20.6).

$$2H_2O \rightarrow H_2 + 2OH^-, \tag{20.6}$$

식(20.6)에 나타낸 반응에서, 음전하(negative charge)는 전력공급원(power supply)에게서 오는 전자(electron)로부터 공급된다. 음으로 대전 된 OH^- 이온이 물을 통해 음극으로부터 양극(anode)으로 이동해간다. 이때, 양극에서 일어나는 반응은 다음과 같다.

$$2OH^- \rightarrow (1/2)O_2 + H_2O. \tag{20.7}$$

음전하는 외부 회로를 통해 전자의 형태로 전력공급원으로 되돌아간다. 이 과정의 최종 반

ENERGY EXTRA 20.1
수소생산을 위한 대안들

특정 종류의 물질들은 태양빛과 반응하여 수소를 생산하는데, 이를 태양광 수소생산이라 한다. 광합성 과정의 결과로 수소를 생산하는 유기물질, 혹은 주변 물 분자의 전기분해를 통해 수소를 생산하는 반도체 물질 등이 태양광 수소생산이 가능한 물질들이다. 한 예로, 태양빛이 물에 잠긴 실리콘 조각에 입사될 경우, 실리콘 내 전하들과 광자들의 상호작용으로 전자(e^-)–홀(h^+) 쌍(electron–hole pairs)이 형성되게 된다(chapter 9 참조). 이 전자–홀 쌍들은 물을 통해 흘러 다음 반응을 통해 수소와 산소를 생성할 수 있다.

$$2h^+ + H_2O \rightarrow 2H^+ + \tfrac{1}{2}O_2$$
$$2e^- + 2H^+ \rightarrow H_2.$$

하지만, 실리콘을 이용한 이 방법에는 몇 가지 문제점이 있다.

- 전자–홀 쌍들은 물 분자와 반응하기보다는 실리콘 내에서 재결합하는 경향이 있다.
- 광자가 수소로 변환되는 효율이 매우 낮다.
- 실리콘은 화학적으로 물과 반응하여 부식이 일어난다.

캘리포니아대학교 버클리캠퍼스(University of California, Berkeley)의 Peidong Yang 교수는 이런 문제점들을 효율적으로 처리할 수 있는 소재를 개발하였다. 표면에 이산화타이타늄(titanium dioxide, TiO_2)을 코팅한 나노사이즈의 실리콘 와이어(nano–sized wires of silicon)를 만듦으로써(그림 참조), 이런 문제점들을 해결할 수 있었다. TiO_2는 실리콘에 비해 물과 잘 반응하지 않으며, TiO_2 코팅이 실리콘과 물이 반응하는 것을 막아준다. 이 두 반도체 물질 간의 접합(junction)은 전자–홀의 재결합을 방지하는 데 도움을 준다. 또한, 나노와이어들의 넓은 표면적은 광자를 흡수하고 물과 상호작용할 수 있는 넓은 단면적을 제공한다.

이러한 물질들은 태양빛을 수소로 직접 전환할 수 있는 가능성을 보여주었다. 이렇게 만들어진 수소는 연소를 통해 열을 생산하거나 연료전지를 통해 전기를 생산할 수 있다. 이 방법이 기존 수소생산방법들의 비효율성과 비용에 관련된 문제들을 완화하는 데 도움을 줄 수 있을 것이다.

토의 주제

앞서 설명한 내용은 물의 전기분해 이외의 방법으로 수소를 얻기 위한 여러 방법들 중 하나이다. 석탄은 탄소 외에도 수소를 비롯해 여러 원소를 포함하고 있다. 촉매반응을 통해 석탄에 포함된 수소를 얻을 수 있다. 한 예로 다음과 같이 석탄에 포함된 수소를 황과 반응시켜 이산화황(H_2S)을 만든 후,

$$4CH_{0.5} + S \rightarrow 4C + H_2S.$$

이 이산화황을 분해해 수소를 얻을 수 있다.

$$H_2S \rightarrow H_2 + S,$$

여기서 생성된 황은 다시 석탄과 반응시키는데 재사용할 수 있다. 유연탄(soft coal)은 수소를 추출할 수 있을 만큼 충분한 수소를 함유하고 있다고 알려져 있으며, 수소 추출 후 남은 석탄은 탄소격리용으로 활용될 수 있다. 이 방법의 장점에 관해 토론해 보시오.

Lawrence Berkeley National Laboratory

TiO_2가 코팅된 20 μm 길이의 실리콘 나노와이어들의 고밀도 배열

응은 식(20.5)에 나타나 있다. 물의 전기전도도(electrical conductivity)는 황산(H_2SO_4), 수산화칼륨(KOH), 또는 이와 유사한 이온 결합 화합물(ionic compound)이 물에 용해될 때 생성되는 대전된 이온들(charged ions)에 의해 증가한다.

전력공급원으로부터 공급되는 전기에너지는 수소의 화학에너지(chemical energy)로 저장된다. 이 에너지는 연소(20.5절) 혹은 연료전지(20.6절) 등의 방법을 통해 수소를 산화(oxidation)시킴으로써 재이용(recover)할 수 있다. 하지만 이 재이용 과정의 효율은 100%가 아니다. 일반적으로 약 70%의 효율을 가지는데, 이는 에너지를 수소 형태로 저장하는 과정을 평가하는데 반드시 고려되어야 한다.

20.3c 물의 열분해

물의 열분해는 식(20.5)의 반응을 따르는데, 물이 열분해 될 경우 에너지는 전기에너지가 아닌 열에너지의 형태로 공급된다. 그러나 물을 분해하기 위해서는 비현실적으로 높은 온도가 필요하기 때문에, 물의 열분해는 쉽게 일어날 수 없다. 하지만 촉매를 이용하면 물의 열분해를 보다 쉽게 일어나게 할 수 있다. 황-요오드 열화학적 사이클(sulfur-iodine thermochemical cycle)은 물을 분해시켜 수소를 생산하는 방법 중 하나이다. 이 사이클은 크게 3단계로 이루어지며, 첫 단계로 황산(sulfuric acid, H_2SO_4)을 가열하여 식(20.8)에 나타낸 반응을 일으킨다.

$$\text{heat} + H_2SO_4 \rightarrow (1/2)O_2 + SO_2 + H_2O. \tag{20.8}$$

위 반응에서 생성된 이산화황(sulfur dioxide, SO_2)이 요오드(iodine, I_2), 물과 함께 가열되면 식(20.9)에 나타낸 반응이 일어난다.

$$\text{heat} + SO_2 + I_2 + 2H_2O \rightarrow 2HI + H_2SO_4. \tag{20.9}$$

위 반응에서 생성된 황산은 식(20.8)에 나타낸 반응의 원료로 사용되고, 요오드화수소(hydrogen iodide, HI)는 다시 가열되어 식(20.10)과 같은 반응이 일어난다.

$$\text{heat} + 2HI \rightarrow H_2 + I_2. \tag{20.10}$$

위 반응에서 생성된 요오드(iodine, I_2)는 식(20.9)에 나타낸 반응의 원료로 사용되고, 수소가 생성된다. 이 사이클의 전체 반응은 하나의 물 분자가 추가되어(식 20.9) 산소(식 20.8)와 수소(식 20.10)가 생성되는 것이다. 즉, 전체 반응은 $H_2O + \text{energy} \rightarrow 1/2O_2 + H_2$가 되고, 이는 식(20.5)에 나타낸 반응을 2로 나눈 것과 같다.

물의 열분해로 수소를 생산하는 또 다른 방법은 4세대 핵분열 원자로(generation VI nuclear fission reactor)를 이용하는 것이다(ENERGY EXTRA 6.3 참조). 4세대 원자로의 한 종류인 초고온가스로(very high temperature gas-cooled reactor: VHTR)는 약 500 ~ 1000 °C 사이에서 운용된다(일반적으로 사용되는 물감속열중성자로(water-moderated thermal neutron reactor)는 약 300°C에서 운용된다). 초고온가스로는 중성자로(thermal neutron reactor)일 수도 있고, 고속증식로(fast breeder)일 수도 있다. 초고온가스로는 황-요오드 열화학적 사이클을 이용해 수소를 생산할 수 있는 충분한 온도를 제공한다. 이 원자로는 오로지 수소를 생산하기 위해 사용될 수도 있고, 전기 생산 후 남는 잔여 열(excess heat)을 수소생산에 사용할 수도 있다. 원자로(nuclear reactor)를 이용해 생산된 수소는 수송용 연료로 사용될 수 있고, 연료전지 발전용으로 사용될 수도 있다.

20.4 수소의 저장과 수송

수소는 생산과 동시에 유통(즉, 사용될 곳으로 수송)되거나 적절한 형태로 저장되어야 한다. STP에서 수소가스의 부피가 매우 크기 때문에 수소 저장 시 부피를 줄여야 한다. 이를 위한 3가지 방법은 다음과 같다.

1. 압축수소가스(compressed hydrogen gas, CHG)
2. 액체수소(liquid hydrogen, LH_2)
3. 금속수소화물(meal hydride)

수소를 압축수소가스 형태로 저장하기 위해서는 압력에 따른 수소의 특성에 대해 살펴보아야 한다. 그림 20.3에 수소의 밀도와 압력과의 관계를 나타냈다.

상대적으로 낮은 압력에서, 이 밀도-압력 곡선은 이상기체법칙(식 20.11)을 잘 따른다.

$$PV = nRT. \tag{20.11}$$

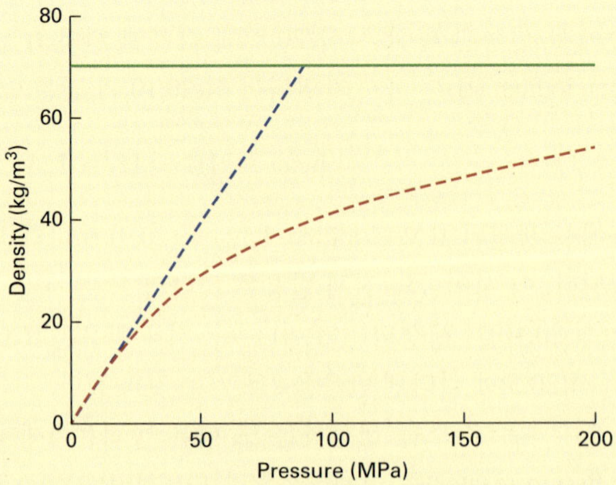

그림 20.3: 수소가스의 밀도와 압력과의 관계(빨간 점선), 이상기체법칙(ideal gas law)을 따를 때의 수소가스의 밀도와 압력과의 관계(파란 점선), 액체수소의 밀도와 압력과의 관계(녹색 실선)

위 식에서 P는 압력, V는 부피, n은 기체의 몰수, R은 기체상수(universal gas constant, $R = 8.314\ \mathrm{J \cdot K^{-1} \cdot mol^{-1}}$), T는 절대온도(absolute temperature)이다. 위 식은 밀도(ρ)를 이용하여 다음과 같이 쓸 수 있다.

$$\rho = \frac{MP}{RT}, \tag{20.12}$$

위 식에서 M은 분자량(molecular mass)이다. 식(20.12)는 기체의 밀도와 압력이 선형관계(linear relationship)가 있음을 보여주며, 이는 그림 20.3에서도 확인할 수 있다. 압력이 증가함에 따라 기체 밀도와 압력 사이의 관계는 더 이상 이상기체법칙을 따르지 않게 된다. 압력이 증가할수록 기체의 밀도는 높아지고, 기체 분자들은 서로 가까워지며, 따라서 분자들 간의 상호작용이 중요해진다. 그림 20.3에 나타냈듯이 이상기체법칙은 높은 압력에서는 성립하지 않는다. 또한, 액체수소의 밀도도 그림 20.3에 나타냈다. 액체 상태에서는 거의 압축될 수 없으므로, 액체수소의 밀도는 기체 상태에서 도달할 수 있는 밀도의 상한치(upper limit)이다. 단위 부피당 에너지 저장량을 최대화하기 위해서 수소를 가능한 한 많이 압축하는 것이 바람직하지만, 이는 실용적이지 않다. 높은 압력의 수소를 안전하게 보관하기 위해서는 견고한 저장 용기가 필요하다. 이는 수소의 압력이 높아질수록 저장 용기의 가격이 증가하고 잠재적인 폭발 위험이 커짐을 의미한다. 이 점은 특히 수소를 수송용 연료로 사용할 때 문제가 되는데, 차량의 경우 연료탱크의 무게를 고려해야 하고 발생 가능한 사고도 고려해야 하기 때문이다. 현실적인 관점에서, 차량용 연료탱크에 저장하기 위한 수소의 압력은 약 35~70 MPa(밀도: 약 20~35 kg/m^3, 액체수소 밀도의 약 1/3에서 1/2)이다. 수소를 저장할 때 고려해야 할 요소는 수소 저장 시 필요한 에너지의 양이다. 압축수소가스(CHG)의 경우, 수소가스를 압축할 때 필요한 압축기를 가동하는 데 에너지가 필요하다. 이 에너지는 손실되는 에너지이며, 수소가 에너지원으로 사용될 때 회수되지 않는다.

예제 20.1

열기관에서의 연소를 통해 전기를 생산하는 데 이용되는 1 m^{3}의 수소 탱크가 있다. 이 수소 탱크 내 압력은 100 MPa이고, 전체 발전기의 효율은 15%이다. 생산 가능한 총 전기에너지는 얼마나 되는가? kWh 단위로 나타내시오.

풀이

그림 20.3에서, 100 MPa에서 수소가스의 밀도는 약 40 kg/m^{3}이다. 표 20.1에서, 수소가스의 에너지 함량은 142 MJ/kg이다. 따라서, 1 m^{3}의 수소는 100 MPa의 압력에서,

$$(40\ \mathrm{kg}) \times (142\ \mathrm{MJ/kg}) \times (0.278\ \mathrm{kWh/MJ}) = 1580\ \mathrm{kWh}.$$

발전기 효율이 15%이므로 생산 가능한 총 전기에너지는,

$$(1580\ \mathrm{kWh}) \times (0.15) = 237\ \mathrm{kWh}.$$

예제 20.2

수소가스가 이상기체법칙을 따른다고 할 때, 상온에서 50 MPa 압력 하에서의 밀도를 구하시오.

풀이

식(20.12)를 이용하면,

$$\rho = \frac{MP}{RT} = \frac{(0.002\ \mathrm{kg \cdot mol^{-1}}) \times (50 \times 10^6\ \mathrm{kg \cdot m^{-1} \cdot s^{-2}})}{(8.315\ \mathrm{kg \cdot m^2 \cdot s^{-2} \cdot K^{-1} \cdot mol^{-1}}) \times (293\ \mathrm{K})}$$
$$= 41\ \mathrm{kg/m^3},$$

$\mathrm{Pa} = \mathrm{kg \cdot m^{-1} \cdot s^{-2}}$임을 상기하라. 위 값은 그림 20.3에서 이상기체관계를 나타내는 선(파란 점선)에서 압력이 50 MPa일 때의 밀도와 일치한다.

이 에너지는 수소 에너지 함량의 약 10~20%에 해당하며 CHG 형태로 수소를 저장하는 과정의 효율은 80~90% 정도이다.

그림 20.3에서 나타냈듯이, 액체수소의 밀도($\mathrm{kg/m^3}$)는 모든 압력에서 CHG보다 높다. 대기압(atmospheric pressure)에서 수소의 끓는점(boiling point)은 20.3 K이다. 수소가스를 액체 상태로 바꾸기 위해서는(즉, 액화시키기 위해서는) 20.3 K 이하로 냉각시켜야 한다. 이때, (1) 수소를 액화시키기 위해 얼마나 많은 에너지가 필요한가, (2) 액화된 수소가 다시 기화되지 않도록 저장할 수 있을 것인가가 고려되어야 한다. 일반적으로, 수소를 액화시키는 데 필요한 에너지는 수소 에너지 함량의 약 30% 정도이고, 수소 액화 과정의 효율은 약 70% 정도이다.

단순히 온도를 낮추는 것은 수소를 효과적이고 효율적으로 액화시키는 방법이 아니다. 수소 분자는 결합한 두 개의 수소 원자로 구성되어 있고, 각 수소 원자는 핵(양자)과 전자로 구성되어 있다. 그림 20.4에 표현되어 있듯이, 수소 분자에 있는 두 양자의 스핀(proton spins)은 상호작용하며 각각 역평형(antiparallel) 또는 평형(parallel)으로 배열되어 있다. 양자 스핀이 역평형으로 배열되어 있을 때 파라수소(parahydrogen), 평형으로 배열되어 있을 때 오르토수소(orthohydrogen)이라고 한다. 오르토수소가 파라수소보다 높은 에너지 상태에 있으며, 오르토수소는 기저상태(ground state)에 있는 파라수소의 들뜬상태(excited state)라고 볼 수 있다. 상온에서 열에너지는 많은 수의 파라수소가 오르토수소가 되기 위

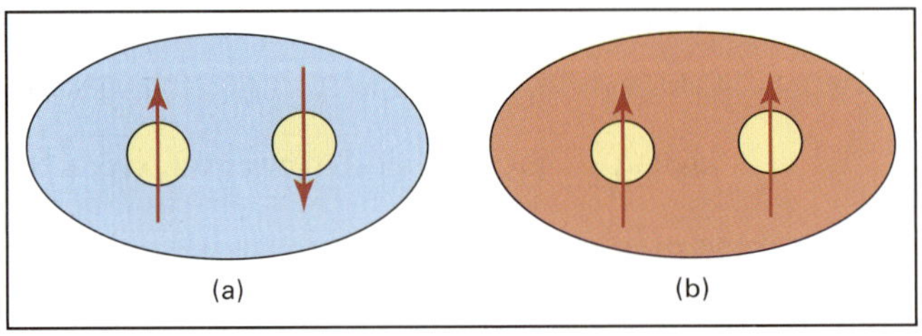

그림 20.4: (a) 파라수소(기저상태)와 (b) 오르토수소(여기상태). 화살표는 양자 스핀의 배열을 보여주고 있다.

표 20.2: 부피에 따른 액체수소 저장 탱크의 손실률	
volume (m^3)	loss rate (%/day)
0.1	2
50	0.4
20,000	0.06

한 충분한 에너지를 얻을 수 있도록 한다. 상온에서의 평형상태(equilibrium state)에서는 약 25%의 파라수소와 75%의 오르토수소가 존재한다. 온도가 낮아진다면, 파라수소의 비율이 증가하게 된다. 액체 상태의 수소는 온도가 매우 낮으므로 오르토수소의 평형 농도는 매우 낮다. 하지만 수소의 액화가 매우 빠르게 일어난다면 액체수소도 많은 양의 오르토수소를 포함하게 된다. 이 오르토수소는 양자 스핀 중 하나가 뒤집히는 과정을 통해 파라수소로 천천히 변환된다. 오르토수소에서 파라수소로 변환되는 과정(즉, 여기상태에서 기저상태로 변환되는 과정)은 발열 과정(exothermic process)이므로 열이 발생하게 되고, 이 열로 인해 일부 액체수소가 기체 수소로 기화되게 된다. 실제로는 오르토수소와 파라수소의 비평형 혼합물의 생성을 최소화하기 위해 철산화물(iron oxide) 혹은 탄소 등의 촉매(오르토수소를 파라수소로 변환시키는 역할을 함)가 이러한 냉각과정에서 사용될 필요가 있다.

앞서 언급한 내용을 고려하면, 액체수소의 기화를 방지하려면 액체수소의 저장 시 외부로부터의 열전달(heat transfer)을 최소화해야 하며, 이를 위해 매우 효율적인 단열이 매우 중요하다. 이런 목적을 위해 수소 저장용기의 설계가 발전되어 왔다. 손실률(loss rate)은 단열정도에 따라서도 다르지만, 다른 요소도 고려되어야 한다. 액체의 열용량(heat capacity)의 액체의 부피(혹은 무게)에 관련되어 있고 열전달은 표면적에 관련되어 있으므로, 손실률은 저장용기의 표면적/부피비(surface-to-volume ratio)와 관계가 있다. 다시 말해, 손실률은 저장용기의 부피의 함수이다. 수소의 손실률(%/day)에 대한 몇 가지 예를 표 20.2에 나타내었다. 유통 혹은 저장을 위한 수소 저장 설비는 매우 커질 수 있지만, 차량용 연료탱크의 크기는 제한적이다. 따라서 수소연료차량을 일정 기간 이상 사용하지 않을 경우 액체수소의 기화로 인해 연료 손실이 초래될 수 있다.

액체수소를 수송할 경우, 액체수소와 공기가 접촉하지 않도록 밀폐해야 한다. 공기(주로 질소와 산소로 구성)의 끓는점은 액체수소보다 높기 때문에 액체수소와 공기가 접촉하면 공기가 응축되어 액체수소를 오염시킨다.

CHG 혹은 액체수소 형태로 저장하는 방법 외에, 수소를 금속수소화물(metal hydride) 형태로 저장할 수 있다. 이 방법은 수소와 금속(M)간의 다음과 같은 반응을 이용한다.

$$2M + H_2 \rightarrow MH_2. \quad (20.13)$$

이 반응은 발열반응이다. 이 방법에 가장 흔히 사용되는 금속 중 하나는 티타늄(titanium)이고, 식(20.13)에 나타낸 반응을 통해 티타늄 수소화물(TiH_2)를 형성한다.

표 20.3은 자동차에 일반적으로 사용되는 연료탱크(100 L 혹은 0.1 m^3)에 대한 CHG, 액

예제 20.3

1 m^3의 티타늄(Ti)이 저장할 수 있는 수소의 무게를 계산하시오. 티타늄의 밀도는 4510 kg/m^3이다.

풀이

TiH_2의 경우 원자들의 2/3가 수소이다. 수소의 원자질량(atomic mass)은 약 1 g/mol, 티타늄의 원자질량은 약 48 g/mol이므로, 수소와 티타늄의 질량비는 다음과 같다.

$$\frac{2\ \text{g/mol}}{48\ \text{g/mol}} = 0.042.$$

따라서, 1 m^3의 티타늄에 저장할 수 있는 수소의 질량은 다음과 같다.

$$(4510\ \text{kg}) \times (0.042) = 188\ \text{kg of hydrogen.}$$

체수소(LH_2), 티타늄 수소화물의 수소저장능력(hydrogen storage capability)을 비교한 표이다. 이들 수소 연료와 가솔린과의 비교도 함께 나타나 있다.

다른 수소 저장 방법들과 비교했을 때 TiH_2의 부피당 에너지(energy per volume)는 매우 높지만, 이 방법에는 2가지 문제점이 있다. 첫 번째로 티타늄은 매우 무겁기 때문에 전체 연료시스템(fuel system)의 무게가 무거워진다. 두 번째로, 금속수소화물을 형성하는 것과 수소를 사용하기 위해 금속수소화물에서 수소를 다시 발생시키는 것이 매우 어렵다. 앞서 언급했듯이 식(20.13)은 발열반응이며, 이것은 수소를 금속수소화물에서 발생시키는 데 에너지가 필요하다는 뜻이다. 따라서 금속수소화물에 효율적으로 수소를 충전하고 충전된 수소를 다시 발생시킬 수 있도록 하는 기술개발이 요구된다.

수소의 수송(transport)도 몇몇 문제점들을 가지고 있다. 수소의 수송 시 천연가스를 수송하는 데 사용되는 방법과 시설들이 이용 가능할 수 있다. 수소는 파이프라인을 통해 육로로 수송되거나 CHG 형태로 연료 트럭으로 수송될 수 있다. 액체수소의 형태로 잘 단열

표 20.3: 0.1 m^3의 부피에 해당하는 CHG, 액체수소, 티타늄 수소화물의 수소 저장 용량 및 가솔린과의 비교. 총 무게(total mass)는 수소 저장 용기의 무게를 포함함.

fuel	fuel mass (kg)	total mass, typical (kg)	energy per volume (MJ/0.1m^3)	energy per mass (MJ/kg)
CHG (35 MPa)	2.0	100	280	2.8
CHG (70 MPa)	3.5	150	500	3.3
LH_2	7.2	100	1000	10
TiH_2	18	450	2550	5.7
gasoline	72	85	3480	44.5

ENERGY EXTRA 20.2
풀러렌(fullerenes)을 이용한 수소 저장

수소는 탄소와 쉽게 결합하는데, 이런 특성을 이용하여 탄소 기반 수소 저장용 물질을 만들 수 있다. 탄소는 여러 가지 결정구조를 가질 수 있는데, 이를 동소체(allotrope)라 한다. 그래파이트(graphite), 다이아몬드(diamond), 비결정질 탄소(amorphous carbon)는 자연적으로 형성되기 쉬운 탄소의 세 가지 동소체이다. 이 세 가지 외에 다른 탄소 동소체는 특수한 조건에서만 형성되는데, 그래파이트 구조(graphite structure)를 기반으로 하는 몇몇 탄소 동소체는 수소 저장용으로 사용할 수 있다.

그래파이트 구조는 탄소 여섯 개로 이루어진 고리(벤젠분자와 유사한 형태)가 연결되어 층(layer)을 이룬 모양이다. 이 탄소 원자층들은 서로 약하게 결합하여 있는데, 이로 인해 각 층이 잘 떨어질 수 있도록 하며, 이로 인해 그래파이트는 윤활성(lubricating properties)을 가진다.

그래파이트 층(육각형 탄소 원자층) 중 한 겹을 떼어낸 것을 그래핀(graphene)이라고 하는데, 접착테이프로도 떼어낼 수 있을 만큼 쉽게 떼어낼 수 있다. Andre Geim와 Konstantin Novoselov가 그래핀을 그래파이트에서 처음으로 분리하였는데, 이 공로로 2010년 노벨상을 수상하였다.

풀러렌(fullerenes)은 흥미로운 구조를 가지며, 이 구조는 그래핀으로부터 얻을 수 있다. 풀러렌 중 가장 대표적인 것이 버크민스터풀러렌(buckminsterfullerene) 또는 버키볼(buckyball)인데, 이 이름은 이 구조와 같은 모양의 지오데식 돔(geodesic dome)을 설계한 미국의 건축가 Richard Buckminster Fuller의 이름에서 유래되었다. 한 장의 그래핀(탄소 원자들이 육각형의 격자를 이루고 있는 2차원 평면)에서 지속해서 탄소 원자를 제거한다면, 일부 탄소 원자들은 육각형이 아닌 오각형 모양을 형성하게 될 것이다. 이 부족한 탄소 결합들(carbon bonds) 때문에 그래핀 평면은 둥그렇게 감기게 되고, 만일 일정 수의 탄소 원자가 없어지게 되면 구(sphere) 형태가 만들어지게 된다(그림 참조). 이 구는 60개의 탄소 원자로 이루어지며(즉, C_{60} 분자), 이 탄소 원자들은 축구공처럼 오각형 혹은 육각형 고리 형태로 결합되어 있다.

버키볼과 다른 여러 풀러렌 분자들은 그 안에 탄소 외 다른 원자들이 들어갈 수 있는 빈 공간을 가지고 있다(내면체성(endohedral) 구조). 탄소는 수소와 잘 결합하므로, 내면체성 구조는 수소를 저장하기 위한 이상적인 구조이다. 이론적으로 최대 58개의 수소 원자가 풀러렌 분자(C_{60} 분자) 안에 들어갈 수 있다 [1]. 하지만 풀러렌 분자를 구성하는 탄소 원자들 사이의 결합이 너무 강하기

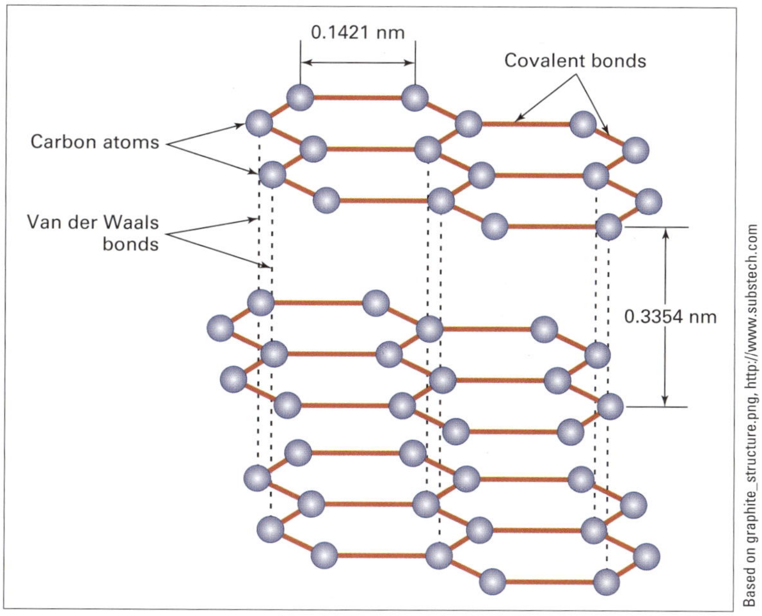

육각형 그래파이트 층 구조

Evannovostro/Shutterstock.com

2차원 그래핀 구조

때문에 수소 원자를 이 구조 안에 저장하는 것과 이 구조 밖으로 빼내는 것이 매우 어렵다.

이러한 문제점을 개선할 수 있는 방법이 최근 발표되었다 [2]. 실리콘(Si)은 C_{60} 분자에서 탄소를 대체할 수 있다고 알려져 있는데, 6개의 탄소 원자가 실리콘으로 대체될 경우 $C_{54}Si_6$ 분자가 되고, 이 실리콘 원자들은 이 분자 육각형 면의 하나를 형성할 수 있다. 이때 실리콘 원자는 탄소 원자보다 크기 때문에 육각형 구멍(hole) 하나가 형성되는데, 이 구멍을 통해 수소 원자가 더 쉽게 이 구조 안으로 들어오거나 밖으로 나갈 수 있게 된다.

수소는 탄소(그리고 실리콘)와 잘 결합하므로 수소 원자는 $C_{54}Si_6$ 분자의 안으로 들어가기보다는 바깥에 남아있으려는 경향이 있다. 이 문제는 $C_{54}Si_6$ 분자를 수소 원자로 씌우면 쉽게 해결된다. 즉, 각각의 탄소와 실리콘 원자에 수소를 결합하게 하여 $H_{60}C_{54}Si_6$ 분자(그림 참조)를 만들면 추가적인 수소는 우선적으로 이 구조의 안으로 들

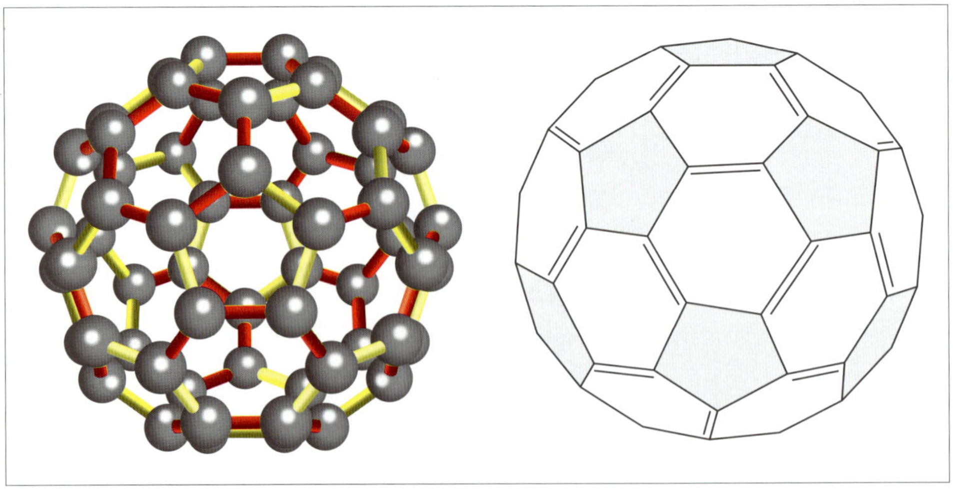

ibreakstock/Shutterstock.com

버크민스터풀러렌(buckminsterfullerene) C_{60} 분자와 축구공

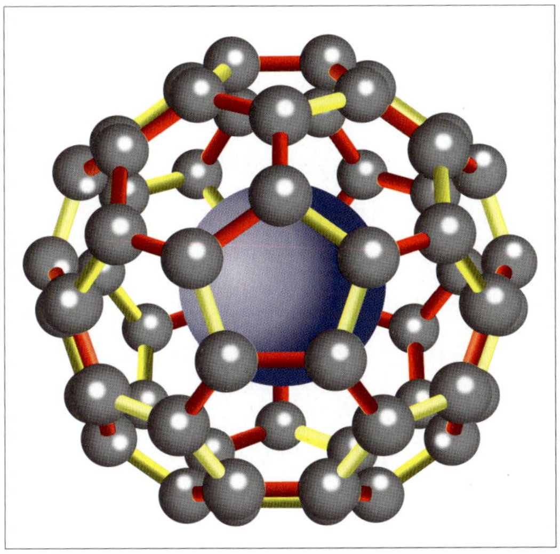

ibreakstock/Shutterstock.com

내면체성(endoedral) 버크민스터풀러렌(buckminsterfullerene) 분자

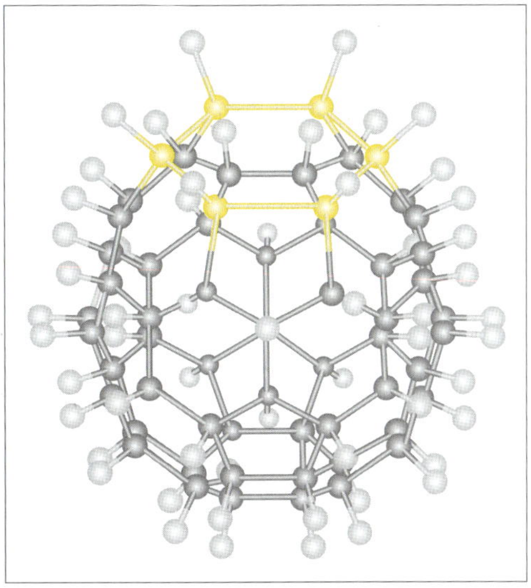

Yongliang Yong, Qingxiao Zhou, Xiaohong Li and Shijie Lv "The H60Si6C54 heterofullerene as high-capacityhydrogen storage medium" AIP Advances 6 (2016) 075321. https://creativecommons.org/licenses/by/4.0/

$H_{60}Si_6C_{54}$ 분자 구조. 검은색 = 탄소 원자, 노란색 = 실리콘 원자, 하얀색 = 수소 원자

어가게 된다. Y. Yong 외 3명이 발표한 이론 연구 결과는 한 개의 $H_{60}C_{54}Si_6$ 분자에 최대 42개의 수소 원자(수소 분자 21개의 형태로)가 저장 및 회수될 수 있음을 보여준다(수소의 무게비: 11.1%). $H_{60}C_{54}Si_6$ 분자를 이용한 수소 저장 가능성을 확인하기 위해 실험을 통한 실증 연구가 이루어져야 한다.

토의 주제

연료전지 자동차를 500 km를 운행할 때, 수소 저장 물질로 $H_{60}C_{54}Si_6$를 활용하는 수소 저장 탱크의 무게는 얼마인가? 미국 에너지부(The United States Department of Energy)는 6 wt.%의 수소를 저장할 수 있는 물질을 기준점으로 삼았다. 순수한 C_{60} 물질이 이 기준에 부합하는가? 많은 금속(M)이 MH_2의 형태로 수소화물을 형성한다. 이 형태를 가지는 어떤 금속수소화물이 미국 에너지부의 기준을 만족하는가? 이런 금속수소화물이 풀러렌보다 더 좋은 방법인가?

참고문헌

1. O. V. Pupysheva, A. A. Farajian, and B. I. Yakobson, "Fullerene Nanocage Capacity for Hydrogen Storage" *Nano Letters* **8** (2008) 767–774.
2. Y. Yong, Q. Zhou, X. Li, and S. Lv, "The H60Si6C54 heterofullerene as high-capacity hydrogen storage medium" *AIP Advances* **6** (2016) 075321.

된 트럭에 의해 수송될 수도 있다. 해상으로 선박을 이용해 액체수소를 나르는 것은 가장 타당한 방법이다. 수소는 바다에서 생산된 에너지를 육상의 소비자들에게 이용할 수 있게 하는 잠재적인 에너지 저장 방법이다. 이것은 바다에서 이용 가능한 미래 신재생에너지(OTEC(해양 온도차 발전시스템), 해류, 파력에너지 등)와 관련 있을 수 있다(파워 수송 케이블을 설치할 만큼 충분히 해안 가까이 있지 않을 경우). 이 경우 이런 신재생에너지 기술들의 에너지 변환 효율이 매우 중요하다.

20.5 수소 내연기관 차량

세계 최초의 자동차가 그림 20.5에 나타나 있다. 수소를 연료로 하는 내연기관(internal combustion engine: ICE)을 사용하는 이 자동차는 일반적으로 실용적이지는 않지만, 자동차의 작동 원리를 보여주었다. 오랫동안 가솔린 차량, 배터리 차량 등이 많이 사용되고 연구되었지만, 최근 들어 수소를 연료로 사용하는 것이 다시금 주목받고 있다. 이 장의 남은 부분 중 대부분은 수소를 수송용 연료로 사용하는 방법에 대해 논의할 것이다. 하지만, 수소 연료의 사용은 수송용 연료에만 국한되지 않으며, 그 중 몇 가지에 대해서는 이 장에서 논의될 것이다.

수소를 수송용 연료로 사용하는 방법은 크게 두 가지인데, 첫 번째는 이 절에서 논의할 내연기관(internal combustion engines)이고 두 번째는 20.6절에서 논의할 연료전지(fuel cells)이다.

수소 내연기관 차량은 가솔린 내연기관 차량을 기반으로 한다. 따라서 가솔린 내연기관은 약간의 개량을 하면 수소를 연료로 동작할 수 있다. 가솔린 내연기관 차량과 수소 내연기관 차량의 가장 큰 차이점은 연료공급시스템이다. 따라서, 수소 내연기관 차량의 생산기반은 대체로 구축되어 있다. 내연기관의 연료로 수소를 사용하는 것은 분명한 장점이 있다. 수소는 연소(식 20.1)를 통해 에너지를 생산하는데, 부산물로 물이 생산된다. 수소 연료는 탄소를 포함하지 않으므로 연소 시 탄소의 배출(예: 이산화탄소)이 없다. 질소산화물(NO_x)이 만들어질 수 있으나, 이는 어떤 연료를 공기 중에서 연소시키더라도 발생하는 것

그림 20.5: 1807년 스위스의 Francois Isaac de Rivaz가 만든 최초의 자동차. 압축수소가스를 연료로 사용하고 점화를 위해 배터리로부터 생산된 전기 스파크를 이용했다.

Based on http://www.quantium.plus.com/derivaz/isaac/rivaz.jpg

이다. 수소 내연기관의 효율은 가솔린 내연기관의 효율과 비슷하며 이론적인 최대 효율은 카르노(Carnot) 효율이다. 이는 차량용 수소 내연기관의 효율이 약 15~20%라는 것을 의미한다. 수소 차량의 문제점 중 하나는 적절한 주행거리를 제공하기에 충분한 수소를 한정된 공간에 저장하여 운반하기 어렵다는 것이다(표 20.3 참조). 이런 이유로 인해, 사실상 모든 수소 차량(내연기관 차량과 연료전지 차량을 포함하여)이 두 가지 에너지원을 사용할 수 있는 하이브리드(hybrid) 차량(수소 내연기관 차량의 경우: 가솔린과 수소를 연료로 사용)으로 개발되고 있다.

예제 20.4

천연가스 발전소에서 생산된 전기를 이용한 전기분해로 수소를 생산한다. 생산된 수소는 수소 내연기관 차량의 연료로 쓰기 위해 35 MPa로 압축된다. 이 경우 1차 에너지와 이 차량의 바퀴에 전달되는(차량 구동에 필요한) 에너지의 비율을 구하시오.

풀이

다음과 같이 각 에너지 전환 효율을 고려하면,

- 천연가스 발전소의 효율은 카르노(Carnot) 효율에 의해 제한되며, 약 40% 정도이다.
- 전기분해 공정의 효율은 약 70%이다.
- 수소 압축 과정의 효율은 약 80%이다.
- 수소 내연기관 차량의 효율은 카르노(Carnot) 효율에 의해 제한되며, 약 17% 정도이다.

따라서, 전체 효율은 다음과 같다.

$$100 \times (0.4) \times (0.7) \times (0.8) \times (0.17) = 3.8\%$$

1차 에너지와 차량을 운행하는데 필요한 에너지의 비율은 다음과 같다.

$$(0.038)^{-1} = \text{약 } 26 : 1$$

BMW와 Mazda는 수소 내연기관 차량을 활발히 추진하고 있는 대표적인 회사이다. BMW 수소 차량은 제한적인 상업화에 근접해 있으며, Mazda 수소 차량은 개발이 진행 중이다. BMW Hydrogen 7(그림 20.6)은 BMW 760Li 고급 대형 승용차에 장착된 V-12 엔진(6 L)을 수소와 가솔린을 연료로 쓸 수 있도록 개량한 엔진을 사용한다. 이것은 독특하게도 압축수소가스(CHG) 대신 액체수소를 연료로 사용한다. 이런 특징 때문에 특수한 단열 수소 연료 탱크와 적절한 연료주입 방법의 개발이 필요하다. BMW Hydrogen 7 차량의 몇 가지 사양(specification)이 표 20.4에 주어져 있다.

Mazda는 수소와 가솔린을 연료로 하는 차량에 사용하기 위해 로터리 엔진 RX-8을 개량하였다. 그들은 로터리 (Wankel) 엔진의 연소 사이클이 수소를 연소시키는 데 적합하다고 주장한다. Mazda RX-8 RE(그림 20.7)은 CHG를 연료로 사용한다. CHG를 연료로 사용하는 것은 BMW를 제외한 사실상 모든 수소 차량의 특징이며, 안전하고 가벼운 고압가스 실

표 20.4: 두 가지 수소 내연기관 차량의 사양

manufacturer	model	fuels	hydrogen range (km)	gasoline range (km)
BMW	Hydrogen 7	LH_2/gasoline	200	480
Mazda	RX-8 RE	CHG/gasoline	100	530

그림 20.6: 가솔린과 액체수소 두 가지 연료로 운행 가능한 내연기관으로 작동하는 BMW Hydrogen 7

ZUMA Press, Inc./Alamy Stock Photo

그림 20.7: 가솔린과 압축수소가스 두 가지 연료로 운행 가능한 내연기관으로 작동하는 Mazda RX-8 RE

BG Motorsports/Alamy Stock Photo

린더의 개발을 요구한다. Mazda RX-8 RE 차량의 몇 가지 사양이 표 20.4에 주어져 있다.

표 20.4에 나와 있는 가솔린과 수소를 연료로 사용했을 때의 각 차량의 상대적인 주행거리를 비교해봤을 때, 두 차량 모두 가솔린을 주 연료로 사용하고 수소는 보조 연료로 사용한다는 것을 알 수 있다. 이것은 수소를 단독으로 사용했을 때 충분한 주행거리를 가지는 내연기관 차량을 만드는 것이 어렵다는 것을 의미한다. 다음 절에서 논의하겠지만, 수소는 연료전지 차량의 연료로 사용될 때 가장 이상적일 수 있다.

예제 20.5

예제 20.4의 결과를 이용하여 수소 내연기관 차량의 km당 CO_2 배출량을 구하시오. 구한 CO_2 배출량을 일반적인 가솔린 차량의 배출량과 비교하시오.

풀이

일반적인 승용차를 운행하는 데 필요한 에너지는 약 0.6 MJ/km이다(19장 참조). 따라서, 예제 20.4의 결과로부터 수소 내연기관 차량을 운행하는데 필요한 1차 에너지(천연가스)는 다음과 같다.

$$26 \times 0.6 \text{ MJ/km} = 15.6 \text{ MJ/km}$$

메탄(methane, CH_4)의 에너지 함량은 55.5 MJ/kg이고(식 1.15), km당 필요한 메탄의 양을 구할 수 있다.

$$(15.6 \text{ MJ/km})/(55.5 \text{ MJ/kg}) = 0.28 \text{ kg } CH_4\text{/km}$$

1 mole의 메탄(16 g)을 연소시키면 1 mole의 CO_2(44 g)가 발생하고, 이로부터 순 CO_2 배출량을 구할 수 있다.

$$(0.28 \text{ kg } CH_4\text{/km}) \times (44/16) = 0.77 \text{ kg } CO_2\text{/km}$$

표 19.3으로부터, 일반적인 가솔린 차량의 연료 소모량은 약 10.7 L/100 km (혹은 0.107 L/km)이다. 가솔린의 밀도는 약 720 kg/m^{3}이므로 km당 연료 소모량은 다음과 같다.

$$(0.107 \text{ L/km}) \times (0.72 \text{ kg/L}) = 0.077 \text{ kg/km}$$

가솔린을 옥탄(octane)이라고 가정하면, 식(1.17)로부터 1 mole의 옥탄(144 g)을 연소시키면 8 mole의 CO_2($44 \times 8 = 352$ g)가 발생한다는 것을 알 수 있다. 따라서, 이 가솔린 차량의 CO_2 배출량은 다음과 같다.

$$(0.077 \text{ kg/km}) \times (352/114) = 0.238 \text{ kg } CO_2\text{/km}$$

이런 종류의 비교를 20.9절에서 더 자세히 다룰 것이다.

예제 20.6

Mazda RX–8 RE 차량은 35 MPa의 CHG를 부피 110 L의 연료탱크에 저장하여 사용한다.

(a) 이 연료의 전체 에너지 함량은 얼마인가?

(b) 엔진의 효율이 17%라고 가정했을 때, 1 km를 운행하는 데 필요한 에너지는 얼마인가?

풀이

(a) 그림 20.3으로부터 35 MPa에서 수소의 밀도는 약 25 kg/m^{3}이다. 따라서 110 L 탱크가 저장할 수 있는 수소의 무게는 다음과 같다.

$$(0.11 \text{ m}^3) \times (25 \text{ kg/m}^3) = 2.75 \text{ kg}$$

표 20.1로부터 수소의 에너지 함량은 142 MJ/kg이고, 이 연료탱크 안 수소의 전체 에너지 함량은 다음과 같다.

$$(2.75 \text{ kg}) \times (142 \text{ MJ/kg}) = 390.5 \text{ MJ}$$

(b) 효율이 17%이므로, 이용 가능한 에너지는 다음과 같다.

$$(0.17) \times (390.5 \text{ MJ}) = 66.4 \text{ MJ}$$

표 20.4로부터 수소를 연료로 사용했을 때 Mazda RX-8 RE 차량의 운행 거리는 100 km이다. 따라서 1 km를 운행하는 데 필요한 에너지는 다음과 같다.

$$(66.4 \text{ MJ})/(100 \text{ km}) = 0.664 \text{ MJ/km}$$

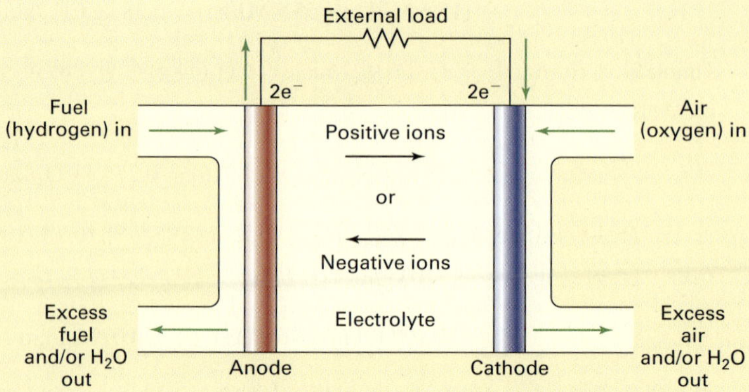

그림 20.8: 일반적인 수소 연료전지의 개략도.

20.6 연료전지

연료전지(fuel cell)는 식(20.1)에 나타낸 반응(수소와 산소가 결합하여 물이 되는 반응)을 촉진시켜 에너지를 생산하는 장치이다. 그림 20.8은 일반적인 연료전지의 개략도(schematic diagram)를 보여준다. 일반적으로 수소가스(hydrogen gas) 또는 탄화수소(예: 메탄) 같이 수소를 포함하는 물질을 연료로 사용한다. 산소는 보통 공기로부터 공급된다.

연료전지의 개념은 1838년 독일의 물리학자 C. F. Schönbein이 처음 제안하였다. 1843년 웨일즈의 과학자 W. R. Grove가 만든 연료전지가 최초로 가동되었으나, 1950년대까지는 실용적인 연료전지가 개발되지 못하였다. 1959년, 농기계 회사인 Allis-Chalmers가 15 kW급 연료전지를 사용하는 트랙터를 만들었다. 이후 오랫동안 여러 종류의 연료전지가 개발됐다. 이번 절에서는 중요한 연료전지의 종류, 각 연료전지의 잠재적 응용 분야 및 종류별 장단점에 대해 다룰 것이다. 표 20.5는 일반적인 다섯 종류 연료전지들의 특징들을 보여주고 있다. 이들의 주요 차이점은 사용되는 전해질이다. 대부분 연료전지는 셀(cell)당 출력

표 20.5: 일반적인 다섯 종류 연료전지들의 특징. 효율(efficiency)은 열병합발전(cogeneration)을 고려하지 않은 전형적인 시스템 효율이다.

type	electrolyte	ion transferred	operating temperature (°C)	typical power output (kW)	efficiency (%)
proton exchange membrane	polymer membrane	H^+	50–100	100	50
alkaline	KOH	OH^-	80	10	65
phosphoric acid	H_3PO_4	H^+	150–200	100	50
molten carbonate	K_2CO_3	CO_3^{2-}	600–650	2000	50
solid oxide	ZrO_2	O^{2-}	800–1000	1000	60

전압(output voltage)이 약 0.8 V이다. 여러 셀을 직렬 또는 병렬로 배열하여 결합하면 특정 응용 분야에 필요한 전압과 전류를 얻을 수 있다. 여러 종류의 연료전지들에 대해 이제부터 논의하도록 하겠다.

20.6a 고분자 전해질막 연료전지

고분자 전해질막(proton exchange membrane: PEM) 연료전지는 차량용으로 사용하기에 적합하며, 프로토타입과 한정생산 연료전지 차량에 많이 사용된다. 왜냐하면, PEM 연료전지는 높은 전력 밀도(power density)와 함께 차량 구동에 필요한 에너지를 생산할 수 있고 낮은 온도에서 작동하며, 비교적 가볍기 때문이다.

또한 부하(load)의 변화에 빠르게 반응하며, 효율이 높다는 장점이 있다. 하지만 PEM 연료전지는 매우 높은 순도의 수소를 사용해야 한다는 단점이 있다. PEM 연료전지는 가역적으로 작동한다(즉, 연료로 수소와 산소가 공급되면 전기와 물을 생산하고, 전기와 물이 공급되면 전기분해 셀처럼 작동하여 수소와 산소가 생성된다). 전기를 가역적으로 생산 및 저장할 수 있으므로 원격 전력 시스템(remote power systems)에 적합하다. 이런 특징 때문에 태양광 발전이나 풍력 발전 시스템과 결합하여 사용하기에도 적절할 수 있다. 캐나다의 Ballard Power Systems라는 회사는 차량용 등 여러 용도로 쓰이는 PEM 연료전지 개발의 선두주자 중 하나이다. Ballard Power Systems은 많은 자동차 제조사에 연료전지를 공급하고 있다(일부 자동차 제조업체는 자체 제작한 연료전지를 사용한다). 그림 20.9는 프로토타입 승용차의 엔진실에 설치된 연료전지의 한 예를 보여준다.

20.6b 알칼리 연료전지

알칼리 연료전지는 NASA가 우주선의 에너지원으로 사용하였다. 이 연료전지는 백금 촉매(platinum catalyst)를 사용하므로 비싸지만, 우주선 등의 응용 분야에서 비용은 부차적인

그림 20.9: 프로토타입 승용차의 엔진실에 설치된 연료전지

Agencja Fotograficzna Caro/Alamy Stock Photo

고려사항이다. 이 연료전지는 저출력 응용 분야(low-power applications)에 적합하다. 또한, 이 연료전지에서 생산되는 물은 사람이 마실 수 있을 만큼 충분한 순도를 가진다. 따라서, 이 연료전지는 우주 비행사들에게 전기와 마시는 물 모두를 공급할 수 있다. 또한, 넓은 범위의 저온에서 작동할 수 있으므로 우주선에 쓰이기에 적합하다.

20.6c 인산형 연료전지

1800년대에 만들어진 초기 연료전지는 현재의 인산형 연료전지 디자인과 유사하다. 인산형 연료전지는 (대부분의 연료전지와 마찬가지로) 백금을 촉매로 사용하므로 다소 비싼 경향이 있다. 이 분야에 관한 최근의 연구는 백금보다 저렴한 새로운 촉매를 개발하는 데 중점을 두고 있다. 현재 인산형 연료전지는 상업화되었으며, 많은 응용 분야에서 사용되고 있다. 이 장치는 상대적으로 낮은 전력 밀도 때문에 상당히 크고 무거운 경향이 있다. 이런 이유로, 인산형 연료전지는 병원이나 경찰서 등에서 보조 전원 발전용으로 쓰인다. 인산형 연료전지는 수소 연료의 불순물에 민감하지 않기 때문에 여기에 공급되는 수소는 저렴한 공정(전기분해와 비교하면)으로 생산할 수 있다. 인산형 연료전지는 높은 온도에서 작동하므로, 인산형 연료전지를 사용하기 전 구동 온도를 맞추기 위해 에너지가 필요하다. 이 때문에 빠른 시동이 필요한 차량용으로 쓰기에는 부적절하다. 하지만, 높은 작동온도로 인해 인산형 연료전지에서는 물이 증기의 형태로 발생한다. 이 증기는 열을 발생시키는 데 이용되거나 전통적인 발전 방식을 이용해 추가적인 전기를 생산하는데 이용될 수 있다. 만약 이 증기의 열에너지가 완전히 이용된다면 인산형 연료전지의 효율은 85%에 달할 수 있다. 이것을 열병합발전(cogeneration)이라고 한다(17.3절 참조).

20.6d 용융탄산염 연료전지

표 20.5에 나와 있듯이, 용융탄산염 연료전지는 크게 제작할 수 있어 상당한 전력을 공급할 수 있다. 이런 이유로, 고정된 보조 전원 발전용(stationary backup-power applications)으로 적합하다. 용융탄산염 연료전지는 기체 화석연료(예: 메탄)로부터 만들어진 수소를 사용한다. 따라서 저렴하게 생산된 낮은 순도의 수소를 사용할 수 있다는 장점이 있지만, 부산물로서 물 외에 탄화수소(hydrocarbons)를 생성한다는 단점도 있다(즉, 온실가스 배출에 기여한다). 이 연료전지는 고온에서 작동하므로 열병합발전에 이용될 수 있으며, 효율은 약 85%까지 증가할 수 있다.

20.6e 고체산화물 연료전지

고체산화물 연료전지는 일반적으로 약 8%의 산화 이트륨(yttrium oxide, Y_2O_3)을 첨가한 (전해질을 안정화하기 위해 첨가) 이산화 지르코늄(zirconium dioxide, ZrO_2)을 전해질로 사용한다. 산소 이온(O^{2-})이 전해질을 통해 이동함으로써 산소와 수소가 결합하게 된다

(표 20.5). 고체산화물 연료전지의 효율적인 작동을 위해 높은 온도가 필요한데, 그 이유는 이산화 지르코늄의 이온 전도도(ion conductivity)는 온도가 증가함에 따라 증가하고, 또한 O^{2-} 이온이 음극(cathode)과 양극(anode) 사이를 이동하려면 500°C 이상의 온도가 필요하기 때문이다. 고체산화물 연료전지는 다양한 경질 탄화수소(light hydrocarbons, 예: 메탄, 프로판, 부탄 등)를 연료로 사용할 수 있다. 높은 구동 온도는 긴 시동시간(일반적으로 1시간 정도)을 요구하므로, 이 연료전지가 적합하지 않은 응용 분야가 많다. 하지만 이 장치의 전기출력(power output)이 매우 높아서 외딴 지역의 고정 발전용으로 적합하다. 이런 용도로 사용할 경우, 높은 구동 온도는 열병합발전에 유용할 수 있는데, 남는 열(excess heat)을 열기관(heat engine)에 이용하거나 혹은 직접 이용할 수 있다.

예제 20.7

보조 전력망에 공급될 에너지를 저장하기 위해 70 MPa로 압축된 CHG를 저장하는 탱크가 있다. 이 수소는 용융탄산염 연료전지를 통해 전기를 생산하는 데 사용된다. 미국 Bath County에 있는 양수식 수력발전 설비가 저장할 수 있는 전체 에너지와 같은 에너지를 공급하는 데 필요한 전체 탱크의 부피를 구하시오.

풀이

Bath County 양수식 수력발전 설비는 11시간 동안 최대 2772 MW_e의 전력을 공급할 수 있다(ENERGY EXTRA 18.1 참조). 이 설비의 전체 에너지 저장 용량(energy storage capacity)는 다음과 같다.

$$(2772\ MW_e) \times (11\ h) \times (3.6 \times 10^3\ MJ/MWh) = 1.1 \times 10^8\ MJ$$

수소의 에너지 밀도는 142 MJ/kg이고(표 20.1), 용융탄산염 연료전지의 효율은 60%이므로(표 20.5), 수소로부터 얻을 수 있는 순 에너지(net energy)는 다음과 같다.

$$(0.6) \times (142\ MJ/kg) = 85.2\ MJ/kg$$

따라서, 에너지 저장을 위해 필요한 수소의 질량은 다음과 같다.

$$(1.1 \times 10^8\ MJ)/(85.2\ MJ/kg) = 1.29 \times 10^6\ kg$$

그림 20.3으로부터, 70 MPa(~700 atm)에서의 수소의 밀도는 35 kg/m^3이고, 따라서 필요한 수소의 부피는 다음과 같다.

$$(1.29 \times 10^6\ kg)/(35\ kg/m^3) = 3.69 \times 10^4\ m^3$$

만약 이 수소가 구 모양의 탱크 하나에 저장된다고 하면(아마 현실적인 상황은 아니겠지만), 이 구의 지름은 다음과 같이 구할 수 있다.

$$d = [6V/\pi]^{1/3} = [6 \times 3.69 \times 10^4\ m^3/3.14]^{1/3} = 41.3\ m$$

20.7 연료전지 차량

많은 주요 자동차 제조사들은 연료전지 차량을 개발하고 있다. 연료전지 차량에는 전기 모터가 장착되어 있으며 연료전지로 생산한 전기로 차량을 구동시킨다. 이런 차들은 대부분 하이브리드 수소/전기 차량이다. 전기구동 시스템이 차 안에 있어서 차량의 주행거리와 효율을 높이기 위해 추가적인 전기저장 방법을 이용하기 편리하다. 이 저장 방법은 외부충전 혹은 회생제동(regenerative braking)을 통해 충전될 수 있는 배터리(batteries) 혹은 슈퍼커패시터로 구성될 수 있다.

1960년대부터 많은 자동차 제조사들이 PEM 연료전지 차량을 연구해 왔다. 도로주행이 허용된 최초의 연료전지 차량은 그림 20.10에 나온 Honda FCX이다. 이 차는 2002년부터 2007년까지 생산되었으며, 한 달에 미화 11,500달러의 금액으로 리스로만 이용 가능하였다. 처음에는 법인 혹은 정부 차량으로만 리스할 수 있었으나, 2005년부터 비영리 고객들도 리스할 수 있게 되었다. Honda FCX 전기 모터는 80 kW의 전력을 생산하였고, 이 1680 kg의 자동차는 4 kg의 수소(CHG 탱크 2개에 저장)로 약 310 km를 주행했다. 슈퍼커패시터가 보조 전기 저장용으로 사용되었다.

2003년에서 2014년 사이에 한정된 대수의 Ford(그림 20.11 참조), Nissan, Mercedes Benz, and Chevrolet에서 만든 연료전지 자동차들을 리스할 수 있었다. 이 연료전지 자동차의 대부분이 가솔린 자동차 기반으로 만들어졌으며, 연료로 CHG를 이용했다.

2017년 현재, 세계 여러 시장에서 세 가지 연료전지 자동차들을 구입 혹은 리스할 수 있다. 이 세 자동차는 Hyundai ix35 FCEV(2014년부터 이용가능, 그림 20.12), Toyota Mirai (2015년부터 이용가능, 그림 20.13), 그리고 Honda Clarity Fuel Cell(2016년부터 이용가능, 그림 20.14)이다. Hyundai는 한국에서 미화 \$77,300에 해당하는 금액으로 판매하고 있으며, 리스는 미국에서 가능하다. Toyota는 미화 \$58,500에, Honda는 미화 \$67,300에 미국에서 판매하고 있다. 이 세 차량의 사양(specification)이 표 20.6에 주어져 있다. 세 차량 모

그림 20.10: 2002년부터 2007년까지 리스가 가능했던 Honda FCX 연료전지 자동차

Hatsukari715

그림 20.11: Ford Focus FCV(엔진실에 연료전지 시스템이 보인다). NiMH 배터리가 2차 에너지원으로 사용되었다.

Jim West/Alamy Stock Photo

그림 20.12: Hyundai ix35 FCEV

VanderWolf Images/Shutterstock.com

그림 20.13: Toyota Mirai

EvrenKalinbacak/Shutterstock.com

그림 20.14: Honda Clarity Fuel Cell

Ed Aldridge/Shutterstock.com

두 70 MPa로 압축된 CHG를 연료로 사용하며, 연료전지/배터리 하이브리드 차량이다. 예를 들어, Toyota의 차량은 1.6 kWh의 에너지를 저장하는 NiMH 배터리를 사용하는데 반해, Hyundai는 24 kWh의 에너지를 저장하는 리튬이온(Li-ion) 배터리를 사용한다.

표 20.6: 2017년 현재 이용 가능한 연료전지 자동차의 사양

make	model	hydrogen storage at 70 MPa	mass (kg)	maximum power at wheels (kW)	battery	range (km)
Hyundai	ix35 FCEV	5.64 kg	2290	100	Li–ion	594
Toyota	Mirai	5 kg	1850	113	NiMH	502
Honda	Clarity Fuel Cell	5.4 kg	1890	100	Li–ion	589

20.8 수소: 현재와 미래

표 20.6을 통해 연료전지 차량의 특성을 분석할 수 있다. 이를 일반적인 가솔린 차량(표 19.3)이나 배터리 전기차(표 19.6, 19.7)와 비교해 보는 것은 유용하다. 비슷한 크기의 가솔린 자동차보다 연료전지 자동차는 더 무겁지만 파워와 주행거리에 장점이 있다. 배터리 전기차와 비교했을 때, 연료전지 자동차가 더 무겁고 파워는 비슷하지만, 주행거리는 훨씬 길다. 수소 차량이 판매에 유리한 점은 연료주입 시간이 짧고 수소연료를 사용함에 따른 공해가 없다는 것이다. 수소 내연기관 차량과 연료전지 차량 제조사들의 마케팅과 가까운 미래에 수소 구동 차량들의 마케팅을 계획하고 있는 회사들의 수는 수소연료 차량의 생산량이 늘어나고 있는 것을 증명한다.

하지만, 수소의 수송 시 안전, 기반시설, 가격 등이 우려된다.

Hindenburg 참사(그림 20.15)는 수소의 안전에 대해 많은 우려를 낳았다. 최근의 연구에 따르면, 이 사고의 원인은 수소 연료 자체가 아닌 비행선 외장재의 가연성 코팅이었다고 한다. 하지만 수소는 가연성(flammable)이고, 수소가스와 액체수소 모두 사용 시 안전 조치가 반드시 이행되어야 한다. 또한, 넓은 범위의 공기 중 수소 농도(부피기준 4%에서 75%까지)가 안전 기준에 반드시 고려되어야 한다.

수소 충전소는 수소를 수송용 연료로 사용하기 위해(기존 가솔린, 디젤 주유소를 보충하거나 궁극적으로 대체하기 위해) 필요한 기반시설 중 하나이다. 사실, 수소와 가솔린 주입 설비는 일반적인 주유소에 설치가 가능하다(많은 주유소가 프로판 가스를 이런 방식으로 판매한다). 이미 이런 방향으로 수소 충전소가 설치되고 있으며, 수소 충전소는 현재 전 세계 곳곳에서 이용할 수 있다. 수소 차량의 사용을 촉진하기 위해 소위 수소 고속도로(hydrogen highways)가 미국 캘리포니아 주(그림 20.16), 캐나다 남서부 지역(그림 20.17),

그림 20.15: 1937년 5월 6일, 독일의 체펠린 비행선 Hindenburg가 미국 New Jersey 주의 Lakehurst에서 불타 버렸다. 이 사고로 97명의 탑승객 중 35명과 지상에 있던 1명이 사망했다.

U.S. Navy

일본, 유럽(그림 20.18) 등지에 건설되고 있다. 그림 20.19는 일반적인 수소 충전소를 보여준다.

이 절에서의 논의를 통해 수소 내연기관 자동차와 수소 연료전지 자동차는 환경 친화적인 수송 기술이며 배터리 전기차와 경쟁할 수 있는(어떤 면에서는 좀 더 우수한) 기술임을 제시하였다. 하지만, 수소의 수송용 연료로의 이용가능성에 대해 완전히 이해하기 위해서는 다양한 수송 기술의 상대적인 효율(다음 절에서 논의할 것이다)에 대한 신중한 고려가 필요하다.

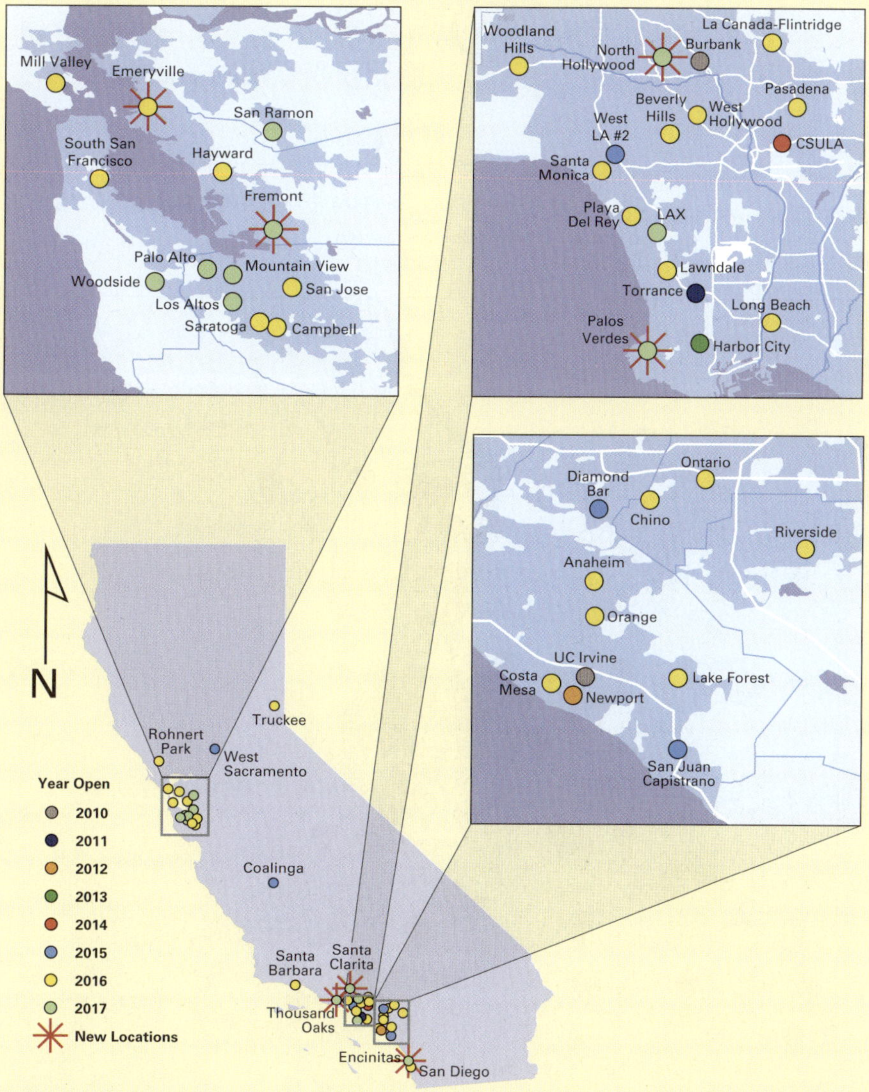

그림 20.16: 미국 캘리포니아 주의 수소 고속도로

Based on California Environmental Protection Agency, Air Resources Board, 2016 Annual Evaluation of Hydrogen Fuel Cell Electric Vehicle Deployment and Hydrogen Fuel Station Network Development

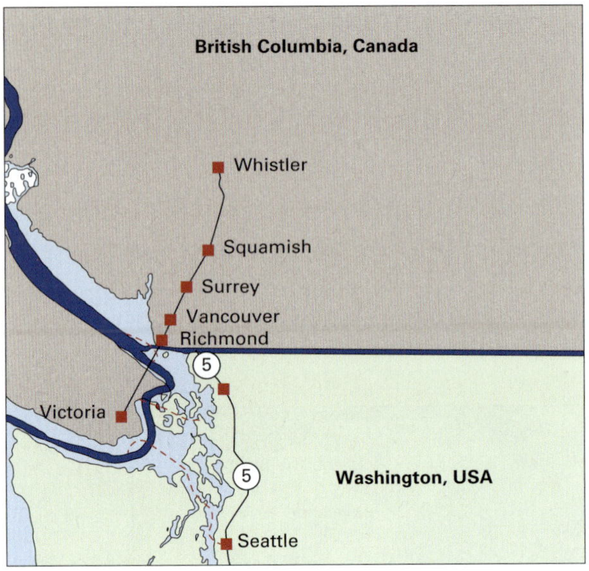

그림 20.17: 캐나다 British Columbia 주와 미국 북서부의 수소 충전소 위치

Based on data from www.hydrogencarsnow.com

그림 20.18: 유럽의 수소 충전소 위치

Volina/Shutterstock.com, data from www.hydrogencarsnow.com

그림 20.19: 2003년 문을 연 아이슬란드의 Reykjavík에 위치한 세계 최초의 공공 수소 충전소
ARCTIC IMAGES/Alamy Stock Photo

20.9 다양한 수송 기술들의 효율

에너지원을 사용할 때 가장 중요한 고려 사항 중 하나는 효율(efficiency)이다. 차량의 경우, 효율은 1차 에너지원(석유, 석탄, 태양, 바람 등)을 차량 구동에 필요한 기계적인 에너지로 변환하는 것을 말한다. 표 20.7에서 20.10까지는 화석연료 에너지원을 차량의 동력원으로 사용하는 몇 가지 방법들(가솔린 혹은 디젤 연료 차량, 수소 내연기관 차량, 수소 연료전지 차량, 배터리 전기차)의 효율을 분석한 결과를 보여준다. 카르노 사이클(Carnot cycle)의 본질적 한계(가솔린의 연소로 생성된 열을 기계적 에너지로 전환) 때문에, 전통적인 가솔린

표 20.7: 가솔린 내연기관 차량의 효율(1차 에너지(가솔린)가 차량의 바퀴에 전달되는 기계적인 에너지로 변환되는 순효율(net efficiency)) 분석

process	efficiency (%)
fossil fuel → mechanical energy	17
net efficiency	17

Based on data from R. A. Dunlap, *Energy and Environment Research* "A simple and objective carbon footprint analysis for alternative transportation technologies" 3 (2013): 33–39.

표 20.8: 배터리 전기차의 효율(1차 에너지(석유 혹은 석탄)가 차량의 바퀴에 전달되는 기계적인 에너지로 변환되는 순효율(net efficiency)) 분석

process	efficiency (%)
fossil fuel → electricity	40
electricity → mechanical energy	85
net efficiency	34

Based on data from R. A. Dunlap, *Energy and Environment Research* "A simple and objective carbon footprint analysis for alternative transportation technologies" 3 (2013): 33–39.

표 20.9: 수소 내연기관 차량의 효율(1차 에너지(석유 혹은 석탄)가 차량의 바퀴에 전달되는 기계적인 에너지로 변환되는 순효율(net efficiency)) 분석

process	efficiency (%)
fossil fuel → electricity	40
electricity → hydrogen gas	70
hydrogen gas → CHG or LH_2	80
CHG or LH_2 → mechanical energy	17
net efficiency	4

Based on data from R. A. Dunlap, *Energy and Environment Research* "A simple and objective carbon footprint analysis for alternative transportation technologies" 3 (2013): 33–39.

표 20.10: 수소 연료전지 차량의 효율(1차 에너지(석유 혹은 석탄)가 차량 구동에 필요한 기계적인 에너지로 변환되는 순효율(net efficiency)) 분석

process	efficiency (%)
fossil fuel → electricity	40
electricity → hydrogen gas	70
hydrogen gas → CHG	80
CHG → electricity	50
electricity → mechanical energy	90
net efficiency	10

Based on data from R. A. Dunlap, *Energy and Environment Research* "A simple and objective carbon footprint analysis for alternative transportation technologies" 3 (2013): 33–39.

차량은 상대적으로 낮은 효율을 보인다(표 20.7). 이에 비해, 화석연료를 연소시켜 전기를 생산하고 이 생산한 전기로 전기차 배터리를 충전시켜 배터리 전기차를 운행하는 것이 약 2배 효율적이다(표 20.8). 이것은 발전소에서는 효과적인 저온부(cold reservoir)를 이용하기 때문에 열을 전기로 전환하는 효율이 높고, 또한 전기에너지를 기계적인 에너지로 전환하는 효율도 매우 높기 때문이다. 만일 화석연료가 1차 에너지원으로 계속 사용된다면, 이 방법은 높은 효율 외에도 탄소격리(carbon sequestration)가 더 쉽다는 장점이 있다. 수백 개의 발전소에서의 탄소격리가 수백만 대의 자동차에서의 탄소격리보다 쉽기 때문이다.

수소 내연기관 차량의 효율 분석을 표 20.9에 보여주었다. 명백하게, 화석연료 에너지를 자동차 구동에 필요한 기계적인 에너지로 바꾸는 데 여러 과정을 거쳐야 하며, 전체 효율은 매우 낮다. 특히 발전소에서 열에너지를 전기에너지로 전환하는 과정과 차량에서 열이 기계적 에너지로 전환되는 두 과정(두 과정의 효율 모두 카르노 효율에 제한을 받는다)이 전체 효율을 많이 낮춘다. 따라서, 1차 에너지원과 관련된 가격이 합리적이지 않기 때문에, 발전소에서 탄소를 격리하는 것이 차량에서보다 쉽다고 하더라도, 이 장점(탄소격리의 용이성)이 단점(비싼 가격)을 상쇄시키지 못한다.

표 20.10은 연료전지 차량이 좀 더 나은 방법임을 보여준다. 그러나 전체 효율은 가솔린 차량과 비슷한 정도이며, 배터리 전기차의 반도 되지 않는다.

ENERGY EXTRA 20.3
수송 기술들의 탄소 발자국(carbon footprint) 분석

이번 장에서 논의한 여러 수송 기술들의 효율은 이 기술들의 환경에 대한 영향을 평가하는데도 도움을 준다. 하지만, 여기서는 1 km를 운행할 때 배출되는 실제 이산화탄소의 양을 계산해보자. 각기 다른 종류의 자동차가 배출하는 이산화탄소의 양을 비교하기 위해 사용할 수 있는 쉬운 계산법을 여기에 설명하겠다. 1 km 운행 시 배출되는 이산화탄소의 양은 다음과 같이 나타낼 수 있다.

$$\frac{\text{kg}(\text{CO}_2)}{\text{km}} = \frac{\text{kg}(\text{CO}_2)}{(\text{MJ})_\text{p}} \times \frac{(\text{MJ})_\text{p}}{(\text{MJ})_\text{w}} \times \frac{(\text{MJ})_\text{w}}{\text{km}},$$

여기서 p는 1차 에너지, w는 차량의 바퀴에 전달되는 에너지(즉, 차량 구동에 필요한 에너지)이다. 오른쪽 첫 번째 항목은 1차 에너지 소비(MJ)당 생성되는 이산화탄소의 양(kg)이다. 오른쪽 두 번째 항목은 표 20.7부터 20.10에 제공된 순효율(net efficiency)의 역수이다. 오른쪽 마지막 항목은 1 km를 운행하기 위해 필요한 평균에너지이다. 이 분석 방법은 비화석연료 기반으로 생산된 전기의 탄소 발자국, 차량 재료의 전주기 분석(life cycle analysis, LCA), 화석연료를 사용하는 발전소에서의 탄소 격리 가능성을 고려하지 않는다. 이런 효과들은 어느 정도 평균화되는 경향이 있기 때문에, 이 분석 방법은 여러 차량 기술을 비교하는데 합리적이다.

가솔린 차량의 연료인 가솔린은 1차 에너지에 매우 가까운 반면, 배터리 전기차와 수소연료 차량은 1차 에너지원을 이용해 먼저 전기를 생산해야 한다. 따라서, 위에 제시된 식에서 $\text{kg}(\text{CO}_2)/(\text{MJ})_\text{p}$는 전기가 어떻게 생산되느냐에 따라 달라진다. 현재 미국의 전기생산에 사용되는 1차 에너지원의 대략적인 비율이 아래 표에 나와 있다.

fuel	% electricity
coal	44.9
natural gas	23.4
petroleum	1.0
nonfossil	30.7

각기 다른 화석연료로 생산하는 에너지(MJ)당 이산화탄소 배출량은 각 연료의 에너지 함량으로부터 간단히 구할 수 있고, 그 결과가 아래 표에 나와 있다. 원자력, 수력, 대체에너지원으로부터 발생되는 이산화탄소의 양은 0으로 간주한다.

fossil fuel	kg $(\text{CO}_2)/\text{MJ}$
coal (~pure carbon)	0.11
natural gas (methane, CH_4)	0.055
heavy hydrocarbons (>6 C/molecule)	0.069

Based on data from R.A. Dunlap, "A simple and objective carbon footprint analysis for alternative transportation technologies," *Energy and Environment Research* **3** (2013) 33–39.

위 두 표에 나온 값들을 이용하여 구한 미국의 전기에너지 생산량당 이산화탄소 배출량의 가중평균(weighted average)은 0.063 $\text{kg}(\text{CO}_2)/(\text{MJ})_\text{p}$이다. 일반적인 가족이 타는 세단 차량의 경우 1 km를 운행하기 위해 차량 구동에 필요한 에너지는 0.6 $(\text{MJ})_\text{w}/\text{km}$이다(19장 참조). 위에 언급한 모든 정보를 기반으로, km당 이산화탄소 배출량을 아래 표와 같이 구할 수 있다.

이 분석은 가솔린 차량에 비해 배터리 전기차가 환경에 영향을 덜 끼친다는(즉, 더 적은 양의 이산화탄소를 배출함) 것을 보여준다. 연료전지 차량의 탄소 배출량은 가솔린 차량과 비슷하며, 수소 내연기관 차량은 가솔린 차량보다 더 많은 양의 이산화탄소를 배출하며, 환경에 부정적인 영향을 주는 것으로 보인다. 이런 비화석연료 차량의 환경에 대한 영향은 에너지 변환 효율을 높이고(즉, $(\text{MJ})_\text{p}/(\text{MJ})_\text{w}$를 낮추고) 차량의 효율을 높임으로서(즉, $(\text{MJ})_\text{w}/\text{km}$를 낮춤으로서) 개선될 수 있다. 하지만, 더 근본적인 개선 방법은 비화석연료를 사용하여 전기를 생산하는 것(즉, $\text{kg}(\text{CO}_2)/(\text{MJ})_\text{p}$를 줄이는 것)이다. 그러나, 수소 내연기관 차량의 경우 (비록 경제적이진 않겠지만) 적어도 85%의 전기(수소를 얻기 위한 전기)를 비화석연료를 사용해 생산해야 환경에 미치는 영향을 가솔린 차량

technology	kg $(\text{CO}_2)/(\text{MJ})_\text{p}$	$(\text{MJ})_\text{p}/(\text{MJ})_\text{w}$	$(\text{MJ})_\text{w}/\text{km}$	kg $(\text{CO}_2)/\text{km}$
gasoline ICE	0.069	5.9	0.6	0.24
H_2 ICE	0.063	25	0.6	0.94
H_2 fuel cell	0.063	7.1	0.6	0.38
BEV	0.063	2.9	0.6	0.11

보다 줄일 수 있다. 프랑스, 캐나다 같은 나라는 많은 양의 전기를 비화석연료로부터 생산하고 있어서(즉, 낮은 kg(CO_2)/(MJ)$_p$ 값이 적용될 수 있어서), 가솔린 차량에 비해 대체 수송 기술들이 더 유리할 수 있다.

[1]R. A. Dunlap, *Energy and Environment Research* 3 (2013): 33.

토의 주제

에너지 사용에 있어 효율은 중요한 고려 사항이지만, 어떤 기술적 발전의 경제적인 면과 이 기술을 어떻게 소비자들에게 제공할 것인지를 이해하는 것도 중요하다. 예를 들어, 가솔린 차량의 한 종류인 BMW 740Li 운행하는 데 드는 연료비(차량 구동에 필요한 MJ당 금액)를 고려해 보자. 비교를 위해, 풍력발전으로 생산된 전기로 물을 전기분해하여 생산된 수소를 연료로 사용하는(즉, 완전히 비화석연료 기반의) BMW Hydrogen 7 차량을 운행하는 데 드는 비용을 예측해 보시오. 이 기술이 경제적으로 실행 가능성이 있는지를 논의해 보시오.

Based on R. A. Dunlap, *Energy and Environment Research* "A simple and objective carbon footprint analysis for alternative transportation technologies" 3 (2013): 33-39.

따라서, 화석연료를 1차 에너지원으로 사용하는 한, 배터리 전기 자동차를 발전시키는 것이 연료전지 차량이나 수소 내연기관 차량보다 좀 더 나은 방법일 것이다. 탄소 배출량을 2배로 줄일 수 있고, 탄소격리를 쉽게 하며, 전기 생산을 위해 상대적으로 풍부한 석탄을 사용할 수 있다는 것 또한 배터리 전기차의 장점이다.

만약 좀 더 친환경적인 1차 에너지원(예: 바람, 태양 등)들이 사용되어 탄소배출에 대한 염려가 없어진다고 해도, 총 1차 에너지 투입 대비 차량 구동에 필요한 에너지(즉, 순에너지(net energy))는 연료전지 차량이나 수소 내연기관 차량보다 배터리 전기차가 우수하다. 이런 특징은 배터리에 에너지를 저장하고 뽑아내는 것이 수소에 저장하고 뽑아내는 것에 비해 더 높은 효율을 가지기 때문이다. 이 기본 원리는 가까운 미래에 변하지 않을 것이다. 그러나 생물학적인 방법을 통해 수소를 생산하는 것이 수소를 더 매력적인 연료로 만드는 데 도움을 줄 수 있을 것이다.

Technology Review(March-April 2007)는 수소 연료 자동차에 대해 다음과 같이 결론을 내렸다(www.technologyreview.com/Energy/18301/):

"전체 에너지 경제의 맥락에서 볼 때, BMW Hydrogen 7과 같은 차는 오늘날 이용할 수 있는 가솔린 차량들에 비해 아마 더 많은 양의 이산화탄소를 배출할 것이다. 그리고 이것을 변화시키기 위해서는 많은 연구가 필요하다. 만일 이런 연구들이 결국 목표에 도달할 수 있다고 하더라도, 수십 년이 걸릴 것으로 예측된다. 사실, BMW Hydrogen 7과 이와 비슷한 수소 연료전지 차량들은 여러모로 자동차 제조사들이 만든 요란한 과시물들일 뿐이다. 이 자동차 제조사들은 그들이 생산한 차량이 배출하는 온실가스를 줄이기 위해 더 강력하고 즉각적인 조치를 취할 필요가 있다."

연료주입 시간과 수소연료 차량의 운행 거리는 수소연료 차량의 장점이지만, 배터리 전기차와 비교하면 전체 효율과 현재 가격은 단점이다. 하지만, 효율이나 가격이 덜 중요한 분야에서는 사용이 가능할 수 있다. 예를 들어, 수소는 비화석연료로서 병원이나 외딴 지역에 설치할 긴급 보조 전원으로 사용할 수 있고, 다른 비화석연료 사용이 제한되는 경우에 항공 연료(aviation fuel)로도 사용될 수 있다.

20.10 요약

수소는 1차 에너지원이 아닌 에너지 저장방법이다. 수소를 생산할 때 (주로 물로부터) 에너지가 필요하며, 이 에너지는 연소 혹은 연료전지를 통해 수소가 산소와 재결합할 때 (적어도 어느 정도는) 회수된다. 이 장에서 수소의 특성과 수소를 에너지 저장방법으로 사용할 때의 장단점에 대해서 알아보았다.

수소는 STP에서 기체이다. 수소의 연소열(heat of combustion)은 142 MJ/kg이다(가솔린의 연소열은 약 45 MJ/kg이다). 하지만, 수소는 밀도가 매우 낮아서, 단위 부피당 에너지가 매우 낮다. 이를 극복하기 위해 약 20 K로 냉각시켜 액화시키거나, 압축시켜 밀도를 높일 수 있다. 그렇다 해도, 수소의 단위 부피당 에너지는 가솔린의 1/3도 되지 않는다. 이 장에서 수소를 생산하는 일반적인 방법들을 살펴보았다.

수소는 다양한 화학 반응들과 수소와 산소로의 물 분해로 생산할 수 있다. 수소를 생산하는 몇 가지 반응들은 이산화탄소를 배출하며, 따라서 환경적인 관점에서 바람직하지 않다. 물의 전기분해는 수소를 생산하는 편리하고 일반적인 방법이며, 또한 환경에 직접적인 해를 끼치지 않는다.

수소는 연소를 통해 열을 생산하거나 연료전지를 통해 전기를 생산할 수 있으며, 온실가스를 배출하지 않는다. 따라서 수소는 우수한 수송용 에너지 저장 방법이다. 하지만, 수소의 낮은 밀도 때문에 수송용으로 사용하기 위해서는 액화시키거나 고압으로 압축시키는 것이 필요하다. 액체수소는 증발을 최소화시키기 위해(증발을 완전히 방지할 수는 없더라도) 반드시 단열 탱크에 저장해야 한다. CHG를 저장하기 위해서는 높은 압력을 견딜 수 있는 재료로 만들어진 통(cylinder)이 필요하다. 이 두 방법 모두 차량을 설계할 때 세심히 고려되어야 한다.

연료전지는 수소 연료를 대기 중의 산소와 결합하여 물과 전기를 생산하는 장치이다. 이 장에서는 다섯 가지 연료전지의 특징에 대해 살펴보았으며, 이 중 PEM 연료전지가 차량용으로 사용하기에 가장 적합하다.

이 장에서는 또한 다양한 프로토타입 수소 내연기관 차량 및 연료전지 차량에 대해 설명하였다. 수소 내연기관 차량은 일반적으로 가솔린 차량을 개량하여 제작되며, 일반적으로 하이브리드 차량이다. 이는 수소의 낮은 부피당 에너지로 인해 수소연료를 사용할 때의 제한적인 주행거리를 보충하기 위해 가솔린을 사용하기 때문이다.

연료전지 차량은 일반적으로 배터리 혹은 슈퍼커패시터가 연료전지와 함께 사용되는 하이브리드 차량이다. 이는 주행거리를 늘리고 회생제동으로부터 발생하는 전기에너지를 저장하기 위해서이다.

연료로서 수소를 사용하는 것에 대한 총괄적인 분석 시, 수소 생산 방법과 1차 에너지원으로부터 최종 에너지를 생산하는 과정의 전체 효율이 반드시 고려되어야 한다. 이 내용이 이 장에서 자세히 다루어졌다. 수소를 생산, 저장, 사용하는 방법은 효율과 환경에 미치는 영향을 결정하는 데 중요한 요소이다. 수소가 화학적인 방법을 통해 생산된다면, 수소 생산과정에서의 탄소 발자국이 전체 온실가스 배출량을 결정하는데 중요하다. 수소가 전기분해를 통해 생산된다면, 전기를 생산할 때 어떤 에너지원을 사용했는지가 전체 온실가스 배출량을 결정하는 데 중요하다. 낮은 효율로 인해 수소 내연기관 차량은 경제적이지 않고, 탄소 배출량도 높다. 연료전지 기술은 더 유망하고 미래 수송 기술로서 더 고려할 수 있다. 새로운 수소 생산 기술 개발은 연료전지를 배터리 전기차와 비교하여 경쟁력을 가질 수 있도록 할 것이며, 연료전지의 효율을 높이고 가격을 낮추는 것은 연료전지 기술의 상용화를 이끌 수 있을 것이다.

연습문제

20.1 북미(North America)의 일반적인 가정에서 수소가스를 연소시켜 난방을 한다(이 가정에서 난방을 위해 필요한 열에너지는 2장을 참조하시오). 만약 이 수소가스가 구형(spherical) 탱크에 80 MPa로 저장된다고 할 때, 월평균 난방용 열에너지를 공급하기 위해 필요한 이 탱크의 지름은 얼마인가? 일반적인 퍼니스(furnace) 효율을 가정하시오(17장 참조).

20.2 북미(North America)의 일반적인 가정의 난방을 위해 수소가스를 다음 반응과 같이 연소시켜 열을 공급한다(이 가정에서 난방을 위해 필요한 열에너지는 2장을 참조하시오).

$$2H_2 + O_2 \rightarrow 2H_2O$$

이 때, 하루 평균 몇 리터(L)의 물이 생산되겠는가? 일반적인 퍼니스(furnace) 효율을 가정하시오(17장 참조).

20.3 수소가 모든 압력에서 이상기체법칙을 따른다고 할 때, CHG의 밀도가 액체수소의 밀도(71 kg/m^3)보다 높아지는 압력을 계산하시오.

20.4 수소의 단위 에너지당 가격이 가솔린($0.03/MJ)과 같다고 할 때, 100 L의 액체수소 탱크에서 수소의 증발로 인해 하루에 손실되는 금액은 얼마인가?

20.5 (a) 연료전지의 효율이 75%인 연료전지 차량을 운행할 때 필요한 에너지가 0.6 MJ/km일 때, 300 km를 운행하는 데 필요한 수소연료의 무게를 계산하시오.

(b) 수소가 (i) 액체수소, (ii) 50 MPa로 압축된 수소가스, (iii) TiH_2의 형태로 저장될 때의 각각의 부피를 계산하시오.

20.6 메탄을 연료로 사용하는 한 고체산화물 연료전지의 효율이 55%일 때, 1 kWh의 전기를 생산할 때마다 발생하는 물과 이산화탄소의 질량(단위: g)을 계산하시오. 메탄의 연소열은 55.5 MJ/kg이다(3장 참조).

20.7 압력을 35에서 70 MPa로 증가시킬 때, CHG 연료 탱크의 에너지 밀도 증가율(%)을 계산하시오.

20.8 연료의 질량과 부피는 비수송용(예: 발전, 난방 등)으로 쓰일 때보다 수송용으로 쓰일 때 더 고려된다. 따라서 비수송용 장치의 경우 비싼 첨단기술을 이용해 작게 만들 필요가 없다. 효율이 60%인 수소 연료전지를 사용해 인구 10만 명이 사는 작은 도시에 전력을 공급하는 계획을 세운다고 생각해보자. 평균 1인당 전력 소비량은 6 kW이다.

(a) 수소가 1 MPa의 압력에서 저장된다고 할 때, 이 도시에 전력을 한 달간 공급하는 데 필요한 수소의 부피를 계산하시오.

(b) 수소가 3 m의 지름과 5 m의 높이를 가진 수직 원기둥형 탱크들에 저장된다. 이 원기둥들은 정사각형으로 빼곡하게 배열되어 있다. 이 도시의 면적이 100 km^2일 때, 위 문제 (a)에서 구한 부피의 수소를 저장하기 위해 도시 면적의 몇 %가 필요한가?

20.9 Mazda RX-8 RE 수소 차량은 CHG 저장 탱크(부피: 110 L, 압력: 35 MPa)와 가솔린 저장 탱크(부피: 61 L)를 가지고 있다. 수소를 연소시킬 때와 가솔린을 연소시킬 때의 상대적인 효율을 계산하시오. km당 차량 구동에 필요한 에너지는 두 연료 모두 같다고 가정하시오.

20.10 수소는 양수식 수력발전(18.2절 참조)이나 압축공기(18.3절 참조) 대신에 대규모 전력망(grid)용 에너지 저장방법으로 사용될 수 있다. 압축공기를 저장하는 최대 압력과 같은 압력으로 수소를 저장하기 위해 Huntorf 시설에 있는 지하동굴을 이용한다고 생각해보자(18.3절 참조). 이 수소는 수소 내연기관을 통해 전기를 생산하는 데 사용된다. 이 두 방법으로 생산될 수 있는 전기에너지를 추산하고 그 값을 비교하시오.

20.11 수소화 마그네슘(MgH_2)은 수소 저장 물질의 하나로 여겨진다. 100 kg의 수소를 저장하는 데 필요한 마그네슘(Mg)의 질량과 부피를 계산하시오.

20.12 실온에서 고체인 가장 가벼운 원소는 리튬(Li)이고, 리튬은 수소와 반응하여 수소화리튬(LiH)을 형성한다. LiH의 에너지 밀도(즉, kg당 energy)를 가솔린의 에너지 밀도와 비교하시오.

20.13 미국 에너지부(The U.S. Department of Energy)는 수소 저장 물질은 적어도 6%(무게 기준)의 수소(H)를 저장할 수 있어야 한다는 기준을 세웠다. 다음 네 종류의 금속수소화물($NaAlH_4$, $LiAlH_4$, $LaNi_5H_6$, $TiFeH_2$)이 미국 에너지부의 기준에 부합하는가?

20.14 1 m^3의 물에서 에너지를 얻는다고 생각해보자. 가능한 한 가지 방법은 이 물을 일정 높이까지 퍼 올린 후 수력발전을 통해 전기를 생산하는 것이다(즉, 양수식 수력발전). 다른 방법은 이 물을 전기분해하여 수소를 생산한 후 PEM 연료전지를 사용해 전기를 생산하는 것이다. PEM 연료전지를 사용하여 얻을 수 있는 총 전기에너지를 양수식 수력발전으로 생산하려면 이 물을 어느 정도 높이까지 퍼 올려야 하는가? 양수식 수력발전의 효율은 18장에, PEM 연료전지의 효율은 20장에 주어져 있다.

20.15 차량을 운행하기 위해 연료전지로 전기를 생산하는 다음 세 가지 방법을 고려해보자.

(i) 수소를 연료로 사용하는 PEM 연료전지. 수소는 물의 전기분해로 생산되며, 전기분해에 필요한 전기는 석탄을 연소시켜 생산한다.

(ii) 수소를 연료로 사용하는 PEM 연료전지. 수소는 물의 전기분해로 생산되며, 전기분해에 필요한 전기는 태양광 발전을 통해 생산한다.

(iii) 메탄을 연료로 사용하는 고체산화물 연료전지

위 각 방법에 대해 다음 사항에 대해 논의해보시오.

(a) 1차 에너지를 차량 구동에 필요한 에너지로 전환할 때의 전체 효율(%)

(b) 차량 구동에 필요한 에너지당 이산화탄소 배출량(kg/MJ)

20.16 2억 5천만대의 가솔린 차량이 있는데, 각 차량은 연평균 20,000 km를 운행하고, 평균 0.55 MJ/km의 전기를 배터리로부터 공급받는 상황을 가정해보자. PEM 연료전지 차량이 이 상황을 대체할 수 있겠는가? 연료인 수소는 전기분해로 생산되는데, 전기분해에 필요한 전기는 1 GW_e급 원자력발전소(설비 이용률(capacity factor): 70%)에서 생산한다고 한다. 이 늘어날 전기수요를 충당하기 위해 새로운 원자력발전소를 몇 개 건설해야 하는가?

20.17 부탄(butane, C_4H_8)의 연소열(heat of combustion)은 4개의 탄소(^4C)의 연소열과 4개의 수소($^4H_2$)의 연소열을 더한 것과 같은가? 만약 다르다면, 그 이유는 무엇인가?

20.18 BMW Hydrogen 7 차량이 가솔린 모드로 주행할 경우 가솔린 소모량은 13.7 L/100 km이고, 수소 모드로 주행할 경우 액체수소 소모량은 50.0 L/100 km이다.

(a) 가솔린의 가격이 $0.90/L일 때, 가솔린 모드로 1 km를 주행하는 데 드는 연료 가격은 얼마인가?

(b) 액체수소가 생산되고 가공되는데 사용하는 전기의 가격이 $0.12/kWh일 때, 수소 모드로 1 km를 주행하는 데 드는 가격은 얼마인가?

20.19 전기가 열 발전소(thermal generating station)에서 천연가스(natural gas)를 연소시켜 생산되고, 한 연료전지 차량의 운행에 필요한 에너지가 0.6 MJ/km일 때, 이 연료전지 차량의 탄소 발자국(즉, kg(CO_2)/km)을 계산하시오.

20.20 BMW Hydrogen 7 차량이 가솔린 모드로 주행할 경우 가솔린 소모량은 13.7 L/100 km이고, 수소 모드로 주행할 경우 액체수소 소모량은 50.0 L/100 km이다. 이때, 두 모드에서의 엔진 효율이 거의 같음을 보이시오.

참고문헌

A. I. Appleby and F. R. Foulkes. *Fuel Cell Handbook*. Krieger, Malabar (1993).

G. J. Aubrecht II. *Energy: Physical, Environmental, and Social Impact*, (3rd ed.) Pearson Prentice Hall, Upper Saddle River, NJ (2006).

D. R. Blackmore and A. Thomas. *Fuel Economy of the Gasoline Engine*. Macmillan, London (1977).

B. K. Hodge. *Alternative Energy Systems and Applications*. Wiley, Hoboken, NJ (2010).

P. Hoffmann. *Tomorrow's Energy: Hydrogen, Fuel Cells, and the Prospects for a Cleaner Planet*. MIT Press, Cambridge, MA (2001).

T. Koppel. *Powering the Future: The Ballard Fuel Cell and the Race to Change the World*. Wiley, New York (1999).

K. Kordesch and G. Simader. *Fuel Cells and Their Applications*. VCH Publishers, New York (1996).

P. Kruger. *Alternative Energy Resources: The Quest for Sustainable Energy*. Wiley, Hoboken (2006).

J. Larminie and J. Dicks. *Fuel Cell Systems Explained*. Wiley, Chichester, United Kingdom (2000).

J. MacKenzie. *The Keys to the Car: Electric and Hydrogen Vehicles for the 21st Century*. World Resources Institute, Washington, DC (1994).

C. Ngô and J. B. Natowitz. *Our Energy Future: Resources, Alternatives and the Environment*. Wiley, Hoboken, NJ (2009).

R. O'Hayre, S. W. Cha, W. Colella, and F. B. Prinz. *Fuel Cell Fundamentals*. Wiley, Hoboken, NJ (2006).

V. Quaschning. *Renewable Energy and Climate Change*. Wiley, West Sussex, United Kingdom (2010).

J. J. Romm. *The Hype About Hydrogen: Fact and Fiction in the Race to Save the Climate*. Island Press, Washington, DC (2005)

D. Sperling and J. Cannon (Eds.). *The Hydrogen Energy Transition: Moving Toward the Post-Petroleum Age*. Elsevier, Amsterdam (2004).

C. Spiegel. *Designing and Building Fuel Cells*. McGraw-Hill, New York (2007).

S. Srinivasan. *Fuel Cells*. Springer, New York (2006).

PART VI

미래

독일 Schleswig-Holstein주 Geesthacht시에 있는 태양광 집열기와 양수식 수력 저장 시설

Jörg Müller/Alamy Stock Photo

H

CHAPTER 21

미래 전망과 연구개발 프로젝트

21.1 서론

인간은 에너지 수요를 충족시키기 위해 한 세기 이상 화석연료에 의존해왔다. 미래에 사용 가능한 화석연료의 양은 매우 한정적이다. 전통적인 석유 자원은 고작 몇십 년 더 에너지를 공급하는데 사용될 수 있을 것이며, 석탄, 수압 파쇄법(fracking)을 통해 생산한 천연가스, 그리고 오일 샌드(oil sands)와 같은 원유 대체 자원들은 조금 더 오래 사용될 수 있을 것이다. 하지만, 이들 자원의 지속적인 사용은 환경에 회복 불가능한 피해를 줄 것이라는 우려가 있다. 온실가스 배출과 화석연료의 연소를 통해 생산되는 에너지의 양 사이의 명확한 관계 외에도, 셰일 오일 추출(shale oil extraction)이나 천연가스 수압 파쇄법(natural gas well fracking) 등 화석연료의 생산과 사용은 환경에 안 좋은 영향을 미친다. 따라서, 환경을 위해 대체에너지 개발이 장려되어야 한다. 미래의 에너지 시나리오를 이해하려면 미래의 에너지 수요와 미래 에너지 생산 가능성에 대해 먼저 이해할 필요가 있다.

이 마지막 장에서는 미래 에너지 생산을 위한 기술들, 에너지를 효율적으로 보존, 저장, 수송하는 방법들에 관련된 이 책에서 다루었던 중요한 사항들에 대해 요약하였다. 이 장에 포함된 프로젝트들은 다양한 기술들을 다양한 시각에서 생각해보고 특정 상황에서 이들의 장단점을 비교할 기회를 제공할 것이다. 대부분의 경우, 프로젝트를 수행하는 데 필요한 데이터를 얻기 위해 인터넷, 교재, 추가적인 자료들을 참고해야 한다.

21.2 미래 에너지 생산 방법

에너지 수요는 해가 갈수록 증가하고 있으며, 이 추세는 미래에도 당분간 계속될 것으로 예상한다. 미래의 에너지 수요를 아는 것은 어떤 에너지를 개발해야 하는지를 알 수 있게 해주는 데 도움을 주기 때문에, 미래 에너지 수요를 예측하기 위한 여러 노력이 있어 왔다. 그림 2.13(2장 참조)은 몇십 년 후 에너지 수요에 대한 한 예측 결과를 나타낸 그래프인데,

시간이 갈수록 에너지 수요가 일관되게 증가하는 경향을 보여준다. 하지만, 먼 미래의 에너지 수요 예측은 매우 가변적이고, 또 기술의 발전으로 인한 에너지 효율의 향상과 에너지 절약에 대한 의식의 증가로 미래 에너지 사용이 줄어들 것이란 예측도 있다.

여러 가정 및 추정들의 영향이 더 복잡해지므로, 먼 미래를 예측하는 것은 계속 불확실해지고 있다. 세계기상기구(World Meteorological Organization: WMO)와 유엔환경계획(United Nations Environment Program: UNEP)가 공동으로 설립한 기후 변화에 관한 정부간 협의체(Intergovernmental Panel on Climate Change: IPCC)가 제출한 보고서는 아마도 미래의 에너지를 예측하는 가장 체계적인 접근법일 것이다. 이 연구는 2100년까지의 세계 에너지 사용에 관한 40가지 시나리오를 포함하고 있다. 이 시나리오는 세계 인구 예측, 경제성장, 과학 기술의 발전, 협력 에너지 관리의 정도에 기반해 세워졌다. 그림 21.1은 다음 세기의 세계 에너지 필요량 예측 중 최대로 예측된 값과 최소로 예측된 값을 나타낸 그래프이다. 2100년에 이 두 값 사이에 분명한 큰 차이가 있다. 최상의 시나리오에서는 2100년의 에너지 필요량은 오늘날의 에너지 필요량과 거의 같다. 최악의 시나리오에서는 2100년의 에너지 필요량이 오늘날의 에너지 필요량의 5배가량으로 예측된다. 최상의 시나리오는 제한적인 인구 증가, 새로운 고효율 에너지 기술의 개발, 급격한 경제성장을 가정하여 예측된 것이고, 최악의 시나리오는 지속적인 인구 증가, 경제 침체, 사회적 불평등을 가정하여 예측된 것이다.

그림 21.1에 제시되었듯이, 전체 에너지 수요를 예측하려면 이용 가능한 여러 에너지원의 분포를 고려해야 한다. 미래 에너지 생산에서 다양한 에너지원의 역할에 관해 예측하는 것은 아마도 전체 에너지 수요를 예측하는 것보다 더 불확실할 것이다. 분명히, 특정 에너지원으로부터의 에너지 사용량 예측은 전체 에너지 사용량 예측보다 부정확할 수 있다. 이 불확실성은 다양한 에너지원 분포의 상대적인 비율 때문일 것이다. 예를 들어, 바람의 경우 무한한 에너지원이며, 에너지 수요가 바람의 이용 가능량을 초과하지 않는다면 에너지

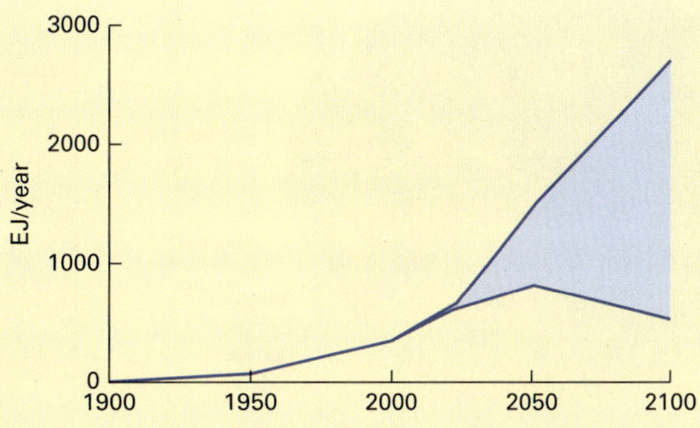

그림 21.1: 세계 에너지 필요량 예측의 한 예

Based on V. Smil from SRES

수요의 대부분을 충족시킬 수 있을 것이다. 만일 에너지 수요가 이용 가능량보다 크다면 에너지원 분포를 재평가할 필요가 있다. 어쨌든, 가능한 미래 에너지 경제를 예측하는 것은 이 교재에서 다뤘던 에너지 기술들의 실행 가능성에 대해 새로운 정보를 줄 수 있는 흥미로운 일이다. 하지만, 이것을 너무 자의대로 받아들여서는 안 될 것이다.

물론, 미래에 대한 예측은 현재 상황을 기반으로 한다. 그림 21.2는 현재 미국에서 사용되는 에너지원의 비율을 나타내는 그래프이다. 원자력 발전과 신재생에너지의 사용이 늘어남으로써 미래에 화석연료 사용량이 줄어들 것은 필연적이다. 원자력 발전에 관한 매우 낙관적인 예측은 1970년대에 있었는데, 해양 열에너지 전환(ocean thermal energy conversion: OTEC)의 사용에 관한 예측은 아직 이루어지지 않았다. 일례로, 정치적 요인이 원자력 에너지 개발에 중요한 역할을 했고, 다른 경우는 기술적 발전이 기대에 미치지 못했다. 대체에너지가 시행되기 위해서는 많은 경제적 비용이 필요하며, 이 시행의 실패는 많은 환경적 비용을 초래한다. 또한, 익숙한 것을 바꾸는 것을 꺼리는 경향이 있고, 새로운 기반시설을 개발하지 않는 것이 어느 정도는 경제적인 이익이 될 수 있다.

특정 지역에 대한 합리적인 선택을 위해서는 그 지역의 지리와 기후를 포함한 다양한 인자를 고려해야 한다. 미국 중서부에 적합한 대체에너지는 브라질이나 스코틀랜드에 적합한 것과 매우 다를 것이다. 햇빛이나 바람은 사용할 수 있는 양은 다르더라도 많은 지역에서 사용할 수 있다. 하지만, 어떤 지역에서는 수력, 조력, 파력 에너지 등 특별한 에너지원을 사용할 수 있을 것이다. 일부 에너지원들은 상호 배타적이지 않고 상호 간에 보완이 가능할 수 있다(예: 태양광 발전과 풍력 발전).

미래에는 이런 여러 기술의 조합이 활용될 것이며, 이는 에너지 경제에도 영향을 줄 것이다. 에너지 경제의 본질은 매우 복잡하며, 시간이 감에 따라 변화한다. 그림 21.3은 세계에너지협의회(World Energy Council)가 미래 에너지 경제에 대해 예측한 결과를 나타낸 그

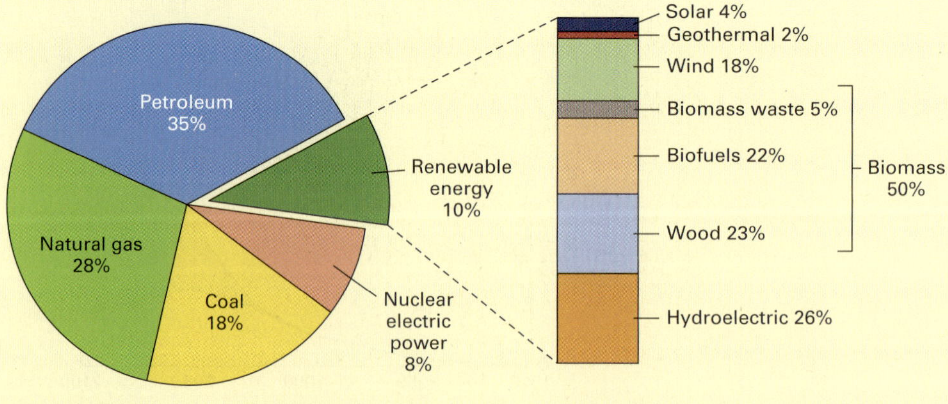

그림 21.2: 2014년 미국의 1차 에너지원 비율

U.S. Energy Information Administration, Energy Explained, http://www.eia.gov/energy_in_brief/article/major_energy_sources_and_users.cfm

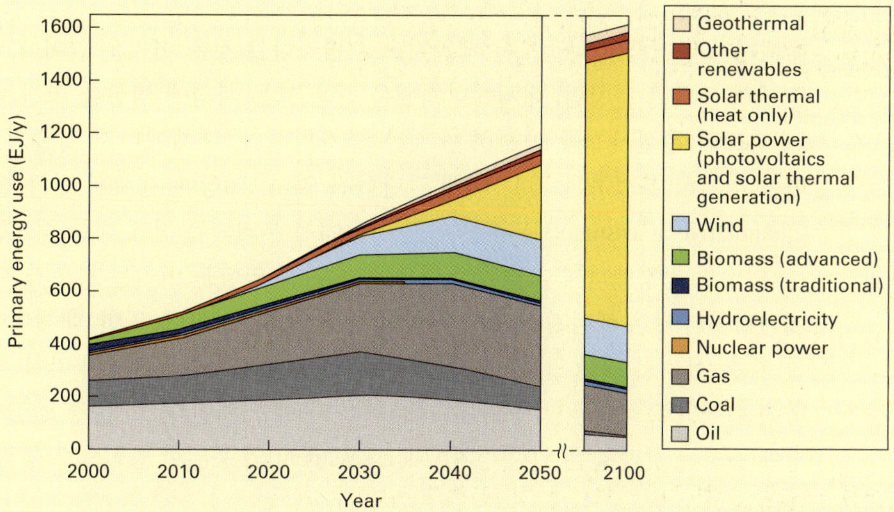

그림 21.3: 다음 세기에 여러 에너지원이 어떻게 사용될 것인지에 관한 추이 예측

Based on World Energy Council, 2010 Survey of Energy Resources, London, United Kingdom (2010)

래프이다. 연간 전체 에너지 사용량은 1600 EJ이며, 이 값은 그림 21.1에 나타낸 예측값의 거의 중간값이다. 이 예측에서는 20% 이하의 에너지만이 화석연료에서 생산되고, 60% 이상의 에너지를 태양으로부터 얻는다고 한다. 이런 미래 에너지 예측이 현실이 되려면, 새로운 태양에너지 기술을 개발하려는 야심 찬 노력과 함께 화석연료의 사용을 줄이려는 헌신적인 노력이 뒷받침되어야 할 것이다.

21.3 중요 고려사항

PART IV의 서론에서 언급했듯이, 이상적인 대체에너지 기술이 갖춰야 할 요건들은 청정도(clean), 무한성(unlimited), 재생가능성(renewable), 범용성(versatile), 경제성(economical)이다. 적어도 현재는, 미래 에너지 수요를 충족시키기 위한 완벽한 해결책은 없다. 각기 다른 에너지 기술들은 각기 다른 요건들을 충족시키지만, 이로 인한 혜택들을 비교하는 것은 그다지 분명하거나 간단하지 않다.

그림 21.3에 나온 것과 같은 미래 에너지 사용에 대한 예측 중 많은 수가 태양에너지가 미래 에너지 생산의 가장 큰 비율을 차지한다고 결론을 내린다. 태양에너지는 분명히 무한성과 재생 가능성의 관점에서 봤을 때 매우 긍정적으로 보일 수 있다. 태양 및 다른 에너지원이 다른 중요한 요건들을 만족시키는 정도에 대해서 매우 신중히 고려해야만 한다.

21.3a 청정도

대체에너지 기술의 청정도를 객관적으로 평가하는 것은 어려운 일이다. 이 교재의 PART IV에서 논의한 것처럼, 대체에너지원은 작든 크든 환경에 영향을 미칠 수 있다. 사실, 어느 정도의 온실가스를 배출하는 것은 불가피하다. 대체에너지 기술의 환경에 대한 영향을 철저히 분석하는 것은 대개 간단하지 않다. 16장에 제시된 것과 같은 정량적 평가(quantitative assessment)는 종종 어떤 기술에서 우려되는 점에 대한 중요한 원인을 제시해준다. 소위 청정에너지 기술들이 환경에 매우 큰 영향을 미치는 경우가 자주 있는데, 대체에너지원의 낮은 에너지 밀도가 원인인 경우가 대부분이다. 또한, 대체에너지의 대규모 생산, 수송, 유지를 위한 활동들의 필요성은 이 에너지 기술이 환경에 미치는 영향(때로 이 영향은 화석연료를 사용할 때보다도 클 수 있다)에 기여한다. 이 환경 영향에 대한 분석은 6장에 제시된 것과 같은 위험 평가(risk assessment)와 동일한 방식으로 행해진다.

21.3b 무한성

대체에너지 자원으로부터 이용 가능한 에너지는 각 에너지원의 특성과 규모, 그리고 이 에너지원들을 활용할 수 있게 해주는 실행 가능한 기술의 존재 여부에 따라 결정된다. 경우에 따라서는, 풍력 발전처럼 어떤 에너지 자원을 효과적으로 활용할 수 있게 해주는 적절한 기술(비록 이 기술이 에너지 자원 개발을 경제적, 환경적으로 실행 가능하게 만든다고 확신할 수는 없더라도)이 존재한다. 하지만, OTEC, 염도차 발전(salinity gradient energy)처럼 에너지 자원을 실질적으로 활용할 수 있기 전에 추가적인 기술적 진보가 필요한 예도 있다. 표 21.1에 현재 이용할 수 있거나 가까운 미래에 이용 가능한 기술들을 기반으로 하여 여러 대체에너지로부터 생산할 수 있는 일률을 정리하였다. 특정 자원으로부터 얻을 수

PROJECT 21.1
이산화탄소 격리

화석연료 발전소에서 발생하는 이산화탄소를 고갈된 천연가스 우물(depleted natural gas wells)에 격리하는 가능성에 대해 생각해보자. 미국의 최근 전기 생산량을 요약해보는 것부터 시작해보자. 미국에서 전기 생산을 위해 석탄과 천연가스를 연소시킬 때 연간 발생되는 이산화탄소의 부피를 계산해보라. 계산한 이산화탄소의 부피를 미국에서 채굴하는 천연가스의 부피와 미국 내에서 전기발전소로부터 현재 격리되는 이산화탄소의 부피와 비교해보라.

(a) 이산화탄소 배출로 인한 환경문제의 규모에 이산화탄소를 격리시키려는 노력이 적절한가?

(b) 이 전기생산과 관련된 시나리오에서, 고갈된 천연가스 우물이 이산화탄소 격리에 필요한 만큼 충분한가?

(c) 미국 내 고갈된 유정(oil wells)의 부피가 이산화탄소 격리에 필요한 용량에 어느 정도나 기여하겠는가?

(d) 이산화탄소를 연료 우물(천연가스 우물 혹은 유정)에 주입하기 위해 필요한 장소로 수송 시 잠재적인 기술적 어려움에 대해 조사해보라. 미국 내 화석연료 발전소의 분포와 연료 우물의 분포에 대해 대략적으로 분석해보라. 석탄화력발전소와 천연가스 우물로 한정하는 것이 가장 간단할 것이다. 이 방법으로 이산화탄소를 격리할 때 어떤 기반시설이 필요한지에 대해 추정해보라.

표 21.1: 다양한 신재생 에너지원으로부터 얻을 수 있는 일률(power).
표에 나타낸 일률은 현재 혹은 가까운 미래에 기술적 · 경제적으로 실현할 수 있는 값이다.

energy source	power available (TW)
solar	>1000
biomass	~6
wind	~4
tidal/waves/currents	~2
hydroelectric	~1
geothermal	<1
OTEC/salinity gradients	<1

있는 에너지는 그 자원의 이용 가능량(또는 매장량)과 자원을 활용할 수 있게 해주는 기술의 유효성에 따라 달라진다. 예를 들어, 태양전지 셀을 생산하는 데 필요한 인듐(indium)이나 풍력 터빈 발전기의 자석으로 쓰이는 희토류(rare earth elements)의 공급이 제한적인 상황을 생각해보자.

표 21.1에 주어진 값들을 21.2절에서 논의했던 미래 에너지 수요의 관점에서 살펴봐야만 한다. 그림 21.1에서 볼 수 있듯이, 미래의 연간 에너지 필요량은 1000에서 2000 EJ 사이로 예측된다. 이 에너지 필요량에 상응하는 평균 소비전력(power consumption)은 30에서 60 TW 사이이다. 그림 21.3에 나온 예측을 표 21.1에 주어진 에너지 자원들의 관점에서 볼 수 있다. 또한, 표 21.1은 태양에너지가 전체 에너지 필요량을 훨씬 넘어서며, 세계 에너지 수요를 충족시킬 수 있는 유일한 대체에너지 자원임을 보여준다(원자력 에너지는 이 표에 포함되지 않았다). 심지어 이용 가능한 태양에너지의 아주 일부만을 사용하더라도 필요한 에너지를 얻는 데 충분하다. 적어도 이론적으로는, 바이오매스와 풍력이 미래 에너지 수요의 큰 부분을 충족시킬 수 있는 주된 에너지 자원이 될 수 있다. 다른 자원은 지역에 따라서는 중요할 수도 있지만, 전 세계 규모에서는 큰 부분을 차지하지는 못한다. 따라서, 큰 규모에서는 오직 태양에너지만이 무한한(unlimited) 에너지라고 할 수 있을 것이다.

21.3c 재생가능성

표 21.1에 나온 대체에너지 자원들은 지열과 조력에너지를 제외하면 모두 태양에너지에서 기인하는 에너지 자원들이다. 태양에너지는 실질적으로 무한하기 때문에, 태양에너지 자원 또한 무한히 지속될 것이라고 예측할 수 있다. 이는 다음 두 가지 이유로 부분적으로만 사실이라고 할 수 있다. (1) 이 자원을 활용할 수 있는 능력에 영향을 주는 변화와 (2) 1차 에너지로 사용할 수 있는 비신재생 에너지 자원의 필요성 이 두 가지 모두 어떤 자원을 활용할 수 있는 우리의 역량을 제한할 수 있다. 첫 번째 경우는, 토사퇴적으로 인해 특정 지역에서 수력 에너지의 사용이 제한되는 것이 예가 될 수 있다(11장 참조). 두 번째 경우에는

PROJECT 21.2
희토류

많은 대체에너지 기술이 이용가능한 양이 한정적인 소재(혹은 특정 원소)를 활용한다. 충전지나 태양전지 셀에 쓰이는 리튬과 같이 이 교재에서 명확하게 다룬 경우도 있지만, 다른 경우는 명확히 다뤄지진 않았다. 미래 에너지 자원의 이용가능성에 관한 내용을 다룬 David Cohen의 기사 ["Earth audit," *New Scientist* **194** (2007): 34]는 다소 논란의 여지가 있다. 이 기사에는 자세히 다뤄지진 않았지만, 희토류는 에너지의 생산과 활용의 관점에서 신중히 고려될 필요가 있으며, 희토류라는 이름에서 알 수 있듯이 이 원소들은 흔하지 않다. 희토류는 자성(magnetic properties)을 가지고 있으며 많은 대체에너지 기술들의 중요한 요소로 쓰이기 때문에 매우 중요하다. 예를 들어, 현대식 풍력 터빈이나 배터리 전기차 같은 경우 희토류의 일종인 네오디뮴(neodymium, Nd)으로 만든 자석을 사용한다. 사실, Nd-Fe-B는 고에너지 영구자석의 산업규격이다.

어떤 희토류가 대체에너지 기술 개발에 중요한지 조사해보라. 풍력 터빈과 전기차를 위주로 조사하되, 다른 기술이 희토류를 필요로 할 가능성에 대해서도 간과하지 말도록 하라. 1 MW급 풍력 터빈 또는 가족용 배터리 전기차에 몇 kg의 희토류(예: Nd)가 필요한가? 만약 세계 에너지 수요가 초전도체를 사용하지 않은 종래의 풍력 터빈에 의해 생산된 전기로 충당되고 전 세계의 모든 승용차가 배터리 전기차라고 가정한다면, 이용 가능한 희토류의 양이 충분하겠는가? 다양한 원소의 전 세계 공급에 대한 조사하기 위해 웹사이트, http://minerals.usgs.gov/minerals/pubs/commodity/와 이 웹사이트 내 링크가 도움이 될 것이다.

희소물자들을 재이용하는 것이 필요할 것이다(21.3b절 참조). 이 두 가지 요인은 다른 가능한 에너지 기술들의 한계점일지도 모른다. 예를 들어, 지열에너지는 저장되어 있는 지열이 추출되는 속도가 보충되는 속도보다 빠르기 때문에 지속적이지 않고(15장 참조), 핵융합로에 연료를 공급하는데 사용되는 리튬(lithium) 자원의 양도 한계가 있다(7장 참조).

21.3d 범용성

대부분 대체에너지 기술의 목적은 발전용으로 사용되는 것이다. 전기가 우리의 에너지 수요를 맞추기 위해 적절한 에너지이긴 하지만, 수송용 연료로 전기를 사용하는 것은 신중히 고려해야 한다. 사실, 수송용 연료 기술은 이동이 쉽고 에너지 밀도가 높은 에너지 저장 메커니즘을 요구하기 때문에 쉬운 기술은 아니다. 또한, 1차 에너지를 차량을 운행하는 데 드는 에너지로 전환하려면 여러 단계를 거쳐야 하며, 이 과정에서 전체 효율이 매우 낮아지

PROJECT 21.3
미래의 리튬 사용

리튬은 미래에너지 기술에 있어 매우 중요한 원소 중 하나일 것이다. 리튬이 중요하게 사용될 수 있는 기술에 대해 요약해보라. 리튬의 유효성, 리튬을 여러 에너지 기술들에 사용하기 위해 필요한 것, 세계 리튬 자원이 얼마나 오래 지속될 것인지, 그리고 사용된 리튬의 재사용(재회수) 가능성에 대해서 논의해보라. 특히, 현재의 배터리 기술에 있어 리튬의 필요성과 핵융합발전에 있어 리튬의 미래 잠재적 필요성에 대해 대조해보라.

게 된다. 적절한 수송기술의 필요를 충족하기 위해서, 에너지를 생산하고 저장하는 방법은 전체 효율을 충분히 높일 수 있을 만큼 범용성이 있어야 한다. 현실적인 관점에서, 현재의 기술로 가능한 비화석연료 기반 수송기술은 바이오연료 또는 전기저장 메커니즘에 의존할 것이다.

바이오연료는 브라질에서는 매우 성공적으로 사용되고 있지만, 식물의 셀룰로스 성분을 이용하는 새로운 기술이 개발되지 않는 한 온대성 국가에서는 효과적이지 못하다. 전기차는 배터리나 수소 같은 전기저장 메커니즘이 필요하다. 20장에서 다룬 효율 분석에 따르면 현재 배터리가 가장 효율이 높은 전기저장 메커니즘이고, 또한 최근 새로운 배터리를 개발하기 위한 연구가 진행되고 있다. 리튬 자원은 다소 제한적이다. 만약 핵융합 에너지가 현실화된다면, 핵융합로에도 리튬이 필요하므로 배터리 외에도 리튬의 수요가 더 늘어나게 될 것이다. 7장에서 언급했듯이, 세계 리튬 자원은 약 1.7×10^{10} kg으로 예측된다. 19장에서의 논의에 근거하여, 차량용 리튬이온 전지를 만드는데 필요한 리튬의 양은 약 10 kg 정도이다. 따라서, 만일 효율 향상과 차량이 갖춰야 할 요구사항에 대한 인식의 변화가 없다면, 현재 이용 가능한 리튬으로는 약 1.7×10^{10} 대의 차량에 배터리를 공급할 수 있을 것이다. 현재 전 세계의 차량 대수는 약 6×10^{8} 대이며, 개발도상국에도 자동차 보급이 활성화될 몇십 년 후에는 두 배로 증가할 것으로 예상된다. 따라서, 대체에너지를 사용한 수송 기술의 실현가능여부는 근본적으로 가용자원(resource availability)에 달려 있다. 배터리 전기차 기반 수송 시스템의 장기적인 지속가능성은 세계 리튬 사용량과 효과적인 리튬 재활용에 대한 이해를 바탕으로 고려되어야 한다. 우수한 에너지 저장 능력을 가진 리튬-황 배터리(lithium-sulfur batteries)가 현재 개발되고 있다(그림 21.4). 나트륨의 전자 구조와 그에 따른 화학적 특성은 리튬과 유사한 부분이 있다. 나트륨을 이용한 배터리에 대한 연구가 진행 중이며, 지구상에 풍부한 원소를 사용한 배터리(즉, 저렴하게 생산이 가능한 배터리)로서 가능성을 보여준다(나트륨은 바다 소금에 포함되어 있다).

PROJECT 21.4
메탄 사용

미국은 석유 자원에 비해 상당한 양의 천연가스(메탄) 자원을 가지고 있다. 천연가스는 석탄을 대체할 화력발전용 청정 연료로서 장려되고 있다. 미래 수송기술에서 메탄의 사용에 대한 다음의 옵션을 고려해보자.

- 전통적인 내연기관 차량 구동을 위한 메탄의 연소
- 화력발전소에서 메탄의 연소를 통한 전기생산. 생산된 전기는 배터리 전기차에 사용됨.
- 화력발전소에서 메탄의 연소를 통한 전기생산. 생산된 전기는 수소 생산을 위한 전기분해에 사용됨. 이 수소는 연료전지 차량에 사용됨.
- 화력발전소에서 메탄의 연소를 통한 전기생산. 생산된 전기는 수소 생산을 위한 전기분해에 사용됨. 이 수소는 수소 내연기관 차량에 사용됨.
- 메탄을 고체산화물 연료전지 차량에 직접 사용.

각 옵션이 환경에 미치는 영향과 전체 효율의 측면에서 경제성에 대해 생각해보라.

PROJECT 21.5
디메틸에테르(dimethyl ether: DME)

천연가스(주로 메탄)은 상당히 풍부한 화석연료이다(3장 참조). 천연가스는 발전, 난방 등 다양한 용도로 쓰이고 있다. 하지만, 메탄은 기체이고 큰 부피의 저장탱크가 필요하기 때문에, 수송용으로 사용되기에는 적절하지 않다. 메탄의 낮은 끓는점은 메탄을 액화시키 어렵게 한다. 석유가스(petroleum gas)는 약 85%의 프로판(propane)과 기타 가스상 탄화수소들로 이루어져 있는데, 메탄보다 끓는점이 매우 높기 때문에 실온에서 약 1.5 MPa의 압력에서 액화가 가능하여 LPG(liquefied petroleum gas)를 생산할 수 있다. 용도에 따라서는 LPG가 메탄에 비해 장점을 가질 수 있다.

최근 DME 연료에 대한 관심이 매우 높아지고 있다. DME는 프로판과 비슷한 특성을 가지며, 메탄으로부터 생산이 가능하기 때문이다. 다음 사항들을 포함하여 DME 연료에 대해 조사해보라.

(a) 메탄과 프로판의 특성과 비교했을 때 DME의 특성은 어떤가?
(b) 메탄으로부터 DME를 생산할 수 있는 반응과 기술에는 어떤 것들이 있는가?
(c) 메탄을 DME로 전환하는 과정에 필요한 에너지(energy input)과 발생하는 에너지(energy output)는 얼마나 되는가?
(d) 메탄과 프로판과 비교했을 때 DME의 장단점은 무엇인가? 어떤 분야(혹은 기술)에 사용되었을 때 DME의 장점이 극대화되겠는가?
(e) 메탄으로부터 DME를 생산하는 과정과 연료를 연소시킬 때 발생하는 에너지를 고려했을 때, 메탄 대신 DME를 사용했을 때 생산되는 에너지당 이산화탄소 발생량(kg(CO_2)/MJ) 면에서 환경적인 이익이 있겠는가?

21.3e 경제성

여러 에너지 생산 방법의 경제성은 많은 인자에 영향을 받는다. 생산비용, 운영비용, 기반시설의 유비보수비용, 1차 에너지를 최종 에너지로 전환하는 전체 효율이 이러한 인자들이다. 대체에너지 기술은 대개 최종적으로 전기를 생산하는 에너지 전환 기술이다. 모든 대체에너지 기술은 화석연료와 경쟁해야 한다. 석탄, 석유, 천연가스는 쉽게 이용이 가능

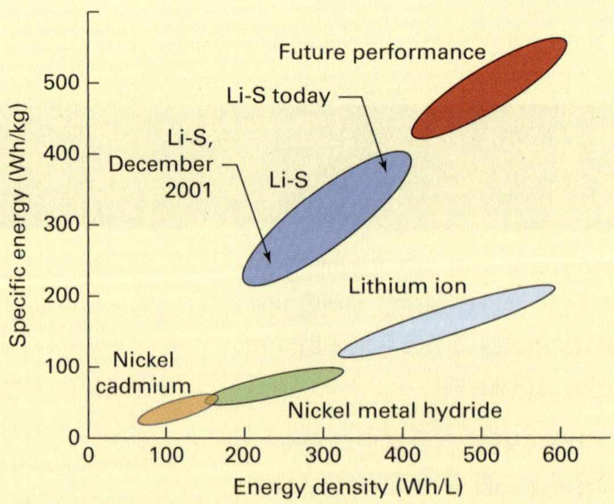

그림 21.4: 새로 개발된 리튬-황 배터리의 성능을 나타낸 Ragon 도표(Ragon plot)

Based on Thom Mason, Oak Ridge National Laboratory

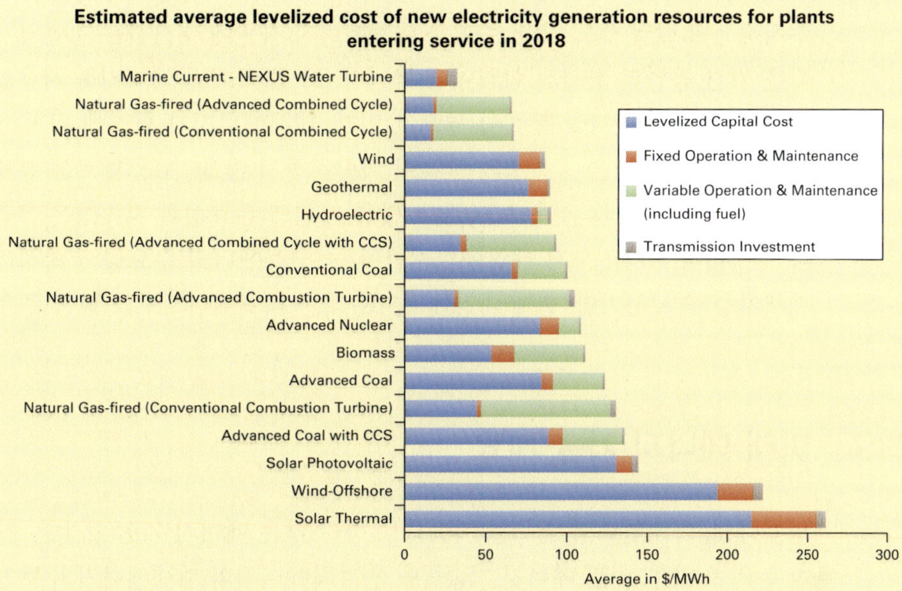

그림 21.5: 미국 에너지 관리청(U.S. Energy Information Adminstration)이 제공한 2018년부터 공급을 시작한 새로운 발전설비의 전기 생산 비용(US$/MWh) 추정치

U.S. Energy Information Administration, Levelized Cost and Levelized Avoided Cost of New Generation Resources in the Annual Energy Outlook 2017, http://www.eia.gov/outlooks/aeo/pdf/electricity_generation.pdf

하고 상대적으로 가격이 싼 반면, 새로운 에너지를 사용하는데 가장 중요한 것 중 하나가 가격이다. 자원의 이용가능성, 환경에 미치는 영향, 자원을 활용하는 데 필요한 재료의 이용 가능성 또한 고려될 필요가 있다. 그림 21.5는 미국의 여러 발전 설비들의 전기 생산 비용을 추정한 결과를 보여준다. 이 추정치는 2018년부터 전기 공급을 시작한 새로운 발전설비들의 전기 생산 비용이며, 이 비용이 어떻게 구성되어 있는지도 보여주고 있다(2.5c절 참조). 또한, 그림 21.5는 탄소 포집 기술이 화석연료 화력발전소의 전기 생산 순비용에 미치는 영향을 보여준다. 풍력, 지열, 수력 등 이미 확립된 신재생에너지원의 경우 화석연료와 비슷한 수준의 경제성을 달성했지만, 태양에너지(태양열과 태양광 모두)와 해안풍력의 경우 비용대비 효율이 그다지 높지 않다. 특히, 그림 21.5에 나타냈듯 이런 기술들은 기반시설비용과 운영비용이 높은 것을 볼 수 있다.

환경적인 관심과 편리함이 부족한 경제성을 어느 정도 상쇄할 수 있다 하더라도, 사용 가능한 최종 에너지당 비용(cost/kWh or MJ)이 어떻게든 경쟁력을 갖춰야 한다. 공익사업에 의해 개발된 시설의 경우, 개발비용, 기반시설비용, 유지보수비용 및 운영비용과 이 시설의 사용연한은 모두 에너지 기술의 경제성을 결정하는 데 중요한 인자이다. 석탄화력발전소, 원자력발전소, 수력발전시설 같이 이미 잘 확립된 기술의 경우 긴 회수기간이 괜찮을 수 있지만, 새로운 기술은 장기사용의 신뢰성, 유지보수비용, 운영비용의 측면에서 불안정하며, 분명히 짧은 회수기간이 바람직하다. 또한, 태양광, 압력지연삼투법(pressure-retarded osmosis), 대규모 배터리 저장과 같은 미래에 더 경제적일 수 있는 기술에 투자를 주저하는 추세일 수도 있다. 주거용 대체에너지 자원에 투자하는 개인의 경우, 일반적으로 짧은 기간 동안의 경제적 이익이 요구된다. 어쨌든, 어떤 에너지를 사용할 것인가를 고려할 때는 다양한 인자를 분석할 필요가 있다. 대체에너지가 환경에 미치는 영향에 대한 세심한 분석은 이 기술이 확립되는 것이 바람직하지 않을 수도, 때로는 분명한 결과를 가져오지 않을 수 있다는 것을 보여준다. 많은 자원의 유효성과 지속성은 우리가 원하는 것보다 부족하다. 사실, 오직 태양에너지만이 늘어날 에너지 수요를 충족시킬 만큼 무한하고 재생가능하다. 하지만, 현재 태양에너지는 다른 대체에너지보다 훨씬 큰 비용이 든다.

21.4 미래 에너지 기술 개요

명백하게, 화석연료의 연소를 기반으로 하지 않는 에너지 기술 개발은 필요하다. 이에 대한 논의를 위해, 이런 에너지 기술들을 원자력에너지와 재생에너지의 두 범주로 나눌 것이다. 첫번째 범주의 원자력에너지는 (적어도 가까운 미래엔) 핵분열에너지를 말한다. 두번째 범주에 속하는 옵션들을 이 교재의 PART IV에서 논의하였다. 이 절에서는 이용가능한 몇가지 에너지에 대해 간략히 요약해보고자 한다.

21.4a 원자력에너지

전통적인 열중성자로(thermal neutron reactor)는 현재 우리의 에너지 수요를 충족시키는데 큰 기여를 하는 잘 확립된 기술이다. 미래 이용가능한 우라늄 235(^{235}U) 자원은 현재보다 줄어들 것이다. 그러나 대규모 연료재처리(fuel reprocessing)를 통해 비핵분열성 우라늄 238(^{238}U)의 에너지 함량을 활용하는 것과 고속 증식로(fast breeder reactors)를 사용하는 것은 열중성자로를 오랫동안 실행가능한 옵션으로 만들어줄 것이다. 이 두 방법은 기술적으로 잘 확립되어 있다. 토륨 232(^{232}Th)를 에너지원으로 개발하는 것도 이 방법을 더 가능하게 할 것이며, 환경적으로도 더 이점이 있다. 핵융합은 가까운 미래에 실현되기에는 아직 기술적으로 부족하다.

21.4b 태양에너지

태양에너지는 태양열과 태양광 이 두 가지 방법으로 우리가 필요한 에너지를 공급할 수 있다. 태양열 에너지는 주택 난방에 가장 잘 맞는 방법이며, 미래 에너지 수요의 일부를 공급할 수 있다. 태양열 에너지는 이미 잘 확립된 충분히 발달된 기술이다. 태양열 에너지의 효율을 더 향상시킬 수 있는 여지는 많지 않지만, 태양열 에너지를 사용하기 위해 당장 중요한 돌파구가 필요하진 않다. 태양열 발전과 같은 대규모 태양열 에너지 사용은 다른 대체

에너지에 비해 경쟁력이 없을 것이다.

태양광 발전은 최근 많은 관심을 받고 있으며, 이 기술을 발전시키기 위한 많은 연구가 진행되고 있다. 태양광이 오래된 기술이긴 하지만, 한편으로 아직 많은 발전의 여지가 있는 미숙한 기술이기도 하다. 태양광 발전의 낮은 효율이 큰 문제점으로 지적되며, 더 높은 효율을 가지는 태양광 소재를 개발하는 연구가 필요하다. 태양광 발전이 가격대비 효율이 낮아서 실용적이지 않다. 만약 태양광 발전이 세계 에너지 수요의 큰 부분을 충족시키려면, 가격과 유효성을 고려한 새로운 소재의 개발이 이루어져야 한다. 또한, 고효율 태양광 소재를 개발할 때 중요한 역할을 하는 인듐(In), 카드뮴(Cd), 텔루륨(Te)과 같은 원소 자원은 한정적이다. 태양광 발전의 효율이 40% 정도면 바람직하지만, 만약 소재의 가격이 저렴하고 풍부한 자원을 이용할 수 있다면 15~20%의 효율도 괜찮을 수 있다. 분명히, 태양광 발전이 우리의 에너지 수요를 충족시키기 위해서는 넓은 땅이 필요하지만, 이 전체 땅의 면적은 태양광 발전 기술의 발전을 가장 심각하게 제한하는 요소는 아닐 것이다. 현재 이 기술을 제한하는 요소는 가격이며, 미래에는 재료의 유효성이 이런 요소가 될 수 있다. 만약 태양광 소자의 가격이 저렴하고 희토류 원소보다 좀 더 일반적인 재료를 사용할 수 있다면, 낮은 효율이 큰 문제가 되지는 않을 것이다.

태양에너지의 유효성은 장소와 위치에 따라 달라진다. 분명히 위도가 중요하며, 적도에서 먼 지역일수록 태양에너지를 이용하기에 적절하지 않다. 또한, 지리와 기후에 따른 지역적 변화는 태양에너지의 실행 가능성에 영향을 준다.

21.4c 풍력에너지

풍력에너지는 가까운 미래에 큰 변화가 없을 것으로 여겨지는 잘 확립된 기술은 기반으로

PROJECT 21.6
미래 태양광 발전

남은 21세기 동안 그림 21.3에 나온 미래 에너지에 관한 예측을 실현하기 위한 충분한 기반시설을 구축하는 가능성에 대해 평가해보라. 그림 21.3으로부터 현재부터 2100년까지 연간 태양에너지의 양(즉, W_e)을 예측할 필요가 있다. 이를 위해 필요한 태양전지 어레이의 면적은 얼마인가? 이 예측에 근거하여, 다음 질문들에 대해 논의해보시오.

(a) 현재의 기술 수준을 고려했을 때 어떤 태양광 소재가 가장 합리적인가?

(b) 위 문제의 기반시설 구축을 위해 필요한 재료(특히 중요한 원소들)의 질량은 얼마인가? 이것은 현재의 태양전지 생산과 어떻게 비교되는가? 추가적인 태양전지 생산 기반시설의 구축의 필요성에 대해 논하시오.

(c) 한 태양광 발전 시설의 기대수명은 얼마나 되는가? 이 기간 동안 태양전지 셀이 꼭 교체되어야 하는가?

(d) 미래에 태양전지의 효율이 이론적인 한계점까지 향상된다고 가정하면, 당신의 분석에 어떤 영향이 있는가?

(e) 만약 현재의 연구방향으로부터 새로운 태양전지 기술이 개발된다면, 경제성 또는 자원 유효성 면에서 어떤 종류의 태양전지가 선호되지 않겠는가?

PROJECT 21.7
풍력에너지 사용

풍력발전은 잘 확립된 기술을 기반으로 하고, 1 kWh$_e$당 순비용은 다른 재생에너지원에 비해 경쟁력이 있으며, 다른 기술에 비해 환경에 미치는 영향이 적다. 풍력발전의 편리한 측면은 수 kW$_e$급 소형부터 GW$_e$급 대형까지 여러 규모로 이용할 수 있다는 점이다. 이런 점 때문에, 풍력에너지는 최근 굉장히 활발히 사용되고 있다. 중국, 덴마크, 독일, 인도, 미국은 최근 풍력에너지를 매우 활발히 개발하고 있는 나라이다. 이 다섯 나라의 에너지 수요는 매우 다르며, 풍력발전이 세계 각지에서 어떻게 시행되고 있는지를 보여주는 좋은 예이다.

(a) 이 다섯 나라의 풍력에너지 사용에 관한 정보를 찾아보아라. 전체 전기생산량 중 풍력발전으로 생산하는 비율은 얼마인가?

(b) 다음 관계를 고려하여 각 나라의 설비 이용률을 추산하시오.
연간 총 에너지 생산량(Wh$_e$) = 정격용량(W$_e$) × 8760시간/년 × 설비 이용률

(c) 각 나라가 영토의 약 5%를 풍력발전용으로 활용한다고 가정했을 때, 각 나라는 전체 전기 수요의 몇 %를 풍력발전으로 생산할 수 있는가? 2 MW$_e$급 풍력터빈의 지름과 이 터빈들이 최적으로 배치될 수 있는 간격을 고려하라.

(d) 각 나라마다 다음 사항을 다룬 간략한 보고서를 작성하라.

- 각 나라의 에너지 수요를 충족시키기 위해 풍력발전을 개발하려는 노력을 지금까지 얼마나 진지하게 기울여 왔는가?
- 풍력에너지가 더 개발된다면, 훨씬 더 많은 전기생산량을 기대할 수 있는가? 풍력발전으로 전체 전기생산량 중 몇 %를 생산한다고 기대하는 것이 합리적인가?
- 해안 풍력발전 지역을 개발하는 것이 얼마나 중요한가?

한다. 풍력에너지는 상대적으로 저렴하며, 최근 풍력에너지의 사용이 증가하고 있다. 기후와 지역적인 영향을 무시할 수는 없지만, 풍력에너지는 광범위하게 사용된다. 전 세계적으로 이용가능한 전체 에너지가 제한적인 것이 풍력에너지의 큰 단점이다. 풍력에너지는 미래 에너지 수요의 일부를 충족시키는 데 도움이 될 수 있지만, 전체 에너지 수요를 만족시킬 수는 없다.

PROJECT 21.8
수력발전이 환경에 미치는 영향

중규모의 약 1 GW$_e$급 고낙차 수력발전 시설이 환경에 미치는 영향을 같은 용량의 일반적인 석탄 화력발전소가 환경에 미치는 영향과 가능한 한 정량적으로 비교해보자. 이를 근거로 석탄화력발전소가 최대한으로 가동될 때 연간 이산화탄소 배출량을 계산하라. 수력발전소와 관련해서 다음에 대해 생각해보라.

(a) 위 수력발전 시설에 필요한 저수지의 면적을 결정하라. 비슷한 규모의 수력발전 시설의 사양을 조사해보는 것이 도움이 될 수 있다.

(b) 이 시설이 보통 규모의 산림이 존재하는 온대 지역에 있다고 하자. 위 (a)에서 결정한 면적만큼의 산림을 저수지로 만든다고 할 때, 이 지역의 탄소 격리 능력이 얼마나 소실될지 계산하시오.

(c) 위 (b)에서의 결과가 열대 지역에서는 어떻게 다를까? 또한, 열대 지역 저수지에서 메탄 생성에 관한 정보를 찾아보라. 이 메탄 생성에 의한 온실효과와 산림이 저수지로 대체됨에 따른 이산화탄소 격리 능력 소실로 인한 온실효과를 비교해보라. 온대 지역 혹은 열대 지역에 있는 수력발전 시설이 환경에 미치는 전체적인 영향은 비슷한 용량의 화석연료 발전소와 비교했을 때 어떠한가?

21.4d 수력발전

수력발전은 풍력과 마찬가지로 이전부터 널리 사용되어온 잘 확립된 기술이다. 특히 북미 지역에서는 대규모 수력발전 시설을 더 건설할 수 있는 곳이 상대적으로 적다. 유입식(run-of-the-river) 수력발전의 경우 더 많은 개발 가능성이 있다. 풍력에너지와 마찬가지로, 수력발전은 세계 에너지 생산량의 일부분을 책임질 것이다. 그러나, 환경에 대한 영향과 지속성 이 두 가지에 대해 생각해보아야 한다. 11장에서 논의했듯이, 고낙차 수력발전 시설은 (특히 열대 지역에서는) 온실가스를 배출할 수 있고, 토사퇴적으로 인해 많은 수력 자원을 무한정으로 이용할 수 없다.

21.4e 조력과 파력에너지

세계 여러 곳에서 바닷물의 움직임으로부터 얻는 에너지를 사용하고 있다. 이 분야의 기술은 잘 확립된 과학적 이론을 바탕으로 하지만, 여전히 개발이 진행되고 있다. 조력발전은 프랑스와 캐나다에서 이용되고 있으며, 다른 지역에서도 미래에 개발될 수 있다. 조력에너지를 이용할 수 있는 장소는 꽤 한정적이기 때문에, 이 방법은 세계 에너지 수요의 일부를 충당하기보다는 특정 지역에 에너지를 공급하는 용도로 사용될 수 있다. 파도(또는 해류)는 더 광범위하게 이용이 가능하지만, 파도에너지는 특정 나라에 일부 에너지를 공급하는 데만 이용할 수 있을 것이다.

21.4f OTEC와 염도차 발전

바닷물의 온도차와 염도차를 이용한 해양에너지를 활용할 수 있다. OTEC 개발은 기대치에 한참 못 미친다. 낮은 효율과 기술적인 어려움으로 인해 OTEC의 사용은 제한적이다. 염도차 발전은 아직 개발 초기 단계이고 미래 에너지 수요의 일부를 공급할 수 있을지는 시간이 흘러야 알 수 있을 것이다.

21.4g 지열에너지

지열에너지는 널리 개발되어 왔으며 대부분 잘 확립된 기술을 이용한다. 적절한 지하자원(지열)을 이용할 수 있는 특정 지리학적 위치에서 에너지를 생산해야 한다. 지열로 얻을 수 있는 에너지는 한계가 있지만, 새로운 기술이 개발되면 지열 자원을 더 효율적으로 이용할 수 있을 것이다. 지열자원이 보충되는 것보다 빠르게 소모된다면 아마도 지열에너지의 지속성에 의문을 품을 수밖에 없을 것이다.

PROJECT 21.9
물을 기반으로 하는 여러 에너지 기술의 비교

다양한 대체에너지의 장점을 비교하는 것은 복잡한 일이다. 이를 위해서는 경제성, 자원 이용가능량, 환경에 미치는 영향 등의 인자를 고려해서 분석해야 하지만, 이들 인자들을 수량화하는 것은 어려운 일이다. 한 가지 간단한(어쩌면 너무 순진한) 방법은 단위 자원당 생산되는 에너지를 살펴보는 것이다. 이 방법은 환경에 미치는 영향이나 다른 인자들을 고려하지 않기 때문에 이 분석결과를 확대해석하는 것은 적절치 않다. 하지만, 이런 유형의 분석은 여러 종류의 기술들에 대한 상대적인 선호도에 관한 통찰을 제공해준다. 예를 들어, 측정 가능한 양(1 m^3의 물에서 생산 가능한 에너지(MJ/m^3))을 이용하여, 물에서 에너지를 얻는 방법에 대해 고려해보자. 다음에 설명된 물 기반의 에너지 기술에 대해 생산 가능한 에너지(MJ/m^3)를 계산하시오.

- **수력**: 물의 위치에너지를 전기로 전환하는 기술이다. 낙차가 1000 m(전형적인 고낙차 수력발전 시설), 민물의 밀도는 1000 kg/m^3, 전환효율은 90%이다. MJ/m^3를 계산하시오.
- **파력/조력(해류)**: 움직이는 물의 운동에너지를 전기로 전환하는 기술이다. 바닷물의 밀도는 1025 kg/m^3, 바닷물의 속도는 5 m/s, 전환 효율은 35%이다. MJ/m^3를 계산하시오.
- **OTEC**: 바다의 열에너지를 전기로 전환하는 기술이다. 열대 지역에서 열기관을 이용해 열에너지를 기계적인 에너지로 전환할 때의 이상적인 Carnot 효율을 계산하시오. 이 기계적인 에너지를 전기로 전환하는 효율이 90%일 때, MJ/m^3를 계산하시오.
- **삼투에너지(osmotic energy)**: 바닷물의 화학에너지를 전기로 전환하는 기술이다. 바닷물의 몰농도는 500 mol/m^3이라고 할 때, 삼투에너지를 고려한 유효낙차를 계산하시오. 터빈과 발전기를 통해 전기로 전환되는 효율은 80%이다.

계산한 결과를 표로 만들고 이 결과에 대해 논하시오. 어떤 방법이 물로부터 전기에너지를 얻는 가장 효율적인 방법인가?

이 평가 방법이 어느 기술이 실현 가능한지에 대한 합리적인 견해를 제공하는가? 이 실현가능성에 대한 더 복잡한 질문에 답하기 위해 다음 요소를 평가하는 것을 고려해보라.

- 에너지 생산에 필요한 기반시설
- 운영비용과 운영상 어려움
- 에너지 분포에 대한 고려
- 1차 에너지를 최종 에너지로 전환하는 전체 효율

PROJECT 21.10
OTEC용 에너지 저장 메커니즘으로서의 수소

다음 에너지 시나리오에 대해 연구해보자.

10 MW_e급 OTEC 시설이 OTEC에 최적의 환경을 갖춘 500 km 연안을 따라 위치해 있다. 이 시설에서 생산되는 전기는 해안으로 전송되어야 한다. 전기분해를 통해 생산한 수소를 액화시킨 후 액화수소를 배를 이용해 해안으로 수송하는 방안이 제안되었다. 이 해안에서 연료전지를 사용해 수소를 전기로 전환시킨다. 이 배는 액체수소를 연료로 사용하는 수소 내연기관으로 구동된다. 이 시나리오의 경제성과 전체 에너지 효율을 요약하는 보고서를 작성하라. 이 기술을 개발하기 위한 프로그램에 투자를 권고하겠는가? 이 기술의 실현 가능성을 일반적인 대체에너지 기술(예: 육상풍력발전)과 비교해보라.

21.4h 바이오매스 에너지

바이오매스 에너지의 실현 가능성은 바이오매스를 최종 에너지로 전환하는 효율에 달려있다. 바이오에너지는 미래 에너지 생산의 큰 부분을 차지할 수 있지만, 현재의 기술로는 바이오에너지의 효율적인 사용이 적절한 기후를 갖춘 지역(즉, 열대 지역)으로 제한된다.

PROJECT 21.11
대체에너지 자원 비교

큰 강이 생산적인 농업지역을 통과해 흐른다. 이 지역은 좋은 일사량, 좋은 기상조건(바람 등), 적당한 고도변화를 갖추고 있다. 다음 계획 중 하나를 통해 이 지역에 대체에너지를 개발하려고 한다.

- 이 강을 열 흡수원(heat sink)으로 사용하는 원자력발전소를 건설한다.
- 100 km^2 면적의 풍력발전 지역을 건설한다.
- 100 km^2 면적의 태양전지 어레이를 건설한다.
- 에탄올 생산을 위해 100 km^2의 식량작물 재배지를 옥수수 재배지로 바꾼다.
- 수력발전을 위해 강에 댐을 건설하고 100 km^2 면적의 저수지를 만든다.

각 계획의 에너지 생산량(면적당 에너지)과 환경에 미치는 영향 측면에서, 각 계획의 장단점에 대해 가능한 한 정량적으로 논하시오. 다음 요인에 대한 분석을 포함하시오.

- 기반시설 비용, 순 MW_e 용량당 추산 비용
- 예상되는 자원의 지속성
- 운영비용과 kWh_e당 순비용
- 기반시설 건설이 환경에 미치는 영향과 시설 운영이 환경에 미치는 영향

셀룰로오스를 원료로 하는 효율적인 에탄올 생산 공정을 개발하는 것은 바이오연료를 더 보편적인 연료로 만들어줄 것이다. 도시 폐기물로부터 생산하는 에너지는 많이 쓰이고 있진 않다. 하지만, 쓰레기로부터 에너지를 얻는 것은 다른 어떤 쓰레기 처리 방법보다 선호되기 때문에, 도시 폐기물을 에너지 생산용으로 사용하는 것은 환경적인 측면에서 이로울 수 있다.

21.5 효율적인 에너지 이용

환경 친화적인 에너지원으로부터 효율적이고 경제적으로 에너지를 생산하는 것은 지속가능한 미래를 위해 필요하지만, 이런 에너지를 효율적이고 효과적으로 사용하는 것도 매우 중요하다. 이 교재에서 논의했던 이와 관련된 인자들은 다음 세 가지로 분류할 수 있다.

1. 에너지 절약
2. 효율적인 에너지 분배
3. 에너지 저장

21.5a 절약

새로운 에너지 기술을 개발하는 것이 지속가능한 미래를 위해 중요하지만, 생산된 에너지를 최대한 잘 사용하는 것도 에너지 수요를 줄이는 데 도움이 된다. 따라서, 에너지 절약은 미래에 충분한 에너지 공급을 유지하기 위해 중요하며, 또한 에너지의 생산과 사용으로부터 야기될 수 있는 환경문제를 처리하는데도 매우 중요한 부분이다. 사실상 모든 에너지 생산과 사용

이 환경에 영향을 미치므로, 에너지 사용을 줄이는 것은 이런 영향을 줄일 수 있다.

17장에서 본 것처럼, 에너지 절약은 정부의 에너지 정책과 국가 간 협력, 상업과 산업적 실천을 위한 지방정부의 정책, 개인의 노력 등 다양한 단계에서 이루어질 수 있다. 에너지 절약은 개개인이 앞장서서 미래 에너지 문제를 해결할 수 있는 이상적인 방법이다(개개인의 노력이 쌓여 큰 효과를 낼 수 있다). 비록 효과적인 관행을 바꾸는 것에 대해 꺼려 하는 경우가 많고 해결해야 할 경제적 문제가 항상 존재하지만, 에너지 절약을 위한 많은 행동들이 삶의 질을 향상시키는데 효과적이고 꽤 합당한 기간에 금전적인 이익을 가져올 수 있다. 질 높은 환경과 장기적인 에너지안보는 우리가 에너지를 절약하는 노력으로 얻을 수 있는 추가적인 이익이다.

PROJECT 21.12
통합 가정용 난방 시스템 분석

집주인이 지붕에 설치할 태양열 집열판과 강제식 고온공기 배관을 통해 열을 공급하는 천연가스 보일러로 구성된 통합 중앙 가정용 난방 시스템을 설치할 계획을 세운다. 한 벽이 남향인 이 집의 크기는 15 m × 10 m이며, 위도 40°N에 위치해 있다. 일 년에 32°C인 날이 100일이라고 한다. 난방에 필요한 열은 8장에서 논의했던 일반적인 값이라고 하자. 온수공급 시스템은 이 난방 시스템과 별개이다. 당신은 대체에너지 난방 컨설팅 회사의 직원인데, 위에 설명한 난방 시스템을 개발하는 일을 맡았다고 하자. 이 시스템을 위한 제안서를 작성하라. 당신이 작성한 제안서는 이 난방 시스템에서 각기 다른 여러 구성요소들이 어떻게 통합될지를 보여주는 도해를 첨부해야 한다. 이 시스템의 매개변수들(예: 태양열 집열기의 면적, 적절한 에너지 저장 시스템의 크기, 천연가스 보일러의 에너지 생산 요구량, 기타 여러 사양들)에 대해 구체적으로 명시하라. 집주인은 특히 연간 필요한 천연가스의 양(STP에서의 부피(m^3))을 알고 싶어 한다.

PROJECT 21.13
통합 지능형 전력망 시스템 분석

인구가 32만명이고 일인당 연평균 전기 필요량이 33 MWh_e인 지역에 전기를 수입하지 않고 자족적으로 전기를 공급하는 시스템을 구축하려고 한다. 구축하려는 시스템은 기저부하 용량을 공급하기 위한 석탄화력발전소, 전기수요가 가장 높을 때 추가 전력을 공급하기 위한 풍력발전 지역, 전기수요가 많지 않을 때 풍력발전으로 생산된 전기를 저장하기 위한 양수식 수력 저장 시설로 구성하기로 결정되었다. 지능형 전력망 제어 시스템을 통해 이 시스템의 운영을 관리할 것이다. 이 지역은 적절한 풍력 자원, 주변 강으로부터의 풍부한 수자원이 있으며, 또한 이 지역의 고도는 변동이 심하다. 이 시스템의 각 구성요소에 최소한으로 요구되는 조건들을 명시한 제안서를 작성하라. 각 기술의 효율, 설비 이용률, 천연자원의 유효성에 대한 합리적인 가정이 필요할 것이다. 전력수요변화에 대해서는 그림 18.1을 참조하라. 최소한 다음 사항들을 고려하라.

- **석탄화력발전소**: 가능한 용량(MW_e)는 얼마인가? 일주일에 얼마만큼의 석탄이 필요한가? 얼마만큼의 냉각수가 필요한가?
- **풍력발전 지역**: 합리적인 설비 이용률을 고려했을 때 필요한 용량은 얼마인가? 1 MW_e급 터빈이 몇 개가 필요한가? 이를 위해 얼마만큼의 면적이 필요한가?
- **양수식 수력 저장**: 전체 저장용량(GWh)는 얼마나 돼야 하는가? 이 저장용량을 위해 필요한 저수지의 크기(면적, 평균 깊이 등)는 얼마나 돼야 하는가? 이에 맞는 최소 낙차와 유량을 제시하라.
- **지능형 전력망**: 가장 효율적으로 이 지역사회에 필요한 전기를 공급하기 위해 지능형 전력망이 어떻게 이 시스템의 각 구성요소를 통합할 수 있을지에 관해 설명하시오.

21.5b 분배

대규모 전력 분배는 우리가 에너지를 사용하는 데 있어 매우 중요하다. 전력망은 에너지 생산 시설과 사용자를 연결해준다. 과거에는 화석연료를 사용한 화력발전소, 원자력 발전소, 수력발전소에서 전기를 생산했다. 화석연료 발전과 원자력 발전은 전기생산량을 공급자가 제어할 수 있다. 에너지 수요에 맞춰 전기생산량을 제어하는 기간은 연소터빈의 경우 매우 짧을 수 있고, 석탄화력발전이나 원자력 발전의 경우 더 길 수 있다. 예측이 쉬운 계절에 따른 수요 변동을 제외하면, 수력발전소의 전기 생산량은 공급자가 쉽게 제어할 수 있다. 따라서, 전력망으로 공급되는 전기는 수요에 따라 제어할 수 있다.

최근 풍력, 태양, 조력 등의 대체에너지가 개발되면서, 효율적인 전력 분배가 더 복잡해졌다. 대체에너지를 이용한 전기생산량이 일정하지 않음에 따른 에너지 저장 메커니즘의 필요성과 수요와 공급의 균형을 잘 맞추기 위해 자원을 더 효율적으로 활용하기 위한 바람은 지능형 전력망(smart grid) 기술의 개발로 이어졌다. 이 기술은 세계 몇몇 지역에서 시행되고 있으며, 이 분야의 개발은 앞으로도 계속될 것이다. 이 방법은 가장 효율적으로 유효한 자원을 사용하기 위해 기저부하용 에너지원(예: 원자력에너지)을 변동이 심한 에너지원(예: 태양에너지, 풍력에너지), 적절한 에너지 저장 메커니즘(예: 배터리, 양수식 수력발전)과 통합할 필요가 있다. 소비자의 에너지 사용량 실시간 모니터링(혹은 제어)과 결합된 지능형 전력망 기술은 전력 분배의 가장 효과적인 방법을 제공할 것이다.

21.5c 저장

에너지를 필요한 장소에서 필요할 때에 맞춰 바로 생산하는 것은 불가능하기 때문에 에너지를 저장하는 것은 많은 에너지 시스템(특히 대체에너지원의 경우에)을 실현 가능하게 하는데 있어 매우 중요한 요소이다. 특정 용도에 적합한 에너지 저장 기술을 선택하는 것은 다음을 포함하여 여러 요인을 고려해야 한다.

1. **1차 에너지와 최종 에너지의 형태**: 에너지 저장은 보통 전기에너지를 저장하는 것을 말한다. 예를 들어 풍력발전으로 생산한 전기를 전력망으로 공급할 때까지 저장해두는 것이 필요하다. 이 경우, 일반적으로 양수식 수력 저장 방법을 사용한다. 다른 일반적인 방법은 태양열 집열기를 통해 모은 열을 차후 난방이나 온수공급에 사용하는 것이다. 이 경우, 열 공급 시스템의 종류에 따라 물탱크나 돌 혹은 모래를 담은 컨테이너를 사용하는 것이 적절할 수도 있다.
2. **크기와 무게의 제한**: 에너지 저장 장치의 크기는 휴대용 에너지 저장 시스템에서 가장 중요하다. 차량의 크기나 무게에 제한이 있는 수송용으로 사용되는 경우가 이에 해당한다. 배터리 전기차에 쓰이는 배터리나 연료전지 차량의 연료인 수소가 수송용으로 쓰이는 가장 일반적인 에너지 저장 방법이다.
3. **전체 에너지 저장 용량**: 저장장치의 크기가 중요한 경우(예: 차량용), 에너지 밀도가

PROJECT 21.14
주거용 에너지 저장

시골 지역에 거주하는 집주인이 일주일 간 추가적인 전력이 필요하여 이 추가 전력을 저장하려 한다(북미에서 단독주책 한 채의 일반적인 전기수요는 2장을 참조하라). 일반적으로 가솔린(때때로 디젤 또는 프로판) 발전기를 사용하면 되지만, 집주인은 에너지를 저장하기 위해 비화석연료를 사용하고자 한다. 가능한 옵션을 다음과 같다.

- 에탄올 연료를 사용하는 내연기관 발전기
- CHG를 연료로 사용하는 연료전지
- 납산(Pb acid) 배터리
- 리튬이온 배터리
- 플라이휠 발전 시스템
- 압축공기 발전기

각 시스템의 디자인에 대해 논하라. 특히, 일주일간 공급할 전기를 생산하는 데 필요한 연료(만약 연료를 사용하는 경우라면)의 양과 가솔린 발전기에 비해 환경적인 이점에 대해 고려하라.

PROJECT 21.15
차량용 배터리와 슈퍼커패시터

1500 kg의 연료전지 차량을 운행하는 데 필요한 평균 에너지는 0.7 MJ/km이다. CHG 연료는 0.1 m^3 탱크에 35 MPa로 저장되고, 전기는 100 kW급 PEM 연료전지로 생산된다. 여기에 에너지 저장 시스템을 추가하여 파워와 운행거리를 증가시키려고 한다. 추가하려는 에너지 저장 시스템은 리튬이온 배터리, 슈퍼커패시터, 혹은 이 둘 모두로 이루어지며, 어느 경우에도 전체 차량 무게의 5%를 넘지 않아야 한다. 배터리, 슈퍼커패시터, 혹은 둘 모두로 이루어진 시스템은 외부에서 공급되는 전기로 충전되며, 파워와 운행거리 모두 30% 향상되어야 한다.

(a) 배터리 혹은 슈퍼커패시터를 단독으로 사용할 경우, 이 요구사항을 충족시킬 수 있는가?
(b) 만약 요구사항을 충족시킬 수 없다면, 이 둘의 조합을 사용하면 요구사항을 충족시킬 수 있는가?
(c) 만약 요구사항을 충족시킬 수 있는 설계가 가능하다면, 차량의 무게가 최소한 얼마큼 늘어나겠는가? 만약 불가능하다면, 배터리/슈퍼커패시터가 조합된 시스템이 차량 무게의 5%를 넘지 않는 선에서 이 요구사항의 어느 정도까지 충족시킬 수 있겠는지 구체적으로 명시하라.

높아야 한다. 화학공정을 통해 에너지를 저장하는 시스템(예: 배터리, 수소)이 가장 적합하다. 배터리나 수소 메커니즘은 액체 화석연료(예: 가솔린)의 에너지를 아직 완전히 대체하지는 못하지만, 잠재적으로 가능성이 있다. 기계적 에너지를 저장하는 시스템(예: 압축공기, 양수식 수력)은 낮은 에너지 밀도를 가지며, 크기의 제한 없이 많은 양의 에너지를 저장하는 데 적합한 방법이다.

4. **최대 유효 전력**: 에너지 저장 시스템이 저장된 에너지를 필요한 곳에 공급할 수 있는 속도는 보통 중요한 고려사항이다. 수송용으로 사용되는 경우, 차량 운행에 필요한 충분한 에너지를 공급할 수 있어야 한다. 배터리 전기차나 연료전지 차량의 경우, 최대 유효 전력은 전체 에너지 저장 용량보다 제약이 적다. 필요하다면 슈퍼커패시터를 보조 전원으로 사용할 수 있다. 대규모 에너지 저장 시스템(예: 전력망과 연결하기 위한 시스템)은 사용자의 수요를 맞출 필요가 있다. 양수식 수력 시설도 이런 수요를 맞추기 위해 잘 설계되어야 한다(낙차, 유량 등).

21.6 결론

미래 에너지를 결정할 때 다음 인자들을 고려해야 할 것이다.

- 과학
- 기술
- 환경
- 경제
- 정치

에너지 생산의 많은 측면에서 기초 과학은 여전히 중요하다. 예를 들어, 태양전지와 배터리의 새로운 소재를 개발하기 위해 물리학을 이해해야 한다. 기술의 발전은 기초 과학이론을 이용하여 발전할 필요가 있다. 효율적인 태양전지를 개발하는 것과, 파도의 움직임을 전기로 전환하는 새로운 장치를 설계하는 것이 그 예이다. 에너지 생산 기술이 환경과 어떻게 상호작용하는지 완전히 이해할 필요가 있다. 소위 환경 친화적 혹은 녹색 에너지 생산 기술은 처음 생각한 것보다 더 환경에 영향을 미칠 수 있다. 에너지는 에너지를 필요로 하는 누군가에게 공급될 수 있어야 하며, 새로운 기술은 언젠가는 기존의 방법과 마찬가지로 경제성이 있어야 한다. 그렇지 않으면 새로운 기술의 개발은 저해될 것이다. 정치적인 사안이 종종 에너지 정책을 결정하고, 하이브리드 차량이나 수소 차량 같은 새로운 기술에 대한 대중의 인식은 항상 정확하진 않을 수도 있다. 에너지에 대해 잘 아는 대중들이 항상 최선의 선택을 한다.

에너지 문제에 대해 명확하고 즉각적인 답은 없다. 최선의 방법을 결정하고 그 방법을 따르기 위한 기술을 개발하는 것은 하나의 도전일 것이고, 또한 헌신과 인내를 요구할 것이다. 이를 위해 매우 많은 노력이 필요하다. 서문에서 에너지 문제와 관련된 과제의 방대함(대형 에너지 시설을 매일 하나씩 50년간 건설해야 한다)에 대해 시사하였다. 미래의 안정적인 에너지 공급을 위해 지속가능하고 환경 친화적인 시설의 개발에 대한 명확한 비전과 함께 전 세계적인 노력이 필요하다.

참고문헌

J. Fanchi. *Energy: Technology and Directions for the Future*. Elsevier, Amsterdam (2004).

R. Heinberg. *Power Down: Options and Actions for a Post-Carbon World*. New Society, Gabriola Island, Canada (2004).

R. Hinrichs and M. Kleinbach. *Energy: Its Use and the Environment*, (5th ed.) Brooks-Cole: Belmont, CA (2012).

T. B. Johansson, H. Kelly, A. Reddy, and R. Williams (Eds.). *Renewable Energy: Sources for Fuels and Electricity*. Island Press, Washington, DC (1992).

D. J. C. Mackay. *Sustainable Energy-Without the Hot Air.* UIT Cambridge, Cambridge, MA (2009).

V. Smil. *Energy at the Crossroads-Global Perspectives and Uncertainties*. MIT Press, Cambridge: MA (2003).

B. Sorensen. *Renewable Energy: Its Physics, Engineering, Environmental impacts, Economy, and Planning Aspects*, (2nd ed.) Academic Press, London (2002).

Special Report on Emission Scenarios-Summary for Policymakers. IMHO and UNEP, Geneva (2001), available at http/www.ipcc.ch/pub/SPM_SRES.pdf

C. Starr, M. F. Searl, and S. Alpert. "Energy sources: A realistic outlook." *Science* **256**, (1992): 981.

J. W. Tester, D. O. Wood, and N. A. Ferrari (Eds.). *Energy and the Environment in the 21st century*. Cambridge. MIT Press, Cambridge, MA (1991).

J. Tester, E. Drake, M. Driscoll, M. W. Golay, and W. A. Peters. *Sustainable Energy: Choosing Among Options*. MIT Press, Cambridge, MA (2006).

J. R. Wilson and G. Burgh. *Energizing Our Future: Rational Choices for the 21st Century*. Wiley, Hoboken, NJ (2008).

R. Wolfson. *Energy, Environment, and Climate*, (2nd ed.) W.W. Norton, New York (2011).

World Energy Council. *World Energy Resources 2016*, available online at https://www.worldenergy.org/publications/2016/world-energy-resources-2016/

부록

부록 I

10의 제곱수

number	prefix	abbreviation
10^{18}	exa	E
10^{15}	peta	P
10^{12}	tera	T
10^{9}	giga	G
10^{6}	mega	M
10^{3}	kilo	k
10^{-3}	milli	m
10^{-6}	micro	μ
10^{-9}	nano	n
10^{-12}	pico	p
10^{-15}	femto	f
10^{-18}	atto	a

물리상수

quantity	symbol	value	units
alpha particle binding energy	B_α	28.296	MeV
alpha particle mass	m_α	4.00150618 3727.409	u MeV/c^2
atomic mass unit	u	$1.6605402 \times 10^{-27}$ 931.494	kg MeV/c^2
Avogadro's number	N_A	6.0221367×10^{23}	$mole^{-1}$
Boltzmann's constant	k_B	$1.3806488 \times 10^{-23}$ 8.6173324×10^{-5}	$J \cdot K^{-1}$ $eV \cdot K^{-1}$
Coulomb constant	$1/4\pi\varepsilon_0$ $e^2/4\pi\varepsilon_0$	8.987551×10^9 1.439976	$N \cdot m^2 \cdot C^2$ $MeV \cdot fm$
deuteron binding energy	B_d	2.224	MeV
deuteron mass	m_d	2.013553214 1875.628	u MeV/c^2
electron mass	m_e	$5.48579903 \times 10^{-4}$ 0.5109988	u MeV/c^2
electron volt	eV	$1.60217733 \times 10^{-19}$	J
electronic charge	e	$1.60217733 \times 10^{-19}$	C
gas constant	R	8.314510	$J \cdot K^{-1} \cdot mol^{-1}$
gravitational acceleration	g	9.80665	m/s^2
gravitational constant	G	6.67259×10^{-11}	$N \cdot m^2 \cdot kg^{-2}$
neutron mass	m_n	1.008664904 939.56531	u MeV/c^2
permittivity of vacuum	ε_0	8.854×10^{-12}	F/m
Planck's constant	h	$6.6260755 \times 10^{-34}$ 4.13570×10^{-15}	$J \cdot s$ $eV \cdot s$
	$\hbar$	$1.05457266 \times 10^{-34}$ 6.58217×10^{-16}	$J \cdot s$ $eV \cdot s$
	hc	1.240×10^3	$MeV \cdot fm$
	$\hbar c$	1.973×10^2	$MeV \cdot fm$
proton mass	m_p	1.007276470 938.2723	u MeV/c^2
speed of light	c	2.99792458×10^8	$m \cdot s^{-1}$
Stefan-Boltzmann constant	σ	5.67051×10^{-8}	$W \cdot m^{-2} \cdot K^{-4}$

부록 III

여러 가지 환산인자

왼쪽에 있는 단위를 오른쪽에 있는 단위로 환산하려면 왼쪽에 있는 단위에 환산인자를 곱하면 된다. 오른쪽에 있는 단위를 왼쪽에 있는 단위로 환산하려면 오른쪽에 있는 단위를 환산인자로 나누면 된다.

convert from (convert to)	**multiply by (divide by)**	**convert to (convert from)**
astronomical units (au)	1.49×10^{11}	meters (m)
barrels (bbl)	158.97	liters (L)
becquerels (Bq)	1.0	decays per second (s^{-1})
electron volts (eV)	1.6×10^{-19}	joules (J)
hectares (ha)	10^4	square meters (m^2)
kilowatt hours (kWh)	3.6×10^6	joules (J)
million electron volts (eV)	1.6×10^{-13}	joules (J)
years (y)	3.15×10^7	seconds (s)

연료의 에너지 함량

fuel	quantity	equivalence in joules
crude oil	liter	3.85×10^7
	barrel (bbl = 42 U.S. gal)	6.12×10^9
gasoline	liter	3.48×10^7
bituminous coal	kilogram	3.10×10^7
natural gas (STP)	cubic meter	3.85×10^7
^{235}U (fission)	gram	8.28×10^{10}
deuterium (fusion)	gram	2.38×10^{11}
wood (maple, 20% water)	kilogram	1.4×10^7
ethanol	liter	2.35×10^7
municipal waste	kilogram	1.0×10^7

원소

element	symbol	atomic number	element	symbol	atomic number
actinium	Ac	89	gold	Au	79
aluminum	Al	13	hafnium	Hf	72
americium	Am	95	helium	He	2
antimony	Sb	51	holmium	Ho	67
argon	Ar	18	hydrogen	H	1
arsenic	As	33	indium	In	49
astatine	At	85	iodine	I	53
barium	Ba	56	iridium	Ir	77
berkelium	Bk	97	iron	Fe	26
beryllium	Be	4	krypton	Kr	36
bismuth	Bi	83	lanthanum	La	57
boron	B	5	lawrencium	Lr	103
bromine	Br	35	lead	Pb	82
cadmium	Cd	48	lithium	Li	3
cesium	Cs	55	lutetium	Lu	71
calcium	Ca	20	magnesium	Mg	12
californium	Cf	98	manganese	Mn	25
carbon	C	6	mendelevium	Md	101
cerium	Ce	58	mercury	Hg	80
chlorine	Cl	17	molybdenum	Mo	42
chromium	Cr	24	neodymium	Nd	60
cobalt	Co	27	neon	Ne	10
copper	Cu	29	neptunium	Np	93
curium	Cm	96	nickel	Ni	28
dysprosium	Dy	66	niobium	Nb	41
einsteinium	Es	99	nitrogen	N	7
erbium	Er	68	nobelium	No	102
europium	Eu	63	osmium	Os	76
fermium	Fm	100	oxygen	O	8
fluorine	F	9	palladium	Pd	46
francium	Fr	87	phosphorus	P	15
gadolinium	Gd	64	platinum	Pt	78
gallium	Ga	31	plutonium	Pu	94
germanium	Ge	32	polonium	Po	84

Continued on page A-7

element	symbol	atomic number	element	symbol	atomic number
potassium	K	19	tantalum	Ta	73
praseodymium	Pr	59	technetium	Tc	43
promethium	Pm	61	tellurium	Te	52
protactinium	Pa	91	terbium	Tb	65
radium	Ra	88	thallium	Tl	81
radon	Rn	86	thorium	Th	90
rhenium	Re	75	thulium	Tm	69
rhodium	Rh	45	tin	Sn	50
rubidium	Rb	37	titanium	Ti	22
ruthenium	Ru	44	tungsten	W	74
samarium	Sm	62	uranium	U	92
scandium	Sc	21	vanadium	V	23
selenium	Se	34	xenon	Xe	54
silicon	Si	14	ytterbium	Yb	70
silver	Ag	47	yttrium	Y	39
sodium	Na	11	zinc	Zn	30
strontium	Sr	38	zirconium	Zr	40
sulfur	S	16			

두문자어 목록

AC	alternating current
ACEA	Association des Constructeurs European d'Automobile
AEEFM	Assessment of Energy Efficiency Finance Mechanism
ALR	adiabatic lapse rate
ASDEX	Axially Symmetric Divertor EXperiment
BEE	Bureau of Energy Efficiency
BEV	battery electric vehicle
BWR	boiling water reactor
CAFE	Corporate Average Fuel Economy
CANDU	Canadian Deuterium Uranium (Reactor)
CFL	compact fluorescent lamp
CHG	compressed hydrogen gas
CHP	combined heat and power
CIGS	copper-indium-gallium-selenide
CRF	capital recovery factor
CURVE	clean, unlimited, renewable, versatile, economic
DC	direct current
DOE	Department of Energy
DSSC	dye-sensitized solar cell
ec	electron capture
EIA	Energy Information Administration
Eliica	electric lithium ion car
EPA	Environmental Protection Agency
EU	European Union
FBR	fast breeder reactor
FCP	Fuel Consumption Program
GDP	gross domestic product
GNP	gross national product
HC	hydrocarbon
H-ICE	hydrogen internal combustion engine
HTSC	high-temperature superconductor
HVAC	heating, ventilation, and air conditioning
IAEA	International Atomic Energy Agency
ICE	internal combustion engine
IEE	Intelligent Energy Europe
INES	International Nuclear and Radiological Event Scale
IPEEC	International Partnership for Energy Efficiency Cooperation
IPEEI	Improving Policies Through Energy Efficiency Indicators
IR	infrared
ITER	International Thermonuclear Reactor

LED	light-emitting diode
LEED	Leadership in Energy and Environmental Design
LH_2	liquid hydrogen-2
LMFBR	liquid metal fast breeder reactor
LNG	liquid natural gas
LOCA	loss of coolant accident
MCT	marine current turbine
NASA	National Aeronautics and Space Administration
NCAR	National Center for Atmospheric Research
NELHA	National Energy Laboratory of Hawaii Authority
NIMBY	not in my backyard
NOAA	National Oceanic and Atmospheric Administration
NREL	National Renewable Energy Laboratory
OECD	Organisation for Economic Co-operation and Development
OTEC	ocean thermal energy conversion
OWC	oscillating water column
PCRA	Petroleum Construction Research Association
PCV	positive crankcase ventilation
PEM	polymer electrolyte membrane
PET	polyethylene terephthalate
PRO	pressure-retarded osmosis
PTO	power takeoff
PV	photovoltaic
PWR	pressurized water reactor
RBMK	Reactor Bolshoi Moschnosti Kanalynyi (Russian water-cooled graphite moderated reactor)
RDF	refuse-derived fuel
RED	reverse electrodialysis
rpm	revolutions per minute
SAVE	specific actions for vigorous energy efficiency
SBN	sustainable building network
SEGS	solar energy generating station
SET	Strategic Energy Technology (Program)
SI	System Internationale
SMES	superconducting magnetic energy storage
STEP	Solar Total Energy Project
STP	standard temperature and pressure
SVO	straight vegetable oil
TBL	triple bottom line
TEPCO	Tokyo Electric Power COmpany
TMI	Three Mile Island
TVA	Tennessee Valley Authority
US$	U.S. dollars
USDOE	United States Department of Energy
USEIA	United States Energy Information Administration
UV	ultraviolet
WEACT	Worldwide Energy Efficiency Action Through Capacity Building and Training
ZNE	zero net energy (building)

찾아보기

ㅁ

ㅂ

ㅅ

ㅇ

ㅈ

G

H

I

L

M

N

P

R

S

W

Z

• 윤영수 연세대학교 요업공학과
한국과학기술원(KAIST) 원자력공학과 박사
(현)가천대학교 신소재공학과 교수

• 차민준 한국과학기술원(KAIST) 생명화학공학과
한국과학기술원(KAIST) 생명화학공학과 박사
(현)강원대학교 에너지자원공학과 교수

• 김영민 한림대학교 환경공학과
서울시립대학교 에너지환경시스템공학 박사
(현)대구대학교 환경공학과 교수

• 차왕석 고려대학교 화학공학과
고려대학교 화학공학과 박사
(현)군산대학교 환경공학과 교수

• 박진남 서울대학교 공업화학과
서울대학교 공업화학과 박사
(현)경일대학교 화학공학부 에너지공학전공 교수

• 이제찬 숭실대학교 환경화학공학과
University of Wisconsin-Madison 화학공학 박사
(현)아주대학교 환경안전공학과 교수

신재생에너지 Sustainable Energy 2e 정가 35,000원

발 행 2020년 5월 10일 초판 1쇄
저 자 Richard A. Dunlap
역 자 윤영수 · 차민준 · 김영민 · 차왕석 · 박진남 · 이제찬
발행인 정우용
발행처 도서출판 동화기술
경기도 파주시 광인사길 201(문발동, 파주출판도시)
Tel (031)955-4211~6 donghwapub@nate.com
Fax (031)955-4217 www.donghwapub.co.kr
(등록) 1977년 12월 19일/9-16호

Printed in Korea
ISBN 978-89-425-9286-9

Key (example cell, element 43):

Atomic number	43
Atomic mass (mean relative)	(98.91)
Electron configuration	$[Kr]\,4d^5\,5s^2$
Oxidation states	7
Symbol	Tc
Name	Technetium
Melting point [ºC]	2140
Density [g/cm³], for gases [g/l] (0º C, 1013 mbar)	11.5
Boiling point [ºC]	5030
Radioactive	*
Electronegativity	1.9

Period	Group	Atomic number	Symbol	Name	Atomic mass	Electron configuration	Oxidation states	Melting point [ºC]	Boiling point [ºC]	Density	Electronegativity	Radioactive
1	1 (1A)	1	H	Hydrogen	1.01	$1s$	1, −1	−259	−253	0.09	2.1	
1	18 (0)	2	He	Helium	4.00	$1s^2$		—	−269	0.18	—	
2	1 (1A)	3	Li	Lithium	6.94	$[He]\,2s$	1	181	1330	0.53	1.0	
2	2 (2A)	4	Be	Beryllium	9.01	$[He]\,2s^2$	2	1277	2970	1.85	1.5	
2	13 (3B)	5	B	Boron	10.81	$[He]\,2s^2\,2p$	3	(2030)	2550	2.35	2.0	
2	14 (4B)	6	C	Carbon	12.01	$[He]\,2s^2\,2p^2$	4, 2, −4	(3550)	4830	2.2	2.5	
2	15 (5B)	7	N	Nitrogen	14.01	$[He]\,2s^2\,2p^3$	5, 4, 3, 2, −3	−210	−196	1.25	3.0	
2	16 (6B)	8	O	Oxygen	16.00	$[He]\,2s^2\,2p^4$	−2, −1	−219	−183	1.43	3.5	
2	17 (7B)	9	F	Fluorine	19.00	$[He]\,2s^2\,2p^5$	−1	−220	−188	1.7	4.0	
2	18 (0)	10	Ne	Neon	20.18	$[He]\,2s^2\,3p^5$		−249	−246	0.9	—	
3	1 (1A)	11	Na	Sodium	22.99	$[Ne]\,3s$	1	98	892	0.97	0.9	
3	2 (2A)	12	Mg	Magnesium	24.31	$[Ne]\,3s^2$	2	650	1107	1.74	1.2	
3	13 (3B)	13	Al	Aluminum	26.98	$[Ne]\,3s^2\,3p$	3	660	2450	2.70	1.5	
3	14 (4B)	14	Si	Silicon	28.09	$[Ne]\,3s^2\,3p^2$	4, −4	1410	2680	2.33	1.8	
3	15 (5B)	15	P	Phosphorus	30.97	$[Ne]\,3s^2\,3p^3$	5, 3, −3	44	280	1.82	2.1	
3	16 (6B)	16	S	Sulfur	32.06	$[Ne]\,3s^2\,3p^4$	6, 4, 2, −2	119	445	2.07	2.5	
3	17 (7B)	17	Cl	Chlorine	35.45	$[Ne]\,3s^2\,3p^5$	7, 5, 3, 1, −1	−101	−35	3.2	3.0	
3	18 (0)	18	Ar	Argon	39.95	$[Ne]\,3s^2\,3p^6$		−189	−183	1.78	—	
4	1 (1A)	19	K	Potassium	39.10	$[Ar]\,4s$	1	64	760	0.86	0.8	
4	2 (2A)	20	Ca	Calcium	40.08	$[Ar]\,4s^2$	2	838	1440	1.55	1.0	
4	3 (3A)	21	Sc	Scandium	44.96	$[Ar]\,3d\,4s^2$	3	1539	2730	3.0	1.3	
4	4 (4A)	22	Ti	Titanium	47.88	$[Ar]\,3d^2\,4s^2$	4, 3	1668	3260	4.54	1.5	
4	5 (5A)	23	V	Vanadium	50.94	$[Ar]\,3d^3\,4s^2$	5, 4, 3, 2, 0	1900	3450	6.1	1.5	
4	6 (6A)	24	Cr	Chromium	52.00	$[Ar]\,3d^5\,4s$	6, 3, 2, 0	1875	2200	7.19	1.6	
4	7 (7A)	25	Mn	Manganese	54.94	$[Ar]\,3d^5\,4s^2$	7, 6, 4, 3, 2, 0, −1	1245	2097	7.43	1.5	
4	8 (8)	26	Fe	Iron	55.85	$[Ar]\,3d^6\,4s^2$	6, 3, 2, 0, −2	1536	3000	7.86	1.8	
4	9 (8)	27	Co	Cobalt	58.93	$[Ar]\,3d^7\,4s^2$	3, 2, 0, −1	1495	2900	8.9	1.9	
4	10 (8)	28	Ni	Nickel	58.70	$[Ar]\,3d^8\,4s^2$	3, 2, 0	1453	2730	8.9	1.9	
4	11 (1B)	29	Cu	Copper	63.55	$[Ar]\,3d^{10}\,4s$	2, 1	1453	2730	8.9	1.9	
4	12 (2B)	30	Zn	Zinc	65.38	$[Ar]\,3d^{10}\,4s^2$	2	420	906	7.13	1.6	
4	13 (3B)	31	Ga	Gallium	69.72	$[Ar]\,3d^{10}\,4s^2\,4p$	3	30	2237	5.91	1.6	
4	14 (4B)	32	Ge	Germanium	72.59	$[Ar]\,3d^{10}\,4s^2\,4p^2$	4	937	2830	5.32	1.8	
4	15 (5B)	33	As	Arsenic	74.91	$[Ar]\,3d^{10}\,4s^2\,4p^3$	5, 3, −3	Subl.	—	5.72	2.0	
4	16 (6B)	34	Se	Selenium	74.91	$[Ar]\,3d^{10}\,4s^2\,4p^4$	6, 4, 2	217	685	4.79	2.4	
4	17 (7B)	35	Br	Bromine	79.90	$[Ar]\,3d^{10}\,4s^2\,4p^5$	7, 5, 3, 1, −1	−7	58	3.12	2.8	
4	18 (0)	36	Kr	Krypton	83.80	$[Ar]\,3d^{10}\,4s^2\,4p^6$		−157	−152	3.7	—	
5	1 (1A)	37	Rb	Rubidium	85.47	$[Kr]\,5s$	1	39	688	1.53	0.8	
5	2 (2A)	38	Sr	Strontium	87.62	$[Kr]\,5s^2$	2	768	1380	2.6	1.0	
5	3 (3A)	39	Y	Yttrium	88.91	$[Kr]\,4d\,5s^2$	3	1509	2927	4.47	1.2	
5	4 (4A)	40	Zr	Zirconium	91.22	$[Kr]\,4d^2\,5s^2$	4	1852	3580	6.49	1.4	
5	5 (5A)	41	Nb	Niobium	91.22	$[Kr]\,4d^4\,5s$	5, 3	2468	4927	8.57	1.6	
5	6 (6A)	42	Mo	Molybdenum	95.94	$[Kr]\,4d^5\,5s$	6, 5, 4, 3, 2, 0	2610	5560	10.2	1.8	
5	7 (7A)	43	Tc	Technetium	(98.91)	$[Kr]\,4d^5\,5s^2$	7	2140	5030	11.5	1.9	*
5	8 (8)	44	Ru	Ruthenium	101.07	$[Kr]\,4d^7\,5s$	8, 6, 4, 3, 2, 0, −2	2500	3900	12.4	2.2	
5	9 (8)	45	Rh	Rhodium	102.91	$[Kr]\,4d^8\,5s$	5, 4, 3, 1, 2, 0	1966	3730	12.4	2.2	
5	10 (8)	46	Pd	Palladium	106.42	$[Kr]\,4d^{10}$	4, 2, 0	1552	3140	12.0	2.2	
5	11 (1B)	47	Ag	Silver	107.87	$[Kr]\,4d^{10}\,5s$	2, 1	961	2210	10.5	1.9	
5	12 (2B)	48	Cd	Cadmium	112.41	$[Kr]\,4d^{10}\,5s^2$	2	321	765	8.65	1.7	
5	13 (3B)	49	In	Indium	114.82	$[Kr]\,4d^{10}\,5s^2\,5p$	3	156	2080	7.31	1.7	
5	14 (4B)	50	Sn	Tin	118.69	$[Kr]\,4d^{10}\,5s^2\,5p^2$	4, 2	232	2270	7.30	1.8	
5	15 (5B)	51	Sb	Antimony	121.75	$[Kr]\,4d^{10}\,5s^2\,5p^3$	5, 3, −3	631	1380	6.69	1.9	
5	16 (6B)	52	Te	Tellurium	127.60	$[Kr]\,3d^{10}\,5s^2\,5p^4$	6, 4, −2	450	990	6.24	2.1	
5	17 (7B)	53	I	Iodine	126.90	$[Kr]\,4d^{10}\,5s^2\,5p^5$	7, 5, 1, −1	114	183	4.94	2.5	
5	18 (0)	54	Xe	Xenon	131.29	$[Kr]\,4d^{10}\,5s^2\,5p^6$		−112	−108	5.89	—	
6	1 (1A)	55	Cs	Cesium	132.91	$[Xe]\,6s$	1	29	690	1.90	0.7	
6	2 (2A)	56	Ba	Barium	137.33	$[Xe]\,6s^2$	2	714	1640	3.76	0.9	
6	3 (3A)	71	Lu	Lutetium	174.97	$[Xe]\,4f^{14}\,5d\,6s^2$	3	1652	3327	9.84	1.2	
6	4 (4A)	72	Hf	Hafnium	178.49	$[Xe]\,4f^{14}\,5d^2\,6s^2$	4	2222	5400	13.31	1.3	
6	5 (5A)	73	Ta	Tantalum	180.95	$[Xe]\,4f^{14}\,5d^3\,6s^2$	5	2996	5425	16.5	1.5	
6	6 (6A)	74	W	Tungsten	183.85	$[Xe]\,4f^{14}\,5d^4\,6s^2$	6, 5, 4, 3, 2, 0	3410	5930	19.3	1.7	
6	7 (7A)	75	Re	Rhenium	186.21	$[Xe]\,4f^{14}\,5d^5\,6s^2$	7, 6, 4, 2, −1	3180	5900	21.0	1.9	
6	8 (8)	76	Os	Osmium	190.20	$[Xe]\,4f^{14}\,5d^6\,6s^2$	8, 6, 4, 3, 2, 0, −2	3050	5500	22.6	2.2	
6	9 (8)	77	Ir	Iridium	192.22	$[Xe]\,4f^{14}\,5d^7\,6s^2$	6, 4, 3, 2, 1, 0, −1	2454	4500	22.7	2.2	
6	10 (8)	78	Pt	Platinum	195.08	$[Xe]\,4f^{14}\,5d^9\,6s^2$	4, 2, 0	1769	3830	21.4	2.2	
6	11 (1B)	79	Au	Gold	196.97	$[Xe]\,4f^{14}\,5d^{10}\,6s$	3, 1	1063	2970	19.3	2.4	
6	12 (2B)	80	Hg	Mercury	200.59	$[Xe]\,4f^{14}\,5d^{10}\,6s^2$	2, 1	−38	357	13.6	1.9	
6	13 (3B)	81	Tl	Thallium	204.38	$[Xe]\,4f^{14}\,5d^{10}\,6s^2\,6p$	3, 1	303	1457	11.85	1.8	
6	14 (4B)	82	Pb	Lead	207.20	$[Xe]\,4f^{14}\,5d^{10}\,6s^2\,6p^2$	4, 2	327	1725	11.4	1.9	
6	15 (5B)	83	Bi	Bismuth	208.98	$[Xe]\,4f^{14}\,5d^{10}\,6s^2\,6p^3$	5, 3	271	1560	9.8	1.9	
6	16 (6B)	84	Po	Polonium	(209)	$[Xe]\,4f^{14}\,5d^{10}\,6s^2\,6p^4$	6, 4, 2	254	962	9.3	2.0	
6	17 (7B)	85	At	Astatine	(210)	$[Xe]\,4f^{14}\,5d^{10}\,6s^2\,6p^5$	7, 5, 3, 1, −1	(302)	337	—	2.2	
6	18 (0)	86	Rn	Radon	(222)	$[Xe]\,4f^{14}\,5d^{10}\,6s^2\,6p^6$		(−71)	−62	9.73	—	
7	1 (1A)	87	Fr	Francium	(223.0)	$[Rn]\,7s$	1	(27)	677	—	0.7	*
7	2 (2A)	88	Ra	Radium	226.03	$[Rn]\,7s^2$	1	700	1140	5.0	0.9	*
7	3 (3A)	103	Lr	Lawrencium	(262.1)	$[Rn]\,5f^{14}\,6d\,7s^2$	3	—	—	—	—	*
7	4 (4A)	104	Rf	Rutherfordium	(261.1)	$[Rn]\,5f^{14}\,6d^2\,7s^2$		—	—	—	—	*
7	5 (5A)	105	Db	Dubnium	(262.1)	$[Rn]\,5f^{14}\,6d^3\,7s^2$		—	—	—	—	*
7	6 (6A)	106	Sg	Seaborgium	(263.1)	$[Rn]\,5f^{14}\,6d^4\,7s^2$		—	—	—	—	*
7	7 (7A)	107	Bh	Bohrium	(264.1)	$[Rn]\,5f^{14}\,6d^5\,7s^2$		—	—	—	—	*
7	8 (8)	108	Hs	Hassium	(265.1)	$[Rn]\,5f^{14}\,6d^6\,7s^2$		—	—	—	—	*
7	9 (8)	109	Mt	Meitnerium	(268)	$[Rn]\,5f^{14}\,6d^7\,7s^2$		—	—	—	—	*
7	10 (8)	110	Uun		(269)	$[Rn]\,5f^{14}\,6d^8\,7s^2$		—	—	—	—	*
7	11 (1B)	111	Uuu		(272)	$[Rn]\,5f^{14}\,6d^{10}\,7s^2$		—	—	—	—	*
7	12 (2B)	112	Uub		(277)			—	—	—	—	*
7	14 (4B)	114	Uuq		(289)			—	—	—	—	*
7	16 (6B)	116	Uuh		(289)			—	—	—	—	*
7	18 (0)	118	Uuo		(293)			—	—	—	—	*
6	Lanthanoids	57	La	Lanthanum	138.91	$[Xe]\,5d\,6s^2$	3	920	3470	6.17	1.1	
6	Lanthanoids	58	Ce	Cerium	140.12	$[Xe]\,4f\,5d\,6s^2$	4, 3	795	3468	6.67	1.1	
6	Lanthanoids	59	Pr	Praseodymium	140.91	$[Xe]\,4f^3\,6s^2$	4, 3	935	3127	6.77	1.1	
6	Lanthanoids	60	Nd	Neodymium	144.24	$[Xe]\,4f^4\,6s^2$	3	1024	3027	7.00	1.2	
6	Lanthanoids	61	Pm	Prometheum	(145)	$[Xe]\,4f^5\,6s^2$	3	(1027)	2460	7.22	—	*
6	Lanthanoids	62	Sm	Samarium	150.36	$[Xe]\,4f^6\,6s^2$	3, 2	1072	1790	7.54	1.2	
6	Lanthanoids	63	Eu	Europium	151.96	$[Xe]\,4f^7\,6s^2$	3, 2	828	1439	5.26	—	
6	Lanthanoids	64	Gd	Gadolinium	157.25	$[Xe]\,4f^7\,5d\,6s^2$	3	1312	3000	7.89	1.1	
6	Lanthanoids	65	Tb	Terbium	158.93	$[Xe]\,4f^9\,6s^2$	4, 3	1356	2800	8.27	1.2	
6	Lanthanoids	66	Dy	Dysprosium	162.50	$[Xe]\,4f^{10}\,6s^2$	3	1407	2600	8.54	—	
6	Lanthanoids	67	Ho	Holmium	164.93	$[Xe]\,4f^{11}\,6s^2$	3	1461	2600	8.80	1.2	
6	Lanthanoids	68	Er	Erbium	167.26	$[Xe]\,4f^{12}\,6s^2$	3	1497	2900	9.05	1.2	
6	Lanthanoids	69	Tm	Thulium	168.93	$[Xe]\,4f^{13}\,6s^2$	3, 2	1545	1727	9.33	1.2	
6	Lanthanoids	70	Yb	Ytterbium	173.04	$[Xe]\,4f^{14}\,6s^2$	3, 2	824	1196	6.98	1.1	
7	Actinoids	89	Ac	Actinium	(227)	$[Rn]\,6d\,7s^2$	3	1050	—	10.1	1.1	*
7	Actinoids	90	Th	Thorium	232.04	$[Rn]\,6d^2\,7s^2$	4	1750	3850	11.7	1.3	*
7	Actinoids	91	Pa	Protactinium	231.04	$[Rn]\,5f^2\,6d\,7s^2$	5, 4	(1230)	—	15.4	1.4	*
7	Actinoids	92	U	Uranium	238.03	$[Rn]\,5f^3\,6d\,7s^2$	6, 5, 4, 3	1132	3818	19.07	1.4	*
7	Actinoids	93	Np	Neptunium	(237.05)	$[Rn]\,5f^4\,6d\,7s^2$	6, 5, 4, 3	637	3900	19.5	1.3	*
7	Actinoids	94	Pu	Plutonium	(244)	$[Rn]\,5f^6\,7s^2$	6, 5, 4, 3	640	3235	19.81	1.3	*
7	Actinoids	95	Am	Americium	(243)	$[Rn]\,5f^7\,7s^2$	6, 5, 4, 3	994	—	13.7	1.3	*
7	Actinoids	96	Cm	Curium	(247)	$[Rn]\,5f^7\,6d\,7s^2$	4, 3	(1340)	3100	13.51	—	*
7	Actinoids	97	Bk	Berkelium	(247)	$[Rn]\,5f^9\,7s^2$	4, 3	—	—	—	—	*
7	Actinoids	98	Cf	Californium	(251)	$[Rn]\,5f^{10}\,7s^2$	4, 3	—	—	—	—	*
7	Actinoids	99	Es	Einsteinium	(254)	$[Rn]\,5f^{11}\,7s^2$	3	—	—	—	—	*
7	Actinoids	100	Fm	Fermium	(257)	$[Rn]\,5f^{12}\,7s^2$	3	—	—	—	—	*
7	Actinoids	101	Md	Mendelevium	(258)	$[Rn]\,5f^{13}\,7s^2$	3	—	—	—	—	*
7	Actinoids	102	No	Nobelium	(259)	$[Rn]\,5f^{14}\,7s^2$	3, 2	—	—	—	—	*